李庆忠文集

寻找油气的物探理论与方法

第一分册　基础篇

李庆忠　编著

中国海洋大学出版社
CHINA OCEAN UNIVERSITY PRESS

本文集汇集了李庆忠院士从事石油勘探工作以来的主要研究成果,是他60年来经验及体会的总结。文集针对地震基础理论、各种地震信息的利用及物探方法的改进诸方面都进行了深入的探讨和详细的阐述,相信对物探技术的发展有重要的指导意义。

　　本文集适合从事石油勘探的人员阅读,也可作为大专院校地质及地球物理专业师生重要的参考书。

图书在版编目(CIP)数据

寻找油气的物探理论与方法. 第一分册,基础篇/李庆忠编著.
—青岛:中国海洋大学出版社,2015. 11
　ISBN 978-7-5670-0752-9

　Ⅰ. ①寻… Ⅱ. ①李… Ⅲ. ①油气勘探—地球物理勘
探—研究 Ⅳ. ① P618. 130. 8

　中国版本图书馆 CIP 数据核字(2014)第 222955 号

出版发行	中国海洋大学出版社		
社　　址	青岛市香港东路 23 号	邮政编码	266071
出 版 人	杨立敏		
网　　址	http://www.ouc-press.com		
电子信箱	dengzhike@sohu.com		
订购电话	0532 - 82032573(传真)		
责任编辑	邓志科	电　　话	0532 - 85902495
印　　制	青岛国彩印刷有限公司		
版　　次	2015 年 12 月第 1 版		
印　　次	2015 年 12 月第 1 次印刷		
成品尺寸	210 mm × 285 mm		
印　　张	31		
字　　数	960 千		
定　　价	200.00 元		

李庆忠院士是我国著名的石油勘探专家,中国现代石油物探学科带头人之一,从事地震勘探研究工作60载。他创造性地提出波动地震学,最早提出三维地震勘探的方法并率先进行了实施,首先提出了两步法偏移成像技术,这些不仅解决了勘探中的技术难题,而且对物探技术的发展有很深远的影响,对克拉玛依、胜利、华北等油田的发现以及新疆塔里木盆地的勘探起到了重要作用,为中国石油物探技术的发展做出了重大贡献。

李庆忠院士多年来始终坚持严谨认真的科研态度,十分强调科研的科学性与真实性,坚持从事物的本质出发,不盲从,不轻信,独立思考,从实践中得出自己的结论,实事求是,坚持真理。

李庆忠院士年过八旬仍不停耕耘,编辑出版的《李庆忠院士文集》汇集了李院士从事石油勘探工作以来的主要研究成果,还包含了大量他尚未发表的新成果。

我们向大家推荐《李庆忠院士文集》。本文集是李庆忠院士多年来经验及体会的学术总结,它从地震基础理论、到各种地震信息的利用及物探方法的改进诸方面都进行了深入的探讨和详细的阐述。相信本文集会对物探技术的发展有着很重要的指导意义,很值得大家认真一读。

(一)

文集第一集为"基础篇"。包括13篇文章。大部分是没有发表过的。在该篇中,李庆忠院士根据地球物理的基础理论,对一些重要的技术问题进行了认真分析,主要内容包括以下几个方面:

(1)提出了如何判断地震记录好坏的办法。通过不同信噪比理论记录的试算分析,提出了三种估算信噪比的方法;提出了"视觉信噪比"与"视觉分辨率"两个重要的概念;提出衡量地震记录好坏的唯一标准是"分频扫描"所得到的"有效频宽";对"什么是好记录"、"什么是好剖面"、"对真假高分辨率地震剖面认识"等进行了阐述。并根据这些重要的概念,提出"分频扫描"应该贯穿于从野外资料采集,到室内资料处理,以及解释的全过程中这一重要思路。

(2)分析了反射信号的特点及干扰波的特性、高频随机噪声的测定及其特点等,提出了噪声压制的基本思路。他发现信号处理中存在"假信号"的现象,并对这一现象进行理论记录的定量分析,提出在信噪比低于1/6后就基本无法对信号进行挽救的结论。

（3）论述储集层的多种地震信息的用途和可靠性，提出"振幅信息最有用"；"多波勘探对于薄油层描述恐怕是无能为力的，因为纵、横波层位对不上，无法求准泊松比"；非零井源距 VSP 由于"孔径太小"，成像一般好不了；"吸收系数"是求不准的，想用它直接寻找油气缺乏依据；"多参数油气识别"要讲道理；频率参数是多解的等重要认识。并通过实际资料与理论分析，对这些认识进行了分析和证明。通过对各种地震信息的分析与评估，提醒不要乱用地震信息。这些认识有很好的参考价值。

（4）系统阐述了地震次生干扰的概念。地震次生干扰是李庆忠院士与俞寿朋教授等在胜利油田工作时首先发现的，分低速和高速次生干扰，其低速次生干扰视波长只有 $1 \sim 3$ m，它是我国东部获得高分辨率剖面的主要障碍。在我国西部地区，尤其是山区，高速次生干扰最强大，是我们的主要敌人。

（5）论述了地震反演技术的策略，指出了在今后进行地震与测井资料联合反演时值得注意的一些问题。认为带限的地震资料是不能控制测井资料的高频部分的，反演的策略是直接用地震资料"有效频宽"的中频信息，加上测井资料的高频信息及低频信息的内插，才能得到最合理的结果。中频的地震资料只能帮助测井资料在内插中通过地震层位控制及产状控制而起到作用。而高频部分永远是多解的。

（二）

文集第二集为"方法篇"。有 16 篇文章。在该篇中，李庆忠院士对多年来在物探方法上的创新进行了归纳和总结，主要反映了以下四个方面：

（1）三维地震及偏移归位技术是现代地震勘探技术的两大支柱。"方法篇"记录了这两方面李院士所作的重要的开创性工作。

他在胜利油田时，他与俞寿朋、刘成正等首创三维地震方法，在东辛油田付诸实现，取得了良好的效果。又与刘雯林、柴振一等同志一起，根据"绕射扫描叠加"的原理，处理出我国第一批偏移剖面的历程。当年，他们把"绕射扫描叠加"的偏移技术发展到三维成像方面，在我国没有大型计算机的条件下，在世界上首次提出了"两步法偏移"，这些对我国偏移技术的发展起到了重要的作用。

（2）在解释技术方面，他对地震地层学方面做出了重要补充。

针对陆相地层，李院士根据近代沉积学的基本理论，阐述了河流相沉积的总规律，指出了河道解释中的陷阱。他用一系列理论模型证明了存在"假上超"，"假削蚀"，以及河流相同相轴不代表地层产状，而在沉积等时面附近上下浮动的情况，他称之为"视同相轴"。在陆相地层中，"眼球状"反射图形不是河床的代表和"反射同相轴主要反映着厚砂层的分布"的结论。

（3）李院士针对地震勘探的几个重要领域的关键问题提出了解决方向：例如① 用剔除拟合法求 P 波正入射剖面能够提高分辨率同时保留 AVO 信息。最近发展到在叠前时间偏移 CRP 道集叠加中用剔除拟合法取得了良好的效果。② 提出检波器横向拉开组合的思路，认为它是我国西部山区改进地震资料品质的重要措施。后来发展为"宽线大组合"采集方式，成为山区二维攻关的主要手段。③ 对塔里木却勒地区的叠前深度偏移中发现的钻井失利问题提出了攻关的方向。④ 关于强反射界面的屏蔽作用，他从 Zoeppritz 公式的计算入手，深入地分析了我国不同困难工区的屏蔽效应，计算了透过能量的大小，并提出克服难点的出路对策。⑤ 为了使用地震仪器获得高品质记录，提出了"有效瞬时动态范围"、"信号的可记录性"、"信噪态势图"及"信噪比谱"四个重要概念。并通过对大地吸收衰减、高频信号的可记录性、噪声与信号在模数转换器中的态势等的理论分析，提出改进地震资料品质的途径。

（4）本篇的最后，李院士提出今后我国地震勘探技术进步的 10 个重要方向。

（三）

文集第三集为"争鸣篇"。在该篇中,李庆忠院士指出在油气勘探的理论和方法上的一些误区,主要对以下几个方面进行讨论:

（1）对1984年风靡一时,用耳朵听就能找油的所谓"岩性探测技术"进行质疑,并从理论到实践方面加以驳斥,认为该方法是伪科学;又对1991年开始的用重力直接找油的"艾菲"技术进行质疑,认为该方法在理论上是站不住脚的,但俄罗斯的GONG技术是属于另外性质,它只是对直接找油的"痴迷",是认识问题。

（2）在石油地质理论探索方面,他对无机生油论提出自己的认识;又对石油地质"圈闭"的概念进行了分析,认为不能把构造与岩性分开来考虑,没有构造与岩性的结合就没有正确含义上的圈闭;创新提出了一种三维圈闭分析技术,并将三维圈闭分析技术试验用于实际资料。利用他的TRAP-3D三维圈闭分析技术,把地震资料与测井资料结合起来,可以把构造圈闭、断层圈闭、及岩性、地层圈闭全部寻找出来。

（3）1993年"石油消息"报刊编辑部组织"对分形等新技术的笔谈会",李庆忠院士发表了"怎样正确对待分形分维技术"的文章。文章系统地阐述了他对分形分维技术的看法,认为分形分维技术只是对复杂事物的一种"描述方法",而不是"预测方法",更不是真实的"写真方法",描述不等于写真。

（4）在三维地震宽方位角采集方面,他奉劝大家不要盲从,不要盲目跟着国外走,并通过理论分析及石油大学的水槽试验的结论,认为在西部一些山地地区推广应用宽方位角采集不一定恰当,应根据不同的地表条件、地质目标和勘探任务、现有装备及处理能力采用合适的采集方法。

（5）对井间地震勘探,他指出了误区、出路及改进方向。认为井间地震在地下遇到反射界面时,入射角很容易到达或超过临界角,此时,激发能量很容易产生转换波及各种横波。通过波动方程理论计算,从激发波场的快照说明了在左右两侧产生两个波形混乱的"牛角尖"区,而通常的井间地震的研究目标刚好在此区域。出路是避开"牛角尖"区,防止入射角接近临界角。

（6）2011年2月,在上海"石油物探技术发展高层论坛"会上,李庆忠院士在发言中,强调今后物探技术的进步与发展要依靠创新精神与求实态度,指出我国物探技术虽然在7个方面可以称得上具备世界先进水平,但是还有七个方面的遗憾之处,还有"十个方向"需要通过创新加以突破。这篇发言还对我国物探技术方面存在的问题,包括假相关、假剖面的认识等进行了概括的论述,对我们地震勘探界有着重要的指导意义。

（四）

纵观整个文集,我们认为:首先,他的文章贯彻着理论与实践的高度结合,所有理论论述都要通过模型计算加以证明,从这里看到了李庆忠院士的严谨认真的研究学风;其次,从他的创新理论如李子波、信噪比与分辨率的定义、纵横波速度规律研究、石油地质生油理论、圈闭认识方面及TRAP-3D的创新等等,都看到了李庆忠院士几十年来的独创精神。他不迷信西方,不迷信权威,不轻信,不盲从,对于任何技术问题都是用实事求是的态度,根据基本理论,理性地进行判断。

在最后一篇里,李庆忠院士就学习与成才问题向石油大学地质科学系学生讲述怎样对待学习问题。他指出:"信息不等于知识",有了广泛的信息来源,还要通过大脑加以分析、判断,消化吸收,然后才能获得相对比较正确的认识,这种认识才能称得上知识。关于成才,他说:只要你是一个有心人,不断地积累有关专业知识,那么,知识的积累就会像"滚雪球"一般,愈滚愈多,这样就可能成为这方面的行家。一个行家对新来的信息会分析得更加"入木三分",这是因为行家头脑里的"联想库"特别丰富,能够"举一反三","触类旁通",因此他们的判断能力特别强。而人们知识和经验的积累靠的是"勤奋"和"有心",所谓"书山无路勤为径","功夫不负有心人"。

李庆忠院士已 83 岁高龄,他活到老学到老,到现在依然关心我国的石油勘探事业的发展,依然耕耘不断,创新成果不断,他的一些宝贵的经验值得我们大家学习与借鉴。

科学的探索是没有止境的,在持续的探索中,人们对科学技术问题的认识也是不断进步的。因此,对于李庆忠院士文集中的一些观点与看法有不同意见也是正常的。这不妨碍对本文集的总体评价,我们深信文集的出版将给石油物探事业带来长远的、积极的影响。

编辑委员会: 钱荣钧 袁秉衡 熊 翥 刘怀山

张少华 童思友 张 进 梁云辉

2013 年 3 月

上世纪 50 年代我从清华大学物理系毕业时,还不懂地球物理勘探为何物。当时地矿部和燃料部在北京秦老胡同物探学校,组织了一百多名全国刚从物理系毕业的大学生办了个短训班,聘请了从国外回来的物探专家来给我们讲了一个月的课,有地矿部顾功叙前辈讲磁法勘探,中科院傅承义前辈讲电法勘探,石油管理总局的孟尔盛前辈讲重力勘探与地震勘探,他们三人被称为物探界的三剑客。是他们的讲课引领了我们走进了地球物理勘探这个奇幻的殿堂,我后来就参加了石油部的地球物理勘探队伍。我热爱这个行当,热爱这个依靠野外的辛勤劳动和室内高科技来为祖国寻找石油宝藏的有力武器。

以下我想说说编写本文集的想法:

(1) 文集为了记录下地震勘探的技术进步

这 60 年来,我和我的同事们走遍了我国的几个含油气盆地,亲眼见证了克拉玛依油田、大庆油田、渤海湾油气田等一个个油田在我们身后建设起来,亲身经历了我们地球物理勘探技术的飞速发展成长。在地震采集仪器方面,从 24 道 51 型光点模拟地震仪发展到 8000~10000 道数字遥控地震仪,从单次覆盖发展到几十次、几百次多次覆盖。资料从手工解释发展到完全用计算机数字处理。计算机能力从单芯片的 CPU 发展到大型并行计算机,到现在使用的每秒计算 200 万亿次的计算机机群……

记得 20 世纪 60 年代我刚到胜利油田时,遇见当时的一位地质老总,他就对我说:"我就不信你们地震勘探的构造图,打井一打一个错。不是深度相差很大,就是根本没见油。"是的,60 年代我们还用的是苏式的 51 型地震仪,单次覆盖。技术不过关,无法解决复杂断块油田的地下准确成像问题。后来通过多次覆盖技术和偏移成像技术,渤海湾一大批断块油田相继被发现了。技术的改进极大地鼓舞了我们物探人员的士气。

在塔里木盆地的大沙漠中,沙丘的高度常常到达 200 米,是很厚的干旱的地震低降速带,强烈吸收地震波的能量。而那里地下油层埋深在 5~6 千米处,构造隆起幅度常常只有 20~30 米。只要静校正量计算稍有误差,就会造成构造图出假,打出空井来。面对这样的挑战,我们物探人通过对沙丘时差曲线的大量调查,对全盆地建立了低降速带静校正量的数据库。在野外施工中,选择在低洼的沙垄里打深炮井,后来又坚持了在每个激发点上 100% 保证把炸药放到地下潜水面之下爆炸。有了这些创新的技术,我们在莽莽的沙海中,精准地找到了塔中油田,第一口深探井就在 5000 米深度上发现了高产油层。

在库车地区的崇山峻岭里,地震勘探的难度更是"世界级"的。高大的山峰,陡峭的山坡,"一线天"

的通天裂隙……每前进一步都要付出极大的努力。我们的勘探队员在直升飞机的配合下，在那里打井放炮，终于克服了"世界级难题"，找到了"克拉2"、"迪那2"等一批气田，使"西气东输"工程得以实现。

每当回顾我国石油地球物理勘探的技术进步，我们心中都充满了一种自豪感。本文集的第一个目的就是想把这些技术进步记录下来。

（2）文集试图探讨进步道路上的是非曲直

在近年来地球物理勘探技术飞快发展的同时，也出现了"鱼龙混杂"、"良莠不辨"的现象。尤其是在改革开放以来的这段日子里，各种物探公司纷纷成立，出现了不少似是而非的"新技术"。例如各种新奇的"直接找油"技术，不讲道理的几十种"属性分析"，摆弄计算机处理的各种红的、绿的、立体的显示，搞得人们不知哪个是真的。

我在实践中总结了"什么是好记录"，"什么是好仪器"和"什么是好剖面"的检验标准，以及"真分辨率"，"视分辨率"和"假分辨率"的判别方法。明确这些问题对推动物探事业向正确方向的发展很重要。这也是我编写此文集的另一个目的。

在多年来的找油经历中，我对石油地质基本理论也产生了浓厚的兴趣。我对"生油理论"和"圈闭概念"提出了不少新的认识。本着"百家争鸣"的方针，和大家来讨论，放在第三分册"争鸣篇"里。

"争鸣篇"中还有我2011年2月在上海物探高层论坛的发言——"石油物探领域的创新意识与求实精神"。该文章代表着近年来我的心声。我在衷心祝贺我国物探事业光辉的六十年的同时，对当今物探事业发展中存在的种种不健康的现象深表遗憾，同时也提出了10项今后地球物理勘探需要重点突破的难关。希望通过本文集的出版，引起大家的讨论。

（3）文集的特点

本文集是我60年来从事物探找油事业的经验总结。按内容分为三个分册：分别称为"基础篇""方法篇"和"争鸣篇"。

此文集共包含文章88篇，其中新发表的文章占44篇，还有已发表过的本次又进行修改补充的文章有6篇。这些新作按页数计算约占三分之二。其中，凡是由我的博士生写的文章，我在文章标题下都注明了他们的名字。在"争鸣篇"中我把与我争论的对方的文章也署了他们的名字，作为附件收录在文集中，供大家来判断。

我编写本文集的另一个特点是：在大多数文章中每当提出一个新的判据时，我总要自己编写一个甚至几个配套程序，加以理论计算，来证实我的想法的合理性。多年来，我用QuickBasic和Fortran编写了数百个地震勘探的理论论证程序，形成了一个完整的程序包。该程序包帮助我在微机上方便地实现了各种试算，这在很大程度上增强了我对判据的自信心。

为了保持每篇文章的完整性，有少量图幅重复使用，这应该是允许的。我的文章中一般不爱采用大公式，为了便于阅读，都采用"看图识字"的方法，所以附图多了一些。

为了便于阅读，我在每篇文章头里，添加了一个"书签导读"，放在文章标题下面的框里，希望对读者有所帮助。

（4）我对本文集的期待

最后我想谈谈我自己对本文集的想法：

本文集本着求实与说真话的风格，提出了不少与常规的理念不相符合的说法。例如："分频扫描是判断好坏的唯一标准"，数字检波器只是"插在牛粪上的一朵鲜花"，单点接收是"跟着外国人的忽悠"，"多波勘探的效果不佳"，"全数字，三分量——'数字革命'是好听，花钱多，但不实用"，"吸收系数是求不准的，想用它直接寻找油气缺乏依据"，"三高处理有时会造假，拓频处理有讲究"，"多参数油气识别要讲道理，不应主观随意加以使用"……凡此等等,可能一时不能为大家所接受。

我认为我的这些"奇谈怪论"不一定是正确的,甚至可能有片面性。但是,在今天物探市场"商业炒作"盛行,以及"你好,我好,大家好"的文风里,我的文章只要能够引发大家对问题的深入讨论,我就心满意足了。此文集出版后,我没有奢望大家能够加以赞许。相反,我做好了面对反面意见对我的批判的思想准备。

潮流是一种强大的力量,很难抵挡。当初我提出 Petro-Sonde 和"艾菲"是伪科学时,人们还都以为它们是找油的"多快好省"的"新技术"呐。还有关于分形分维的讨论,当时也是大多数人以为它是会产生重要变革的找油找气的新手段。随着时间推移的考验,是非曲直慢慢地会得到澄清。关于我对有机生油理论的争鸣,我认为更需要今后几十年才会有正确的结论。

正如当今的流行歌曲有几千首,有的歌曲还风靡一时。但随着时间的推移,大浪淘沙,到最后只会有几首真正为大众喜爱的歌曲会被列为名曲而长久被人流传。

（5）摆在我们前面的挑战与机遇

地震勘探能取得今天这样的技术进步,实是不易。三维地震、叠前偏移等技术已经使地震勘探获得了"给地球做 CT"的美誉。然而,摆在我们前面的挑战仍然是严峻的,发展机遇也会是巨大的。

在我国东部平原区,我们的地震成果分辨率还不够好,目前大庆及胜利油田的大多数地震剖面,其 1 秒左右的反射波至今主频还只在 40～50 Hz 左右,三维连片资料主频更低到 30 Hz。这样的分辨率是很难解决我们油田的储层描述任务的。

海上地震勘探近年来采用了低噪声的固体电缆后,高频 100 Hz 的噪声比过去的电缆降低了 28 dB。因此,近年来海上地震剖面的分辨率得到极大的提高。有效频宽极宽,几乎到 200 Hz 全频带。得到的地震剖面接近为反射系数剖面,积分地震道后就是一条漂亮的波阻抗剖面。

而我们陆上地震勘探就没有那样容易了。例如直到目前,我们连检波器应该怎样埋置都还没有搞清楚。从我的文章编号 106-5 中就可以看到:一阵小风就可以使地下来的 1 秒后的 100 Hz 反射信号淹没在高频噪声之中。高级的数字检波器的高频噪声更大。制造仪器的人是不管高频噪声的,但恰恰当前陆上高分辨率采集的瓶颈是检波器的埋置好坏。研究检波器应该如何科学埋置又似乎不是什么"高科技",在科技攻关项目里,恐怕连开题论证都通不过。到底这个问题该由谁管?

关于分辨率的定义,至今争论很多。还有人以为分辨率与信噪比是没有关联的。文集编号 309-2 及 105-3 中给出了我的解答。如果没有噪声,只要通过简单的脉冲反褶积就可以把分辨率提高到两个采样点。因此,我认为高频噪声是我国东部地区搞好高分辨率勘探的主要敌人。对高频噪声产生机理的研究具有十分重要的意义。

另一个严峻的挑战是山区地震。

我国西部干旱的高山地区的地震勘探技术水平已经达到世界领先。但极低信噪比问题仍旧困惑着我们,玉门油田的窟窿山,塔里木的柯克亚以及青海油田的英雄岭西北部,那里我们的三维地震资料至今质量还没过关。这真是世界级的难题。目前搞采集的人往往只是向国外学,主要采用"高密度采集","增加覆盖次数"的手段,这种硬拼的方法增加了大量的成本,而且还不一定解决问题。我主张要对干扰波特性及组合理论加深研究,目前山地三维的接收线距一般为 200～400 m,太大了。今后应缩小接收线距,把次生高速干扰在野外采集中加以压制。此外,检波器埋在大山的陡坡上是否合理,激发点打在山坡上是否有效,这些问题也没人研究。目前常规的大线电缆的检波点距离是固定死的,必须直线走,逢山跨山,检波点无法自由选择,炮点位置选择的自由度也很小。我设想如果能甩掉常规的大线电缆,采用我们具有专利的"GPS 授时地震仪",使用不规则测网,把所有的检波器任意布设在相对较平坦的地方,把所有的炮点打在较低洼的有利位置,再加以无人值守的数万道接收,最后人工倒排列片时回收数据,这样就会有更好的技术突破。此外,随着科技的发展,今后有可能通过卫星,用云技术把采集的数据传递到室内。这些做法今后是有可能实现的。

我相信我国今后地震勘探技术会沿着正确的道路继续前进,争取走在世界的前列。

(6) 致谢

本文集的三个集子我花了整三年多时间,经过无数次修改与补充,今天终于完稿了。我的几个博士生帮我做了大量的工作。我要感谢东方地球物理公司张玮副总经理等领导长期以来一贯支持我的工作。科技信息处指派梁云辉同志连续三年来帮我整理稿件。也感谢中国海洋大学海洋地球科学学院的李广雪院长热心地支持我的工作,张进老师长期为我的集子做了全面的校对及大量的图幅清绘。此文集的编委们也给我提出了不少宝贵的意见,在此一并致谢。

如果我身体条件允许,我打算今后再出版第四个集子"奋进篇"。

2014 年 10 月

目录及大纲

Contents and Outlines

第一分册 基础篇

（地震勘探的基础理论及重要概念）

弦子波、可控震源子波、Yu's 子波、Lee 子波、吸收子波……解析子波的不同用处;截断效应;子波实际存在而又不易求准;求子波的方法:井旁求子波、海上求子波、VSP 求子波、同态反褶积求子波……子波反褶积;未知子波的统计反褶积;白噪的作用;

张海燕把我 20 世纪 80 年代提出的阻尼拉伸正弦子波的两种形式做了大量的计算。

用最小相位的李子波作了试验。证明了即使子波已经是严格最小相位了,问题还出现在反射系数不是白噪。不过通常在信噪比较高的情况,还可以得到满意的反褶积结果。

又对不同信噪比的地震资料做反褶积。发现信噪比很低的地震剖面不断做反褶积、去噪、再反褶积、再去噪……可以得到既成轴,分辨率又很高的剖面,这些同相轴完全是假象。

最后又用李子波和雷克子波的楔状模型反褶积试验,探讨了瑞利准则分辨率定义的不合理性。如果没有噪声,李子波反褶积后,分辨率应该达到两个采样点左右。但是噪声是客观存在的。于是作者对地震分辨率的理解为:"所谓的分辨率概念只能理解为对地下不同厚度的砂层,反演后能有多少判断准确度的概率而已。"

⭐ 信号与噪声的特点

信号的特点:来自地下复杂地质体的反射图形到底是怎样的;Fresnel 带的概念;即使地下是一个垃圾桶,到达地面的反射波也是均匀渐变的。

各种去噪方法的优缺点比较;信号与噪声在不同变换域中的分布规律。

假信号的产生,假信号的强度是原始平均振幅的 15%～30%,这是最头疼的。

RNA,FX-DECON 进行随机干扰压制,高频端信噪比的改进是关键。

去噪的基本思路:(a)随机噪声的特点:非平稳性、野值、非白噪。—— "别除加拟合"是出路。(b)"多道判别、单道压噪"的思路。(c)多域去噪的改进:"多域登记、共同审判"。

我用 8 个三分量检波器、道距 20 cm、超小排列长仅 1.4 m 做了一次试验。发现由于检波器与地接触不够紧密时,会产生很强的高频噪声,频带为 70～250 Hz,正好是我们想争取提高分辨率的重要频段。试验测得:在四级风条件下,埋置不良的单个检波器产生的高频噪声在地震仪器的输入口端会达到 1 200 μV 的强度,这会造成我国东部地区 1 秒以后反射波的 100 Hz 以上的信号全部淹没在高频噪声之中。

这便是妨碍我们陆上地震勘探得到高分辨率的关键所在。

⭐ 地震信息

本文从振幅的亮点、暗点的普遍规律讲起,说明了振幅研究的重要性。

波阻抗反演就是根据地震振幅推算来的。

振幅信息又帮助了地震地层学和层序地震学的研究。

根据振幅调谐作用的"谱分解"方法更是在推断储集层厚度方面起到相当重要的作用,被大家广泛使用。

根据振幅调谐曲线可以测定储集砂层厚度。胜利油田的牛庄朵叶砂体为例说明振幅信息可以起到十分重要的作用。

根据振幅突变的分析方法——"相干体"方法得到很好的地质效果。

振幅信息在塔里木盆地的海相碳酸盐储层研究方面发挥了重要作用。

经典的找油方法认为凡是含有油气的地方都具有"振幅增强,频率降低"的特征。

其实"强波多胖"是一般的规律。文章列举了多个实例,并提出了理论佐证。

结论是:凡是振幅很"亮"的时候,波形大多数要变胖,频率变低。这是强波本身所派生的现象。

✪ 地震次生干扰

次生干扰分两种:次生低速干扰(次生的面波及直达横波)及次生高速干扰(次生的折射波)。前者的视波长只有 $1\sim3$ m,在记录上表现为"麻麻点";后者表现为平行于初至的"下雨状"干扰,或者像"斜纹布",有些还会随着覆盖次数的增加而愈加明显。这两种干扰是普遍存在的,分布于整张记录,无法躲避。在我国西部地区,次生干扰会成为我们的主要敌人。

✪ 地震资料约束反演策略

地震资料是带限的,高频成分永远是多解的,不确定的,无法用地震资料控制。

反演的策略是:直接用地震资料"有效频宽"的中频信息,加上直接根据测井资料的高频信息在地震层位控制下的内插,再加上测井资料的低频分量的内插,就得到最合理的结果。

如何把地震资料与测井资料结合好,始终是大家关心的事情。一个最简单的想法是:在井边用测井的翔实资料,离开井的地方用地震资料作控制,在面上内插出翔实的资料来。我自己也曾经幻想过能不能在两口井之间,用地震反射波形的变化率和变化方向来控制测井资料小砂层的平面变化。现在我觉悟了。这不可能。

带限的地震资料并不能控制测井的高频成分的合理内插。高频成分在面上永远是"多解"

的。地震资料帮不上薄层内插的忙。

第二分册　方法篇
(地震勘探方法的改进方向)

第三部分：一维空间域噪音剔除法及应用，田树人同志应用我的一维噪声剔除方法，在地震生产记录上的使用效果，1991 年 4 月发表在石油地球物理勘探上的文章。

✪ 剔除拟合法

剔除拟合的思路是：文艺界使用的评分方法为"去掉一个最高分，去掉一个最低分"。我们去掉 10% 最高分和最低分后，并不直接求平均值，而是用最小二乘的方法，拟合出 P 及 Q 来。P 剖面具有较高的分辨率，并且具有抗干扰能力。Q 可以帮助我们研究 AVO 现象。

在当前的"叠前偏移技术"中，我们把 CRP 道集作输入，此方法可以获得更好的效果。

附件 1：剔除拟合 DELFIT 程序详细说明。

附件 2：剔除拟合在 CRP 道集上的应用——根据研究院王君的资料。

在当今普遍实行的叠前时间偏移的流程中，我们发现可以使用 DELFIT 技术对 CRP 道集做剔除拟合，取代常规 CRP 叠加，也可取得提高信噪比，改善分辨率，保留 AVO 信息的效果。

✪ 地震资料处理中的问题

这是一篇内部讲课材料。

地震资料处理是地震勘探三环节中的重要一环。本文是我多年来研究地震资料处理技术得出的 12 条体会。地震资料处理是一门技术，同时也是一门艺术。不同的人用同一种软件也可以处理出完全不同的效果。

关键是处理人员的素质和正确的思路。闫敦实部长说过一句名言："你如果有了一架钢琴（硬件），又有了琴谱（软件），你不一定能弹出好听的曲子来。"

附件 1：讲述速度谱极值点左右摆动的 6 种原因，及对付 4 种速度谱类型的处理方法（内部文件）。

附件 2：内切滤波法去面波 DEGROR 程序说明（内部文件）。

附件 3：3DFKK 与 DEGROR 压制面波的实际资料效果比较。

在现代三维采集中，道距常常为 40～50 m，面波存在严重的假频。记录上出现多种视速度（有的速度可以到达几万 m/s），使 3DFKK 这种根据视速度压制的办法不能充分见效。此文通过对比两个实例，证明国际流行的 3DFKK 方法的实际效果不如我的 DEGROR 程序的效果好。

Neptune 海神程序特点描述（内部文件）。

抛物线拉东变换是克服多次波反射干扰的一种办法，是在多次波剩余时差不够大时的唯一办法。

这是我自己编写的一个程序。

原文发表在《石油地球物理勘探》1987年第5、第6期。

我用一系列理论模型证明了存在"假上超""假削蚀",以及河流相同相轴不代表地层产状,而在沉积等时面附近上下浮动的情况,我称之谓"视同相轴"。于是有:陆相地层中,"眼球状"反射图形不是河床的代表;反射同相轴主要反映着厚砂层的分布。这些发现是对地震地层学的重要补充。

✪ 近代河流沉积与地震地层学解释

原文发表在《石油物探》杂志1994年第2期。

我国有着几千年河流泛滥的历史文献记录。我在这篇文章里列举了长江、黄河几千年的历史变迁,说明一条河流在盆地中不断摆动,它不愿意停留在高处,于是它不断地改道,力求把盆地填平。同时,我列举了盆地下降的速度,在几千年里盆地只是下沉了几厘米。我把这两个事实联系起来,结论便是:一条河流就像一台翻土机,它不断来回搬运砂子,而把泥巴留在湖泊及海洋中。对于长期的历史变迁结果,我们在地震剖面里看到的只是几千、几万年河流沉积的"综合体",我把它形容为"西红柿炒鸡蛋"。于是很难看到单独的一条曲流河、一个点砂坝、一个牛轭湖。提醒解释人员不要"言过其实"。

在特定的条件下,我们可以清晰地看到一条曲流河,如文中的暹罗湾例子。

这是1993年我给《石油物探》编辑同志的一封信,说明"近代沉积与地震层学"一文的编写过程以及国外的评价。

✪ 河道解释中的陷阱

原文发表在《石油地球物理勘探》1998年第3期。

这篇文章再次提醒地震资料解释人员不要陷入陷阱。文中提到1993年Leading Edge杂志上加拿大的Enachescu先生根据地震资料绘出了一张十分漂亮的古代的曲流河、牛轭湖和泛滥平原的图。依我看,这是由于他在反射层位对比中的"跳相位"所造成。在这种"河道"里,振幅是减小的,所以不是砂子多,而恰恰是几千、几万年里河流砂子没有摆动到的地方。

它是对地震层位切片上发现河道的正确性的讨论。

当一个工区里浅层有一个强反射界面时,往往造成深层反射波能量的屏蔽,记录质量下降。

本文从Zoeppritz公式的计算入手,深入地分析了我国不同困难工区的屏蔽效应,计算了透过能量的大小,并提出了克服难点的出路。

文中讲述了我国近年来在三维叠前偏移技术方面的进步,以及获得的良好地质成果。

过去地震剖面的形式主要是先做水平叠加,再做叠后偏移。现在叠前时间偏移技术是直接用叠前数据做成像处理。避免了水平叠加的多种缺陷,并且可以获得CRP成像道集,可做AVO分析。

该技术与三维连片技术结合起来,使我国东部几个油田的地下结构得到清晰的成像。获得良好的地质效果。

2002年塔里木的勘探工作遇到了却勒塔克地区三口深井落空。这使我们认识到:地震勘探不能再停留在对"时间域"的剖面的认识上了,在这些速度场变化很大的地区,今后必须在"深度域"来研究问题。

虽然叠前深度偏移技术在美国墨西哥湾取得了突破,但是我国西部某些地区的速度场比墨西哥湾要复杂得多,需要较长期的技术攻关。

✪ 油气勘探的发展方向

原文发表在《石油地球物理勘探》1993年第2期。
这是我当时对我国石油地球物理勘探今后的发展方向所做的较全面的探讨。

原文发表在《勘探家(石油与天然气)》1998年第1期。
这是我当时对我国油气勘探今后的勘探方向所做的探讨。我从新疆准噶尔盆地的含油气规律讲到塔里木的勘探方向,又谈到我国东部地区加深海滩地区油气勘探的意见,最后重点提出了改进地震勘探的具体建议。

在1998年4月的"中国工程院胜利油田院士行"活动中,我在胜利研究院所做的报告。首先肯定了三维地震对胜利油田的发展至关重要,对油田的发展史上树立了卓著功勋。然后论述了胜利油田的高精度三维地震今后要注意的问题。

✪ 地震勘探技术的发展方向

(1)陆上高密度采集不能简单地理解为愈密愈好。要考虑所得和所失,大量增加野外投资不一定能取得相应的回报。(2)大地吸收作用是中深层反射获得高分辨率的主要障碍。减小组合效应并不能显著改进陆上地震资料的分辨率。(3)地下一个点的反射信号到达地面成为几个菲涅尔带的一大片,常常为宽几百米。所以,并不在乎采样密度有多密。试验证明采样密度到达一定程度后,成像分辨率不会再增加。资料密集了,覆盖次数高了,肯定只有好处,没有坏处。唯一的问题是如果做过头了,就浪费了大量资金。

文中主要申述:死板地拘谨于老的操作规程,对检波器组内高差只允许2～3 m,这样虽然是"严格按操作规程施工"了,但我们的野外资料质量将十分低劣,只能得到废品记录。
解放了思想,退一步"海阔天空",根据实际情况制定组内合理允许高差,资料品质将得到挽救,就可以得到能用的地震资料。

本文主要论述了改进西部山区地震资料质量的重要措施——宽线横向大组合。

从 1999 年以来,我一直呼吁要把检波器垂直大线方向拉开 150 m,组内高差应该允许 ±15 m。希望大家解放思想:努力实施横向拉开组合,争取早日攻克世界级难关。

这是我对地震仪器的几个重要概念的论述,是我们正确使用地震仪器,改进地震记录品质的重要议题。文章在大地吸收衰减、高频信号的可记录性、噪声与信号在模数转换器中的态势等理论分析中,提出改进地震资料品质的途径。全文都是新的概念,制造仪器的人往往不往这方面想,使用仪器的人也没有理清这些问题。

主要针对我国西部地区地震工作目前存在的"世界级难题",提出地震勘探今后技术进步的方向。从地震资料采集、资料处理及地震解释三方面提出重点要解决的课题。

这是 2012 年我在中国海洋大学向海洋地球科学学院老师及研究生介绍的物探技术最新发展动态。

第三分册　争鸣篇
(油气勘探工作中的问题争鸣)

★ 对岩性探测技术与特异功能找油的评论

原文发表于《石油地球物理勘探》1996 年第 2 期。
美国一种用耳朵听的直接找油方法传到中国,在中国广泛应用并"发扬光大"。

附件 1:岩性探测技术在我国的发展过程——记我与王文祥的一次会面。

附件 2:(1)预报符合率不等于钻探成功率。
(2)从飞机上直接找油的骗局。
(3)"特异功能"找油——在那"特异功能"盛行的年代。

原文发表于《石油地球物理勘探》1997 年第 2 期。
一家中美合资的艾菲有限公司用一台精度很差的重力梯度仪,到处招摇撞骗,还说找油的效果很好,成功率 70～80%,是"多快好省"的"找油新坐标"。

★ 关于生油理论

原文发表于《新疆石油地质》2003 年第 1 期。
这是我"班门弄斧",挑战油气生成理论的文章。

✪ 圈闭分析技术

✪ 对分形、分维技术的评论

⭐ 关于宽方位角采集

　　原文发表于《石油地球物理勘探》2001 年第 1 期。

　　本文从理论记录的成像效果,再次指出:如果不研究各向异性,是没有必要采用宽方位角采集的。
　　中国石油大学(北京)中国石油天然气集团公司物探重点实验室也用水槽物理模型,证明了"宽、窄方位角"地震资料采集,经三维处理后,获得同样的成像质量和对地下砂体分布边界同样的分辨率。
　　文中提出具体建议,认为应该针对不同的地区根据实际条件决定我们的施工方案。

　　原文发表于《石油地球物理勘探》2004 年第 1 期。
　　本文列举了井间地震成功与失败的几个实例,并分析其原因。(1)认为井间地震在地下遇到反射界面时,入射角很容易到达或超过临界角。此时,激发能量很容易产生转换波及各种横波。文章通过波动方程理论计算,从激发波场的快照说明:在左右两侧产生两个波形的混乱"牛角尖"区。而通常的井间地震的研究目标刚好在此混乱区。(2)井间地震目前的成像方法一般是 VSP-CDP 法,它基本是射线的方法,效果不佳。然而英国皇家学院尝试了用各向异性的层析反演方法在两口相距 25 m 的情况也没有得到很好的效果。只要地层中夹有灰岩、油页岩等高速层,就很难准确成像。
　　列举的井间成功的例子都是保持入射角很小,射线近乎直上直下的情况。此时,波场是简单的纵波波场,才取得好效果。作者最后指出井间地震的出路及改进方向。

⭐ 地震高分辨率勘探中的误区与对策

　　原文发表于《石油地球物理勘探》1997 年第 4 期。
　　传统思路有不少误区;信号与噪声的态势分析;提高分辨率的对策

　　通过最近我自编的程序,从理论上计算了长条形炸药包的方向特性。发现只要爆炸速度等于地层速度,高频 $100 \sim 200$ Hz 的方向特性就集中向下。但是低频 50 Hz 分量,就欠缺方向性。所以长条形炸药包适合于工程地震,而对石油勘探所起作用不明显。但是长条形炸药包可以在地表浅层有火成岩屏蔽的地区发挥其功效,使炸药能量集中向下,去激发有效反射波。

✪ 地震勘探分辨率与信噪比的关系

原文1994年4月发表于《石油物探信息》。
本文对地震勘探的信噪比、分辨率及保真度三个重要问题作了初步探讨,引出了对什么是好的地震记录,什么是好仪器和怎样做好地震反演的讨论意见,供大家参考。

原文发表于《石油地球物理勘探》2008年第2期。
文中进一步澄清了分辨率与信噪比的关系,指出瑞利准则不适合于我们地震勘探,并提出要在对砂层预测成功概率的基础上来认识地震分辨率问题。

2004年12月我应邀参加在成都召开的一次水合物调查的论证会,这是我的发言稿。后来稍加补充。
本文论述了水合物是一种极贫矿(水合物饱和度极低)。它是不断逸散、不断补充、动态平衡的一种分散状矿床,极难开采。本文提醒我们要慎重对待,从长计议,并提出了水合物地震勘探方法及钻井工艺改进意见。

这是2012年2月,我在东方地球物理公司研究院的讲稿。讲如何珍惜已经获得的分辨率;提出如何把已经获得的有效频宽在出站剖面上把它表达好;以及如何识别真假分辨率。

原文发表于《石油地球物理勘探》2011年第6期。
这是2011年2月在上海"石油物探技术发展高层论坛"上的发言,是为庆祝我国物探事业光辉的60年有感而发。
新中国成立以来,我国石油物探事业取得了飞跃发展,我们亲身经历。过去60年来地球物理勘探为我国寻找石油天然气事业立下了汗马功劳,全国油气储量的90%以上是用物探方法找到的。
我国物探技术已经在7个方面可以称得上具有世界先进水平,但是目前我们还有7个方面遗憾之处。"7点遗憾"呼唤着我们的求实态度;后面"10个方向"呼唤着我们的创新精神。今后我们物探技术进步及健康发展,靠的是"求实与创新"。

这是1996年10月在石油大学(北京)所作的报告
讲学习与成才,谈了4个方面的关系:(1)信息与学术研究的关系;(2)数学与物理的关系;(3)计算机与人的关系;(4)人才成长与精神因素的关系。

✪ 下面简单介绍我过去已经出版的三本专著

(1) 走向精确勘探的道路　石油工业出版社出版,1993年

书号:ISBN7-5021-0996-X/TE.927

该书在理论结合实际的基础上,系统地分析了高分辨率地震勘探的各个环节,提出了一系列新的见解:如"视觉分辨率"及"视觉信噪比"的概念;"信噪比谱"的概念;纵波速度 V_p 与吸收系数 Q 之间的经验公式;盆地吸收模型的制作;不同分辨率反射记录对砂层追踪的本质方面的认识;不同频率成分有不同的贡献,$10\sim160\,Hz$ 频率成分对油气勘探最为重要等;还有在资料采集及处理中如何追求最大的"有效频宽"等一系列问题,都做出了相应的评论。

在递归波阻抗反演方面,书中分析了长期困扰人们的"五大难题",并逐个提出了解决问题的办法。关于地震反演技术,书中提出了"真分辨率","视分辨率"与"假分辨率"三者的区分,进一步指出今后反演技术努力的方向。这本书出版后,第一版在不到半年时间销售一空,第二年重新印刷后也很快售完。书中的内容近年来在物探杂志上被广泛引用,事实上已经成为地震高分辨率勘探技术的重要参考书。

——美国 SEG 学会正在翻译并出版此书的英文版。

(2) 岩性油气田勘探——河道砂储集层的研究方法

作者:李庆忠,张 进 中国海洋大学出版社,2006 年

书号:ISBN 7-81067-662-8 网址:http://www2.ouc.edu.cn/cbs

我国已经进入了岩性油气田勘探开发的阶段,岩性油气田勘探成为当前的热门话题。我国近年来发现的岩性油田大多属于陆相河道砂的沉积。此书进一步归纳了我在 20 世纪 80 年代关于"近代沉积与地震地层学"里的研究内容。根据对我国黄河、长江几千年的历史记载,有说服力地指出陆相沉积最终形成了一个非常复杂的混合体。这样复杂的储集体很难用二维的河道平面图来表达。

本书进一步阐述了陆相河流相地层产生的"视同相轴"的概念,也正因为它的存在,在陆相河流相沉积中,很难准确地追踪一个可靠的沉积等时面。本书对 Peter Vail 等人的地震地层学又作了新的解释:认为地震剖面能够反映岩性的宏观分布。但是根据切片研究往往受沉积等时面的不准确而产生误判。我们认为,高质量地震数据的三维可视化是陆相河流沉积最好的表达方法。

本书又就传统地震分辨率的理解提出了新的解释。最后,提出陆相的岩性油气田勘探,必须要认真做好波阻抗反演,因为常规的叠偏剖面只能粗略地指出哪些地方砂子相对发育一些,而不能反映出砂岩的厚度变化及岩性变化。

(3) 多波地震勘探的难点与展望

作者:李庆忠,王建花 中国海洋大学出版社,2007 年

书号:ISBN 978-7-81067-863-6 网址:http://www2.ouc.edu.cn/cbs

目前国内外的许多地球物理学家都对多波地震勘探寄予了很大希望。笔者认为,目前多波地震勘探还存在许多很难解决的问题,直接进行多波勘探很难取得很好的地质效果。本书列举了 3 个国外比较成功的多波地震勘探的实例和国内海上多波勘探的实例,对其中存在的问题进行了分析,系统地总结了多波地震勘探的难点。最后,本书提出了今后多波地震勘探的出路:应该从 P 波的 AVO 入手,直接反演求得弹性波(多波)参数,这才是一条捷径,希望本书的分析对今后多波地震勘探的发展有所帮助。

地球物理勘探在国民经济中的重要作用

此文是 2009 年 11 月作者在中国海洋大学任教时每年给海洋地球科学学院的新生讲大课的讲稿,由作者在中国海洋大学所作的多媒体报告转换而成。

本文目的是宣传地球物理勘探在国民经济中的重要作用,激发学生对地球物理勘探专业的兴趣,促使他们热爱地球物理勘探专业,并投身物探事业。

本文中,作者以亲身经历,讲述了大庆油田、克拉玛依油田、胜利油田发现过程中地球物理勘探所起的关键作用,列举了生动的事实。

介绍了地球物理勘探的装备、技术和野外作业的概况。

每次讲课时都会引起学生的极大兴趣。

一、地球物理勘探的概念及用途

寻找各种有用矿藏离不开地球物理探测,如石油、煤炭、天然气、天然气水合物、铁矿、重金属矿、放射性元素(铀矿藏)的寻找等等。

在环境保护及考古探测方面地球物理探测也取得了较大的成效。

地球物理勘探技术是迅速发展的高科技。它使用着最新的科技手段和仪器,最广泛地采用了各种信息及处理技术,拥有最高计算速度的电子计算机。

物探方法对地球表面的引力场、磁场、电场、大地电磁场及弹性波场,进行测量、计算来推算地下地质结构。

反射地震勘探方法是寻找油气应用最广泛的方法,它利用炸药在浅井中爆炸后,用精密的地震探测仪器接收来自地下各沉积岩层的反射波,随后根据回声的原理推断各种地层的埋藏深度及高低起伏的情形。

图 1 是 Jean Laherrere 2006 年所统计的全世界历年来石油发现量的图件。

图 1a 左下方蓝色细线区域代表 1920～1960 年用地面地质方法所找到的石油(涂蓝色的部分),绿色粗线区域代表 1940～1980 年地面地质加上地震勘探方法所找到的石油量,于是两条线之间的大部分储量(涂绿色的部分)都是依靠地球物理的地震方法所获得的成绩。而 2000 年前后的深海油气勘探(图 1b 右方)获得不少储量,也要归功于地震勘探技术的进步。从此图可见:依靠地球物理的地震方法所获得的储量约

占全球油气总储量的 2/3 还多！

在世界范围内地震勘探所起的作用如此明显,在中国也同样如此,只是我们对此缺乏了解而已。

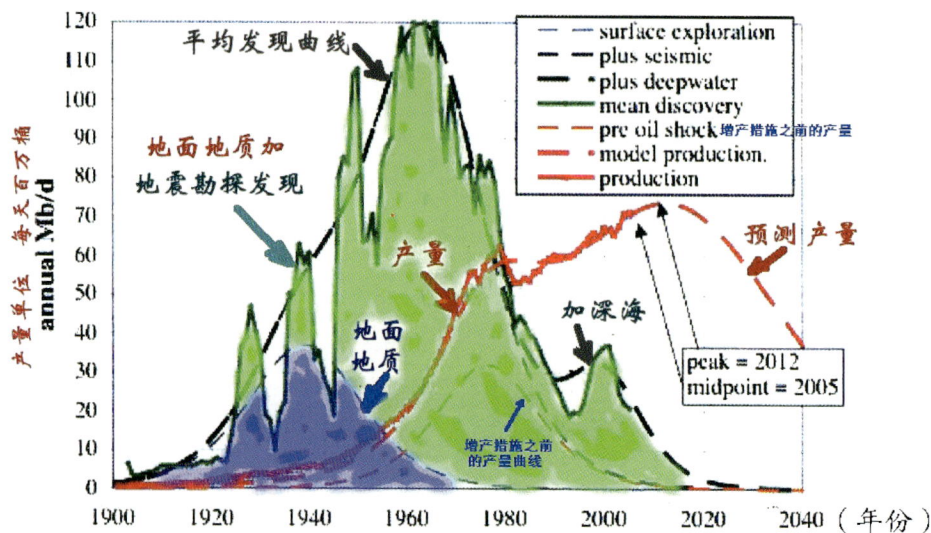

图1(a)　世界石油历年发现量统计曲线(根据 Laherrere(2006)资料)

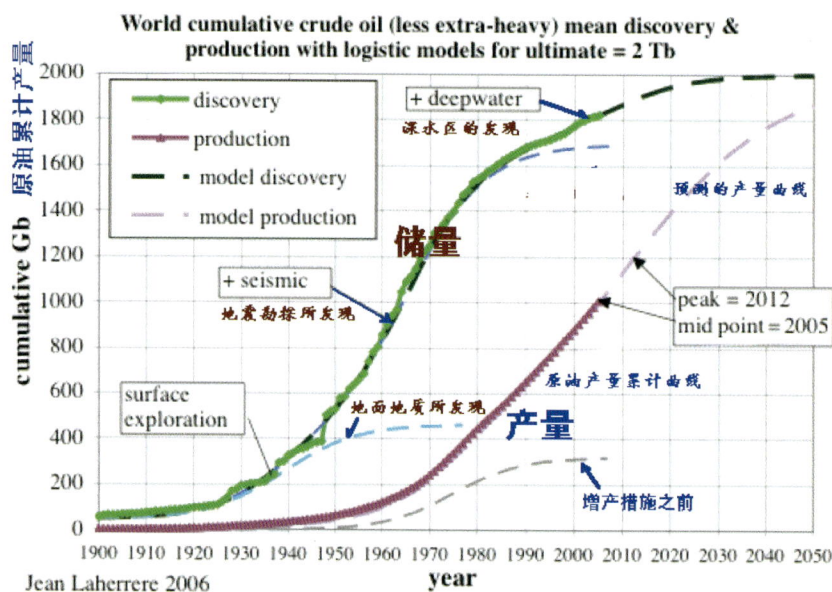

图1(b)　世界原油累计年发现量的平均曲线、原油产量累计曲线以及
按统计模型预测的产量累计曲线(根据 Laherrere(2006)资料)

二、近 50 年石油地球物理勘探技术在我国获得了飞速的发展

过去 60 年来地球物理勘探技术为我国寻找石油天然气事业立下了汗马功劳。

全国油气储量的 90% 以上是用物探方法找到的。

除老君庙、陕北延长老油矿外,我国绝大部分油田为第四系沉积所覆盖,而西部构造往往地面构造和地下构造不吻合,只能用地震勘探来搞清地下构造形态。

地震勘探中的多次覆盖技术、三维地震技术及各种数字处理技术极大地改进了找油的成效与经济效益。

（一）我国已具备在各种复杂地表条件下开展石油勘探作业的能力

目前我国可以在山地、沙漠、戈壁、黄土塬、沼泽、丛林、浅海、深海等各种复杂地表和地质条件下开展物探采集、处理、解释一体化作业。与国际一流物探公司相比,我国的综合作业能力:陆上处于先进水平,滩海有一定竞争实力,深海能力弱,软件与设备研制能力存在一定差距。

下面所展示的是我国地球物理工作者在各种地表条件下作业的一组图片(图2～图5)。

图2　塔里木盆地飞机支持山地地震勘探作业场景

图3　塔里木盆地塔克拉玛干沙漠区地震勘探作业场景

LP99-123线中部黄土塬地貌

图4　鄂尔多斯盆地某地震勘探测线中部经过的黄土塬地貌图

盐田　　泥滩　　潮间带　　浅海

草地

图5　浅滩海区地貌及勘探作业图

3

（二）地震勘探技术不断进步，勘探精度越来越高

图6～图9所展示的是我国东北某地区三维地震资料立体数据体各方位的切片，通过这组图片可看到：

精密的"三维地震勘探技术"能像"CT"一样对地下各断面做出成像解剖，成为寻找石油的有力武器。

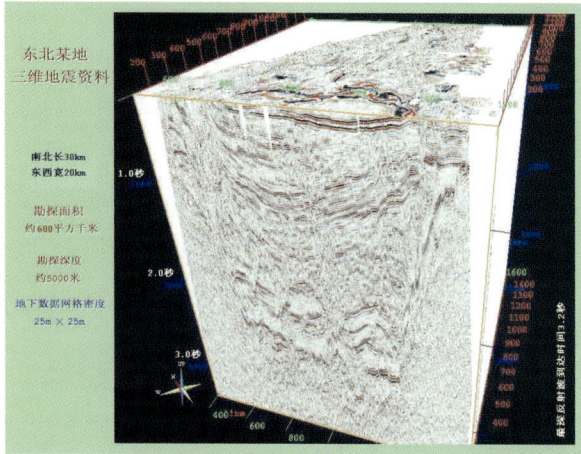

图6　东北某地三维地震数据体立体东西向剖面显示图

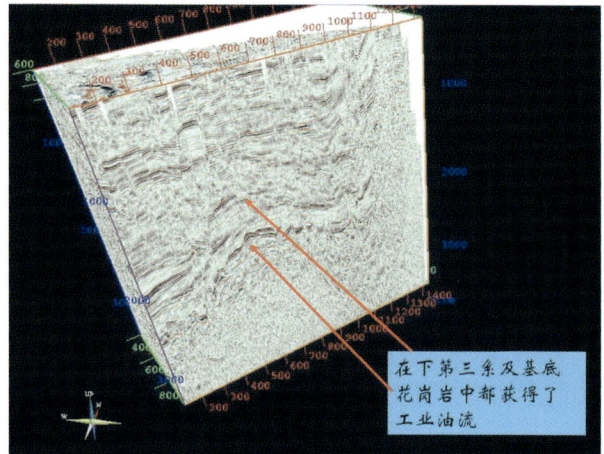

图7　东北某地三维地震数据体立体南北向剖面显示图

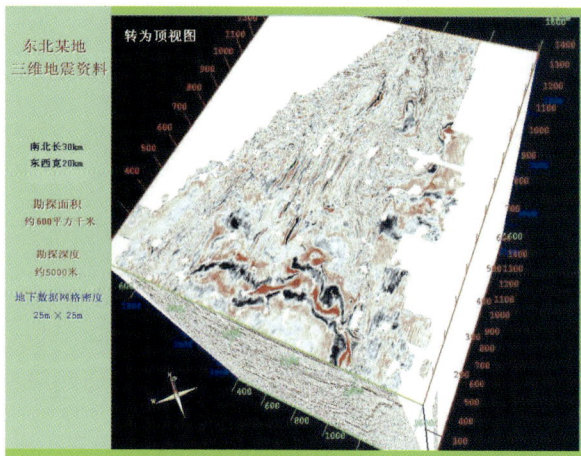

图8　东北某地三维地震数据体立体顶视切片图

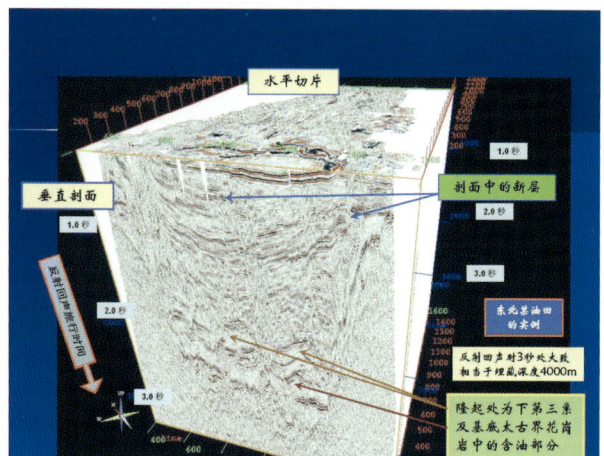

图9　东北某地三维地震数据体立体东西向解释剖面图

（三）物探计算机装备不断加强

复杂地下构造的准确成像要求使用叠前深度偏移技术，叠前深度偏移需要大量的高速运算，它推动了微机群的飞速发展。世界范围物探公司纷纷用微机群装备自己，形成强大的计算机处理能力。

2010年东方公司（原物探局）数据处理中心PC-Cluster处理速度已经达到每秒200万亿次以上浮点运算（峰值）。建成了两个超级计算机中心：

（1）以大型PC-Cluster机群为主的叠前数据处理中心：

2005年达到5000个CPU；

2007年达到12000个CPU；

2010年处理中心达到10000个CPU，20000核的PC集群；

东方公司共计达到 18000 个 CPU，36000 核。

（2）以虚拟现实技术（Virtual Reality Technology）为主导的勘探开发一体化解释中心（立体影院）。

表 1 　我国最大地球物理公司 BGP 与国外大地球物理服务公司对比（2005 年数据）

公司名称	陆上队伍	海上队伍	勘探船	拖缆	处理中心数	CPU 数
Western Geco	19	2	69	78	29	40000
PGS	6	2	9	78	9	
Veritas	12	5	4	32	14	
CGG	16	1	5	42	26	15000
BGP	34（海外）	0	0	0	17	3289

　　计算机技术的发展与地球物理勘探的需求密切相关。计算机技术的发展推动了地球物理勘探技术的进步，而地球物理勘探的需求又反过来促进了计算机行业的发展。计算机技术已从真空管加穿孔卡片发展到集群超级计算机。现在集群超级计算机已成为超级计算机的普遍选择。采用集群超级计算机的典型数据处理中心可能装有上万台的微机，其峰值计算速度可达浮点运算每秒几十万亿次。

　　作为一名地球物理勘探队员，我们为自己见证了地球物理勘探事业的飞速发展过程而感到鼓舞。

　　下面是引用的 SEG *The Leading Edge* 杂志的文章中 Lawrence M. Gochioco 的一段话：

　　"未来的 20 年将会怎样？虽然作者只能谨慎地做出推测，但肯定会超出作者目前的想象。到那时作者就 66 岁了，或许已退休了。然而我知道自己选择了一项崇高的事业，从中我能够看到地球物理人员给这个世界带来的积极影响。他们不仅有利于保证全球的能源供应，而且为社会的科学进步做出了扎扎实实的贡献。我们在信号处理理论方面的创新，三维成像法的改进，超级计算机及三维可视化技术，推进了医药、气象与生命科学等学科的进步。当 21 世纪勘探任务的挑战把我们带到诸如更深的海洋深度、外层空间与行星探测时，作者确信地球物理工作者定会全身心地投入到研制更先进设备的工作中去的。"

——Lawrence M.Gochioco

The Leading Edge 　TLE NO.11，2002

三、寻找石油与天然气资源具有重大的现实意义

　　石油是一种战略物资，是工业的血液，伊拉克战争也是因石油而引起。

（一）世界石油形势

　　下面通过在《油气地质与采收率》期刊上发表的文章中剪辑下来的两部分内容来了解一下世界石油形势。

　　在当今人类社会进步和发展的过程中，能源，特别是石油和天然气资源起着举足轻重的作用。石油和天然气的获得，一方面依靠发现新的油气资源，另一方面需要不断提高对现有资源的开采技术。因此，油气工作者不仅要了解油气资源分布及供需状况，而且要把握油气田开发的最新技术和发展趋势，以提高油气田的开发水平和开发效益。

　　2000 年世界石油剩余探明储量为 1403×10^8 吨（表 2），其中，中东地区占 66.5%。石油地质储量排名前 10 位的国家分别是沙特阿拉伯、伊拉克、科威特、阿布扎比、伊朗、委内瑞拉、俄罗斯、利比亚、墨西哥和中国。

　　2000 年世界主要产油国的原油产量见表 3。

表2　2000年世界石油剩余探明储量统计

国　家	储量（10^8吨）	占世界总储量份额（%）	国　家	储量（10^8吨）	占世界总储量份额（%）
中国●	32.7	2.3	阿尔及利亚	12.5	0.9
澳大利亚	3.9	0.3	安哥拉	7.4	0.5
文莱	1.8	0.1	刚果	2.1	0.1
印度	6.4	0.5	埃及	4.0	0.3
印度尼西亚	6.8	0.5	加蓬	3.4	0.2
马来西亚	5.3	0.4	利比亚	40.2	2.9
其他亚太地区	3.1	0.2	尼日利亚	30.7	2.2
亚太地区总计●	60.0	4.3	其他非洲国家	1.8	0.1
阿布扎比●	125.8	9.0	非洲地区总计●	102.1	7.3
迪拜	5.5	0.4	阿根廷	4.2	0.3
伊朗●	122.4	8.7	巴西	11.0	0.8
伊拉克●	153.5	10.9	加拿大	6.4	0.5
科威特●	128.2	9.1	哥伦比亚	3.5	0.2
中立区	6.8	0.5	厄瓜多尔	2.9	0.2
阿曼	7.5	0.5	墨西哥●	38.5	2.7
卡塔尔	17.9	0.3	美国●	29.7	2.1
沙特阿拉伯●	353.5	25.2	委内瑞拉	104.8	7.5
沙迦	2.0	0.1	其他西半球国家	3.4	0.2
叙利亚	3.4	0.2	西半球总计●	204.4	14.6
也门	5.5	0.4			
其他中东国家	0.3	0.02			
中东地区总计	932.3	66.5			
阿塞拜疆	1.6	0.1	丹　麦	1.5	0.1
哈萨克斯坦	7.4	0.5	挪　威	12.9	0.9
罗马尼亚	1.9	0.1	英　国	6.8	0.5
俄罗斯●	66.3	4.7	其他西欧国家	1.2	0.1
其他东欧和独联体●	3.3	0.2	西欧地区总计●	23.4	1.7
东欧和独联体总计●	80.5	5.7			
欧佩克总计	1110.8	79.2	世界总计●●	1403	100

表3　2000年世界主要产油国的原油产量统计

国家及地区	产量（10^8吨）	国家及地区	产量（10^8吨）
巴西	0.57	伊朗●	1.78
加拿大	0.99	伊拉克●	1.34
墨西哥	1.52	科威特	0.88
美国●	2.90	沙特阿拉伯●	4.01
委内瑞拉	1.51	阿拉伯联合酋长国●	3.85
西半球总计	8.56	中东地区总计	10.74
挪威	1.60	利比亚	0.70

续表

国家及地区	产量（10^8 吨）	国家及地区	产量（10^8 吨）
英　国	1.26	尼日利亚	0.99
西欧地区总计	3.20	非洲地区总计	3.34
独联体	3.58	中　国 ●	1.61
东欧地区和独联体总计	3.90	印度尼西亚	0.65
		亚太地区总计	3.67
欧佩克总计	14.02	世界总计	33.40

表 4　2006 年世界剩余油气探明储量及石油产量（亿吨）*

	剩余油气探明储量				产　量	
	石油（亿桶）	所占比例	天然气（万亿立方米）	所占比例	石油（亿吨）	所占比例
中　东	7427	61.5%	73.47	40.5%	12.22	31.2%
欧洲（不包括前苏联）	162	1.4%	6.02	3.3%	2.47	6.3%
前苏联地区	1282	10.6%	58.11	32.0%	6.00	15.3%
非　洲	1172	9.7%	14.18	7.8%	4.74	12.1%
中南美	1035	8.6%	6.88	3.8%	3.46	8.8%
北　美	599	5.0%	7.98	4.4%	6.46	16.5%
亚　太	405	3.4%	14.82	8.2%	3.80	9.7%
世界总计	12.82	100.00%	181.46	100.00%	39.14	100.00%

* 数据来源：2007 年 6 月 BP 世界能源统计。

从以上的内容中可以看到：我国石油天然气产量占世界第五位，我国石油剩余探明储量占世界第十位。

表 5　2005 年世界油气储量、产量和消费量现状

地区	石油			天然气		
	剩余储量（亿吨）	产量（亿吨）	消费量（亿吨）	剩余储量（万亿立方米）	产量（亿立方米）	消费量（亿立方米）
中东	1012（61.9%）	12.08（31%）	2.71（7.1%）	72.1（40.1%）	2925（10.6%）	2510（9.1%）
亚太	54（3.4%）	3.81（9.8%）	11.1（29.1%）	14.8（8.3%）	3601（13%）	4069（14.8%）
非洲	152（9.5%）	4.67（12%）	11.29（3.4%）	14.3（8%）	1630（5.9%）	712（2.6%）
北美	78（5%）	6.4（16.5%）	11.32（29.5%）	7.46（4.1%）	7506（27.2%）	7745（28.2%）
中南美	148（8.6%）	3.5（9%）	2.23（5.8%）	7.02（3.9%）	1356（4.9%）	1241（4.5%）
欧洲*	192（11.7%）	8.45（21.7%）	9.63（25.1%）	64（35.6%）	1061（38.4）%	1120（40.8%）
世界合计	1636	38.95	8.4	179.8	27600	27498

* 注：欧洲包括俄国和中亚。

（二）我国石油天然气勘探现状

中国油气资源主要分布在西北、华北、东北和海域等四大含油气区的较大型沉积盆地中。据国家石化局统计，2000 年全国原油产量为 1.61×10^8 吨。天然气产量为 277.3×10^8 立方米。

近年来我国石油天然气储量增长处于稳定发展阶段。

2002～2004 年三年共获探明石油储量 13×10^9 吨，平均每年增加 4.36×10^9 吨，共发现 19 个油田，

其中 7 个亿吨级的油田。

天然气方面三年间找到 12 个气田，探明储量 5681 亿立方米，形成"西气东输"的资源基础。共探明 1.15 万亿立方米，为"八五"计划的 3 倍，形成四大气区：鄂尔多斯、塔里木、四川及青海涩北气区。

岩性油气田勘探取得较大的突破，松辽、鄂尔多斯、准噶尔等都出现大面积含油的场面。

前陆冲断带发现大油气田，库车地区克拉 2 及迪纳 2 气田，酒泉青西窟窿山推覆体下发现白垩系油田，玉门老油田焕发青春。

海相碳酸盐油气田前景很好：轮南塔河油田探明储量 6 亿吨，四川飞仙关组鲕滩气田大面积高产。

最近在渤海湾冀东油田发现的南堡油田有数亿吨的油气远景储量。

四川省东部的普光气田也具有近 4000 亿立方米的三级储量规模。

在中国这样复杂的地质构造中，寻找出这样多的油气储量是很不简单的事情。

表 6 表明了我国三大油公司国内近年油气地质储量增长的情况，最后一栏的累计为历年累计结果。

表 6　中国三大油公司国内近年油气地质储量增长情况

		1999 年	2000 年	2001 年	2002 年	累计
石油储量（亿吨）	中石油	4.02	4.24	4.99	4.27	150.1
	中石化	1.3	3.5	2.0	2.13	56.7
	中海油	1.1	1.98	0.42	3.63	18
气储量（亿立方米）	中石油	919	4119	4103	3352	27089
	中石化	13		418	898	4310
	中海油	22	4	191	73	3068

近年来新发现的油气普遍存在勘探难度大、埋藏深度大、多数为低产田的特点。

要取得勘探的成功需要解放思想（改造低产油层后，出现广阔天地），加强预探，加强地震勘探以及综合研究工作。

新技术的推广和应用十分重要，如三维地震、山地地震、偏移成像、储层预测及砂体描述、成像测井及核磁测井、欠平衡钻井、水平井、防斜、深度酸化压力、储层改造。

由于新发现的油气普遍存在勘探难度大、埋藏深度大的特点，打一口深井所花的钱愈来愈多，促使人们愈来愈重视地球物理勘探工作。

每年我国三大石油公司（中石油、中石化、中海油）在油气勘探方面资金投入约 200 亿元，其中花在地球物理勘探方面约占 1/3，西部油田可达 1/2。

每年开展的勘探工作为：钻探井 1100 口，进尺 320 万米，地震勘探二维测线 60000 千米，三维地震 15000 平方千米。

我国 2006 年石油产量 1.84 亿吨，产天然气 585 亿立方米。预计 2015 年油气当量可上高峰，达两亿吨。

今后 20 年经济增长每年 7%，能源消费需求每年增加 4%，要求油气产量每年增加 6%，难度较大。

1993 年起，我国成为石油进口国。2000 年进口 5996 万吨，其中成品油 978 万吨。2002 年消费石油 2.3 亿吨，生产石油仅 1.6 亿吨。2006 年进口石油 1.36 亿吨，此外，进口液化气 NPG 2200 万吨。

今后石油进口在所难免。

（三）我国油气资源供需现状、近期发展目标

从表 7、表 8 的数据可以了解到我国油气生产消费现状，也能看到在我国继续努力寻找油气资源的重要性。

从长远战略考虑，努力寻找国内油气资源，还是十分重要的。

表7   我国油气资源供需现状与2020年发展目标

油气年	石油（亿吨）				天然气（亿立方米）			
	剩余可采储量	产量	消费量	进口量	剩余可采储量（万亿立方米）	产量	消费量	进口量
2006	24.2	1.83	3.25（3.6）	1.36（1.7）	3.3	585	585	
2010	25	1.93	4.1	2.17	3	920	1100～1200	200～300
2020	22	1.8～2	4.7～5	2.9～3	3.9	1100～1200	2107	900～1000

注：年另消费2200万吨液化气。

表8   我国一次能源消费百分比预测

能源	煤（%）	石油（%）	天然气（%）	水电核能（%）	新能源（%）	总量
2000年	67.5	23.8	2.8	5.5	0.29	1
2010年	66.1	20.5	5.3	7.7	0.4	1
2020年	55	23	10	>10	>2	2

我国"两种资源"的方针政策已经确定。从国外（苏丹、印尼、秘鲁、俄罗斯）获取资源已取得实效。

从2009年开始，中国石油产量仅次于俄罗斯、沙特阿拉伯、美国之后，成为全球第四大原油生产国，占世界原油总产量的5.4%。

最近十年，中国的石油年产量由2002年1.6亿吨增加到2011年2.03亿吨，由世界第5位上升到第4位。天然气年产量由2002年的229亿立方米增加到2011年的1013亿立方米，由世界第17位上升到第6位。

原油增幅来源是鄂尔多斯的大片致密砂岩通过压裂措施得以开采；大庆油田等的老油田不断挖潜，例如过去不能动用的薄砂层及油水同层，通过工艺的改进，形成了采能。还有渤海海上不少稠油油田的相继开发等。天然气的增产来自四川盆地的新发现的气田，以及煤层气、页岩气的开发。

但是，近年来中国的石油对外依存度快速攀升，2011年已达56%。

有人预计：到2030年，全国常规石油年产量仍保持在2亿吨以上水平，非常规石油年产量3000万～5000万吨，常规天然气年产量可接近3000亿立方米，非常规天然气年产量1500亿立方米，总的石油产量有望超过2.5亿吨，天然气产量达到4500亿立方米，油气总产量将达到6亿吨油当量。

四、石油地球物理勘探在发现油气田方面所起的作用

在我国石油工业的发展道路上，地球物理勘探（下简称为物探）起到了十分关键的作用。我国现有的油气田中除老君庙油田、延长油矿及西部少数油田为地面地质调查所发现的之外，90%以上的油田是用物探方法所发现的，即首先用物探方法查明地下构造情况，找出适合于油气聚集的隆起构造和圈闭，定下井位，然后实施钻探打探井，才能打出油气来。

（一）找油靠物探

20世纪初美国人在宾西法尼亚幸运地打出产油井后，下一口井往哪里打是无法判断的。当时采用向天上扔手杖的办法，掉下来手杖指向哪里，就把井位移向哪里。这当然是不科学的。

后来人们知道了油气存在于"隆起构造"里，于是，地面地质调查工作便成为科学的找油方法。

因为油气较地下水的相对密度为轻，所以油气多存在于隆起构造的高点处。"背斜隆起构造"便是最好的场所，"断块构造"、"岩性圈闭"也不错。

油气田是靠谁找出来的呢？不了解油气勘探的人，有的认为是靠王进喜等所代表的钻井工人钻井找出来的，有的认为是靠李四光等地质学家依靠地质知识找出来的，其实这些都不全对。

1. 先看一下我国找石油的历史

延长油矿及四川的天然气田是我国古代(西汉及北宋)劳动人民的发明创造。清光绪年间在我国台湾(1878 年)及陕北(1907 年)开始打工业油井。

20 世纪 30 年代找油靠找油苗和碰运气。40～50 年代找油靠地质榔头。地质家前辈孙健初拉骆驼在酒泉石油沟发现油苗,又在附近找到背斜构造,发现了老君庙油田。

依靠发现油苗或者依靠利用地质露头来直接找油的技术只能发现有限的油气藏,而像海上、沙漠以及我国东部的平原地区,这些方法就彻底失效了。以大庆油田的发现过程为例,我们可以看到石油物探在发现油气田方面所处的重要位置和所起的重要作用了。

2. 大庆油田的发现过程

对于大庆油田的发现,首先是李四光和黄汲清等地质学家对我国油气勘探的战略东移及松辽普查勘探的部署起到了重要的作用。王进喜等所代表的钻井工人对加速大庆油田的发现也起到了重大的作用。但是如果没有物探工作者在野外用高科技的手段查明地下的结构,找到含油构造,那么大庆油田就不可能在 20 世纪 50 年代里被发现。

松辽盆地地表为近代沉积覆盖区,地面没有任何油气显示。地质露头极少,地面地质也发挥不了作用。因此物探工作十分重要。

1957～1958 年,地质部通过大量的重磁力普查及电法勘探,查明了盆地的区域结构。当时打了一批浅井,对盆地的地层分布有了初步的认识,但找油的方向仍不明确。1958 年 5 月在杨大城子构造上所钻的南 14 孔见到 20 层含油,厚 60 米,但试油结果是出水带油花。

1959 年年初石油部上了深钻钻机,按基准井的部署,打了松基 1 井(任民镇)未见油气。松基 2 井打在登娄库构造上,见少量油气显示,试油也出水。

当时仅有的 2 个地震队在盆地中部开展工作,发挥了重要作用。

松基 3 井是 1959 年 8 月根据地质部的物探调查结果,在松辽盆地大同镇的高台子地震及电法高点所定的井位。图 10a 是当时定井位的依据图,当时地震队还没有完成大庆的全部图幅,所以仅根据南部的一个局部高点打了松基 3 井。

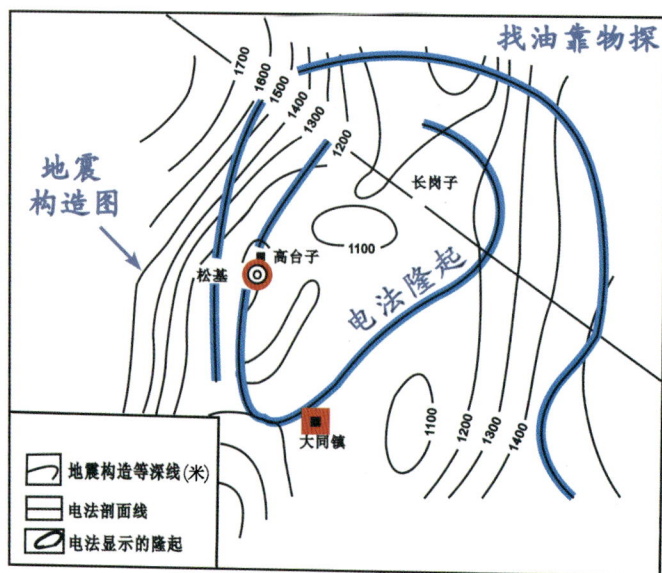

图 10a　1959 年 8 月决定松基 3 井井位的物探资料依据图

松基 3 井于 1959 年 9 月 26 日喷出原油 14.93 吨,标志着油田的发现。但是人们当时还没有认识到大油田的存在。

据邱中建、龚再升编著的《中国油气勘探》(石油工业出版社出版)一书记载,松基 3 井喷出原油后,当时还不知道是"大油田还是小油田","活油田还是死油田","好油田还是差油田"(《中国油气勘探》第3卷,第491页;第1卷,第58页)。主要是地质部仅有的两个地震队的勘探工作还没有来得及全面展现"大庆长垣"的面貌。

直到1959年12月,地质部长春物探大队完成了盆地中央的全区地震构造图,才看到北起喇嘛甸、萨尔图、杏树岗,南至高台子、葡萄花、敖包塔一个完整的大隆起,面积1500多平方千米,人们称之为"大庆长垣"(图10b)。此图就是石油部"挥师北上",进行石油大会战的主要依据。1960年2月13日向中央递交了《组织石油大会战》的报告,7天就获得批准。

石油部余秋里部长在回忆录中写道:"我要特别感谢地质部长春物探大队,正当我反复考虑这个问题,准备做出决定时,他们送来最新完成的地震细测成果——"大庆长垣地震构造图",清晰地勾画出了北部杏树岗、萨尔图、喇嘛甸子三个高点……我兴奋不已,彻夜难寐……我做出了一个决定,在三个构造的高点各定一口预探井……"(见解放军出版社1996年《余秋里回忆录》第593页)。这便是1960年3月"三井定乾坤"的缘由。

可见物探资料对寻找油气的重要作用。

发现大庆油田的实际过程表明:真正寻找石油的尖兵是石油物探工作者。我国目前的石油地质储量中90%以上是靠物探方法找到构造,然后用钻探加以证实的。目前石油物探从业人员约4万人,每年资金投入超过50亿元(包括陆地及海洋)。

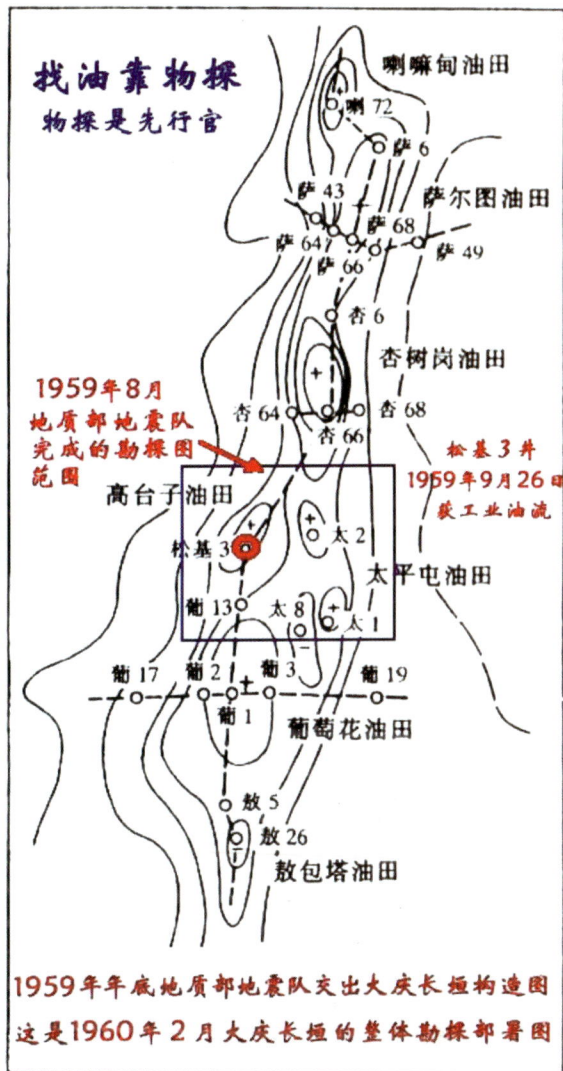

图 10b　1959 年由地质部地震队获得的大庆长垣构造图

大庆油田的发现使我国摆脱了"贫油帽子"。油田自1959年发现以来,累计探明石油地质储量56.7亿吨,探明天然气地质储量548.2亿立方米。1960年投入开发建设以来,取得了举世瞩目的巨大成就。从1976年开始,实现年产原油5000万吨以上持续27年高产稳产,创造了世界同类油田开发史上的奇迹。截至2009年3月,累计为国家生产原油20亿吨,占全国同期陆上原油总产量的45%以上;相当于为全国人民每人生产原油近1.4吨;为国家上缴各种资金1万多亿元,2000年以来连年位居中国纳税百强企业榜首;主力油田采收率已突破50%,比国内外同类油田高出10～15个百分点。

大庆油田的油气生产是我国经济起飞的原动力。20世纪,没有大庆,我们的飞机就飞不上天,汽车就要背上"煤气包",没有大庆,就没有"两弹一星"。所以说,60年代石油物探找到大庆油田是我国国民经济重要的转折。

当年侵华日军也曾试图在东北寻找油田,他们曾打过一批探井,但都失败了,也是因为他们当时没有物探的技术和装备,没有办法搞清地下的构造情况。找油失败了。日军的飞机、汽车、坦克和军舰每天需要大量的石油,可是日本不产石油,于是决定日军南下到缅甸和东印度群岛去抢油。我们可以设想一下,如果当年日军在东北找到了大庆油田,那么对日胜利之日期要推迟很多年。

(二)石油物探工作者的足迹遍布全国各地

新中国成立后,我国石油物探人员足迹遍布全国各地,不管是荒无人烟的戈壁沙漠,还是难于攀登的崇山峻岭,或是浩瀚的海洋。他们坚忍不拔、辛勤劳动,背着高科技的仪器,从事最原始的体力劳动。

下面一组图片展现了石油物探工作者的足迹(图11～图31)。

图11　物探工作者在林区施工
（测量组在搬点途中）

图12　物探工作者在沙漠中的小营地
（中央电视台截图）

图13　物探工作者在内蒙古大草原施工
（为炸药震源地下激发做钻井准备）

图14　物探工作者在丘陵地区施工
（用人抬简单机械钻钻井）

图15　物探工作者在西部山区施工
（用山地钻钻井）

图16　物探工作者在南方水田区施工
（测量组在搬点途中）

图 17　物探工作者在沙漠区施工
（使用自己研制的沙漠钻机钻井）

图 18　物探工作者冬季在松花江冰面上施工
（车载钻机在钻井）

图 19　物探工作者在黄土塬区施工钻炮井

图 20　物探测量人员在华北某测线进行测量作业

图 21　物探放线女工在南方某测线进行放线作业

图 22　找油人——物探工作者在野外工地的午餐

图 23 物探工作者在腾格里沙漠进行重力勘探施工

图 24 物探工作者在山区进行电法勘探施工

图 25 物探工作者在城区进行地震勘探施工
（可控震源车在夜间作业）

图 26 我国地球物理工作者在渤海地区作业
的气枪震源船

图 27 物探工作者在水网区进行地震勘探施工
（船载钻机钻井）

图 28 物探工作者在沼泽区进行地震勘探施工
（手摇钻钻井）

图 29　物探工作者在山区作业场景——搬运钻杆

图 30　物探工作者在北方寒冷的冬季作业时的场景

图 31　我国地球物理公司在国际上承包浅滩海区作业项目
（图中为尼日利亚作业人员正在准备出工）

　　从以上不同年代的石油物探人作业的图片可以看到,石油物探人的足迹遍布全国各地,石油物探队员在野外从事着艰苦的劳动,哪里有石油哪里就有他们的足迹。

（三）石油物探使用了当代先进的科学技术

石油勘探工作不仅艰苦，而且技术含量高，它不仅需要先进的装备，先进的计算机技术，而且从一开始每条测线的部署，每个点的布设，到资料处理及最后的资料解释成图，每个环节每个步骤都需要技术，可以说石油勘探工作是半科研半生产性质的工作。下面一组图片展示了石油勘探工作所使用的部分装备和部分技术（图32～图42）。

图32　测量人员在操作先进的测量仪器完成测量任务

图33　测量人员在进行 GPS 卫星定位仪使用的训练

图34　石油勘探资料解释人员在利用
工作站进行人机联作解释

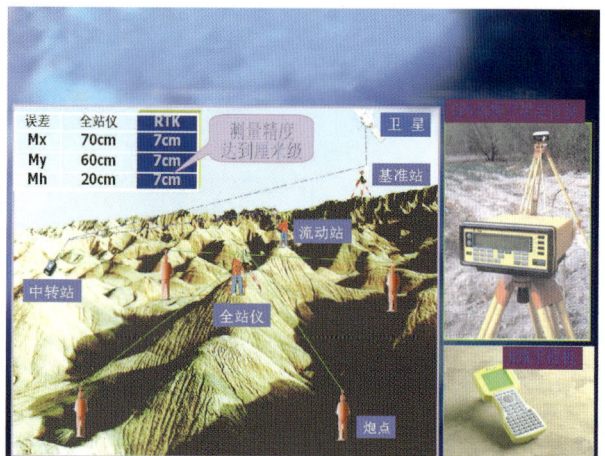

图35　联合应用卫星定位 RTK 测量系统技术
解决复杂山地勘探测量问题

图36　石油地震勘探专用设备——可控震源车

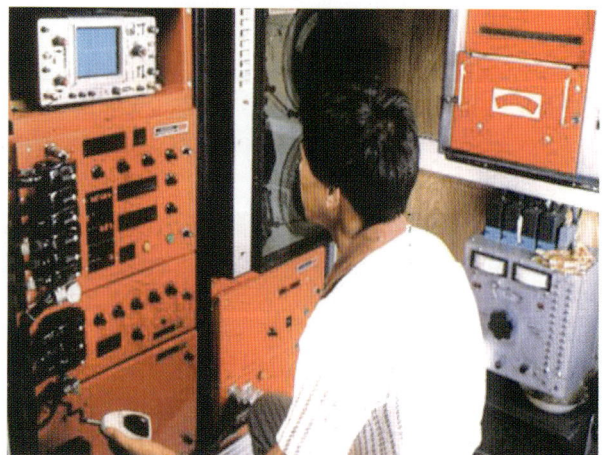

图37　石油地震勘探专用设备——数字地震仪

图38　石油地震勘探专用设备
——SN388遥测数字地震仪

图39　石油地震勘探专用设备
——Telseis无线遥测数字地震仪

图40　石油地震勘探专用设备——地震检波器

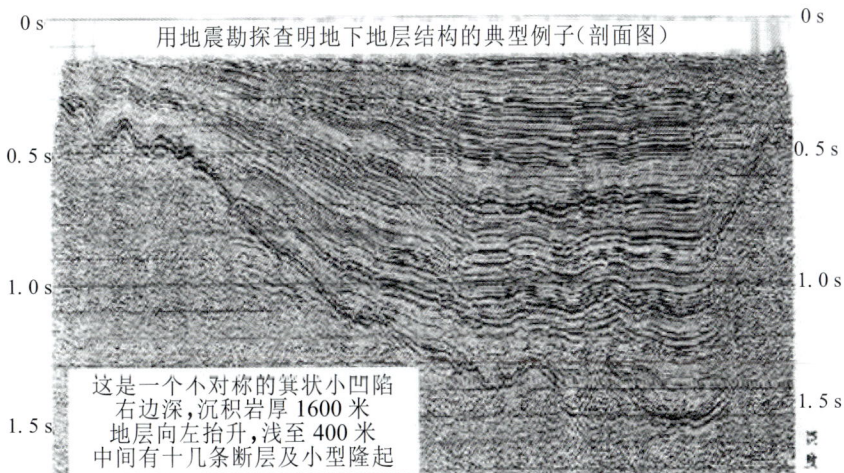

用地震勘探查明地下地层结构的典型例子（剖面图）

这是一个不对称的箕状小凹陷
右边深，沉积岩厚1600米
地层向左抬升，浅至400米
中间有十几条断层及小型隆起

图41　通过石油勘探技术查明地下地层结构的典型地震剖面（例1）

17

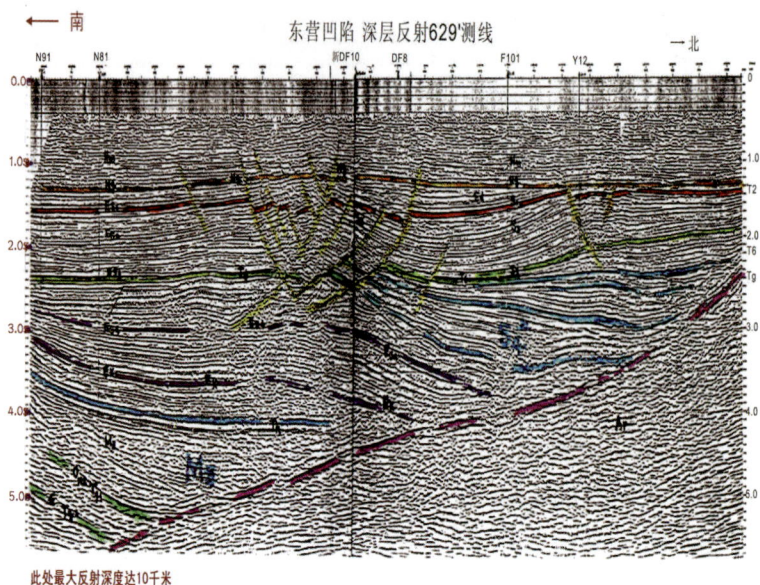

图 42　通过石油勘探技术查明地下地层结构的典型地震剖面

（四）依靠石油勘探工作者的艰辛努力相继发现了克拉玛依、大庆等几个大油田

1. 克拉玛依油田的发现

1952～1955 年中苏石油公司在准噶尔盆地进行了地面地质、重磁力勘探、电法及地震勘探。我们在这里工作的时候，一片荒凉。

物探资料提供了地下构造的基本形态：克拉玛依是一个简单斜坡，被一条区域性的克—乌大断裂带所复杂化。重力图效果很好。

对找油方向有两派意见（南缘好还是北部好）。南缘构造成带分布，乌苏独山子已经有了一个小油田，找油较现实。克拉玛依地区没有背斜构造，稠油及沥青长期暴露地表，有人认为油气早已漏失。另外一派（莫西也夫）坚持上地台找油。

张恺及乌瓦洛夫经地质调查后认为有较大的含油远景。地震队又发现了南黑油山潜伏隆起构造。于是 1955 年钻探黑油山一号井，于 620 米发现工业油流，打开了北缘找油的局面。

石油部康世恩部长采纳苏联专家安德列克的建议，根据电法勘探在克—乌大断裂带的工作结果：南起红山咀、白碱滩，北至百口泉、乌尔禾存在五个鼻状隆起。于是部署了十条钻探大剖面，只用两年多时间便控制、拿下了我国第一个大油田。全长 150 千米，储量 4.5 亿吨。

2. 大庆油田的发现

大庆油田地面为第四系所覆盖，没有任何油苗。地面地质起不到找油的重要作用。20 世纪 50 年代地矿部正确地做出战略东移的决定，在松辽平原开展了大量的物探工作。通过重磁、电、震，并结合浅钻等方法的综合研究，搞清了盆地的区域结构。

1959 年用地震勘探发现了高台子、葡萄花等背斜高点，石油部上去打松基 3 井，同年 9 月钻遇工业油流，宣告油田诞生。

是大油田还是小油田还得靠物探来探明。1959 年底，地震资料展示了长垣构造的存在。南北长 140 千米、宽 30 千米。从喇嘛甸、萨尔图、杏树岗一直延伸到高台子、葡萄花。人们称之为"长垣构造"。这才奠定了石油部整体解剖、挥师北上、开展石油大会战的决策基础。

地震勘探在这里起着十分关键的作用。

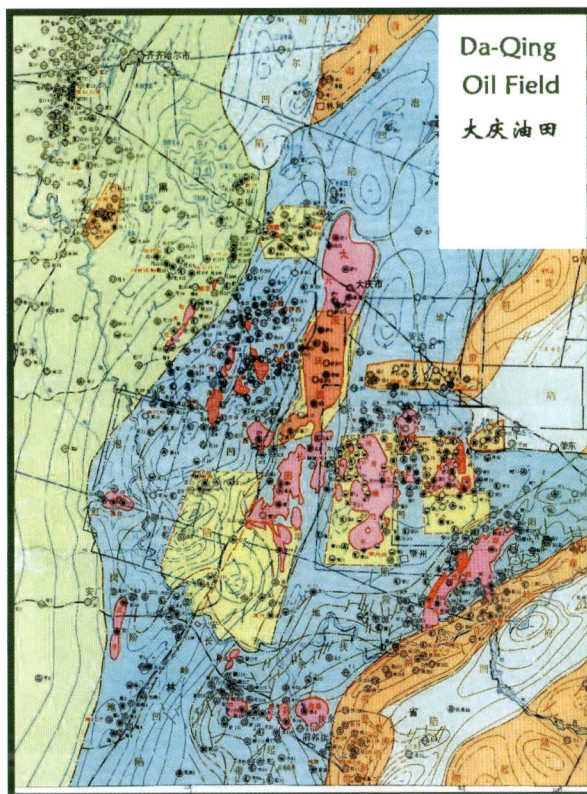

图 43　大庆油田油区地图

3. 石油物探对渤海湾找油贡献巨大

东营会战刚开始时,地震资料不准。钻井后层位深度不符,找油困难。有"五忽油田"之称:忽油忽水、忽上忽下、忽有忽无、忽稀忽稠、忽厚忽薄。这主要是断层很多、很复杂所造成。

这里地下的断层十分复杂,而且它控制着油层的不规则分布。不用物探方法,光靠打探井是难于成功的。

20 世纪 60 年代后,胜利油田、辽河、大港、任丘、河南、中原等渤海湾一大批油田更是主要依靠地震勘探查明地下的断层分布及构造情况,才得以取得勘探上的突破。

与国外同时提出了"积分绕射扫描叠加偏移法",并在模拟磁带回放仪上实现了偏移归位。

在国产北京大学 DZ-150 计算机上数字处理了商河西地震资料,获得了很大的成功。

20 世纪 70～80 年代里广泛推广了"多次覆盖技术"、"数字处理技术"、"偏移归位技术"及"三维地震技术",使复杂断块油田的地下情况比较清楚。

这才使断块油田的勘探与开发步入较主动的局面,探井成功率提高到 70% 以上。至今整个渤海湾地区探明石油地质储量已超过 80 亿吨。

针对渤海湾这个难题,我国物探人员依靠一整套技术进步,使石油物探在找油工作中发挥了重要作用。

20 世纪 60 年代初在胜利油田,地球物理攻关队首次制造出我国第一台模拟磁带地震仪,第一台超声波测井仪,及感应、侧向、密度测井仪。

我国在渤海湾首次实现"三维地震勘探方法"。在东营－辛镇构造上自行设计施工最早的三维地震勘探实例。在新立村油田最早实施了束状的三维地震勘探方法。图 44 为渤海湾一张典型的地震反射剖面图。

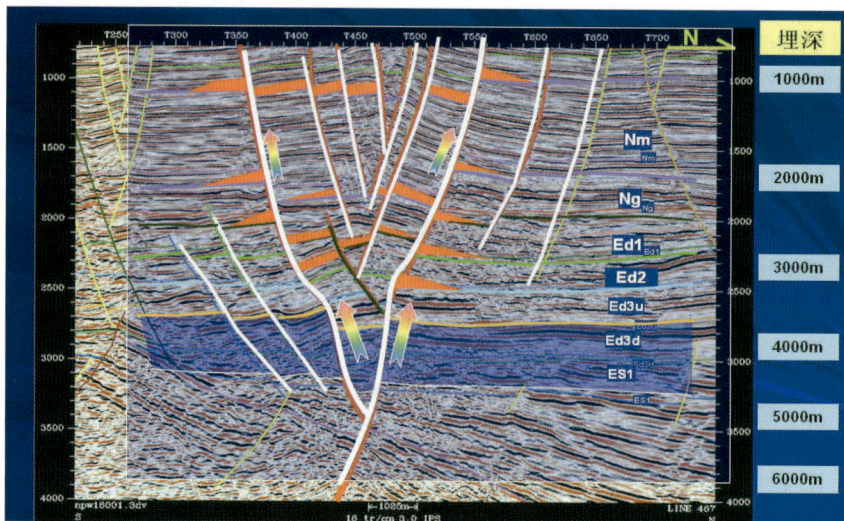

图44 渤海湾典型的地震反射剖面
——图示地下断裂系统及有利含油气的分布位置（红色区）

（五）海上石油勘探更加重视物探

海上油气勘探工作由于海上钻井成本特别高（每口井花几千万元，甚至上亿元），所以国内外的惯例是把石油物探放在海洋勘探工作的重中之重。

尤其是海上地震勘探采用拖缆和气枪连续放炮，工作效率高、成本低、精度高，所以被大量使用。

最近我国与跨国石油公司合作开发的蓬莱19-3油田、流花11-1油田、崖13-1气田及东方11-1气田等一批较好的油气田都是主要依靠地震勘探寻找出来的。

1. 海上勘探装备近年获得迅速发展

图45～图47展示了我国近年来海上勘探装备的情况。

2007年3月25日，BGP"先锋"号Pioneer六缆拖缆船，在新加坡准时启航，开赴西非赤道几内亚，这是"先锋"号首次代表BGP执行三维深海勘探任务。

2. 近年在渤海湾依靠石油物探相继发现一批油田

图45 4条长电缆的海上地震勘探船在采集作业

图46 我国的"东方明珠"号地震勘探采集船
（它装备有4条拖缆，1920接收点（道））

图 47　东方地球物理公司（BGP）Pioneer 石油勘探船

图 48～图 52 展示了近年来渤海湾石油勘探的状况。

图 48　近年来在渤海湾发现的油田位置图

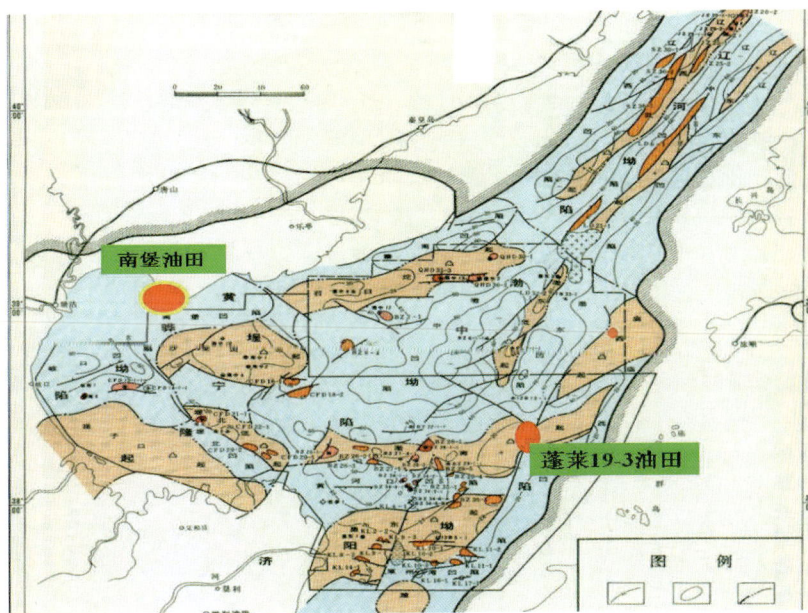

图 49　渤海湾勘探现状图

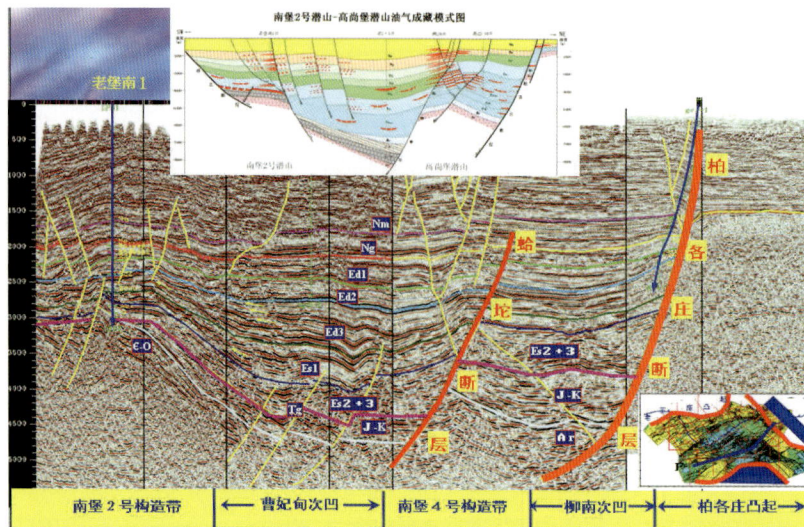

图 50　南堡油田 2 号构造图

图 51　胜利油田在浅海区的地震勘探作业

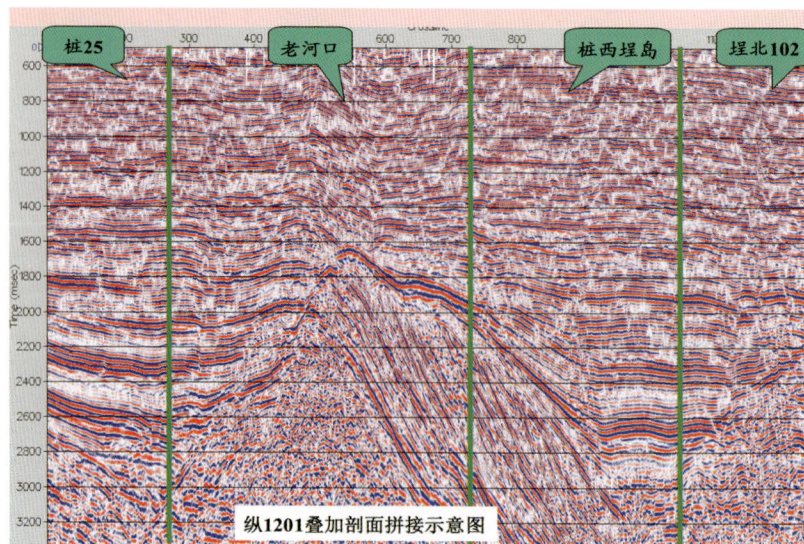

图 52　胜利油田浅滩海区勘探成果剖面

3. 我国南海高分辨率勘探获得了较好的地质效果

我国南海西部石油公司所作的高分辨率地震勘探剖面有着极好的地质效果,积分地震道剖面可以直接绘制含气砂岩储集层的形态,还可以看到气水界面上的"平点"反射。图53表明在我国南海获得的高分辨率地震反射剖面上反映气水分界面的"平点"显示明显,由于含气多的中央部分地震速度变低,反射时间稍有下拉。

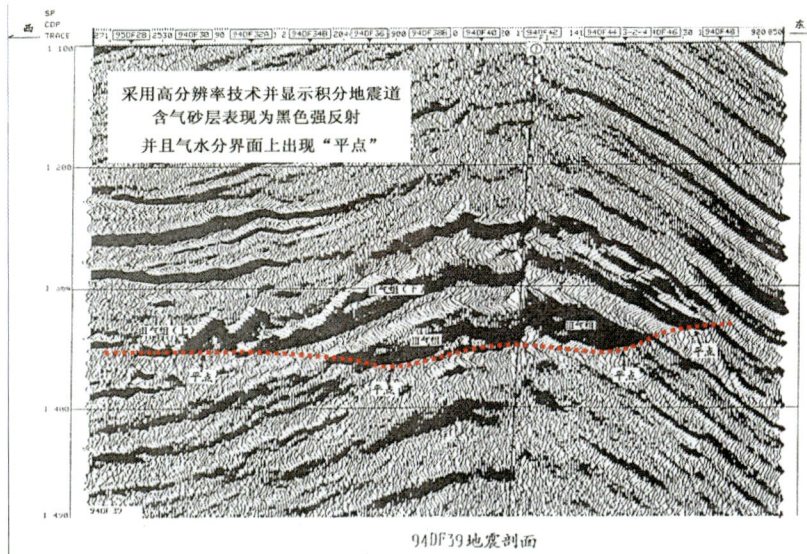

图 53　我国海南岛西南莺歌海由地震勘探发现的东方11-1气田的地震反射剖面

4. 深海钻探获得突破使得海上勘探领域进一步扩大

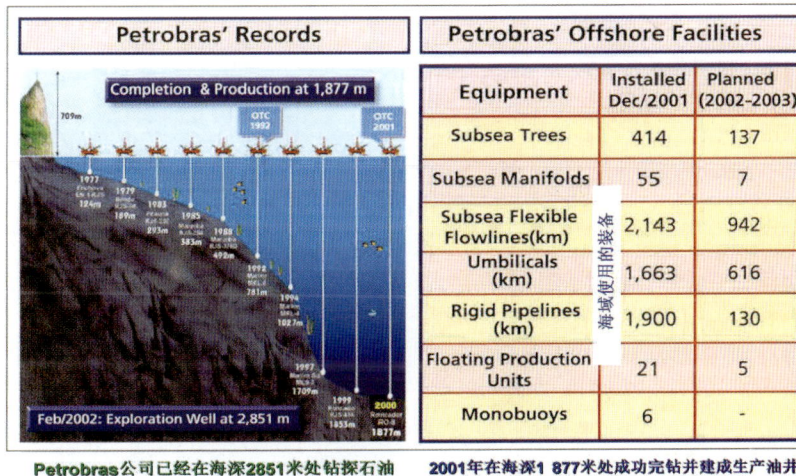

图 54　美国深海钻井海深记录

近年来中海油总公司在我国南海珠江口盆地白云坳陷深水区钻探首战告捷,在荔湾构造水深1480米处打井发现天然气田,开创了我国深海油气勘探的新局面。图55为荔湾气田LW3-1测线的构造地震剖面图。

5. 石油物探是海洋寻找天然气水合物不可缺少的手段

海洋地球物理勘探技术精度愈来愈高,在发现油气田及研究板块构造方面取得很好成效,在寻找天然气水合物方面也变为不可缺少的手段。

深海及冻土层中存在大量的天然气水合物(Gas Hydrates),它是甲烷、乙烷等与水分子在低温及高压下凝结成的一种固态物质,俗称"可燃冰"。它的储量极大,估计为现有燃料资源的两倍,是未来可能的新能源。

寻找这种水合物主要依靠地震勘探技术。"似海底反射"(BSR,Bottom Simulating Reflection)是它的主要特征。它的产状平行于海底的起伏。

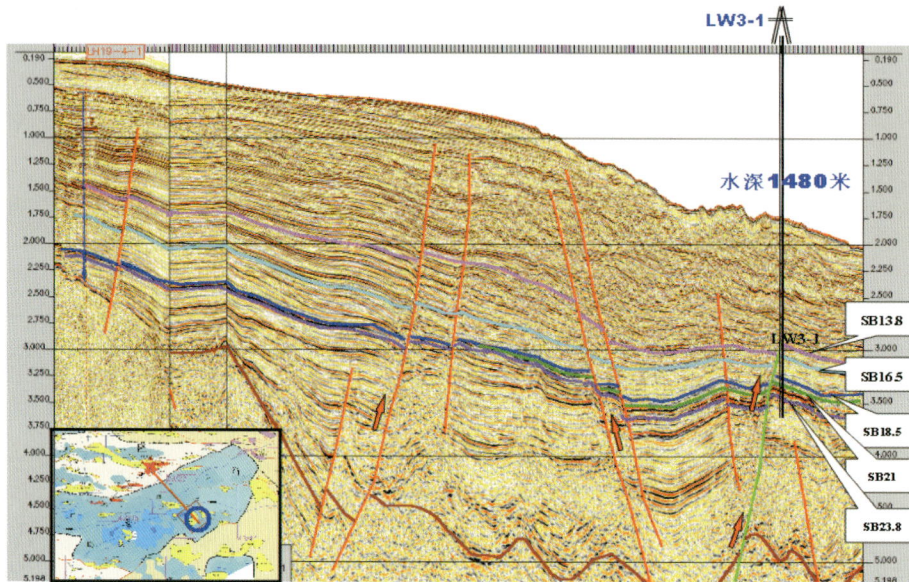

图 55　我国南海深水区荔湾气田 LW3-1 测线的构造地震剖面

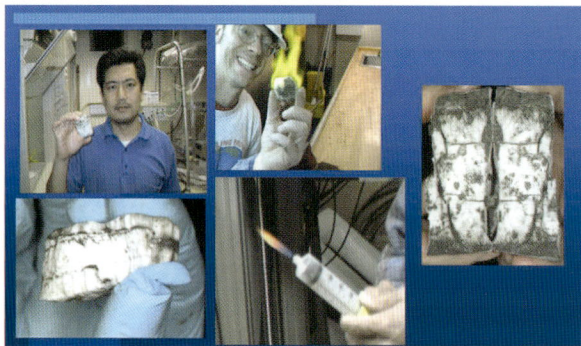

图 56　能够燃烧的冰——可燃冰

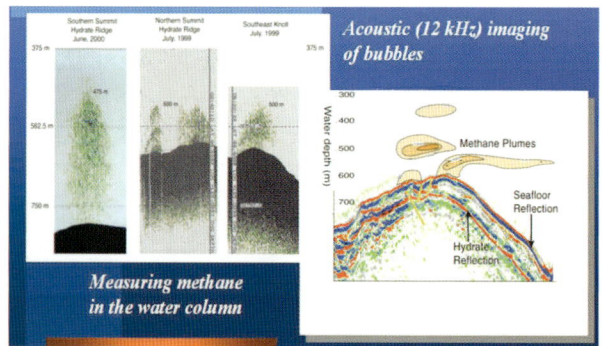

图 57　深海中水合物分布区上方的天然气不断向上逸散

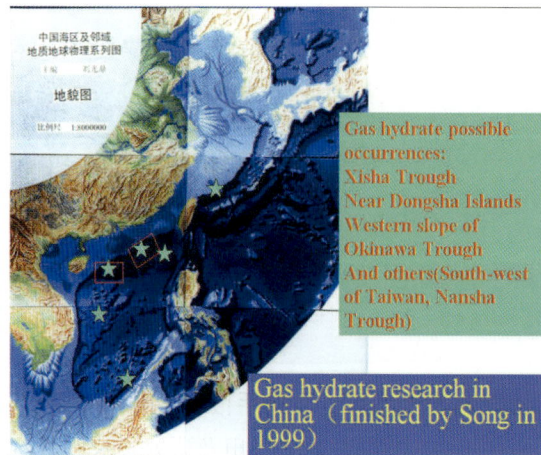

图 58　我国海域存在天然气水合物的地区

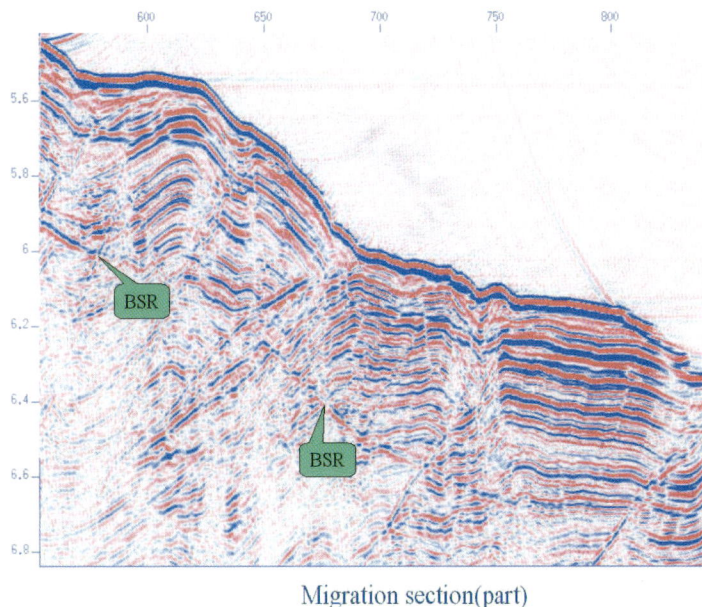

Migration section(part)

图 59　我国南海存在天然气水合物的地层在地震剖面上的"似海底反射"BSR 反射特征

通过地震资料波阻抗反演技术，可以清楚地显示固态的水合物分布区及游离气存在的位置（图 60）。

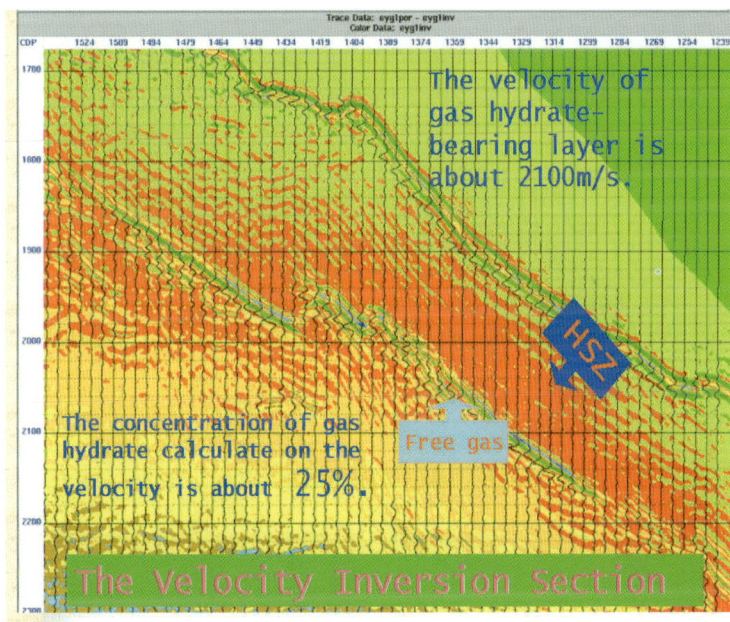

图 60　我国南海存在天然气水合物的地层在地震剖面上的反射特征（2）

（六）西部找油物探大显身手

20 世纪 80 年代后期以来，在我国西部的塔里木、准噶尔及吐鲁番等盆地中，物探技术进一步得到提高。

采用了最先进的 GPS 卫星定位技术及 RTK 实时定位系统技术、可控震源技术，使用了 24 位模数转换的千道精密遥测地震仪器。

科研人员编制了我国有自主知识产权的 GRISYS 及 GRISTATION 两套地震资料数字处理及成果解释软件。

国产的沙漠车在沙漠中通行无阻。引进及自制了大吨位的可控震源车，可以在戈壁砾石地区替代炸药震源，改善了反射资料品质。

在山区还使用了直升机作运输支持,大大提高了工效。

这些新技术的采用,使我们能够在茫茫的塔克拉玛干大沙漠中,根据地震勘探所定出的探井位置准确地打出高产油气流来。

在大沙漠里5000米的深度上能够寻找出隆起幅度只有20~30米的含油构造,不能不说我国石油物探的技术水平相当高。

最近在库车地区的崇山峻岭中,地震勘探高水平地发现了克拉2构造,经钻探后发现了大气田,储量2000亿立方米,将成为我国"西气东输"的主力气田。

这说明我国山区地震勘探的技术水平在国际上也毫不逊色。

我国物探工作在山地地震勘探方面取得了明显的技术进步。

在西部山地石油勘探中,一开始由于技术装备落后,山地作业经验也不足,那时的野外作业主要靠人抬肩扛完成,作业条件十分艰苦,在机械钻机难以打井的地区采用人工挖坑,坑炮激发。当测线遇到比较陡峭险要的小段地段时,只能采用空道空炮的办法通过,测线如遇到了长段的高陡山地段,只好甩线,只能完成相对简单的山地勘探任务。因此,所采集到的地震资料信噪比很低,难以满足勘探的要求。

图61~图63表明了前期(主要是1998年以前)山地勘探石油物探工作者的作业场景。

图61 山地勘探作业图片(1)
——物探测量工作者在搬点途中

图62 山地勘探作业图片(2)
——石油物探钻井作业班组人抬肩扛为钻机搬家

就在这样的艰苦条件下,依靠石油物探人的艰辛努力,于1998年发现了克拉2大气田(图64)。

图63 山地勘探作业图片(3)
——石油物探队后勤保障工作人员在往工地送给养途中

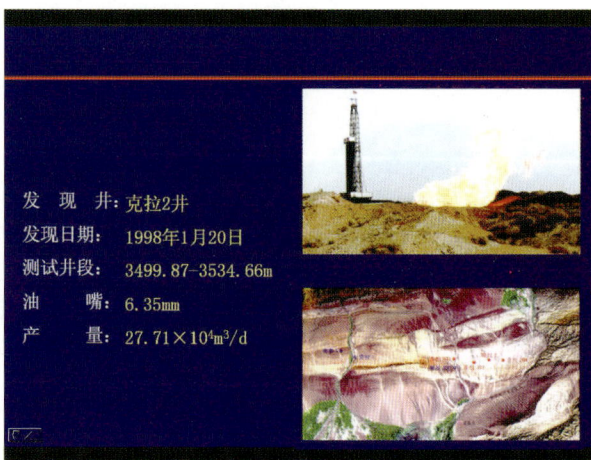

发　现　井:克拉2井
发现日期:1998年1月20日
测试井段:3499.87~3534.66m
油　　嘴:6.35mm
产　　量:27.71×10⁴m³/d

图64 1998年发现克拉2大气田

随着克拉 2 大气田的发现,库车山地勘探成为塔里木盆地勘探关注的焦点,大量山地勘探工作逐步展开。在这样的形势要求与促进下,山地勘探从技术、装备到作业经验与水平迅速获得提高。2000 年克拉 2 山地三维勘探一举获得成功,随后在 2002 年,比克拉 2 更加复杂的山地勘探——迪那山地三维又获得成功。这两块山地三维地震勘探的成功,不仅为落实与开发克拉 2、迪那 2 大气田提供了详实的地震资料,也标志着我国山地勘探技术走在了世界的前列。

山地勘探的进步主要体现在以下几个方面:

1. 山地特种设备的研制开发满足了山地勘探的需要

我国自行设计的山地钻机是世界上重量最轻、输出功率最强的钻机,在山地勘探中发挥着重要作用。图 65 为我国自行研制的轻便山地钻机。图 66 为石油物探作业者在使用我国自行研制的山地钻机进行钻井作业。

图 65　我国自行研制的轻便山地钻机

图 66　石油物探工作者在使用我国自行研制的山地钻机进行钻井作业

国产的大吨位地震可控震源车不仅满足了山前带地区激发的需要,杜绝了以往的坑炮激发,而且出口国外,现在已出口哈萨克斯坦及巴基斯坦。

图 67 所示为我国生产的大吨位可控震源车。

图 67　我国生产的大吨位可控震源车

2.引进先进的采集仪器及飞机支持作业大大缩小了勘探禁区

以 SN388 为代表的遥测数字地震仪的引进,不仅提高了野外采集数据的精度,而且由于其具有极强的扩展性和灵活性,使得复杂山地地形段的地震资料采集得以实现。图 38 为 SN388 遥测数字地震仪图片,

图 68 为石油物探工作者山地勘探作业的照片,旁边连接接收排列线的设备即为 SN388 遥测数字地震仪采集站。

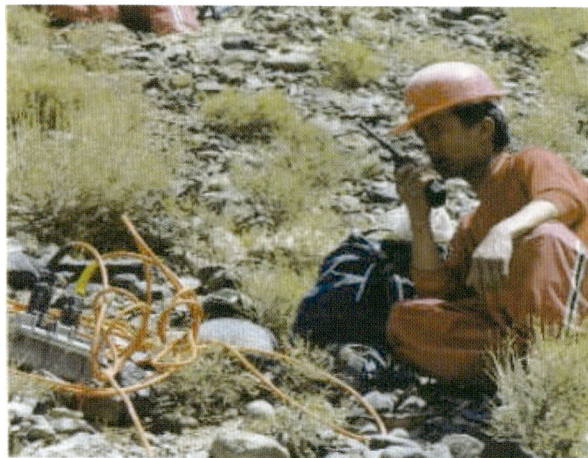

图 68 石油物探工作者山地勘探作业的照片(陡峭的山上物探人员在连接地震仪采集站)

直升机支持打破了勘探禁区,拓宽了勘探家的视野,提高了勘探效率,保证了地质任务的完成。在复杂山地直升机支持作业与常规的野外采集相比,工作效率提高了 3 倍。

图 69~图 73 为直升机支持山地作业的一组图片。

图 69 直升机支持山地勘探作业(1)——跨越陡壁

图 70 直升机支持山地勘探作业(2)

图 71 直升机支持山地勘探作业(3)——后勤保障

图 72 直升机支持山地勘探作业(4)——金鸡独立(这条山梁只能允许直升机用一条腿着陆,需要高超的技能!)

3. 卫星遥感数据体的应用——优化了地震采集及施工设计

在山地地区,通行条件和通视条件很差,给野外测量、表层调查、激发选点、测线布设、施工组织、质量控制等都造成了很大的困难,许多部位用常规的野外作业方法很难获得完整和准确的资料。

在克拉 2 三维地震勘探中,首次应用了卫星遥感数据体辅助于地震采集。利用高精度卫星遥感数据辅助地震采集,很好地解决了上述问题。卫星遥感数据体的应用主要起到了以下几种作用:

（1）科学设计观测系统;

（2）科学开展激发分区;

（3）科学优化表层调查和试验点选择;

（4）科学组织生产。

如图 74 所示,将工区的高精度卫星遥感数据与高程数据合成形成立体影像图,直观展现全工区的地形地貌。在这种图上确定可控制全工区的最佳测量方案,选择最具有代表性的试验点,划分适合不同方法的表层调查分区和激发分区。在这种立体影像图

图 73　直升机支持山地勘探作业（5）——吊运散装钻机

上,可以根据地形变化合理部署测线,确定最佳观测方法。在卫片数据体上从不同方位进行模拟"飞行踏勘",了解工区的地形地貌,建立对工区的认识,指导方法设计和野外施工,还有助于野外施工组织和质量控制,降低作业风险,提高施工质量。这种立体影像图可以任意旋转和放大,在野外地表条件很复杂的情况下,野外工程技术人员可根据这种图在室内事先进行激发选点和变观设计,确保在全工区范围内取全取准原始资料。

图 74　某工区高精度卫星遥感数据与高程数据合成形成的立体影像

4. 集 GPS、RTK 和全站仪于一体的复杂山地测量技术

在悬崖峭壁、沟壑纵横、植被丛生的大山深处,有许多卫星信号或测量观测的盲区,用任何单一的测量方法都很难达到地震勘探所要求的测量精度。

集 GPS、RTK 和全站仪定位及测量方法于一体,以 Seis 和 SSOffice 软件为载体的测量技术,在任何复杂的山地都可高效率地获得高精度的测量成果,测点到位率达百分之百。

图 75　山地综合测量技术

5. 山地地震采集技术的改进

在山地山前带,起伏剧烈的地表条件和变化复杂的表层结构给激发和观测都造成了很大困难。先对高精度卫星遥感数据立体影像进行分析,并配备多种钻机和震源设备,对全工区进行激发方式分区和规则与不规则相结合的观测设计,在很多复杂山地都可获得完整的高品质三维数据体。

（1）多震源联合激发技术

如图 76 所示,在山体部位采用井炮激发。由于大型机械化钻机不能到位,为了保证在高速层中激发,配备了 30 米、50 米、80 米山地钻,根据高速层深度选用。为了保证野外作业安全和点位到位率,利用直升机搬点和运输物资。

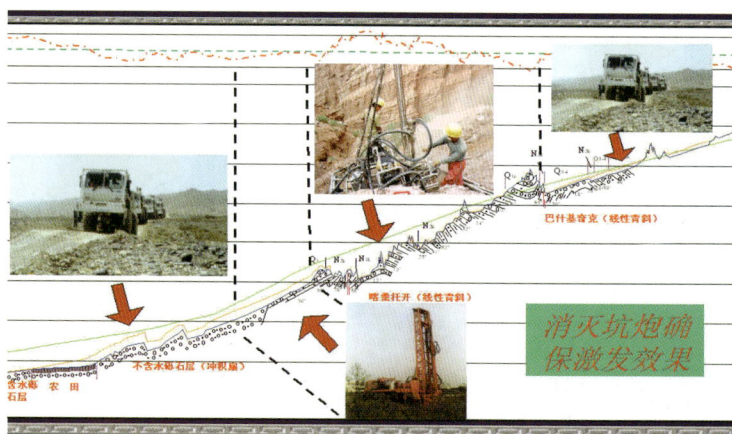

图 76　多震源联合激发示意图

在山前过渡带,由于风化层巨厚,山地钻很难钻到高速层,又因地形复杂,不便可控震源车通行,就通过选线选点、大型推土机推路,利用大型 100 米车载钻机钻井,实现高速层中激发。在山前戈壁砾石区,打井非常困难,但通行条件较好。另外,在许多戈壁砾石区地下水较浅,为了不污染地下水资源,采用大吨位可控震源激发。

（2）规则与不规则相结合的三维观测方法

在一些冲沟、断崖和刀片山上,地势险峻,不能按规则三维观测,利用高精度卫星遥感数据立体影像图进行变观设计,形成了一套规则与不规则观测相结合的三维观测系统设计技术,图 77 即为针对某工区设计的规则与不规则相结合的三维观测系统。在一些复杂山地利用这套技术可以最大限度地保持三维属性的一致性,获得完整的三维数据体。

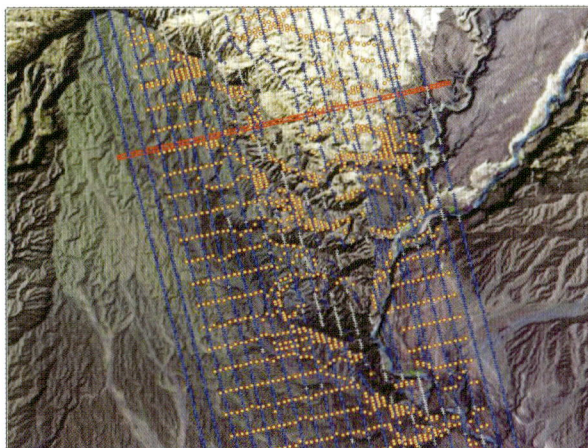

图 77　规则与不规则相结合的三维观测系统

6. 多方法联合应用的表层调查及模型建立技术

静校正问题是山地地震勘探的一大难题,解决一个点的静校正问题容易,解决一条线的静校正问题也不难,难的是解决全工区面上的静校正问题。

多种方法综合建立表层模型,利用计算机数据建库技术建立表层数据库,并以数据库为平台集成各种表层调查和静校正方法。综合利用多种信息建立全工区的点、线、面的控制关系,对工区的表层结构和静校正整体分析,全区优化,解决了许多复杂山地的静校正问题(图 78)。

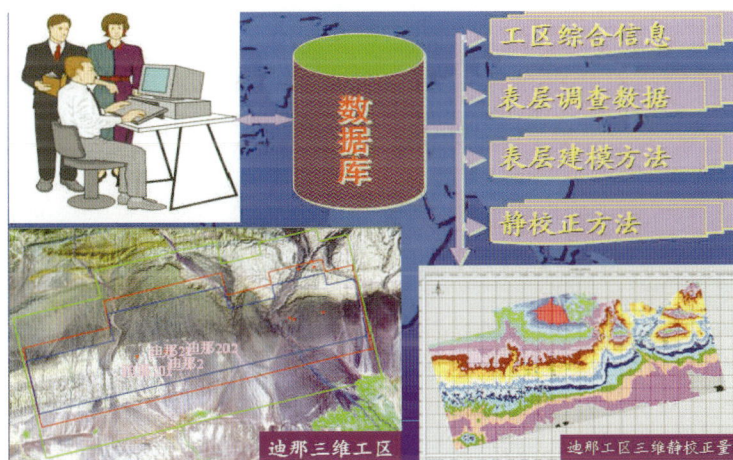

图 78　多方法联合应用静校正技术示意图

7. 针对性的资料处理技术

一般来说,复杂山地原始地震资料由于山地地表地下地震地质条件复杂、采集中使用非规则的观测系统以及不同的激发方式等原因,难以建立统一的地表模型,野外一次静校正后剩余时差大,地震子波波形差异大与能量均衡性差,干扰波复杂,干扰能量强且类型多,地震波场复杂,速度变化剧烈等,给地震资料的处理带来很多的困难,复杂山地勘探配套技术在处理方面主要形成了具有针对性的多种方法联合静校正、压噪、一致性处理和成像技术,比较好地解决了复杂山地的资料处理问题。图 79 所示为某三维地震勘探资料的叠后时间偏移与叠前深度偏移的对比剖面。图 79(b)为叠后时间偏移结果,它的成像不够准确。图 79(a)是叠前深度偏移的结果,它消除了地下速度场的影响,成像准确。Dn201 井正打在高点上,相比之下,叠后时间偏移结果高点位置向北偏离了 2.4 千米!

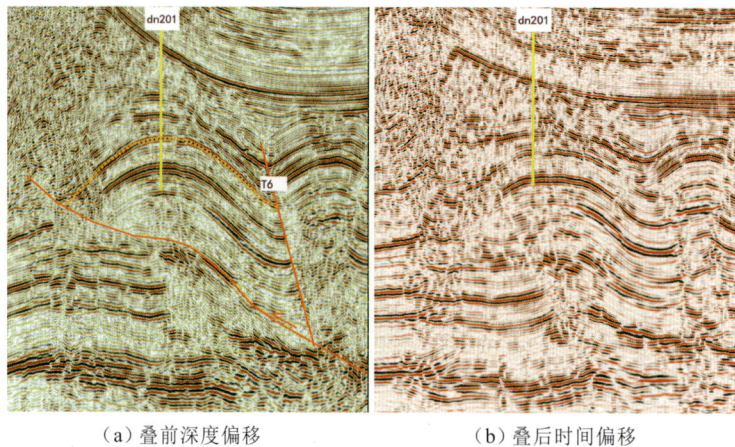

　　（a）叠前深度偏移　　　　　　　　（b）叠后时间偏移

图79　复杂三维地震勘探叠后时间偏移与叠前深度偏移剖面对比

8. 地质解释技术的进步

在复杂山地,由于地表条件和表层条件变化剧烈,地下构造高陡、断裂十分发育,地震资料信噪比较低,地震资料解释难度大。另外,地层速度横纵向变化大,特别是在高陡部位难以求取较准确的地震速度,时间域构造解释结果向深度域转换难度大。因此,构造建模、速度建模、速度建场、时深转换等是山地资料解释的关键环节,经过多年的探索形成了以下解释技术:

①　地表露头、遥感资料约束下的浅层构造建模,基于断层相关褶皱理论和塑性层变形理论的综合构造建模;

②　以VP3为平台进行三维射线追踪求取层速度的层位控制法建场技术,统计钻井资料或地震层速度进行层位控制法建场技术;

③　叠前深度偏移资料解释技术。

经过石油物探人多年持续的努力,使得山地勘探在技术、装备和勘探经验等方面取得了长足的进步,也取得了丰硕的成果。在西部大山区中陆续发现了一批较好的油气田,如克拉2气田、迪那2气田等,为"西气东输"奠定了基础。

图80为塔里木库车前陆盆地勘探成果综合图。克拉2、迪那三维地震勘探的成功实现,标志着我国复杂山地勘探配套技术已经处在了世界的领先地位。

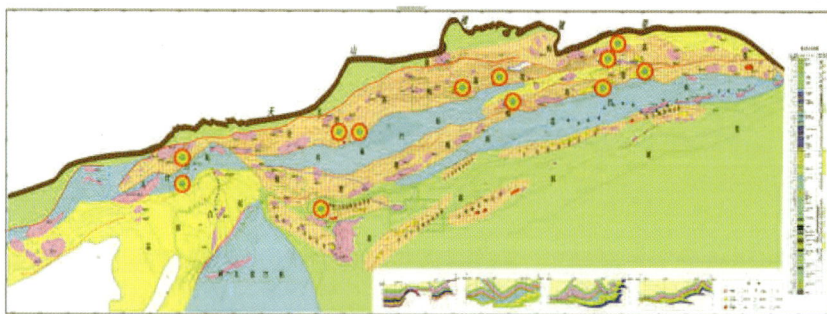

图80　库车前陆盆地勘探成果综合图

（1）克拉2三维地震勘探实例

西气东输的主力气田—克拉2气田是利用二维地震资料发现的。图81为利用二维地震资料解释勾绘出的克拉2气田构造图。依靠克拉2三维地震勘探搞清了地下情况,最终落实了克拉2气田。克拉2山地三维可以说是我国第一块成功的山地三维地震勘探,它综合应用了一系列成功的山地勘探技术,它标志着我国的山地勘探技术已经走在了世界的前列。图82～图85所示的是克拉2三维地震勘探的有关图片。

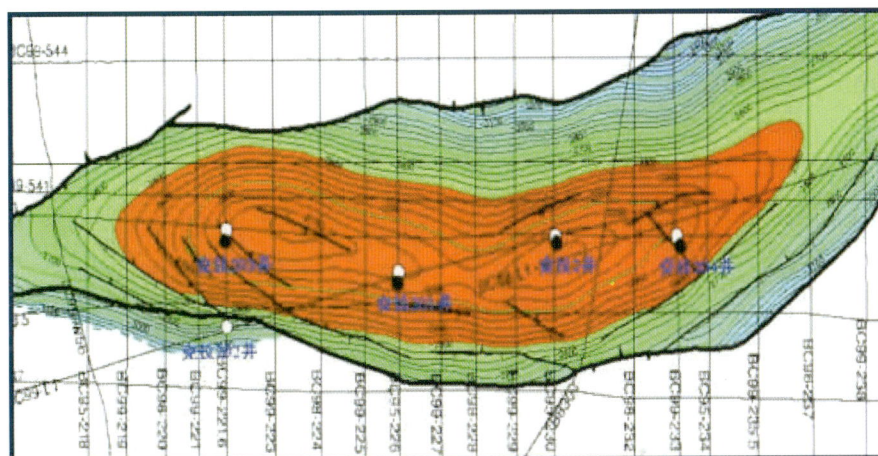

图 81　西气东输的主力气田——克拉 2 气田地质构造图

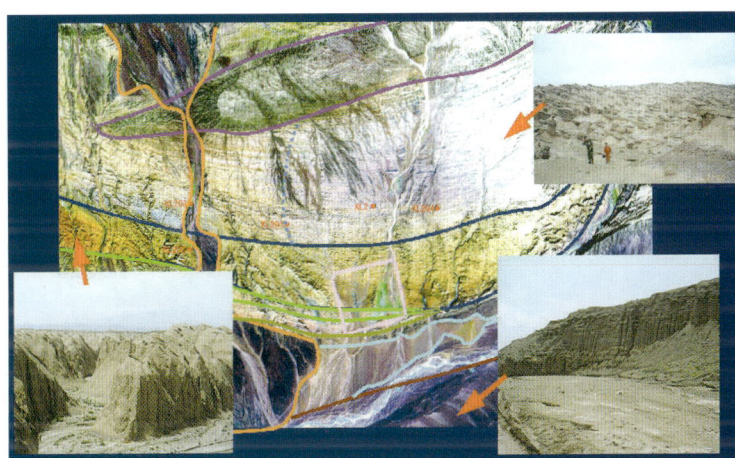

图 82　克拉 2 三维工区卫星照片及典型地表条件

图 83　克拉 2 工区卫星照片立体图像

（2）迪那三维地震勘探实例

迪那三维是继克拉 2 三维后又一块成功的三维实例,迪那工区与克拉 2 比较而言,地表条件更加复杂,勘探难度更大。图 86 所示的是迪那工区卫星照片立体影像图,图 87 所示的是迪那工区地表条件图。在迪那三维勘探中,使用了飞机支持作业,综合应用了复杂山地配套技术,并且很好地解决了大断崖地段的静校正问题。图 88 所示为叠后时间偏移与叠前深度偏移的剖面对比,三维叠前深度偏移技术较好地解决了复杂构造成像问题。

33

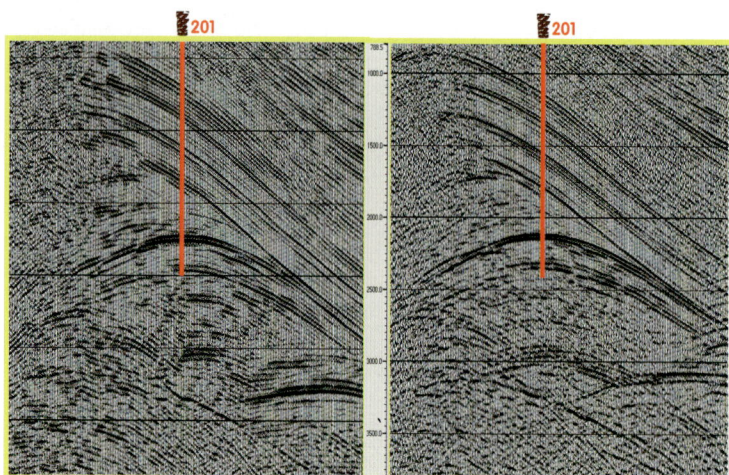

图 84 克拉 2 工区二维叠加剖面（右）与对应的三维中间叠加剖面（左）对比

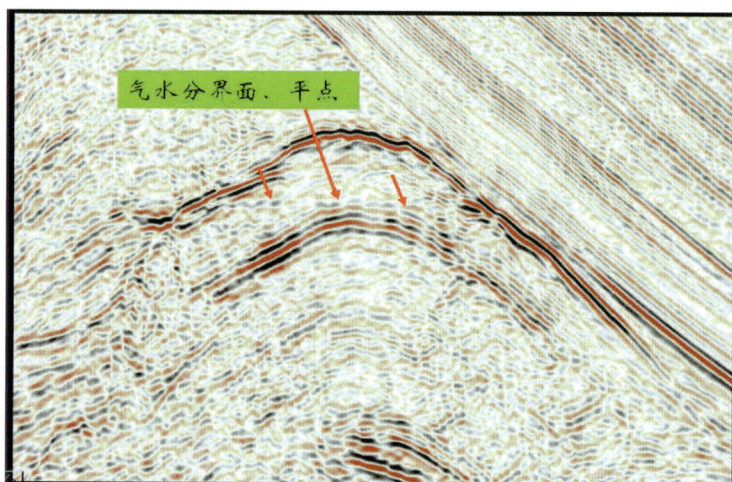

气水分界面、平点

图 85 克拉 2 三维地震勘探成果剖面

图 86 迪那山地三维工区卫星照片

图 87　迪那三维工区地表条件示意图

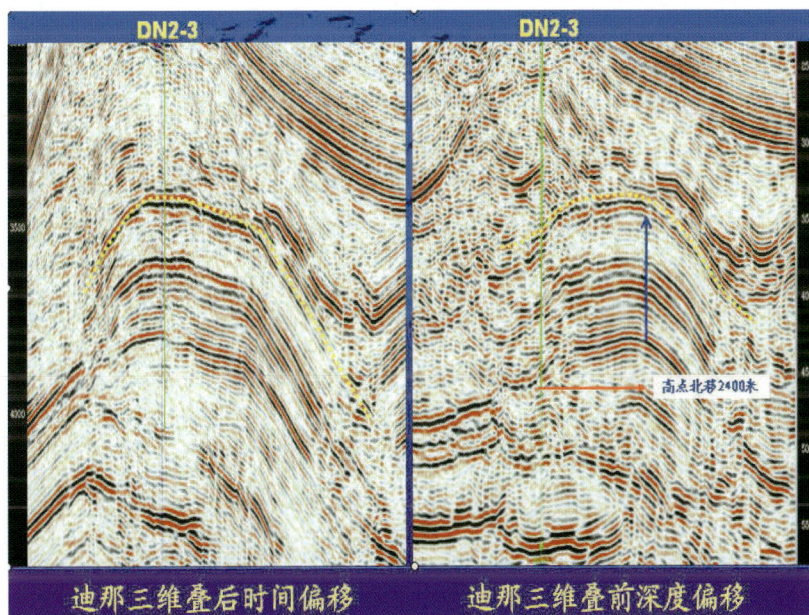

图 88　迪那三维叠后时间偏移与叠前深度偏移剖面对比

正确剖面归位后，高点北移 2400 米

（七）找油尖兵石油物探人

石油物探已经成为一个特殊的工种，它的技术进步是石油工业各行业中发展最快的。

野外作业的装备先进，从 GPS 定位、数字遥测地震仪到直升机支持。

室内处理使用每秒 200 万亿次浮点运算能力的并行计算机。

全国陆地加海上每年在石油物探方面的资金投入估计已超过 50 亿元，从业人员约 4 万人（其中技术人员约占 60%）。

（八）勘探成败在物探

总结近年来我国油气勘探的经验与教训，前石油部部长王涛曾经说过这样一句话："搞石油勘探、成也在物探、败也在物探。"意思是:我们物探工作进行得及时、资料搞得准确,勘探就取得明显成效;物探工作做得粗糙、资料不准确,勘探就失利。

勘探共认:

目前重视物探在油气勘探中的作用已经成为石油行业领导阶层的共识。

没有足够可靠的物探资料不能定探井井位已经是石油勘探的不成文规定。

最近我国不少油田的勘探投资,其中花在物探上的费用已经和花在探井钻探上的大致相当,甚至超过钻探井的费用。

图 89　我国民用的最大电子计算中心
——河北涿州东方公司研究院国产曙光计算机群机房
（2010 年处理中心达到 10000 个 CPU,20000 核的 PC 集群）

图 90　计算机终端工作间场景

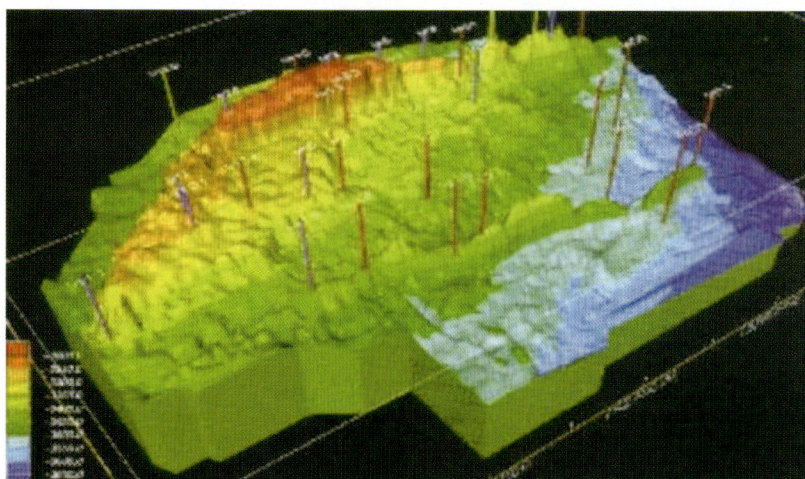

图 91　用地震查明的塔里木盆地轮南古潜山油田的构造立体图

（九）今后石油物探还将发挥它独特的作用

高精度三维地震可以帮助我们把油田开发搞好。

地震勘探在寻找油田方面已经取得很大的成就。

当前把油田开发好有着重要的意义，高精度三维地震可以有所作为。

南海流花油田的实例说明了这一点。

我国海上及渤海湾沿海一带有可能实施高精度三维地震。把油层结构搞清楚对油田开发具有十分重要的意义。

陆上、尤其是我国海域的地震勘探尚需向精细的方向发展。

许多山区有待于我们下工夫去做石油物探工作，这个领域还很宽广。

高分辨率地震勘探技术是储层描述工作的基础。

四维地震勘探技术在今后还大有作为，可以为油气田开发服务。

非地震（重、磁、电、电磁法、化探等）还应继续发挥其特殊的作用。

---

*此讲稿主要完成于 2007 年，最近作了局部补充。

文章编号 102

低信噪比地震资料的基本概念和质量改进方向

从 1982 年开始我有了一台 PC 计算机,开始编写地震方法研究的程序。自己编写了各种程序,包括各种滤波反褶积及 FFT 程序,并且突破了用行式打印机打印地震记录,开始了地震方法研究。

本文中我用程序做出不同信噪比的理论记录。使我对不同信噪比的地震记录有了感性认识;提出了三种估算信噪比的方法;认识到低信噪比记录在资料处理中存在动静校正的两个危险点。

有了对信噪比的这种感性认识对我帮助很大。

此文发表于 1986 年。1988 年我随青海油田接待美国访华专家,与南加州大学的 Clayton 教授讨论时,他听了我这篇文章后极为赞赏,认为对物探人员非常重要。

此文于 1986 年 8 月发表于《石油地球物理勘探》第 4 期,作者李庆忠。

▶ 摘 要

本文从不同信噪比的理论记录出发,总结了不同信噪比地震记录的视觉效果,发现如下特点:(1)当信噪比大于 3 时,记录面貌与纯信号道十分相似。(2)当信噪比小于 1/3 时,记录面貌与纯干扰记录基本一致。(3)当信噪比从 1/2 变到 2 的过程中,记录面貌有很大的变化,从很乱变到较好。此为记录面貌的"转折点"。

从而提出凭肉眼对记录的信噪比大小作初步判断的方法,即:① 信噪比的视觉判断法——当反射波同相轴时断时续,同相轴出来一半时,可判断其信噪比大致等于 1;刚开始见同相轴影子时,信噪比大致为 2/3。信噪比小于 2/3 时,看不见任何同相轴影子。这些看来不很严密的、带有经验性的结论对于指导地震勘探资料采集及处理方面有着重要的意义。此外,本文还提出两种判断信噪比的方法:② 相邻道振幅比较法,即根据好同相轴的极大、极小振幅计算信噪比。以及③归一化相关极大值方法,即通过计算相邻道两两互相关求归一化相关极大值用以估计信噪比的大小。

文章进而讨论了低信噪比地震记录在静校正及速度分析两方面存在的两个"危险点",它们使资料处理人员失去前进方向。文章在分析了多次覆盖对提高信噪比的潜在能力之后,指出了处理低信噪比地震资料应该采取的对策。

一、不同信噪比记录的视觉印象

为研究不同信噪比记录的视觉印象,我们作了如下理论记录。先由计算机产生一道反射系数序列,与子波褶积后形成地震信号道,并假定反射同相轴是水平的,于是形成了一张 25 道的信号道模型(图 1)。再由计算机产生 25 道随机分布的反射系数序列,与雷克子波褶积,形成一张随机干扰记录,称之为"有色随机噪音"(图 2)。在地震勘探中经常遇到的噪音其实不是白噪,而是有色的随机噪音;在频率域中它是"有色"的,而在空间域是接近"白色"的,即随机出现的。

　　从图 1、图 2 模型出发,用计算机把二者按不同的振幅比例相加,形成如图 3、图 4 的 12 幅图(相当于信噪比为 6,4,3,2,3/2,1,2/3,1/2,1/3,1/4,1/6)。信噪比定义方法很多,文中我们采用振幅绝对值的平均数值的比例来计算信噪比。

　　仔细对比图 3、图 4(12 幅图),可以看出如下特点:

　　(1)当信噪比大于 3 时,记录面貌与纯信号道十分相似。(2)当信噪比小于 1/3 时,记录面貌与纯干扰记录基本一致。(3)当信噪比从 1/2 变到 2 的过程中,记录面貌有很大的变化,从很乱变到较好。此为记录面貌的"转折点"(图 5)。

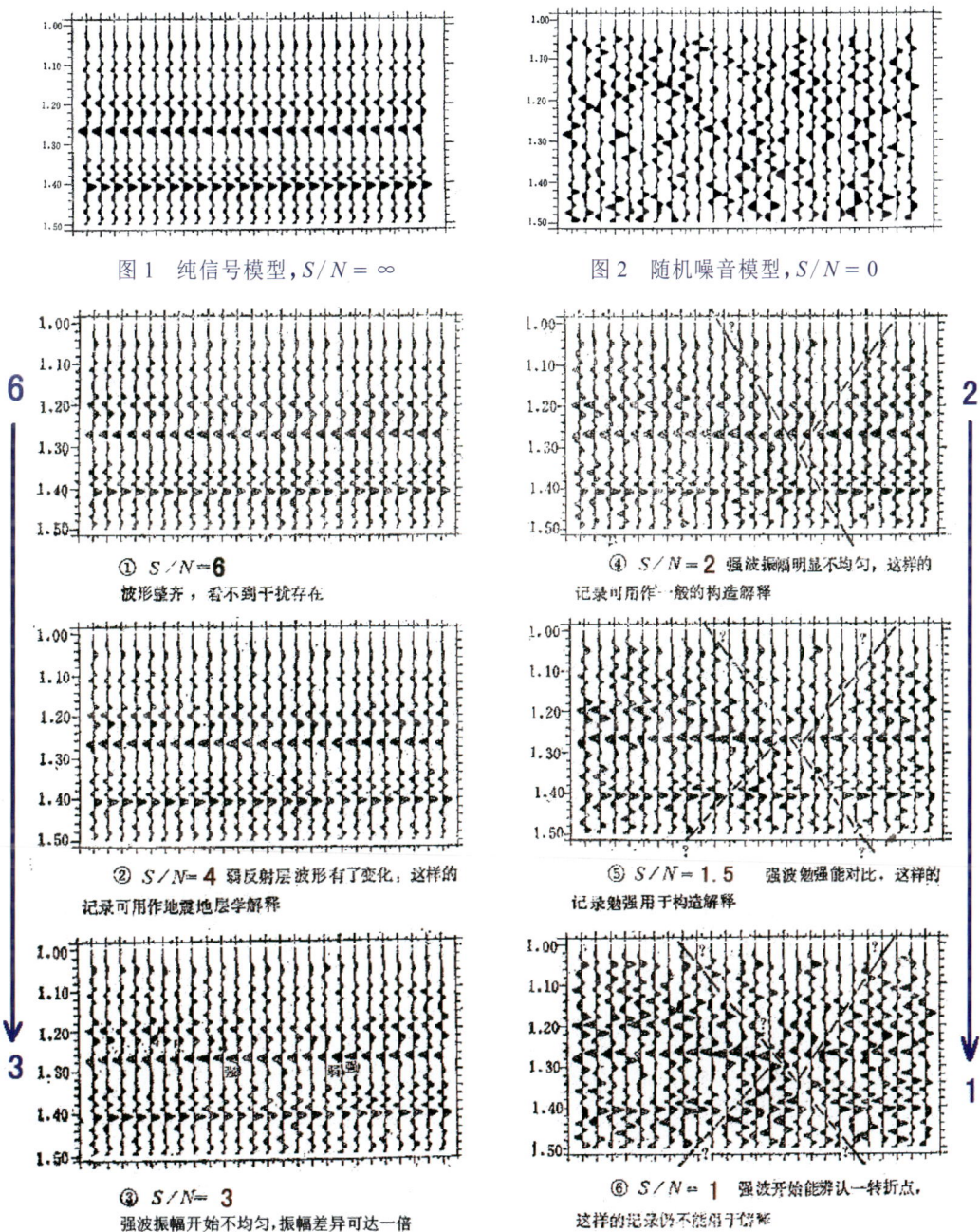

图 1　纯信号模型,$S/N = \infty$　　　　图 2　随机噪音模型,$S/N = 0$

① $S/N = 6$
波形整齐,看不到干扰存在

④ $S/N = 2$ 强波振幅明显不均匀,这样的
记录可用作一般的构造解释

② $S/N = 4$ 弱反射层波形有了变化,这样的
记录可用作地震地层学解释

⑤ $S/N = 1.5$ 强波勉强能对比,这样的
记录勉强用于构造解释

③ $S/N = 3$
强波振幅开始不均匀,振幅差异可达一倍

⑥ $S/N = 1$ 强波开始能辨认一转折点,
这样的记录仍不能用于解释

图 3　不同信噪比记录的视觉效果(Ⅰ)

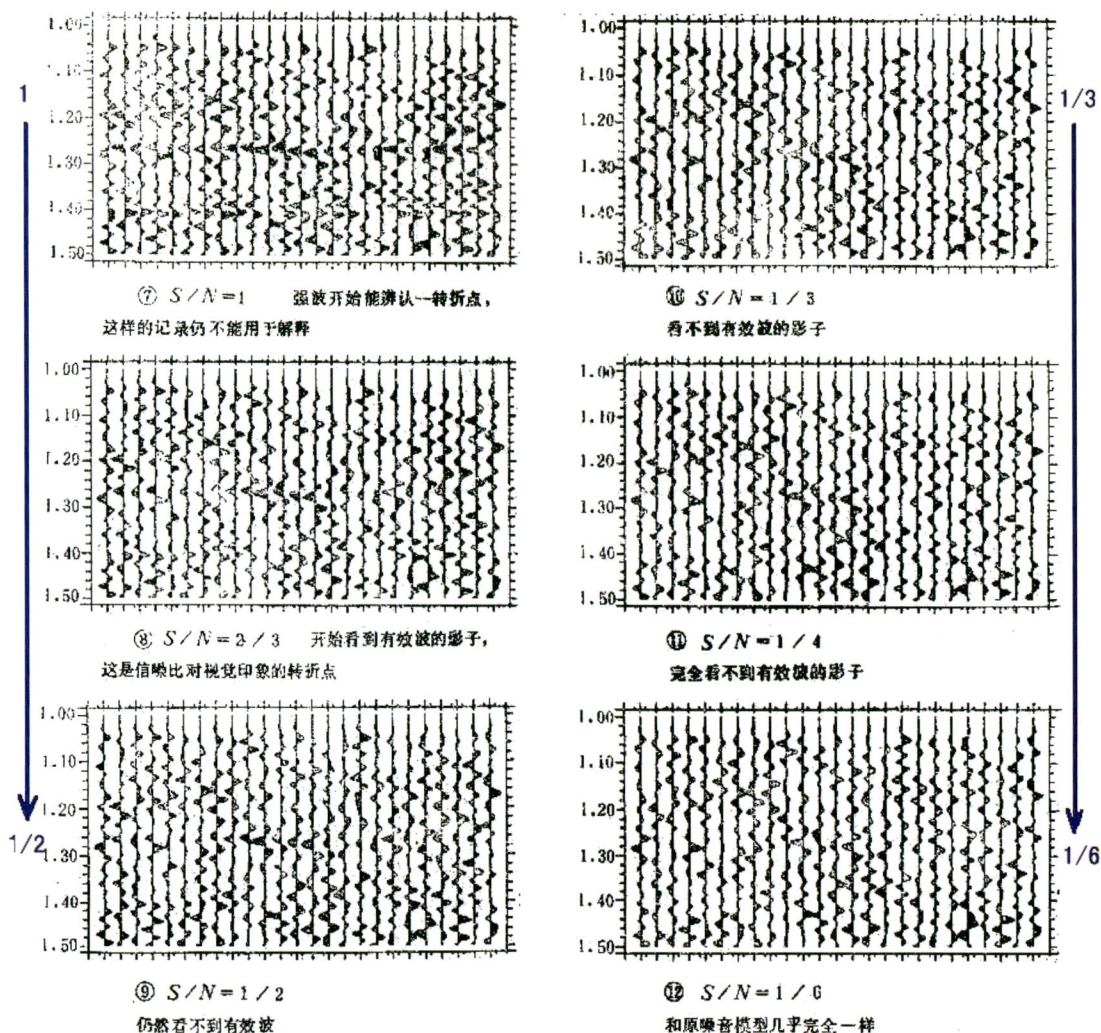

⑦ S/N＝1　强波开始能辨认--转折点，
这样的记录仍不能用于解释

⑧ S/N＝2/3　开始看到有效波的影子，
这是信噪比对视觉印象的转折点

⑨ S/N＝1/2
仍然看不到有效波

⑩ S/N＝1/3
看不到有效波的影子

⑪ S/N＝1/4
完全看不到有效波的影子

⑫ S/N＝1/6
和原噪音模型几乎完全一样

图4　不同信噪比记录的视觉效果（Ⅱ）

从而提出凭肉眼对记录的信噪比大小作初步判断的方法，即：① 信噪比的视觉判断法——当反射波同相轴时断时续，同相轴出来一半时，可判断其信噪比大致等于1；刚开始能够见同相轴影子时，信噪比大致为2/3。信噪比小于2/3时，看不见任何同相轴影子。当好同相轴的相邻道振幅基本均匀时，信噪比大于4。当同相轴相邻道振幅有2～3倍之差时，信噪比大致为2。这些看来不很严密的、带有经验性的结论对于指导地震勘探资料采集及处理方面有着重要的意义。

为了便于大家使用，上述记录上不同信噪比的视觉效果可用表1说明。

表1　野外记录或水平叠加剖面上不同信噪比的视觉效果

信噪比	视觉效果
$S/N \geqslant 1/3$	完全看不到反射同相轴的影子，记录与纯干扰基本一致
$S/N = 1/2$	仍看不清反射同相轴的影子
$S/N = 2/3$	开始看到反射强波的影子
$S/N = 1$	开始看到反射强波出来一半，时隐时现，反射波与干扰波强弱相当
$S/N = 3/2$	反射强波同相轴可用肉眼分辨和追踪，但振幅变化极不稳定，弱波无法对比，仍可见到干扰的存在
$S/N = 2$	强反射波能可靠地对比，干扰波不明显。水平叠加剖面基本上可以用作一般构造解释，但振幅不均匀，强弱可差3倍，小断层解释不准，起覆尖灭现象不清

续表

信噪比	视觉效果
$S/N=3$	反射波可以正确对比,但振幅仍不均匀,强弱差异可达一倍
$S/N=4$	强弱反射波都可以正确对比,肉眼已经不能分辨干扰波。水平叠加剖面可以用于地震地层学解释
$S/N \geqslant 8$	反射波占主导地位,干扰波影响可忽略。此时水平叠加剖面如果频谱较宽的话,可适合于作波阻抗反演

二、信噪比的近似计算方法

在信噪比大于 1 时,可以用追踪较长的稳定好同相轴的相邻道同相轴的最大振幅与最小振幅的比差来判断其信噪比。例如相邻道振幅最大比差为 3∶1 时(即最大为 3,最小为 1),可以判断其信噪比为 2,因为信号与噪音同相叠加时为 $2+1=3$,反相叠加时为 $2-1=1$。同理,当信噪比为 4 时,最大振幅为 $4+1=5$,最小振幅为 $4-1=3$。如果在一个同相轴上的最大振幅为 A_{max},相邻的最小振幅为 A_{min},则信噪比 S/N 可按下式计算。

$$S/N=(A_{max}+A_{min})/(A_{max}-A_{min}) \qquad 公式1$$

当然这必须假定记录上信号同相轴的振幅在相邻道之间是基本上均匀的。物理地震学(即波动地震学)的主要结论是:地面接收的反射记录或水平叠加剖面上,相邻道的波形应该是均匀渐变的[1]。所以,上述信噪比判断方法是可行的。

用归一化相似系数近似计算信噪比的方法

在这套理论记录的基础上,计算了不同信噪比记录上各道与纯信号道的归一化互相关极大值,以及与纯干扰道的归一化互相关极大值。所谓归一化互相关极大值 Γ(或称归一化相似系数),定义如下

$$\Gamma=r_{ij}^{max}/\text{SQRT}[(r_{ii}^{max})\times(r_{jj}^{max})] \qquad 公式2$$

其中:r_{ij}^{max} 是 i 道与 j 道的互相关函数的极大值;r_{ii}^{max} 及 r_{jj}^{max} 是 i 道及 j 道的自相关函数的极大值(即 $\tau=0$ 的极大峰值),Γ 是归一化互相关函数的极大值。Γ 值在 0 与 1 之间,不会超过 1,也不会等于 0。根据我们计算结果,对于频带宽度不超过 3 个倍频程(例如 $10\sim80$ Hz)的地震道,若采用半秒左右的相关时窗,当相关的两个地震道的频谱差别不是太大时,**波形完全随机而完全不相干的两个地震道的归一化相关函数不会等于零,而在 0.3 左右。**

计算结果可以初步表达成图 5 那样的信噪比视觉效果总结示意图,其纵坐标是以对数表示的信噪比值;横坐标向右是表示各道与纯信号道的归一化互相关极大值(由 25 道统计平均);横坐标向左表示各道与纯干扰道的归一化互相关极大值。从此图可以看出:$S/N>2$ 时,曲线向纯信号道靠拢;反之,$S/N<1/2$ 时,向纯干扰道靠拢;中央一段曲线发生转折,$S/N=1$ 时,信号与干扰振幅相当,其归一化互相关极大值等于 0.7*。

图 5 的情况犹如一辆汽车从南向北开,一开始它紧靠左走(紧挨着纯干扰道),在信噪比等于 1 附近猛然拐一个弯,然后迅速向右(纯信号)靠拢。

在拐弯附近,信噪比差一倍时,例如信噪比从 1/2 改进到 1 时,同相轴就会"从无到有",记录有戏剧性的改进。而信噪比从 1 提高到 2 时,同相轴会"从乱到齐",记录有大大的改进。然而如果原始信噪比为 1/6 时,你改进信噪比一倍,变为 1/3,你的努力似乎没有效果,仍旧是一片干扰。同样,当原始信噪比为

---

　　* 如果以平均振幅的平方值来定义信噪比(即以功率表达信噪比),则原来标记信噪比等于 10 的地方就变为 100。但由于此图纵坐标采用对数坐标,所以此图形态不会改变。

4时,你改进信噪比一倍,变为8,你的努力似乎也没有效果,仍旧是信号的波形,肉眼看不到有什么差别。这个特性值得人们在资料处理噪声压制方面进一步加以认识。

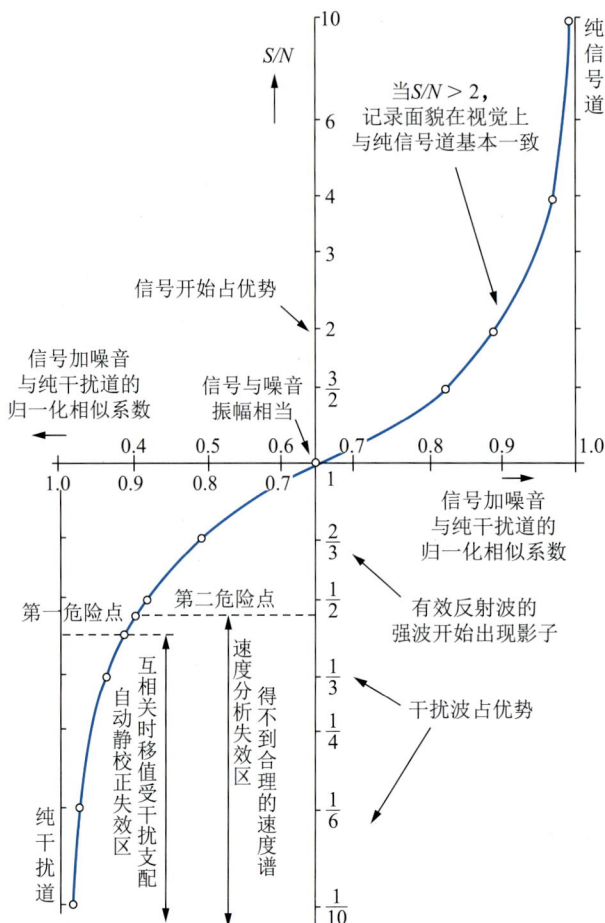

图5 不同信噪比记录道的视觉效果分析

三、信噪比对自动静校正的影响

现在我们将上述不同信噪比的理论记录作两种互相关计算。

(1)先将25道记录叠加起来构成一个叠加模型道,如图6所示。

(2)然后用各道与叠加模型道作互相关计算,求得互相关函数波形曲线。再计算出归一化互相关极大值以及时移采样点数,并求其统计均方根值(后者是看它对静校正的影响)。

(3)将25道理论记录相邻道两两作互相关,并作如上统计计算。

各道与叠加模型道的互相关函数波形图如图7所示。在计算互相关时,各取左右25个样点,使相关函数能显示三个视周期,以便找到合理的归一化互相关极大值(一般正式处理模块的自动静校正只在两边取半个视周期左右的样点)。从图7可以看到,$S/N = 2$时,自相关函数中央主峰基本上是很少移动的,其25个时移量的均方根值为0.36个采样点。随着信噪比的降低,互相关函数波形开始变乱,例如$S/N = 1/2$时,时移均方根值变为4.33个采样点,含噪音地震道与叠加模型道之间的归一化互相关函数极大值降为0.468。当$S/N = 1/6$以下时,互相关的时移量增加到11~13个采样点,归一化相似系数降为0.35左右。

由于此理论模型信号是各道一致的水平同相轴,本来不存在任何静校正量。但由于存在噪音,当信噪比变低时,地震道波形由噪音所支配,所以在与叠加模型道互相关后产生了假的静校正量。这就是低信噪比资料在处理中使用自动静校正(SATAN 或 MISER)不仅解决不了问题,而且有时会使记录更乱的主要原因。

　　为了进一步定量地说明噪音对静校时移的影响,我们将互相关计算结果绘成图8。

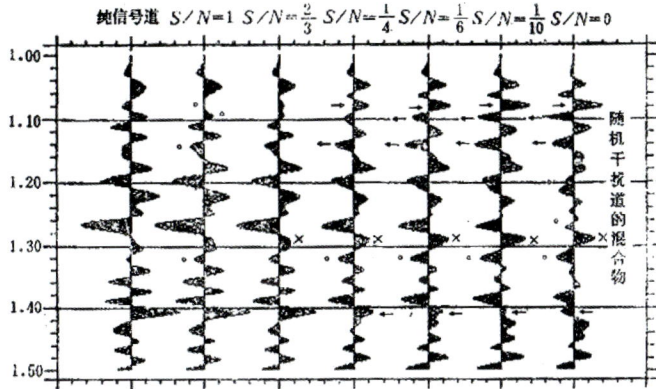

图6　不同信噪比理论记录的叠加模型道(25 道相加)

(信噪比小于 1/4 时,叠加模型道基本上不反映纯信号道波形,而变成随机干扰道的混合物)

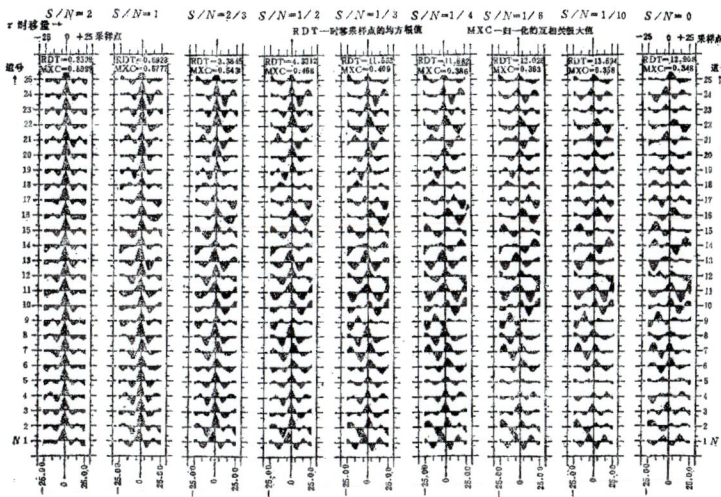

图7　对不同信噪比理论记录用互相关法求静较正时移量的误差

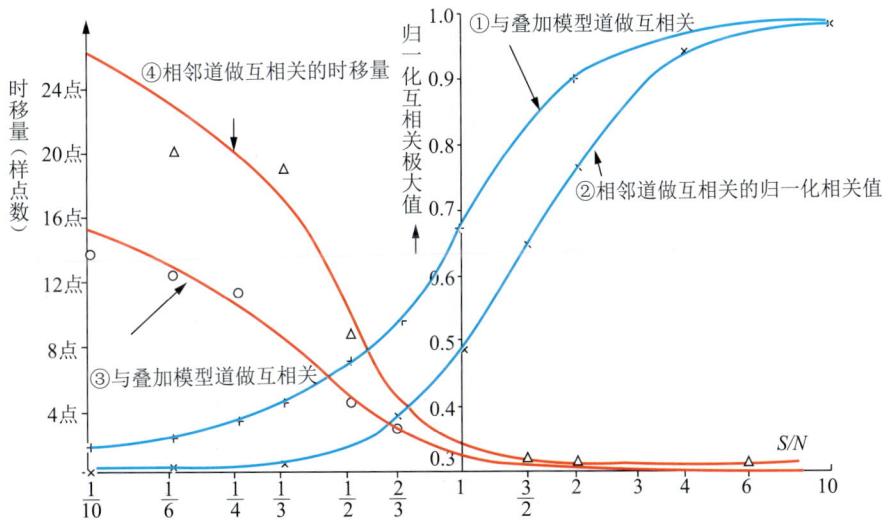

图8　不同信噪比理论记录的互相关试验

(本图为一组水平方向一致的有效波同相轴作为纯信号道,再叠加上不同强度的随机干扰波,

形成不同信噪比的理论记录。然后做相邻道或各道与叠加模型道的互相关,求得归一化互相关值及时移量)

图 8 中间的纵坐标为归一化互相关极大值,两条兰色线条用此纵坐标。左方纵坐标为互相关时移采样点数,两条红色线条用左边的纵坐标。横坐标为信噪比。图中①及③为各道与模型道的互相关结果,②与④为记录相邻道两两互相关的结果。从此图左方可看到在信噪比为 $1/2 \sim 1/3$,静校正误差迅速上升,见红色线条,很快使自动静校正失效。此模型中采用的反射子波的视周期为 20 个采样点,所以 10 个时移采样点就产生半个周期的时差,此时自动静校正起破坏作用。当然,一般自动静校正模块中不允许时移超过半个相位。**因此,我们称在 $S/N = 1/3$ 附近为资料处理的"第一危险点",表示在图 5 的下方,这是低信噪比地震资料处理中的第一个难关。**

四、不同信噪比对速度分析的影响

我们仍以理论模型试验说明,图 9a 右侧是用计算机形成的 12 道有色随机干扰波的 CDP 道集模型,此图中根本没有反射信号,纯粹是随机噪音。用 ANVIT 速度分析程序得到如图 9a 左侧的速度谱,其极值点分散,在预测速度曲线边上有不少假的极值点,可能被误认为就是反射波的能量团。图 9b 设计为纯反射信号模型(以华北地区典型速度作的道集模型),此图的反射波振幅由浅层 1.8 降到深层为 0.4。这是没有干扰的理论速度谱,右侧是经过按预测速度动校后的道集,当然这个速度谱得到了合理的谱能量团及正确的叠加速度。

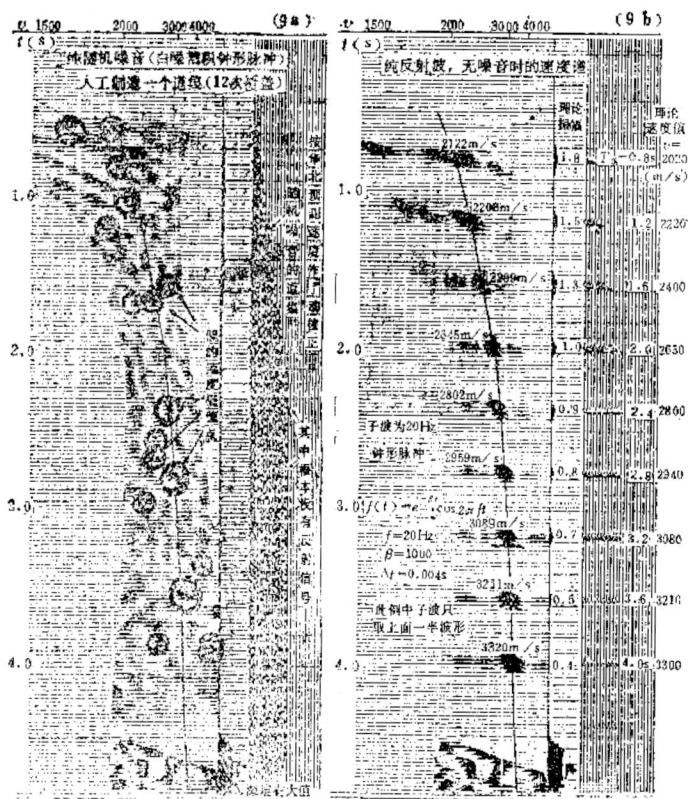

图 9　随机噪音与纯反射信号的速度分析

图 10a 是把纯反射信号加上平均振幅为 1 的噪音,其道集波形见图中的右侧。2.0 s 以前信噪比在 1.3 至 1.5,所以道集中尚可以看到同相轴(此道集波形也是经过预测速度作了动校正),但由于干扰波的存在,其波峰套得不齐,上下错动,然而此时速度谱还能检测到一个合理的能量团。2.0 ~ 3.0 s 之间信噪比接近为 1。检测所得的叠加速度偏离了正确数值。3.0 s 以下信噪比小于 1,速度谱能量团分散,还出现了假的能量团,很容易被误认为是可靠的叠加速度。

图 10b 是进一步加大干扰噪音的试验。此时在反射信号道上加上了平均振幅为 2 的干扰波随机噪音，速度谱质量进一步降低，1.6 s 处（$S/N = 0.65$）反射波极值点几乎看不清。2.4 s 处（$S/N = 0.45$）反射波速度拾取值比真值小 100 m/s。其下有的反射极值点消失（如 3.2 s 及 4.0 s 处），有的出现假极值点（如 3.0 s 及 3.9 s 处）。3.5 s 处（$S/N = 0.25$）出现一个看起来很可靠的能量团，其速度拾取值为 3474 m/s，理论值应该为 3210 m/s，误差达 264 m/s。

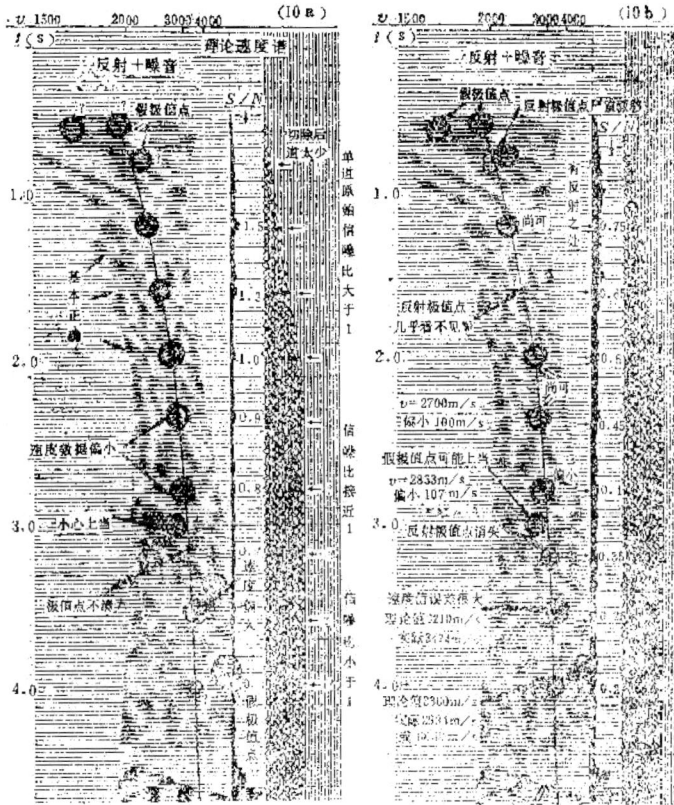

图 10　纯反射信号加噪音的速度分析

这个理论模型告诉我们，在 12 次覆盖的条件下，当速度谱的道集原始信噪比低于 0.7 时，叠加速度就受到干扰，得到不合理的数据。

当采用高覆盖次数，例如 24 次覆盖，或者作速度谱时采用相邻两个 CDP 道集叠加后作谱，就可以提高速度谱的质量。此时对于随机干扰来说，信噪比统计性提高 $\sqrt{2}$ 倍，那么速度分析失效的"第二危险点"（参看图 5 下方）就位于 $S/N = 1/2$ 附近（如果进一步增加 CDP 叠合点数或增加覆盖次数，则第二危险点还可以向下移动）。

这便是低信噪比地震记录在作速度谱分析时的"第二危险点"，得不到合理的速度值。本文以上这两个危险点就是低信噪比地震资料往往处理不好的主要障碍。

五、信噪比的粗略估算方法

前面曾提到两种判断信噪比的方法，即：① 信噪比的视觉判断法，具体做法如表 1 所列；② 相邻道振幅比较法，根据极大极小振幅计算信噪比。见公式 1。这两种方法虽然简单实用，但并不精确。

至于相邻道两两互相关求归一化相关极大值也可以用来大致估计信噪比的大小。为了进一步研究这种方法的可能性，我们采用绕射叠加信号模型，作了一套地下杂乱散射体（它代表最复杂的地下构造的情况）中等埋深的反射信号理论记录（图 11b）。

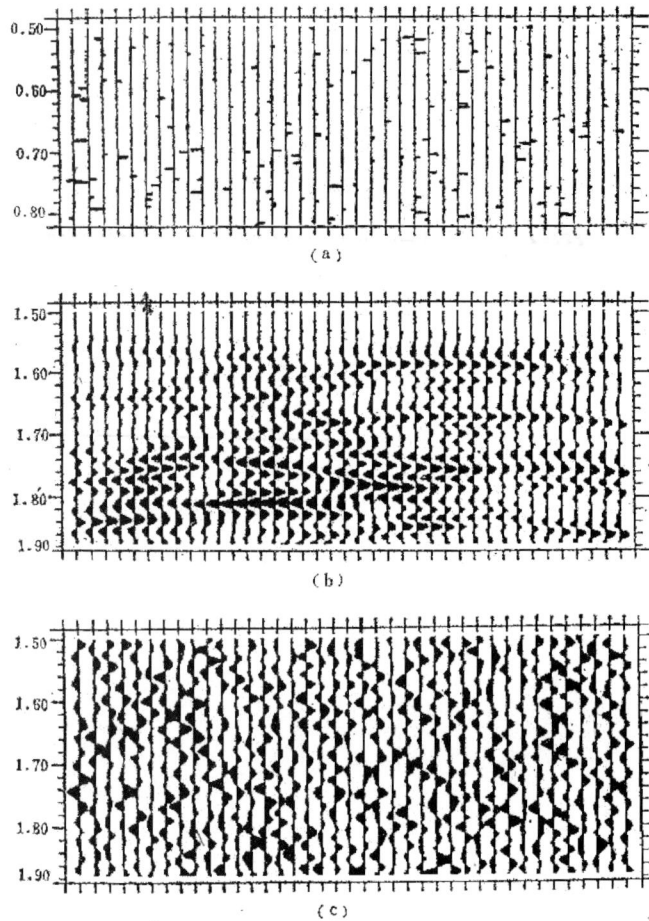

图 11 （a）地下杂乱散射体（最复杂的地下结构）的分布（由计算机产生这些随机白噪模型）
（b）纯反射信号模型，为地下杂乱散射体在地面自激自收系统中所接收到的理论反射记录
（地下点距为 25 m，散射源埋深在 1.5～1.8 s 处）
（c）纯随机干扰模型（由计算机产生白噪反射系数，然后直接和一个雷克子波褶积，得到有色随机干扰模型）

由计算机产生的一些随机数，表示地下复杂散射体（图 11a），1.5～1.9 s，相当于埋深为 1900～2600 m。绕射叠加合成时采用雷克子波，自激自收，2 ms 采样时其主频为 25 Hz，道间点距为地下 25 m。从图 11b 的反射信号模型可以看出：地下杂乱散射体反映到地面的反射理论记录呈现一片波形均匀渐变的现象[1]。我们又作了一个随机干扰噪音的模型（图 11c），把图 11c 的有色随机干扰模型以不同百分比与信号模型叠加成不同信噪比的理论记录，如图 12 及图 13 所示。它们和前面的图 3 及图 4 是相同的信噪比分级。但图 3 及图 4 仅代表地下最简单的反射（无限长的平界面），而图 12 及图 13 则代表地下最复杂的构造情况。

对图 12 及图 13 的理论分析的主要结论和图 3 及图 4 是一样的。它进一步证实了表 1 结论的普遍意义。但是，我们的目的是当地下构造极为复杂时，直接利用相邻道记录的互相关系数估计信噪比。于是，作了互相关试验，其计算结果如图 14 所示。此图右方纵坐标为归一化互相关极大值的统计平均值，分成深层、中层及浅层反射三条曲线，横坐标为信噪比。

图 14 的左方纵坐标为互相关时移量的均方根值，以反射子波的视周期表示。此图与图 8 相比，由于信号本身相邻道相关性的降低，图 14 右方三条曲线相对往下移动了一些。对于无限长平反射界面模型来说，信噪比为无穷大时，其相邻道两两互相关的归一化极大值为 1.00，而当地下散射模型的信噪比为无穷大时，其归一化相关极大值为 0.95。随着散射体的埋深变浅以及道距的加大，地震子波主频的偏高，这个复杂地下反射模型的归一化互相关极大值将会进一步降低。但是，如果采用的道距不大于 50 m，反射子

波主频不大于 30 Hz,仍可用图 14 的相邻道归一化相关极大值 Γ 来推算信噪比。从这些曲线可以看出,当 $S/N > 3$ 及 $S/N < 1/3$ 时,曲线的斜率很小。可见用此法推算信噪比比较灵验的范围只能在 $S/N = 1/3 \sim 3$ 之间。

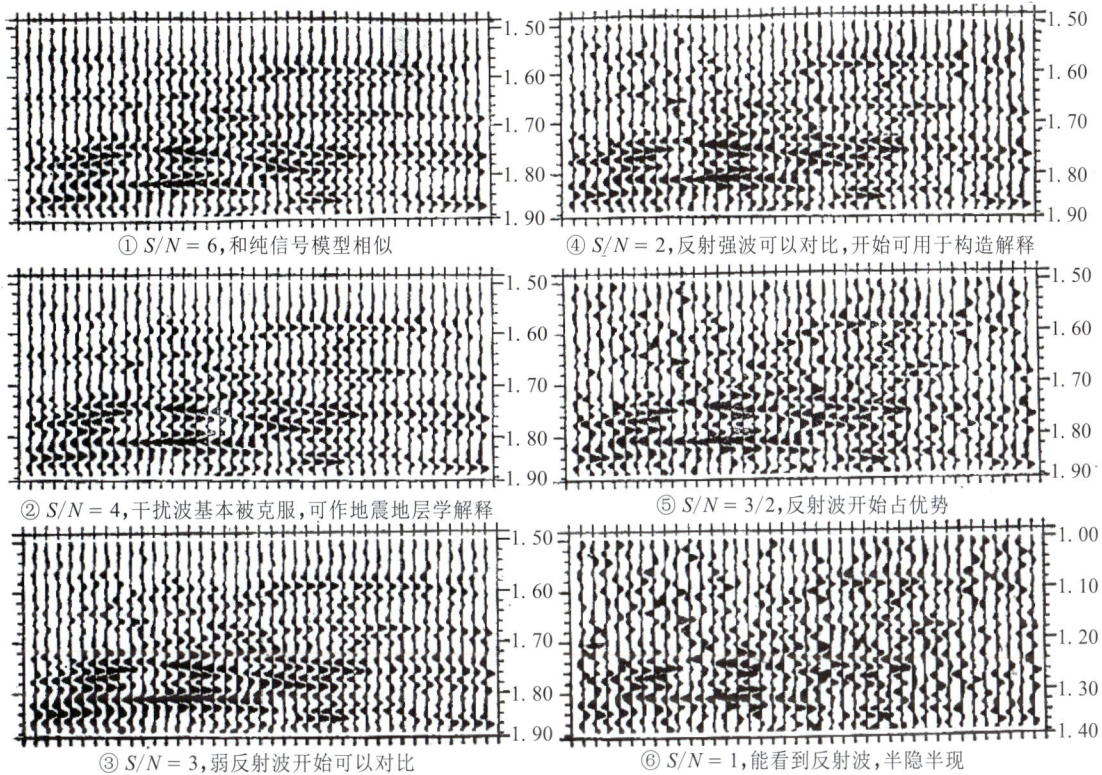

① $S/N = 6$,和纯信号模型相似　④ $S/N = 2$,反射强波可以对比,开始可用于构造解释

② $S/N = 4$,干扰波基本被克服,可作地震地层学解释　⑤ $S/N = 3/2$,反射波开始占优势

③ $S/N = 3$,弱反射波开始可以对比　⑥ $S/N = 1$,能看到反射波,半隐半现

图 12　不同信噪比理论记录(Ⅰ)

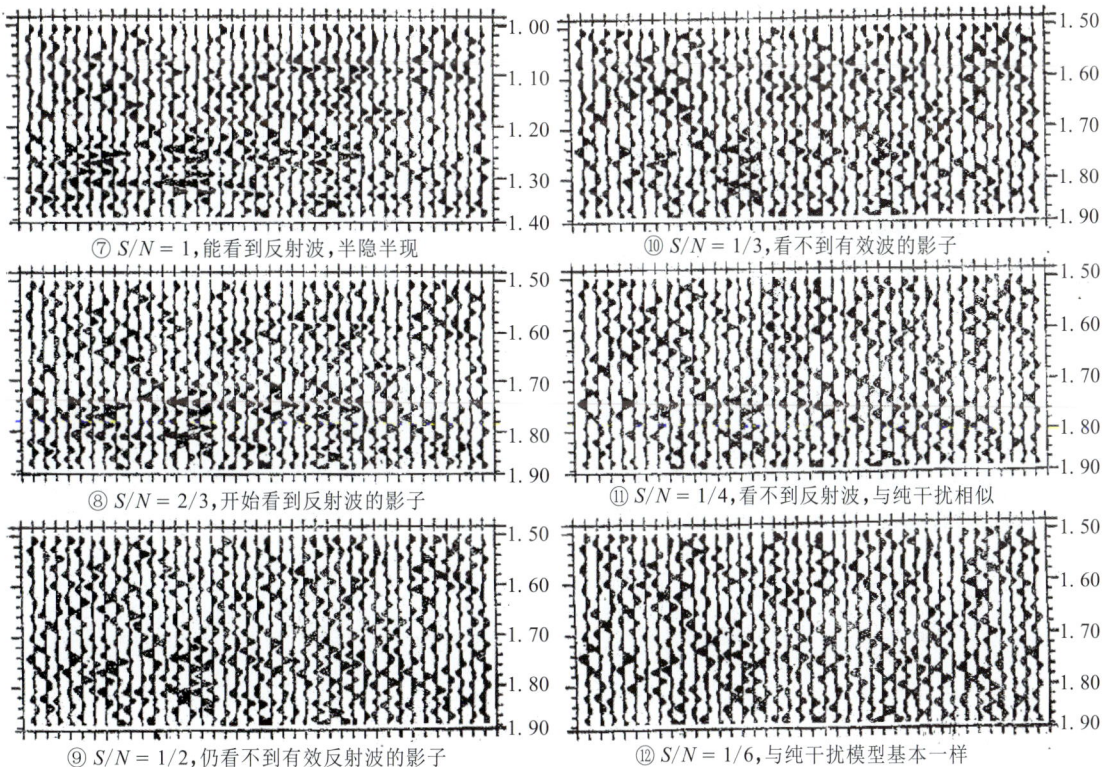

⑦ $S/N = 1$,能看到反射波,半隐半现　⑩ $S/N = 1/3$,看不到有效波的影子

⑧ $S/N = 2/3$,开始看到反射波的影子　⑪ $S/N = 1/4$,看不到反射波,与纯干扰相似

⑨ $S/N = 1/2$,仍看不到有效反射波的影子　⑫ $S/N = 1/6$,与纯干扰模型基本一样

图 13　不同信噪比理论记录(Ⅱ)

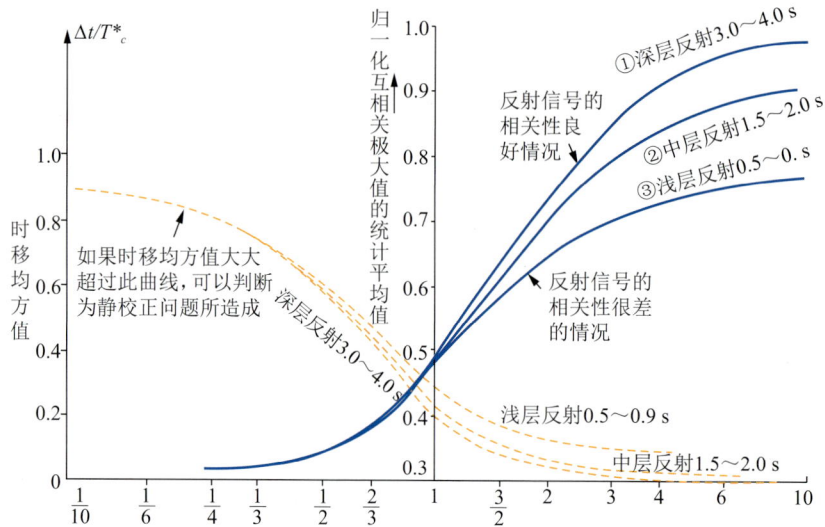

图 14 由相邻道记录互相关值估计信噪比的图版

图 14 里面，三条红色虚线线条是时移量，采用左边的纵坐标。三条兰色实线是互相关值，采用中间的纵坐标。横坐标是信噪比。图 14 主要用于未加动校正的单炮原始记录上，也可用于水平叠加剖面。图中的深、中、浅层三条曲线实际上是代表着反射信号本身的道间相关性很好、中等以及很差的三种情况，因而可以灵活应用此图。例如，水平叠加剖面上的浅层反射如果倾角很小，道间相关性较好，此时可以用中层曲线来查找浅层的信噪比。

图中三条虚线代表着深、中、浅三种情况下的互相关时移量，它们主要是由于含有噪音而引起的。如果所计算的时移量大大高于这三条虚线的位置，那么可以推断此记录的静校正问题的严重程度，并且可以用超过虚线的量来估计记录上存在静校正时移均方根值的大致数量级（因为虚线的位置是代表没有静校正问题时，仅有干扰波存在而使时移量增大的情况）。

上述三种估计信噪比的方法，可以归结为表 2 来说明，虽然都不很严格，但还是比较实用。注意这里所涉及的干扰噪音，虽然主要指随机干扰，但对于大片出现的面波干扰或折射波干扰，本文所介绍的信噪比估计方法是适用的。

表 2 信噪比粗略估算方法比较

方法名称	判断信噪比的适用范围	方法原理	技术要求
（1）视觉判断法	$S/N = 1/2 \sim 2$ （信噪比太高及太低不适用）	根据有效反射波出现的程度来判断，详见表 1	① 在单炮记录或水平叠加剖面上都可作判断 ② 静校正问题不严重或基本解决后才可应用此法
（2）相邻道振幅比较法	$S/N = 3/2 \sim 8$ （信噪比低时不适用）	根据一个同相轴上相邻道的最大及最小振幅来推算信噪比 $$\frac{S}{N} = \frac{A_{max} + A_{min}}{A_{max} - A_{min}}$$	① 同上① ② 要求基本上是相对保持振幅的显示
（3）相邻道两两互相关求归一化相关极大值方法	$S/N = 1/3 \sim 3$ （信噪比太高或太低时方法不准）	求相邻道归一化互相关极大值 Γ，并对多道取其统计平均值，再查图 14，求出信噪比 S/N	① 同上① ② 要求野外道距小于 50 m，反射于波主频小于 30 Hz，在 T_0 双程反射时大于 1.5 s 时，中、深层反射记录上开 $0.3 \sim 0.5$ s 时窗作相邻道互相关

六、估计多次覆盖对改进信噪比的能力

从覆盖方法克服多次反射的角度来说，一个多次波经过叠加后，只要剩余时差够一个周期，采用 6 次覆盖就能压到 30% 左右，但继续增加覆盖次数，从 24 次增加到 48 次，这个多次波还会残留 10%～15%。因此用常规的等灵敏度水平叠加方法压制多次波的效果是不容易再进一步改善了。这是因为现今大多数激发的地震波是脉冲波，脉冲的头部和尾巴是叠加方法抵消不掉的，尤其是在近道，因双曲线时差小，它们往往还因同相叠加而加强。如果采用不等灵敏度叠加的最佳加权叠加方法，就可以把多次波压剩到 1%～2%（对指定的多次波）。但是这种处理方法计算工作量大，还不能作为常规处理例行项目，此外，对克服随机干扰来说，反而不如等灵敏度的水平叠加，因此它也是有利有弊的。

我们估计，如果野外观测系统选择合理，室内动静校正基本正确，那么常规的 12 到 24 次水平叠加可以把多次波压剩到 10%～15%。

下面我们来分析一下多次覆盖在克服随机干扰方面的能力。从统计的角度分析，n 次覆盖对随机干扰的压制能力约为 $\sqrt{n}$ 倍。因此 24 次覆盖大致可以将随机干扰压制近 5 倍，48 次覆盖可以压制近 7 倍。

对非随机干扰，即有一定视速度的面波等规则干扰，其压制能力会更好些。但对于次生高速干扰来说，有时覆盖次数愈高，干扰将愈加愈强。剖面上出现一片倾斜的基本平行于初至折射波的"斜纹布"。对后面这两种干扰在处理中往往要注意使用二维滤波加以压制。

综上所述，我们估计一般 24 到 48 次覆盖的水平叠加，能使信噪比提高 5～7 倍。

如果按信噪比 6 倍计算，覆盖前、后的记录面貌可借用图 3 和图 4 说明。这两幅图中相应各小图的信噪比都刚好相差 6 倍。图 12 与图 13 也具有这样的特点。由此，可以得到如下认识：

（1）采用多次覆盖对改善记录面貌的能力是很强的，例如叠前野外记录 $S/N = 2/3$，记录上刚看到强反射波的影子，水平叠加以后变成 $S/N = 4$，这样的记录就能用于地震地层学解释。

（2）叠前野外记录 $S/N = 1/3$ 时，野外原始记录上看不到任何同相轴的影子，叠后剖面变成 $S/N = 2$，也能初步用于构造解释。

（3）如果野外原始信噪比低于 1/6，则叠加后不能得到有用的地震剖面。

水平叠加结果真有这样大的能力吗？即在野外单炮记录上看不到同相轴的影子，而在覆盖后却能提供有用的资料吗？有经验的处理人员定会持否定的结论。他们认为当原始记录上看不到同相轴影子的时候，就不会得到能用的叠加剖面。我认为问题在于对图 5 下方的第一及第二危险点认识不足，它们影响了动、静校正的精度，其结果造成水平叠加不能发挥其应有的作用。在原始资料的信噪比低于 1/2 时，往往发生这样的情况：由于静校正不准影响速度谱，而速度谱的不准又反过来影响自动静校正，它们互为因果。所以，解决问题的关键，仍然是应当改善野外采集的原始信噪比。

七、改善低信噪比地震资料的方法

（一）努力提高野外记录的原始信噪比

首先要在野外努力提高单炮记录的原始信噪比，这是解决问题的根本。当记录道原始信噪比低于 1/6 时，在处理中是没有任何特殊手段提高信噪比的。

改善记录道的原始信噪比最有力的措施是改进激发条件和改变激发方式，使激发能量尽量少产生干扰而多多加强反射波的能量。为保证做到这点，激发点要尽量设置在低处含水量较大之处。在条件实在不具备的情况下，可以采取增加垂直叠加次数（如可控震源可增加车数及震次）及增加覆盖次数等措施。改变观测系统，以避开干扰，有时也能奏效。

在我国西南山区及西北潜水面极深的山前凹陷,的确存在不少地震工作特殊困难的地区,原始记录的低信噪比情况在短期内很难解决,这就需要在处理过程中来弥补野外的不足。

（二）突破两个危险点,首先争取作好静校正

在低信噪比资料处理的过程中,着重要解决突破静校与动校的两个危险点。首先解决静校正问题,为求准速度谱创造条件。

解决静校正问题的良策是使用折射初至静校的方法。它完全避开了含噪音信号的互相关问题,绕过了第一危险点。任何低信噪比原始记录,甚至在没有任何反射同相轴的条件下,折射初至波总是唯一可靠的波,它既能解决高差静校,同时也能解决低速带静校问题。过去折射静校方法由于初至波到达时不够稳定,以及有的方法要求有较长而稳定追踪段的折射层,所以得不到很好的效果。近年来折射静校方法有了较多的改进:例如法国730软件在程序中增强了对不合理数据按中值排列后自动剔除大误差数据,以及其他统计分析效能,使折射静校在实际使用中见到效果。

近年来,我们还看到另外一些好的静校正方法,例如 GEOCOR Ⅳ 1024 道符号位仪器,采用不组合或小组距组合得到很清晰的折射初至波,加上 1024 道的统计效果,使静校正问题得以很好地解决。在用可控震源工作时,甚至可以根据相邻炮记录的折射初至波,在透明纸上用肉眼直接读出每个炮点的相对静校正量来。GSI 公司在塔里木盆地沙漠区使用静校正沙丘曲线也见到了效果,最近他们正发展一种把共炮点及共检波点静校正量按横坐标累加后,除去低频分量(这部分是不可靠的),保留高频分量,再用基准面的高程静校正量或沙丘曲线的静校正量曲线滤去高频成分,可以提供准确的低频静校正量。

图 15a 是新疆的一条低信噪比剖面,图中看不到任何反射同相轴。采用 GSI 静校正方法在 TIMAP 小机器上,先解决静校正问题,再逐步修改叠加速度,最后得到如图 15b 所示剖面,图中普沙构造较清楚地出现在剖面上。

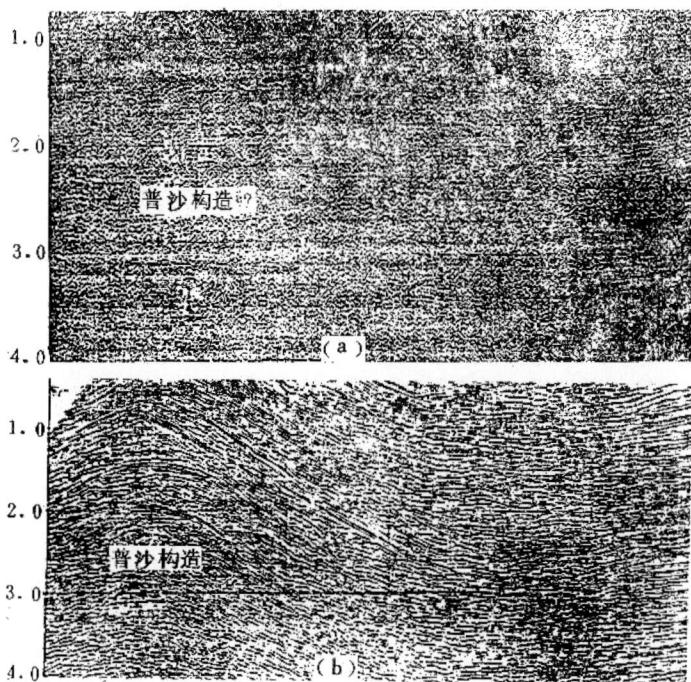

图 15 （a）Y-84-320 测线剖面图（3033 机处理）
（b）由于采用折射静校正及速度谱反复调整,普沙构造清楚地出现在剖面左方

其次,在处理低信噪比资料的过程中,为作好静校正及速度分析,不必追求分辨率及保真度,只要求有起码的信噪比。在处理过程中应该争取信噪比始终保持在 1 左右(或 2/3 以上),即肉眼始终能看到有效波的影子。这样就可以大胆地使用较窄频档(一般优势信噪比频档大致在带通 15～35 Hz 左右,此时面波和折射干扰及高频微震基本上都已被压制),尽量滤去面波、折射干扰以及高频干扰。在振幅处理方面也可以使用较强的均衡手段使强干扰波在运算中不占优势。必要时采用小时窗动平衡,甚至符号位也是可取的(如果窄频档滤波已经解决问题就不必这样作了)。

去大值及剔除强干扰道,可采用强化切除手段,有时针对特殊干扰波还可以采用"空心切除"的形式。总之要设法把强干扰压制或切除掉。然而,此时最好不要使用叠前二维滤波或混波手段,因为它们在静校正问题未得到妥善解决之前,会起到把问题搅乱的作用。

以上就是改善低信噪比地震资料处理的主要作法。

八、结束语

当今的地震资料处理程序库里有着名目繁多的模块,但在处理过程中最基本的还是动、静校正这两种手段。在原始信噪比较高的情况下较易选准动校速度,所以自动静校正也只会愈作愈好。然而,当原始信噪比低于 1 时,人们就难以判断是静校不准,还是动校速度选错了。因此,本文提出的低信噪比资料的两个"危险点"的概念十分重要。

当信噪比较低时,地震道波形由噪音所支配,所以在与叠加模型道互相关后产生了假的静校正量。这就是低信噪比资料在处理中使用多次迭代自动静校正也解决不了问题的主要原因。

解决这样问题有两条途径:一要设法先解决静校正问题;折射波静校正往往是解决问题的关键。

二要使数据流中有大于 2/3 的信噪比,即肉眼能够看到同相轴的影子。最关键是要设法改进野外原始资料的品质、改进激发方式(使用可控振源),或增加覆盖次数。

这就是本文的主要结论。

一个好的处理人员还必须仔细分析干扰波的性质,寻找相应的克服干扰的措施,并与野外施工人员经常取得联系,讨论如何避开干扰或改进激发条件加强反射波,以取得起码能用的地震资料。此外,处理人员还要了解工区的一般地下构造情况。对地下构造倾角十分平缓的地区,作速度谱时就可以允许使用较大量的 CDP 叠合,在水平叠加后"修饰"的处理中也可以作强化相干加强(或者混波)。有时,这种简单的措施会出现奇迹般的效果。相反,若不认识到这点,就会一筹莫展。

分辨率、信噪比和保真度,三者都是我们处理地震资料所追求的。但对低信噪比地区来说,首先要解决起码的信噪比问题,有时不得不适当牺牲其他的两个方面。

以上就是我们对低信噪比地震资料的一些基本分析。有不正确、不严格之处希望大家指正。

石油部物探局研究院技术发展部梁茂贵同志帮助我作了随机干扰的理论速度谱,在此致谢。

| 参 考 文 献 |

[1]　李庆忠. 来自地下复杂地质体的反射图形到底是怎样的?[J]. 石油地球物理勘探,1986(3)21:221-240.

[2]　龙盛容,等. 二连地区地震资料精细处理方法 [J]. 物探科技通报,1984(2)2.

从信噪比谱分析看滤波及反褶积的效果

——频率域信噪比与分辨率的研究

此文也发表于 1986 年,是前一篇文章的姐妹篇。

此文提出了一个重要的概念:任何线性滤波及反褶积都不改变每一个频率成分的信噪比,只是改变了"视觉信噪比"与"视觉分辨率"。

只有通过压噪手段,才会改变信号与噪声的相对比例。

也就是这两篇文章的结合,使我后来认识到"信噪比谱"(或"含信比谱")的重要性。于是,得到结论:地震记录好坏的唯一衡量标准是"分频扫描"所得到的"有效频宽"。

此文于 1986 年 12 月发表于《石油地球物理勘探》第 6 期,作者李庆忠。

▶ 摘 要

信噪比与分辨率是地震系统工程考虑的两个重要出发点。俞寿朋等人(1984)系统地阐述了信噪比与分辨率的各种定义与研究方法以及它们之间的内在关系。本文想对该文再作一些补充。主要从带通滤波及反褶积的两个理论分析模型的实例出发,分析有关信噪比及分辨率在滤波或反褶积前后的变化情况,提出了视觉信噪比及视觉分辨率的概念。认为滤波和反褶积两种处理手段并不改变每个频率成分里的信噪比,而只是改变"视觉信噪比"和"视觉分辨率",从而重新阐述了估算信噪比及分辨率的公式和含义。

文章最后评述了当前反褶积方法的成就与问题,指出今后迫切需要研究出一种能够去噪音的多道反褶积方法。

一、信号与噪音不能在单道上定义

如果只有一条地震道曲线,能不能指出哪个波是信号,哪个波是干扰?一般地说,这问题是极难回答的。也可能凭经验会说频率很低的是面波干扰,而高频小锯齿是微震干扰,而对大多数频率既不太高也不太低的波就无从下断语了。若把相邻道波形(整张记录)都放在眼前,就可以比较清楚地看到哪里是面波,哪里是折射干扰,哪里是反射有效波的同相轴,哪里是杂乱的随机干扰。可见,干扰和信号是不容易在单道上定义的。

进一步分析,如果定义在某个频率(例如 10 Hz)以下是面波,某个频率(50 Hz)以上是微震,从而制订一个滤波方案把小于 10 Hz 高于 50 Hz 的全部滤掉。这样做是否达到了信号与噪音分离呢?如果对一般构造研究而言,这样做也是可以的。如果是利用地震道反演波阻抗,那么由低频到高频整个频段都是有用的,不应该舍去那一部分。所以就这个意义上讲,信号和噪音是不能在单道上定义的。

可是,直到目前为止,在地震资料处理中常用的大多数模块都是在单道上加工的,例如各种滤波和反褶积,振幅补偿和动平衡等都是以单道方式运算的。这些处理手段只是在视觉上改变了信噪比,其实并没有解决信号与噪音的分离。

二、线性滤波并不改变每个频率成分的信噪比

信号与噪音在频率域中是全频谱分布的,常用的滤波手段仅仅是对各频率分量的振幅谱进行放大和缩小,并伴有相移。这种线性滤波运算对每个频率成分是信号或是干扰是不加区分的,而是一视同仁地被放大或缩小。

为了进一步说明这个问题,我们作了如下试验与计算。

首先用计算机产生一些随机数(图1),并与一个子波相褶积,产生一幅随机干扰波的模型(图2)。再用另一个主频稍为偏高的雷克子波与一个反射系数序列褶积,形成一个横向一致的水平同相轴(图3),把它当作信号。然后,将图3与图2以1比1的振幅比进行相加,形成信噪比大致等于1的模型记录道(图4),此图上反射同相轴连续性就很差了。

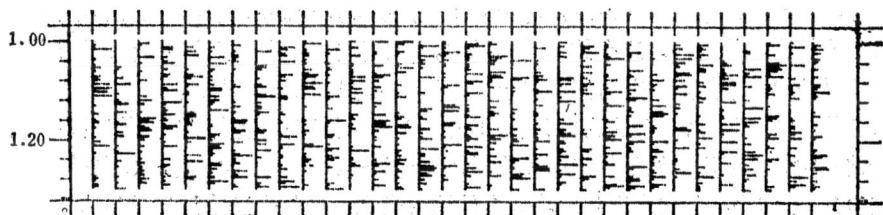

图 1　干扰波到达函数——计算机产生的随机脉冲

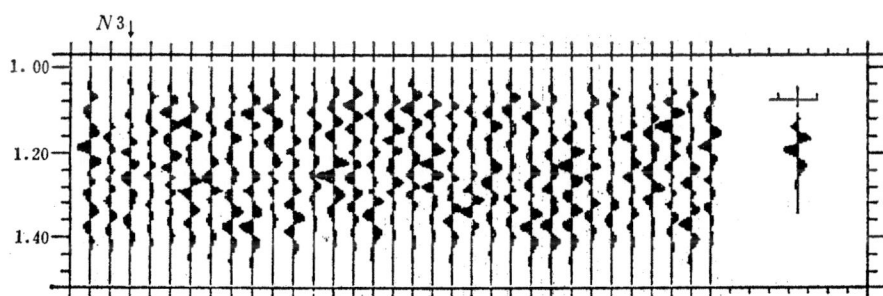

图 2　将图 1 干扰波到达函数与一个子波(主频 14 Hz)褶积形成随机有色噪音模型

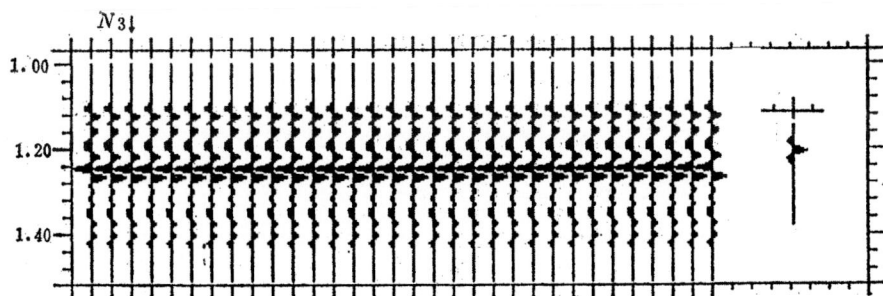

图 3　信号模型,其子波主频为 20 Hz(雷克子波)

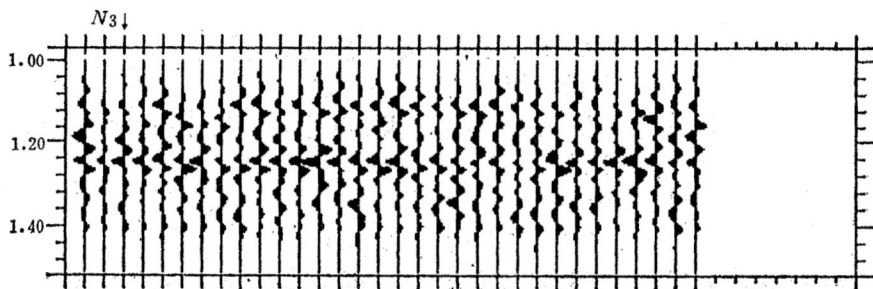

图4　信号加噪音模型记录
信噪比略小于1（按平均振幅计算）

　　现在设计一个滤波器，其振幅谱频率特性如图5所示，采用零相位算子对图4进行褶积运算，得到的结果如图6所示。与图4比较，图6反射同相轴的连续性和剖面的信噪比有了比较明显的改进。这个结论是直觉的，本来无需论证，不过我认为问题还没有说透，所以抽取其中的第3道为例，进一步作频谱及信噪比谱的分析。

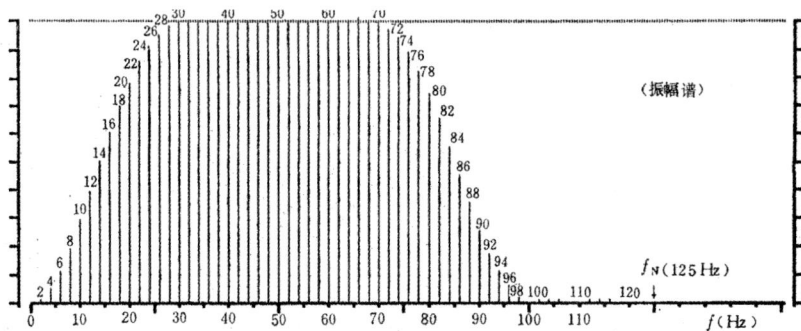

图5　21个点的带通滤波算子
截频（-3 dB时）：18～82 Hz

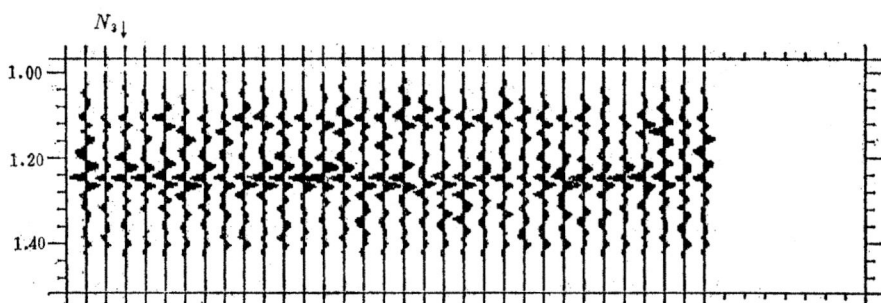

图6　图4经过一次带通滤波的记录
滤去部分低频干扰，记录的视觉信噪比提高了

　　图7是图6模型中第3道的波形分析。①是地下声速模型；②是反射系数序列；③是信号子波；④是褶积后的纯信号道；⑤是干扰波子波；⑥是干扰波模型；⑦是信号道与干扰道1:1相加结果，与信号道相比，有多处波形失真；⑧是带通滤波后的结果，它与重复显示的信号道曲线⑨比较接近这无疑显示了带通滤波的作用。

　　下面分析信号与噪音的频谱在滤波前后的变化情况。

　　图8是滤波前纯信号的频谱，上半部是振幅谱，下半部是相位谱。图9是滤波前噪音道的频谱。图10是信号加噪音道的频谱。

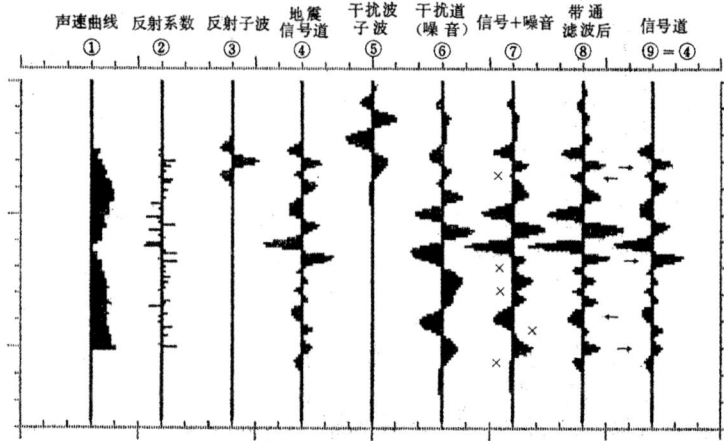

图 7　信号与噪声模型 1

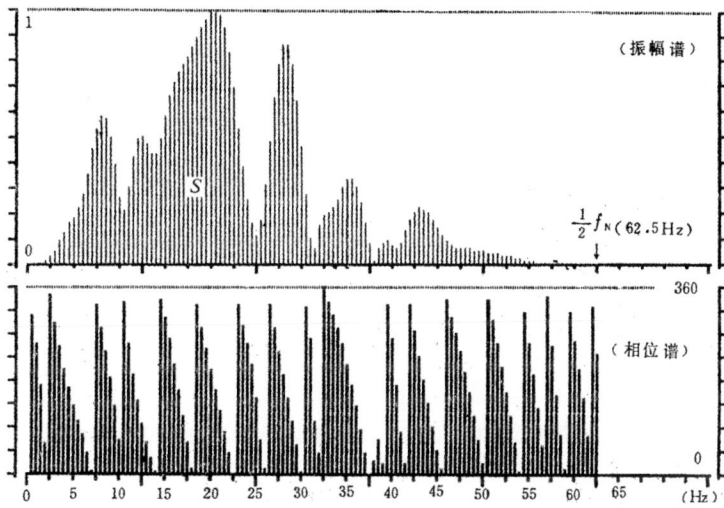

图 8　滤波前纯信号模型道的频谱

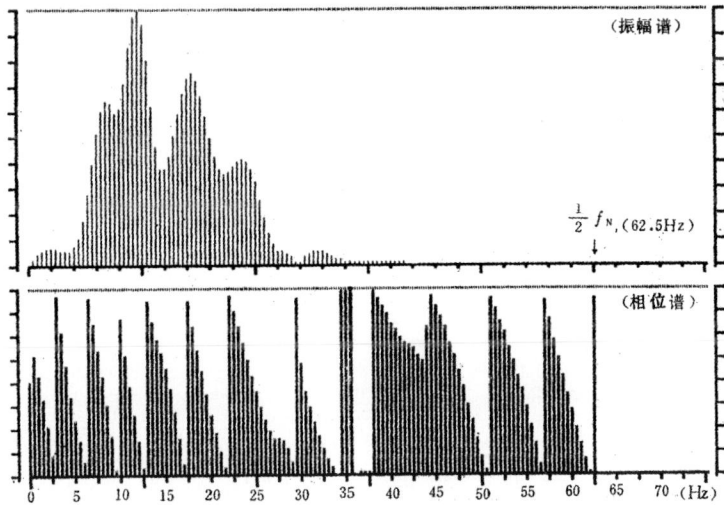

图 9　滤波前噪音道的频谱

图 10 在数学上可以表示为

$$F_X(\omega) = F_S(\omega) + F_N(\omega)$$

此式表示复数相加,复数相加可以用矢量相加来表示(参看图 20 左方)。图 11 是用矢量表示频谱的

55

一个例子。矢量的大小表示振幅,矢量与水平横轴的夹角就是相位角。图12是纯信号道频谱的矢量图(显示范围15～19 Hz)。图13是噪音道的矢量。图14表示了矢量相加的内在关系,$S+N$就是矢量S与矢量N的平行四边形的对角线,我们称矢量S与矢量N大小之比为该频率分量的"分量信噪比"。于是在已知各频率分量的信噪比后,就可以做出一种"含信比谱"图,如图15下方。此"含信比谱"是把每个频率分量的信号与噪音按其各占多少比例绘成的谱线图,即以$S+N$当成100%,然后把$S/(S+N)$信号所占的百分比绘于下方,以深黑色(粗线条)表示,$N/(S+N)$,噪音部分绘在上方,以灰色(细线条)表示。图15上方所绘的是以归一化的信号加噪音的地震道X_1的振幅谱A_x为包络,再把各频率分量的信号与噪音的分配情况填充进去。也就是用X_1的振幅谱A_x去乘其下方所含信号与所含噪音的百分比,这可表示出信号加噪音地震道内在的信噪分配情况。其粗线部分代表信号,细线部分为噪音。图16上方能够形象地说明地震道的质量,我们称之为"视觉含信比谱"。如果此图中粗线S的面积比细线N的面积比值愈大,则该地震道的"视觉信噪比"愈高。

图16和图15相似,它是以各频率分量的功率谱来表示的。图16下方的"功率含信比谱"是把图14中S与N两个分量都平方后再求百分比:把$S^2/(S^2+N^2)$绘成粗线,把$N^2/(S^2+N^2)$绘成细线。图16上方是以信号加噪音地震道的功率谱A_x^2为包络,把下方图中的百分比填成粗线及细线两部分,称为"视觉功率含信比谱"。应该说,图16比图15更合理一些,因为对视觉起作用的还是其功率部分。

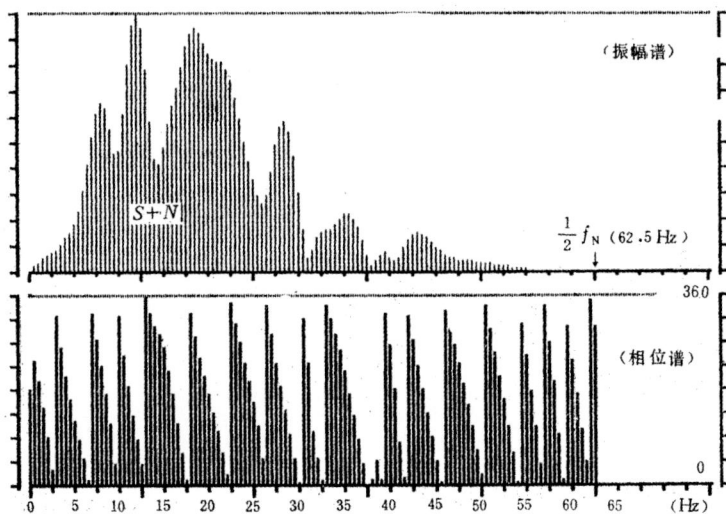
图10 滤波前信号加噪音道的频谱

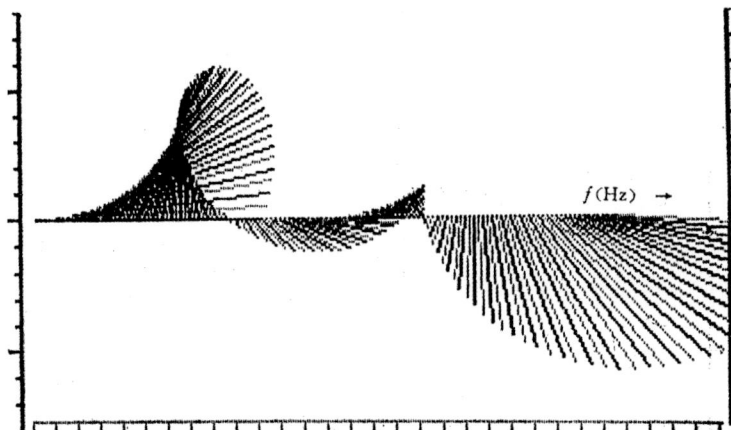
图11 频谱的矢量图
用矢量的长短代表振幅,矢量的方位角代表相角

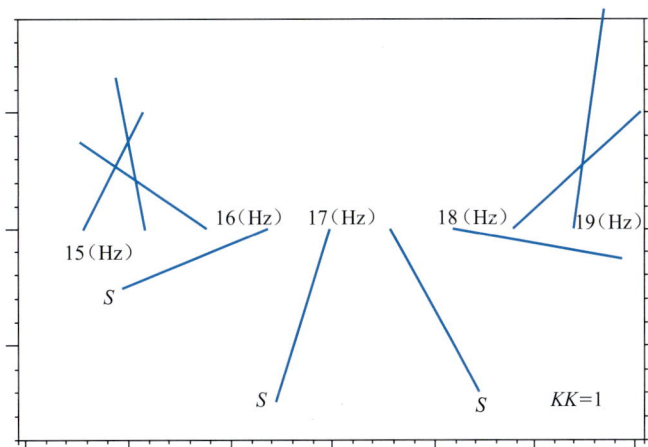

图 12　滤波前纯信号道频谱的矢量图

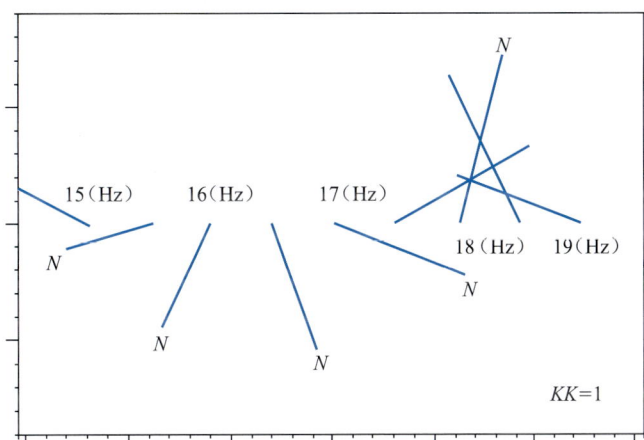

图 13　噪音道频率分量的矢量图

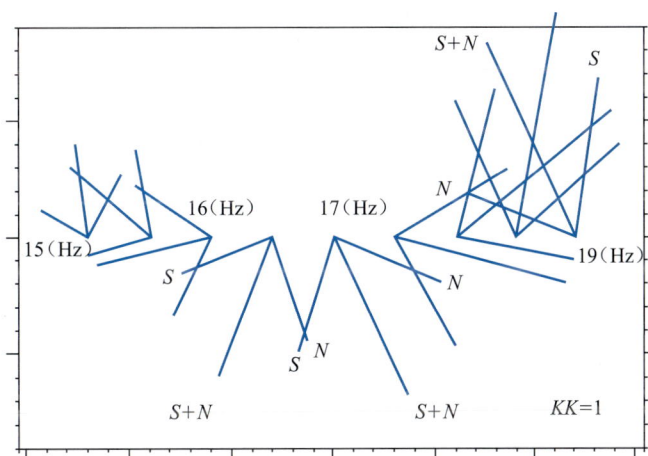

图 14　信号加噪音后各频率分量的解析矢量图

　　现在分析一下带通滤波后的情况。图 17 是经过滤波后的纯信号的频谱。图 18 是经过滤波后的干扰波道的频谱。此两图的低频部分都相应地受到了压制。图 19 是经滤波后的含信比谱,与图 15 比较,可发现图 19 下方的含信比谱几乎是完全不变的,仅仅在零频率处有些计算误差,造成含信比数值有所变化。

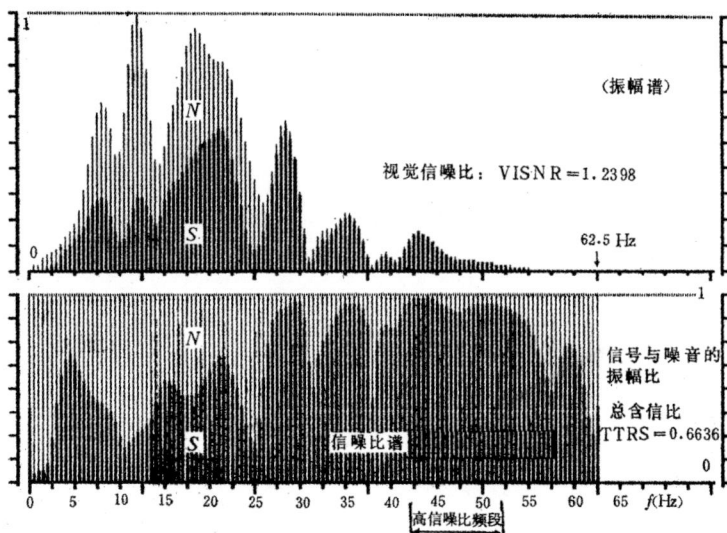

（振幅谱）

视觉信噪比：VISNR＝1.2398

62.5 Hz

信号与噪音的振幅比

总含信比 TTRS＝0.6636

信噪比谱

高信噪比频段

图15　滤波前信号加噪音地震道的信噪比谱

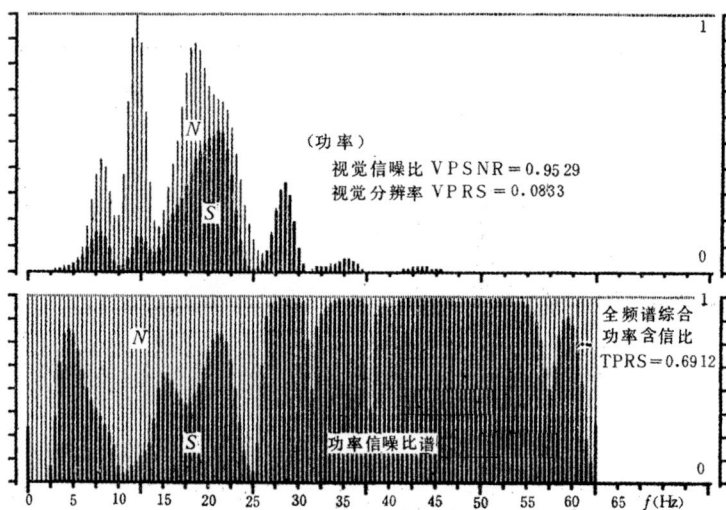

（功率）

视觉信噪比 VPSNR＝0.9529
视觉分辨率 VPRS＝0.0833

全频谱综合功率含信比 TPRS＝0.6912

功率信噪比谱

图16　滤波前功率信噪比谱

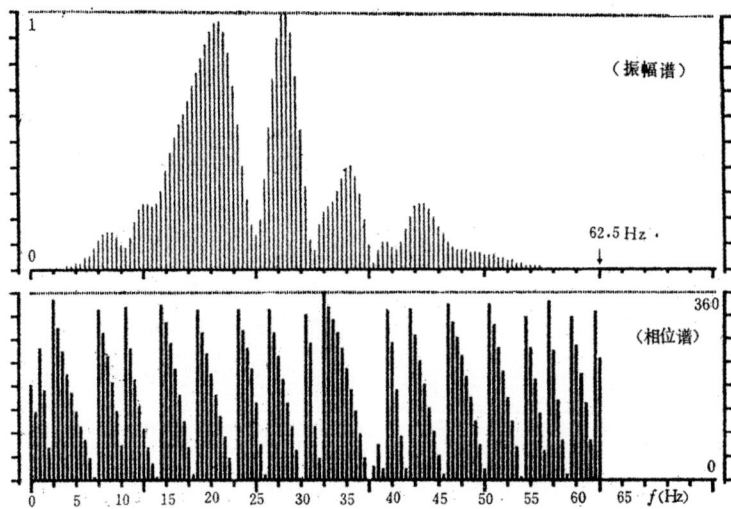

（振幅谱）

62.5 Hz

（相位谱）

图17　滤波后的纯信号频谱

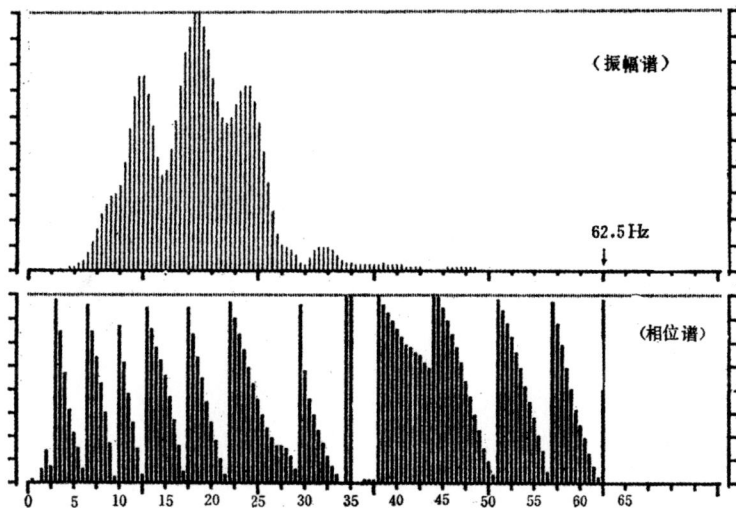

图 18　滤波后的噪音频谱

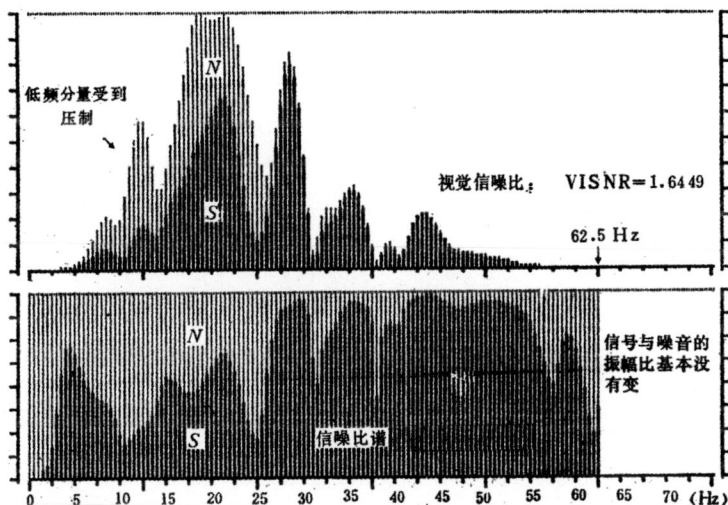

图 19　信号加噪音道经滤波后的频谱分析

　　由此可见,滤波并不改变每个频率成分的信噪比。这个事实还可以用矢量图加以解释(图 20)。

　　图 20 ③中部为某一频率分量的信噪矢量(S, N)及其合成矢量 X。后者的相位角为 ϕ_X。图 20 ④的中部为此频率上滤波因子的振幅 A_H 及相角 θ。经滤波后,此频率分量的滤波输出为振幅谱相乘,相位谱相加。于是三个矢量都旋转一个 θ 角,并以 A_H 倍作了放大或缩小。从图 20 ⑤可以看出,那个平行四边形的形状完全没有改变,其信号 A_S 与噪音 A_N 的比例仍旧不变。所以图 19 与图 15 的下方两个图是应该完全一样的。

　　图 21 就是经过滤波后 15～19 Hz 的矢量图,它与图 14 滤波前的矢量图比较,可以看到振幅有了变化,15 Hz 的平行四边形明显变小了,但是没有出现相角的旋转,这是由于图 21 是采用零相位滤波的结果。

　　比较图 15 及图 19 的上方图形可见,滤波后的粗线区(信号)的面积与细线区(噪音)的面积比例,即所谓的"视觉信噪比"增大了。由图 15 的 1.2398 加大到图 19 的 1.6449,即增加了 33%。再比较图 16 与图 22,"视觉功率信噪比"由滤波前的 0.9529 增加为滤波后的 1.6809,增加了 76%。

　　为了使用方便,再介绍两个统计量:其一是把图 16 及图 22 的下方"功率含信比谱"中,粗线(信号)的面积与细线(噪音)的面积之比称为"全频谱综合功率信噪比",而粗线(信号)面积占长方形总面积的比值称为"全频谱综合功率含信比"。由图可见,后者在滤波前后保持不变,都是 0.69 左右。其二,把图 16 及图 22 的上方图中粗线(信号)所占面积与长方形总面积之比,称为"视觉功率分辨率",它可以作为代表分辨率好坏的一个客观衡量标准,即上方图形中粗线面积愈宽、愈大,说明有效分辨率就愈高(关于全部统计量及计算公式将在后边详述）。由图 16 和图 22 可看出，"视觉功率分辨率"从滤波前的 0. 0833 增加为滤波后的 0. 1055，即有效分辨率增加了 27%。

　　当然，如果只想追求高信噪比，而不管分辨率是多少，那么根据图 15 可以选择一个窄频带通滤波器，它只允许 42～52 Hz 这一部分信噪比最高的频率分量通过。这样做以后，就可以在上方图中获得最大的"视觉信噪比"。在低信噪比地震资料中，最大视觉信噪比的剖面是很有用的。

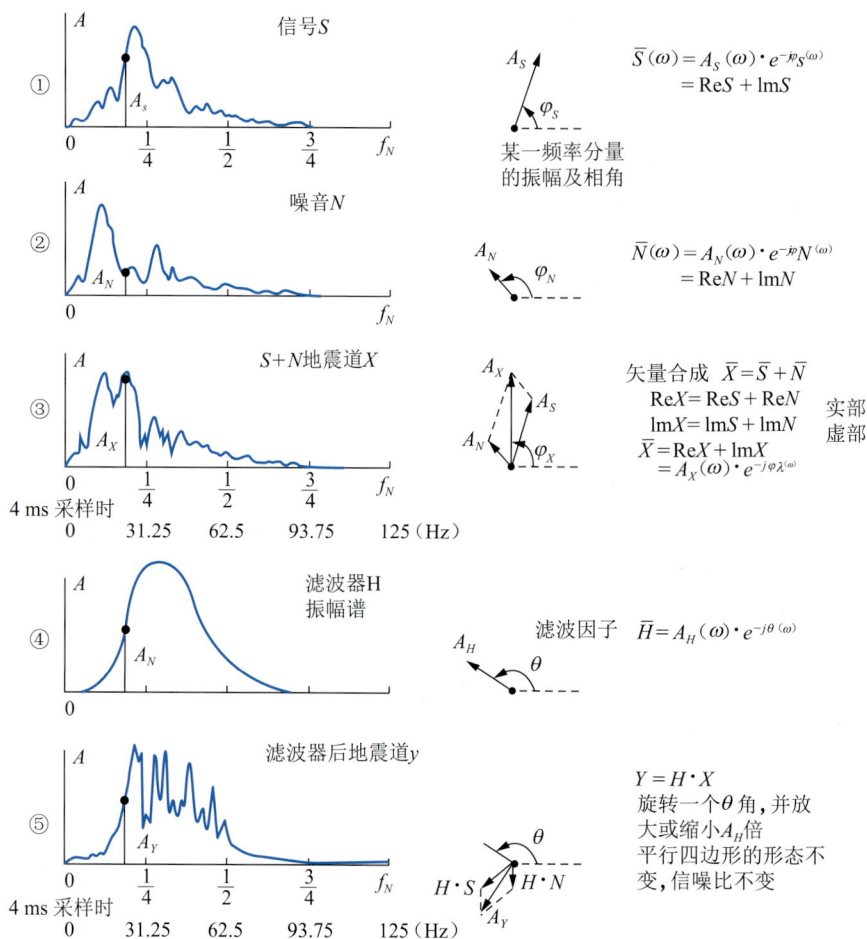

① 信号S

$\bar{S}(\omega) = A_S(\omega) \cdot e^{-j\varphi_S(\omega)}$
$= \text{Re}S + \text{Im}S$

某一频率分量的振幅及相角

② 噪音N

$\bar{N}(\omega) = A_N(\omega) \cdot e^{-j\varphi_N(\omega)}$
$= \text{Re}N + \text{Im}N$

③ S+N地震道X

4 ms 采样时

矢量合成　$\bar{X} = \bar{S} + \bar{N}$
$\text{Re}X = \text{Re}S + \text{Re}N$　实部
$\text{Im}X = \text{Im}S + \text{Im}N$　虚部
$\bar{X} = \text{Re}X + \text{Im}X$
$= A_X(\omega) \cdot e^{-j\varphi_X(\omega)}$

④ 滤波器H振幅谱

滤波因子　$\bar{H} = A_H(\omega) \cdot e^{-j\theta(\omega)}$

⑤ 滤波器后地震道y

4 ms 采样时

$Y = H \cdot X$
旋转一个 θ 角，并放大或缩小 A_H 倍
平行四边形的形态不变，信噪比不变

图 20　滤波前后信号和噪音矢量及其合成

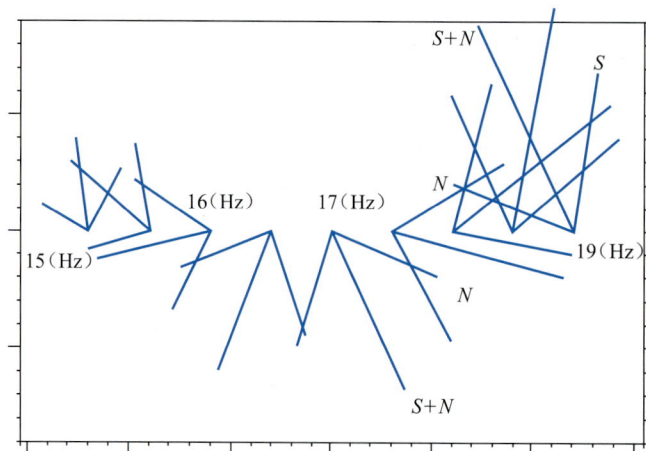

图 21　经滤波后 15～19 Hz 的矢量图

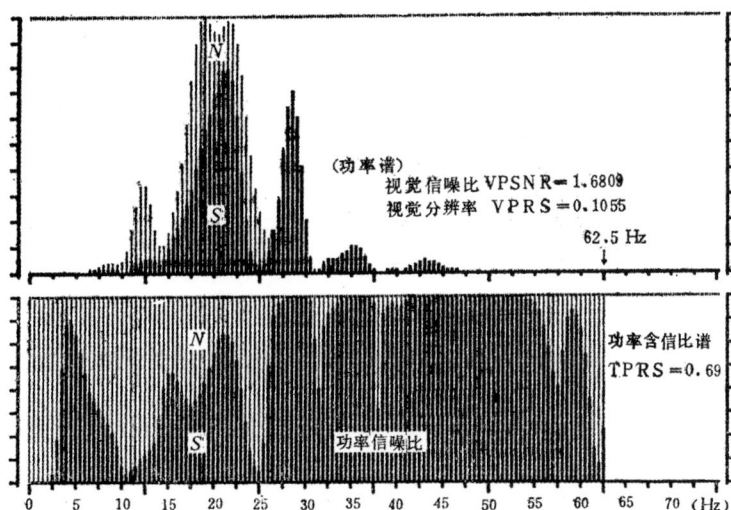

图 22　滤波后功率信噪比谱

三、反褶积不会改变每个频率分量的信噪比

一般来说,反褶积也是一种线性滤波,所以上述不改变信噪比的结论显然也是适用的。由于我们研究的理论模型,其子波是完全已知的,所以这里所作的试验是一种子波反褶积。

我们把模型道设计得稍为复杂一点,即加一些高频干扰(图 23)。此图左方第①道是一个较高频雷克子波(主频 $f_0 = 40$ Hz);第②道是设想的高频噪音到达函数;第③道是①、②褶积后的高频干扰噪声;第④道为低频干扰道;第⑤道为信号道;第⑥道波形是信号 S 和低频干扰按 1:1 相加以后,再加上 10% 高频干扰(用肉眼尚看不到此道高频干扰的存在)的结果;第⑧道是信号加噪音地震道在加了千分之一白噪系数后的子波反褶积结果;第⑨道是不存在干扰时纯信号道的子波反褶积结果。由图可见,曲线⑧与⑨在下部相差甚大,这就是干扰波在反褶积中所起的坏作用。

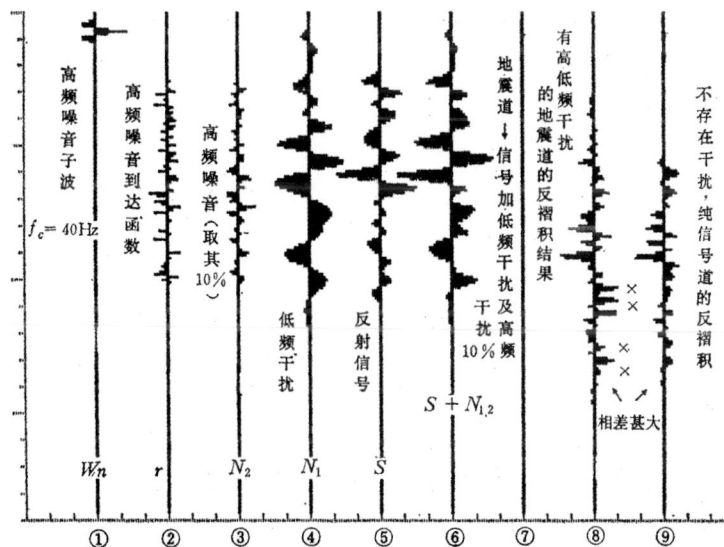

图 23　信号与噪音模型 2

图 24 及图 25 为反褶积前的信号及噪音道的频谱。图 26 及图 27 为反褶积后的相应频谱。图中信号 S 频谱展宽了,但噪音 N 在 45～65 Hz 附近也被明显地放大了。这里,在子波反褶积中仅用了千分之一的白噪系数。

比较图 28 及图 29,可以看出反褶积前后的含信比谱是基本不变的,这说明反褶积并没有改变每一个频率成分的信噪比。但是,从它们的上方图形可以看到,反褶积后粗线的面积加大了 50.6%,这就意味着

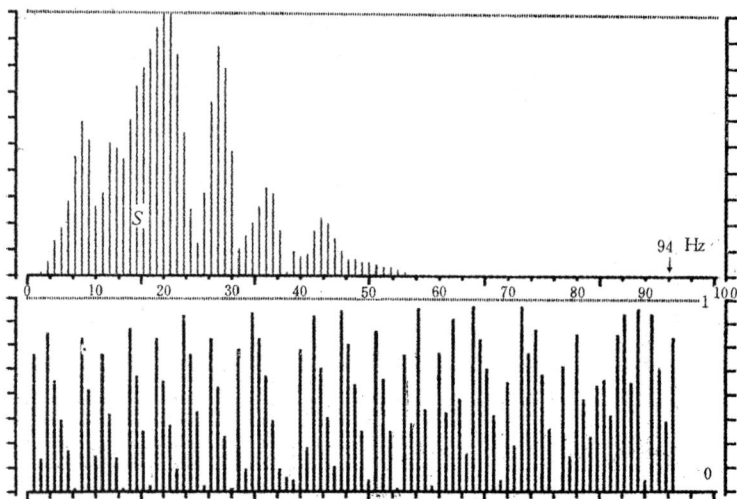

图 24 反褶积前的信号频谱

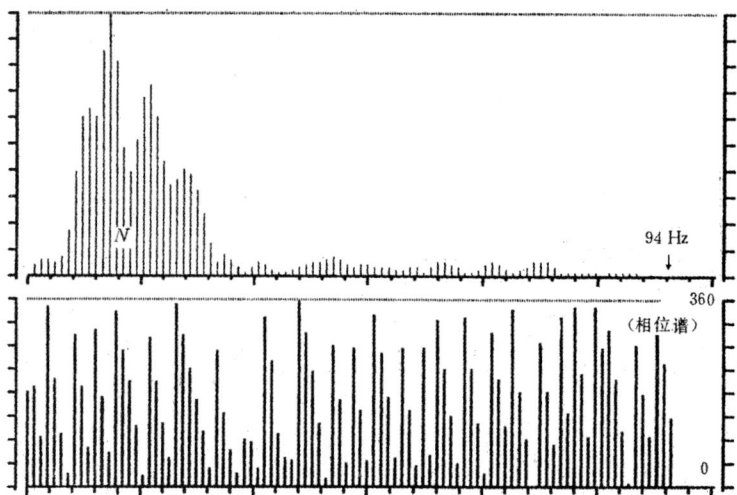

图 25 反褶积前,低频干扰中加 10%高频干扰的频谱

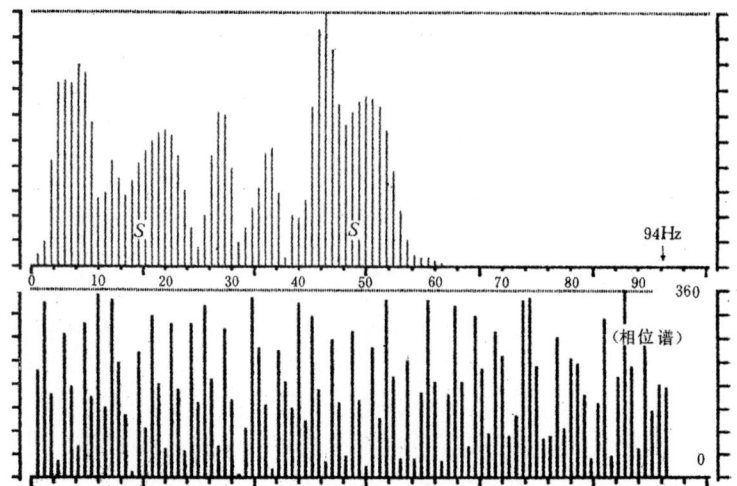

图 26 纯信号反褶积后的频谱
地震道中,有低频干扰和较强的高频干扰(振幅 10%)

视觉分辨率有了提高。同时,还可以看到细线面积增大得多一些。S 与 N 的面积比,即视觉信噪比由反褶积前的 1.0595 下降为 0.8652,降低了 18.3%,这就说明了一般反褶积的效果:提高了分辨率,却牺牲了信噪比。

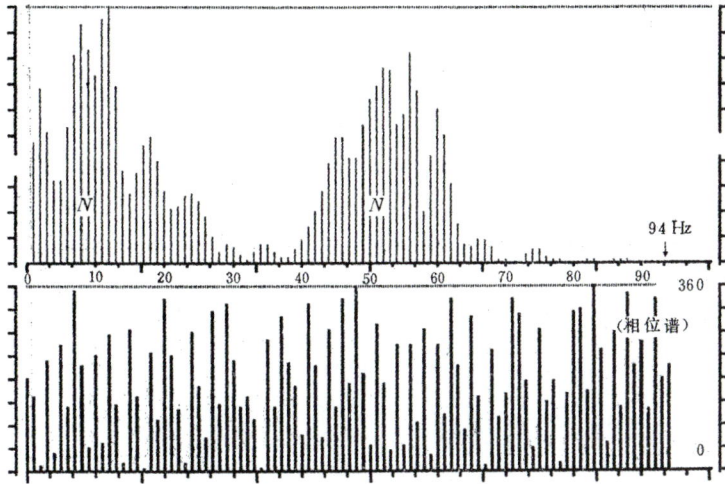

图 27　纯干扰经反褶积后的频谱

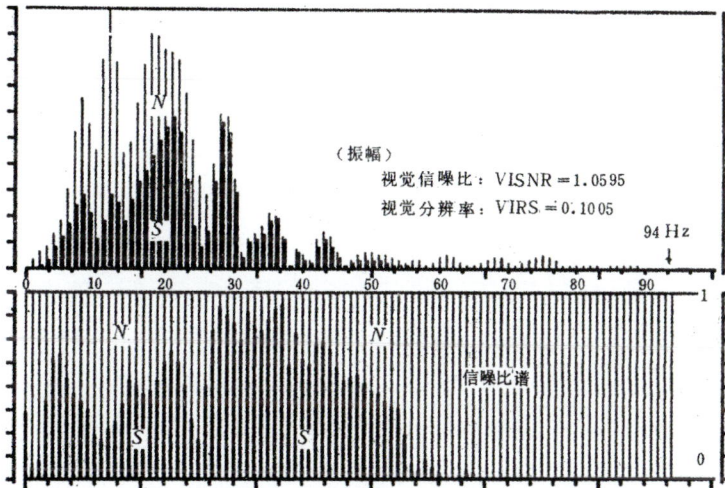

图 28　反褶积前信噪比谱

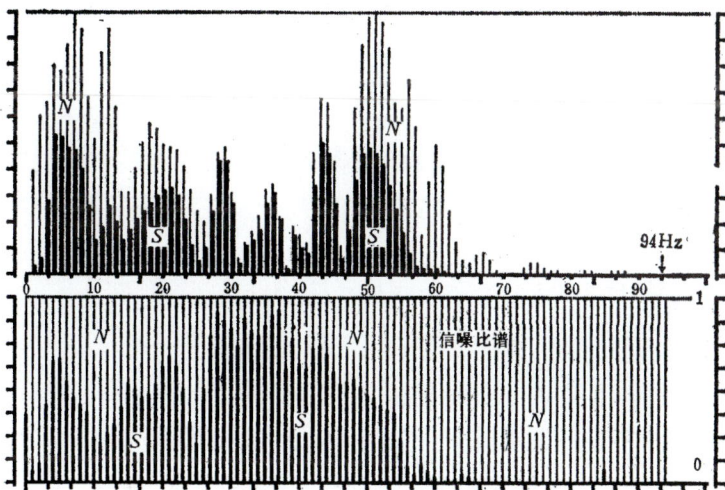

图 29　反褶积后信噪比谱

视觉信噪比(VISNR) = 0.8652,视觉分辨率(VIRS) = 0.1514

比较图30与图31功率谱的情况,同样可以看到功率视觉分辨率由反褶积前的0.0566增加到0.0894,即增加了57.9%。同时,功率视觉信噪比由反褶积前的0.9946下降到反褶积后的0.7926,降低了20.3%。

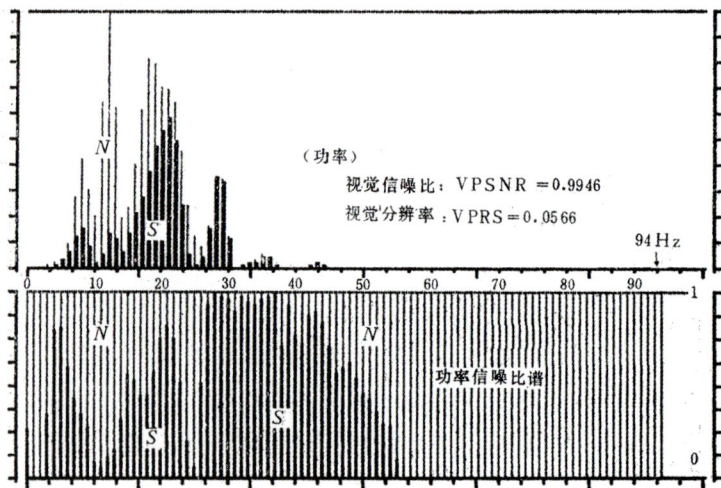

图30　反褶积前功率信噪比谱

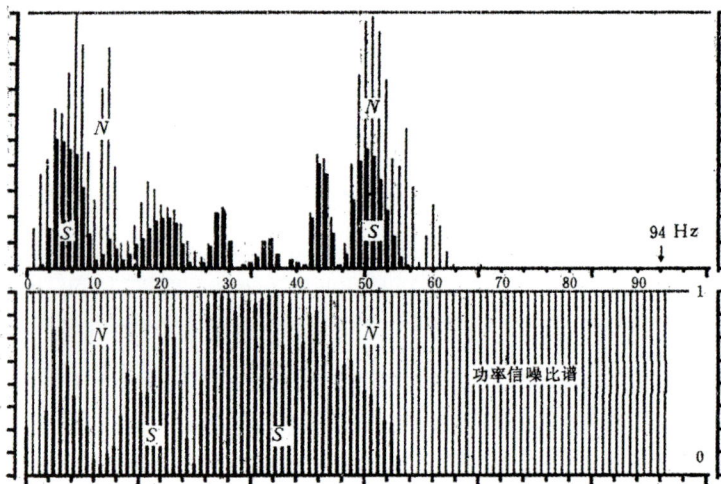

图31　反褶积后功率信噪比谱

视觉信噪比(VPSNR) = 0.7926。视觉分辨率(VPRS) = 0.0894

四、关于信噪比及分辨率的定义探讨

在分析上述理论记录后,有可能进一步明确对信噪比及分辨率定义的认识。

(一)信噪比分量

每一频率分量中信号与噪音的振幅比称为信噪比分量,简写为SNR,以下式表示

$$SNR(j) = \frac{A_S(j)}{A_N(j)} \qquad j = 1, 2, 3, \cdots, m \tag{1}$$

式中,$A_S(j)$ 及 $A_N(j)$ 分别为信号及噪音在频率分量 j 时的振幅谱数值,就是信号与噪音两个矢量大小之比值。根据各频率分量的 $SNR(j)$ 就可以做成一个信噪比谱,如图32①所示。

关于信噪比的计算范围应小于 $(3/4)f_N$（f_N 为 Nyquist 频率）。例如以常规处理中 $\Delta t = 4$ ms 采样为例，其折叠频率 $f_N = 125$ Hz，此时，实际上 90 Hz 以上振幅谱数值极小，信噪比即使算出来也极不合理，所以建议只计算到 $(3/4)f_N$，即 93.75 Hz 处。

此外，地震波的零频——直流成分，从野外检波器开始就没有进到仪器中来，因此在零频处计算出来的信噪比值也是不合理的，可以不予计算。在此例中，4 ms 采样只要从 1 Hz 左右算到 93.75 Hz 就可以了。

式（1）中 j 从 1 开始的意思就是频率域中的采样点 j 跳过零频，从第 1 个频域采样点开始，而第 m 个采样点则相当于 $(3/4)f_N$ 处。

（二）全频谱综合信噪比

信噪比谱 SNR 的平均值称为全频谱综合信噪比，简写为 TTSNR，以下式表示

$$TTSNR = \frac{1}{m}\sum_{j=1}^{m}\frac{A_S(j)}{A_N(j)} = \frac{1}{m}\sum_{j=1}^{m}SNR(j)\qquad j = 1,2,3,\cdots,m \qquad (2)$$

这里的全频谱是指从 1 Hz 到 $(3/4)f_N$ 的意思。$TTSNR$ 就是图 32①中 $SNR(j)$ 的平均高度，它标志着信号与噪音在整个频谱范围的平均比值。

（三）含信比分量 RS（简称含信比）

当 S 及 N 都很小时，SNR 往往很不稳定，如图 32①所示。在有的频率上噪音成分接近为零，信噪比接近无限大，于是全频谱综合信噪比数值也受到很大的影响。为避免这种现象的发生，建议统计数据不采用信噪比而用含信比来表达，请参看图 32②，此图称"含信比谱"。

所谓含信比 RS 可定义如下

$$RS(j) = \frac{A_S(j)}{A_N(j) + A_S(j)} \qquad (3)$$

此处 RS 含信比数值最小为零，最大为 1，再也不会变成无穷大了。

（四）全频谱综合含信比（TTRS）

有了以上含信比的定义之后，我们可以定义全频谱综合含信比为

$$TTRS = \frac{1}{m}\sum_{j=1}^{m}RS(j) = \frac{1}{m}\sum_{j=1}^{m}\frac{A_S(j)}{A_N(j) + A_S(j)} \qquad (4)$$

当然也可以定义为含噪比

$$RN(j) = \frac{A_N(j)}{A_S(j) + A_N(j)} = 1 - RS(j) \qquad (5)$$

上述全频谱综合含信比 $TTRS$ 是图 32②的信号 S 面积所占的百分比，也就是其平均高度，这是很直观的图象表示法。

（五）视觉含信比谱

图 32③称为视觉含信比谱。它是以归一化的信号加噪音地震道的振幅谱 A_{xo} 当作包络，再把含信号、含噪音的百分比填进去绘成的。所谓归一化的振幅谱是以下式表示的：

$$A_{xo}(j) = \frac{A_x(j)}{A_x^{\max}(j)}$$

（六）频域视觉信噪比

频域视觉信噪比简称视觉信噪比，记为 $VISNR$，以图 32③中 S 的面积与 N 的面积之比表示，即

$$VISNR = \frac{\sum\limits_{j=1}^{m} A_{xo}(j) \cdot RS(j)}{\sum\limits_{j=1}^{m} A_{xo}(j) \cdot RN(j)} \tag{6}$$

式中，A_x 也可采用不归一化值，因为分子分母是相约的。

（七）视觉分辨率（VIRS）及其他统计量的定义

在图 32③中，S 面积越大，有效信号部分的分辨率越大，我们称之为视觉分辨率，简写为 VIRS，以下式表示

$$VIRS = \frac{1}{m} \sum\limits_{j=1}^{m} A_{xo}(j) \cdot RS(j) \tag{7}$$

式中，$A_{xo}(j)$ 是归一化的 A_x，$VIRS$ 是 S 面积占长方形 $[$ 到 $(3/4) f_N]$ 面积的百分比或 S 区的平均高度。

对于视觉印象，功率谱要比振幅谱更为合理。图 32④和⑤分别是图 32 中②和③的功率谱表示形式。功率含信比 PS 定义为

$$PS(j) = \frac{A_S^2(j)}{A_S^2(j) + A_N^2(j)} \tag{8}$$

功率含噪比 PN 定义为

$$PN(j) = \frac{A_N^2(j)}{A_O^2(j) + A_N^2(j)} \tag{9}$$

有

$$PN(j) = 1 - PS(j)$$

全频谱综合功率含信比，简写为 TPRS，有如下定义

$$TPRS = \frac{1}{m} \sum\limits_{j=1}^{m} \frac{A_S^2(j)}{A_S^2(j) + A_N^2(j)} = \frac{1}{m} \sum\limits_{j=1}^{m} PS(j) \tag{10}$$

视觉功率信噪比 $VPSNR$ 定义为

$$VPSNR = \frac{\sum\limits_{j=1}^{m} A_{xo}(j) \cdot PS(j)}{\sum\limits_{j=1}^{m} A_{xo}^2(j) \cdot PS(j)} \tag{11}$$

它表示 S 面积与 N 面积之比。

（八）视觉功率分辨率（VPRS）

它表示 S 面积占长方形面积的比例，或者以图 32⑤中 S 面积的平均高度表示，表达式为

$$VPRS = \frac{1}{m} \sum\limits_{j=1}^{m} [A_{xo}^2(j) \cdot PS(j)] = \frac{1}{m} \sum\limits_{j=1}^{m} \left[A_{xo}^2(j) \cdot \frac{A_S^2(j)}{A_S^2(j) + A_N^2(j)} \right] \tag{12}$$

视觉功率分辨率 VPRS 才是实际记录上的有效分辨率，所以也可称为视觉有效分辨率。

（九）视觉有效分辨率 VPRS 与全频谱综合功率含信比 TPRS 的关系

对比图 31 上、下两部分可以看出：上图 S 的面积绝对不会超过下图 S 的面积，只有当信号加噪音地震道的功率谱真正地"白化"了以后，即 $A_{xo}^2(j) = 1$ 的时候，才能接近（等于）下图 S 的面积。此时，式（12）与式（10）相等。所以，图 31 下图的全频谱综合功率含信比 TPRS（此例中为 0.3441）是上图视觉有效分辨率 VPRS 所能达到的上限，任何反褶积方法都不能使它更大，而 TPRS 又是由地震道中原始信噪比所决定的。如不改变信噪比分量 SNR，那么这个 TPRS 是固定不变的。

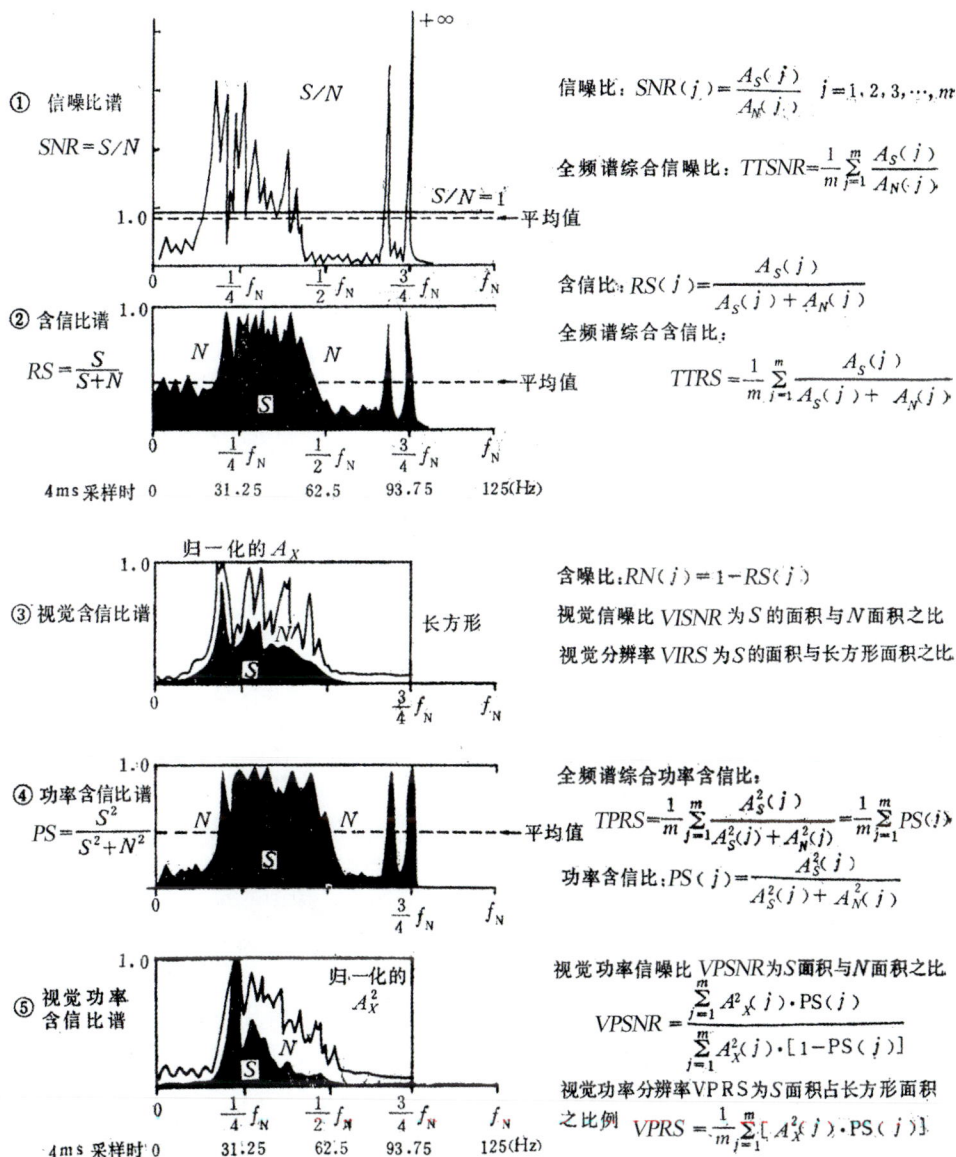

图 32　频率域信噪比分析图

此外，为了尽量加大视觉有效分辨率，可以使记录道的振幅谱（归一化）A_{xo}"白化"，此时上图 S 的面积将会加大，向 TPRS 靠拢。同时，会导致视觉信噪比的下降，因为噪音 N 的面积也更大了。例如下图的全频谱功率含噪比为 $1 - 0.3441 = 0.6559$，则下图的 S 面积与 N 面积之比（可称为全频谱功率信噪比）仅有 0.5246。它显然比上图中的视觉功率信噪比（0.7926）低得多。所以这种情况，白化 A_{xo} 是没有用的。也就是说，若不改进信噪比分量，只用反褶积展宽频谱，并不一定能真正地提高有效分辨率。

可以这样断语：在频率域中，信噪比是分辨率的基础，没有足够的信噪比，盲目地展宽频谱，并不能获得真正的分辨率。由式(12)表明,分辨率应该由信噪比定义。

(十)笼统分辨率(RESO)

笼统分辨率就是通常所说的分辨率,一般认为频谱愈宽分辨率愈高。例如在反褶积后对地震道频谱分析,频谱展宽了,我们说分辨率也提高了。这种分辨率的定义不考虑信号和噪音,而是按实际地震道的振幅谱 A_{xo} 定义,即

$$RESO = \frac{1}{m} \sum_{j=1}^{m} A_{xo}(j) \tag{13}$$

它就是图32③中归一化 A_{xo} 所包络的面积。这个面积中如果信号所占的面积很小,主要是噪音,那么虽然包络面积很大,也是无效的分辨率,记录上乱成一片。所以,这个定义是十分片面的。

(十一)Widess 定义的分辨率(Pa)

Widess(1982)曾经在分析信号与噪音的频谱后,首次把分辨率与信噪比联系起来,提出了一个分辨率的定义公式

$$Pa = \frac{\left[\int A_S(f) \cdot \mathrm{d}f \right]^2}{\int \left[A_S^2(f) + A_N^2(f) \right] \mathrm{d}f}$$

把此积分式改写成离散的累加式为

$$Pa = \frac{\left[\sum_{j=1}^{m} A_S(f) \right]^2}{\sum_{j=1}^{m} \left[A_S^2(f) + A_N^2(f) \right]} \tag{14}$$

我们对式(14)作了计算,其计算结果似乎不如式(12)来得直观和容易理解。此外 Widess 公式所计算的分辨率实际上接近于全频谱综合含信比 TPRS,因为式(12)的分子中多乘了一个 $A_{xo}(j)$,它是永远小于或等于1的。所以 Widess 定义的分辨率 Pa 总是比视觉有效分辨率(VPRS)要大许多。例如用图31实例, $Pa = 29.28$,归一化并除以 m 后得 Widess 分辨率为 0.2318,而用式(12)计算,VPRS 为 0.0833,为原来的 1/3 左右,笼统分辨率 RESO 为 0.2826,则显得更大。

以上所定义的各项信噪比及分辨率都假定信号及噪音已知,或者至少已知信号及噪音各自的振幅谱或功率谱。而实际资料是信号加噪音的地震道,为分别求取其信号及噪音的功率谱必须求助于相邻道的相关性来作判断。其方法有3种:其一是利用相邻道的互相关来估计信号功率谱,用地震道本身的自相关来估计信号加噪音的功率谱,并由此求得噪音功率谱。这种方法虽存在不少问题,但目前还是可以采纳的。其二是利用相邻的几个道求信号模型道。例如用7~11道记录沿着同相轴方向作加权叠加,得到信号模型道。当同相轴有好几组方向时,或者信噪比很低看不清同相轴方向时,可用类似倾角相干加强的方法,求得信号模型道。有了信号模型道,当然就可以得到噪音道了。其三可假定信号为有规律地以无数平面波叠加的形式,以一定的视速度通过相邻各道,凡是不符合此规律的就是噪音。这样就能使信噪分离。

五、对反褶积方法的简单评述

在明确以上一些基本问题后,就可以对各种反褶积方法作一简单的评述。

（一）最佳有效分辨率的反褶积方法

在研究反褶积方法的效果时，通常列举两张对比剖面，其中一张是经过新方法反褶积的结果，另一张是未用反褶积或者用其他反褶积的结果。按笼统分辨率（RESO）观点认为，能使某一复波波形分离成两个波峰的反褶积方法就好。但仔细分析这条剖面的信噪比，却不如原来的高。若从信噪比的观点看，则认为新的反褶积方法优于普通脉冲反褶积，主要表现在反射层可以连续追踪……但仔细分析，此法的分辨率却又较脉冲反褶积为差，这真是"仁者见仁、智者见智"，莫衷一是。

信噪比与分辨率的这种矛盾是由于记录中含有噪音引起的。如果记录中没有噪音，那么只要尽量展宽振幅谱（并尽量设法使子波零相位化），分辨率就会迅速提高，信噪比也就不会下降。然而，实际记录中噪音是不可避免地存在的。

考虑到噪音的实际存在，在反褶积处理中有两种折衷作法。

（1）消极的加白噪方法：在 Toeplitz 矩阵的对角线上增加一个很小的"白噪系数"，就能实现使振幅谱本来很小的那些频率分量（一般说也是信噪比低的部分）不被反褶积方法所放大。目前常规脉冲反褶积都是加了一定白噪的，这是一种消极的办法，因为它没有去分析一下哪些频率分量主要为噪音所占据，因此使用中带有一定的盲目性。有时会发生信噪比较高的记录由于采用白噪过大而不能达到应有的分辨率。反之，有时丢掉了应有的信噪比，使剖面的信噪比大大下降。

以图4为模型记录（时域信噪比为1左右）进行了是否加白噪系数的反褶积试验。图33～图37说明了这些试验结果（由于子波波形已知，所以可作严格的子波反褶积）。图33是不加白噪系数的反褶积结果，记录乱成一片，看不到同相轴。图34加了 10^{-8} 白噪，剖面面貌改变不太大。图35加了 10^{-5} 白噪（即十万分之一），开始见到反射同相轴。图36加了千分之一的白噪，信噪比有了改善。图37加了 5% 的白噪，此时与图4对比很相似。可以发现，反褶积已经基本上不起作用了。

由此可见，白噪系数加多少对反褶积的效果是起很大作用的，它与干扰波的强弱以及干扰波的频谱特点有关联，很难事先对白噪系数做出规定，要视具体工区的特点而定。

波形反褶积基本上也属于这一类，它假定期望输出不是一个 δ_1 尖脉冲，而是一个带通滤波因子的波形。此外，在脉冲反褶积之后紧跟着来一次带通滤波也起到类似的作用，它们都调和了矛盾，但对信噪比谱并不加以研究。

（2）积极的频率加强滤波方法。近年来发展起来的"频率加强滤波"对信号与噪音的动率谱作了初步的估算（利用相邻道互相关及自相关函数做出判断），使反褶积有目的地去放大那些信噪比分量 SNR 较大的频段，从而较好地处理了分辨率与信噪比的这一对矛盾。这种方法的滤波算子由两部分所组成：其一为分辨率滤波器 $H_T(f)$，它把地震的信号频谱展宽，即

$$H_T(f) = 1/A_S(f) \tag{15}$$

这与脉冲反褶积是类似的，它使信号谱白噪化。$A_S(f)$ 是信号振幅谱。

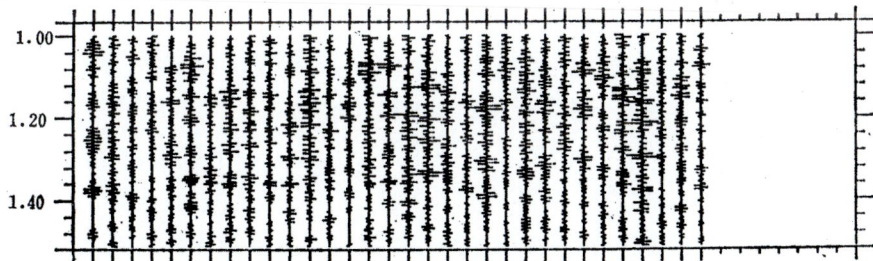

图33　图4经子波反褶积的结果（不加白噪）

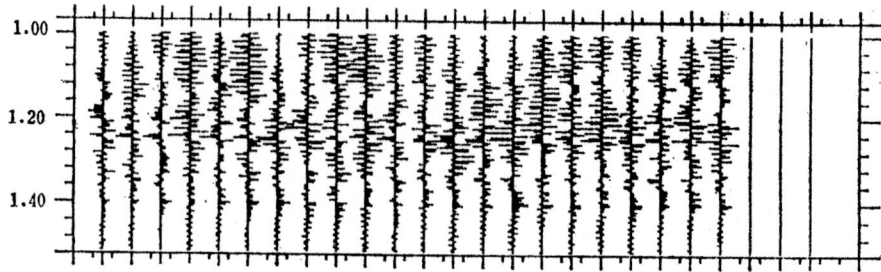

图34　经子波反褶积结果(加 10^{-8} 白噪)

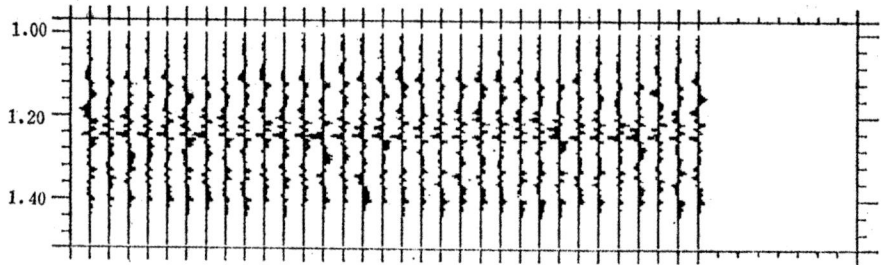

图35　经子波反褶积结果(加 10^{-5} 白噪)

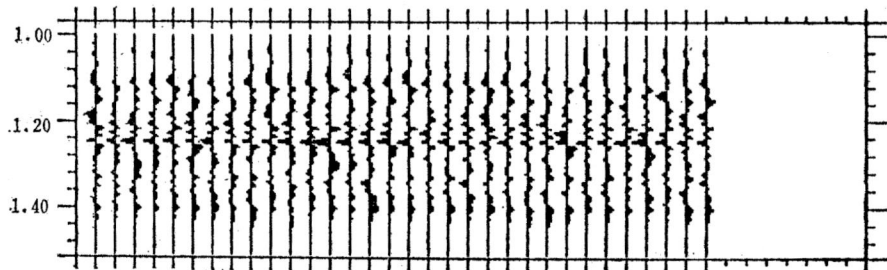

图36　经子波反褶积结果(加 10^{-3} 白噪)

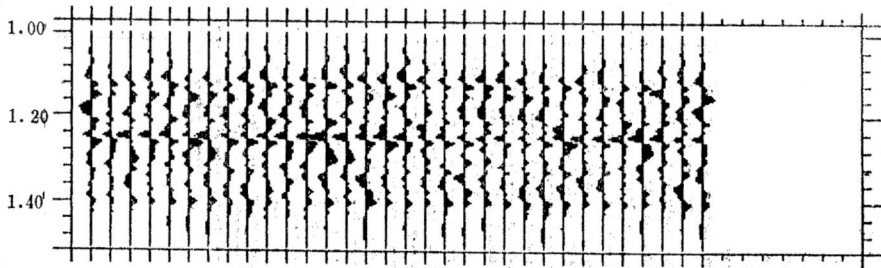

图37　经子波反褶积结果(加 5×10^{-2} 白噪)

其二是信噪比滤波器 $H_{\rm C}(f)$，也称相干滤波器，它是一个纯振幅滤波器，即

$$H_{\rm C}(f) = \frac{A_{\rm S}^2(f)}{A_{\rm S}^2(f) + A_{\rm N}^2(f)} = \frac{1}{\left[1 + \dfrac{1}{RSN(f)} \right]} \qquad (16)$$

其中 $A_{\rm N}^2(f)$ 为噪音功率谱；$RSN(f)$ 为每一频率分量的功率信噪比。

可以看出，当 $RSN(f) = 0$（即 $S/N = 0$ 处），相干滤波器 $H_{\rm C}(f) = 0$，输出为零，即不使低信噪比的频率分量放大；而当信噪比很大时，$RSN(f) = \infty$ 时，$H_{\rm C}(f) = 1$，滤波器是通放的；而当 $S/N = 1$ 时，$RSN(f) = 1$，$H_{\rm C}(f) = 1/2$，即压制到一半。这样，频率加强滤波的结果可以按信噪比分量的大小来决定被放大的倍数，就能在较高的视觉功率信噪比 VPSNR 基础上，争取最大的"视觉功率分辨率" VPRS。

所以我认为"频率加强滤波"[2] 可称为"最佳有效分辨率的反褶积方法"。此法的缺点是在分析信噪比谱的过程中只研究了振幅谱,对相位谱部分还没有妥善解决。此外,关于信噪比分量的估算方法也尚待改进。

（二）反褶积方法的地质目标

采用反褶积方法的地质目标有如下四点:① 压缩反射子波的相位数,使剖面上超覆、尖灭等地质现象得以清晰地表现;② 除压缩相位外,还能使子波主频进一步提高,即进一步提高剖面的分辨率,使一些薄层(如砂岩透镜体或礁体的顶、底界反射)的反射现象能清晰地反映出来;③ 调整频谱,使炮点及检波点的影响得以消除;④ 对地震道进行反演,争取获得波阻抗剖面,以求对地层岩性做出判断。其中前三个目标已经基本可以达到。第一个目标使用通常的脉冲反褶积就可以实现。第二个目标实际上还取决于野外的高分辨率施工质量。第三个目标目前已经有了相应的反褶积方法,频谱是可以得到调整的(对子波相谱的估计稍为困难一些,周兴元同志用同态法估计子波相谱的方法已初步见到效果)。只有第四个目标,即反演波阻抗是特别困难的,目前只能在个别原始信噪比很高的地区,在十分精心的资料处理过程中,才能获得满意的地质效果。造成这种困难的主要原因之一,就是我们迄今为止还没有找到解决改善信噪比谱的办法。

（三）需要有一种能够去噪音的多道反褶积方法

通过这些理论试验,进一步说明反褶积是不能改变每个频率里的信噪比分量的,单道的反褶积方法的功效是有限的,最好的反褶积方法应是"最佳有效分辨率反褶积"。如果不去改善每个地震道中固有的信噪比分量,那么目前很难找到比"频率加强滤波"更好的反褶积结果了。

由于信号与噪音不能在单道上定义,而目前拥有的各种处理流程,绝大多数模块又只是在单道上作文章的,只有少数是多道运算旨在消除干扰噪音的。例如水平叠加及二维滤波虽在去噪音方面起到强大的作用,但实际上也还只是把干扰噪音的能量按算子的百分比分派到相邻道的相邻采样点上去,仅起到"稀泥抹光墙"的作用,并没有从根本上去掉噪音。线性二维滤波实际上也不会改变 F-K 域内每一频率-波数分量上的信噪比分量,只是改变了定义在二维 F-K 域的"视觉信噪比"。因此,要去掉噪音恐怕是不能采用线性滤波,而要借助于非线性反褶积方法。

我认为改进反褶积的出路在于使用多道反褶积,在二维甚至三维空间中利用"信号在相邻道之间是可以预测的"这个特点,既消除干扰噪音,同时提高分辨率。这恐怕是今后波阻抗反演技术所必不可少的一种关键措施。

六、结 论

（1）信号与噪音不能在单道上定义。线性滤波并不改变每个频率成分里的信噪比。反褶积也不会改变每个频率分量的信噪比,它们只是改变了"视觉信噪比"及"视觉分辨率"。

（2）在频率域中,信噪比是分辨率的基础,没有足够的信噪比,盲目地展宽频谱并不能获得真正的分辨率。分辨率应该由信噪比定义,如公式(12)所表达的那样,称之为"视觉有效分辨率"。

（3）如果我们不设法改变一个道里内在的信噪比谱,那么,类似"频率加强滤波"方法也只能在保证一定的视觉信噪比的基础上,去追求最大的视觉分辨率。

（4）如果要想改变记录道中内在的信噪比谱,则必须采用多道运算方法。而要彻底改变信噪比,把噪音真正地压制掉,则必须采用非线性的处理方法。我们需要发展一种非线性的、多道的反褶积方法,使其在压制干扰的同时也能展宽频谱。

参 考 文 献

[1]　俞寿朋,等. 地震勘探中的分辨率和信噪比问题 [J]. 物探科技通报,1984(2)2.

[2]　梁杰,俞寿朋,等. 频率加强滤波 [J]. 石油地球物理勘探,1984(3):200-209.

[3]　查忠圻,等. 地震资料的统计信噪比估算 [J]. 物探科技通报,1984(2)2.

[4]　Widess M B. Quantifying resolution power of seismic systems [J]. Geophysics,1982(8)47: 1160-1173.

文章编号 104-0

判别真假的重要性

地震资料的特殊性是人们往往不知道地下真实结构的答案是怎样的。虽然通过打探井可以对地震资料的准确性做一检验，但是钻井资料也往往只是一孔之见，很难马上对地震资料的准确性做出全面的判断。

此外，用不同的地震勘探的采集方法可以得到不同的资料，同一资料用不同的处理手段也会处理出不同的剖面。于是"什么是真，什么是假"也就成为人们困惑的问题。目前地震勘探市场的乙方总是说他的成果最好，而甲方在没有其他办法的情况下，也只有让不同的乙方来分别背对背做"并行处理"，然后由甲方来主观选择他认为合理的成果。

那么有没有建立在地震勘探本身的判据来解决这个问题呢？这便是我长久以来思考的问题。终于，我从分频率扫描中获得了解答。

文章编号 104-1 中回答了"什么是好记录"及"什么是好剖面"。(什么是好仪器在第二分册方法篇的 215-5 文章中作讨论)。

文章编号 104-2 又回答了"什么是真分辨率"及"什么是假分辨率"。

这对于认识地震记录的好坏应该能起到重要作用，并将指引地震勘探走向健康发展的道路。

本文的两篇文章内容如下：

1. 判断地震记录好坏的标准（104-1）

该文提出了"信噪比谱"及"有效频带"的概念，讨论了"频率扫描"的实施方法。

并回答了：什么是好的地震记录；什么是好的地震剖面。

你们也可以参考文章 214-3"论胜利油田高精度三维地震"的第三节"要有新水平，首先认识要提高"中有较详细的说明。

（关于什么是好仪器也是十分重要的认识问题，我们放在第二分册"方法篇"的 215-5 文章中作详细讨论）。

2. 对真假高分辨率地震剖面的认识（104-2）

该文提出了"真分辨率"，"视分辨率"与"假分辨率"的概念；从地震波的大地吸收规律分析了甚高分辨率剖面的可信度。

文章编号 104-1

判断地震记录好坏的标准——分频扫描

本文回答了"什么是好记录"及"什么是好剖面"。这对于认识地震记录起到重要作用。并且举出了好坏记录的典型例子。

这篇文章告诉我们：地震记录好坏的唯一衡量标准是"分频扫描"所得到的"有效频宽"。而且"分频扫描"应该贯穿于从野外资料采集，到室内资料处理，以及解释的全过程中去认识问题。

前　言

什么是好记录？过去最早的认识是：同相轴多就是好记录。另一种认识是：面波不强就是好记录。还有一种认识认为：主频偏高的记录就是好记录。这些判断都有些道理，但是不全面。经过长期的思考与经验积累，**我提出了用分频扫描检查地震记录的"有效频宽"，用它来判断记录的好坏（并且我认为它是判断记录好坏的唯一标准）**。这种方法在我国已被大家所接受，可惜还没有被国外地球物理工作者所认识到，以至于出现近年来对"全数字"、"新仪器"等的迷信。

我认为要得到好的地震记录，主要不靠仪器和 MEMS 检波器的先进性，而主要靠施工中的努力。这就是近年来我对实际地震记录分频扫描所获得的结论。

一、什么是好记录

什么是好记录呢？过去最早的认识是：同相轴多就是好记录。也就是说从面貌上来看，看到的反射同相轴越多越好。大庆会战时，规定必须"六大反射层齐全"。这种看法对不对呢？我认为这基本对，但不全面，如对于高分辨率勘探来说，如果信号的频带不够宽，那就不能达到高分辨率勘探的要求。

另一种认识是：面波不强就是好记录。当年大庆一个年轻人找到我，说他制造了一种检波器，这种检波器可以使信号灵敏度提高 100 倍，而且用了这种检波器野外记录上基本看不到面波，他认为这是一种好检波器。其实他这种认识是片面的。他的检波器其实就是一个加速度检波器，上面增加了一个放大器，通过电路提高信号 100 倍是很容易做到的，但这对记录的好坏起不到任何作用。另外他又通过微分电路来压制低频，提升了高频，这仅仅是使其回放记录在视觉上感到面波减弱了，实际在低频部分并没有真的减弱。通过分频扫描就可以加以证明。

还有一种认识认为：主频偏高的记录就是好记录。这也是片面的。因为仅仅主频偏高而信号频带不宽的话，仍旧不是一张好记录。下面北大港的例子就可以说明这个问题。

还有人认为：一维频谱分析的振幅谱愈宽的记录就是好记录。相位谱平直的就是好仪器。MEMS数字检波器就是这样作广告宣传的。殊不知实际地震记录的高频端如果信噪比很低时，它们是"无效频宽"，于事无补。

根本问题是"信噪比谱"的概念还没有被人们所认识到。

那么什么是好记录呢？我认为最主要的是信号的"有效频谱"宽的才是好记录。或者说，"信噪比谱"好的才是真的好记录。这样认识的基础来自于以下两篇文章，一篇是《关于低信噪比地震的基本概念和质量改进方向》，另一篇就是《从信噪比谱分析看滤波及反褶积的效果——频率域信噪比与分辨率的研究》。

在《关于低信噪比地震的基本概念和质量改进方向》这篇文章里阐述了几个基本的概念，如信噪比等于1的时候，有效波（信号）同干扰势均力敌，这时能够看到一半有效波同相轴的影子；信噪比小于1/2的时候噪声占据了主要地位，看不到信号；信噪比大于2的时候，只看到信号，噪声退居次要地位。这是一些重要的判断准则，有此准则我们就可以辨别在各种频档里，什么样的记录才是好记录。

在第二篇文章《从信噪比谱分析看滤波及反褶积的效果——频率域信噪比与分辨率的研究》中，我认为不能仅就单个剖面或某个频档回放记录的视觉感受来认识问题。一般人说地震记录和地震剖面是二维的，但我认为它应该还有个频率维。在不同的频档上它们给人看到的面貌很不一样：可以是很好，也可以是很坏。我指出：人们看到的只是某个频档上的"视觉信噪比"和"视觉分辨率"。

所以，我们要从全频谱的角度来认识问题。因为对于同样一张记录，如果回放时把干扰强的频率部分，通过某种方式的滤波压制一下，它看起来就像是一张"好"记录。也就是说，通过特殊的检波器或者通过选择适当的回放参数，把低频压制一下的话，得到的野外监视记录的面貌可以看起来"很好"。在低频开放时回放的野外监视记录上看到面波很强，而反射同相轴可能看不太清楚，这就容易认为是一张"不好"的记录。

也就是说，对于地震记录而言，它在不同的频带中，其表现形式是不同的，可以说它是个"千面人"。用不同的频率档就能看到不同的现象，其根本原因就是它还有个频率维。正像我们对一个人的看法，不能光看他的优点，也不能光看缺点。要从不同的环境、不同的场合，全面地了解一个人，才能准确评价一个人。

二、"信噪比谱"和"有效频带"的概念

下面介绍一下"信噪比谱"和"有效频带"的概念。

如图1所示，其上方的图是信号加上噪声后地震记录道的振幅谱。即红色部分上端的黑线所示。地震道中既有信号，又必然有噪音。对某一频率而言，通常我们是不知道信号占多少比例、噪音占多少比例的。为了在理论上作些分析，我这里是采用一个已知的信号道和一个已知噪声道的模型。从已知信号道的振幅谱及已知噪声道的振幅谱出发，我们就知道了各频率点的信噪百分比。

图1下方的图就是这个理论地震记录道的"信噪比谱"图，它表示的是在每一个频率成分里，信号与噪声各占多少百分比。这张图的正确名字应该叫作"信噪百分比谱图"，或者像前面一篇文章中所称"含信比谱"。如果我们直接用信噪比来绘这个谱，那么在噪声很小的频率点上，信噪比就接近无穷大，无法绘图，所以我们用百分比来绘这张"信噪比谱"图。

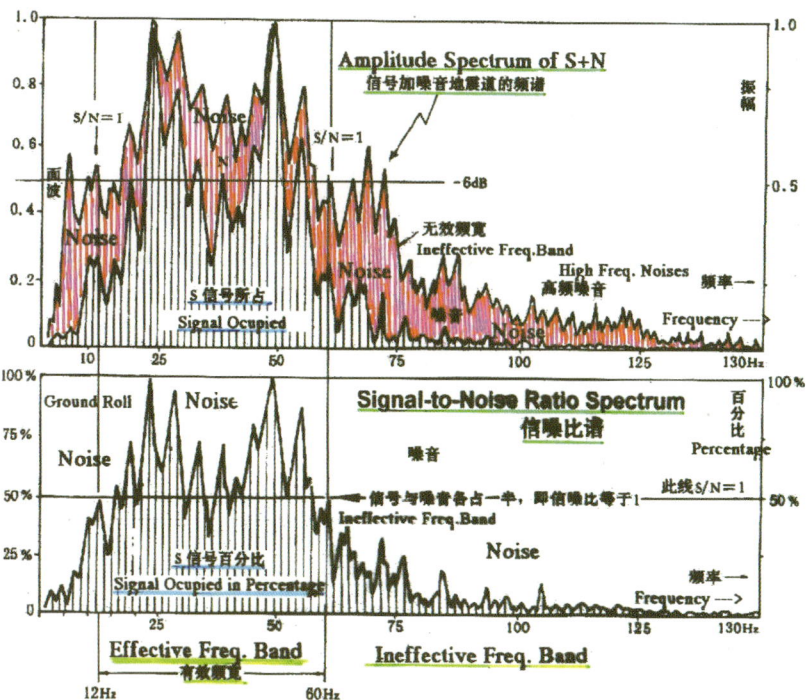

图 1　信噪百分比谱图

再把下方图中的信噪百分比压缩绘到上方图的信号 + 噪声道的振幅谱里去,噪声部分涂为红色,而画有直杠的白色背景部分是信号。上方这张图里的带直杠白色背景信号的总面积除以红色噪声的面积,就是我们定义的"视觉信噪比"。而信号带直杠白色面积占方框总面积的比例就是"视觉分辨率"。

从图 1 可以看出,对于同一地震道,有的频率成分里是以信号为主,即信噪比谱值大于 0.5;有的频率成分是以噪音为主,即其信噪比谱值小于 0.5。从此频谱图上看,(如 100 Hz 以上的高频部位)红色高频噪声虽然其振幅谱值并不太大,但由于信号更弱,所以其信噪比谱值还是很小。

在图中的纵坐标 50% 所对应的直线位置,表明的是信号和噪声各占一半,势均力敌,这条线就是信噪比等于 1 的线。把信噪比谱值等于 50% 的这条横线一画,与谱值线交点所包含的中间部分(即图中频率 12 Hz 和 60 Hz 的中间部分)这里信号是占主要的,即信噪比是大于 1 的。在这个范围内记录上可以看到信号的同相轴。因此该部分所对应的频率范围就叫"有效频宽"。对于该地震道而言,其有效频宽为 12～60 Hz。

这张图只是理论记录的分析结果,但是通过这个理论记录建立起"信噪比谱"的概念却很重要。

在实际资料上要求得"信噪比谱"是很困难的。

【注】　实际资料上要求得"信噪比谱"有一种方法。它是根据"地震道的自相关"与"相邻道的互相关"来求得信噪比谱。前者代表信号 + 噪声的能量,后者代表信号本身的能量,从而在不考虑相位谱的条件下,求得各自的功率谱,就可以获得频率域的"信噪比谱"。当然这个方法不是很准确。

其实我们不必去求准确的"信噪比谱",更重要的是要知道实际地震记录的"有效频宽"是多少。这就要进行分频扫描,经过分频扫描以后,再根据记录道各频档上同相轴的连续性来识别该频档内的信噪比谱大小,进而可以判断有效频带的宽窄。

三、用分频扫描检查地震记录的"有效频宽"

图 2 是简单表示用分频扫描来判断有效频宽的办法,这是一个水平叠加剖面的一段(当然,野外单炮记录道也同样可以)。图中以 2.0 s 左右的目的层为例:从扫描结果来看,在 0～10 Hz 的频率档几乎看不

到同相轴的影子,因此可以说在这个频段信噪比谱是小于 1 的,是"无效频率段";在 10～20 Hz 频率档可以看到同相轴的影子,即表明在这个频段信噪比谱是大于 1 的,即已属于"有效频率段";以后几个频档一直到 100～200 Hz 频档都能够看到同相轴的影子,因此可以判定从 10 Hz 到 100 Hz 都能够看到同相轴的影子,也就是说它在 2 s 左右的有效频宽为 10～100 Hz。

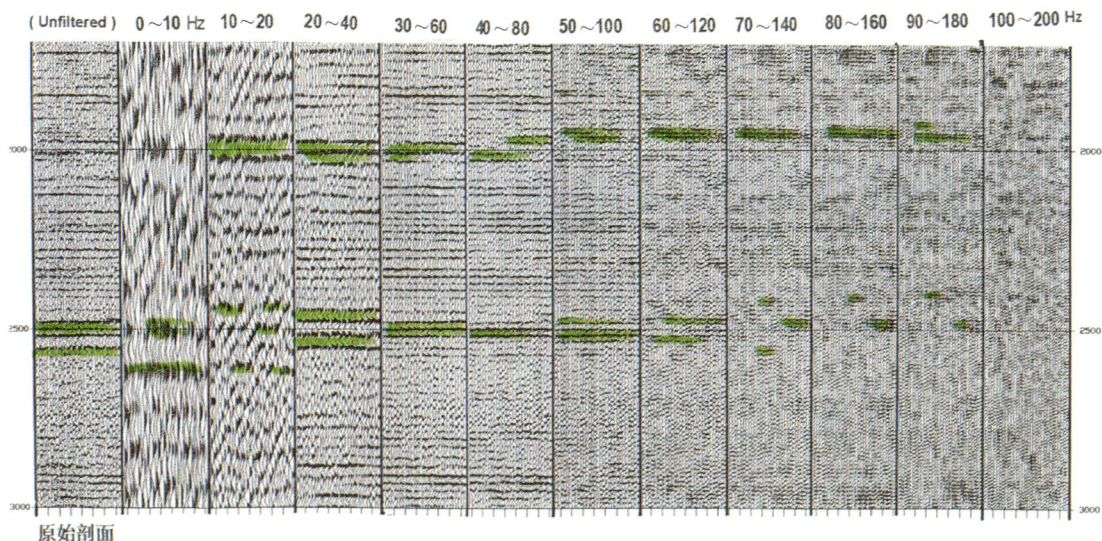

图 2   用分频扫描法来确定有效频宽

用频率扫描方法来确定"有效频宽"。取最终剖面的一小段,用一个倍频程的代通滤波作频率扫描。看你的目的层附近,到多高频率能见到反射波的影子。

我们再看 2.5 s 左右的目的层,在 10～20 Hz 频档基本看不到同相轴的影子,在 20～40 Hz 频档就能看到了,一直到 90～180 Hz 都能够看到同相轴的影子,到 100～200 Hz 频档就又看不到了。因此可以说 2.5 s 左右目的层有效频宽为 20～90 Hz。同样可以判断出,在 3 s 左右的目的层有效频宽为 20～80 Hz。总之,可以判定这是一条比较好的地震剖面,这种判断我们是通过分频扫描后分析其在频率域的表现来确定的。

四、如何区分废品剖面、可用于构造解释的剖面与高分辨率地震剖面

如果一个水平叠加段地震资料通过分频扫描后,发现没有任何一个频档能够见到同相轴的影子,它基本就是一段废品剖面。如果一张单炮地震记录,经过分频扫描后,发现没有任何一个频档能够见到同相轴的影子,它基本就是一张废品记录。这样的记录除非是覆盖次数特别高,可能还有救外,一般很难补救。

一个水平叠加段对目的层进行分频扫描,如果只有一个频档扫描能够见到连续的同相轴,它就是可用于构造解释的剖面,可以解决构造问题。

如果要研究岩性变化,要进行波阻抗反演,那就要求有效频带一定要有足够的宽度。只有其有效频带达到了足够宽,才能真正达到高分辨率,建立起对地下情况进行进一步地质分析的基础。

因此,只有分频扫描的多个频档(低频档,中频档,高频档)能够见到反射同相轴影子的记录才是好记录,这样的剖面才是好剖面。在这样的剖面上才能分析岩性、研究流体问题。不同频率信号有不同的用处,高频可以分辨薄砂层,对于石油勘探来说,最重要的频段是 10～160 Hz。

在推广高分辨率地震勘探的过程中,我们尝试了根据野外单炮记录分频扫描的有效频宽的高端结果进行评分的办法。即如果你的记录在 60～120 Hz 档上见到目的层一半同相轴,你就得 60 分;如果你的记录在 80～160 Hz 档上见到目的层一半同相轴,你就得 80 分……这种野外记录评分方法对推行高分辨率地震勘探起到很好的作用,也形成了野外队在风大于四级的情况下自动停工的良好机制。

分频扫描的"有效频宽"决定了最终剖面的地震分辨率。对石油地震勘探来说,10～160 Hz的频段是最重要的频段。陆上1.5 s目的层一般只能争取扫描到90～180 Hz频档上见同相轴。

对于无效频带(即信噪比小于1)的频率成分,虽然可以通过反褶积把其能量提起来,但这个频率分量的信噪比是提不起来的,信噪比谱差的部分提起来是没有好处的,它只是增加了噪声的比例。所以,这时你看到的视觉信噪比一定是变差,虽然看起来主频提高了,频谱变宽了,但信噪比变差了。在《从信噪比谱分析看滤波及反褶积的效果——频率域信噪比与分辨率的研究》一文中我讲到:**单个地震道的滤波与反褶积都是线性运算,它们并不改变每个频率成分的信噪比,它只是改变了记录或者剖面的"视觉信噪比"和"视觉分辨率"**。这个概念是我在《走向精确勘探的道路》那本书中特别强调的,我们眼睛看到的只是某个频档上的视觉信噪比和视觉分辨率。

五、分频扫描的方法

下面讨论一下分频扫描的方法。

在扫描频档的划分方面:有人在进行分频扫描时,采用固定低频然后逐步展开高频的办法,例如:0～20 Hz、0～40 Hz、0～80 Hz……或者固定高频然后逐步减小低频的办法,例如:40～80 Hz、20～80 Hz、10～80 Hz……还有的采用固定频率差的办法,例如:10～30 Hz、40～60 Hz……100～120 Hz……

对于固定低端的扫描方法,如果低端频率定的不合适就不行,假如低端频率定低了,可能能量很强的面波占得比重大了,这样就无法判断不同频带内信噪比到底如何,不能准确判定信噪比谱值的大小。对于固定频率差的扫描方法,扫描到高端时,如到100～120 Hz频段,由于滤波因子的倍频程数太小,子波变成连续振荡的了,这也不好辨别信号是否真的成轴。

我认为这些办法都不够好,应该是按照倍频程扫描比较好。

这里介绍两种分频扫描的频率档选择办法,一个是采用一个倍频程频宽,即$f_2 = 2 \times f_1$(图3a左边),另一个(图3a右边)是采用接近半个倍频程(可取$f_2 = 1.5 \times f_1$,比半个倍频程要大些)的频宽。一个倍频程频档采用了诸如5～10 Hz、10～20 Hz、20～40 Hz、40～80 Hz、80～160 Hz等频带;而近似半个倍频程频宽频档面采用诸如5～7.5 Hz、10～15 Hz、20～30 Hz、30～45 Hz、40～60 Hz等等。

图3a是各频档的振幅谱,它们的滤波算子是零相位的。算子的时间域形态见图3b。可见左边一个倍频程频档的算子有一个主峰,旁瓣较小;而右边半个倍频程频档的旁瓣大,接近3个连续震动。通过试验,我们认为两种倍频程频档的扫描基本上获得相同的判断效果。

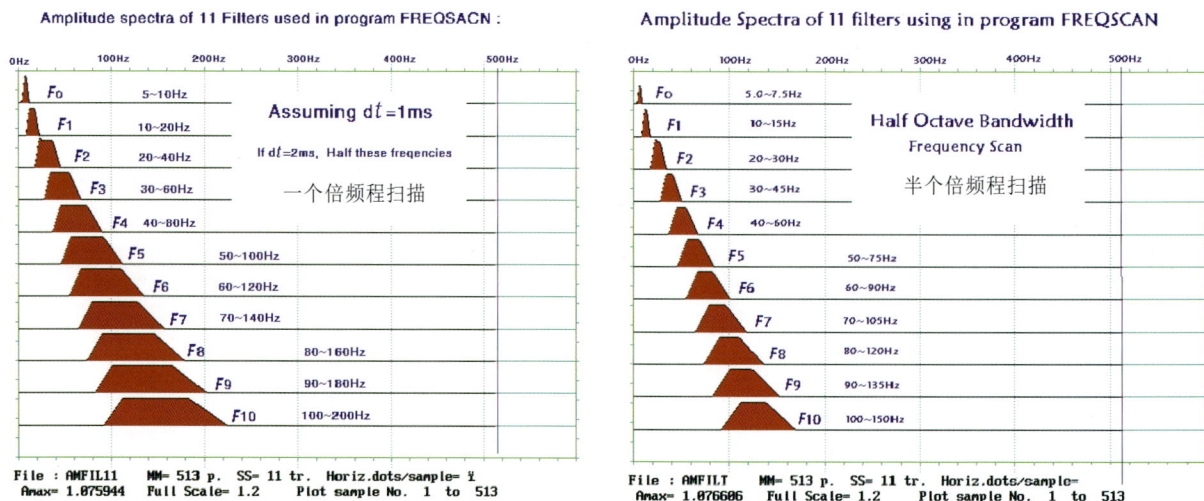

图3a 一个倍频程宽和半个倍频程宽扫描频档示意图

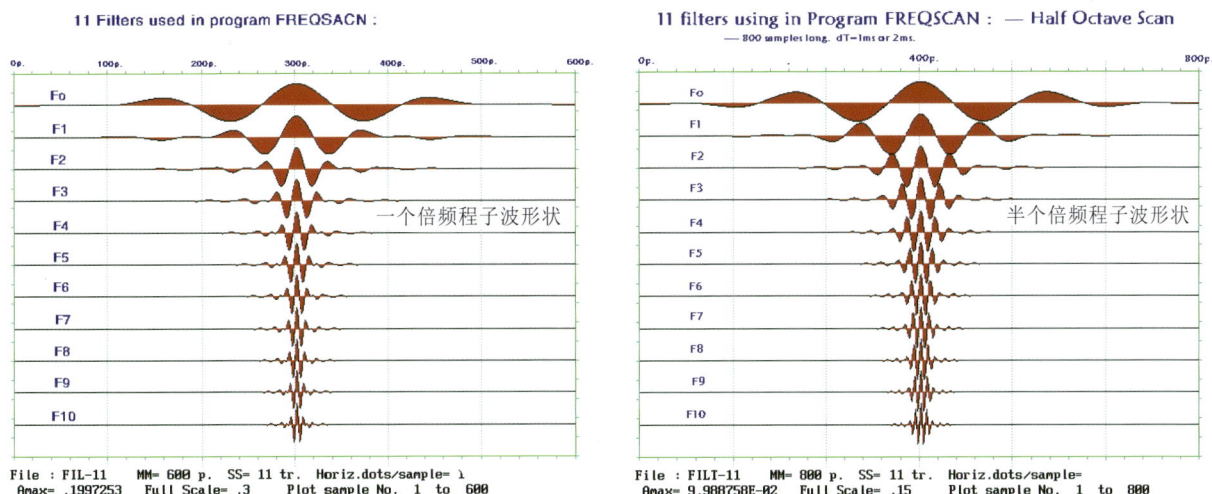

图3b　一个和约半个倍频程频宽的频档滤波因子的波形图

（一）拜特伍兹算子

分频扫描的算子可以用以梯形（F1,F2,F3,F4）定义的带通滤波算子,也可以使用以左右陡度（F1,S1,F2,S2）定义的拜特伍兹（Butterworth）算子。不同的分频扫描的软件及不同的参数虽然对判断记录的大致结论差不多,但是个别情况也会有很大的差别,参看图4。图左边是梯形带通滤波算子,右边是拜特伍兹算子,虽然都是5～10 Hz频档,产生了不同的效果。

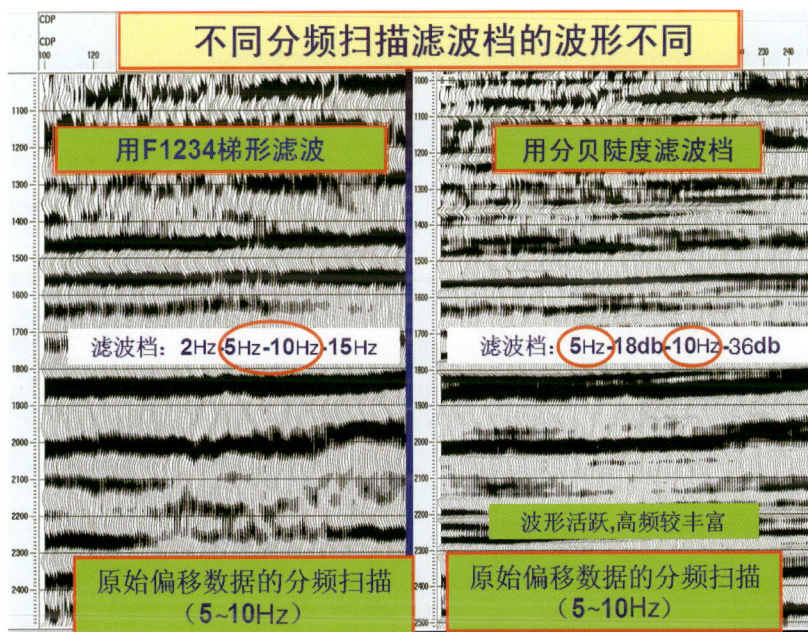

图4　不同的分频扫描的软件及参数会产生不同的效果

我们发现拜特伍兹算子更适合于作分频扫描,因为它的旁瓣小,主峰突出。一般使用陡度为$S1 = 18$ dB/Oct（分贝/倍频程）$S2 = 36$ dB/Oct。并令$F2$恒等于两倍的$F1$,参看图5。其频谱是浅绿色线条,顶部较尖。

为了方便大家使用统一的"分频扫描"程序,2012年我研究院梅璐璐按我的要求在GeoEast系统上编制了一个FreqFiltScan程序,

在这标准分频扫描中,使用Butterworth滤波算子,用倍频程$F2 = 2 \times F1$,陡度$S1 = 18$ dB,$S2 = 36$ dB。

在 GeoEast 系统的分频扫描模块中,我们采用这组参数作为缺省值。目前,GeoEast 系统中的分频扫描模块已经安装并可以正常使用。

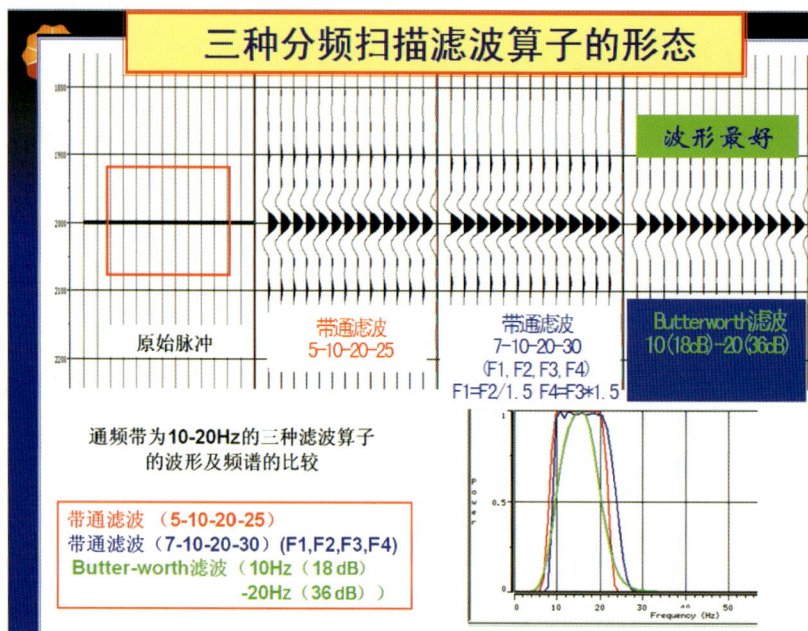

图 5　梯形带通滤波算子与 Butter-Worth 陡度算子形态的比较

它的使用界面如图 6 所示。解释系统的 Spectrum Decomposition 使用界面如图 7 所示。

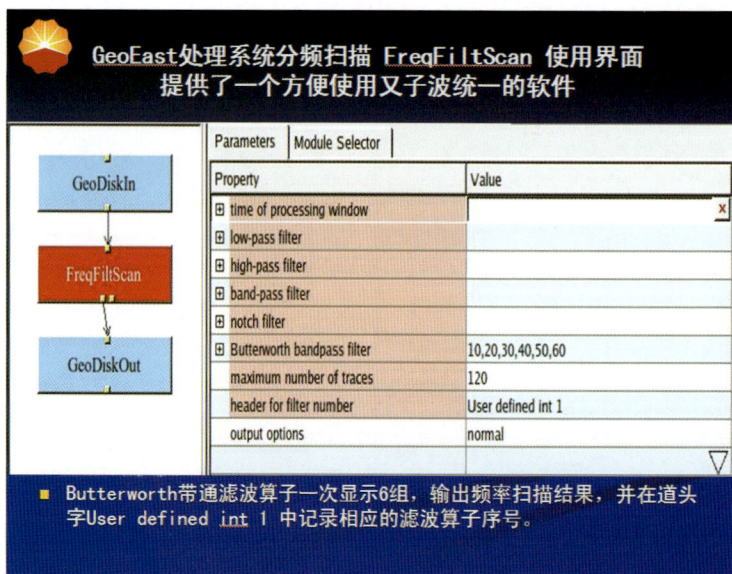

图 6　FreqFiltScan 分频扫描的使用界面

图 8 是使用 GeoEast 分频扫描标准程序的扫描实例,此例中 1.3 s 的反射扫描到 60～120 Hz 频档就不见轴了,分辨率不高。而且可以看到,60 Hz 以上的主要障碍是麻麻点随机干扰。

在分频扫描结果的显示方面:因为我们的目的是看清反射波能否成轴,而不在乎它的能量大小。所以一般可以采用 AGC 显示方式,或者至少要采用球面扩散补偿。

平原地区扫描时可以不作静校正,山地野外单炮输入数据应当经过高程静校正,使同相轴容易判断。

在对比不同检波器或不同施工方式效果时,输入数据最好通过一次脉冲反褶积,以适当展平频谱,有利于效果的正确对比判断。

图 7　解释系统 Spectrum Decomposition 分频扫描的使用界面

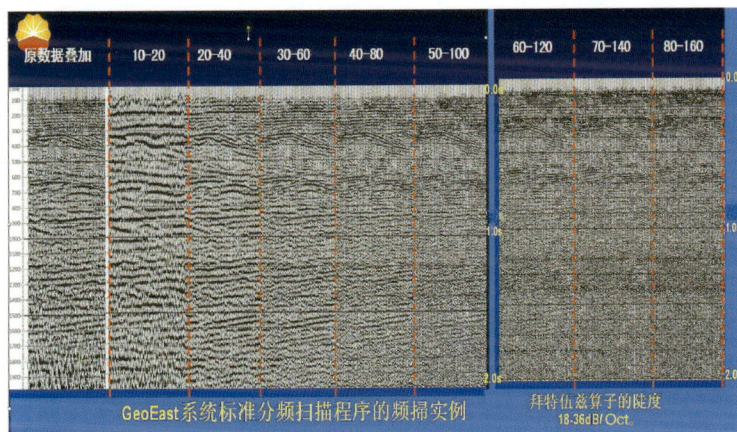

图 8　GeoEast 标准分频扫描程序的使用实例

六、好坏记录的例子

下面看一下通过分频扫描来判定记录或剖面好坏的例子。

图 9 为南海流花 11-1 油田的海上地震记录及它的分频扫描结果,这是在很平静的海况下所获得的。由于海水没有吸收衰减,因此才获得这样好的记录。

这里先说明一下:在野外记录上是允许看到多次反射的,因为压制多次波不是野外采集中的任务,而是处理中的事情。所以在这里暂不考虑,也就是说暂不把多次波当成干扰。这张记录的中深层反射在远排列处斜率较陡的波多数是多次波。T_0 为 1.3 s 处的一个强反射是一次波,是油田的礁灰岩出油目的层段;而 T_0 为 1.5 s 处的一个强反射也是一次波,是油田反射基底波。

图 9 最左边是全通放的原始记录,以后依次是 5～10 Hz、10～20 Hz、20～40 Hz、40～80 Hz 频档的扫描结果,图 10 依次是 60～120 Hz、80～160 Hz、100～200 Hz、140～250 Hz、180～250 Hz 频档的扫描结果。从扫描结果来看,5～10 Hz 档能够清楚地看到反射同相轴,因此可以说有效频率是从 5 Hz 开始的。依次看下去,一直到 80～160 Hz 还很好,都能够清楚地看到反射同相轴,直到 180～250 Hz 频档,T_0 为 1.3 s 强反射一次波还至少能够看到一半同相轴的影子。因此可以说这张记录的有效频率是从 5 Hz 一直到 180 Hz。这是一张很好的记录,要是按照最高有效频率来评分的话,它应该得到 180 分。

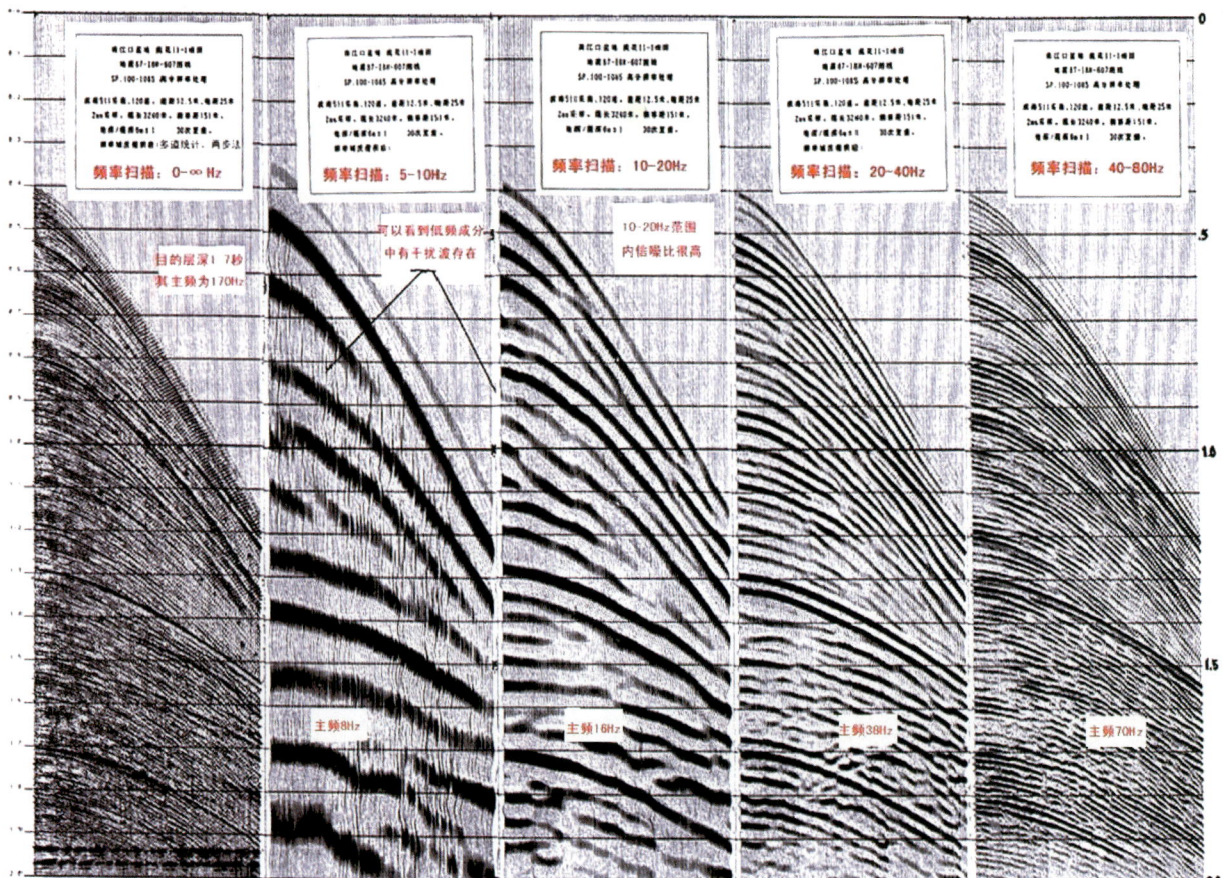

图 9 南海流花 11-1 的好记录的分频扫描结果（1）

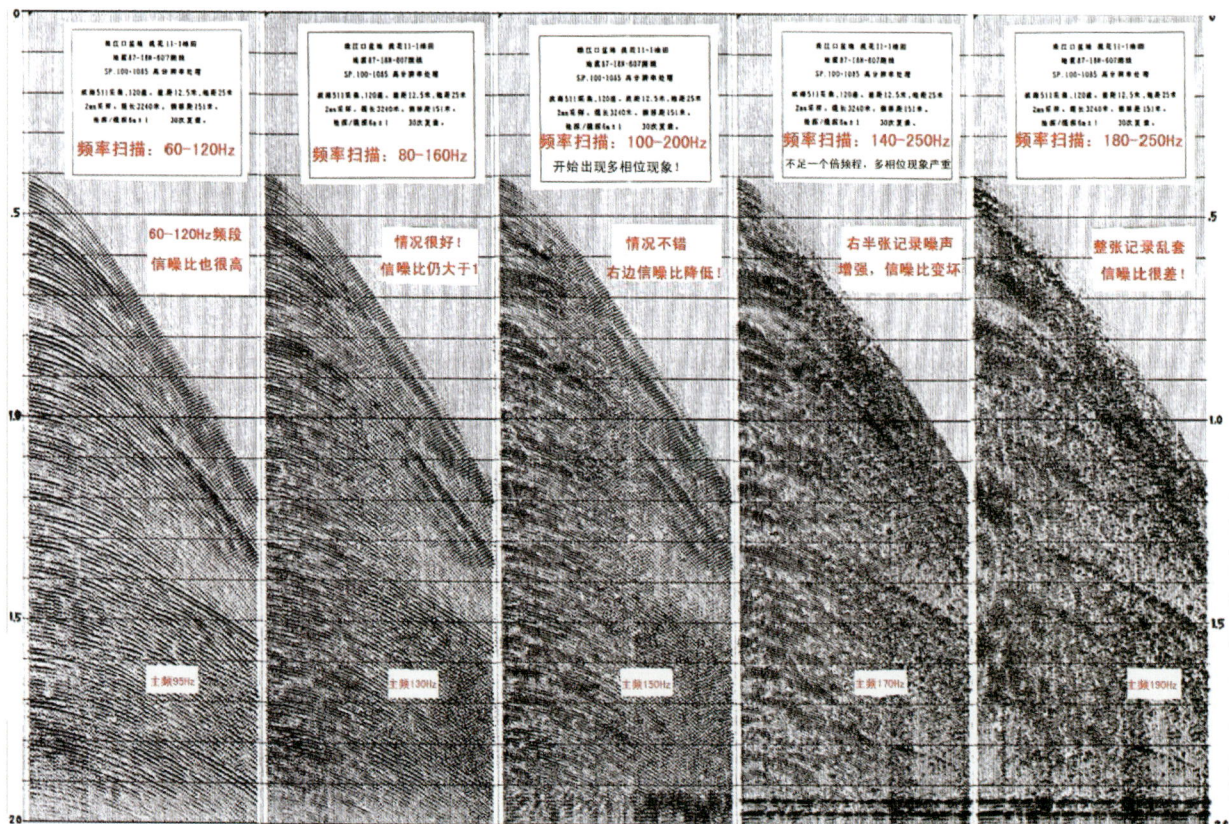

图 10 南海流花 11-1 的好记录的分频扫描结果（2）

第二个例子是辽东湾的例子(图11),它也是海上施工,与上述南海施工的例子具有相似的施工装备。

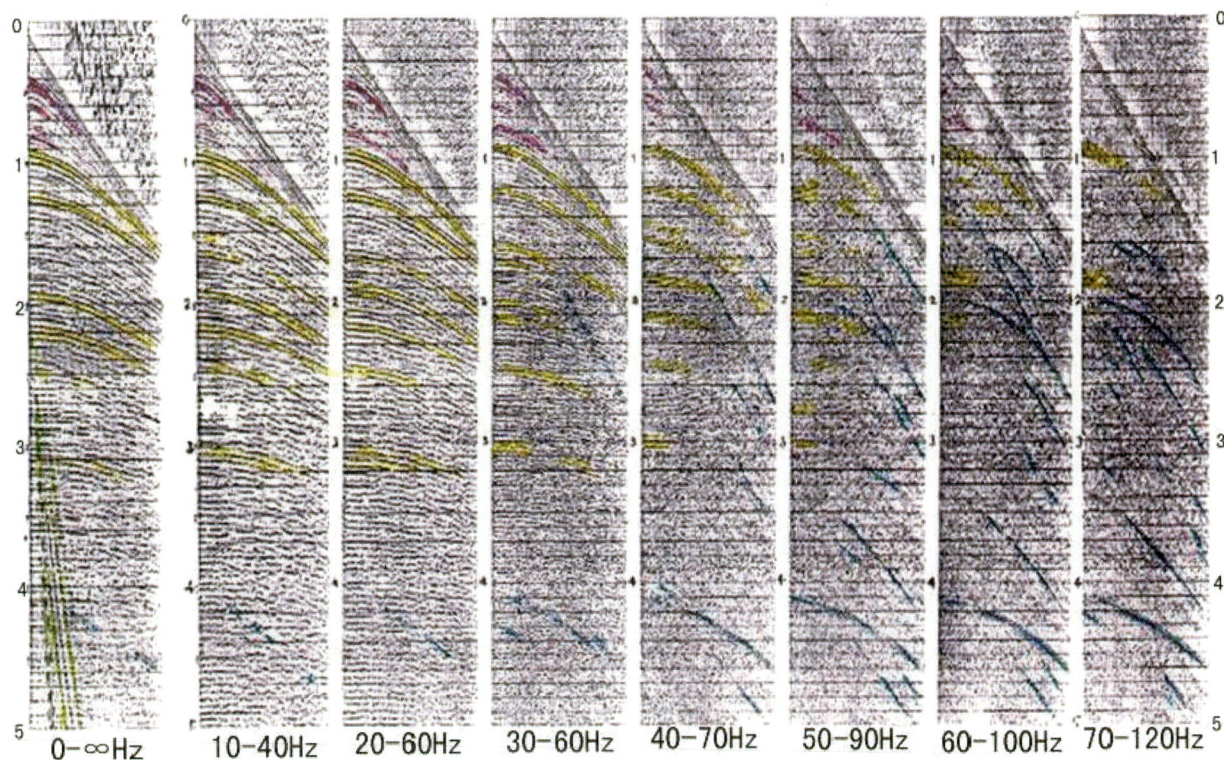

图 11　辽东湾 LZ-260 测线单炮分频率扫描结果(炮点 $N = 30$)

这次分频扫描他们采用等频差 30 Hz 的扫描方式(这是不太好的方法)。同样最左边是全通放的原始记录,后面依次是 10～40 Hz、20～60 Hz、30～60 Hz、40～70 Hz、50～90 Hz、60～100 Hz、70～120 Hz 频档的扫描结果,从扫描结果来看,10～40 Hz 的低频档还算可以,2S 附近的目的层到 40～70 Hz 频档就只能看到一半的同相轴的影子,但到 60～100 Hz 频档,就基本不见反射同相轴的影子了。因此这张记录最多只能得50 分。

同样是海上资料,与上述南海的相比较,辽东湾的这张记录 2.0 s 的反射扫描到 60 Hz 就不见反射同向轴,我认为这主要是海况和海底条件的差异所致,可见其差别还是很大的。对于海上资料,水深些的地方,离海底较远时,只要风浪不大,记录就会好些。

另外,从这个例子中还可以看到一个现象,就是通过对这种分频扫描,还可以分析判断施工中的干扰波在不同频段是什么性质。**在这个例子中,在扫描的高频端,反射波之所以出不来,除了高频噪声的存在外,图中的蓝线所示的,多呈陡双曲线的干扰波,就是由海底礁石引起的侧面干扰。它们的能量不小,在这里也起着很坏的作用。这就是我们在后续处理中应该加以针对性克服的干扰波。**

第三个例子是 20 世纪 80 年代北大港的陆上三维采集,这是在北大港港中地区准备做高分辨率采集的例子。图 12 是所获得的地震原始单炮记录及其分频扫描结果。野外原始记录(右边第一栏)主频偏高,当时以为分辨率大概不错,但我们看一下分频扫描结果。该记录低频档还算可以,以 2.0 s 处目的层来说,10～20 Hz 到 20～40 Hz 频档还能够看到反射同相轴,但在 30～60 Hz 档上就看不见反射同相轴。这张记录只能得 20 分,根本谈不上高分辨率。总的有效频率范围太窄,这片三维资料处理不能得到合理的结果。

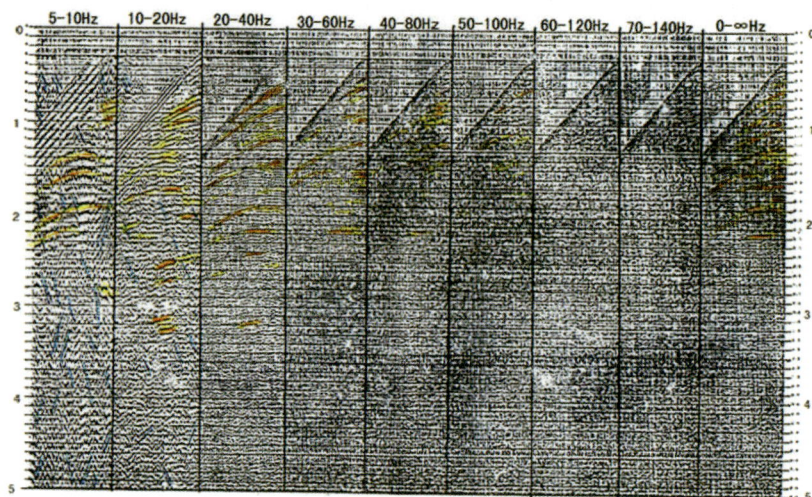

图 12　大港油田港中高分辨率三维地震原始记录道及其分频扫描结果

图 13 中左图表示的是这次高分辨率三维采集的处理剖面。与右图所示老剖面对比,可看出新剖面由于频带过窄,处理中使劲拔高高频,出现了多相位特征,连续性及波组特征还不如老三维,因此最终处理结果连旧剖面都不如。究其原因,是因为野外施工季节没有掌握好,在该地区正好是风季的 5 月份施工(那时还没有大风不能放炮施工的概念)。当时使用了有利于增加高频能量的加速度检波器,又采用了小药量,以为能作好高分辨率勘探,结果事与愿违,由于操作不当,失败了。

另外,当时如果在现场进行一次分频扫描分析,也就会及时发现野外记录视觉上的主频偏高就是所谓高分辨率记录这种判断是不可靠的。这是人们可以从中吸取的教训。

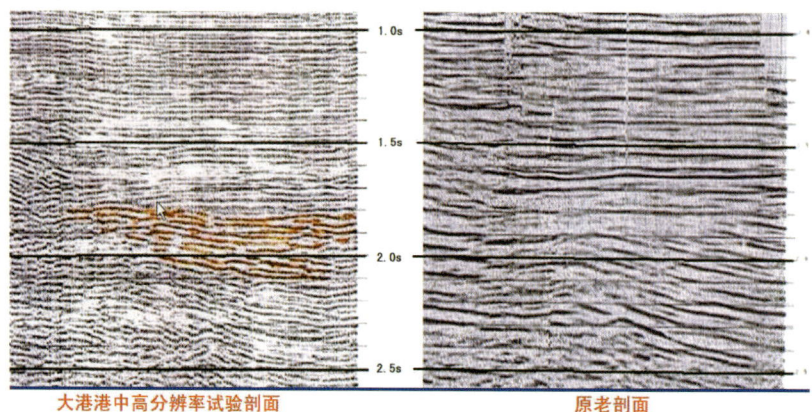

大港港中高分辨率试验剖面　　　　原老剖面
(与老剖面比较,试验剖面频带窄,多相位,主频35-40Hz,效果差)

图 13　大港油田港中高分辨率三维处理结果与老剖面对比图(部分)

分频扫描也可以在水平叠加剖面或者最终成果剖面上进行。下面看一个伊克昭盟的例子,见图 14 及图 15。这是一个高分辨率采集,施工采用的 1 ms 采样,60 次覆盖。在水平叠加剖面上进行分频扫描的结果:低频端 5～10 Hz 频档在 1.7 s 石炭系目的层反射很不错。在 10～20 Hz 频档上反射也很好,而 20～40 Hz 频档扫描勉强可以,可以看到同相轴的影子。但 40～80 Hz 频档扫描结果就不好了,50～100 Hz 以上频档扫描结果也不行。高频频段上不去,对薄储层的勘探是不利的。从高频档不见同相轴的背景来看,主要"敌人"是高频随机干扰。因此,资料不好可能也是在刮大风中施工的原因。

84

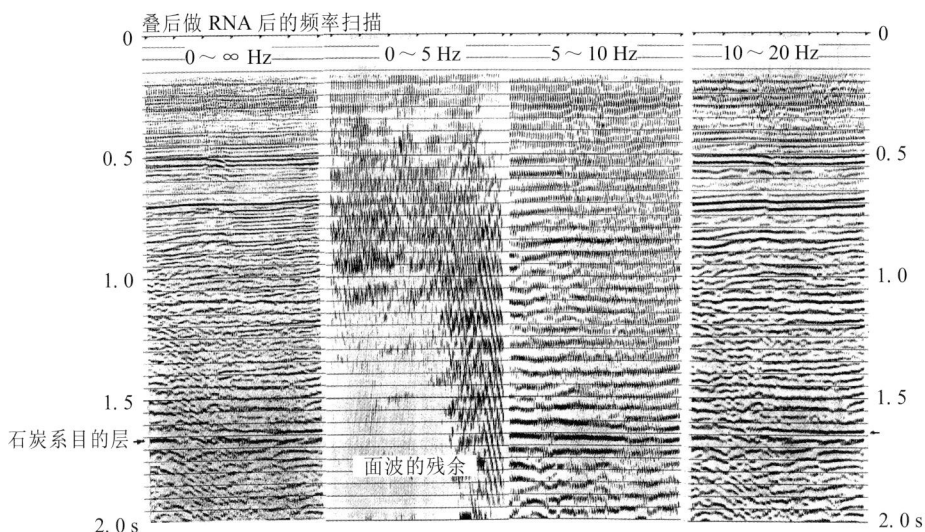

图 14 伊克昭盟高分辨率勘探水平叠加剖面分频扫描结果(1)

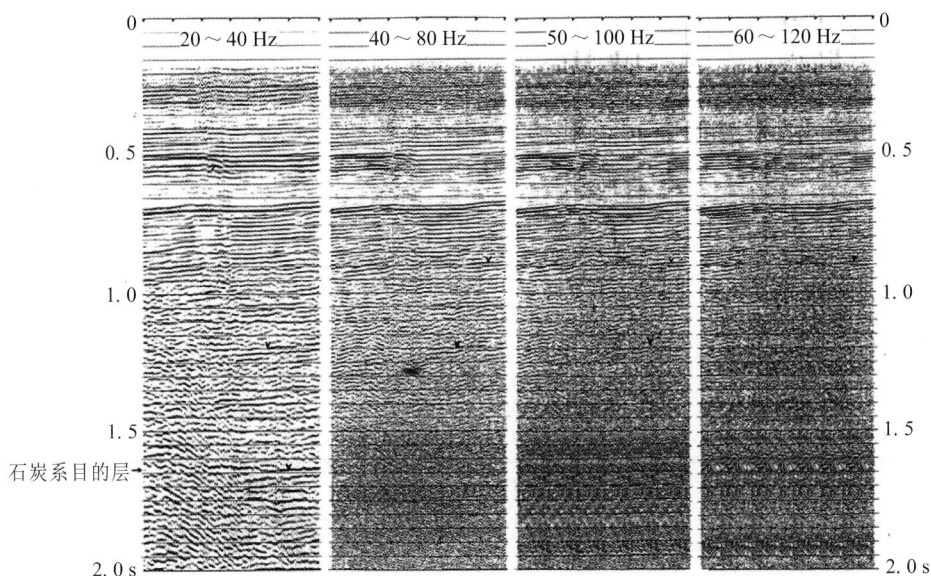

图 15 伊克昭盟高分辨率勘探水平叠加剖面分频扫描结果(2)

七、分频扫描方法的进一步讨论

下面通过实际记录来比较一下一个倍频程分频扫描与半个倍频程($f_2 = 1.5f_1$)分频扫描的效果。图 16 是一个倍频程(图左方)与半个倍频程(图右方)分频扫描理论记录的效果对比图。

这是一张塔里木盆地野外地震记录的抽稀道(道距 100 m)的局部显示(0～3 s)。

从两种倍频程对理论记录分频扫描的结果比较可以说明,它们的效果差别不大,可以得到基本相同的结论,因此两种方法都可以使用。

我们分析了这张记录的 40～80 Hz 扫描结果的实际频谱。如图 17 所示,发现通常由于大地吸收作用,地震信号的能量趋势总是随着频率增大而振幅迅速减少的,因此在指定的分频扫描所选频档的通频带内总是低频能量相对要强,高频能量相对要弱一些。

图 17 左边是 40～80 Hz 频带从 2.0～3.0 s 的扫描时空域记录,我们对其下方淡蓝色方框中 10 个道作了频谱分析,如图右边所示。可以看到分频扫描后实际主频总是偏向理论通频带的左方的现象。即理论上通频带是 40～80 Hz,分频扫描中实际强波峰(不确切的名字是主频)值却在 45～55 Hz 范围内摆动。

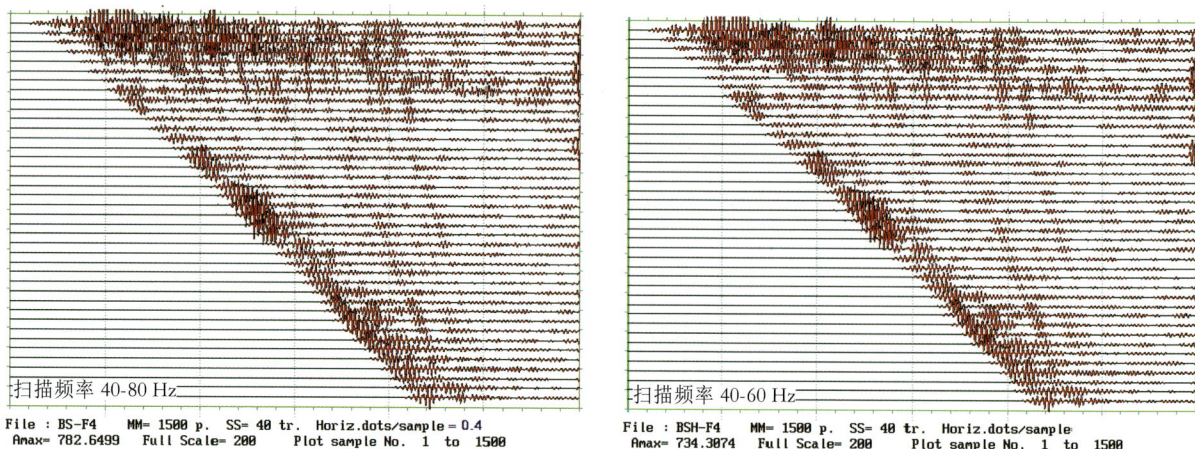

扫描频率 40-80 Hz

File : BS-F4   MM= 1500 p. SS= 40 tr. Horiz.dots/sample= 0.4
Amax= 782.6499   Full Scale= 200   Plot sample No. 1 to 1500

扫描频率 40-60 Hz

File : BSH-F4   MM= 1500 p. SS= 40 tr. Horiz.dots/sample
Amax= 734.3074   Full Scale= 200   Plot sample No. 1 to 1500

图16　一个倍频程与半个倍频程分频扫描理论记录的效果比较

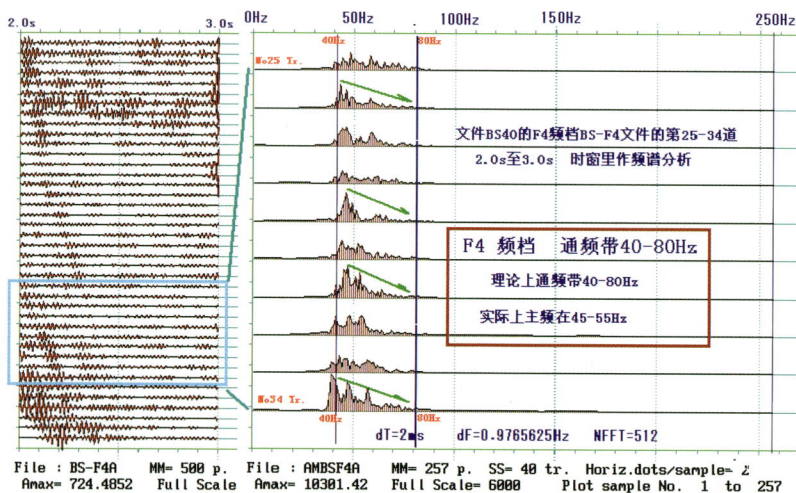

文件BS40的F4频档BS-F4文件的第25-34道

2.0s至3.0s　时窗里作频谱分析

F4　频档　通频带40-80Hz

理论上通频带40-80Hz

实际上主频在45-55Hz

File : BS-F4A   MM= 500 p.   File : AMBSF4A   MM= 257 p. SS= 40 tr. Horiz.dots/sample=
Amax= 724.4852   Full Scale   Amax= 10301.42   Full Scale= 6000   Plot sample No. 1 to 257

dT=2ms   dF=0.9765625Hz   NFFT=512

图17　分频扫描中实际主频偏向理论上通频带左方的现象

　　就是由于这种"偏左现象"的缘故,造成了一个倍频程40～80 Hz与半个倍频程40～60 Hz分频扫描记录的效果基本一样。因为40～80 Hz倍频程中的60～80 Hz成分很弱,不起作用。

　　对于判断有效频宽来说,用一个倍频程与半个倍频程分频扫描记录的结论基本是一样的。因为我们判断"有效频宽"时是根据它们的左边的频率而定的。例如50～100 Hz见轴,60～120 Hz不见轴时,我们就只给它50分。

　　但是当分频扫描被用来判断两种不同采集方法的效果时,(例如两种不同的检波器;两种组合形式;或者两种不同激发形式时),如果发现相同的扫描频档上,两种检波器的视觉主频"胖瘦不一样"时,说明它们还处于"不公平"的比较之中,主频偏低的一方肯定占便宜。

　　考虑到这种现象,我主张今后分频扫描时,还是采用半倍频程扫描比较好。

　　当然,如果我们对所对比的两种资料,能够事先用反褶积展宽一下频谱,就可以进一步保持判断的"公正性"。

　　通过分频扫描来判定记录或剖面好坏的方法目前还只是一种定性到半定量的方法。就像测血压计会随着不同条件测得不同数据那样,允许有着±10 Hz的误差。由于分频扫描的滤波算子(包括截频定义方法、滤波陡度、算子长度等)在不同滤波处理软件中,因素很难统一,所以,很难做出严格判断。但我们无须过于较真,还是相信通过分频扫描可以用来半定量地判定记录或剖面的好坏。

八、高分辨率剖面的最终表达

究竟什么样的剖面叫作高分辨率剖面呢？现在通过图 18 来说明这个问题。图 18 中两红竖线之间的频率范围，为经各种处理后最终获得的地震剖面的有效频率范围，即有效频宽（它是经分频扫描获得的，在该范围内各频率成分分量的信噪比都大于 1）。此图中所示，剖面上信号的有效频率范围为 8～80 Hz。

图 18 中的振幅谱曲线 A 为通常经叠前（或叠后）偏移后的剖面的情况。由于水平叠加及偏移（包括叠前偏移）是一种强烈的低通滤波，高频端的信号受到压制。这时有效频宽内的低频信息获得了充分表达，很显然这时的信号视主频较低，分辨率较差。此情况下，资料本身已经获得的有效频宽不能充分表达，太可惜了。应该用偏后反褶积或谱白化加以纠正。谱白化展宽的频率应该是 8～80 Hz，才能使有效频宽得到充分表达。

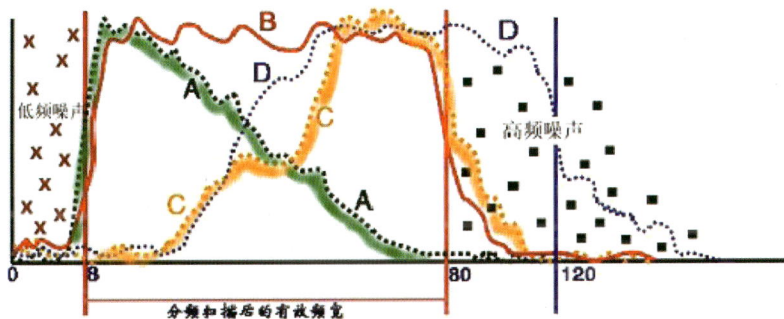

A 偏向低频—主要由大地吸收及叠加及偏移所引起的高频损失

B 正确表达—频带刚好展宽到分频扫描所得的有效频宽，最好

C 突出高频—视主频偏高，实际分辨率降低，波形单调

D 拓频过头—频带虽宽，出现高频噪声，不利于解释

图 18　分频扫描后有效频宽的表达方式

图 18 中的振幅谱曲线 C 为经过了某种突出高频（或滤去低频）处理后的信号振幅谱曲线，这种高频提升是把有效频宽内的高频段信息得到充分表达，显然这时的信号视主频较高，主频范围靠近有效频宽的高频段。虽然与 A 曲线比，主频变高，但倍频程变小。这时在剖面上会显得同相轴呈多相位。值得注意的是：这样有意提升高频，缺少了低频成分。实际上分辨率是降低了，反而会给波阻抗反演带来麻烦。

图 18 中的振幅曲线 D 为经过了频带拓宽并提升高频处理后的"信号"振幅谱曲线。这里之所以把信号二字挂上引号，是因为在有效频率范围以外的 80～120 Hz 内，信号信噪比已经低于 1，即在这一段范围噪音占优了。这种情况下，不仅有效频宽内的高频信息获得了充分表达，有效频宽外邻近的噪音占优的高频部分也被充分表达了，这样虽然看起来剖面视主频较高，主频范围也较宽，但有很多噪音被充分表达了，这样的结果显然会使剖面的信噪比变低，断断续续的假的同相轴出现在剖面上。这看似提高了分辨率，其实结果是弄巧成拙了。

图 18 中的振幅曲线 B 是把有效频宽范围内的各个频率成分都能充分表达的振幅曲线。这种情况下，与振幅谱曲线 A 比较，信号的视主频有了明显的提高，与振幅谱曲线 C 比较，它并没有压低低频信息。且它把主频范围在有效频宽范围内拓宽到了极致。它不但保证了剖面的信噪比，而且它把信号子波压缩得最短，子波旁瓣最小（因为它的倍频程最大）。因此，拥有这样信号振幅谱的剖面才是我们最想要的高分辨率剖面。

综上所述，我们可以这样表述高分辨率剖面：它可以使信号在有效频宽范围内各个频率都能充分表达的剖面。

九、结　语

（1）什么是好记录呢？归根结底，"有效频宽"宽才是好记录的一个重要的判断指标。分频扫描就是对每一个频档都进行初步的信噪比分析，从全频谱来分析认识问题。信噪比大于1的频率成分才是有效的频率成分。

"分频扫描"是检验地震记录的"信噪比谱"及"有效频带"的重要手段。而且，我认为它是鉴别记录好坏的唯一标准。

（2）如果一个水平叠加段地震资料通过分频率扫描后，发现没有任何一个频档能够见到同相轴的影子，它基本就是一段废品剖面。如果一张单炮地震记录，经过分频率扫描后，发现没有任何一个频档能够见到同相轴的影子，它基本就是一张废品记录。这样的记录除非是覆盖次数特别高，可能还有救外，一般很难补救。

一个水平叠加段对目的层进行分频率扫描，如果只有一个频档扫描能够见到连续的同相轴，它就是可用于构造解释的剖面，可以解决构造问题。

如果要研究岩性变化，要进行波阻抗反演，那就要求有效频带一定要足够的宽。只有其有效频带达到足够宽，才能真正达到高分辨率，建立起对地下情况进行进一步地质分析的基础。

（3）"分频扫描"也是分析不同频档范围中噪声固有特点的有效措施。通过分频扫描，不光可以了解记录的有效频带，还可以了解到各频段里的主要干扰波，也就是"敌人"是谁。

不要笼统地认为看起来面波比较强的记录就是坏记录，我们往往在分析某地的地震地质条件时，老是说该地区地表复杂、面波较强，这都快成"八股"了，其实面波很强的记录不一定就是坏记录。在陆上施工时，没有一个地方是不存在面波的。另外，不要把50 Hz工业电干扰的高频抖动都当作坏道给杀掉，它们也可以通过处理解决掉的。

（4）不光是要对野外记录才进行分频扫描分析，在资料处理的全过程中也可以通过分频扫描来分析资料处理的对不对和剖面的合理性。出站剖面只有当它的波形频率分布刚好等于"有效频宽"范围时，信噪比大于1的频率都能充分表达时，才是最好的一条剖面。"拓频处理"时要掌握这个分寸。

（5）利用分频扫描法来判断地震记录或者剖面的有效频宽是一种半定性半定量的分析判断方法，因为不同的软件对于滤波器的参数定义有所不同，另外仪器回放仪的滤波器斜坡的斜率也不一样，因此回放的效果也有差异。作为定性的好坏判断，不用过于讲究。严格对比时，要注意考虑硬件、软件以及回放仪的滤波特性差异。

文章编号 104-2

对真假高分辨率地震剖面的认识

常常遇到人们用千奇百怪的手段处理出很漂亮的主频很高的高分辨率剖面。那么它到底是真还是假？

地震资料的特殊性是人们往往不知道地下结构真的是怎样，不容易判断剖面是真还是假。

本文从海上 2 s 处到达主频 200 Hz，可以分辨 3.5 m 的砂层的例子说起，讲述真假分辨率剖面的区分。

一、国外传来的海上高分辨率地震剖面

大概在 1992 年，中海油总地球物理师谢剑鸣搜集到国外的一些资料，发现国外一些高分辨率的例子，说是在 2.5 s 左右剖面主频能够达到 600 Hz 以上，在深海 1 s 左右主频可以达到 1400 Hz，当时看到资料后大家有点将信将疑。

他给的第一张图是 1991 年美国在墨西哥湾深水区高分辨率勘探获得的资料（图 1），他们采用 1 ms 采样，主频可以达到 200 Hz，2 s 处可分辨 3.5 m 的砂层，中部是两条断层。图中 2.0～2.1 s 间插入的波形图为常规处理的波形，主频才 40 Hz。分辨率高的剖面细节看得很清楚，小断层都很清晰，当时感到很惊奇，2 s 怎么能达到主频 200 Hz 呢？

后来才知道，水介质对地震波基本是不吸收的。对于这条剖面来说，海底深度就在 1.8 s 左右。它那里的 2.0 s 处其实只相当于我们陆上资料的 0.2 s 处。我在《走向精确的勘探道路》一书中写道：**在远离震源处，地震波被吸收的主要机理是：岩石孔隙里的流体在地震波**

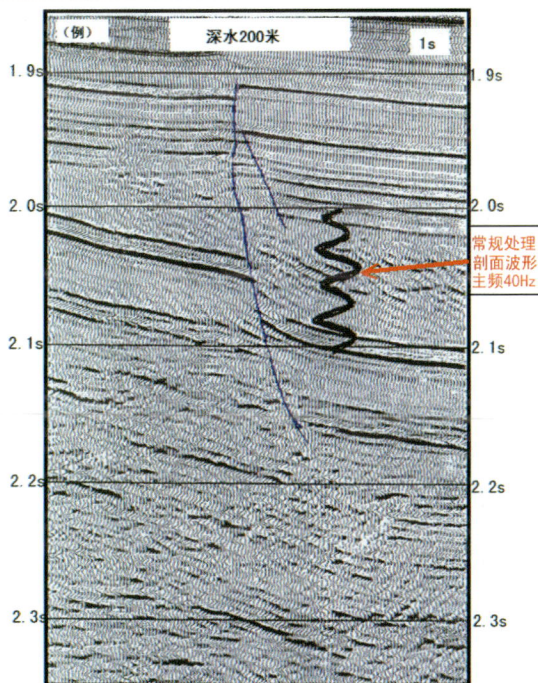

图 1 美国海上深水区高分辨率地震剖面
［霍燕宁从 HPI（Houston Processor Inc.）收集的资料］采用 1 ms 采样，2 s 处主频达 200 Hz，可以分辨 3.5 m 的砂层

通过时,每一次震动引起流体在缝洞里挤进又挤出一次,这样的摩擦消耗了能量,现在的解释叫作"喷挤作用"(Squirt Mechanism),这是吸收的主要机理。因为海水里没有孔隙的问题,没有挤进挤出的能量损耗,所以海水是基本不吸收地震波的,在海水里只有球面扩散使能量减少。同时,海底表层是100%充水的,也不存在低降速带,地震波的能量损失较少,因此,海上地震资料容易获得很高的分辨率。

第二张图(图2)是美国海上浅水区高分辨率勘探的例子,0.3～0.4 s处主频达800 Hz,可以分辨0.8 m的砂层,深度在400 m左右。这张图实际上海底深度在0.3 s左右,因为海水不吸收地震波,所以它的0.4 s仅相当于陆上的0.1 s,容易获得高频信息。

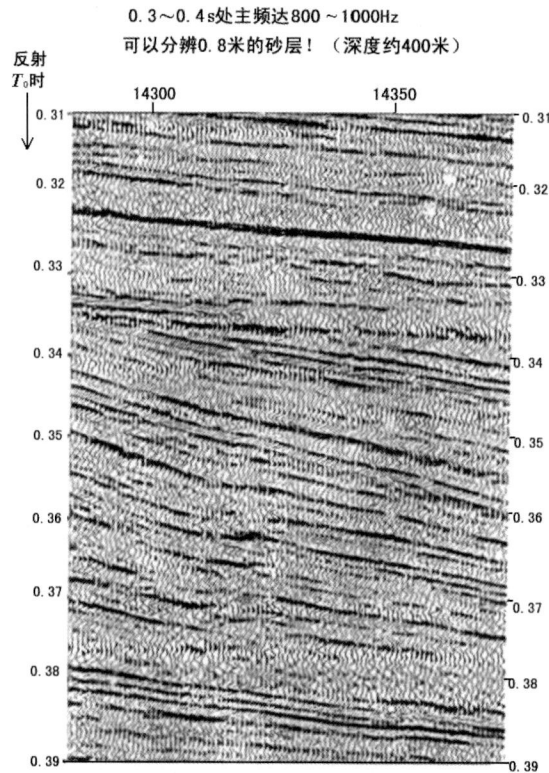

图 2　美国海上浅水区高分辨率地震剖面

第三张图是一家资料处理小公司的美国海上高分辨率处理效果对比图(图3)。资料采集时曾采用了高采样率(0.25 ms)。1980年处理时用普通的处理流程,主频才达90 Hz,(图3左方)。1991年重新处理,稍加改进主频就有很大提高,达到180 Hz,分辨率提高了一倍。1992年再作精细处理后,主频已达1000 Hz

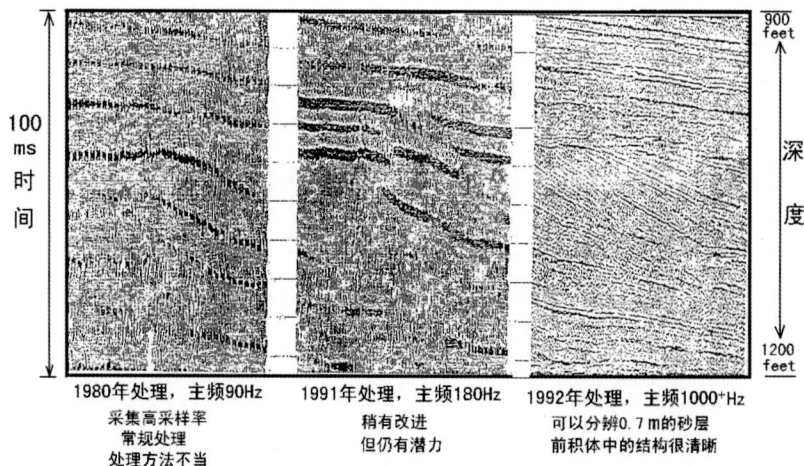

图 3　美国海上地震高分辨率处理效果对比图

以上(图3右方),可看到剖面上不整合面非常清楚,不整合面下的削蚀现象、下超现象都非常清楚,地质效果非常明显。竟能够分辨0.7 m的砂层,前积体中的结构也能很清晰地看到。

这条剖面是中海油的霍燕宁搜集到的,处理它的是HPI(Houston Processor Inc.)公司,地址在美国休斯敦,公司老板是个华裔,叫任祖钦,他不是搞物探的,公司只有20多人,他的技术负责人叫Hauk。开始人们以为他们肯定有什么处理高招。我仔细看了剖面图头上的处理流程数据,感到并没有什么新鲜的特殊处理手段。我分析其原因,第一个是因为它是海上资料,该图900 ft以上不远是海底,海水不吸收,所以1200 ft(相当于370 m)深度处就大致相当于陆上的0.4 s左右,所以它获得的分辨率当然高。另外就是归功于采集时使用了很高的采样率,他们采用了0.25 ms的采样率。

美国的Parker公司是以高分辨率处理为特长的,下面我们看一下他们在陆上处理的高分辨率剖面例子。图4所示的是陆上施工的资料,左图为可控震源施工的老剖面。右图为炸药震源,采用的是点震源、点接收,使用0.3磅炸药激发,井下单个检波器接收(使用一次性检波器,放炮后不再回收)等新方法。该剖面的处理结果表明,对于陆上施工的资料,处理到最后在0.9 s处的主频也只有80 Hz,所以陆上资料的处理水平也同我们差不多。

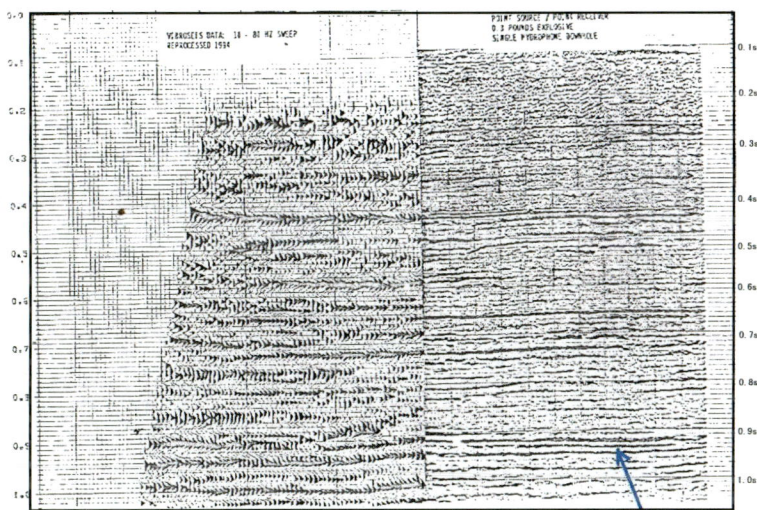

美国Parker公司,左边是可控震源施工,右面是炸药震源施工,0.9s处主频也只能达到80Hz

图4　美国陆上高分辨率勘探实例

因此,我还是认为以下两点使得他们在海上获得了成功:一是海水不吸收,在海况比较好,海面比较平静的背景下资料信噪比非常高;另外,还决定于采集的采样率。

二、俄罗斯陆上的高分辨率地震剖面

前苏联也有一些高分辨率勘探的实例。1990年我们访问了苏联时期莫斯科的一个地球物理勘探研究院,他们的高分辨率勘探也做得不错。他们采用了时间场共深度点面元叠加(缩写CDA)方法,这种方法可以改善高频部分的信噪比,从而获得高的分辨率。图5所示的是一个凝析油气田,原先主频55 Hz,应用CDA技术后,1.93 s处主频达到120 Hz,并且可以看到油水界面的平点现象,剖面说明他们采用的CDA方法还是不错的。

另一个例子是俄罗斯滨里海盆地高分辨率处理的例子,见图6,可看到在1.5 s主频能够达到90 Hz。

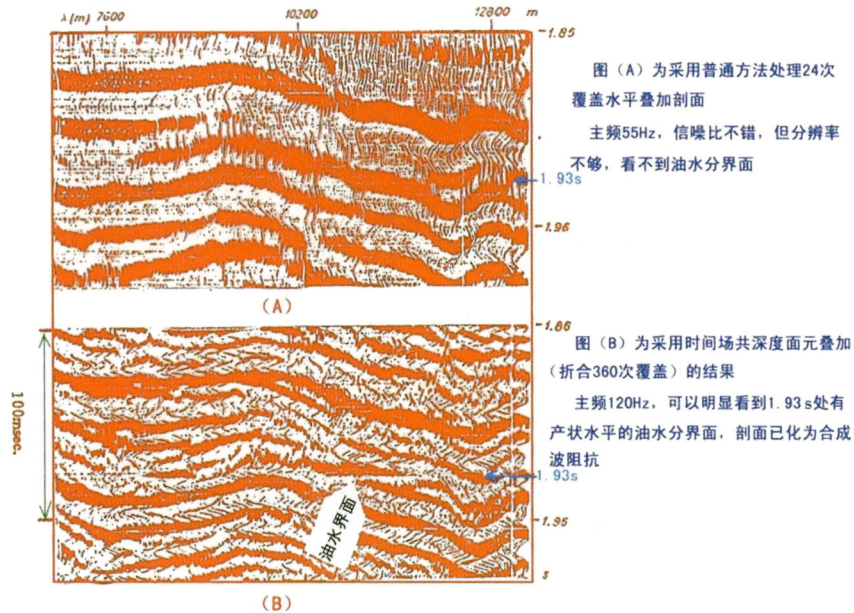

图 (A) 为采用普通方法处理24次
覆盖水平叠加剖面

主频55Hz，信噪比不错，但分辨率
不够，看不到油水分界面

图 (B) 为采用时间场共深度面元叠加
（折合360次覆盖）的结果

主频120Hz，可以明显看到1.93 s处有
产状水平的油水分界面，剖面已化为合成
波阻抗

图 5 苏联应用 CDA 技术获得的高分辨率地震剖面

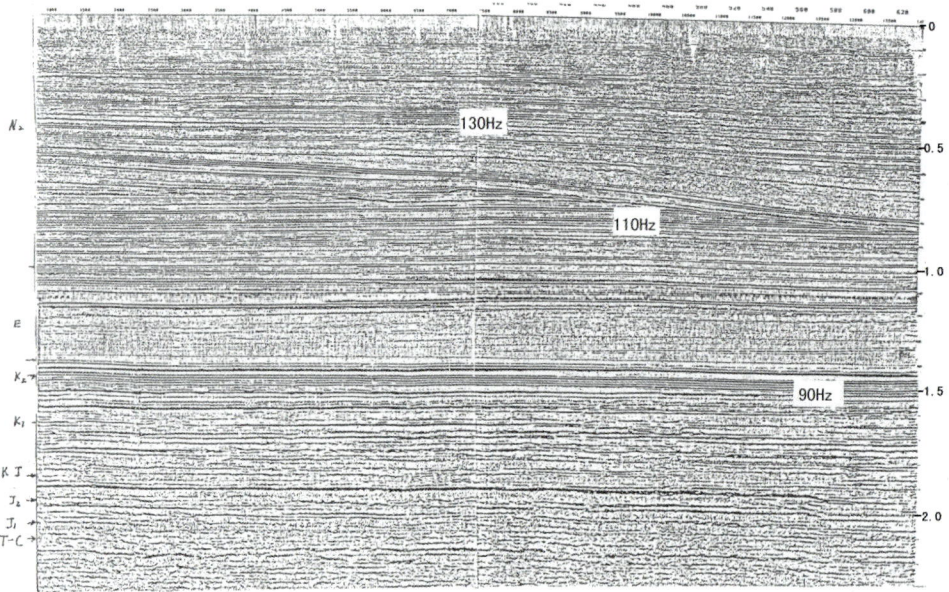

图 6 俄罗斯滨里海盆地高分辨率处理的例子

三、我国南海流花 11-1 油田高分辨率地震剖面资料的一个实例

下面再说一下我国有关高分辨率勘探资料的例子。先看几个比较成功的例子。第一个是我国南海流花 11-1 油田的一个实例。该油田地点位于中国香港东南 130 千米左右，是一个中新世礁灰岩的隆起构造，为地震勘探所发现。该油田生产层为礁灰岩，平均孔隙度在 20％ ～ 30％。埋深 1170 m，石油储量约为 12 亿桶（1.7 亿吨），但含油高度仅 75 m。为了防止底水上窜，采用打 25 口放射状的水平井来进行生产。流花油田于 1996 年用 25 口井投入生产，初期产量达到 65000 桶／日，不久就遇底水上窜，产量锐减为 25000 桶／日，大大影响了其开产价值。显然储集层有着强烈的不均一性，这点是原先没有预料到的。

为了搞清底水上窜的原因,于 1997 年 7 月流花油田进行了一片高分辨率的三维地震勘探。他们在平静的海况下,采用短拖缆(1500 m)较浅的沉放深度(3.5 m)施工,最终取得了很好的效果。野外采集的记录有效频率最高频已达到 180 Hz(1.25 s 目的层),经室内处理后,最高有效频率达到 240 Hz(主频约 120 Hz),可以分辨 4 m 左右的储集体(可识别的厚度约为 2 m)。处理后的三维数据体顺利地反演转换为孔隙率数据体。图 7、图 8、图 9 展示的是流花 11-1 高分辨率勘探的效果图片。

从图 7 所示的流花 11-1 油田东西向高分辨率地震剖面上,可以清楚地看到有明显的"气烟囱"现象,说明气体从基底向上运移扩散。

从图 8 所示的南北向地震剖面上可看到在 1.25 s 目的层(主要生产层,为礁灰岩)的主频已达 120 Hz。

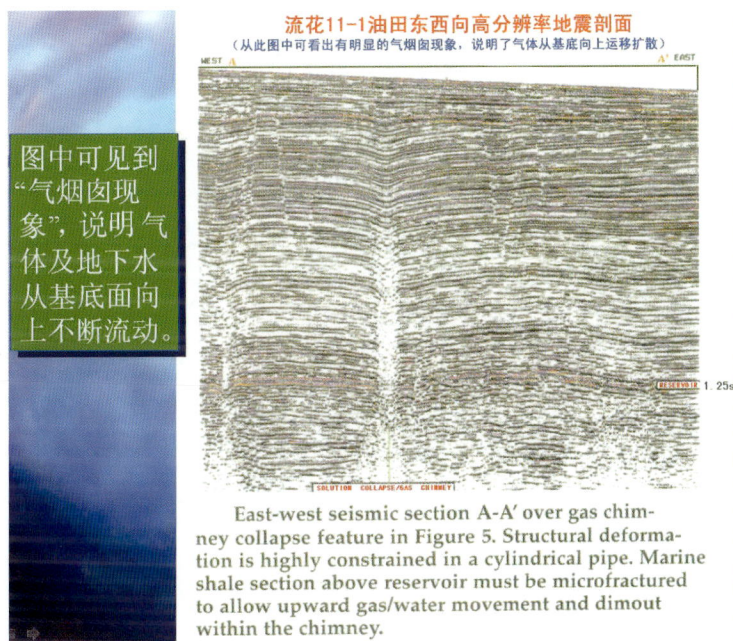

图 7 流花 11-1 油田东西向高分辨率地震剖面

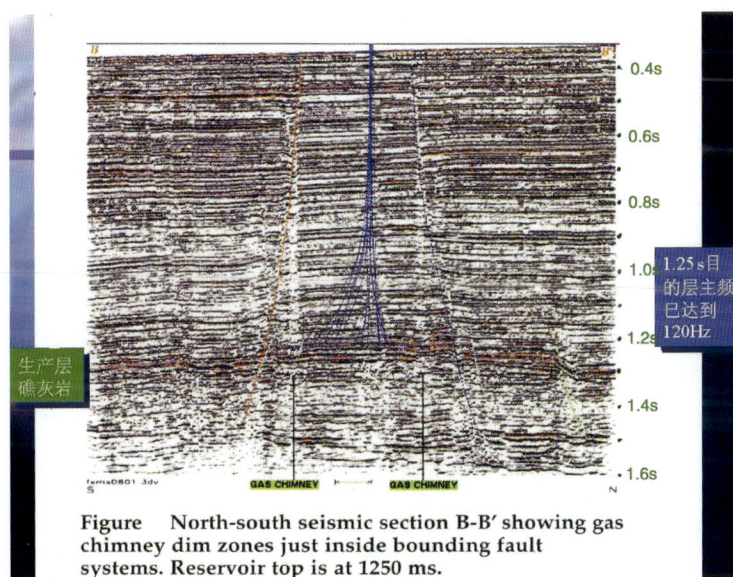

图 8 流花 11-1 油田南北向高分辨率地震剖面

图9所示,在相干数据体显示图上能够清楚地看到构造南北两条夹持断层,部分放大图上可以清晰地看到地腹存在着古岩溶落水洞。

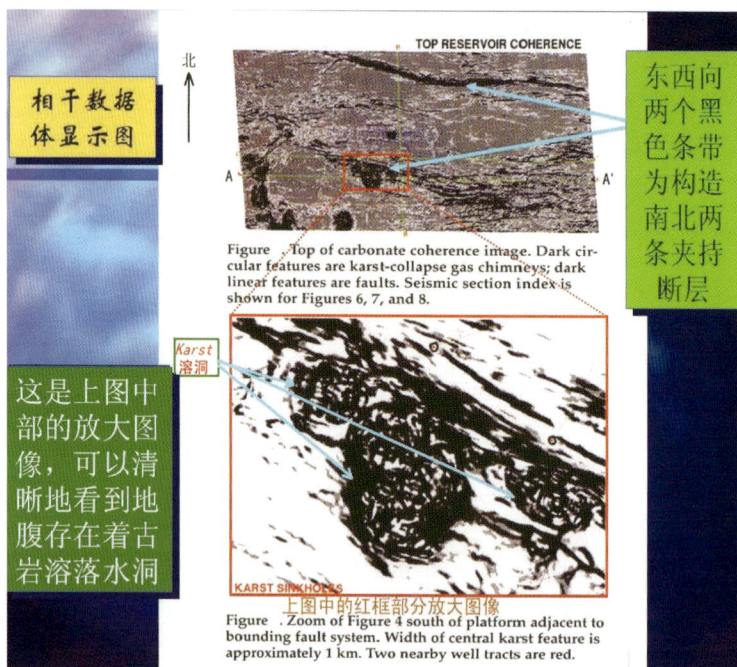

图9 流花11-1油田相干数据体显示图

在高分辨率地震资料基础上,处理出来的56 Hz谐振谱分解属性图。与油井采油水情况对比后,发现该图上红色黄色区域与油田的高产区相符合,而绿色白色区域与出水井域相符合,与油田的实际采油情况吻合很好。事后对井网的生产调整起到了很好的作用。

通过孔隙度剖面,解释了水平井没有获得高产的原因是它大部分穿过的是低孔隙度地层。这个例子说明:如果早些时候先作高分辨率地震,这些水平井就可以设计得更合理,多打些高渗透储层,并且在一定程度上防止早期底水上窜。

四、我国莺歌海盆地高分辨率地震剖面资料的实例

我国南海西部公司在莺歌海盆地所作的海上高分辨率地震勘探工作也卓有成效。

图10所示的是莺歌海盆地LD15-1气田的一张高分辨率地震偏移剖面,在1.5 s左右主频能够达到100~120 Hz。

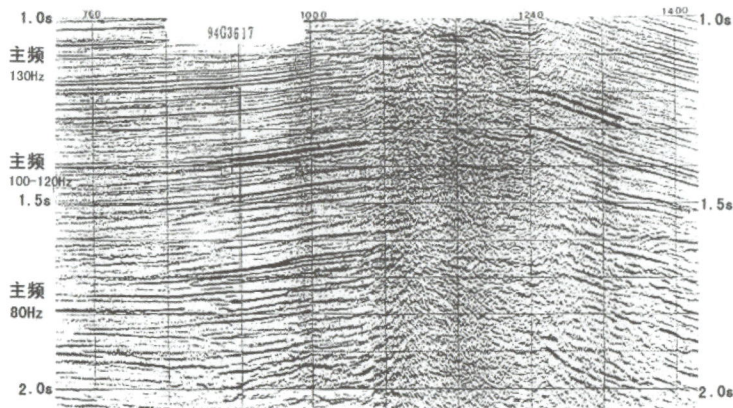

图10 莺歌海盆地LD15-1气田高分辨率地震偏移剖面

因为有了这样高质量的资料基础,自然就会取得明显的勘探效果,如图 11 莺歌海盆地 LD15-1 气田高分辨率地震放大偏移剖面上在 1.36 s 处,可以看到一个反映"气水界面"的"平点"。

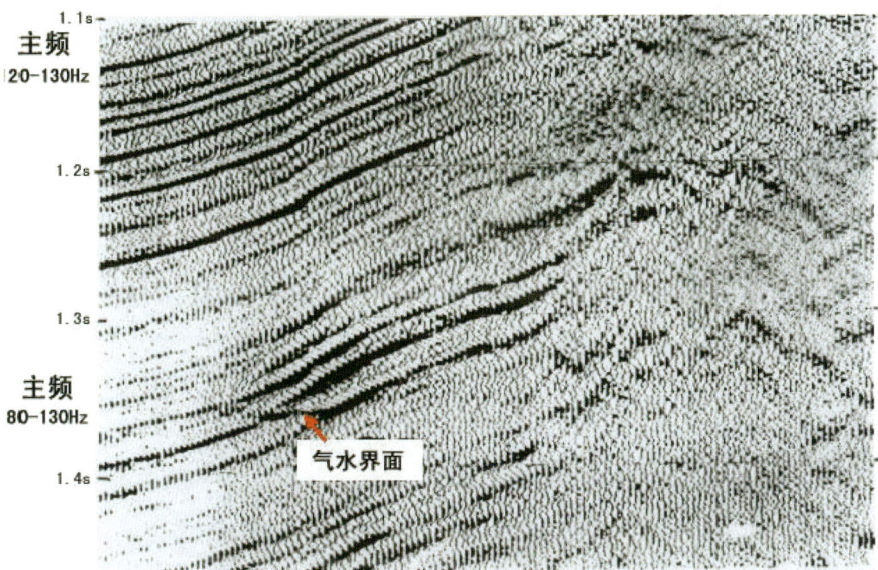

图 11　莺歌海盆地 LD15-1 气田高分辨率地震放大偏移剖面

在图 12 所示的东方 1-1 气田 94DF39 地震剖面上可清晰地看到大片"平点",如红线所示。由于中部含气层加厚,地震速度降低,造成平点不平(实际上在深度域里是平的)。

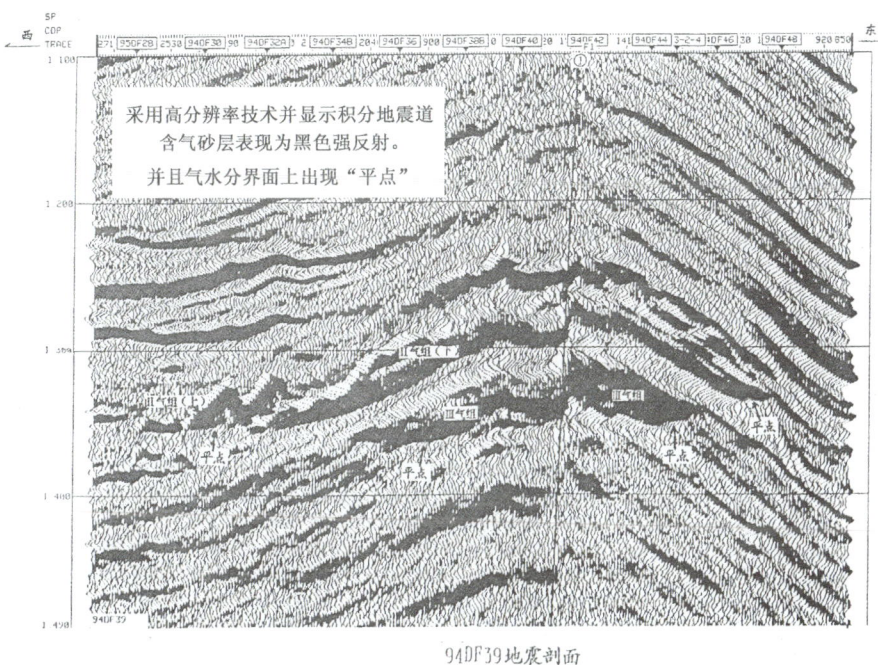

图 12　东方 1-1 气田地震剖面(平点)

在图 13 所示的东方 1-1 气田 II 气组综合分析图上可以看到气水边界线同地震剖面上的平点位置非常吻合,所以国家储委会在审核东方 1-1 气田上报储量时,获得了评委们的一致通过。

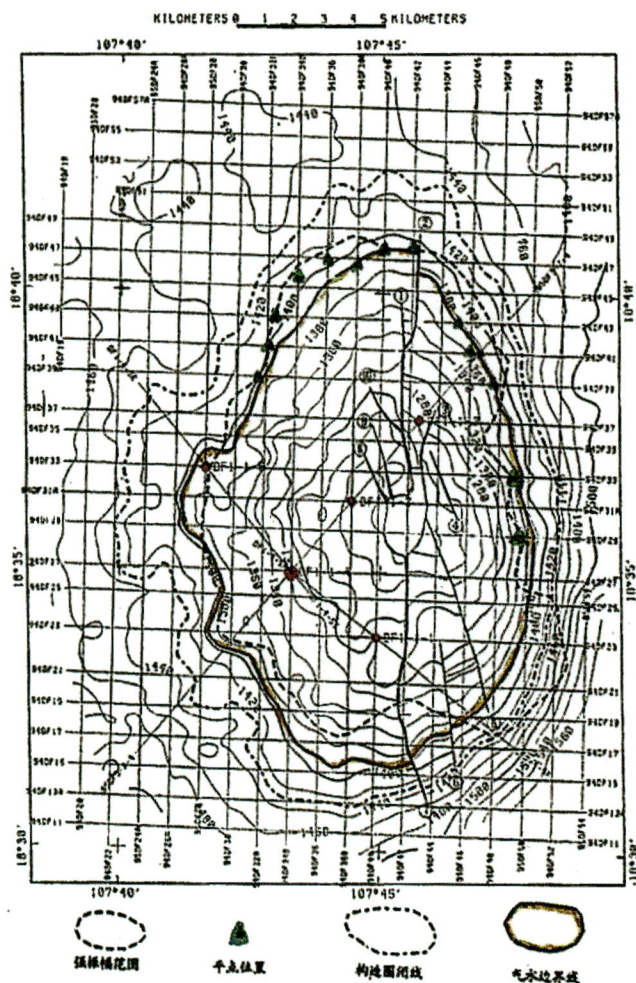

图 13　东方 1-1 气田 II 气组综合分析图

五、我国陆上江汉油田蚌湖地区的高分辨率勘探的例子

陆上比较成功的例子是在江汉油田蚌湖地区实施的高分辨率勘探。1996 年,江汉油田在蚌湖地区进行了高分辨率勘探试验。他们施工时采用了双井 12 kg 药量,检波器封装、不组合、埋于 70 cm 坑中,采用 1 ms 采样率,仪器接收参数采用了前置滤波 F1 = 124 Hz 低截,斜坡为 18 dB / Oct。

图 14 所示的是在该区高分辨率勘探试验单炮记录分频扫描结果,从图中 100～200 Hz 频档上,1.5 s 附近还能够看到反射同相轴。

图 15 所示的是江汉油田蚌湖地区高分辨率勘探试验水平叠加地震剖面,在 0.5 s 附近视主频达 130 Hz,在 1.5 s 附近视主频达 100 Hz,在 2 s 附近视主频达 80 Hz。

图 16 是江汉蚌湖地区高分辨率地震剖面的局部放大。

【注】　① 江汉油田的地震高分辨率勘探试验中,使用了双井 12 kg 大炸药量,这是对的。虽然大炸药量激发主频偏低,但其高频部分的强度绝对值还是增长的,详见俞寿朋的《高分辨率地震勘探》一书。② 江汉地区水网区潜水面就在地表,这为高分辨率创造了条件。采用封装检波器,不组合,埋于 70 cm 坑中,可能对水网区是合适的。其他地区一般还是以组合检波为好。③ 他们采用前置滤波 F1 = 124 Hz 低截也是正确的。有人问我:"低截 124 Hz,你是否不要 124 Hz 以下的信息了?"我回答:"搞电声学的人以为世界上最高保真的话筒和功放是声频曲线从 1 Hz 到 10000 Hz 顶部是平而直的才好。售价上万元。但对地震

勘探来说，由于强烈的大地吸收作用，1 s 到达的高频 160 Hz 信号比 1 Hz 的信号减弱到 −80 dB，即降低到 1 万倍。2 s 到达的 160 Hz 信号衰减到 −120 dB，即 100 万倍。因此，如果采用顶部平直的高保真仪器来接收，即使是最好的 24 位模数转换器的地震仪也不能记录下这 160 Hz 高频信号。所以，在接收地震信号时，应该把低频使劲地压一下，这才能使高频与低频信号同时被记录下来。详见我的《走向精确勘探的道路》第 5 章的论证。④ 我主张把截频当通频来用！你要把 160 Hz 的信号相对抬高，你就该使用截频为 160 Hz 的前置滤波器。很可惜，制造地震仪器的人不懂这个道理，他们把前置滤波器都从仪器里取消了。理由是模拟滤波器有 180° 的相位变化。其实我们在数字处理过程中，用一次反褶积，就可以轻松纠正这个相位移。⑤ 采用了前置滤波把截频当通频用后，应该论证一下采用多少滤波陡度合适。江汉采用了斜坡为 18 dB / Oct。我认为还是以 12 dB / Oct 为好，可以保证 5 Hz 信号不至于压死。

　　图 16 所示的是经室内高分辨率处理后放大的部分地震剖面，可以看到在 1.5 s 附近视主频达 100～120 Hz。

　　由于有优秀的原始资料品质做基础，地震勘探的精度自然就高，其波阻抗反演的效果自然就好。图 17 所示的左边是江汉油田蚌湖地区高分辨率勘探试验连 73 井测线 L13 的测井约束反演剖面，右边是通

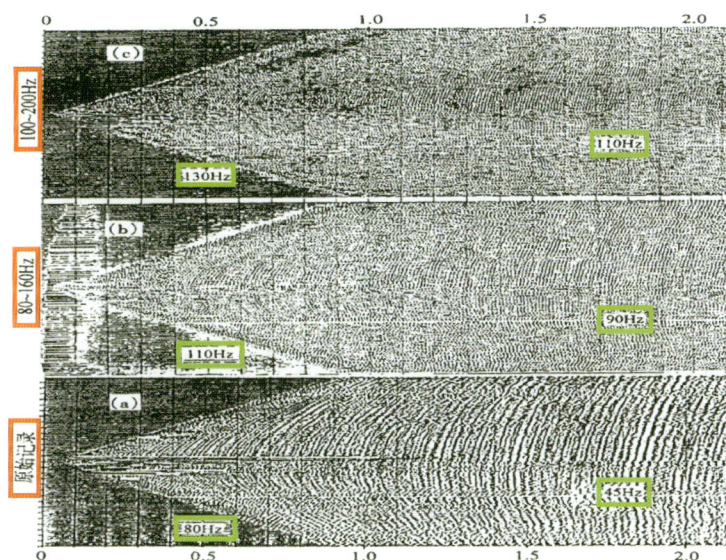

图 14　江汉油田蚌湖地区高分辨率勘探试验单炮记录分频扫描

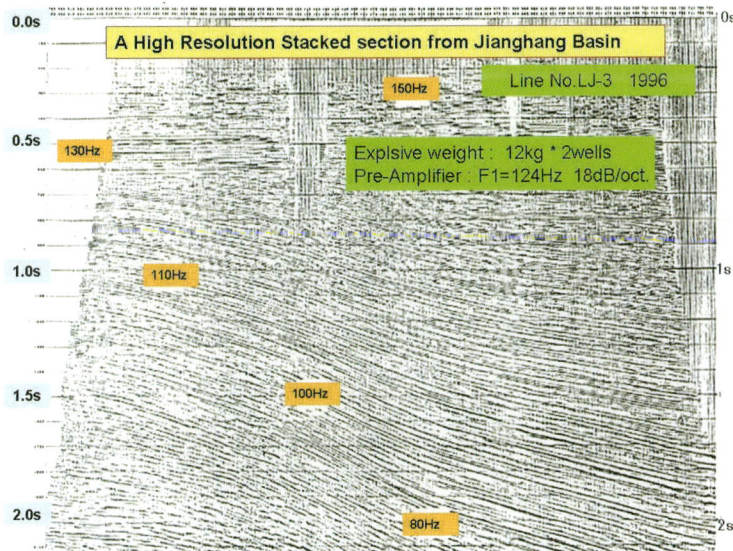

图 15　江汉油田蚌湖地区高分辨率勘探试验地震剖面

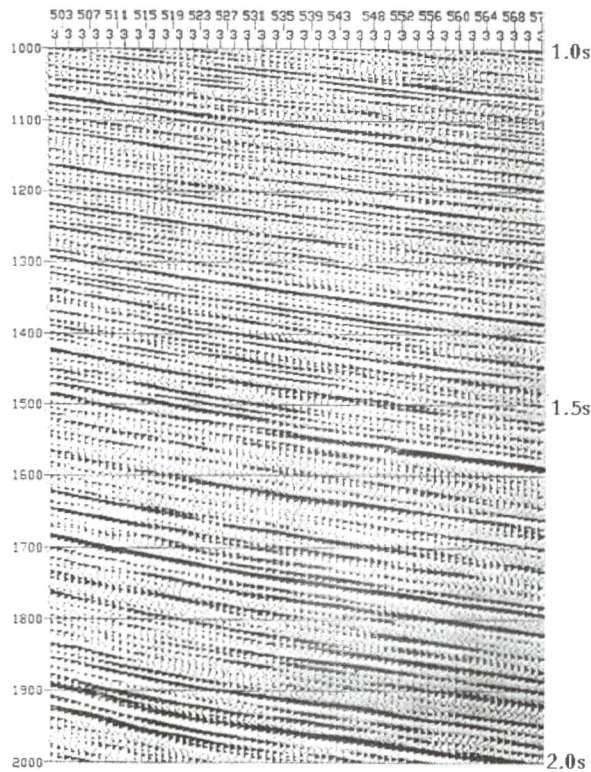

图16 江汉蚌湖地区高分辨率地震剖面（局部放大）

过井资料所获得的73井波阻抗图，可以看到与测井曲线吻合非常好。图中较厚的红颜色的是盐岩，绿颜色的是泥岩，黄颜色的是砂岩，A、B、C对应的是储层位置，分别为6 m、20 m、26 m的砂岩。

江汉油田蚌湖地区高分辨率勘探试验剖面　L13测线测井约束反演剖面　　73井波阻抗

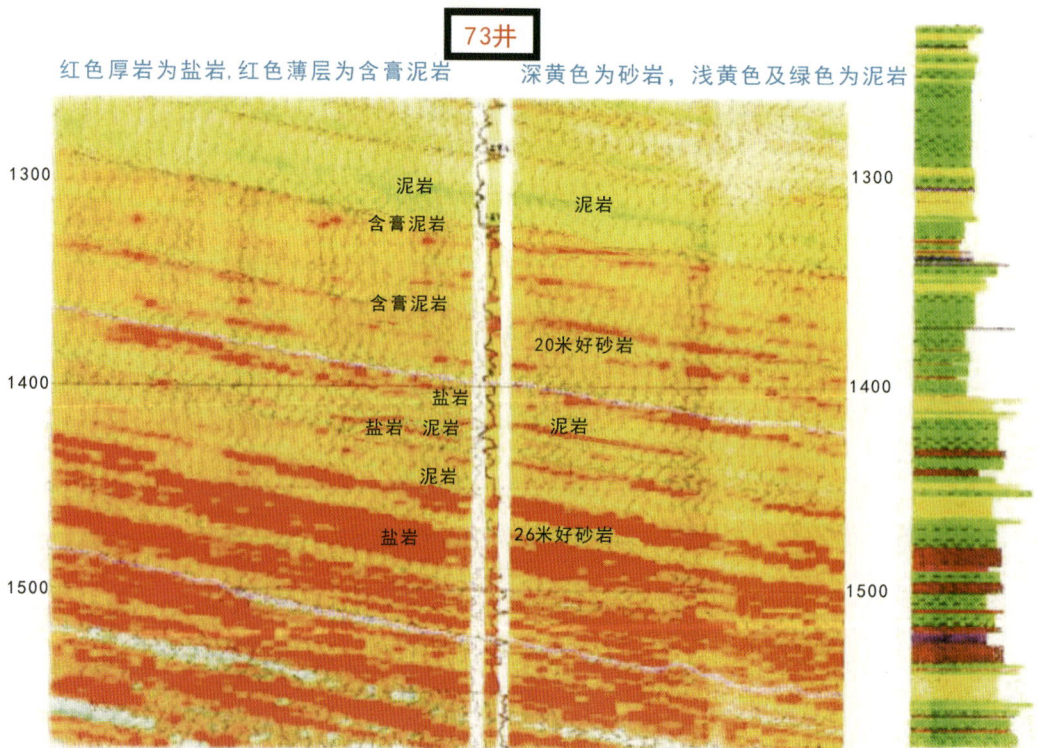

图17 江汉油田蚌湖地区高分辨率勘探试验测井约束反演剖面

最近传来该地区利用这片高分辨率的地震资料,2012年在老产油区附近找到了不少隐蔽油藏。

六、我国内蒙古进行高分辨率勘探试验的例子

另一个就是1994年在赛汉塔拉进行高分辨率勘探试验的例子。1994年由我主持在内蒙古赛汉塔拉进行了高分辨率勘探试验,图18所示就是那次高分辨率试验所获得的相对波阻抗地震剖面,可看到在1 s附近主频已经达到100 Hz。图19所示的是该剖面部分放大后的彩色显示。

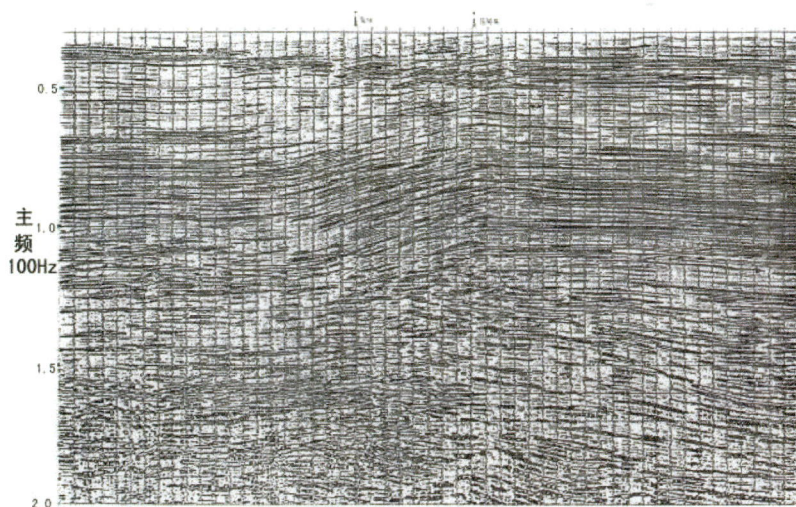

图18　赛汉塔拉高分辨率勘探试验剖面(相对波阻抗,SH-94-002测线)

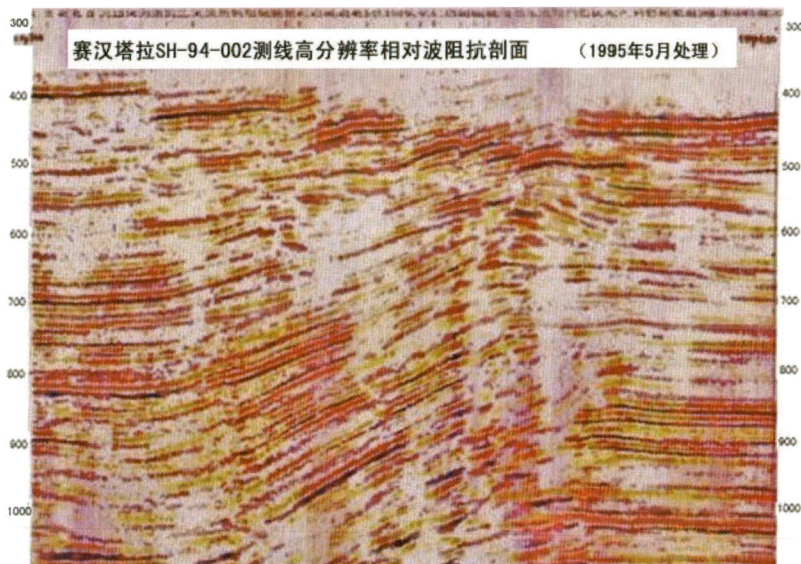

图19　赛汉塔拉高分辨率相对波阻抗剖面(局部纵向放大)

七、大庆油田的高分辨率勘探实例

大庆油田在宋芳屯地区进行的高分辨率勘探也是陆上比较成功的例子。如图20所示,他们也把1 s左右的目的层主频从常规的30 Hz提高到100～110 Hz。

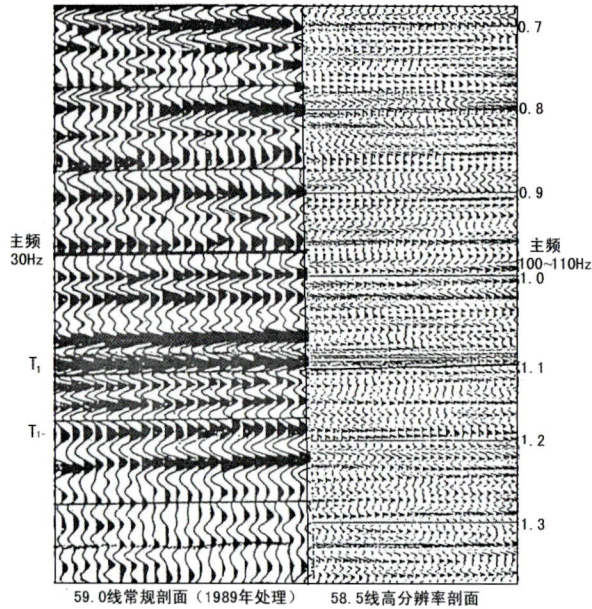

图20 大庆油田高分辨率剖面与常规剖面对比

八、值得怀疑的高分辨率地震剖面

有些剖面看上去主频很高,但是我怀疑它们可能不是真的分辨率的提高。尤其是近年来各种小公司新推出的"拓频技术"弄得人们眼花缭乱。值得我们仔细推敲。

下面的几个例子也是把主频提高了很多,但我认为是值得怀疑的。

很多小公司的高分辨率处理很有心得,他们可以把主频搞得很高,但不一定是真的。

图21是某公司通过所谓HFE拓频处理技术前后的剖面对比图,从获得的剖面上,在0.8 s处所显示的同相轴强烈扭曲现象是否符合地质规律呢,前积现象不应该向两个方向倾斜,这张图值得怀疑。

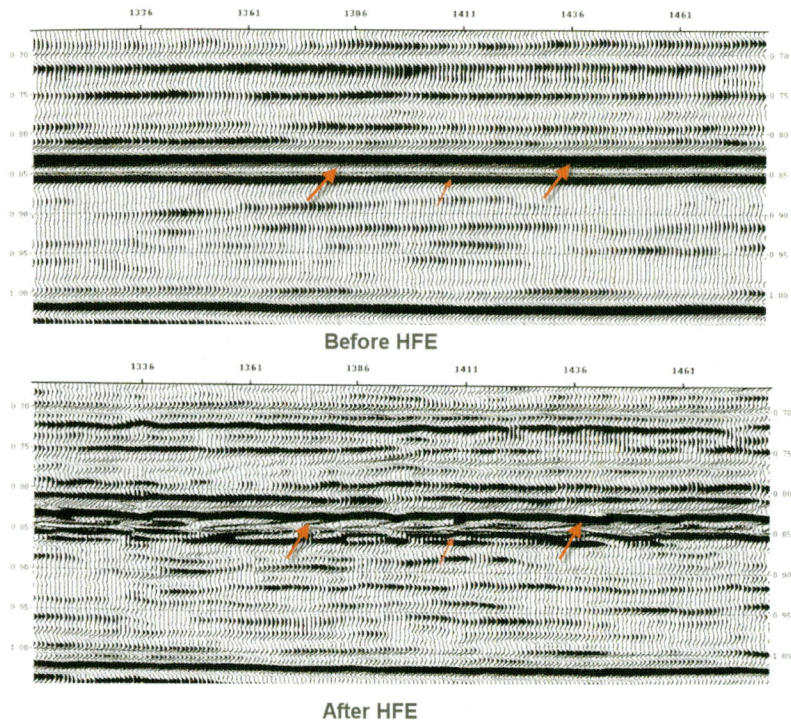

图21 某公司(拓频处理)技术前后剖面对比

　　大约在 1992 年,南阳油田的一位总工开办了一个小公司,以高分辨率采集及处理为特长。在 1992 年北京召开的 SEG 年会上,南阳油田展挂的一条剖面,在 2.5 s 的反射目的层主频超过 250 Hz,当时的王涛部长参观了展台后碰到我,问我这是不是真的,我说不可能,"大地吸收后,高频信号不可能得到这样好的分辨率"。

　　如图 22 所示也是南阳油田的例子,这是普通剖面同高分辨率剖面的对比图,左边为高分辨率剖面,据说在 0.6 s 处主频可以达到 180 Hz,原来的普通剖面 0.6 s 处主频是 80 Hz。我认为他的处理是可能存在问题的,因为虽然主频很高,但从剖面上的波组表示的特征来看,同相轴密密麻麻,尤其是箭头所指处,那里同相轴明显扭曲,这不像是有规律的地质现象。

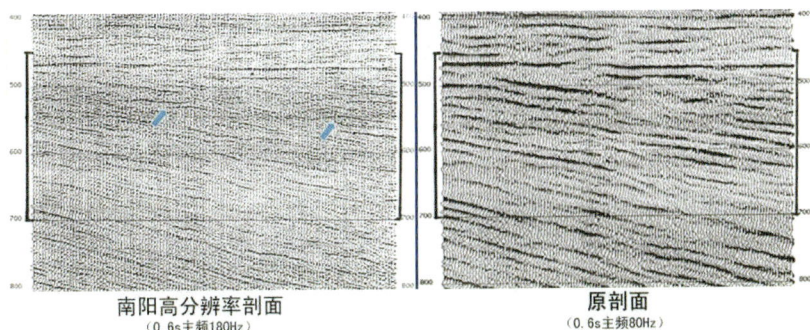

南阳高分辨率剖面　　　　　　　　原剖面
(0.6s主频180Hz)　　　　　　　(0.6s主频80Hz)

图 22　南阳油田某高分辨率剖面与常规剖面对比

　　下面再看一下某公司"反射系数无约束反演宽带技术"的例子。

　　图 23 和图 24 所示的例子是通过反射系数无约束反演方法一个把主频从 50 Hz 提高到 180 Hz(目的层 1.5 s),一个把主频 30 Hz 提高到 120 Hz,剖面看上去都很不错。广告册上写道,通过这种处理后,复杂区构造形态很好,能够分辨 4 m 的薄层和小断层。

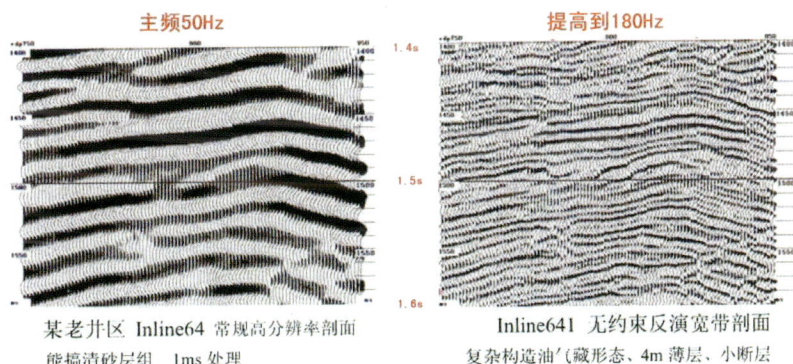

主频50Hz　　　　　　　　　　　提高到180Hz

某老井区 Inline64 常规高分辨率剖面　　Inline641 无约束反演宽带剖面
能搞清砂层组　1ms 处理　　　　　复杂构造油'藏形态、4m 薄层、小断层

图 23　某公司广告展示反射系数无约束反演实例(1)

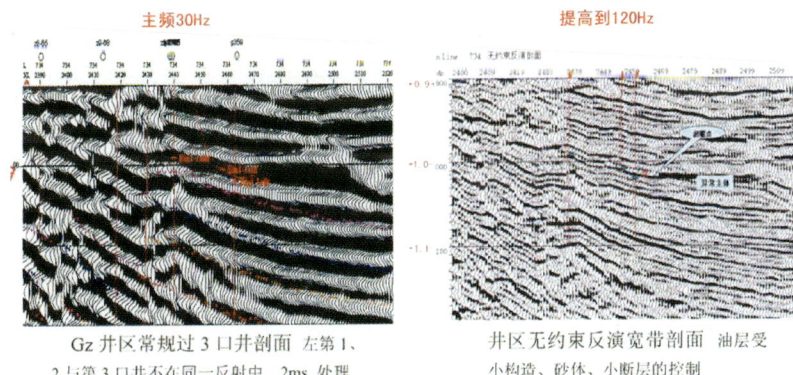

主频30Hz　　　　　　　　　　　提高到120Hz

Gz 井区常规过 3 口井剖面　左第 1、　　井区无约束反演宽带剖面　油层受
2 与第 3 口井不在同一反射中　2ms 处理　小构造、砂体、小断层的控制

图 24　某公司广告展示反射系数无约束反演实例(2)

我们怀疑这种"高分辨率"剖面的真实性,因为大地吸收作用不允许获得如此高的有效信号。通过这种反演,所获得的波阻抗剖面可能是错的。

九、如何判断真假分辨率

下面让我们来讨论一下如何判断真假分辨率。

我认为在陆上 1.5 s 处主频能够达到 180 Hz(图 23)是不太现实的,这要从基础的理论上去理解。首先说大地吸收。

下面通过模型来分析一下大地吸收的情况。华北平原属于新生代盆地,我做了一个大地吸收的模型来说明它的吸收情况。

图 25 为大地吸收图,横坐标表示的是频率,纵坐标表示的是衰减分贝数,从这张图上可以看到不同频率、不同到达时间的衰减情况。

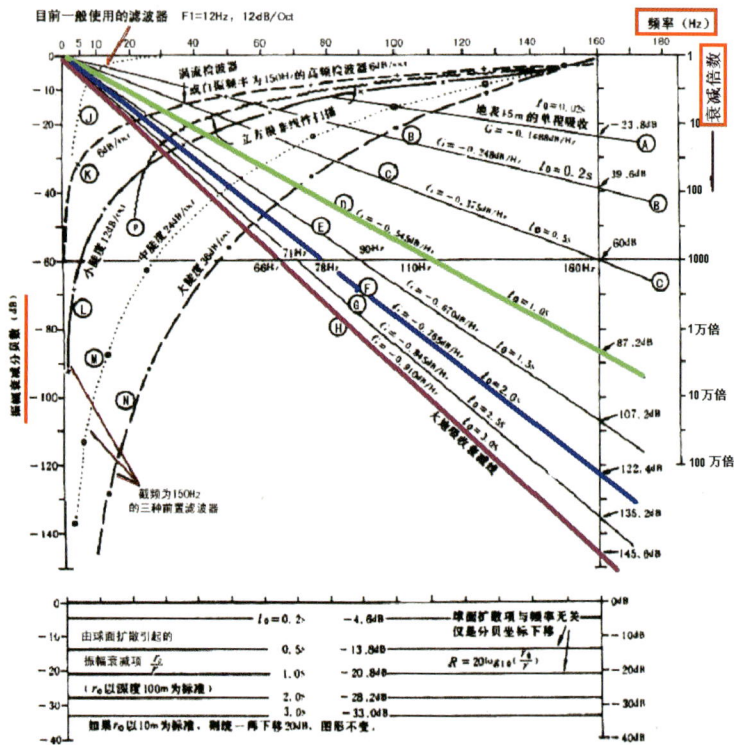

图 25 华北平原新生代盆地地层吸收衰减图

不同频率的大地吸收在对数(dB,分贝数)坐标系上表现是直线。第一条直线是距地表 15 m 的吸收线,第二条是地震波到达时为 0.2 s 的吸收线,第三条是地震波到达时为 0.5 s 的吸收线。在 0.5 s 时的反射,大地吸收系数是 0.375 dB/Hz,160 Hz 的信号到达时被衰减 60 dB,也就是说在第三系新生界盆地,对于 160 Hz 的信号,传播到 0.5 s 时就衰减了 1000 倍。而 1.0 s 时到达的地震波与 −60 dB 线的交点对应的频率是 110 Hz,即 110 Hz 在 1 s 时就已接近死亡线(所谓死亡就是野外记录记不下来,室内处理提不上去)。这是从大地吸收的角度分析得出的结论。

从图 26 可以看出在 $T_0 = 1.0$ s 时的反射死亡线对应的频率是 167 Hz,反射在 2.0 s 到达时,−60 dB 对应的频率是 118 Hz。因此可以说在大庆比较容易进行高分辨率勘探。

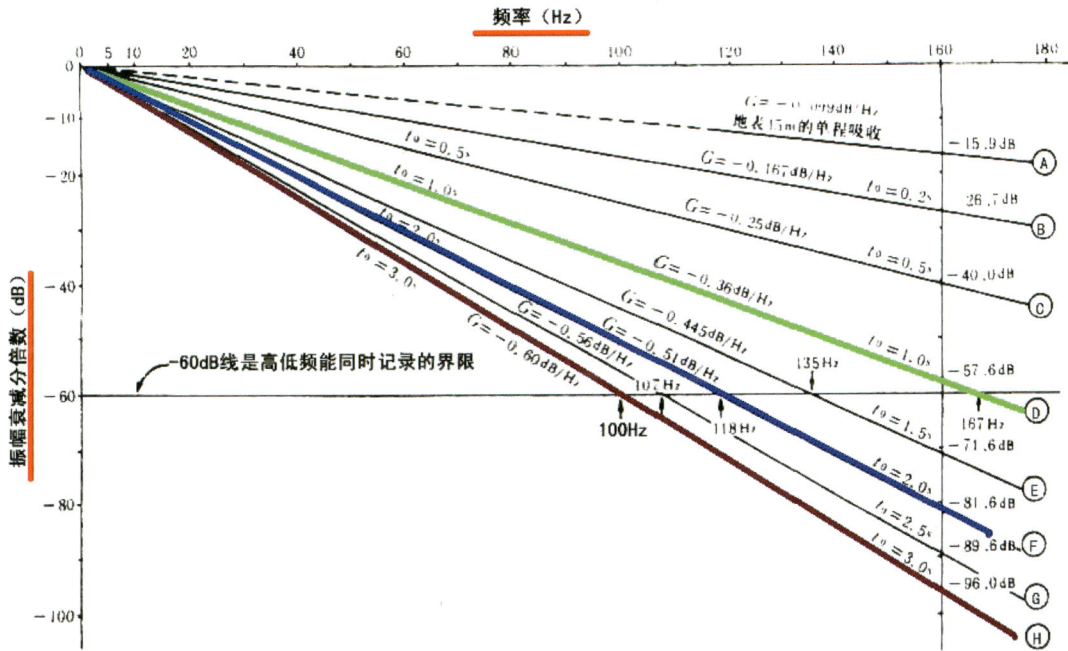

图 26　松辽及内蒙古白垩系盆地地层吸收衰减态势图

在前面提到的河南南阳的例子,在 2 s 时主频竟达到了 200 Hz,这就直接违背了大地吸收的规律,我们不能说他是不对的,但从道理上讲就很难站住脚了。

大庆不仅自己搞,而且还请美、俄等外国的公司帮助搞高分辨率,利用小药量多炮点组合、小点距、小偏移距等办法,到目前为止,野外采集的资料在 1～1.5 s 分频扫描也只能达到 85 Hz 左右,这一旁证也说明根据死亡线来判断地震波衰减情况的思路是对的。总之,我认为大地吸收的图是很说明问题的,我们搞了 20 多年高分辨率的攻关,到目前为止仍没有突破这个规律,没有出现奇迹,因为大地吸收是很残酷的现实,是不随人们的主观意志而改变的,是没有办法解决的。

我在《走向精确的勘探道路》一书中提到“高频信号的可记录性”,讨论了一个高频信号其能量比低频信号振幅低多少倍时,在野外记录时,24 位 A/D 将无法把它准确记录下来。结论是 1000 倍左右,即 -60 dB 左右,即高频信号在 24 位采样时就记不下来这个准确波形,所以从野外记录来说,-60 dB 是一个极限。

又讨论了室内资料处理中,高频信号能否被提起来。由于反褶积处理中需要加白噪系数,通常最少使用 $WN = 0.001$,也就是说千分之一是它的门槛极限,因此,如果高频信号成分能量比最大的低频信号成分能量低于 1000 倍的话,那它就不会被提起来,因为白噪系数限制它提起来。

因此,我称这个 -60 dB 线为高频信号的死亡线。再次声明,这个 -60 dB 死亡线是一个大致的概念,如果各方面都搞得很好,死亡线也有可能变成 -70 dB,但是不会差太多了。

图 27 所示的是信号和噪声在模数转换过程中的相对态势图,图中部横线所表示的是地震仪仪器本身固有的噪声 0.2 μV,经前置放大 256 倍后的位置。我把它称作“绝对死亡线”,对应的就是 51 μV。

图最左边带刻度的竖线表示的是海上的情况,因为海水对地震波不产生吸收,0.3 s 表示的是从海底往下,换算的时间。可以看到从海底算起的反射时间为 0.3 s 的海上,其吸收系数 G 为 -0.12 dB/Hz,衰减到 -60 dB 的频率是 550 Hz,也就是说海上容易获得高分辨率资料。而陆上 0.3 s 左右的反射,其大地吸收量 G 为 -0.25 dB/Hz,明显大于海上,死亡频率约 300 Hz,这种差别是很大的。

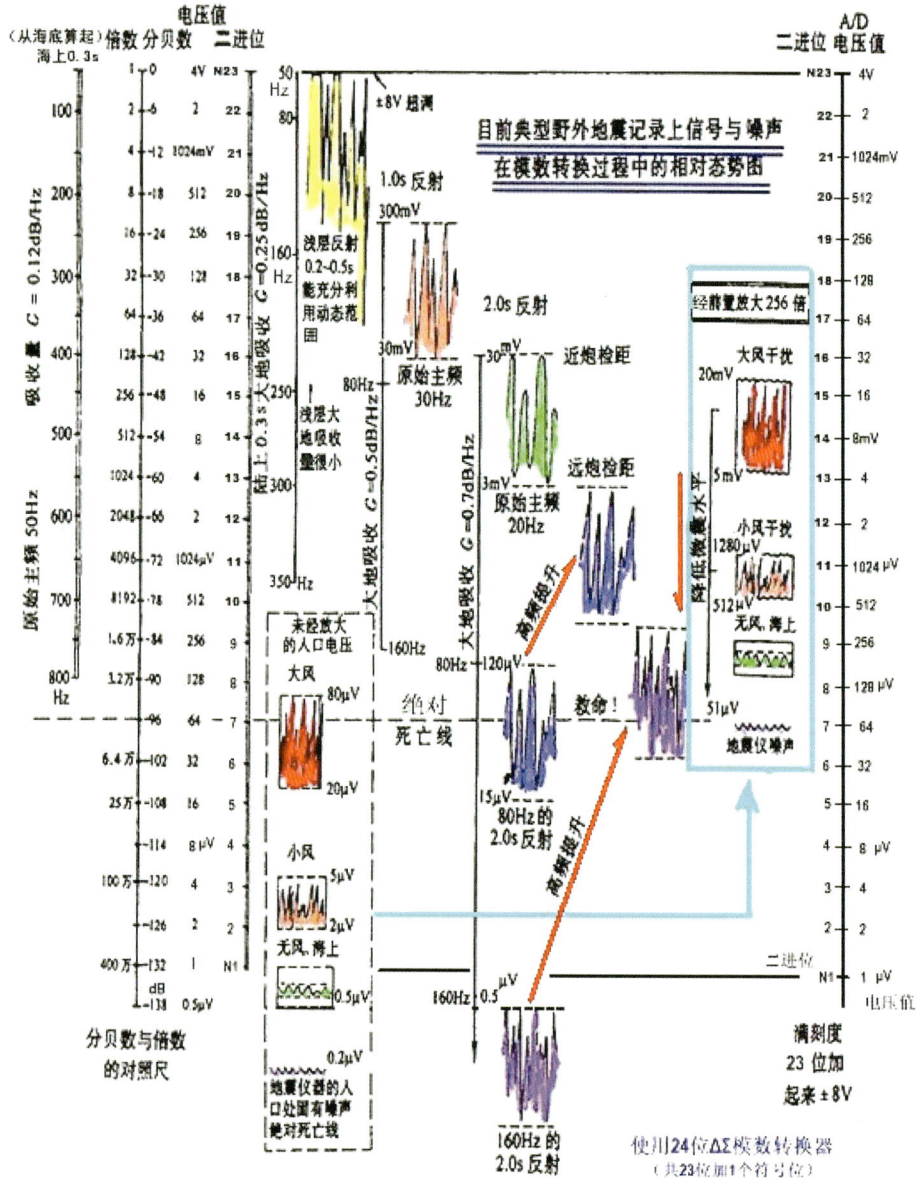

图27 信号和噪声在模数转换过程中的相对态势图

十、资料处理中也会出现假分辨率

对于信噪比很低的剖面,如果我们去进行多次循环的反褶积和压噪处理,也可以得到一张看起来既能成轴,分辨率又很高的剖面,但它不一定是真实的。

图28表示的是信噪比为1/8的剖面经三次去噪与反褶积后的结果,我们看到剖面看似主频较高,也有同相轴出现,但它是一条"假剖面"。我们的试验证明:信噪比大于2时,一般不会出现假剖面。而信噪比小于1/2时,就会出现以上的结果。有人用所谓"三高处理"把分辨率提得很高是值得怀疑的。

在实际中,如果有测井资料约束的确可以提高地震最终剖面的分辨率,我把这叫作视分辨率,也就是说它不只是地震的功劳,其中还有测井资料帮助的成分,离开了测井资料的帮助地震只能到此为止。所以如果井多了是可以把分辨率提高的,可是这不是真正地震所获得的分辨率,它是在测井资料帮助下的视分辨率。对于老油田来说这样做很有好处,借助于测井资料可以把剖面做得更好。如何把地震资料与测井资料结合起来使用以做好反褶积处理,我在《地震反演策略》那篇文章里有详细的说明。

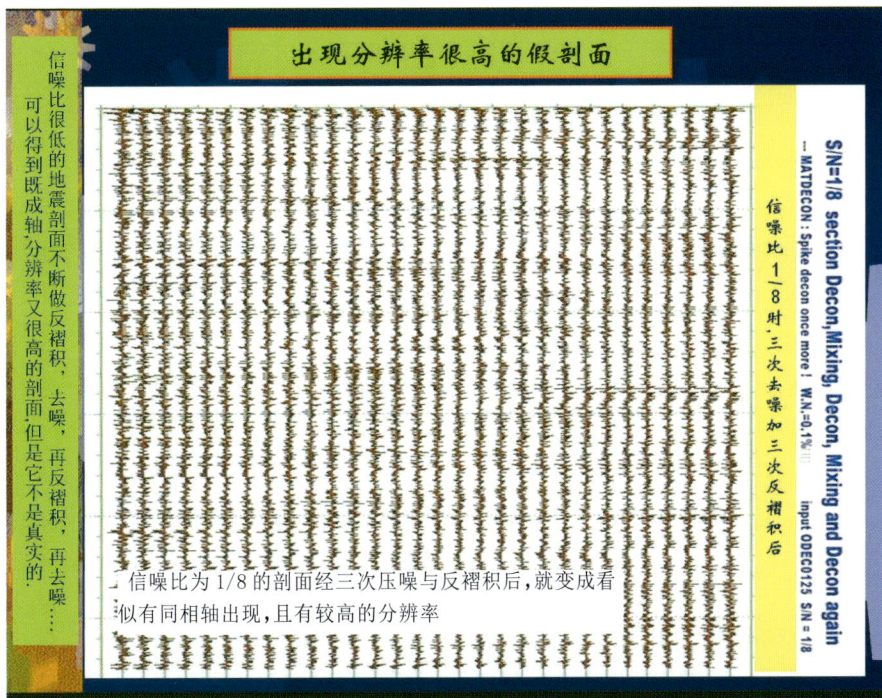

图28　经三次压噪与反褶积后的信噪比为 1/8 的剖面

十一、结　语

　　本文主要内容是分析讨论什么是真的和假的高分辨率剖面。 这个问题是地球物理勘探需要解决的问题。虽然现在有关地球物理勘探的教科书不少,但没有看到哪本教科书上介绍这方面的内容。所以本文重点来讨论一下这些问题,有了对这些问题的判别准则,才能够判断出我们在这方面的工作做得对不对。

——李庆忠修改于 2013 年 3 月

文章编号 105-1

论地震子波

张海燕　李庆忠

2012 年 3 月

此文是我的博士生、中国海洋大学信息学院物理教师张海燕所写。

内容包括从地震波的激发开始,向地下传播,经地层反射回来,到地面由检波器及仪器接收的全过程中地震子波的形态变化规律。

介绍了过程的数学表达,即褶积过程。还讲述了反褶积的概念。

此文列举了各种解析子波的特点,指出它们各自的用途。

归纳了提取子波的方法,讨论了子波的相位特性和反褶积方法。

前　言

　　地震子波在传播过程中是时变的,并经过检波器、记录仪器等多次改造,成为野外原始记录上的子波。本文详细分析了这一变化过程,并进一步介绍了子波的相位特性,总结了几种常见的解析子波的特点及其适用范围。文中还归纳了常用的子波提取方法和已知子波的确定性反褶积方法,并对子波未知时进行反褶积处理所存在的问题作了探讨,特别针对子波最小相位这一假设条件进行了讨论。

一、地震子波概述

（一）地震子波与褶积模型

　　所谓地震波就是在地球介质中传播的振动。当用炸药爆炸激发地震波时,爆炸产生尖锐脉冲,在爆炸点附近的介质中以冲击波的形式传播。爆炸脉冲向外传播几米后,压强逐渐减少,地层产生弹性形变,形成地震波。再向外传播,由于介质对高频成分的吸收,振动波形还要发生明显的变化,直到传播了更大的距离(100 米到几百米)之后,振动图像的形状逐渐稳定,成为一个具有 2～3 个相位(极值)、延续时间 60～100 毫秒的地震波,称为地震子波[1]。

　　地震子波在向下传播过程中,遇到波阻抗分界面就会发生反射和透射,反射信号回到地面被沿地表的测线所记录到,如图 1 所示。反射波法地震勘探的原理可以理解为:利用地震子波从地下地层界面反射回地面时带回来的旅行时间和形状变化的信息,来推断地下的地层构造和岩性。

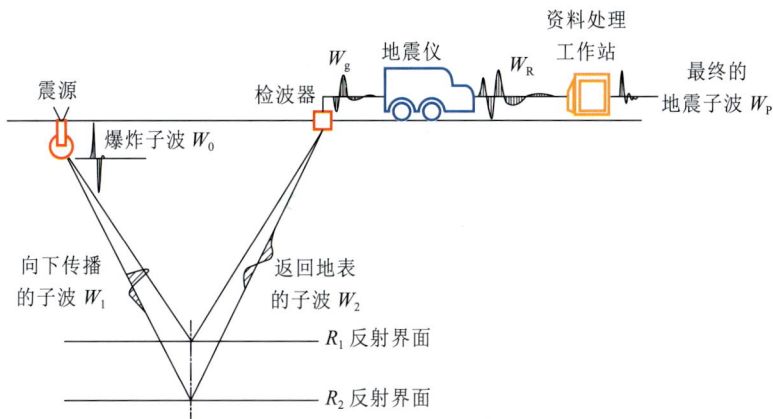

图 1　反射波法地震勘探示意图

震源子波在地下许多反射界面发生反射,形成许多振幅有大有小(取决于反射界面反射系数的绝对值)、极性有正有负(取决于反射系数正负)、到达时间有先有后(取决于反射界面的深度,覆盖层的波速)的地震子波。地震记录上看到的波形是这些地震子波叠加的结果。

对于理论合成地震记录,可以建立地震道正问题模型,其假设条件是:地层是由具有常速的水平层组成的;震源产生一个脉冲波并以正入射角撞击层边界;震源波形在地下传播过程中不变,即它是稳定的。

现在对地震记录提出一个褶积模型。设地震子波是 $S(t)$,各个地层界面的反射系数随界面双程垂直反射时间 t 的变化函数用 $R(t)$ 表示,地震记录形成的物理过程可以用 $S(t)$ 与 $R(t)$ 的卷积表示,即地震记录 $X(t)$ 是

$$X(t) = S(t) * R(t) = \int_0^t S(\tau) R(t-\tau) \, \mathrm{d}\tau \tag{1}$$

为了更形象地说明有关的物理概念和原理,图 2 为合成地震记录的褶积模型。

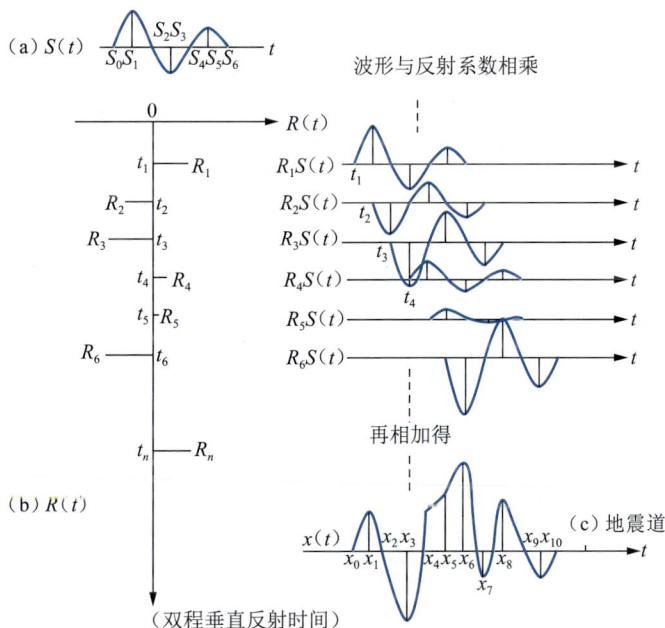

图 2　合成地震记录的褶积模型

图(a)是选用的地震子波 $S(t)$;图(b)是利用连续速度测井资料,把速度-深度关系转化为速度-时间关系,并简化为若干个速度为常数的薄层,再配合相应的密度资料,得出反射系数与时间的关系 $R(t)$。

根据反射地震记录形成原理,每个界面要产生反射波。为说明方便,把每个界面的反射子波分开画出,

反射子波的形状都与所选的地震子波相同,但振幅、极性由该界面的反射系数决定。每个反射子波根据界面的深度(双程旅行时间的长短)延后响应的时间。最后图(c)在每个取样时刻画出其上各反射子波振幅值的代数和,所得便是合成记录,这个线性过程称作叠合原理。方程(1)是图2所描述的褶积模型的数学形式。

实际的地震记录也可以表示为一个褶积模型,即地震子波与地层脉冲响应的褶积。地层脉冲响应是当子波正好是一个脉冲时所记录到的,应包括一次反射(反射系数序列)及所有可能的多次波。而此处地震子波有许多成分,包括震源信号、地表反射、检波器响应及记录仪器的滤波等。

(二)从震源子波到接收记录的过程

震源产生的子波(图1的 W_0)有的可以很简单并且延续时间很短(如炸药震源),或者是可以在其近旁记录下来的(如可控震源、各种海上震源)。这个子波传入地下并反射回来,在传播过程中由于岩石的吸收效应而不断变化(图1的 W_1,W_2),到达地面时已经不是震源产生的子波了。**实际上地震子波在传播过程中是时变的,幅度和形状是随时间而变化的,并且由于不同深度的反射所对应的传播路程长短不同,子波变化的程度也不一样。**回到地面的子波再经过检波器接收(图1的 W_g)和记录仪器的改造,成为原始地震记录上的子波(图1的 W_R)。因此原始记录中包含的子波与震源、大地滤波、接收仪器的特性等有关。地震资料处理过程中存在的一些问题也会使处理后子波的振幅和波形复杂化(图1的 W_p),如动校正拉伸畸变、水平叠加技术、均衡处理等都是影响波形特征的因素。

总之,地震子波成为记录上表现的形状,是许多因素影响的结果[2]。其中有很多因素的影响是时不变的,对不同时间到达的反射影响一样,如药量、药包深度或可控震源扫描频带,检波器安置条件,检波器类型(检波器频率特性和灵敏度),检波器的组合方式(方向特性),记录仪器的频率特性(前置滤波、去假频滤波参数)等;也有些因素的影响是时变的,如岩石对地震波的吸收、层间反射等。这些因素都会使得子波加长,频带变窄。

假设影响地震波变化的诸多因素为一个线性系统,则原始记录中包含的子波可以认为是震源脉冲 δ_t 与多个脉冲响应褶积的结果。影响子波变化的因素主要有大地滤波、接收仪器特性等,设大地吸收的脉冲响应记为 $Abso$,检波器的影响表示为脉冲响应 Geo,记录仪器的改造作用记为脉冲响应 Rec。综合这些影响,可以得到记录上的子波 W_R:

$$W_R = \delta_t * Abso * Geo * Rec$$

图3描述了从震源子波 δ_t 变化为地震记录上的子波 W_R 的过程:

图3 影响子波变化的主要环节

图4举例显示了地震子波在传播和接收过程中波形的变化。图4(a)为传播距离50 m后的爆炸地震子波波形(爆炸半径 $r = 2$ m),经大地吸收后(设传播时间为1 s)变化如图4(b)所示,经检波器响应后子波波形见图4(c),再经记录仪器改造后如图4(d)所示,从图4中可以形象地看出子波的整个变化过程。

下面具体分析影响子波变化的各主要因素:

1. 线性传输系统简介

线性传输系统同时满足均匀性和叠加性[3]。设输入为 $x(t)$,输出为 $y(t)$,则 $x(t) \rightarrow y(t)$,箭头表示系统的作用效果。

均匀性表示当输入激励增加 k 倍时,输出响应也相应地增加 k 倍:

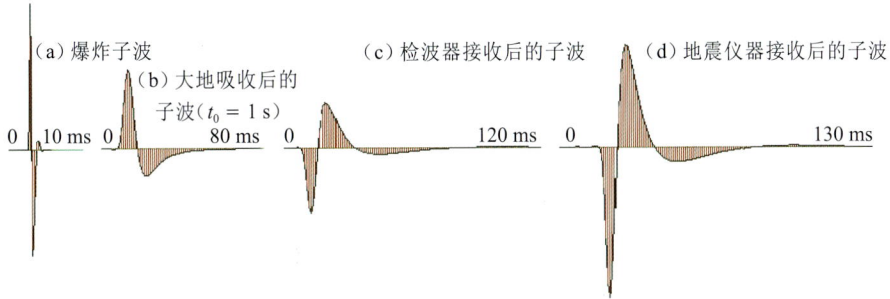

图4 从震源爆炸子波变化为记录上的子波

如果 $\qquad x_1(t) \to y_1(t)$

则 $\qquad kx_1(t) \to ky_1(t)$

叠加性表示如果有几个输入同时作用于系统上,则系统的总响应等于由每个输入单独作用所产生的响应分量之和。例如,当有两个输入同时作用于系统时:

如果 $\qquad x_1(t) \to y_1(t)$
$\qquad x_2(t) \to y_2(t)$

则 $\qquad x_1(t) + x_2(t) \to y_1(t) + y_2(t)$

假设两个传递函数分别为 $H_1(s)$ 和 $H_2(s)$ 的线性传输系统串联在一起,则第一个系统的输出是第二个系统的输入,如图5所示。

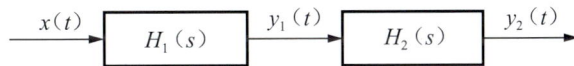

图5 两个线性系统串联

$$Y_1(s) = X(s) \cdot H_1(s)$$
$$y_1(t) = x(t) * h_1(t)$$
$$Y_2(s) = Y_1(s) \cdot H_2(s) = X(s)[H_1(s) \cdot H_2(s)]$$
$$y_2(t) = y_1(t) * h_2(t) = [x(t) * h_1(t)] * h_2(t) = x(t) * [h_1(t) * h_2(t)]$$

所以两个系统串联等价于单个新的线性系统,这个新的系统传递函数等于两个串联系统传递函数的乘积,脉冲响应等于两个串联系统脉冲响应的卷积。如果多个系统串联,这个结论也成立。

设 $X(s)$ 和 $Y(s)$ 分别是输入 $x(t)$ 与输出 $y(t)$ 的拉普拉斯变换,则系统特性可以用传递函数 $H(s)$ 来表示,$H(s) \leftrightarrow h(t)$,$h(t)$ 是传输函数 $H(s)$ 的拉普拉斯逆变换。

$$Y(s) = X(s) \cdot H(s)$$

根据卷积定理可得

$$y(t) = x(t) * h(t) = \int_0^t x(\tau) h(t - \tau) \mathrm{d}\tau$$

如果将一个冲激函数 $\delta(t)$ 作用于一个线性系统,如图6所示。由于 $\delta(t)$ 的拉普拉斯变换为 $X(s) = +1$,所以:$Y(s) = H(s)$,$y(t) = h(t)$。

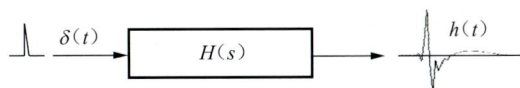

图6 脉冲函数 $\delta(t)$ 作用于线性系统

一个冲激函数产生的响应 $h(t)$ 称为系统的脉冲响应(也称固有过程),是系统传递函数 $H(s)$ 的拉普拉斯逆变换。从理论上讲,可以利用冲激函数求得任意线性传输系统的脉冲响应。例如,对于检波器或地震仪,可以通过输入一个短的电脉冲,然后记录它的输出,来获得其固有过程。但是有时短的电脉冲能量不够,于是可以用直流充放电过程所产生的阶跃激励 $s(t)$,作用于线性系统,如图 7 所示。测得系统的响应 $g(t)$ 后,再将其进行微分便是系统的脉冲响应 $h(t)$。

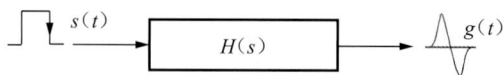

图 7 阶跃函数作用于线性系统

2. 震源爆炸子波

震源爆炸子波可以采用下列 Båth 公式求取:

$$x(t) = A_0 \cdot e^{-B} \cdot [(z - r/2) \cdot \sqrt{2} \cdot \sin c - r \cdot \cos c]$$

其中 r 为爆破半径,z 为传播距离,t 为传播时间,$B = 2 \cdot V_p \cdot t/(3r)$,$c = \sqrt{2} \cdot B$,上式描述的是爆炸地震子波的位移曲线,进行微分后便可求得其速度波形。由于我们通常使用速度型检波器,所以一般采用速度曲线来模拟爆炸地震子波。

假设爆破半径 $r = 1 \text{ m}$,$V_p = 3000 \text{ m/s}$,传播距离 $z = 50 \text{ m}$,爆炸地震子波的位移和速度曲线以及它们的振幅谱如图 8 所示。

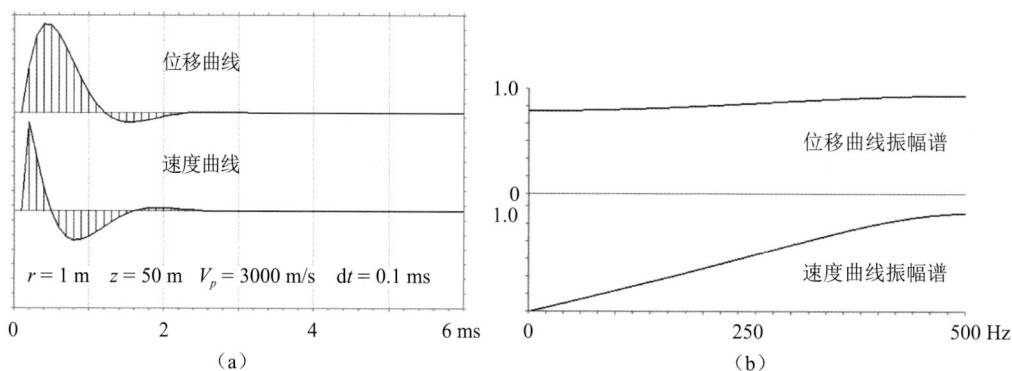

图 8 爆炸地震子波的位移、速度曲线及其相应的振幅谱

3. 大地吸收滤波

大地对震源子波有吸收作用,相当于一个低通滤波器。由于岩石存在非理想弹性,地震波通过介质时,一部分能量转化为热,这个过程称为吸收和衰减。在存在吸收的介质中,地震波每传播一个波长的距离,能量损失的程度可以认为是固定的,它与介质的一种物理性质有关,称之为品质因数 Q。地震波由多种频率成分组成,高频成分的波长较短,低频成分的波长较长。对于一个固定的传播距离来说,相当于低频成分的只有少数几个波长,但相当于高频成分则有很多个波长。因此高频成分衰减得多,低频成分衰减得少。由弹性粘滞理论可以证明吸收系数与频率成正比。因此弹性波随着传播距离的增大,高频成分很快被吸收,其振动强度也被衰减[4,5]。

打一个通俗的比喻:我们听到的雷声,当打雷的时候,在近处听到的是响亮清脆的雷声,如图 9(a)所示,在稍远处听到的是声音稍小一些的轰鸣声,而在更远处听到的则是声音更小更沉闷的隆隆声,如图 9(b)所示。声波的振幅逐渐降低,高频成分也逐渐减少,这就是空气对声波的吸收滤波作用的结果。

震源(如炸药震源)产生的子波可以很简单并且延续时间很短,在传播过程中由于地层的吸收效应而不断变化,幅度和形状是随时间而变化的,称为时变地震子波。在传播过程中时变地震子波可以认为是震源脉冲与大地吸收因子褶积的结果。子波在传播过程中振幅谱发生了变化,与此同时子波的相位谱也发生了变化。大地介质就像一个滤波器一样,改造了子波的振幅谱和相位谱。

（a）近距离

（b）远距离

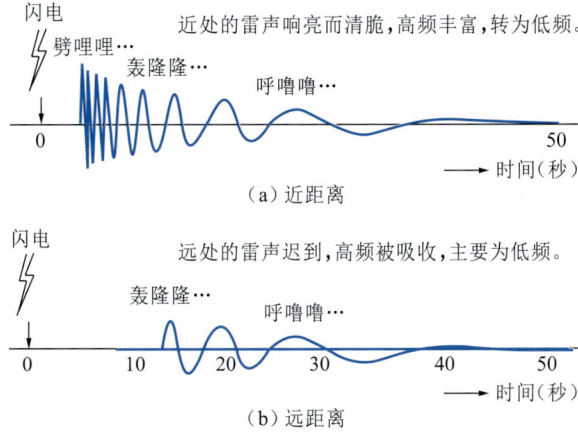

图 9　不同距离下空气对雷声的吸收滤波作用

图 10（a）显示了不同传播时间后的子波理论波形。为了清晰地显示波形的变化,图 10（b）分别作了不同比例的放大。从图中也可以看出,随着传播时间的增加,子波的高频成分减少,延续度加长,起跳时间的延迟量 $\Delta\tau$（称为 drift）增大。

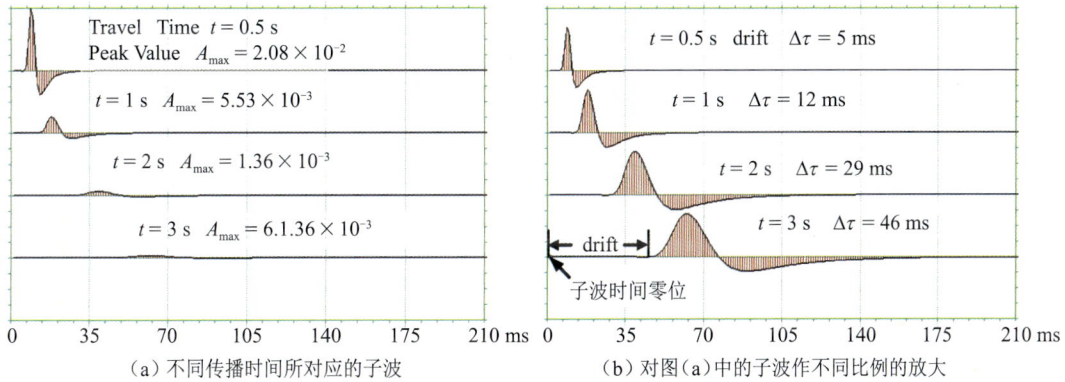

（a）不同传播时间所对应的子波

（b）对图（a）中的子波作不同比例的放大

图 10　不同传播时间所对应的子波波形

归纳起来,振幅的衰减有以下规律:

（1）传播距离越大,衰减越大。衰减与传播距离呈指数关系。

（2）频率越高,衰减越大。

（3）Q 值越小,衰减越大。对于 200 Hz 以下的小幅振动,认为 Q 是不变的。

根据 Futterman 研究的大地对地震波的吸收及频散作用原理,可以模拟不同传播时间所对应的大地吸收滤波的脉冲响应,即大地吸收因子。

由以下振幅衰减的表达式,可以求得不同传播时间对应的大地吸收系统的幅频特性 $A(f)$:

$$A(f) = \exp(-\pi\cdot f\cdot t/Q)$$

式中,Q 是地层品质因子,t 是旅行单程时间,f 为频率。

求取相位谱的过程具体为:先由速度的色散变化公式计算出 $v(f)$:

$$v(f) = v(f_c)\left[1 + \ln(f/f_c)/(\pi\cdot Q)\right]$$

式中,f_c 是临界频率或参考频率,习惯上采用 $f_c = 30$ kHz。

不同频率的波在地层中的传播速度是不同的,高频的波走得快,走在波的前头,但几乎被吸收掉了,剩下走得慢的低频波形成延迟起跳的波形。波的色散造成了子波相位谱的改变和起跳的延迟。对深层反射来说,起跳点的延迟量是很可观的。起跳延迟会造成声波测井所得到的平均速度与地震测井（或 VSP）所得到的平均速度的差异,在资料解释中应当加以注意。

进一步根据在同一个距离上观测子波的原则,求出不同频率分量的时间 t_f:

$$v(f) \cdot t_f = v(f_c) \cdot t_c$$

式中 t_c 是用真速度所走的时间,即所谓的传播时间 t。相应的时间滞后量为 $\Delta\tau = t - t_c$,再除以视周期,便可得到延迟相位角。因此,大地吸收系统的相频特性 $\phi(f)$ 可以通过以下公式计算:

$$\phi(f) = f \cdot t \cdot \left(1 - \frac{1}{1 + \ln(f/f_c)/\pi \cdot Q}\right)$$

在得到不同传播时间 t 所对应的大地吸收滤波系统的振幅谱 $A(f)$ 和相位谱 $\phi(f)$ 后,经过傅氏反变换,就可以求得系统的时间脉冲响应,即大地吸收因子。

设大地吸收的影响用脉冲响应 $Abso$ 表示,不同传播时间所对应的大地吸收滤波的脉冲响应及其幅频特性如图 11 所示(假设真速度 $v_c = 3000\ \mathrm{m/s}$,临界频率 $f_c = 30\ \mathrm{kHz}$,地层品质因数 $Q = 100$)。

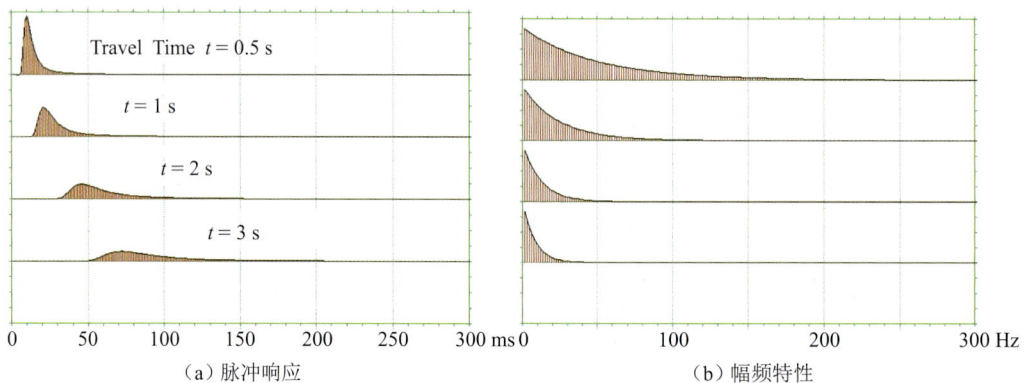

图 11 大地吸收的脉冲响应及其幅频特性

由大地滤波作用所造成的振幅和频率的衰减可以用反 Q 滤波方法进行补偿。反 Q 滤波也称大地吸收补偿反褶积,简称 QCOMP。它通过校正子波相位的拉伸效应,补偿地震波的频率衰减和振幅损失,达到提高地震资料的分辨率和信噪比以及改善同相轴连续性的目的,其实质就是反大地滤波处理。

反 Q 滤波认为 Futterman 模型可以较好地描述大地对地震波的吸收衰减作用。当 Q 值为常数时,吸收效应是一种逐点时变的选频衰减的低通滤波。吸收因子的振幅谱 $AMP(f)$ 为

$$AMP(f) = \exp(-\pi \cdot t \cdot f/Q)$$

Hale 于 1982 年提出的反 Q 滤波方法是一种比较有效的方法,依据 Futterman 模型的振幅响应,假定大地吸收效应的滤波过程是以最小相位方式进行。这样可以取振幅谱的对数再作希尔伯特变换,求出吸收因子的相位谱 $\phi(f)$:

$$\phi(f) = H\{\ln[AMP(f)]\} = -\pi \cdot t \cdot H(f)/Q$$

式中 $H(\ )$ 为希尔伯特变换。因此,整个滤波过程吸收因子的频谱 $S(f)$ 为

$$S(f) = AMP(f) \cdot \exp[\mathrm{i} \cdot \phi(f)] = \exp\{-[f + \mathrm{i} \cdot H(f)] \cdot \pi \cdot t/Q\}$$

如果对衰减进行补偿,上式求倒数就可以得到反 Q 滤波因子的频谱:

$$S(f)^{-1} = \exp\{[f + \mathrm{i} \cdot H(f)] \cdot \pi \cdot t/Q\}$$

假定 $X(f)$ 为实际地震记录的频谱,$Y(f)$ 为经过反 Q 滤波补偿处理的地震记录的频谱,则

$$Y(f) = X(f) \cdot S(f)^{-1}$$

对 $Y(f)$ 进行傅氏反变换,即可得到补偿后的地震记录 $Y(t)$:

$$Y(t) = \int Y(f) \cdot \mathrm{e}^{\mathrm{i}2\pi ft} \cdot \mathrm{d}f$$

做好反Q滤波的关键是选好时变的Q参数。选择Q参数有3种方法：频谱斜率法、常Q扫描法和采用V_p-Q经验公式法。

反Q滤波在高分辨率地震勘探的处理中起着重要的作用。由于反褶积方法都是假定子波是时不变的，而实际子波是时变的，因此叠前作反Q滤波可以使浅、中、深层的子波基本接近，从而给反褶积处理创造一个良好的前提条件。

4. 检波器响应

检波器把地震信号转化为电信号，输入到地震仪。它是安置在地面、水中或井下以拾取大地振动的地震探测器或接收器，其中陆上常用的是速度型检波器，它的实质是将机械振动转化为电信号的一种传感器。高分辨率地震所关心的主要是它的幅频响应和灵敏度。现在陆上使用最多的是动圈式检波器，它的输出电压频谱与地面质点的振动速度频谱之间成比例关系，这个关系就是传输函数。

动圈式检波器的幅频特性如下：

$$A(f) = \frac{k \cdot f^2}{\sqrt{(f_0^2 - f^2)^2 + (2h_0 f_0)^2}}$$

式中f_0是自然频率，h_0是阻尼系数，k是传输常数，三者都是由检波器本身的机械结构和电路元件所决定的常数。

在检波器动圈的输出端常并联着一个电阻，造成阻尼现象。图12（a）分别为弱阻尼、最佳阻尼和强阻尼情况下的脉冲响应Geo（自然频率为$F_0 = 10$ Hz）。检波器的幅频响应是高通的，如图12（b）所示，基本上可分为两段：在低于自然频率的频段上，以大于12 dB/Oct的陡度向低频方向下降；在高于自然频率的频段上，趋近于一个固定值。幅频特性曲线的形状取决于阻尼系数h。当$h < 0.707$时，$A(f)$在自然频率附近出现尖峰；当$h > 0.707$时不出现尖峰；当$h = 0.707$时，刚好不出现尖峰，称为最佳阻尼系数。平坦的响应曲线在达到最大值后，延伸到无穷远处。

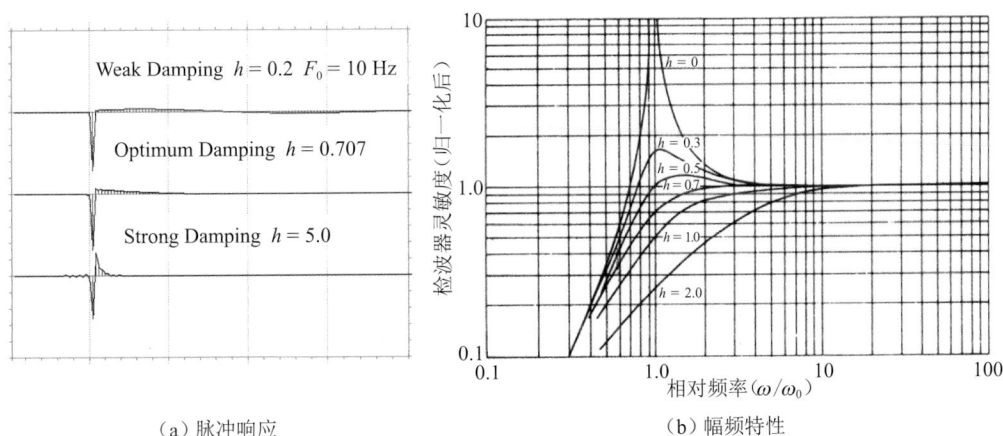

（a）脉冲响应 （b）幅频特性

图12 检波器的脉冲响应及其幅频特性

5. 记录仪器的改造

地震仪通常由前置放大器、模拟滤波器、多路采样开关、增益控制放大器、模数转换器、格式编排器、磁带机、回放系统等组成。主要功能是将检波器采集来的信号经过模数转换后变为数字信号记录在数字磁带上，以便日后在计算机上进行数字处理。目前使用的新型地震仪，如SN388地震数据采集系统，不再使用任何的模拟滤波器。

采样之前要用去假频的高截滤波器，把振幅谱从大致3/5折叠频率处逐渐地向奈奎斯特频率降低为零。假设采样周期是1 ms，则奈奎斯特频率为500 Hz。采用的去假频滤波切除300～500 Hz的频率。其脉冲响应用Dealias表示，幅频特性如图13（b）所示。

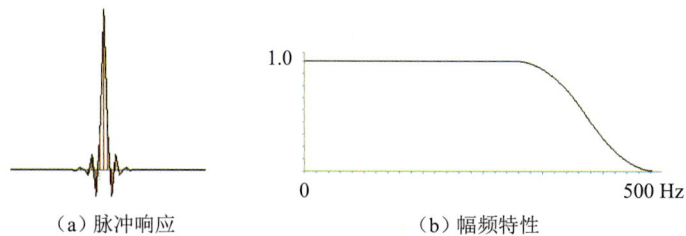

（a）脉冲响应　　　　　　（b）幅频特性

图 13　去假频滤波器脉冲响应及其幅频特性

整个野外记录过程对地震子波的改造包括检波器与记录仪器两部分,如图 14 所示。假设用综合脉冲响应 Syn 表示,则有

$$Syn = Geo * Dealias$$

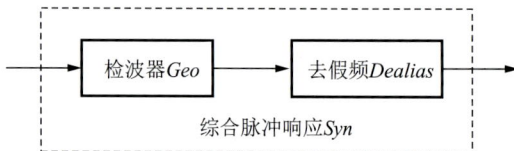

图 14　野外记录过程对地震子波的改造流程

二、子波的相位特性和实例

（一）子波的相位特性

子波根据相位的延迟性质可以分为以下几类:

（1）**最小相位子波**:子波能量集中在前部,它的相位比任何具有相同振幅谱的其他子波都要小,因此称之为最小相位子波。如图 15 所示,为一最小相位子波波形图。

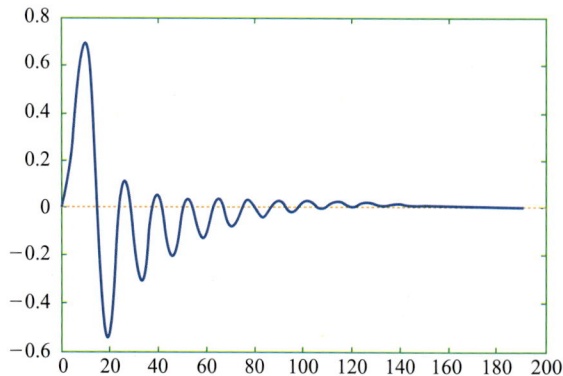

图 15　最小相位子波

（2）**最大相位子波**:子波集内具有最大相位延迟谱,子波能量主要分布在后部,这样的子波在实际中是不存在的。

（3）**混合相位子波**:子波的能量最大地集中在中部。零相位子波是一种特殊的混合相位子波。零相位子波对称于时间原点,其相位谱恒为零。它是非因果的,也是物理不可实现的。

子波属于何种相位类型可在 z 变换的域中用根的位置进行判断。将子波的各个样点值 a_0, a_1, a_2, $\cdots$, a_n 作为系数、样点序号作为 z 的幂次,写成 z 多项式,

$$P(z) = a_0 + a_1 z + a_2 z^2 + \cdots + a_n z^n$$

如果多项式 $P(z)$ 的根的模全部大于 1,即根全部在单位圆外,就是最小相位子波;如果 z 多项式的根

全部在单位圆内,就是最大相位子波;如果z多项式的根有一些在单位圆外,有一些在单位圆内,就是混合相位子波。

请注意:一般来说最小相位子波波形的第一相位振幅最大,但是单纯从波形上进行判断是不严格的。例如,图16是一李子波,第二个波峰幅值大于第一个波峰幅值,同时也大于第一个波谷幅值的绝对值。但它是一个最小相位子波,所对应的z多项式的根全部在单位圆外,如图17所示。

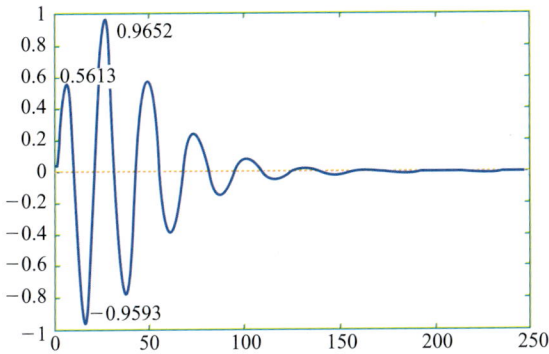

图16 最小相位李子波

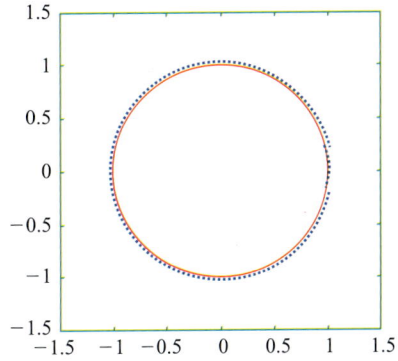

图17 最小相位李子波零点分布图

(二)几种不同相位类型子波举例

大多数地震源产生的子波都近似于最小相位子波。炸药是一种理想的地震波能源,在爆炸成功后所激发的地震脉冲的起爆波振面很陡,具有良好的脉冲特性,频率范围广,能量高,近似为最小相位。如图8中的波形(a)所示。

在日常生活中如果对一悬垂静止的物体加一推力,物体会来回摆动。此后如果不再加推力,物体摆动的幅度会逐渐减小,直到恢复为原来的初始位置。其摆幅随时间变化的波形如图18所示,是最小相位的。

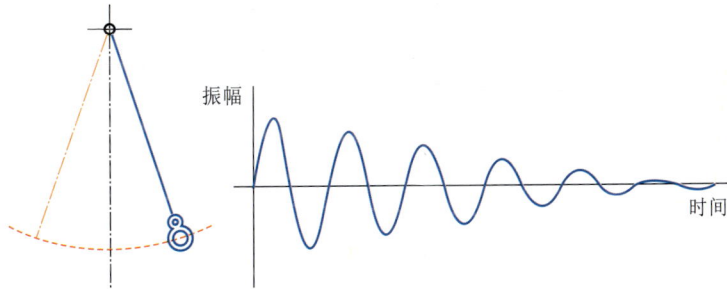

图18 自由摆示意图及其摆幅波形

使用非炸药震源产生的震源子波是非最小相位的。例如,使用最多的大型海洋震源就是气枪,它在极高的压力下将气体释放到水中并产生脉冲,但由于气泡惯性胀缩造成重复冲击,使得子波有两个跳动(图19)。对于蒸汽枪震源,其第二个脉冲的峰值大于第一个脉冲的峰值,如图20所示,其形态与最小相位子波相差较远。

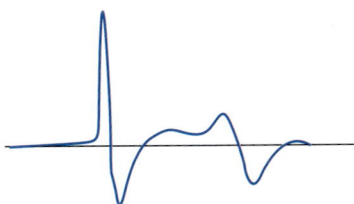

图19 气枪信号波形

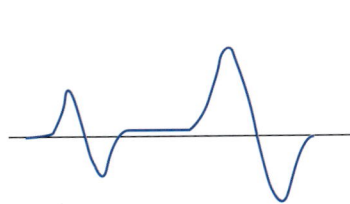

图20 蒸汽枪信号波形

大多数震源都是在极短的时间内将能量释放到地下,而可控震源将能量释放到地下却需要几秒钟,它往地下发射的是一个长的"正弦信号",频率随时间而变化,是非最小相位的,如图21所示。

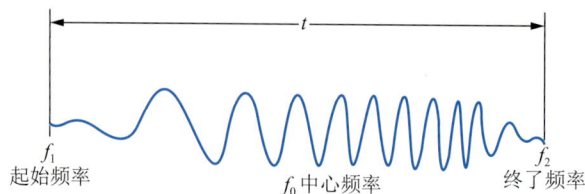

图21 可控震源扫描信号

零相位子波是双边子波,在原始记录中不可能存在,但我们在工作中还是常遇到的。如可控震源的相关记录,是震源的扫描信号(即输入到地下的子波)与记录相关的结果。它的工作原理如图22所示。

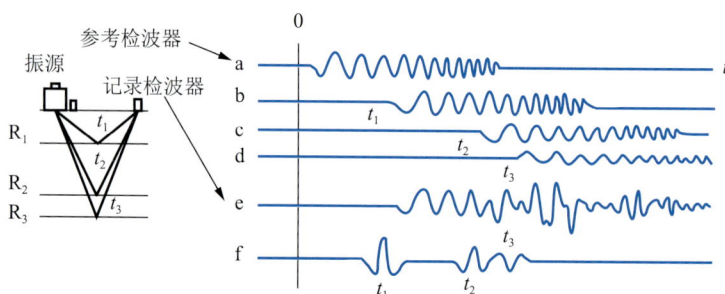

图22 可控震源工作原理

扫描频率信号在发送到地下的同时,在震源附近的一个参考检波器也进行记录。设地下有三个反射层 R1、R1、R3,记录到检波器接收到这三个层的反射时间分别为 t_1、t_2、t_3,如果把它们分别记录下来,便如图22中b、c、d所示。当然,实际地震记录是b、c、d三条曲线叠加的结果(还有干扰背景),即图22中e所示。用参考信号a同记录道e作互相关,就会出现三个短脉冲,它们分别是a同b、c、d的互相关函数图形,近似为零相位子波。这三个短脉冲的极大值所对应的时间,就是三个反射波到达接收检波器的时间。

三、几种解析子波的特点及其适用范围

在地震数据处理中,经常需要进行子波的模拟计算。解析子波可以用公式表达,因此在正演模型、合成地震记录以及各种理论试算中被广泛地采用。其应用范围包括:选用合适的子波作为反褶积的期望输出;选用某种子波制作合成记录;选用带通滤波算子提高剖面的信噪比,等等。

下面对实际工作中几种常用解析子波的解析式、特点和适用范围进行分析和总结,并对在使用中需要注意的一些问题进行说明,从而为不同场合合理地选用子波提供借鉴和参考。

(一)雷克子波

在建立正演模型、合成地震道记录时,经常选用雷克子波(Ricker Wavelet)。在将合成记录与实际处理结果进行对比时,往往默认处理结果的子波是雷克子波。

雷克子波形状简单,只有一个正峰,两侧各有一个旁瓣,延续时间很短,收敛快,旁瓣幅度为主瓣的44.63%。雷克子波表达式为

$$R(t) = [1 - 2(\pi f_0 t)^2] \cdot \exp[-(\pi f_0 t)^2]$$

1940年 Norman Ricker 推导了一个脉冲波在非吸收介质中传输到无穷远处的地震波形。当初

Norman Ricker 所推导的子波的实际时间零位在负无穷大处,但是后来大家习惯上把它当作零位在中间的左右对称的零相位子波。图 23 为一雷克子波的时域波形及其振幅谱。雷克子波的振幅谱公式为

$$A(\xi) = \xi^2 \cdot \exp(-\xi^2)$$

式中 $\xi = f/f_0$。

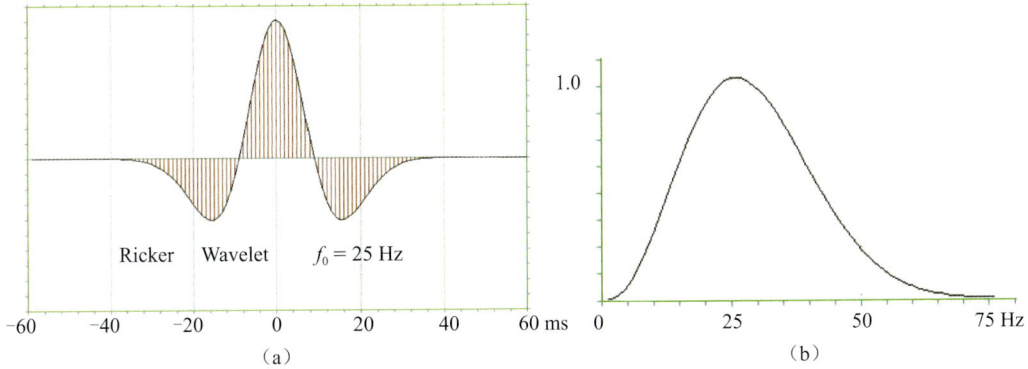

图 23　雷克子波(a)及其振幅谱(b)

(二) 带通子波及其保幅性

为了提高地震数据的信噪比,需要进行带通滤波,这实际上选用了带通子波(Band-Pass Wavelet)。带通子波有很多旁瓣,形状比较复杂,旁瓣中峰值既有正值,也有负值,延续时间也很长。带通子波表达式为

$$B(t) = \{\sin[\pi(f_3 + f_4) \cdot (t_0 - t)] - \sin[\pi(f_1 + f_2) \cdot (t_0 - t_1)]\} / [\pi(t_0 - t)]$$

式中 f_1 为低截频,f_2 为低通频,f_3 为高通频,f_4 为高截频。

带通子波在地震资料处理中有两种定义方式,方式 1 如图 24(b)所示 $BP(f_1, f_2, f_3, f_4)$,方式 2 为 $BP(f_2, slope_2, f_3, slope_3)$,也称为巴特沃斯(Butterworth)算子,其中 f_2 和 f_3 分别为 3 dB 低截频和高截频,$slope_2$、$slope_3$ 为陡度,单位为 dB / Oct。

图 24 为一带通子波的时域波形及其振幅谱。

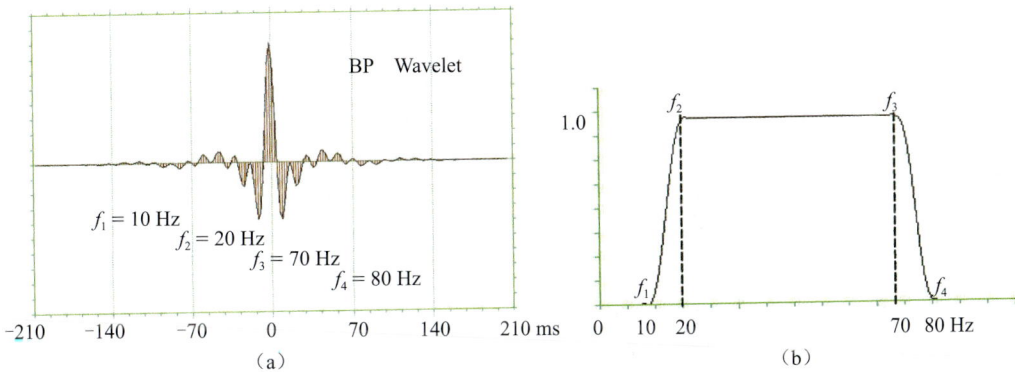

图 24　带通子波(a)及其振幅谱(b)

以下讨论带通子波的保幅性问题:

采用如图 25 所示的时域归一化的三个频带相互衔接的滤波算子对原始信号进行分解,然后相加,发现不可能恢复成原始信号。因此,**采用时域归一化的滤波算子不具有保幅性。**

频域归一化的低通、带通、高通三种滤波算子在时间域的最大值是不等幅的,如图 26 所示。如果将任意信号用图 27 所示的频域归一化滤波算子进行分解,然后相加,是可以恢复为原始信号的。图 27 所假设的三个频段分别为:低频段(0～15 Hz)、中频段(有效频段 15～120 Hz)和高频段(120 Hz～奈奎斯特频

率）。因此,**只有采用频率域归一化的滤波算子才具有保幅性。**

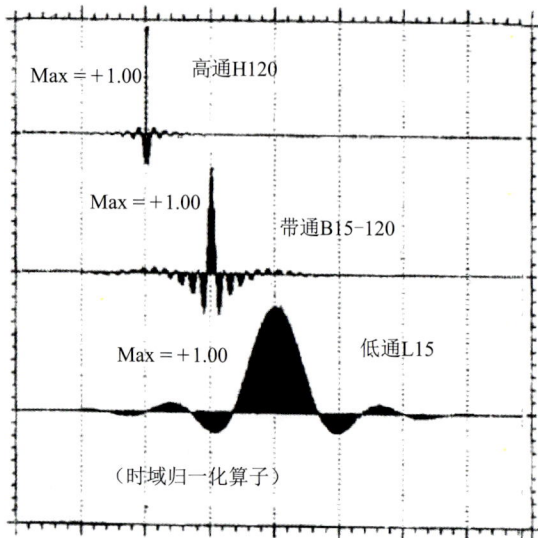

图 25　时域归一化滤波算子的脉冲响应

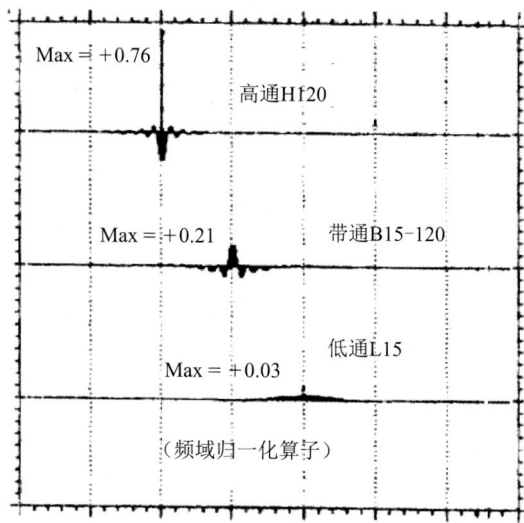

图 26　频域归一化滤波算子的脉冲响应

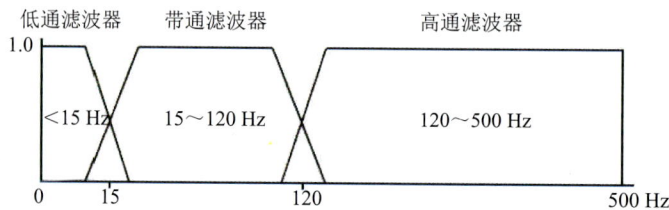

图 27　频域归一化的低通、带通、高通滤波算子

图 28 所示的实验验证了上述结论:将一条波阻抗曲线用频域归一化的滤波算子分为低、中、高频段三条曲线,然后相加,所得到的结果与原始波阻抗曲线是一致的。

法国 CGG 公司在利用带通子波公式获得频域滤波算子后,又进而在时间域内进行归一化,最终采用了如图 25 所示的时域归一化的滤波算子,这样不能够保证相加结果的正确性。

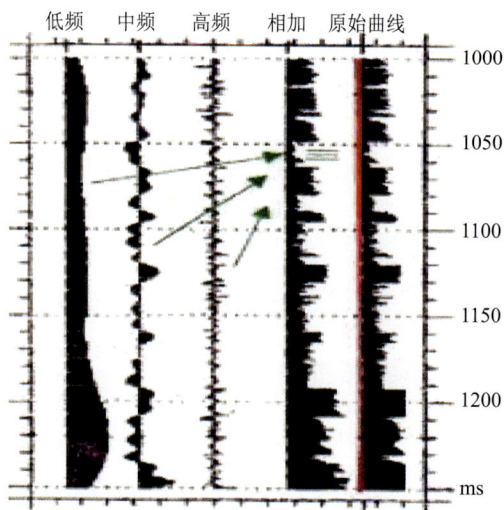

图 28　波阻抗曲线的分解与合成

（三）阻尼余弦子波

阻尼余弦子波(Damping Cosine Wavelet)为多相位的连续阻尼振动,可以用于模拟面波。其表达式为

$$F(t) = \cos(2\pi f_0 t) \cdot \exp[-B(f_0 t)^2]$$

式中, B 为给定的常数。

图 29 为一阻尼余弦子波的时域波形及其振幅谱。

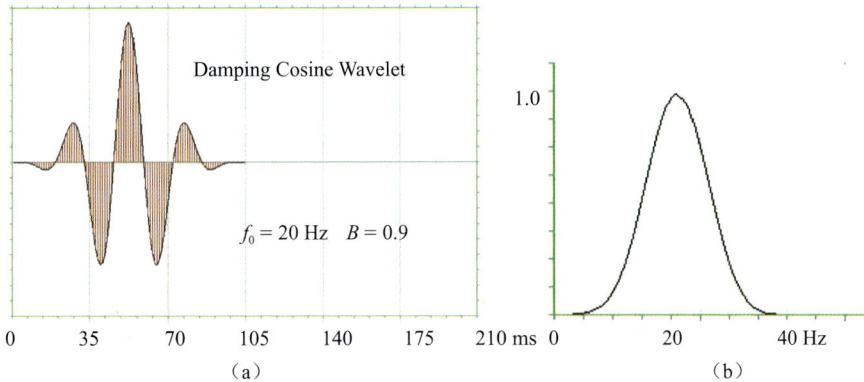

图 29　阻尼余弦子波(左)及其振幅谱(右)

(四)可控震源子波

可控震源子波用于描述震源的扫描信号的自相关波形,也称为 Klauder 子波。其表达式为

$$K(t) = \sin(\pi \cdot df \cdot t)/(\pi \cdot df \cdot t) \cdot \cos\left[2\pi t\left(f_0 + \frac{df \cdot t}{2TL}\right)\right]$$

式中, TL 为扫描长度, $f_0 = (f_1 + f_2)/2$, $df = |f_2 - f_1|$, f_1 和 f_2 分别为 3 dB 低截频和高截频,选择不同的 f_1 和 f_2 对应不同带宽的子波。

图 30 为一可控震源子波的时域波形及其振幅谱。由解析式求得的可控震源子波是零相位的,而由于大地滤波的作用,相关后的可控震源子波变成混合相位的。

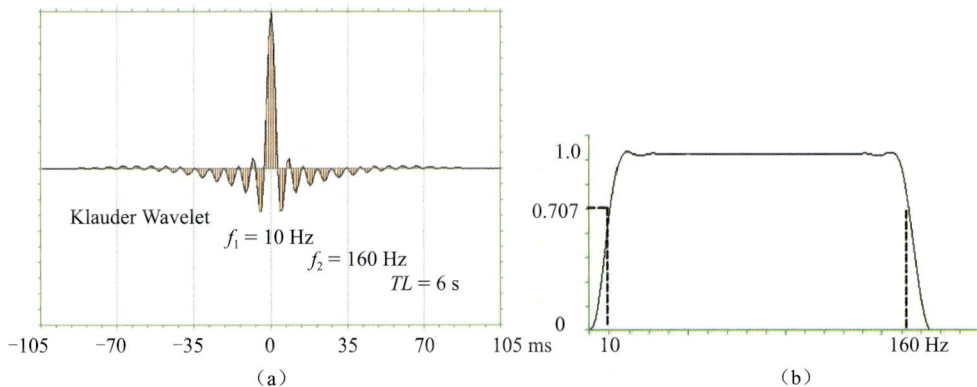

图 30　可控震源子波(左)及其振幅谱(右)

(五)宽带雷克子波

俞寿朋先生于 1995 年提出了一种新的子波,它由不同宽度的雷克子波合成,称为宽带雷克子波(Wide-band Ricker Wavelet),也称为俞氏子波[9],其形状像一颗倒放的图钉。其表达式为

$$Y(t) = \frac{1}{q-p}\int_p^q R(t)\,df_0$$

式中, q 和 p 是雷克子波 $R(t)$ 中参数 f_0 的积分上、下限,将 $R(t)$ 的表达式代入上式,可得

$$Y(t) = \frac{1}{q-p}\{q \cdot \exp[-(q \cdot \pi \cdot t)^2] - p \cdot \exp[-(p \cdot \pi \cdot t)^2]\}$$

高分辨率处理中常追求振幅谱平直,要求有较高的峰值频率和较宽的频带。宽带雷克子波的振幅谱既不平直,峰值频率也不高,可能会使人认为宽带雷克子波的分辨率不高。但应认识到,分辨率归根到底要体现在时域上,而不是在频域上,子波的分辨率主要表现在主瓣宽度和主瓣范围内的瞬时频率上。

宽带雷克子波是冲激函数的很好近似,它的主瓣比较窄、旁瓣幅度小、波形简单。图 31 中的宽带雷克子波,$p = 10 \, \text{Hz}$,$q = 80 \, \text{Hz}$,振幅谱峰值频率为 20.55 Hz,最高瞬时频率为 50.78 Hz。在子波旁瓣部位,瞬时频率很低,而在主瓣范围内瞬时频率迅速升高,在子波主峰处达到最高。

图 32 中的雷克子波与图 31 中的宽带雷克子波具有相同的主瓣宽度,即它们有相同的 Rayleigh 分辨率极限。图 32 中的雷克子波振幅谱峰值频率为 38.92 Hz,瞬时频率在子波主峰处最高为 43.92 Hz,向两侧逐渐降低,旁瓣瞬时频率低于主瓣,但没有明显的分界。

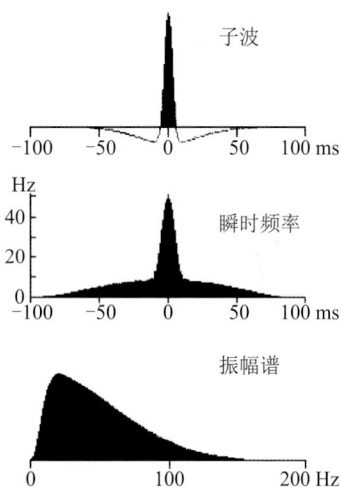

图 31　宽带雷克子波的瞬时频率和振幅谱　　　图 32　雷克子波的瞬时频率和振幅谱

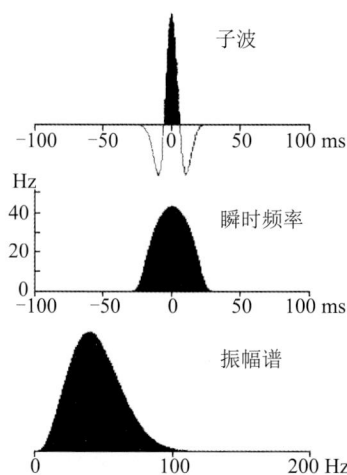

可以看出,在同样的主瓣等效频率情况下,宽带雷克子波的振幅谱峰值频率虽然比较低,但是最高瞬时频率明显高于雷克子波。这说明在相同主瓣宽度情况下,宽带雷克子波的实际分辨率更高,同时也说明峰值频率并不能反映分辨率。因此,宽带雷克子波可作为理想反褶积的期望输出。

(六)阻尼拉伸正弦子波

阻尼拉伸正弦子波(Stretched Damping Sine Wavelet)又称李子波,是李庆忠先生提出的一种解析子波,基本上符合爆炸脉冲经大地吸收滤波后的物理可实现过程。其特点是在时间 $t = 0$ 之前没有振动,符合物理可实现的条件,起跳后视周期逐渐增大,并且是最小相位的。因此,它最适合于表达实际地震子波,也适合于最小相位假设的各种运算,如反褶积处理。

反褶积是地震资料处理的重要环节,由于实际子波往往是不知道的,只能采用统计性反褶积。统计性脉冲反褶积的应用前提是子波为最小相位的,并且反射系数是白噪。然而我们常用的雷克子波是零相位的,并不符合应用的条件。目前文献中还没有一种能够使用解析式表达的最小相位地震子波。

1. 李子波主要采用的解析表达式如下式,此公式的子波波形与采样率无关

$$L(t) = \{t^a \cdot \exp(-b \cdot t^c) \cdot \sin[2\pi \cdot t / (1 + R \cdot t)]\} / A_{\max} \qquad t \geq 0$$

式中,

$$t = n \cdot \mathrm{d}t \cdot F_0 \qquad n = 1, 2, 3, \cdots$$

公式的前半段 $t^a \cdot \exp(-b \cdot t^c)$ 为振幅阻尼包络,后半段 $\sin[2\pi \cdot t / (1 + R \cdot t)]$ 为拉伸正弦函数,$A_{\max}$ 为该阻尼包络线的极大值。式中 a, b, c 为定义振幅包络形态而给定的常数,R 为阻尼正弦波的拉伸系数,$\mathrm{d}t$ 是采样间隔,F_0 是拉伸的起始频率。

由于计算数值常常差别很大,因此我们用 A_{max} 加以归一化。A_{max} 是李子波外包络线的极大值,对应的横坐标位置为 T_{max}(单位为时间秒),可分别由下列公式求出:

$$A_{max} = [a/(b \cdot c)]^{a/c} \cdot \exp(-a/c)$$

$$T_{max} = [a/(b \cdot c)]^{1/c}/F_0$$

改变常数 a, b, c, R 的值,就可以得到不同形态的李子波。设计李子波时,首先应估算外包络线的形状,因此求取 T_{max} 的值是很重要的。

按上述公式计算的子波一般只是近似为最小相位的,常数 a 为 $0 \sim 0.2$ 时,起跳尖锐,比较容易满足最小相位的假设。我们通过运算选择,精心挑选了 6 个典型的李子波供大家参考使用。如图 33 所示,子波 LW1~LW6 为 6 个不同形态的李子波,它们都是严格最小相位的,反褶积的效果也较好。对于所选择的 6 个李子波,起始频率 $F_0 = 50$ Hz,采样周期 d$t = 1$ ms,所采用的 a, b, c, R 参数值以及子波长度 L 分别在图中作了说明。

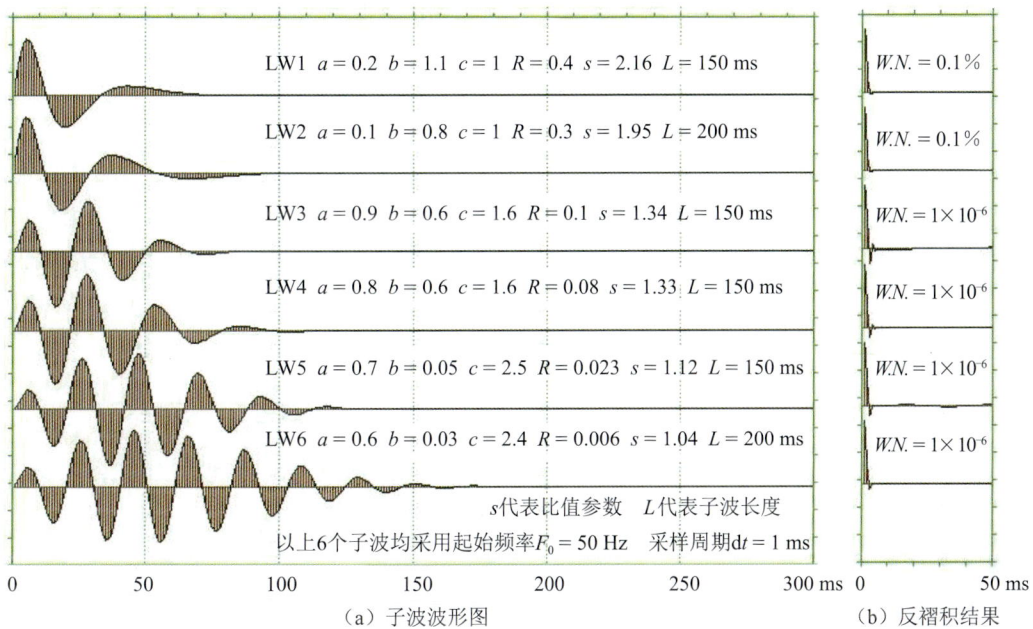

图 33　典型的李子波波形及其反褶积结果

其中,子波 LW1、LW2 为极大值近似在 0 ms 处的李子波,子波 LW3、LW4 为极大值近似为 20 ms 的李子波,子波 LW5、LW6 为极大值近似为 50 ms 的李子波。子波 LW1、LW2 直流分量 Sum 较大,子波 LW3~LW6 的直流分量很小。

如果陆上采用速度型检波器,其响应子波的直流分量应该接近为零。此时可先用 a、b、c 选定包络的形态及其收敛长度,然后再选择拉伸系数 R,调整 R 到所需的相位数,并尽量使波形的正、负面积相等,使其直流分量 Sum 小于 1。

子波波形的小相位特性本来是与频率无关的。但由于该李子波公式输入的是 F_0 起始频率,很难控制计算出来的子波主频 F_d 值,因此需要求取从起始频率 F_0 转换到主频 F_d 的比值参数 s($s = F_0/F_d$)。本文对所设计的 6 个李子波 LW1~LW6,分别进行了频谱分析,其中振幅谱见图 34。根据获得的子波主频 F_d 值,进一步求取了相应的比值参数 s。今后就可以利用参数 s,设计与典型李子波 LW1~LW6 形态相同,但主频不同的最小相位李子波。

读者在使用李子波作计算时,可以先在这 6 个子波中选择你所想要的波形,找到它相应的 s 值。根据想要的主频 F_d 值,计算出相应的起始频率 F_0,再选定采样周期 dt,然后利用解析公式就可以计算出子波的

121

形态,其他参数 a,b,c,R 保持不变。例如,最小相位李子波 LW1 的主频为 23.17 Hz,参数 $s = 2.16$,如果要设计与 LW1 波形相同,但是主频为 10 Hz 的李子波,可以在利用公式计算子波时,采用起始频率 $F_0 = 10 \times s = 21.6$ Hz,a,b,c,R 与李子波 LW1 的参数值保持相同,这样波形就不会改变,从而子波的最小相位特性也不会改变。

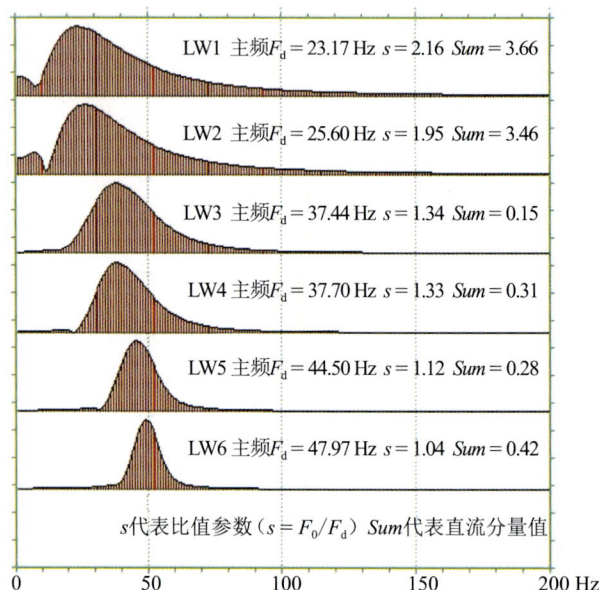

图 34   李子波 LW1～LW6 相应的振幅谱

可以采用抽稀法,即用 Sparse 程序进一步获得二倍主频的李子波。例如,对于主频 $F_d = 30$ Hz 的子波,将子波采样数据取其双数序列,并保持采样周期不变,即可得到主频 60 Hz 的子波波形。

最小相位子波的能量集中在前部。一般来说,最小相位子波波形的第一相位振幅最大,但是要注意的是:单纯从波形上判断是不严格的。例如,图 33 所示的李子波 LW3～LW6,虽然它们的第一个波峰幅值小于第二个波峰幅值(绝对值),却是严格的最小相位子波。

一种判断最小相位子波的方法是进行子波反褶积处理,看是否可以压缩为一尖脉冲。所设计的 6 个李子波 LW1～LW6 属于最小相位子波,它们相应的反褶积结果均近似为尖脉冲,如图 33(b)所示。

另外,子波的相位类型可以在 z 变换的域中,用根的位置进行严格判断。如果根全部在单位圆外,就是最小相位子波。对于所选择的 6 个李子波 LW1～LW6,它们分别对应的 z 变换多项式的根全部在单位圆外,因此是严格最小相位的。以下任选李子波 LW2 与 LW3 进行分析。

图 35(b)与图 36(b)所示的是李子波 LW2 与 LW3 的零点分布图,所求的 z 变换多项式的根全部位于单位圆外,是严格最小相位子波。进一步对李子波 LW2 与 LW3 进行了频谱分析。李子波 LW2 的振幅谱和相位谱分别如图 35(c)、(d)所示,对应的主频 $F_d = 25.60$ Hz。李子波 LW3 的振幅谱和相位谱分别如图 3-36(c)、(d)所示,主频 $F_d = 37.44$ Hz。可以看出,最小相位子波的相位谱变化是比较平缓的。

图 37 所示,是精心挑选的极大值在 0 ms 处的 6 个李子波 LW-A 至 LW-F,它们起跳尖锐,都是严格最小相位的,但形态各不相同。对于所选择的 6 个李子波,起始频率 $F_0 = 50$ Hz,采样周期 $dt = 1$ ms,所采用的 a,b,c,R 参数值以及子波长度 L 分别在图中作了说明。图 38 是李子波 LW-A 至 LW-F 的振幅谱,本文根据获得的子波主频 F_d 值,求取了相应的比值参数 $s(s = F_0/F_d)$。今后可以利用参数 s,设计与李子波 LW-A 至 LW-F 形态相同,但主频 F_d 值不同的最小相位子波。

LW2　$a = 0.1$　$b = 0.8$　$c = 1$　$R = 0.3$　$s = 1.95$
起始频率 $F_0 = 50\ Hz$　采样周期 $dt = 1\ ms$

（a）李子波LW2波形图

（b）李子波LW2的零点分布图

1

（c）李子波LW2的振幅谱

180°

0

−180°

（d）李子波LW2的相位谱

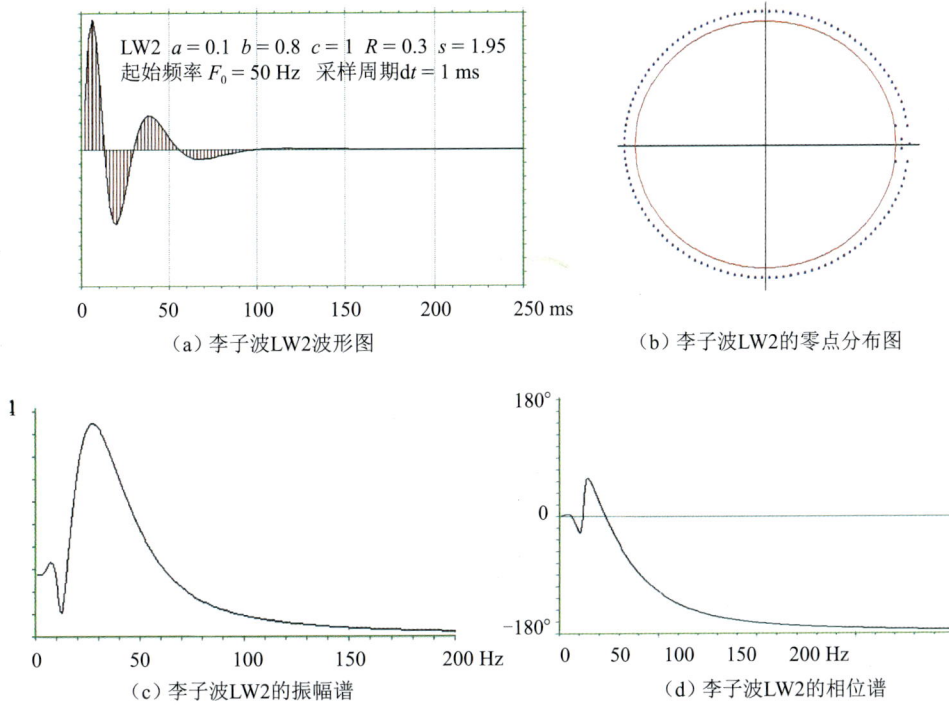

图 35　李子波 LW2 的分析

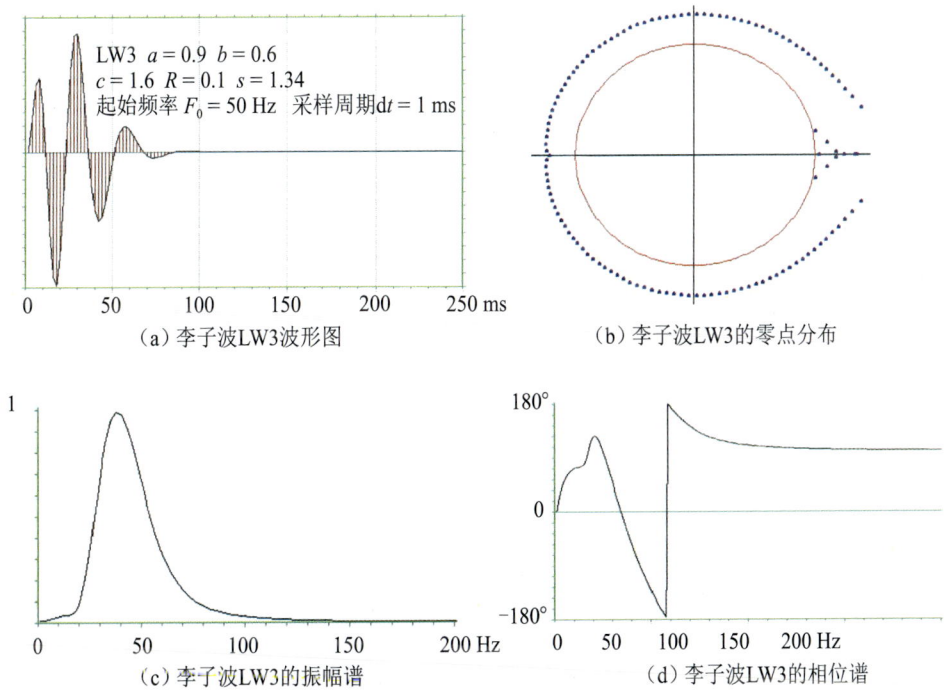

LW3　$a = 0.9$　$b = 0.6$
$c = 1.6$　$R = 0.1$　$s = 1.34$
起始频率 $F_0 = 50\ Hz$　采样周期 $dt = 1\ ms$

（a）李子波LW3波形图

（b）李子波LW3的零点分布

1

（c）李子波LW3的振幅谱

180°

0

−180°

（d）李子波LW3的相位谱

图 36　李子波 LW3 的分析

123

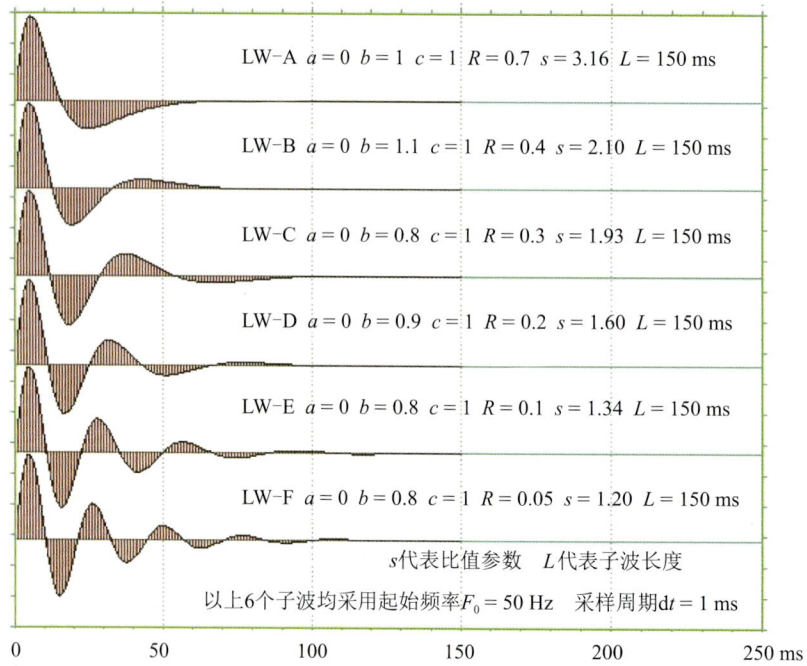

图 37　极大值在 0 ms 处的典型李子波波形

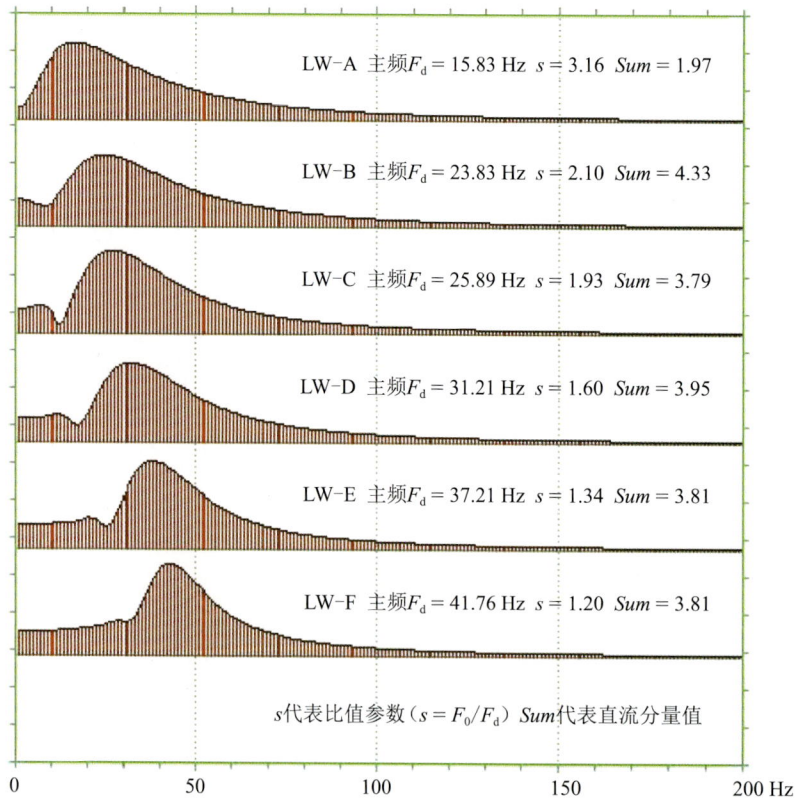

图 38　李子波 LW-A～LW-F 相应的振幅谱

2. 李子波的另一种解析表达式如下,利用该公式产生的子波波形与采样周期 dt 有关 [10]

$$L(t) = \{t^a \cdot \exp(-b \cdot t^c) \cdot \sin[2\pi f_0 t / (1 + R \cdot t)]\} / A_{\max} \qquad t \geqslant 0$$

式中,

$$t = n \cdot dt \qquad n = 1, 2, 3, \cdots$$

式中,a, b, c, R 为给定的常数,$\sin[2\pi f_0 t / (1 + R \cdot t)]$ 为拉伸正弦函数,$t^a \cdot \exp(-b \cdot t^c)$ 为阻尼包络,$A_{\max}$ 为该

阻尼包络线的极大值,使用 $A_{\max}$ 加以归一化。假设极大值 $A_{\max}$ 对应的横坐标位置为 $T_{\max}$,可以由下式求出:

$$A_{\max} = [a/(b \cdot c)]^{a/c} \cdot \exp(-a/c)$$
$$T_{\max} = [a/(b \cdot c)]^{1/c}$$

选择不同的 a, b, c, R 参数的值,对应不同形态的李子波。设计时可先求取 $T_{\max}$ 的值,估算外包络线的形状。常数 a 最好选择在 $0.5 \sim 2.0$ 之间,b 在 $10 \sim 20$ 之间,c 在 $0.5 \sim 4$ 之间,R 在 $1 \sim 3$ 之间。计算的子波一般是近似最小相位的。

图 39 所示为根据上述公式求得的 3 个不同形态的严格最小相位李子波(采样周期 $\mathrm{d}t = 1$ ms)。

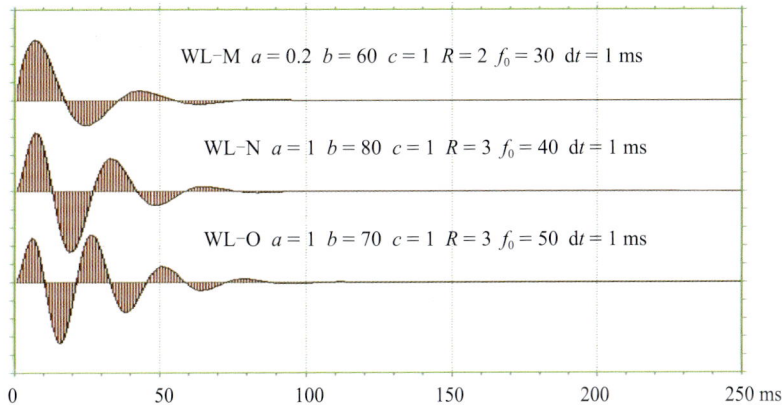

图 39　几种形态不同的李子波

为了便于使用者根据地震数据处理及解释的不同要求,对子波进行合理的选择,特别将上述几种解析子波的数学表达式、主要特点和适用范围进行了归纳总结,列于表 1 供大家参考。

表 1　几种常用的解析子波

子波名称	解析表达式	特点	适用范围
雷克子波	$R(t) = [1 - 2(\pi f_0 t)^2] \cdot \exp[-(\pi f_0 t)^2]$	① 零相位 ② 只有一个正峰 ③ 两侧旁瓣延续时间很短,收敛快	适合于作合成地震道及各种正演模型
带通子波	$B(t) = \{\sin[\pi(f_3 + f_4) \cdot (t_0 - t)] - \sin[\pi(f_1 + f_2) \cdot (t_0 - t_1)]\} / [\pi(t_0 - t)]$ 式中 f_1 为低截频,f_2 为低通频,f_3 为高通频,f_4 为高截频	① 零相位的 ② 频率域中截频陡度太大时,会产生吉布斯震荡现象	可用于带通滤波
阻尼余弦子波	$F(t) = \cos(2\pi f_0 t) \cdot \exp[-B(f_0 t)^2]$	多相位连续阻尼振动	可以模拟面波
可控震源子波	$K(t) = \sin(\pi \cdot \mathrm{d}f \cdot t)/(\pi \cdot \mathrm{d}f \cdot t) \cdot \cos\left[2\pi t\left(f_0 + \dfrac{\mathrm{d}f \cdot t}{2TL}\right)\right]$ 式中 $f_0 = (f_1 + f_2)/2$,$\mathrm{d}f = |f_2 - f_1|$ f_1 和 f_2 分别为 3 dB 低截频和高截频	解析式求得的子波是零相位的,由于大地滤波作用,相关后的子波是混合相位的	用来描述相关后的可控震源子波,也可用作带通子波
宽带雷克子波 (俞氏子波)	$Y(t) = \dfrac{1}{q - p}\{q \cdot \exp[-(q \cdot \pi \cdot t)^2] - p \cdot \exp[-(p \cdot \pi \cdot t)^2]\}$ 式中 q 和 p 是雷克子波 $R(t)$ 中参数 f_0 的积分上、下限	① 零相位 ② 时域分辨率高	理想的反褶积期望输出
阻尼拉伸正弦子波 (李子波)	$L(t) = \{t^a \cdot \exp(-b \cdot t^c) \cdot \sin[2\pi \cdot t/(1 + R \cdot t)]\}/A_{\max}$　　$t \geqslant 0$ $t = n \cdot \mathrm{d}t \cdot F$,$n = 1, 2, 3, \cdots$ 式中 a、b、c、R 是常数,F_0 是起始频率	① 最适于表达实际的物理可实现的爆炸子波 ② 基本上是最小相位	适合于最小相位假设的各种运算,如反褶积处理
爆炸地震子波	$x(t) = A_0 \cdot \mathrm{e}^{-B} \cdot [(z - r/2) \cdot \sqrt{2} \cdot \sin c - r \cdot \cos c]$ 式中 r 为爆破半径,z、t 分别为传播距离与时间, $B = 2 \cdot V_p \cdot t/(3r)$,$c = \sqrt{2} \cdot B$	近似为尖脉冲	模拟炸药震源产生的地震子波

子波名称	解析表达式	特点	适用范围
大地吸收因子及时变地震子波	由 Futterman 公式计算大地的吸收作用，振幅衰减的表达式：$$A(f,t)=\exp(-\pi\cdot f\cdot t/Q)$$ 式中 Q 是地层品质因子，t 是单程旅行时间 相频特性公式：$$\phi(f)=f\cdot t\cdot\left[1-\frac{1}{1+\ln(f/f_c)/(\pi\cdot Q)}\right]$$ 式中 f_c 是临界频率或参考频率。先计算振幅谱及相位谱，再作傅氏反变换，获得时域大地吸收因子 $E(t)$ 时变地震子波 $W(t)$ 计算公式为 $$W(t)=x(t)*E(t)$$ 式中 $x(t)$ 为爆炸地震子波	① 大地吸收因子经时移后是最小相位的。② 时变地震子波随着传播时间的增加，其振动强度逐渐减弱，高频成分渐少，延续度加长，起跳时间的延迟量增大	在已知品质因子 Q 的情况下，模拟大地吸收的影响，进一步研究时变地震子波对资料处理及解释的影响

四、子波提取方法

（一）气枪的远场震源信号法

其原理是在较深的海域内，用特定的方法在一定的距离处记下震源波形，然后再模拟各个环节对波形的改造作用，求得所需的子波。

远场震源信号不一定要在工区求取。图40是地震船记录远场震源信号的现场布置图。图41是该船求得的远场信号。

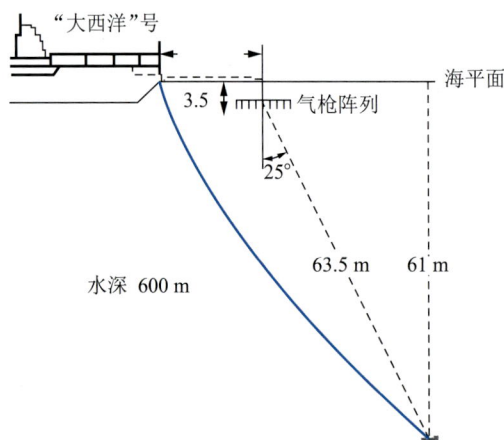

（a）加上震源及检波点虚反射后的子波波形

（b）"大西洋"号远场震源信号

（c）消除震源虚反射波后的子波波形

图41　子波波形

图40　记录远场震源信号的现场布置图

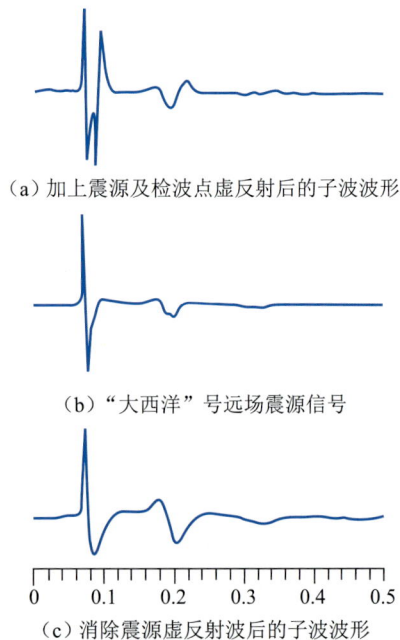

对地震船在深水地区实测的震源远场信号，进行一系列的模拟加工（模拟在野外记录及资料处理过程中，对震源子波形的一系列改造作用），如经过一系列模仿野外远、近排列的接收，虚反射波的叠合，接收仪器的固有滤波因子及处理过程中的反褶积、时变滤波和水平叠加等对此震源波形的改造，逐步推算求得在野外记录上或者叠加剖面上的子波波形。

（二）从已知钻孔测井数据出发提取子波

这是比较可靠的方法。由测井所得的声波速度及密度资料相乘,得到声阻抗曲线。当没有密度测井曲线时,可用速度与密度的经验函数关系公式,一般用 Gardner 公式。经过一次深度—时间转换,把深度坐标转化为时间坐标,可以得到反射系数的时间序列。将它作为输入,以井旁记录曲线作为期望输出,用最小二乘法即可求得子波波形。

这里不需要采用子波最小相位和反射系数序列白色的假设。但目前还存在以下问题:所谓井旁地震记录往往距离井位有一定距离,并且井旁地震记录大多是由水平叠加形成。由于 AVO 效应,这样的地震道并不相当于自激自收纵波波形。井旁地震记录还包含多次反射波及噪声干扰。由于所加时窗的限制,截断效应的影响也无法避免。另外,求得的子波在离开钻孔较远的地方波形会有变化。

当反射系数为随机序列时,用反射系数与地震记录互相关也可以得到子波波形。此方法同样存在上述问题,并且由于反射系数序列是非严格白噪的,不满足该方法所要求的白色假设的前提条件。该方法求得的子波往往是一串很长的波形,必须设法截取其中一段,而这种时窗截断必然带来高频信息的畸变或破坏。尤其是子波的高频信息往往集中表现在起跳位置上起跳的尖锐程度,在子波的头部作截断就严重地改变了其高频信息。

（三）从垂直地震剖面（VSP）数据求子波

垂直地震剖面(VSP)是在地表设置震源激发地震波,在井中设置检波器进行接收,即在垂直方向观测的人工波场。在 VSP 资料中,主要利用上行波。为了增强上行波,并为了 VSP 资料更好地与井旁地震剖面对比,常进行垂直求和处理:先排齐上行波,再将所有道的数据按等时间线相加在一起,得到一个输出道。为使垂直求和的 VSP 资料只含有上行一次波,把含有大量上行多次波的区域进行切除,剩余的区域形状很像一个走廊,这种垂直求和又形象地称为走廊叠加[12]。将求和输出的单道资料作为井旁地震道,采取与方法 4.2 中同样的处理流程,求取地震子波。

也可以利用下行初至波提取地震子波,但震源子波一般延续较长,并且波形又逐道变化,因此必须对引起这些变化的各种原因进行补偿。

（四）同态反褶积方法求子波

子波估算的另一种方法是由 Oppenhem(1965)提出的同态反褶积方法[13,14]。它是从复赛谱域中分离子波,对地震子波不作最小相位假设。前提是认为子波比较光滑(以低频为主),而反射系数则很不光滑(以高频为主),从而在复赛谱上能够将两者分开。在复赛谱中,子波的信息集中在低频域中,而反射系数的信息集中在高频域中。因此,通过低通滤波可以分离出子波信息,通过高通滤波可以分离出反射系数信息。实质上两者是部分重合的,为此国内外许多学者利用多时窗随机叠加的方法来提高估算精度。

已知褶积模型

$$x_i(t) = b_i(t) * r_i(t) \qquad (i = 1, 2, \cdots, N)$$

经过傅氏变换为

$$X_i(\omega) = B_i(\omega) \cdot R_i(\omega) \qquad (i = 1, 2, \cdots, N)$$

取对数有

$$\ln X_i(\omega) = \ln B_i(\omega) + \ln R_i(\omega)$$

将上述对数谱傅氏反变换到时间域,得到复赛谱,

$$x_t = b_t + r_t$$

褶积模型中两个信号褶积形式变成相加形式,这样就可将两部分信号分离开。

对数谱作多道平均,即为

$$\frac{1}{N}\sum_{I=1}^{N}\ln X_i(\omega) = \frac{1}{N}\sum_{I=1}^{N}\ln B_i(\omega) + \frac{1}{N}\sum_{I=1}^{N}\ln R_i(\omega)$$

由于子波 $b(t)$ 相对稳定,故可认为 $\ln B(\omega)$ 也近似不变。由于截取时窗位置的随机性,则反射系数 $r(t)$ 的随机性增强,所以 $\ln R_i(\omega)$ 也是随机的。当 N 足够大时,有

$$\frac{1}{N}\sum_{I=1}^{N}\ln X_i(\omega) \approx \frac{1}{N}\sum_{I=1}^{N}\ln B_i(\omega) = \ln B(\omega)$$

因此,对数谱作多道平均后进行指数变换和傅氏反变换,就可以估计出所期望的地震子波 $b(t)$。

有目的地在地震剖面上选取信噪比较高、地震子波稳定、连续性较好的目的层段,然后将时窗强行随机化,以增强反射系数的随机性,这样取多道叠加平均后就把反射系数序列的对数谱(时间域为复赛谱)能量极大地减弱,剩下来的近似为地震子波的对数谱。但是,实际子波与反射系数在复赛谱中是否分离得足够好,这个"分离假设"往往是存在一定问题的。

五、已知子波的子波反褶积方法

反褶积是通过压缩基本地震子波以提高地震资料的时间分辨率的过程。将地震记录看成是反射系数序列与地震子波的褶积,反褶积就是要消除这种褶积过程,从地震记录上消除子波的影响,得到反射系数序列,这是反褶积的主要目的。

由已知子波计算反褶积算子的情况称为子波反褶积,它属于确定性反褶积。当子波波形为未知的情况,计算反褶积算子只能依靠地震道的统计特性,即假定反射系数为白噪的情况来求解 Toeplitz 矩阵,此时属于统计性反褶积的范畴。

(一)脉冲反褶积

在已知子波的情况下,通常用最小二乘法推导反褶积算子,期望输出是子波起跳点处的尖脉冲。一般情况下可取双边反褶积算子。双边反褶积对子波的相位没有假定,当子波是混合相位时,它的反子波是双边的。最小平方反褶积的基本公式是

$$\sum_i a_i R_{bb}(i-j) = R_{db}(j) \qquad i,j = -N, \cdots, 0, \cdots, N$$

其中 b 是子波;a 是反褶积算子;d 是期望输出;R_{bb} 是子波的自相关函数;R_{db} 是期望输出和子波的互相关函数。

当期望输出是单位脉冲函数时,

$$R_{db}(j) = \sum_t d_t b_{t-j} = \sum_t \delta_t b_{t-j} = b_{-j}$$

求解反褶积算子的双边反褶积的矩阵方程是

$$\begin{bmatrix} r_{bb}(0) & r_{bb}(1) & \cdots & r_{bb}(2N) \\ r_{bb}(1) & r_{bb}(0) & \cdots & r_{bb}(2N-1) \\ \vdots & \vdots & & \vdots \\ r_{bb}(2N) & r_{bb}(2N-1) & \cdots & r_{bb}(0) \end{bmatrix} \begin{bmatrix} a_{-N} \\ a_{-N+1} \\ \vdots \\ a_0 \\ a_1 \\ \vdots \\ a_N \end{bmatrix} = \begin{bmatrix} b_N \\ b_{N-1} \\ \vdots \\ b_0 \\ 0 \\ \vdots \\ 0 \end{bmatrix}$$

假定子波是最小相位的,子波和反子波都是正单边的,就变成常规的脉冲反褶积的公式。

为了保证在解 Toeplitz 矩阵时避免出现数值的不稳定性,在反褶积以前引入一个人为的白噪水平,称作预白。预白可以通过对自相关函数的零延迟加一个常数来引入,这与对振幅谱加白噪是一样的。如果预白的百分比用一个数 $0 \le \varepsilon < 1$ 来给定,则必须求解下面的正则方程:

$$
\begin{bmatrix}
(1+\varepsilon)r_{bb}(0) & r_{bb}(1) & \cdots & r_{bb}(N) \\
r_{bb}(1) & (1+\varepsilon)r_{bb}(0) & \cdots & r_{bb}(N-1) \\
\vdots & \vdots & & \vdots \\
r_{bb}(N) & r_{bb}(N-1) & \cdots & (1+\varepsilon)r_{bb}(0)
\end{bmatrix}
\begin{bmatrix}
a_0 \\ a_1 \\ \vdots \\ a_N
\end{bmatrix}
=
\begin{bmatrix}
b_0 \\ 0 \\ \vdots \\ 0
\end{bmatrix}
$$

预白的白噪系数一般采用千分之一到千分之五。

（二）脉冲延迟反褶积

如果子波是混合相位的(但波形已知)，双边反褶积不能得到最佳的子波反褶积算子，因为反褶积公式中应包含两个重要参数，一个是算子的长度，一个是算子在时间轴上的位置，而求算子的公式中没有算子位置这一参数。

图 42（a）表示一个混合相位的子波和它的反子波相褶积，其输出是一个单位脉冲函数 δ_t。如果把图（a）的反子波的起点沿时间轴右移，即延迟一个时间 l，则输出的单位脉冲也将延迟一个时间 l，变为 δ_{t-l}，这样就得到一个单边的脉冲延迟反褶积，相应的反褶积公式是

$$
\sum_i a_i r_{bb}(i-j) = \sum \delta_{t-l} b_{t-j} = b_{l-j} \qquad i,j = -N, \cdots, 0, \cdots, N
$$

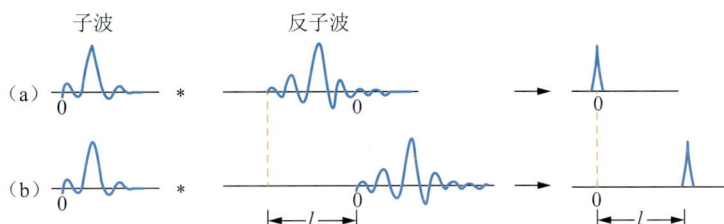

图 42　脉冲延迟反褶积示意图

如果求出最佳的脉冲延迟时间 l_0，相应的反褶积算子就是最佳的反褶积算子。为了求取最佳算子，可以比较不同延迟时间的反褶积结果，找出误差能量最小的一个。若 E 代表最小平方的误差能量，则定义一个反褶积的特性系数 $P = 1 - E$。

脉冲延迟反褶积的计算步骤如下：

（1）从零开始，改变脉冲延迟时间 l，每改变一次，求出一个反褶积算子，并计算出相应的误差能量 E 和反褶积特性系数 P。

（2）作反褶积特性系数 P 和延迟时间 l 的关系曲线。曲线上反褶积特性系数最大值所对应的延迟时间，就是最佳脉冲延迟时间 l_0，相应的反褶积算子就是最佳反褶积算子。

（3）用最佳反褶积算子对地震道进行褶积，反褶积的结果应校正（移前）时间 l_0。

（三）子波最小相位化反褶积

在波形已知的情况下，非最小相位的子波也可以作好反褶积。

首先对已知的混合相位子波，求取与其振幅谱相同的严格最小相位的子波。

将子波写成多项式

$$
P(z) = a_0 + a_1 z + a_2 z^2 + \cdots + a_n z^n
$$

式中，$a_0, a_1, a_2, \cdots, a_n$ 为子波的各个样点值。假设 z_k 是多项式 $P(z)$ 任意的一个根，因此也可表达为

$$
P(z) = \prod_{k=1}^{n} (z - z_k)
$$

混合相位子波的多项式 $P(z)$ 的根大多数在单位圆外，少数在单位圆内。设圆内的一个根

$$
z_k = r_k e^{j\varphi_k}
$$

129

由于复数根成对出现,则其共轭点

$$z_k^* = r_k e^{-j\varphi_k}$$

也是多项式的根。将这对复数根移至圆外,获得以单位圆为镜像对称的点

$$z_k^{-1} = \frac{1}{r_k} e^{-j\varphi_k} \text{ 和 } (z_k^*)^{-1} = \frac{1}{r_k} e^{j\varphi_k}$$

如果将混合相位子波圆内的根全部按照此规则移至圆外,可构成新的多项式

$$Q(z) = b_0 + b_1 z + b_2 z^2 + \cdots + b_n z^n$$

式中,$b_0, b_1, b_2, \cdots, b_n$ 为求取的最小相位子波的各个样点值。

可以证明用此方法获得的最小相位子波($b_0, b_1, b_2, \cdots, b_n$)与混合相位子波($a_0, a_1, a_2, \cdots, a_n$)的振幅谱是相同的。

实验选取有较宽频带 10～160 Hz 的 4 倍频带通子波,采样周期为 1 ms。从其多项式根的分布可知是混合相位子波,使用上述方法求得相应的最小相位子波。对两个子波分别作脉冲反褶积,如图 43 所示(以下各实验中白噪系数均使用生产上常用的 0.1%)。最小相位子波的反褶积结果 Decon2 比混合相位子波的反褶积结果 Decon1 要好,更接近单脉冲,后续的振荡幅度也较小。

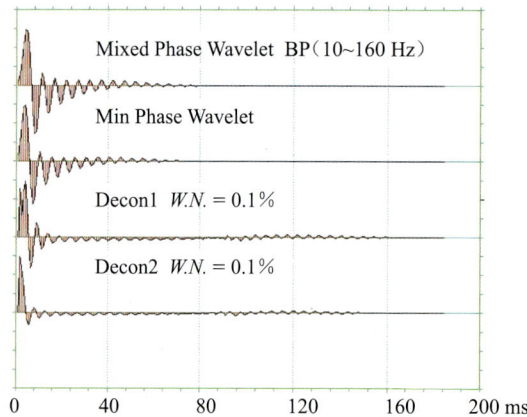

图 43 最小相位、混合相位子波的反褶积结果比较

(四)仪器反褶积

野外记录过程对震源子波有一定的改造作用。由于检波器、地震仪等仪器的脉冲响应是已知的,因此可以通过确定性反褶积方法,消除接收仪器的固有滤波因子对地震记录的影响,称为"仪器反褶积",它可以纠正接收仪器振幅谱和相位谱的差异。**通过实验证明,经过仪器反褶积处理,不同记录仪器接收的效果基本一样。**

由于仪器的固有过程是已知的,可求出仪器脉冲响应的自相关。采取已知子波的确定性反褶积方法,联立方程组求解反褶积算子。因为反褶积算子只要求单边,期望输出与固有过程的互相关只需要一个点,实际应用中用 1 代替。因此有

$$\sum_{i=0}^{N} a_i R_{xx}(i-j) = \delta(j) \qquad j = 0, \cdots, N$$

式中,$R_{xx}(i-j)$ 为仪器脉冲响应的自相关,由联立方程组可方便地解出反褶积算子 a。

反褶积实验采用自振频率为 10 Hz、40 Hz 的两个性能不同的检波器,脉冲响应如图 44 所示,经过反褶积后,输出均为尖锐的单脉冲。

西西伯利亚物探公司使用普通 20-DX 检波器(主频为 10 Hz)和 Span 压电型水听器,接收到 S-97-566 测线的不同水平叠加剖面。但是,分别经过仪器反褶积后,得到两个完全一致的剖面,如图 45 所示。

主频为10Hz检波器　　　　　水听器

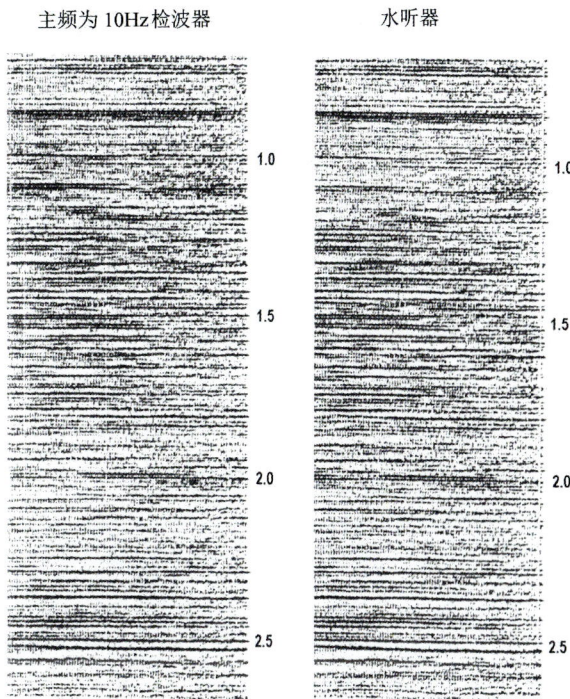

图45　两种完全不同的检波器接收，
经过仪器反褶积后得到完全一致的剖面

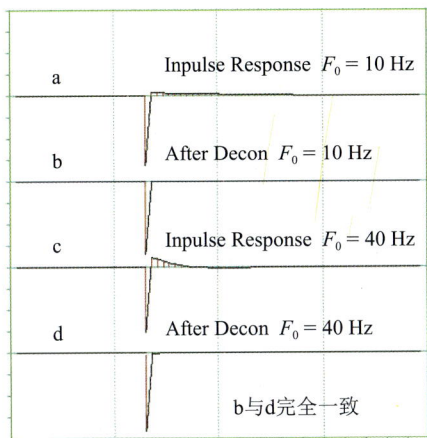

图44　反褶积前后检波器的脉冲响应

（五）海水鸣震干扰的消除

海水鸣震干扰的消除也是一种确定性的反褶积。海水鸣震又称交混回响，是海面和海底之间产生的多次反射干扰波。对于海上地震勘探，震源激发和电缆检波器接收均在海面以下（设海面下 O 点激发，S 点接收）。因海面是一个强反射界面，海底也是个强反射界面。当地震波进入海水层内时，在这个海水层的两个强反射界面之间来回多次反射，因而就产生海水鸣震干扰。这种海水鸣震干扰产生的物理过程可用图46表示。

设海面和海底之间海水层的厚度为 H，地震波在海水层中的传播速度为 V。海面反射系数近似为 -1，设海底的反射系数为 K，地下的反射界面为 R_c。若海水层内没有多次反射，则接收到的信号就是 $f(t)$，见图46（a）。

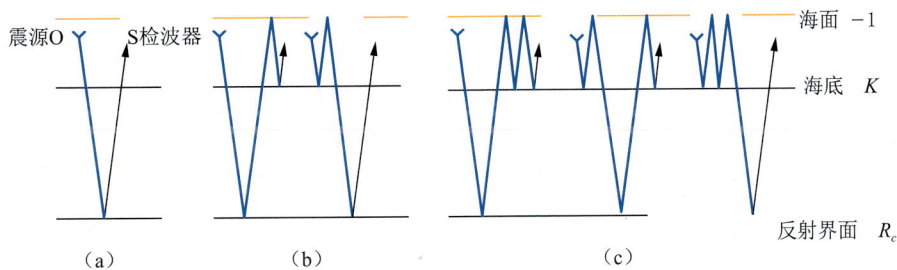

图46　海水鸣震干扰产生的物理过程

图46（b）表示地震波在海水层内的一次反射，所用的双程旅行时间为 $\tau = 2H/V$，而且有两种可能性，所接收到的信号为 $-2kf(t-\tau)$。图46（c）表示地震波在海水层中二次反射，所用的时间为 2τ，有三种可能性，所接收到的信号为 $3(-k)^2 f(t-2\tau)$。依此类推，地震波在海水层中 n 次反射所用的时间为 $n\tau$，且有 $n+1$ 种可能性，则所接收到的信号为 $(n+1)(-k)^n f(t-n\tau)$。因此，当存在海水鸣震多次干扰波时，在一个接收点所接收到的总振动 $F(t)$，应是有效反射波 $f(t)$ 和上述各种海水鸣震多次干扰波的总和。

131

$$F(t) = f(t) - 2kf(t - \tau) + 3(-k)^2 f(t - 2\tau) + 4(-k)^3 f(t - 3\tau) + \cdots$$

整理得

$$F(t) = \sum_{n=0}^{\infty} (n + 1)(-k)^n f(t - n\tau)$$

进行傅氏变换为

$$F(\omega) = \sum_{n=0}^{\infty} (n + 1)(-k)^n e^{-in\omega\tau} f(\omega)$$

令

$$N(\omega) = \sum_{n=0}^{\infty} (n + 1)(-k)^n e^{2in\omega\tau} = (1 + Ke^{-i\omega\tau})^{-2}$$

所以

$$F(\omega) = N(\omega)f(\omega)$$

从上述分析可以看出,鸣震的作用与海水层的滤波作用相当,要消除海水鸣震就要消除海水层的滤波作用。为此可设计一个反滤波器,其频率特性为 $A(\omega)$:

$$A(\omega) = 1/N(\omega) = (1 + Ke^{-i\omega\tau})^2$$

当 $F(\omega)$ 经过反滤波器的作用,就得到消除了海水鸣震的地震记录频谱 $f(\omega)$。

六、未知子波的统计性反褶积

(一)对反褶积所作三点假设的讨论

地震记录上的子波是未知的,往往是前波摞后波,没有干净的子波,因此不能使用确定性反褶积方法。

设地震子波是 $S(t)$,各个地层界面的反射系数变化用 $R(t)$ 表示,地震记录 $X(t)$ 形成的物理过程可以用 $S(t)$ 与 $R(t)$ 的卷积表示:

$$X(t) = S(t) * R(t)$$

在解决反褶积问题中,只有地震记录是已知的,而在上述方程中子波和反射系数序列两个量都是未知的,严格地说要消除子波而获得反射系数序列是不可能的。

反褶积作为一种处理方法在生产上得到应用,得益于三点假设:一是子波时不变假设,二是反射系数序列白色假设,三是子波最小相位假设。这三点假设使本来不可能解决的问题迎刃而解,建立在此基础上的反褶积方法在生产中的大规模应用已达半个世纪,至今仍然是一种常规处理方法。

在上述三个假设之下,就可以采用与确定性反褶积一样的联立方程组求反褶积算子,其中子波自相关用记录的自相关代替。因为假设子波最小相位,反褶积算子只要求单边。由于取单边算子,期望输出与子波的互相关只需要一个点 b_{-j},可以采用一个任意常数,实际应用中 b_{-j} 用 1 代替。因此有

$$\sum_{i=0}^{N} a_i R_{xx}(i - j) = \delta(j) \qquad j = 0, \cdots, N$$

此处 $R_{xx}(i - j)$ 为记录的自相关,由联立方程组可以方便地解出反褶积算子。这种由未知子波计算反褶积算子的情况称为统计反褶积。

采用上述三点假设使得反褶积处理获得很大的成功,下面对三点假设作一些讨论:

1. 子波时不变假设

实际上由于大地的吸收滤波作用,地震子波在传播过程中是变化的。可以将地震记录按浅、中、深地层开三个时窗,分别进行反褶积处理,三个时窗之间互相衔接,在每个时窗内认为子波是不变的。也可以在反褶积之前作反 Q 滤波,使地震记录基本符合子波时不变的假设。

2. 反射系数序列白色假设

在这个假设下可以将记录振幅谱作为子波振幅谱来应用。如果剖面中有几个强的反射界面,则反射系数近似为较强的稀疏尖脉冲序列,增强了反射系数序列的频谱白化,从而淡化了白噪假设的不合理性。

赵波提出的谱模拟反褶积方法,摒弃了白色反射系数序列的假设,代之以子波振幅谱是光滑的假设。

3. 子波最小相位假设

大多数炸药爆炸后产生的震源子波都近似为最小相位子波。虽然很难严格满足上述脉冲反褶积的假设条件,但由于近似符合,因此是我们在实际工作中常用的一种反褶积方法,并且取得了成功。

(二)脉冲反褶积加白噪的作用

20世纪50年代,美国科学家 Robinson 提出了反褶积技术。我国物探界在60年代进行地震数据处理时还没有使用反褶积技术,随着计算机技术的发展,到70年代编写使用了反褶积处理模块。但是,由于没有掌握白噪系数的正确使用,反而使得处理结果变差,因此解释人员一致拒绝使用。80年代后反褶积技术逐渐被接受,成为进行地震数据处理时天经地义、不可缺少的重要环节。目前可以说,我们反射资料的改进有一半(甚至多一点)不得不归功于处理模块的强大功能。脉冲反褶积、预测反褶积、气枪反褶积、仪器反褶积等基本上解决了野外资料的缺陷。地表一致性反褶积(两步法)可以纠正不同激发、接收中的能量差别以及频谱差别,包括相位的差别。

下面解释一下白噪系数的作用:脉冲反褶积算子的振幅谱 $I(f)$ 近似为输入信号振幅谱 $G(f)$ 的逆,脉冲反褶积相当于频率域的白化,等价于一个反滤波器,它的变换 $I(f)$ 为

$$I(f) = 1/G(f)$$

图47为信号的振幅谱,假设在主频 F_1 处振幅归一化为1,在 F_2(50 Hz 陷波处)振幅为0,在高频 F_3 处信噪比较低,噪声占主导地位,振幅为0.0001。图48为信号反褶积后的振幅谱,可见没有加白噪时,在凹陷频 F_2 处,反滤波器放大倍数为无穷大,显然会产生灾难性的后果。

为了避免数值计算的不稳定性,同时为了防止噪声的过度放大,常加上白噪 ε,如图49所示,生产上常用千分之一的白噪。图50为信号反褶积后的振幅谱,在大部分频率上基本不变(即反褶积算子 $1/[G(f)+\varepsilon] \approx 1/G(f)$),而当高频部分 $G(f)$ 很小时,放大的幅度较小。

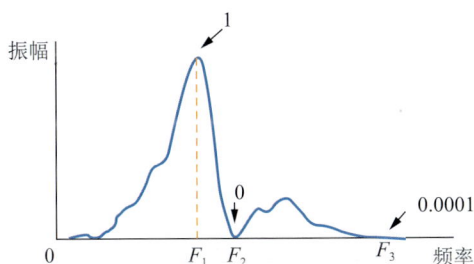

图47　信号的振幅谱

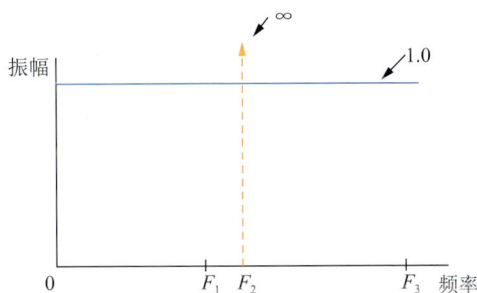

图48　信号反褶积后的振幅谱(未加白噪)

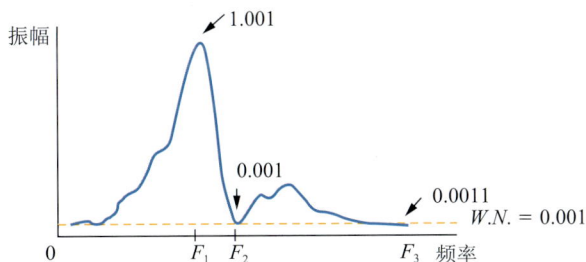

图49　加白噪后信号的振幅谱

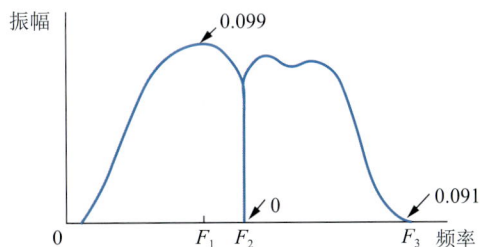

图50　信号反褶积后的振幅谱(加千分之一白噪)

133

（三）近似最小相位子波反褶积的讨论

实际处理中很少有真正的最小相位子波,为了讨论子波最小相位这一假设条件对反褶积结果的影响,首先我们对已知的混合相位子波求取与其振幅谱相同的严格最小相位子波。

混合相位子波分布在圆内不同位置的根,对子波非最小相位化的影响是不同的。假设只将多项式

$$P(z) = a_0 + a_1 z + a_2 z^2 + \cdots + a_n z^n$$

的一对复数根移至单位圆外镜像对称点处,从而构成新的多项式:

$$q(z) = c_0 + c_1 z + c_2 z^2 + \cdots + c_n z^n$$

分析多项式系数与根的关系可知,圆内根的模越接近1,移至圆外之后相应的多项式系数c_i与原系数a_i的差别越小,因此靠近单位圆的根对子波非最小相位化的影响是较小的。由于实根(位于实轴上)单个出现,即使根的模较小,所引起的系数变化也较小。

实验选取通频带为2.5~40 Hz的接近最小相位的子波(图51中虚线)。该混合相位子波的多项式根的分布如图52所示。如果只将靠近单位圆的根(如C_1与C_2)移至圆外,所获得的子波(图53中虚线)与最小相位子波相差较大,这说明此对根对子波非最小相位化的影响是较小的;而复数根B(B_1与B_2)所起作用较大,虽然仅仅把此对根移出,但所得到的子波(图54中虚线)与最小相位子波非常近似,两者归一化相关系数为0.993。

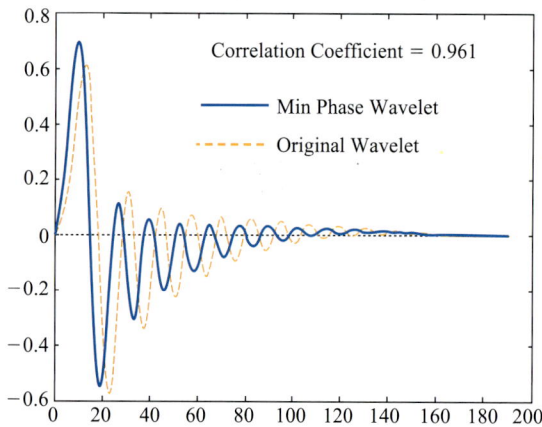

图51　最小相位子波与原始子波波形比较

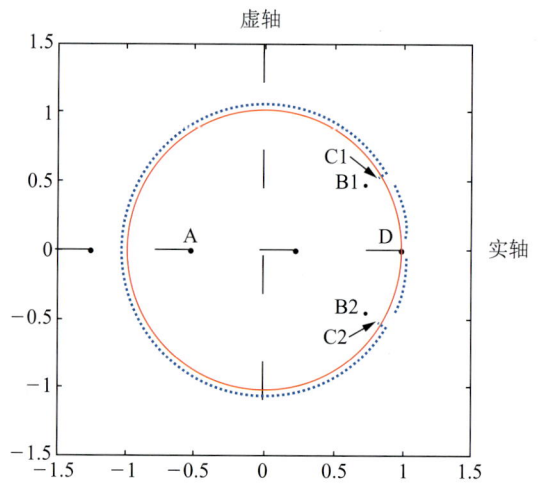

图52　混合相位子波零点分布图

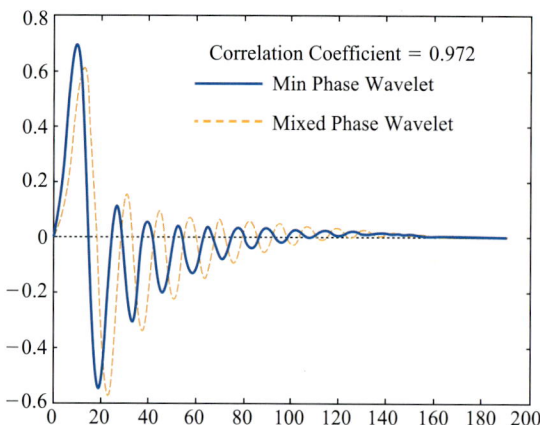

图53　将根C移至单位圆外获得的混合相位
子波与最小相位子波相差较大

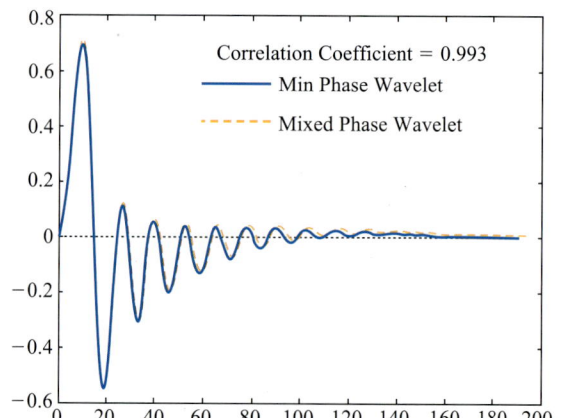

图54　将根B移至单位圆外获得的混合相位
子波与最小相位子波波形相似

相关的概念是为研究随机信号的统计特性而引入的,在理论上我们也可以将其应用于两个确定信号相似性的研究[15]。为了能够定量地判断两个信号波形的相似程度,把相关系数作为两个信号波形的相似性(或线性相关性)的一种度量。当相关系数很小时,相似度较差。当相关系数为1时,说明这两个信号相似度很好,是线性相关的。

对于 $x(t)$ 和 $y(t)$ 两个信号,相似系数 R(归一化相关系数)定义为

$$R = R_{xy}^{\max}(\tau) / \sqrt{R_{xx}(0)R_{yy}(0)}$$

式中,τ 为延时时间(或位移),$R_{xy}^{\max}(\tau)$ 是信号 $x(t)$ 与 $y(t)$ 互相关函数的极大值,$R_{xx}(0)$ 与 $R_{yy}(0)$ 分别为信号 $x(t)$ 与 $y(t)$ 在零点处的自相关函数。

在编程计算中按照离散点求和的方式进行近似积分,求得不同延时时间 τ 所对应的互相关函数值 $R_{xy}(\tau)$,并找出极大值,作为两个波形相似程度的判断。

实验选取通频带为 10～320 Hz 的严格最小相位子波(图55子波A)。将其影响较大的一对复数根移至单位圆外镜像对称点处,求得新的混合相位子波(图55子波B),它与相应的最小相位子波较为近似,两者相似系数为0.978。对两个子波分别作脉冲反褶积,最小相位子波反褶积的结果 Decon A 接近为单脉冲,近似最小相位子波反褶积的结果 Decon B,虽然有小幅振荡,但脉冲也比较尖锐。

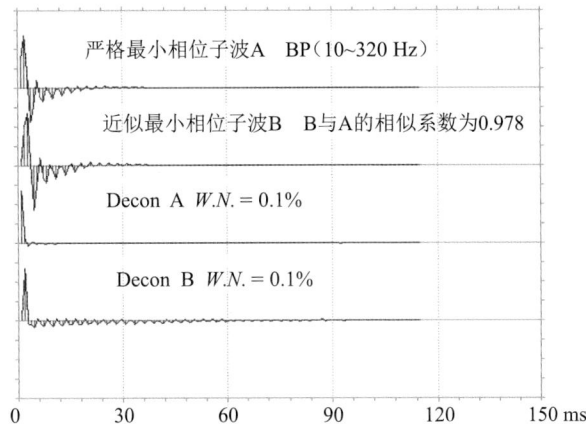

图55 相关系数为0.978的最小、混合相位子波反褶积的结果比较

脉冲反褶积的假定条件为子波是最小相位的。但是如果混合相位的子波与最小相位子波波形基本一致,那么反褶积的结果也还是可以的,多个实验结果也证明了这一点。

下面对地震道反褶积进行理论模型实验:随机产生一个反射系数模型,分别用图55中的混合相位子波与最小相位子波与之进行褶积,从而得到不同的模型地震道。假设在未知子波条件下,子波的自相关可以用地震道的自相关来代替(即噪声是白的),分别对两个地震道进行统计脉冲反褶积。如图56所示,将反褶积的结果与反射系数序列相比较,可见当地震子波近似最小相位时,相应的地震道反褶积 Decon B 与最小相位子波所在地震道的反褶积 Decon A 基本一致,相似系数为0.959。

(四)可控震源的子波是零相位的吗?

过去有一个阶段,人们以为可控震源的子波是零相位子波(Klauder 子波),因而认为不应该用脉冲或预测反褶积,只应该用零相位反褶积。这个概念是存在问题的,主要是忘记了大地滤波作用。

图57是可控震源的地面扫描信号(a)以及从地下 2 s 处经过大地吸收后返回的信号(b)(假定吸收率为 0.5 dB/Hz)。这是一个对数型非线性扫描信号,扫描频率从 20 Hz 到 98 Hz,扫描长度为 8 s。因为 4 s 以后振幅已经微弱至极,所以图中没有绘出来。

135

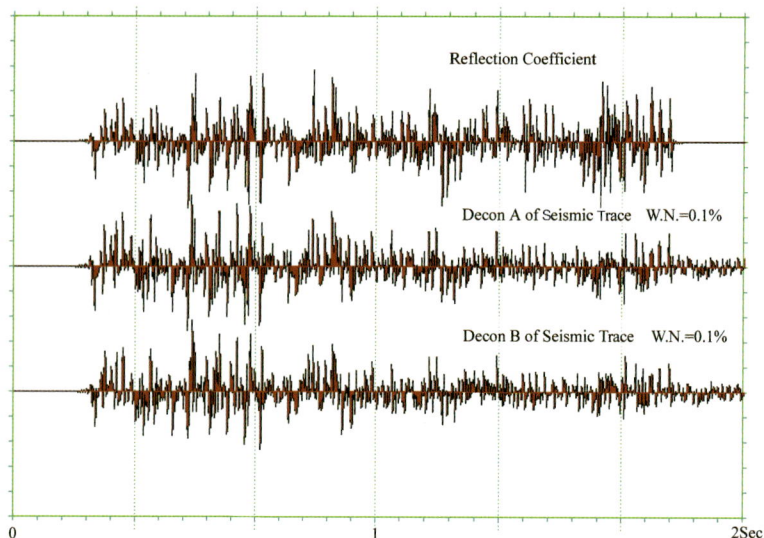

图 56　最小与近似最小相位子波所对应的地震道反褶积结果 A、B 比较

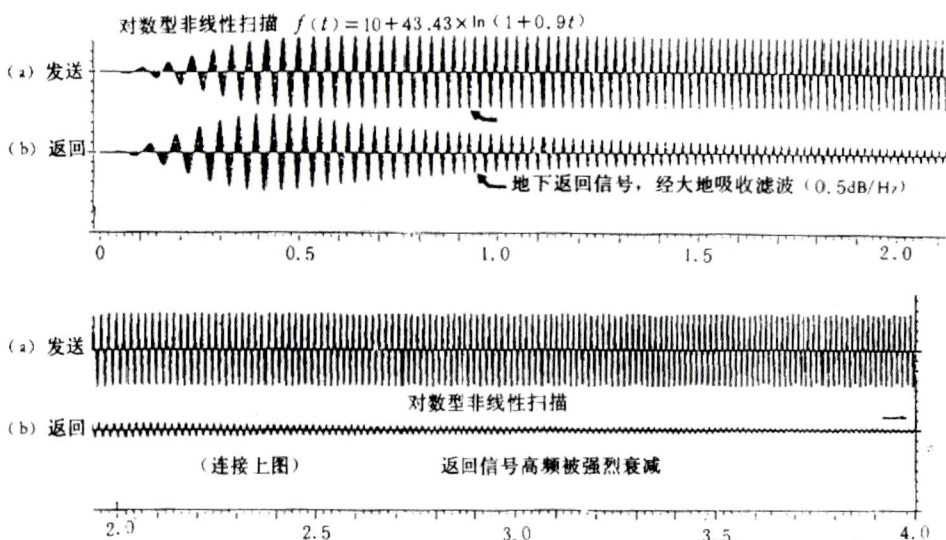

图 57　可控震源的地面发送信号与地下吸收衰减后返回信号的对比

如图 58 所示，引导信号的功率谱见图（a），自相关函数见图（b），它是两边对称的零相位子波。图（c）是从地下 2 s 处返回信号的功率谱，98 Hz 的能量已经微乎其微了。如果在地下 2 s 处有个单独的强反射系数，真正能够收到一个单独来自地下的返回扫描信号，然后作自相关，其波形如图（d），当然是零相位的。

但仪器只能接收地下从上到下所有反射系数与扫描信号的褶积，所以处理可控震源记录时，只能将野外录制的、还未进入地下的引导信号与总的返回记录进行互相关。

如果将从地下 2 s 处返回的信号与地面的引导信号作互相关，可得到如图（f）的互相关波形。这才是真正来自地下 2 s 处一个反射系数的子波形状，可以看到它已经不是零相位而是混合相位了。它的最大波峰与波谷一样大且时间零位压在波谷上，似乎相位角差了 80°。比较功率谱图（c）和（e），可以看到 98 Hz 的能量在互相关过程中得到加强。可以得到这样的结论：

（1）可控震源的真正来自地下的子波实际上是混合相位的。

（2）不考虑大地吸收作用，传统的直接用引导信号与返回信号作互相关的方法可以提升高频。

可控震源资料子波不是零相位的另一个原因是复杂地表附近的虚反射。20 世纪 80 年代初，人们说可控震源子波是零相位的，因此只能用零相位反褶积。而合理的流程是在互相关之后作反 Q 滤波，纠正大地滤波对子波相位的改造(而且这种相位的改造是时变的),然后再根据虚反射及层间多次反射的严重性,选作预测反褶积。

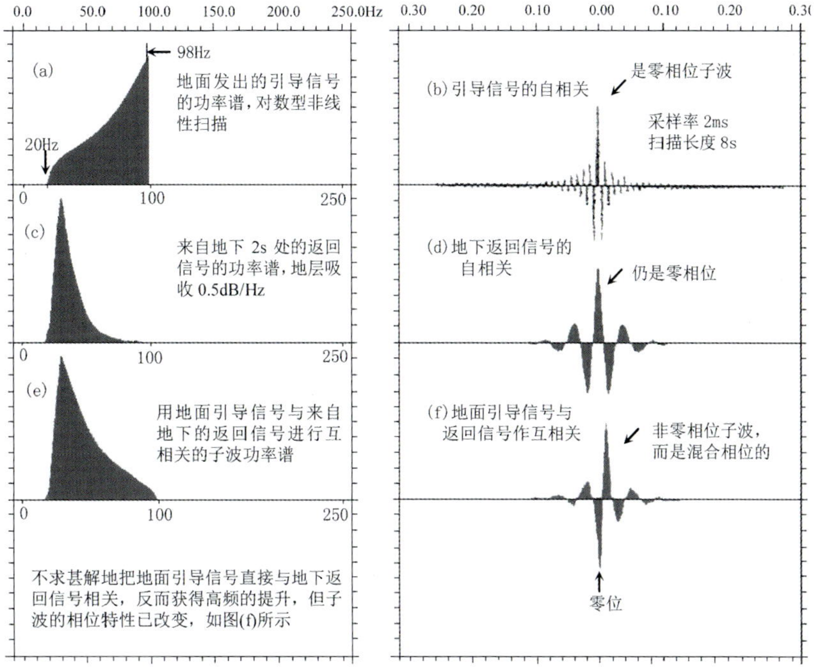

图 58　可控震源返回信号的分析

(五)反褶积过程对地震子波极性的影响

脉冲反褶积、预测反褶积及谱白化(零相位反褶积)是三种常用的反褶积方法。将最小相位子波与混合相位子波分别作反褶积实验,如图 59 所示,(a)与(b)是两个最小相位的子波,其中(a)是由 Klauder 子波 10～80 Hz 化为最小相位的带通子波。(b)是用 Futterman 公式推导的大地吸收基本子波。图下方(c)与(d)是两个混合相位的阻尼拉伸正弦子波。将实验的子波理解为单独的一个地震道,亦即反射系数只有一个尖脉冲,这就完全符合了反射系数是白噪的严格假设。白噪系数统一都使用生产上常用的千分之一。

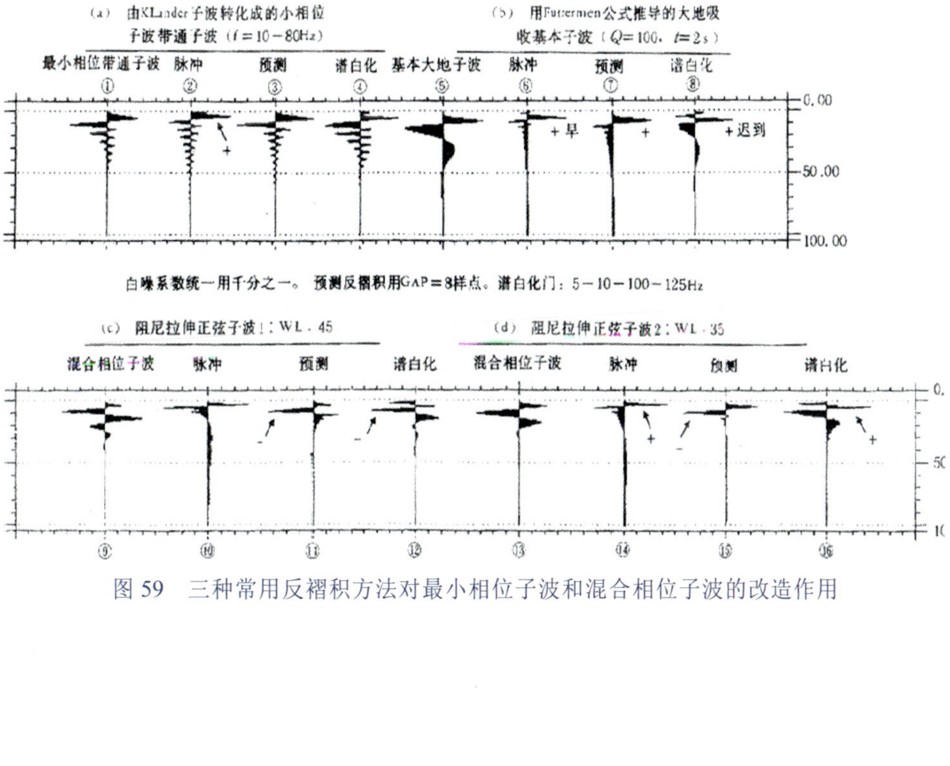

图 59　三种常用反褶积方法对最小相位子波和混合相位子波的改造作用

通过实验可以看出,预测反褶积压缩子波的能力比脉冲反褶积差,谱白化就更差,因为它并不纠正子波的相位特性,所以波谷更大、更胖些。

地震反射波的极性是正还是负,它直接影响到反演波阻抗之后,速度变高还是变低,因此是一个重要的问题。按SEG格式规定,初至波起跳向下,记录数值是负的,此称"正常记录"。这种记录作波阻抗时,应该把极性反过来。但在实际中往往不反过来,反而能在解释中与地层对应得更好。

下面讨论反褶积过程对极性的影响[4]:

地震子波是混合相位的(包括可控震源的子波)。它的第一个向下跳的波谷很小,而跟着来的波峰及波谷很大。注意图中的子波起跳是朝上的,不过这并不妨碍对问题的分析。脉冲反褶积及预测反褶积都假设子波是最小相位,而当子波是混合相位时,反褶积后子波的波形向前压缩得不够好。脉冲反褶积及预测反褶积都是把子波的能量向前赶,将多相位子波压缩成一根棍。而随着原始子波形态的不同以及所采用白噪系数的不同,反褶积后有时波峰最大,有时波谷最大,在图中已用"+"、"−"符号标出,并且最大值并不在起跳的位置上,而是有不同程度的延迟(注意该图子波的起跳朝上)。

以SEG规定的正常极性记录为例(起跳朝下),如果反褶积做得效果较好,那么第一个起跳波谷可能还是小于后面的第一波峰。这时候,整个记录看起来似乎是"正极性"的。如果反褶积用了较大的白噪系数,或者子波的相位谱离开零相位较远,那么反褶积后可能以第二波谷为最强,剖面上看起来似乎是"负极性"的。

另外,还有许多其他因素也影响地震波的极性判断。

(六)地震道微分和差分的效果

不少人想用地震道的微分和差分来提高分辨率,从而达到反演的目的。

地震道微分的效果是使其频谱乘以了 $i\omega$,振幅谱呈直线增长(乘以频率 $2\pi f$),而相位谱作 $90°$ 相移。因此它肯定放大了高频,压低了低频。如果把微分线路设计在野外采集中,那么加速度检波器就是一种微分波形。如果把微分运算加在处理中,则它肯定不如一般的反褶积来得有效,因为它太原始了。高频提升作用只有 $6\,dB/Oct$,并且是不可调节的。

地震道相邻样点之间的差分运算(隔一个点或隔几个点的差分)有时也能起到提高分辨率的作用,甚至在某种程度上起到逼近反射系数的作用。但在今天看来,这些措施与现代的反褶积技术相比差距太远,不值得再使用了。

七、结束语

从上面的讨论可知:由于大地滤波的作用,地震子波在传播过程中是时变的,并且要经过检波器接收、仪器记录和数据处理的多次改造。

通过对子波相位特性的分析,认识到单纯从波形上判断子波属于何种相位类型是不严格的,只有当子波所对应的多项式的根全部位于单位圆外时才是严格最小相位子波。

文中总结了雷克子波等常见解析子波的数学表达式、主要特点和适用范围,并且列举了几种子波的提取方法:气枪的远场震源信号法、从已知钻孔出发提取子波、从VSP中求子波以及子波的估算方法。

另外简要介绍了已知子波情况下的确定性反褶积方法:脉冲反褶积、脉冲延迟反褶积、子波最小相位化反褶积、仪器反褶积、海水鸣震干扰的消除等。

最后,对子波未知时反褶积存在的问题进行了讨论。虽然子波最小相位以及反射系数为白噪这两个假设条件很难完全满足,但在实际工作中脉冲反褶积作为常用的一种反褶积方法仍然取得了成功。这是由于爆炸震源子波近似为最小相位的,并且当地震道中反射系数有少数几个强值时,增强了反射系数频谱的白化。本文特别针对子波最小相位这一假设条件进行了实验探讨。可以看出,当震源子波是近似最小相位时,反褶积的效果是令人满意的。

另外,由于大地滤波的作用,可控震源的真正来自地下的子波实际上是混合相位的。

反褶积过程对地震子波极性的影响也是不确定的。

针对子波时变问题,今后可以采用反 Q 滤波方法解决。

|参 考 文 献|

[1]　陆基孟. 地震勘探原理和方法 [M]. 北京:石油工业出版社,1993.

[2]　渥·伊尔马滋. 地震数据处理 [M]. 北京:石油工业出版社,1994.

[3]　R. E. 谢里夫,等. 勘探地震学 [M]. 北京:石油工业出版社,1994.

[4]　李庆忠. 走向精确勘探的道路 [M]. 北京:石油工业出版社,1993.

[5]　俞寿朋. 高分辨率地震勘探 [M]. 北京:石油工业出版社,1993.

[6]　谢凤兰. Q扫描法反滤波在地震资料处理中的应用 [J]. 石油物探,1989,28(3):101-110.

[7]　大港油田科技丛书编委会. 地震勘探资料采集技术 [M]. 北京:石油工业出版社,1999.

[8]　Li Qingzhong. A strategy of seismic constrained inversion [J]. 1998,(3):47-49.

[9]　俞寿朋. 宽带 Ricker 子波 [J]. 石油地球物理勘探,1996,31(5):605-615.

[10]　张海燕,李庆忠. 几种常用解析子波的特性分析 [J]. 石油地球物理勘探,2007,42(6):651-657.

[11]　朱光明. 垂直地震剖面方法 [M]. 北京:石油工业出版社,1988.

[12]　曹孟起,周兴元,等. 统计法同态反褶积 [J]. 石油地球物理勘探,2003,38(增):1-9.

[13]　王君,周兴元,等. 同态反褶积的改进与应用 [J]. 石油地球物理勘探,2003,38(增):1-9.

[14]　胡广书. 数字信号处理 [M]. 北京:清华大学出版社,1997.

文章编号 105-2

李子波的计算公式及结果

——两类李子波的参数

张海燕

此文也是我的博士生张海燕所写。

她把我 20 世纪 80 年代提出的阻尼拉伸正弦子波的两种形式做了大量的计算。

由于阻尼拉伸正弦子波的计算公式并不能保证获得最小相位的子波。因此,她编制了能够解几百阶多项式的 Fortran 程序,不断试验几百次改变子波参数,从中选择获得了几十个严格最小相位的李子波。

过去书本上讲过最小相位子波的重要性,但从来没有一个可以使用的子波。此文提供了典型的 12 个李子波数据,它们都是严格的最小相位子波。数据放在本文末尾,可供大家使用。

前 言

反褶积是地震资料处理的重要环节。由于实际子波往往是不知道的,只能采用统计性反褶积。统计性脉冲反褶积的应用前提是:子波是最小相位的,并且反射系数是白噪。然而我们常用的雷克子波是零相位的,并不符合应用的条件。目前在书本上还没有能够使用解析式表达的最小相位子波。

李庆忠先生设计了一种阻尼拉伸正弦子波,基本上符合爆炸脉冲经大地吸收滤波后的物理可实现过程,简称李子波。其特点是在 $t = 0$ 之前没有振动,符合物理可实现的条件,起跳后视周期逐渐增大,并且是最小相位。因此,它最适合于表达实际地震子波,而且也适合于最小相位假设的各种运算,如反褶积处理等。

根据解析式的不同,可分为第 I 类李子波和第 II 类李子波,下面分别进行详细的介绍。

一、第 I 类李子波(波形与采样率有关)

第 I 类李子波采用的解析表达式如下:

$$W(t) = [t^a \cdot \exp(-b \cdot t^c)] \cdot \sin[2\pi \cdot F_0 \cdot t / (1 + R_a \cdot t)] / A_{max}$$

公式的方括号里 $t^a \cdot \exp(-b \cdot t^c)$ 是振幅的包络;右边是正弦波,其中 $1/[T_0 \cdot (1 + R_a \cdot t)]$ 是振动周期线性拉伸的倒数。

A_{max} 是振幅包络的极大值,除以它是为了振幅归一化。

a, b, c 是三个振幅包络参数（constants of Envelope）；T_0 是起始周期（beginning Period）；

F_0 是起始频率（beginning freq），$T_0 = 1 / F_0$；R_a 是拉伸系数（stretching rate）；

t 是时间，$t = n \times dT$，$n = 1, 2, 3, \cdots$；dT 是采样率（sample rate）；$\pi = 3.14159$。

振幅包络的极大值为

$$A_{max} = [a / (b \cdot c)]^{a/c} \cdot \exp(-a/c)$$

振幅包络极大值对应的横坐标为

$$T_{max} = [a / (b \cdot c)]^{1/c}$$

当 $c = 1$ 时，振幅包络极大值的横坐标为

$$T_{max} = a / b$$

当 a / b 不变时，T_{max} 不变。此时如果 a 与 b 同时增大，则包络变瘦，但是 T_{max} 仍保持不变。

注意：李子波公式不能保证计算出来的波形一定是最小相位的！ 所以，首先需要掌握参数选择的技巧。李子波公式的几个参数的选择技巧如下：

（1）$a = 0.1 \sim 0.5$ 为好，$a = 1$ 也可以。a 小则起跳尖锐，容易得到最小相位，反褶积的效果也好。选择 $a = 0$ 也可以，但 $a = 0$ 时包络的物理意义不太合理。$a > 2$ 时，起跳很迟钝，很难得到最小相位的李子波。

（2）a/b 的比值决定了包络极大值的横坐标位置 T_{max} 向后移动的大小。对于第 I 类李子波取 b/a 等于 F_0 的 $2 \sim 3$ 倍为好。第 II 类李子波取 b 为 a 的 $2 \sim 5$ 倍为好。

（3）c 取值一般为 1。如果 T_{max} 后移到 40 ms 以上，包络不易收敛，使得李子波太长，则可以取 $c = 1.2 \sim 1.8$ 使其收敛。

（4）可以先选取参数 a、b、c 来设定包络的形态及其收敛长度。在 WAVELEE（第一类）及 LEEWAVE（第二类）两个 Basic 程序中可以直接在屏幕上看到包络形态及子波的波形。然后再在选定的起始频率 F_0 下，选择拉伸系数 R_a，调整 R_a 到所需的子波相位数。如果满意了，就记下子波的各参数数据。

（5）对每一个计算出来的李子波需要通过 Z 变换多项式的求根，来检测子波的最小相位特性；或者通过脉冲反褶积，检查子波能否被反褶积处理压缩成窄的脉冲。

（6）子波时间序列的累计代数和 *Sum* 代表着其直流分量的大小，一般 *Sum* 为正值。直流分量大时，容易获得良好的反褶积效果。然而，如果陆上采用速度型检波器，其响应子波的直流分量理论上应该为零。此时可多次调整拉伸系数 R_a，尽量使波形的正、负面积相等，从而使其直流分量 *Sum* 尽量小于 1。

采用第 I 类李子波公式时，当选择不同的采样率及起始频率时，波形也就发生变化。 子波波形的小相位特性本来与采样率是无关的。但第 I 类李子波公式用不同的采样率时，子波的波形不同，小相位特性也不同。你若想把采样率减少一半，可以采用样点抽稀法，即使用 Sparse 程序，如对于采样周期 1 ms 的子波，把子波数据取其双数序列，即可得 2 ms 的子波波形。

使用李子波公式不能保证计算出来的子波波形一定是最小相位的，所以我们只能列出几个典型的最小相位李子波，供大家参考使用。当然你也可以根据李子波公式去选择自己需要的波形，然后用 Z 变换多项式求根，进一步检测子波的相位特性。

下面列出了 9 个属于第 I 类的李子波，文件名 WLA-1 至 WLA-9，波形渐变，经检查都是严格最小相位的。选取的参数如下：（**其中 F_0 为起始频率，F_d 为主频，L 为长度，*Sum* 为直流分量大小**）

WLA-1　$F_0 = 60$ Hz　$a = 0.5$　$b = 200$　$c = 1$　$R_a = 30$　$L = 50$ ms　*Sum* = +4.3105　$F_d = 30$ Hz　相位数 1.0

WLA-2　$F_0 = 60$ Hz　$a = 0.5$　$b = 150$　$c = 1$　$R_a = 5$　$L = 60$ ms　*Sum* = +3.0830　$F_d = 50$ Hz　相位数 2.0

WLA-3　$F_0 = 60$ Hz　$a = 0.5$　$b = 100$　$c = 1$　$R_a = 5$　$L = 80$ ms　*Sum* = +2.4773　$F_d = 48.5$ Hz　相位数 2.5

WLA-4　$F_0 = 60$ Hz　$a = 1$　$b = 100$　$c = 1$　$R_a = 5$　$L = 100$ ms　$Sum = +0.8073$　$F_d = 47.5$ Hz　相位数 2.5

WLA-5　$F_0 = 50$ Hz　$a = 1$　$b = 90$　$c = 1$　$R_a = 5$　$L = 120$ ms　$Sum = +1.1047$　$F_d = 39$ Hz　$T_m = 12$ ms　相位数 3.0

WLA-6　$F_0 = 45$ Hz　$a = 1$　$b = 80$　$c = 1$　$R_a = 4$　$L = 150$ ms　$Sum = +1.2135$　$F_d = 35.5$ Hz　$T_m = 13$ ms　相位数 3.0

WLA-7　$F_0 = 40$ Hz　$a = 1$　$b = 70$　$c = 1$　$R_a = 3$　$L = 180$ ms　$Sum = +1.3454$　$F_d = 32.5$ Hz　$T_m = 15$ ms　相位数 3.0

WLA-8　$F_0 = 45$ Hz　$a = 1$　$b = 60$　$c = 1$　$R_a = 2$　$L = 200$ ms　$Sum = +1.0329$　$F_d = 38.5$ Hz　$T_m = 17$ ms　相位数 4.0

WLA-9　$F_0 = 50$ Hz　$a = 1$　$b = 50$　$c = 1$　$R_a = 2$　$L = 250$ ms　$Sum = +0.3749$　$F_d = 42$ Hz　$T_m = 20$ ms　相位数 5.0

利用 WAVELEE 程序产生的波形(采样率为 1 ms)如图 1(a)所示,图中标注了相应的子波参数。反褶积效果见图 1(b)。

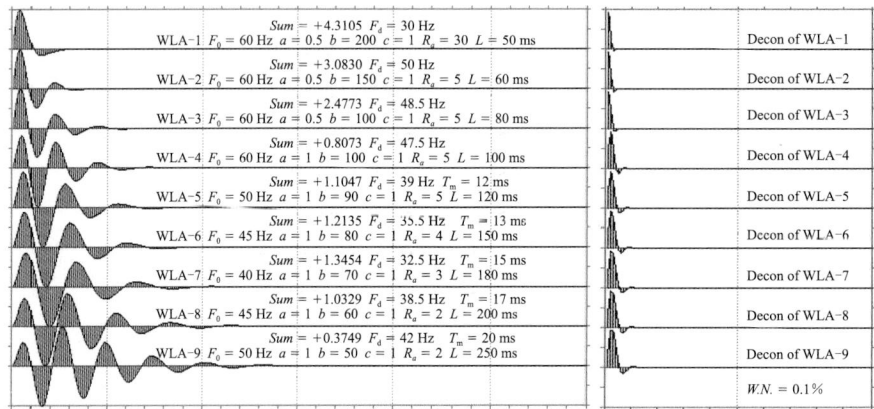

（a）李子波波形图　　　　　　（b）反褶积结果

图 1　9 个第 I 类李子波波形图(a)及其反褶积结果(b)

9 个李子波 WLA-1 至 WLA-9 的频谱曲线如图 2 所示,并标示了相应的主频值。

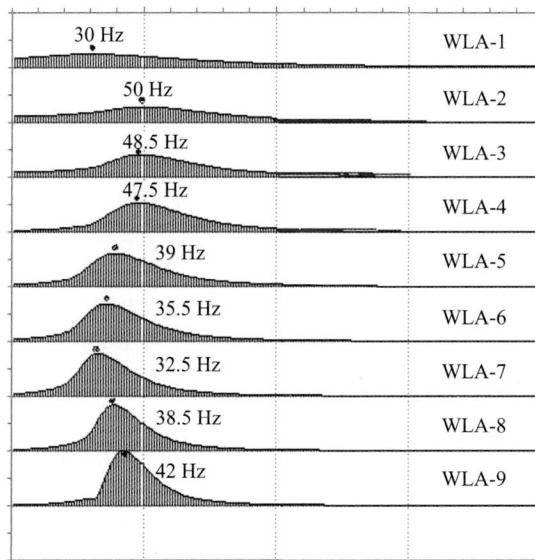

图 2　9 个李子波所对应的振幅谱

此外,我们又列出 7 个包络相同、长度相同的第 Ⅰ 类李子波供选用,它们也都是严格最小相位的,波形及反褶积效果如图 3 所示(采样率为 1 ms)。

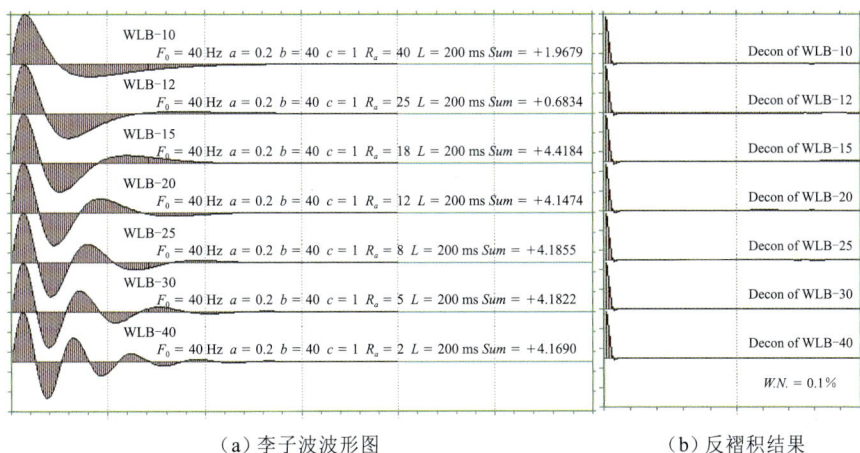

（a）李子波波形图　　　　　　　（b）反褶积结果

图 3　7 个第 Ⅰ 类李子波波形图（a）及其反褶积结果（b）

7 个子波 WLB-10 至 WLB-40 对应的频谱及主频值如图 4 所示。

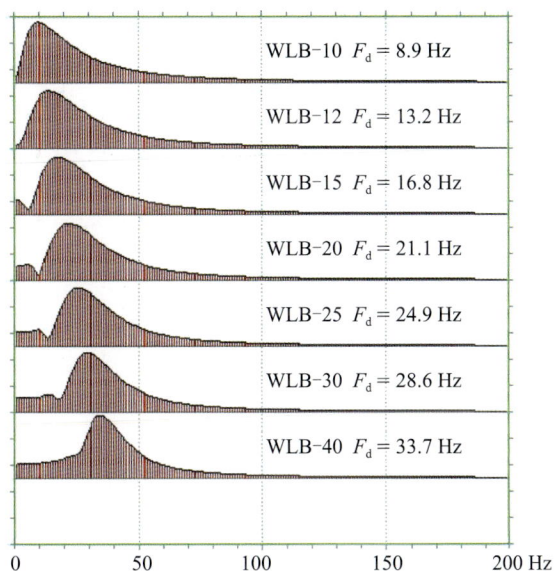

图 4　7 个李子波所对应的振幅谱

使用说明:

（1）图 1 与图 3 所列出的各个李子波的振动相位,由最初的 1 个相位逐渐增加到 4～5 个相位,大致相当于从浅层反射逐步变化到深层反射的样子。图 1 与图 3 所选择的第 Ⅰ 类李子波都是严格最小相位的。

（2）我们用李子波做反褶积模拟试验时,首先要挑选一个大致符合目的层的子波,然后与反射系数褶积,得到合成地震记录道,再作反褶积。这时先不要在意计算这个子波时的采样率及主频,只要求它是最小相位就可以了。你可以按照以上的子波参数,由第 Ⅰ 类李子波公式计算得到子波的时间序列,用它做模拟试验。

（3）第 Ⅰ 类李子波的缺点是它不能由你选择采样率及所需要的主频。为解决这个问题,李庆忠提出了如下的第 Ⅱ 类李子波公式。

二、第Ⅱ类李子波（波形与采样率无关）

第Ⅱ类李子波采用的解析表达式如下：

$$L(t) = \{t^a \cdot \exp(-b \cdot t^c) \cdot \sin[2\pi \cdot t/(1 + R_a \cdot t)]\}/A_{max} \qquad t \geq 0$$

式中，

$$t = n \cdot dt \cdot F_0 \qquad n = 1,2,3,\cdots$$

注意：此公式中没有 F_0，F_0 到变量 t 中去了。式中 a,b,c 是包络常数（constants of Envelope）；R_a 是拉伸系数（stretching rate）；F_0 是起始频率（beginning freq.）；dT 是采样率（sample rate）；$\pi = 3.14159$。

$t^a \cdot \exp(-b \cdot t_c)$ 为阻尼振幅包络；$\sin[2\pi t/(1 + R \cdot t)]$ 为拉伸正弦函数。

由于计算数值的差别常常很大，因此我们用 A_{max} 加以归一化。A_{max} 是李子波外包络线振幅的极大值，对应的时间横坐标位置为 T_{max}，可分别由下列公式求出：

$$A_{max} = [a/(b \cdot c)]^{a/c} \cdot \exp(-a/c)$$
$$T_{max} = [a/(b \cdot c)]^{1/c}/F_0$$

当 $c = 1$ 时，振幅包络极大值的横坐标为 $T_{max} = (a/b)/F_0$，单位为秒！注意 T_{max} 与 F_0 有关！若 F_0 保持不变，a/b 不变时，T_{max} 不变，包络形态也不变。此时如果 a 与 b 同时增大，包络变瘦，T_{max} 仍然不变。

第Ⅱ类李子波波形与采样率无关。 如当 $T_{max} = 30$ ms 时，采样周期 dt 加大一倍时，则波形缩短一倍，但是 T_{max} 仍然为 30 ms。

当采样周期 $dt = 1$ ms，$F_0 = 50$ Hz 时，第Ⅱ类李子波包络线极大值 T_{max} 与收敛长度 L 之间的关系如下：

$c = 1$ 时，　　$a = 0.15$　$b = 0.60$　$T_{max} = 5$ ms，　　$L = 250$ ms

$c = 1$ 时，　　$a = 0.20$　$b = 0.80$　$T_{max} = 5$ ms，　　$L = 120$ ms

$c = 1$ 时，　　$a = 1$　$b = 2$　$T_{max} = 10$ ms，　　$L = 100$ ms

$c = 1$ 时，　　$a = 0.3$　$b = 0.6$　$T_{max} = 10$ ms，　　$L = 250$ ms

$c = 1.2$ 时，　$a = 1$　$b = 0.3$　$T_{max} = 48$ ms，　　$L = 350$ ms

$c = 1.5$ 时，　$a = 1$　$b = 0.3$　$T_{max} = 34$ ms，　　$L = 200$ ms

$c = 1.8$ 时，　$a = 0.5$　$b = 0.1$　$T_{max} = 42$ ms，　　$L = 250$ ms

子波波形的小相位特性本来与频率也是无关的。 使用上述解析式计算子波时，输入的参数 F_0 是起始频率，因而很难控制计算出来的子波主频 F_d。为此，对于已经计算出的李子波，求其振幅谱得到主频值 F_d，并求取相应的比值 $s = F_0/F_d$。比值 s 便是今后从起始频率 F_0 转换到主频 F_d 的一个参数。

今后若采用任意采样率、任意主频的李子波，用于演算反褶积试验，可采取以下方法生成子波：

根据已有的李子波波形，选择一个你满意的波形，记住它的 s 系数，乘以所需要的主频频率 F_d，即可作为参数 F_0 的值，即 $F_0 = F_d \times s$，代入解析公式作子波计算就可以了，其他参数 a,b,c,R_a 保持不变。

例如，李子波 LW-A 对应的 $s = 3.24$，你如果想要设计主频 F_d 为 10 Hz 的李子波，就可以在计算时选用参数 $F_0 = 10 \times s = 32.4$ Hz 就可以了，其他参数 a,b,c,R_a 等都不变，所计算的波形是不会改变的，自然其小相位特性也不会改变。

若采样率不变，你可以采用抽稀法，即用 Sparse 程序获得二倍主频的李子波。例如，对于主频 $F_d = 30$ Hz 的子波，把子波数据取其双数序列，即可得到主频 60 Hz 的子波波形。

如图 5、图 7 和图 9 所示，为所精心挑选的 12 个典型的李子波 LW-A 到 LW-N 波形，供大家参考使用。这些子波的起始频率 $F_0 = 50$ Hz，采样周期 $dt = 1$ ms，子波长度为 250 ms。相应的 a,b,c,R_a,s 等参数值分别在图中作了说明。12 个李子波都是严格最小相位的，反褶积的效果也较好。

如图 5 所示,子波 LW-A 至 LW-F 为极大值近似在 0 ms 处的不同形态的李子波。如图 7 所示,子波 LW-G、LW-H、LW-J 为极大值近似为 20 ms 的不同形态的李子波。如图 9 所示,子波 LW-K、LW-M、LW-N 为极大值近似为 50 ms 的不同形态的李子波。子波 LW-A 到 LW-F 直流分量较大,LW-G 到 LW-N 6 个子波的直流分量很小。图 6、图 8 和图 10 分别为 12 个李子波 LW-A 到 LW-N 对应的频谱曲线及主频值。

如果陆上采用速度型检波器,其响应子波的直流分量应该接近为零。此时可先用 a、b、c 选定包络的形态及其收敛长度,然后再选择拉伸系数 R_a,调整 R_a 到所需的相位数,并尽量使波形的正、负面积相等,即使其直流分量 Sum 小于 1。

任意选择李子波 LW-A 与 LW-G,并分析其相位谱,显示如图 11 所示,可见李子波的相位变化都较小。

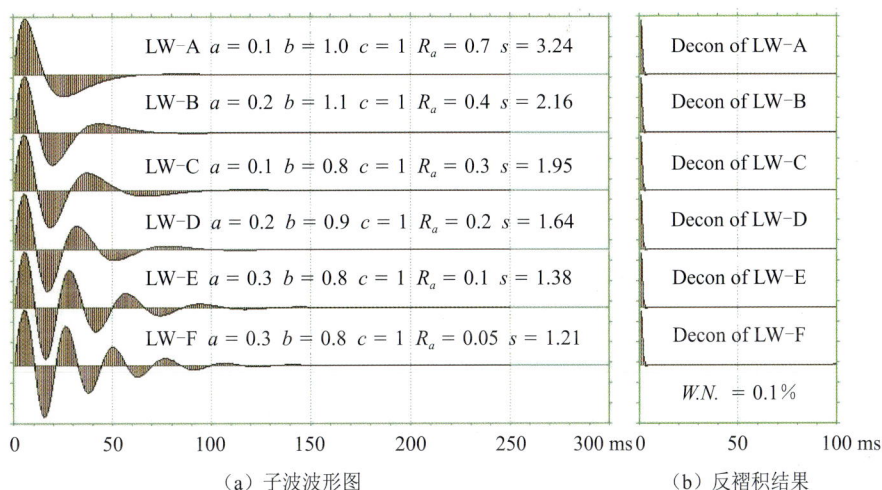

图 5　极值近似为 0 的第 Ⅱ 类的李子波(a)及其反褶积结果(b)
12 个子波的起始频率 $F_0 = 50$ Hz,采样率 d$t = 1$ ms,子波长度为 250 ms

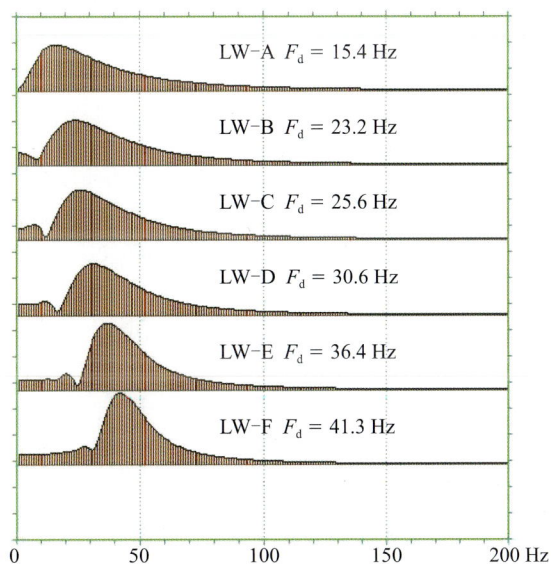

图 6　子波 LW-A～LW-F 所对应的振幅谱

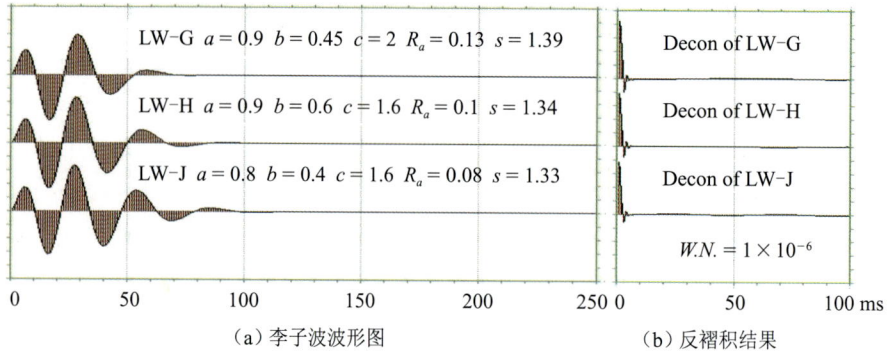

（a）李子波波形图　　　　　　　　　（b）反褶积结果

图 7　极值近似为 20 ms 的第 Ⅱ 类李子波（a）及其反褶积结果（b）

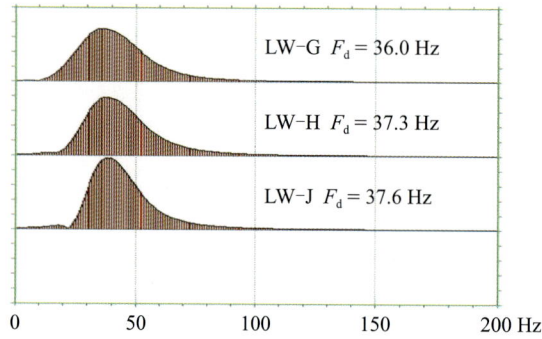

图 8　子波 LW-G～LW-J 所对应的振幅谱

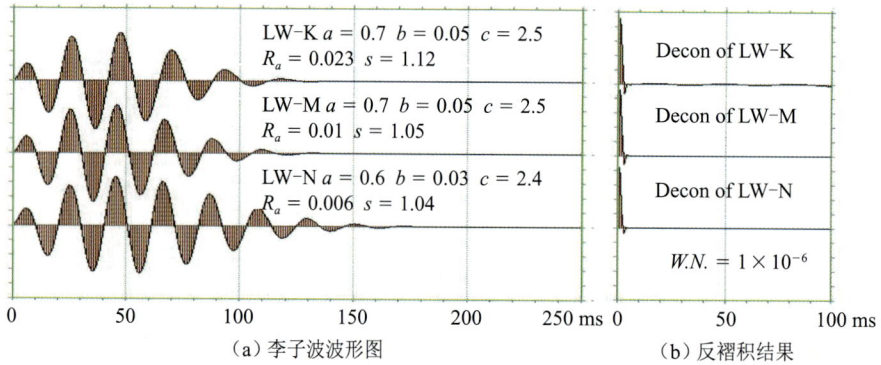

（a）李子波波形图　　　　　　　　　（b）反褶积结果

图 9　极值近似为 50 ms 的第 Ⅱ 类李子波（a）及其反褶积结果（b）

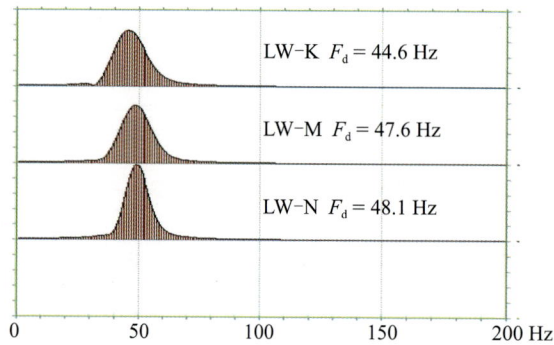

图 10　子波 LW-K～LW-N 所对应的振幅谱

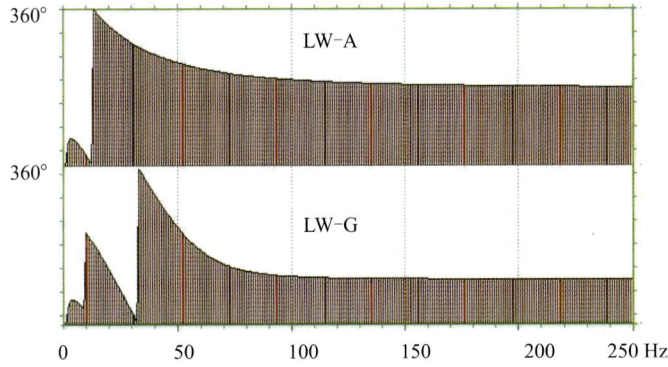

图 11   子波 LW-A 与 LW-G 所对应的相位谱

以上第 I 类李子波 7 个,及第 II 类李子波 12 个,都是严格最小相位的。它们的根都在单位圆外。子波参数 a, b, c 等都已列出,可供读者选用。

附录   由 LW-C 子波转换过来的 6 个整数频率的李子波数据

$$a = 0.1 \quad b = 0.8 \quad c = 1 \quad R = 0.3 \quad dt = 1 \, ms \quad s = 1.95$$

LW-C 子波的转换系数 $s = 1.95$,于是起始频率 $F_0 = s \times$ 主频。

采用李子波计算程序 LEEWAVE. exe 计算子波。

再用 SEQURAND 程序由 REAL*4 文件转换为 ASC II 码

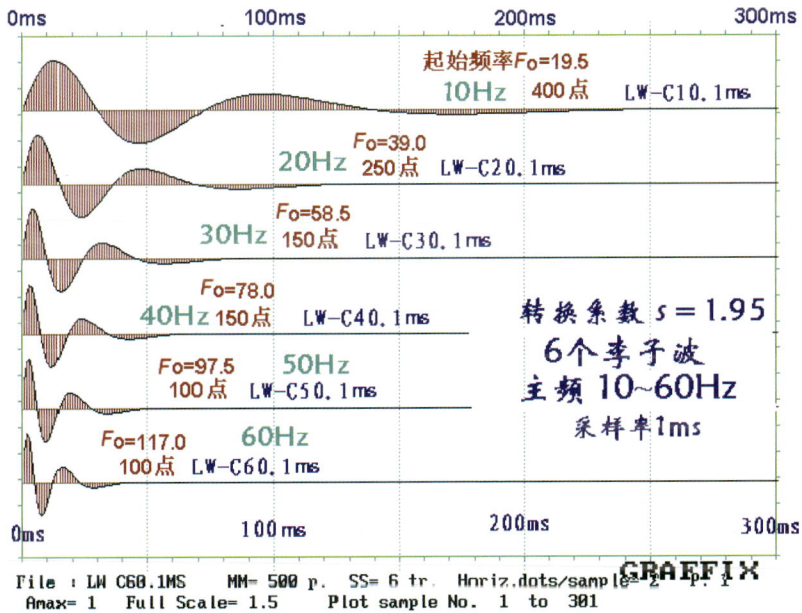

图 12   LW-C 的 6 个整数主频的李子波

数据如下:

——60 Hz   李子波   LW-C60. 1 ms   100 点 $dt = 1 \, ms$

ASC II 码文件名:LWC60A

				0. 000 00			
0. 681 19	1. 000 00	0. 881 20	0. 483 79	0. 012 40	−0. 376 54	−0. 604 89	−0. 663 16
−0. 585 15	−0. 422 49	−0. 226 16	−0. 036 34	0. 121 00	0. 233 31	0. 298 45	0. 321 21
0. 310 11	0. 274 93	0. 225 06	0. 168 53	0. 111 59	0. 058 70	0. 012 64	−0. 025 15
−0. 054 28	−0. 075 07	−0. 088 34	−0. 095 16	−0. 096 71	−0. 094 15	−0. 088 55	−0. 080 88
−0. 071 94	−0. 062 38	−0. 052 72	−0. 043 35	−0. 034 53	−0. 026 46	−0. 019 23	−0. 012 89
−0. 007 44	−0. 002 85	0. 000 93	0. 003 97	0. 006 35	0. 008 15	0. 009 44	0. 010 31
0. 010 81	0. 011 02	0. 010 99	0. 010 77	0. 010 40	0. 009 93	0. 009 38	0. 008 79
0. 008 16	0. 007 52	0. 006 89	0. 006 27	0. 005 68	0. 005 11	0. 004 58	0. 004 08
0. 003 62	0. 003 19	0. 002 80	0. 002 45	0. 002 12	0. 001 84	0. 001 58	0. 001 34
0. 001 14	0. 000 96	0. 000 80	0. 000 66	0. 000 54	0. 000 43	0. 000 34	0. 000 26
0. 000 19	0. 000 13	0. 000 08	0. 000 04	0. 000 01	−0. 000 01	−0. 000 03	−0. 000 04
−0. 000 04	−0. 000 04	−0. 000 04	−0. 000 04	−0. 000 04	−0. 000 03	−0. 000 03	−0. 000 02
−0. 000 02	−0. 000 01	−0. 000 01					

以上为 60 Hz　李子波　100 个样点　　　　$\mathrm{d}t = 1$ ms

——50 Hz　李子波　LW-C50. 1 ms　100 点　$\mathrm{d}t = 1$ ms

ASC Ⅱ码文件名：LWC50A

				0. 000 00			
0. 591 32	0. 957 50	1. 000 00	0. 778 62	0. 410 15	0. 012 55	−0. 325 62	−0. 555 00
−0. 661 77	−0. 657 77	−0. 569 27	−0. 427 61	−0. 262 48	−0. 098 17	0. 048 03	0. 165 71
0. 250 38	0. 302 07	0. 323 90	0. 320 81	0. 298 49	0. 262 65	0. 218 52	0. 170 57
0. 122 36	0. 076 59	0. 035 12	−0. 000 93	−0. 030 98	−0. 054 93	−0. 073 03	−0. 085 71
−0. 093 60	−0. 097 37	−0. 097 71	−0. 095 29	−0. 090 74	−0. 084 63	−0. 077 45	−0. 069 63
−0. 061 50	−0. 053 36	−0. 045 42	−0. 037 85	−0. 030 76	−0. 024 24	−0. 018 33	−0. 013 04
−0. 008 39	−0. 004 34	−0. 000 88	0. 002 04	0. 004 46	0. 006 43	0. 007 98	0. 009 17
0. 010 05	0. 010 64	0. 011 00	0. 011 15	0. 011 14	0. 010 99	0. 010 73	0. 010 38
0. 009 96	0. 009 50	0. 009 00	0. 008 47	0. 007 94	0. 007 40	0. 006 87	0. 006 35
0. 005 85	0. 005 36	0. 004 90	0. 004 46	0. 004 05	0. 003 66	0. 003 30	0. 002 96
0. 002 65	0. 002 25	0. 001 89	0. 001 58	0. 001 31	0. 001 08	0. 000 88	0. 000 71
0. 000 56	0. 000 44	0. 000 34	0. 000 26	0. 000 19	0. 000 14	0. 000 10	0. 000 07
0. 000 04	0. 000 02	0. 000 01					

以上为 50 Hz　李子波　$\mathrm{d}t = 1$ ms　100 个点的数据

——40 Hz　李子波　LW-C40. 1 ms　150 点　$\mathrm{d}t = 1$ ms

ASC Ⅱ码文件名：LWC40A

		0. 000 00					
0. 476 95	0. 839 43	1. 000 00	0. 961 85	0. 769 31	0. 483 79	0. 166 55	− 0. 131 90
− 0. 376 54	− 0. 548 36	− 0. 642 16	− 0. 663 16	− 0. 623 24	− 0. 537 68	− 0. 422 49	− 0. 292 58
− 0. 160 59	− 0. 036 34	0. 073 19	0. 163 73	0. 233 31	0. 281 79	0. 310 38	0. 321 21
0. 316 97	0. 300 57	0. 274 93	0. 242 78	0. 206 61	0. 168 53	0. 130 31	0. 093 34
0. 058 70	0. 027 12	− 0. 000 92	− 0. 025 15	− 0. 045 52	− 0. 062 10	− 0. 075 07	− 0. 084 69
− 0. 091 27	− 0. 095 16	− 0. 096 71	− 0. 096 26	− 0. 094 15	− 0. 090 69	− 0. 086 19	− 0. 080 88
− 0. 075 02	− 0. 068 79	− 0. 062 38	− 0. 055 93	− 0. 049 55	− 0. 043 35	− 0. 037 40	− 0. 031 75
− 0. 026 46	− 0. 021 54	− 0. 017 02	− 0. 012 89	− 0. 009 16	− 0. 005 82	− 0. 002 85	− 0. 000 25
0. 002 02	0. 003 97	0. 005 63	0. 007 01	0. 008 15	0. 009 06	0. 009 78	0. 010 31
0. 010 68	0. 010 91	0. 011 02	0. 011 02	0. 010 93	0. 010 77	0. 010 54	0. 010 26
0. 009 93	0. 009 57	0. 009 19	0. 008 79	0. 008 37	0. 007 95	0. 007 52	0. 007 10
0. 006 68	0. 006 27	0. 005 88	0. 005 49	0. 005 11	0. 004 75	0. 004 41	0. 004 08
0. 003 77	0. 003 47	0. 003 19	0. 002 93	0. 002 68	0. 002 45	0. 002 23	0. 002 02
0. 001 84	0. 001 66	0. 001 50	0. 001 34	0. 001 20	0. 001 08	0. 000 96	0. 000 85
0. 000 75	0. 000 66	0. 000 57	0. 000 50	0. 000 43	0. 000 37	0. 000 31	0. 000 26
0. 000 21	0. 000 17	0. 000 14	0. 000 10	0. 000 07	0. 000 05	0. 000 02	0. 000 00
− 0. 000 01	− 0. 000 03	− 0. 000 04	− 0. 000 05	− 0. 000 06	− 0. 000 07	− 0. 000 08	− 0. 000 08
− 0. 000 09	− 0. 000 09	− 0. 000 09	− 0. 000 10	− 0. 000 10	− 0. 000 09	− 0. 000 08	− 0. 000 07
− 0. 000 06	− 0. 000 05	− 0. 000 04	− 0. 000 03	− 0. 000 01			

以上为 40 Hz　李子波　dt = 1 ms　150 个点的数据

——30 Hz　李子波　LW-C30. 1 ms　150 点　dt = 1 ms

ASC Ⅱ 码文件名: LWC30A

		0. 000 00					
0. 361 03	0. 681 19	0. 899 35	1. 000 00	0. 988 04	0. 881 20	0. 704 14	0. 483 79
0. 245 83	0. 012 40	− 0. 199 11	− 0. 376 54	− 0. 512 72	− 0. 604 89	− 0. 653 86	− 0. 663 16
− 0. 638 12	− 0. 585 15	− 0. 511 05	− 0. 422 49	− 0. 325 71	− 0. 226 16	− 0. 128 48	− 0. 036 34
0. 047 46	0. 121 00	0. 183 13	0. 233 31	0. 271 60	0. 298 45	0. 314 65	0. 321 21
0. 319 29	0. 310 11	0. 294 92	0. 274 93	0. 251 29	0. 225 06	0. 197 19	0. 168 53
0. 139 79	0. 111 59	0. 084 43	0. 058 70	0. 034 70	0. 012 64	− 0. 007 34	− 0. 025 15
− 0. 040 79	− 0. 054 28	− 0. 065 67	− 0. 075 07	− 0. 082 58	− 0. 088 34	− 0. 092 49	− 0. 095 16
− 0. 096 52	− 0. 096 71	− 0. 095 87	− 0. 094 15	− 0. 091 67	− 0. 088 55	− 0. 084 92	− 0. 080 88
− 0. 076 53	− 0. 071 94	− 0. 067 20	− 0. 062 38	− 0. 057 54	− 0. 052 72	− 0. 047 98	− 0. 043 35
− 0. 038 86	− 0. 034 53	− 0. 030 40	− 0. 026 46	− 0. 022 73	− 0. 019 23	− 0. 015 95	− 0. 012 89
− 0. 010 05	− 0. 007 44	− 0. 005 04	− 0. 002 85	− 0. 000 87	0. 000 93	0. 002 54	0. 003 97

0.005 24	0.006 35	0.007 32	0.008 15	0.008 86	0.009 44	0.009 93	0.010 31
0.010 60	0.010 81	0.010 95	0.011 02	0.011 03	0.010 99	0.010 90	0.010 77
0.010 60	0.010 40	0.010 18	0.009 93	0.009 66	0.009 38	0.009 09	0.008 79
0.008 48	0.008 16	0.007 84	0.007 52	0.007 21	0.006 89	0.006 58	0.006 27
0.005 97	0.005 68	0.005 39	0.005 11	0.004 84	0.004 58	0.004 33	0.004 08
0.003 84	0.003 62	0.003 40	0.003 03	0.002 69	0.002 38	0.002 10	0.001 83
0.001 60	0.001 38	0.001 19	0.001 01	0.000 85	0.000 71	0.000 58	0.000 47
0.000 37	0.000 28	0.000 21	0.000 14	0.000 04			

以上为 30 Hz　李子波　dt = 1 ms　150 个点的数据

——20 Hz　李子波　LW-C20. 1 ms　250 点　dt = 1 ms

ASC Ⅱ 码文件名:LWC20A

			0.000 00				
0.238 11	0.475 22	0.678 72	0.836 39	0.942 62	0.996 37	1.000 00	0.958 36
0.878 00	0.766 52	0.631 88	0.482 04	0.324 47	0.165 95	0.012 36	−0.131 42
−0.261 54	−0.375 17	−0.470 45	−0.546 37	−0.602 69	−0.639 83	−0.658 74	−0.660 75
−0.647 54	−0.620 98	−0.583 03	−0.535 73	−0.481 06	−0.420 96	−0.357 23	−0.291 52
−0.225 34	−0.160 00	−0.096 64	−0.036 21	0.020 51	0.072 92	0.120 57	0.163 14
0.200 46	0.232 47	0.259 20	0.280 77	0.297 37	0.309 25	0.316 70	0.320 05
0.319 63	0.315 82	0.308 98	0.299 48	0.287 68	0.273 93	0.258 56	0.241 90
0.224 24	0.205 86	0.187 00	0.167 91	0.148 80	0.129 83	0.111 19	0.093 01
0.075 40	0.058 49	0.042 34	0.027 02	0.012 59	−0.000 91	−0.013 47	−0.025 06
−0.035 69	−0.045 36	−0.054 08	−0.061 88	−0.068 77	−0.074 80	−0.079 99	−0.084 38
−0.088 02	−0.090 94	−0.093 19	−0.094 82	−0.095 86	−0.096 36	−0.096 36	−0.095 91
−0.095 04	−0.093 81	−0.092 23	−0.090 37	−0.088 23	−0.085 87	−0.083 31	−0.080 59
−0.077 72	−0.074 75	−0.071 68	−0.068 54	−0.065 36	−0.062 16	−0.058 94	−0.055 72
−0.052 53	−0.049 37	−0.046 25	−0.043 19	−0.040 19	−0.037 26	−0.034 41	−0.031 64
−0.028 95	−0.026 36	−0.023 86	−0.021 46	−0.019 16	−0.016 95	−0.014 85	−0.012 84
−0.010 93	−0.009 13	−0.007 41	−0.005 80	−0.004 27	−0.002 84	−0.001 50	−0.000 25
0.000 92	0.002 01	0.003 02	0.003 96	0.004 82	0.005 61	0.006 33	0.006 99
0.007 58	0.008 12	0.008 60	0.009 03	0.009 41	0.009 74	0.010 03	0.010 27
0.010 47	0.010 64	0.010 77	0.010 87	0.010 94	0.010 98	0.010 99	0.010 98
0.010 95	0.010 89	0.010 82	0.010 73	0.010 62	0.010 50	0.010 37	0.010 22
0.010 06	0.009 90	0.009 72	0.009 54	0.009 35	0.009 15	0.008 96	0.008 75
0.008 55	0.008 34	0.008 13	0.007 92	0.007 71	0.007 50	0.007 29	0.007 08
0.006 87	0.006 66	0.006 46	0.006 25	0.006 05	0.005 85	0.005 66	0.005 47

0. 005 28	0. 005 09	0. 004 91	0. 004 74	0. 004 56	0. 004 39	0. 004 23	0. 004 07
0. 003 91	0. 003 75	0. 003 60	0. 003 46	0. 003 32	0. 003 18	0. 003 05	0. 002 92
0. 002 79	0. 002 67	0. 002 55	0. 002 44	0. 002 33	0. 002 22	0. 002 12	0. 002 02
0. 001 92	0. 001 83	0. 001 74	0. 001 65	0. 001 57	0. 001 49	0. 001 41	0. 001 34
0. 001 27	0. 001 20	0. 001 14	0. 001 07	0. 001 01	0. 000 95	0. 000 90	0. 000 85
0. 000 80	0. 000 75	0. 000 70	0. 000 66	0. 000 61	0. 000 57	0. 000 53	0. 000 47
0. 000 42	0. 000 36	0. 000 32	0. 000 27	0. 000 24	0. 000 20	0. 000 17	0. 000 14
0. 000 12	0. 000 10	0. 000 08	0. 000 06	0. 000 05	0. 000 03	0. 000 02	0. 000 01
0. 000 00							

以上为 20 Hz　李子波　$dt = 1$ ms　250 个点的数据

——10 Hz　李子波　$dt = 1$ ms　400 个点的数据,从略

说　明

以上 6 个李子波的第一个数是零,它也是子波的起始零位。

如果你采用抽稀程序 SPARSE,把 30 Hz 子波从零开始取双数抽成 60 Hz 李子波,你就发现 60 Hz 的数据与程序 LEEWAVE 所得的完全一样。但是把 20 Hz 子波抽成 40 Hz 的结果有所不同,这是由于子波的振幅归一化,当振幅包络线的极大值不在整数采样点上所引起。子波的形态还是对的,仅仅是差了千分之几的一个比例因子。

以上子波波形与采样率是无关的,如果采样率是 2 ms,那么 60 Hz 李子波就变成 30 Hz,采样率如果是 4 ms,60 Hz 李子波就变成 15 Hz。

2013-12-30

文章编号 105-3

李子波的反褶积试验

——最小相位子波的反褶积试验

长期以来，由于书本上没有一个解析的最小相位子波，人们没有办法用理论试算来验证诸如反褶积的效果。现在有了李子波，我们就可以计算了。这里作一介绍。

反褶积技术是地震勘探取得辉煌成效的重要手段。

大家知道我们的反褶积技术有两个基本假设：① 子波是最小相位。② 反射系数是白噪。但是没有办法证明这两条假设。

我用了最小相位的李子波做了许多试验。归纳写了此文。证明了即使子波已经是严格最小相位了，问题还出现在反射系数不是白噪。不过，只要资料质量好，人们还是可以得到反褶积的较好效果。

文章进一步对不同信噪比的地震资料作反褶积。发现信噪比很低的地震剖面不断做反褶积，去噪，再反褶积，再去噪……可以得到既成轴、分辨率又很高的剖面。但是其积分地震道剖面与地下波阻抗剖面的对比说明，这些同相轴完全是假象。

最后又用李子波和雷克子波的反褶积试验，探讨了瑞利准则分辨率定义的不合理性。如果没有噪声，李子波反褶积后，分辨率应该达到两个采样点。但是噪声是客观存在的。于是作者对地震分辨率的理解为："所谓的分辨率概念只能理解为对地下厚度为多少的砂层，反演后能有多少判断准确的概率而已。"

前　言

众所周知，反褶积方法要取得成功，需要假定子波是最小相位的。但是过去文献中没有解析的、现成的最小相位子波。现在我们有了最小相位李子波，就可以用模型测试的方法，来论证反褶积的功效。下面的 4 个章节就引出了很有趣的结果。

一、单道曲线模型的反褶积试验

我们知道，反褶积在地震资料处理技术中占有极重要的地位和作用。

在噪音可忽略的情况下，理论上的地震反射记录为一简单的褶积模型，即地震道 $x(t)$ 等于子波 $w(t)$ 褶积反射系数 $R(t)$：

152

$$x(t) = w(t) * R(t)$$

地震反演问题就是要从已知的一个地震道同时求解子波及反射系数,即利用一个方程式解出两个未知数。所以 1981 年在伊斯坦布尔召开的 EAEG 42 届年会上,Parasnis 认为根据"玻珀准则",地震道反演求解这两个未知数是属于"不科学的理论"的一类问题,即"其结果既不能被肯定,也不能被否定"。

然而事实上我们经常在用一个方程式解出两个未知数,其奥妙是我们常常可以通过掌握对两个未知数的某些先验知识,从而使问题得以解决。

(一)先验知识的来源有以下几个方面

(1)有的人从井出发来求得子波,有的人从地震记录上找海底波或基底波来近似子波,于是近似地解决了第一个未知数。

(2)在统计性的反褶积反演方法的建立时,对子波的特征作最小相位假设,并假设反射系数是白噪。这就是当前地震波处理中经常使用的脉冲反褶积及预测反褶积。

(3)另外一类方法就是必须假定反射系数是"稀疏的",如 L1 模反褶积和最大似然反褶积及最小熵反褶积等。

(二)反褶积的两个假设的现实性

"子波是最小相位的"——对于井炮爆炸子波来说,这个假设基本上是对的。

"反射系数序列接近为白噪"(或者表达为"反射系数的自相关接近为单脉冲")——这个假设有些问题,却是反褶积能否求解的重要前提。它也是在子波波形为未知的情况下,统计性反褶积的 Toeplitz 矩阵之所以能够求解的成败关键。

我们这次试验的目的是采用已经知道李子波是最小相位的情况下,来看看普通脉冲反褶积能不能求得准确的或者合理的地下反射系数,从而获得合理的波阻抗剖面。

下面让我们来准备做一个单道的反褶积试验:先用我的 WAVELEE. bas 程序来计算出一个李子波 WL60E。它属于第一类最小相位的李子波。如图 1 中的第 1 道波形。

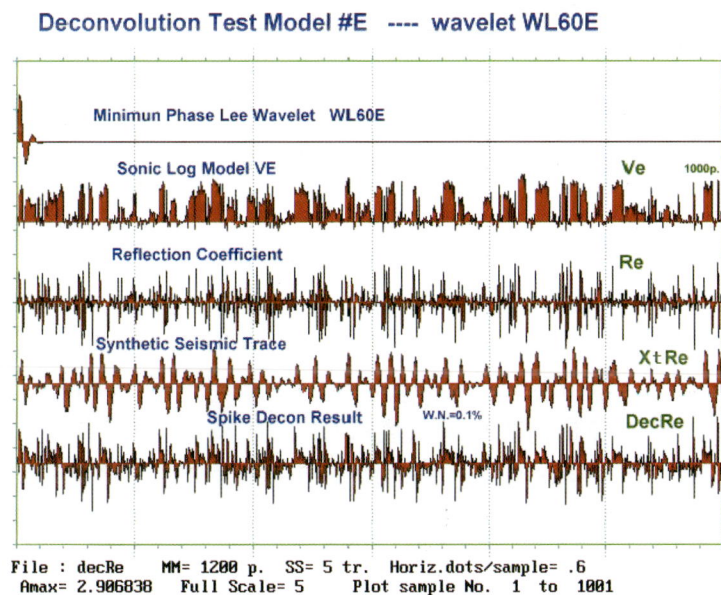

图 1 李子波 WL60E 反褶积模型试验

再用我的 SONIGEN. bas 程序,让计算机产生一个砂泥岩互层状的声波速度曲线 Ve,并且获得它的反射系数序列 Re,如图 1 中的第 2,第 3 道波形。

再用 CONVOLUT. bas 程序,褶积一个李子波 WL60E,可以得到理论的合成反射地震道 XtRe,然后做反褶积试验(图 1)。

这个李子波试验的效果很好!

现在我们用我的 DECON. bas 程序,作合成地震道 XtRe 的脉冲反褶积,看反褶积的效果。理论上来说,地震道经反褶积后应该与反射系数相当。图 1 中第 5 道(DecRe)是普通脉冲反褶积(白噪为 0.1%)的结果。与第 3 道反射系数 Re 作对比,肉眼对比可以看到,它们俩大致相似,但又不尽相同,前者尖锐,后者圆滑,存在有一定误差。

产生误差的原因有 3 个:① 反射系数并非严格白噪,见图 2 右下方的 F,它的自相关不仅仅是中央一根棍;② 普通脉冲反褶积是一种统计性的反褶积,非确定性反褶积,它是最小平方意义上的近似解;③ 反褶积中采用了白噪系数为 0.1%,并且反算子不可能无限长,不能要求反褶积后子波压缩成一个脉冲棍,而是图 2 左下方 D 的样子,在一个脉冲后还有两根短脉冲。

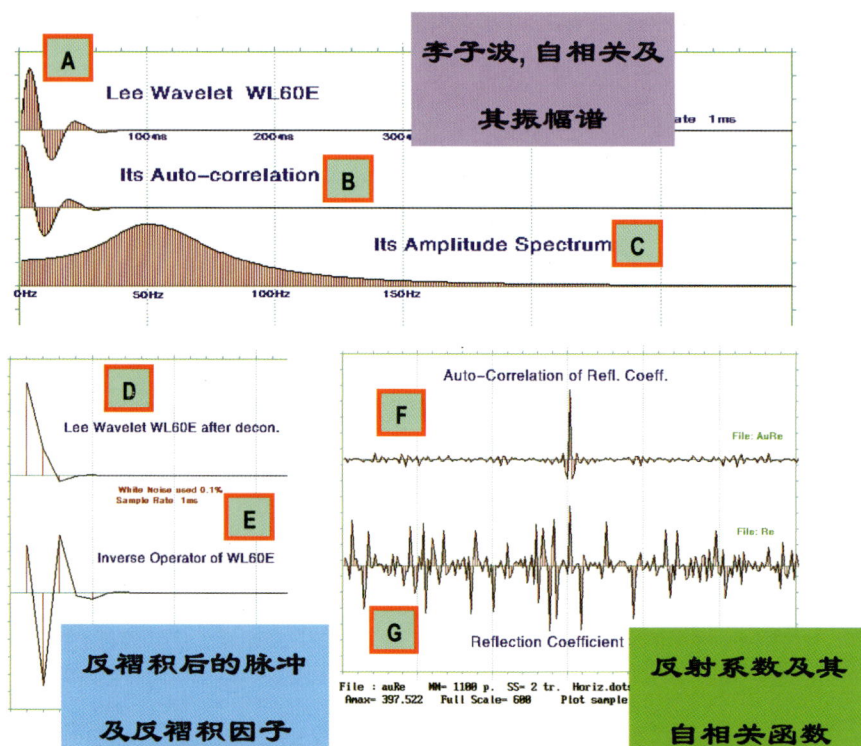

图 2 李子波及其反褶积后的脉冲、反子波、反射系数及其自相关函数

反褶积效果与反射系数的进一步对比见图 3。

图 3 中第一条曲线是普通反褶积后的地震道 DecRe,第二条曲线是地下反射系数的答案 Rea,再在子波波形为已知的条件下的"子波反褶积"(也是用白噪千分之一),得到第三条曲线 DeRe。

所谓"子波反褶积"就是当子波为已知,也用我的 DECON.bas 程序,直接输入子波 WL60E(图 2 中的 A),求得它的反子波,即反褶积因子(图 2 左下角的 E)。于是可再用 E 直接褶积地震道 XTre,就完成"子波反褶积"。它属于确定性的反褶积。

相比之下,已知子波的"子波反褶积"效果比"统计性脉冲反褶积"的肯定要好。

再用我的 SIST. bas 程序,作一次积分地震道(它相当于一种相对波阻抗),再看反褶积效果与声波速度(或波阻抗)的对比效果(图 4)。

图 4 中第一条曲线是普通反褶积后的地震道经积分之后的结果 istRe；第二条是模型的声波速度曲线 VE（这里假定密度不变或与声波速度成正变关系，VE 就可代表波阻抗）；第三条曲线是子波波形为已知的条件下的子波反褶积后，经积分得到的结果 isRe。

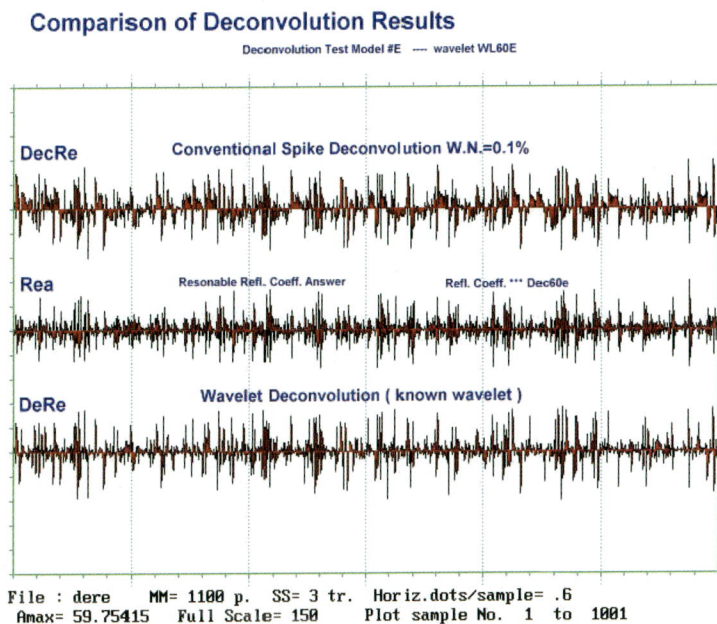

图 3　反褶积效果与反射系数的对比

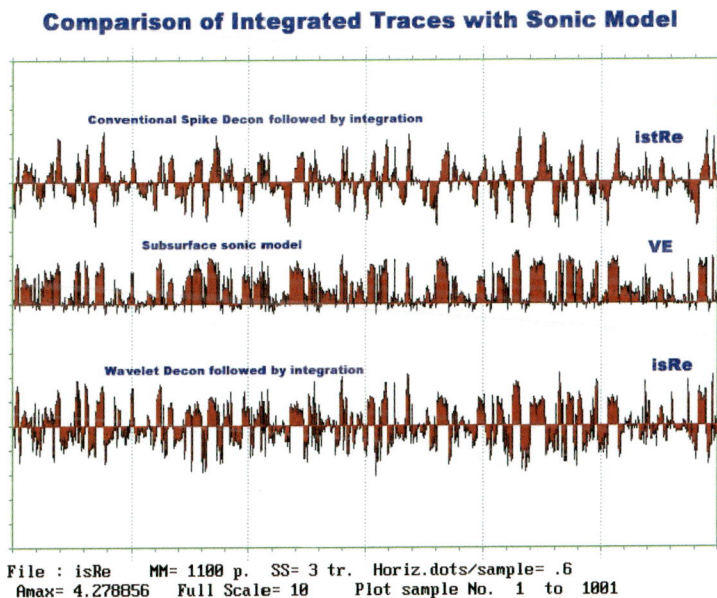

图 4　反褶积后积分道效果与声波速度模型的对比

相比之下，也是已知子波的子波反褶积效果比统计反褶积的要好。

由于图 4 中地下声波速度曲线的基线与其他两条曲线不一样，不便对比，于是我们把地下波阻抗曲线经过基线上移一半后，绘在图 5 第一道 VeD。图 5 中第二条曲线是普通反褶积后的地震道经积分之后即 istRe（白噪系数千分之一），它与地下波阻抗曲线大体一致，有误差，尤其是四个圆圈里面（那里泥岩较厚）。第三条曲线是子波波形为已知的条件下的子波反褶积后，经积分得到的 isRe，它与地下波阻抗曲线基本一致。

又作了白噪为 1E-06 的试验（图 6 及图 7），没有明显改进。

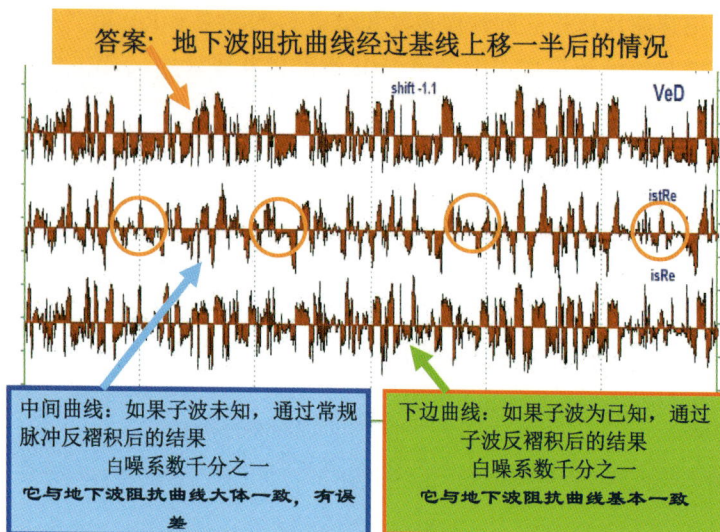

图5 反褶积后积分道效果与基线上移后声波速度模型的对比

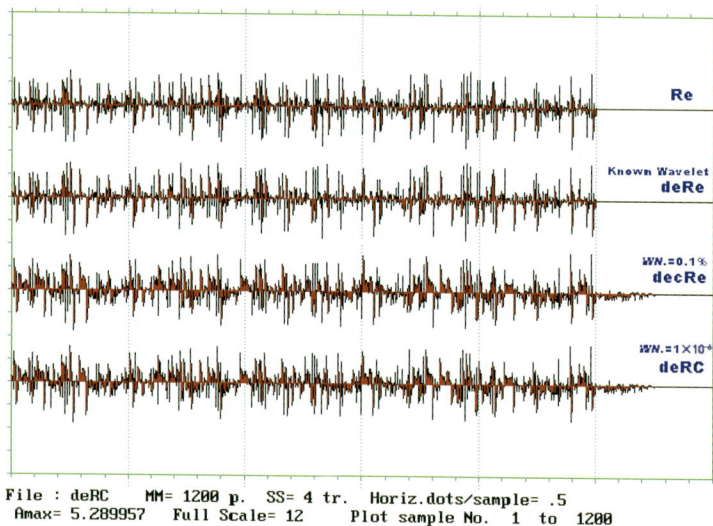

图6 反褶积结果与反射系数对比（白噪为 1×10^{-6}）

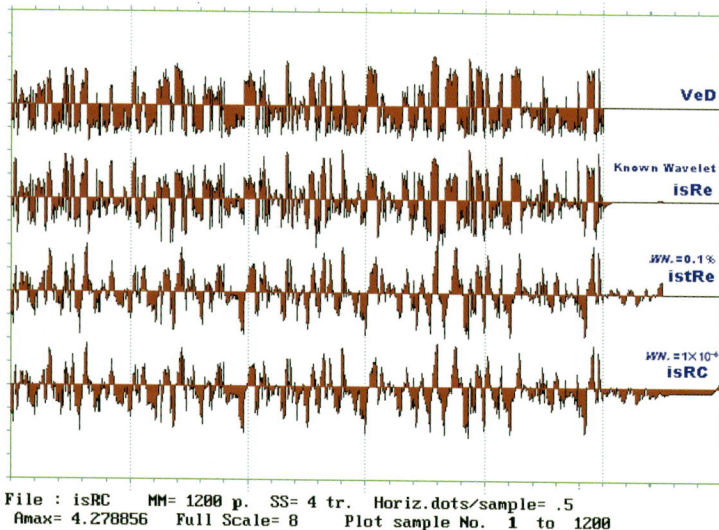

图7 积分地震道结果与波阻抗对比（白噪为 1×10^{-6}）

（三）结论

（1）只有在子波为已知的条件下，作了"子波反褶积"，才能获得比较准确的地下波阻抗的答案。很遗憾，一般情况下我们是很难知道子波的准确形态的。

（2）虽然子波已经是最小相位的了，在子波形态为未知的条件下，使用常规的脉冲反褶积，获得的波阻抗曲线也只是近似地与地下波阻抗曲线相似，存在一定误差。主要表现为一个样点的薄砂层及很厚的厚层（包括厚泥岩处）的误差较大。

（3）造成误差的主要原因要归结到反射系数的非白噪性方面。严格的白噪只有两种：① 全井段只有一个强反射脉冲；② 反射系数是一串随机数而且长度无限长。只有这两种情况，其自相关才是一个单脉冲。

（4）次要的原因是常规反褶积计算中为防止数据溢出，同时也是为了高频噪声不被放大，在 Toeplitz 矩阵的对角线上加上了千分之几的"白噪系数"，这就使振幅谱里小于千分之几的成分不能被恢复放大。

（5）很幸运，只要噪声不大，我们地震勘探的反褶积通常还能取得不错的波阻抗反演效果。虽然薄砂层往往不准，但中等厚度的砂层基本满足要求。要想求准厚砂层（包括厚泥岩）只能依靠准确加入波阻抗的"低频分量"，才能得到解决。

二、多道反褶积试验

（一）步骤 1

用我的 SONIGEN. bas 程序及砂层内插程序 SANDINTE. bas 制作多道的砂泥岩互层波阻抗模型，见图 8。再用 RCSONIC. bas 程序求得其反射系数序列，见图 9。

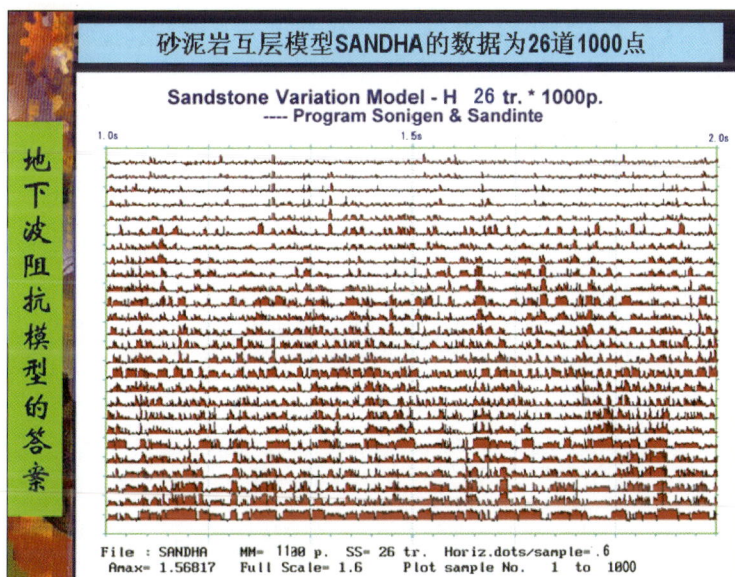

图 8　多道砂泥岩互层波阻抗模型

（二）步骤 2

用我的 WAVELEE. bas 程序生成李子波 WL60A。见图 10。

图 11 是李子波 WL60A 的振幅谱和相位谱。

再用 DECON. bas 程序求得其对应的反子波 INV60A（反褶积因子）。见图 12。

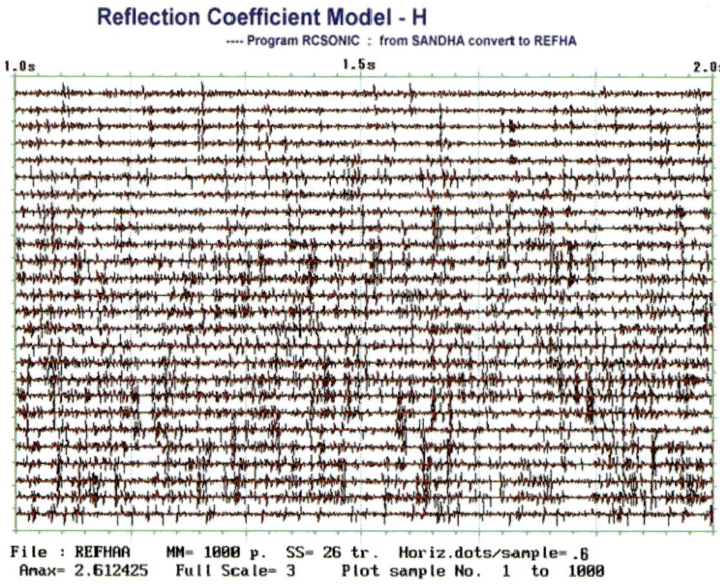

图 9 砂泥岩互层模型 SANDC 的反射系数序列 REFHA

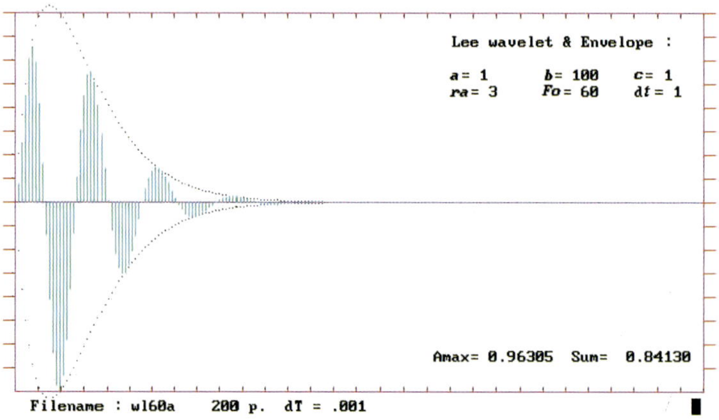

图 10 李子波 WL60A 波形图

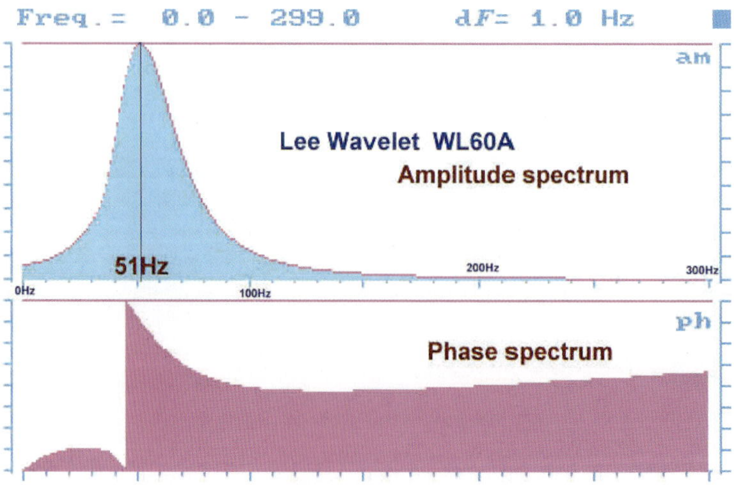

图 11 李子波 WL60A 的振幅谱和相位谱

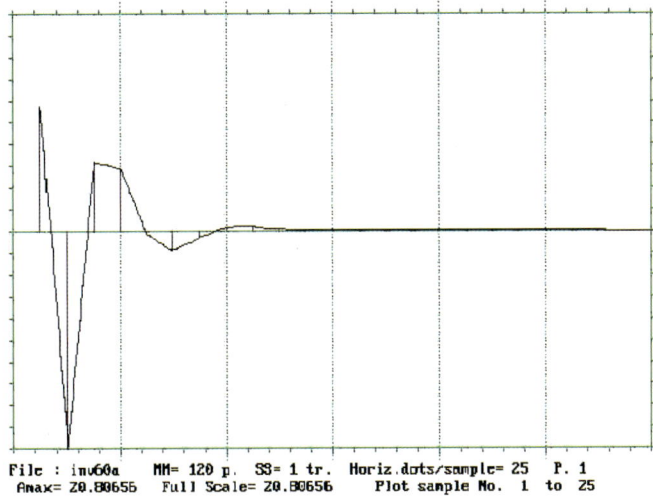

图 12　李子波所对应的反子波 INV60A 波形图

（三）步骤 3

用 MATCONVO. bas 程序做褶积，合成地震道，形成地震剖面。图 13 即为反射系数序列褶积子波得到的合成多道地震道剖面。

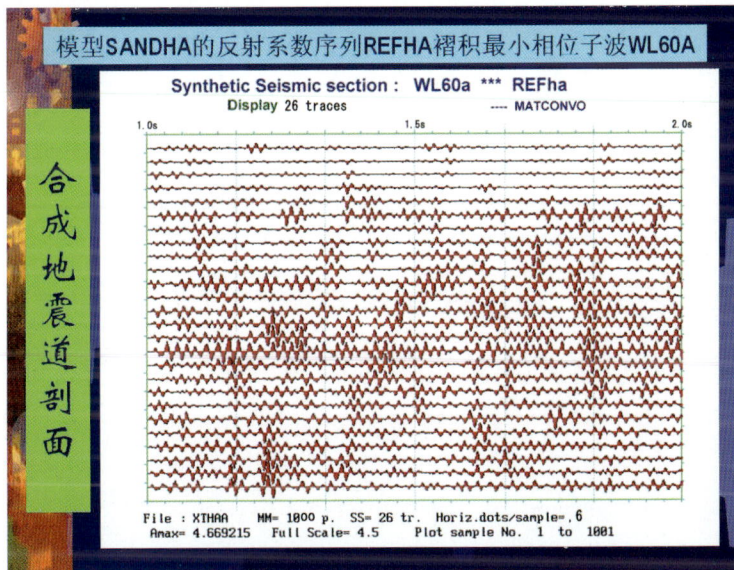

图 13　反射系数序列褶积子波得到合成地震道剖面

（四）步骤 4

对合成地震道剖面在已知子波的情况下，进行子波反褶积，子波反褶积后的效果见图 14。在进行完子波反褶积之后，再进行积分地震道处理形成积分地震道剖面（即相对波阻抗），采用统一基线偏移，见图 15。然后与初始的地下波阻抗模型图对比，见图 16。

在图 16 中，红圈所圈部位是吻合很好的；绿圈所圈部位是吻合尚可的，薄层变厚了；蓝圈是吻合较差的，厚层变薄了。

通过对比可知，对合成地震道剖面而言：

（1）在已知子波的情况下，做子波反褶积的效果很不错。

（2）积分地震道剖面与地下答案基本吻合。

159

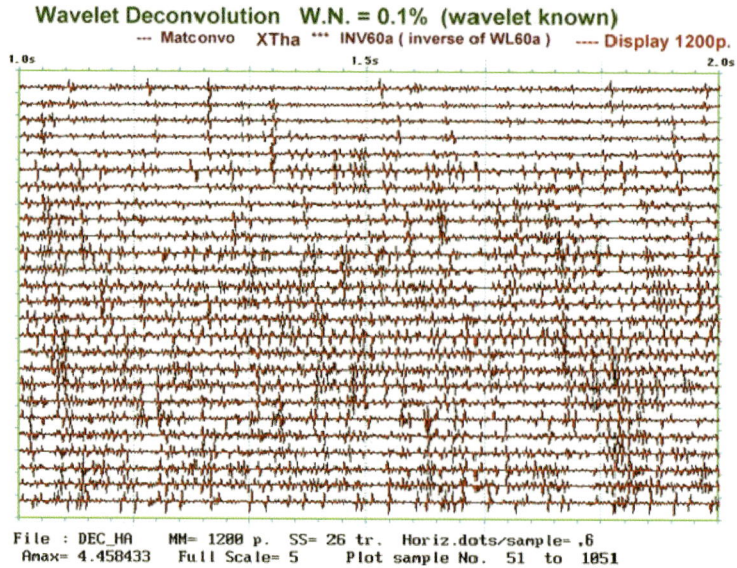

图 14　子波反褶积效果

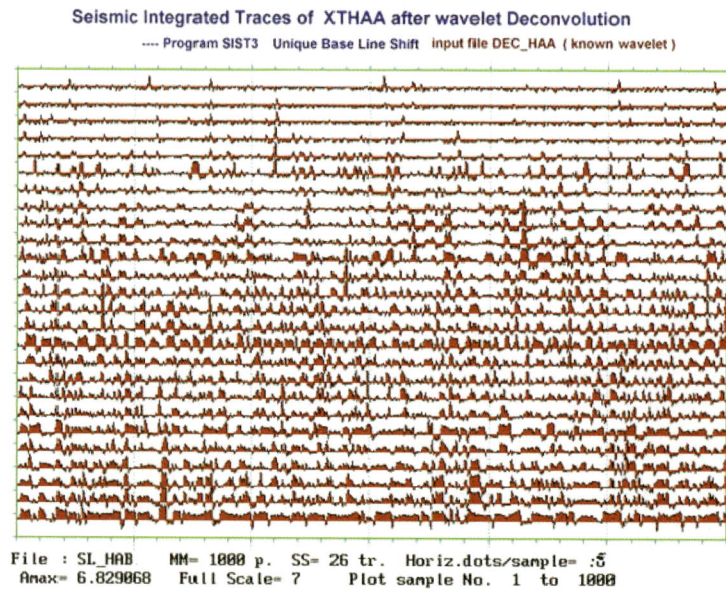

图 15　子波反褶积之后做积分地震道剖面（即相对波阻抗）

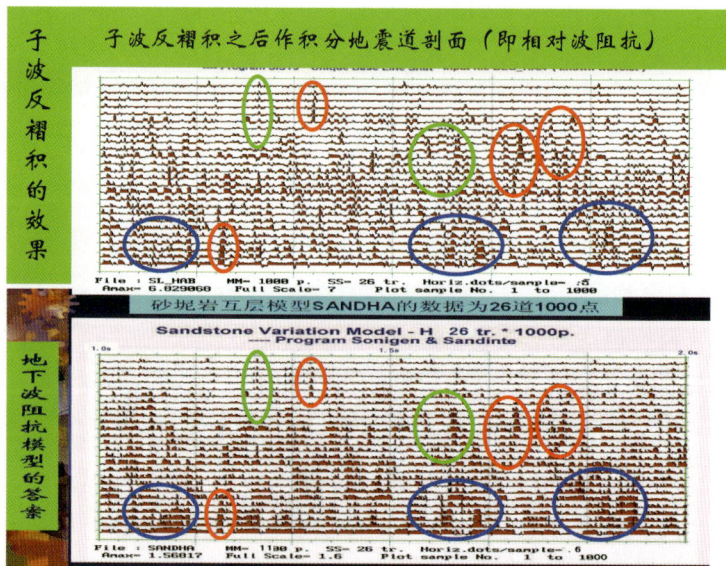

图 16　积分地震道剖面（即相对波阻抗）与原波阻抗模型剖面对比

（五）步骤 5

在合成地震道剖面在未知子波的情况下，分析统计性脉冲反褶积的效果。

图 17 为 sandha 模型的合成地震道剖面 xthaa 作单道脉冲反褶积的结果。

图 18 为进行多道统计脉冲反褶积的试验结果——它是用各单道脉冲反褶积算子平均求得的统计反褶积因子去褶积每一道。反褶积因子长 100 点、白噪为千分之一。

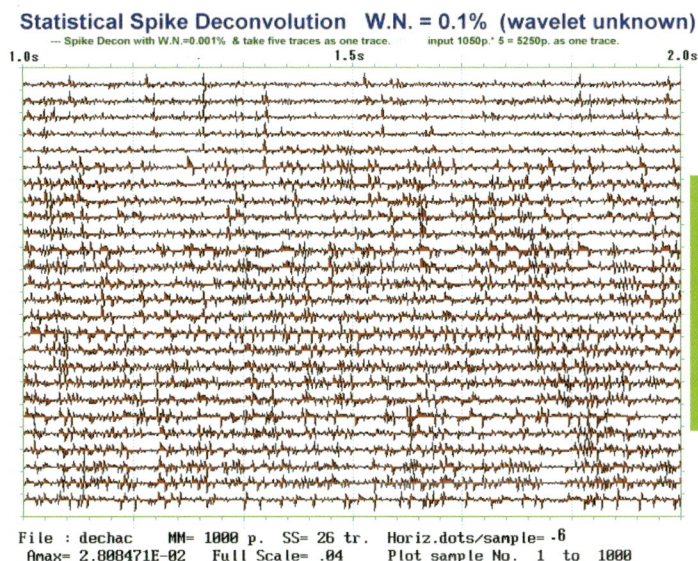

图 17　sandha 模型的合成地震道剖面 xthaa 做单道脉冲反褶积

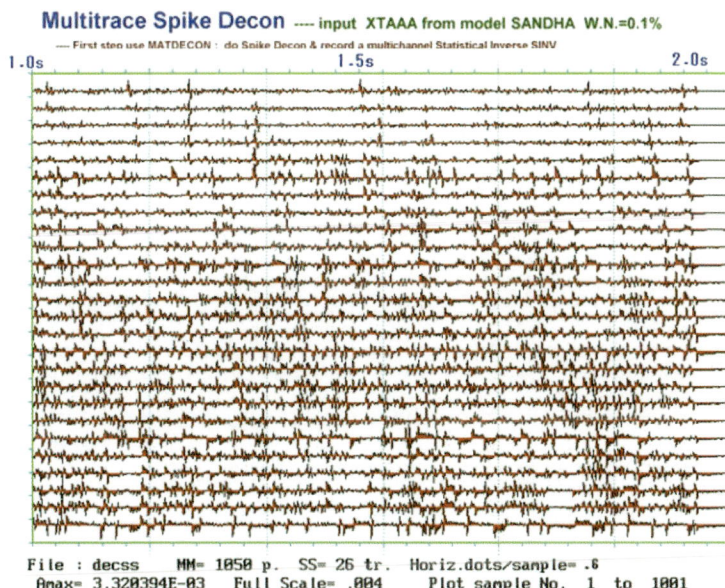

图 18　sandha 模型的合成地震道剖面 xthaa 做多道统计脉冲反褶积

（六）步骤 6

反褶积之后做积分地震道剖面（即相对波阻抗），与地下波阻抗剖面的对比效果。

图 19 为常规单道脉冲反褶积后再做积分地震道的结果。

图 20 为多道统计反褶积后再做积分地震道的结果。图 19 与图 20 相比较，可见多道统计反褶积的积分地震道剖面比常规单道脉冲反褶积的效果要好。

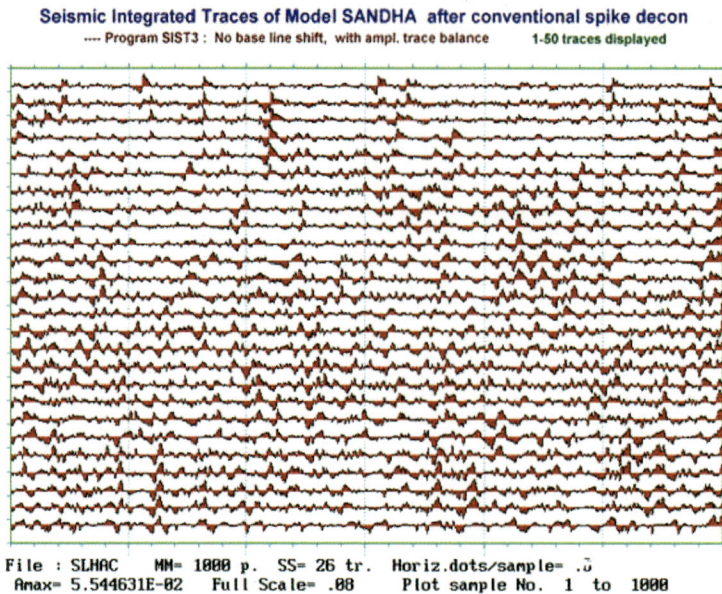

图19　常规单道脉冲反褶积后再做积分地震道的结果

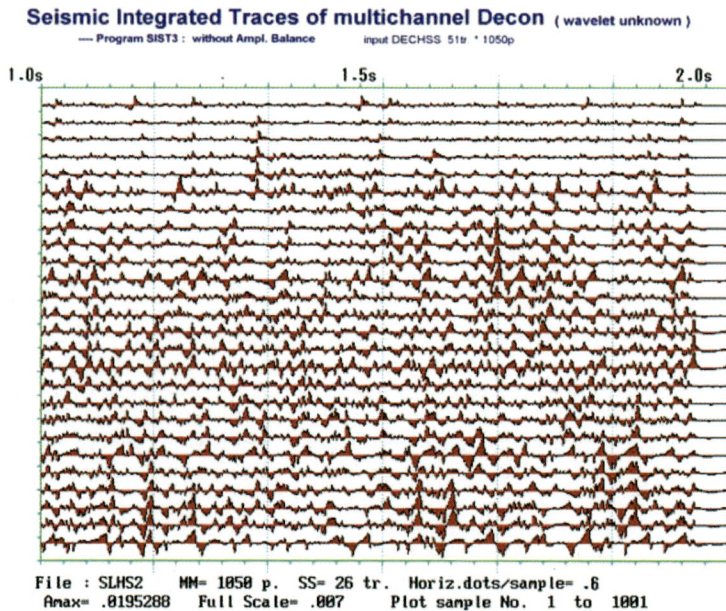

图20　多道统计反褶积后再做积分地震道的结果

图21为把统计反褶积后再做积分地震道处理结果与原模型对比图。

通过图21的对比可看出：

（1）只要没有噪声，在子波未知的情况下，做统计脉冲反褶积的效果还可以。

（2）积分地震道结果与地下答案大体吻合，如红圈所示。砂层的位置基本对，厚薄不太对，如图21中黄圈及天蓝色圈所示。

（3）由此可见：只要信噪比比较高的资料，即使子波为未知，采用统计性的脉冲反褶积，并随后作相对波阻抗，一般能得到大致与地下砂层分布的较好符合。由于反褶积的子波的频带恢复的有限性，较厚砂层及最薄的砂层往往反演后厚度不准确。

下面我们分析一下砂泥岩互层模型的合成地震道各道的振幅谱、反射系数的振幅谱、相位谱以及反射系数序列的自相关结果。参见图22～图25。通过频谱图可看出：我们的砂泥岩互层模型的反射系数不是白噪。如图 23 中反射系数振幅谱缺乏低频成分，左方振幅很小。反射系数的相位谱中在不同相邻频率存在 0°～360° 的剧烈变化。而反射系数序列的自相关函数也不是尖脉冲。

如果反射系数是白噪，其自相关应该是一个脉冲。

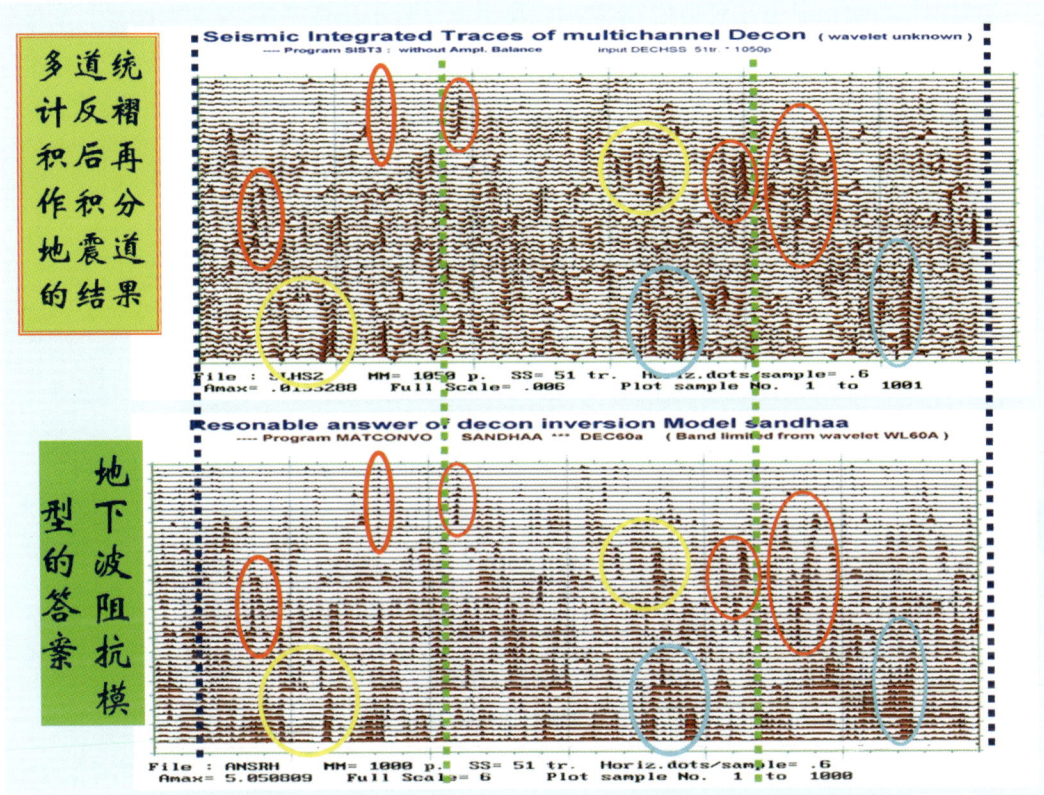

图 21　多道统计反褶积后再作积分地震道的处理结果与地下砂层模型的对比

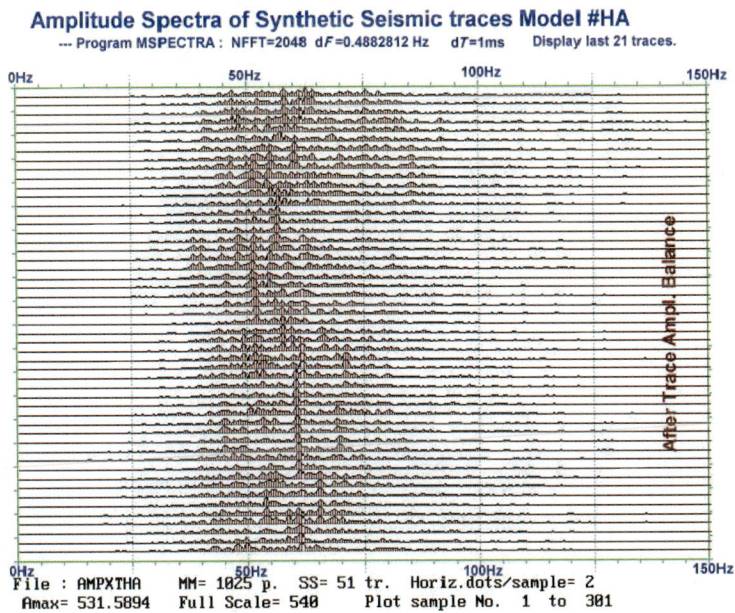

图 22　我们的砂泥岩互层模型的合成地震道各道的振幅谱

（七）结论

在无噪声的情况下，如果子波为已知，则地震道通过子波反褶积，再进行积分地震道，就可以较好地逼近地下真实的砂泥岩互层模型。

但是一般情况下我们的子波是未知的，本试验已经采用了最小相位子波，反褶积效果还不够好的原因是因为反射系数并不严格满足白噪的假定。一般反射系数的振幅谱缺乏低频，相邻地震道的相位谱变化剧烈，而且自相关不是"激冲函数"。所以，要通过地震道求得波阻抗，只能获得近似解。

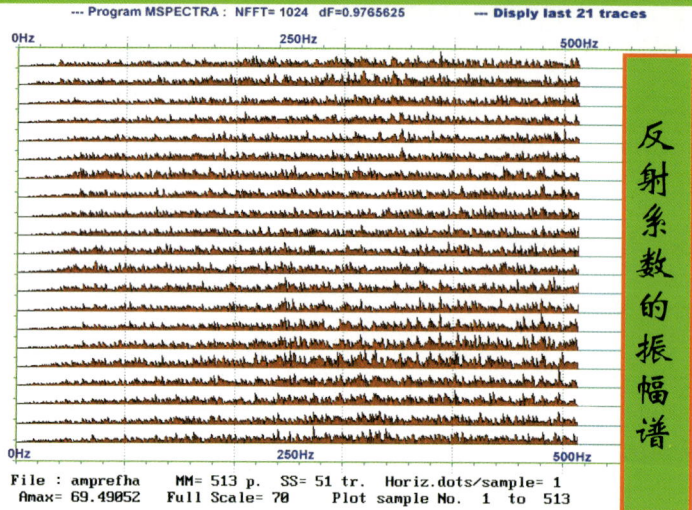

图 23　反射系数的振幅谱

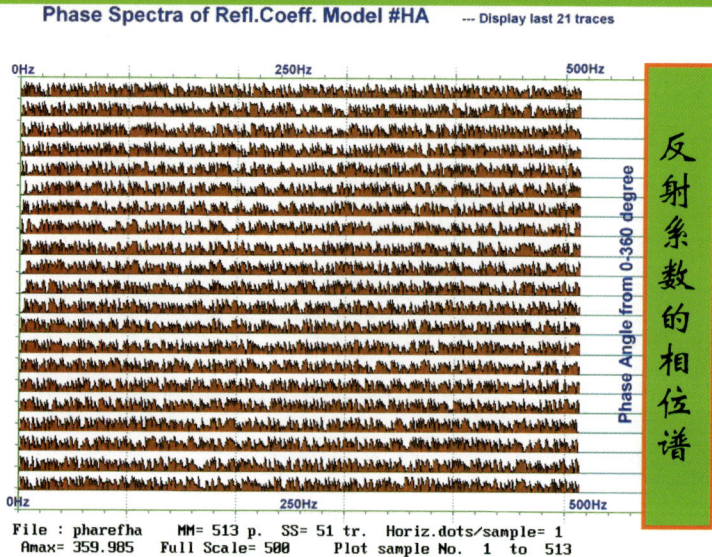

图 24　反射系数序列的相位谱

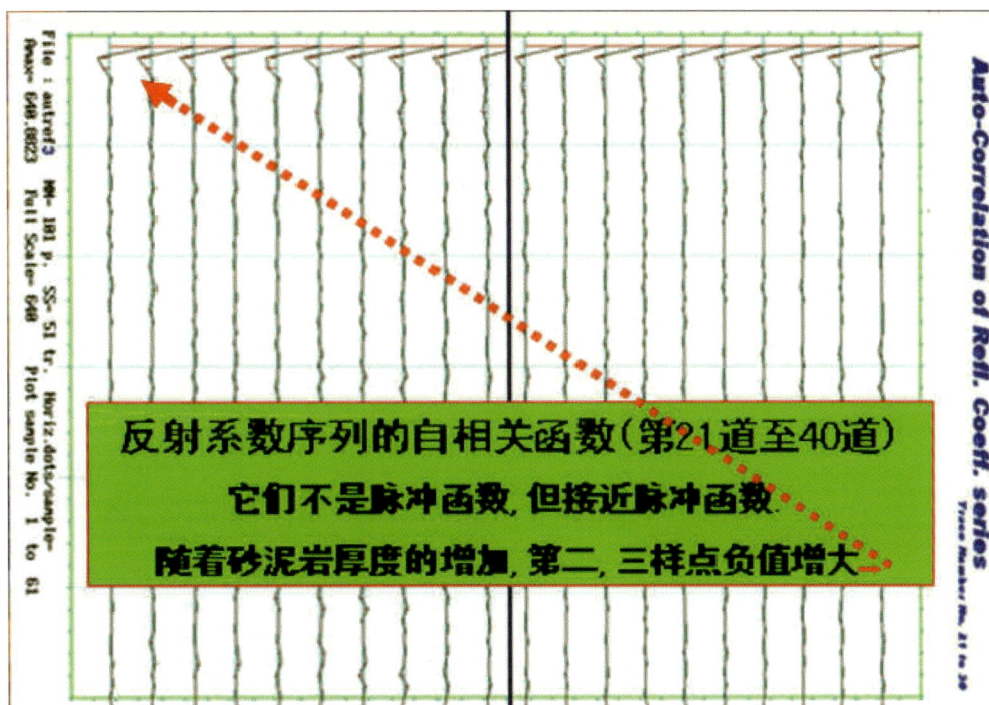

图25　反射系数序列的自相关结果

三、多道不同信噪比的反褶积试验

　　将图1中所示的单道合成地震记录道 xtRe 重复拷贝 30 道,组成我们的纯信号模型(图26),再使用我们设计好的包含低频及高频的随机干扰模型,组成信噪比 S/N 分别为 0、1/8、1/4、1/2、1.0、2.0、4.0、8.0 的不同信噪比的理论剖面(依次见图27~图34)。

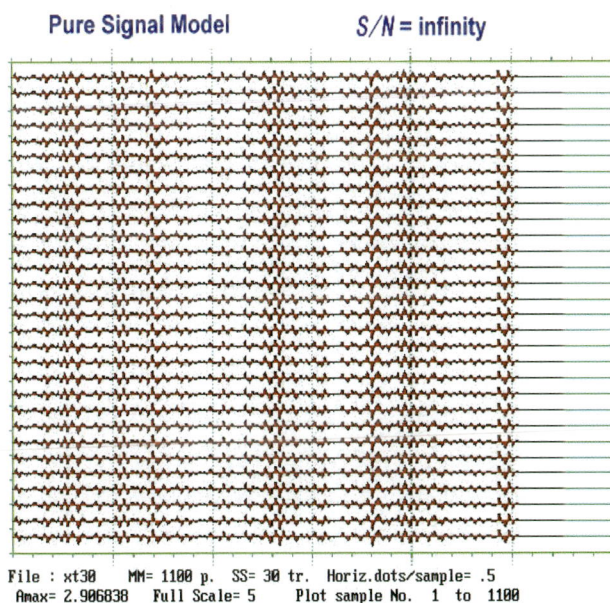

图26　纯信号模型的剖面

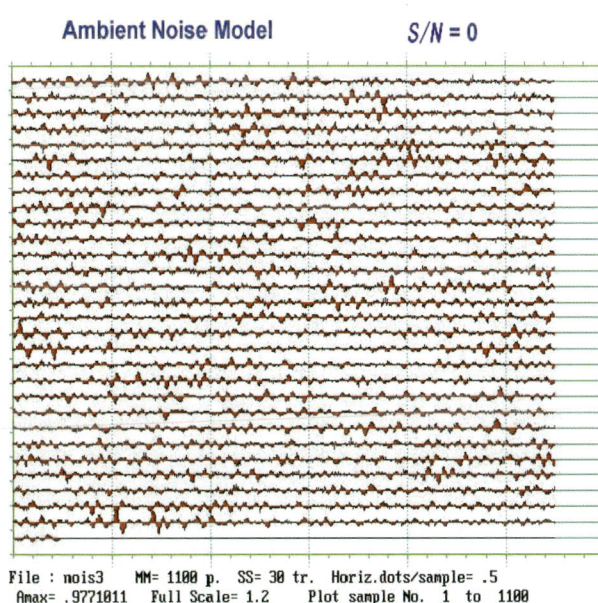

图27　纯噪声模型的剖面

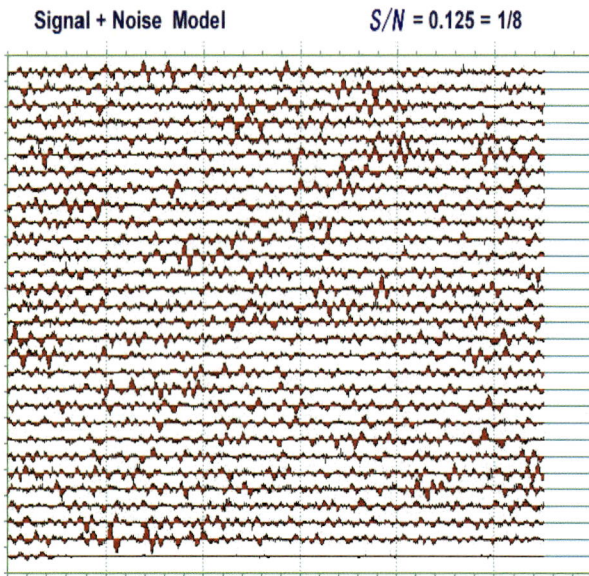

图 28　信噪比 = 1/8(S/N = 1/8)的信号 + 噪音模型

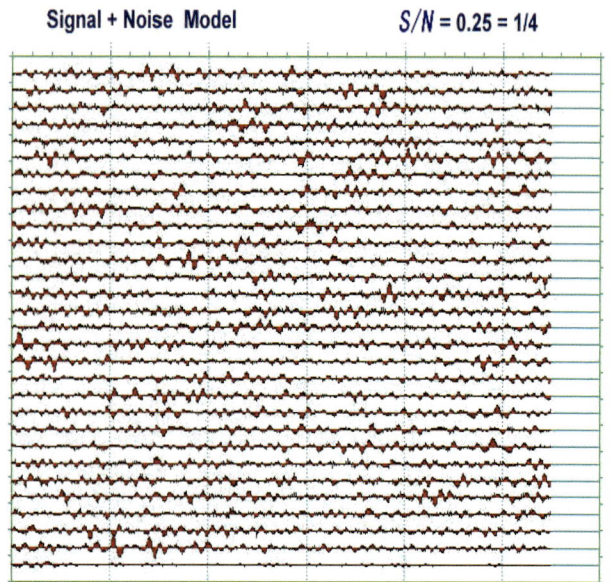

图 29　信噪比 = 1/4(S/N = 1/4)的信号 + 噪音模型

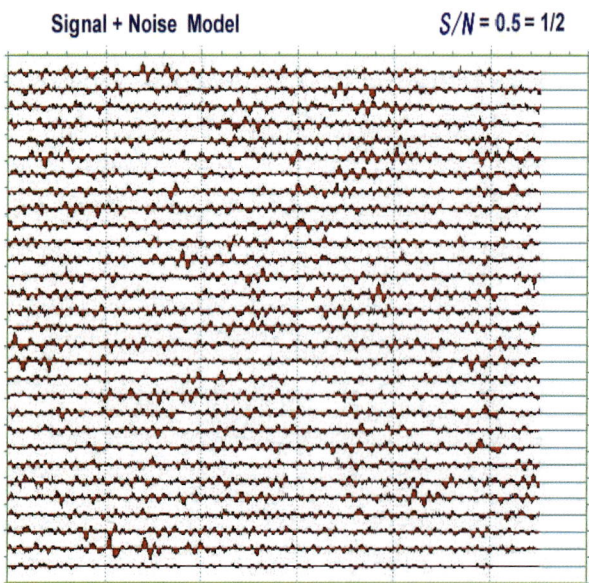

图 30　信噪比 = 1/2(S/N = 1/2)的信号 + 噪音模型

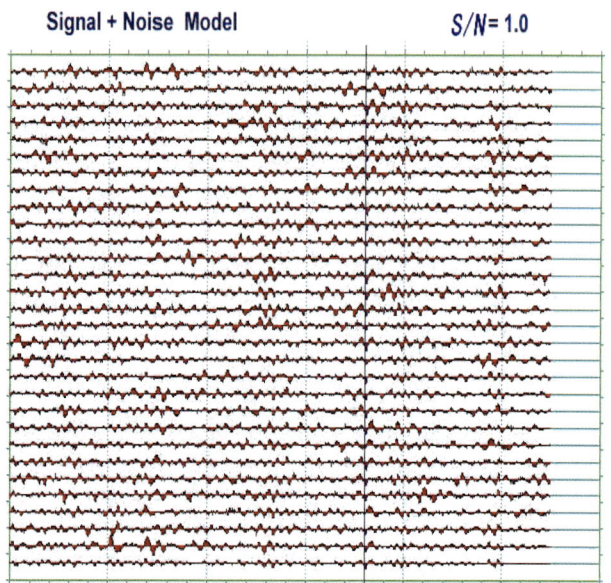

图 31　信噪比 = 1.0(S/N = 1)的信号 + 噪音模型

　　我于 1986 年在《石油地球物理勘探》发表的《低信噪比地震资料的基本概念和质量改进方向》(低信噪比地震资料的基本概念和质量改进方向. 石油地球物理勘探,1986,21(4):343～364)一文中,从不同信噪比的理论记录出发,总结了不同信噪比地震记录的视觉效果。这一总结展示在低信噪比地震资料的基本概念和图 35 不同信噪比记录道的视觉效果分析中。这些结论也可以通过分析图 27～图 34 而得到。

　　低信噪比地震资料的基本概念:

　　(1)信号与噪声相互干涉的理论记录的分析。

　　(2)强波独占原理——肉眼只能看到强波。

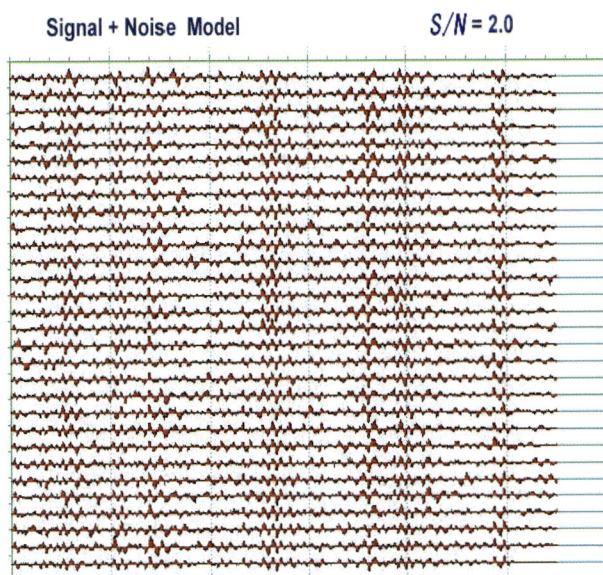

图32　信噪比 ＝ 2.0(S/N ＝ 2)的信号 ＋ 噪音模型

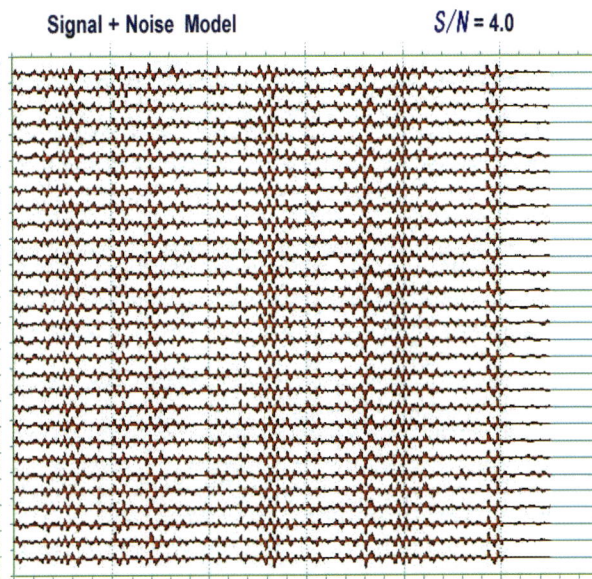

图33　信噪比 ＝ 4.0(S/N ＝ 4.0)的信号 ＋ 噪音模型

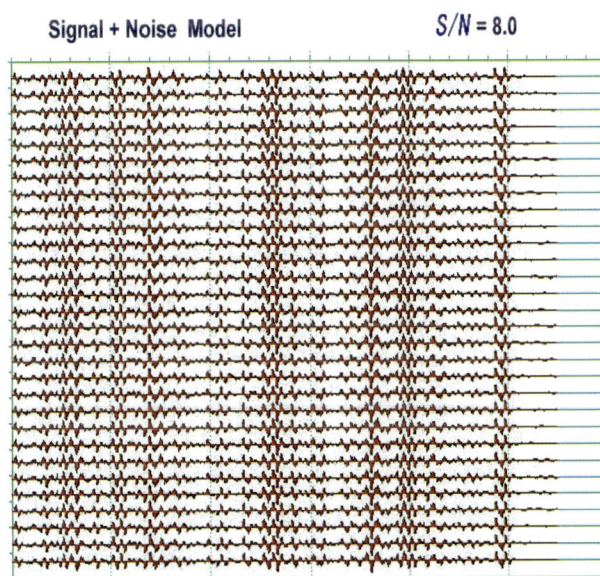

图34　信噪比 ＝ 8.0(S/N ＝ 8.0)的信号 ＋ 噪音模型

（3）信噪比大于2时,波形向信号靠近;小于1/2时波形向干扰靠近。在信噪比等于1时存在一个"转折点"。

（4）信噪比等于1时,能看到一半的同相轴;信噪比小于0.6时看不到同相轴的任何影子。

（5）信噪比小于0.5时,速度谱由干扰波所控制,无效。

（6）信噪比小于0.4时,自动静校正失效,给出错误值。

（7）信噪比小于0.15时,大概无法处理入门(除非静校正过关,覆盖次数非常高)。

下面展示一下我所做的多道不同信噪比的反褶积试验。通过不断的做反褶积,去噪,再反褶积,再去噪,之后再进行积分地震道,把积分地震道剖面与地下波阻抗剖面进行对比,我们看一下效果。

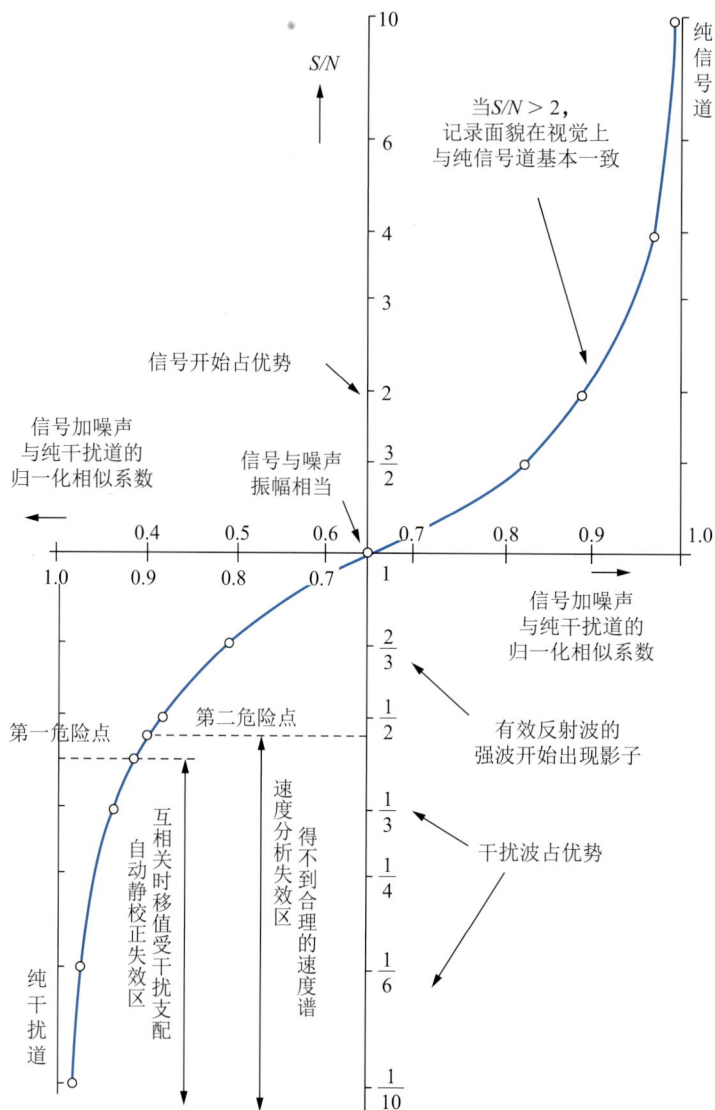

图 35　不同信噪比记录道的视觉效果分析

（一）信噪比为 1/8 的剖面的反褶积试验

从图 28 可看出，对于信噪比为 1/8 的剖面，反射同相轴完全看不见。但经过多次反褶积和噪音压制处理后就不是这样了，图 36～图 41 分别为对 $S/N = 1/8$ 的理论剖面依次进行反褶积和压噪后的剖面，我们看试验效果：

信噪比很低的地震剖面不断做反褶积，去噪，再反褶积，再去噪……可以得到既成轴，分辨率又很高的剖面，但是它不是真实的。

图 42 中的上图为 $S/N = 1/8$ 经两次去噪及三次反褶积后再积分道，下图为纯信号经两次去噪及三次反褶积后积分道的正确答案。

图 43 中的上图为信噪比为 1/8 的剖面通过三次反褶积加去噪之后再作积分的剖面，下图为纯噪声的剖面通过三次反褶积加去噪之后再作积分的剖面。

结论：信噪比很低的地震剖面不断做反褶积，去噪，再反褶积，再去噪……可以得到既成轴，分辨率又很高的剖面，但是其积分地震道剖面与地下波阻抗剖面的对比说明，这些同相轴完全是假象。

S/N = 1/8　section after Spike Decon
---- It's almost same as pure noise model after Decon.

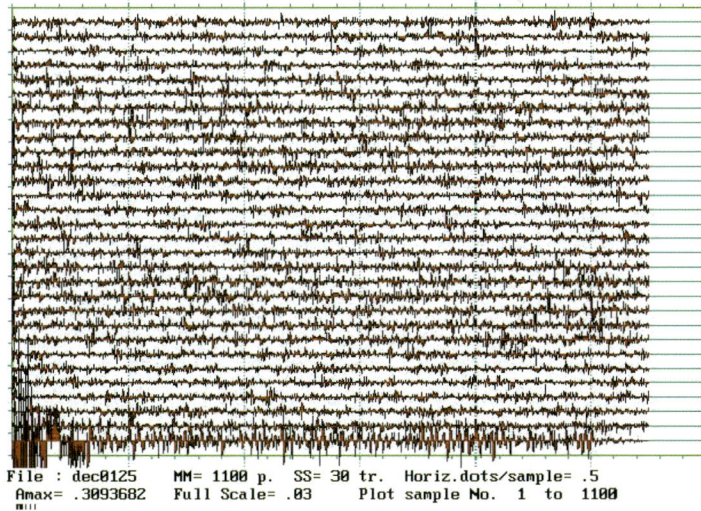

File : dec0125　　MM= 1100 p.　SS= 30 tr.　Horiz.dots/sample= .5
Amax= .3093682　Full Scale= .03　　Plot sample No.　1　to　1100

图36　$S/N = 1/8$ 第一次反褶积剖面

TRACOMBI : noise suppression 3 traces-Mixing.　　input DEC0125 **S/N = 1/8**
---- display 30 traces * 1100 samples long

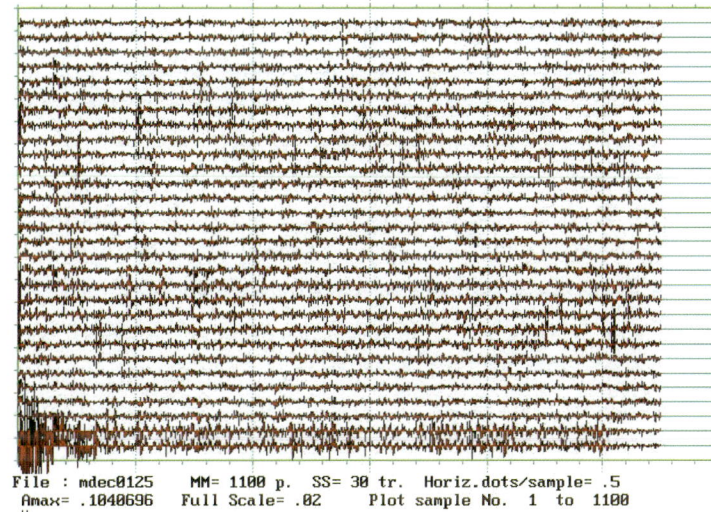

File : mdec0125　　MM= 1100 p.　SS= 30 tr.　Horiz.dots/sample= .5
Amax= .1040696　Full Scale= .02　　Plot sample No.　1　to　1100

图37　$S/N = 1/8$ 第一次噪音压制后剖面

Decon section with trace Mixing and do Decon again.
--- MATDECON : Spike decon once more !　W.N.=0.1%　　input MDEC0125 S/N = 1/8

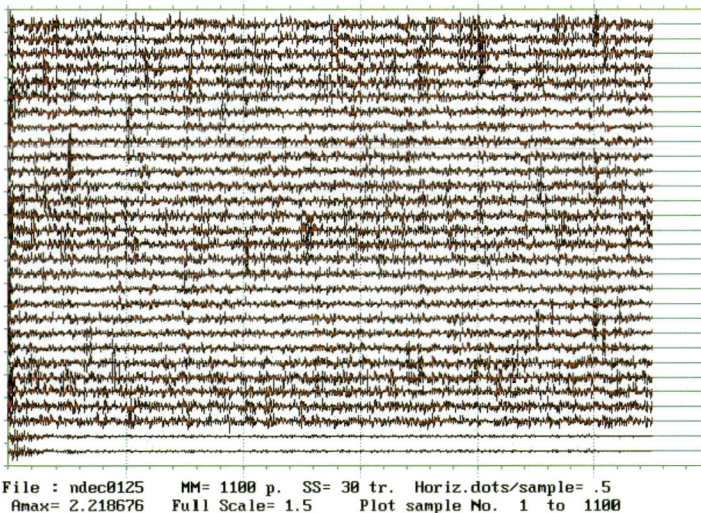

File : ndec0125　　MM= 1100 p.　SS= 30 tr.　Horiz.dots/sample= .5
Amax= 2.218676　Full Scale= 1.5　　Plot sample No.　1　to　1100

图38　经第二次反褶积后剖面

169

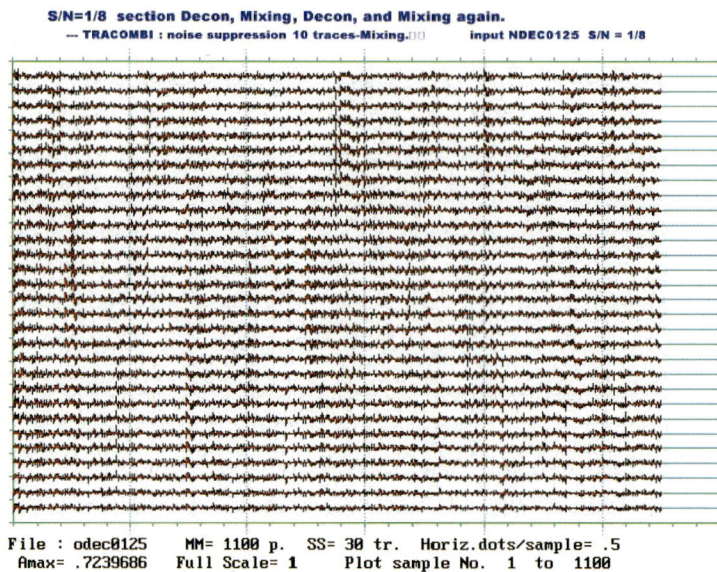

图 39　再作第二次噪音压制后剖面

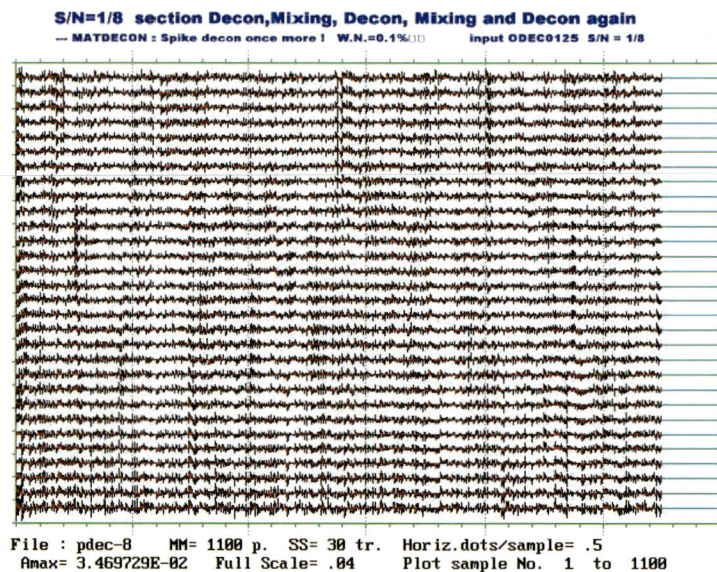

图 40　对 $S/N=1/8$ 进行第三次反褶积后剖面

（二）信噪比为 4 的剖面的试验（接近纯信号）

我们看信噪比 $S/N=4.0$ 经同样处理后的试验结果（图 44）。

图 44 中的上图为信噪比为 4 的剖面通过三次反褶积加去噪之后再作积分的剖面，下图为纯信号理论剖面通过三次反褶积加去噪之后再作积分的剖面。

通过图 44 的对比分析可看出，信噪比为 4 的剖面通过三次反褶积加去噪之后，再作积分地震道（相对波阻抗）剖面，其内容仍旧是真实的，分辨率大大提高，信噪比也很好。

本试验证明它和纯信号通过三次反褶积加去噪之后再作积分地震道的剖面完全一样。不会出现假剖面。

（三）信噪比为 1 的剖面的试验

我们看信噪比 $S/N=1.0$ 经同样处理后的试验结果（图 45）。

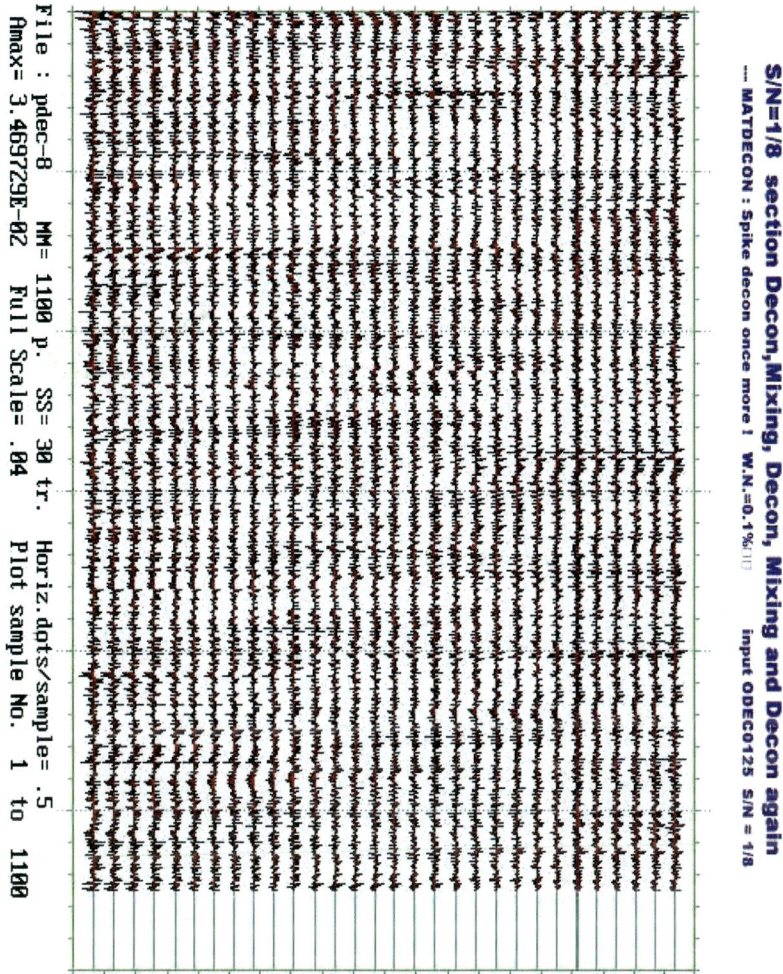

图41　对图40转90°后(横过来绘)的经三次反褶积去噪的剖面

可以得到既成轴,分辨率又很高的剖面,但是其积分地震道剖面与地下波阻抗剖面的对比说明,
这些同相轴完全是假象。

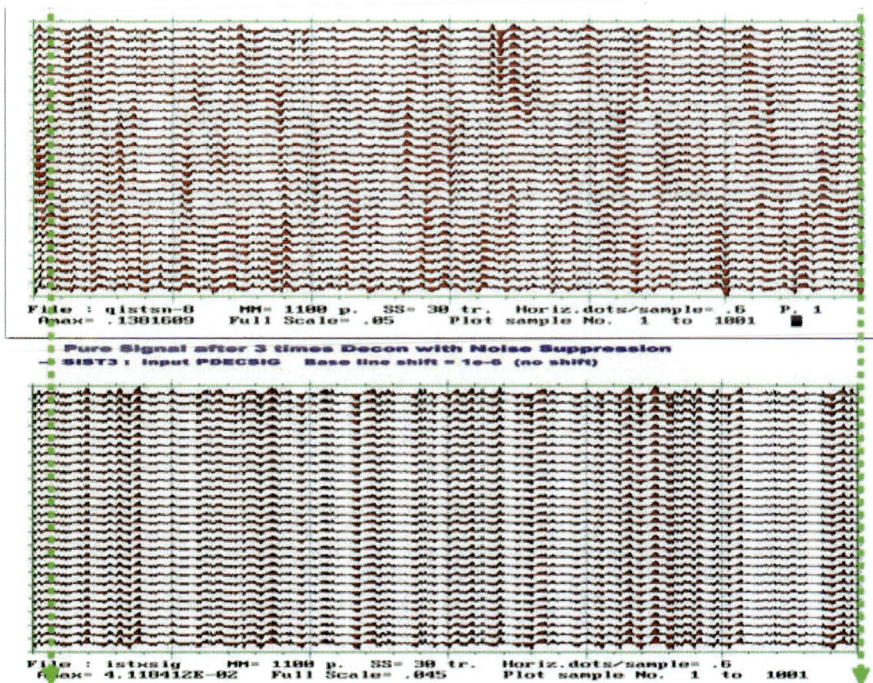

图42　$S/N = 1/8$ 与纯信号的相对波阻抗剖面的对比,它们完全不一样,说明上方的图是假的

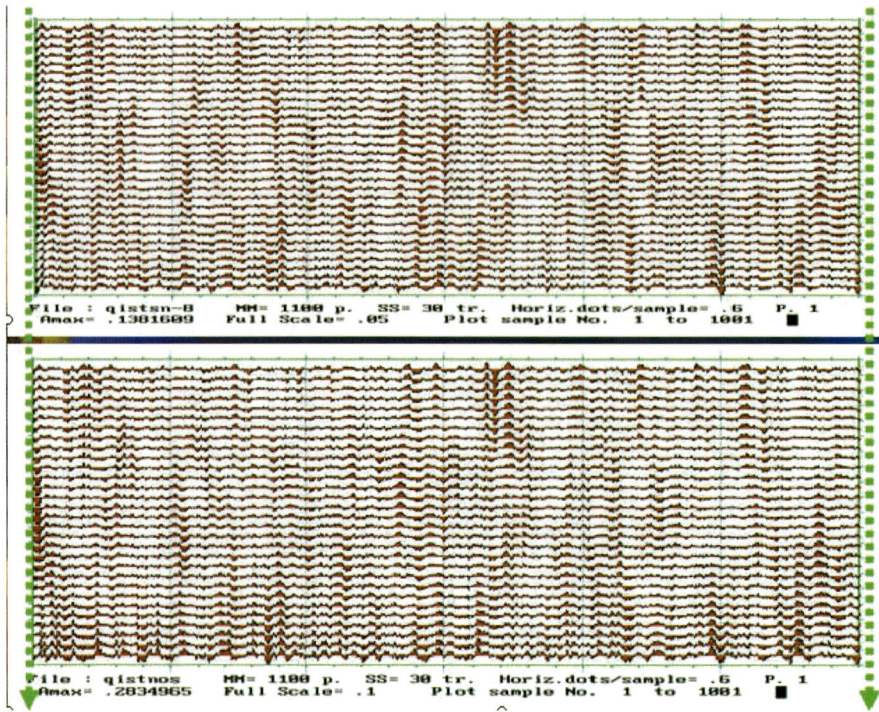

图43 $S/N = 1/8$ 与纯噪声相对波阻抗剖面的对比,结果基本是一样的,都是假的

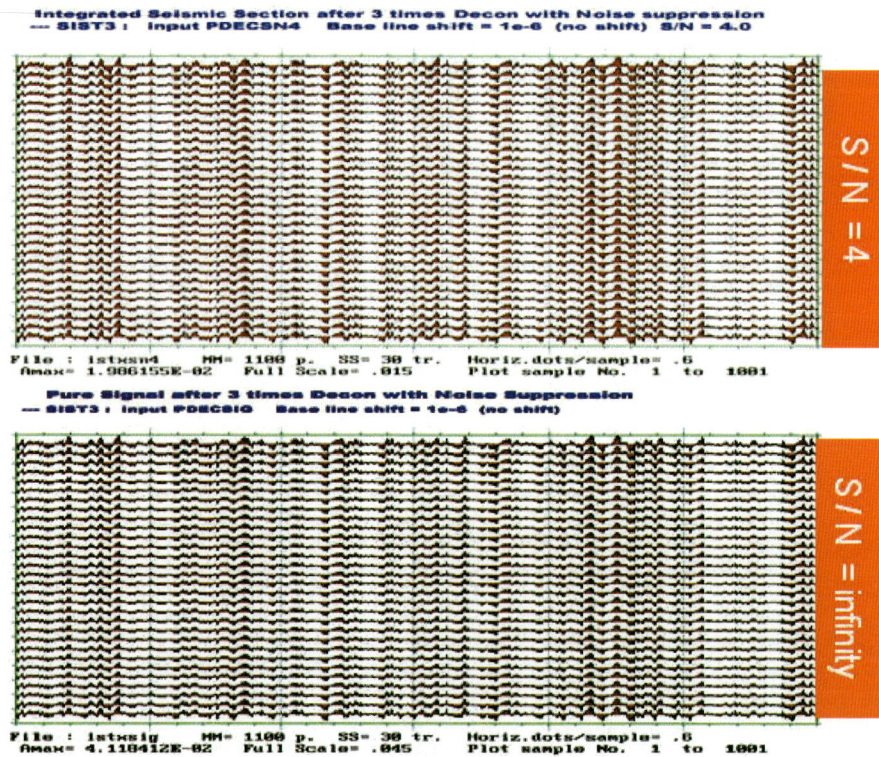

图44 信噪比为4的剖面与纯信号理论剖面积分道的对比

　　图45中的上图为信噪比为1的剖面通过三次反褶积加去噪之后再作积分地震道的剖面,下图为纯信号理论的剖面通过三次反褶积加去噪之后再作积分地震道的剖面。

　　图45中红色箭头是比较真实的同相轴,蓝色箭头是受干扰波影响的假同相轴。

　　通过图45的对比可看出:信噪比为1的剖面通过三次反褶积加去噪之后,再作积分地震道剖面,其内

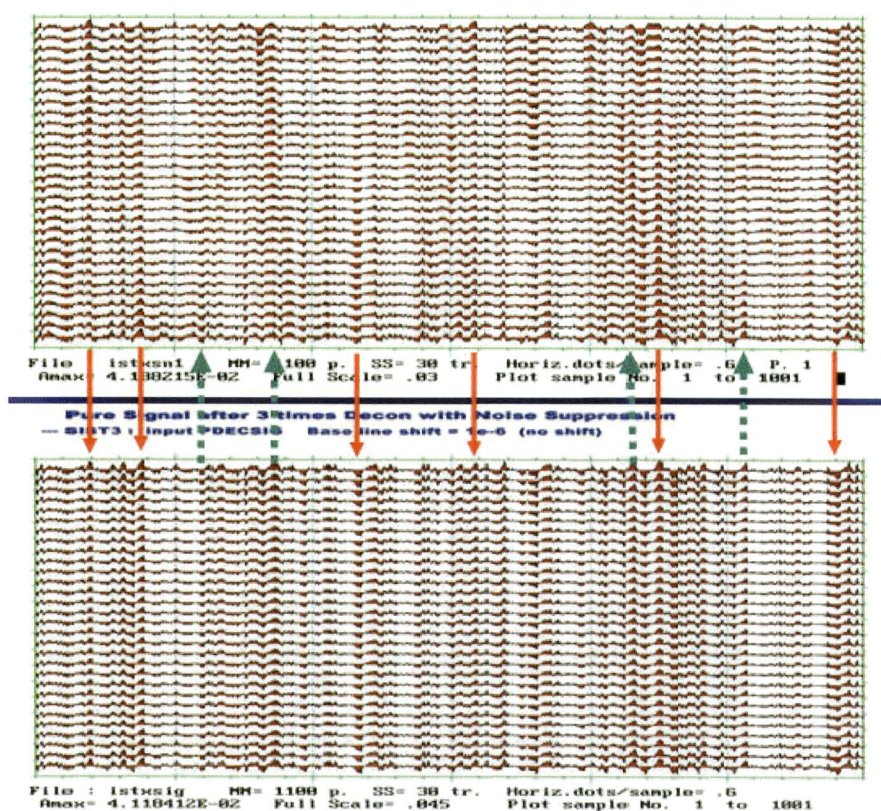

图 45　信噪比 $S/N=1$ 的剖面与纯信号理论剖面的对比

容只有一半是真实的,分辨率似乎提高了,但是弱相位却是假的。

（四）信噪比为 1/4 的剖面的试验（接近纯噪音）

我们再看信噪比 $S/N=1/4$ 的剖面经同样处理后的试验结果（图 46）。

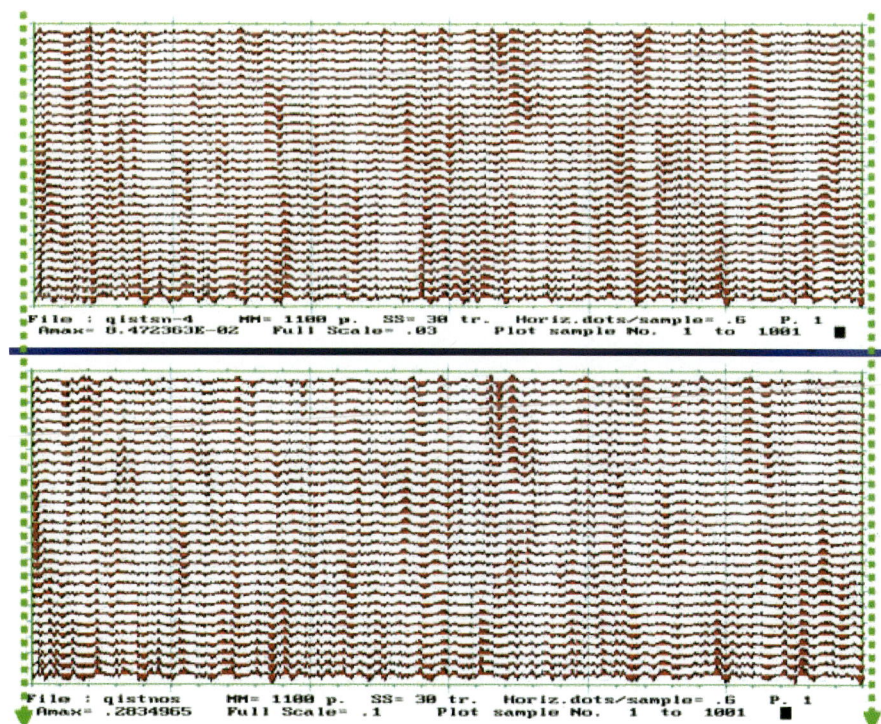

图 46　$S/N=1/4$ 与纯噪声相对波阻抗剖面的对比（3）

173

图46中的上图为信噪比为1/4的剖面通过三次反褶积加去噪之后再作积分的剖面,下图为纯噪声的剖面通过三次反褶积加去噪之后再作积分的剖面。

可见信噪比为1/4的记录经不断去噪再反褶积的结果也与纯噪声的结果基本一样。

下面我们把信噪比从4,2,1,1/2,1/4五种情况的不断反褶积再去噪后的积分相对波阻抗都与纯信号、纯噪声进行比较(图47～图51)。

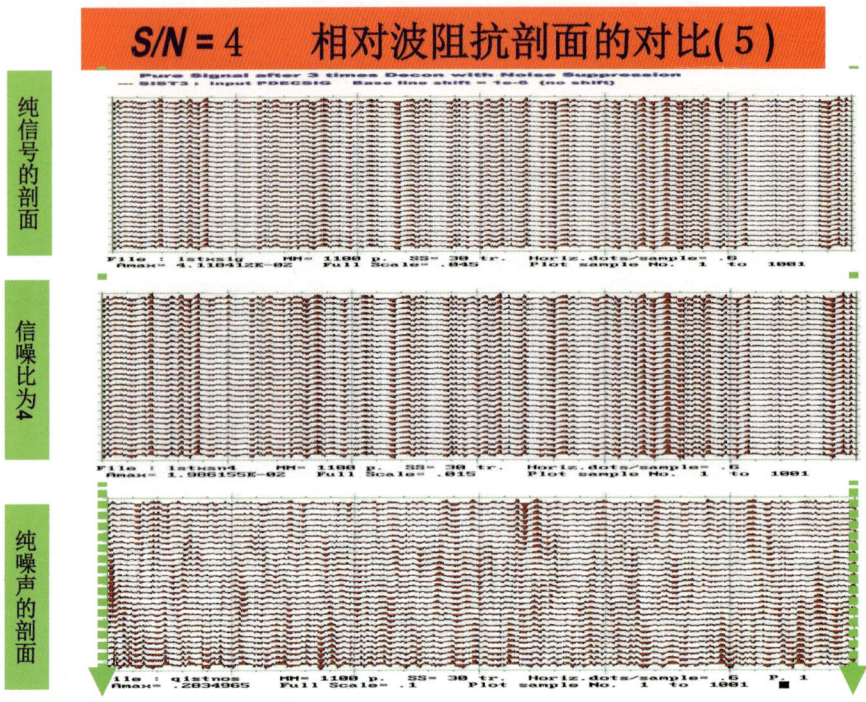

图47 $S/N=4$ 相对波阻抗剖面的对比

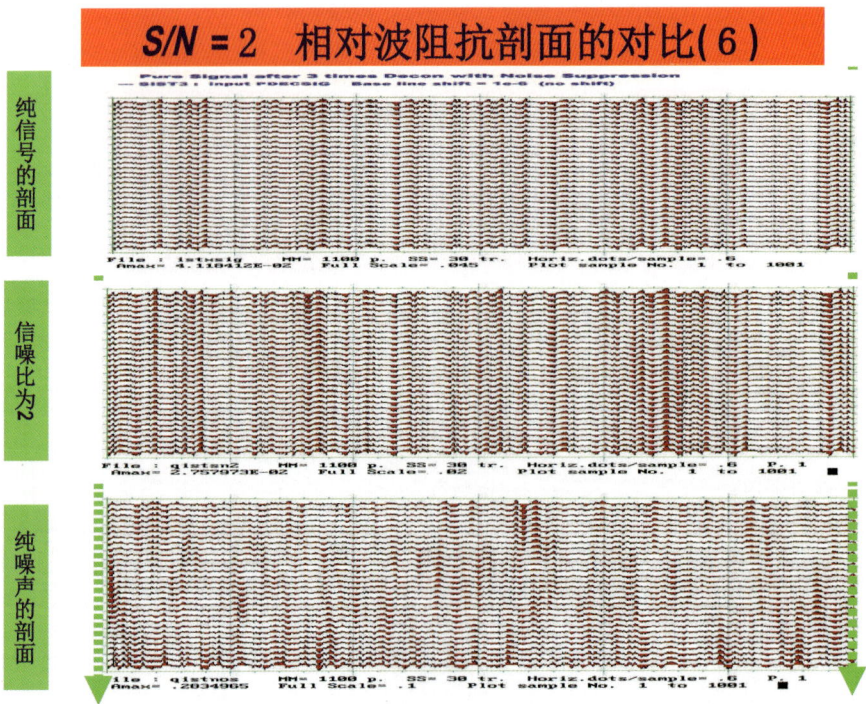

图48 $S/N=2.0$ 的相对波阻抗剖面的对比

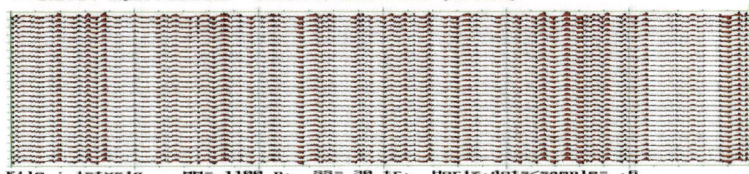

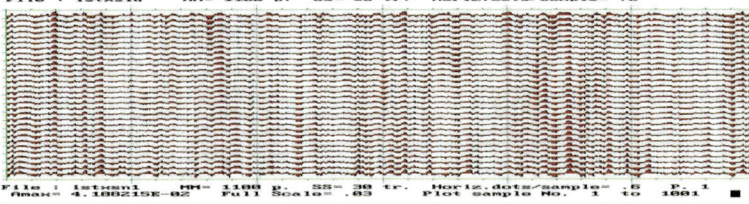

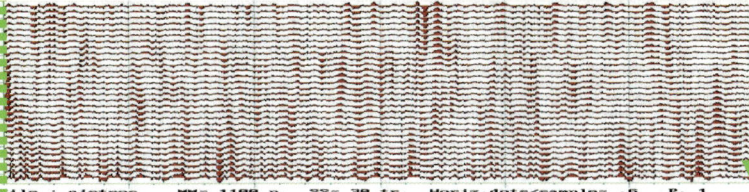

图49　$S/N = 1.0$ 相对波阻抗剖面对比

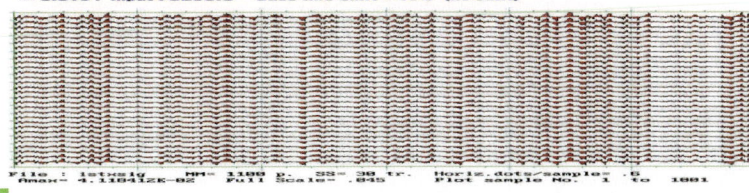

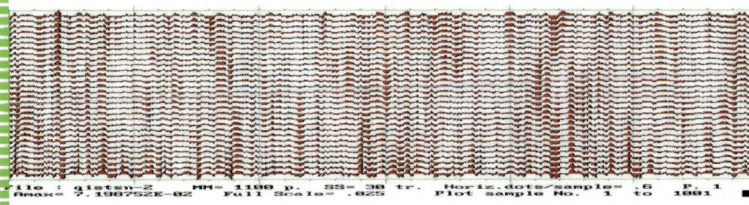

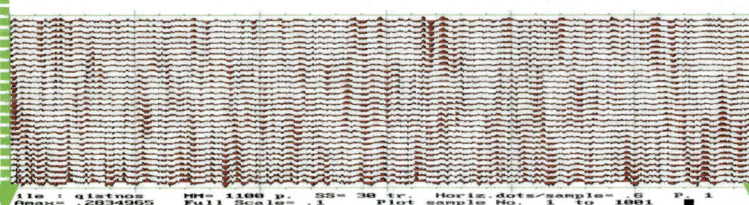

图50　$S/N = 1/2$ 相对波阻抗剖面对比

　　总结：可以看到在信噪比为1的两边，一边向信号靠近，另一边向噪声靠近，这和以前（图35）我们的结论是一样的。

　　所以，在所有的频带里，只要原始信噪比高于2，资料处理后不会出假。而原始信噪比低于1/2，处理后就很可能出假。

　　假信号的强度一般为原始随机干扰的1/3到1/6。因此，原始信噪比小于1/6的那些频率成分是很难挽救的，除非动、静校正完全正确，加上覆盖次数上百上千。

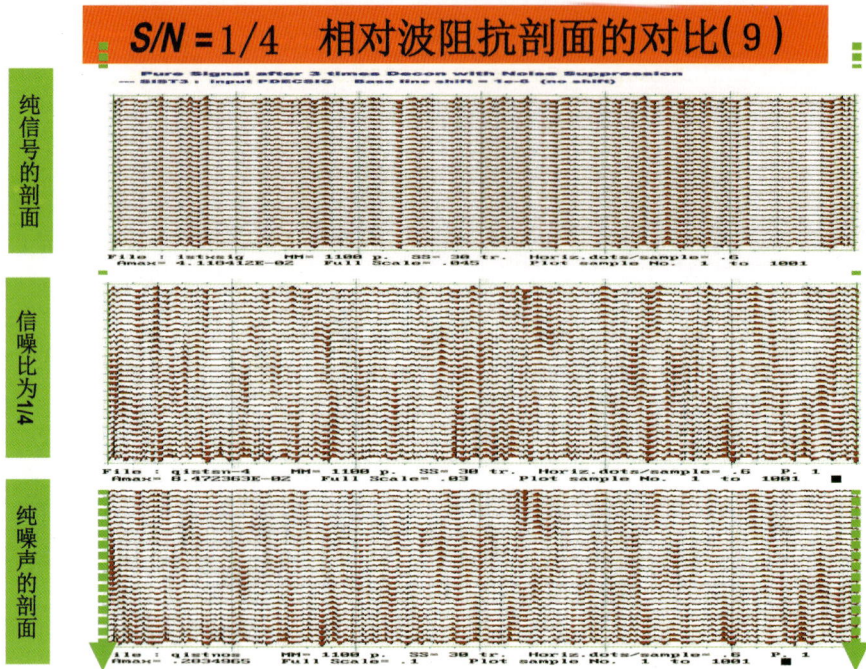

图51 $S/N = 1/4$ 相对波阻抗剖面对比

四、对瑞利准则分辨率定义的探讨

地震勘探中经常使用瑞利准则来定义分辨率的极限——即 1/4 视波长的分辨率概念。这个概念是借鉴光学仪器分辨率得来的,其实并不适合地震勘探。

瑞利准则的分辨率是采用两个雷克子波模拟两颗星,在相距不同距离的情况下,看它们何时可以被分辨成两个光源。

参看我所著《走向精确勘探的道路》一书中第2章,按图52,两个雷克子波时移 $T_R = 1/(2.3 \times F)$ 时,两个波峰就能分开。

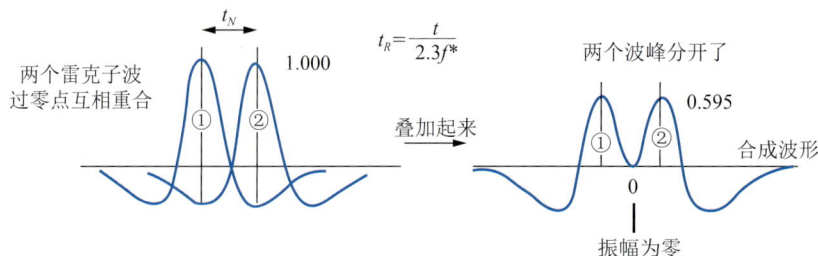

图52 瑞利准则对分辨率的规定

如果子波频率为 $F = 20$ Hz 时,时移应该为 $T_R = 21.7$ ms。

现在用我的 MODEL-RC.bas 来作一个楔状模型,从上到下它的两个正反射系数的位置依次分离增加 2 ms,如图53所示。

把这个模型褶积一个主频为 20 Hz 的雷克子波后,见图54。

依此图54作分析,的确在时移 $T_R = 21.7$ ms 时,表现为两颗星刚好能分开。而上面小于 20 ms 的波形,两颗星合在一起,不可分辨。这看来似乎真的很有道理。

但是,遗憾的是:我们的地震勘探不是研究两颗天上的星的光学仪器。① 我们的地震子波不是零相位的雷克子波,而一般是最小相位或混合相位的;② 我们的反射系数并不仅仅是两个正的反射系数,而是

176

连续不断的有正有负的反射系数。这就造成了定义分辨率的困难。

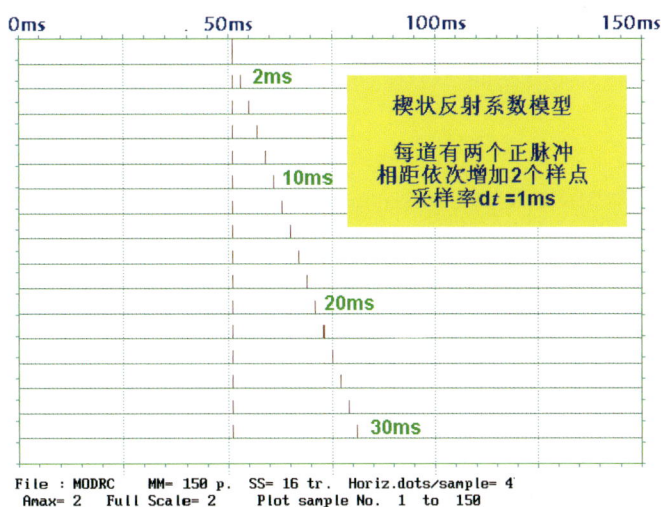

图 53　楔状反射系数模型

雷克子波楔状体模型的波形

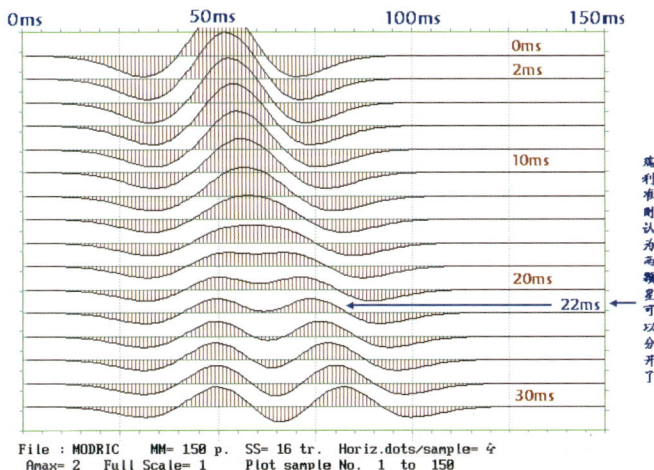

图 54　时移 $T_R = 21.7\,\text{ms}$ 时，表现为两颗星刚好能分开

下面我们来试验一下。这次试验我们要采用的两个子波如图 55 所示。

使用的两种子波

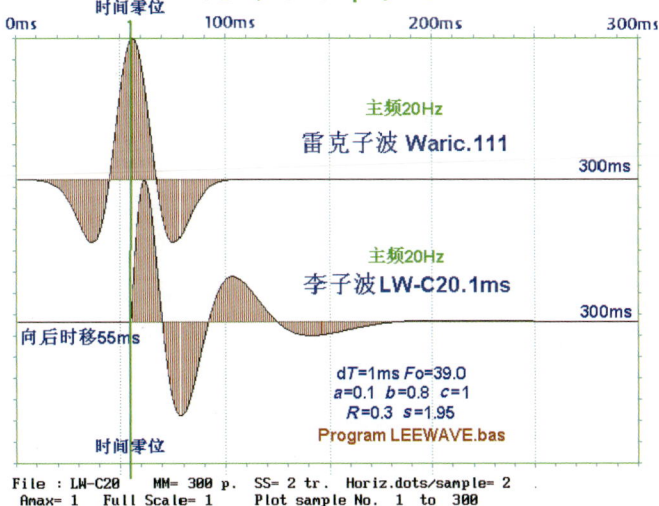

图 55　这次试验我们采用的两个子波

177

图 56 是使用我编的 LEEWAVE. bas 程序求得的主频为 20 Hz 的李子波，它是严格最小相位的。

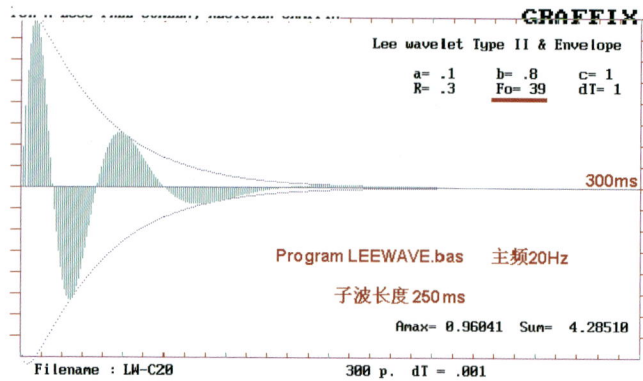

图 56　主频为 20 Hz 的李子波，它是严格最小相位的

用我的 SPECTRUM.bas 求频谱，它的振幅谱和相位谱的形状见图 57。值得注意的是它的相位谱显得特别平滑。

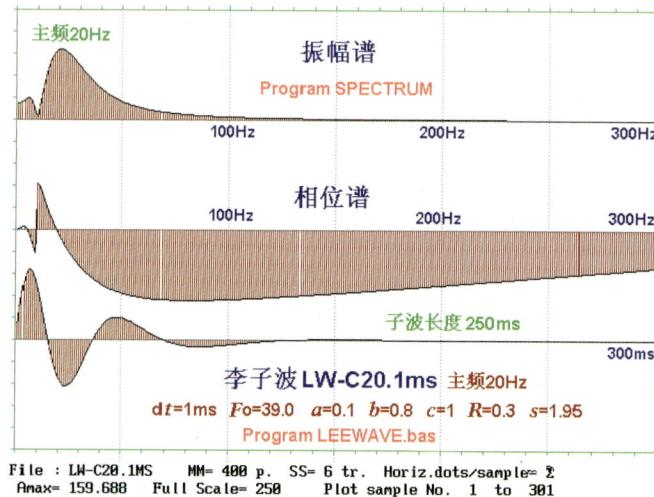

图 57　李子波的振幅谱和相位谱的形状

把这个李子波去褶积楔状反射系数模型就得到图 58 的样子。注意：该图波形的起跳位置都在 50 ms 处，尾巴很长。其上面第一道就是李子波自身，往下就分离，能看出有楔状的影子。

再用我的 DECON.bas 程序，作图 56 里单个李子波本身的反褶积，得到如图 59 的结果。第一道是李子波，第二道是它的自相关函数，第三道是由自相关解托布兹矩阵所得的反褶积因子，即反算子或反子波，第四道是用反算子褶积李子波的结果，它基本上已经接近一个脉冲了，而且就在起跳位置上。此图表明：由于李子波是严格最小相位的，反射系数只有一根，所以，反褶积的效果是极佳的。 这里，我们还是按照常规，加了白噪系数千分之一，这就限制了反褶积功能的发挥。不过，反褶积的结果已经相当满意了。

现在再对图 58 的李子波楔状模型作反褶积。结果如图 60 所示。

也用 DECON.bas 程序，不过为了避免截断效应，也为了增加自相关的统计效果，我们把 16 个道一起做，当它 2400 个样点，并且令反褶积因子长度为 100 点，仍取白噪系数等于千分之一。

图 60 说明：如果没有干扰波，子波是最小相位的，那么即使野外地震子波的主频很低，只有 20 Hz，到了室内只要经过一次反褶积，就能基本恢复地下反射系数的样子。图 60 中，每个脉冲是两根棍，但是就分辨率来讲，第 2 道上（2 ms）楔状体的两个脉冲已经开始分离。到第 3 道上（4 ms）两个脉冲已经完全分开。

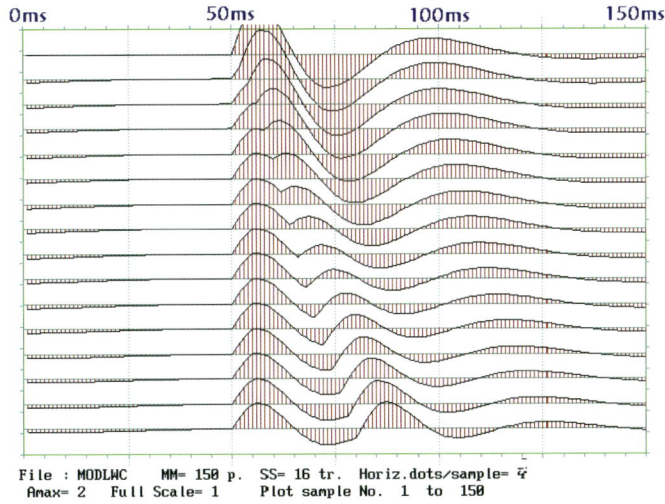

图 58 李子波褶积楔状反射系数模型得到的结果

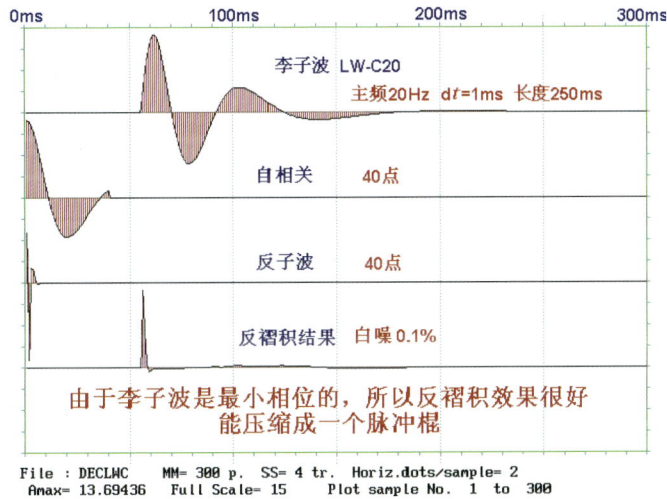

图 59 李子波本身的反褶积结果

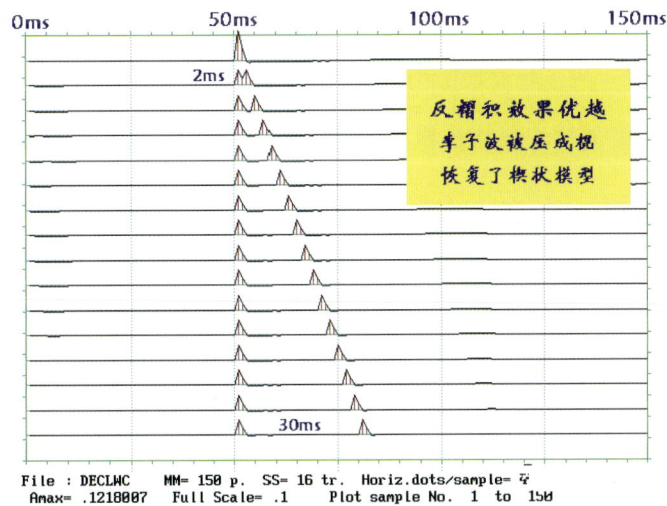

图 60 李子波楔状模型的反褶积结果

那么,现在我们的分辨率又是多少呢?应该是可以分辨 3 ms 的砂层。

再看雷克子波的反褶积效果:如图 61 所示。由于它是零相位子波,不满足反褶积的基本条件,反褶积

179

后,非但不能压缩成一根棍,反而变成一长串震动,不过可以看出反褶积还是把震动的能量向前赶了不少。

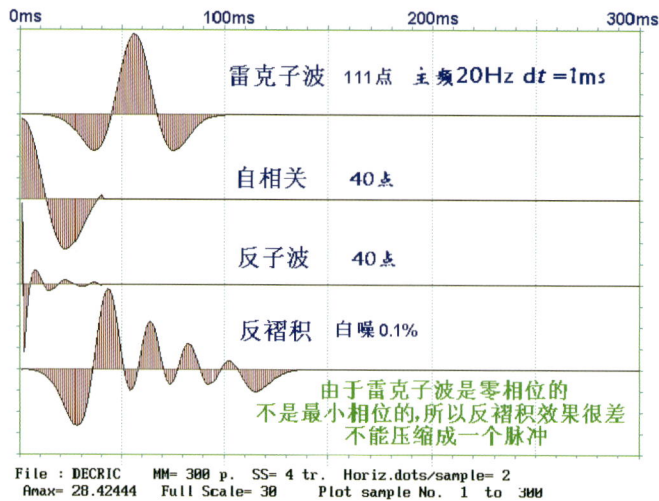

图 61 雷克子波的反褶积效果

再把雷克子波的楔状模型,图54来做一次脉冲反褶积。所有处理参数和上面一致。结果如图62所示。

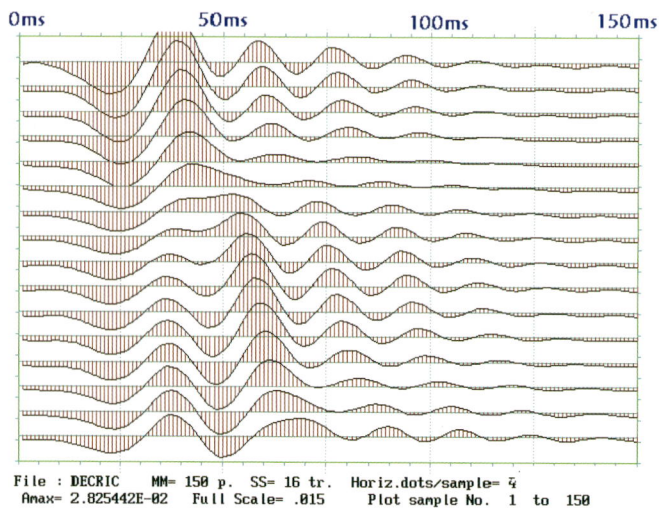

图 62 把雷克子波的楔状模型做一次脉冲反褶积

显然,雷克子波楔状模型的脉冲反褶积根本没起什么作用,所以讨论地震资料的分辨率时,不能使用雷克子波。

那么,李子波的反褶积效果能够在主频 20 Hz 的情况下,始终获得 3 ms 的分辨率吗?

且看在存在噪声条件下的情况。我们可以用我的 RNDGEN.bas 程序,由计算机生成 2400 个随机数。把它当成随机干扰,用 FILEALGO.bas 程序,把振幅十分之一的随机干扰加在李子波楔状模型里。如图 63 所示。

图 63 这样的波形,再作脉冲反褶积(参数相同),得到如图 64 的结果。可以看到,反褶积后,楔状脉冲几乎被随机干扰所淹没。如果拿它做波阻抗反演,对砂层分布的判断会有很大的错误。也很难谈分辨率了。

以上这一段的试验用李子波和雷克子波讨论了分辨率的定义问题,提出了很多值得思考的问题。

近年来关于地震勘探的分辨率问题的争议一直没有停息。还很难用一句话来作结论。建议读者参看本书第三篇"争鸣篇"的 309 文章《地震勘探分辨率与信噪比谱的关系》。

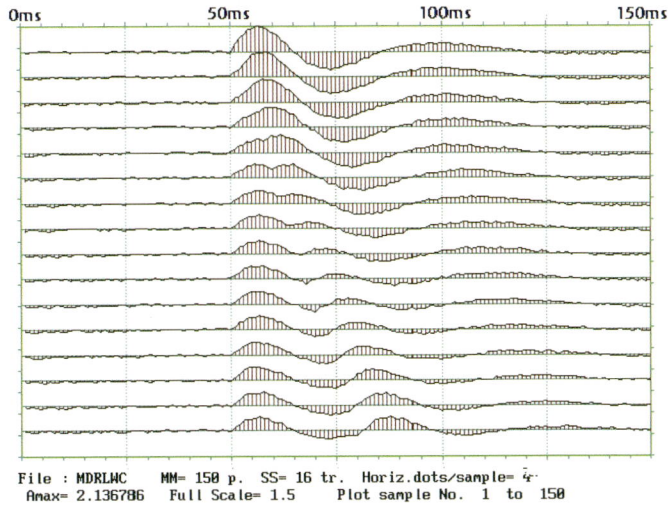

图 63　在李子波楔状模型里加十分之一的随机干扰的结果

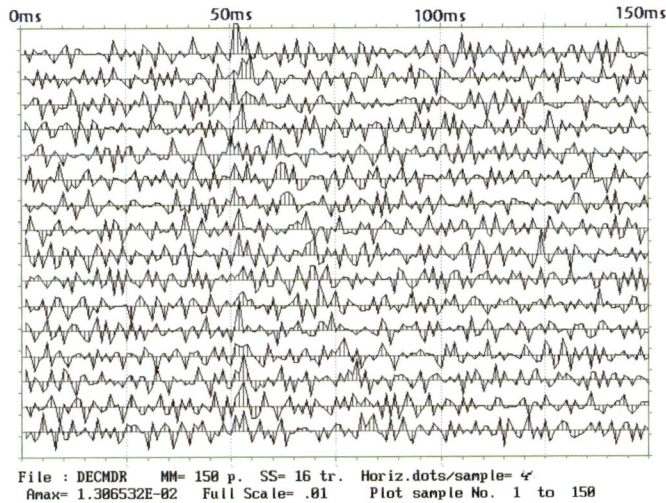

图 64　李子波楔状模型里加 10% 的随机干扰,再作反褶积的结果

　　我想表达的是:由于干扰波的存在,地震资料的软肋是"有效频宽",它永远是"带限的",因此无法通过反褶积把子波压成一根棍。也就不能反演出完全符合地下波阻抗的样子来,永远有误差。我们所谓的分辨率概念只能理解为对地下厚度为多少的砂层,反演后能有多少判断准确的概率而已。

　　例如,你认为你的分辨率已经到达判别 3 ms 厚的砂层,只是你的预测成功率可以达到 70% ～ 90% 而已,并不意味着你对 30 ～ 50 ms 的厚砂层就一定不会错。有时可能错得更厉害。

——第 4 节补充写于 2013 年 9 月　李庆忠

信噪分离与假信号的产生

地震勘探信息提取的全过程都贯穿着与噪声作斗争。如果没有噪声的存在，地震勘探本可以达到极高的分辨率。然而，强大的噪声是客观的存在，因此我们要努力把它们剔除或压制掉。为了实现信噪分离，我们首先要把信号与噪声各自的特点搞清楚。这便是本文的重要性。本文内容分为以下五节。

本文内容分为以下六节：

1. 反射信号的特点

这一节讲述反射信号的特点。指出即使地下复杂到像一个垃圾筒，由于菲涅尔带的存在，到达地面的反射波总是表现为均匀，渐变。

但是由于地表静校正问题和干扰波的存在，就可能破坏了道间的相干性。

文章指出我们可以用道间互相关，来区分混乱的地震波形是由静校正引起，还是由干扰波引起。

2. 干扰波的简要说明

3. 次生干扰波（低速，高速）

4. 随机干扰波的特性

随机干扰在不同的压噪处理后，可以产生不同的产状，东倾西倾应有尽有。

5. 假信号的产生

这一节是我们特别要搞清楚的。随机干扰在不同的压噪处理后，总会留下三分之一到六分之一强度的、与真信号不再可分的"假信号"。

6. 高频随机干扰的三分量测定

这一节指出了检波器埋置的好坏大有讲究。高频随机干扰波是我们陆上获得高分辨率剖面的主要障碍。

文章编号 106-1

来自地下复杂地质体的反射图形到底是怎样的

此文讲述反射信号的特点。

指出即使地下复杂到像一个垃圾筒,由于菲涅尔带的存在,到达地面的反射波总是表现为均匀,渐变。地震波的这种"发散作用"是一桩坏事,它使成像散焦,边缘模糊,必须用偏移技术使它们聚焦,才能清晰地反映地下的成像。但它同时也是一件好事,因为它提供了一种区分信号与噪音的根本差别。

但是由于地表静校正问题和干扰波的存在,就可能破坏了道间的相干性。

文章指出我们可以用道间互相关,来区分混乱的地震波形是由静校正引起,还是由干扰波引起。

此文于 1986 年 6 月发表于《石油地球物理勘探》第 3 期,作者李庆忠。

▶ 摘 要

地震反射波的波动性质早已为人们所熟知。然而,地震勘探中的反射信号有什么特点,它与干扰波有什么本质上的区别,这个问题并非大家都清楚。尤其是当地下构造十分复杂或者地下岩性变化很剧烈的时候,我们在地面接收到的反射信号应该是怎样的图像呢? 认识这个问题无疑是很重要的。

本文从地震信号的基本单元,一个绕射波出发,用理论模型说明,来自地下复杂构造及复杂岩性的反射波形是相邻道波形渐变的,因而地面干扰波及静校正问题引起的记录紊乱现象都不具有这样的特点。可以看到,现今记录上普遍存在的紊乱现象决不是由地下地质情况复杂所引起,只能解释为存在干扰以及由地表复杂性所造成。使用相邻道记录的两两互相关可以大致判断信噪比及静校正问题影响的程度。文章最后讨论了所谓"蚯蚓化"问题。

前 言

地震信号的单元是一个绕射波。复杂的反射图形实际上是由无数这样的绕射波所组成的,这就是物理地震学(即波动地震学)的主要思想[1]。

图 1 表示来自地下不同深度的三个绕射点在地面接收到的绕射波波形。由此图可以看出:地下的任何一个点反映到地面上,展开成一个很宽广的面,其相邻道波形是渐变的,能量也是渐变的。地震波的这种"发散作用"是一桩坏事,它使成像散焦,边缘模糊,必须用偏移技术使它们聚焦,这样才能清晰地反映地下的成像。但它同时也是一件好事,因为它提供了一种区分信号与噪音的根本差别:即地震信号到达地面的波形是能量渐变的、波形渐变的,并且它们分布在一个特定的绕射轨迹上(一般来说是接近一根按有

效波射线速度定义的双曲线周围),而一切与此特征不相符合的都认为是干扰波。

我认为这就是地震勘探中信号与噪音的最好的定义方法(这是一种广义的定义方法,因为多次反射也可根据此定义在双曲线的轨迹上与信号分开)。

既然信号在相邻道之间是能量渐变的,波形渐变的,那么通常所说的相邻道之间没有规律(不相干)的波动就是干扰波——这就是我们在看到记录上出现紊乱现象时,就说它信噪比低的最直观的判断方法(这实际上是一种信号和噪音的狭义的定义方法)。

但是要说明地震记录上出现的紊乱是由于地面干扰引起,还是由于地下构造复杂引起,这个问题并非人们都很清楚。本文下面所作的一些理论记录将有助于人们去认清这些问题。

一、绕射叠加合成理论反射记录

目前理论正演模型技术发展很迅速,人们可以用波动方程做出任何弯曲界面的理论反射记录。但要做地下八千到一万个散射点源的反射理论记录,而且要求有速度场变化的能力,还是很难做到的。

一种最简单的正演模型计算方法便是本文所采取的"绕射叠加合成方法",这种方法可以使复杂的正演模型在微机上实现。该方法的原理简单,它就是我们过去提出的"绕射扫描叠加偏移"方法的逆过程。

绕射偏移是把绕射双曲线上的能量集中加到双曲线的顶点上去,而"绕射叠加合成地震剖面"就是把双曲线顶点上的能量分配到绕射双曲线上各点去。绕射扫描叠加偏移方法的原理也是相当简单的,它是波动方程解的一种简化形式。有人贬之为"几何地震学"的方法,这是不公平的。因为它的确最简单明了地说明了地震波动性质的主要特征。

在计算机上实现时,只需规定速度场随深度或 t_0 的变化规律,就可以取地下各散射点为"绕射点源",计算出绕射时距曲线轨迹。从而以各散射点源的反射强度乘上地震子波的波形再放到双曲线上各道的位置去作累加,就可获得理论正演结果[2]。

如果地下的反射界面是一些平面反射段或曲面反射段,那么可以把地下反射界面分割成许多小分段(每段 5～10 m),然后把每个小分段当作一个绕射点源,求双曲线轨迹并把波形作累加。此时,令绕射源强度等于反射系数及每个小分段长度之乘积。

为了改进在累加中的双曲线轨迹的截断效应,在双曲线上加了一个时窗函数(类似汉宁窗),这同时也是为了模拟一种波动场的"方向因子"以及考虑球面扩散作用的影响。

总的来说,本方法不是一种严格的方法,但它是一种实用而基本正确的方法。

图 1 表示地下三个绕射点源所产生的三个绕射波。地震反射波就是由这些绕射波叠加合成的,每一个来自地下的反射信息都是绕射波轨迹在地面扩散为一大片能量渐变、波形渐变的区域。图 2 是大家熟悉的一个倾斜反射面的正演解。此界面埋深为 600 m 左右,倾角为 8°,长度为 400 m,图中四支绕射尾巴都清楚可辨。图 3 是采用"绕射扫描叠加偏移"方法进行偏移归位后的图像,它与设计模型符合一致,这说明我们的计算方法是基本正确的。

现在用计算机产生一些白噪随机数的道如图 4 所示,用它模仿地下杂乱的反射系数分布。

假定直接用一个子波和图 4 中的反射系数序列褶积,可以得到如图 5 所示那样的杂乱记录。这些杂乱波形可以解释为地面的随机噪声,但绝非是地下岩性变化或构造复杂的反映。地下杂乱的理论波形图应该是像图 6 那样。图 6 是用"绕射叠加法"所得到的积分法正演模型,此图是假设图 4 的反射系数埋藏在 500～900 m 的较浅深度上,在自激自收条件下,并采用与图 5 相同的反射子波(阻尼拉伸衰减正弦子波)所得的正演记录。由图 6 可以看到:地下杂乱反射(紊乱的绕射体或散射介质)在地面接收的自激自收剖面(即水平叠加剖面)上,也会表现出能量渐变、波形渐变的特征。

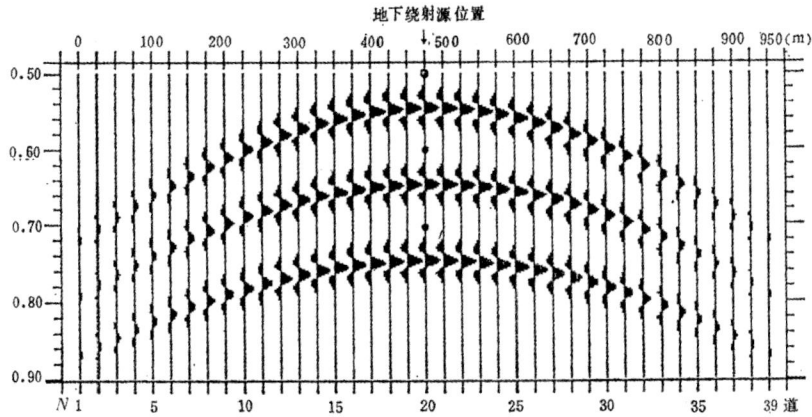

图 1　地下每一个绕射点在地面所接收的信号图像

采用精确绕射模型计算,自激自收系统,雷克子波 $F_c = 25$ Hz;表示地下三个绕射源深度为 524 m,
645 m 及 771 m,速度函数 $V_m = V_0(1 + BB \cdot t_0)$, $V_0 = 1800$ m/s　BB = 0.3/s

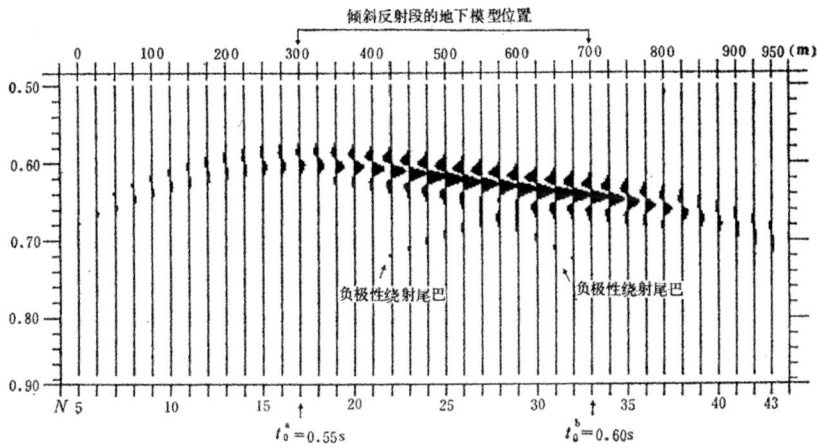

图 2　一个倾斜平反射面的反射波理论记录

埋深 600 m 左右,倾角为 8°,反射界面长 400 m 采用雷克子波,
精确内插的绕射模型,速度恒为 2000 m/s

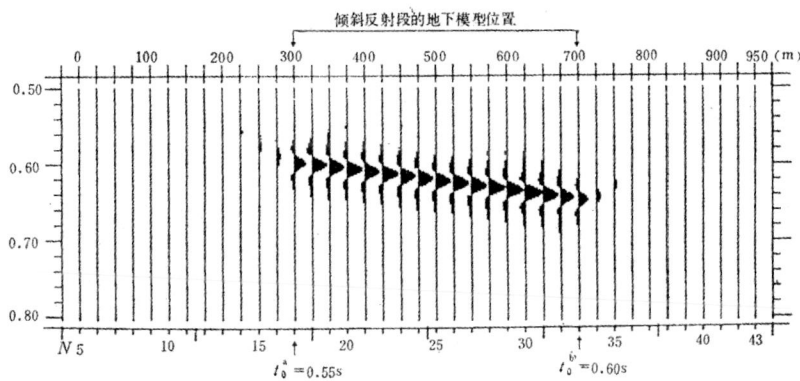

图 3　图 2 的反射模型经绕射扫描偏移归位后的图像

现在,让我们再改变一下白噪模型及子波波型,看看有什么变化。图 7 是由机器产生的另一个随机白噪的模型,它显得反射系数分布极为稀疏而不均匀。我们采用一个雷克子波(主频 $F_c = 30$ Hz),先把它直接和图 7 的反射系数褶积,得到如图 8 所示的图像。同理,此图只能代表地表的杂乱干扰,而绝非地下杂乱的反映。地下杂乱的理论记录见图 9。从图中清楚地看到有一系列的绕射弧,它们也是能量渐变,波形渐变的。

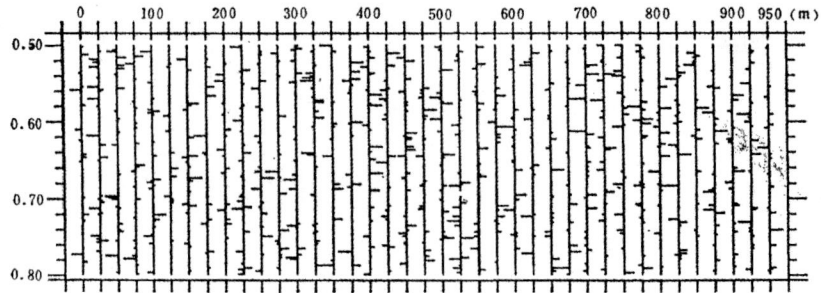

图4 分布较均匀的随机脉冲——白噪模型1#

随机数：$F(t) = A_0 \cdot \mathrm{SGN}(\mathrm{RND} - 0.5) \cdot \{\mathrm{ABS}[(\mathrm{RND} - 1)/2]\} \wedge P$　$A_0 = 0.9, P = 20$

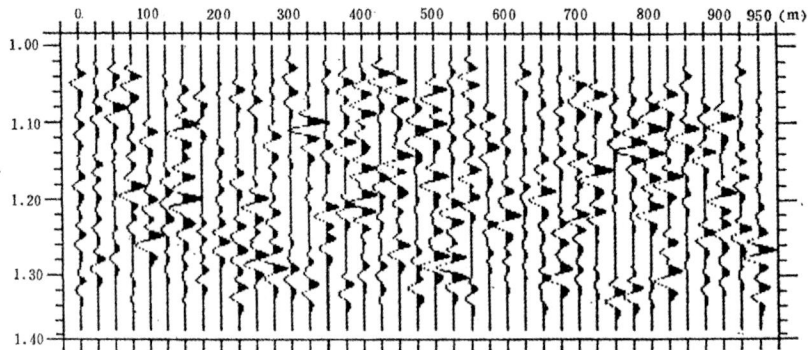

图5 随机白噪直接和一个子波褶积的结果（变面积波形显示）

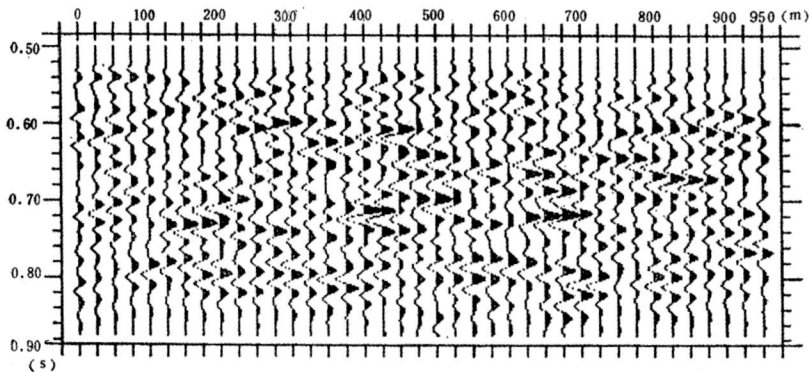

图6 在地面接收地下绕射体或散射介质的杂乱反射图像

采用精确内插的绕射模型，自激自收观测系统，相当于水平叠加剖面的情况。采样率为2 ms，散射体埋深为500～900 m，道距为（地下）25 m　速度函数 $V_m = V_0 \cdot (1 + \mathrm{BB} \cdot t_0)$, $V_0 = 1800$ m/s, BB=0.3/s

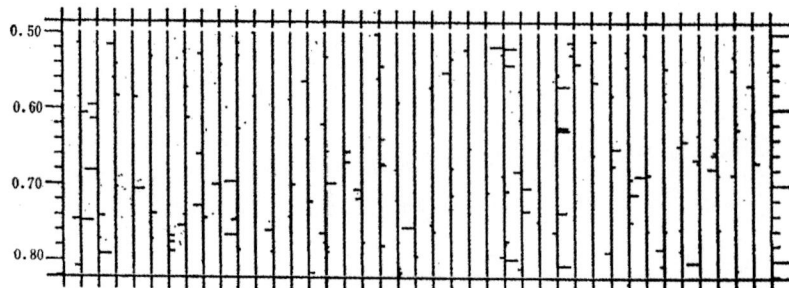

图7 分布稀疏而不均匀的白噪模型2#，用它模仿地下不均匀的杂乱反射系数分布

随机数：$F(t) = A_0 \cdot \mathrm{SGN}(\mathrm{RND} - 0.5) \cdot \{(\mathrm{ABS}[(\mathrm{RND} - 1)/2]\} \wedge P$　$A_0 = 0.9, P = 100$

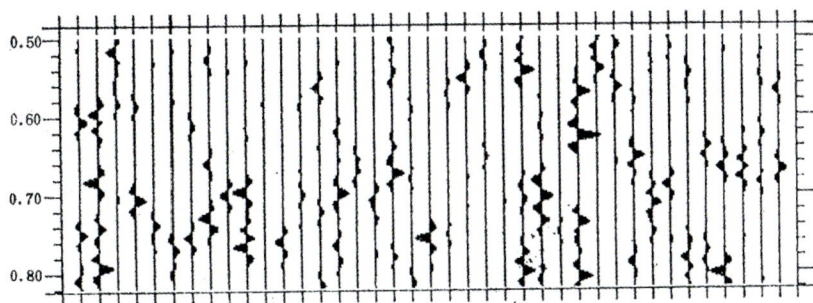

图 8 雷克子波($F_c = 30$ Hz)直接和随机噪声模型 2# 褶积

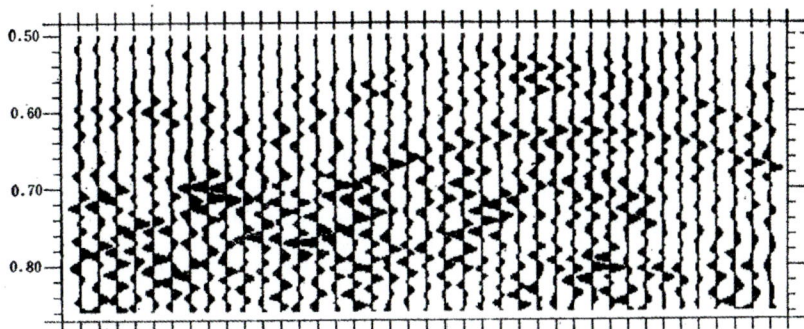

图 9 把随机噪声模型 2# 当成地下的杂乱散射源，
用正演精确绕射模型计算成地面自激自收的反射理论记录

下面我们假定图 7 的反射系数模型其埋藏深度移至 1.5～1.9 s（即深度为 1960～2680 m）之间，于是得到反射理论记录（图 10）。此图波形渐变现象更明显，地下的杂乱散射波反映为视同相轴（即干涉同相轴）的分叉与合并。

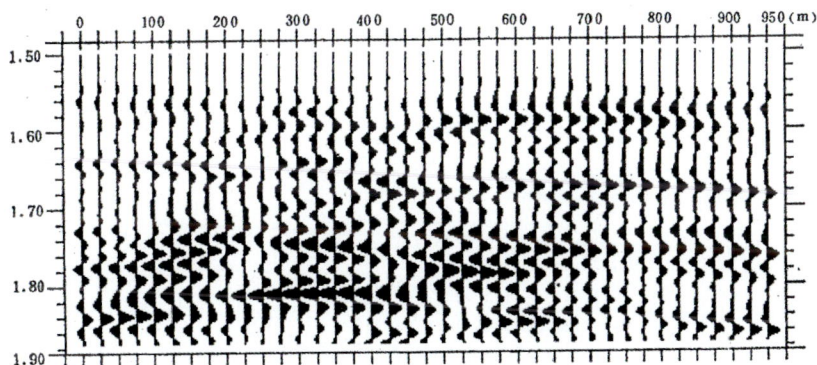

图 10 地下杂乱的散射体在埋深 2000 m 左右时的图像雷克子波 $F_c = 25$ Hz

当埋藏深度进一步加大到 5000 m 以下时（即把图 7 的反射系数模型置于 3.0～3.4 s 之处），反射理论记录就变成图 11，此图简直就是很均匀的渐变波形，到处都是同相轴。有谁会想到它真实地反映着地下杂乱无章的结构呢？

为了使人信服，我们把上述均匀渐变的一幅理论记录（埋深为 500～900 m，子波主频为 30 Hz）做一次偏移成像，结果如图 12 所示。它正好就是我们原来假设的地下散射体的分布情况，与图 8 完全一致。后者就是白噪模型 2# 的反射系数和子波褶积的结果。

可能还有人会想，地下构造和断裂十分复杂时，会不会在地震记录上也表现很乱？这里，作了另外一个复杂构造的模型。图 13 是一个假设的地下复杂构造，这里有逆掩断层，有不少小断块，向斜里又产生回转波，背斜上界面强烈弯曲。图 14 是其模型正演理论反射剖面。图 15 为其偏移归位后的图像。从这个例子又可进一步说明，任何地下复杂构造还比不上我们随机散射体模型来得复杂，图 14 的波形渐变规律比图 6 及图 9 要强得多。所以说，我们的随机散射体模型是地下极端复杂的代表例子。

187

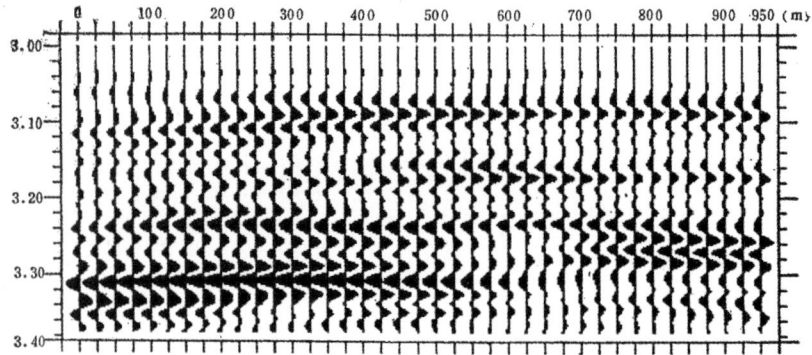

图 11　地下杂乱的散射体在埋深 5000 m 时的图像,雷克子波 $F_c = 25$ Hz

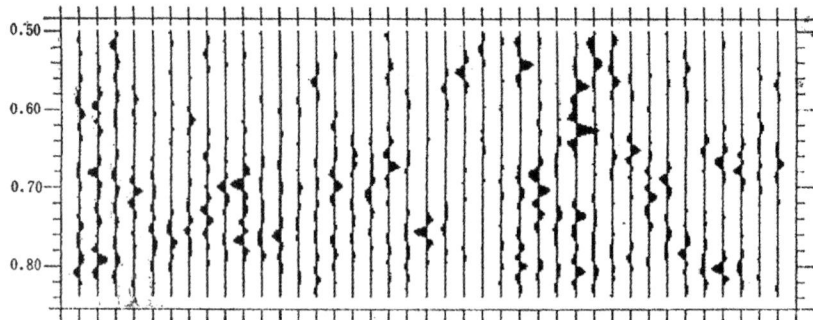

图 12　经过偏移(绕射扫描法偏移)说明图 9 的反射波形正确地反映了地下的杂乱散射体

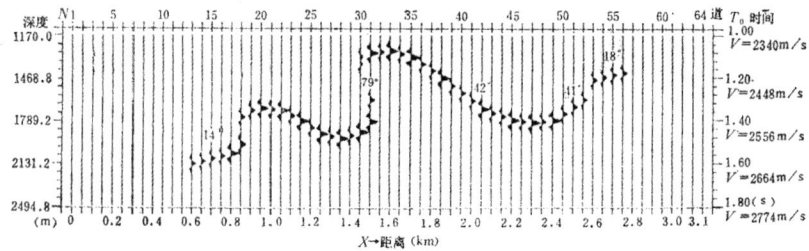

图 13　地下复杂构造模型 3# 道距(地下)50 m,雷克子波 $F_c = 15$ Hz

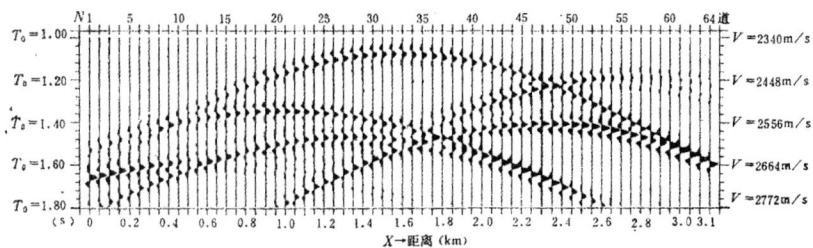

图 14　图 13 正演所得的理论反射记录(采用自激自收方式)

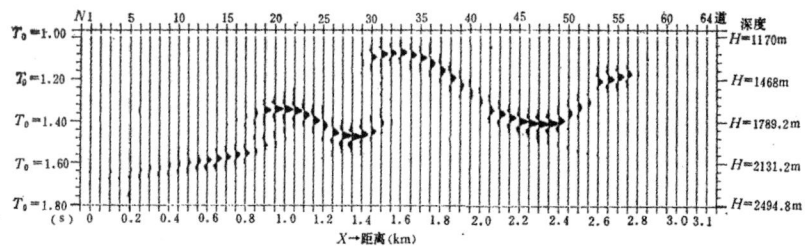

图 15　图 14 反演偏移归位后的结果
采用绕射扫描偏移,地下复杂构造基本正确地归位(与图 13 作对比)

二、非自激自收的单炮理论记录

以上是自激自收的理论记录,现在让我们来观察非零炮检距的单炮理论记录的图像。

假定地下的杂乱散射体模型仍然采用图4所示的随机反射系数,埋藏深度为 $500\sim900$ m,其相应的地面接收的单炮记录如图16所示。图中,右上方为初至折射波的位置(由于白噪模型图4在0.8 s以下没有反射系数了,所以图16在0.8 s以下只存在向左倾斜的绕射尾巴)。此图也是波形渐变的。

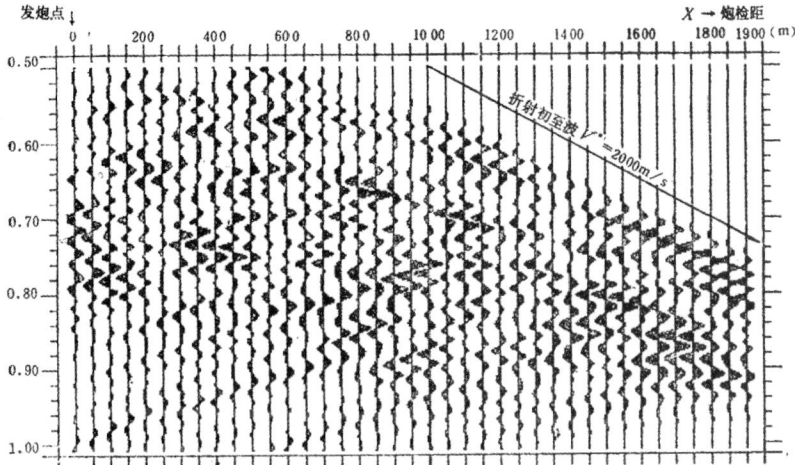

图16　非自激自收情况下的单炮理论记录
地下杂乱散射体模型 $1^{\#}$,在地面上接收的浅层反射记录。
地面道间距为50 m,采样率为2 ms,雷克子波 $F_c = 30$ Hz

再以图7中分布稀疏而不均匀的白噪反射系数模型 $2^{\#}$ 为例,把采样率改为4 ms,采用主频为15 Hz的雷克子波,得到的单炮理论记录如图17所示。此图的绕射波强弱较分明,波形及能量渐变现象也更明显一些。如果把埋藏深度进一步增大或者子波的主频进一步降低,则波形渐变的现象,肯定也会进一步加强。

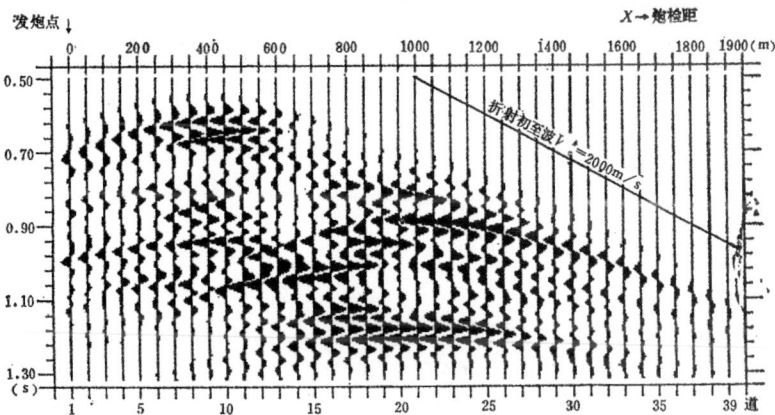

图17　非自激自收的单炮理论记录
地面接收道间距为50 m,散射体埋深为 $0.4\sim1.0$ s,采样率为4 ms,雷克子波 $F_c = 15$ Hz

综上所述,我们毫无疑问地认为,无论地下如何复杂,来自地下的反射信号,在地面接收的单张记录上或者自激自收的水平叠加剖面上,其反射波形都是能量渐变、波形渐变的。

三、地下来的反射信号通过地表后的情况

现在进一步考虑理论反射信号通过地表附近的情况。近地表的不均一性对反射记录产生三种畸变作用:① 产生了静校时差(在复杂情况下,这个时差甚至还是时变的);② 产生了对子波波形的滤波作用,使炮点及接收点的子波频谱变化了;③ 低速带起伏严重时,甚至产生波场的变化,此时光有静校及频谱补偿还不能解决问题,必须依靠波场延拓,把波场校正到不均匀面以下才行。以上三种情况中,最常见的实际上还是第一种。下面我们来分析一下静校正量对反射记录面貌的影响。

现在假定静校正时移量的变化范围为 ±8 个采样点。于是原来图17的理论反射记录变成图18所示的紊乱样子(每道的静校正时移量注在此图的下方)。因此,就产生了第一个问题:如何区分记录紊乱是静校正问题还是存在严重干扰波呢?

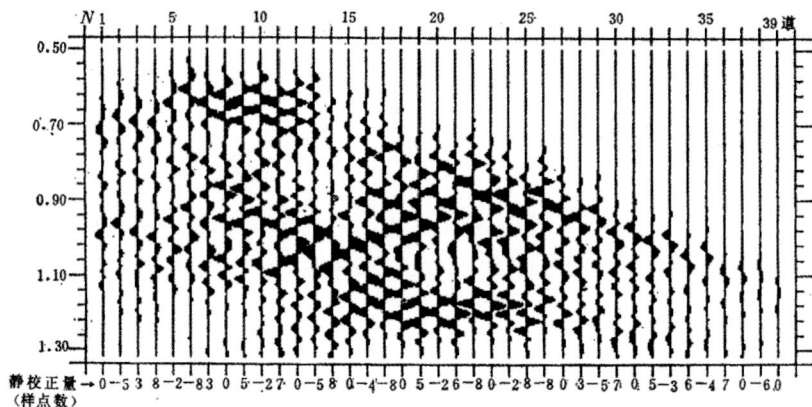

图18　图17的单炮理论记录存在静校时移时的记录面貌
采样率为 4 ms,静校正量为 ±8 个采样点,即 ±32 ms

采用互相关分析方法可以回答这个问题。图19a是把图18的相邻道作两两互相关的波形。此图说明:只要记录本身没有杂乱的干扰噪音或者噪音不是很强,则浅层反射相邻道的归一化互相关极大值可达到0.7以上。所谓归一化互相关极大值 $\varGamma$ 定义如下

$$\varGamma = \frac{r_{ij}^{\max}}{\sqrt{r_{ii}^{\max} \cdot r_{jj}^{\max}}}$$

其中,$r_{ij}^{\max}$ 是 i 道与 j 道的互相关函数的极大值,$r_{ii}^{\max}$ 及 $r_{jj}^{\max}$ 分别为 i 道及 j 道的自相关极大值($\tau = 0$ 之处)。

图19b是在不存在静校正问题时相邻道的互相关波形,与图19a作比较,可以看出,图19b中互相关时移值很小。

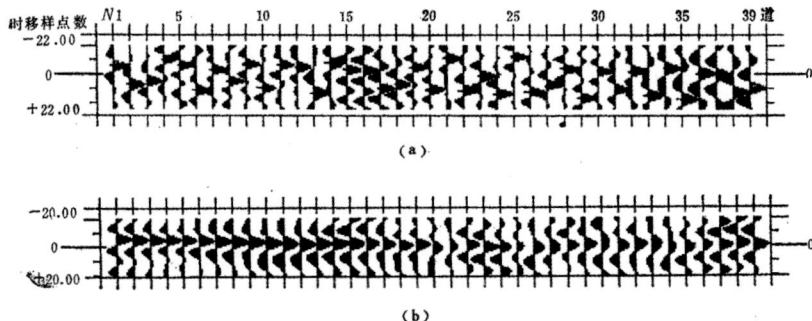

图19　(a)存在静校时移的地下杂乱散射体模型记录各相邻道之间的互相关波形,
(b)不存在静校时移的地下杂乱散射体模型记录其相邻两道之间的互相关波形

　　图20是根据图19所检测到的互相关时移值作一次静校正的结果。图20又恢复了波形渐变的样子。当然,这并不是合理的静校正,因为图19所检测到的互相关时移量实际上既包括静校正量又加进了反射波本身弯曲的因素,所以图20就相当于把反射波"按层拉平"的结果。然而我们可以通过这种"按层拉平"的图来判断记录上到底还有多少干扰?

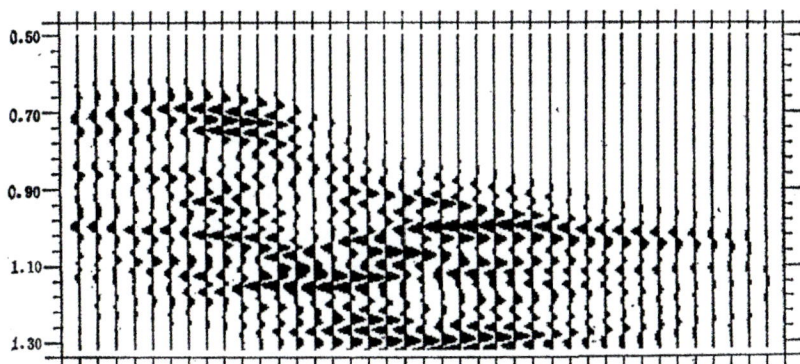

图20　互相关(参见图19)静校正记录
采用相邻道互相关找出时移作为静校正量

　　这使我们想到或许可以根据记录的相邻道的归一化互相关极大值来判断记录的信噪比。

　　我在另一篇文章《关于低信噪比地震记录的基本概念及质量改进方向》中已经初步解决了这个问题*,该文中指出:原始记录的道间距地面只要不大于50 m(地下25 m),且地震子波主频不高于30 Hz,那么就可以根据相邻道波形的两两互相关归一化极大值来估算记录的信噪比。图21是该文中查信噪比的一张图版。

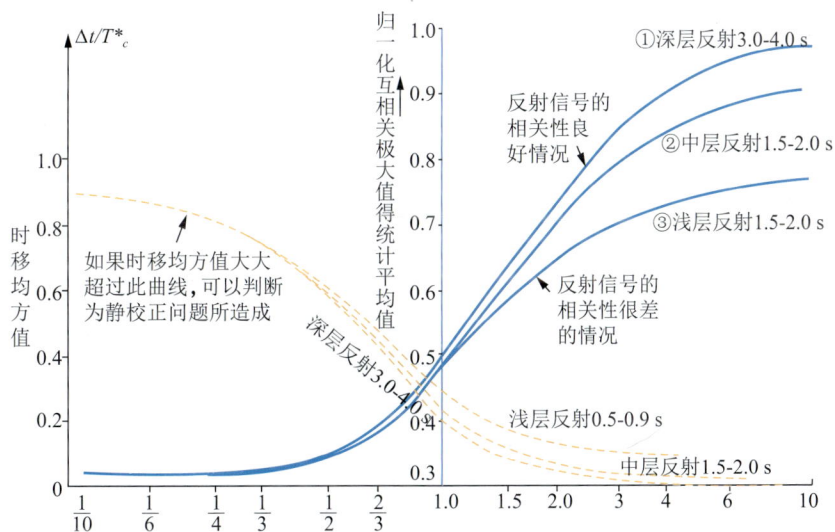

图21　由相邻道记录互相关估计信噪比的图版

　　这样,我们就可以在记录紊乱的情况下,设法判断它是由于干扰太强、信号太弱,还是由于静校正问题严重而造成的原因。下面列举两个实例。

　　图22是我们假设的另一个地下散射体分布模型。图23为其绕射叠加合成的理论单炮反射记录。此记录上出现很多短同相轴,产状各异。

　　再选一个随机干扰模型如图24所示。然后把图23与图24按一定的振幅百分比相加构成信号和噪音的模型记录。此处信噪比的定义按振幅平均值的比例计算。图25是信噪比为2的理论记录,图26的信噪比为1,后者只能看到一点同相轴的影子。现在有意识地用反静校正方法把这两张记录搞乱,相应地变成图27及图28。图27为信噪比等于2的情况,由于存在静校正问题,使本来可以辨认的同相轴打乱成一根轴也看不到,计算其相邻道互相关时,得到归一化极大值为0.7064,查图版得知其信噪比为2.1左右。

而互相关的时移量均方根值为 8.48 个采样点,为主视周期(25 个样点)的 0.339 倍,显然可推断存在着较大的静校正问题。图 28 信噪比为 1 的例子也一样,在一片紊乱中,求得互相关极大值为 0.4934,查图版得信噪比为 1,而时移均方值为 10.2 个采样点,折合为主视周期的 0.408 倍,也显然存在静校正问题。

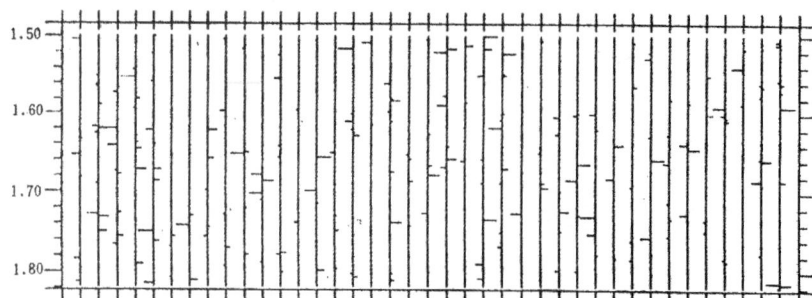

图 22　由计算机产生的随机数白噪模型 5#

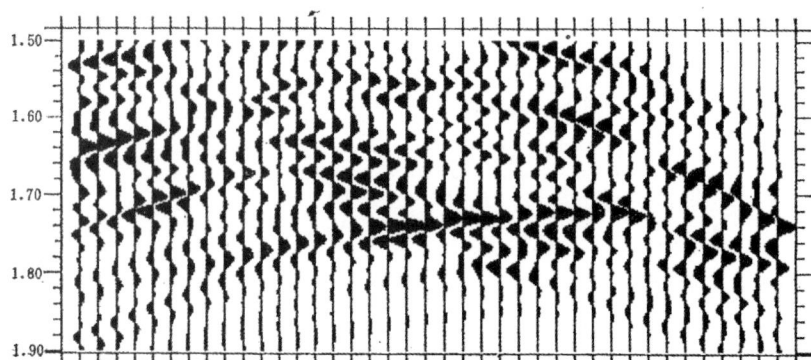

图 23　绕射叠加合成理论反射记录

地下杂乱散射体模型 5#,埋深 1.4~1.7 s;非自激自收的单炮记录地面道间距为 50 m,雷克子波 F_c = 20 Hz

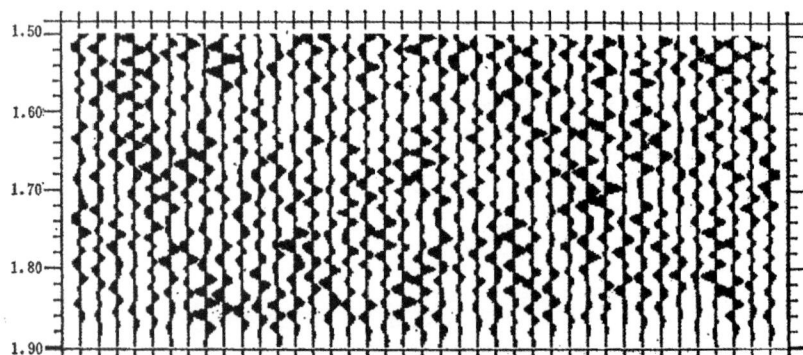

图 24　有色随机噪音模型 6#(把它当作干扰相加)

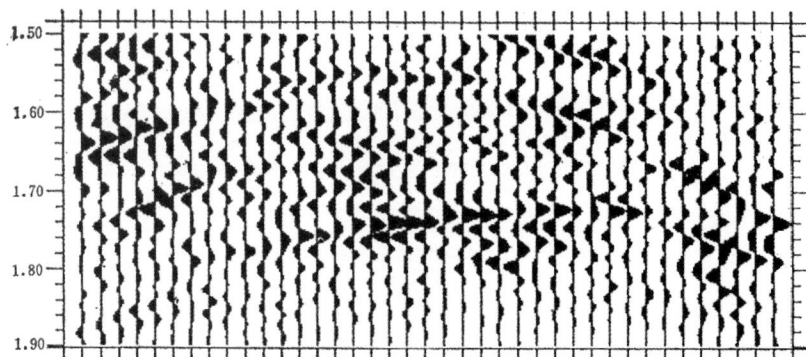

图 25　信噪比为 2 的地下散射体模型 5# 的反射记录

相邻道互相关的归一化极大值为 0.7098,时移样点均方值为 2.36 个点

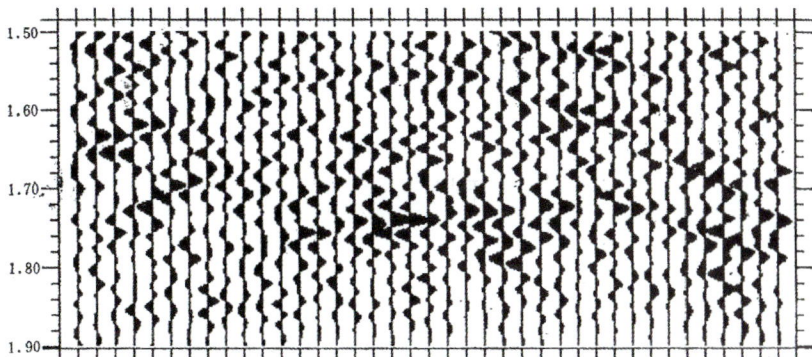

图 26　信噪比为 1 的地下散射体模型 5# 的单炮记录

相邻道互相关的归一化极大值为 0.4886，时移样点均方值为 5.81 点

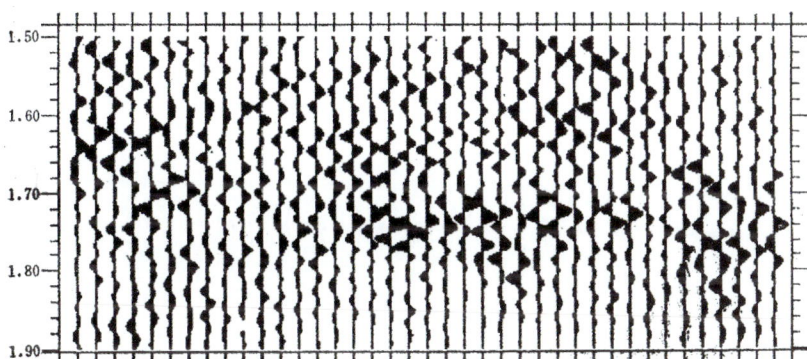

图 27　信噪比为 2 的单炮记录（请与图 25 作对比）

相邻道互相关的归一化极大值为 0.7064，时移样点均方值为 8.48 点

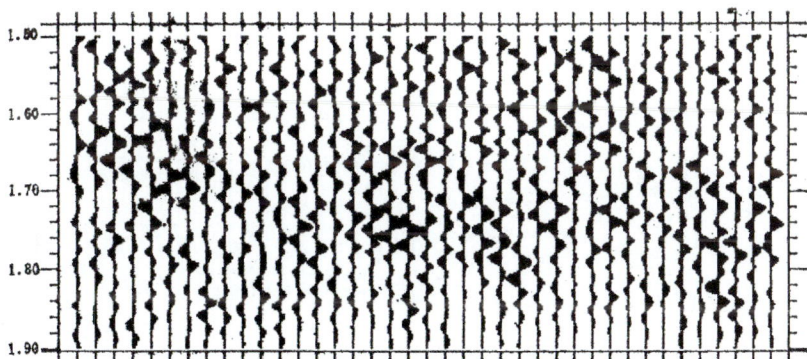

图 28　信噪比为 1 的单炮记录（请与图 26 作对比）

相邻道互相关的归一化极大值为 0.4934，时移样点数为 10.2 点

四、关于"蚯蚓化"问题的认识

到目前为止，任何数学模拟及物理模型在地面都得到均匀渐变的反射波形，这是波动地震学的明显结论。但是并不是所有的人都在实际工作中承认它。最简单的例子是：我们目前解释员手中的许多水平叠加剖面上，存在着许多强烈的"麻麻点"的杂乱背景，有一种像下雨一样，大致平行于折射初至波的"斜纹"干扰波。我们说，应该用轻微的相干加强把这些干扰背景去掉，但有些解释及处理人员往往不以为然，他们看到均匀渐变的波形往往认为不是地下真实情况，相反地倒是习惯于看那些振幅不均匀的剖面，因而舍不得去掉那些杂乱干扰。这个认识问题应该得到解决。

人们看到均匀渐变的波形往往认为那是"蚯蚓化"现象(Wormy),是一种假象。诚然,把相干加强及道间组合(或者二维滤波等)去干扰手段使用过头时,是会出假象。但是试看图10、11、17及图23,这些来自地下的真实反射图像和"蚯蚓化"有什么区别呢?我认为很难区分。

在我国有些地区地震资料的信噪比是相当低的,水平叠加后仍旧看不清反射同相轴,这样的剖面怎么可以不进一步采取措施压制干扰呢?如果要压干扰,于是就出现了干扰压制后,是否会出现假反射同相轴的问题。

我认为关键在掌握分寸,应该尽可能少损害有效反射波。可以先算一算组合的方向特性曲线或二维滤波的F-K响应,然后根据工区的反射波倾角及视波长等因素做出判断,争取使用好压制干扰的手段。现以最简单的混波为例,作一试验如下:

图29上方就是将图26进行简单的五道混波的结果(不等灵敏度:1,2,3,2,1),下图就是地下反射的真实答案。那么,你愿意要图26那样乱的记录还是要图29上方的记录呢?我想大家的回答是肯定的。当然,任何去干扰手段总是要付出代价的,图29中倾斜同相轴变弱了,但至少还可以对比,估计此例用相干加强会得到更好的效果。我认为,相干加强手段是最符合物理地震学的去干扰措施的,因为道间不相干的东西肯定是干扰波。

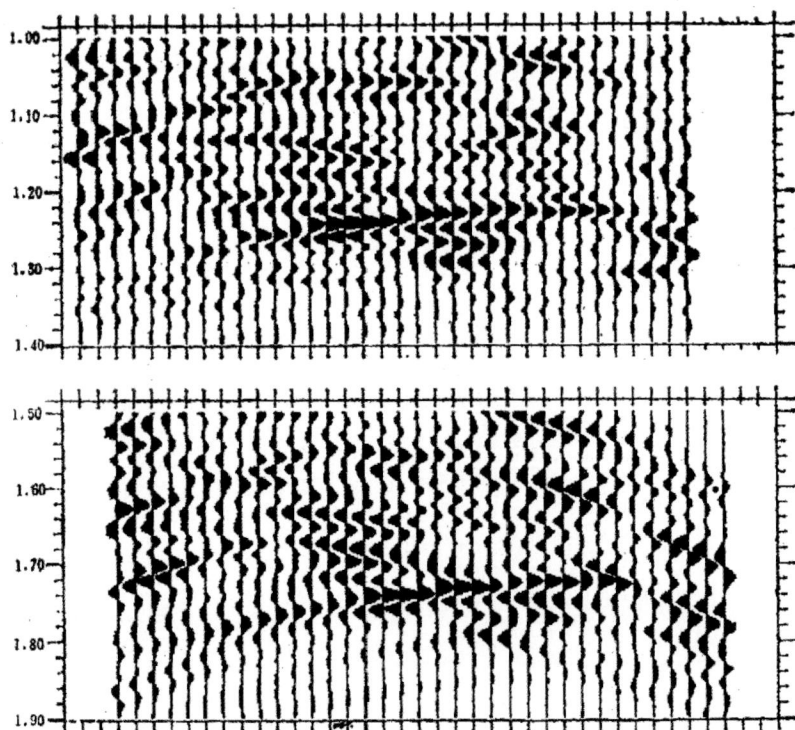

图29 把信噪比为1的单炮记录进行五道不等灵敏度混波后,
同相轴出现了(请与图26对比),下图为来自地下的正确答案

五、结 论

综上所述,我们可以得到如下结论:

(1)无论地下如何复杂,来自地下的地震反射信号,到达地面后,在野外单炮记录及水平叠加剖面上都表现为能量渐变及波形渐变的绕射干涉图形。随着埋藏深度的增加,道与道之间的相关性愈来愈好。空间采样率愈高(道间距愈小)以及反射子波主频愈低,也使邻道相关性增大。

（2）作为一个逆定理，可以给出一个狭隘的干扰波定义"在水平叠加剖面上，凡是道间不相干的就必然是干扰"。但其逆命题不一定成立：即如果说："凡道间相关的就不是干扰"则是不正确的，因为有些干扰也是道间相关的。

（3）在野外单炮记录及水平叠加剖面上，记录乱成一片只可能有三种解释：一是存在严重的干扰，二是存在静校正问题，三是上述两种原因同时存在。但是我们说：记录的乱成一片绝对不是地下构造复杂或岩性变化所引起的。

（4）从地下来的均匀渐变的波形，到达地表附近，由于低降速带的影响可以使记录波形产生紊乱。如果上述地表影响主要表现为静校正时移，则可以通过开时窗统计相邻道的互相关函数的极大值及时移量就可初步判断信号与干扰的比例以及静校正量的大致范围。

（5）当水平叠加剖面上干扰很强时应该正确使用去干扰处理模块，不能笼统地害怕"蚯蚓化"现象而裹足不前，并认为相干加强是最符合物理地震学原理的去干扰手段。

（6）由于来自地下的反射信息是波形渐变的，所以地震记录的内插是完全可能的（关于道内插我也作了一些工作，将与干扰剔除一起考虑并写在另一篇文章中）。

参 考 文 献

[1]　李庆忠，俞寿朋，刘雯林，等. 地震波的基本性质——复杂断块构造区的反射波、异常波和干扰波[J]. 石油地球物理勘探，1972,（1）（2）.
[2]　李庆忠，刘雯林，柴振奕，等. 绕射扫描叠加法[J]. 石油地球物理勘探，1972,（5）.
[3]　Trorey A W. A simple theory for seismic diffractions[J]. Geophysics,1970,（5）.

地震干扰波的特性

此文讲述干扰波的特点。

重点讲地震次生干扰波的特点。低速次生干扰波是我国东部地区提高分辨率的障碍，而高速次生干扰波是我国西部沙漠及山区地震困难工区的主要敌人。

更详细的论述可以在本书第二分册方法篇里找到。

总　论

地震干扰波有很多种，在有关教科书中都有很多叙述，在本文中除简单地介绍一下面波和折射波干扰外，重点分析次生干扰波的特性。

（一）面波

在地震反射记录上通常会存在面波干扰。由于其介质质点振动轨迹呈椭圆状，故又称为地滚波。面波视速度较低，大多数情况下在 $100 \sim 1000$ m/s 之间，其中以 $200 \sim 500$ m/s 的视速度为常见。面波频率一般低于同一地区的反射波和折射波，在几赫兹到 $20 \sim 30$ Hz 之间，主要能量集中于 10 Hz 左右。在反射地震记录上面波同相轴与折射波一样均为直线，但由于面波的视速度明显低于折射波的视速度，因此其同相轴的斜率要明显大于折射波同相轴，即明显比折射波的同相轴要陡。由于面波速度是在一个范围内，且其速度有随频率变化的特点（波散现象），因此，在地震反射记录上其同相轴族呈"扫帚"状。面波的能量通常都很强，且衰减缓慢，在反射记录范围内可以覆盖除最强的反射波之外的所有反射波组。

（二）折射干扰波

地震反射记录上还经常存在有折射干扰波。有时在近地表存在有一个较强的波阻抗界面，而激发地震波的爆炸点又在强波阻抗界面之上，这时，常常会形成折射波干扰，表现为在首波波至的后面经常跟着一系列平行的同相轴，看起来像是由几个周期构成的长波列。在记录上，只有在炮检距超过临界距离后才能在记录上观察到首波。折射波时距曲线为直线，其斜率同折射界面下面地层的速度有关。折射波主频一般低于反射波，但比面波要高一些。一般在平原或沙漠进行地震勘探时，如果激发深度不够，如爆炸点在潜水面以上，这时就会在地震记录上观察到有较强的折射波干扰。如果在较浅处有老地层出现，也会出现折射干扰。

图1所示的就是在复杂区炮点道集记录上的面波和浅层折射波。

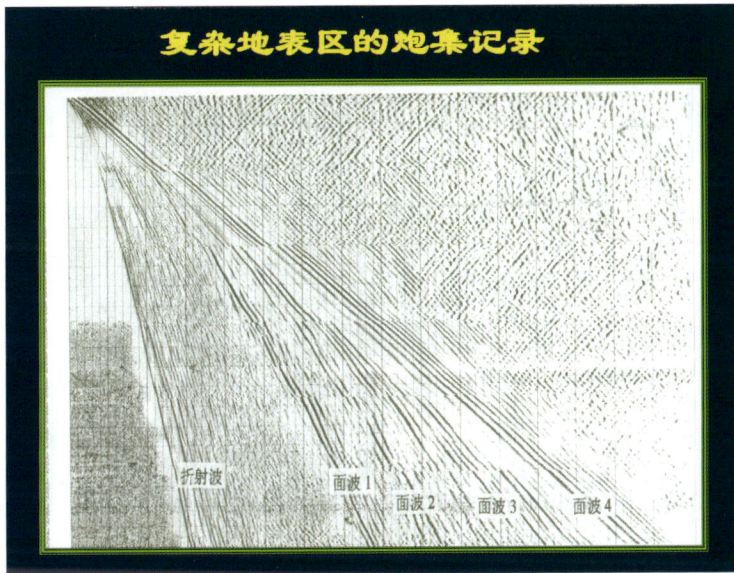

图1　复杂区炮集记录上的面波和浅层折射波

（三）次生干扰（低速、高速）

下面重点分析一下次生干扰波。关于次生干扰波，后面有一篇专门论述它的文章（文章编号108），该文发表在1983年《石油地球物理勘探》杂志第三期和第四期上，名称为"论地震次生干扰"。本文是那篇文章的简单综述与补充。

1. 次生干扰波的形成

野外采集时，震源激发后，大地开始震动，引起地表每一个与大地耦合不良的部分产生对地的重新锤击，形成了所谓的"次生干扰波"（图2）。如果在平原地区，产生次生干扰的原因往往仅仅是地表的不均匀性，比如沟、坝等，这种次生干扰在记录上的影响不十分明显；沙漠与山地中诱发次生干扰的则是突出地表的沙丘与山头，它们随着大地振动产生不均衡的抖动，进而产生干扰波向四面八方来回传播。每一个沙丘、山头在振动时都会发出各自的噪声，仿佛组成了一曲无人指挥的"沙漠"大合唱、"山头"大合唱（图3）。

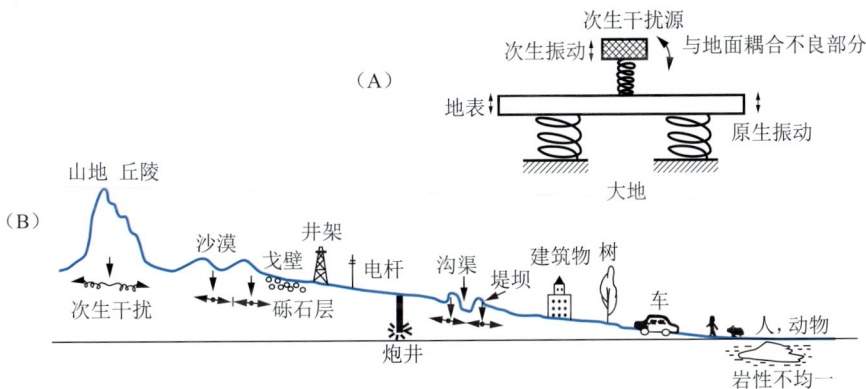

图2　产生次生干扰的示意图

2. 沙漠与山地是次生干扰波的"重灾区"

如果平原地区监视记录中面波或者折射波比较强，记录面貌往往会变得非常差，但是经过处理后，仍然可以得到比较好的剖面。但是在次生干扰非常严重的工区，有时候在野外单张记录上非但看不到一根有效反射波的同相轴，甚至连常见的完整的面波与折射波都看不清，这正是次生干扰波非常严重的表现，也是最危险的。在很多低信噪比地区,有效反射信号常被这些噪声所淹没。在这些噪声中,常见的次生高速干扰波的视波长可以达到150～250 m,常规组合很难解决它的问题。

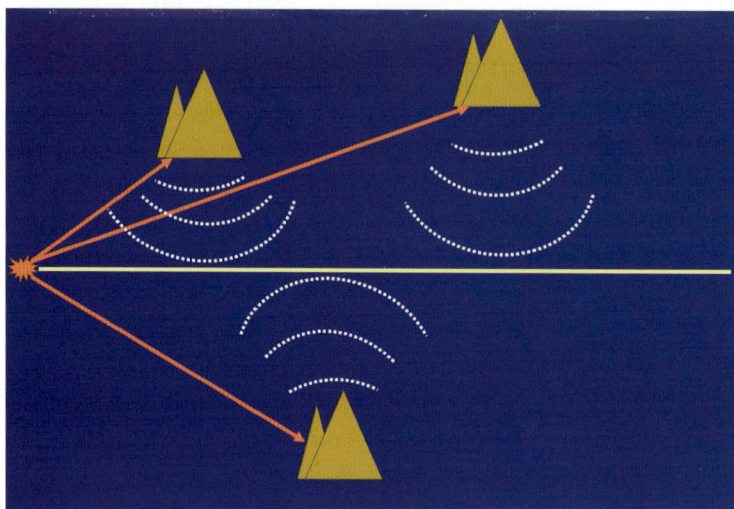

图3 地表的不均匀性形成次生干扰(又称作散射干扰)

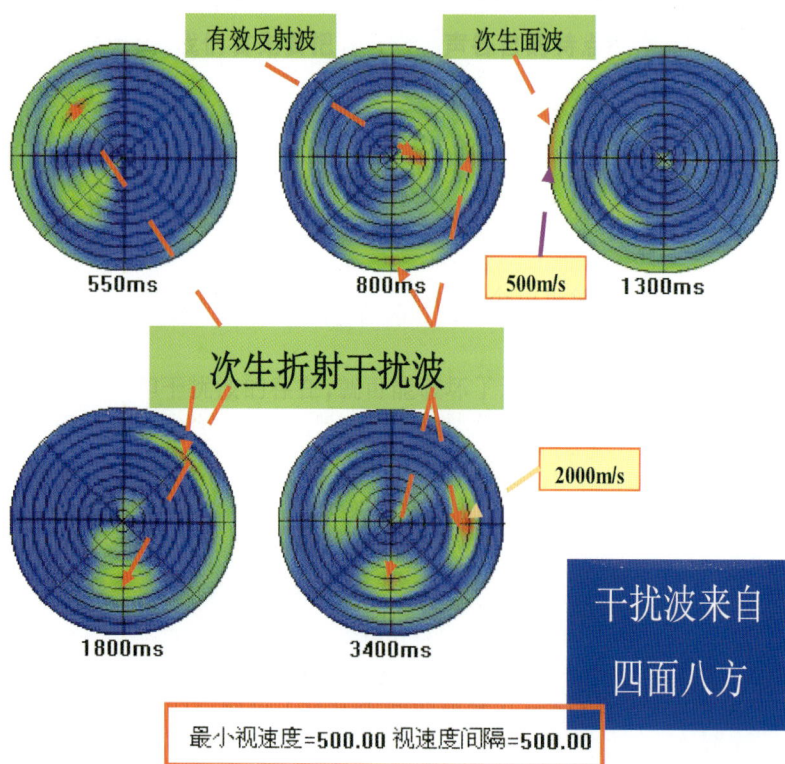

图4 柴达木盆地的盒式干扰波调查

由于沙漠、山地相对于平原地表的均匀性而言表现更差,因此沙漠和山地是次生干扰的"重灾区"。沙漠、山地中产生的次生干扰波中对资料影响比较大的因素主要有两类,一类是低速的次生面波干扰,另一类是高速的次生折射波干扰,它们的视波长都很长,来自四面八方,可分布于全记录。图4所示的柴达木盆地的盒式干扰波调查结果验证了这点。

图5是广西山区碳酸盐出露区的典型原始记录,图5(b)所示是平坦区的记录,可以看到几组反射波;而图5(a)所示为山体部分记录,除了面波的强的尖顶外,几乎一个有效波都看不到;在沙漠、山地等一些次生干扰非常严重的地区,甚至在水平叠加剖面中都可以清楚地看到强烈的次生干扰波,图6所示的就是

沙漠中次生干扰非常严重的水平叠加剖面。

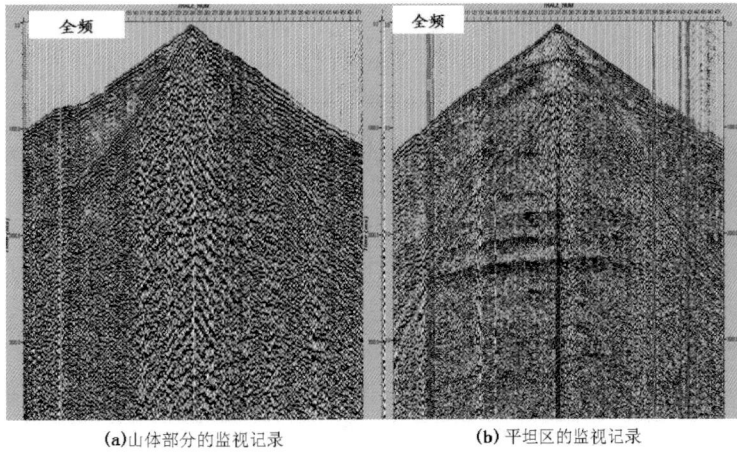

(a)山体部分的监视记录   (b) 平坦区的监视记录

图 5   山地勘探中的次生干扰波

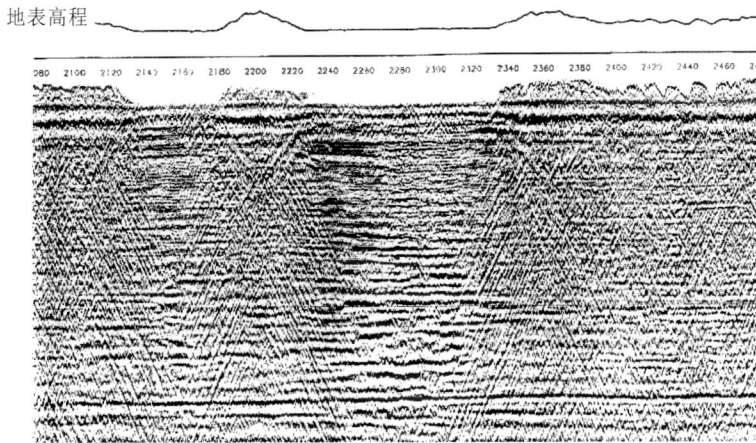

图 6   沙漠中次生干扰非常严重的水平叠加剖面

3. 次生干扰波的特点

图 7 是地震干扰波特点的综合图，从该图可知次生干扰有如下特点：① 在频率域次生高速干扰及次生低速干扰与有效反射波几乎有相同的频带范围；② 在视波长域次生低速干扰明显低于有效反射波，次生高速干扰也有部分视波长低于有效反射波；③ 在视速度域内次生低速干扰明显低于有效反射波，次生高速干扰大部分视波长低于有效反射波；④ 在分布范围上次生高速干扰及次生低速干扰几乎布满整张记录，有效反射波无法避开。

图 8～图 10 是有关次生干扰调查的几个实例图片。

图 8 为我在 1972 年进行的低速次生干扰调查所获得的结果，上面为一个废弃井架产生的次生干扰的记录，在废弃井架两旁各放道距为 0.5 m 排列总长度为 6 m 的小排列，在放炮时接收到来自井架的干扰波，视频率约为 30 Hz，视速度仅为 118 m/s。下面为一条小沟产生的次生干扰记录，在小沟两边各布道距为 0.5 m 排列总长度为 6 m 的小排列，并为了凸显干扰波，采用了反向组合方式来压制来自炮点的有效波。在放炮时接收到来自小沟的干扰波，视频率约为 30 Hz，视速度为 110 m/s。一个小排列北面 30 m 有大沟大坝，记录上也显示了来自该大沟大坝的次生干扰，其视速度为 118 m/s。

图 9 为我在 1998 年利用三分量检波器进行的直达横波调查，我采用的是 0.2 m 道距，8 个三分量检波器的 1.4 m 超小排列，由人在排列头上踩脚，记录到横波直达波(严格来讲也不完全是横波，因为根据三分量的强弱来判断，其质点振动轨迹类似椭圆状，接近于地滚波)，其视速度为 127 m/s。

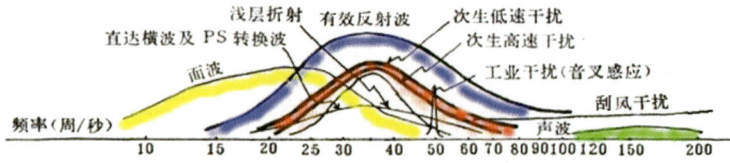

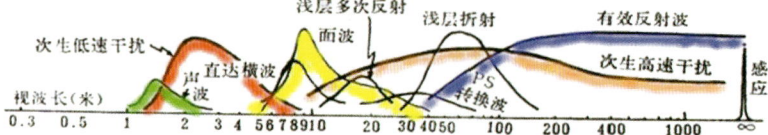

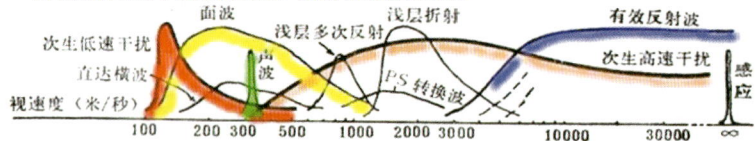

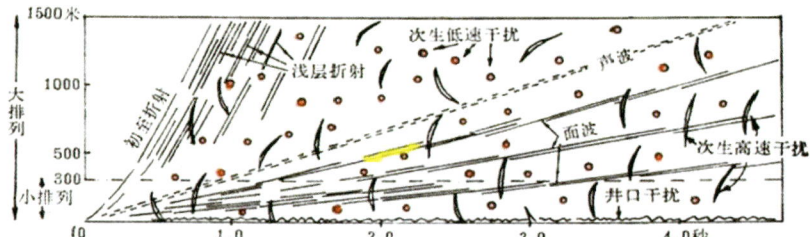

图 7　干扰波的特点

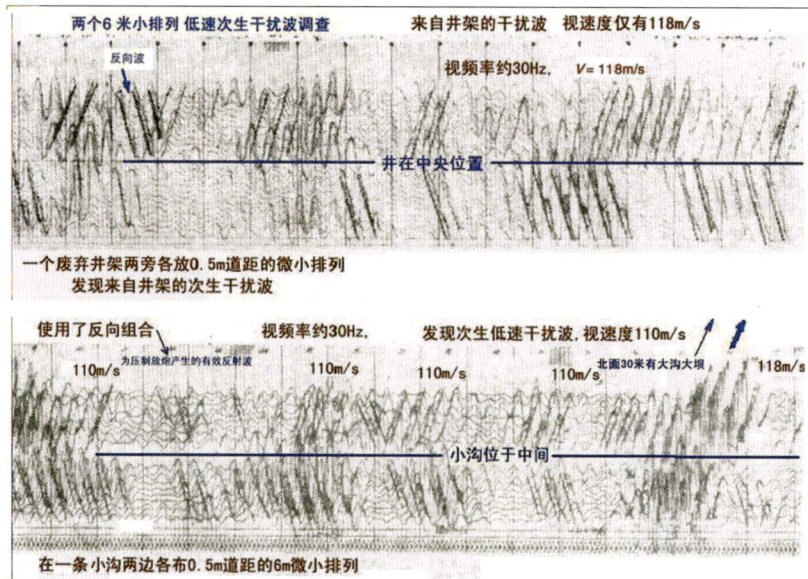

图 8　低速次生干扰调查

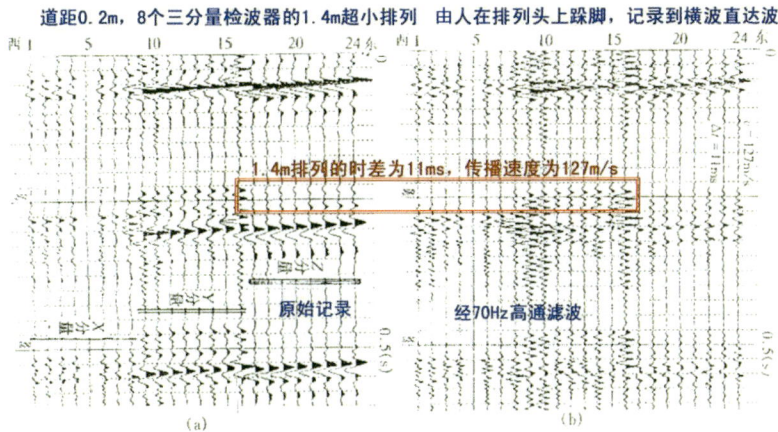

图9　直达横波干扰的测定

图10为由东方公司北疆经理部提供的油田干扰波调查结果,他们总结出的油田干扰波的主要特点是:干扰波波长短,频带宽,频率变化平稳;传播距离短,衰减快,为明显的振动性和弱波动性。左边图为一个靠近油田生产设施的强干扰记录,干扰源距离排列侧面不远的地方,其视速度要大于真速度,频带较宽(10～120 Hz);中间图为远离生产设施的干扰记录,右图为中间图的部分放大,其干扰波的视速度为150～220 m/s,视波长为6 m(30 Hz)～1 m(100 Hz),这应该就是直达横波的速度。

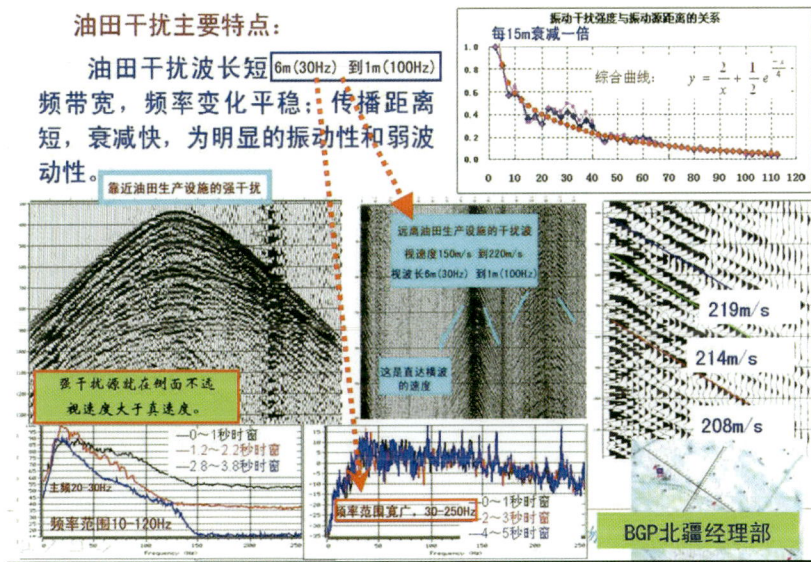

图10　油田干扰的主要特点

由上所述可知,次生干扰的复杂性在于:① 次生干扰可以分布于全记录,无法躲开,也不能切除。② 它与有效反射波几乎有相同的频带范围,无法用频率滤波滤去。③ 次生低速干扰常常表现为"随机性",而克服随机干扰一般采用的是统计方法,但统计方法克服干扰的本领是有限的。④ 次生高速干扰可以从四面八方传到排列,因此在记录上的视速度可以非常高,最高可以接近无穷大。若沿测线方向看去,侧面次生高速干扰与反射有效波十分相像,真假难分,但是如果从横向方向上看去,很多侧面来的次生干扰又有视速度较低的特点。⑤ 有些次生高速干扰甚至在水平叠加时会得到加强。⑥ 由于次生高速干扰的视速度普遍高于折射初至波的速度,因此它与反射有效波在视速度域及视波长域总是难分难解。

4. 室内处理很难消除次生干扰波

可以简要用图11来比较一下传统的沿测线组合条件下,对来自沿 in-line 方向及来自 cross-line 方向传播的干扰波在炮集上的不同压制效果。从图11(a)、(b)、(c)中看到:来自 in-line 方向的干扰波在经过野外 in-line 组合后变得很轻,再经过室内去噪后,基本上可以被消除;但是来自 cross-line 的侧面次生干扰波在记录上大多数表现为双曲线(图11(d)、(e)、(f)),浅层的窄而陡,深层的宽广平缓。因为传统的检波器组合是沿 in-line 方向组合的,cross-line 方向进来的干扰波视速度往往很大甚至接近无穷大,组合时差非常小;这种干扰波一旦进入记录中来,即使在室内处理后,也无法根本消除双曲线的顶部,最后即使经过室内去噪后得到的也是一片强能量的假的短轴,在水平叠加剖面上有时会让人误以为是有效波。因此,室内处理很难消除次生干扰波。

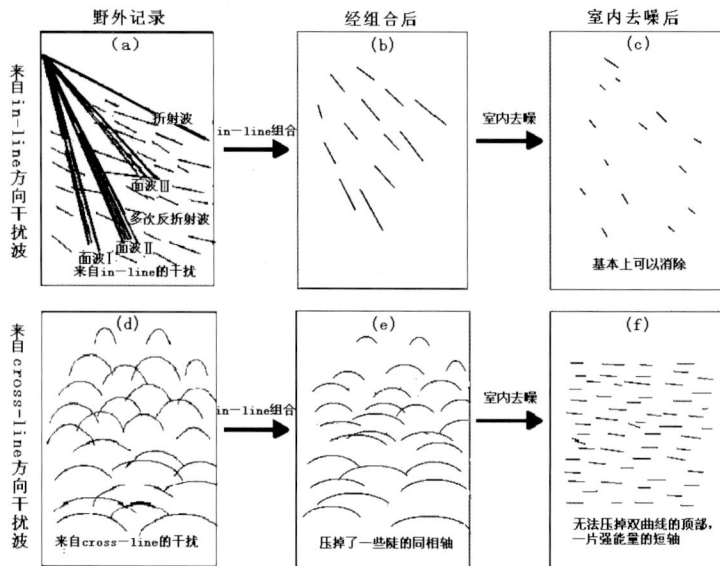

图 11　in-line 组合与室内去噪对不同传播方向干扰波压制效果的比较

5. 检波器横向拉开组合是克服 cross-line 方向传播次生干扰波的有效手段

在传统的检波器组合中,有时用 2～3 根小线组成小面积组合,但这种组合在 cross-line 方向的总跨距 L_y 一般不超过 10 m,基本上无法克服侧面传播的次生干扰波。在次生干扰十分发育的山地与沙漠地区,这种组合方式是非常不利的。

横向拉开组合是被人们遗忘了的一种有力的压制次生干扰的武器。

横向拉开后并不能克服 in-line 方向来的干扰。但是,沿 in-line 方向传播的干扰主要表现为线性干扰,所以目前野外一般组合基距不跨道的情况下,完全可以用室内相邻 3～5 道混波,来达到相同的衰减 in-line 方向干扰波的目的(参见图12、图13)。

我们分析野外检波器组合沿 cross-line 方向拉开 150 m 后的情况。图 12 左边是目前野外一般组合基距不跨道,单独使用 $L_x = 30$ m 检波器纵向组合时,它对各方向 150 m 次生折射干扰波的压制曲线(玫瑰图)的情况。可见它基本没有起到压制作用。图 12 右边是单独使用横向组合 $L_y = 150$m,每道一根横向小线的情况,它对沿 cross-line 方向来的 150 m 干扰波有很强的压制能力,但是对 in-line 方向缺乏控制能力。所以,需要采用室内道间混波来实现联合压噪。

图 13 是检波器横向拉开 150 m 后、室内不同道数的道间混波后分别对典型的面波及折射波所代表的视波长为 40 m、80 m、150 m、200 m 的干扰波的压制曲线(玫瑰图)。可以看到,经过横向拉开 150 m、室内 3 道混波及不等灵敏度 5 道混波后,四个不同视波长的干扰波全部可以压制到 0.33 以下;视波长越小的干扰波,压制效果越好。

东方公司最近几年在塔里木盆地库车山前带地区、塔里木盆地南部古城地区采用宽线大组合技术(图14),获得了不错的效果,证明了检波器横向拉开是克服次生干扰的有效手段。

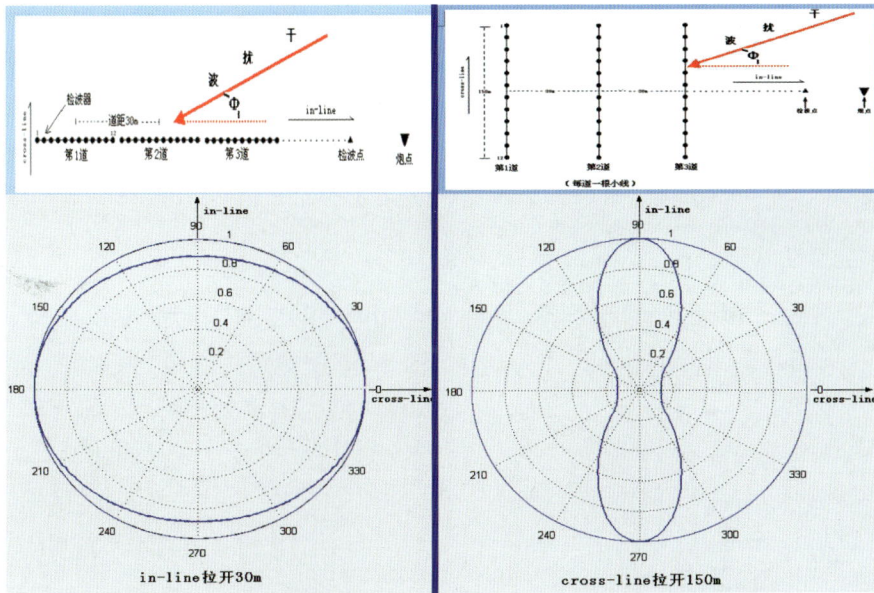

图 12　单独使用检波器纵向或横向组合的干扰波压制曲线(玫瑰图)

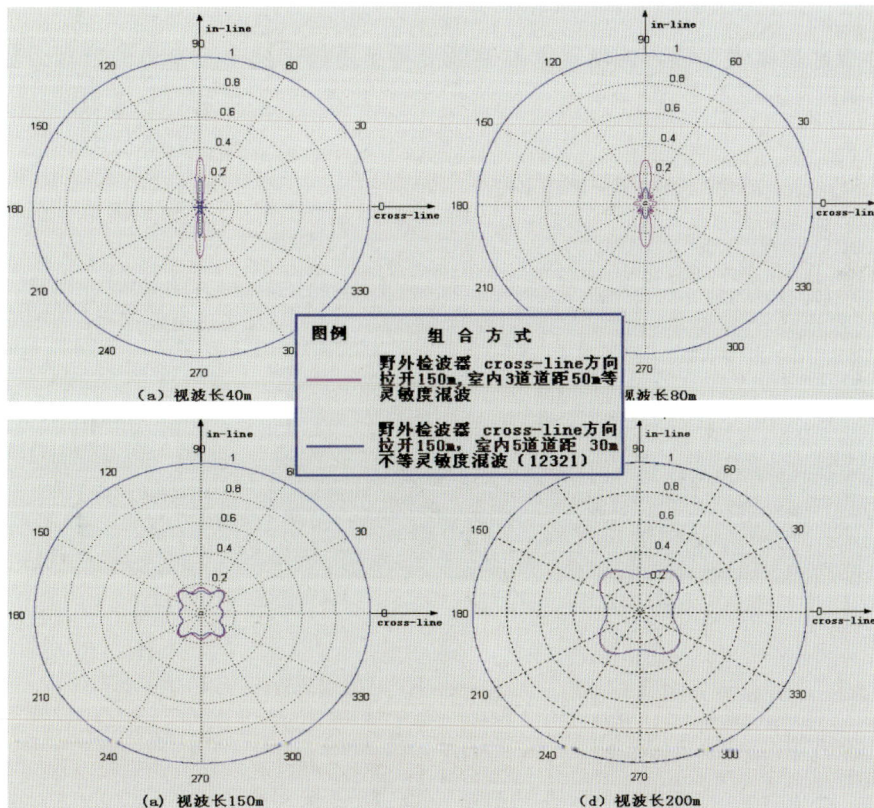

图 13　野外横向拉开 150 m、室内 3～5 道混波后压制干扰波的玫瑰图

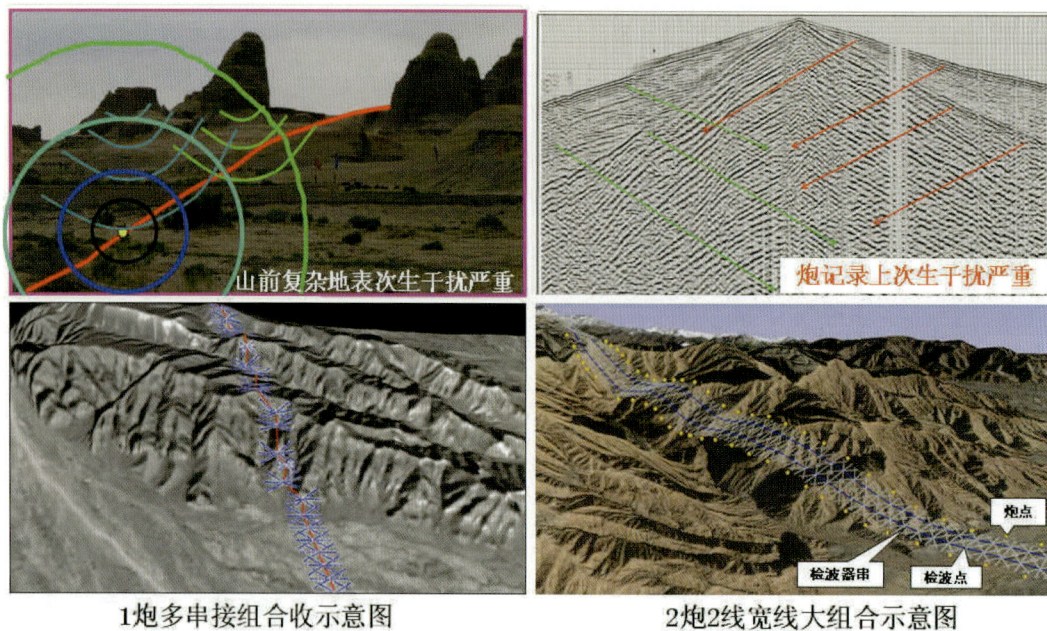

图 14　宽线大组合技术示意图

　　宽线大组合技术是我们克服山区地震困难工区资料品质低下的十分有力的武器。其效果参看本书"方法篇"相关文章。

——总论完

文章编号 106-3

随机干扰噪声的特点及压噪以后产生的假信号

童思友　李庆忠

本文主要的工作是由我的博士生,中国海洋大学海洋地球科学学院的老师童思友和我所完成。

此文讲述随机干扰波的特点。随机干扰是我国东部地区获得高分辨率剖面的主要敌人。

包括随机噪声在压噪后可以出现任意倾角的同相轴。不同信噪比的理论模型在压噪以后会产生"假信号"。假信号现象的定量分析。采用强化串联压噪方法的压制效果。

"假信号"的产生是最值得我们关注的。

我们的试验说明:假信号的强度一般是原始随机干扰强度的 1/3 到 1/6。

压噪处理后的假信号就很难从记录中进一步加以消除。

所以,随机干扰成为最顽固的"敌人"。

关于随机干扰的特性,我总结了几条:

(1)地震记录上的随机干扰并不是"白噪"(脉冲),而是具有一定频宽的"有色噪声",空间域里是随机的。

(2)随机干扰不随机,从任何方向看它们,都能组成某些同相轴的影子,去噪后会出现各种倾角的同相轴,几乎应有尽有,好像地下开了一个百货公司。

(3)无论在频率域,波数域,XT,FK,$\tau-p$ 域里,随机干扰都与反射有效波有着某些共同的成分,难分难解,无法区分。

(4)在任何域中去噪,都会留下哪些"假信号",它们的强度为原干扰的 15% ~ 30%,而且再也与信号无区别。

(5)随机干扰去噪必须在多道记录中进行,转到第二个域里再去噪,效果还要降低。

一、随机噪声在压噪后可以出现任意倾角的同相轴

为了证明我的认识,我们专门进行了纯随机噪声模型去噪试验,利用的是平稳振幅纯随机噪声模型,主要研究纯随机噪声在压噪后的波形及振幅变化情况。

（一）平稳纯随机噪声模型

用计算机产生一系列随机脉冲，把它褶积一个雷克子波，就得到一个纯随机噪声模型。假设它的反射时间位于 1.0～1.5 秒，采样率 2 ms，250 个样点，共 80 个道，显示增益 4。为防止边缘效应，仅显示中间60 道。

下面就介绍一下这一试验结果。

平稳随机噪音模型去噪试验使用的模块有：

Focus 软件的随机干扰压制（FXDECON）和倾角滤波（COHERE）。

Grisys 软件的多项式拟合（POLFIT）与相干加强（COHENT）。

ProMAX 软件的本征叠加（Eigenstk）和 FK 滤波。

在 ProMax 平台上可以用鼠标指向任意一个波形，就可以直接读出其振幅值，这为本次试验提供了"定量分析"的条件。我们还自编了一个程序，可以统计在指定方框里或全屏幕中的振幅绝对平均值。

用 ProMax 模块统计振幅需要数据格式为没有道头的，而目前经过去噪后的数据均是有道头的，需要适当转换。

抓图范围：CDP21-60，TIME1000～1500 ms。

图 1 为纯随机噪声的原始输入剖面，纯随机噪声的振幅绝对平均值为 0.4367，从随机噪声的原始剖面上我们基本看不到明显的同相轴即假信号的出现。图 2 为原始输入剖面经 Focus 软件 FXDECON 模块随机噪声衰减后的剖面，压噪后振幅绝对平均值为 0.0916，比输入剖面的平均振幅小了 4.8 倍，虽然能量降低了，但从经随机噪声衰减后的剖面上看到了明显的假信号同相轴的影子，振幅绝对平均值即为这些假信号的平均振幅强度。图 3 为用 Grisys 软件 POLFIT 模块多项式拟合去噪后的剖面，压噪后绝对平均值为 0.3523，比输入剖面的平均振幅小了 1.2 倍，同样也看到了明显的同相轴的影子。图 4 为用 Focus 软件 COHERE 模块进行倾角滤波（-1 到 +1）后的剖面，压噪后绝对平均值为 0.1082，比输入剖面的平均振幅小了 4.0 倍，可看到经过倾角滤波后出现了更明显的很多假信号同相轴的影子。图 5 为用 Focus 软件 COHERE 模块倾角滤波（-5 到 +5）后的剖面，压噪后绝对平均值为 0.3078，比输入剖面的平均振幅小了 1.4 倍，也有假信号同相轴的影子出现，但与图 4 情况比假信号同相轴是倾斜的。图 6 为用 Grisys 软件的 COHENT 模块 5 道相干加强后的剖面，压噪后绝对平均值为 0.0414，比输入剖面的平均振幅小了 10.5 倍，也能看到少许假信号同相轴的影子。图 7 为用 ProMAX 软件 FK 模块二维滤波后的剖面，FK 滤波参数见右下角（把向左倾斜的视作为信号），压噪后绝对平均值为 0.1728，比输入剖面的平均振幅小了 2.5 倍，可看到同样有假信号同相轴的影子，并且都是向左倾斜。图 8 为应用 ProMAX 软件 FK 模块二维滤波后的剖面，FK 滤波参数见右下角（把向右倾斜视作为信号），压噪后绝对平均值为 0.1675，比输入剖面的平均振幅小了 2.6 倍，可看到同样有假信号同相轴的影子，并且都是向右倾斜。图 9 为应用 ProMAX 软件的（EIGENSTK）模块本征叠加（5 道加权）后的剖面，压噪后绝对平均值为 0.4460，比输入剖面的平均振幅大 2%，说明一下，本征叠加压噪的结果基本是按输出振幅归一化的。图 10 为应用 ProMAX 软件的（EIGENSTK）模块本征叠加（7 道加权）后的剖面，压噪后绝对平均值为 0.4880，平均振幅大 12%，本征叠加压噪的结果基本仍是按输出振幅归一化的。由图 9 和图 10 可看出，经本征叠加处理后可以看到剩下了假信号的水平同相轴的影子，且加权道数越多，假信号同相轴影子越长。

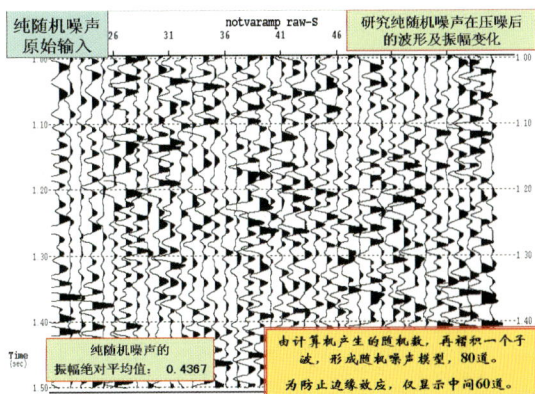

图1　纯随机噪声原始输入剖面

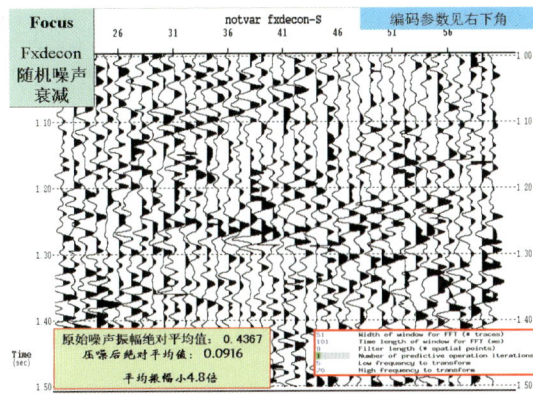

图2　经 Focus 软件 FXDECON 模块随机噪声衰减后的剖面

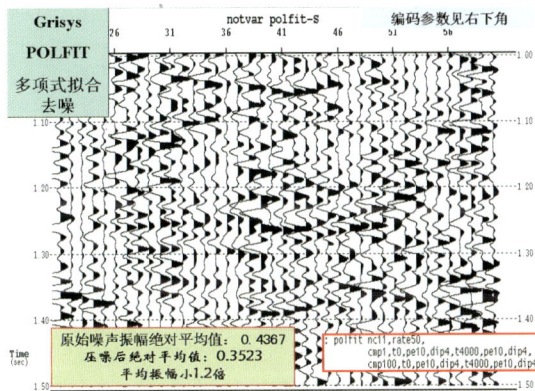

图3　Grisys 软件 POLFIT 多项式拟合去噪后的剖面

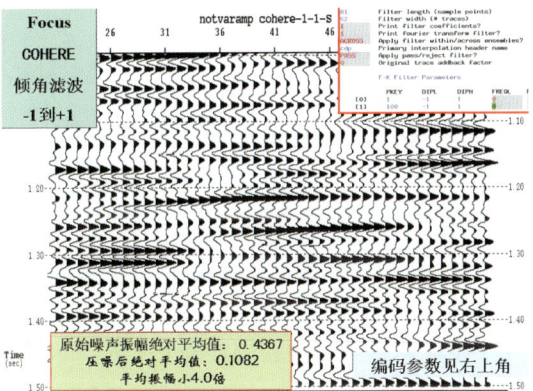

图4　Focus 软件 COHERE 倾角滤波（−1 到 +1）后的剖面

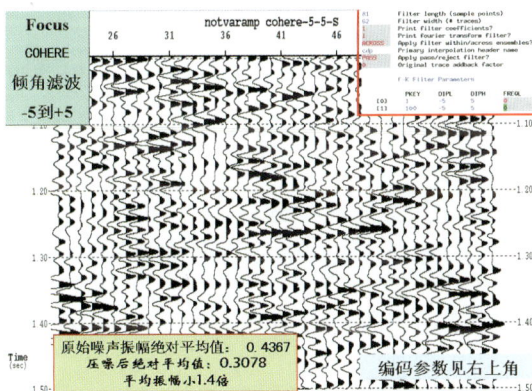

图5　Focus 软件 COHERE 倾角滤波（−5 到 +5）后的剖面

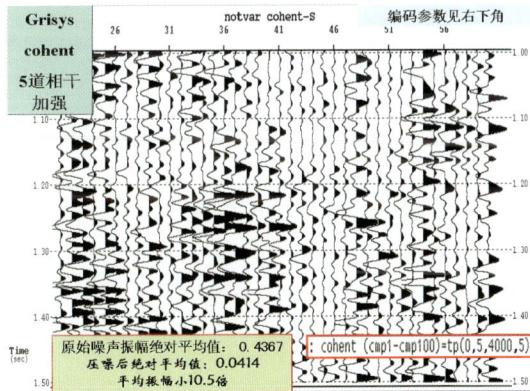

图6　Grisys 软件 COHENT 5 道相干加强后的剖面

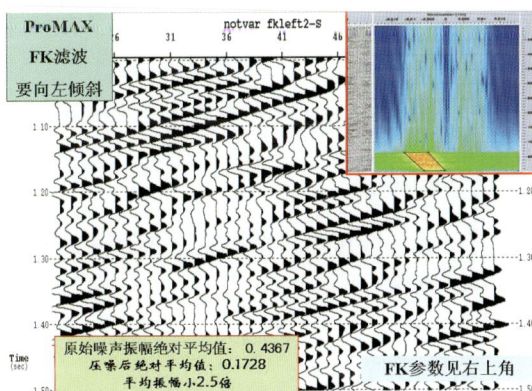

图7　ProMAX 软件 FK 滤波后的剖面（要向左倾斜）

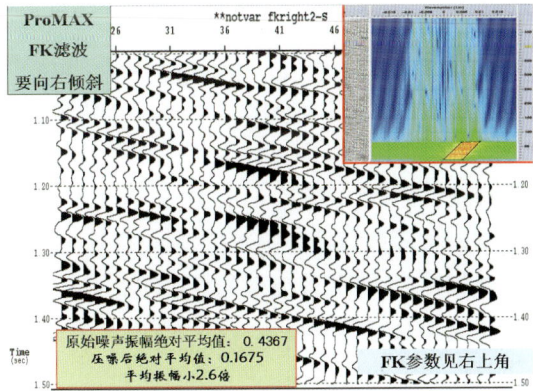

图8　ProMAX 软件 FK 滤波后的剖面（要向右倾斜）

207

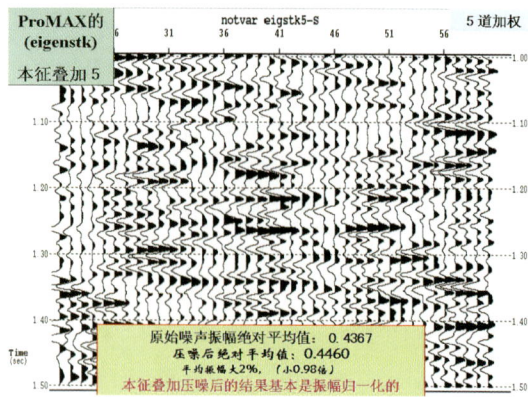

图 9 ProMAX 的（EIGENSTK）本征叠加（5 道加权）后的剖面

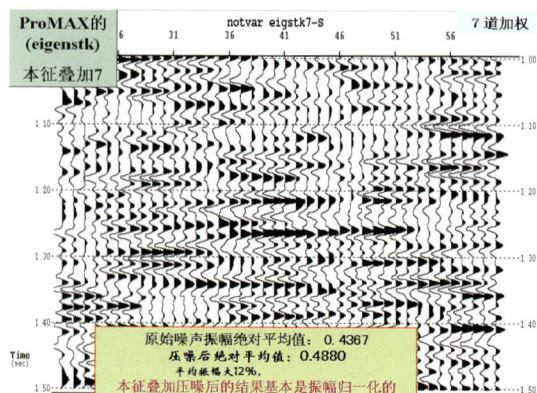

图 10 ProMAX 的（EIGENSTK）本征叠加（7 道加权）后的剖面

以上纯随机噪声模型去噪试验的结果与本文开始图片中所述的有关随机噪声的特点是非常吻合的。不难得出以下结论。

（二）小结

（1）随机噪声在压噪后可以出现任意倾角的同相轴，好像地下开了一个百货公司。任何去噪都会出现一些假的同相轴，而且其振幅比原来小了 2～5 倍。

（2）去噪手段，尤其是 FK 滤波，你想要东倾就有东倾，你想要西倾就有西倾。所以，用 FK 及 FKK 滤波压制面波不是好办法。此外，在 VSP 中用 FK 分离上行、下行波也不会很准确。

（3）也就是因为随机噪声的这种"可恶"的特点，使我们在信噪比低于 1/3 时，往往无法挽救。

（4）高频随机噪声是陆上高分辨率勘探的主要"敌人"。

二、不同信噪比的理论模型在压噪以后产生的"假信号"

前面分析了纯噪声的理论模型的压噪试验，下面再看一下既有信号又有噪声的模型的压噪试验。

我们设计了一个既有信号，又有噪声的模型，组成不同信噪比的理论记录，然后用不同的压噪程序作去噪试验。观察去噪前后的振幅强弱变化。从而研究各压噪模块的去噪功能，以及假信号的产生强度。

本次去噪模块采用压制随机干扰最有效的 FXDECON——随机干扰衰减（即 RNA）模块。

通过模型试验定性分析去噪过程中产生假信号的现象。

信号是由雷克子波组成的三条水平同相轴与六根不同倾角的直线同相轴所形成，噪声采用由计算机产生的随机噪声，信噪比估算采用随机噪声的平均振幅与信号的波峰振幅之比值。

图 11 所示的为纯信号的原始剖面（3 + 6 条直线同相轴之外没有任何噪声）。图 12 所示的为纯信号模型经频率—空间域预测滤波（FXDECON）去噪后的情况，可以看到在经过 FXDECON 去噪后没有产生假的信号。图 13 为纯随机噪音的原始剖面。图 14 为纯噪声模型经频率—空间域预测滤波（FXDECON）去噪后的情况，可看到经 FXDECON 去噪后产生很多断断续续的假信号同相轴，并且各种倾角的都有。图 15 所示的为信噪比为 4（$S/N = 4.0$）的原始剖面，可看出在 $S/N = 4.0$ 时有效信号呈现出的是明显优势的强波，不去噪也可连续追踪。

有了纯信号模型与纯噪声模型，就可以将它们按一定的百分比，相加成不同信噪比的理论记录。

我们在相加时，令信号模型的振幅不变，加不同强度的噪声模型。

信噪比估算采用随机噪声的平均振幅与信号的波峰振幅之比值。

图 15 所示是信噪比为 4.0 的原始剖面（$S/N = 4.0$，有效信号呈明显优势强波）。

图 16 所示为 $S/N = 2.0$ 时的原始剖面，虽然噪音已比较明显，但有效信号仍呈明显优势，仍完全可

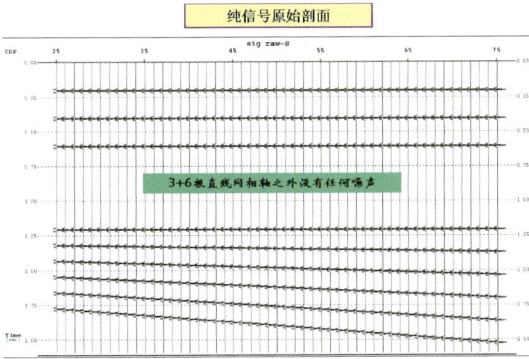

图 11　纯信号原始剖面(3 + 6 条直线
同相轴之外没有任何噪声)

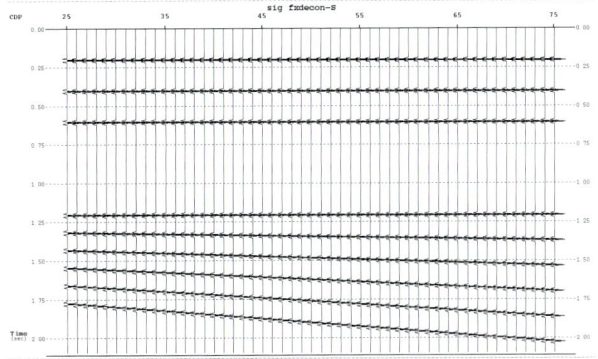

图 12　纯信号模型经频率-空间域预测滤波
(FXDECON)去噪后的情况

(FXDECON 去噪后没有假信号的产生)

(此图显示振幅太强,没有归一化)

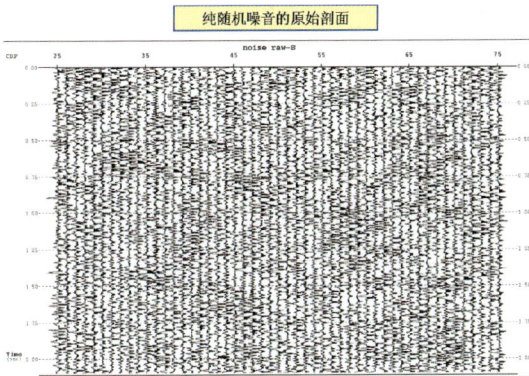

图 13　纯随机噪音的原始剖面

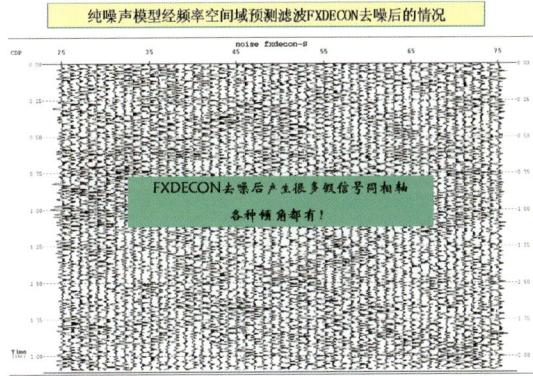

图 14　纯噪声模型经频率-空间域预测滤波
(FXDECON)去噪后的情况

(FXDECON 去噪后产生很多假信号同相轴,各种倾角都有!)

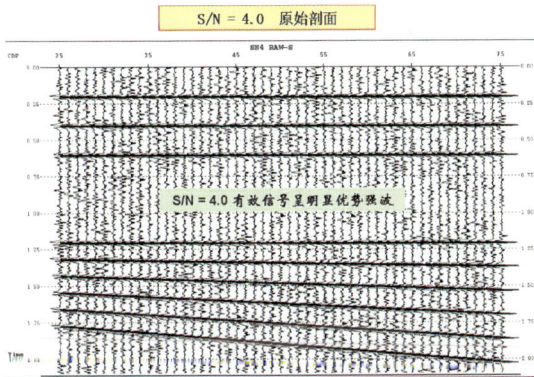

图 15　$S/N = 4.0$ 的原始剖面
($S/N = 4.0$,有效信号呈明显优势强波)

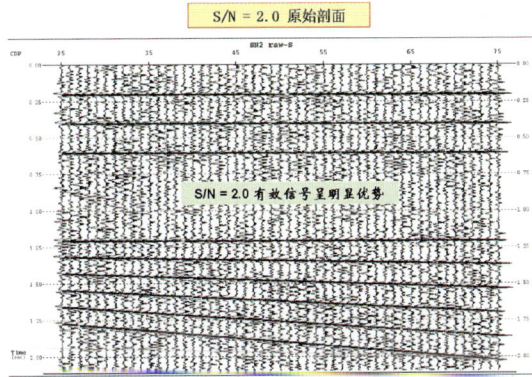

图 16　$S/N = 2.0$ 的原始剖面
($S/N = 2.0$,有效信号呈明显优势)

以连续追踪。但在对 $S/N = 2.0$ 的模型经 FXDECON 去噪后(图 17),可看到已经有假信号产生了,但由于信噪比高,假信号呈现比较弱。

图 18 所示为 $S/N = 1.0$ 时的原始剖面,可看到这时有效信号时断时续,振幅很不均匀,已不能完全连续追踪。但对 $S/N = 1.0$ 的模型经 FXDECON 去噪后(图 19)有效波得到加强,可以连续追踪了,但同时假信号明显产生了。

图 20 所示为 $S/N = 2/3$ 时的原始剖面模型,可以看到在此剖面上有效信号断断续续的刚刚可以辨

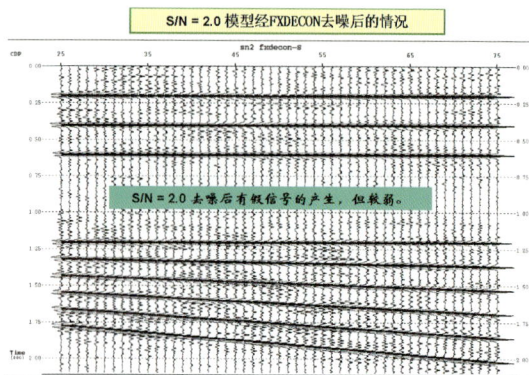

图 17 $S/N = 2.0$ 模型经 FXDECON 去噪后的情况
（$S/N = 2.0$，去噪后有假信号的产生，但较弱）

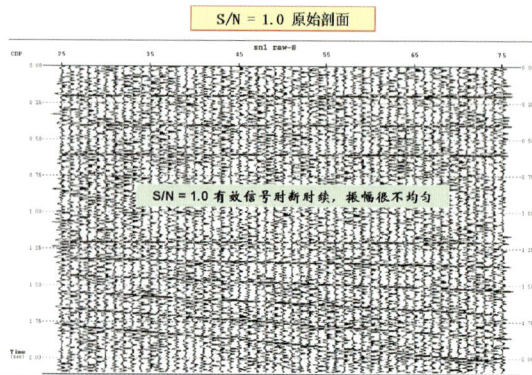

图 18 $S/N = 1.0$ 的原始剖面
（$S/N = 1.0$，有效信号时断时续，振幅很不均匀）

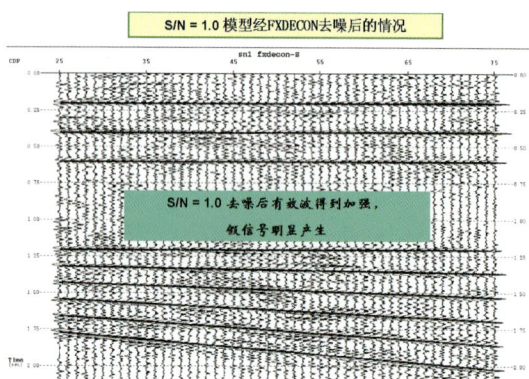

图 19 $S/N = 1.0$ 模型经 FXDECON 去噪后的情况
（$S/N = 1.0$ 去噪后有效波得到加强，假信号明显产生）

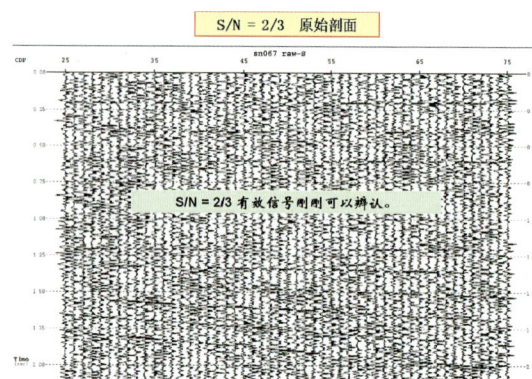

图 20 $S/N = 2/3$ 的原始剖面
（$S/N = 2/3$，有效信号刚刚可以辨认）

认。对 $S/N = 2/3$ 的模型经 FXDECON 去噪后（图21），有效信号又可以连续追踪了，去噪后信号得救了，但假信号已经很强了，出现了断断续续的假信号同相轴。

图 22 所示为 $S/N = 1/2$ 时原始剖面模型，可以看到这时有效信号已经很难辨认出来了，但对 $S/N = 1/2$ 模型经 FXDECON 去噪后（图23），可以看到基本连续的同相轴，即信号有效波大部分得救了，但是产生的假信号也更强了。

图 24 所示为 $S/N = 1/3$ 时的原始剖面，在此剖面上有效信号已辨认不出，但经 FXDECON 去噪后（图25），可看到信号有效波的部分刚刚可辨认，但产生的假信号更强了。

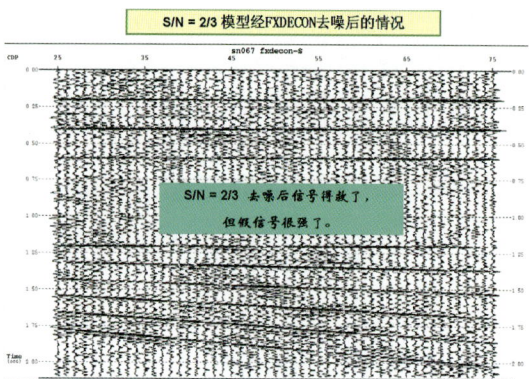

图 21 $S/N = 2/3$ 模型经 FXDECON 去噪后的情况
（$S/N = 2/3$，去噪后信号得救了，但假信号已经很强了）

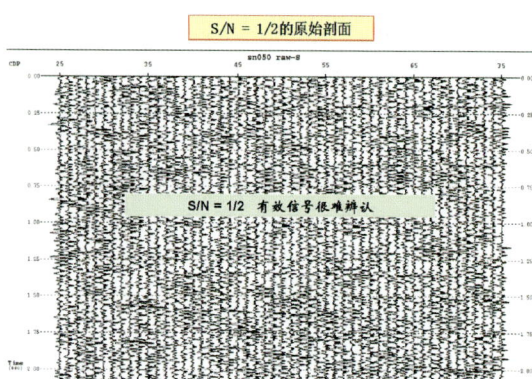

图 22 $S/N = 1/2$ 的原始剖面
（$S/N = 1/2$ 时有效信号已经很难辨认）

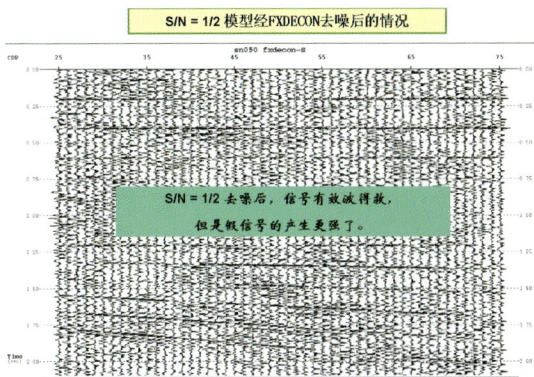

图 23　$S/N = 1/2$ 模型经 FXDECON 去噪后的情况
（$S/N = 1/2$ 经去噪后,信号有效波大部分得救,
但是产生的假信号更强了）

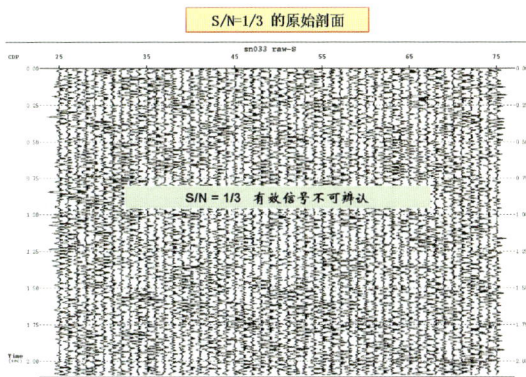

图 24　$S/N = 1/3$ 的原始剖面
（$S/N = 1/3$,有效信号已不可辨认）

图 26 所示为 $S/N = 1/5$ 时的原始剖面,此时有效信号已完全不可辨认,即使经 FXDECON 去噪后（图 27）,也看不到信号的踪影了,即信号已不能得救,剖面上只留下"假信号"了。

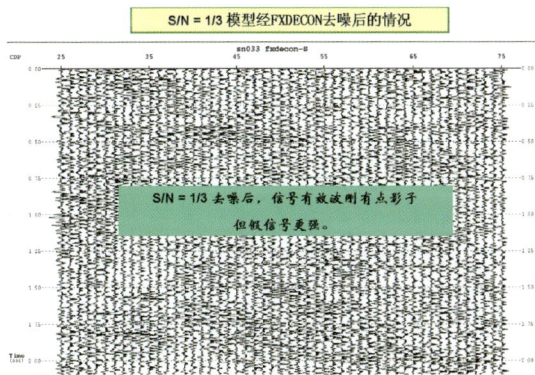

图 25　$S/N = 1/3$ 模型经 FXDECON 去噪后的情况
（$S/N = 1/3$ 时经去噪后,信号有效波部分刚可辨认,
但假信号的产生更强）

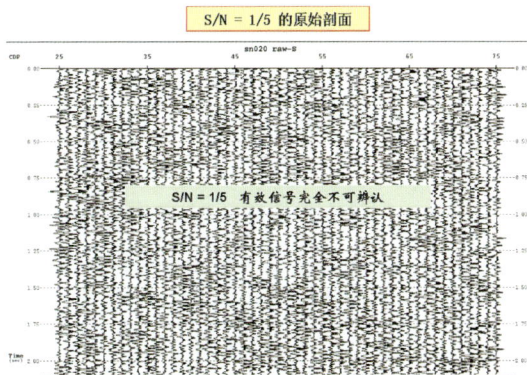

图 26　$S/N = 1/5$ 时的原始剖面
（$S/N = 1/5$ 时有效信号已完全不可辨认）

图 28 所示为 $S/N = 1/10$ 时的原始剖面,将其与 $S/N = 1/5$ 时的原始剖面比较,基本没有多少差别,有效信号都已不可辨认了。对 $S/N = 1/10$ 的原始剖面模型经频率-空间域预测滤波 + 倾角滤波（FXDECON + COHRERE）的加强压噪处理,图 29 所示的就是两次去噪后的情况。

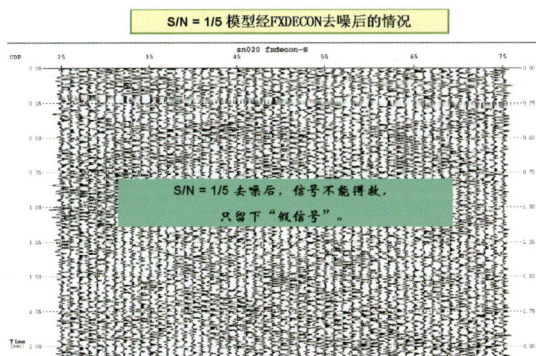

图 27　$S/N = 1/5$ 模型经 FXDECON 去噪后的情况
（$S/N = 1/5$ 时经去噪后,信号已不能得救,只留下"假信号"）

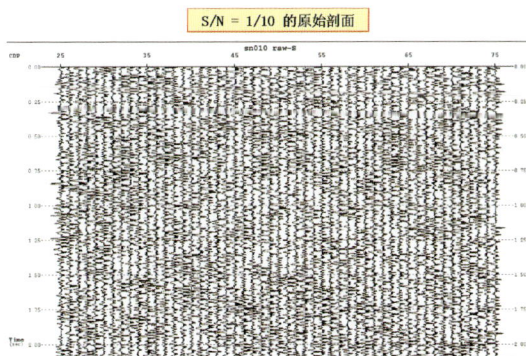

图 28　$S/N = 1/10$ 时的原始剖面
（与 $S/N = 1/5$ 时的原始剖面比较,基本没有差别,
有效信号都已不可辨认）

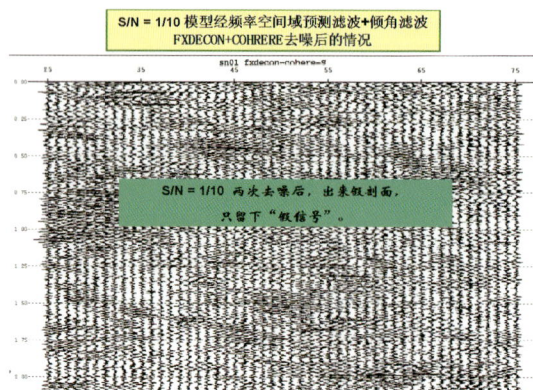

图 29 $S/N = 1/10$ 模型经频率–空间域预测滤波 + 倾角滤波
（FXDECON + COHRERE）去噪后的情况
（$S/N = 1/10$ 经两次去噪后，出来的是假信号剖面，只留下"假信号"
看起来像一条高分辨率的地震剖面）

小结

（1）纯信号模型数据经 FXDECON 去噪后没有假信号的产生。

（2）纯随机噪声模型数据经 FXDECON 去噪后只有假信号。

（3）$S/N = 4.0$ 有效信号呈明显优势强波。

（4）$S/N = 2.0$ 有效信号呈明显优势，去噪后有假信号的产生，但较弱。

（5）$S/N = 1.0$ 有效信号时断时续，振幅很不均匀。去噪后有效波得到加强，但假信号明显产生。

（6）$S/N = 2/3$ 有效信号刚刚可以辨认。去噪后信号得救了，但假信号很强了。

（7）$S/N = 1/2$ 有效信号很难辨认。去噪后，信号有效波得救，但是假信号的产生更强了。

（8）$S/N = 1/3$ 有效信号不可辨认。$S/N = 1/3$ 去噪后，信号有效波刚有点影子，但假信号已经很强，已经占据主要位置，对反射信号的识别判断与对比追踪产生了较大的影响，反射同相轴已经难以再连续追踪。

（9）$S/N = 1/5$ 有效信号完全不可辨认。去噪后，信号不能得救，只留下"假信号"。

（10）$S/N = 1/5$ 与 $S/N = 1/10$ 两剖面在视觉上基本没有差别。

（11）$S/N = 1/10$ 两次去噪后，出来假剖面，只留下"假信号"。

三、假信号现象的定量分析

本节使用 $S/N = 4$ 去噪效果对比，水平层情况，并列显示成图用 GLOBAL 增益方式。

要对去噪前后的振幅变化作分析，必需先要搞清楚各去噪模块对有效反射波是否能保持振幅。我们模型的信号的原始强度为 1.800 加上随机噪声后，振幅就有所变动。

通过 $S/N = 4$ 的模型，对去噪前后的振幅统计后，列表于表 1。

表 1 $S/N = 4.0$ 水平层波峰信号去噪前后振幅统计

去噪方式	第一水平层波峰振幅统计		第二水平层波峰振幅统计	
去噪前	201 样点	1.9048	401 样点	1.8729
倾角滤波	201 样点	1.9193	401 样点	1.8873
频率空间域预测滤波	201 样点	1.6992	401 样点	1.7344

续表

去噪方式	第一水平层波峰振幅统计		第二水平层波峰振幅统计	
频率空间域预测滤波及倾角滤波	201 样点	1.7123	401 样点	1.7480
相干加强	201 样点	1.5278	401 样点	1.5151
径向预测滤波	201 样点	1.8529	401 样点	1.8524
随机噪音衰减	201 样点	1.7468	401 样点	1.7267
本征叠加	201 样点	3.2976	401 样点	3.2414
混　波	201 样点	1.9041	401 样点	1.8718
多项式拟合	201 样点	1.9332	401 样点	1.9325

信号的原始强度为1.8加上随机噪声后,振幅有所变动。
此表说明除本征叠加模块之外,其他去噪模块都基本是保幅的。
因为本征叠加模块是按输入输出振幅统一均衡的,所以表现为不保幅。

此表说明除本征叠加模块之外,其他去噪模块都基本是保幅的。因为本征叠加模块是按输出振幅统一均衡的,所以表现为有效反射波不保幅。

表2所示的为水平层间噪音在去噪前后的振幅统计。

表2　去噪前后水平层间噪音振幅统计

文字类型	振　幅	样　点	道范围
去噪前	0.14	220～380	47～70
倾角滤波　COHERE	0.0803	220～380	47～70
频率空间域预测滤波　FXDECON	0.0436	220～380	47～70
频率空间域预测滤波与倾角滤波	0.0412	220～380	47～70
相干加强　COHENT	0.0635	220～380	47～70
径向预测滤波　RAPFIL	0.0727	220～380	47～70
随机噪音衰减　RNATTE	0.0507	220～380	47～70
本征叠加　EIGEN STACK	0.1341	220～380	47～70
混波　TRACE MIXING	0.0825	220～380	47～70
多项式拟合　POLFIL	0.0663	220～380	47～70

图30～图38是经各种去噪前后的对比剖面。

各图中,左方为$S/N=4$第一数据段(水平层)原始波形。右边是经过去噪后的剖面波形。两者显示时用 GLOBAL 增益方式,所以是可比的。

(1)红色方框里是有效反射波的波峰振幅值。

(2)蓝色椭圆框里是干扰波波峰的振幅值。

(3)深绿色方框里是上、下两个干扰波区域内的振幅绝对平均值。(上方浅绿框,下方粉红框)

(4)每个去噪模块的名称与使用参数都已标明在图中。

(5)中央两个粉红色框里是上、下两个干扰波区域里干扰波在去噪后的压制倍数。

(6)右下角的黄色框里是去噪前后,干扰波区域里强振幅的压制倍数。

(7)这两个干扰波区域虚线方框里原来没有任何方式有效波,经过去噪后,出现了道间相关的同相轴,显然它们是"假信号"。假信号的平均强度就是粉红色框里的数据。它们是原来随机干扰强度的1/3左右。

213

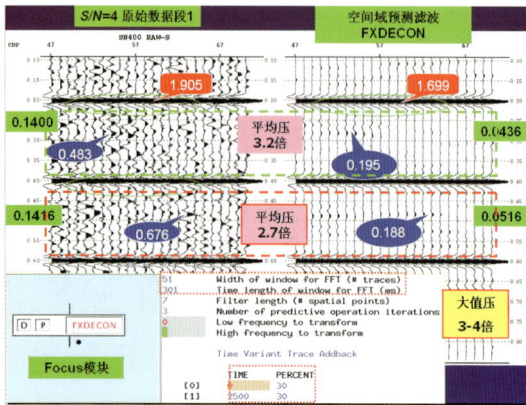

图30　对原始数据进行空间域预测滤波（FXDECON）前后对比

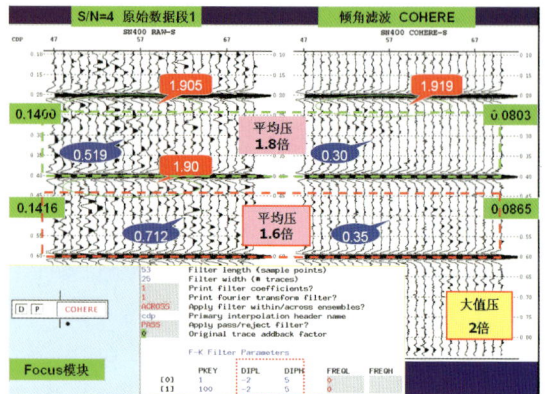

图31　对原始数据进行倾角滤波（COHERE）前后对比

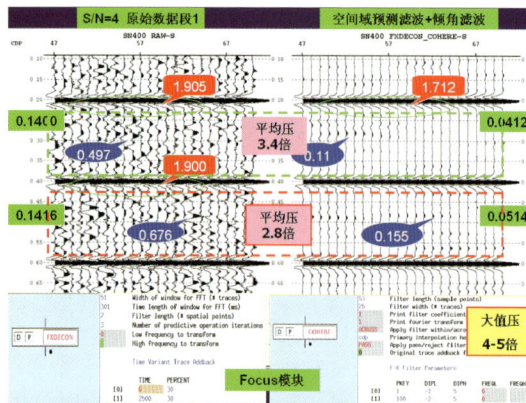

图32　对原始数据进行空间域预测滤波＋倾角滤波前后对比

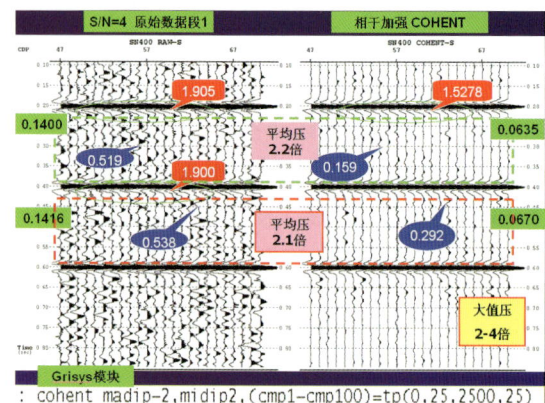

图33　对原始数据进行相干加强（COHENT）前后对比

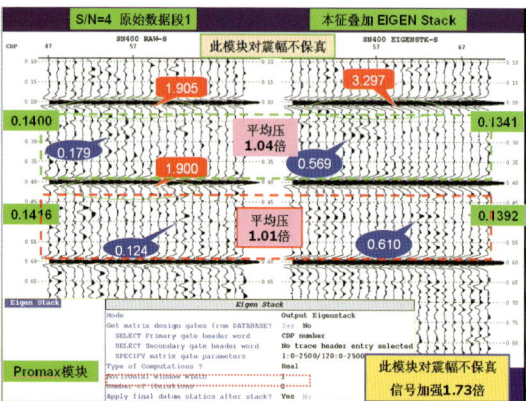

图34　对原始数据进行本征叠加（EIGEN Stack）前后对比

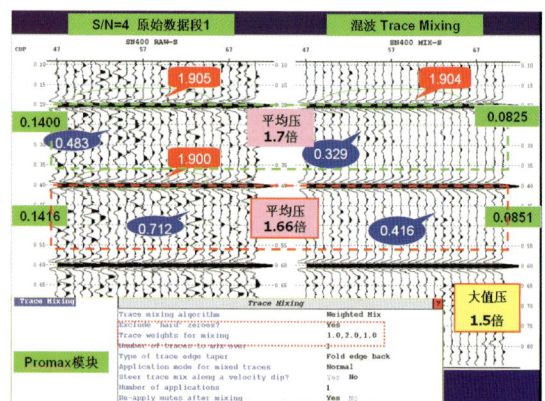

图35　对原始数据进行混波（Trace Mixing）处理前后对比

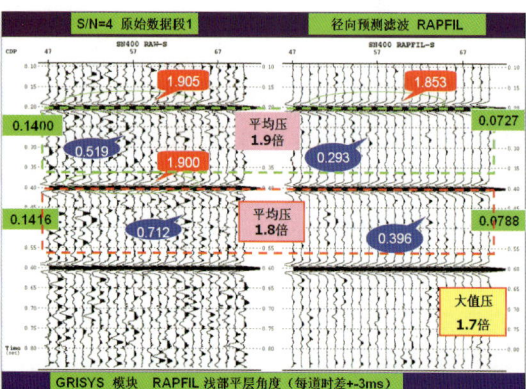

图36　对原始数据进行径向预测滤波（RAPFIL）处理前后对比

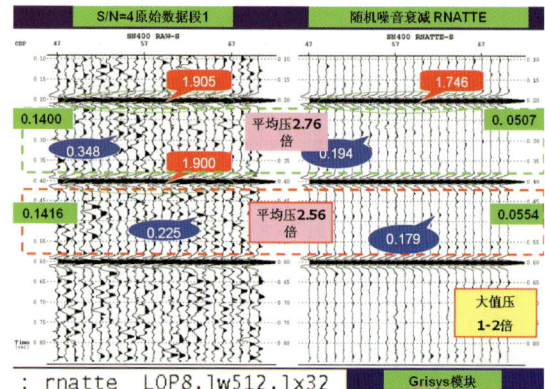

图37　对原始数据进行随机噪音衰减（RNATTE）处理前后对比

图 30 为对原始数据应用 Focus 软件 FXDECON 模块进行空间域预测滤波前后的对比剖面,可看到噪音平均被压制 3 倍左右,大值被压 3～4 倍,浅层被压制效果略好于深层,刚刚能够看到很弱的假信号影子,但无关大局。图 31 为应用 Focus 软件 COHERE 模块对原始数据进行倾角滤波前后的对比剖面,噪音大值被压 2 倍左右,压制效果要差于空间域预测滤波(FXDECON)。图 32 为对原始数据进行空间域预测滤波 + 倾角滤波(FXDECON + COHERE)后剖面对比,可看到串联压噪后大值被压达到 4～5 倍,串联效果优于单一压噪效果。

图 33 为应用 GRISYS 软件 COHENT 模块对原始数据进行相干加强前后剖面的对比;图 34 为应用 PROMAX 软件 EIGEN Stack 模块对原始数据进行本征叠加前后剖面的对比;图 35 为应用 PROMAX 软件 Trace Mixing 模块对原始数据进行混波处理前后剖面的对比;图 36 为应用 GRISYS 软件 RAPFIL 模块对原始数据进行径向预测滤波处理前后剖面的对比;图 37 为应用 GRISYS 软件 RNATTE 模块对原始数据进行随机噪音衰减处理前后剖面的对比;图 38 为应用 GRISYS 软件 POLFIT 模块对原始数据进行多项式拟合处理前后剖面的对比。通过图 33～图 38 这些应用不同压噪手段前后对比可以看出:图 37 的应用 GRISYS 软件 RNATTE 模块对原始数据进行随机噪音衰减处理的压噪效果相对比较好,平均压制 2.5 倍以上,且压噪后基本看不到"假信号"的影子。而图 38 应用 GRISYS 软件 POLFIT 模块对原始数据进行多项式拟合处理后,与其他压噪方法相对而言出现有比较明显的"假信号"的影子,但由于信号较强,不影响大局。

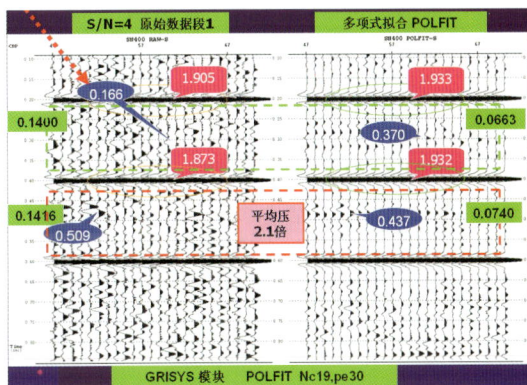

图 38 对原始数据进行多项式拟合(POLFIT)处理前后对比

小结

(1)当原始信噪比比较高的时候,各种压噪方法都能使噪音得到一定的压制,能够进一步提高信噪比,虽然已经看到"假信号"的影子,但影响不大。

(2)通过对比可看出,Focus 软件 FXDECON 模块空间域预测滤波和 GRISYS 软件 RNATTE 模块随机噪音衰减压噪效果比较好。

四、采用强化串联压噪方法的压制效果

串联去噪可以提高噪音压制效果。

通过模型试验表明用单一的去噪方式压制噪音不是很理想(3 倍左右),为了尽量压制噪音,考虑组合串联去噪。充分考虑信号的尽量保真,噪音极大压制,且尽量少产生假象,经过历时数月的推敲实验,最终选择用"随机噪音衰减(RNATTE-GRISYS) + 倾角滤波(COHERE-Focus)"最佳组合去噪方式。

因为前者噪音压制理想,不足在于随迭代次数增加而信号递减,后者噪音压制稍次,但信号不被衰减,为此,折中考虑,两者组合。

分别取 $S/N = 0.1(1/10)$、$0.2(1/5)$、$0.25(1/4)$、$0.33(1/3)$、$0.40(2/5)$、$0.50(1/2)$、$0.67(2/3)$、1.0、2.0、4.0 的模型剖面进行去噪效果对比,采用并列成图 GLOBAL 增益方式,试验分水平层和倾斜层两种情况。

图中涂"深红"色的数字所表示的是串联去噪前后的该处信号的振幅值,涂"淡红"色的数字所表示的是平均压噪的倍数,涂"蓝"色的数字表示的是在串联压噪前后该处噪音的振幅值,涂"绿"色的数字是

压噪前后的噪音平均振幅值。

下面先分析一下水平层的情况。

图39～图54所示的为不同信噪比的水平层模型采用随机噪音衰减 + 倾角滤波（RNATTE + COHERE）串联去噪前后对比效果展示情况。

图39与图40所示为信噪比等于1/10时的原始数据串联压噪前后的效果对比,图39压噪后的剖面未经SECTION增益均衡,图40压噪后的剖面是经SECTION增益均衡的。从图39和图40可以看到,噪音振幅被压得很小。但在0.2、0.4及0.6秒等应该有有效反射波的位置(图中红线位置)没有看到有同相轴存在,而其他不该有同相轴的地方,却看到了同相轴,这些同相轴都应该是假的,这些假的同相轴在经增益均衡后都更加凸现出来。可看到信噪比为1/10时压噪后剩下的基本都是假信号。

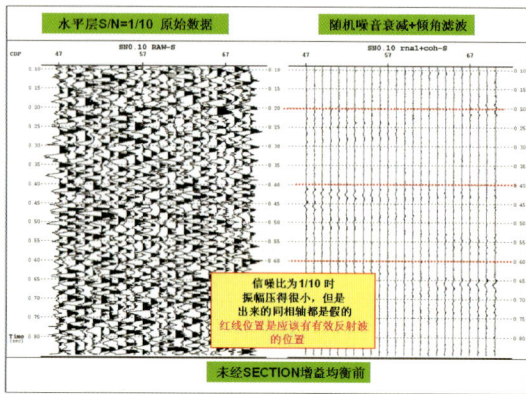

图39 $S/N = 1/10$ 的原始数据串联压噪前后效果对比（未经 SECTION 增益均衡前）

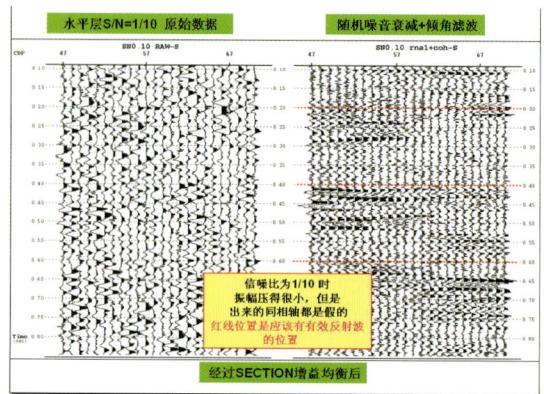

图40 $S/N = 1/10$ 的原始数据串联压噪前后效果对比（经 SECTION 增益均衡后）

图41与图42所示为信噪比等于1/5时的原始数据串联压噪前后效果对比,图41压噪后的剖面未经SECTION增益均衡,图42压噪后的剖面是经SECTION增益均衡的。从图41和图42可以看到,噪音振幅被压得很小,在0.2、0.4及0.6秒等应该有有效反射波的位置(图中红线位置)只看到有强弱不均匀的部分同相轴存在,且不能连续追踪;而其他不该有同相轴的地方,却看到了同相轴,这些同相轴都应该是假的,这些假的同相轴在经增益均衡后都凸现出来,由此可知在信噪比为1/5时压噪后仍存在很多较强的假信号。

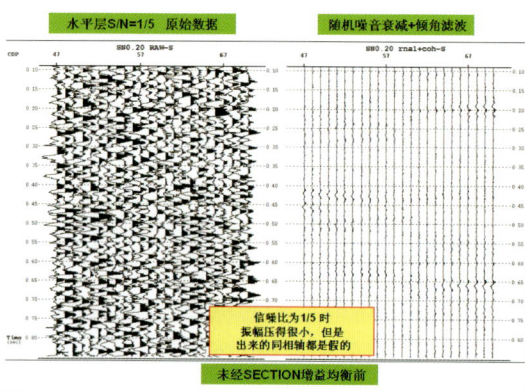

图41 $S/N = 1/5$ 的原始数据串联压噪前后效果对比（未经 SECTION 增益均衡前）

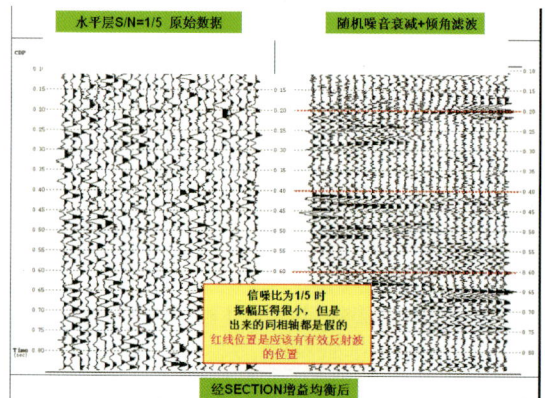

图42 $S/N = 1/5$ 的原始数据串联压噪前后效果对比（经 SECTION 增益均衡后）

图43与图44所示为信噪比等于1/4时原始数据串联压噪前后效果对比,图43压噪后的剖面未经SECTION增益均衡,图44压噪后的剖面经过了SECTION增益均衡。可以在0.2、0.4、0.6秒这些有效反射波的位置看到信号同相轴,这些信号同相轴明显好于信噪比为1/5的情况,且已经可以连续追踪;但仍

能在反射波的位置以外看到有同相轴存在,这些都应该是假信号。前后对比信号与噪音被压制情况,涂"深红"色的数字可看出,信号总体变弱为 0.52 倍左右;从涂有蓝色的数据可知噪音大值被压了 13～185 倍。从两图可以看出,在信噪比为 1/4 时,压噪后出来的同相轴有真有假,真的相对来说比较强,但假的仍较多!

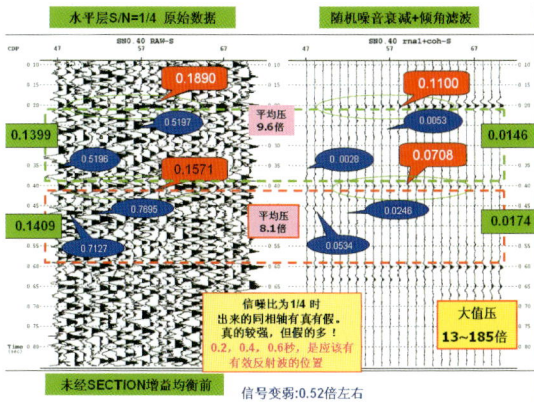

图 43　$S/N = 1/4$ 的原始数据串联压噪前后效果对比（未经 SECTION 增益均衡前）

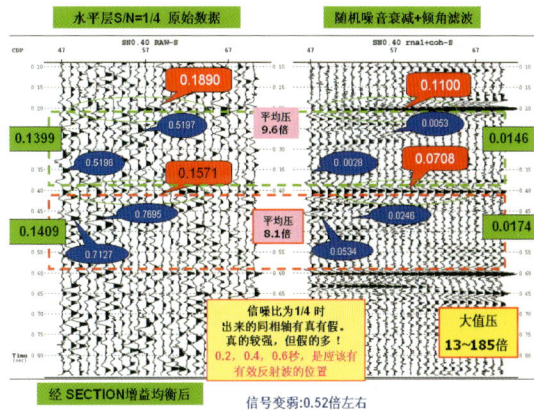

图 44　$S/N = 1/4$ 的原始数据串联压噪前后效果对比（经 SECTION 增益均衡后）

图 45 与图 46 所示为信噪比等于 1/3 时原始数据串联压噪前后效果对比,图 45 压噪后的剖面未经 SECTION 增益均衡,图 46 压噪后的剖面经过了 SECTION 增益均衡。可以在 0.2、0.4、0.6 秒这些有效反射波的位置看到信号同相轴,这些信号同相轴好于信噪比为 1/4 的情况,可以连续追踪;但在有效反射波的位置仍能看到相对比较强的假信号同相轴。前后对比信号与噪音被压制情况,涂"深红"色的数字可看出,信号总体变弱为 0.46 倍左右;从涂有蓝色的数据可知噪音大值被压了 13～30 倍。从两图可以看出,在信噪比为 1/3 时,压噪后出来的同相轴有真有假,真的已经比较强,但仍有比较多假的信号同相轴!

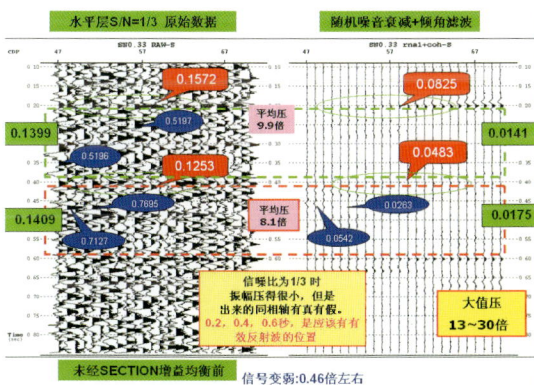

图 45　$S/N = 1/3$ 的原始数据串联压噪前后效果对比（未经 SECTION 增益均衡前）

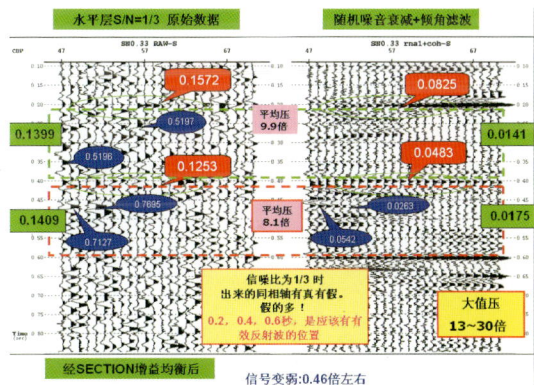

图 46　$S/N = 1/3$ 的原始数据串联压噪前后效果对比（经 SECTION 增益均衡后）

图 47 与图 48 所示为信噪比等于 1/2 时原始数据串联压噪前后效果对比,图 47 压噪后的剖面未经 SECTION 增益均衡,图 48 压噪后的剖面经过了 SECTION 增益均衡。可以在 0.2、0.4、0.6 秒这些有效反射波的位置看到信号同相轴,这些信号已经完全可以连续追踪;有效反射波的位置以外仍能看到假信号同相轴,但已经变弱。前后对比信号与噪音被压制情况,涂"深红"色的数字可看出,信号总体变弱为 0.61 倍左右;从涂有"蓝"色的数据可知噪音大值被压了 14～98 倍。从两图可以看出,在信噪比为 1/2 时,压噪后出来的同相轴仍有真有假,真的较强,假的变弱!

图 49 与图 50 所示为信噪比等于 2/3 时的原始数据串联压噪前后效果对比,图 49 压噪后的剖面未经

SECTION 增益均衡,图 50 压噪后的剖面经过了 SECTION 增益均衡。可看到压噪后信号变弱 0.72 倍左右,噪音大值被压 14～98 倍。压噪后出来的同相轴仍有真有假,但真的已经比较强,假的已经变得比较弱了!

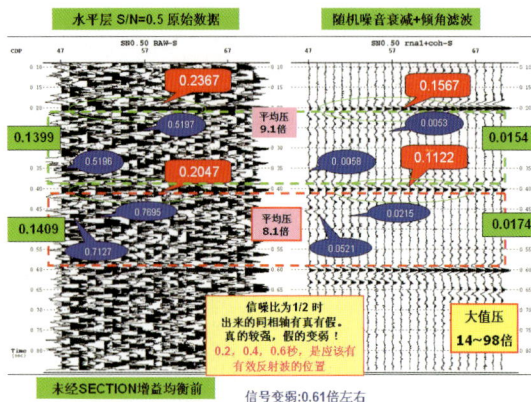

图 47　$S/N = 0.5$ 的原始数据串联压噪前后效果对比
（未经 SECTION 增益均衡前）

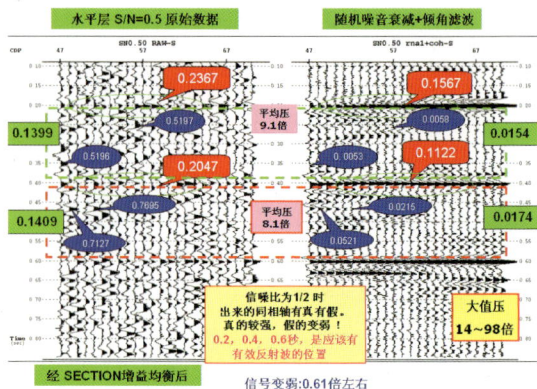

图 48　$S/N = 0.5$ 的原始数据串联压噪前后效果对比
（经 SECTION 增益均衡后）

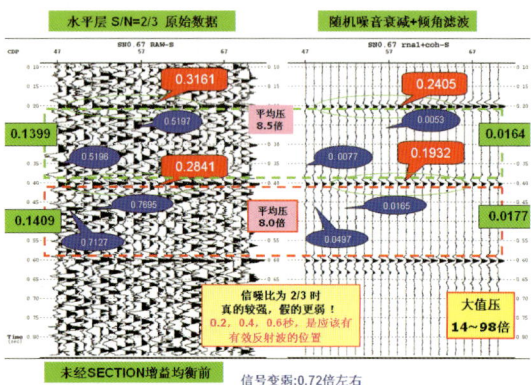

图 49　$S/N = 2/3$ 的原始数据串联压噪前后效果对比
（未经 SECTION 增益均衡前）

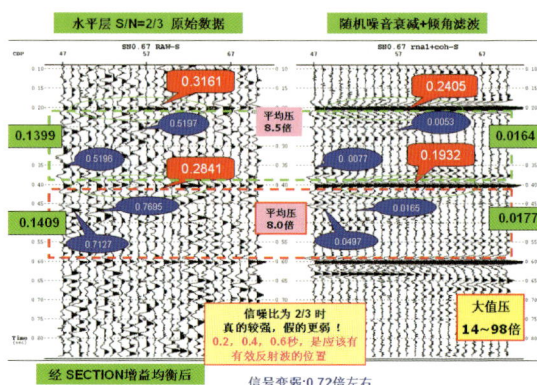

图 50　$S/N = 2/3$ 的原始数据串联压噪前后效果对比
（经 SECTION 增益均衡后）

　　图 51 与图 52 所示为信噪比等于 1 时的原始数据串联压噪前后效果对比,图 51 压噪后的剖面未经 SECTION 增益均衡,图 52 压噪后的剖面经过了 SECTION 增益均衡。可看到压噪后信号变弱 0.85 倍左右,噪音大值被压 30～80 倍。压噪后出来的同相轴仍有真有假,但真的已经较强,假的已经变得更弱了!

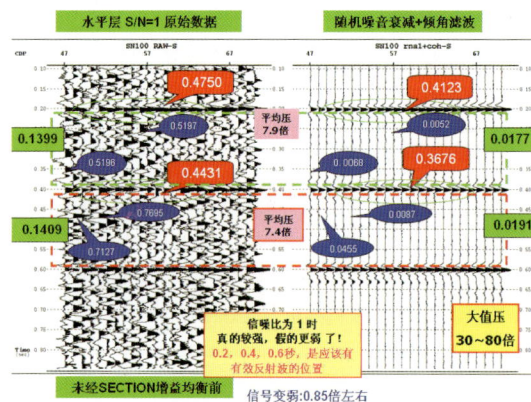

图 51　$S/N = 1$ 时的原始数据串联压噪前后效果对比
（未经 SECTION 增益均衡前）

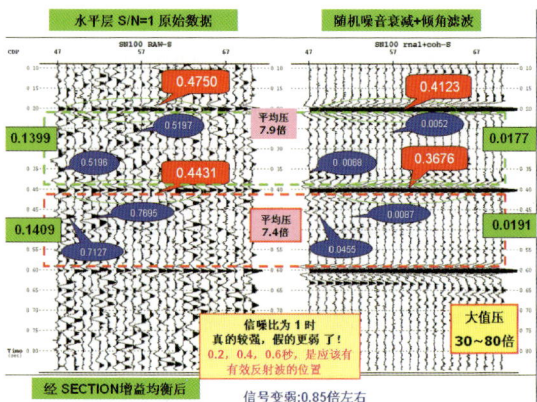

图 52　$S/N = 1$ 时的原始数据串联压噪前后效果对比
（经 SECTION 增益均衡后）

　　图 53 所示为信噪比等于 2 时的原始数据串联压噪前后效果对比（未经 SECTION 增益均衡）,此情况压噪后信号变弱 0.96 倍左右,噪音大值被压 16～100 倍。压噪后出来的同相轴仍有真有假,但真的已经

较强,假的已经变得较少了!

　　图 54 所示为信噪比等于 4 时的原始数据串联压噪前后效果对比(未经 SECTION 增益均衡),此情况压噪后信号能量基本没有变,噪音大值被压 13～600 倍。真的较强,假的已经很弱、很少了!

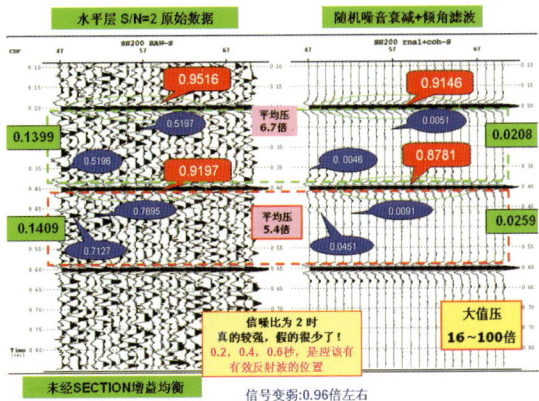

图 53　S/N = 2 的原始数据串联压噪前后效果对比
(未经 SECTION 增益均衡)

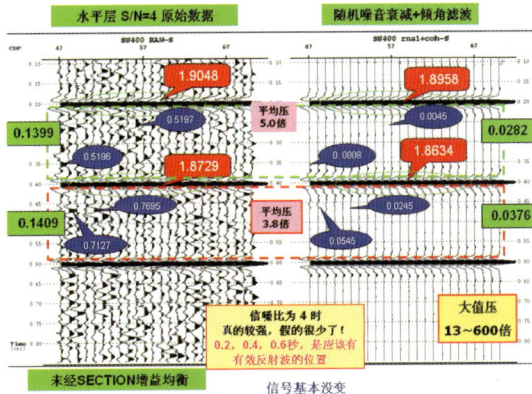

图 54　S/N = 4 时的原始数据串联压噪前后效果对比
(未经 SECTION 增益均衡)

　　我们再分析一下倾斜层的情况。

　　图 55～图 69 所示的为不同信噪比的倾斜层模型采用"随机噪音衰减 + 倾角滤波(RNATTE + COHERE)"串联去噪前后对比效果展示情况。

　　图 55 与图 56 所示为信噪比等于 1/10 时倾斜层原始数据串联压噪前后效果对比,图 55 压噪后剖面未经 SECTION 增益均衡,在此剖面上看不清任何真信号的存在。但在经 SECTION 增益均衡后的图 56 所示剖面上,出现了带有倾角的同相轴,但这同相轴与原始模型的真信号同相轴倾角是对不上的,因此,应该是假信号。

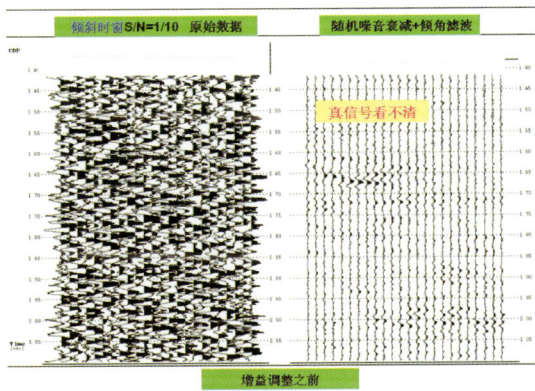

图 55　S/N = 1/10 时的原始数据串联压噪前后效果对比
(未经 SECTION 增益均衡)

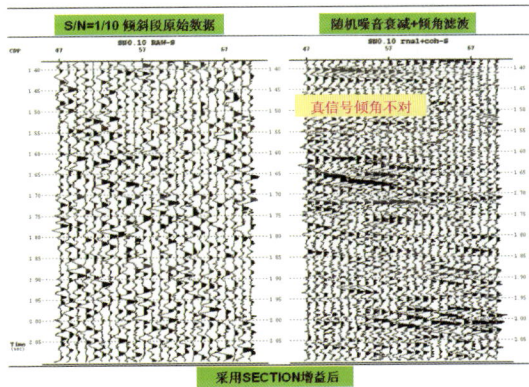

图 56　S/N = 1/10 时的原始数据串联压噪前后效果对比
(经 SECTION 增益均衡)

　　图 57 与图 58 所示为信噪比等于 1/5 时的倾斜层原始数据串联压噪前后效果对比,图 57 压噪后剖面未经 SECTION 增益均衡,在此剖面上仍基本看不清任何真信号的存在。但在经 SECTION 增益均衡后的图 58 剖面上,部分出现了与真信号倾角相同的同相轴,但比较弱,说明此时刚刚露出真信号来。剖面上出现看似较强的同相轴,但这同相轴倾角与原始模型的真信号同相轴倾角是对不上的,因此,仍应该是假信号。

　　图 59 与图 60 所示为信噪比等于 1/3 时的倾斜层原始数据串联压噪前后效果对比,图 59 压噪后剖面未经 SECTION 增益均衡,在此剖面上已经可看到真信号的存在,因此可以定量分析压噪情况。由图中所

示数据表明,浅层噪音平均被压 7.9 倍左右,而深层平均被压 5.5 倍左右,压噪处理后信号变弱 0.2 倍左右,噪音大值被压 7～42 倍。通过经 SECTION 增益均衡后的图 60 所示可看出,此时浅层真信号已基本可以连续追踪,深层仍有断断续续,另外,在应该出现真信号的部位之外仍有同相轴的影子出现,那应该是假信号。从图 60 可看出,在信噪比等于 1/3 时经串联压噪后仍存在很多的假信号同相轴影子,不过假信号不能像真信号那样长段地连续追踪。

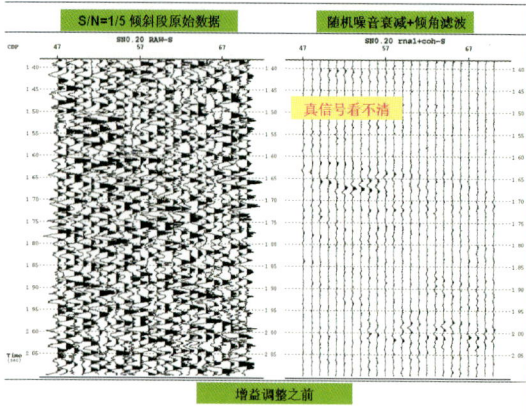

图 57 $S/N = 1/5$ 时的原始数据串联压噪前后效果对比
（未经 SECTION 增益均衡）

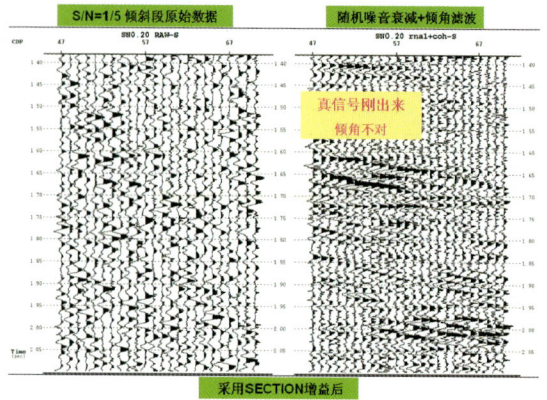

图 58 $S/N = 1/5$ 时的原始数据串联压噪前后效果对比
（经 SECTION 增益均衡）

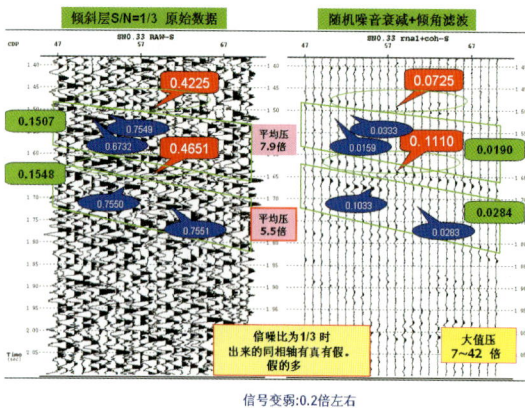

图 59 $S/N = 1/3$ 时的原始数据串联压噪前后效果对比
（未经 SECTION 增益均衡）

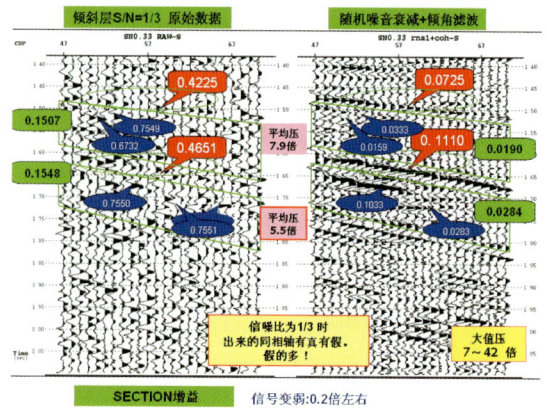

图 60 $S/N = 1/3$ 时的原始数据串联压噪前后效果对比
（经 SECTION 增益均衡）

图 61 与图 62 所示为信噪比等于 2/5 时的倾斜层原始数据串联压噪前后效果对比,图 61 未经 SECTION 增益均衡,图 62 经过了 SECTION 增益均衡。可看到此时增益前后两种剖面上都能清楚地看到真信号同相轴,并已经能够连续追踪。但仍存在假信号同相轴,不过已经相对变弱。由图中所示数据表明,浅层噪音平均被压 7.8 倍左右,而深层平均被压 5.4 倍左右,压噪处理后信号变弱为原信号的 0.24 倍左右,噪音大值被压 7～43 倍。

图 63 与图 64 所示为信噪比等于 1/2 时的倾斜层原始数据串联压噪前后效果对比,图 63 未经 SECTION 增益均衡,图 64 经过了 SECTION 增益均衡。两种情况都已经清楚地看到真信号同相轴,并已经完全能够连续追踪。但仍存在假信号同相轴,不过已经变得较弱。由图中所示数据表明,浅层噪音平均被压 7.5 倍左右,而深层平均被压为原信号的 5.3 倍左右,压噪处理后信号变弱 0.31 倍左右,噪音大值被压 7～43 倍。

图 65 与图 66 所示为信噪比等于 2/3 时的倾斜层原始数据串联压噪前后效果对比,图 65 未经 SECTION 增益均衡,图 66 经过了 SECTION 增益均衡。两种情况都已经明显凸显真信号同相轴了,但仍

存在假信号同相轴,不过已经变得更弱。由图中所示数据表明,浅层噪音平均被压6.9倍左右,而深层平均被压5.0倍左右,压噪处理后信号变弱为原信号的0.43倍左右,噪音大值被压6～41倍。

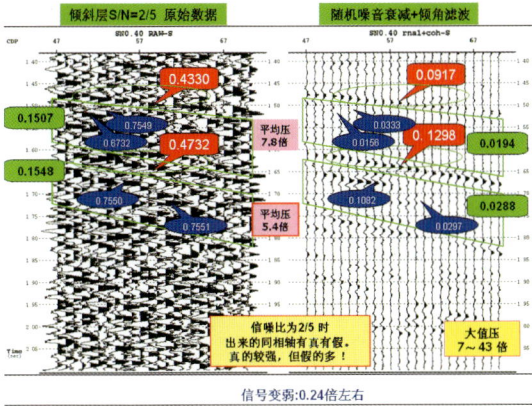

图61　$S/N=2/5$时的原始数据串联压噪前后效果对比（未经SECTION增益均衡）

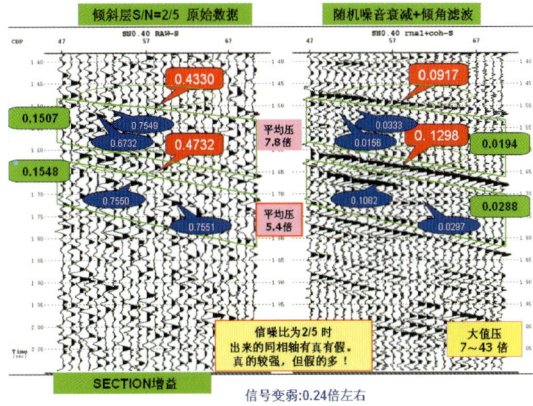

图62　$S/N=2/5$时的原始数据串联压噪前后效果对比（经SECTION增益均衡）

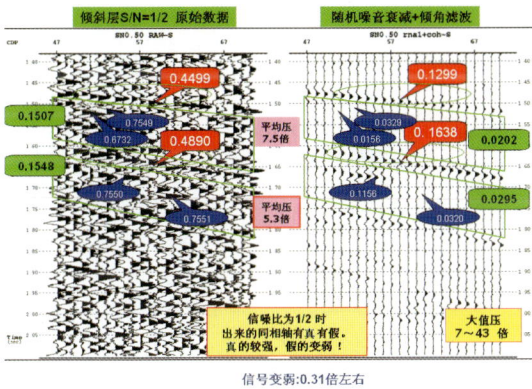

图63　$S/N=1/2$时的原始数据串联压噪前后效果对比（未经SECTION增益均衡）

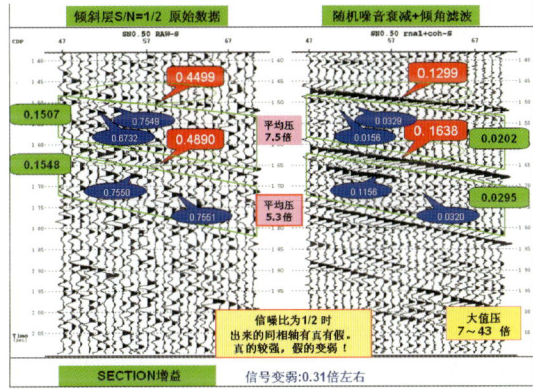

图64　$S/N=1/2$时的原始数据串联压噪前后效果对比（经SECTION增益均衡）

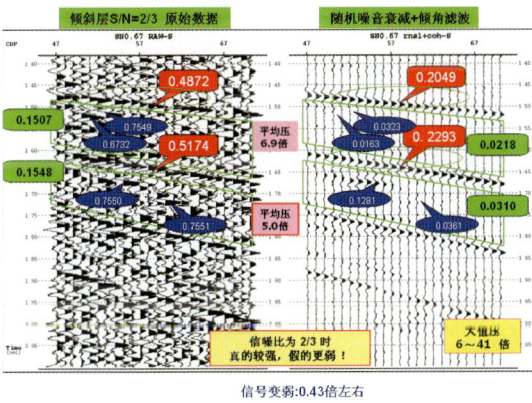

图65　$S/N=2/3$时的原始数据串联压噪前后效果对比（未经SECTION增益均衡）

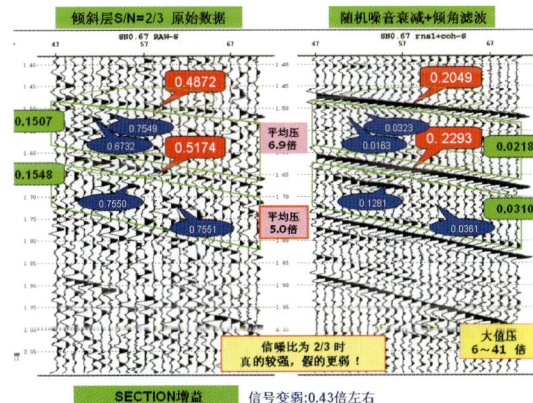

图66　$S/N=2/3$时的原始数据串联压噪前后效果对比（经SECTION增益均衡）

　　图67所示为信噪比等于1.0时的倾斜层原始数据串联压噪前后效果对比(未经SECTION增益均衡),此情况下,真的信号更加凸显,假的仍然存在,但更少、更弱了。由图中所示数据表明,浅层噪音平均被压6.1倍左右,而深层平均被压4.5倍左右,压噪处理后信号变弱为原信号的0.71倍左右,噪音大值被压5～35倍。

　　图68所示为信噪比等于2.0时的倾斜层原始数据串联压噪前后效果对比(未经SECTION增益均衡),

此情况下,真的信号更加凸显,假的仍然存在,但更少、更弱了。由图中所示数据表明,浅层噪音平均被压4.8 倍左右,而深层平均被压 3.6 倍左右,压噪处理后信号变弱 0.83 倍左右,噪音大值被压 4～21 倍。

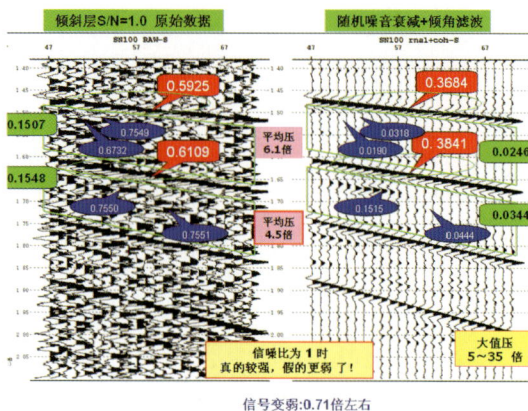

图 67　$S/N = 1.0$ 时的原始数据串联压噪前后效果对比（未经 SECTION 增益均衡）

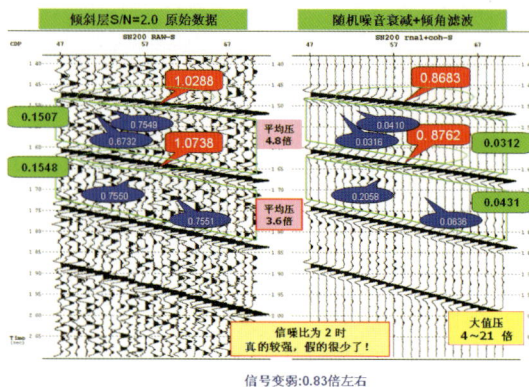

图 68　$S/N = 2.0$ 时的原始数据串联压噪前后效果对比（未经 SECTION 增益均衡）

图 69 所示为信噪比等于 4.0 时的倾斜层原始数据串联压噪前后效果对比(未经 SECTION 增益均衡)。由图中所示数据表明,浅层噪音平均被压 3.6 倍左右,而深层平均被压 2.9 倍左右,压噪处理后信号变弱为原信号的 0.91 倍左右,噪音大值被压 3～10 倍。

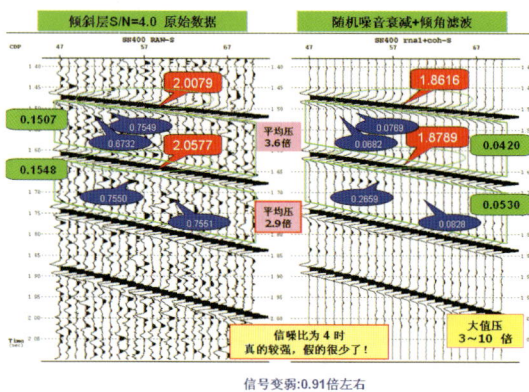

图 69　$S/N = 4.0$ 时的原始数据串联压噪前后效果对比（未经 SECTION 增益均衡）

小结

（1）组合去噪效果要好于单个去噪效果,水平层去噪效果要好于倾斜层去噪效果。如单个去噪转折点在 $S/N = 1/2$ 附近,组合去噪倾斜层转折点在 1/3 附近,组合去噪水平层转折点在 1/4 附近。去噪后转折点附近的信噪比应该大约为 1。

（2）信噪比低于 0.4 去噪效果不好判断,信噪比大于等于 0.4 去噪效果显著,噪音压制 6 倍以上。随着信噪比增加,噪音压制减弱,但是整个剖面的信噪比比较理想。

（3）对于信噪比低于 $S/N = 1/2$ 转折点的剖面模型,信噪比越低,去噪后剖面上出现的假信号越多、越强,当信噪比低于 1/5 时,各种去噪方法都不能救回信号,剖面上留下的只是"假信号"。

（4）"假信号"的特征是有强有弱,能量不很稳定。并且看似同相轴,但又断断续续,不能大段连续地追踪。

（5）信噪比越低,经强力去噪后,"假信号"就越显得逼真。

五、总　结

随机干扰是一种顽固的敌人。使用最有效的去噪手段,也只能把它压小到 6 倍。可恨的是去噪后留下来的波形是道间相干的"假信号",它们的强度是原来平均振幅的 1/3。

所以,当原始信噪比低于 1/3 时,很难挽救。除非你的覆盖次数极高,并且动、静校正都没有误差,才有可能。这是我国西部低信噪比地区的最大难点。

对我国东部地区,妨碍我们获取高分辨率的主要"敌人"也是高频随机干扰。我们对它的研究还很肤浅。

文章编号 106-4

今后噪声压制的基本思路

此短文讲述今后噪声压制的四条基本原则和思路。
① 剔除拟合的思路。
② 应该根据噪声的不同特点进行去噪。
③ 多道判别，单道压噪。
④ 多域审查，共同判决。

从以上几篇对随机干扰论述得出的结论可以获得如下的概念：

因为有假信号的存在，所以压制随机干扰的各种方法去噪永远不会彻底。另外，噪音与信号也不能严格地区分，去噪以后，剩余噪声与信号就没有办法分开了，它也变成道间相关的了。

对今后去噪总的思路有四个：

第一个是剔除拟合的思路，这是由于噪声往往是一个非平稳的过程，有野值。如果对一个数据进行 20 次测定，这 20 次测定都带有误差，研究这个误差的过程，必然不是一个简单的高斯分布，它含有野值。对这种情况，最好的办法也是最公平的办法是去掉一个最高值，再去掉一个最低值，然后再平均。**文艺界的评分方法："去掉一个最高分，去掉一个最低分"这个思路始终是对的，**剔除拟合的思路是符合去噪的原则的，这才能得到比较接近真实的数据，我的剔除拟合模块采用的就是这一比较正确的思路。

第二个思路是应该根据噪声的不同特点进行去噪。比如 50 Hz 干扰，不要野外用陷波器去陷波，最好是在室内采用俞寿朋提出的频率域去野值的办法。为什么呢？因为实际上工业电的频率不是严格的 50 Hz，是有误差的，这样野外用 50 Hz 陷波器反而有可能损失 50 Hz 邻近的部分信号频率成分，号称陷波器可以压制 40 dB，可稍有误差就陷错波了，反而可能对有效信号起到坏的作用。在频率域去野值的办法就很好地解决了这个问题。这就是要根据噪声的特点去压噪的道理。

第三个思路是多道判别，单道压噪。这是因为噪声与信号在单道上是无法辨认出来的。这就是在多道上判别它，在单道上压制它的道理。

第四个思路是多域去噪的改进，叫多域审查，共同判决。这是因为任何一种压噪手段都很容易使信号受到伤害。在一个域内经过压噪处理后，这个域内留下的残余噪声就同信号无差别了。这就如公安局寻找罪犯，一是要根据作案痕迹，二是要根据"犯罪"档案，如果经审查在不同域里看这种噪声都有"犯罪"（干扰）的记录，我们就把这部分取出来压掉，这是最合理的思路。现在的软件都是"就事论事"，还没有这样进行综合考虑的软件。任何域中信号与噪声都有重叠部分，一去噪就有可能使得这重叠部分的信号也受到了损失。在某域去噪时只是留下其档案，等所有域都做完后，再共同进行判决。如果做到这一点，就不会出现误杀误判的事情了。

高频随机噪声的三分量测定

1996 年 11 月我用 8 个 Mark-6 三分量检波器,道距 20 cm,超小排列长仅 1.4 m,作了一次试验。

在阵风 4 级的条件下,发现由于检波器与地接触不够紧密时,会产生很强的高频噪声,频带为 70～250 Hz,正好是我们想争取提高分辨率的重要频段。试验测得:在四级风条件下,埋置不良的单个检波器产生的高频噪声在地震仪器的输入口端会达到 1200 μV 的强度,这会造成我国东部地区 1 秒以后反射波的 100 Hz 以上的信号全部淹没在这高频噪声之中。

在此高频段所得的记录 XYZ 分量都表现为相邻道没有相干性,并且连主频也各不相同。显然这些干扰波不是沿地表传播的。

当我再次用大拇指摁紧一下,有的检波器干扰变小,而有的反而干扰更大。而是否插好了我本人是无法掌握的。

我体会这便是妨碍我们陆上地震勘探得到高分辨率的关键所在。

当时在写这篇文章的时候,我采用了检波器与地"耦合谐振"的概念,但文中已经知道这种高频干扰并非沿地表传播。所以,今天看来,这种"耦合谐振"的机理不如改称为与地表"脱耦的颤振"更为确切。

对于这种高频噪声产生机理的研究目前还很不成熟。刮风以及放炮后的任何微小振动都可能激励没有埋置紧密的检波器,产生高频"脱耦颤振"。

此文于 1998 年 3 月发表于《石油物探》第 1 期,作者李庆忠。

▶ 摘 要

高频噪声是地震高分辨率勘探的大敌。尤其对石油勘探的陆上地震资料来说,更是严重的问题。需要深入了解它的特点,以便找出相应的措施,尽量地克服这种干扰。作者用三分量检波器通过 20 cm 小道距的"超小排列",做了一个十分有意义的试验。说明了检波器与地耦合中产生的谐振现象是产生这种微震的主要因素,从而初步阐明了高频干扰产生的机理。并且通过三分量的测定说明:高频干扰波的振动方向主要是接近在水平面内。X 及 Y 方向的振动远大于 Z(垂直)方向。因此采用常规的垂向灵敏的速度检波器已经是正确的选择。

"超小排列"可以分析检波器的耦合谐振情况,可以直接观察耦合谐振的时间域的波形。

▶ 关键词

高分辨率地震 三分量检波器 耦合谐振 高频噪声

前　言

近年来,在地震高分辨率勘探的实践中,大家发现地震波的高频干扰是妨碍我们获得高分辨率的主要障碍。尤其是石油勘探的目的层一般在两三千米以下,大地对高频反射有效波的严重吸收,使微弱的反射波很容易就淹没在高频随机噪声之中。

然而我们对地震高频随机噪声的产生原因过去一直是研究不够的。一开始人们以为它是由于树枝、小草等被风吹动而引起的,这仅仅说明了问题的一部分(即自然环境噪声)。后来又怀疑是检波器的工作不正常,如失真度(也称谐波畸变)太大;或者怀疑寄生振荡频率(Spurious Freq.)太低(有人称之为"假频"是不确切的)。但是经过测定,这些指标没有问题。直到最近我们才意识到这些高频干扰主要由检波器埋置时的脱耦谐振所引起。

检波器与地表的耦合谐振问题是一个老问题,但一直没有人认真地作过研究。由于缺乏野外测定检波器耦合谐振的方法,所以人们无法意识到它的严重性。通常检查检波器工作是否正常的各种办法都不能说明耦合谐振的情况。例如从地震仪向检波器输送一个脉冲,这只是使线圈在检波器里面动了一下,它能够说明检波器是否在工作,灵敏度如何,却并不能说明与地耦合的情况,因为检波器本身并没有运动。

直到1994年,荷兰的SENSOR公司的Faber和Maxwell发表了关于在野外测定耦合谐振的方法[1]。他们用一块压电晶体粘在检波器顶部,用高压脉冲方波电流激励它,使检波器做出反应。用地震仪记录它的波形并做大量的垂直叠加,以抵消环境随机噪声,然后做傅氏分析,直接观察耦合谐振的频谱。他们的文章还指出在软地上埋检波器时,耦合谐振频率很容易落入70～180 Hz的范围里,这正好是我们高分辨率石油勘探要命的频率成分。

这才引起我们重视这个问题。

为了进一步搞清高频干扰波的性质,我们在1996年11月做了一次三分量检波器的噪声测定。使用了8个MARK-6型检波器,在物探局涿州市六号院空地上布置了一个极小的排列(可称为"超小排列"):用8个检波器东西向排好,各相距20 cm,排列总长仅1.4 m。采用StrataViewR型地震仪器,记录24道,其中1～8道为X分量(南北向振动);9～16道为Y分量(东西向振动);17～24道为Z分量(垂直振动)。当天是晴天,有阵风3～4级,风向主要是从西向东刮。场地周围50 m无干扰源,地表为土壤,长一些草,埋检波器处没有草。

仪器记录因素是:采样率0.5 ms,记录长4096点(2 s多一点),仪器前放固定增益36 dB(128倍不变),低截滤波15 Hz,高截滤波500 Hz,用固定增益回放显示。不设炮点,只观测环境噪声及耦合谐振。

一、观测结果

排列上埋置检波器时,开始我们有意不要求将三分量检波器顶上的水泡调正到中央,只要求方位对准,按一般的方法把检波器埋好,在地表插紧。下午15点45分记录第1张记录(环境噪声)。用63 dB的固定增益回放显示如图1所示。

【注】用63 dB增益显示,记录上振幅为1 mm时相当于入口处电压为40 μV,此时风很小。该记录由于排列总长只有1.4 m,所以环境噪声也变成了一系列的同相轴,不过它们是低频的15～30 Hz为主,不便于我们分析高频噪声。用70 Hz的高通滤波重新回放这张记录,得到如图2的记录。此记录显示增益也是63 dB,但振幅就小了许多,说明高频能量比低频弱。此图的振动频率在110～180 Hz,只有第2道的Y分量为70 Hz。此外可以看出:X分量及Y分量微震较强,而Z分量的振幅普遍较小(五倍左右),说明高频微震主要是水平方向的。图中第5道的X分量由于大线抽头有断线,工作始终不正常。每张记录头上50 ms处的高频振动是由爆炸触发器产生的感应脉冲。

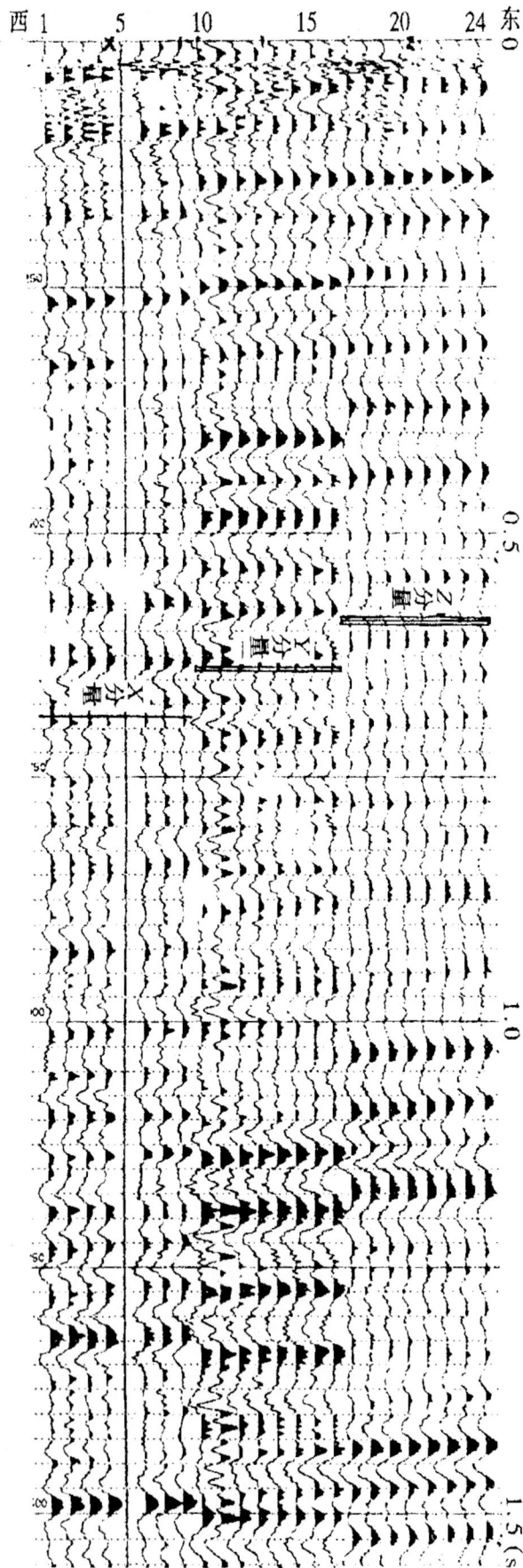

图1 第1炮原始记录,增益63 dB,未作高通滤波

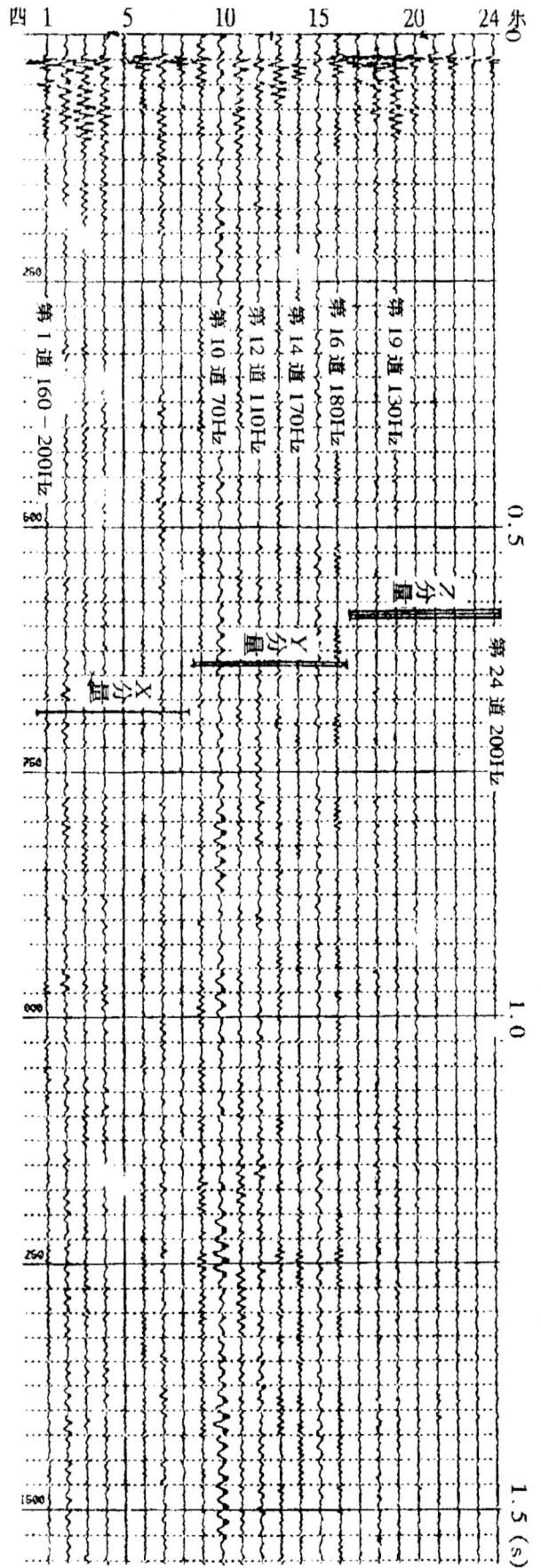

图2 图1经70 Hz高通滤波

保持排列完全不动,15点46分记录第2炮,如图3所示。前后相隔仅1分钟,两张记录相差太大了(说明:图3至图7都是回放时采用70 Hz高通滤波的)。第2炮记录时,刚好是一阵风刮过来,所以500 ms以后振幅明显加大。图3采用显示增益为57 dB,比图2小了6 dB,即显示振幅已经压小了一倍,但是第2道的振幅大跳,达15 mm,与图2的第2道(1 mm)相比,实际振幅大了30倍(2×15)。可见当检波器没有埋好时,与地脱耦的乱振现象就特别严重。

【注】　这次记录的第2道70 Hz高通滤波档上15 mm的高频干扰的强度为相当于入口处电压为$15 \times 40 \, \mu V \times 2$倍 = 1200 μV。这会造成我国东部地区1秒以后反射波的100 Hz以上的信号全部淹没在这高频噪声之中。

仔细地分析图3,可以发现这些高频干扰是道间不相干的,这说明振动不是沿地表传过来的,而是发生在每个检波器的自身。因为在这样小的道距(20 cm)下,任何沿地表传播的振动必定会具有一定的道间相干性。

这些高频干扰各道有着它们各自的振动主频。例如第2检波器的 X、Y、Z 三个分量(即第2、10、18道波形)的频率最为偏低,为70～90 Hz,振幅最大,它埋得最不好。第7检波器振幅也较大(第7、15、23道),频率也较低,埋得也不好。而第8检波器(第8、16、24道)振幅最小,小于0.5 mm,放大显示后主频在180 Hz以上,说明第8检波器埋置情况最好。第6检波器也很不错。而且凡是图3中大跳的道,在图2中都也有所表现,只是风没有来时它没有充分地表现出来而已。

这次试验说明:高频干扰之所以产生,主要不是有赖于检波器的好坏,而是由人们的埋置条件好坏所决定的。而风的吹动仅仅是外因,它是通过检波器与地耦合谐振的内因而起作用的。

在接收完第2炮之后,我们将检波器进一步插紧(排列整个没有动,仍旧不要求水泡在中央,检波器不曾拨出)。在16点19分再记录第3炮,如图4。这一炮很巧,正好在1.5 s附近记录到一阵单独的风刮过来。Z分量表现得最清楚。根据其斜率计算得到:风速为3 m/s左右。一阵风造成的微震延续时间长1 s左右。振动波形还是道间不相干的,再次说明震动不是沿地表传播的,而是在每个检波器本身单独发生的。

这次由于进一步插紧了检波器,图4比图3具有较高的振动主频,一般为150 Hz左右,只有第7检波器偏低频(90 Hz)。请大家注意:这次第2检波器表现良好!说明它在重新插紧之后,耦合良好了。但第7检波器仍旧没有起色。第6检波器在这次插紧的过程中反而退步了(相对图3而言),它更加容易谐振。

16点20分又记录第4炮,即图5。它与图4相隔又是1分钟,排列上一点也没有改变,就是风平静了一阵。第4炮的记录是用66 dB增益显示的,比图4多了9 dB,即振幅已放大2.8倍,但记录的背景平静了许多。此图中还是第7检波器最不好,第8道最好,第2道也很不错。

此后,我们按三分量检波器埋置的操作规程要求,将每个检波器顶上的水泡调整至正中央。为了要使水泡走向中央,只能轻敲检波器的一个边角,或使劲压这个边角。其中第8检波器还需要用拳头重重的敲打一下,才使水泡停到中央。谁知这一敲无意之中使检波器的尾锥一边压紧,另一边反而松动了,造成了第6炮(16点31分)上第8道反而变坏,而第7道却变好了,还变得特别好(图6)。第1及第2检波器的Y分量(第9、10道)也变坏了,可X分量是好的,说明这两个检波器在Y方向有些松动而容易谐振。

总结以上几张图,可以看到:所谓高频干扰,它主要是出检波器与地耦合不良时产生的脱耦乱振。这种谐振由刮风而引起振动,它们在20 cm的小道距上相邻道并没有明显的波形相关性,并且振幅和主频与埋置条件有关,而埋置条件的好坏还往往不能用人的肉眼做出判断,只能通过仪器检查微震时才能发现。

过去有些人建议在放炮前记录下微震干扰的波形,事后在资料处理时把它设法减去。通过这次试验观测,很明显,这种想法是不现实的。在时间域中,振幅与波形极不稳定。

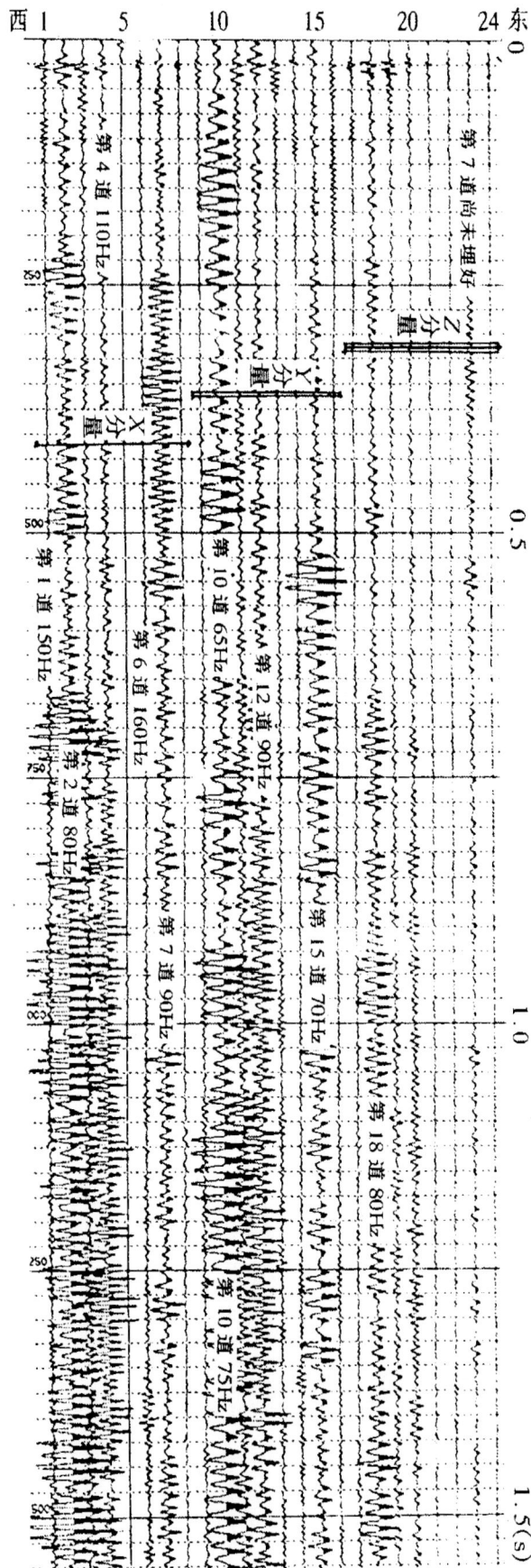

图 3　第 2 炮原始记录,增益 57 dB,70 Hz 高通滤波

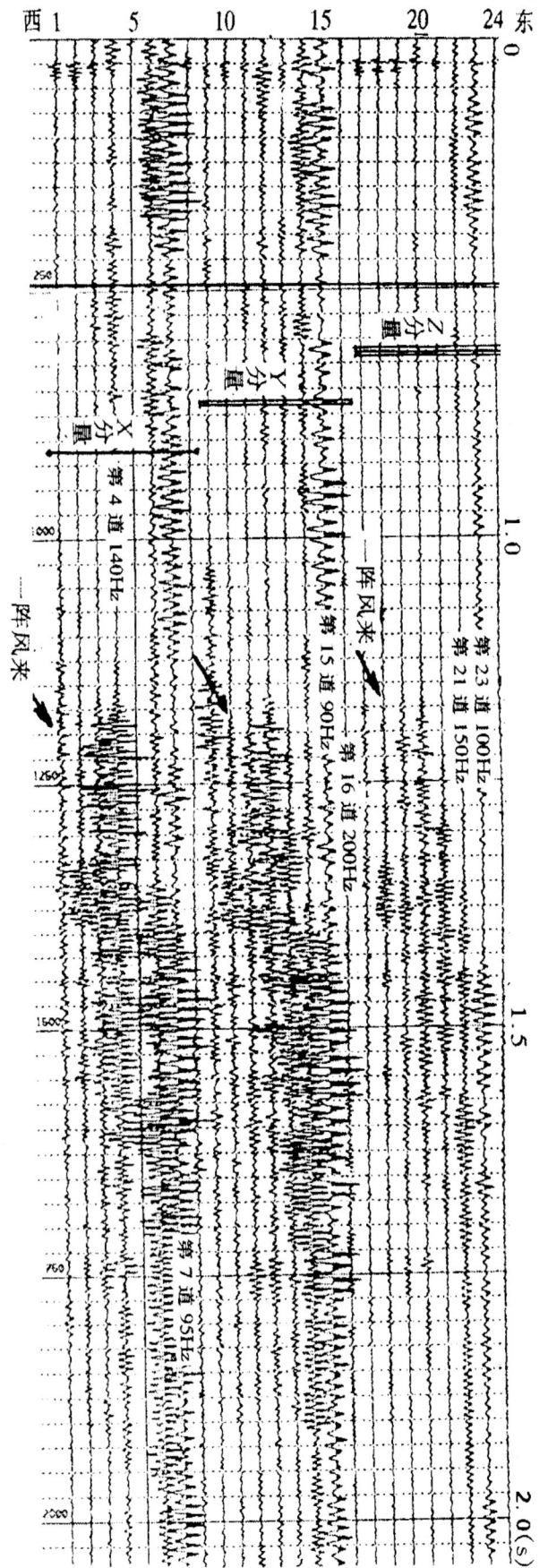

图 4　第 3 炮原始记录,排列没动,只是将检波器进一步插紧

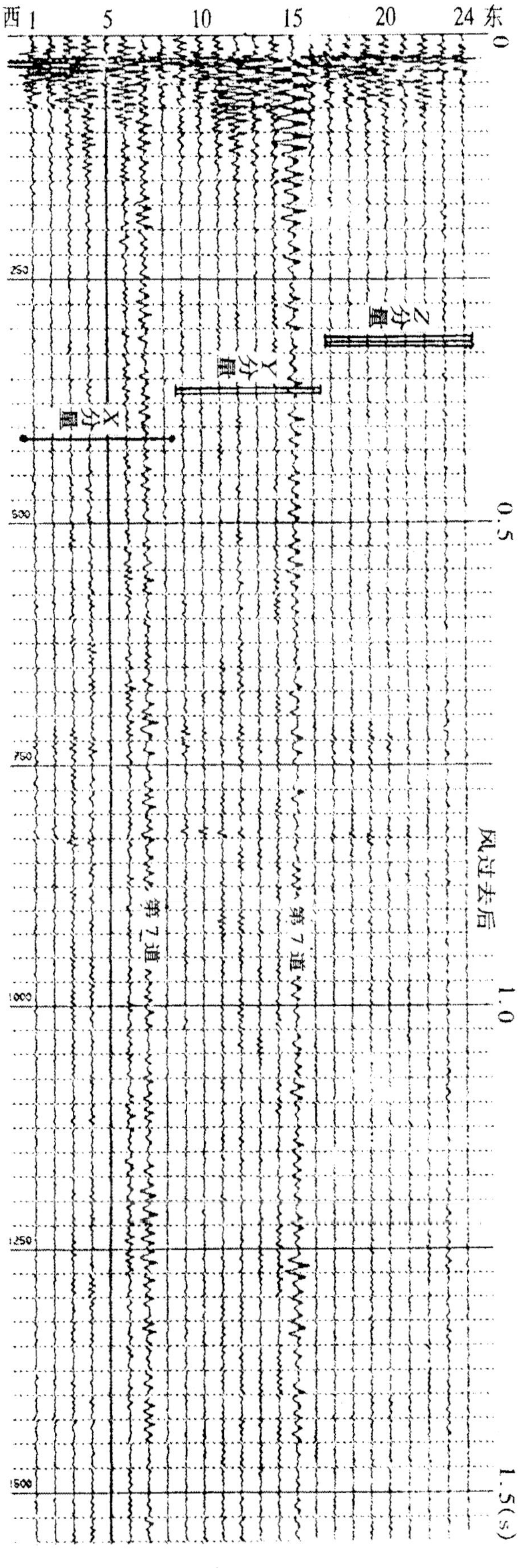

图5　第4炮原始记录,排列不变,增益为66 dB

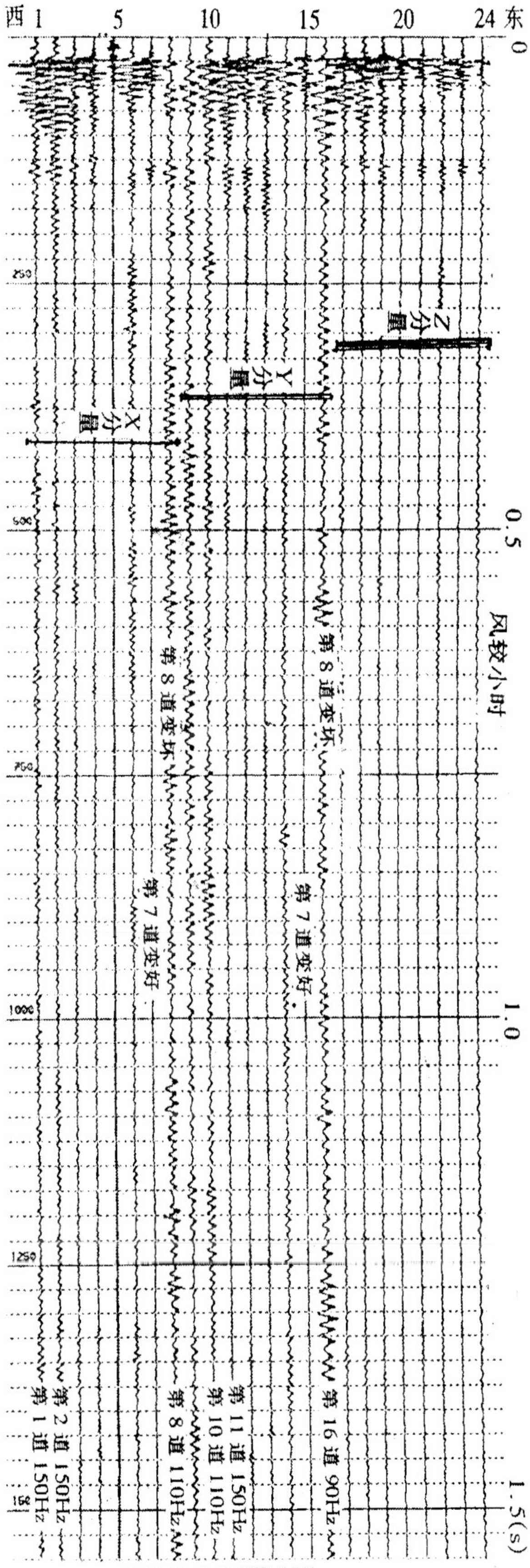

图6　第6炮原始记录,排列不变,增益为63 dB,
调整检波器水泡到中央

二、地表传播速度的测定

以上各记录的未滤波档上看到一些道间相干的同相轴,但由于环境噪声的来源方向是多种多样的,因此不能判断其传播速度。我们采用让人站在排列的正东方向(Y方向)15 m 处不断跺脚的方法(主要引起 X 分量及 Y 分量的振动),制造一系列同相轴如图 7 所示。图 7a 是未经高通滤波的第 10 炮原始记录,此图第一个跺脚的脉冲主频为 40 Hz。图 7b 是第 10 炮经过 70 Hz 高通滤波后的情况,第一跺脚的脉冲主频为 70 Hz。Z 分量波形分辨最为良好,表现出明显的时差,1.4 m 排列的时差为 11 ms,因此计算所得之地表传播的速度为 127 m/s。这个波是直达波。图 7b 右边两个跺脚脉冲的波形变得很复杂,时差也变得很难定准。另外,可以注意到 X 分量的振幅普遍较小,这是人站在正东方向跺脚的缘故,南北向很少振动。

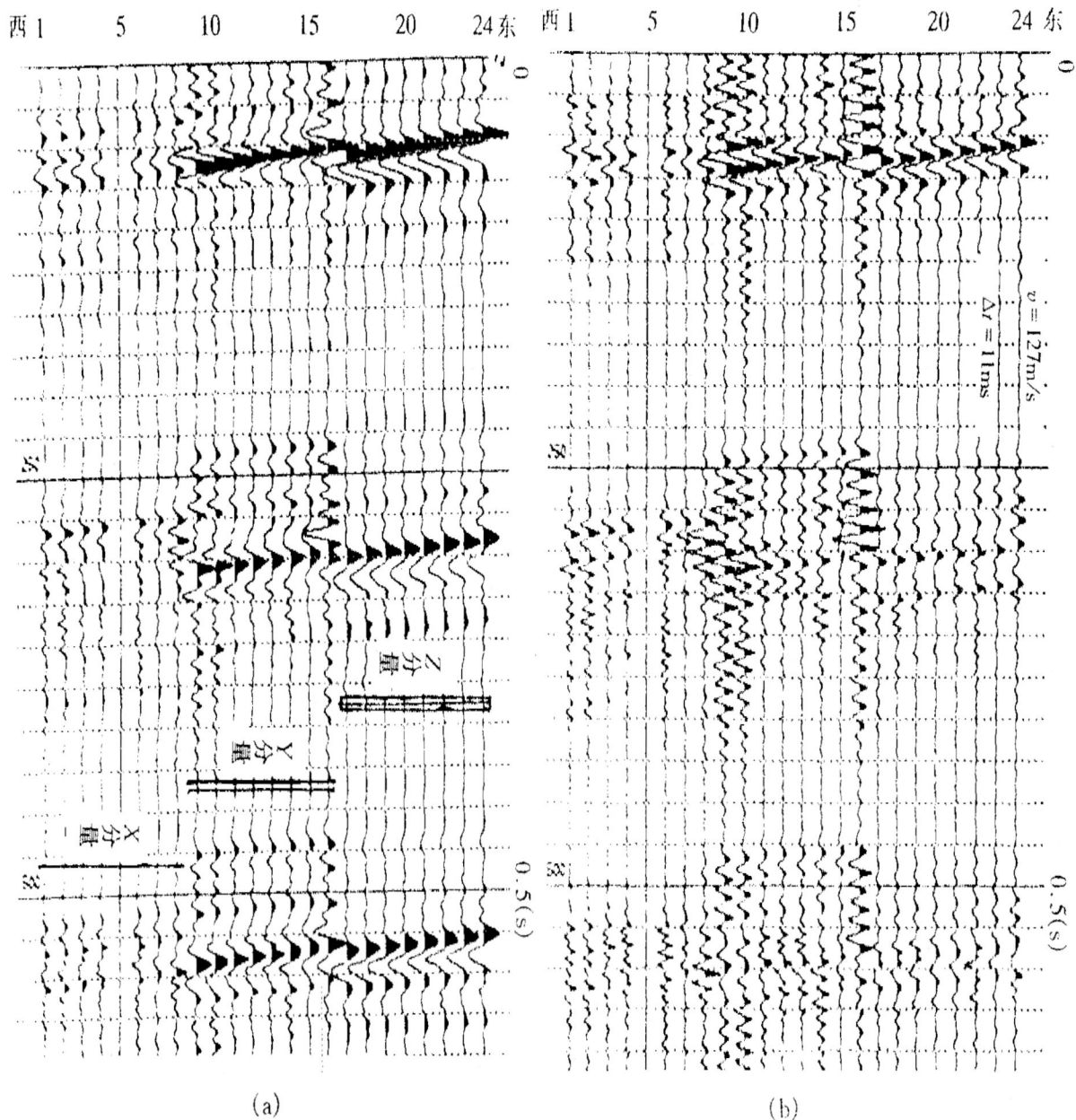

(a)   (b)

图 7 (a)第 10 炮原始记录,0.5 ms 采样,低通 15 Hz,高通 500 Hz,增益为 42 dB,未作高通滤波;
(b)图 7a 经 70 Hz 高通滤波,增益为 48 dB

过去我们多次在不同地表条件测定了直达波的传播速度,一般多在100~250 m/s之间变动,它是沿地表传播的最低速度(从侧面来的"视速度"还会高于这个"真速度")。

在道距20 cm的情况下,任何振动即使以最低的速度100 m/s传播通过相邻两个检波器的时差仅仅为2 ms。所以,在道距20 cm"超小排列"的情况下,只要我们看到道间波形不相关就可以下断语:它们不是沿着地表传播的,只是检波器自身在颤动。

因此,"超小排列"可以分析检波器的耦合谐振情况,K. Faber的傅氏分析方法只能看到耦合谐振的频谱,超小排列则可以直接观察耦合谐振的时间域的波形。

三、三分量合成的振动轨迹

因为我们有着三个分量的测量数据,所以可以将地表的振动轨迹用一种"矢端图"(Hodograph)表示出来。图8(第10炮,$A = 1$)是图7a第一个人踩脚脉冲的振动情况(人在排列东面15 m处踩脚,Y方向,未滤波)。图右上方显示出第2检波器的X、Y、Z三个分量从0.05~0.10 s的50 ms波形。图中绘出X-Y、X-Z及Y-Z三个平面里的质点运动轨迹,共计100个(101~201)时间采样值,每个采样值在振动轨迹上绘出一个小黑点,并标出了其起点及终点。在右下角的Y-Z平面中,看到最明显的一个逆时针方向转动的圆圈,这便是人在东面踩脚所产生的直达波的振动情况。其他两张小图里振动的投影就比较复杂。X方向的振动是极小的。

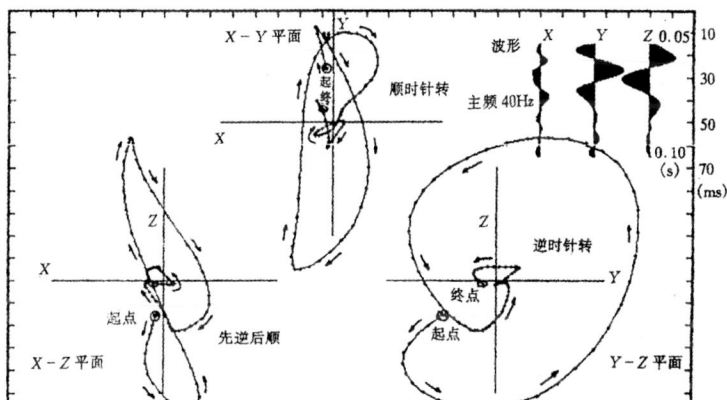

图8　图7a第一个人踩脚脉冲的振动情况,人踩脚后沿地表以直达波传至检波器(中频成分)

图9是第10炮($A = 1.5$)经过70 Hz高通滤波后的矢端图,也是第2个检波器的0.05~0.10 s的情况,矢端图就稍为复杂了,Y-Z平面里是顺时针方向转了两圈,X-Y平面里是顺时针方向转,X-Z平面里就认不清楚了,轨迹太复杂。

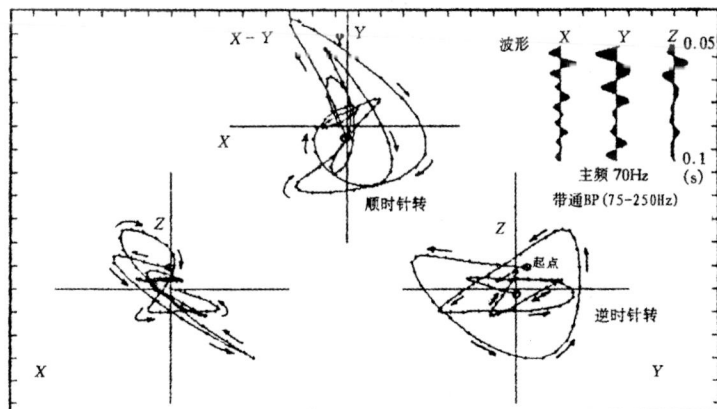

图9　第10炮经70 Hz高通滤波后的矢端图,滤波后高频成分仍旧有相似的直达波旋转振动

比较图9与图8,可以看出随着频率的偏高,由于人跺脚所产生的高频成分沿地表传播时,被地表所吸收衰减,于是其高频振动与检波器近处产生的固有微震势均力敌了,所以其振动轨迹变得复杂。

现在我们来看看刮风引起的振动的情况:图10、图11、图12、图13分别是第3炮(图4)的第3、4、7、8四个检波器在风刮来时的振动轨迹各自显示100个采样点的矢端图。它们都是经过75~250 Hz带通滤波后的情况。

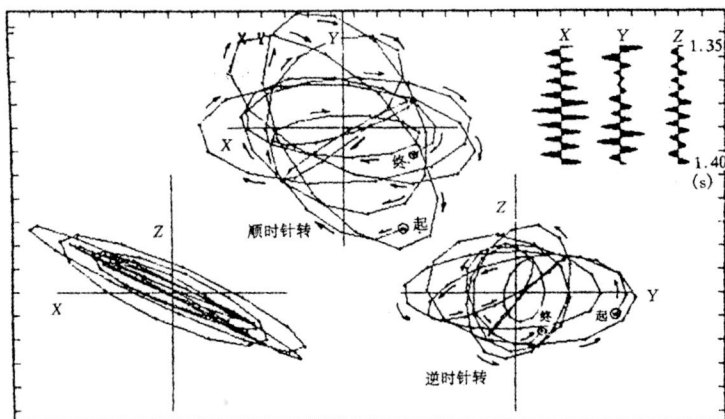

图10   第3炮($A=2$)第3检波器矢端图(一阵风刮来;采样从2701~2800)

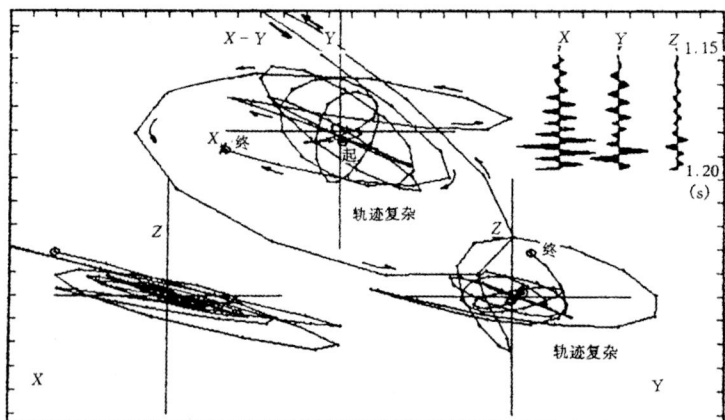

图11   第3炮($A=2$)第4检波器矢端图(没埋好,一阵风刮来;采样从2301~2400)

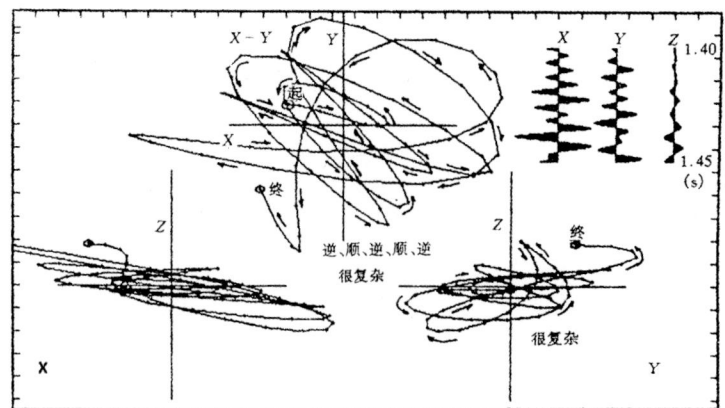

图12   第3炮($A=2$)第7检波器矢端图(没埋好,一阵风刮来;采样从2801~2900)

这几张图的规律性就极不明显。图10(第3检波器)旋转方向还比较有规律,其他的轨迹都十分复杂。只有第8检波器(图13)振动十分微弱,说明它耦合条件很好。这几张图的Z分量振动都较小,所以只有在X-Z平面里(图左下方)的振动是具有某些极化作用。也就是说:振动基本上沿地平面方向,在X-Y平面里偏振。这进一步说明刮风引起的高频微震只是检波器尾锥与地的脱耦谐振,它是前后左右的摆动,基本不是上下的振动。所以从这点意义上说,常规的垂直分量的检波器本身是最"抗高频干扰"的。

过去我曾设想能不能通过三分量测量搞清高频微震的振动轨迹,看是否可以采用某种极化滤波器,像智能检波器(Omniphone)那样,模仿它用极化滤波的方法来压制高频微震。现在通过这次试验,我的回答是:不可能,也不需要。

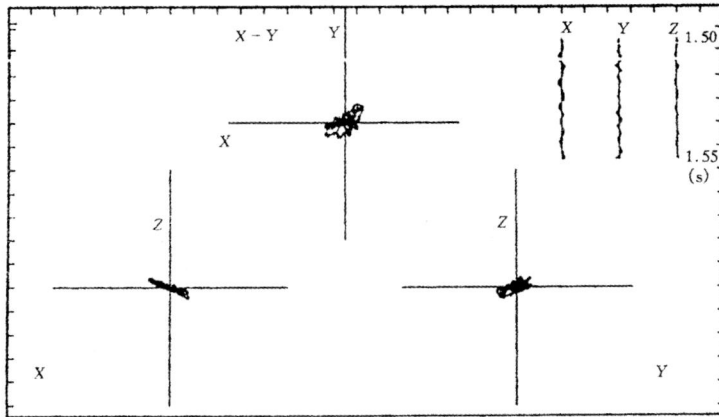

图 13   第 3 炮($A = 1$)第 8 检波器矢端图(埋得很好,一阵风刮来,基本不动;采样从 3001～3100)

四、脱耦颤振的频谱

图 14 是第 2 个检波器的第 2 炮及第 3 炮的振动频谱(它们都是未经高通滤波的情况,整道分析两秒 4000 个样点)。图的下方三个谱是第 2 炮的 X、Y、Z 三个分量的振幅谱(检波器埋置不好),上方三个谱是第 3 炮的三个分量的谱(检波器埋置良好)。图 14a 是原始谱,图 14b 是频域振幅归一化后的谱。让我们先从图 14a 看起,下方第 2 炮的 X、Y 分量振幅比 Z 分量强得多,它们的频率成分也不同,X 分量是 85～120 Hz,Y 分量是 60～80 Hz,而 Z 分量为 70～115 Hz,它们都是由脱耦谐振所引起。然而同一个检波器三个分量的振动频率范围各不相同,这是我过去不曾想到的。然而它却是无容置疑的事实,只要参照图 3 的第 2、10、18 道波形便能加以确认。

再看左边上方第 3 炮的 X、Y、Z 分量,它们的振幅都比第 2 炮小得多,说明在第 3 炮放炮前,第 2 个检波器已经埋置良好。这里频谱出现双峰现象(右边的图更清楚)。Z 分量的第一个峰在 20～40 Hz,它是自然环境噪声。第二个峰在 250～290 Hz,它是检波器的耦合谐振。与第 2 炮相比,说明埋置良好时耦合谐振频率偏高。高于 250 Hz 时,对我们石油勘探就没有什么影响了。

过去有人设想:在放炮前对各道微震作一记录,用在处理过程中把微震再消去。从我们的试验结果来看,在时间域里微震的波形是不稳定的,它随时间而不规则地变化,因此无法在室内加以消去。又有一些人想:能否根据放炮前的微震频率特点,在频率域中设法消去耦合谐振。现在从图 14 的结果来看,频域的干扰范围相当大(一大片),耦合谐振的频率也不是简单的一个单频。因此也是不可能用滤波或陷波的方法加以消除。这两条路子大概是走不通的。

233

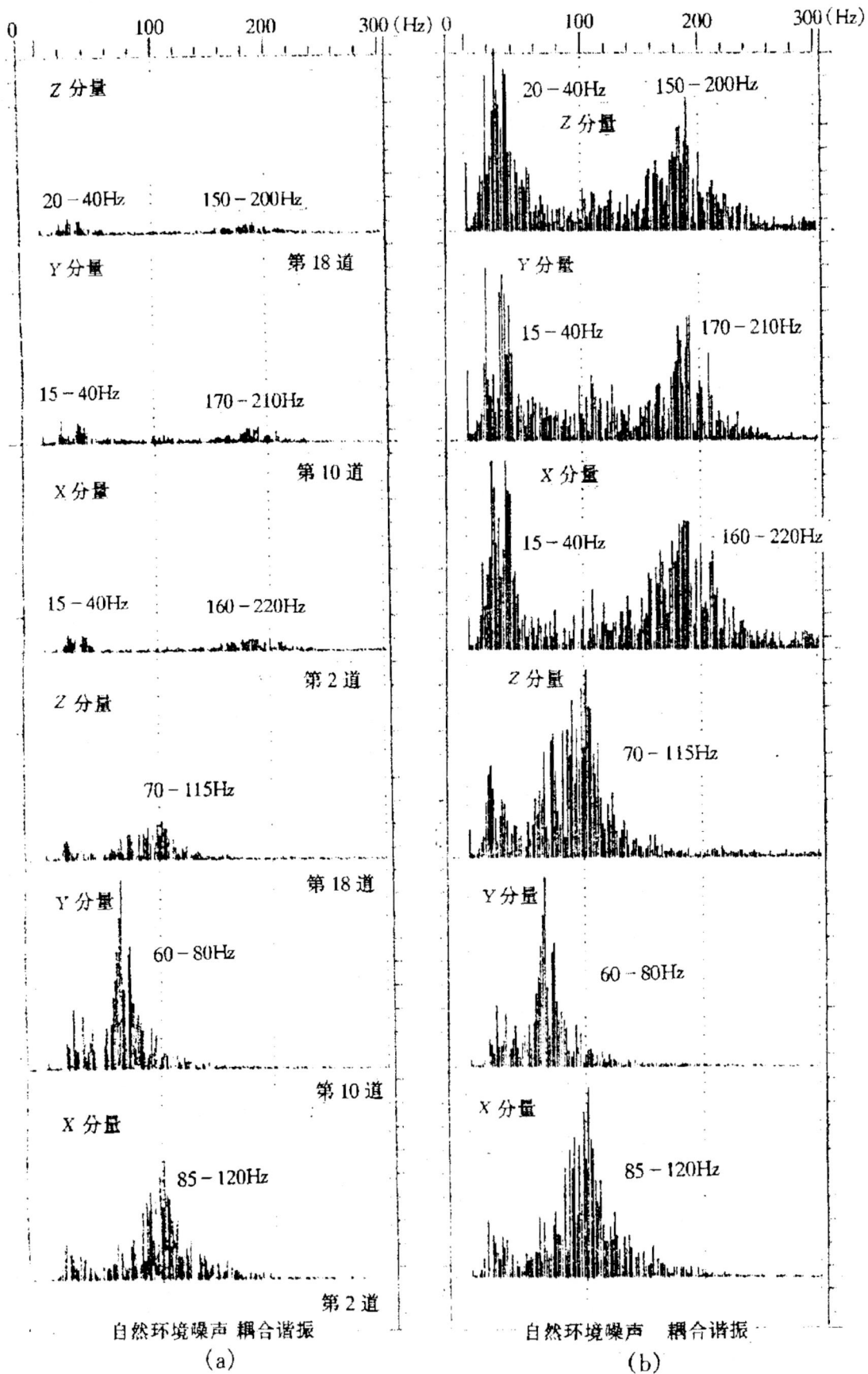

图 14　第 2 个检波器三个分量的频谱情况

（a）原始振幅谱；（b）经频域归一化的振幅谱

五、结论及建议

（1）高频微震的主要根源是检波器与地耦合后所产生的谐振。激励它的是风,但风是外因,而内因是人的操作不当。

高频微震的极化平面基本上就是水平面(X-Y),所以常规垂直检波器已经是最佳选择。

（2）"超小排列"可以直接分析检波器的脱耦谐振情况,文献[1]Faber的傅氏分析只能看到耦合谐振的频谱,超小排列则可以直接观察耦合谐振的时间域的波形。

（3）利用放炮前的微震记录,想在处理过程中加以消去的思路大概行不通:时间域里微震的波形及振幅是不稳定的;频率域中耦合谐振的干扰范围一大片,如果用陷波的方法加以消除则有效反射信号也要"遭殃"。也许采用"时频域(小波域)振幅均化"或"反功率叠加"方法可以在处理中取得较好的效果。

（4）当前许多人都在追求性能良好的"超级检波器"、"智能检波器"和各种高频、涡流检波器等等。其实对高分辨率石油勘探的最重要因素已经不是检波器本身的性能如何,而是在于人的埋置方法。

（5）埋检波器的学问还没有被大家搞清楚,通常的检波器埋置方法需要改进。例如目前大家都是先插下一个检波器后,用皮鞋鞋跟往下踩一脚,就算埋完了。这最后的一脚是决定性的!踩正了很好,稍为有一点偏斜,就会造成尾锥的一边松动,就会谐振大跳起来。

（6）这种松动凭肉眼是看不出来的,唯一的办法是通过地震仪来监视。放炮前如发现某道微震很大,超过入口处电压 2～3 μV 以上(视检波器串联的个数及灵敏度而定),就说明有脱耦谐振,就需要检查这一道,重新埋置。所谓重埋往往不需要将检波器拔出来,只要用手把它再压压紧,一般就可以了。不得已的情况下需要拔出重埋。

（7）三分量检波器的水泡调正方法值得研究,目前的设计是不合理的,容易产生耦合谐振。

此外,在横波及转换波勘探中,脱耦谐振问题要比纵波严重得多,因为X及Y分量谐振干扰十分强烈。

（8）最好今后能够设计一种"微震检查仪",它就是单道的一个低噪声放大器,放大 48 dB,并有一个高通滤波级,只监视 70 Hz 以上 200 Hz 以下的高频噪声,其输出接一个电表。发给放线班,由埋检波器的人员在每次埋完一个道或一串检波器后,对其作一次噪声测定,表头上进入红线范围就说明需要检查、重埋。

（9）我研究院王达昌同志建议:是否可以考虑把检波器的尾锥前端改成具有锥度的麻花螺丝扣,像钉木头的螺丝钉那样,插到地里快到位时,用手拧着转一两圈,这样就能保证耦合良好了。这是一个好的想法,值得一试。这大概需要加粗尾锥直径,并在其上方与检波器底座固定死后,才能使用。

其他有关对检波器的改进意见我最近已发表在《地震高分辨率勘探中的误区与对策》一文中[2]。

本次试验由科技处刘书田及特勘处高华同志协助完成,在此表示感谢。

参 考 文 献

[1] Kees Faber, Peter Maxwell et al. Recording reliability in seismic exploration as influenced by geophone-ground coupling[J]. PaperNo. B014 presented at the 56th meeting of the EAEG, Vienna, 1994.
[2] 李庆忠. 地震高分辨率勘探中的误区与对策 [J]. 石油地球物理勘探,1997,6.
[3] 李庆忠. 走向精确勘探的道路 [M]. 北京:石油工业出版社. 1994。

论地震信息

1992 年及 1999 年,我在石油学会的物探技术讨论会上做了两次发言,题目是"储层研究的发展方向"。其内容就是对研究储集层的 15 种地震信息的用途和可靠性作一个概括。

其中对多波勘探我曾说:"它对于薄油层恐怕是无能为力的,因为纵、横波层位对不上,无法求准泊松比"。对井间地震提出了它的误区,即入射角很容易超过临界角;并认为非零偏 VSP 由于"孔径太小",成像一般好不了;还有"吸收系数"是求不准的,想用它直接寻找油气缺乏依据;此外,"多参数油气识别"要讲道理……会上引起一片哗然,有人说我对新技术的态度有问题,但我至今不悔。

20 世纪 80 年代是地震勘探技术飞跃发展的一个阶段,多次覆盖、数字地震仪、偏移归位、三维地震、资料数字处理等都在短短的十来年中得到应用与推广。尤其是计算机的快速发展使地震勘探技术如虎添翼、欣欣向荣。在找油方面也出现了渤海湾大批断块油田的发现。引起人们对地震勘探的极大重视。各种新方法、新思路也在许多院校及科研单位活跃地展开。在大好形势下,一度出现对地震勘探的有些信息做过高的评价,以为可以轻易地直接找油,搞清储层孔隙度,还有渗透率,甚至有人可以求得含油饱和度等等。

于是我在 20 世纪 90 年代,对地震信息做了些调查,其目的是在大好形势下,冷静地分析一下各种地震信息的有效性,以利于人们更好地使用它们。

1992 年 10 月,我在石油学会的一个物探技术讨论会上做了发言,题目是**"储层研究的发展方向"**,这是针对储层研究中各种地震信息能够发挥的作用做的一次讨论。

首先我认为储层研究根本的困难有两条:① 油气储层太薄;② 目前地震勘探的分辨率还不够高。所以要下工夫,要理出头绪来。

我把当时的提纲内容重新叙述如下:

A 1. 振幅法:——振幅信息是最有用的信息,它是"亮点技术"的基础。在储层描述方面,调谐曲线法是实用而有效的方法。例如大套泥岩中的砂层(牛庄砂体)。

V 2. 层速度:——根据 Dix 公式计算是很不准的,尤其是在有倾角时就更不准了,后来改进了,发展为模型迭代法,就是根据地震剖面大致知道地层的时间倾角,然后先求第一层的层速度,到了第二层再根据第二层的地层倾角,进行模拟迭代,拟合出时距曲线,即使这样做,也只能解决二三百米的厚层。我们研究的是储层,到现在还没有二三百米的储层。后来发展了一种 DIVA 软件说可以搞得更好一些,我认为也很难精确,这是因为方法本身的局限性。

F　3. 频率参数:——我认为频率参数是多解的,时频分析法、韵律分析法,有时结论是不太肯定的。含油气后出现低频的说法是欠妥的。强波必胖。

Q　4. 吸收衰减:——β、α、Q^{-1} 参数都是求不准的,只能求上千米的大平均。

Z　5. 波阻抗法:——我认为最实用,最有前途,但是要下工夫,它有五大难题,这将在我有关的文章里阐述。

AVO　6. 幅距分析法:——亮点型工区是很有效的,将来很有用。判断岩性有可能。弱波受干扰,很难。

VSP　7. 垂直地震剖面——非零偏移距孔径不够,成像能力差。基于模型的 VSPCDP 已经是最好的办法。

S. S　8. 地震地层学——层序地震学——有用,需要研究陆相地层。注意不同处理因素对地震相结构的影响。"微地震相"?

Inv　9. 各种反演方法——Dlog、SLIM、L-1、GLI、BCI、ROVIM。

要注意:真分辨率、视分辨率与假分辨率,《论地震约束反演的策略》一文有阐述。

IRIS　10. 多参数油气识别——振幅、频率、自相关、自回归系数等。16～24 种参数,特征提取,模式识别,人工智能,聚类分析等等。——数学上是先进的,计算机算命。但知其然还要知其所以然,参数与油气是否有内在联系,我认为这是大问题。

M. S.　11. 多波地震勘探——加上泊松比,横波分裂,可能有用。横波不亮纵波亮,改善纵波含"气云"模糊带有效,但增加了复杂性。各向异性要解六个参数场。波组、相位的对比困难,准不到一个相位。而且波峰对波峰本身就是错误的,两子波不一样怎么对呀,几百米的厚层也许可以。还不如用 AVO 推出"拟横波",T_0 严格对齐。求纵横波速度精度有限,三五百米厚才能求准泊松比。

C. B　12. 井间地震——分辨率可以很高,成像能力差。控制入射角不超 30 度,我的口号是"回到近轴条件来"。

1999 年 9 月,我到乌鲁木齐吐哈宾馆应邀给新疆石油管理局科研所在会上讲课,我曾经就各种地震技术及信息使用的发展前景做了个报告,其中对多波勘探我曾说:"它对于薄油层恐怕是无能为力的,因为纵、横波层位对不上,无法求准泊松比。"对井间地震提出了它的误区,即入射角很容易超过临界角;并认为非零偏 VSP 由于"孔径太小",成像一般好不了;还有"吸收系数"是求不准的,想用它直接寻找油气缺乏依据;此外,"多参数油气识别"要讲道理……会上引起一片哗然,有人说我对新技术的态度有问题,但我至今不悔。

这次会议上我讲的内容基本与 1992 年 10 月的发言差不多。

在这次会议上我讲的内容中,振幅法中增加了亮点、暗点、平点和可视化的 Voxel 透明度;

明确了频率是多解的,我讲了三个主要影响瞬时频率的因素:即① 砂泥岩组合互层的情况,② 地震子波的变化,③ 还有就是含油气的情况。其中影响大的主要是前面两个,尤其是互层组合是起决定作用的。

波阻抗法增加了可以研究岩性变化的内容;

幅距分析法增加了暗点难的内容;

地震地层学增加了浊流砂、斜坡扇、盆底扇的内容;

关于各种反演方法。我增加了用好它会对我们有帮助的认识,并增加列举了 STRATA、JASON 两种反演方法;

关于多参数油气识别,指出了最后需要通过正演来进行验证,明确提出:数学方法先进了不等于解决了多解性的问题,弄不好还变成"计算机算命";

关于多波地震勘探,我认为它解决不了薄互层的储层研究要求,首先因为纵波与横波的子波不同,反射系数也不同,速度也不同,它们相互的波形关系很难对比准确。"波峰对波峰"的概念是错误的。其次,速度误差太大,均方根速度误差在 $2\% \sim 3\%$,层速度误差在 $5\% \sim 8\%$,纵横波速度比 V_P / V_S 误差在 10%,泊松比 σ 更求不准,误差达 50% 是常见的。对薄互层的储层研究更是困难。

后面我增加的三条有:

13. 讲道理的方法是正演含油气模型验证,我对分形分维找油技术打了个"X";

14. "预报成功率"与"探井成功率"的区别,预报成功率并不等于探井成功率;

15. 关于叠前深度偏移,我认为不是万能药膏,建好速度场很关键。

说明:

现在看来,在过了十几年以后,我的这些观点基本上还是正确的。

下面我就分几个重点讲一下某些地震信息对储层研究的贡献,并做深一步的探讨。

以下几部分重点讨论:振幅信息、频率信息、直接找油、吸收系数是求不准的……

关于多波地震勘探,请看我的专著《多波勘探的难点与展望》——2007 年,中国海洋大学出版社。

关于井间地震本文集(争鸣篇)中也已经有专题讨论。

关于地震地层学和层序地震学可参阅本文集(方法篇)中专题讨论,同时在我的专著《岩性油气田勘探》中有进一步的论述——2006 年,中国海洋大学出版社。

文章编号 107-2

振幅信息最有用

本文从振幅的亮点、暗点的普遍规律讲起,说明了振幅研究的重要性。

波阻抗反演就是根据地震振幅推算来的。

振幅信息又帮助了地震地层学和层序地震学的研究。

根据振幅调谐作用的"谱分解"方法更是在推断储集层厚度方面起到相当的作用,被大家广泛使用。

根据振幅调谐曲线可以测定储集砂层厚度。胜利油田的牛庄朵叶砂体为例说明振幅信息可以起到十分重要的作用。

根据振幅突变的分析方法"相干体"方法得到很好的地质效果。

振幅信息在塔里木盆地的海相碳酸盐储层研究方面发挥了重要作用。

一、地震信息中最有用的是振幅信息,亮点技术最说明问题

20 世纪 60 年代以前的地震资料主要为查明地下构造为目的,振幅信息没有被充分利用,强振幅只是在识别地震标准层中发挥着重要作用。20 世纪 70 年代里,"亮点技术"的出现,令人们对振幅信息引起极大的关注。墨西哥湾"亮点技术"被认为是直接找油的重要工具。那时亮点技术很热门,以至于美国五角大楼及总统都请技术顾问把亮点技术讲给他们听,有一个美国国务院的科学技术顾问还发表文章说:**现在有了亮点技术,我们可以把所有的油都找出来**。实际上到今天为止,美国的亮点技术在墨西哥湾还是非常有效的,但是它的"亮点"只是对浅层油气藏有效。图 1 所示的就是墨西哥湾沿岸亮点及暗点出现的规律。其中图 1 中图 a 横坐标是气水界面的反射系数,纵坐标是深度,上面是气砂,下面是水砂。从图中可看出,如果埋藏得浅,比如在 1500 米以上,就是很明显的亮点,但慢慢的到了 3000 米左右亮点就不太明显了,然后转为极性转换区,再到深层 5000 米以下,整个都变成了暗点。图 b 说的是地质年代与亮点暗点出现的规律,它的横坐标表示的是地质年代,从图中可以看出,随着地层变老,从新第三系到老第三系,浅层是亮点,中层是极性转换区,深层是暗点。而对于更新的地层如更新世及上新世地层来说,深度一直到 6000 米都表现为亮点。墨西哥湾大部分是在 3000 米以上找油,从图中就可以看出在有油气田的地方基本上都发"亮",所以亮点技术能够在那里获得明显的效果。

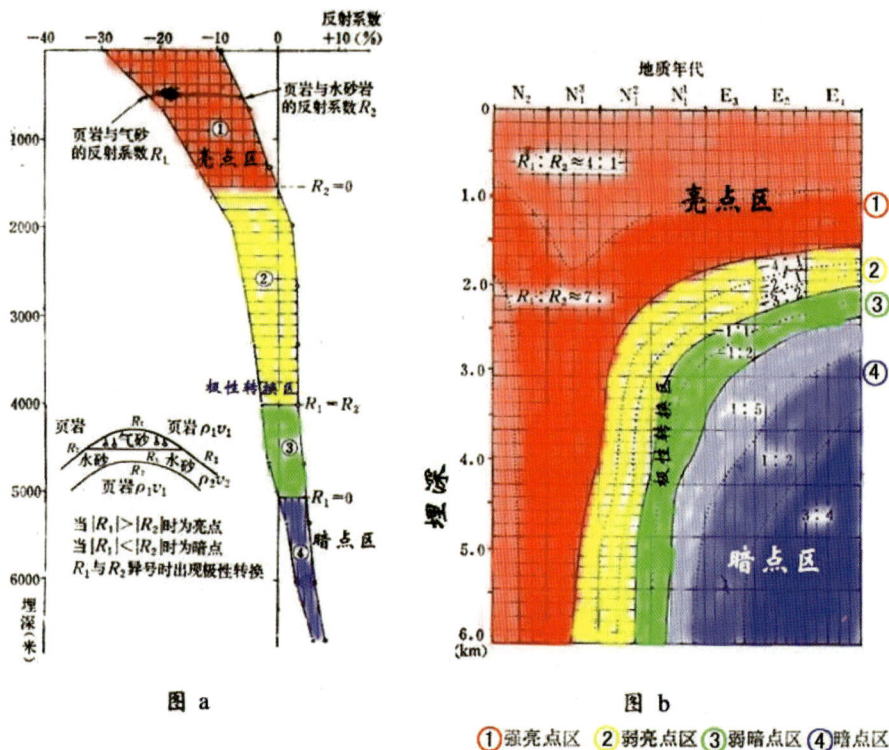

图 1　墨西哥湾沿岸亮点及暗点出现的规律

总结墨西哥湾沿岸不同地质年代地层、不同深度上的亮点及暗点的规律,可以看出在 1500 m(约 4500 英尺)以上第三系地层含气后都表现为亮点,并且对更新世及上新世地层来说,深度直到 6000 m(约 20000 英尺)都一直表现为亮点。在 2500 m 以下随着地层的变老含气层变为暗点。极性转换带在图的中部。图中的比数为气层/水层振幅比。

二、根据振幅信息所得的波阻抗剖面在描述储层岩性方面起着重要的作用

这是人所共知的事实,波阻抗值就是根据地震振幅推算来的。做好波阻抗反演有五大难点,我在《走向精确勘探的道路》一书里作了相关的讨论。

三、振幅信息帮助了地震地层学和层序地震学的研究

20 世纪 80 年代,人们注意到地震振幅信息能够研究砂岩储集层的位置,它们的厚度变化和超覆、尖灭情况。EXXON 石油公司的 Peter Vail 和 Sangree 等人倡导了地震地层学和层序地震学,极大地推动了人们用地震方法对碎屑岩储集层,诸如盆底扇、低水位砂体、高水位砂体、河道砂体等的寻找本领。它们的理论主要是建立在海相地层的描述方面,我国的储集层大多是陆相的,本人对陆相地层的地震地层学方面,也做了一些研究。发表的文章中(见方法篇 208,209),指出在陆相条件下,虽然由于沉积条件多变,我们很难找出完整的一条古河床以及点砂坝,但是我们可以根据地震振幅的变化研究哪里砂层发育,哪里有着较厚的砂岩储集体。

四、根据振幅调谐曲线测定储集砂层厚度,作储层描述

在利用振幅信息应用到储层描述方面,胜利油田牛庄砂体是一个很好的实例。在当时还没有很先进的技术时,胜利油田就根据振幅信息来研究储层。如在研究牛庄的东营三角洲时,很早就有人通过分析对比井资料与地震剖面,发现每一个地震反射同相轴都对应着一个砂层。具有这么良好的对应关系就是因为地层以泥岩为主,砂体上下是大套的泥岩,对于大套泥岩中的砂体往往会有较强的地震反射,所以基本上找到一个反射同相轴就找到了其对应的砂体。按照现在的说法,牛庄砂体就是一个前积体,前积现象在地震剖面上的反映就是同相轴都是斜列的,通过与钻井资料对比,证实了这一点。以往人们在进行对比解释时,往往是采用砂对砂的方式,这样对比出来的结果就如图2的下图所示,显示的产状是层状连续的,当时地震地层学理论还没有被推广。根据钻井连井对比剖面,可看出其产状不是层状连续的,而是斜列断续的。在地震地层学理论出现并推广以后,就把这个问题解释清楚了(图3)。图4所示的是前积体在地震剖面上的表现。

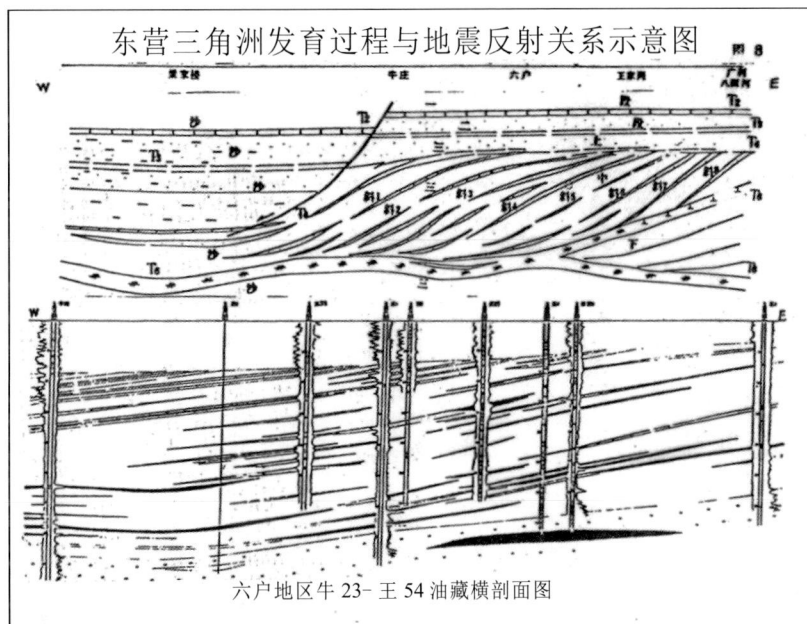

图 2　胜利油田利用振幅信息研究储层示例图(1)

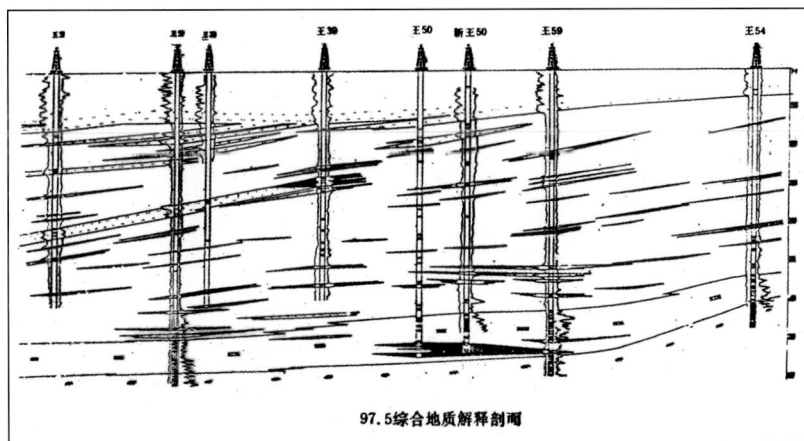

图 3　胜利油田利用振幅信息研究储层示例图(2)

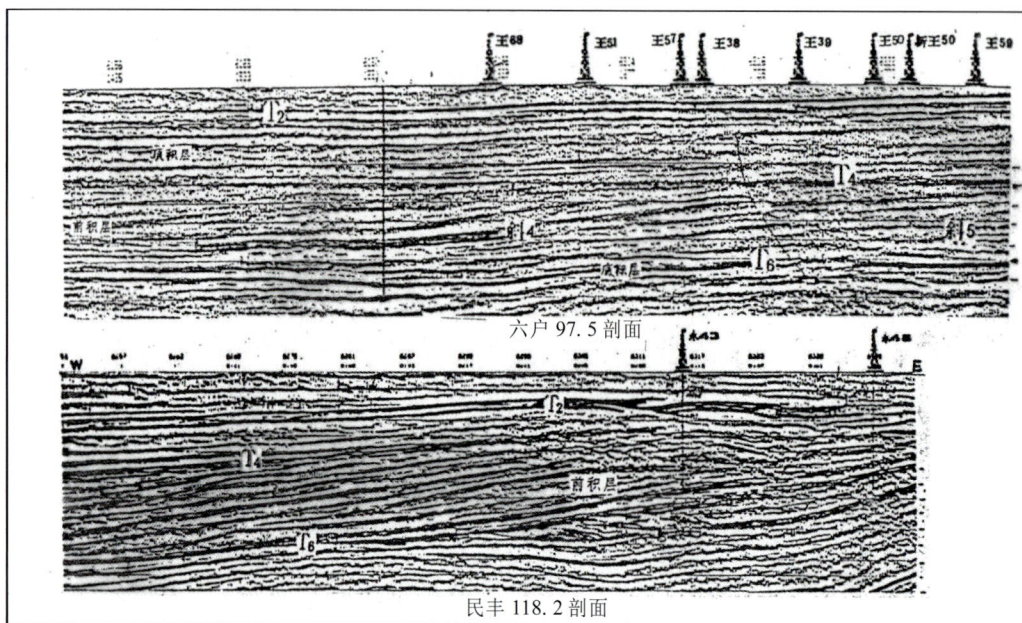

图4　胜利油田利用振幅信息研究储层示例图（3）

对于砂体的描述问题，因为基本上大都是薄砂层包含在泥岩内的情况，所以利用振幅调谐曲线来描述是最有效的。如图5所示就是单个砂岩体的振幅调谐曲线，纵轴是相对振幅，横轴是厚度，波峰到波谷的时差就叫做视时差，真时差＝视时差×含砂百分比。λ/4为调谐厚度，砂层超过这个厚度振幅就稳定了。根据这个图还很难对砂体进行厚薄及岩性好坏的描述，因为砂层好坏还跟含钙程度有关。后来他们根据200多口的钻井资料，对20多口井的所有砂层进行了统计，横坐标用砂层的时差（相当于厚度），纵坐标用振幅表示，把所有砂层的对应振幅与时差坐标点在时差－振幅坐标系中，形成如图6中右图所示的振幅与时差散点图，归纳后就形成了图6中左图的砂组调谐曲线图。利用这个砂组调谐曲线图，就可以根据振幅与视周期来判断出砂层的好坏，可以大体知道该砂层是含有泥质的砂层还是含有钙质的砂层。含有泥质的砂层振幅就小，而含有钙质的砂层振幅就大。砂层含钙后，地震振幅增大，但不一定含油，因为砂层含钙后就变得很致密。有了这两张图以后，就可以利用地震资料的水平切片来制作砂体厚度图，如图7所示，

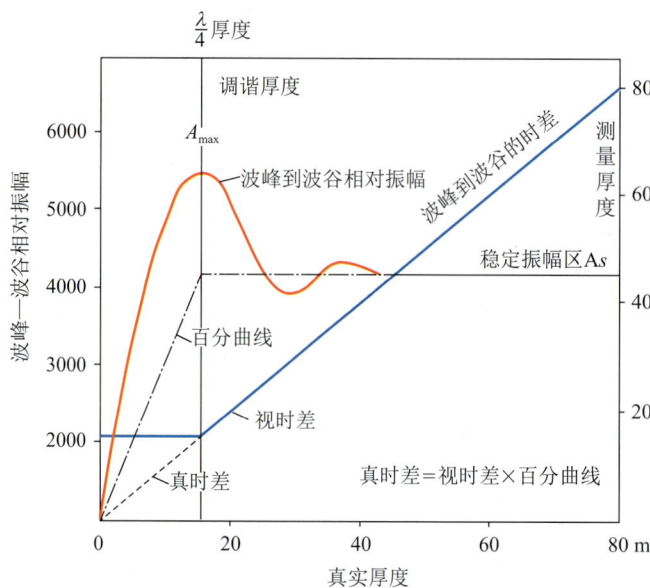

由相对振幅、视时差求真厚度的原理

图5　振幅调谐曲线

每 2 ms 做一个切片,叠起来就知道了砂体的时间厚度,获得了砂体的时间厚度分布后,再转换成厚度图。这些都是人工做的,工作做得很细致。每个砂体要做 4 张图,如图 8 所示,一个是砂体构造图,对每一个反射同相轴都做一次,先把它的 T_0 时间图画出来,再转换为深度为坐标的砂体构造图,把砂体的厚度画出来就形成一个砂体等厚图;还有一个是孔隙度图,一个是速度振幅叠合图。

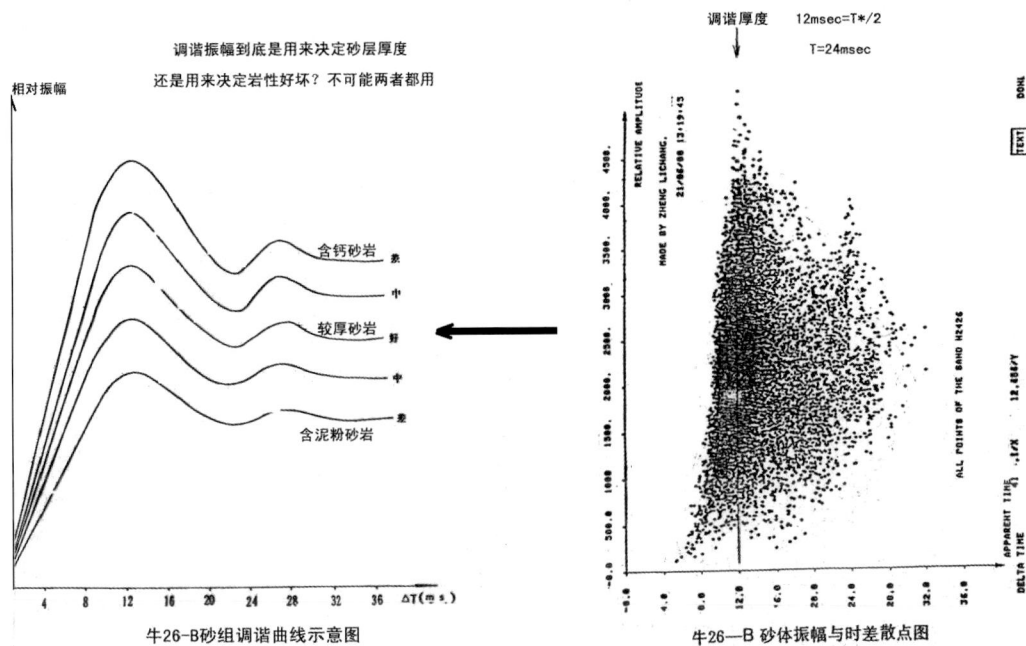

图 6　牛庄砂组调谐曲线及砂体振幅与时差散点图

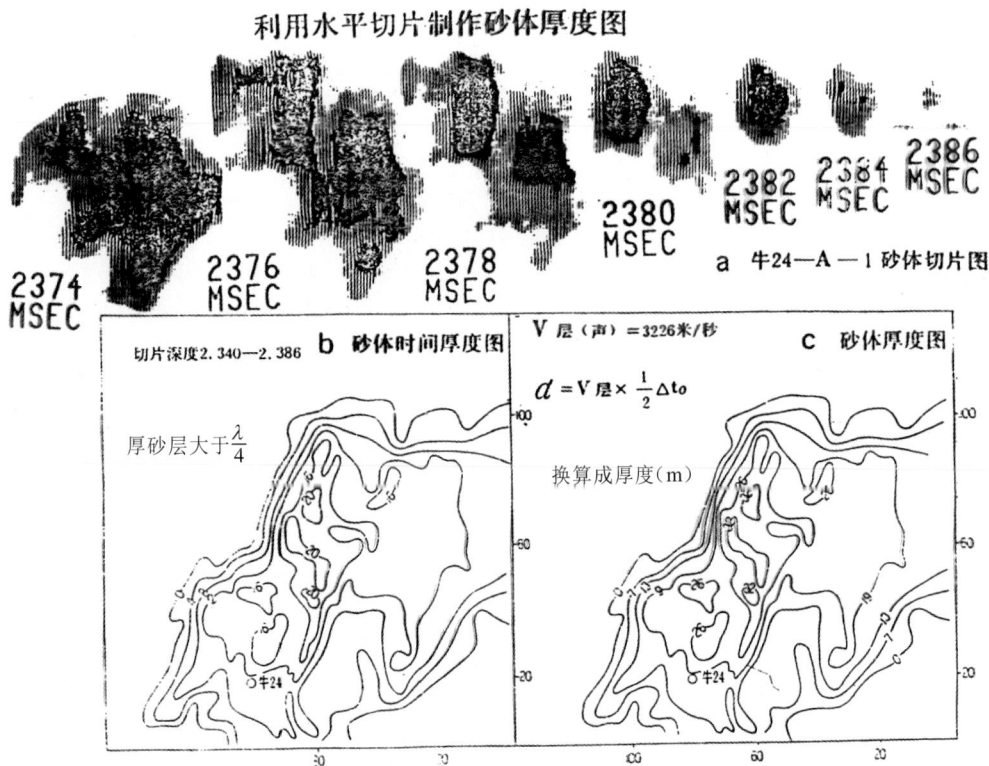

图 7　利用水平切片制作砂体厚度图

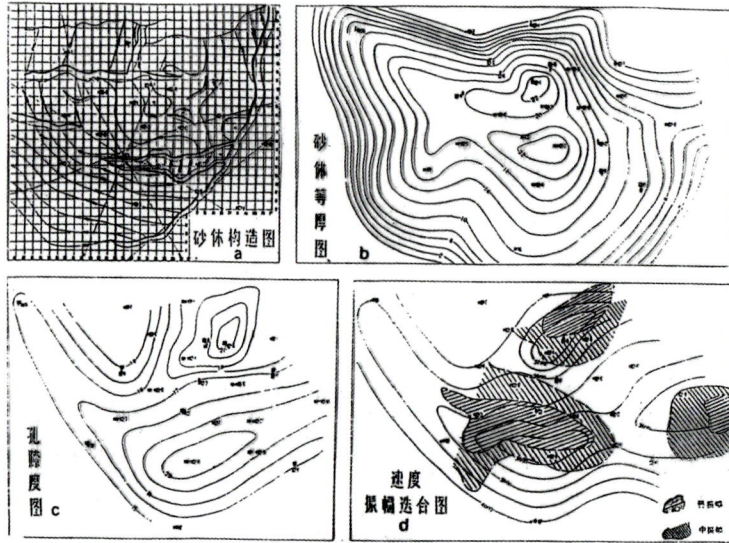

图 8　砂体综合图

五、根据振幅突变的分析方法"相干体"方法得到很好的地质效果

相干体数据分析 Coherent Cube 方法是 Amoco 公司 2000 年发表的文章。

该方法原理简单,使用方便,效果明显。从它被推出后,引起地球物理资料解释方面的重要进展。

它本来似乎不应放在这一节里,但是归根结底它是利用振幅信息的一种推广。过去人们只研究振幅的连续性,而 Coherent Cube 却别出心裁地研究振幅的不连续性。

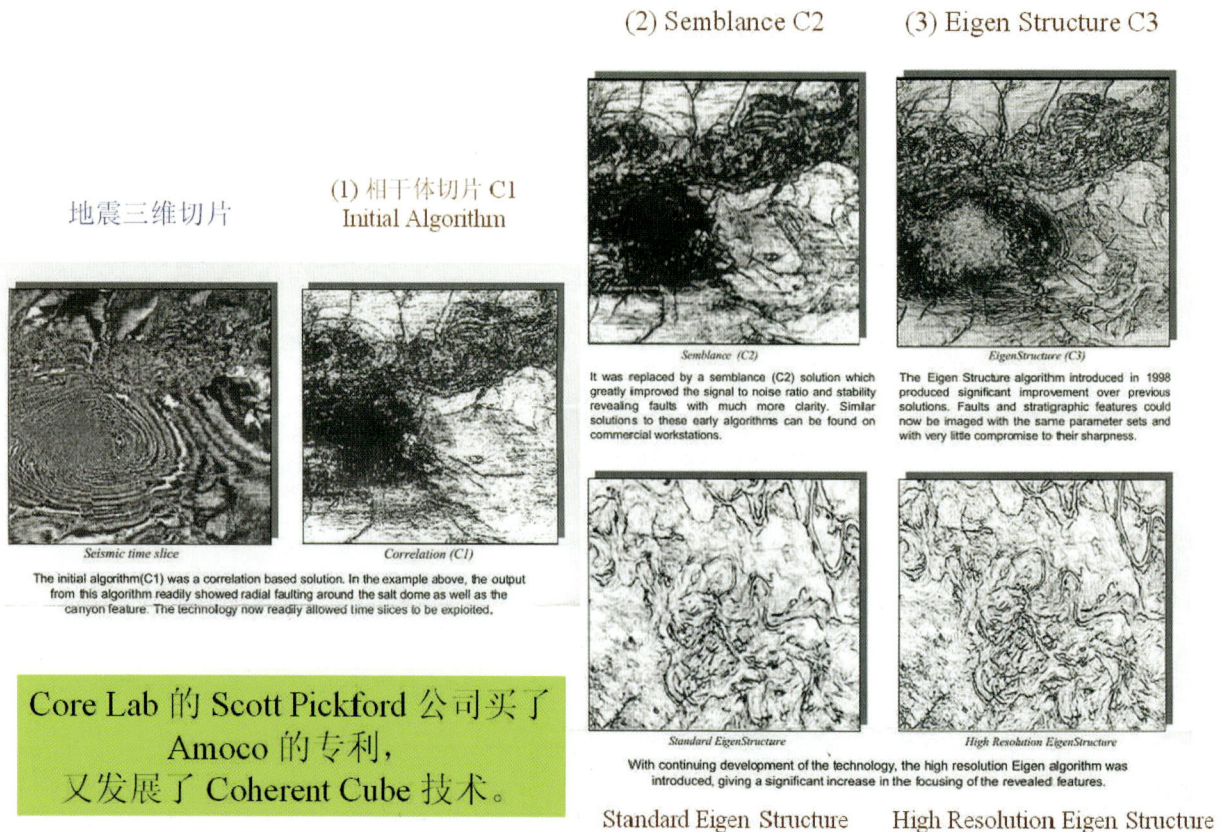

图 9　相干体分析技术的发展

相干体数据分析已经进一步在资料处理及解释中得到广泛使用，Core Lab 的 Scott Pickford 公司买了 Amoco 的专利，又发展了 Coherent Cube 技术。相干分析在算法上从过去的 Initial Algorithm（C1）算法，发展到相似系数法 Semblance（C2），又发展为 Eigen Structure（C3），及高分辨率的 High Resolution Eigen structure。相干体数据可以和普通三维地震数据互相融合显示，并且可以用来作资料处理的监控手段，因为只有当资料处理得很好时，才能得到分辨率很高的相干体显示图像。

我们在研究塔里木盆地的海相地下碳酸盐 Karst 岩溶古地貌中，使用了相干体数据分析，首先取得了极好的效果。如下图所示。

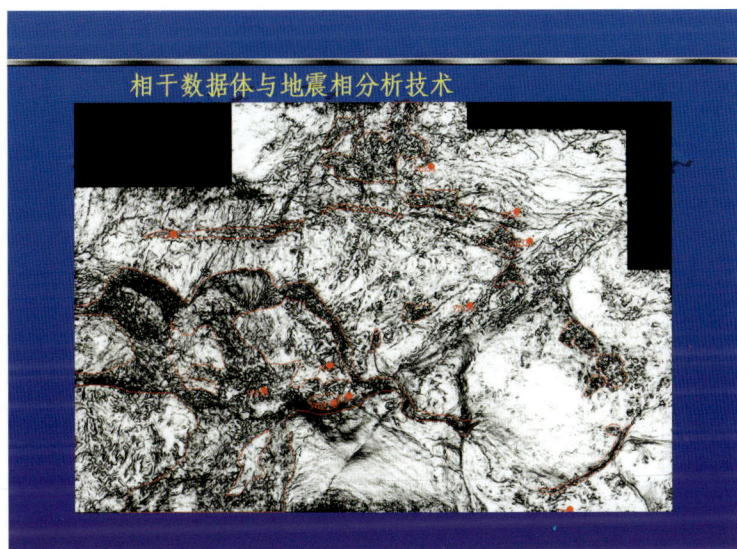

图 10　英买力三维奥陶系灰岩顶面沿层相干平面图

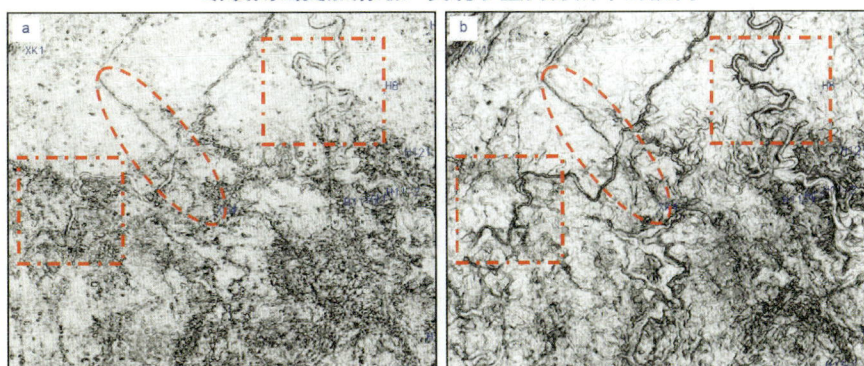

叠前时间偏移相干属性平面图　　　叠前深度偏移相干属性平面图

图 11　塔里木盆地地下碳酸盐岩溶古地貌采用相干体分析取得很好的地质效果

六、振幅信息在塔里木盆地的海相碳酸盐储层研究方面发挥了重要作用

塔里木台盆区的海相碳酸盐地层中含有很大的石油储量，塔河油田、轮南油田、英买力等油田都是储量大、产量高的好油田。

但是碳酸盐储层的勘探开发难度是世界级难题。你发现一口高产井后，在它边上打井，可能就是一口空井。因为这种储集层主要是受碳酸盐中的缝缝洞洞所控制。要在五六千米的深度搞清地下的缝洞结构，显然是极为困难的。

世界上碰到这样的油气田,一般是探井成功率极低的。俄罗斯的东西伯利亚地区的寒武系碳酸盐地层也是这种情况,到目前打探井还是靠运气。开发更没辙。

在轮南油田的勘探初期,主要还是靠地震方法研究地下的寒武–奥陶系地层的构造情况,在构造高点上布井,这种方法探井的成功率很低。1987~1995年用三维地震资料打井,碳酸盐潜山出油的成功率只有30%~35%。1996~1999年使用了相干数据体,能够初步看到古侵蚀面的沟壑分布后,探井的成功率提高到50%~60%。2000年至2002年地震资料的进一步改进,地震振幅特性——"串珠状强振幅"异常带的发现,加上对不规则岩溶体的地质综合研究,使探井成功率提高到80%~90%。

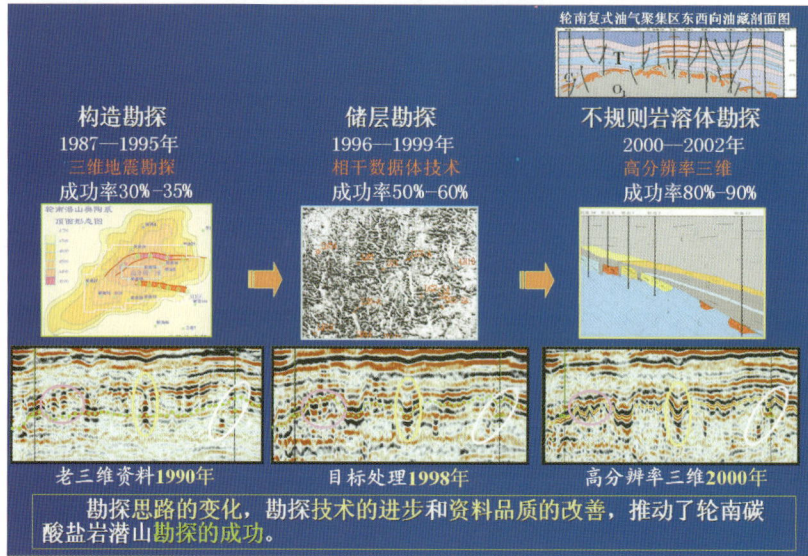

图12　轮南碳酸盐岩潜山勘探历程

2002年到2005年间,岩溶地震综合解释技术的进一步提高,对缝洞系统的储层预测成功率高达100%,钻探出油的成功率高达90%。

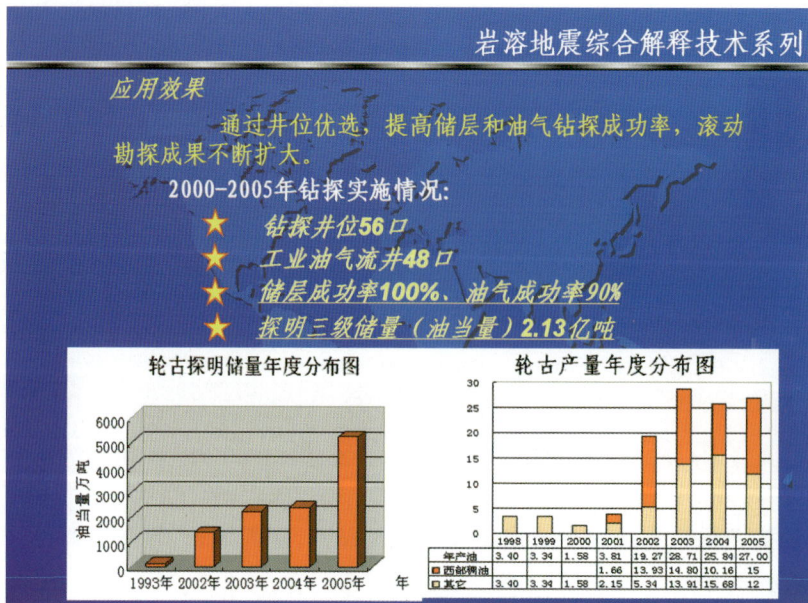

图13　岩溶地震综合解释技术应用效果

振幅特征也在塔里木台盆区的地震资料解释中起到了关键的作用。古生界碳酸盐淋漓体中的缝洞发育带形成了各种形式的"串珠状强反射"，它往往是缝洞带的直接显示。见下图。

各种形式的串珠状强反射是目前的主要钻探目标

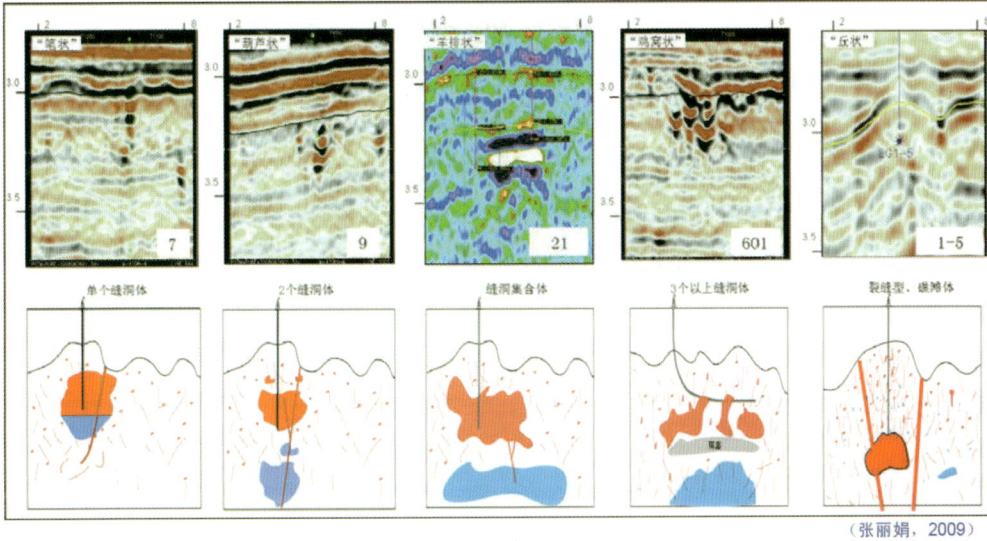

（张丽娟，2009）

图14 塔里木盆地串珠状反射分类

通过对15井及7井的高产井的分析，可以看到地震的串珠状异常的空间分布形态很重要，还与断层裂缝的联通性有着关联。15井在地震剖面中显示为碳酸盐里的高振幅带，在时间切片里又位于平面里的裂缝发育带中，所以高产，稳产。

7井位于一长条串珠状强振幅条带中，在三维可视化立体图中显示为孤立的缝洞，与周围缺乏联通。因此，只能靠注水吞吐，油水置换的方式维持开采。

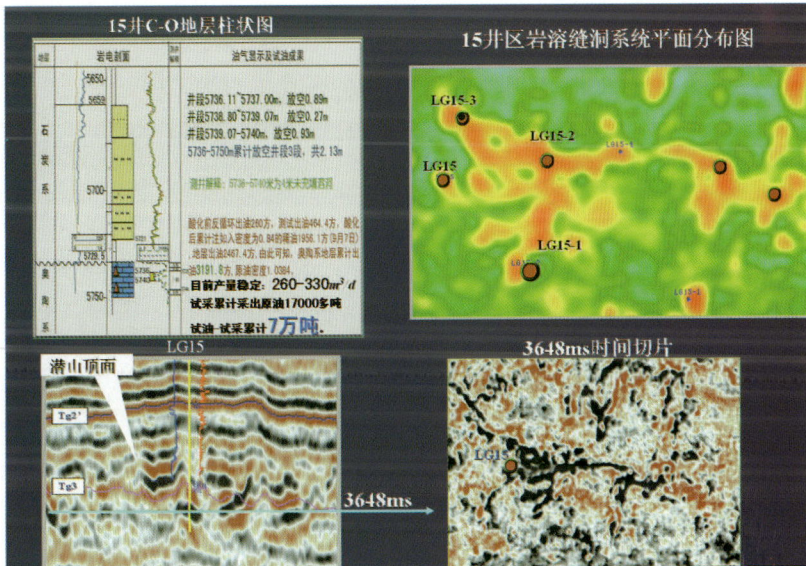

图15 15井高产井分析

将振幅的特征与相干数据体的特征结合起来，也产生了很好的地质效果。如下面英买力及轮南油田的两张图。可以判断碳酸盐岩的断裂系统，及对缝洞发育带的划分。

典型高效井分析

过7井叠前深度域十字地震剖面

塔里木盆地地震振幅有着明显的串珠状
异常处反映了地下缝洞发育带

裂缝欠发育,孤立
串珠,构造平缓。

18.2万方

进一间房40m完钻,
未酸压自喷,无水。

采用注水吞吐、油
水置换方式开采。

目前累计产油3.5万吨

现认为该井位于一个与周
边相对隔绝的封闭空间。
体积大,内部连通性好,
水体不活跃,油气得以有
效开采。

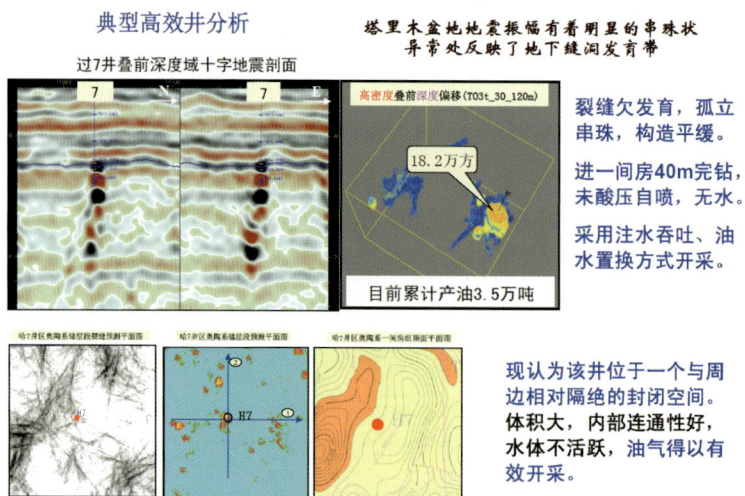

图16　7井高产井分析

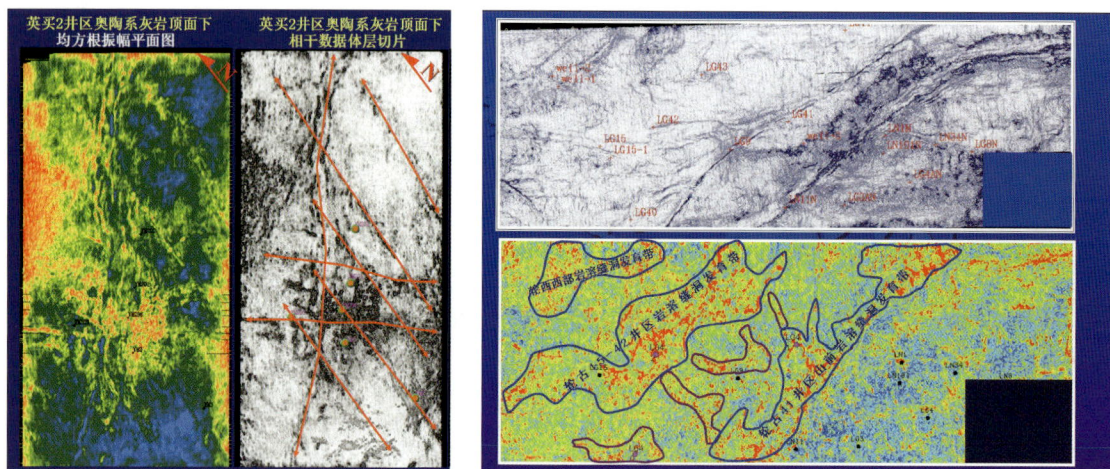

图17　英买力及轮南油田断裂系统和缝洞发育情况

通过这些努力,在轮南奥陶系岩溶体中预测了五个缝洞发育带。见下图。

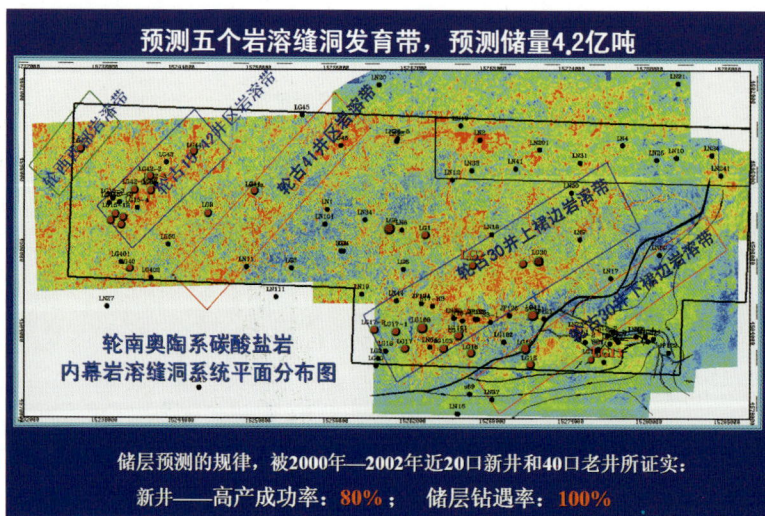

预测五个岩溶缝洞发育带,预测储量4.2亿吨

轮南奥陶系碳酸盐岩
内幕岩溶缝洞系统平面分布图

储层预测的规律,被2000年—2002年近20口新井和40口老井所证实:
新井——高产成功率:80% ; 储层钻遇率:100%

图18　轮南奥陶系岩溶体缝洞发育带预测情况

　　碳酸盐岩溶的高效开发也走过一条艰辛的摸索路程。见下图。有了高产井,不一定能稳产,这需要进一步搞清缝洞的范围,连通程度。需要有量化描述与对储集单元的评价。这方面要依靠地震与地质研究

的紧密结合才能有所作为。

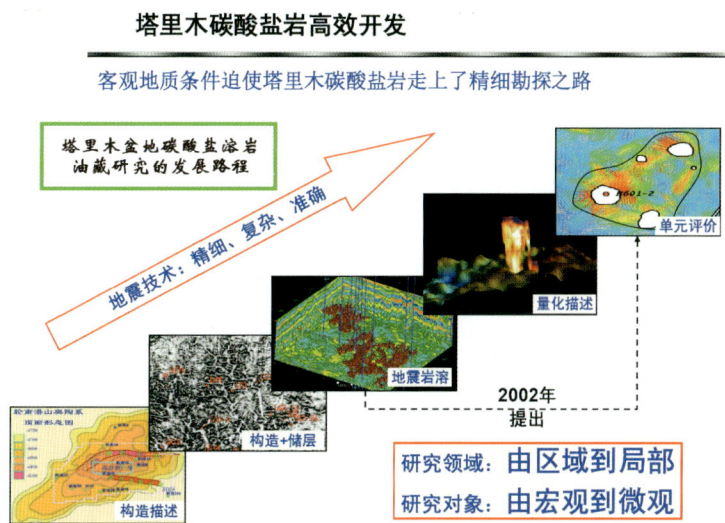

图19　塔里木盆地碳酸盐岩溶油藏研究的发展路程

最终走上综合研究的道路,地震资料的三维可视化信息解释起到很重要的作用。

以储层和油藏为目标,提出了——四项创新技术,概括为:岩溶地震解释技术系列、岩溶地质综合分析技术。

图20　岩溶地震解释技术系列

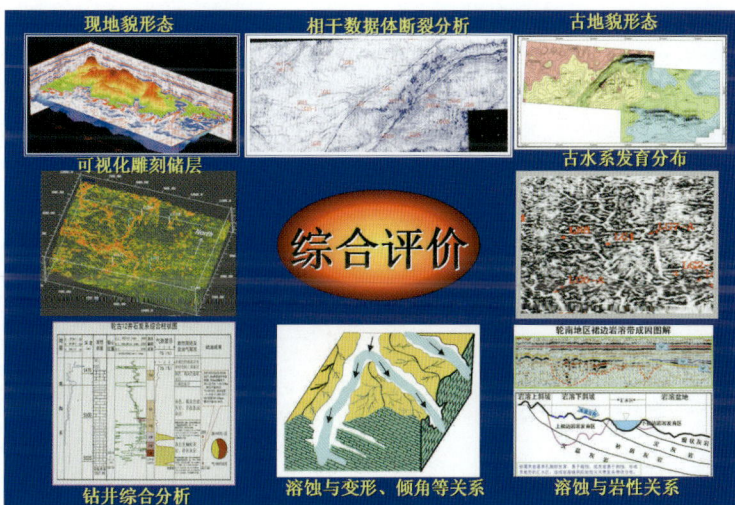

图21　岩溶地质综合分析技术

总之,我国的地震技术结合了地质综合研究,已经在勘探开发碳酸盐储集层油气田方面,摸索出一条新路子。走在世界前列。可见地震振幅信息的应用在这里发挥了太重要的作用。

频率参数是多解的

利用时频分析法来获得地震韵律的分析方法基本是对的,但是在判断砂泥岩百分比方面存在着多解性。

瞬时频率的低频有时候代表砂岩,有时代表泥岩,没准。

不过按理说,一般低频高振幅部分是砂岩,而大套泥岩反映为高频弱振幅。

在判断含油气方面的频率信息将在文章编号 110 "含油气砂岩的频率特征"中加以详细讨论。

一、时频分析应用中的频率信息

时频分析技术是俄罗斯的穆欣教授所倡导的,他认为时频分析技术可以说明频率与沉积岩的沉积旋回和沉积岩粒度的粗细有关。

图 1 是俄罗斯的时频分析技术在鄂尔多斯地区应用的图例。

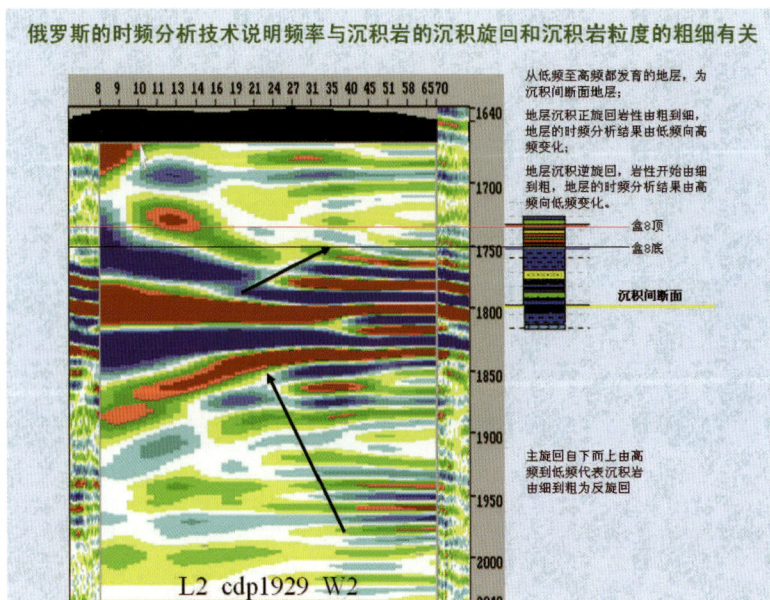

图 1　俄罗斯时频分析法分析沉积旋回的例子

　　图中从低频至高频都有响应的地层,为沉积间断面地层;当地层沉积正旋回即岩性由粗变细时,地层的时频分析结果由低频向高频变化;而当地层沉积是逆旋回时,岩性开始由细变粗,地层的时频分析结果由高频向低频变化。如图1中下半段,主旋回自下而上由高频到低频代表沉积岩由细到粗为反旋回。

　　关于时频分析法的实现步骤及其解释结果的图例见图2。

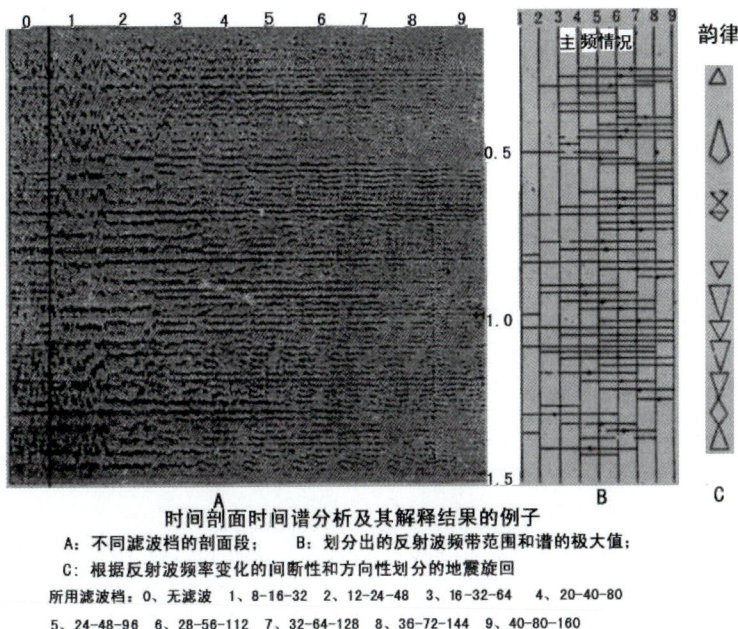

图 2　时间剖面时间谱分析及其解释结果的实例

　　图2左边第一列是不加任何滤波的原始记录,向右各列是分别用频宽为两个倍频程的三角形滤波器进行分频扫描,每频档相差8 Hz,共9个频档。把扫描结果依次并列排列成图2中的A部分。

　　然后把能够看到同相轴的频率范围标在图2B中,取中点,根据中点的频率变化的间断性和频率是由高到低或是由低到高的变化趋势即方向性来划分地震旋回。最右边图2C中为解释出来的沉积旋回图。

　　这就是地震韵律的分析方法或者叫层系结构的分析方法。

　　时频分析技术对地震记录作滤波扫描,近似地将地震道时间域数据转换为旅行时间－频率域信息,实现时频分析,提供了获取分界面频率特征的可能性。一般来说,当分析结果的韵律变化周期长(粗)时,其对应的地震记录低频信息比较丰富,而韵律变化周期短(薄)时,其对应的地震记录高频信息丰富(即砂岩多的粗的韵律低频丰富,泥岩多的薄的韵律高频丰富)。

　　这种方法在我国推广以后,一般会取得较好的效果。但也有不符的例子。

　　例如江苏油田时频分析的结果是:时频曲线偏高的砂岩百分比偏高(图3),并且还通过钻井证实。这与俄罗斯专家的结果正好相反。

　　而大庆油田却得出结论:他们那里是泥岩的频率偏高,又与俄罗斯专家的结论一致。

　　我认为利用时频分析法来获得地震韵律的分析方法基本是对的。但是在判断砂泥岩百分比方面存在着多解性。

所以频率信息本身是多解的。

不过如果与振幅信息结合起来,一般低频高振幅部分是砂岩,而大套泥岩反映为高频弱振幅。

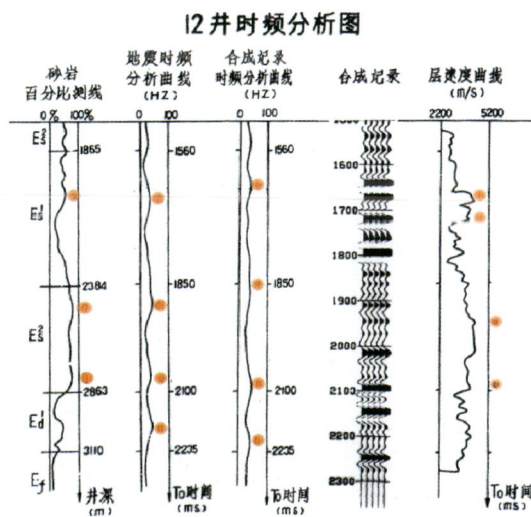

图 3　江苏油田应用时频分析的实例

二、关于利用频率调谐作用分析储集层厚度的方法

由 Partuka 1999 年提出的谱分解技术 Spectral Decomposition 已被广泛应用在储层解释方面，它利用频率调谐作用分析储集层厚度有一定的成效。

一般厚层反映为低频丰富，而高频往往反映着薄的地层。总规律是如此。尤其是在以大套泥岩中的砂层中，作用更加明显。

使用中，根据不同频率的振幅调谐作用，认为可以区分储集砂层的厚薄。如图 5 所示。

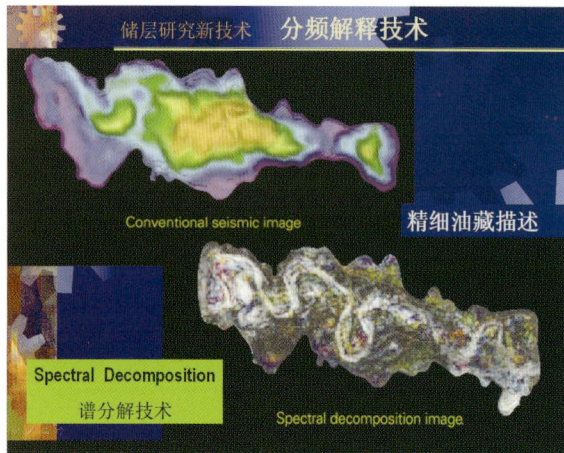

图 4　谱分解技术

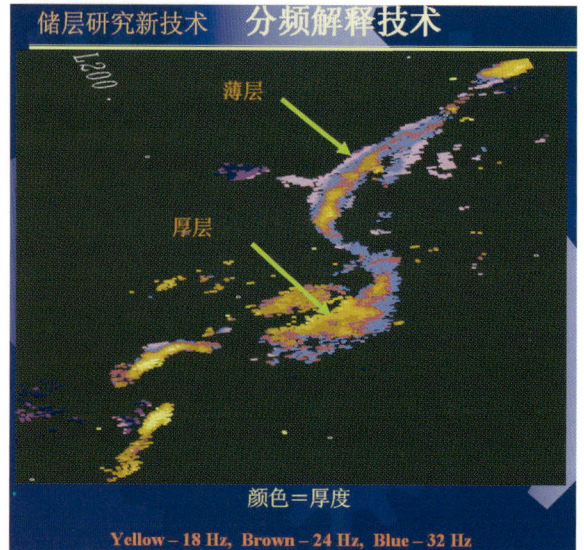

图 5　谱分解技术区分储集砂层的厚薄

下面先用一个均匀等厚的模型来测试频率陷波作用（或振幅调谐作用）。图 6a 是等厚状砂泥岩互层模型。最上面是厚度 1 m，向下为 2 m，3 m……直到 48 m 互层。此例中假设地层速度为 2000 m/s，采样率为 1 ms。

用图 6b 的三种雷克子波褶积模型图 6a 的反射系数，便可以得到他们的合成地震道记录。如图 6c，d，e 所示。由图可以清晰地看到振幅调谐作用，即频率陷波作用。80 Hz 的子波突出显示了厚度为 5 m 的砂岩；40 Hz 子波突出显示厚度为 10 m 的砂岩；而 20 Hz 子波就突出显示 20 m 厚的砂岩。并且压制了 3～8 m 的薄砂岩。

然而，在砂泥岩间互的情况下，这个规律有时会被打破。

我用下列理论模型证明：在复杂的砂泥岩厚薄变化大的情况下，反射记录的分频调查中会出现判断的错误。

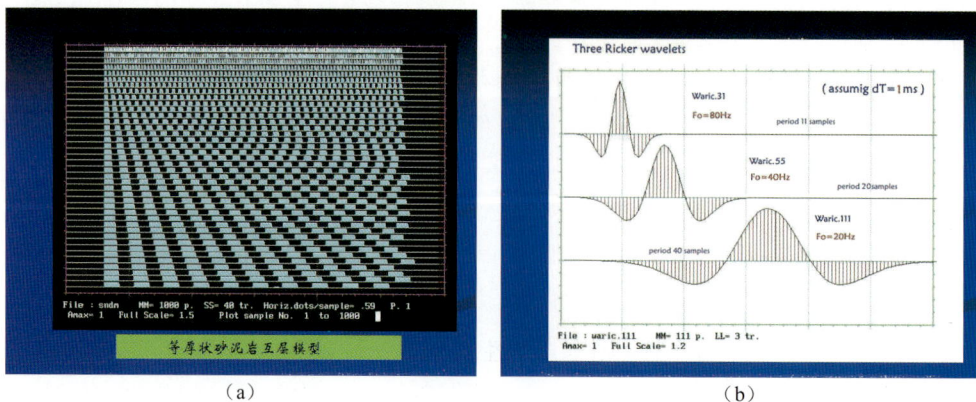

（a）

（b）

图 6　振幅调谐作用测试

(c)

(d)

(e)

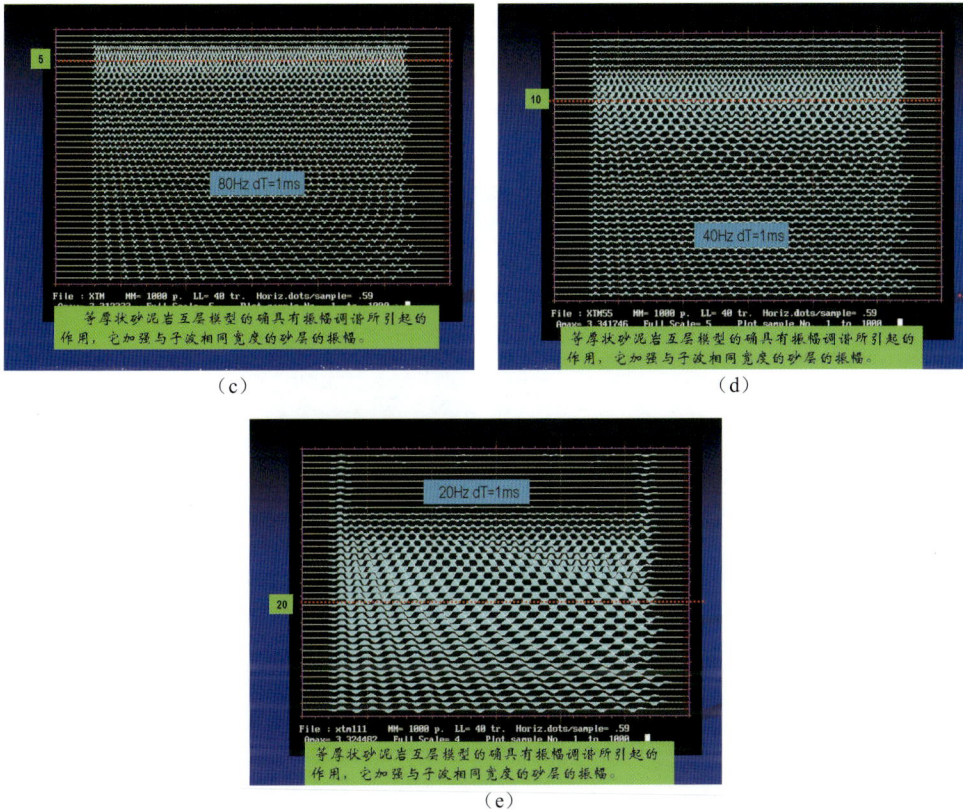

图 6　振幅调谐作用测试(续)

下图 7a 是厚度不同的第一个砂泥岩互层理论模型。

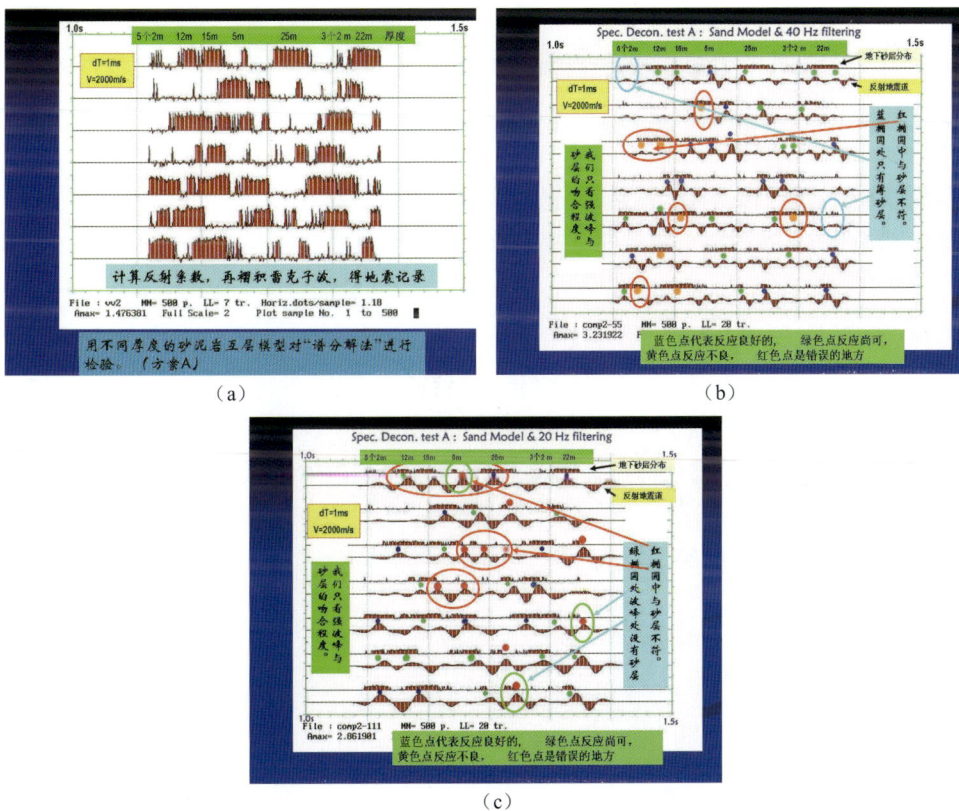

(a)

(b)

(c)

图 7　第一个砂泥岩互层理论模型试验

用一个 20 Hz 及 40 Hz 的雷克子波,褶积反射系数后,可以得到理论合成记录如下面两张图。图 7b 及图 7c。在低频 20 Hz 的图 7b 里,有的厚砂层反映的反射振幅却很小。如红色圆点处。这是因为前后的反射互相干涉抵消所引起。

相反,在 40 Hz 的较高频率档上,厚砂层有时也有较大的振幅。

再看第二个砂泥岩互层模型,我们可以看到同样的情况。如图 8a,b,c 所示。

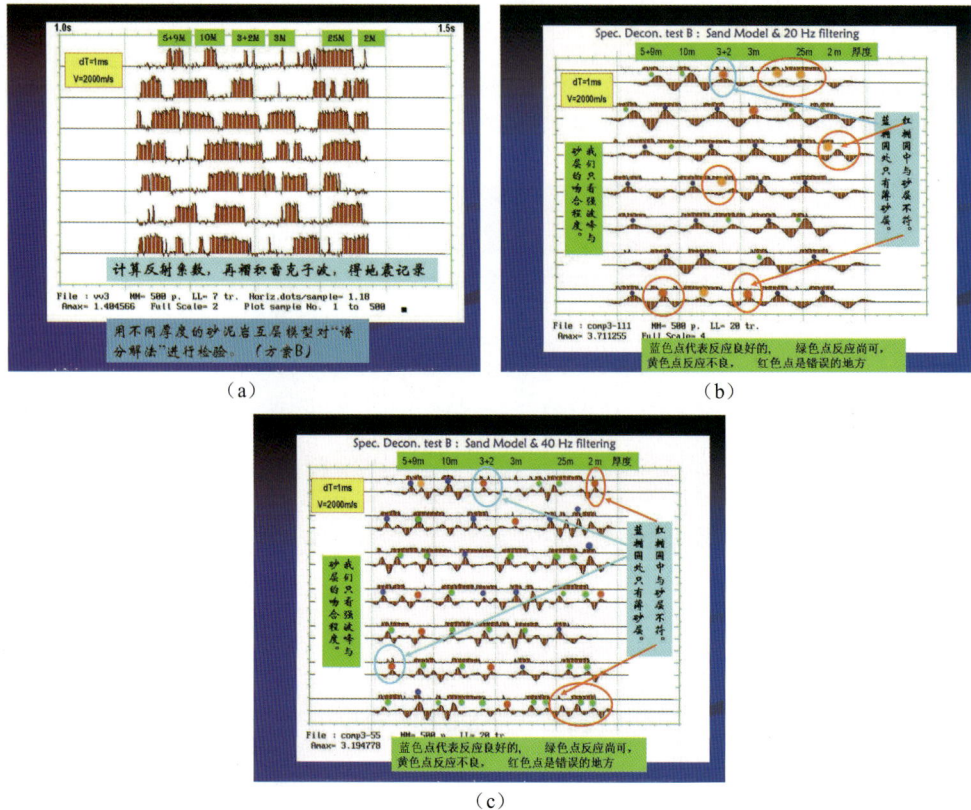

（a）

（b）

（c）

图 8　第二个砂泥岩互层理论模型试验

所以,解释人员在使用"谱分解"技术时,也应该考虑得周全些。

在砂泥岩互层的地方,不能完全相信谱分解能够解释地层厚度。

三、在判断含油气方面的频率信息

这段将在文章编号 110 "含油气砂岩的频率特征" 中加以详细讨论。在该文中我的结论是:"砂岩含油气后,频率参数也是多变的,只有在亮点的情况下,频率才表现为低频,这种低频现象往往是强振幅引起的派生现象。"

所以,我认为频率信息是多解的。

文章编号 107—4

强波往往伴随着低频

经典的找油方法认为凡是含有油气的地方都具有"振幅增强,频率降低"的特征。

其实"强波多胖"是一般的规律。

文章列举了多个实例,并提出了理论佐证。

结论是:凡是振幅很"亮"的时候,波形大多数要变胖,频率变低。这是强波本身所派生的现象。

一、地震直接找油的理论依据

经典的找油方法认为凡是含有油气的地方都具有"振幅增强,频率降低"的特点,最典型的就是 20 世纪 70 年代美国路易斯安那州海滩的例子,如图 1 所示的就是在该地区用于预测油气的加权平均瞬时频率剖面,剖面上显示出一个明显的亮点,图中的黄色表示是频率较低的地方,在相位上看起来发胖。

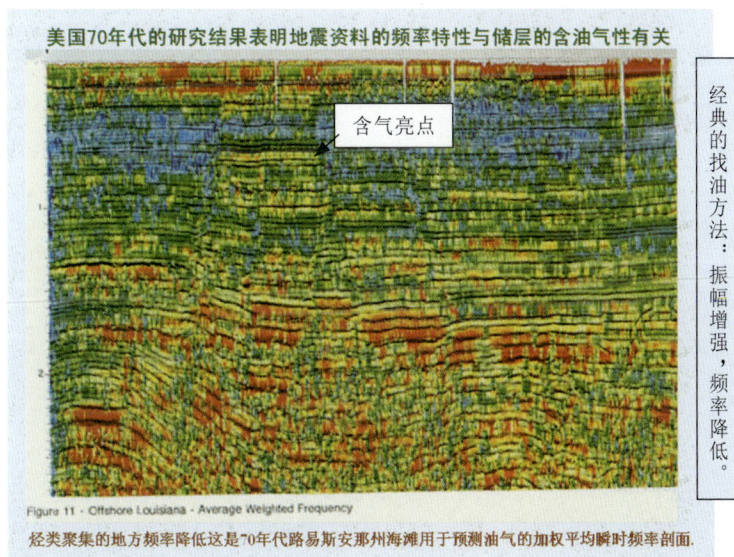

美国70年代的研究结果表明地震资料的频率特性与储层的含油气性有关

含气亮点

经典的找油方法:振幅增强,频率降低。

Figure 11 - Offshore Louisiana - Average Weighted Frequency

烃类聚集的地方频率降低这是70年代路易斯安那州海滩用于预测油气的加权平均瞬时频率剖面.

图 1　美国路易斯安那州海滩用于预测油气的加权平均瞬时频率剖面

在 1980 年左右,亮点技术的呼声很高,被称为是直接找油的技术,但是随着进一步的实践发现,亮点技术并不是到处都见效,因此,就不再叫它是直接找油的技术了,改称为碳氢指示参数,一共有四个内容,它是根据希尔伯特变换而形成复数地震道的理论,据此理论可以获得瞬时振幅、瞬时频率、瞬时相位包络等的三瞬剖面。图1就是其中的一种瞬时频率剖面。这在当时的确轰动一时,但我当时就产生了一个疑问,它是不是一定直接跟含有油气性有关呢?表示怀疑。我表示怀疑的第一点就是:强波必胖是一般的规律。如从下面的图3到图7的实例中我们可以看到凡是强相位其视频率都明显低。第二点是:既然高频被吸收了,应该下面的地层就不会出现高频信息了呀,如图2白色箭头所指的部位的高频信息怎么又会死而复生了?

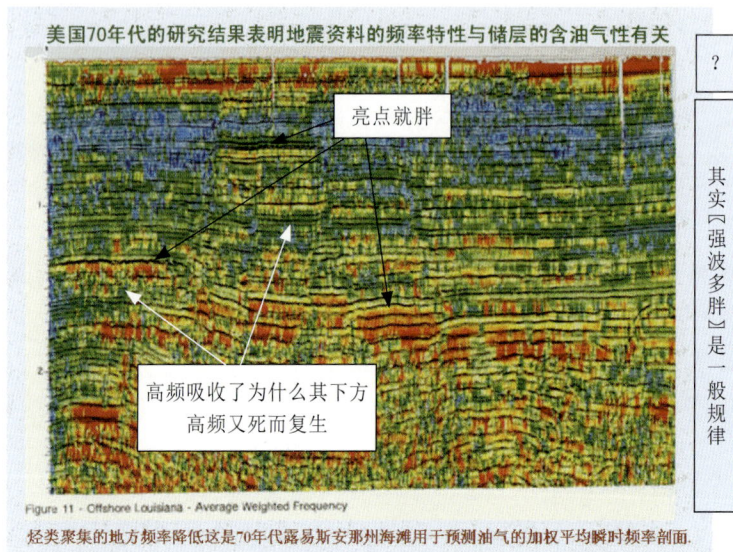

图2　亮点信息波形发胖及亮点下高频信息存在的实例

其实"强波多胖"是一般的规律。强波必胖是由吸收波散作用所决定的,一般单个地震子波的头部相位较瘦,尾部相位较胖,这是由"吸收波散 Dispersion"作用所决定的。地震道是由许多反射系数合成,在前波摞后波的情况下,一般尾部不能充分表达,只有强反射出现时,地震子波的单个波形完整,其后续相位才得以充分表达。所以"强波多胖"是一般规律。

从图3到图7是我们国内各地区的一些地震剖面,从这些剖面上我们都可以看到凡是强相位其视频率都低,也就是波形发胖。相对来看,可以看到地震波越强就越比周围的波形胖。难道强波就一定含油气吗?

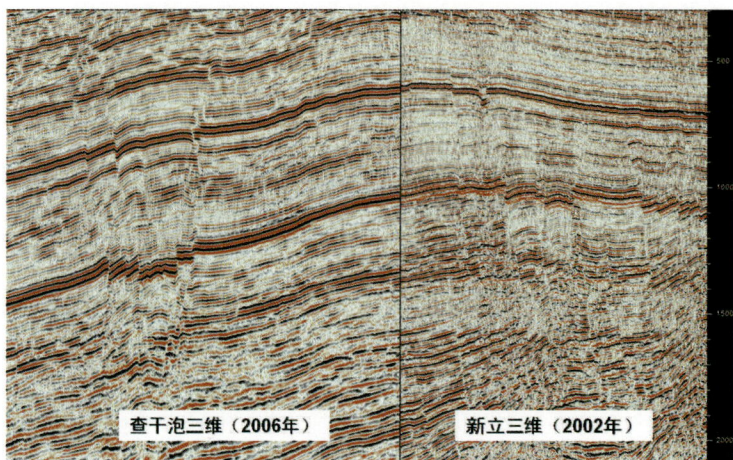

图3　"强波多胖"的国内实例(1)

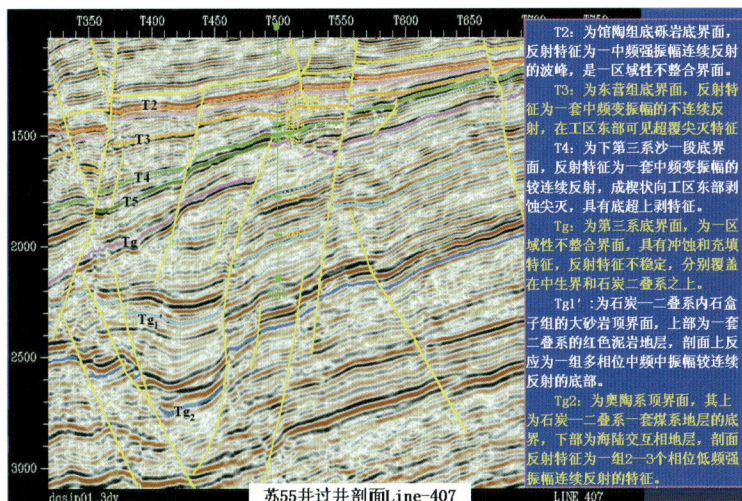

图 4　"强波多胖"的国内实例（2）

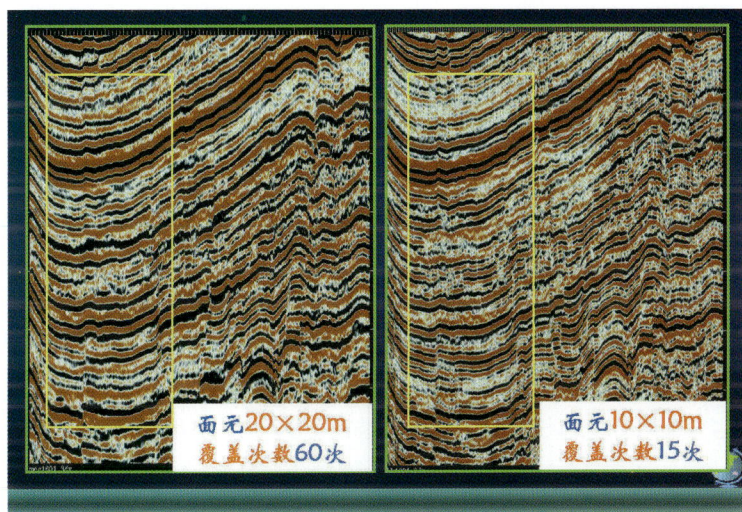

图 5　"强波多胖"的国内实例（3）

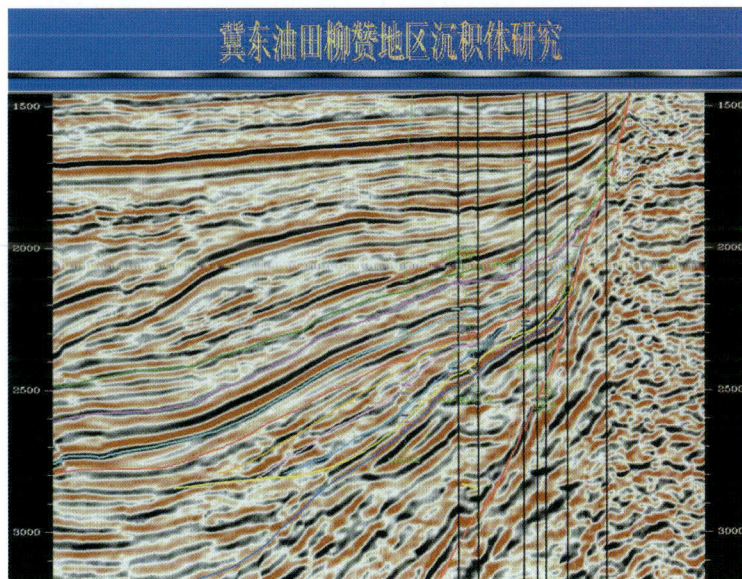

图 6　"强波多胖"的国内实例（4）

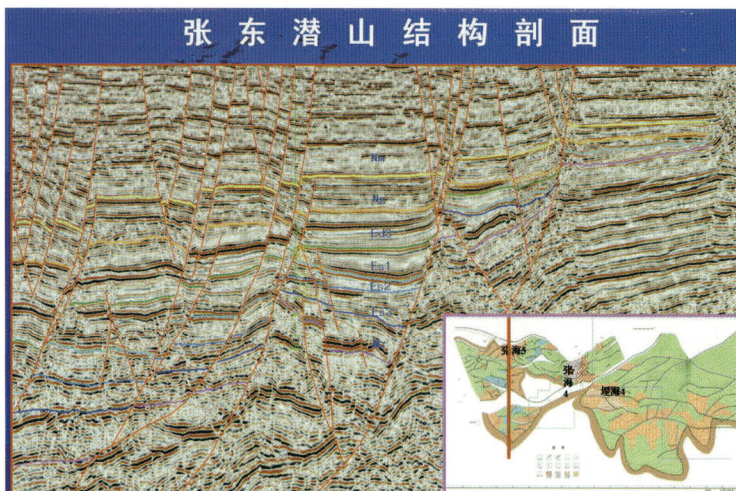

图7 "强波多胖"的国内实例（5）

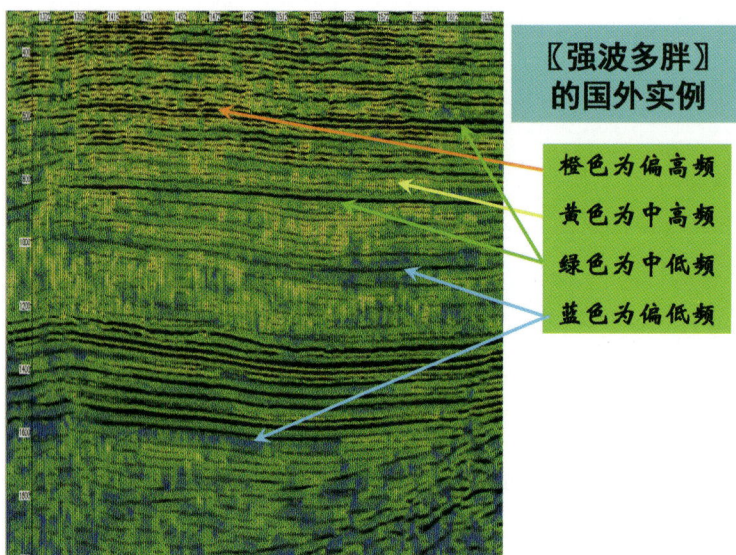

〖强波多胖〗
的国外实例

橙色为偏高频
黄色为中高频
绿色为中低频
蓝色为偏低频

图8 哈萨克斯坦 PK 地区 IL221 瞬时频率和偏移数据的叠合

其实这种"强波多胖"现象在频率信息比较丰富的地区表现都比较明显，如对于海上资料及我国东部好的地震剖面上都表现非常清楚。只有资料差的地区，由于最终地震剖面的频带太窄而表现不明显。

问题是如果含油气后振幅变弱，即"暗点"的情况、那么含油处就不再是波形发胖、频率变低的规律了。

二、强波往往伴随低频的理论依据

我制作了一个理论的地下砂层分布模型，有了声波速度曲线，可推得反射系数序列，再褶积一个最小相位李子波，就可以得到理论合成地震记录。

从而判断强反射的胖瘦。

且看下面5幅理论模型图。

它们都是：强波相对波形发胖，弱波相对波形发瘦。

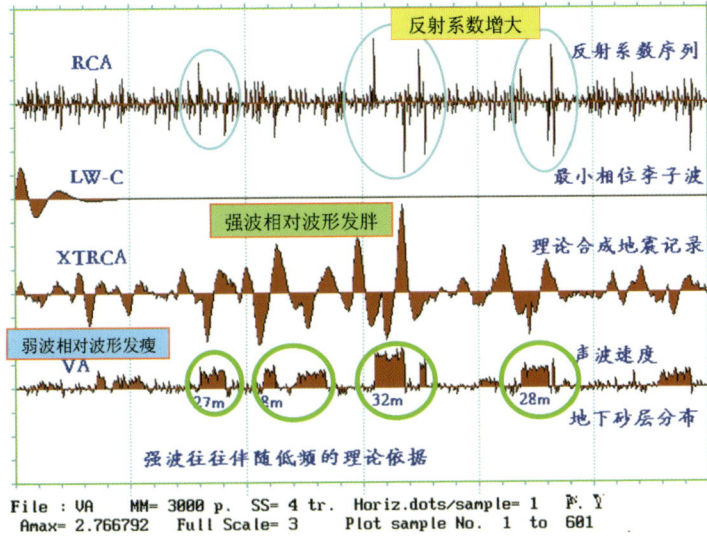

图 9　地下砂层分布理论模型（1）

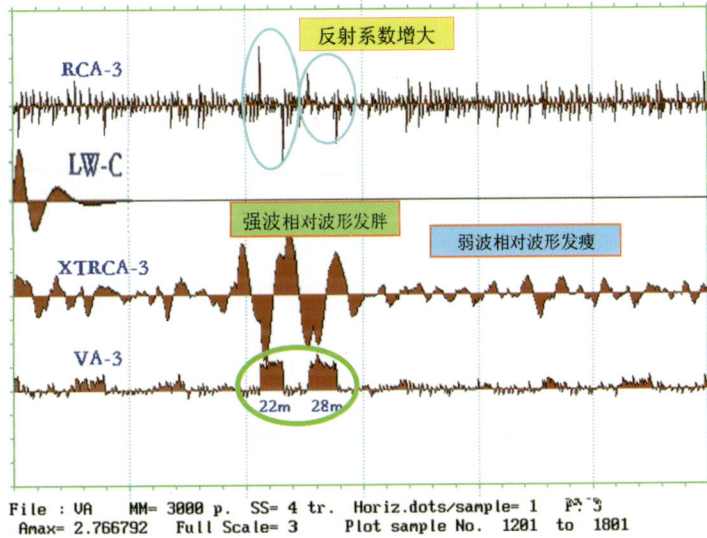

图 10　地下砂层分布理论模型（2）

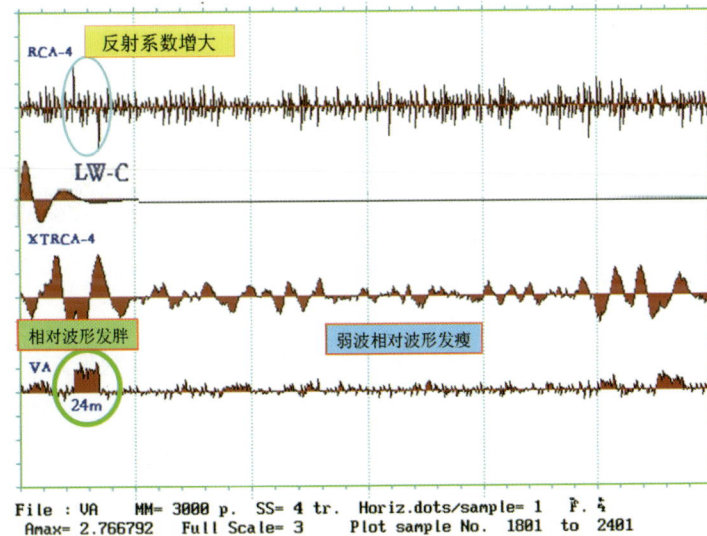

图 11　地下砂层分布理论模型（3）

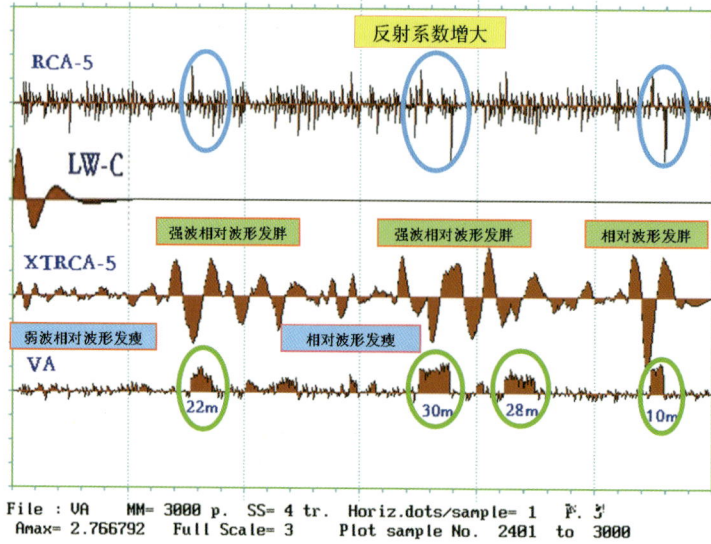

图12 地下砂层分布理论模型（4）

下面一幅图：砂岩为主的地层剖面，密集的砂层就没有明显的强波，于是波形发胖的特点也就不明显。

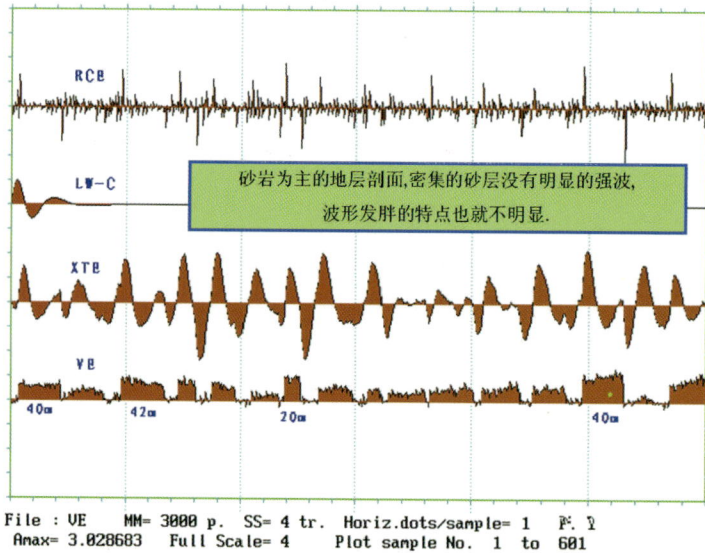

图13 地下砂层分布理论模型（5）

三、结论——统计规律

（1）在泥岩为主的良好条件下，一般表现为有好砂层的地方地震反射波形变胖。

（2）原因是地震子波往往有一个较瘦的头部，其后随相位频率愈来愈低。于是只有强反射系数到达时，强波的低频尾巴才能得到充分的表达。

（3）在砂岩为主的剖面里，子波摞子波，尾巴很难充分表达，就很难看到孤立的子波的低频尾巴。

（4）一般地震勘探的良好储油层多发育在泥岩为主的地层里，所以人们常常看到含油气层位有低频的特点。

所以，我认为含油气后出现低频是强波的"伴生"现象。——详见我的文章《含油气砂岩的频率特性与振幅特性》。

四、产生暗点的规律

美国墨西哥湾含油气地层的"亮点"现象是由于那里的新生界地层的砂岩比泥岩的速度高得不是很大(200～300 m/s),所以当砂岩含油气之后,纵波速度下降15%～20%,于是比上覆泥岩速度还要低得很多,因此,反射系数负向增强,形成亮点。

对于年代愈老,埋藏愈深的地层含油气后,一般都由"亮点"转变为"暗点"。而我国深部地层及中生界地层含油气后,大多表现为"暗点"。如鄂尔多斯二叠系石盒子统,三叠系等为储层的地区。

我国华北大部分地区,陆相的泥岩的速度远较砂岩为小,一般要小500～800 m/s,因此砂岩含油气以后反射系数变小,故而常常出现暗点。图14是一个简单的砂泥岩互层的模型,假定泥岩速度为2500 m/s,不含油气的砂岩速度为3200 m/s,如果含气以后速度下降为2550 m/s,则反射系数由+14%降为+1%。因而合成地震道上在顶部振幅变小,就出现一个"暗点"。这基本代表了我国东部第三系地层中砂岩含油气后出现暗点的情况,我们称之为"暗点类型"。华北的荆邱油田(图15)就是一个暗点类型的典型例子。

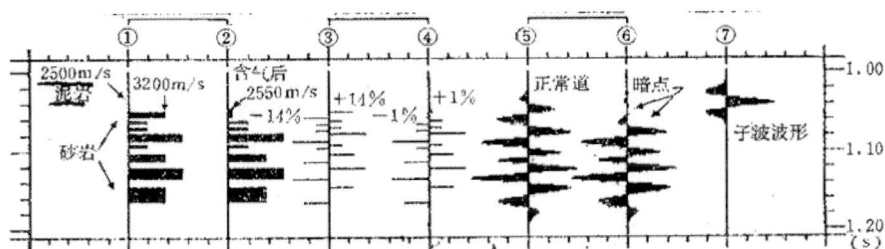

图 14　顶部一个砂层含油气后反射振幅出现暗点的情况

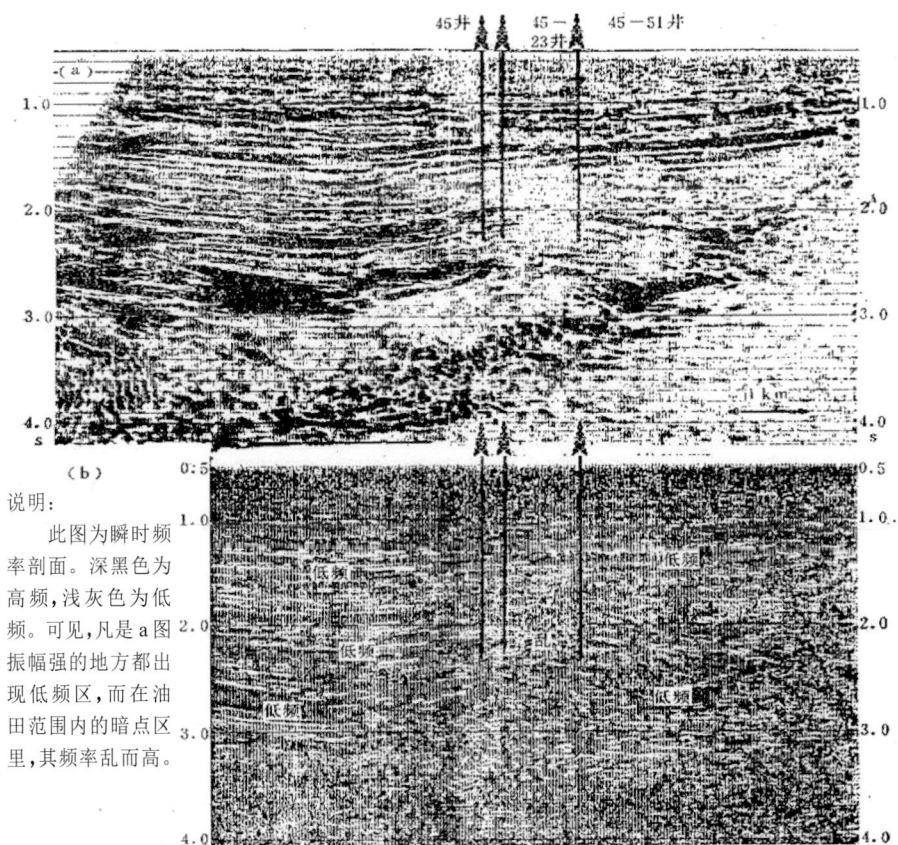

说明:

　　此图为瞬时频率剖面。深黑色为高频,浅灰色为低频。可见,凡是a图振幅强的地方都出现低频区,而在油田范围内的暗点区里,其频率乱而高。

图 15　荆邱油田 SL-83-1013 测线"暗点型"的振幅包络剖面(a)和瞬时频率剖面(b)

261

因此,我们推断,过去所说的砂层含油气后频率变低的概念很可能是由亮点型的"单波"性质所引起的。亮点技术首先应用于墨西哥湾,并取得了较好的效果。在那里发现第三系含油砂层频率一般变低。看来这个经验不能硬套到属于暗点型的我国华北地区。

图15所示的河北荆邱油田的三瞬剖面也进一步证实了我所论证的观点。即在"暗点型"的华北地区,含油砂层在瞬时包络上表现为暗点,在瞬时频率剖面上,强波绝大多数是低频,而在含油范围内基本上是一片混乱(有高也有低)的现象,其频率非但没有变低,总的来说还偏高一些。

参看1987年2月我发表在《石油地球物理勘探》上的一篇文章《含油气砂岩的频率特征及振幅特征》。

人们一直在寻找各种直接找油的方法。目前,地震亮点技术要算是各种方法中比较有根据和有实效的一种方法。然而,即使是这种方法,除其多解性之外还存在着许多理论上的不足。我们希望本文的一些分析将有助于使人们对其持更客观、更谨慎的态度。

本文主要得到如下结论:

(1)**地震勘探的亮点技术在振幅方面是基本正确的。**反射系数增大时一般引起振幅变亮,反之,反射系数由于含油气而降低时,一般产生暗点。

(2)**瞬时频率的高低与三个因素有关:(a)地层的砂泥岩组合情况;(b)地震子波的波形变化;(c)地层的含油(气)性。**第三个因素所产生的频率高低没有明显的规律性,它主要与前两个因素互相影响而使瞬时频率有时变高有时变低。

(3)有一种情况值得注意,即**凡是振幅很"亮"的时候,波形大多数要变胖,频率变低。这是强波本身所派生的现象。**由于强波往往接近一个单层反射波或单波,并且由于强波的抗干扰能力较强以及强波的子波低频尾巴得以充分表现,所以剖面上大多数强波都是以低频为主的,这与含不含油气没有直接的因果关系。

(4)通过模型频谱计算说明,大多数亮点情况下会产生低频分量的增加,但不一定在10 Hz左右。暗点情况下则频谱低频成分往往没有变化。个别情况则完全相反,亮点型反而低频成分减少。

综上所述,过去所认为的含油气砂岩的频率会降低的概念只适合于亮点型地区。从本质上说,频率的降低是强波本身的派生现象,它与含油气并不是因果关系。因此,它不能当作碳氢检测的一项独立指标,尤其是在我国广大"暗点型"地区,基本上不能采用频率指标来研究砂岩的含油气情况。

文章编号 107-5

"吸收衰减系数"是求不准的

现在国内外还有不少人寄希望于利用地震的吸收系数来判断岩性,甚至用来检测有无油气。我的看法是不大可能!较薄地层的 Q 值是测不准的,我们只能获得较厚地层的平均吸收系数。只有上千米的地层才能近似求得它的平均值。

本文引用王彦春、董敏煜及 Rainer Tonn 文章,利用严格的波动方程理论计算的 VSP 记录证明:采用 12 种求吸收衰减的办法,都不能得到合理的结果。

俄罗斯的计算吸收系数剖面的 Proni 算法也同样存在问题。

我们常常为求不准地震子波而伤脑筋,因为地震子波虽然实际存在,但在地层中传播的过程中,它永远是前波搂后波,难于看到一个单纯的子波。现在我们想求准 Q 值的难度肯定也是如此(甚至更难)。因为计算 Q 值必然是建立在对子波及反射系数两者都清楚了解的基础之上。

前　言

Paul S Hauge 1981 年用 VSP 在井中测量地层的吸收系数。我国也有人撰文认为可以利用 VSP 资料求取地层的吸收系数。一直以来,大家都以为VSP测定地层吸收系数是最准的,据说这是VSP独到的功能,但实际上并非如此。近年来 VSP 的实践证明:该方法也不能把小层的吸收系数测准。1989 年王彦春、董敏煜用一个速度及密度的理论模型,在严格的波动方程基础上推导了上行波场及下行波场的理论波形,然后用频谱比法计算 Q 值。结果发现上行及下行波的干涉作用及短程微屈多次波及透过损失对频谱的影响极大(作者把后者称为视衰减作用),对 Q 值测定会造成很大的误差。在使用理论上纯的直达下行波求 Q 值时,Q 值的误差可差一倍以上。如果用既有下行波、又有上行波的VSP记录,分离出下行波后,再求 Q 值,误差将达到不可容忍的程度,不少深度点上出现 Q 值为负值(振动能量非但不消耗,相反地,无中生有地产生能量增强)。

现在国内外还有不少人寄希望于利用地震的吸收系数来判断岩性,甚至用来检测有无油气。我的看法是不大可能!较薄地层的 Q 值是测不准的,我们只能获得较厚地层的平均吸收系数。只有上千米的地层才能近似求得它的平均值。

一、利用 VSP 资料求取吸收系数的第一个论证

王彦春、董敏煜在《干涉作用和视衰减对用 VSP 资料求取吸收参数的影响》(《石油地球物理勘探》，24(4)1989：477-480)文章里对利用 VSP 资料求取吸收衰减的误差作了分析。

这篇文章中采用了如图 1 所示的简单的速度、密度及反射系数曲线模型，有了这个简单的模型就可以根据波动理论利用波动方程直接模拟出只有纯下行波场的 SVSP 波场剖面(图 2 左)，这个下行波场是没有被干涉的。然后模拟出下行上行波都有的 SVSP 波场剖面(图 2 右)，再利用这些资料去求品质因数 Q。

由于计算是建立在波动方程基础上的，所以可以将 SVSP 看作理想情况下零偏移距的垂直地震剖面。在不同情况下计算出来的品质因数如图 3 所示的表中所示。表中的 Q_0 为计算 SVSP 时所用的品质因数，Q_t 为对图 2 中左边图的纯直达下行波用振幅谱比法计算出来的品质因数。由于该直达下行波中没有与之干涉的上行波，因此，Q_t 仅包含了非弹性吸收和视衰减两部分的影响，故 Q_t 与 Q_0 之间的误差该是视衰减作用的结果。可以从图 3 所示的数据看出，其误差已经达到了不可忽略的地步。

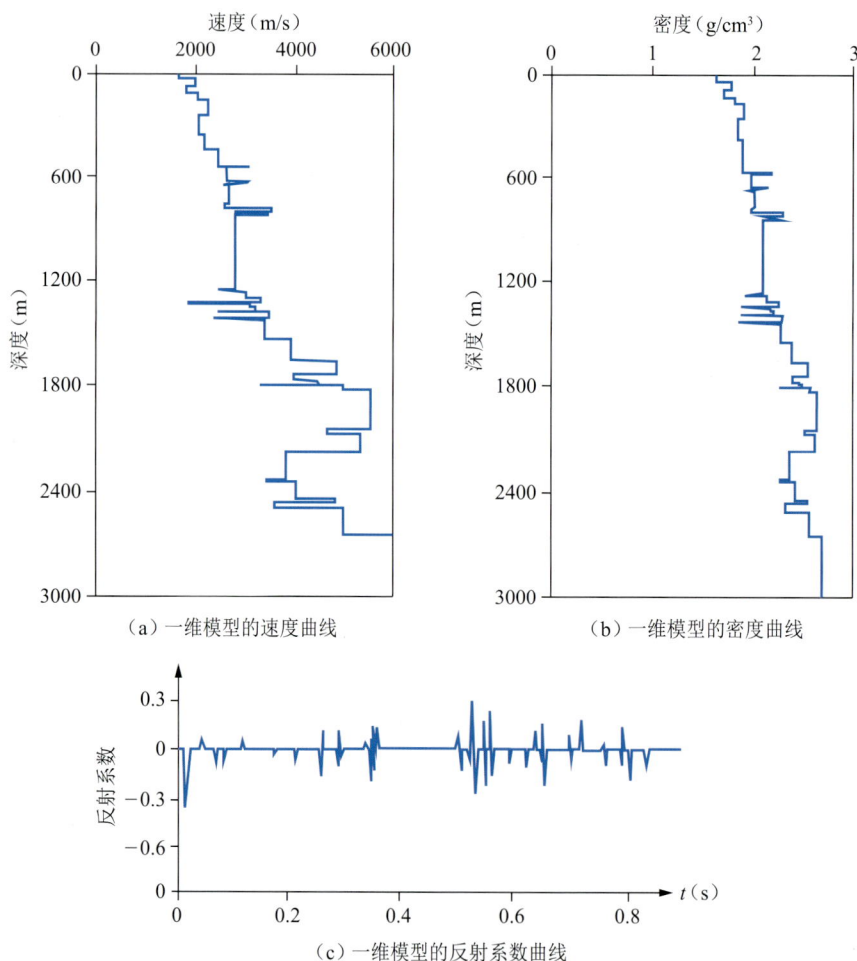

(a)一维模型的速度曲线

(b)一维模型的密度曲线

(c)一维模型的反射系数曲线

图 1　计算所采用的一维速度、密度及反射系数曲线

该文作者通过对模型分析说明在不同类型的地层中视衰减所起的作用差别很大，在阻抗渐变的过渡系统中，透射损失很小，直接跟随直达下行波到达的短程多次波的振幅几乎可以忽略不计，此时视衰减很小。但在波阻抗起伏较大的层段，短程多次下行波会使直达下行波的频谱成分发生较大的变化，视衰减往往不可忽视。因此，在用 VSP 的直达下行波计算 Q 参数时，即使上行波消除得比较干净，也应设法消除视衰减的影响。

该文还通过模型分析了上、下行波的干涉对求取吸收参数的影响。他们对设定模型的 SVSP 剖面(图 2 右)经过了一定的处理后,分离提取出直达下行波,然后对提取出的直达下行波用振幅谱比法来计算品质因数 Q_s。计算出来的数据见图 3 表中的第 5 行。我们可以看到,计算出来的 Q_s 值不仅与原 Q_0 值差值甚远,还得出了违背基本原理的负值。并且 Q_s 与 Q_t 的差值也较大,也就意味着此层段上、下行波的干涉效应几乎"淹没"了非弹性吸收的影响。这里的 Q_s 包含了非弹性吸收,视衰减和上、下行波的干涉效应等三部分的综合影响,Q_s 与 Q_t 的差值应该便是上、下行波干涉效应作用的结果。

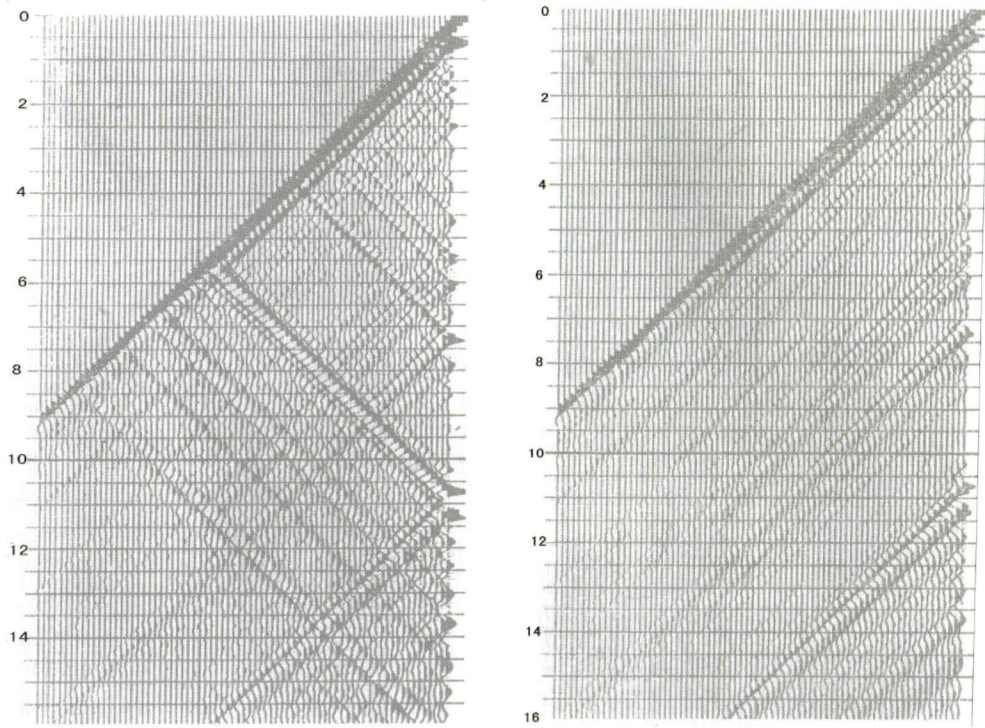

图 2　所获得的 SVSP 纯下行波场(左)及上下行波场剖面(右)

$t(ms)$	84	168	252	336	420	516	612	708	804	900
Q_0	200.0	200.0	200.0	200.0	200.0	200.0	200.0	200.0	200.0	200.0
Q_t	126.9	193.2	194.6	130.8	157.5	189.1	80.19	125.7	162.7	196.3
误差%	36.6	3.4	2.7	34.6	21.3	5.5	59.9	37.2	18.7	1.9
Q_s	-140	79.45	-1290	64.04	278.6	-571	93.10	137.2	75.82	-698
误差%	不合理	60.3	不合理	68.0	39.3	不合理	53.5	31.4	62.1	不合理

说明:1、表中 Q_0 为计算SVSP时所用的品质因数,Q_t 为对用模型计算出的纯直达下行波再利用振幅谱比法计算出来的品质因数,Q_s 为把模型得出的SVSP剖面中把下行波分离出来后再用振幅谱比法计算出来的品质因数。

　　2、本表中的数据来自原文,误差百分比是后加上的,红、蓝方框也是后加的。

　　3、红方框表示误差太大,蓝方框表示数据不符合基本原理。

图 3　在不同情况下计算出的品质因数的比较表

该文作者通过实验还得出了视衰减往往会使计算出来的吸收参数变大,而上、下行波的干涉效应对所求取吸收参数的影响则没有这种明显的规律的结论。

实际情况表明,用 VSP 的直达下行波求取吸收参数时,上、下行波干涉作用的影响十分严重,故必须设法消除上行波的影响。现用于实际工作中的一些波场分离技术,其精度不仅达不到求取吸收参数的要求,而且还会导致直达下行波频谱成分发生变化,这也是利用 VSP 资料求取吸收参数的困难所在。

通过模型试验分析后作者的结论是:**在波阻抗起伏大的层段,视衰减对求取吸收参数的影响已达到了不可忽略的程度,上、下行波的干涉效应所引起的频率成分的变化,几乎可以"淹没"掉非弹性吸收所造成的频率成分的变化**。因此,在用 VSP 的直达下行波求取吸收参数时,消除视衰减及上、下行波的干涉效应的影响是至关重要的。

二、各种方法求取吸收系数的误差分析

1991 年 Rainer Tonn 在 *Geophysical Prospecting* 发表文章,对利用 VSP 资料求取品质因子的各种计算方法进行了比较。该文译文发表在《石油物探译丛》1991 年第三期上(王焕弟译自 *Geophysical Prospecting* 39,1-27,1991),文章标题为由 VSP 资料确定地震品质因子 Q ——不同计算方法的比较。

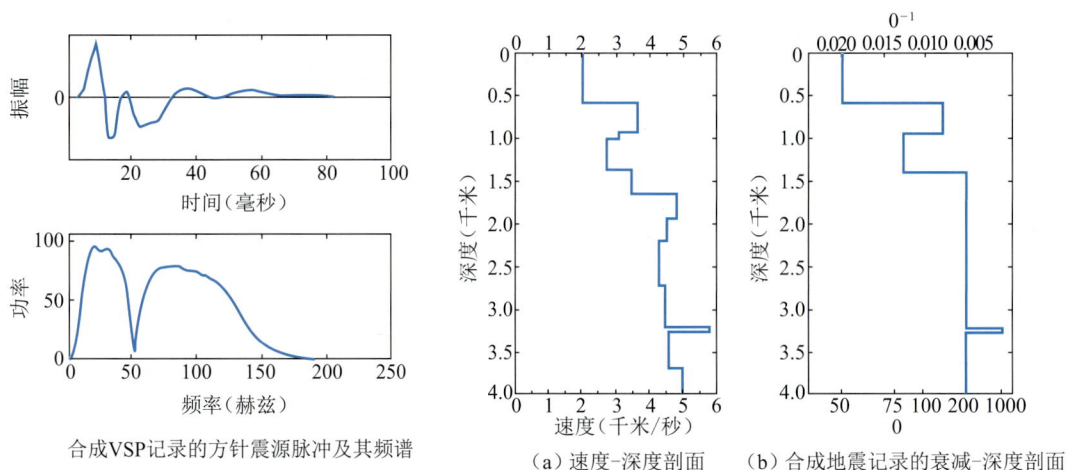

合成VSP记录的方针震源脉冲及其频谱 　　(a)速度-深度剖面 　　(b)合成地震记录的衰减-深度剖面

图 4　Rainer Tonn 计算分析使用的理论模型

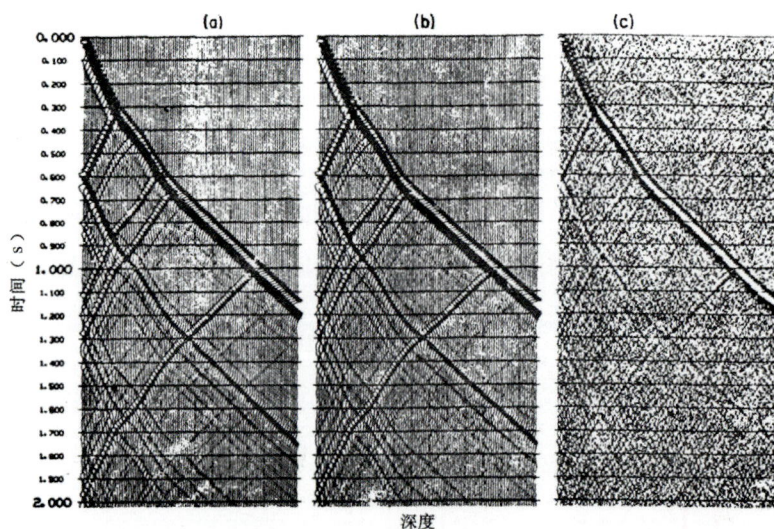

用于比较各种确定 Q 方法的合成地震记录,这些记录属于同一地层模型,
但具有不同的噪音水平。(a)无噪音;(b)较小噪音;(c)强噪音

图 5　Rainer Tonn 用于比较各种确定 Q 方法的合成地震记录(原文图 2)

该文简单汇总分析了12种(参看图7左边的说明)确定吸收因子Q值的计算方法,并为比较各种确定Q方法建立了理论模型,给定了各种方法的最佳运用准则,他利用可靠性量值来比较这些方法,然后对各种方法在不同条件下的可靠性量值进行了比较。

建立的理论模型见图4,注意模型在大约950米和3250米深度处为薄层。合成理论地震记录见图5所示。

Rainer Tonn 也是根据波动方程获得的三个理论记录,这三个理论记录同属于图4所示的模型,但具有不同的噪音水平。即分为:(a)无噪音;(b)较小噪音;(c)强噪音。

为分析各种方法的最佳运用准则,作者采用量R(可靠性)来比较这些方法,R是一个标准,对不同的误差极限,采用了不同的权值。R的值由下式给出:

$$R = (E_1/10 + E_2/20 + E_3/50)/0.17N \qquad (原文为32式)$$

式中,N为采样数(这里$N = 115$,为115种子波对),E_1为误差小于10%的结果的数目,E_2为误差小于20%的结果的数目,E_3为误差小于50%的结果的数目。也就是误差较小的就加比较大的权系数,误差较大的就加比较小的权系数,误差大于50%的不计算在内。**公式表明,R的最大值为1,并当误差全部小于10%时,$R = 1$;当误差全部在10%～20%之间时,$R \approx 0.41$;当误差全部界于20%～50%之间时,$R \approx 0.12$。**

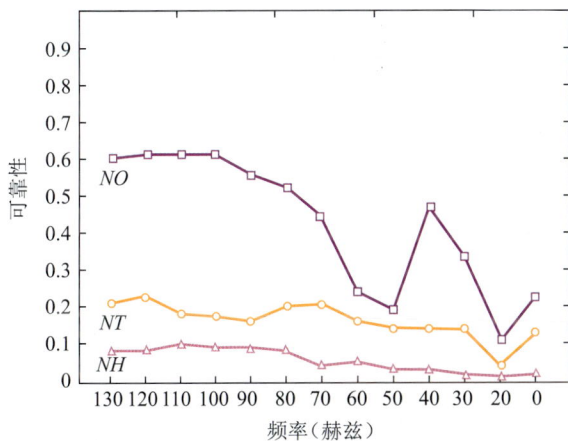

图6　频谱比法:Q估计的可靠性对各种频带的依赖关系。上截频画在横坐标上,下截频为8 Hz。D代表主频带,即$E \geqslant (2\pi)^{-0.5}E_{max}$。$NO$表示无噪声情形;$NT$表示较小噪音情形;$NH$表示强噪声情形

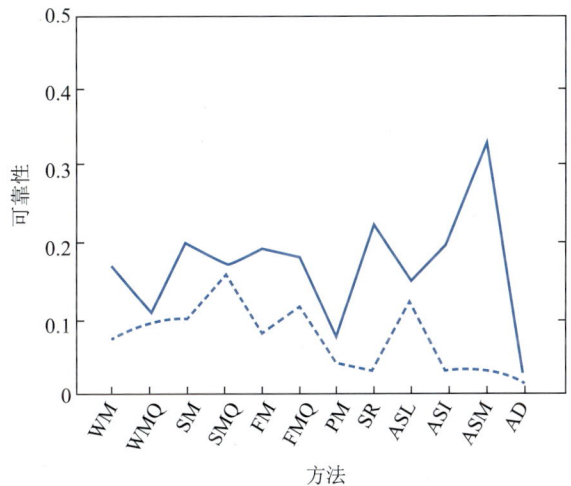

图7　ε_k滤波前(——)后(- - -)Q估计可靠性的比较,只有最好的滤波结果,且考虑的是下行波

确定Q估计的可靠性量度计算标准后,作者分析研究了Q估计的可靠性与所研究的频带的关系,对用f-k滤波器将波场分离前后Q估计的可靠性进行了比较,比较结果如图6和图7所示。

不同理论记录Q估计的可靠性与所研究的频带的关系曲线(图6)表明:只有主频带并不适于确定衰减;在无噪声情况下,宽频带得到的结果最好;在较小噪音和强噪音情况下通过图可以看出都是频带越宽可靠性的相对趋势越好;另外,关系曲线表明在存在噪音的情况下Q估计的可靠性均在0.25以下,强噪音情况下Q估计的可靠性大部分在0.1以下,即表明存在噪音的情况下Q估计的可靠性较差。

除频带外,Q估计的可靠性还依赖于所研究子波的长度和子波是否经过插值处理。对最佳子波长度的普遍性的准则无法推导,但对于频域法,子波长一些似乎较好;但从实算结果来看,在存在噪音的情形下,Q估计总是不可靠的,所以作者认为子波长度就没什么意义了。

一般认为用f-k滤波器将波场分离成上行波和下行波有利于Q值的求取。但作者的试算结果(参考

图7)发现：分离下行波并不能改善 Q 估计。显然，衰减对子波的影响很小，以至任何滤波都会产生附加误差。

在对频带、子波长度等参数和波场分离等参数进行研究后，接下来作者还用所导出的准则对求取 Q 值的各方法按以下三方面进行比较：

（1）研究了 115 个子波对，每一对位于同一层内，所有子波对散布于 12 个地层，且具有不同的深度间隔。算出 Q 估计的可靠性后，结果绘在了图8中。比较时请务必注意：层越厚，其加权系数越大。结果表明：在无噪声情形下，只有使用解析信号的方法（最大值法）频谱模拟法和频谱比法三种可靠性值在 0.5 以上，结果较好，使用解析信号的方法（最大值法）结果最好。在较小噪声的情形下，解析信号法更优一筹；除相位模拟法和振幅衰减法外，其他方法生成的结果一样好。在强噪声情形下，没有一种方法可靠。

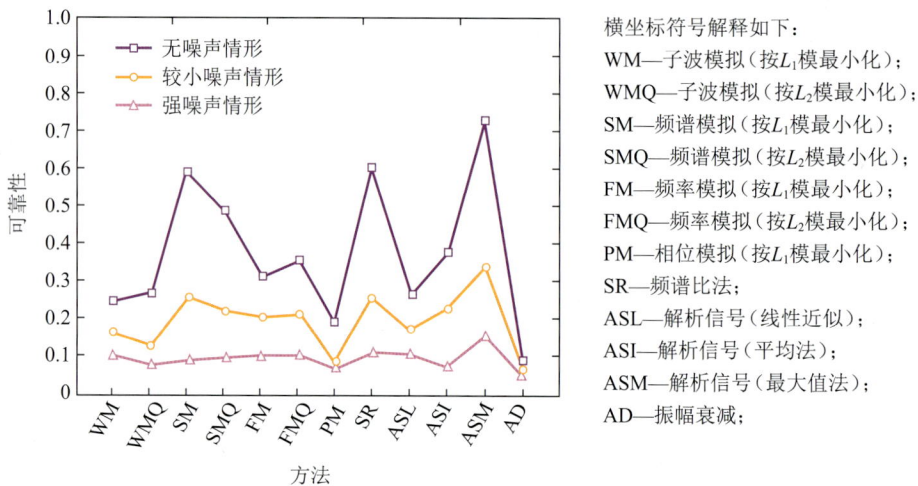

横坐标符号解释如下：
WM—子波模拟（按 L_1 模最小化）；
WMQ—子波模拟（按 L_2 模最小化）；
SM—频谱模拟（按 L_1 模最小化）；
SMQ—频谱模拟（按 L_2 模最小化）；
FM—频率模拟（按 L_1 模最小化）；
FMQ—频率模拟（按 L_2 模最小化）；
PM—相位模拟（按 L_1 模最小化）；
SR—频谱比法；
ASL—解析信号（线性近似）；
ASI—解析信号（平均法）；
ASM—解析信号（最大值法）；
AD—振幅衰减；

图8　根据 115 对子波比较 Q 估计的可靠性（原文图7）

（2）为研究对于短程旅行时的敏感性，只考虑旅行时之差低于 40 ms 的子波。对旅行时之差低于 40 ms 的子波对结果显示在图9中，强噪音情形没有图示，因为这时所有结果都不可靠。在较小噪声情形下，各结果相似。只有在无噪声情形下，解析信号和频谱模拟法才得以证明是优越的。在所有情形下，振幅衰减法都是失败的，所以，进一步应用此方法是不正确的。

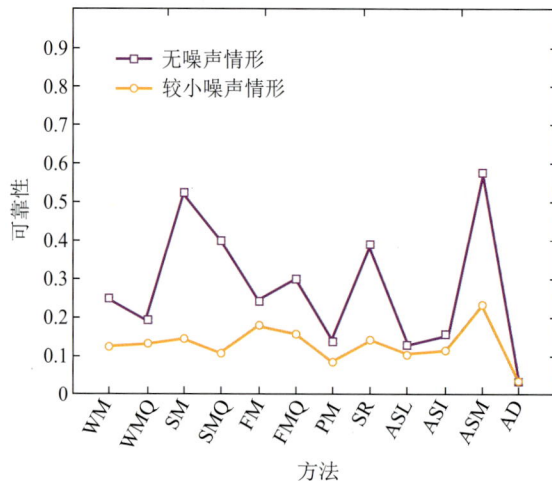

图9　只考虑旅行时之差低于 40 ms 的子波对 Q 估计的可靠性比较

在大约950米和3250米深度处的薄层情形下，几乎所有方法都是失败的。只有子波模拟和频率模拟法生成合理的 Q 值，但误差很大。

（3）最后，为了正确地确定整个地层的 Q 值，比较了一下所有的方法。结果表明那些在无噪声情形下最好的方法在有噪声的情形下就不一定是最好方法了。一般说来解析信号（最大值法）和频谱模拟法比较好一些。但在强噪声情形下，结果则相当随机而不可靠的。

文章最后的结论如下：

宽频谱方法适用于吸收计算。虽然所讨论的 10 种方法间的比较并不是所有确定 Q 的方法间的全面比较，但它们是 Q 研究领域中所发现的最重要理论的代表。

用合成 VSP 地震记录所作的比较证明：没有一种方法可以适合所有情形。但是，根据噪声和记录情况，某些特定方法要比其他一些方法优越。在 VSP 震源可重现和真振幅记录的情况下，使用解析信号的方法（最大值法）似乎是最好的方法。得不到真振幅记录时，频谱模拟法就是最合适的方法。在无噪声情况下频谱比法也是可靠的。但是，在存在噪声的情况下，Q 估计一般不能令人满意。

波形建立时间法和脉冲振幅法强烈地依赖于采样率和资料的质量，一般得不到好结果。振幅衰减法几乎在所有情形下都是失败的，它不适于任何应用。正如本文所描述的，拟合技术和频谱比法得到的结果相同。拟合技术中，费时的图形解释不利于日常应用。

表 1 是关于五种最佳方法的结果的总结。基于所研究的准则，根据其可靠性按 5 个等级评价这 5 种方法。除薄层情形外，评价是分别在无噪声和较小噪声情形下进行的。最后将所有数目累加起来。该表表明：在大多数情况下，解析信号法（最大值法）比较优越。

表 1　关于 5 种最佳方法可靠性的结论

可靠性判据		方　法				
		ASM	SR	SM	WM	FM
对应于图 8	无噪音	5	4	4	1	2
	较小噪音	5	4	4	1	2
对应于图 9	无噪音	5	3	4	2	2
	较小噪音	4	2	5	1	3
对应于图 10	无噪音	5	3	4	1	2
	较小噪音	5	3	3	1	4
对每一层（图 11）	无噪音	5	1	5	3	3
	较小噪音	4	1	5	3	2
对每个薄层	无噪音	1	1	1	5	4
总　　计		39	22	35	18	24

我们常常为求不准地震子波而伤脑筋，因为地震子波虽然实际存在，但在地层中的传播过程中，它永远是前波摞后波，难于看到一个单纯的子波。现在我们想求准 Q 值的难度肯定也是如此（甚至更难）。因为计算 Q 值必然是建立在对子波及反射系数两者都清楚了解的基础之上。

三、只有上千米厚度的地层才能求得比较合理的平均吸收系数

根据野外实际反射记录测定吸收系数的方法很多：有根据相邻反射波振幅衰减比值来计算的，有根据频谱比的斜率来确定的；还有根据反射子波（或直达波初至）波形起跳的上升时间来推算的；近来还有用深、浅层子波作合成记录，反复修改模型求得吸收系数的，称为子波模型法（或者称 Futterman 算子方法）。在这些方法中，反射振幅比值及上升时间法精度最差。频谱比法和子波模型法较好，但也存在不少问题。这里因为人们往往想用 Q 值来确定较薄地层的岩性甚至推算含油气情况，结果把地层分得愈薄，求得的 Q

值愈不准。这就是图中点子分散的一个原因。

想求准一个地层的 Q 值大致需要十来个相位的振幅值才能初步估计其大致平均衰减规律。此外，采用频谱比法也需要许多个相位再加上截断时窗，才能初步求得一个比较合理的频谱数值。因此频谱比方法也只是一种粗糙的方法，不容易求准较薄地层的吸收系数。

我认为最经典的 20 世纪 60 年代的教科书上，根据绝对振幅曲线的波峰取对数求斜率，从而求得平均吸收系数的方法更为合理。因为这种方法并不是单看一个反射波的振幅，而是取许多反射振幅衰减斜率的趋势，因此在总体上更为可靠。1964 年我在东营牛庄试验点所作的地层吸收系数测定就是比较成功的。

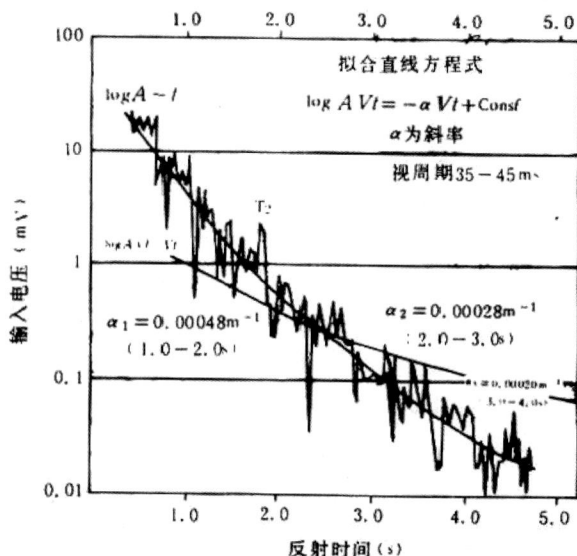

图 10　N-ZH 试验点地震反射波绝对振幅及介质吸收系数测定曲线

当然，这样测定所得之吸收系数 α 值（可转换为 Q 值）只是上千米大套地层的平均吸收系数，不能用它来研究较薄地层的物性及含油性，但它对研究地层的总体吸收规律却是十分有用的。

国内就有不少人热衷于用吸收系数来直接寻找油气，例如有人利用"瞬时吸收系数"及"瞬时等效吸收系数"直接寻找油气的想法，作为一种尝试，我认为是无可非议的，我这里只是指出它们的难度太大了。

四、俄罗斯的 Proni 算法求取吸收系数也存在问题

俄罗斯就有一个软件广为传播，俄罗斯的计算吸收系数剖面的 Proni 算法是这样介绍的：

"**为什么推出 Proni 非线性滤波算法？**

众所周知，现在 Fourier 分析是正统的谱分析方法。Proni 方法是德国的 Proni 男爵先于 Fourier 早在 1795 年就提出了。这种古老的算法可看作是一种广义的 Fourier 分析。Proni 与 Fourier 变换不同之处是它采用阻尼谐波，用复指数项描述所观测到的数据。

然而，Proni 方法一直被人们所遗忘，直到 20 世纪 60 年代，Proni 方法再一次引起一些研究人员的兴趣。其原因有二，一是新的功能强大的计算机技术的发展足以支撑这种非线性算法的应用，二是在不同的自然科学和工程领域中迫切需要一种更好的谐波分辨力的方法。Proni 变换的非线性恰好符合一个独立的谐波的完整变化过程，并且具有较好的分辨能力。

因此，有一些新的 Proni 的分解方法被提出来，其中一些是基于最小平方算法，并采用了非线性最优化和多项式因数分解两种算法。这些方法直接与自适应的分析方法（AR models）相联系，并且具有很高的运算速度。"

图 11 是俄罗斯在西伯利亚应用 Proni 技术的实例。图中棕色区解释为是吸收不厉害的地方，颜色发白的地方认为是高频吸收强烈区，是含油气的地方。从图中可看出高产井下的确发白，干井不存在这种现

象,低产井也稍有些颜色变淡。但问题是:高频被吸收了,为什么其下方高频信息又出现了呢?怎么会死而复生呢?

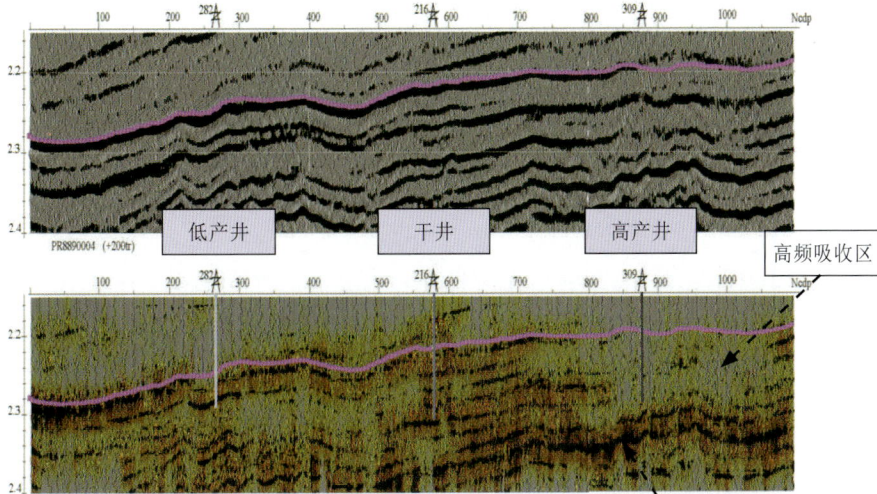

西伯利亚地区应用PRONI滤波的实例,上为原始道下为65HZ滤波结果,282是低产井,216是干井,309是高产井。产层用粉线标出。

棕色区解释为是吸收不厉害的地方,颜色发白的地方认为是高频吸收强烈区,是含油气的地方。

为什么高频吸收了其下方高频又死而复生?

图 11 俄罗斯在西伯利亚应用 Proni 技术的实例

图 12 和图 13 是在我国应用 Proni 技术的实例。图 12 中上面普通剖面上反射同相轴连续性很好,但在应用 Proni 滤波技术后的剖面上高产井下也是颜色发白。注意目的层在 2376～2420 ms 之间。图 13 为应用到另一个没有井的地方利用该技术预测油气的例子,因为红线之间部位在应用 Proni 滤波技术后的剖面上颜色发淡,认为红线之间部位为可疑含烃的孔渗储集层部位。可从图看出,在剖面红线之间的下部也有高频信息出现。

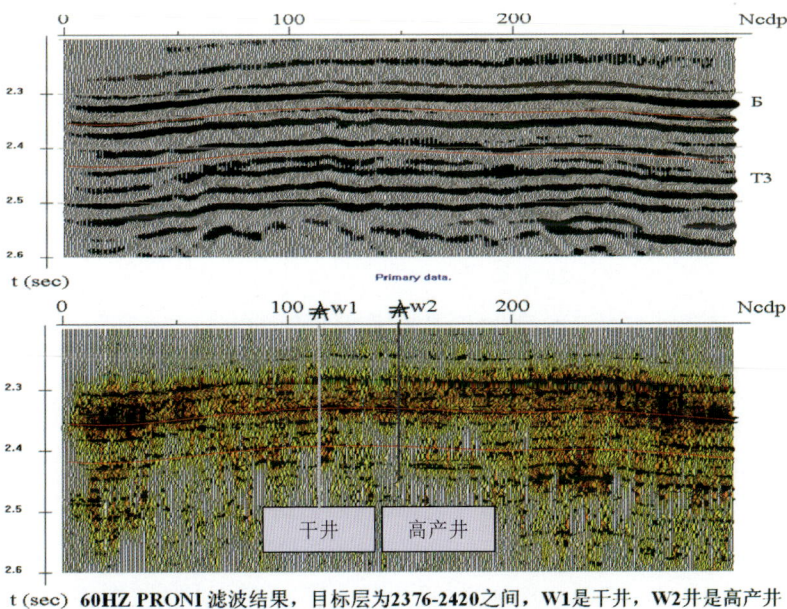

60HZ PRONI 滤波结果,目标层为2376-2420之间,W1是干井,W2井是高产井

棕色区解释为是吸收不厉害的地方,颜色发白的地方认为是高频吸收强烈区,是含油气的地方。

图 12 Proni 滤波技术应用到国内的实例(1)

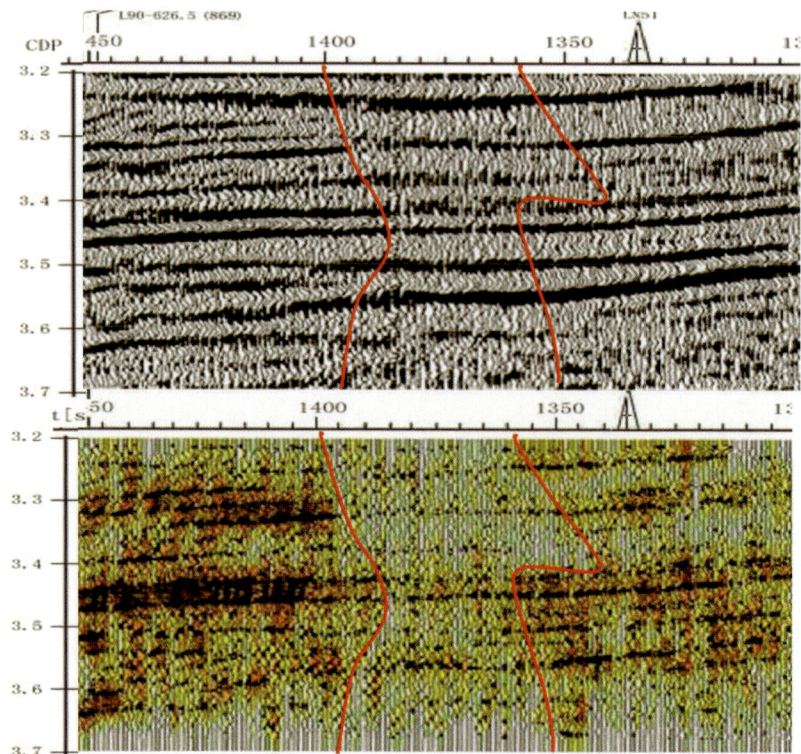

取自L88-218测线的烃类指示意义图。红线之间为可疑含烃的孔渗储集层部位。

图13　Proni滤波技术应用到国内的实例(2)

五、结　论

（1）以上 12+2 种求吸收系数的方法都无法求得合理的吸收数据。用波动方程理论的 VSP 模型就可以证明这一点。

（2）我的判断是：用振幅求吸收系数不可避免遇到弱振幅下紧接一个比它强一些的振幅，此时求得的吸收系数是负数。负的吸收系数在自然界是不合理的，**地震波的能量不可能越来越强，能量不能"无中生有"**。

（3）用频率域求吸收系数也不可避免遇到低频相位下紧接一个比它高一些频率的相位，此时求得的吸收系数也是负数。

（4）想从吸收系数直接找油的主要根据是：含油气地层对地震波有较多的高频吸收，所以频率变低。但是既然含油气地层将地震波高频已经吸收了，为什么在剖面下方又有些反射波又恢复频率变高呢？**人死不能复生，已经被吸收了的高频不可能再恢复**。

（5）目前许多求吸收系数的商业软件在回避上述矛盾方面都采用了各种不讲理的"诀窍"。它们不外乎用两种办法：一是把误差大于 50% 的数据剔除掉，得出来是负数的也剔除掉；二是进行一下滤波，把明显不合理的数据滤除掉。**这样看起来没有矛盾了，但是剔除后的数据难道就可靠了吗**？振幅差（或频率差）在上面一层吸收系数算大了以后，必然把下面一层算得小，这是常识。

（6）我们知道：埋深 1～2 千米以下的地层，其孔隙度不会很大，厚度较薄 10～20 米的含油气地层的吸收系数更是很微弱。它们比起不是含油气的地层反射系数所固有的增幅及频率变化还要小。我在《含油气砂岩的频率及振幅特征》一文中作了理论的证明——《石油地球物理勘探》1987 年第 1 期。

（7）那么为什么我们不少解释人员还会相信吸收系数的各种商业软件呢？我认为其一是：新生界地

层含油气后，一般有"亮点"的特征，振幅变强，其后续相位振幅又弱，自然会算出一个"强吸收系数"。其二：我发现在频率方面，**"强波往往伴随着低频"**，我认为"强波必胖"是规律。因此，它是"亮点的派生现象"——详见《含油气砂岩的频率及振幅特征》一文。

（8）我曾经指出：**"即使完全不科学的直接找油方法，其预报成功率接近50％。"**所以吸收系数的各种商业软件加上已知井的"先验知识"，其预报成功率就会到70％～80％。此外，吸收系数的各种商业软件的显示方式往往有异常值"基线上下移动"，以及色谱的红蓝改变等措施，调节输出剖面的样子。给了解释人员"灵活应用"的好处，于是更能与钻井资料符合。

（9）用分维数求吸收系数更是不可靠，我写过一篇文章。

（10）最后，我想说："你愿意试试用吸收系数直接找油我也不反对，在亮点工区，它有一定的道理。但是在含油后呈暗点的地区，你就要上当了。"

文章编号107-6

地震资料解释中的信息可靠性问题评估

作者引用了2008年胜利油田的付瑾平同志的一篇文章,对地震资料解释中的信息可靠性问题作了评估。

我赞成他的主要观点,并提出了当前在地震资料解释领域存在的不少问题。

关于地震资料解释中的问题,我向大家推荐付瑾平同志的一篇文章《**论地震解释的双重风险**》(中国石化胜利油田分公司物探研究院 付瑾平;石油地球物理勘探第43卷第2期,2008年4月,238-243页)。**这是我近年来所看到的好文章。它指出了当前地震资料解释中存在的症结,但问题是复杂的,我认为毛病不完全在解释人员身上,更主要的是文风、学风,以及物探行业还没有理顺的市场关系与甲乙方关系。**

在付瑾平同志这篇文章的摘要中写到:近20年来,地震勘探技术已经发展成为油气勘探领域最受关注的支柱技术,各种处理、解释与成图软件不断刷新,交互平台及与之相应的数据库功能不断完善。但用辩证的观点来看,任何科学技术的发展都具有"双刃剑"效应,日益丰富的"技术资源"逐渐增强了解释人员对它们的依赖,"数据说话"正潜在淡化着人们的理性思考和风险意识,而使用它的人的思维则在这种依赖中逐渐变得僵化。文中详细地分析了地震资料蕴藏的风险和解释人员素质的风险,论述了技术方法与解释思路的辩证关系,在此基础上提出了3点建议。

该文作者殷切期望解释人员能从高级功能设备和技术方法的定势中走出来,多一些理性思考和风险意识。

付瑾平同志这篇文章第一部分论述的**是"发展中的地震技术开始凸现双刃剑效应"**。

在这部分中谈到:对地震技术快速发展所产生的各种"神通又名目繁多的"技术和软件可以获得看上去很漂亮的各种资料,"解释人员用来学会使用并展示它们(掌握武器)的功夫却一点也没有省","许多解释人员在遇到地质问题时首先想到的是哪种技术软件可用,这个不够再加另一个,待到有几个(软件,技术)都比较吻合时也就自然地得出解释的地质结论了"。对于这种情况,指出:"这样过多地依赖软件结果可能导致错误的地质结论,造成探井失败"。

作者认为这种所谓的"用数据说话"从某种程度上僵化了解释人员的思维,因为"他们逐渐适应了利用大量的数据体、切片集、属性资料、反演剖面等对目标体进行求证,而很少有时间和兴趣去反思、去否定、去反复类比、求证、淘洗做出的结论是否符合所有自然规律和资料来源(处理)的假设条件"。这种"沉湎于局部方法技术的掌握,陶醉于资料的先进性、万能性和表面显示花样,甚至把会使用这些'软件'技术作为成名的资本,并且以在解释中用上了一种新的软件技术为骄傲"的非理性的追赶时髦技术必然使解释人员的理性思考减少、使解释风险提高。

该文第二部分分析的是**"地震资料自身的风险"**。

在这部分论述里,作者对地震属性进行了分级,作者将解释所用的主要地震信息(属性)从宏观到微观给出了四个大致的分级:

第一级:旅行时、振幅、极性、波形与波组关系、视速度等,它们是地震资料中可直接测量、相对可靠的原始信息。

第二级:平均速度、叠加速度、射线速度、均方根速度、频谱等,这是根据第一级属性通过时距关系或能量关系得到的,显然其可靠度有所降低。

第三级:层速度、阻抗、纵横波速度比、泊松比、Q 值、吸收衰减因子、弹性参数等,它们是根据第一、二级属性通过某些公式计算或反演得到的,不确定性进一步升级。

第四级:砂泥比、密度、孔隙度、饱和度、渗透率、流体含量、裂缝密度、各向异性等,它们是根据第三级属性通过某些经验关系式或概率计算得到的,就目前的应用而言,也是风险程度最高的属性。

该文作者还对这四级属性进行了大致的误差范围分析:

(1)**第一级属性**,如地震波旅行时的拾取一般可以精确到一个采样点间隔,即对于 N 秒旅行时只有 N 个毫秒的误差。也就是说,旅行时的测量相对误差可以达到 1‰。

(2)**第二级属性**,如均方根速度的相对误差是旅行时相对误差的 $\dfrac{t}{2(t-t_0)}$ 倍(t_0 是自激自收时间;t 为旅行时)。当我们引入正常的旅行时时,$\dfrac{t}{2(t-t_0)}$ 可达 5～10。由此认为,均方根速度计算的相对误差一般是 1%,并且随着 t_0 的增大而增大。

(3)**第三级属性**,如层速度的相对误差。由 Dix 公式可知,层速度的相对误差是均方根速度 V_r 相对误差的 $\dfrac{V_r^2 t_0}{\Delta(V_r^2 t_0)}$ 倍。当我们引入正常的旅行时及对应的均方根速度时,$\dfrac{V_r^2 t_0}{\Delta(V_r^2 t_0)}$ 可达 5～6。由此认为,层速度计算的相对误差一般为 5%,并且随着计算层的变薄而增大。而当我们用层速度计算阻抗值时,相对误差可进一步增至 5%～30%。

(4)**第四级属性**,这里主要指由层速度或波阻抗反演获得的岩性、密度、孔隙度、泥质含量、地层压力、含水饱和度等。我们在提取时一般是将本地区地质、测井、岩石物理的上述有关测量数据与地震层速度或波阻抗值做交会图,拟合一个适合于本区的经验公式或概率分布,据此再把速度信息转换为上述信息。实际上,此类转换已经脱离了严密的数学逻辑,给出的是多种复杂的物理机制形成的模糊因果关系。相对误差达到 20%～30% 已经是理想的情况了。

通过作者的误差分析可看到,对于我们提取出的第四级属性,比较理想的情况下相对误差竟然还达到 20%～30%,可见地震资料本身所带来的风险是很大的,尤其是质量相对比较差的地震资料,风险就更大。

因此作者提醒大家:由于各级处理、计算误差的不断累积,属性级别越高,其误差和不确定性越大,使用时的风险也随之升级。今天,当我们在享受丰富多彩的属性大餐时,务必注意各种属性的物理意义、转换方法、误差因素和适用范围,切莫"病急乱投医"。

该文作者的这个分级不错,误差范围分析得也不错,但感到不足的是对属性的分析文章还没有展开。

文章第三部分谈到的是**"解释人员素质的风险"**。

对解释人员素质的风险作者主要谈了以下三个方面:① 知识面宽度对解释结果的影响;② 经验与自信(能力)对解释成果的影响;③ 工作态度对解释结果的影响。

文章第四部分论述的是**"技术方法与解释思路的关系"**。

在这部分里,作者认为"地震解释技术"的关键词有些被用滥了,在一些论文和大量的科研与生产性的报告中,大家看够了、听烦了"技术"这个本来很严肃的词汇。在地震剖面上划一条断层线都成了"断层解释技术";用各种地震资料对目标特性进行的描述的过程都被冠之为相应的"切片技术"、"相干技术"、"反演技术"、"属性技术"、"分频技术"等等。

作者指出:对于承担着高投资风险的油田地震地质解释工作而言,不像生产制造一些形状规则、性能固定的有形产品,它没有绝对不变的程序,虽说有对付各种地质目标的地震技术,但勘探目标却是永远没有完全重复的,因此,只会使用先进"技术"(也可以认为是"武器")显然是不够的。**相对地质解释的整个过程而言,正确的逻辑思路和发散的思维才是最重要的。思路正确,加上技术的优选利用,有望成功;思路错位,无论什么样的技术也难以取胜。**

作者对地震解释的工作思路与技术的关系进行了如下论述:一个好的地震解释人员,需要认真阅读、学习、理解各类与之相关的理论知识,不断丰富更新自己的专业界面,并且需要熟记大量的地质模型,这样才能把你眼前的地震特征与某种地质现象自然建立逻辑相关,最终运用正确的思路并借助相关的优势技术得出合理的解释结论。

最后,该文作者提出了三点建议:

(1)强化地震勘探人员自身一体化建设,最大限度地降低解释结果的地质风险。作者提出:因地震解释的风险是整个过程中各种问题累加的结果,各个环节的风险最终自然地反映在解释结果中。因此,降低结果风险应从源头抓起。最有效的途径就是下大力气减少整个系统中因衔接不够自然、配合不够默契而带来的各种人为的和资料的问题。作者建议要建立一种机制,形成地震采集、处理、解释各环节技术人员真正融合的系统工程。认为这种以人为本的、从各个环节降低了资料风险的、并由此最大限度地提升了解释成果质量的真正的采集、处理、解释一体化会给地震勘探带来又一次飞跃。

(2)加强基本功训练,解剖地震解释技术内涵,提高解释人员素质。

当解释人员真正有能力把地质认识与地震新技术有机结合时,才有可能最大限度地规避解释中的风险,我们可能不用重新采集和处理资料也会有很多新发现。

(3)定期或不定期召开地震解释专家论文、论点发布与辩论会,树立学术带头人的威信和自信(这个建议显然不仅仅适用于地震解释),促进解释人才成长。

该文章提出的这些建议都很好,但我认为这些措施短期内不易见效。

该文章对地震工作者的这些要求是对的,但我认为更重要的是风气,是文风和学风!目前流行的解释报告里"只讲成功不讲失败","搞繁琐哲学——多属性,多参数,主观选择","公式深奥,但不结合实际"等毛病不少。

另外,我认为仅仅指出搞解释的人的种种缺陷是不够的,更深远层次的问题还在于:① 人们对新鲜玩意的盲目崇拜;② 鱼目混珠的大量新公司的新软件的推出,不讲基本原理,不讲应用条件;③ 物探行业还没有理顺的甲乙方关系,甲方要求越来越高,乙方又忽悠新技术越新越好。于是造成物探工作中的种种怪圈。

我对物探行业近年来的各种"浮躁"和"商业行为"表示忧虑。

文章编号 108−1

论地震次生干扰

——兼论困难地区地震记录的改进方向

作者 20 世纪 60 年代在胜利油田发现地震次生干扰的存在,并认识到次生干扰分两种:次生低速干扰(次生的面波及直达横波)及次生高速干扰(次生的折射波)。前者的视波长只有 1～3 m,在记录上表现为"麻麻点";后者表现为平行于初至的"下雨状"干扰,或者像"斜纹布",有些还会随着覆盖次数的增加而愈加明显。这两种干扰是普遍存在的,分布于整张记录,无法避免。

当时并没有想到:在我国西部地区次生干扰会成为我们的主要"敌人"。

此文于 1983 年 6 月发表于《石油地球物理勘探》第 3 期,作者李庆忠。

> ▶ **摘 要**

本文系统论述了由地表各种障碍物(不均匀体)所次生激发的地震干扰波,并指出它是地震勘探中最值得注意的干扰波。

次生干扰的复杂性在于:① 次生干扰可以分布于全记录,无法避开,也不能切除。② 它与有效反射波几乎有相同的频带范围,无法用频率滤波滤去。③ 次生低速干扰常常表现为"随机性",而克服随机干扰一般采用的是统计法,但统计法克服干扰的本领总是很有限的。④ 次生干扰可以从四面八方传到排列,因此在记录上的视速度常常很高,最高可接近无穷大。侧面次生高速干扰可以与反射有效波十分相像,真假难分。有些次生高速干扰甚至在叠加时会得到加强。⑤ 由于次生高速干扰的视速度普遍高于折射初至波的速度,因此与反射有效波在视速度域及视波长域总是难解难分,不可能在野外组合中把次生干扰去除干净,只能留给室内处理。

本文又指出了传统的地震教科书中论述干扰波调查方法的片面性。次生高速干扰往往在干扰波调查记录上不易被发现。相反地在生产记录及水平叠加剖面上却清晰可见。

文中指出,克服次生干扰波最有效的方法是面积组合,直线组合会带来不可弥补的缺陷,并对面积组合的各种形式作了具体介绍,强调用玫瑰图的分析方法指导组合实践。

在处理过程中,克服干扰波不能只在一个地震道上做文章。文中指出目前地震资料处理中的通病,并认为混波、二维滤波及相干加强等方法是克服各种次生干扰波的有效方法。目前,进一步从记录中彻底消除干扰波的技术尚待研究完善。本文初步提出了低信噪比地震资料的处理方法。

引 言

提到干扰波,人们想到的往往仅仅是从炮点出发的各种面波、声波和浅层多次反射−折射波。这是一种片面的理解。其实在野外条件下,还有一种不从炮点出发的干扰波,我们称之为"次生干扰波"。震源激发后,大地开始震动,引起地表每一个与大地耦合不良的部分产生对地的重新锤击,形成了所谓"次生干扰波"。这种次生干扰波来自四面八方,可分布于全记录。次生干扰波是普遍存在的,只是强度各处有所不同。在平原地区,通常它的强度约为有效波的一半,它往往影响了接收反射波形的真实性。在中频范围内(15～50 Hz)的实际生产记录上,真正的"敌人"往往不是面波,而是次生干扰波。如果在野外施工中不加以克服,它将是室内处理中提高信噪比和分辨率的极大障碍。

在地表复杂区(沙漠区、戈壁砾石层、黄土塬、丘陵及山区),次生干扰波的强度会成倍或成几十倍地增长,从而成为困难地区得不到好地震记录的一个重要原因。因此,研究次生干扰波的性质及其克服方法是有着实际意义的。

很遗憾,关于次生干扰波的研究工作,国内外都对它缺乏足够的重视。本文的目的是想抛砖引玉,促使大家来研究这个新的课题。

在编写本文的过程中,笔者努力不用公式而采用文字来说明问题,便于广大野外实际工作的同志们阅读。又在每段文字中加注小标题,可能不够严谨,望大家指正。

一、回　顾

(一)12米超小排列上的发现

1965年秋季的一天,在DX油田,一个地震试验小组在一条一米宽、半米深的干沟边上摆成两条长为6米的"超小排列"进行试验,结果发现一种从小沟出发的干扰波,它的视速度低到只有110米/秒。这就是首次发现的地震次生干扰波——一种不从炮点出发的干扰波。它的视波长只有3米,相距1.5米的检波器可以接收到完全相反的振动波形。

图1是道距为0.5米的超小排列记录,野外用单个检波器接收。图下方为室内相邻两道混波的回放记录,可以看到:当一个强反射波(直的同相轴)到达以后,紧接着从排列中央(小沟所在位置)向左右发出一对斜的同相轴,它们的视速度仅110米/秒。显然这种干扰波是由反射波所激发而从小沟出发的,其强度约为反射波振幅的一半。图1上方是同一记录采用极性相反的两道进行混波的结果,有效波被抵消了,倾斜而成对的干扰波表现得更清楚。

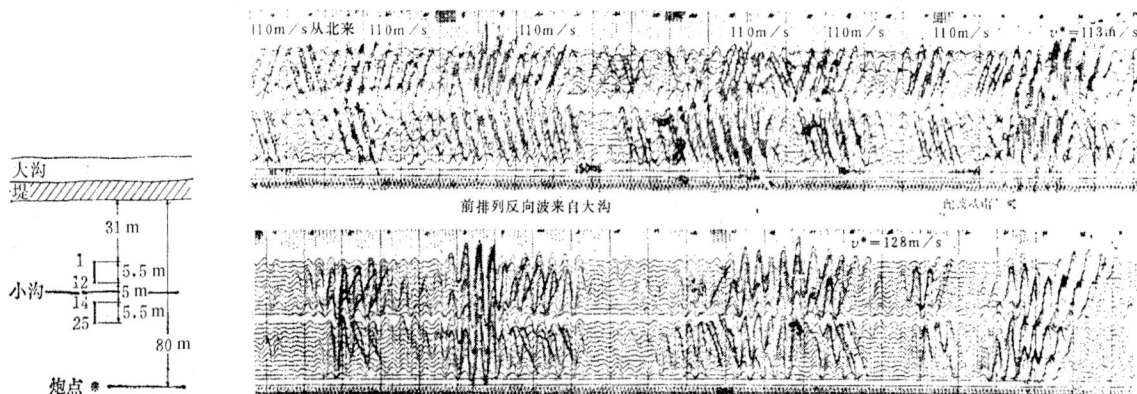

图1　小沟产生的低速干扰波记录
单个检波器接收,道间距0.5 m;室内回放滤波:高大2-低大2

以后,他们又在大沟、大坝、房子、院墙及井架边上证实了这种波是普遍存在的。在无人的井架旁边的单道记录上,由于井架谐振影响,往往可以见到很强的低速干扰波,甚至比同时间到达的反射波还强几倍(图2)。

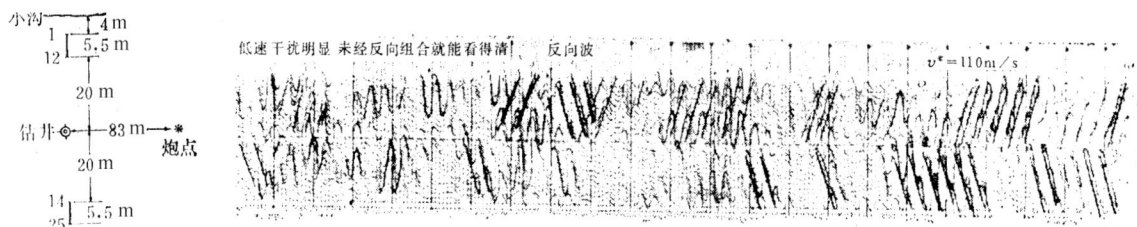

图2 井架产生的低速干扰波记录

显然,电杆、树林、甚至停在排列边上的汽车也都会发出这样的波。后来在一处地面没有明显起伏的平地上,也观测到了这种波,推断是由地表附近的土质不均一性所引起。

(二)用错开排列法证明低速次生干扰的严重性

为了查明这种低速次生干扰影响生产记录的严重性,他们又试着把一个生产排列的后半排列与前半排列平行布放(大线基本重合,仅将各道中心点前后排列两两错开3～4米)。在这个称作"错开排列"的记录上,按理说,前后排列所得到的地下反射波形,应该是基本一致的(地震仪器和检波器是刚经过一致性检查的)。然而实践证明,前后排列接收波形不完全一致,而且有的地方相差还很大(图3),这说明低速次生干扰波可以使反射记录失去其波形真实性。

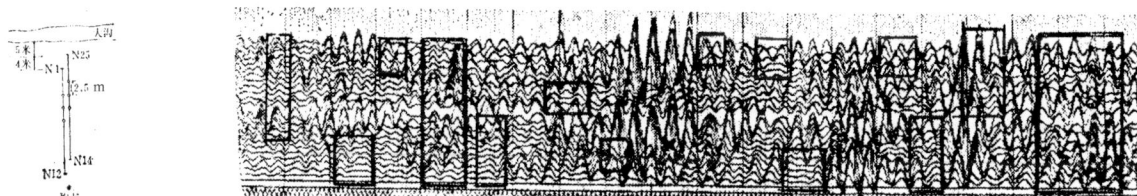

图3 检验低速干扰的实际记录

野外半个排列长度为300 m,前后排列沿测线方向错开4 m,3个检波器直线组合,组内距12.5 m。室内回放3道组合:$1^+2^+3^+$。滤波:高大1、大低2

(三)随机干扰并不随机出现

由于低速次生干扰波的传播速度只有110～280 m/s,并且衰减也较快。因此在生产排列上,它往往表现为一种乱蹦乱跳的杂乱背景。所以有人称之为"不规则干扰"或"随机干扰"。其实这种随机干扰的出现并不"随机"。排列固定以后,每次放炮,它必然在某地某时间出现,即每一个地震波必然以一定的规律、一定的视速度在排列上出现。所以只要道间距小到一定程度,就能看清这些干扰波。可见不规则干扰波也是有规则的。

当然,排列上的汽车行走、风吹、人动等因素是随机发生的。但这种随机干扰是可以发现和避免的。只有次生干扰是不可避免的,其影响记录"真实性"的范围也要广得多。

(四)不相识的"老冤家"

通过进一步的试验调查,发现这种低速次生干扰原来就是过去地震队每月作"道一致性"时要消除的不合格因素之一。它是我们不相识的"老冤家"。正是由于它的"捣乱",使我们在一米见方的坑中,一百来个检波器接收的波形各不相同(因为干扰波的视波长只有3米)。

只要你闭眼仔细一想,就会感到问题是相当尖锐的:当你在野外埋检波器时,你把检波器埋在左脚下与埋在右脚下所得到的波形是不一样的!那么,到底应该埋在哪里好呢?何处才能接收到"真实的反射波形"呢?这个问题使人感到困惑。

279

（五）来自地下的反射波形应该具有重复性

在 DX 油田上，这个调查干扰波的小组通过计算分析，认为来自地下的有效反射波（包括多次反射）的视速度普遍高于 3000 m/s，并且绝大多数在 6000 m/s 以上。视波长一般大于 200 m，直至数千米以上。因此，绝对不会因为检波器错开三四米而造成波形的变化。所以，"错开排列"上的波形不一致只能由干扰波引起，只要我们设法克服地表传播的干扰波，就能够得到"真实的反射波形"。

由于已知低速次生干扰在那里的视波长是 3 米左右，从而试验了一种半径为 1.5 米的圆形组合，道距仍为 0.5 米，放了一个 12 米的超小排列。结果在组合检波器数量增加到 10 个以上时，在平坦地形上得到了很漂亮的接近一致性的小排列反射记录。说明低速干扰已经被克服。当时有人以为这种记录的波形就是从地下来的反射波的真实波形了，以为小半径圆形组合就是最好的组合方式了。

（六）一定还有一种高速干扰波在捣乱

后来，人们就用上述的小半径圆形组合，放了一个生产排列，又把道距拉开到 25 米。很遗憾！结果得到了一张十分混乱的记录，使人十分惊讶和失望。

在那个年代里，地震队普遍使用的是中频检波器（自振频率约 26 Hz）。在 DX 地区只有地表激发才有面波出现，潜水面以下激发时，一般是看不到明显面波的。因此，推断必然还有一种速度较高的干扰波在捣乱。它也不是从炮点出发的规则干扰波，因此可能也是次生干扰，并且来自四面八方。

（七）一种次生高速干扰的检验方法——重叠排列法

为了把这种次生的高速干扰波找出来，设计了一种"重叠排列"观测方法，它可以说明侧面高速干扰的严重性。在野外施工时将前后排列各组合中心点完全重合，后排列采用较大数量的面积组合，尽量压制各方向来的干扰波，组合的面积尽量大，但以不损害有效波为原则。前排列采用与后排列相同数量的检波器，只是其面积横向压缩成一个很窄的带（接近直线组合），使其只能压制低速干扰和沿测线方向的高速干扰，而不压制侧面方向传播过来的高速干扰。由于前后排列的组合中心点位置两两完全重叠，在这样的重叠排列上，前后排列的波形差别只能是由侧面高速干扰所造成。

如图 4 所示，上方为正向组合记录，下方为反向组合记录。在这个重叠排列上，凡是前半排列上出现的与后半排列不一样的同相轴都是侧面高速干扰波，其中正向组合记录左上方 1.8 秒处的侧面高速干扰波具有接近无穷大的视速度，很像一个真的反射波，我们称之为"假反射同相轴"。它无论是在频率域或者波数域都和有效反射波没有明显的区别。所以它一旦进入记录，就很难在处理过程中加以清除。

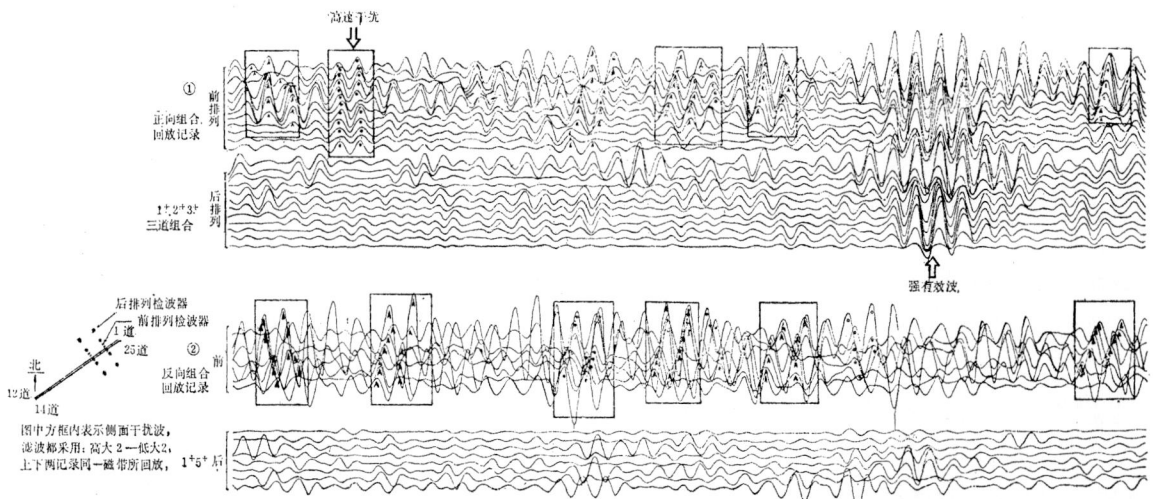

图 4　检验高速干扰的实际记录

（八）干扰波和反射波的本质区别

正如过去我们在文献[1]中所指出的,地表干扰波与有效反射波的最本质区别是:有效反射波(包括多次反射波)来自地下深处,它到达地面的视速度总是很高的;而各种地面干扰波是沿地表传播的,它的真速度永远不会超过地表所可能具有的最高速度,即浅层折射纵波的速度。尽管它从侧面到达排列的视速度也可以很高,但总有一个方向上它的传播速度就是真速度。因而面积组合时,总有一个方向上可以利用其传播真速度不大这个特点来压制它。

图5就是在同一排列上面积组合与直线组合的记录对比。上图是直线组合,下图是面积组合,它们使用相同数量的检波器。上图中箭头所指之处是各种次生干扰,在下图,面积组合记录上被克服或削弱了。显然面积组合后具有比较清晰的背景,而直线组合有很强的干扰背景。

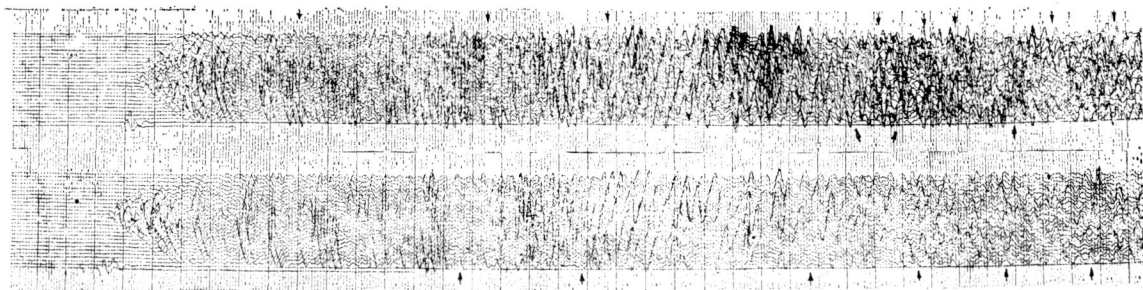

下图 - 面积组合记录;上图 - 直线组合记录(记录中箭头所指之处是干扰波,在面积组合的记录上被削弱了)

图5 同一排列上面积组合与直线组合的记录对比

调查次生高速干扰还可以使用"直角排列法",或称"垂直排列法",即将后半个排列折过来与前半个排列垂直呈"L"形。这种排列可以推知干扰波的来源方向以及推算其传播真速度。

通过直角排列法,我们搞清了侧面高速干扰波的真速度。在 DY 地区主要为 1800～2000 m/s,与纵波折射初至波的速度一致。另有一组为 1000 m/s 左右,大致与折射横波的速度一致,其能量较弱。

在上述干扰波本质的调查研究中有关次生干扰的一些主要结论写在《地震波的基本性质——复杂断块区的反射、异常波和干扰波》一文中[1]。

上述结论是我们在使用中频检波器的情况下获得的。从 1971 年开始,随着多次覆盖技术的推广及数字地震仪的使用,我国大多数地震队使用了低频检波器(自振频率 8～10 周／秒)。于是面波的干扰重新在野外记录上占据了重要位置。在这种情况下,次生干扰到底还是不是我们的劲敌?过去关于次生干扰的分析结论还有无现实意义?这些问题需要重新加以考虑。

笔者最近研究了一些地震勘探中的干扰波记录,对次生干扰波有了进一步认识。

让我们先看几个实际例子,以便增强我们对次生干扰严重性的感性认识。

二、实 例

（一）河网地区强次生干扰

平原地区干扰波本来是不强的。但河网发育地区却会出现很强的次生干扰波。这里举的一个例子是人们认为地震长期不过关的困难地区。

图6、图7是1982年所作的水平叠加剖面。其中图6是12次覆盖的结果,一片随机干扰占据了剖面中部主要位置。此剖面野外采用 21～25 m 井深的井中激发,96 个检波器组合,数字仪接收。检波器数量不算小,但由于组内距太小,仅 5 m,组合总面积仅 45 m × 45 m。因此干扰波还是很强。图7是同一条剖

面 24 次覆盖结果,由于覆盖次数的增多,随机干扰得到了一些压制,一组像下雨似的规则干扰又占据了中央部分,其视速度与初至折射波一致(2000～2200 m/s),但传播方向与之相反(图中左上角初至切除区可看出发炮方向)。因此这组"回头波"是次生的高速干扰。在个别地方还能看到与初至折射同方向的次生高速干扰(视速度为 2000 m/s 左右,视波长 130～150 m)。

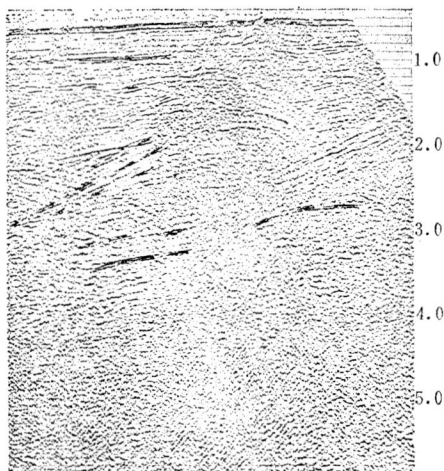

图 6　12 次覆盖的水平叠加剖面

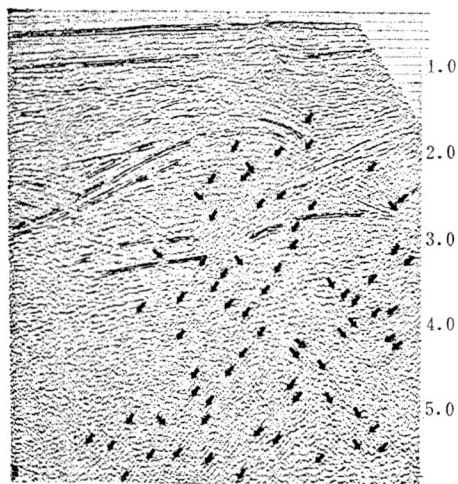

图 7　24 次覆盖的水平叠加剖面

(二)第四系砾岩发育区的高速次生干扰

图 8 是井炮激发,数字仪记录的 12 次覆盖剖面,此剖面未加频率滤波。野外采用 36 个检波器,沿测线方向组合总跨距为 170 m。由于组合方式接近直线组合,所以就不能有效地克服本区的干扰。剖面上主要存在 3 种干扰:第一组是面波的残余,其视速度为 750 m/s 左右,视波长为 112～150 m。它以很陡的斜率,像下雨状地存在于中、深层。第二种干扰是一组与初至折射反平行的次生高速干扰回头波。这种干扰普遍存在于剖面的中上部,其视速度为 3200 m/s～3500 m/s;视波长达到 224～280 m,远远大于野外组合总跨距。推测这种干扰是因本区浅层存在着第四系西域砾岩层,从而导致折射初至视速度高达3200 m/s,因而次生高速干扰也就具有很长的视波长。第三种干扰为无规则的随机干扰,表现为星星点点,分布于全剖面。

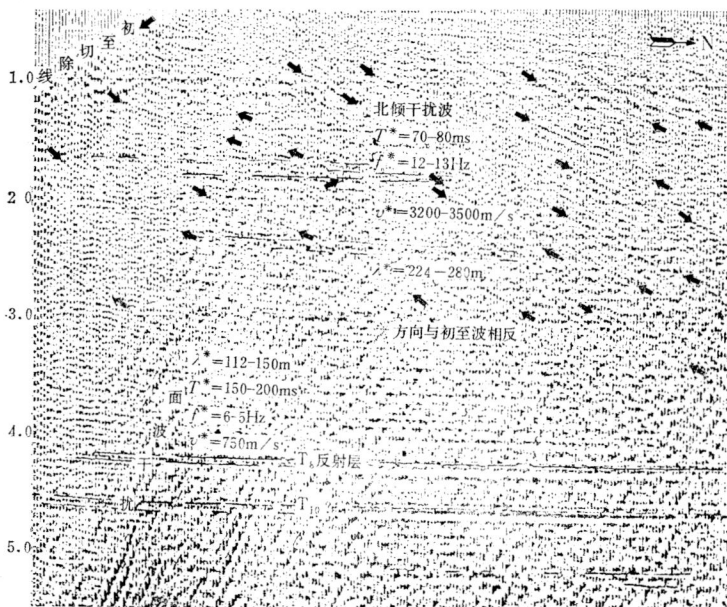

图 8　井炮激发 12 次覆盖剖面

图9是同一水平叠加剖面经过带通滤波后的结果。面波被滤去了,但随机干扰在剖面中部还相当强,最严重的是那组次生高速干扰回头波,虽然被滤去大半,但其剩余部分仍然十分有害,很容易被解释人员误认为图9右上角有一个北倾的构造翼。由于这组干扰的视波长太大(224～280 m),一般不可能通过野外组合法来克服它,主要依靠室内的"动校时差混波"或"二维滤波"来压制它。

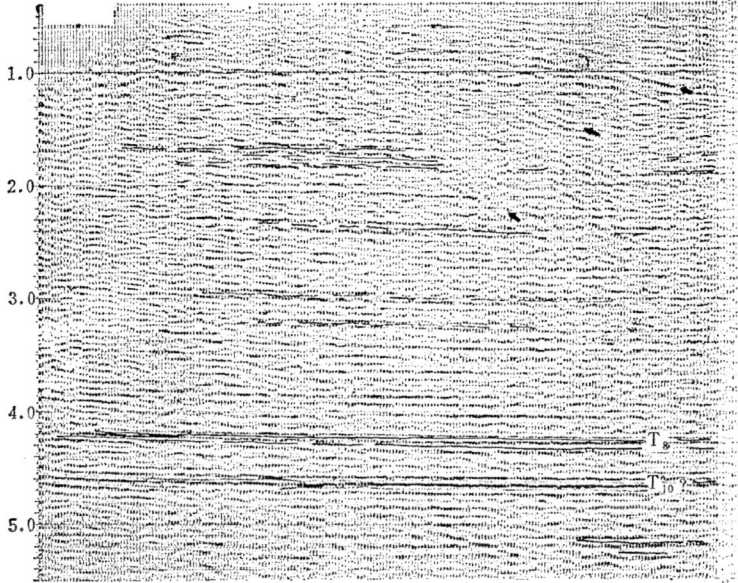

图9 图8剖面带通滤波结果

(三)可控震源干扰波调查记录上的强干扰

图10、图11是可控震源所作的一个干扰波调查记录。在野外布置了道间距为5 m的一个直角排列。直角排列位置不变,每次移动炮点235 m,拼接成两大张干扰波调查记录。图10是它的纵排列记录,图11是垂直排列记录。

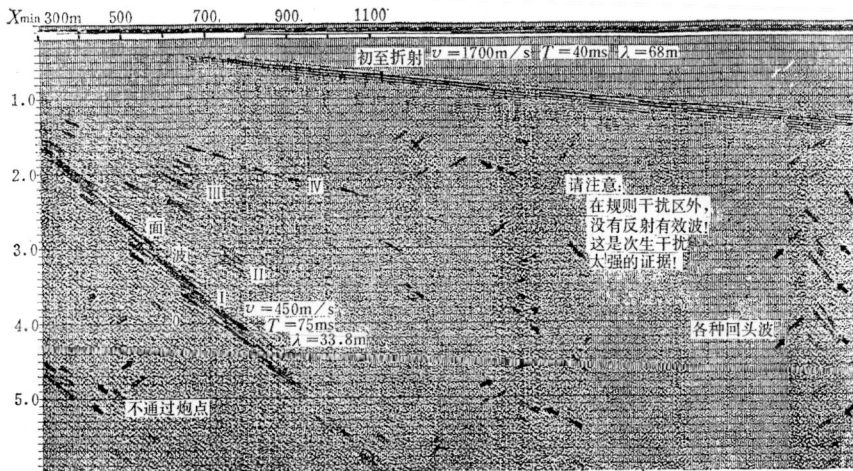

图10 可控震源干扰波调查记录(纵排列)

由图10可见到:在面波规则干扰区以外的广大范围内,找不到有效反射波的影子。这说明了不规则随机干扰的强度已超过了有效反射波的强度。当仔细查看这张剖面的内容时,可以发现存在着一系列倾斜的干扰波,它们同相轴的延长方向并不通过炮点。有的甚至是与炮点反方向传播的"回头波"。这便是次生干扰波的明证。在图11上,可见到与图10纵剖面面波相应的位置上,有一组呈双曲线的面波(因为排列垂直于震源点)。在图的中央及左边可以明显地看到有两组交叉的次生干扰波存在,它们的延长线肯定不通过炮点。从而进一步证明了这里的干扰波是次生干扰,它们来自四面八方,它们的强度大大超过了有效反射波的强度。

图 11　可控震源干扰波调查记录(垂直排列)

导致图10中的次生干扰的原因,在于那里的表层为第四系的西域砾岩层,可能是一种漫射介质,而可控震源从地面激发又使这种干扰波强度成倍增长。

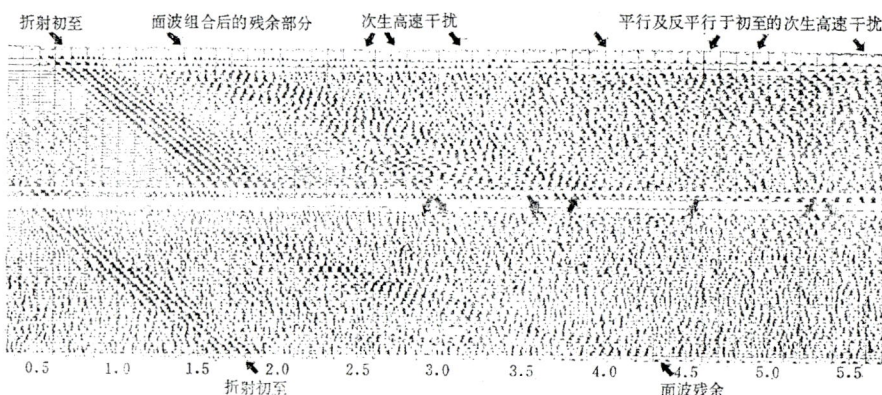

图 12　强次生干扰区的可控震源原始相关记录

图12是该区可控震源的典型野外相关记录。野外已使用 72 个检波器不等灵敏度直线组合,组合总跨距为 138 m。震源扫描长度 10 s,频率 10～40 Hz,震次 4 台×10 次。在这样的原始记录上只见一片强随机干扰,不见有效反射波的影子,相反地却可以找到不少平行或反平行于初至波的次生高速干扰的倾斜短轴,以及满张的"麻麻点点"的次生低速干扰。

(四)沙漠地区的次生干扰

参考文献[2][3]分析了新疆准噶尔盆地沙漠地区记录的干扰波特点,得到了很有意思的结论。我们在这里也来分析几张沙漠区的典型记录。

图13是一条测线上大沙漠里面和沙漠外平地上的对比记录。下方为 M010 测线大沙漠里的地震原始记录。该处位于大沙丘区,沙山起伏相对高差一般为 25～30 m,个别达 40 m。沙层巨厚,潜水面极深。据小折射资料,低降速带总厚达 230 m。在附近打了一口 180 m 的深井,作了微测井,直至井底速度为 1150 m/s,降速层未穿透。这里采用了 18 个检波器分两排直线组合(跨距 $L_x = 77.8$ m,$L_y = 16$ m)。激发

方式采用 12 口 6 m 深的浅井组合,每井药量 2 kg,总药量 24 kg。整张记录上看不到有效反射波同相轴,只见一片干扰。在浅层有一些基本平行于初至波的折射干扰,中深层主要是强随机干扰与次生高速干扰。

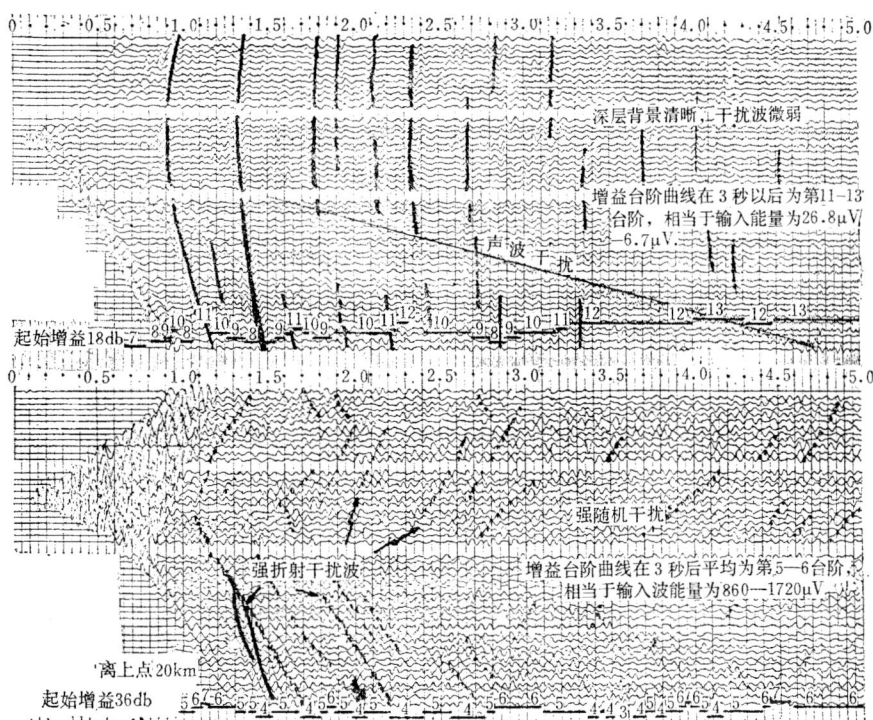

图 13　沙漠里面和沙漠外平地的对比记录

图 13 上方为同一测线在沙漠外平地上的记录。它采用大体相当的激发、接收因素:18 个检波器分成两排($L_x = 79m$, $L_y = 16$ m),8 口 6 m 深的井组合激发,每井药量 3 kg,总药量仍为 24 kg。此记录反射清晰可靠,直到 4s 左右,仅有少量声波干扰。这里低速带很薄(550 m/s 一层仅厚 5 m),以下便是 1800～2000 m/s 的潜水面折射层,附近也有微测井资料证实。因为激发井深 6 m 已经在潜水面之下,所以干扰背景很小。

对比上下两张记录的增益台阶曲线,可以半定量地得到一些结论(增益曲线都是监视第 1 道)。在沙漠外(图 13)0.7 s 初至附近,增益处于第 7 台阶,3s 以后上升为 11-13 台阶。SN-338 型仪器每个台阶增益相差 6 分贝,共计释放增益 6 个台阶,合 36 分贝(即 64 倍)。再看下图,在大沙漠里面,0.9 s 初至波强度为第 5 台阶,3 s 以后增益曲线始终在 5～6 台阶浮动,说明干扰波始终很强,并且大沙漠里 3 s 后的干扰波振幅要比沙漠外深层反射的振幅还强 100 倍左右,这是十分惊人的。造成这种现象的原因,第一方面是由于上图是在潜水面以下激发,炸药能量主要转变为弹性波而向下传播;而下图是在潜水面以上激发,炸药能量主要在低降速带内激起各种干扰波。第二方面是地表的大沙丘起了"推波助澜"的作用,诱发了大量次生干扰,并使干扰波来回传播不休。由于沙丘与大地耦合不良,当大地振动时,它肯定会产生不均衡的抖动,形成对地的次生锤击作用。因此,可以设想:炮点激发以后,从每一个沙丘都发出它的噪声,简直组成了一支"沙漠大合唱",还是无组织的乱唱。

由图 13 还可以看出,这些强噪音的视频率和有效反射波基本上是没有区别的,不像一般面波那样容易用频率滤波把它去掉。

以上是大沙漠区地震资料得不好的根本原因。至于沙漠对地震波的吸收作用,使反射波不易透过,仅是次要的因素。根据文献[2]分析,未固结的松沙层的吸收衰减约为 1.1 分贝 / 波长。因而,速度为 600 m/s 的 200 m 巨厚沙层,对 15～40 Hz 地震波的吸收衰减为 6～12 分贝,即仅 2～4 倍。显然,它不起主要作用。

（五）丘陵地区及山地的次生干扰

在黄土高原工作的地震勘探工作者早就发现在深沟陡崖附近，存在着明显的侧向传播的干扰波。文献[6]指出，有时一个点上从直角排列可以同时观测到四种方向到来的"侧面干扰波"，而且是十分强而明显的。

在四川工作的地震勘探工作者也证实，几乎每一个突出的山头或山脊都可以激发出较强的高速次生干扰。用不同方位的观测系统可以明显地找到这些干扰波的出发山头[4]，并且指出低速次生无规则干扰波是这里最强的主要干扰波。

最近四川一个横波勘探试验队作了一次三分量的干扰波调查[1]。图14a是一幅 y 分量（垂直大线方向的振动）记录。按理说，从炮点出发的面波是不应该有明显的 y 方向振动的（它应该在 x-z 平面内滚动）。然而 y 分量记录上却看到了接近面波速度的一组交叉的干扰，它们显然是次生的侧向传播的面波（这里地表出露的是侏罗系地层，纵波初至速度在4000 m/s以上，所以面波速度高达1200～1700 m/s）。由图可见，y 分量上 SH 型横波反射记录的信噪比比 z 分量上纵波的信噪比要低得多，其原因也在于存在着较强的次生干扰。看来今后开展横波勘探的主要敌人也还是次生干扰波。图14a是经过正反两方向发炮的记录在室内作加权反向叠加，因而抵消了 P 波。

图14的资料低频滤去后，原生面波消除了，但次生面波占据了主要位置。z 分量和 y 分量都是一样。在 z 分量记录上出现两组次生面波，其视速度为1200 m/s和1700 m/s，此外还存在着回头波、交叉的次生面波。

综上所述，可以清楚地看出，地震勘探工作中实际干扰波中的劲敌并不是一般的面波，而是次生干扰波。

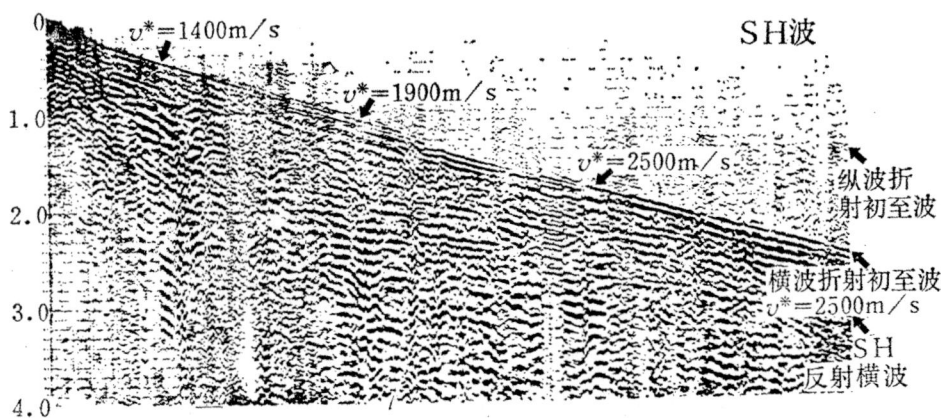

图14a y 分量观测结果
道距 $\Delta x = 10$ m；滤波参数：4, 8, 45, 48 Hz

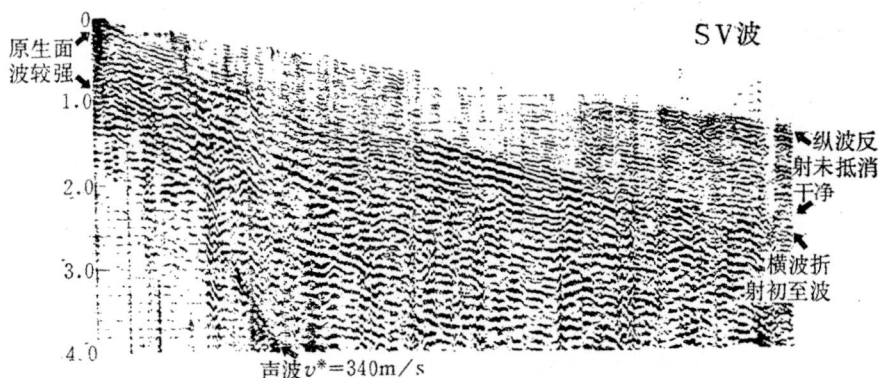

图14b x 分量观测结果

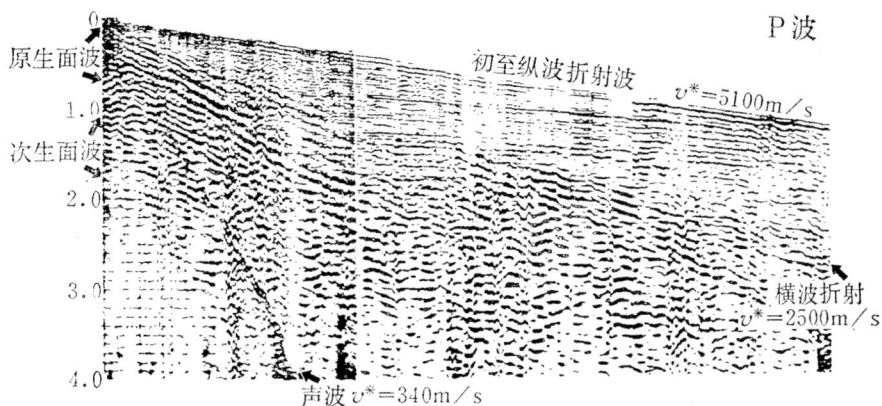

图14c　z分量观测结果

三、分　析

（一）下雨天水池里的波纹

我们将一块小石子抛向水池里，就可以看到一个圆形波浪向四面扩散。但是在下雨天，雨点撒向池内，我们将看不清任何一个波！这或许就是次生干扰普遍存在于我们排列周围时，我们反而从记录上认识不了它的客观原因。有一个试验队就是在一个次生干扰十分严重的工区里试验了整整一年，而调查报告中说：该工区的干扰波只是几组面波，因此最好的野外工作方法是针对这些面波而设计的不等灵敏度直线组合……**可见"面波就是我们的主要'敌人'"的成见在人们的头脑中是那样的深，以致对严重的次生干扰却视而不见。其实看不到明显面波的记录却是最严重的坏记录。**

是的，人的肉眼对三组波以上的干涉图形往往是不能认识的，所以当次生干扰多到一定程度时，我们对它就认识不了。

看来，为了进一步说明次生干扰的本质，有必要再从平原地区的情况来研究。

（二）一张干扰波记录的启示

1981年在华北HJ地区作了一个干扰波观测，排列长235 m，48道数字仪记录，道距5 m，排列不动，每次移动炮点240 m，拼接成图15这张干扰波调查记录（炮检距从50 m到2635 m）。仔细推敲这张记录，说明了很多问题。

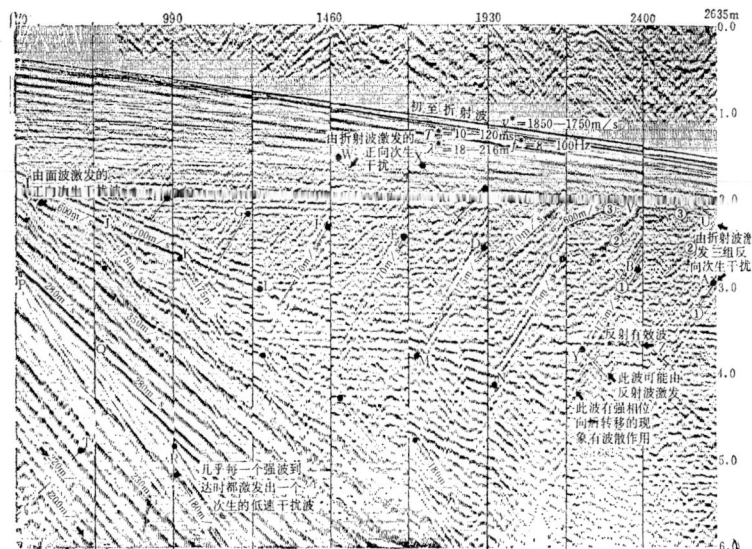

图15　干扰波时距图

图中有 5 组面波,其视速度从第(1)组 600～800 m/s 变到第(5)组 200～250 m/s(参看附表)。图中还很明显地存在着 3 组反方向传播的"回头波",其最明显的一组视速度低到 175～200 m/s,视波长仅 16～24 m。当我们追踪对比它的强相位时发现,图中 A、B、C、D、……、H 等始点可连成一条直线,这条直线刚好平行于纵波的初至折射波,每个波的延长线都与折射初至波相交在小排列以外右边约 200 m 处(注意这个排列是不动的,只是炮点移动)。这使我们理解到它是当折射波传到排列外右边 200 m 处的次生干扰源时,激发了这个次生低速干扰,反方向传到排列里来。此波上方 U 及 V 两处还能看到另外两组反向传播的波,第二组视速度为 260 m/s,第三组为 620 m/s,这两组波的延长方向也与折射初至相交在右方 200 m 左右。这 3 组反向波的视速度正好大致与原生面波中的三组较强波(5)、(4)及(1)相对应。这些特点说明,这种所谓"回头波"并不像过去人们理解的那样是某个波向前走时,遇到障碍物被反射回来,而是一次完整地重新对大地的激发。这是一整套面波,只是能量比原生波弱,所以五组波中只看到了较强的三组。由于它传播的地点和时间有改变,因此仍旧可以比同时间到达的反射波强。这与虚反射及多次反射的情况差不多,它们虽然比一次波弱很多,但并不说明它们不重要。

这组反向回头波还有明显的强相位向后转移的现象(见 B、C、D 三处),说明它有波散作用,应该属于一种面波。但其速度较原生的面波为低,频率较原生面波为高,这是否与次生源埋藏很浅(或就在地表)有关,尚待研究。图 16 是次生面波和原生面波的频谱比较。1965 年我们发现次生低速干扰波具有甚低的视速度,且其频率成分与有效反射波的频率很接近,这里再一次得到证明。

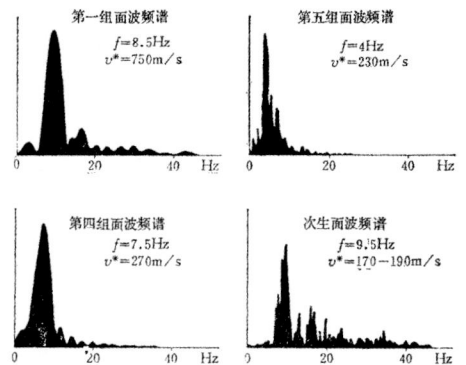

图 16 面波频谱比较

(三)每个振动产生一次新的激发

再看图 15 左边的 I、J、K 到 N 这些点,都从第(1)组强面波的到达时间发出一个正方向的次生波,其视速度都是 175～180 m/s。这个次生干扰源应该就在此小排列的左边 3～4 道附近。在 P、Q、R 等处还有第(4)组原生面波产生的正方向次生干扰,它们都是左边那个次生干扰源所激发的。

仔细分析后发现,几乎每一个强波到达时都激发出一个次生的低速干扰波。图 15 右边中部 3.7 秒 Y、Z 两处,在最快的面波第(1)组尚未到达之前,见到一组正向传播的次生干扰,这里刚好有一组反射强波,判断应该是由反射所激发。在图的上部 W、X 两处还可见到由折射波所激发的正方向次生干扰的影子。

(四)这是井口干扰吗

再看图 15 左下角,那里从炮点发出的速度最慢的面波也已经走过去了。按理说这里应该是一片平静,但仔细一看,这里很不平静,存在着两组交叉的干扰波,视速度从 260～390 m/s,视频率较低。显然这不是井口干扰所造成的,因为井口干扰不可能倒过来传播。所以这里存在的干扰是原生面波所激发的次生面波,这是面波区下面的三角形区域中的主要干扰形式。由于这种干扰的存在,在正常的面波过去以后,不容易获得清晰的不受干扰的反射波。图 17 是一个低岗丘陵地区的干扰波调查记录,原生面波下方三角形区的次生干扰是相当强的,这是使近排列得不到好记录的主要原因。

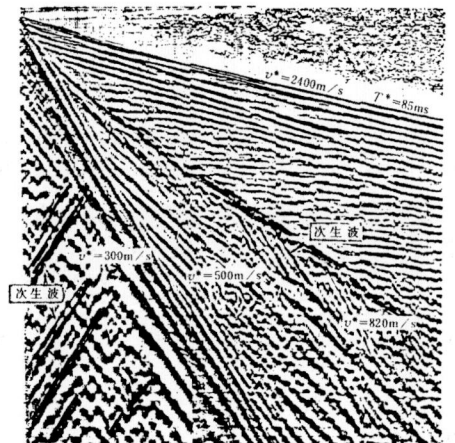

图 17 典型干扰波波形图

表1　HJ地面干扰波调查记录特征统计表

		视速度(m/s)	视周期(ms)	视波长(m)	能　量
原生面波（由炮点出发）	第(1)组	600～800	120～135	72～108	较强
	第(2)组	500～550	100～120	50～66	弱
	第(3)组	350～400	120	42～48	较弱
	第(4)组	280～300	130～160	36.4～48	强
	第(5)组	200～250	210～250	42～62.5	强
原生折射波		1750～1850	10～120	17.5～222	强
原生反射波	1秒处	>10000	20～50	>200	
	2秒处	>10000	60～90	>600	
	3秒处	>10000	70～100	>700	
折射激发的次生面波（反向波）	第(1)组	175～200	90-120	16～24	较强
	第(2)组	260～270	100-130	26～35	较弱
	第(3)组	600	70	42	弱
面波激发的次生面波	正向波	175～180	90-120	16～21.6	较强
	反向波	260～390	180～210	46.8～81.9	较强
	（左下方）				
强反射波激发的面波（记录右方中部）		247	90～110	22.2～27	弱

（五）组合爆炸并不能代替组合检波

从图15这张干扰波调查记录还可以得到一点启发：且看那组明显的反方向回头波，每炮炮点移动235 m时，A、B、C、D各点的时差仅125～135 ms。我们可以设想，如果用移动10 m炮点距来作组合爆炸，则两炮记录的次生干扰的时差仅5.5 ms。组合后这组干扰波基本同相叠加并将得到加强。所以说，凡是由折射波所激发的次生干扰，往往不易为组合爆炸所削弱，尤其是当这种次生干扰源不位于大线延长线上，而是位于侧方时，时差更小，组合爆炸更不能削弱它。

在这种意义上，对于某些次生干扰来说，不能用组合爆炸来代替组合检波的作用。

由反射波所激发的次生干扰对不同炮点所造成的时差最小，基本上不能通过组合爆炸来加以压制，只能依靠组合检波才行。只有以原生面波所激发的次生干扰时差最大，最容易为组合爆炸所压制。因此，我们主张在强干扰区采用组合爆炸。但我们想强调的是，对次生干扰的组合时差应该作一些理论分析。如果想克服由折射激发的次生干扰波，那么组合爆炸的总跨距就要很大，并且要分布成面积组合。在倾角平缓区，大面积坑炮、导爆索及可控震源的大面积震点组合还是有很大优越性的。

（六）为什么干扰波调查记录上看不到次生高速干扰波

有了以上分析的经验，再回过头来看看我们各施工工区的干扰波调查记录，就可以发现次生低速干扰是普遍存在的。

我们知道，每次次生激发相当于对大地作一次重复锤击，应该产生一套面波，一套折射波，甚至还有一套次生反射波。次生反射波的强度很弱，一般不容易观察到是可以理解的，但是次生的折射波，为什么在一般5 m点距的干扰波调查记录上看不到呢？这里有一点讲究。其道理是"大猫钻大洞，小猫钻小洞"。

　　有一个科学家在家里墙上开两个洞,一个大洞是给大猫进出的,另一个小洞是专为那小猫开的。这虽然是一则笑话,但对观测干扰波来说,却真有一点道理。我们通常用 5 m 道间距的干扰波调查记录,的确是不容易找到高速次生干扰波的。高速干扰波往往只在 50 m 或 25 m 道间距的生产记录上以及水平叠加剖面上才能发现。

　　研究其原因,主要有三种:① 高速次生干扰波的视速度很高,当点距小到 5 m 时,记录拉长 5～10 倍时,高速干扰与反射波形成小角度交叉干涉。当二者能量差不多时,干涉后两败俱伤,形成一些短轴。这种干涉图形在视野较小时是不容易用肉眼识别的。② 即使高速次生干扰的强度与低速次生干扰强度一样强,小点距时人的肉眼也往往首先看到那些显眼的低速干扰。③ 高速干扰的次生源可以分布在离排列很远的广大范围内,比低速干扰源远得多,因而到达的波也复杂得多,干涉图形不容易辨认。

　　由于这些原因,专门作常规干扰波调查反而查不到这种干扰。这就是传统地震勘探的一种缺陷。往往一个试验队在工区内作了系统干扰波调查后,会得到"本区并不存在次生高速干扰"的错误结论。

　　真是"踏破铁鞋无觅处,得来全不费工夫"。次生高速干扰只要在你的生产记录上找就行了。图 18 就是平原地区记录上次生高速干扰的例子。图中箭头所指为平行及反平行于初至波的两组干扰。这张图请你把它放在远离眼睛半米处,并且斜着看,就会看得更清楚些。近处看,水平方向拉长 10 倍,反而看不清。下图与中图为同一张记录。下图是经高通 10～12 周滤波后的结果,右下角原生面波被滤掉了,却出来了一些高速次生干扰。由图可见,次生高速干扰的视频率和反射波也是基本一致的。浅处高速次生干扰的频率也比深处高。

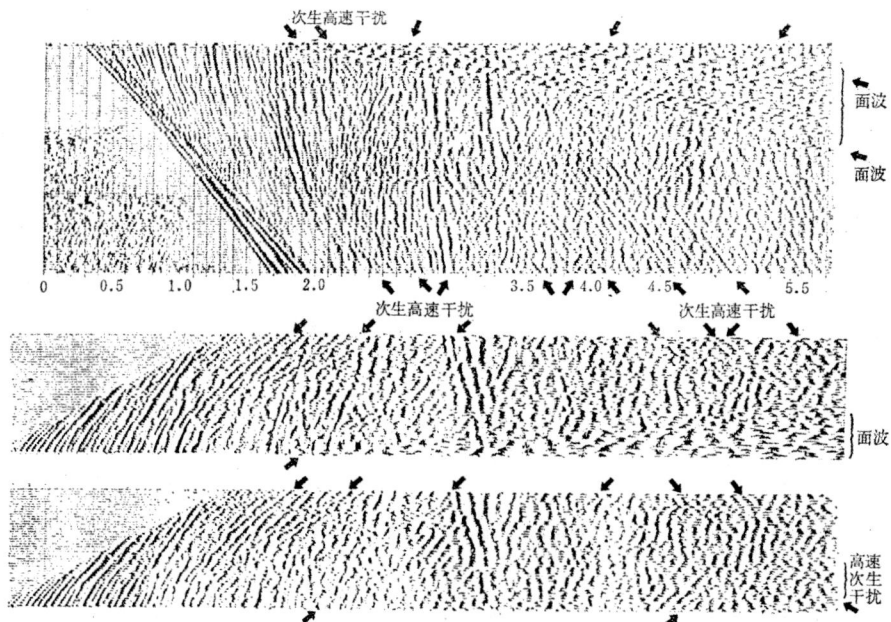

图 18　平原地区记录上的次生干扰

上:96 道数字仪,道距 25 m,纯波;中:48 道仪器,道距 50 m,纯波;下:48 道仪器。经高通滤波

(待续)

文章编号 108-2

论地震次生干扰(续)[*]

——兼论困难地区地震记录的改进方向

一、类型和特征

说到这里,我们初步搞清了次生干扰的一些基本特征。现在对此做一总结,并以一些图来说明。

(一)次生干扰的形成和分类

图 19a 是次生干扰形成的原理图,我们用几个弹簧来说明次生激发的原理。当大地的弹簧振动时,地上的那个弹簧会带着那个小重块作上下振动甚至左右摆动。图 19b 是可能产生次生干扰的地面物(次生干扰源)。

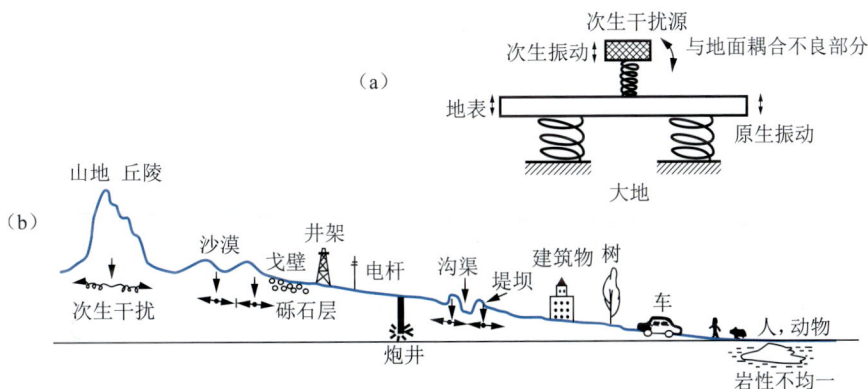

图 19 产生次生干扰的示意图

图 20a 是说明垂直方向灵敏的检波器所易于接收的四种地震波。相反,直达纵波、折射横波以及 PS 反射转换波等到达地表检波器的时候是接近水平方向横向振动的,因而不是垂直检波器所易于接收的波。

图 20b 是次生干扰的分类及其地下射线路径示意图。按其次生波的传播速度可分为三类:次生面波(次生低速干扰),次生折射波(即次生高速干扰)及次生反射波。最后一种波的强度一般很微弱,可以忽略。但由强反射波所激发的多次反射,往往是不可忽略的。

激发次生干扰的原生波可以是面波、折射波或反射波。次生低速干扰可能在次生源附近还包括一部分次生的直达横波,到稍远些地方转为次生面波。因为面波的速度为横波速度的 0.91 倍,所以它们比较难以分辨。

---

* 此文于 1998 年 8 月发表于《石油地球物理勘探》第 4 期,作者李庆忠

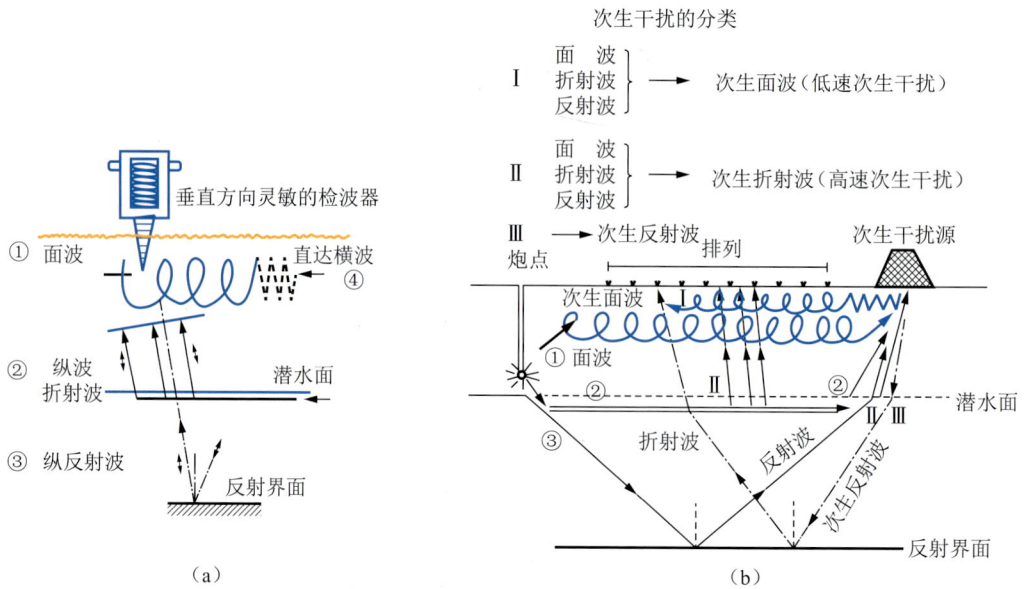

图20　次生干扰的分类

（二）三种次生低速干扰的时距曲线特点

图21是三种低速次生干扰波的理论时距曲线。这里假定折射波的速度为2000 m/s，面波的速度为300 m/s，纵坐标为炮检距。左方为次生干扰源在地面分布的平面图，其中x_0轴是大线布设的位置，y_0轴为垂直大线的方向，炮点在其原点位置上。图中①是面波激发面波的情况。此时次生面波都局限在面波

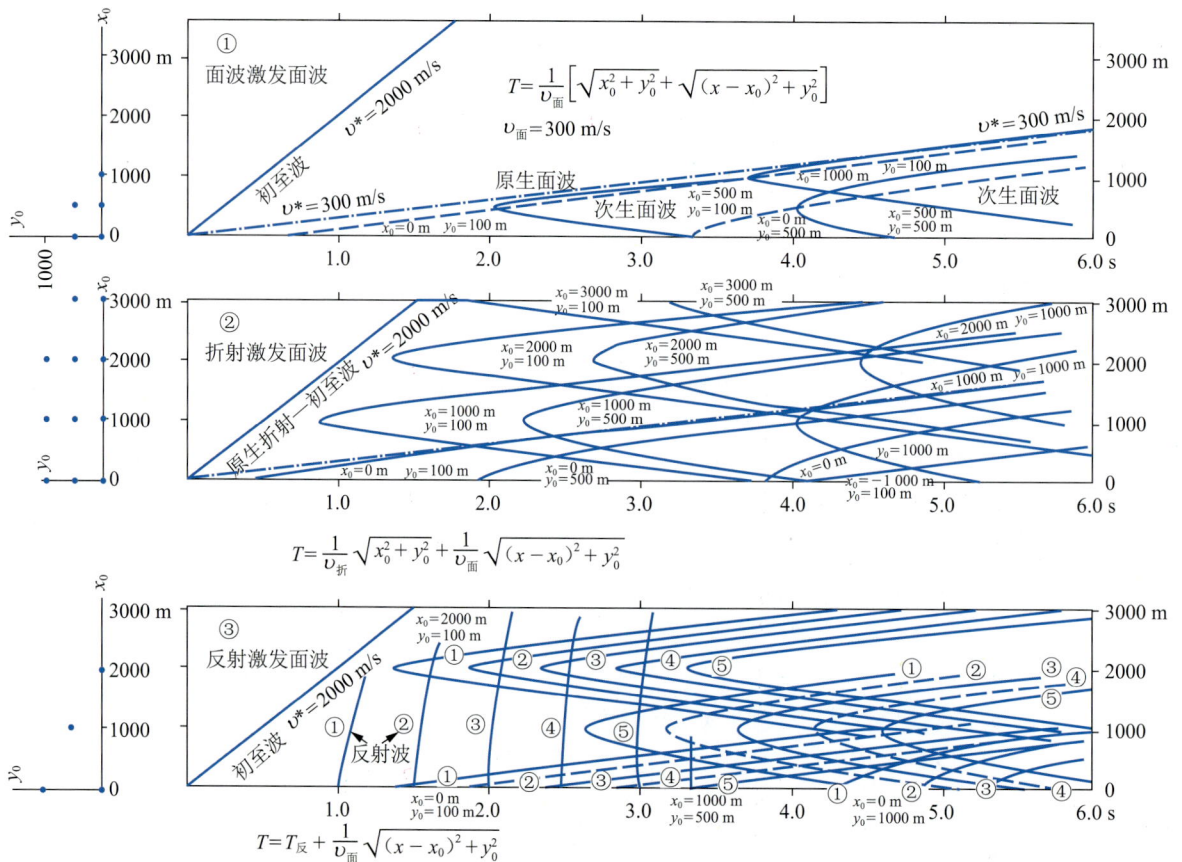

图21　三种低速次生干扰及相应的干扰源平面图

下方的三角形区域之内，三角形之外不存在干扰波。因为双曲线的顶点附近弯曲很剧烈，只占少数几个道，往往只能看到两组互相交叉的干扰波。这就是记录上面波区下方三角形区内常见的干扰波。图中只绘了一个简单面波在五个干扰源上激发出来的五条双曲线。实际上如果有三组面波在五个源上就可以按排列组合激发出 $3 \times 3 \times 5 = 45$ 个次生面波。由左上图可以看到，此种由面波激发的面波，其干扰源离开炮点不会太远，一般在 $800 \sim 1000$ m 范围以内，否则其到达时会超过 6 s。

图 21 中是由折射波激发出面波的情况。它的分布范围就很广泛了，可以占据全部记录。在浅层双曲线窄而陡，到了深层变为较宽广平缓的双曲线，视速度变高。此种干扰波的干扰源离开排列一般也不超过 1 km，但离炮点可以较远。即一个干扰源可以影响到 3 km 长度的相邻几十炮记录。

图 21 ③是由反射波激发面波的情况。这种干扰波的范围更广泛，数量也最多，但是强度一般较弱。图中表示五层反射波在 4 个干扰源上激发出 20 个次生面波。它们是一套套成组的平行的双曲线系。

（三）三种次生高速干扰时距曲线的特点

图 22 是三种高速次生干扰波的理论时距曲线。上图是面波激发折射波，它是一系列双曲线，其顶点都位于面波下方三角形区以内。而在三角形区的上方出现一系列单调大致平行的折射波。这是很有特色的一种次生干扰波，图 13 大沙漠中的主要干扰波基本就是这种波。

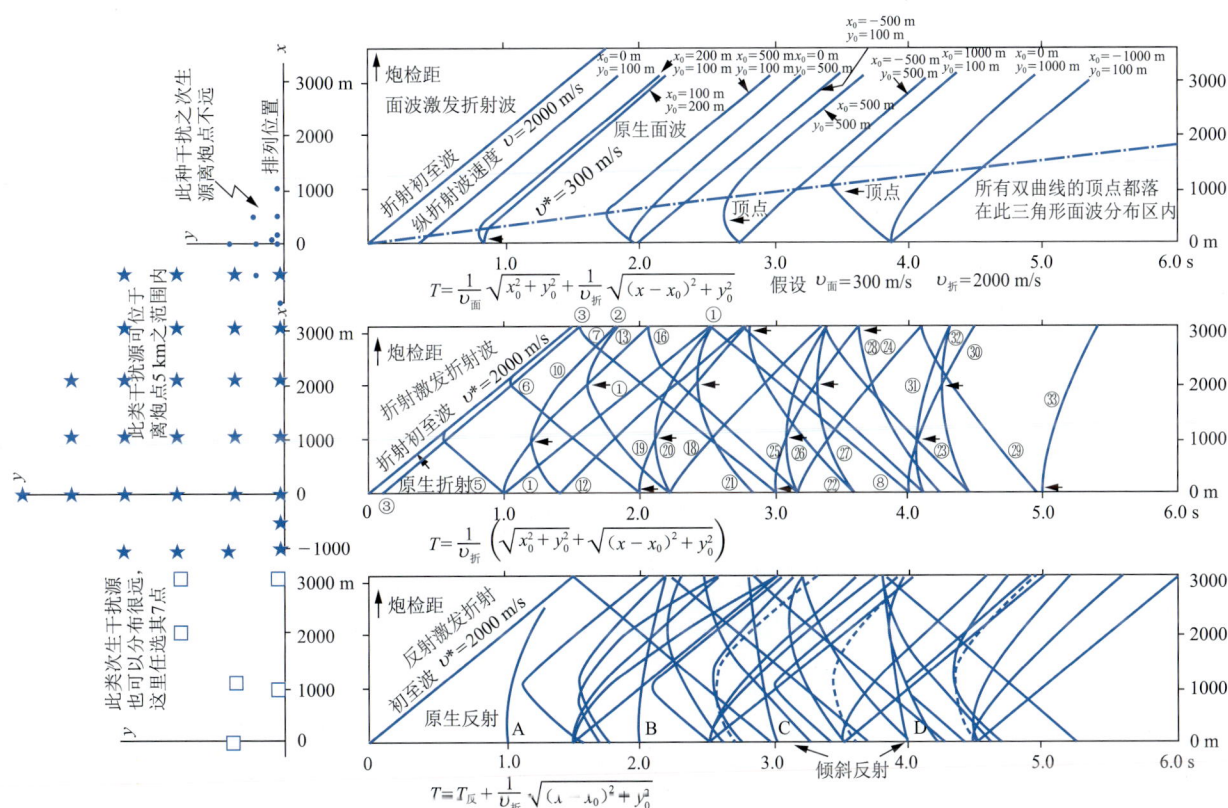

图 22　三种高速次生干扰及其相应的干扰源平面分布图

如何区分通常的浅层多次反-折射波（我认为应该称作鸣震-折射波）和这里的面波激发的折射波呢？我认为它们最明显的差别应该是：鸣震-折射波经过在浅层中多次反射以后，相位很多并且连续，能量是逐渐衰减的；而次生高速干扰的面波激发的折射波则不然，它们虽然也平行于初至，但并不形成连续相位，它们无规律地一条条出现在记录上。从图 22 的左上角可见，此种干扰源离开炮点不远，在半径 1 km 范围之内（否则走时超过 5 s）。

第 2 种次生高速干扰是折射激发折射（图 22 中），这也是一种较为普遍的干扰波。它的干扰源分布范围十分广泛。以炮点为中心,在 5 km 的范围内,每个小山头都可以发送这种干扰到达排列。

干扰源离排列的侧向距离在 1 km 以内时,主要表现为交叉的平行与反平行于初至波的两组干扰。图7、图8与图18上的次生干扰就是这种性质。侧向距离大于 1 km 时,在记录上就表现为平缓的双曲线,与常见的反射波十分相似,可出现极高视速度的"假反射波同相轴"。

反射激发的折射波更为复杂(图22下)。产生它的干扰源分布面积可以很广。每个干扰源又能相继激发出与原生反射波一样多的干扰波。这种干扰形成了一个极为复杂的干涉图形,组成了记录上的一个广泛而隐蔽的干扰背景。图中表示了四个反射波在七个干扰源上激发的 28 条干扰波双曲线,这已经够复杂的了。

（四）各种地震波的频率谱、视波长谱、视速度谱及时距分布情况

图23表示低频检波器接收各种地震波的谱的情况。纵坐标定性表示各种波出现的强度。由图可见,次生高速干扰及次生低速干扰在频率域中往往是和反射有效波分不开的,所以使用频率域滤波只能滤去原生干扰而滤不掉次生干扰。在波数域及视速度域中,次生低速干扰可以分开,而高速干扰仍旧和反射波难分难解。在视波长 100 m 附近,视速度 5000 m/s 附近,可以说有一个反射波与其他干扰波的分界,但不很明显。

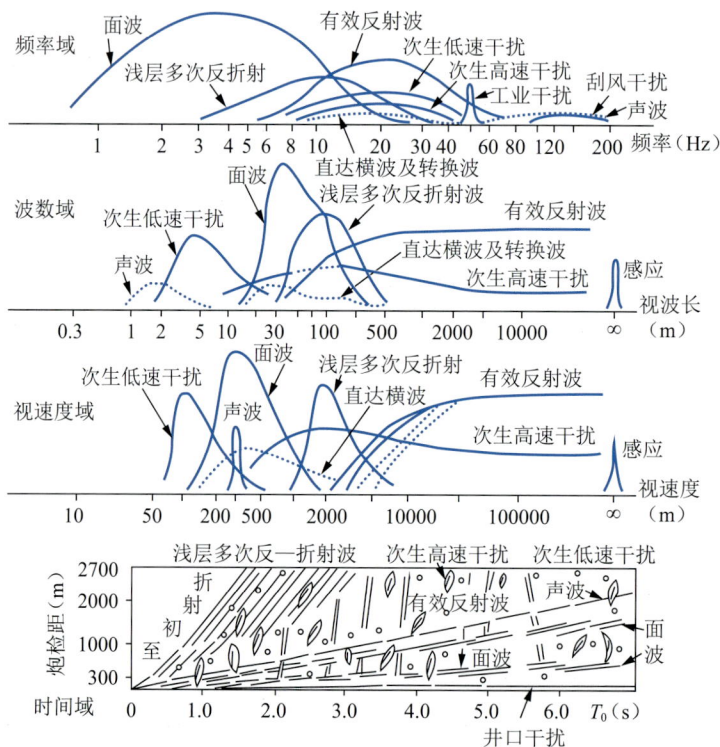

图 23　低频检波器接收时各种地震波的频率谱、视波长谱及视速度谱

图23下方绘出了时距域内的各种波分布情况。次生高速干扰(橄榄形表示)及次生低速干扰(小圆圈表示),几乎占据了初至后的全部记录。这说明,次生干扰既不能用切除方法去除,也无法通过调整偏移距离加以避开。可见次生干扰比原生干扰更难对付。

（五）有些次生干扰还会在水平叠加时得到加强

图24表示折射激发的次生折射波的共中心点道集及其叠加速度情况。右上图为其 CDP 道集。它们还是一系列接近双曲线的形状。曲线边上写的是不同炮检距所计算的理论叠加速度(注意:此叠加速度是与炮检距有关的,因为它相当于一个有效速度为折射速度 2000 m/s 的一个点绕射的叠加速度)。通常折射波速度较反射有效速度略小,而点绕射的叠加速度又较正常反射为高,因此刚好使次生折射波的叠加速

度有可能接近反射波的叠加速度,从而使其在叠加后得到加强。

　　图 24 右下图是中国东部地区典型的反射波道集,可以与右上图对比,可见折射激发的折射波的有些双曲线与正常反射波是比较接近的。左下图是炮检距为 2000 m 附近的折射激发折射波的叠加速度谱情况,其速度比正常反射波有高有低,有些几乎一致(落在一个带以内)。一般覆盖叠加中得到加强的折射激发折射波的次生源的平面分布见图 24 左上图,它们大致分布在离开排列 1～2 km 的一个带内(虚点线范围内)。图中实线表示各次生源不同位置上的叠加速度等值线。

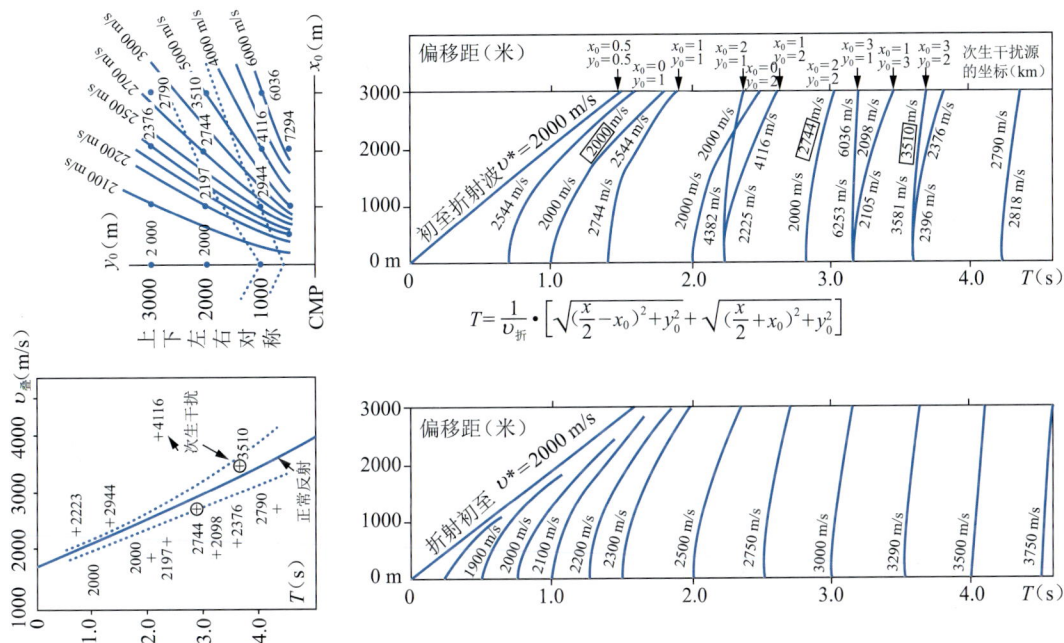

$$T = \frac{1}{v_{折}} \cdot \left[\sqrt{(\frac{x}{2} - x_0)^2 + y_0^2} + \sqrt{(\frac{x}{2} + x_0)^2 + y_0^2} \right]$$

图 24　折射激发折射波的共反射点道集

　　当然,反射所激发的次生折射波同样也有一部分将会在叠加中得到加强,只是分析起来更为复杂,故未加讨论。总之,次生高速干扰是一种极为顽固的干扰。它将组成水平叠加剖面上的一种复杂干扰背景,强烈时,可以淹没有效反射波;不强烈时,也使得反射记录严重不纯,并使地震反演造成困难。

　　当时西方地球物理公司也著文描述了在加拿大阿拉斯加海域由海底干扰源所激发的强烈折射－绕射波(就是本文所说的折射激发的次生折射波),得到与我们一样的结论。可见次生干扰不是中国所独有的!外国也有,在海上也很严重。

二、组　合

　　对次生干扰波的最好压制方法还是面积组合。但由于施工很麻烦,因此,推广面积组合在思想上的阻力是很大的,所以在这里要说清楚。

(一) 玫瑰图——组合方向特性曲线

　　首先谈一谈组合效果分析的方法问题。通常计算的一维的组合特性曲线只能分析直线型组合,它实际上没有方向性。然而,讨论从平面里各方向来的干扰波,就必须研究波至方向。有一种二维的以极坐标形式分析克服干扰能力的图形,被称为"玫瑰图"(因为用极坐标表示时其形状象玫瑰花瓣,故得此名)(图 25 左下图),它才是名符其实的组合方向特性曲线。我们根据大量计算,分析了不同组合形式的优缺点,现将主要结论简述于后。

　　我们在计算中使用了近似脉冲波的方法,即考虑地震波不是简单的正弦振动,而是从主相位向前向后作阻尼振动,其包络以指数衰减,象阻尼衰减的余弦曲线。在计算结果的表示方法上把玫瑰图改绘成直角坐标形式,如图25右图所示,即对不同视波长作一系列特性曲线。横坐标是干扰波的波至方向角(与大线的夹角),纵坐标是归一化后的干扰波强度。这是改变形式的玫瑰图。

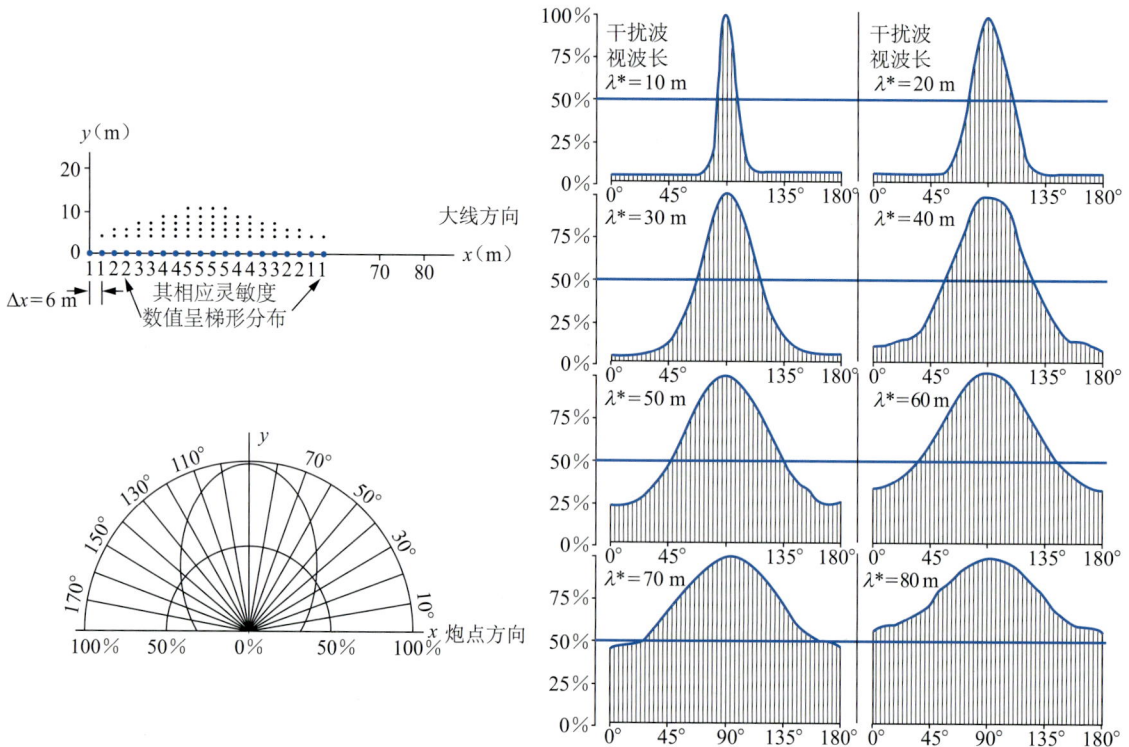

图25 玫瑰图及改变形式的玫瑰图

(二)直线组合的缺陷

图25表示把60个检波器按一定的权埋在20个坑内,组成不等灵敏度的直线组合(当然也可以用20个不等灵敏度的检波器来代替)。这种组合方式对克服从炮点出发的面波来说,其效果是相当好的。但是用来克服从四面八方来的次生干扰,却是一种十分不妙的办法。由图可见,当视波长由10 m增加到100 m,干扰波能够钻进来的门愈来愈大。值得注意的是:钻进来的这一部分干扰波,具有较高的视速度,它们在频率域或波数域、视速度域都无法与有效波截然分开。一旦它们进入记录,很难再把它们去掉。所以应在野外设法把它们组合掉。

目前我们有些野外队经常把两三条组合小线横向拉开仅10 m左右就称之为面积组合。这种组合的方向特性曲线基本上是与直线组合没有区别的。对侧面来的干扰波没有防御能力,因此,这种组合实际上是称不上"面积组合"的。

(三)不等灵敏度组合对克服随机干扰是不灵的

在地震低速次生干扰十分强烈的一个地区,一个可控震源队通过试验调查,误认为该区的主要干扰波是从炮点出发的面波。因而采用72个检波器,埋在24个间隔为6 m的坑中,组成灵敏度为111223344555555443322111的直线组合。这种组合对克服原生面波是优越的。但对于克服次生干扰来说,却是十分不利的。甚至比只用24个检波器(每坑一个)还要糟糕。对于侧面来的高速干扰,能够钻进来的门更大了。而对于随机干扰来说,根据误差统计理论计算它对随机噪音的克服能力只相当于分散埋置的19个检波器。埋了72个检波器只起19个检波器的作用,真是遗憾!在强次生干扰区,使用这种做法的野外记录,基本上是一片随机干扰,见不到有效波的影子。笔者过去也很"迷信"于所谓"契比雪夫最佳组合"，但是当强烈的次生低速干扰成为主要矛盾的时候，这种"最佳组合"就"不佳"了。还不如把检波器分散开，搞成面积组合，才能对症下药，收到实效。

（四）倾角平缓区克服干扰的验方

在地下构造倾角不超过 10°、而地形相对起伏又不大、目的又不是为了做高频勘探的情况下，我们完全可以采用大面积组合来达到克服各种次生干扰的目的。文献[4]就是在戈壁砾石发育、次生干扰很强的地区，用大面积检波器组合加上大面积浅坑组合爆炸（面积在 10000 m² 以上）获得了较好的反射记录。在砾石区，这种作法几乎是十分灵验的药方，记录品质也几乎是与组合面积成正比的。检波器数量当然是愈多愈好，但在 50 个以上时，检波器数量不占首要地位，而主要决定于组合面积的大小。施工时注意保持在地层下倾方向发炮，可以得到很好的记录。

当然，强化增加组合面积以后，同时会带来接收高频信号的损失。例如，沿测线方向的有效组合基距为 120 m 时，40 Hz 以上的信号就要受到严重压制。下倾发炮时，组合基距 180 m 只能保住 30 Hz 以下的低频反射信号，分辨率下降极大，这是值得注意的。有时，在强干扰区，目前的条件很难获得有用的记录，甚至野外记录上连一根反射同相轴的影子也找不到。这种情况下，追求分辨率也没有实际意义，应该首先保证获得起码的信噪比，使覆盖水平叠加后得到可以用于构造解释的剖面。

（五）小心不要把反射波和干扰波一起组合掉

当地层倾角不是很小时，我们在加大组合面积的同时，就要小心不要把浅层反射波及断面反射波和干扰波一起组合掉。因为这两种反射波的视速度可以低到接近于折射初至的速度。这是野外工作方法中一个十分重要而又困难的问题：组合基距太小了克服不了干扰，组合基距太大了又压死了反射，并且大的基距还会使高频反射受到压制，牺牲了分辨率。

现以我国东部地区新生界盆地的典型速度模型来分析一下来自不同倾角的反射波在野外记录上的视速度情况，见图 26。图中双曲线边上的数据是视速度数值。图的左面一半是炮点在下倾方向发炮的情况，右面一半是上倾方向发炮的情况。显然，要想使反射波获得的视速度与干扰波视速度有足够的差别，首先应该保持炮点在下倾方向发炮，此时反射波的视速度才能较高。

其次可以看到，当倾角达到 60° 时，无论下倾发炮还是上倾发炮，其视速度都低于 4000 m/s。上倾发炮时，其时距曲线与折射初至几乎平行，视速度更小，与折射波不好区分。下倾发炮时则与初至反平行，此时室内可以用单边的视速度滤波突出加强 60° 反射波，但有时还担心混进反方向传播的次生高速干扰。因此，陡构造反射记录要获得较高的信噪比是一个十分困难的课题。

（六）对断面波可以砍掉它一点

如果倾角大的反射波来自断面，那么我们可以松一口气。对 45° 至 60° 的断面波施加一定的压制不一定是一件坏事。因为强断面波往往干扰正常反射波，使后者在水平叠加时受到压制（因为叠加速度通常不能同时照顾二者）。并且在偏移过程中由于速度不准，尤其是由于空间位置关系（侧面问题），断面波一般难于归到准确的位置上去，就会挡掉一部分正常反射波而造成断点位置的判断错误。其实在我们的剖面上只要保留一个淡淡的断面波影子就足够了，它可以在解释时作为断层解释的参考。定准断点位置主要应依靠正常反射波。

（七）保持下倾发炮，拉开侧向组合基距

对于倾角为 15° 至 30° 的一般反射波，保持下倾发炮，拉开侧向组合基距是最好的措施。从图 26 看，只要保持下倾方向发炮，其视速度是普遍高于 4500 m/s 的，因而比较容易与干扰波区分开，但与从侧面来

的次生干扰波无法分开。因此我们的策略是：在野外尽量把侧面次生干扰波消除到最低程度。这就需要把面积组合的 y 方向（垂直大线方向）的基距拉够，至少要超过干扰波的 2/3 个视波长。对目前常规勘探来说，一般以 $100 \sim 200$ m 为宜，即大致等于 x 方向基距的 $1.5 \sim 2$ 倍。

下面我们再来讨论 x 方向的合理基距问题。

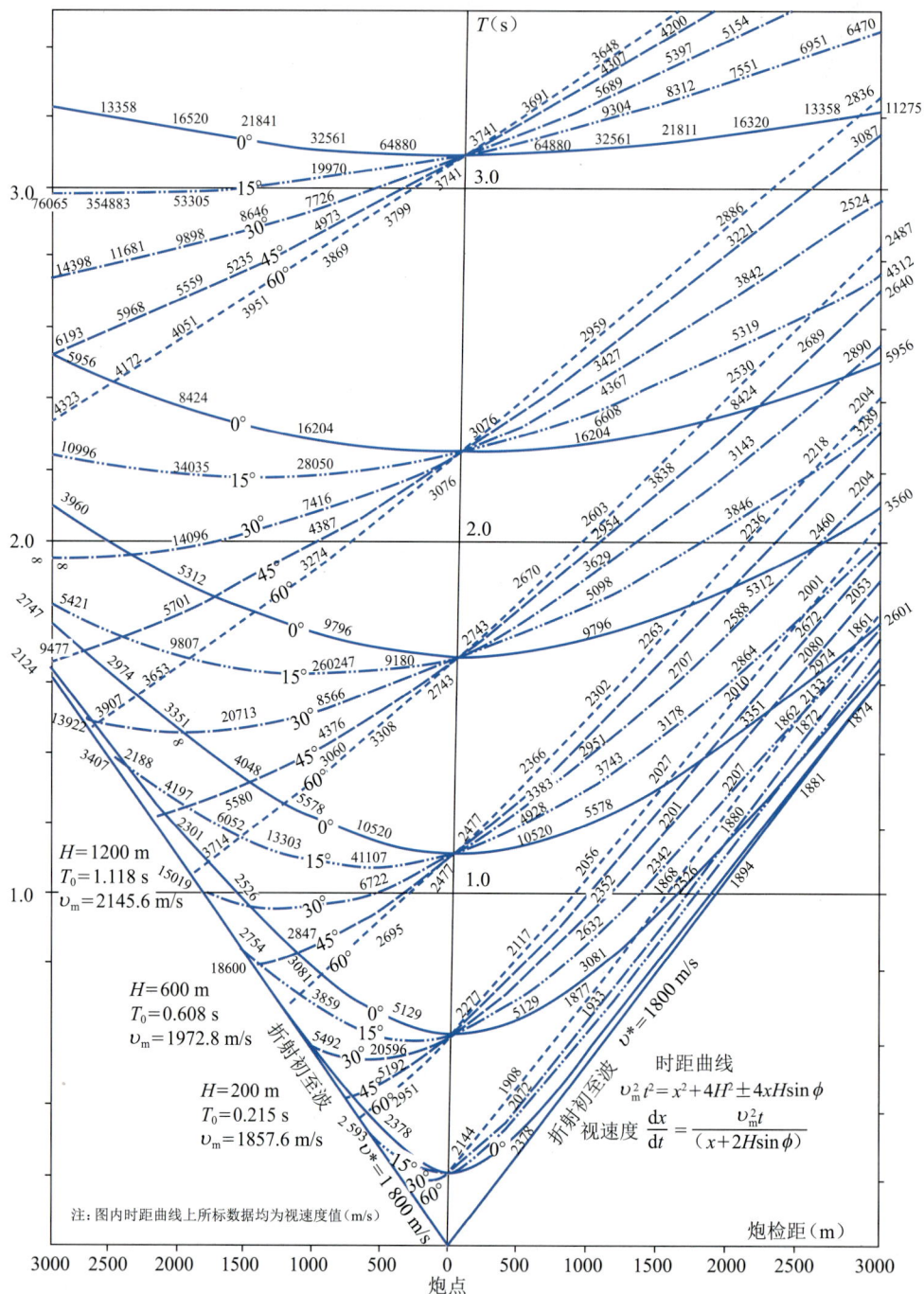

图 26　新生代盆地不同倾角反射波的时距曲线及视速度分布情况

（八）要不要把初至折射波压死

选择 x 方向的组合基距的时候，首先面临的一个问题是：各种高速次生干扰波的视速度均大于折射波的真速度。所以，想彻底压掉高速次生干扰，就必然先压了折射初至波。考虑到折射初至波是一个特强的波，一般压一点是不会把它压死的，所以在强次生干扰波地区，我们主张用组合对它施以 50% 左右的压制。

但以野外记录仍能看到清楚的折射初至为原则,因为折射初至在了解浅层结构及今后进一步求静校正值方面是很有用的。那么,就必然还会有一些高速次生干扰波和浅层多次反-折射波保留在野外记录上,这就需要我们用室内处理方法去克服它了。

（九）什么样的野外组合图形好

关于面积组合的图形,我们希望满足下列要求:① 从四面八方看,它具有较均匀的防御干扰的能力,即既能克服 x 方向原生干扰,又能压制侧面的干扰;② 便于野外拉线布设,尽量用最少量的检波器。

我们通过大量的计算,归纳起来有如下初步结论:

（1）我们希望面积组合中的检波器阵从各种方向看,其"投影灵敏度"都接近于"三角形分布"。因此,放射状的"星"形或"米"字形以及简单一个圆形的组合形式一般效果不如平行四边形。因为它们在某些方向上的"投影灵敏度"往往有着不合理的分布,因此其玫瑰图方向特性不够好。

（2）夹角为 45° 或 60° 的平行四边形(或称菱形)的效果不如 70°～80° 接近长方形的好。图 27 是夹角为 59° 的例子。它在干扰波视波长 80 m～120 m 时,会在方位角 130° 方向产生一个明显的"干扰峰值",这是由于在 130° 方向的组合跨距最小所引起。在夹角大到 70°～80° 时,如图 28 所示,此现象基本消失。

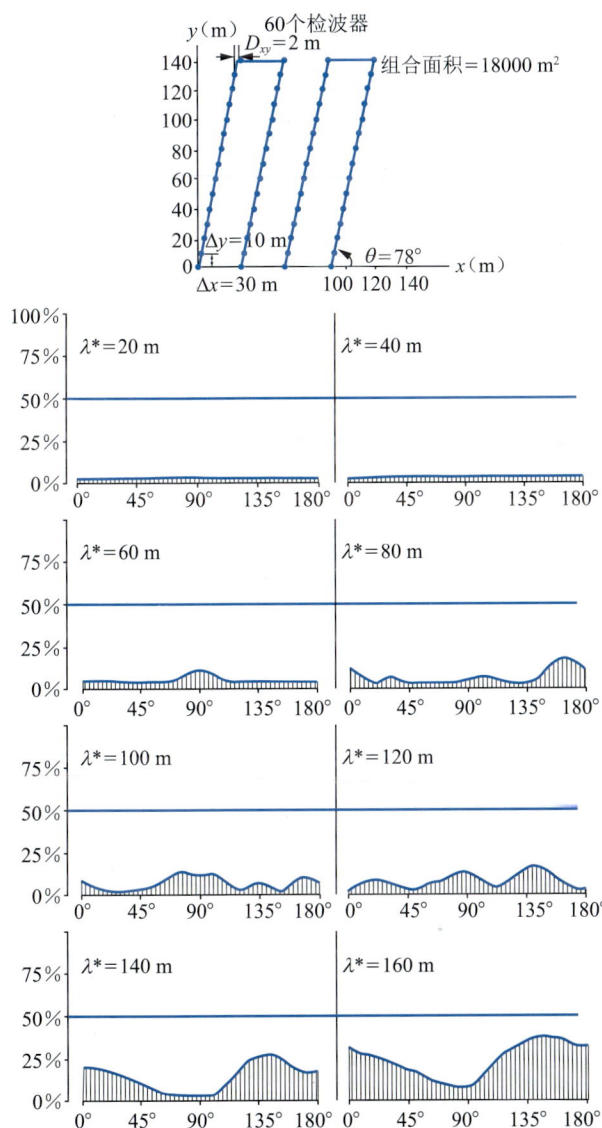

图 27　夹角 59° 的玫瑰图方向特性

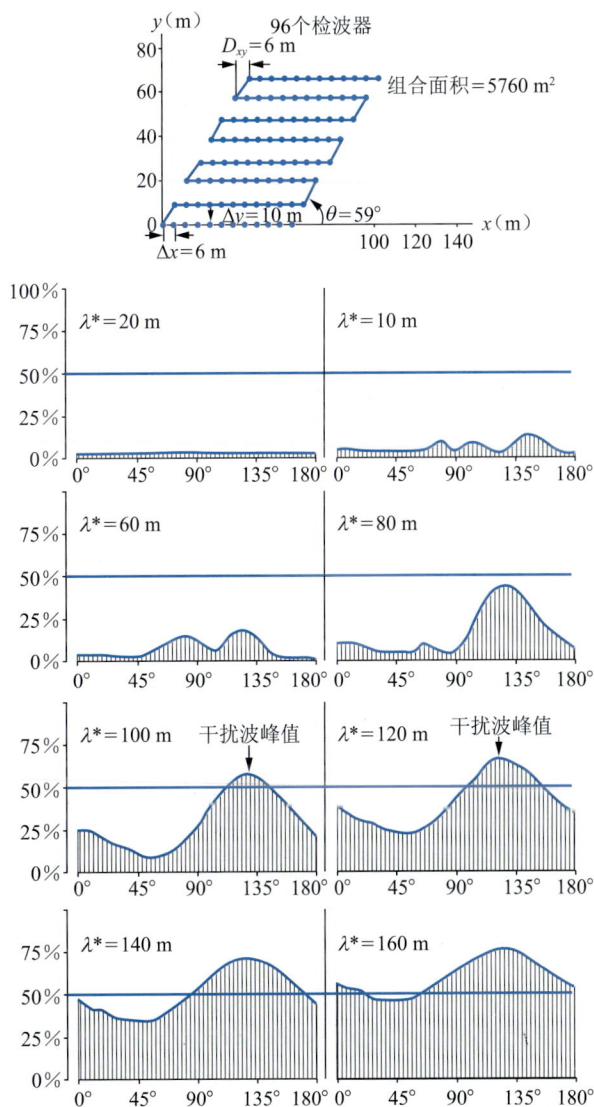

图 28　夹角 70°～80° 的玫瑰图方向特性

（十）检波器小线可以斜拉

既要求组合面积足够大，检波器又不能太多，分布还要比较均匀，那么 y 方向的排距 Δy 就起着比较重要的作用，它不能太大。例如排距为 40 m 时，对 40 m 左右视波长的侧面干扰波就失去压制能力，因此一般 Δy 不应超过 20 m。但同时我们又希望加大 y 方向的总跨距，因此把检波器小线斜拉是一个好办法，如图 28 所示。这样排距既不很大，在 x 方向的投影灵敏度分布又是很均匀的。它的方向特性曲线各方面都是很好的。但要注意，平行四边形的锐角应指向炮点。这样可以避免由于施工中放线的偏差而造成来自炮点的原生面波可能同时到达第一列各检波器。

另一种方法是，小线斜拉以后，再把检波器图形转一个方位角，如 45°，使其对角线大致平行于大线，这样也可以有较好的组合效果。

（十一）160 个检波器和 80 个检波器效果几乎相当

图 29、图 30 是在一个几乎相同的面积里，160 个检波器与抽稀成 80 个检波器的两种组合的方向特性比较。这两张图的方向特性曲线几乎完全一致，只是在视波长小于 20 m 时才出现差别。20 m 以上视波长

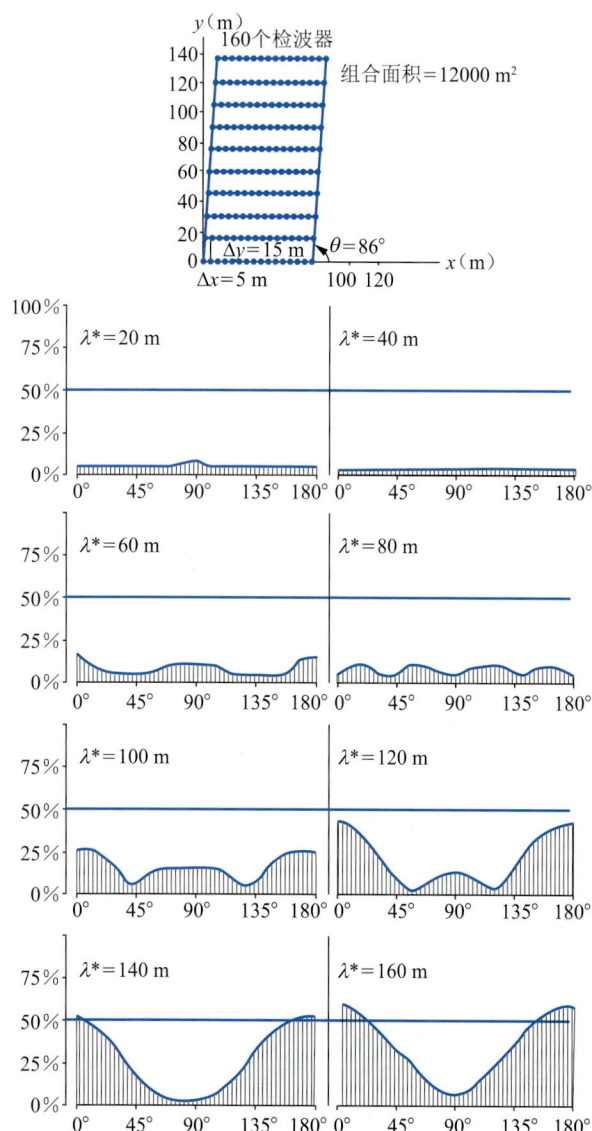

图 29　160 个检波器组合的方向特性

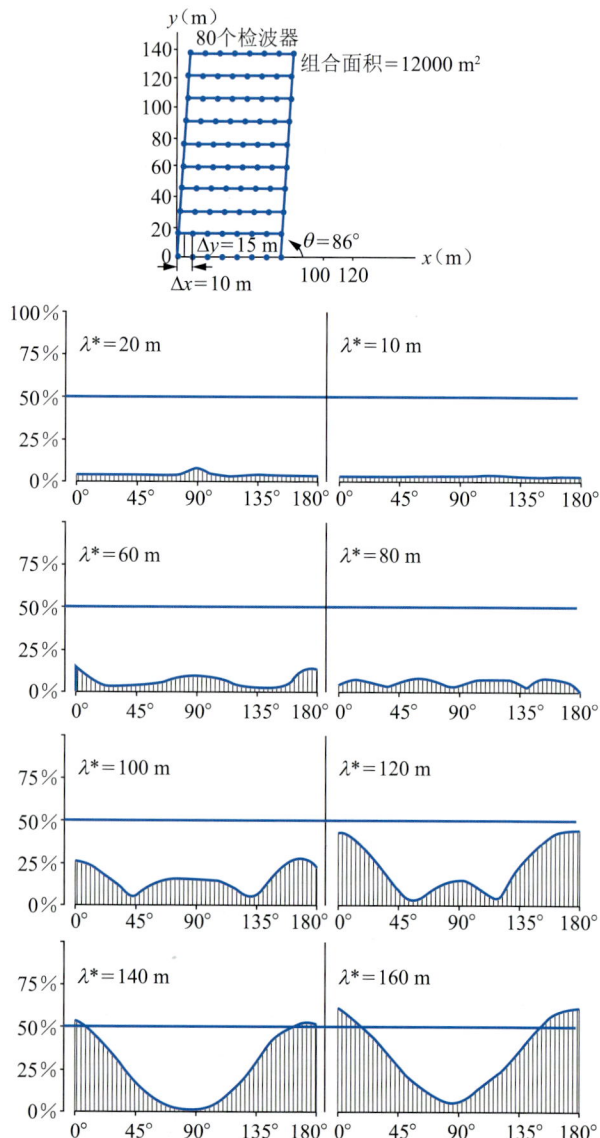

图 30　80 个检波器组合的方向特性

的差别只在小数点后第三位。因此看到：在80个以上检波器的情况下，要获得好的组合效果并不一定需要使用大量的检波器，而关键在于控制一定的、较大的面积，并且各检波点分布尽量均匀。这个例子还告诉我们，如果我们的目的并不是开展高频勘探，或者首要的任务还不是提高分辨率，而是要获得好的反射记录，那么小于5～6 m的组内距是没有必要的。同样，震源车每次震动的行车距离（震距）3～6 m也往往是得益不多的。

同样，图27的96个检波器，如果将其x方向组内距由6 m改为12 m，即把检波器减少到48个，其组合方向特性曲线也是基本不会变化的。只有视波长接近或小于12 m时，才会有所差别。

（十二）组合小线的连接方法

组合线的连接可采用串并联两头有夹子的三芯电缆，顺次头尾相接，以弓字形联成平行四边形，如图27所示。为了加大排距△y，小线头上的连接线应留有10～15 m距离，便于拉开横向距离。两头是不能互换的，只有一头有夹子的组合串，另外加设一根长100～200 m的"小线加长线"。在此小线加长线上抽头，夹夹子，以梳状联成平行四边形（图30）。面积组合后小线较多，为防止施工中汽车压坏检波器或碰掉检波器夹子，应将整个检波器组合面积偏向大线的一边，而将震源组合（或炮井）面积偏向大线的另一边。其共反射点仍位于测线下方（或作适当距离改正）。这样做将会大大方便野外施工，保证记录质量。

（十三）组合图形与道间混波

关于这方面首先需要说明的是，一个组合图形的合理性不能只考虑一个地震道，还要考虑相邻道的检波器不要互相叠置在一起。对克服次生干扰来说，切忌检波器成堆，一定要使它们互相均匀错开，使每个检波器都发挥其应有的一份作用。在设计完组合形式后，应把相邻道的检波器位置绘在一起，看看它们的分布是否均匀。

第二，在强干扰区相邻道的检波器互相横跨较严重的情况，应设法考虑用室内混波采达到相似的效果。

例如当组合平行四边形沿大线方向的底边边长——"有效跨距"正好等于两倍或三倍道间距时，完全可以用相邻两道或三道间的混波来达到几乎相同的组合目的（当然这会牺牲一些接收动态范围）。因此，如果有效跨距比道间距大0.5倍时也就算了。超过道间距一倍时就应该设法发挥混波的效果，尽量减少检波器的严重跨道。但对克服随机干扰来说，自然是检波器愈多，其统计消除干扰的能力也愈强，这可以把原来跨道的检波器压缩到该道自己的面积中来解决。

第三点需要讲的是单道的组合形式还需要考虑与混波配合后的总效果。并且要与震源组合形式的方向特性联合在一起作统一考虑。

（十四）强干扰地区可控震源记录的改进

在西北的一个强次生干扰地区，可控震源工作方法不过关。最近通过加强面积组合，增加检波器数量，增加扫描长度及增加震次，使记录质量有所改进。

图31与图32对比，后者的检波器从前者的每道48个增加到96个；组合方式由前者不等灵敏度直线组合改为面积组合（9600 m²）；扫描长度由前者的10 s加长至30 s；震次由前者4台各10次增加到4台各30次。图32的信噪比显然比图31大有改进。

根据本区以往试验资料，增加震次不是改进反射品质的主要因素。增加扫描长度有些好处，它能使相关子波（克劳得子波）的边叶变小，主相位突出，同时也增加了能量。但是在次生干扰强的地区，激发能量强一倍，次生干扰与反射信号也各增强一倍。结果信噪比还是不变，剖面质量也不会有大的改变。当然，增强能量对克服环境噪声（如风吹、草动、人动等因素）是有好处的，因为后者不随激发能量增强而加大，但一般来说,环境噪声比有效反射波小,所以它是居于次要地位的。

我们分析记录改进的主要因素是面积组合和增加检波器数量,而加长扫描长度是次要的,震次所起作用不大。如果在倾角平缓的本工区能进一步加大组合面积,并将震源车也拉开大面积,定能取得更好的效果。

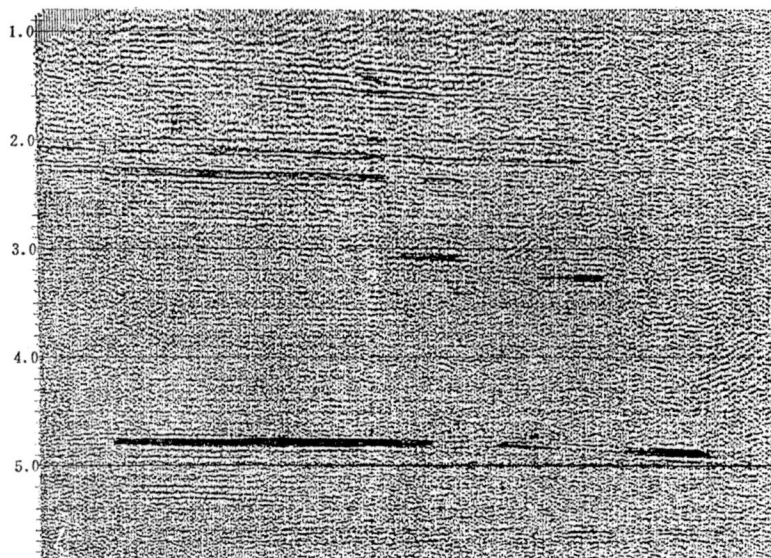

图31　X49测线水平叠加剖面(直线组合)

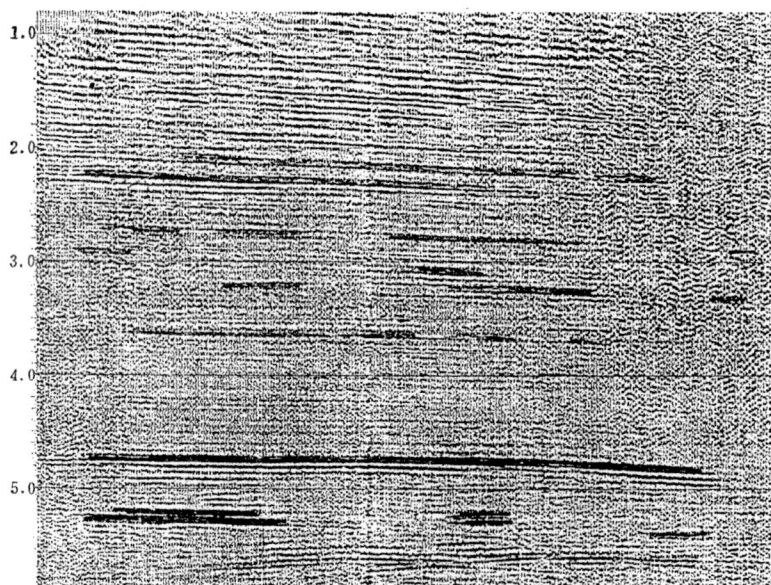

图32　X49测线水平叠加剖面(面积组合)

(十五)面积组合的统计效应

按照理论计算,精心设计的组合效应应该能够压制一个干扰面波,并使它减弱到1%以下。但实际上,由于干扰波本身不是连续的简单正弦波,而是脉冲波,并且是视周期在变化的脉冲波。另外,检波器本身的灵敏度会有不一致,与地耦合后灵敏度更不一致。所以,实际上,野外检波器组合压制面波的效果总不像理论上那样好。其实,它主要还是靠的统计效应。

讲清了面积组合的好处后,还会在具体的野外施工条件上遇到各种困难。例如有不少人担心沿y方向横向拉开组合后,在地形有高差时会产生时差,使组合效果变差。尤其是丘陵地区及沙漠区,这个担心更是普遍。其实搞直线组合沿大线方向的高差也照样有这个问题，为什么过去没有人反对采用沿大线方向的直线组合呢？这里面有一个习惯问题。往往在计算地形高差所造成的时差影响时，有时也有点夸张。我认为在面积组合时，个别排列上个别道的检波点时差稍大些，一般还不至于产生很坏的影响。因为我们依靠的是大面积的统计效应。至于埋置条件，应该根据实地作适当的位置移动，这本来是允许的而且也是必要的。其实，对大面积的组合来说，在野外施工中不必过于拘泥于保持组合图形的绝对准确性，只要强调根本的三条就可以了，即：① 占据一定的面积；② 检波点分布较均匀；③ 组合中心点位置不差 1/4 个道。当然强调了埋检波器的灵活性就有可能会导致养成施工不严格的坏习惯。但当前地震队在组合方式上的主要倾向是只图直线组合的施工方便。不少队按设计要求需进行面积组合，但在施工中自动"退化"为直线组合；不少可控震源队按施工要求需将震源车"雁行排列"前进，但到了施工中期自动"蜕变"为"鱼贯而行"，使记录质量下降。因此，希望大家多宣传面积组合的好处，发动技术工人掌握要领，努力根据实地情况，把检波器"点阵"摆开来。

（十六）根本的出路是采用多道地震仪器接收

对于我国南方的山地地震勘探来说，强烈的次生干扰与严重的静校正问题同时发生。面积组合（其实直线组合也一样）由于在组内各检波器的到达时差超过半周期而成为真正的难题。对于这种情况，多道地震仪器才是解决问题的根本措施。我认为这是今后仪器制造业发展的一个重要方向。对我国来说，地震困难工区比较多，现在就应看到这个矛盾，提前下手作好准备。目前国外已能生产多种型号的多道仪器，我们应根据我国具体情况，瞄准简易可行的设计目标，及早攻下这个装备关，造出千道地震仪来。

千道地震仪在野外施工中最好不要每道只埋一个检波器。因为前面已经说过，由于低速干扰的存在，你把检波器埋在左脚下与埋在右脚下所得到的地震道波形是不相同的。所以应该尽量在周围较平的地点，以 3～10 m 的小半径作检波器组合，以克服低速次生干扰。

千道地震仪所得之记录，应先根据初至折射波的到达时间作低速带静校正，然后再进行简单混波或"时差混波"，将地震道合并成 48 道左右，再进行常规处理。

三、处　理

前面已经指出，克服次生干扰的任务还有一半要靠在室内处理中加以解决，所以有必要写以下几个部分。

（一）单道处理的局限

如果给你一道地震记录，你能指出这条曲线上哪个波峰是干扰，哪个波峰是有效反射波吗？这个问题的答案显然是不可能的！除了特别胖的低频波我们判断它是面波和特别瘦的高频波我们怀疑它是声波或者刮风微震外，一般对中频波是无法判断它是否是干扰波的。同样道理，人无法判断的事计算机也是无能为力的。但是很遗憾，在当今的地震数字处理中，大家习惯于只用一个道来作各种运算。目前的常规处理方法是先作反褶积，再作动静校正，叠加、时变滤波和道均衡。其中只有水平叠加是明显具有提高信噪比作用的，频率滤波也能有点帮助，而反褶积往往还降低剖面的信噪比。因而，在强干扰地区，有时一条剖面作了许多复杂的运算，花了很多机器时间，甚至出了叠偏剖面，但结果剖面上一片紊乱，没有一点实际效果。追根究底，其原因之一是野外原始记录上干扰较强；其二，在处理中没有采取有效的克服干扰的办法。

我们认为克服干扰的有效方法除了水平叠加和频率滤波之外，不能忘掉"混波"、"二维滤波"和"相干加强"这三种手段。它们才是不仅仅根据一个道作文章的所谓多道滤波方法。这些方法只有根据许多道才能区分信号和噪音（在某种意义上说水平叠加也是一种多道滤波方法）。可惜前面所说的三种方法常常不被处理人员所采纳。不愿采用混波的原因是怕所谓"蚯蚓化";不愿采用二维滤波是因为太耗费机器时间;不愿采用相干加强的原因是太费机器时间,再加上它不能保持相对振幅。此外,个别人以为这三种模块在国外常规处理中基本上不采用,因此我们也不宜采用。

以上这些问题需要讨论并加以澄清。

（二）时差混波是野外组合的必要补充

前面已经指出,野外组合所没有克服的那一部分干扰波,完全有必要用室内混波的方法加以继续压制。在强干扰记录上,应该在解调的同时就在单张记录上作三道间的100%或50%混波。而且在地层倾角不太陡的地区,最好是考虑相邻道动校正量之差的"时差混波",即顺着按预测速度动校正双曲线进行混波。这样做的目的是为了在一开始就使道集内各道波形具有较高的原始信噪比,使以后的速度谱质量得到改进,并使自动静校正有一个良好的基础。

在强干扰区的地震资料处理中,我们的确看到有的剖面做了自动静校正还不如不做静校正的好。这是因为原始道的信噪比不够高,造成静校正量的判断错误。不要以为做自动静校正总是好事,问题在于在什么样的信噪比基础上才能做自动静校正,必须要事先搞清楚在时窗内有没有好反射波,它在单道上是否足够清楚。

至于"蚯蚓化"问题要具体问题具体分析,根据物理地震学的基本概念:地下来的反射信号在记录上本来是应该波形渐变、能量渐变的。几个波互相干涉后,完全可以产生"蚯蚓化"的干涉图形。所以说,见到"蚯蚓化"不一定是假的记录。但随机干扰也会由于三道混波而产生3～4道的短轴,并且由于视同相轴的旋转现象[1],也会造成3～4道短轴的"蚯蚓"。这种"假蚯蚓"可以通过相干加强多道滤波在叠后加以去除。对低信噪比记录的处理,重要的是要提高信噪比,因此混波是值得采纳的。试看过去51型光点记录,每当混波器未触发就产生一张废品记录,只要打开混波器就变成一张优良记录,可见混波之重要。当然,现在大部分地震队道距已增大到50 m左右,所以混波程度要选择合适,对倾角较陡的工区应适当降低混波比。

对于速度谱质量较高(即道集上能明显看到一次反射影子的情况)的原始记录就不一定需要在叠前做混波了,可以在叠后做。因为叠前经时差混波再叠加的剖面与叠前不混波而在叠后混波的结果是等效的。后者可以节省一些工作量。

（三）顺轴混波和全倾角混波

为了防止混波压掉倾角较大的反射,有一种"顺轴混波"的方法也是可行的。物探局研究院所编的"顺轴混波"程序用多道开时窗,用互相关自动找出同相轴的1～2个主要倾斜方向,然后顺着同相轴的方向进行道间混波,可以大大压制道间不相关的或倾斜度大于规定值的干扰波。这种方法在叠后改进剖面质量也是可取的。胜利油田地调处甚至采用全倾角混波(即每个采样点都沿各倾斜方向混波一次,然后把累加结果输出)也取得压制干扰的效果。此法不用寻找倾角,也不用作判断,故大大加快了运算速度,适合于小型计算机处理资料。

（四）速度谱道集要首先去掉干扰

速度谱要求原始道集有一定的信噪比,在随机干扰为主或者浅层多次反-折射波为主的情况下,速度谱计算双曲线上所获得的振幅实际上主要是取自干扰波,当然它算不出合理的速度谱极值点来。最近我们用理论记录证明了随机干扰波能使速度谱产生很大的假象,使速度谱根本不能用。

信噪比低的原始记录本来需要依靠水平叠加来提高信噪比,但是,如果不注意得好速度谱,选错了叠加速度,则将使有效波在水平叠加时反而自相抵消。要作好速度谱,第一步必须把原始记录上的强干扰波去掉。在低速带多变情况下要作好静校正,在激发频谱多变的情况下,必需在脉冲反褶积后加上一定的带通滤波,然后根据道集的实际情况决定谱前切除量。谱前切除只切掉折射波而保留反射的动校正拉伸畸变带(后者在叠前切除中再去掉)。这样准备好了的道集才能用来计算合理的速度谱。计算时并应选择足够的 CDP 点数(OT)和叠加矩阵数(NM),才能最终获得好的速度谱。衡量速度谱合格与否的标准是:经过 CDP 叠合的按预测速度动校后的道集上,肉眼能看到有效反射同相轴的影子,且在谱上出现较集中的能量团。对于不可靠的速度谱,还不如干脆用变速扫描来决定叠加速度。

（五）合理地使用二维滤波

对于用二维滤波压制干扰的作用是没有人怀疑的。并且 F-K 域的视速度滤波无疑会比仅仅在波数域中加工的混波效果好得多。因为在视速度域中,相对来说,干扰波与有效反射波比较容易区分开。

二维滤波压制干扰的能力大概不能用简谐正弦波来计算。理论计算可以压到 $35 \sim 40$ 分贝,但实际上做不到。这是由于干扰波不是简谐正弦波而是脉冲波,并且是一种不等振幅的、时距曲线非直线的脉冲波造成的,这是需要注意的。此外压制区的门不能开得太大,否则会造成"炕席现象"。这点,我们在文献[1]中也作过分析。在具体使用二维滤波模块时,合理选择参数,包括对去不去假频的考虑也很重要。参数不合适,则起不到应有的去干扰作用,还会损害有效波。

考虑到这种二维滤波费计算机时间太多,因此,可以在叠后做。当原始记录上规则干扰(尤其是浅层折射干扰)太强时,必须叠前在单炮记录上先去除干扰。然而,不规则干扰太强时,还是用混波效果更为明显。

叠前在 CDP 道集上做二维滤波的方法具有它独特的功能。它可以较彻底地消除各种多次反射、转换波以及其他异常波,以突出反射有效波。这个方法需要做动校正及二维滤波后的反动校正,占计算机时间更多,一般只能少量试做。

（六）相干加强有很强的去干扰能力

混波及二维滤波消除干扰的方法都是把一个干扰波的振幅能量按某种算子规定的百分比分配到相邻各个道上去。这种线性滤波去干扰方法还是不彻底的。例如三道混波就是把一个随机干扰分成三份分配给相邻两道,干扰波的能量化整为零了。某种场合它与相邻道的干扰波互相抵消,某种情况也可能会互相加强。所以说,这些线性滤波方法是消极的方法。好比某人在吃鱼的时候把鱼骨、鱼刺嚼碎了咽下肚去。其实积极的办法是把鱼骨、鱼刺挑出来吐掉!

"相干加强"是一种非线性滤波方法。它可以把道间不相干的那些干扰直接压小,而不是按比例分配给别的道。

道间不相干的波肯定是干扰,但道间相干的不一定都是反射信号。对于野外面积组合所剩余下来的那一部分高速干扰来说,它们主要是平行或反平行于折射初至的道间相干的干扰波,相干加强也能把它们去掉。只要我们根据有效波与干扰波的视速度分界(大致是在 3000 m/s ～ 5000 m/s 之间)来定义相干加强的倾角扫描范围(PA 及 PB),使视速度较低的规则干扰(如折射波及沿大线方向的次生高速干扰)也得到压制(比 4000 m/s 视速度还要高的侧面次生高速干扰只能依靠在野外用 y 方向的大基距把它压掉)。

这样,"相干加强"就能在叠后帮我们较彻底地压制干扰,得到比较"干净"的水平叠加剖面。

由于"相干加强"模块使用了相关函数作加权系数,对道的振幅进行了非线性改造,自然会引起反射振幅产生一些振幅改造,这是一种弊病。这种弊病应该在今后设计"相干加强"新模块时加以改进。能否使道间相干的那一部分"信号"不受或少受非线性改造呢?我认为是可能做到的。此外,实际上还有很多模块都对真振幅有改造作用。如褶积、振幅补偿、各种道均衡等。不只是相干加强才有振幅改造作用。

目前的"相干加强"程序对强干扰地区来说,在叠后做一次还是十分必要的。我们不能因噎废食,不能因为它对真振幅有些改造而不用它。经常看到没有去掉干扰的剖面上存在大量"麻麻点"和"下雨般一片斜线条"。这种剖面交到解释者手里,往往造成反射波无法正确追踪,换算层任意换算,或者任意开断点,甚至把水平叠加剖面上的"麻麻点"解释成地下的"砂砾岩混杂堆积"、"河流冲积相";把次生高速干扰解释为"斜层理"或"河床切割"现象。这的确需要首先从思想上统一认识,让大家意识到水平叠加剖面上的"麻麻点"和"下雨般的倾斜线条"绝不是地下的真实反映,而是干扰。

下面是一个强干扰地区低信噪比野外资料通过处理得到补救的例子。

图33是野外采用48个检波器不等灵敏度直线组合,用可控震源作24次覆盖的水平叠加剖面,层次很难分辨。图34为同一资料经过叠后三道混波再加上一次相干加强处理后的结果,信噪比得到很大改进。我们相信,如果野外采用大面积组合,再做这些处理,一定会使深层资料得到更大的改进。

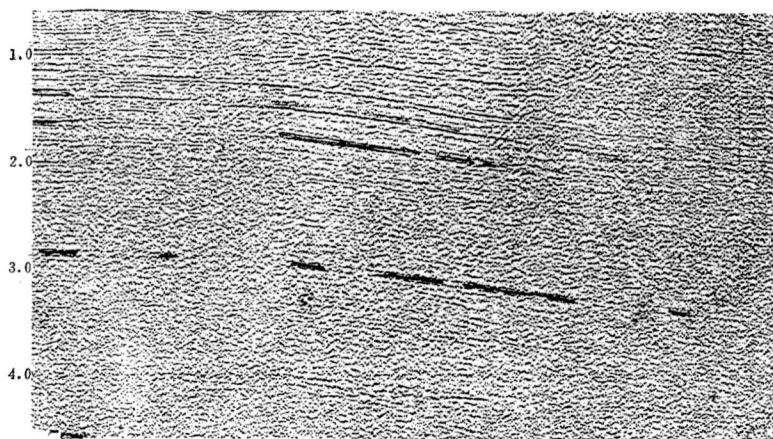

图33 YH-81-55测线水平叠加剖面

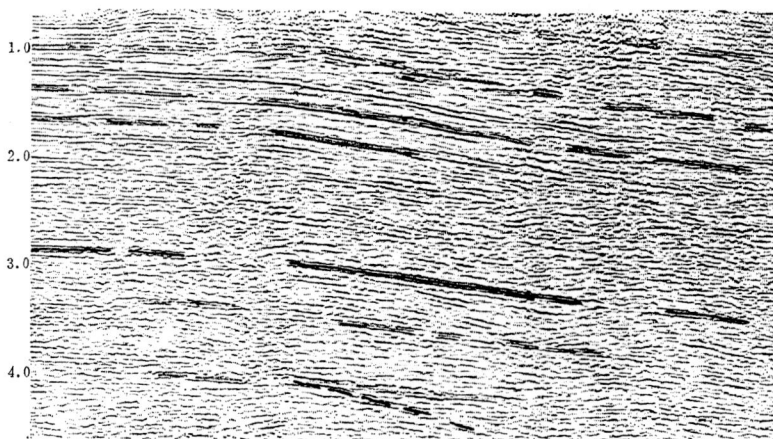

图34 YH-81-55测线剖面
(水平叠加、三道混波后做一次相干加强)

其他克服强干扰的处理方法还有"自适应叠加"及"超叠加"等。它们是在共反射点道集中进行多道非线性叠加的克服干扰的方法。这些方法也是值得提倡的。

如何在室内处理中较彻底地去除干扰背景,从而使地震反演问题得以顺利解决,这还有待于今后做深入一步的研究。

总之,与噪音做斗争的问题,在数据处理方面需要我们深入研究的领域还相当广泛。

四、结束语

　　自从 1965 年笔者与俞寿朋、刘成正、刘雯林等同志发现次生干扰是我们地震勘探的真正"敌人"以来，当时已经过去二十多年了。很遗憾，由于低频检波器的采用，许多同志(包括我本人)的视线多年来被面波所挡住，总以为各种原生面波能量最强，因而是我们的主要敌人；而地震教科书上的传统干扰波调查方法又加深了这种成见。直线性组合被认为是天然合理的，从而面积组合始终难以推广。

　　近年来随着地震工区逐步由简单平原区移向沙漠、黄土塬、丘陵山地，甚至喀斯特地形复杂区，不认真对待次生干扰，我们就会找不到改进信噪比的方向。看来现在是提出推广面积组合和作好千道地震仪的准备的时候了。我们殷切地期待着这些地震困难工区早日被我们"攻占"。关于干扰波的性质以及它在反褶积中的破坏作用也尚待认识深化，处理过程中如何获得"高保真"的纯反射信号，使地震反演问题获得满意的解答，也是今后我们研究的重要课题。最后，三维地震加面积观测的记录，通过空间归位可能是解决去除各种次生干扰的彻底方法。因为次生干扰波将归位到深度等于零的地平面内，不再与有效波纠缠不清。

参 考 文 献

[1]　胜利油田地质处. 地震波的基本性质——复杂断块区的反射波、异常波和干扰波[J]. 石油地球物理勘探,1974,1-2.
[2]　第二物探大队 249 队. 四川盆地 DJB 地区表层干扰波的调查和多次覆盖试验的初步成果[J]. 石油物探,1976,2.
[3]　陆邦干,等. 黄土高原地震勘探方法[J]. 石油地球物理勘探,1982,2.
[4]　新疆石油管理局地调处. 砾石区地震勘探的"三大"工作方法[J]. 石油地球物理勘探,1978,3.

文章编号 109-1

论地震约束反演的策略

为了提高地震资料反演的精度,通常在测井资料的帮助下,采用逐步修改地层波阻抗值及修改子波,然后用褶积模型正演出合成地震记录,求其与实际地震道之间的误差。根据此误差,再作摄动,修改波阻抗模型,直到误差趋于最小为止,(如 SLIM, BCI, ROVIM 等)。然而,由于地震资料的高频信息往往不可靠,故对高频信息的反演是不准确的。本文证明,有效频带之外的地震高频信息永远是多解的,而且是无约束力的。因为高频信息不能通过褶积模型做出合理的检验。

于是,正确的反演的策略是:直接用地震资料"有效频宽"的中频信息,加上直接根据测井资料的高频信息的内插。再加上测井资料的低频分量的内插。三者相加,就得到最合理的结果。

当然,这样做后,还不能保证反演结果在面上都得到准确的结果,但是能够避免地震高频信息误差的误导。

反演结果的高频薄层信息在井附近是准的,离开井愈远就愈难保证它是准确的。我们只能努力做到尽可能求得合理的答案。但没有打井的地方,反演薄层的准确答案永远无法知道。因为那里没有高频信息的来源。

李庆忠.论地震约束反演的策略.1998,33(4):423-438.

▶ 摘 要

本文发表于石油地球物理勘探。

当前有井约束反演方法(如 SLIM, BCI, ROVIM 等)多采用以下步骤:① 通过逐步修改地层波阻抗值及其厚度值和子波,然后用褶积模型正演出合成地震记录,求其与实际地震道之间的误差;② 根据此误差,再作摄动,修改波阻抗模型,直到误差趋于最小为止。然而,由于地震资料的高频信息往往不可靠,故对高频信息的反演是不准确的。本文证明,有效频带之外的地震高频信息永远是多解的,而且是无约束力的。因为高频信息不能通过褶积模型做出合理的检验。

文中提供了一种测井约束的简易可行的反演方法。其基本思路是:① 在地震资料的有效频带范围内,采用常规的 Seislog、Glog 等方法,得到地震数据中的中频成分的波阻抗信息;② 有关低频和高频成分的波阻抗信息只能由测井资料的内插和外推获得,此时只利用地震资料的层位信息控制内插方向;③ 将低、中、高频三条波阻抗剖面相加,得到最终反演结果。

▶ **关键词**

地震数据　约束　反演　策略　褶积模型　波阻抗　测井数据　频率　插值

引　言

测井资料的分辨率很高,但它只是一"孔"之见;地震资料的垂向分辨率虽然较低,但它在空间域有着较密集的数据。为了取各自所长,人们在波阻抗反演中使用了以井中测井数据为约束的地震资料反演技术。

当前流行的有井约束反演方法包括:BCI、PARM、ROVIM、SLIM 等迭代反演方法。它们一般采用如下步骤:即先通过逐步修改地层波阻抗值与其厚度值,同时修改相应的子波,然后作一次正演,求其与实际地震道之间的误差;据此误差,再作摄动,修改波阻抗模型,直到误差很小为止。这种反演在每一次修改波阻抗之后,都用褶积模型作正演,即以合成地震道与实际地震首作比较来检验。可见,井中波阻抗与地震道波形在反演过程中是互为约束的。井中资料是作为井旁道的强约束条件;而在远离井孔的地方,地震道的正演褶积模型起着约束作用。

对于这些迭代方法(例如 SLIM 及 BCI),往往由于波阻抗模型需要反复修改,过多耗费计算机时,而且所得到的结果有时还是虚假的分辨率。值得注意的是,人们在做这项工作时常常忘记了一个事实:"在高频范围内,地震资料在反演中是没有任何约束力的。"因此有必要讨论"褶积模型"的有效条件。为了叙述的方便,我在本文中将整个频率域划分为三个部分:即高频分量、低频分量及中频分量。所谓"中频分量"是指"有效频带",而"有效频带"就是指信噪比大于 1 的那些频带。在地震有效频带之外,是不存在什么有效信息的。

一、褶积模型试验分析

笔者曾在《走向精确勘探的道路》[1]一书中明确指出:高频信息不可能通过褶积模型来做合理的检验;相反,在噪声大于信号的高频频带里,愈是想用褶积模型来做约束检验,结果错误愈多。为了证明有效频带之外的地震高频信息永远是多解的,而且是没有任何约束力的,我作了一个理论模型试验。

图 1a 是一个带有不同高频信息的地下波阻抗模型,共 25 道,采样率为 1 ms,道长(时间厚度)为 150 ms。各道波形在细节上差异极大(说明:此图基线已左移,在波阻抗值 6883[(m/s)×(g/cm³)]处,上方留有 20 ms 的空白段是为了避免后续褶积过程中的边缘截断效应)。在此图上用圆点及弧线标出了相邻道差异很大的部位,其中纵向上每个采样值为 1 ms,相当于厚度约 1.5 m。为了更清楚地显示图 1a 的细节,将其右方 11 个道的 25～125 ms 时间段纵向放大一倍,如图 1b 所示。可以说,这 25 道不同的波阻抗模型是极不相似的。但是若用一个 10～160 Hz 的带通子波与它们褶积后,得到的 25 道合成地震道波形却是完全相同的(图 2)。

为了证明它们的波形完全相等,可将图 2 的 25 个地震道两两相减,左方保留其第一道原始波形 X_1,其他 24 道的数据全都接近于零(相对值 $< 10^{-7}$,是单精度浮点数的舍入误差),如图 3 所示。这就是说,如果图 2 是反射地震道的波形,想用 SLIM 方法反演波阻抗,那么,图 1 中的任何一条曲线都是毫无误差的答案。换句话说,当迭代到其中任何一条曲线时,计算都会停止迭代。然而,地下正确答案到底是哪一条曲线是无法知道的,这便是反演中的多解性。

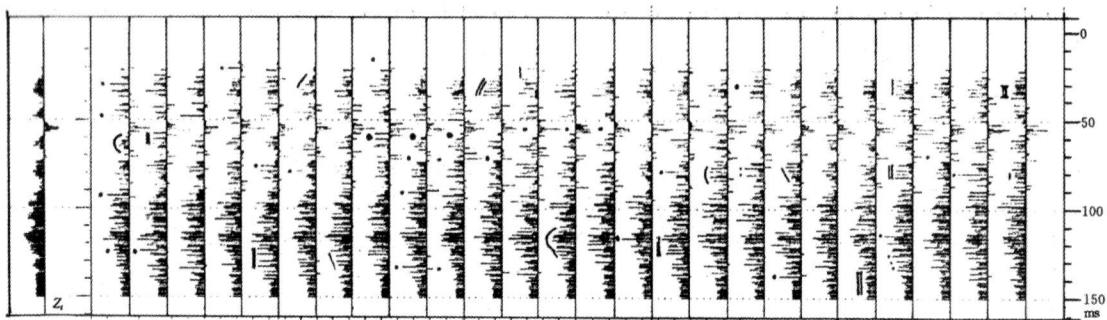

图 1a   含有高频噪声的反射系数道直接积分所得的相对波阻抗模型（25 道）

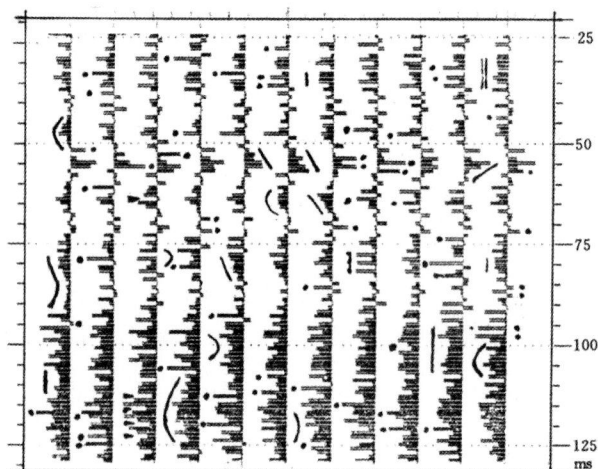

图 1b   将图 1a 右方 11 道波形的垂直方向放大一倍

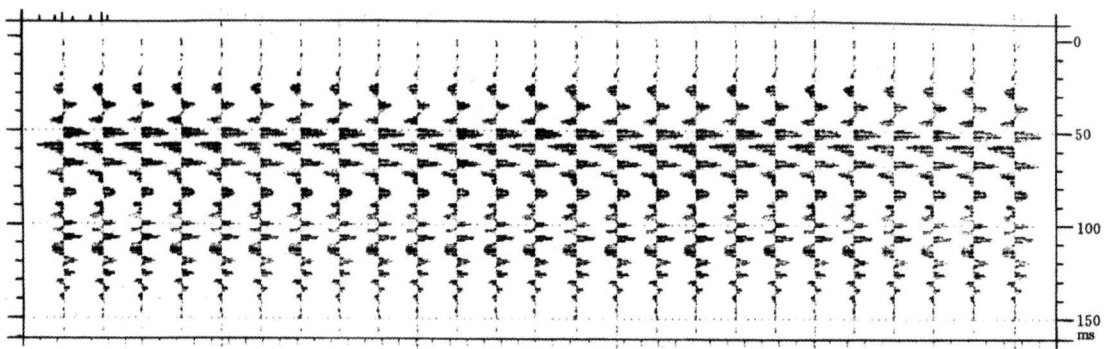

图 2   将图 1a 含有高频噪声的反射系数道去褶积地震子波 $W_t(10\sim160\,\mathrm{Hz})$ 后的结果——合成地震道
（25 道的波形完全一致）

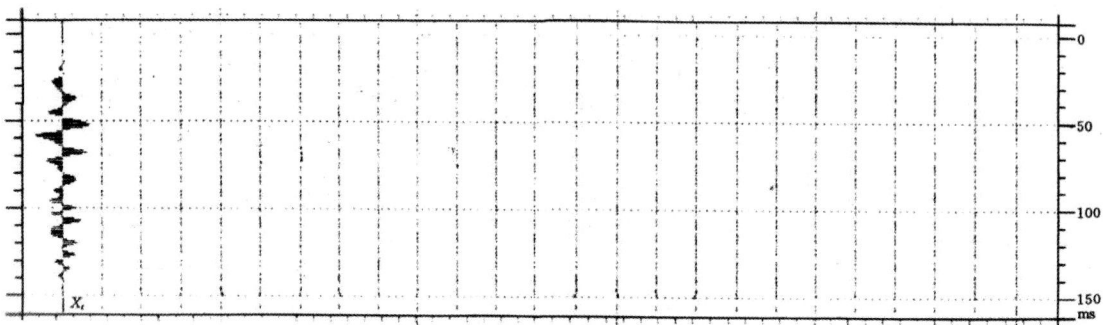

图 3   将 25 道合成地震道的波形相邻道两两相减，基本上等于 0

一般所说的反演多解性是针对于波与反射系数而言的,即一个方程式不能解两个未知数。我现在提出另一种多解性的含义是:由于子波是带限的,所以高于子波带限以上的高频成分永远是多解的、不确定的。同时指出,地震子波对反演中的高频信息是不具有约束力的,即高频部分用褶积模型是不起作用的。

现在我来解释一下为什么图 1 中的 25 条波阻抗曲线的合成地震道是完全相同的。

先假定地震子波是带限的,只具有 $10 \sim 160$ Hz 的信息,而且资料处理得很好,已经是零相位了。图 4b 绘出了地震子波的时域形态,即 $10 \sim 160$ Hz 的带通子波 W_t。采样率为 1 ms,其频谱为 W_f(图 4e)。现在设计另一个高频干扰的子波 H_t(图 4a),它的频谱为 H_f(图 4d),其通频带为 $250 \sim 500$ Hz。现在我们将这两个子波褶积一下,其结果是处处为零(图 4c)。用公式表示为

$$W_t * H_t = 0$$

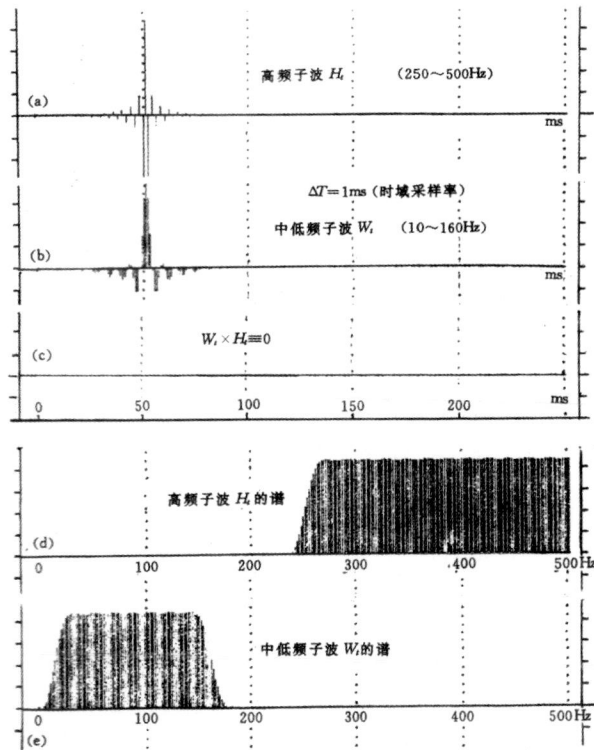

图 4　在反演过程中高频信息多解性的证明

(a) 高频地震子波 H_t;(b) 中低频地震子波 W_t;(c) $H_t * W_t \equiv 0$;(d) H_t 的谱;(e) W_t 的谱

下面设计一个地下原始的波阻抗模型 Z_t(图 5a),其反射系数序列为 R_t(图 5b),将地震子波 W_t(见图 5c,通频带为 $10 \sim 160$ Hz)与 R_t 褶积,得到合成地震道 X_t(图 5d)。将 X_t 积分得到积分地震道 S_t(图 5e),它能够较好地反映地下波阻抗的中频成分,也就是说它代表着处理得较好的相对波阻抗曲线,但它缺乏高频及低频成分。

现在用计算机产生一系列随机数,在 $+1.0$ 至 -1.0 之间变化,如图 6 所示,共 25 道,把它和设计的图 4a 高频子波 H_t 褶积,得到图 7 中的 25 条曲线,它们只包含 200 Hz 以上的高频成分。再把图 7 中的 25 个道每道加上图 5b 中的地下真实反射系数 R_t,得到如图 8 所示的 25 条反射系数曲线。然后将图 8 中的曲线用递推公式反演成波阻抗,就得到图 1。在图 1 的最左边框外绘了一条曲线,就是图 5a 中展示的地下真实的波阻抗曲线 Z_t。而图 2 就是把图 8 当成反射系数,经过地震子波褶积后获得的合成地震道。这样就完成了高频多解性的试验。

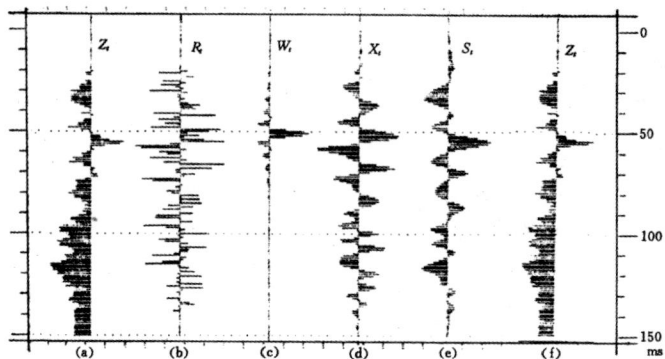

图 5 模型试算

（a）地下原始波阻抗；（b）地下反射系数；（c）地震子波；（d）合成地震道；（e）积分地震道；（f）地下波阻抗

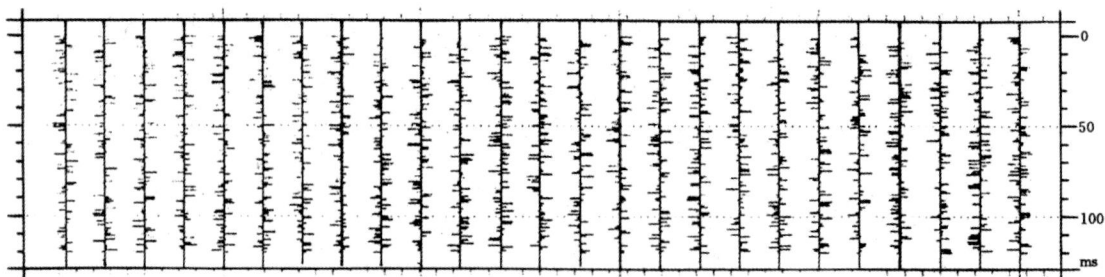

图 6 计算机产生的随机数（变化范围为 +1.0 ～ -1.0，共 25 道）

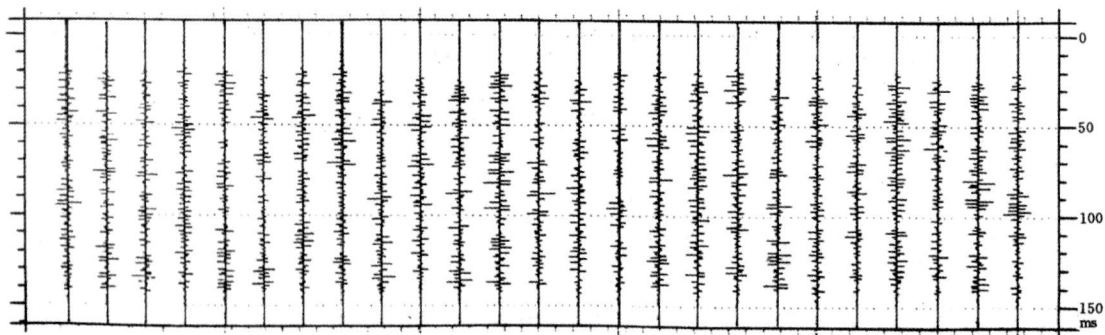

图 7 将高频子波和计算机产生的随机数褶积的结果（相当于 25 道高频的反射系数）

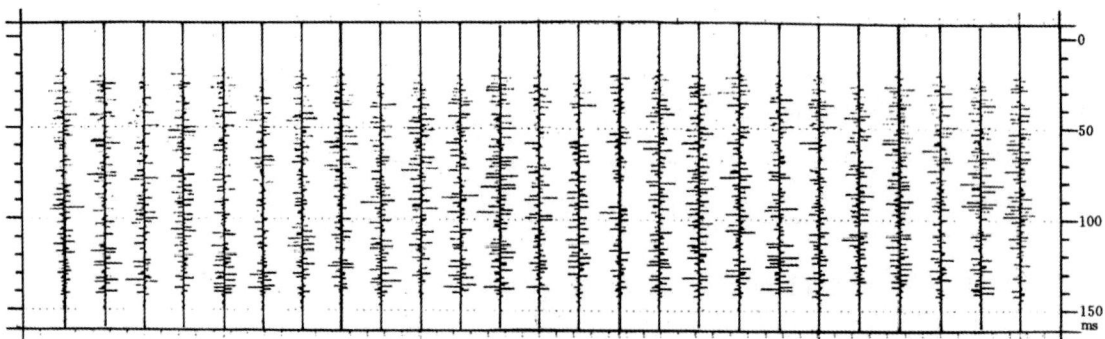

图 8 将地下反射系数（25 道）加上高频反射系数（250 ～ 500 Hz）之后的结果

（模拟含有高频噪声的地下反射系数道）

上述多解性试验也可以数学推演加以严格证明。假设计算机产生的随机数序列为 N_{tj}（图 6），j 为道序，$j = 1,2,3,\cdots,m$。以上例子中只取 25 道。图 7 即为 $H_t * N_{tj}$，图 8 就是 $H_t * N_{tj} + R_t$，于是图 2 就是 $(H_t * N_{tj} + R_t) * W_t$，令其等于 Y_{tj}。根据褶积的交换律与分配律可知

$$Y_{tj} = N_{tj} * (H_t * W_t) + R_t * W_t$$

因为 $H_t * W_t = 0$，所以 $Y_{tj} = R_t * W_t = X_t$，而 X_t 就是图 5d 中的合成地震道，所以 25 道都一样。

图 9 是将图 7 中的高频反射系数与地震子波褶积的结果，理所当然有

$$(H_t * N_{tj}) * W_t = N_t * (H_t * W_t) = 0$$

所以图 9 都等于零，数据相当于原来数据的 10^{-7}，仅仅是计算机的舍入误差。图 9 便证明了褶积模型对高频反演没有贡献，也就是没有约束力。

由此可知：SLIM 或 BCI 的这种做法既费机时，又没有太大的实际意义。

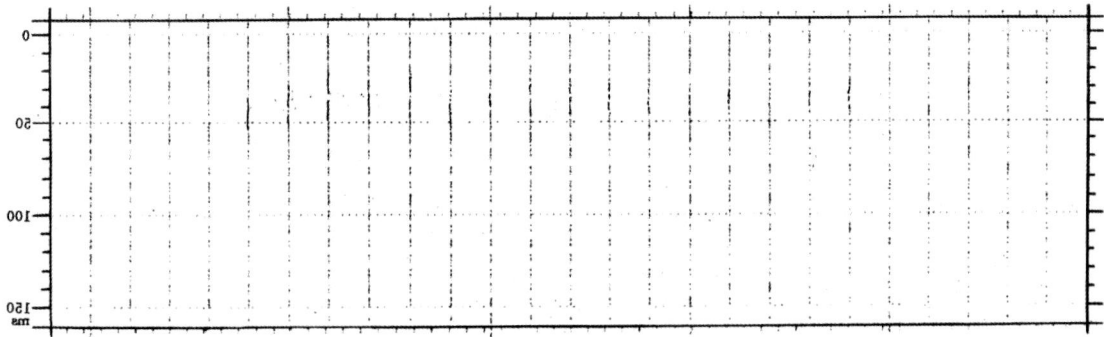

图 9　将高频的反射数与地震子波(中低频)褶积之后，每一道的波形都接近于零
(数据的大小只是 10^{-7}，仅仅是计算机单精度浮点数的舍入误差)

二、约束反演的最佳策略

我认为今后约束反演的最佳策略应该是：约束反演的地震剖面应当具有较高的信噪比及较高的分辨率，即随机干扰、线性干扰及多次波干扰已作了最大限度的压制，并有若干井加以控制，采样率一般为 1 ms。其具体实现思路可归结为如下步骤。

(1) 首先应当搞清地震资料最终叠偏剖面的"有效频宽"是多少。笔者建议采用"分频扫描"来检验信噪比大于 1 的频率带宽(即使用一系列大致为一个倍频程的滤波算子，经滤波后，看目的层附近有无反射波出现)。在下面进一步论证的例子中，假定有效频宽为 15～120 Hz。

(2) 设计三个频域归一化的滤波算子，即：低通频段(0～15 Hz)，高通频段(120 Hz 到折叠频率)，以及中频频段(15～120 Hz)。

(3) 对每口井中的波阻抗曲线都用三个滤波算子将其分成相应的三个频段的波阻抗曲线，供内插和外推用。

(4) 做好地震资料波阻抗反演前的子波准备工作，包括与井中反射系数序列在相同频带上作匹配滤波，以求进一步改善子波的振幅谱及相位谱(逼近零相位)。

(5) 从地震资料出发，直接用 Seislog、Velog、Glog，甚至用简单的积分地震道等方法，递推成中频带的相对波阻抗剖面(干脆不再使用复杂的 SLIM、BCI 等迭代算法)。

(6) 先对若干井中低频段波阻抗资料使用类似西方公司 PAIT 程序的处理方式(即用地震反射产状控制内插和外推，并保证其产状及厚薄变化符合地震剖面的规律)，由内插和外推求得一个较合理的低频分量的波阻抗剖面，如果速度谱的低频分量也足够可靠，当然也可以利用它来增加内插的合理性，但对局部速度谱低频分量的水平变化需要加密速度谱来加以证实。这也是目前大家共同的做法。

(7) 再对高频段也采用上述办法加以处理，即不再用褶积模型检验，仅仅使用井的高频资料作内插和外推。此时只有产状、内插方向和厚薄变化用地震层位来做控制，从而获得一个高频信息的波阻抗剖面。

采用以上方法得到的高频剖面当然也不会很理想,它只不过是人们对高频信息的最简单的内插而已。如果能够使用符合小层对比原则的波形内插方法[2],则高频波阻抗剖面可能会内插得更加生动一些,例如砂层的横向速度变化,以及一些透镜体砂岩层出现在剖面中。由于高频剖面的"准确性"本身是无法检验的,它只是人们所作的一个比较合理的猜测,所以不必苛求。因为这已经是地震勘探本身所不能解决的问题,它的准确性只能根据人们的地质知识来作判断。

（8）最后把以上步骤（5）、（6）、（7）中获得的高、中、低频三条波阻抗剖面相加起来,便形成最终的宽带约束反演结果（用频域归一化滤波算子才能保证不加错）。

三、宽带约束反演理论模型试验

为了证明我建议的这种做法的合理性,笔者作了一个理论模型试验。

此模型通过三口井,即S1、S2及S3井。图10就是这三口井波阻抗信息的放大显示,连线为地层对比的方案。图13是为这项试验设计的地下波阻抗剖面模型,有着复杂的砂层变化,采样率为1 ms。现在假定地震成果最后的有效频带为15～120 Hz,于是认为作反演时只有这个频带是具有约束力的。所以把整个频带划分为三个频段,设计了三个滤波算子。图11左边是这三个算子的实际形态:高通120 Hz算子的峰值为+0.7600;带通15～120 Hz峰值为+0.2100;而低通15 Hz的峰值仅有+0.02998,显示很微弱。为了便于说明问题,将三个算子分别归一化,其形状如图11右边所示。**这种算子称为"频域归一化"的算子,即在频率域中通频带内的振幅谱值等于1**。它们的优点是:把三个频带的高、中、低三个滤波部分加起来,完全等于原来的波形。图12中的④、⑤两条曲线就说明了S1井的三个滤波分量加起来① + ② + ③ = ④,恢复了原始的S1井的波阻抗曲线。

现在详细分析一下组成图13的三个分量。图14是其真实的低频分量,即用低通15 Hz对图13的褶积结果。此图上下和两端的振幅变小是由于滤波过程中模型的"边缘截断效应"所引起。所以,我在1020 ms及1220 ms位置各画了一条线,在两线之间的内容才是可靠的、可对比的。图15是这个模型的中频分量15～120 Hz成分,这是通常我们地震勘探能够研究的范围。图16是模型的高频分量（大于120 Hz）,这部分不可能由地震资料求得,这是在约束反演中地震不具备约束力的部分。

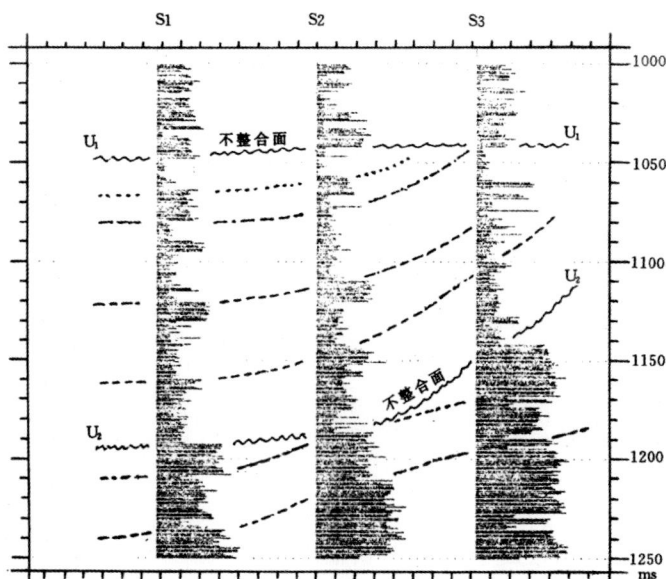

图10　三口井的波阻抗模型及其地层对比关系

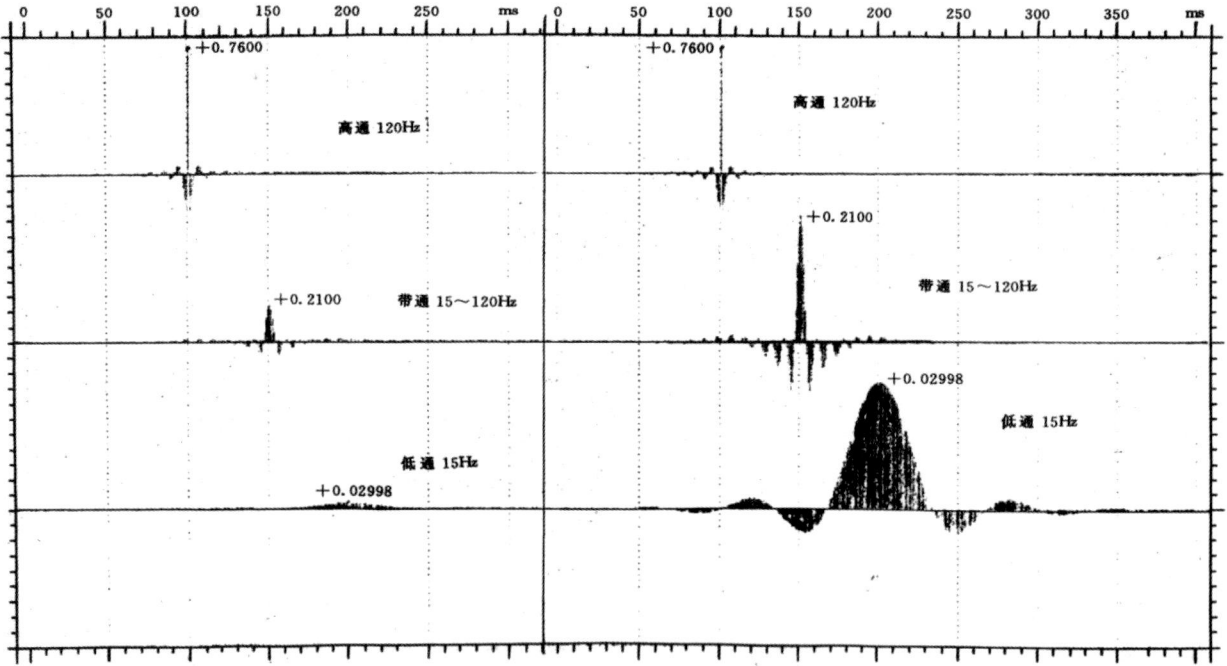

图 11   归一化后的结果显示

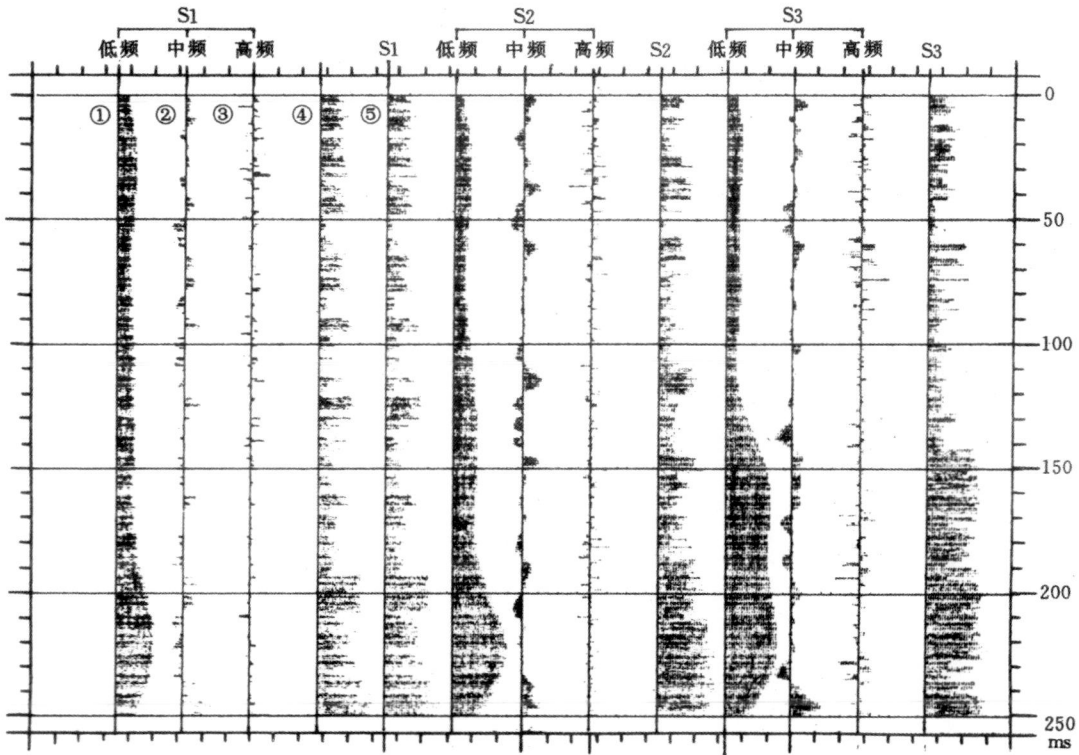

图 12   把高、中、低三个波阻抗分量相加可以恢复原始的波阻抗曲线

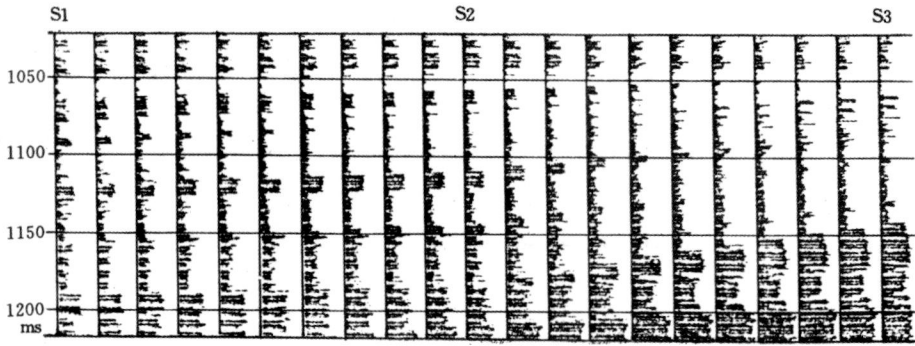

图 13　设计的地下波阻抗剖面模型

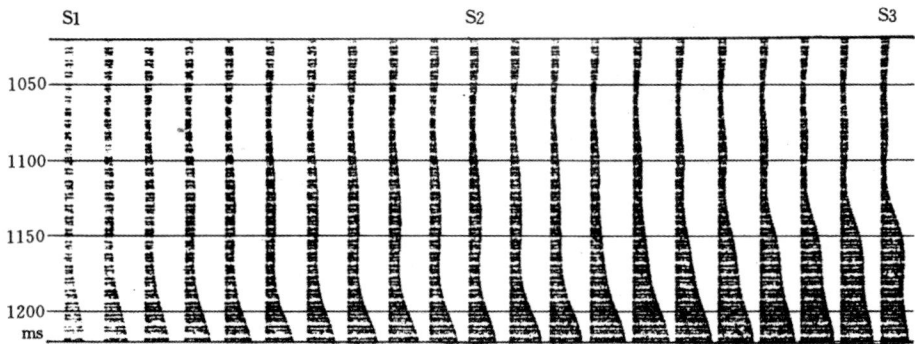

图 14　图 13 的低频成分

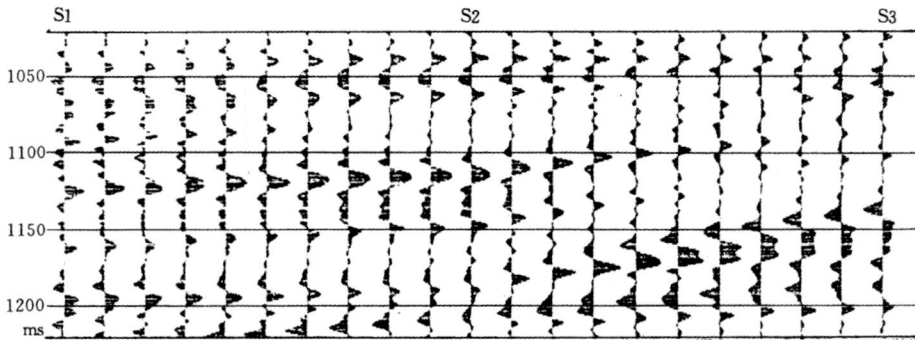

图 15　图 13 的中频成分

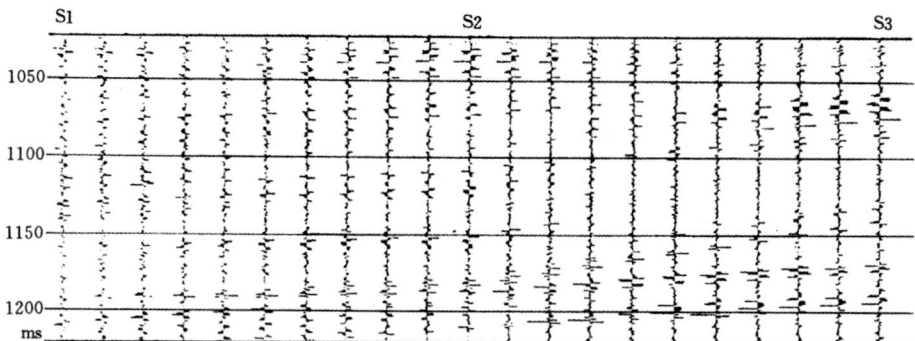

图 16　图 13 的高频成分

现在我们来研究一下如何由地震勘探资料获得中频分量。图 17 是严格按波阻抗模型推算而得的反射系数模型。把这个反射系数模型去和地震子波(这里用带通 15～120 Hz 子波)褶积,就获得了图 18。它就是我们的合成地震道模型,也相当于叠偏剖面。据此剖面便可以解释出地层是由 S3 井向 Sl 井倾斜,且有可以追踪解释的层位。

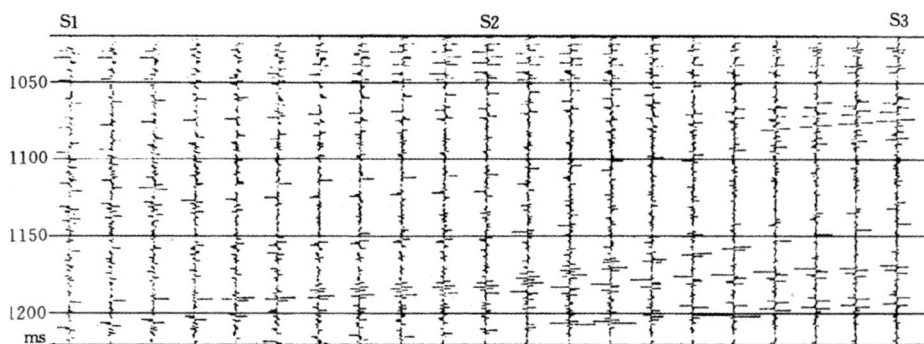

图 17　反射系数剖面

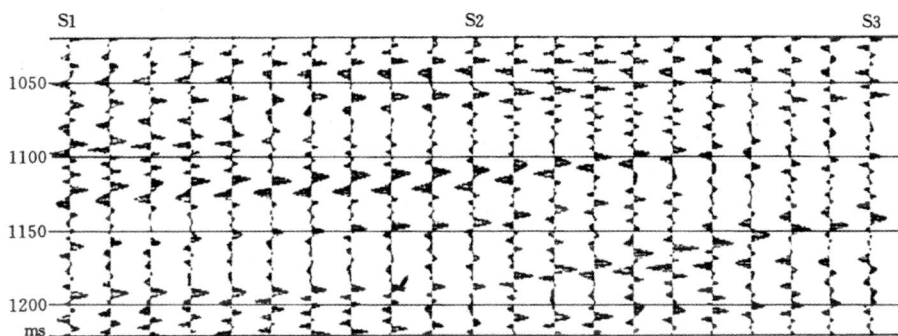

图 18　合成地震剖面

现在我们不满足于构造解释,还要进一步做反演,即将叠偏剖面图 18 反演成相对波阻抗剖面(图 19)。这里是用最简单的递推公式(用积分地震道也基本一样)。读者可将图 19 与图 15 作对比,它们是十分相似的,只有底部的一些层位波形有差别,这是由边缘截断效应所造成。

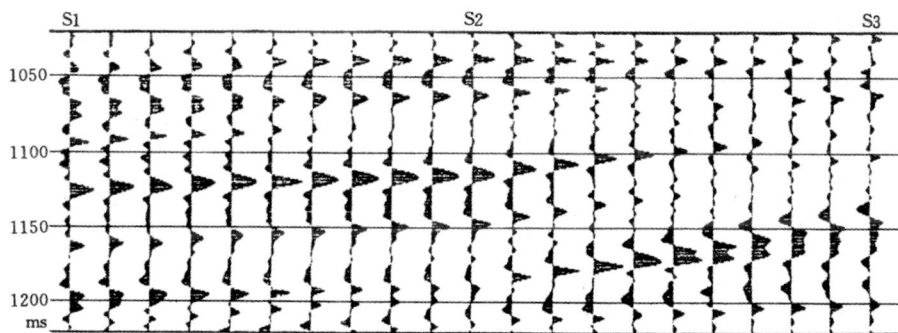

图 19　相对波阻抗剖面

如果假定不知道地下模型(图 13),现在只有三口井的资料,可以先把井的波阻抗用三个滤波档求得其高、中、低三个分量,如图 12 所示。然后从三条低频曲线出发,以地震反射层位作控制(控制其内插方向及厚薄变化),得到图 20 的样子,这是内插的低频分量。它的正确答案应该是图 14,它们是十分相似的。接着用同样的方法,从三口井的高频分量出发,用地震层位解释的产状控制内插方向及厚薄变化,得到图 21 的高频分量。正确的地下答案是图 16。而它们也是很相似的。

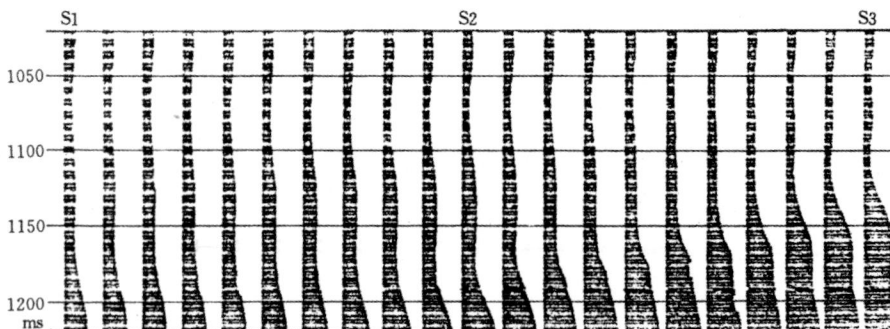

图 20　井内插低频成分

最后,我们完成本方法的最后一步:将图 19、图 20、图 21 三张图相加,得到本文介绍方法的最终成果(图 22)。这便是有井约束的最合理的结果。此结果和图 13 十分相似,除了个别细节有些差异外,整个薄砂层的变化特征也都反映出来了。我认为图 22 并不比计算迭代很复杂的 SLIM、BCI、ROVIM 的结果差。

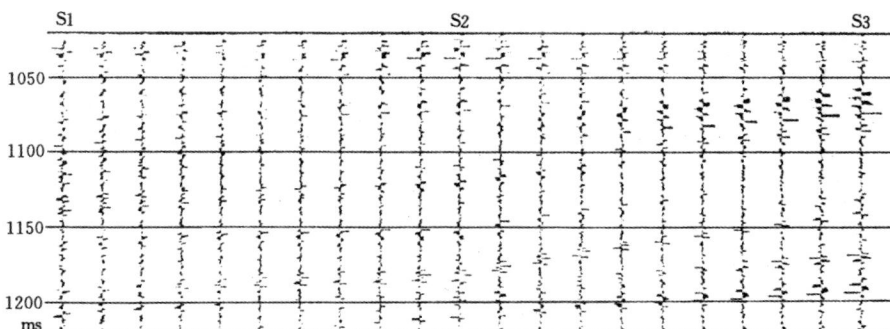

图 21　井内插高频成分

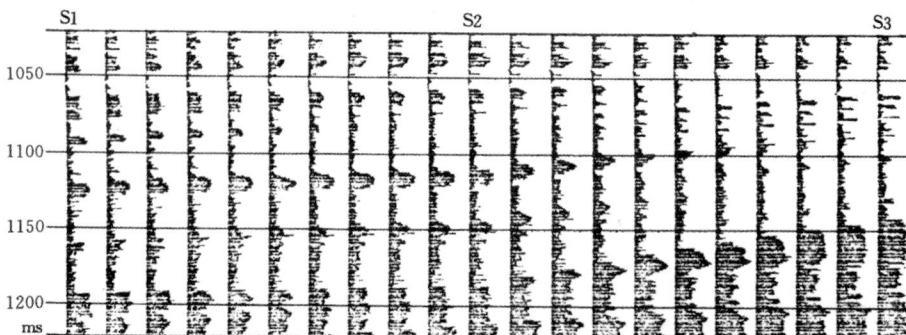

图 22　本文方法的最终结果(图 19、20、21 相加)

图 23 是直接将图 19 及图 20 两者相加(不加图 21 高频)的结果,这便是 Seislog、Velog 等方法的一般做法,即只将相对波阻抗加上低频分量。可以看出,我们宁愿要图 22 而不愿要图 23,因为后者没有利用井的高频信息。当然图 22 也不是没有缺点,因为它仅在三口井上是没有误差的。离井愈远,高频分量的误差也就愈大。其关键在于选用什么样的内插方法和具有什么样的内插精度。我在这个试验里从井内插高频及低频所使用的程序名是 SANDINTE,关于它的原理及功能请参阅文献 2。

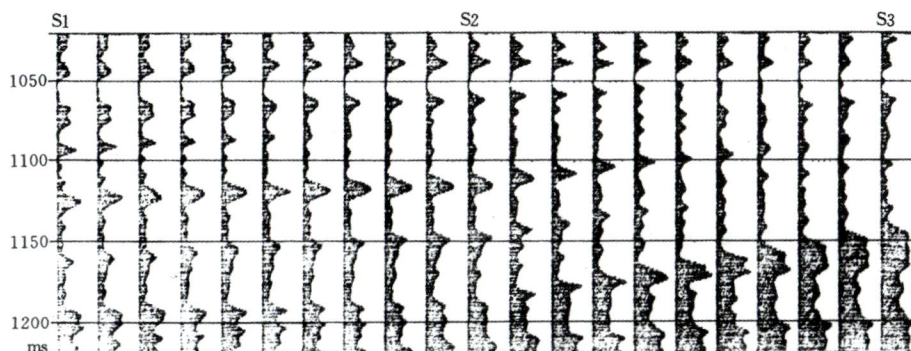

图 23 常规 Seislog 剖面

四、结束语

约束反演的最佳策略应该是：选用的地震剖面必须具有较高的信噪比和较高的分辨率，并有若干井的控制，采样率一般为 1 ms。一定不要勉强把不可能得到的高频信息反演得很认真（像 BCI、ROVIM 那样），那样做的结果是白费力气。因为地震资料的高频端永远是被噪声所占据，愈是相信它，结果很可能搞出一些假分辨率来。所以其高频部分还不如直接从井内插得到，这样更便于直观地判断其好坏。近来有不少学者试图采用人工神经网络技术，让计算机从已知井的高分辨率波阻抗曲线上进行"学习"，并建立起波阻抗与地震道之间的"映射关系"。据说这种以信息论为基础的高度非线性的自适应网络可以逼近数据间的任意非线性关系，因此能解决约束反演问题。我对此表示怀疑。我认为如果迷信神经网络，那就会得到貌似分辨率很高的一条剖面，但它绝没有解决好多解性问题。弄得不好，因丢掉了褶积模型的检验，可能其中频也是不对的。归根结底，因为地震曲线的高频成分本身不可靠，所以离开井资料，高频信息的合理性永远是无法知晓的。神经网络的结果也是不可信的。因此最简单的方法是用井的高频信息直接内插（或外推）几个高频剖面，让解释人员自己判断选择一个满意的再加上中、低频信息即可。而 SLIM 等方法迭代过程太浪费机时，并且其结果也并不一定正确。总之，高频信息本身是无法搞准确的，因为地震资料中没有获得正确的高频信息。

参考文献

[1] 李庆忠. 走向精确勘探的道路 [M]. 北京：石油工业出版社，1994.

[2] 李庆忠. 符合小层对比原则的砂层内插技术 [J]. 石油物探，1989，28（1）：12-21.

论地震约束反演的策略（补遗）

地震记录是带限的，这是勿庸置疑的。而测井资料比较详实。他们属于不同尺度的数据，它们的分辨率差一个数量级。如何把地震资料与测井资料结合好，始终是大家关心的事情。

一个最简单的想法是：在井边用测井的详实资料，离开井的地方用地震资料作控制，在面上内插出详实的资料来。

我自己也曾经幻想过能不能在两口井之间，用地震反射波形的变化率和变化方向来控制测井资料的小砂层的平面变化。现在我觉悟了。这不可能。

带限的地震资料并不能控制测井的高频成分的合理内插。高频成分在面上永远是"多解"的。地震资料帮不上薄层内插的忙。

在内插过程中地震资料对测井资料的帮助只能是起到"内插层位的控制"和"内插方向及区间厚度控制"的作用。

我的"符合小层对比原则的砂层内插程序"就是这样的做法。

编号 109-2 是我近期写对《论地震约束反演的策略》一文的"补遗"。进一步用理论模型来证明内插后，薄层的解答永远是多解的。

我的约束反演一文证明，有效频带之外的地震高频信息永远是多解的，而且是无约束力的。因为高频信息不能通过褶积模型做出合理的检验。

2010 年，我想起有些"频域拓展"把剖面搞得高频非常丰富，不知是真是假，于是决定补写下面一些内容。

首先要说明的是本篇补遗中有些图片在原文中已经有，原文的图片是打印的，现在是用的屏幕抓图拷贝，因此在显示方法上与原文不同。

图 1 所示的为原文图 5 中所展示的模型地震道，另外又增加了⑥和⑧。其中模型①为频带为 10～160 Hz 的地震子波，它用的是 10～160 Hz 的带通滤波算子，之所以设计成最高频率为 160 Hz，因为在陆上地震勘探中中深层目的层还没有能够获得过有超过 160 Hz 的高频反射信息。模型②为地下原始的波阻抗；模型③为地下反射系数序列；模型④为合成地震道，我把它叫做信号；模型⑤为积分地震道，它相当于相对波阻抗，是没有直流成分的；模型道⑥为地震子波模型①与高频噪声子波模型⑧（作为噪声）相褶积的结果，结果基本为零；模型道⑦为加了高频噪声后再积分的积分地震道，我们看到它与模型道②基本一致；模型道⑧为我所加的高频噪声子波模型，用的是高频带通滤波算子，频率范围为 250～500 Hz。

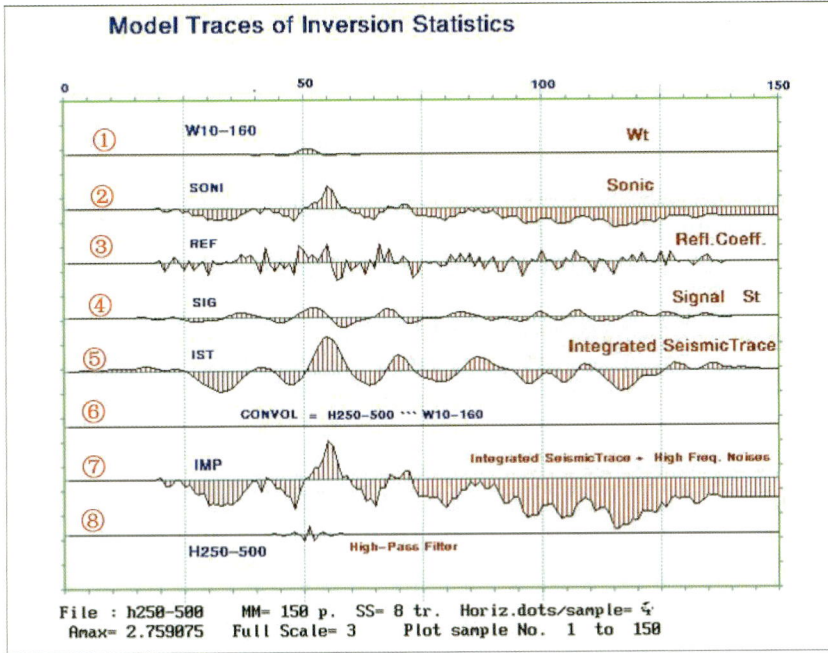

图 1　模型地震道（原文图 5 加⑥和⑧）

下面用计算机产生的随机数作为随机干扰，然后去褶积我所设计的频段为 250～500 Hz 的高频噪声子波模型。这样随机干扰中的低频成分被滤掉，因此完全是没有低频成分的，全都成为高频干扰。我们可以把它作为高频噪声加入地震道中，当用不同的方式加入后，可以证明结果是多解的。

现在我除形成如图 2 的随机高频噪声模型（同原文中图 7 是相同的模型，显示方法不同）外，再形成图 3 和图 4 所示的两个模型。

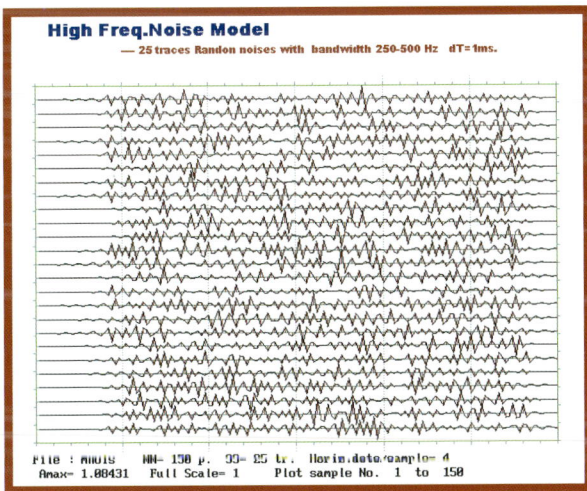

图 2　随机的高频噪声模型（同原文中图 7）

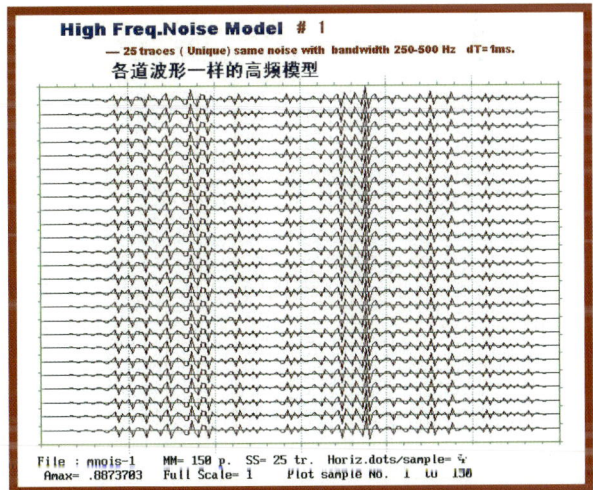

图 3　25 道相同的高频噪声模型（即上图的第一道波形）

图 3 所示的模型是 25 道相同的高频噪声模型。它是把图 2 随机高频噪声模型中的第 1 道取出来，然后把与其相同的 25 道放在一起，这样就自然形成了同相轴。

图 4 所示的模型是均匀渐变的高频噪声模型。它是把图 2 随机高频噪声模型中的第 1 道和第 25 道取出来，中间进行内插，让它从第 1 道均匀渐变到第 25 道，这样就得到了图 4 这样的均匀渐变的高频噪声模型。可以从图 4 这种均匀渐变的高频噪声模型中看到不但有同相轴存在，而且还有的同相轴逐渐变没，有的同相轴从无到有，有同相轴来回变的现象。

321

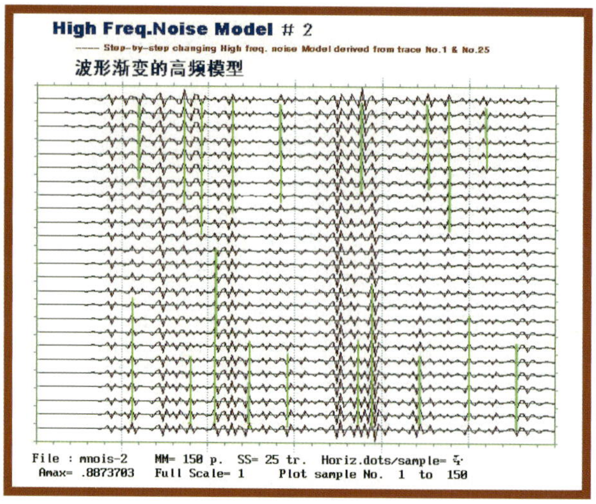

图 4　均匀渐变的高频噪声模型（由图 2 第 1 道及第 25 波形进行内插）

　　现在把这三种高频噪声模型分别加入到反射系数模型上去。图 5 为纯信号的反射系数模型（同原文中图 5b 及本文图 1 中的③中重复 25 道）。图 6 为信号加 5 倍的随机高频噪声的反射系数模型（为原文中的图 8）。图 7 为信号加图 3 的 5 倍的 25 道相同的高频噪声的反射系数模型，可看到上下波形基本完全一致。图 8 为信号加图 4 的 5 倍的均匀渐变高频噪声的反射系数模型，可看到波形也是均匀渐变的。图 9 为纯信号的反射系数（图 5）褶积地震子波（带通 10～160 Hz）后形成的合成地震记录。图 10 为信号加 25 道各自不同的随机高频噪声（本文图 6）的反射系数后再褶积子波（带通）而形成的合成地震记录，把它与图 9 对比后视觉上看不到有差异。图 11 为图 10 与图 9 相减的结果，可以看到基本为零。这是因为根据褶积原理，两时间信号褶积后的结果，其频率只留下两信号的公共部分，我们所设计的地震子波频率范围是 10～160 Hz，而高频噪声频率范围在 250～500 Hz，它们之间没有公共的交集，所以在理论上两者褶积结果应为零，图 1 中的第⑥个模型道即是这两者的褶积结果，但由于数字信号的特点，实际相减的结果并不完全等于零，但结果的值很小，趋近于零。图 12 是把纯反射系数信号加上均匀渐变的高频噪声模型（图 4）后与地震子波（图 1 模型道①）褶积合成的地震记录与图 9 纯反射系数信号与地震子波褶积合成的地震记录相减的结果，也同样接近于零。

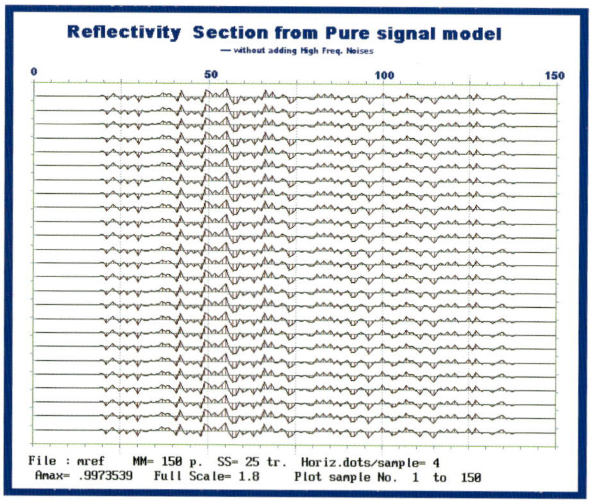

图 5　纯信号的反射系数模型
（同原文中图 5b 及本文图 1 中的③中重复 25 道）

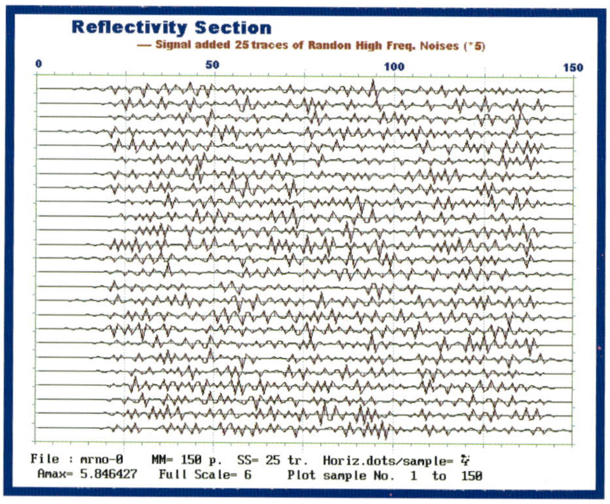

图 6　信号加 5 倍随机高频噪声的反射系数模型（原文图 8）

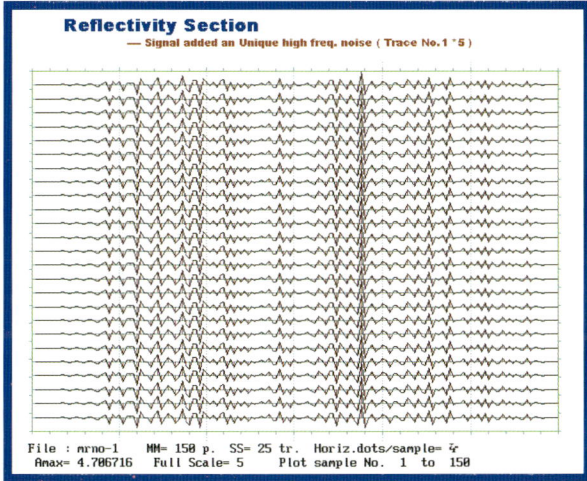

图 7 信号加 5 倍 25 道相同的高频噪声（图 3）
的反射系数模型（波形完全一致）

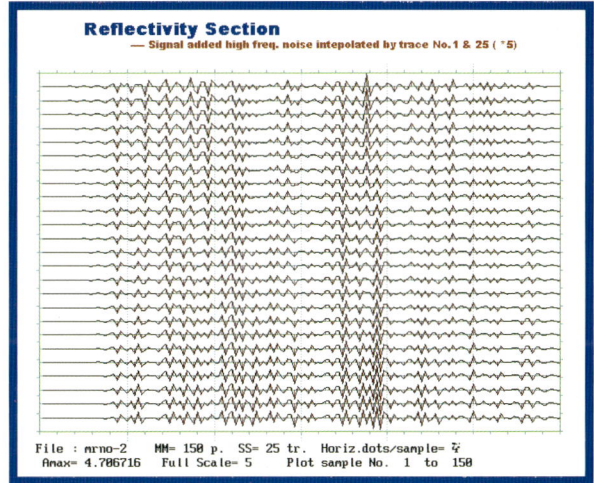

图 8 信号加图 4 均匀渐变高频噪声的反射系数模型
（波形均匀渐变了）

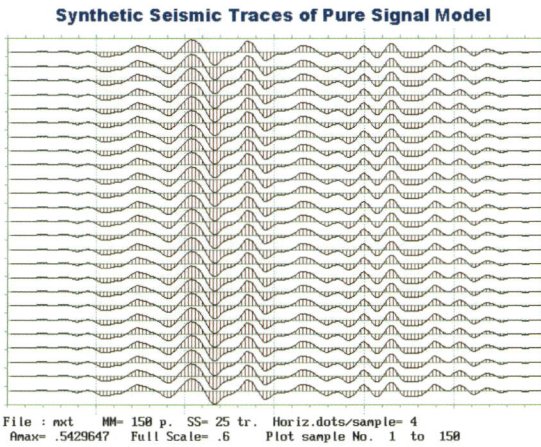

图 9 纯信号的反射系数褶积子波
（带通 10～160 Hz）后的合成地震记录

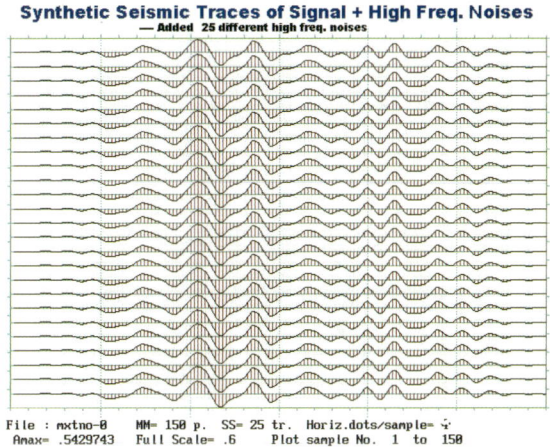

图 10 反射系数信号加 25 道不同随机高频噪声
褶积地震子波的合成地震记录

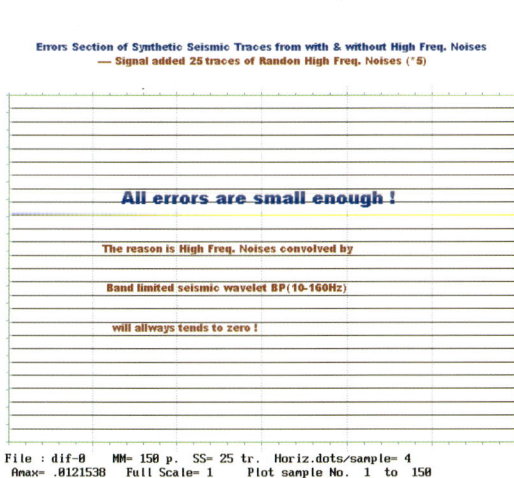

图 11 图 10 与图 9 相减后的结果

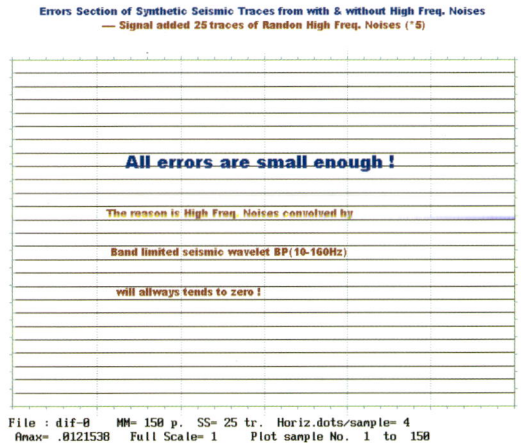

图 12 纯反射系数信号加图 4 模型褶积地震子波合
成地震记录与图 9 模型之差

  我们接着进行波阻抗对比。图 13 为把同样 25 道纯反射系数信号积分地震道（即原文中图 5e 或者本文图 1 中模型道②）的结果排列起来形成的剖面。图 14 是把纯反射系数信号（本文图 5）加 5 倍的 25 道随机噪声(本文图2)后积分地震道结果,得到相对波阻抗剖面,可以看到波阻抗剖面也是变成随机的,形不成可以追踪的同相轴。图15为把纯反射系数信号(本文图5)加5倍25道相同的高频噪声(本文图3)后积分地震道而得到的相对波阻抗剖面,可看到若加上有规则的高频噪声,就变得不随机了,并且也有了规则的同相轴,看似分辨率还很高。图16为把纯反射系数信号(本文图5)加5倍25道均匀渐变的高频噪声(本文图4)积分地震道而得到的相对波阻抗剖面,看似分辨率很高,似乎还有砂层变化,而且强薄层都出来了,好像显示分辨率既高又有岩性变化的特点,而这明明是噪声的反应,因此我们见到这样的剖面后很容易上当。

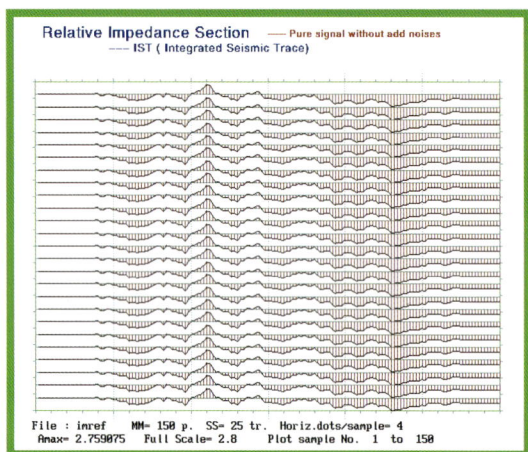

图13 纯信号的积分地震道,即相对波阻抗
(同原文的图5e)

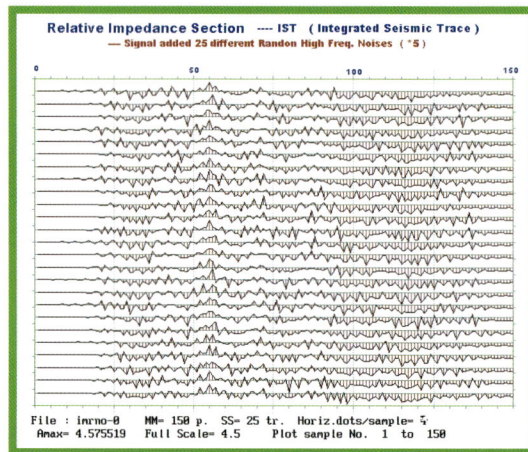

图14 信号加随机高频噪声的积分地震道,
即相对波阻抗

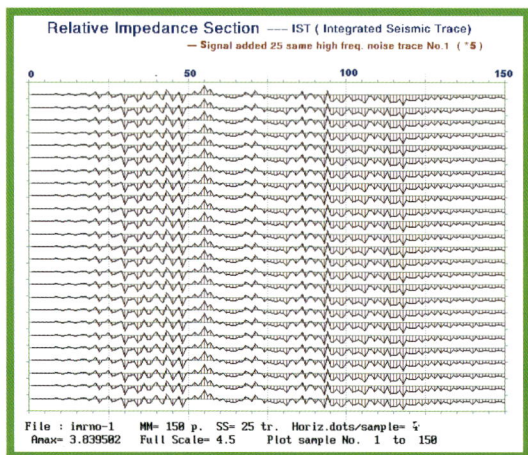

图15 信号加各道相同高频噪声的积分地震道,
即相对波阻抗

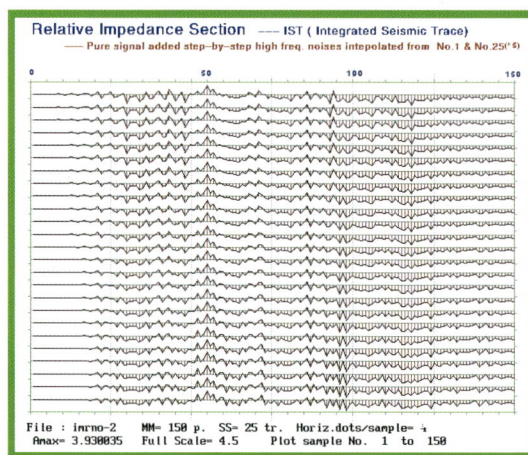

图16 信号加均匀渐变高频噪声的积分地震道,
即相对波阻抗

结论1:当我们用地震道波形作检验时,见图17多解性的证明1,图中这四张积分地震道图,它们的地下反射率图的合成地震记录道是完全一样的,因此,如果没有测井资料的帮助,高频扩展是无法检验真伪的。当地震资料不含高频噪声时,褶积模型的检验方法对高频内插没有帮助;当地震资料含有高频噪声时,严格的褶积模型检验反而会帮倒忙,使内插结果更错误。

结论2:见图18多解性的证明2,地下反射率剖面的比较,下方两幅带红色箭头的图看似分辨率很高,而且强薄层都出来了,还似乎有砂层变化,好像显示分辨率既高又有岩性变化的特点。但是它们是由高频干扰产生的假象。

含有高频噪声记录经过多次的去噪与反褶积迭代处理后,可以得到分辨率极高的假剖面。

多解性的证明

下面这四张地下波阻抗图的合成地震记录是完全一样的！因此如果没有测井资料的帮助，"高频拓展"是无法检验真伪的。

信号加随机噪声模型

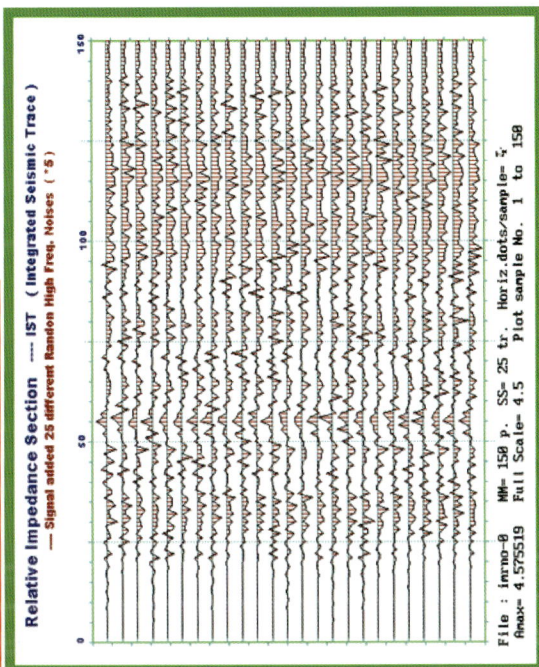

信号加同样噪声模型

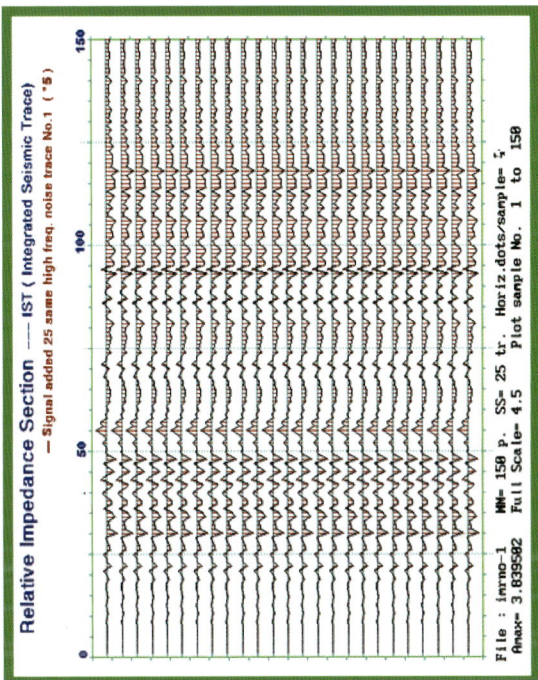

纯信号道模型

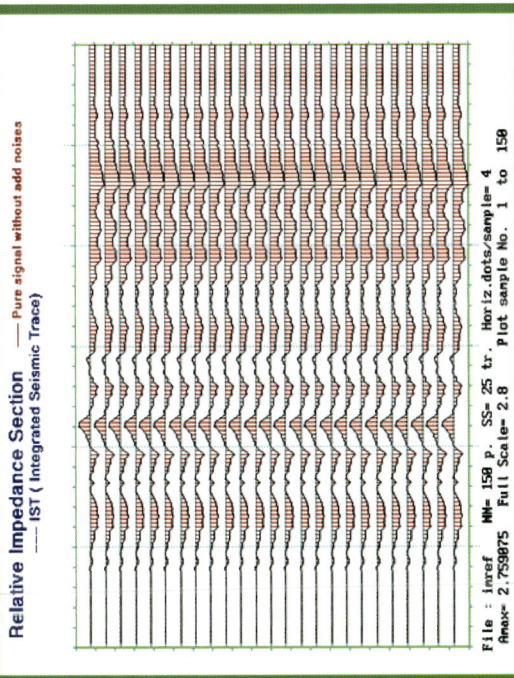

信号加均匀渐变噪声模型

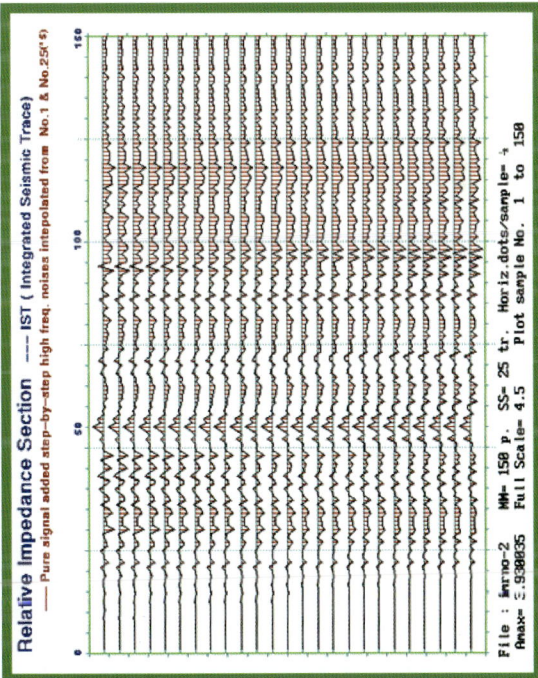

图 17　多解性的证明 1（图示积分地震道）

最后，我们重点说明：对于那些频率拓展以后的东西，只要在地震有效频带以外的部分永远没有唯一的答案，这种剖面是多解的，可以有很多个结果，但还很难判断其对错。

多解性的证明

左边这四张地下反射率图的合成地震记录因此是完全一样的！如果没有测井资料的帮助，"高频拓展"是无法检验真伪的。

信号加随机噪声模型

极其混乱的反射图形

信号加同一噪声模型

高分辨率且有不少强的薄层

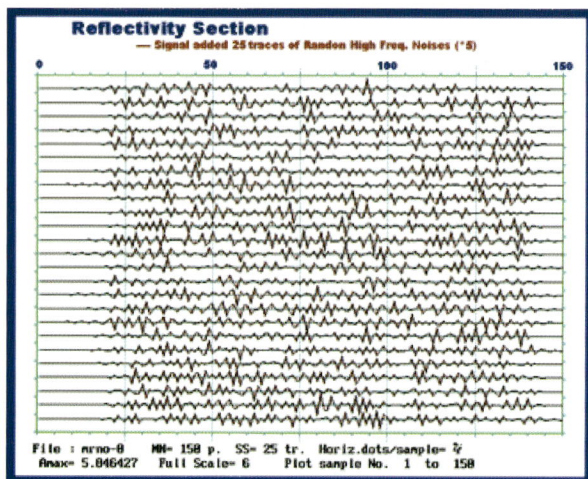

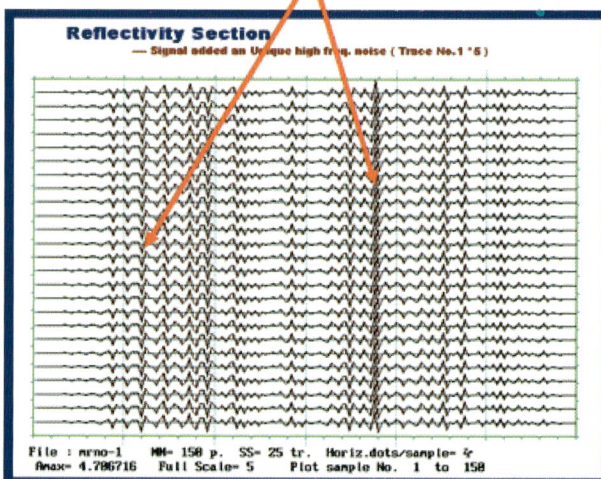

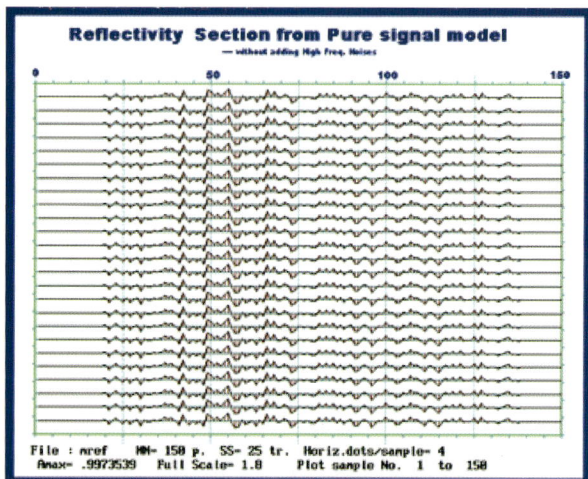

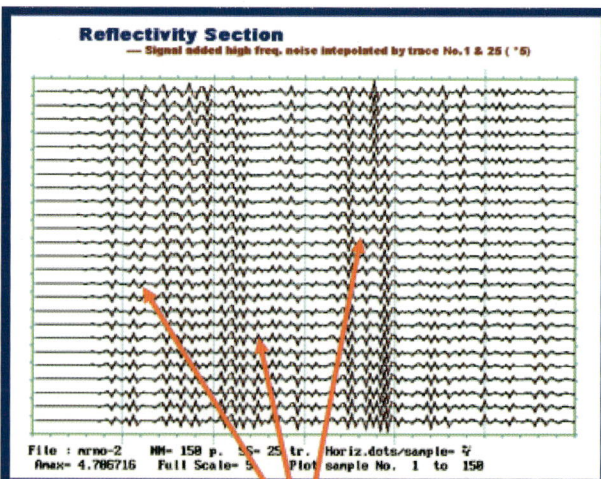

Reflectivity Section
— Signal added 25 traces of Random High Freq. Noises (*5)

File : arno-0   NN= 150 p.   SS= 25 tr.   Horiz.dots/sample= 4
Amax= 5.046427   Full Scale= 6   Plot sample No. 1 to 150

Reflectivity Section
— Signal added an Unique high freq. noise (Trace No.1 *5)

File : arno-1   NN= 150 p.   SS= 25 tr.   Horiz.dots/sample= 4
Amax= 4.706716   Full Scale= 5   Plot sample No. 1 to 150

Reflectivity Section from Pure signal model
— without adding High Freq. Noises

File : aref   NN= 150 p.   SS= 25 tr.   Horiz.dots/sample= 4
Amax= .9973539   Full Scale= 1.0   Plot sample No. 1 to 150

Reflectivity Section
— Signal added high freq. noise intepolated by trace No.1 & 25 (*5)

File : arno-2   NN= 150 p.   SS= 25 tr.   Horiz.dots/sample= 4
Amax= 4.706716   Full Scale= 5   Plot sample No. 1 to 150

原始模型的反射率

纯信号道模型

高分辨率又有岩性变化的样子

信号加均匀渐变噪声模型

图18　多解性的证明2（图示反射系数道）

含油气砂层的频率特征及振幅特征

这是 1987 年 2 月我发表在《石油地球物理勘探》上的一篇文章。

一般认为砂岩在含油气以后,其地震波的瞬时频率会变低,并且其频谱的 10 Hz 附近低频成分会能量增加。这种没有论证过的结论直到目前仍在被广泛地应用着。为了澄清这个问题,本文用一系列理论模型分析了砂层含油气后的频率特征和振幅特征。其结果说明,地震波的频率特性取决于三个因素:① 地层的砂泥岩组合情况;② 子波的波形;③ 地层的含油(气)性。而第三个因素所产生的频率高低没有明显的规律。但亮点条件下往往瞬时频率偏低者居多,这是由于强波接近于一个"单层反射波"的缘故,是强振幅的派生现象。尤其是在我国广大"暗点型"地区,基本上不能采用频率指标来研究砂岩的含油气情况。

本文还讨论了单层反射波的频率调谐作用,并通过模型试算对气层的吸收作用作了正确估价。

此文于 1987 年 1 月发表于《石油地球物理勘探》第 1 期,作者李庆忠。

▶ 摘 要

一般认为砂岩在含油气以后,其地震波的瞬时频率会变低,并且其频谱的 10 Hz 附近的低频成分的能量增加。这种没有论证过的结论直到目前还在被广泛地应用着。为了澄清这个问题,本文用一系列理论模型分析了砂层含油气后的频率特征和振幅特征。其结果说明,地震波的频率特性取决于三个因素:(1) 地层的砂泥岩组合情况;(2) 子波的波形;(3) 地层的含油(气)性。而第三个因素所产生的频率高低没有明显的规律。但亮点条件下往往瞬时频率偏低者居多,这是由于强波接近于一个"单层反射波"的缘故。在任何剖面上,强波大多视周期较大,但它并不与含油(气)性有直接关系,即低频往往是强振幅的派生现象。

本文还讨论了单层反射波的频率调谐作用,并通过模型试算对气层的吸收作用作了正确估价。

地震勘探的碳氢检测技术(或称亮点技术)曾一度被认为是直接找油(气)的有效方法,在我国也得到了广泛传播。通过近年来的大量实践,人们进一步认识到此问题的复杂性和多解性。例如,华北地区,有的亮点显示区,打井后却是玄武岩层,没有找到油气;相反,含油气的油田上却呈现出暗点显示。这就促使人们更冷静地思考分析这一问题。最近一两年,大家通过对各工区砂泥岩速度的分析才认识到,在华北地区,砂岩含油气之后,大多应该表现为"暗点",从而对"亮点"的多解性也有了更深入一步的认识。然而,关于砂岩含油气以后其频率是否一定降低这个问题,目前仍还没有解决。

一般认为当砂岩含油气后,其瞬时频率是会偏低的,因而在用地震反射法"直接找油"的时候,总是把频率变低作为 HCI 的一个指标来应用。这样的作法在墨西哥湾常常取得成效,在我国出现"亮点"的油田上也有成功的例子。但是它是否真有道理,为什么含油气后出现低频,又是在什么样的条件下不再出现低频异常等,这些就是本文所要着重讨论的问题。此外,还将讨论地震反射振幅"亮"及"暗"的道理。

一、对砂岩含油气后频率降低的两种解释

目前,对于砂岩含油气以后频率降低的原因有两种解释:① 含油砂层,尤其是含气砂层对地震波的高频成分有明显的吸收作用,高频损耗多了,剩下的自然是以低频为主;② 地震波在含油气砂层中行走的速度较慢,因此顶底反射的走时增长,视周期偏大,从而引起了瞬时频率的变低。对于这两种解释,一直还没有人认真分析过。1981 年时我曾感到两种解释似有不妥之处,与胜利油田的同志作过如下讨论。

如果含气砂层把地震波的高频成分吸收得多了,当然频谱就比不含油气的偏低。但是,已经偏低了的频谱在油层以下的深处为什么又恢复了其高频成分呢?这很令人费解!如图 1 文昌 19 构造的典型亮点剖面,这是子波处理后的保持振幅剖面,1.15～1.25 s 处的顶部有连续 5 个相位呈亮点显示,波形发胖,频率变低;而紧靠其下方在 1.3 s 附近的两个弱相位则又马上变瘦,亦即瞬时频率恢复为高频。这一现象就很难用吸收作用来解释。

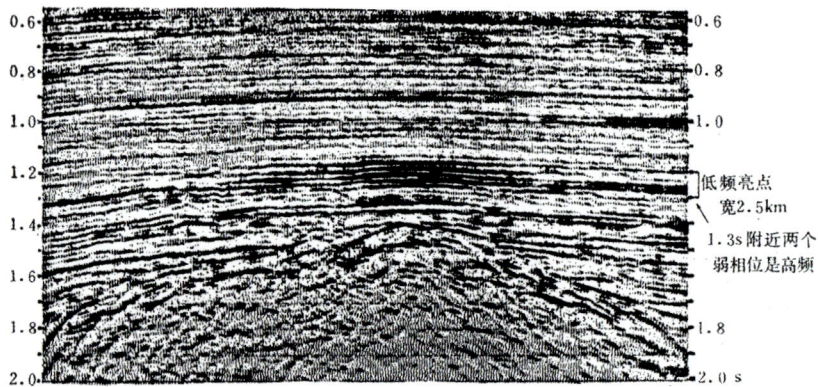

图 1　文昌 19 构造 79PR1248 测线的保持振幅剖面

对于上述现象,当时也有人提出一种解释:由于覆盖排列较大,油气田下方反射层的射线可以通过含油区以外到达地面,如图 2a 所示,因此,油气田下方就重新变为有高频成分了。这种说法似乎有点道理,但很

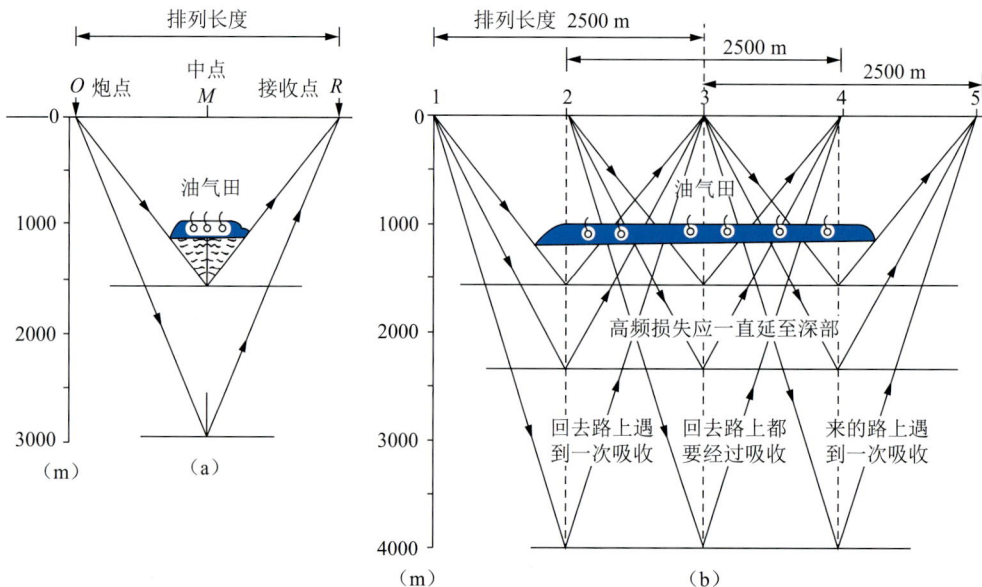

图 2　射线绕过油气田的解释方案(a)和油气田较宽时射线无法绕过油气层吸收(b)示意图

难解释像文昌 19 那样宽达 2.5 km 的亮点异常之下,低频又马上变为瞬时高频的现象。我们只要按比例简单绘一个草图(图 2b)就能看到,无论下行的射线还是上行回程的射线,在含油气层中部都无法躲开油气层的吸收。因此,在油气层以下就应该出现一大片高频损失区,并一直延伸到深部反射区。从射线的观点来看,即使在图 2a 的情况中,500 m 宽的小油气田下方也应该存在一个高频损失的小三角形区域,如图中阴影区所示。然而这样的三角形低频区实际上是没有观测到的。所以含油气区低频异常的出现必然另有原因。

关于走时增加的解释也需要进一步加以剖析。为此,最近我们作了一些理论模型分析,以便能够澄清这些问题。

二、含油气砂层的模型分析

想用数理分析的方法解决上述问题肯定是很困难的。我们所用的是简单的地层模型的褶积、三瞬计算及频谱分析方法。

假定泥岩的纵波速度为 3000 m/s,砂岩的纵波速度从 3250 m/s,且密度 d 与速度 v 之间服从 Gardner 经验公式,即

$$d = 0.31v^{0.25} \quad (v \text{的单位为 m/s})$$

从而可求出砂岩与泥岩交界面上的反射系数约为 5%。

现假设,砂岩含气以后其速度下降 750 m/s,即含气砂岩速度下降为 2500 m/s。于是砂岩顶界面的反射系数由 +5% 变为 −10%。反射系数增长了一倍,就出现了一个"亮点"。图 3 就是这种情况的一个例子。

我们在这个模型里已经考虑了含气层中走时的增加。由于砂岩速度从 3250 m/s 降低为 2500 m/s,所以在图 3 中曲线①②顶部含气层模型由正常不含气砂岩的 4 个采样点增加为含气时的 5 个采样点(即走时增加了 1/4 左右)。

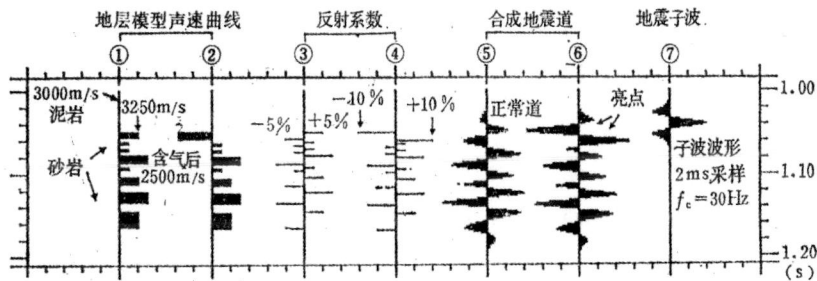

图 3　顶部一个砂层含油气后反射振幅出现"亮点"的情况

美国墨西哥湾附近的上第三系地层含气砂层就是这样的情况。那里砂岩与泥岩的速度差不大,为 200～500 m/s,含气后由于反射系数的负向增大而产生亮点。我们称这种含油气以后反射系数增大的情况为"亮点类型"。

我国南海珠江口地区也属亮点类型。这些地区的泥岩由于富含钙质,故其速度与砂岩很接近。塔里木盆地的第三系地层泥岩速度甚至比砂岩高,故含油气后应该产生亮点。

我国华北大部分地区,则泥岩的速度远较砂岩为小,一般要小 500～1000 m/s,因此砂岩含油气以后反射系数变小,常常出现暗点,如图 4 所示。图中假定泥岩速度为 2500 m/s,不含油气的砂岩速度为 3200 m/s;如果含气以后速度下降为 2550 m/s,则反射系数由 +14% 降为 +1%。因而合成地震道在顶部振幅变小,出现一个"暗点"。这基本代表了我国东部第三系地层中砂岩含油气后出现暗点的情况,我们称之为"暗点类型"。荆邱油田(图 5)就是一个暗点类型的典型例子。

为了使计算的模型能说明不同的砂层厚度及不同的地震子波的视周期情况,我们采用一个固定不变的地层模型,而相应地改变其地震子波主频的方法。如图 6 所示,右边是高频、中频及低频三种子波的波形,将它们分别与左边不含油气及含油气亮点的反射系数模型褶积后就产生了中间的 6 条曲线。它们都

在顶部出现含油气的强振幅（亮点），其中低频时曲线⑧还可以看到强振幅处的波形明显地较不含油气的曲线⑦为胖（即频率变低）。

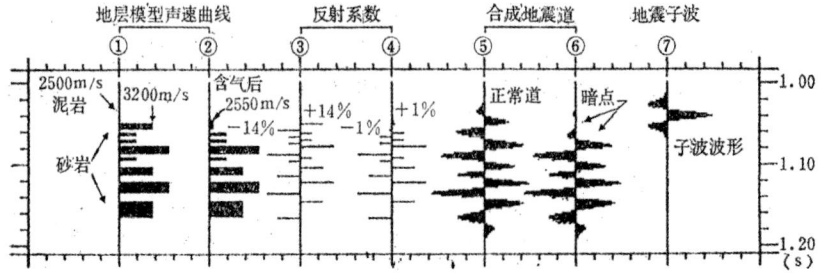

图 4 顶部一个砂层含油气后反射振幅出现暗点的情况

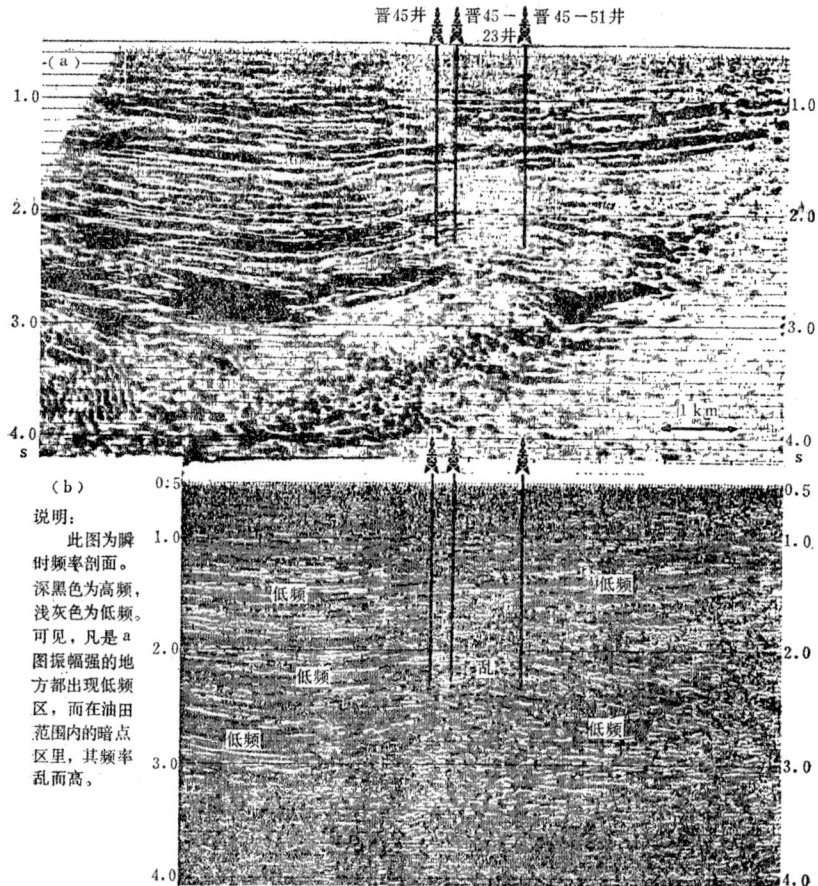

图 5 荆邱油田 SL-83-1013 测线的振幅包络剖面(a)和瞬时频率剖面(b)

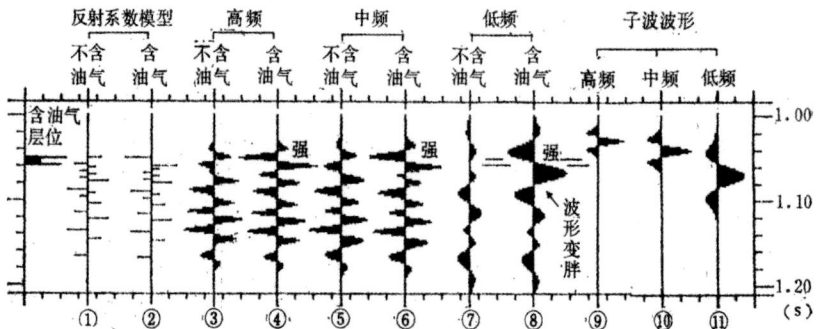

图 6 顶部一个砂层含油气时三种不同子波所产生的亮点情况

图 6 中三个雷克子波的视周期分别为 12.5,16.67 和 33.33 个采样点,而地层模型中顶部砂层的厚度为 4 个采样点。因此,图中的三种情况可以分别代表砂层厚度为子波视周期的 0.32 倍、0.24 倍及 0.12 倍

的情形,见表 1。

表 1　各种类型雷克子波的相应参数

雷克子波类型	高频子波	中频子波	低频子波	甚低频子波
2 ms 采样时的主频(Hz)	40	30	15	10
换算成视周期 T^*(ms)	25	33.33	66.67	100
视周期折合成采样点(个)	12.5	16.67	33.33	50
地层模型中砂层厚度	4 个采样点(不含油气时)			
砂层层厚／视周期	0.32	0.24	0.12	0.08

表 1 中所说的 2 ms 采样只是为了折算方便所设,实际上模型本身没有规定采样间隔为多少。雷克子波的计算公式为

$$w(n\Delta t) = [1 - 2(\pi f_c \cdot n\Delta t)^2] \cdot \exp[-(\pi f_c n\Delta t)^2]$$

其中 f_c 为主频,它与采样间隔 Δt 同在一个括号中,所以当 Δt 扩大一倍时,f_c 则缩小 $1/2$,函数值不变。

如时差(层厚)为 4 个样点,即 $\Delta t_0 = 4\Delta t$,则厚度

$$\Delta H = \frac{v_m}{2} \Delta t_0$$

如果地层的平均速度 $v_m = 2500 \, \text{m/s}$,则依上式可求出 4 个采样点的砂层厚度随采样率的不同而分别为 5,10 及 20 m,参见表 2。

表 2　不同采样间隔时 4 个采样点砂层的相应厚度及各类型雷克子波的相应主频

采样间隔 (ms)	4 个采样点砂层的相应厚度(m)	模型中雷克子波的相应主频(Hz)			
		高频子波	中频子波	低频子波	甚低频子波
1	5	80	60	30	20
2	10	40	30	15	10
4	20	20	15	7.5	5

这样我们就可以用同一个简单的模型说明不同砂层厚度的情况了,假如你想了解 5 m 含气层在子波主频为 30 Hz 的情况,去查看低频子波的图件就可以了。

我们进一步对图 6 的砂泥岩互层的亮点模型作瞬时振幅(包络)及瞬时频率的计算,结果如图 7 所示。图中双数道都是不含油气时的情形,单数道是含油气亮点型的情形。可以看到振幅包络在含油气层位中对三种子波都出现"亮点"。但瞬时频率的情况较复杂,只有低频子波曲线在油气层位上出现频率变低(与曲线作比较),而对其他两种子波没有明显的反映。

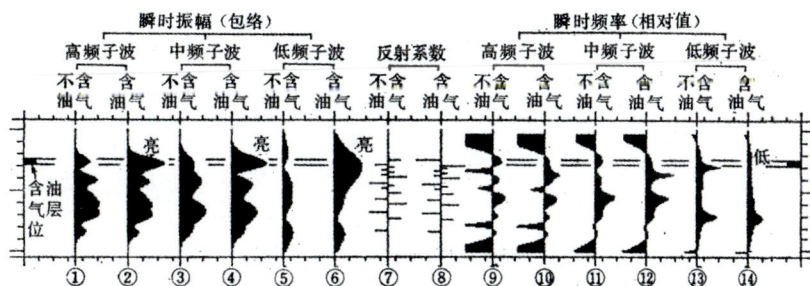

图 7　三种不同子波所产生的亮点的瞬时振幅及瞬时频率特征

附带说明一下,图 7 中的瞬时频率曲线显示的是其相对变化部分。曲线顶部及底部的十来个点的低频现象是由于合成地震道顶底部的假设零值及希尔伯特变换时截断效应所造成,但不影响对问题的分析。

现在再来看暗点的情况。图 8 代表三种子波在顶部一个砂层含油气时由于泥岩速度很低而产生反射

系数变小的暗点情形。图中左边曲线①②是不含油气及含油气的声波速度模型;右边是三种子波的波形;中部6条曲线是三种子波的合成地震道。曲线④⑥⑧在含油气层位都出现振幅变小的暗点现象。图9是其相应的瞬时振幅及瞬时频率。从左方6条包络曲线可见到顶部暗点,但曲线⑥低频子波在含油气层位处产生上暗下亮的现象,情况稍为复杂。图中右方的6条曲线是瞬时频率曲线。高频子波的曲线⑩在含油气暗点处频率偏高;低频子波的曲线在含油气层位频率却又变低;中频子波在含油气层位处频率出现上高下低。由此看来,对瞬时频率的高低变化不能简单地看作是含不含油气的反映。

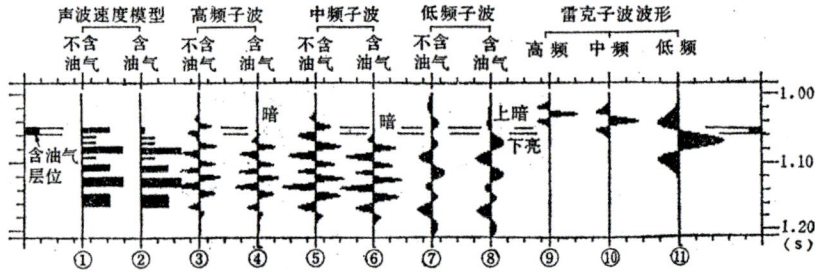

图 8　对模型 9 三种不同子波所产生的暗点情况

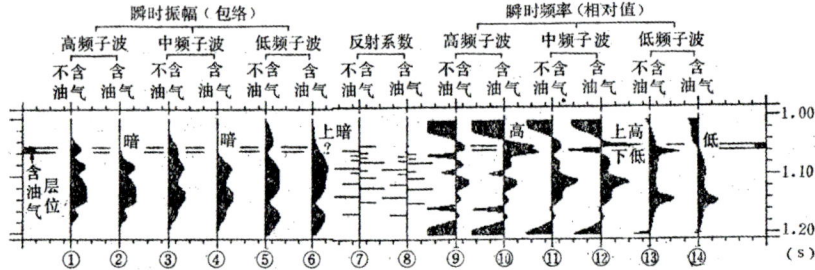

图 9　三种不同子波所产生的暗点的瞬时振幅及瞬时频率特征

三、走时增加对频率高低的影响

现在再来分析一下含油气砂层中走时增加对频率高低的影响。

砂层含气以后,其纵波速度降低的规律一般可以用图10来表示。这是法国 ELF 公司对卡麦隆地区砂

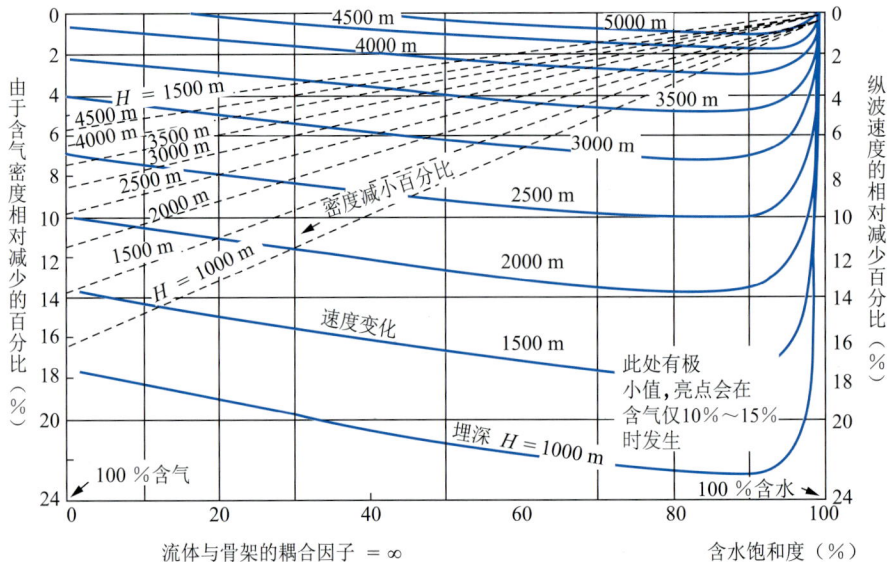

图 10　卡麦隆地区存在烃类(天然气)的情况下储集层速度与
密度的相对减少情况(ELF 公司资料)

岩含气层的研究结果。以此图为例,埋深较浅(1000 m)的砂层含气后,纵波速度的降低也只有22%,因此走时最多增加1/4左右。

我们假设模型中含气砂岩速度下降1/4,在图11及图12专门做了考虑走时增加与走时不增加的两种亮点模型,并用三种子波求得其振幅包络与瞬时频率曲线。两图中单数道为考虑走时增加的模型结果(气砂层由4个时间采样点增加为5个点),而双数道为不考虑走时增加的情况(气砂层仍是4个采样点)。图13是考虑及不考虑走时增加的地震道波形比较。曲线③与④也基本相似,曲线③振幅稍大一些,它们与不含油气的曲线⑤相比才有较大差别。由图11、12、13可以看出:走时的增加不是影响频率变化的主要因素,而频率的变化还是由于反射系数的改变所引起。反射系数改变后,其对瞬时振幅及瞬时频率的影响又与地层的砂泥岩组合情况及子波的波形情况有关。

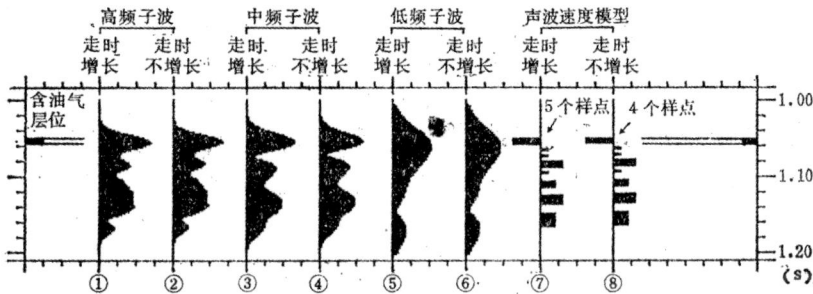

图 11　含油气砂层中走时增加对瞬时振幅的影响

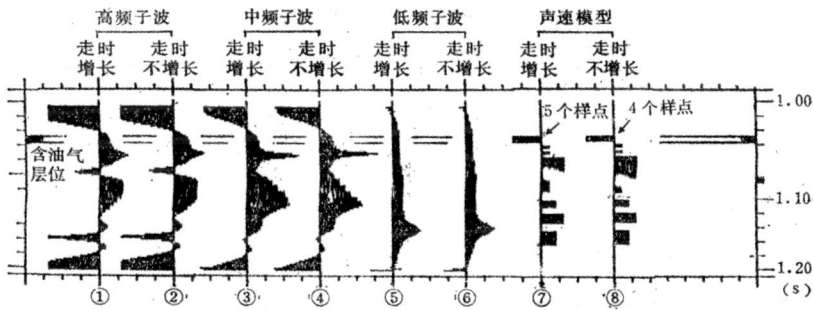

图 12　含油气砂层中走时增加对瞬时频率的影响

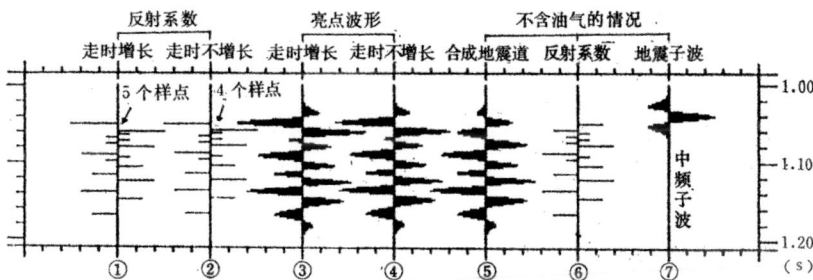

图 13　考虑走时增加与不增加的地震波形比较

顺便说明一下,这些计算都是在 IBM-XT 微机上进行的。计算中希尔伯特算子长度为100个采样点,并且我们对其加了一个类似于汉宁窗的时窗函数,使计算结果较精确。对瞬时频率的突然跳跃采取了限幅或低通平滑滤波。

四、不同层位含油气模型的计算结果

为了研究在不同的层位中含油气的情况,我们又作了一系列理论模型试算。其中第一种是顶部两个砂岩层含油气的情况(模型8);第二种是顶部一个砂层含油气的情况(模型9);第三种是中上部一个砂层含油气(模型8a)和中下部一个砂层含油气(模型8b)的情况。全部采用四种雷克子波(增加了一个甚低频子波)作理论试算,其结果见图14～图20[*]。根据这些图我们初步归纳后有如下结论(参看表3)。

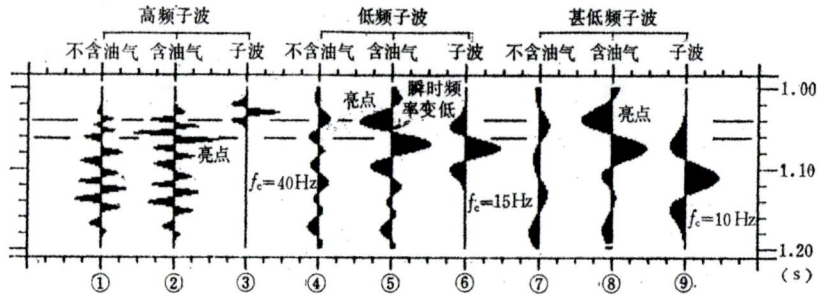

图14 改变子波波形后顶部两个砂层含油气的亮点情况

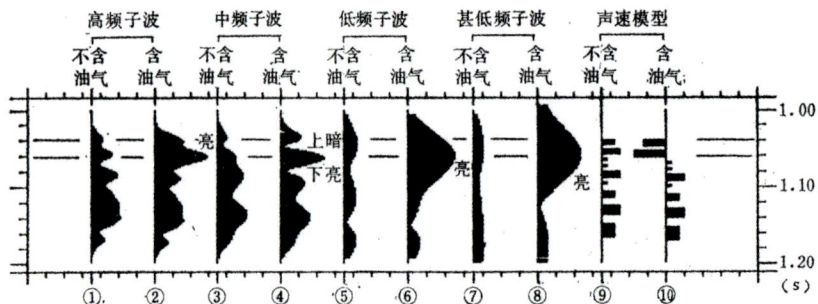

图15 不同子波波形对同一地层模型(模型8)的振幅包络变化情况

表3 含油气砂层模型计算结果列表

含油气层位	相对层厚系数 K	图幅编号	亮点模型		暗点模型	
			瞬时振幅	瞬时频率	瞬时振幅	瞬时频率
顶部一个砂层含油气(模型9)	0.12	图7,图9	亮	不 变	暗	变 高
	0.24		亮	不 变	暗	上高下低
	0.32		亮	变 低	上暗下亮	变 低
顶部两个砂层含油气(模型8)	0.08	图14,图15	亮	不 变	暗	中 等
	0.12		亮	变 低	暗	变 低
	0.24		上暗下亮	变 高	暗	变 低
	0.32		亮	不 变	暗	变 高
中上部一个砂层含油气(模型8a)	0.08	图18	亮	变 高	反而亮	变 高
	0.12		亮	变 低	不变	变 低
	0.24		亮	中 等	暗	中 等
	0.32		亮	变 低	暗	变 低
中下部一个砂层含油气(模型8b)	0.08	图20	亮	中 等	反而亮	中 等
	0.12		亮	稍 低	反而亮	中 等
	0.24		亮	变 低	暗	变 低
	0.32		不 亮	变 低	暗	略 高

注:1. 此表是含油气与不含油气的理论模型的比较结果。

2. 相对层厚系数 K 的意义是:双程时间厚度 Δt_0 与地震子波主视周期 T_c^* 之比值。

(一)影响振幅的因素

(1)砂岩含油气以后,其振幅特征首先取决于反射系数的变化。当泥岩速度与砂岩相差不大时,含油

---

[*] 原文附有理论试算结果共24幅图,由于篇幅所限,仅选用了其中第15、16、17、23、28、31、36等7幅具有代表性的图件。

层的反射系数负向增大,形成"亮点型"特征。当泥岩胶结疏松,含钙质甚少,因而速度远较砂岩为小时,含油气层反射素数变小,便形成"暗点型"特征。

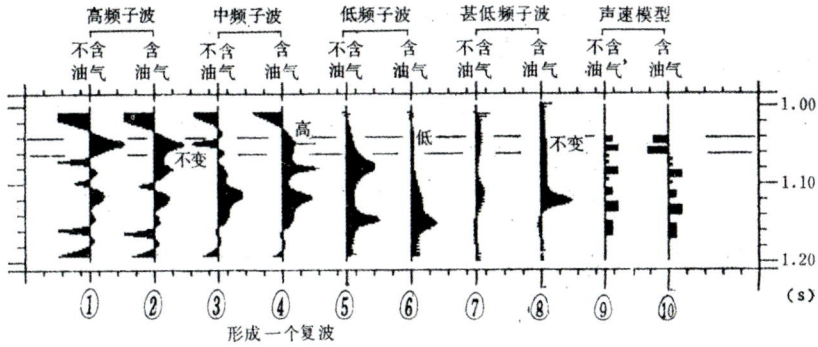

图 16　不同子波波形对同一地层模型(模型 8)的瞬时频率

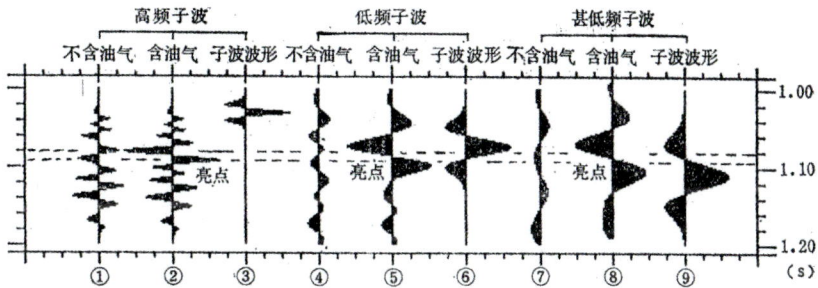

图 17　中上部一个砂层含油气的亮点情况

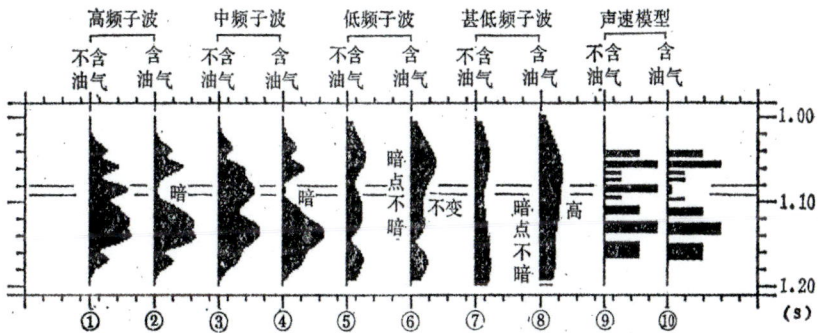

图 18　中上部一个砂层含油气的暗点情况

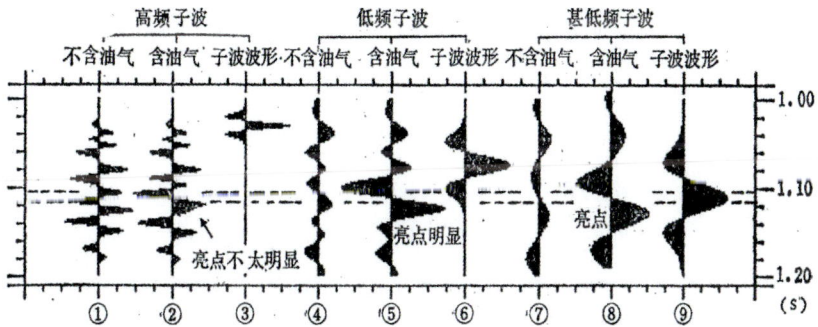

图 19　中下部一个砂层含油气的亮点情况

(2)当含气层位于一套砂泥岩互层的顶部时(这是最经常发生的),顶部含气层位的亮点或暗点特征得以充分表达,此时亮点型振幅就强,暗点型振幅就弱。

当含气层位于砂、泥岩互层的中部时,振幅特征就与地层组合情况及子波波形两个因素有关了。此时虽然大多数情况下"亮"与"暗"的关系是对的,但有时出现反常情况,如图18中的低频子波出现"暗点

335

不暗"和图 20 中的高频子波出现"亮点不亮"的情形。

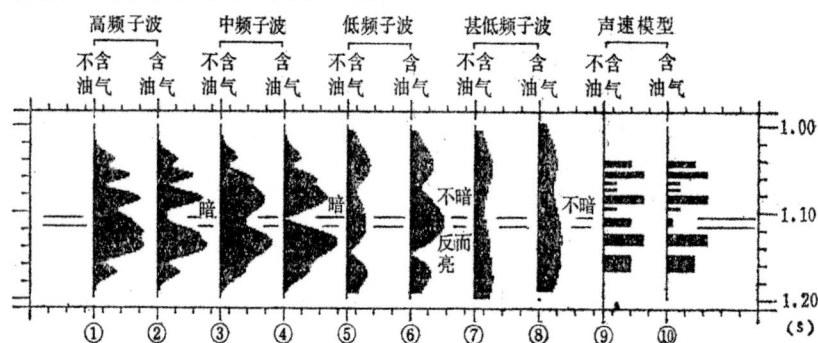

图 20 中下部一个砂层含油气的暗点情况

（3）总的来说，含油气砂岩的振幅特征还是规律性比较强的一个信息，可以用来作为一种找油找气的参考信息。但是，重要的是需要对工区内的砂泥岩速度做充分的调查，并根据怀特（White）公式计算并做出工区内不同深度的"反射系数理论图版"，用来指导亮点或暗点的地质解释，以防止盲目性。

（4）关于亮点现象的多解性问题已是众所周知的了，此不赘述。

（二）影响频率的因素

（1）正如本文开头所说的，不能简单地用砂岩层含油气后对高频的吸收来解释我们观测到的含油气区有时出现的频率变低现象。而含油气砂层中走时的增加也不是起明显作用的因素。

（2）通过我们的理论模型计算说明，对砂层含油气后瞬时频率的变化，很难寻找其规律。这说明含油气砂层的瞬时频率的变化主要随地层组合情况及子波波形特征两个因素所决定。

（3）分析了我们所计算的这些例子后，有一种情况是值得注意的，即凡是亮点型的情况，地震道中往往出现一个"单层反射波"，这个单层强波就是含油气砂层顶底两个强反射系数所形成的。由于反射单波往往比通常砂泥岩互层的复合波的视频率偏低，所以在图 14 的曲线⑤、图 17 的曲线②⑤及图 19 的曲线⑤等处都见到波形比原来不含油气的变胖了一些。图 16 的瞬时频率图中也证实了这一点。

因此，我们推断，过去所说的砂层含油气后频率变低的概念很可能是由亮点型的"单波"性质所引起的。亮点技术首先应用于墨西哥湾，并取得了较好的效果。在那里发现第三系含油砂层频率一般变低。看来这个经验不能硬套到属于暗点型的我国华北地区。

（4）造成强单波瞬时频率变低的另外两个可能因素是：（a）地震剖面上总是有高频干扰，对于任何一条频带较宽的地震剖面，你都可以发现，所有强振幅的"标准层"，尤其是基底波，都是波形较胖，频率较低的。而在没有强反射层的地方，（背景）视频率就较高。这是由于强波的抗干扰能力较强所致。（b）地震波的子波往往其头部初始相位视频率较高，而后续相位视频率较低，但后续相位振幅又是逐渐衰减的。因此，单波很强时其后续低频相位才能充分地表达出来，所以强波大多是低频。

因此可以说，凡是强波，它的视频率往往偏低的居多，这就是产生亮点的同时往往又观测到低频特征的真正道理。其实它是一种派生的现象。所以，我们建议不要把频率变低这个特征当作一种含油气的独立指标，尤其是暗点型勘探工区，更不应该使用它。因此，我们认为应将频率指标从 HGI 指标中去掉。

五、单层反射波的振幅及频率调谐作用

上面已谈到过，在亮点的条件下往往出现一个"单层反射波"，它是由含气砂层顶底两个反射界面所产生的。这样一个单层反射波振幅随厚度变化的规律已为大家所熟知。有人称这个振幅变化规律叫作单

层波的"振幅调谐作用"(turning effect),不少人还将此振幅调谐曲线用于推测砂层厚度。

我们在这里又研究了频率调谐作用。图21是不同厚度的砂层的单层波波形和瞬时振幅及瞬时频率曲线。图22是放大了的瞬时振幅曲线—振幅调谐曲线,中部的直线是单个反射子波的振幅水平。

图23是放大了的瞬时频率曲线,图中中部的直线是雷克反射子波的主频,为30 Hz(采样间隔2 ms)。从图中可以看出,当厚度系数K从0.06增加到0.48时,瞬时频率由40.58 Hz降低到33.0 Hz。如果层速度为3000 m/s,则相当于气砂层实际厚度从3 m到24 m时,频率是随着厚度的增加而降低的。该图下方厚度系数K从0.54到0.90的砂层中部出现一个瞬时频率的急剧降低(称为中央陷落)。而厚度系数K为1.02到1.26之间又出现砂层中部瞬时频率的突然增高(出现中央高峰)。不过,这种中央陷落及中央高峰的情况只是在砂层巨厚的情况才发生,一般不会遇到。

图23的最下方是一个层厚系数$K=3$的50个采样点的情况。顶底界面两个反射子波完全分离了,成为两个纯子波,它们的瞬时频率峰值为34.33 Hz。

图22、图23中的砂层相对厚度系数K是采用双程时间厚度Δt_0与子波主频视周期T_c^*之比来表达的,即

$$K = \frac{\Delta t_0}{T_c^*}$$

这里,还需要说明一下,由于雷克子波的主频f_c往往比视频率更低,故由主频推算得到主视周期T_c^*就比实际视周期为大。由雷克子波的理论波形量得的T_c^*比实际视周期要大1.31倍。因此,如果要用实际视周期T^*作度量单位,则我们在图中所示的K值还应该乘以1.31。这样,则图22中振幅调谐曲线的最大振幅的K值将由0.36变为0.47。而双程反射时Δt_0与视周期T^*之比等于0.47的意思也正好与单程的砂层厚度等于1/4波长的意义相当,此时振幅最强。

以上单砂层(或单个含油气砂层)的振幅及频率调谐曲线本身不说明含油气与否,不含油气的砂层也是如此。不过,如果由于含油气而出现亮点型异常的单层反射强波的话,可以用这两条曲线来帮助我们理解分析其频率及振幅特性。

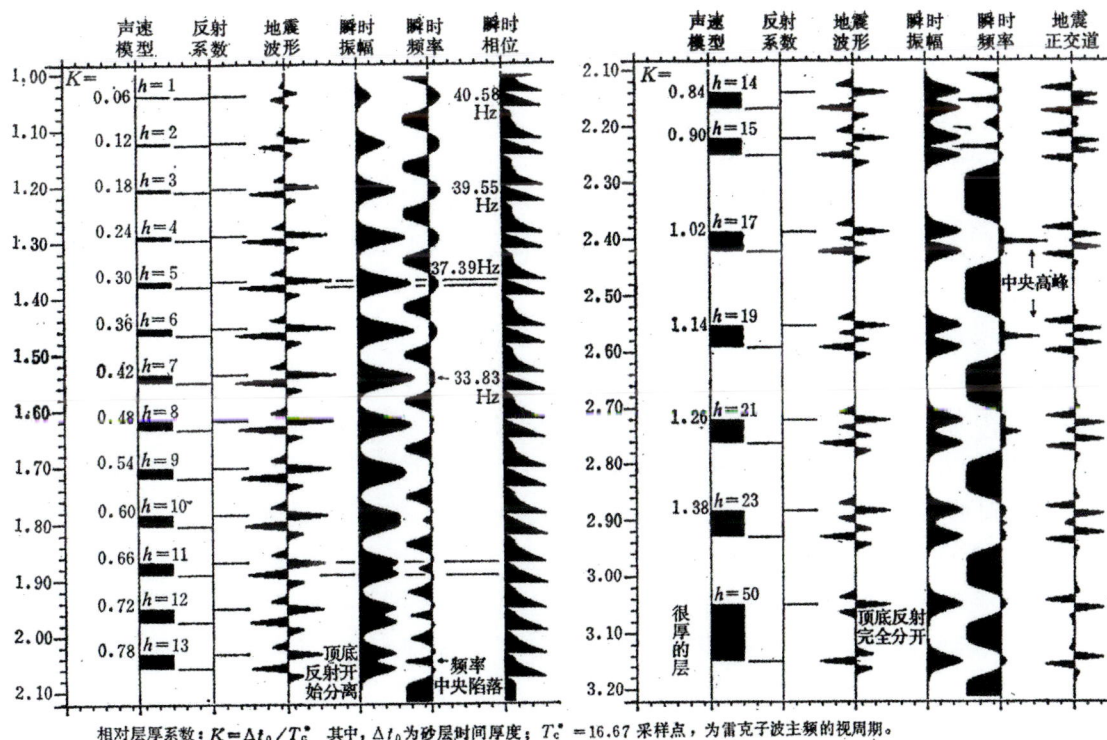

相对层厚系数:$K=\Delta t_0/T_c^*$　其中,Δt_0为砂层时间厚度;T_c^*=16.67采样点,为雷克子波主频的视周期。

图21　不同厚度的单个砂层对振幅及频率的调谐作用

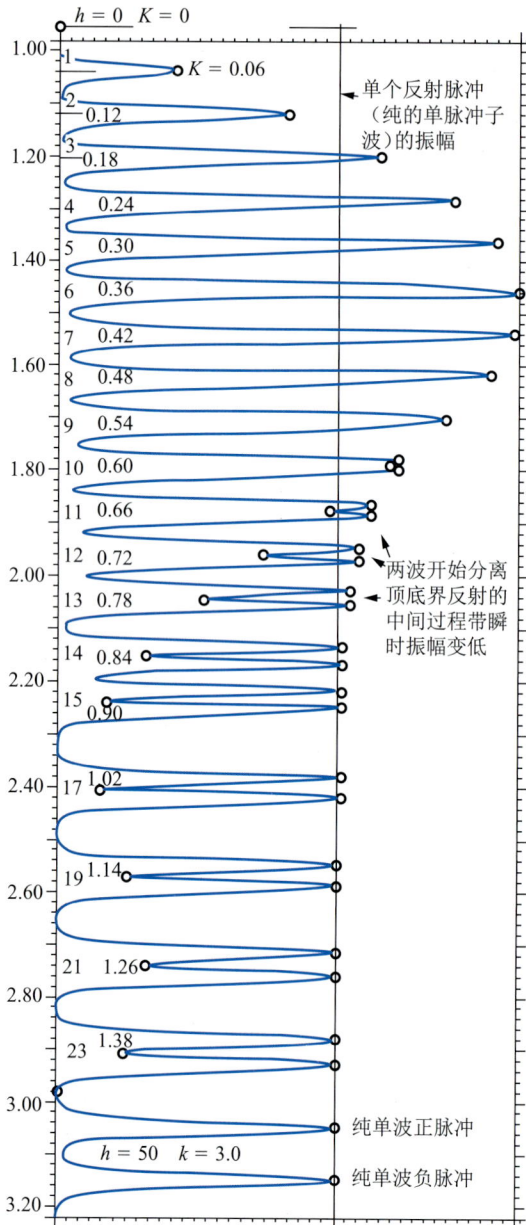

图 22　不同厚度的单个砂层的振幅调谐作用
（图 21 的瞬时振幅曲线的放大显示）

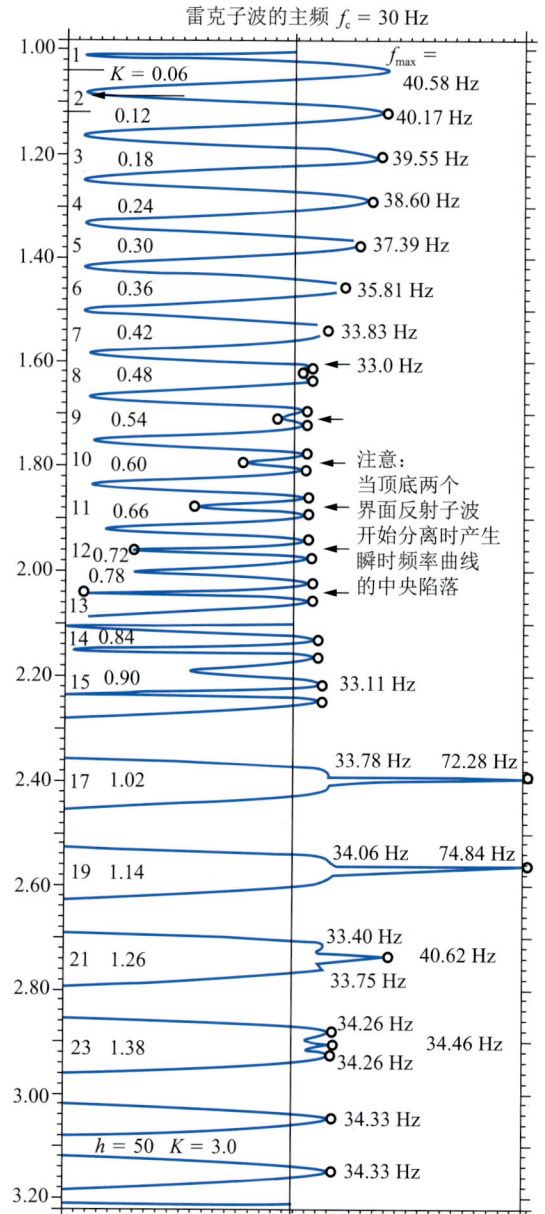

图 23　不同厚度的单层砂层的频率调谐作用
（图 21 的瞬时频率曲线的放大显示）

六、模型频率分析的结果

在地震剖面上抽取一个较窄的时窗,分析时窗内频谱的情况,也是过去所谓寻找碳氢指示的一种手段。过去习惯上认为,如果砂层含油气,其低频分量,尤其是 10 Hz 附近的低频分量就会增高,这是否有道理呢?

为此,我们对前面叙述的模型一一作了频谱分析,典型的图件有:图 24 是我们的地层模型不含油气时反射系数本身的频谱,它是一个分布很宽的频谱。这说明我们选择了一个比较合理的模型。因为如果选择的模型全是等厚状的砂泥岩互层,周期相等,那么反射系数频谱的个别主峰就会太突出,不利于对问题的分析。因为一段地震道的频谱等于反射系数的振幅乘上子波的振幅谱。如果反射系数的频谱有较强的谐振峰或频谱很窄,那么乘上不同的子波频谱(后者一般是一个较窄,较光滑的曲线)后就不会得到具有代表性的结论。

图 25 为我们使用的两个子波的频谱。

图 26,图 27,图 28 是采用中频子波在亮点、暗点及正常不含油气地层的三种情况的频谱比较。从这三幅图来看,当气层的厚度系数 K 为 0.24(即时间厚度 Δt_0 等于 4 个采样点,子波主频视周期 T_c^* 为 16.67个采样点的情况)时,亮点型的情况表现出低频成分的增加。图右方的累计百分比曲线在低频段以亮点型为最高。含油后若为暗点型,则几乎和正常地层没有什么频谱上的差别。图中亮点型在低频处的升高点位置,对 2 ms 采样来说是 $22 \sim 33$ Hz,对 4 ms 采样则为 $11 \sim 16$ Hz,而对 1 ms 采样则相应为 $44 \sim 66$ Hz,并不是固定在 10 Hz 频段。

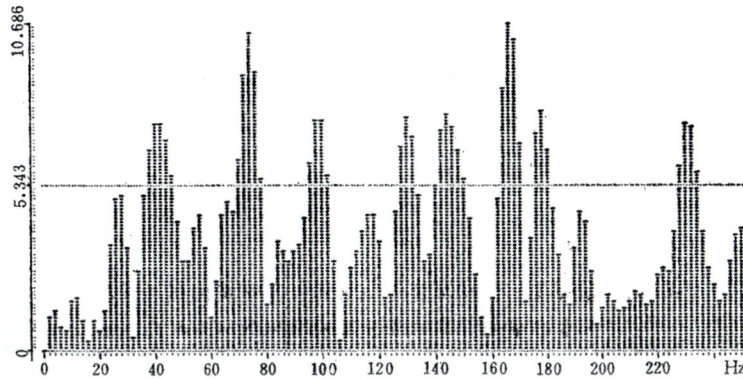

图 24　不含油气时地层模型反射系数本身的频谱

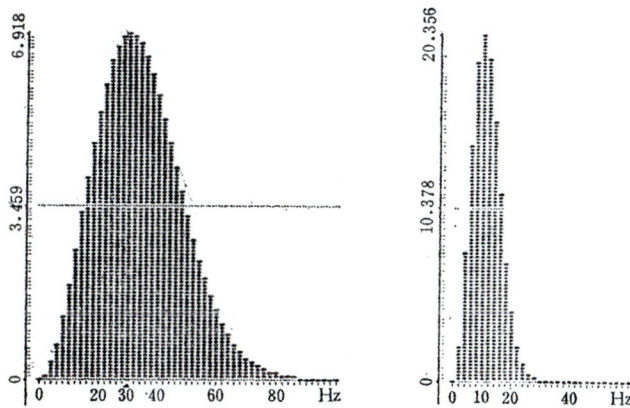

图 25　中频雷克子波的频谱(左)和甚低频雷克子波的频谱(右)

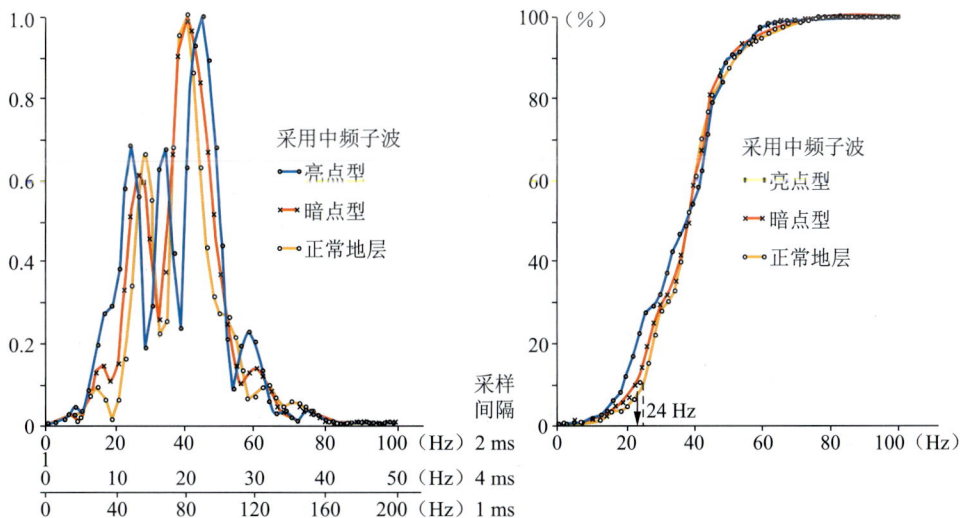

图 26　顶部仅一个砂层含油气情况的振幅谱比较(左)和各频率分量累计百分比曲线比较(右)

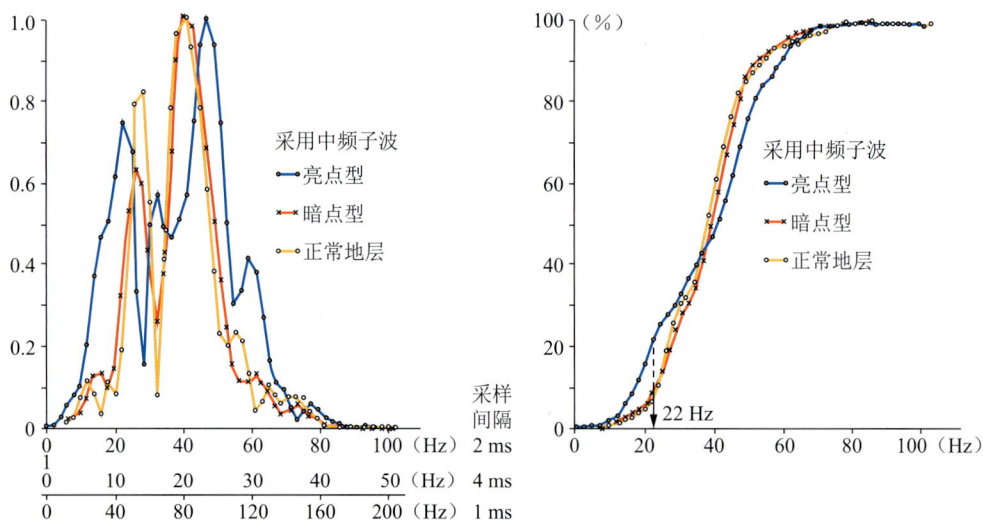

图 27　顶部两个砂层含油气情况的振幅谱比较（左）和各频率分量累计百分比曲线比较（右）

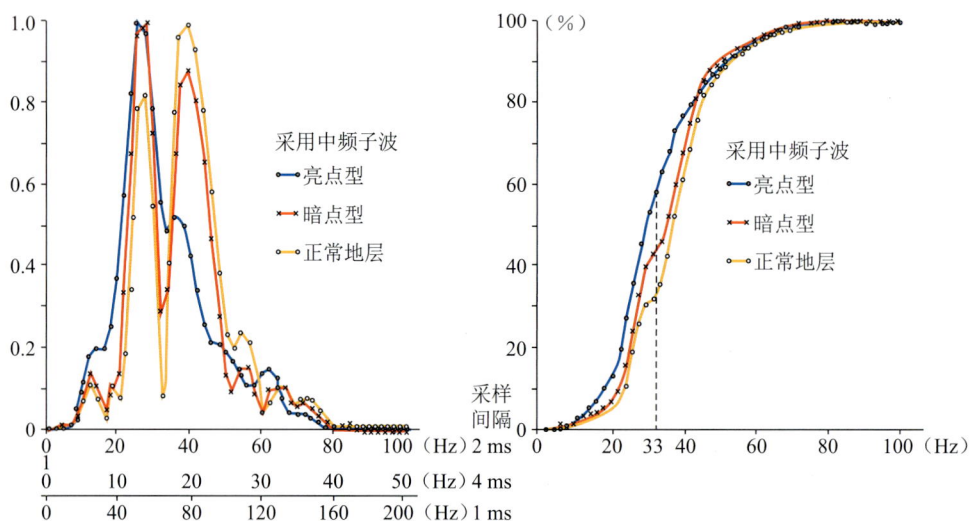

图 28　中下部一个砂层含油气情况的振幅谱比较（左）和各频率分量累计百分比曲线比较（右）

图 29 是采用高频子波的情况，它与图 28 是同一模型，仅仅子波主频不同，结果和中频子波的情况差不多。

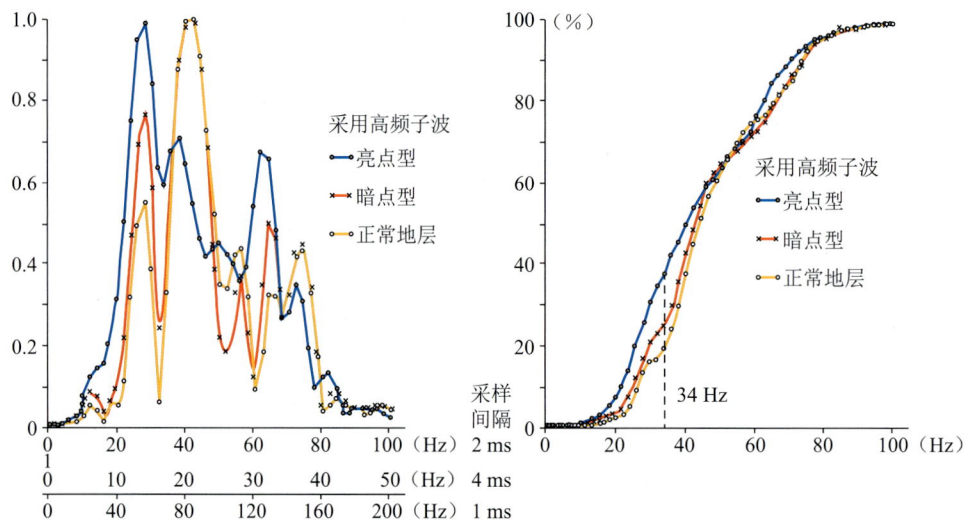

图 29　中下部一个砂层含油气采用高频子波时的振幅谱比较（左）和各频率分量百分比曲线比较（右）

图 30 是采用甚低频子波所作的试验,考虑到子波采样点增加很多,我们在计算时已将地层模型两头增加了足够的零值,所以不存在截断影响。图 30 与图 27 是同一个模型,只是由于子波不同,就出现了亮点型低频成分降低而不含油气的正常地层的低频成分增加的现象。

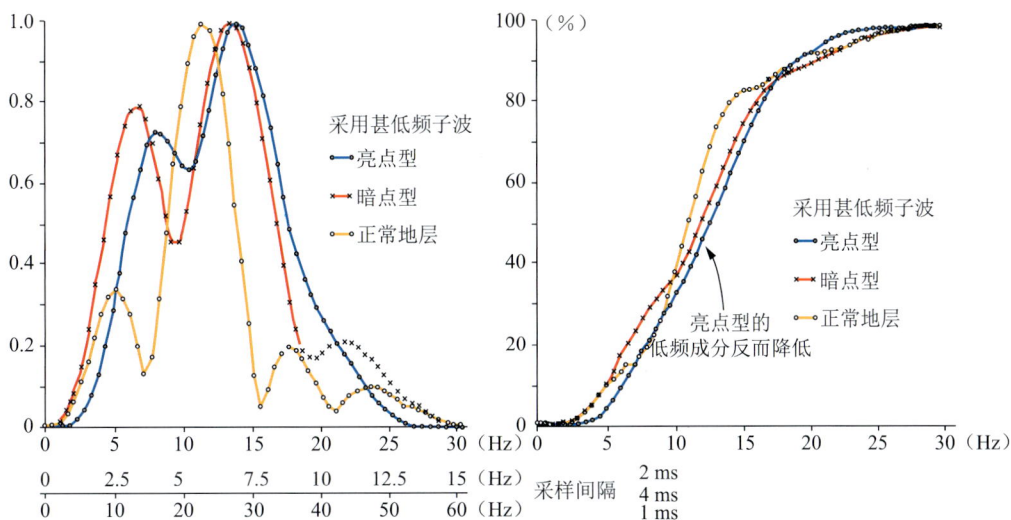

图 30　顶部两个砂层含油气采用甚低频子波时的振幅谱比较(左)和各频率分量百分比曲线比较(右)

从以上几个例子可以看到,当砂层含油气后,亮点型的频谱分析结果多数出现低频成分的增加,但并不一定是在 10 Hz 附近。暗点型则往往与不含油气的频谱没有多大区别。少数情况下,含油气的亮点型情况甚至出现低频成分降低的现象。

因此,用频谱分析来做碳氢指示 HCI 预测的理论基础是不牢靠的。只有在亮点型地区成功率才可能稍高一些。

七、对含气砂层吸收作用的正确估价

看了上述各部分的分析后,可能还有些人会这样想:砂层含油气以后总会对高频有更多的吸收,因此若将油气田内部与外部的同一反射层来作频谱比较(横向比较),总该会发现气田内的频谱偏低吧！

我们承认气层对高频的吸收作用,但我们认为反射系数的改变对频谱的影响远大于气层的吸收作用。下面我们对气层的吸收作用做一个估算。

一般认为含气砂岩的品质因素 Q 大致在 10 到 20 之间,它是衡量介质吸收作用的一个指标,其数值愈小,则介质的吸收作用愈强。地下致密的石灰岩及花岗岩的 Q 值为 300~500;华北地区砂泥岩地层在埋深三四千米时,Q 值约为 100,而埋深一两千米时 Q 值约为 50,其中疏松的砂泥岩 Q 约为 30,地表第四系松沙的 Q 值约为 10 左右。我们设想地下的含气砂层的吸收系数与地表的松沙一样,取其 Q 值为 10。

品质因素 Q 与对数吸收衰减量 δ(logarithmic decrement)以及吸收系数 α,波长 λ 之间有如下关系:

$$\frac{1}{Q} = \frac{\delta}{\pi} = \frac{\alpha \cdot \delta}{\pi}$$

所谓对数吸收衰减量 δ 就是说每振动 1 周,振幅减小到原来的 $\mathrm{e}^{-\delta}$。如果波走同样的距离,高频的波其视波长短,必然在这个距离内振动的次数多,因此高频的振幅就衰减得快,所以吸收系数是大致与频率成正比的。

现在我们来考虑一个厚度为 20 m 的气层,它对反射波作双程吸收,即 40 m。假定气层的层速度已降为 2000 m / s。于是波在气层中一来一回走了 20 ms 时间。在 $Q = 10$ 的情况下,计算得不同频率的吸收情形如图 31 所示。图中吸收系数曲线随频率的增加而直线上升,而振幅则随频率的增加呈指数衰减。由图还可以看到,10 Hz 频率的波经 40 m 吸收衰减后振幅由 1 下降到 0.9391,50 Hz 时降到 0.7304,而 100 Hz 时降到 0.5335。显然,气层对高频的吸收能力还是很强的。

图 32 是上述情况下推算出的一个吸收滤波因子,它是最小相位的,采样间隔为 2 ms。

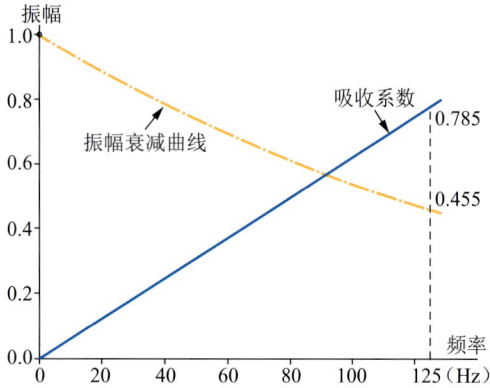

图 31　一个厚 20 m 的气层 $Q = 10$ 时的吸收系数和衰减系数

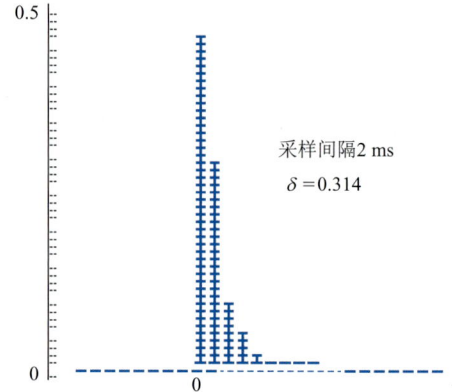

图 32　图 31 情况下推算的一个吸收滤波因子

现在来看看把图 32 这样的一个吸收滤波因子作用到上述的亮点及暗点模型上会发生什么现象,有什么结果。

图 33 是模型 8 用甚低频子波所作的试验。在采样间隔为 2 ms 时,其主频为 10 Hz。图中对比了亮点及暗点情况的带吸收与不带吸收的地震波形及瞬时频率。从图中可以看出,带吸收与不带吸收几乎没有多大差别。这个例子中,在含油气后的瞬时频率曲线上,无论是亮点还是暗点情况下都没有观察到频率变低的现象。因为这条瞬时频率曲线主要由反射系数的变化及子波的形态所决定,而吸收所起的作用很小。

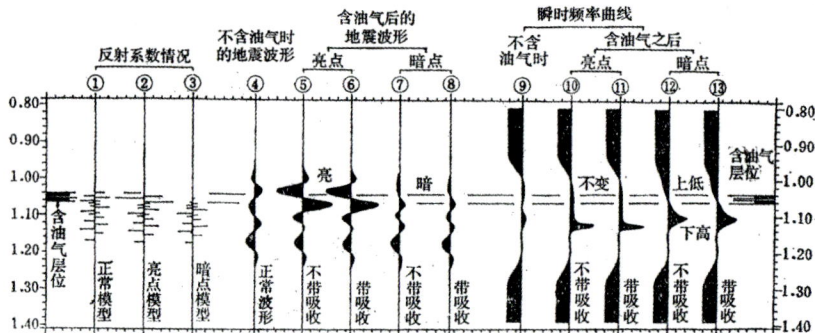

图 33　考虑吸收作用与不考虑吸收作用的比较(用甚低频子波)

图 34 也是模型 8 的情况,不过这次是用的高频子波(主频 40 Hz)。可以看到由于气层对高频的吸收作用,带吸收的地震波形曲线③比不带吸收作用的曲线②有了些变化,含气层位的亮点的亮度减弱了些,但瞬时频率曲线⑦与⑧仍旧看不出有什么明显的变化。

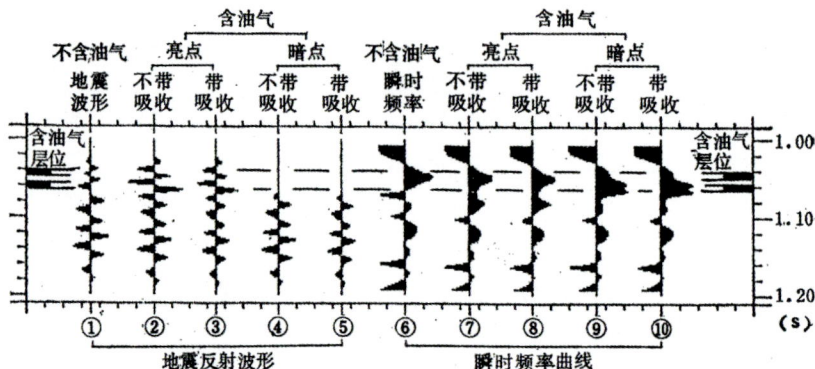

图 34　考虑吸收作用与不考虑吸收作用的比较(用高频子波)

下面再看看频谱分析的情况。由图 26 到图 30 可知,大部分亮点情况的低频累计百分含量是增加的,只有图 30 是例外,它的亮点情况却是低频分量减少。因此,我们只要试试加上吸收的考虑能否改变这种情况就可以了。我们作了一次带吸收作用的模型 8 用甚低频子波的谱分析,结果如图 35 所示。它与图 30 几乎没有明显的差别,亮点型还是含油气时累计百分量比不含油气时要低。可见,考虑了吸收作用后亮点的频谱是向低频方向移动了一些,但移动得不多。

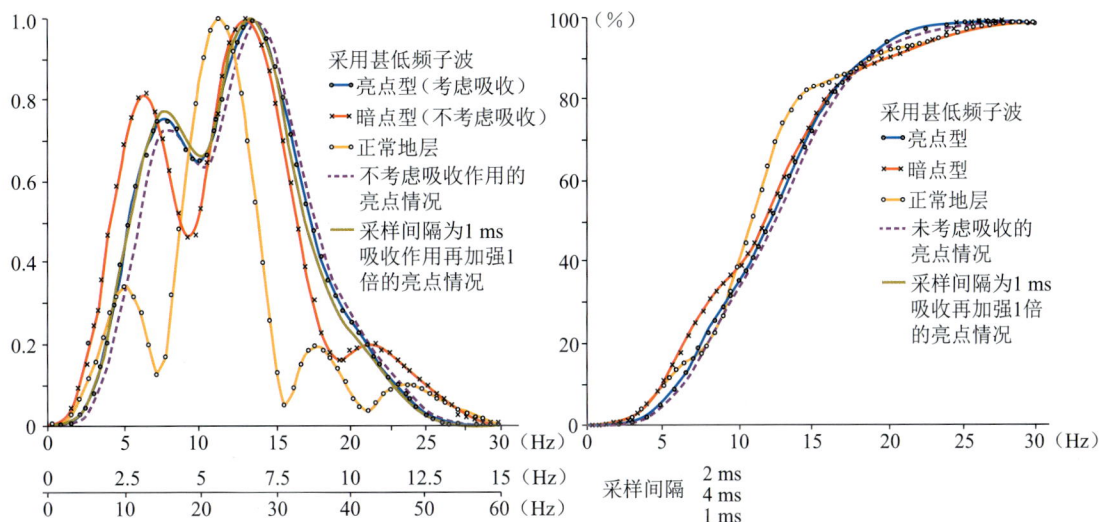

图 35　模型 8 用甚低频子波的频谱分析

左图为振幅谱比较;右图为各频率分量累计百分比曲线比较

以上是假定模型的采样间隔为 2 ms 的情况。如果假设模型的采样间隔为 1 ms,则甚低频子波代表着主频为 20 Hz,此时等于整个吸收数都大了 1 倍。我们计算了这种情况,由图 35 看到,它的亮点频谱曲线只是更向低频方向移动了一下,但总的结论仍旧没有变。

总之,由以上分析可知,虽然含气砂层对高频有一定的吸收作用,但对频谱的影响起主要作用的仍是反射系数,即地层的组合情况,而不是吸收作用。

八、结束语

人们一直在寻找各种直接找油的方法。目前,地震亮点技术要算是各种方法中比较有根据和有实效的一种方法。然而,即使是这种方法,除其多解性之外还存在着许多理论上的不足。我们希望本文的一些分析将有助于使人们对其持更客观、更谨慎的态度。

通过本文的模型计算,主要得到如下结论:

（1）地震勘探的亮点技术在振幅方面是基本正确的。反射系增大时一般引起振幅变"亮",反之,反射系数由于含油气而降低时,一般产生暗点。

（2）瞬时频率的高低与三个因素有关:（a）地层的砂泥岩组合情况;（b）地震子波的波形变化;（c）地层的含油（气）性。第三个因素所产生的频率高低没有明显的规律性,它主要与前两个因素互相影响而使瞬时频率有时变高有时变低。

（3）有一种情况值得注意,即凡是振幅很"亮"的时候,波形大多数要变胖,频率变低。这是强波本身所派生的现象。由于强波往往接近一个单层反射波或单波,并且由于强波的抗干扰能力较强以及强波的子波低频尾巴得以充分表现,所以剖面上大多数强波都是以低频为主的,这与含不含油气没有直接的因果关系。

（4）通过模型频谱计算说明，大多数亮点情况下会产生低频分量的增加，但不一定在 10 Hz 左右。暗点情况下则频谱低频成分往往没有变化。个别情况则完全相反，亮点型反而低频成分减少。

综上所述，过去所认为的含油气砂岩的频率会降低的概念只适合于亮点型地区。从本质上说，频率的降低是强波本身的派生现象，与含油气并不是因果关系。因此，它不能当作碳氢检测的一项独立指标，尤其是在我国广大"暗点型"地区，基本上不能采用频率指标来研究砂岩的含油气情况。

图 5 所示的荆邱油田的三瞬剖面也进一步证实了本文所论证的观点，即在"暗点型"的华北地区，含油砂层在瞬时包络上表现为暗点，在瞬时频率剖面上，强波绝大多数是低频，而在含油范围内基本上是一片混乱（有高也有低）的现象，其频率非但没有变低，总的来说还偏高一些。

以上意见希望大家予以讨论并指正。

文章编号 111-1

新生界沉积盆地的地震波速度规律

1988 年我们总结了冀中坳陷的层速度规律,明显地出现"两带一区"的特点。并进一步分析新生界沉积盆地中的层速度经验公式,从而推算出叠加速度、平均速度及均方根速度的总规律,指出了通常的余弦校正公式在曲射线连续介质的条件下出现较大的误差,推导出了不同倾角情况下叠加速度增加量的经验公式。

此文是我们物探局的内部文件,对地震资料处理人员,掌握了速度规律就能较好地做好水平叠加,进而做好偏移归位。在现代的叠前偏移成像方面,掌握好速度规律也是成像好坏的关键。

本文从分析华北冀中坳陷的地震波层速度规律入手,总结出层速度的"两带一区"特点,并进一步分析新生界沉积盆地中的叠加速度、平均速度及均方根速度的总规律,指出了通常的余弦校正公式在曲射线连续介质的条件下出现较大的误差,推导出了不同倾角情况下叠加速度增加量的经验公式。

文中计算了地下存在潜山时的叠加速度变化的三种理论图版。应用这些图版作指导,地震资料处理人员可以定准叠加速度,从而把资料处理得更好。

文中对不同地层年代,不同埋藏深度及不同岩性的地层层速度规律的总结,可以指导今后处理人员掌握地层速度变化范围,从而在今后叠前深度偏移中速度建模时起到指导作用。

本文的讨论内容虽然主要是针对华北地区的,但是其一般结论完全适用于新疆三大盆地及其他以新生界沉积为主的盆地中。

许多年来,我们对华北地区的地震纵波速度的规律做了大量的研究。20 世纪 60 年代仅冀中地区就做了四十余口井的地震测井,对速度谱的研究就更是数以万计。在大量数据的研究中,我们一开始并没有掌握速度变化的基本规律,仅仅知道地层的纵波平均速度是随深度的增加近似地呈线性增长,但具体到不同地区不同倾角产状及不同年代的地层时,又很难掌握其变化规律了。

20 世纪 70 年代后期人们开始意识到叠加速度、平均速度及均方根速度的变化规律是比较难以掌握的,但层速度是比较有规律的。

一、华北地区冀中坳陷的层速度规律

1998 年我们总结了冀中坳陷的层速度规律,画出了如图 1 所示的层速度规律图,在这张图上明显地出现"两带一区"的特点。

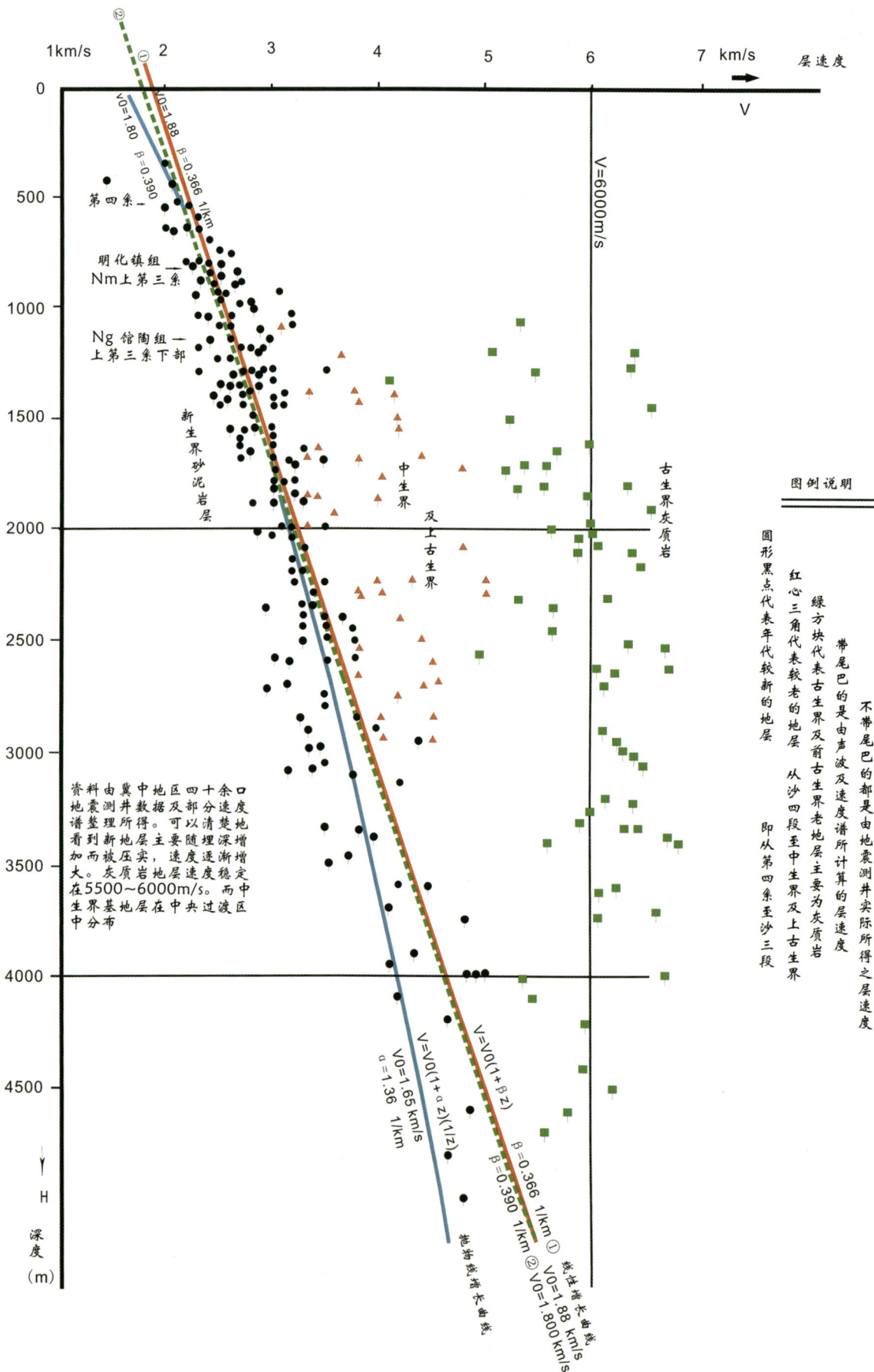

图 1　冀中坳陷层速度与深度的规律

纵坐标是埋藏深度,横坐标是层速度值,图中圆形黑点代表年代较新的新生界地层的数据,三角形代表中生界及上古生界地层,方块代表古生界灰质岩地层。带尾巴的点子是由声波测井或速度谱计算而得,不带尾巴的点子是由地震测井资料计算而得,后者较为可靠。

从图1可以看到:不论明化镇馆陶组还是沙河街组和孔店组都分布在一条倾斜的带状区域内。说明这套以砂泥岩互层为特点的颗粒性地层,它的物质密度随着埋藏深度的增加而被压实,地层的层速度(纵波速度)也就随深度而逐渐增加。冀中地区的第三系地层在不同深度上的层速度范围如表1所示。

表 1　冀中地区的第三系地层在不同深度上的层速度范围

埋藏深度(m)	500	1000	1500	2000	2500	3000	3500	4000
层速度范围	1980~2450	2250~2850	2500~3200	2850~3600	3100~3950	3400~3950	3600~4600	3800~4900
层速度中值	2150	2500	2850	3200	3500	3750	4000	4250

同一个深度上的点子在速度上的差别一方面是由层速度计算误差所造成,当然另一方面也是反映了它们在岩性及年代上存在的差别。

由图可见第三系地层的层速度在上表中值附近点子较密集,左右摆动范围约 300 m/s,深层达 500 m/s,3500 m 以下由于没有深井资料所以仅靠地震速度谱所计算的层速度点子的精度比较差些,但这些点子的总的趋势还是比较明显的。

第二个带是古生界灰岩(包括震旦系)地层的点子分布在 5500~6500 m/s 层速度范围以内。由于它们是结晶的碳酸盐岩地层,所以层速度就与埋藏深度关系不大,表现为一个垂直分布的带,其中值速度为 6000 m/s,仅有少数速度谱计算的点子分布较散,是其精度不够造成的。

在这两个带之间有一个过渡区(层速度在 4000~5000 m/s 之间)所见之点子大多属于中生界及石炭二叠系地层。这些地层沉积年代较老因而压实胶结程度较同深度的第三系地层为历害,层速度也就较高,但比起灰岩地层 6000 m/s 层速度来,还是有明显的差别。此区中有凤和营地区桐 7 井、桐 8 井及河 1 井三口井的少数点在所谓"沙四段"地层中具有异常的高速特点。我们有点怀疑它们是否属于上古生界地层,因为都是红色地层,所以年代鉴定不准。另外一个解释是凤和营地区的沙四段地层曾经埋到 3500 m 以下经过压实后又复上升到较浅的深度,因此保留了较大的层速度。此外还有赵兰庄的赵 7 井和赵 9 井有几个点子孔店组岩层的层速度偏高,达 5000 m/s。

层速度的这种"两带一区"的分布特点和济阳坳陷及东濮凹陷中所见的情况是完全一致的。我们的地震测井平均速度曲线在没有区分年代及埋深的条件下往往看不清影响速度变化的客观地质原因。现在通过层速度的分析,初步找到了其岩石学上的内存联系,看到了砂泥岩孔隙地层和结晶灰岩地层的根本差别。从这张图我们还可以看到在 3500 m 深度以上是可以区分古生界灰岩地层的,而在 4000 m 以下则层速度差别减小,不容易区分地层年代了。

这张图对我们建立地下速度模型是非常有帮助的。

二、第三系沉积凹陷区的叠加速度规律

从上述层速度分析的基本事实出发,我们来讨论叠加速度的一般规律。让我们先从凹陷区开始讨论:从图1出发,我们可以求出一条层速度 V,随着深度 z 线性增加的代表性直线,它将速度表示为:

$$V = V_0(1 + \beta z) \tag{1}$$

推得 V_0 为 1.800 km/s,β 为 0.3901/km,它与目前冀中地区广泛使用的统一速度($V_0 = 1.880$ km/s,$\beta = 0.3468$ 1/km)几乎是一致的,说明过去冀中统一速度对凹陷区来说 3500 m 以上是极为合适的。然而仔细一看,深处存在着较大的矛盾,例如深度 6 km 处按公式(1)所表达的第三系地层的层速度就可以超过

6000 m/s,这显然是不恰当的,换句话说,第三系砂泥岩地层的压实作用越到深处应该是进行得越缓慢,因此促使我们寻找能够更好表达速度规律的公式,于是想到了如下表达式:

$$V = V_0(1 + \alpha z)^{1/2} \tag{2}$$

并且推得冀中地区:$V_0 = 1.650 \, \text{km/s}, \alpha = 1.360 \, 1/\text{km}$,此时有平均速度:

$$V_M = \frac{V_0 \alpha z}{2(\sqrt{1+\alpha z} - 1)} = V_0\left(1 + \frac{1}{8} V_0 \alpha t_0\right) \tag{3}$$

均方根速度:

$$V_R = \left(\frac{1}{t} S_0^t V_2 \cdot \mathrm{d}t\right)^{1/2} = V_0\left(1 + \frac{1}{4} V_0 \alpha t_0 + \frac{1}{48} V_0^2 \alpha^2 t_0^2\right)^{1/2} \tag{4}$$

又地层层速度尚可表示为 t_0 的线性函数:

$$V = V_0\left(1 + \frac{1}{4} V_0 \alpha t_0\right) \tag{5}$$

其梯度刚好是平均速度梯度的一倍。

用上述 V_0 及 α 值求得数据如表2所示。它实际上是一个随深度增加而 β 变小的速度规律。以 0.5 s 间隔纵向分段后,近似求得对应的 β 值、V_0 值列于表的右方。

表2 由公式(5)所推得的不同时间上的速度

t_0 (s)	V 层速度 (m·s⁻¹)	V_M 平均速度 (m·s⁻¹)	Z 深度 (m)	V_R 均方根速度 (m·s⁻¹)	纵向分段后近似相当的 V_0, α 值及 β 值		
					V_0	$\alpha = V_0\beta$	β
0.5	2113	1881	470	1886	1760	0.895	0.590
1.0	2576	2113	1056	2130	1900	0.730	0.384
1.5	3038	2344	1758	2379	2060	0.610	0.296
2.0	3501	2576	2576	2630	2230	0.530	0.238
2.5	3964	2807	3509	2886	2420	0.470	0.194
3.0	4426	3038	4558	3142	2610	0.417	0.176
3.5	4889	3270	5722	3401	2780	0.380	0.137
4.0	5352	3501	7002	3661	2960	0.360	0.122
4.5	5815	3732	8398	3922			
5.0	6278	3964	9910	4183			
5.5	6740	4195	11537	4445			
6.0	7203	4426	13279	4709			

由公式(2)所推得的速度在以深度为自变量的情况下层速度值如表3所示。

表3 由公式(2)所推得的速度在以深度为自变量的情况下层速度值

深度 Z (m)	0	500	1000	1500	2000	2500	3000	3500	4000
V 层速度 (m·s⁻¹)	1650	2138	2534	2878	3181	3462	3719	3960	4188

可以看出与表1所列的实际层速度中值较为一致,此速度的平均速度与冀中速度也符合得较好,因此我们认为可以用它代表凹陷里的速度总规律。

如果坳陷里地层倾角较平缓,就直接可以用上述均方根速度当作叠加速度。但是对浅层同相轴还要做一个续至相位的速度校正，由于初至相位往往是弱相位，而续至强相位要得到同相叠加，其叠加速度就会偏小，参考资料 [2][5]。速度偏小量 ΔV 与相位差 T 的近似关系是

$$\Delta V \approx \frac{V}{2}\left[\frac{T}{t_0}\right] \tag{6}$$

上式可由动校公式微分而得。例如当是第二相位即：$T = 80$ ms 时，0.5 s 处速度要偏低 150 m/s，1 s 处低 85 m/s。深层差数就较小，为此我们对浅层叠加速度做了一个大致的校正，即在 0.5 s 处减少 150 m/s 左右，1 s 处减少 100 m/s 左右，到 2.0 s 处与原来均方根速度又相一致，即变化如表 4 所示。

表 4　由公式(6)进行叠加速度校正的结果

t_0 反射时间(s)	0.5	1.0	1.5	2.0	2.5	……
校正量(m·s^{-1})	166	110	59	0	0	……
校后叠加速度 V_d(m·s^{-1})	1720	2020	2320	2630	2886	……

校正后的曲线如图 2 所示。对经过脉冲反褶积的速度谱，是基本上不需要这种相位校正的。

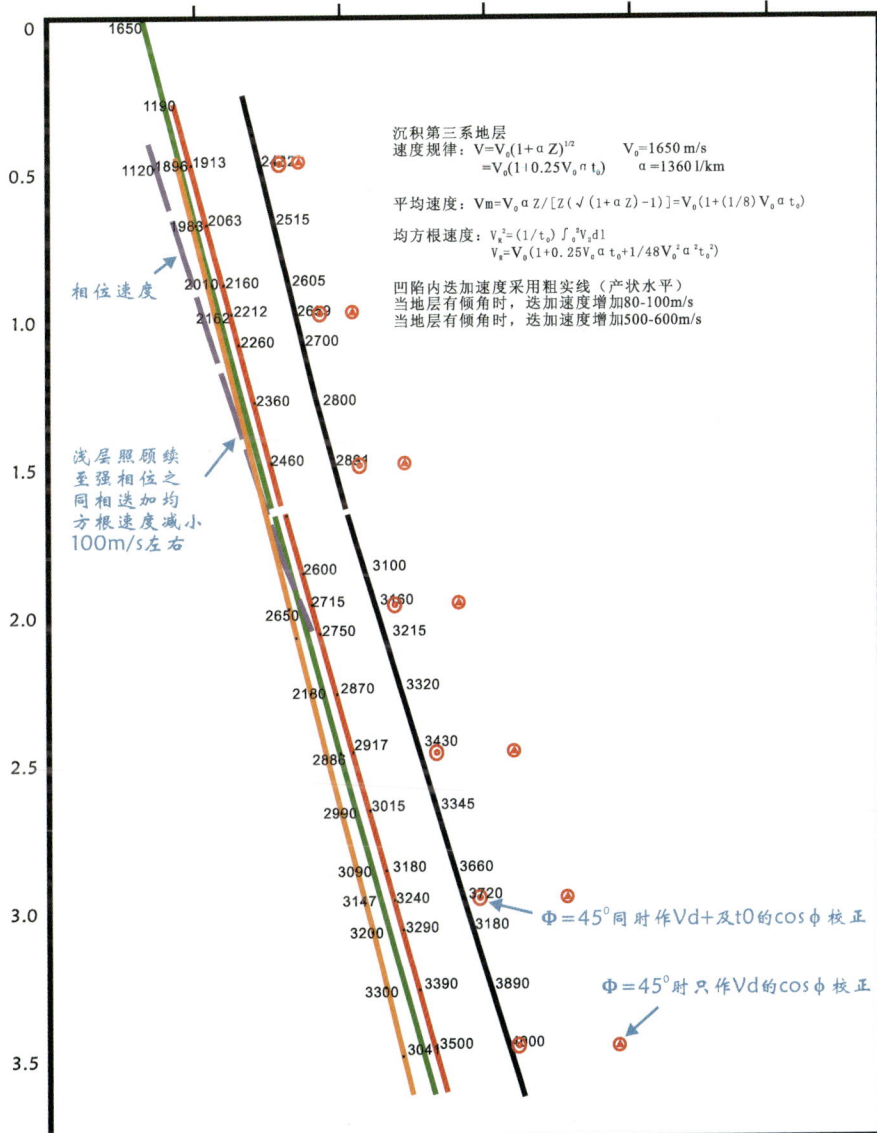

图 2　凹陷地区理论叠加速度曲线

三、地层倾斜时叠加速度的偏大量

当地层倾斜时,叠加速度 V_d 较均方根速度 V_R 偏大,大多少呢?在假定上覆层是均匀介质的条件下推得:

$$V_d = \frac{V_R}{\cos\varphi} \tag{7}$$

如果按上式做 $\cos\varphi$ 校正,一般是校正过头。因为上覆层实际上不是均匀介质,而是接近连续介质,在连续介质的条件下射线是弯曲的。对大倾角反射层来说,t_0 为 1 s 的反射波,弯曲的射线仅在较浅地层中行走,因此其速度不能与同 t_0(1 s)的均方根速度来比较,于是有的同志提出一种近似的方法即 t_0 校正法。即一方面将 V_d 乘 $\cos\varphi$,化为 V_R,同时将 t_0 也乘上 $\cos\varphi$,化为 t_H,t_H 是实际反射点的垂向时间:

$$t_H \approx t_0\cos\varphi \tag{8}$$

这样做总比不做 t_0 校正来的好,但这个办法仍然不能扭转 $\cos\varphi$ 系数的校正过头问题。参考资料[2]及[4]中都列出了 $V = V_0(1 + \beta z)$ 情况下曲射线的叠加速度倾角校正公式:

倾角校正系数:

$$\frac{V_R}{V_d} = K = \sqrt{\cos\varphi \cdot \cos i_0 \frac{1 + \cos i_0}{1 + \cos\varphi}} \tag{9}$$

初始射线角

$$i_0 = \sin^{-1}\frac{V_0}{2}\left(\frac{\Delta t}{\Delta x}\right) \tag{10}$$

其中,$\Delta t / \Delta x$ 是水平叠加剖面图上同相轴的斜率,即每千米水平距离升降多少秒时间。(此式 Δx 已是野外地面排列道距距离之半)

而地层倾角

$$\varphi = 2\alpha\tan\left[(e^{\frac{1}{2}} V_0 R t_0) \cdot \tan\frac{i_0}{2}\right]$$

将 K 系数乘上倾斜层的叠加速度 V_d 就化为不带倾角的均方根速度 V_R。这种曲射线校正方法不需做 t_0 校正。我们根据冀中的情况,将表 2 所列的 V_0 及 β 数据代入公式(9)并求得倾角为 45° 及 20° 两种情况下的叠加速度。

此外,也可以根据真速度 $V = V_0(1 + \alpha z)^{1/2}$ 的情况下,较严格地计算获得叠加速度。俞寿朋同志做了如下的推导:

倾斜层的叠加速度

$$V_d^2 = \frac{1}{t_0}\int_0^{t_0}\frac{V^2}{\cos^2 i}\,\mathrm{d}t \tag{11}$$

射线角 i 是随深度而变的,在反射界面上就变为与界面倾角一致,到地面点就是射线初始角 i_0。先将积分变元换成 z,即有薄层 $\mathrm{d}z$ 内反射走时为

$$\mathrm{d}t = \frac{2\mathrm{d}z}{V\cos i}$$

并且

$$\cos i = \sqrt{1 - \sin^2 i} = \sqrt{1 - \left[\frac{V(z)}{V(z_R)}\right]^2 \cdot \sin^2\varphi} = \sqrt{1 - \frac{1 + \alpha z}{1 + \alpha z_R}\sin^2\varphi}$$

z_R 为反射界面上法线反射点的垂直深度,因此

$$V_d^2 = \frac{2}{t_0} \int_0^{z_R} \frac{V_0(1+\alpha z)^{1/2}}{\left[1 - \frac{1+\alpha z}{1+\alpha z_R}\sin^2\varphi\right]^{3/2}}\, dz$$

为求积分,再令 $y^2 = 1 + \alpha z$; y 为参变数; $2y\,dy = \alpha \cdot dz$;

$$V_d^2 = \frac{4V_0}{\alpha t_0}\int_1^{y_R} \frac{y^2\,dy}{\left[1 - \frac{y^2}{y_R^2}\sin^2\varphi\right]^{3/2}} = \frac{4V_0 y_R^3}{\alpha t_0\sin^3\varphi}\int_1^{y_R} \frac{y^2\,dy}{\left[\left(\frac{y_R}{\sin\varphi}\right)^2 - y^2\right]^{3/2}}$$

$$= \frac{4V_0 y_R^3}{\alpha t_0\sin^3\varphi}\left[\frac{y}{\sqrt{\left(\frac{y_R}{\sin\varphi}\right)^2 - y^2}} - \sin^{-1}\frac{y}{y_R}\sin\varphi\right]_1^{y_R}$$

$$= \frac{4V_0 y_R^3}{\alpha t_0\sin^3\varphi}\left[\tan\varphi - \tan i_0 - (\varphi - i_0)\right]$$

此式中 $(\varphi - i_0)$ 一项需用弧度表示。

由折射定律

$$\frac{\sin i_0}{\sin\varphi} = \frac{V_0}{V_0(1+dz_r)^{1/2}} = \frac{1}{y_R}$$

故

$$\frac{\sin\varphi}{y_R} = \sin i_0$$

$$V_d^2 = \frac{4V_0}{\alpha t_0\sin^3 i_0}\left[\tan\varphi - \tan i_0 - (\varphi - i_0)\right] \tag{12}$$

再与公式(4) V_R 比较,即有倾角校正系数 K'

$$\frac{V_R^2}{V_d^2} = (K')^2 = \frac{\frac{1}{4}V_0\alpha t_0\sin^3 i_0\left(1 + \frac{1}{4}V_0\alpha t_0 + \frac{1}{48}V_0^2\alpha^2 t_0^2\right)}{\tan\varphi - \tan i_0 - (\varphi - i_0)} \tag{13}$$

为求 i_0 与 φ 的关系,还要推算 t_0 与 z_R 的关系。

$$t_0 = 2\int_0^{z_R}\frac{dz}{V\cos i} = \frac{2}{V_0}\int_0^{z_R}\frac{dz}{\sqrt{(1+\alpha z)\left[\frac{1+\alpha z}{1+\alpha z_R}\sin^2\varphi\right]}}$$

仍用 $y^2 = 1 + \alpha z$ 换变元

$$t_0 = \frac{4}{\alpha V_0}\int_0^{y_R}\frac{dy}{\sqrt{1 - \frac{y^2}{y_R^2}\sin^2\varphi}} = \frac{4}{\alpha V\sin i_0}\int_0^{y_R}\frac{dy}{\sqrt{\left(\frac{1}{\sin i_0}\right)^2 - y^2}}$$

$$= \frac{4}{\alpha V_0 \sin i_0} \left[\sin - 1 \left(y \sin i0 \right) \right] 1 y R$$

即

$$t_0 = \frac{4}{\alpha V_0 \sin i_0} (\varphi - i_0)$$

因此

$$\varphi = i_0 \frac{1}{4} V_0 \alpha t_0 \sin i_0 \qquad (14)$$

对倾斜的反射层,可在时间剖面上先根据同相轴斜率 $\Delta t / \Delta x$ 由公式(10)求得 i_0 再由式(14)求得,然后由式(13)求得校正系数 K',即可由 V_d 换算得 V_R。这种曲射线换算 V_R 时也不需做 t_0 校正。

最后,我们把 $V = V_0 (1 + \alpha_z)^{1/2}$ 情况下的倾斜层 45° 及 20° 时叠加速度 V 按公式(12)计算列入表 5 中第②列,并根据公式(13)计算校正系数 K' 列入表中第③列,由表可见,第②列与近似 V_0, β 计算所得的 V_d 是基本一致的,而第③列中的校正系数显然比 $\cos\varphi$ 大,因为 $\cos 45° = 0.7071, \cos 20° - 0.939$。

曲射线条件下倾斜层的叠加速度:

表 5　曲射线条件下倾斜层的叠加速度

t_0 时间 (s)	水平层均方根速度 V_R(m/s)	倾角 $\varphi = 45°$			倾角 $\varphi = 20°$		
		① $V = V_o (1 + \beta_z)$ 情况下的 V_d	② $V_o = (1 + \alpha_z)^{1/2}$ 情况下的 V_d	③ 倾角校正系数 K'	同① V_d	同② V_d	同③ K'
0.5	1886	2432	2423	0.7784	1975	1979	0.9530
1.0	2130	2650	2616	0.8142	2212	2216	0.9612
1.5	2379	2897	2854	0.8336	2460	2462	0.9663
2.0	2630	3160	3115	0.8443	2715	2715	0.9687
2.5	2886	3430	3389	0.8516	2977	2972	0.9711
3.0	3142	3720	3672	0.8557	8240	3232	0.9722
3.5	3401	4000	3961	0.8586	3500	3495	0.9731
4.0	3661	4275	4250	0.8614	3760	3760	0.9742

另外我们将曲射线计算结果和按直射线校正时仅做 $\cos\varphi$ 校正的情况,以及 V_R, t_0 同时做 $\cos\varphi$ 校正的情况作一对比,看它们各自比同 t_0 均方根速度大多少,即其横坐标差值 ΔV 多少,结果列于表 6。

表 6　曲射线计算结果按照直射线校正的情况

T_0 (s)	均方根速度 V_R (m/s)	$\varphi = 45°$ 时速度增大量 ΔV/增大后的速度 V_d			$\varphi = 20°$ 时速度增大量 ΔV/增大后的速度 V_d		
		① 只做 V_d 的 $\cos\varphi$ 校正	② V_d 及 t_0 同时做 $\cos\varphi$ 校正	③ 曲射线条件下的 ΔV 及 V_d	同①	同②	同③
0.5	1886	784/2670	704/2590	537/2423	119/2005	104/1990	93/1979
1.0	2130	880/3010	700/2830	486/2616	140/2270	110/2240	86/2216
1.5	2379	990/3370	700/3080	475/2854	150/2530	110/2490	83/2462
2.0	2630	1090/3720	700/3330	485/3115	170/2800	110/2740	85/2715
2.5	2886	1194/4080	700/3580	503/3389	184/3070	120/3000	86/2972
3.0	3142	1300/4440	700/3960	530/3672	200/3340	110/3250	90/3232
3.5	3401	1410/4810	670/4070	560/3961	220/3620	100/3500	94/3495
4.0	3661	1510/5710	540/4200	589/4250	230/3890	110/3750	97/3758

注:曲射线采用 $V = V_0 (1 + \alpha z)^{1/2}$ 形式。

从表 6 可见,简单地只做 $\cos\varphi$ 校正的办法,速度增大太多,换一句话说,校正过了头;而同时对 V_d 及 t_0 做 $\cos\varphi$ 校正的就稍好一些,但 ΔV 还是偏大。按曲线射线校正才是合理的。

考虑到曲射线校正方法计算公式太复杂,应该想一个简单的近似公式,我们根据表 6 及表 8、表 9、表 10 的数据,初步归纳提出如下经验公式:

$$V_d - V_R = \Delta V_\varphi = (1.56V_d - 0.89t_0 - 1.40)(1 - \cos\varphi) \tag{15}$$

$\Delta V\varphi$ 即是 V_d 与 V_R 的差值,单位用 km/s 表示。此公式既能适应凹陷区,也能适应我们后面计算的凸起区的各种情况,而且具有一定的精度。

再回到图 2,我们现在知道,当坳陷区地层倾角为 20° 时叠加速度比均方根速度大 80~100 m/s,45° 倾角时比均方根速度大 480~600 m/s,记住这个范围就可以很好地掌握提供叠加速度参数了。

现在让我们进一步讨论一下,在一张水平叠加剖面上,能否同时照顾到反射层与 45° 倾角的断面波都得到同相叠加。假定边道动校正量差 10 ms 以内基本上可以同相叠加,那么,当我们考察边道动校正量 ±10 ms 所相当的速度变化范围(图 7)就可以判断。例如采用 1800 m 最大炮检距的排列时,在 1.5 s 以前就不能同时把水平的反射波和 45° 倾角的断面波都叠加好(除非采用"全速叠加"新措施)。而 2.0 s 以后就应该可以同时把水平反射层和断面波一起放好,实际记录上也的确发现 2.0 s 以后的断面波是容易放出来的,而浅层的断面波仅在叠加速度增加后才能放出来。

四、潜山(凸起)区的理论叠加速度参数图版

在潜山凸起附近往往产生叠加速度的强烈拐弯,掌握不好,就很难得到潜山内幕的反射成像。

因此,我们来从速度规律出发,寻找解决此问题的办法。做出一种图版来。

先讨论古生界灰岩潜山的隆起区,上覆为第三系地层,分三种情况:

(1)潜山顶面产状水平,内幕产状也是水平的情况(只要在剖面里的视倾角都接近水平),这种情况一指研究队已经做出图版,不过我们此次是用的均方根速度做计算,并且把基岩内部速度定为 6000 m/s,V_d 就是凹陷内的均方根速度。

$$V_d^2 = \frac{V_1^2 t_1 + V_2^2 t_2}{t_1 + t_2} \tag{16}$$

计算结果如图 3 中 $\varphi = 0°$ 实线所表示的一组曲线。

从这组曲线上我们有如下结论:

0.5 s 进潜山时,0.5 s 处拐点鲜明,叠加速度强烈上升,然后向右下方叠加速度以 6000 m/s 为渐近线,慢慢增大。

1.0 s 进潜山时,拐点清晰,如果将进潜山后的 0.5 s 至 1.0 s 这一段的叠加速度与潜山不存在时的凹陷区 V_R 速度比较,其速度增大量称为速度异常,则 1.0 s 进潜山时,速度异常达 1400~1800 m/s;

1.5 s 进潜山时,拐点较清晰,速度异常为 900~1200 m/s;

2.0 s 进潜山,拐点可辨认,速度异常为 600~800 m/s,为速度值本身的 20%~24%;

2.5 s 进潜山,拐点尚可辨认,速度异常为 400~500 m/s,为速度值本身的 12%~14%;

3.0 s 进潜山时,拐点比较难以辨认,速度异常为 200~300 m/s,为速度值本身的 5%~7%;

对 3.0 s 以下进潜山时,一般是不可辨认的,速度的精度也不足以判断潜山的存在了,这和图 1 中 3 s 以下层速度的差别不显著是一回事。

第一种:灰岩汗山顶面接近水平

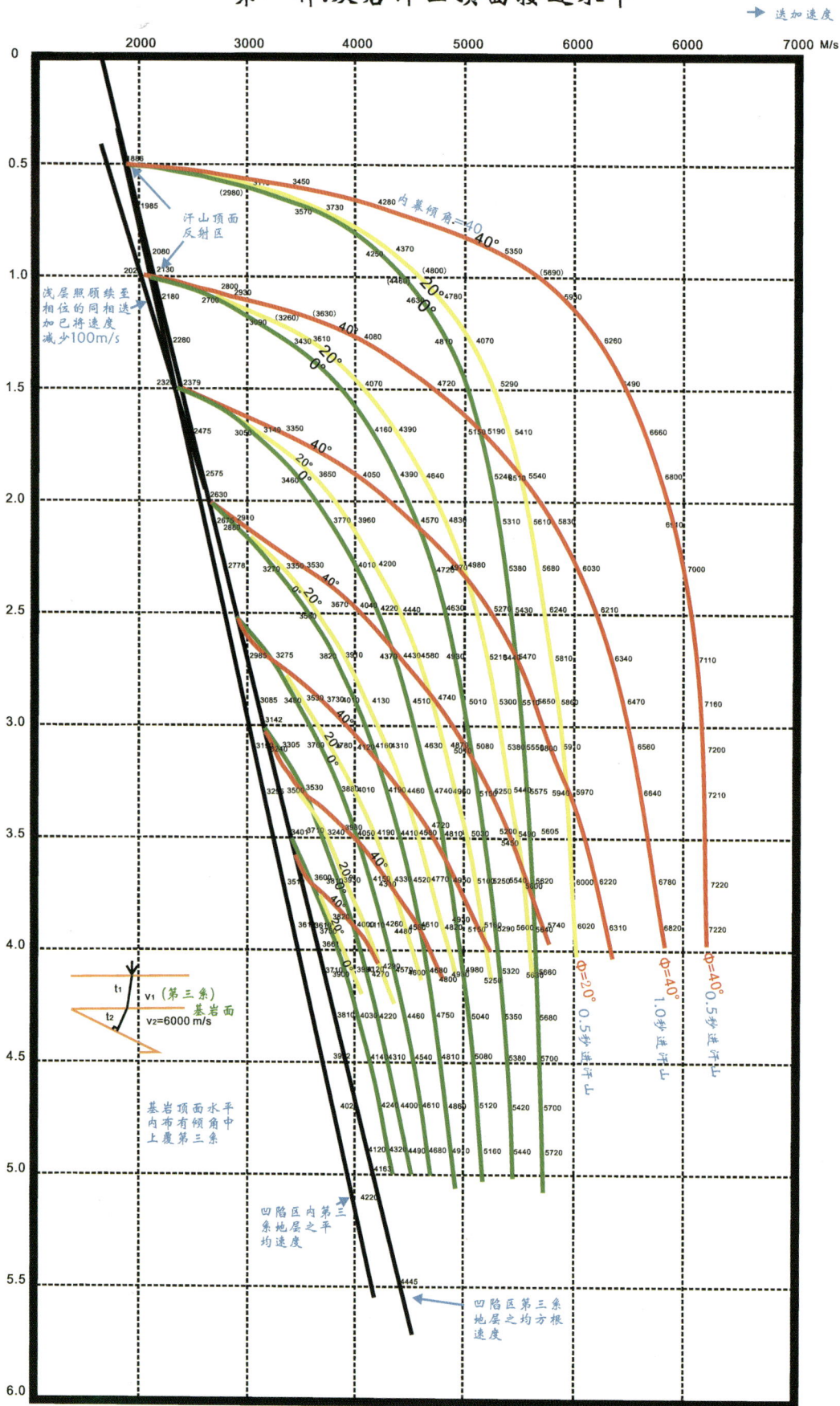

图3 凸起区理论叠加速度参考曲线

这个凸起曲线图图版实际上已经给出了层速度为 6000 m/s 的列线图,为使潜山得到好内幕反射波,就应先根据速度谱或一次剖面图,卡准进潜山的 t_0 拐点,然后顺着这些列线图提供叠加速度参数,才能将内幕同相轴叠加好。由于内幕反射波往往较弱,速度谱点也较分散,所以有图版指导和不用图版,效果是截然不同的。

（2）潜山顶面产状水平,而内幕有倾角的情况,上覆层 V_1 采用曲射线方案,先根据潜山顶的 t_0 查到其均方根速度 V_1,然后根据

$$\frac{\sin\varphi}{V_2} = \frac{\sin i}{V_1} = \frac{\sin i_0}{V_0}$$

求得折射角 i 及初始角 i_0。

根据它推得第三系中的双程走时 t_1,于是潜山里走时 $t_2 = t_0 = t_1$,这 t_2 就是内幕的反射 t_0 时间,于是内幕叠加速度:

$$V_d = \sqrt{\frac{V_1^2 \cdot t_1 + V_2^2 \cdot t_2 / \cos^2\varphi}{t_1 + t_2}} \tag{17}$$

我们计算了 45° 及 20° 两种倾角,表示在图 3 上（虚线所示）。可以看到 20° 的倾角使叠加速度增加的量不是很多,速度异常仅增加 100～200 m/s,而 $\varphi = 45°$ 倾角时,速度异常可猛增 1000～1500 m/s,此时更容易用拐点识别潜山。

图 3 上 2.5 s 时 $\varphi = 45°$ 虚线刚进潜山时有一段曲线与 $\varphi = 0°$ 实线互相穿插,这种现象是折射角 i 所引起的 t_0 跳跃现象。

（3）潜山顶面倾斜,内幕倾角以相同的倾角平行倾斜。

这就是一段所谓平行倾斜层状介质的情况,其叠加速度:

$$V_d = \sqrt{\frac{V_1^2 \cdot t_1 + V_2^2 \cdot t_2}{t_1 + t_2}} \bigg/ \cos^2\varphi \tag{18}$$

这个公式是假定第一个倾斜面（此处为基岩面）以上是一个均匀介质层,而我们的覆盖层是接近连续介质,射线是弯曲的。因此这样的计算是不太严格的,我们计算时采取下列措施:

① 计算 1 s 进潜山时,假定插图 4 中垂向的 t_H 为 1.0 s 取其对应于 1 s 的均方根速度 V_1,近似看作反射点 A 以上为一个 V_1 的均匀介质进行计算 V_d。这样做必然引起图中倾斜的 t_1 大于 t_H,故又加一个 t_0 校正,即 $t_1 = t_H / \cos\varphi$。

② 用公式（18）计算出来的叠加速度,就是公式（16）的 V_d 做一个 $\cos\varphi$ 校正,

如前所述,这个校正是过分大了,所以我们参考前节凹陷区的情况,适当将其改小,曲线向左移了一个适当的距离。

我们计算了 $\varphi = 45°$ 及 20° 两种情况,连同 $\varphi = 0°$ 一起绘在附图 4 上,注意此图版上倾斜层的 V_d 普遍较附图 3 来得小,但总的来说倾斜层都造成速度偏大。附图 4 上还可以看到倾斜的潜山顶面附近曲线有一段 t_0 的跳跃,1 s 左右最为明显。图中 $\varphi = 45°$ 虚线上潜山顶面反射波位置在 A 点处,接收 A 点这个波时,射线还都在第三系里面行走,所以比起同 t_0 的 $\varphi = 0°$ 情况的 V_d 反而小了,因为后者已经进入潜山将近 300 ms 了。

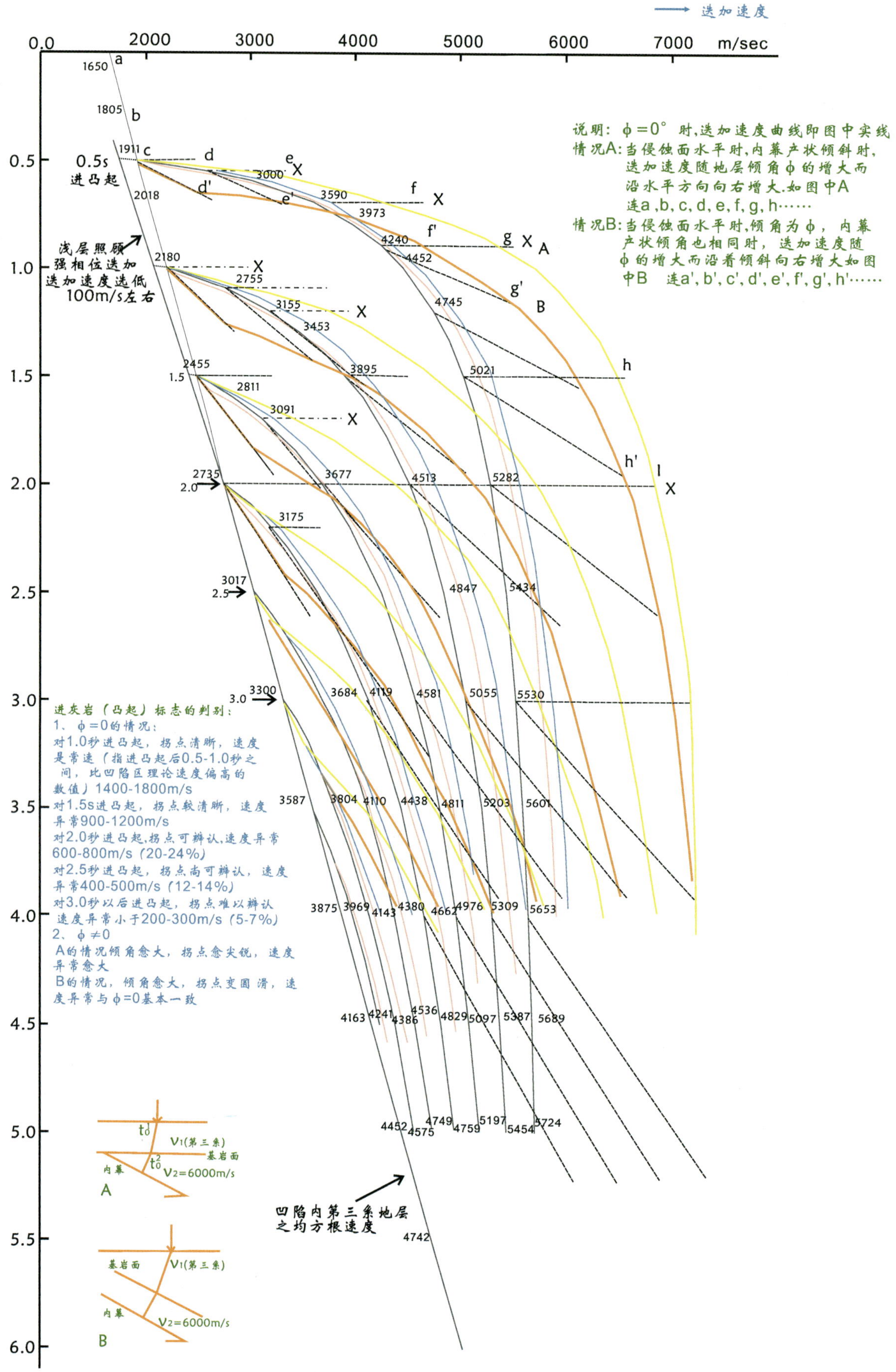

图4 凸起区理论叠加速度参数曲线（潜山内幕反射倾斜）

五、存在中速层(石炭二叠系或中生界)覆盖的潜山(凸起)区的理论叠加速度参考图版

石炭二叠系及中生界地层的层速度一般在 4000～5000 m/s,我们取其平均值为 4500 m/s,厚度为 900 m,做一理论计算,见附图 5 及附图 6。

附图 5 为产状都是水平的情况,$V_3 = 6000$ m/s,$V_2 = 4500$ m/s,$t_2 = 0.4$ s。

$$V_{\mathrm{d}}^2 = \frac{V_1^2 \cdot t_1 + V_2^2 \cdot t_2 + V_3^2 \cdot t_3}{t_1 + t_2 + t_3} \tag{19}$$

此图上可以看到存在两个拐点,对浅的潜山来说,中速层与第三系底部的拐点反而更为明显,因此对浅的潜山不能只是用拐点来识别潜山,更要用层速度计算来证实潜山,而浅层层速度是比较容易算准的,应该算一算。而到了深层进潜山的情况,两个拐点又以灰岩潜山顶面的拐点为主了,这是因为沙河街地层压实后其层速度与中速层接近了。

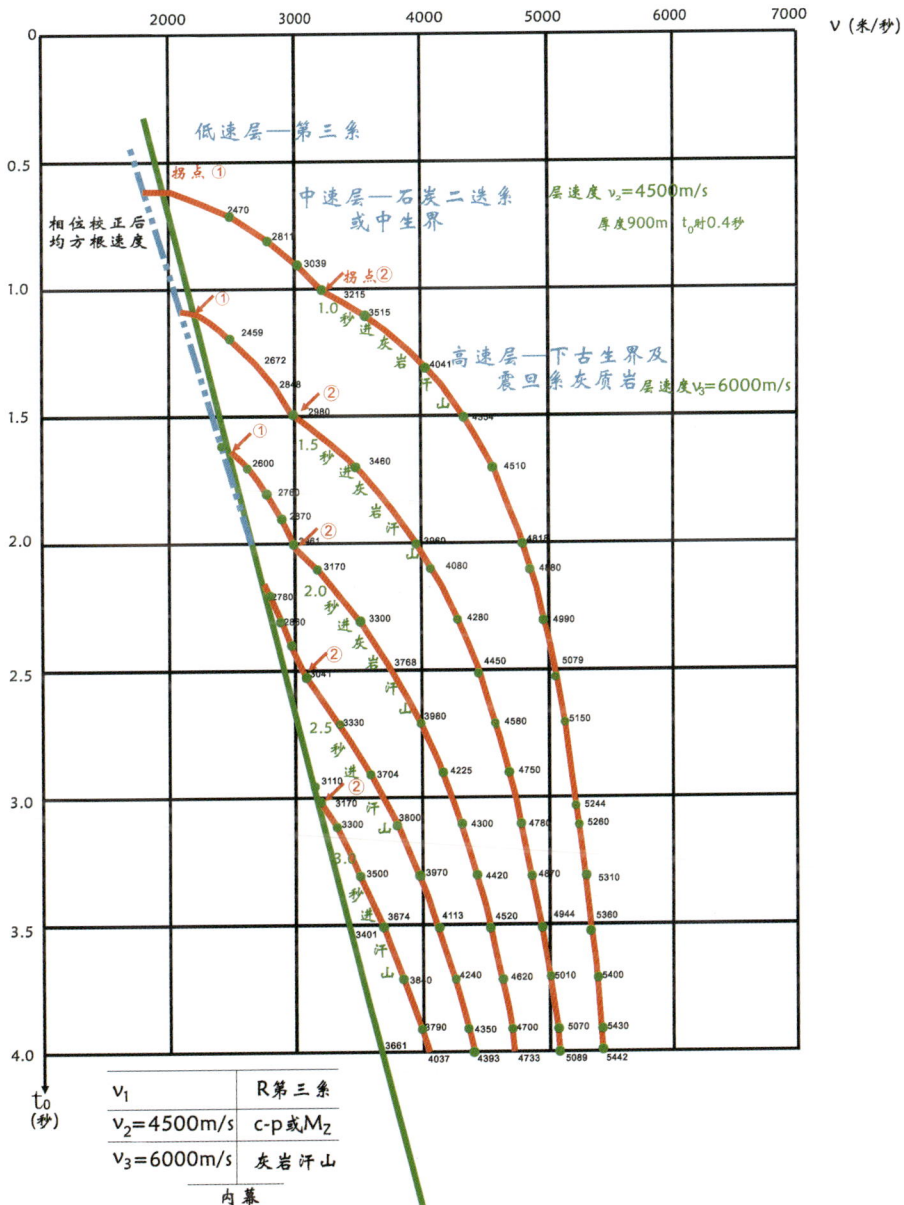

图 5　凸起区有中速层覆盖时之理论叠加速度曲线(地层产状水平)

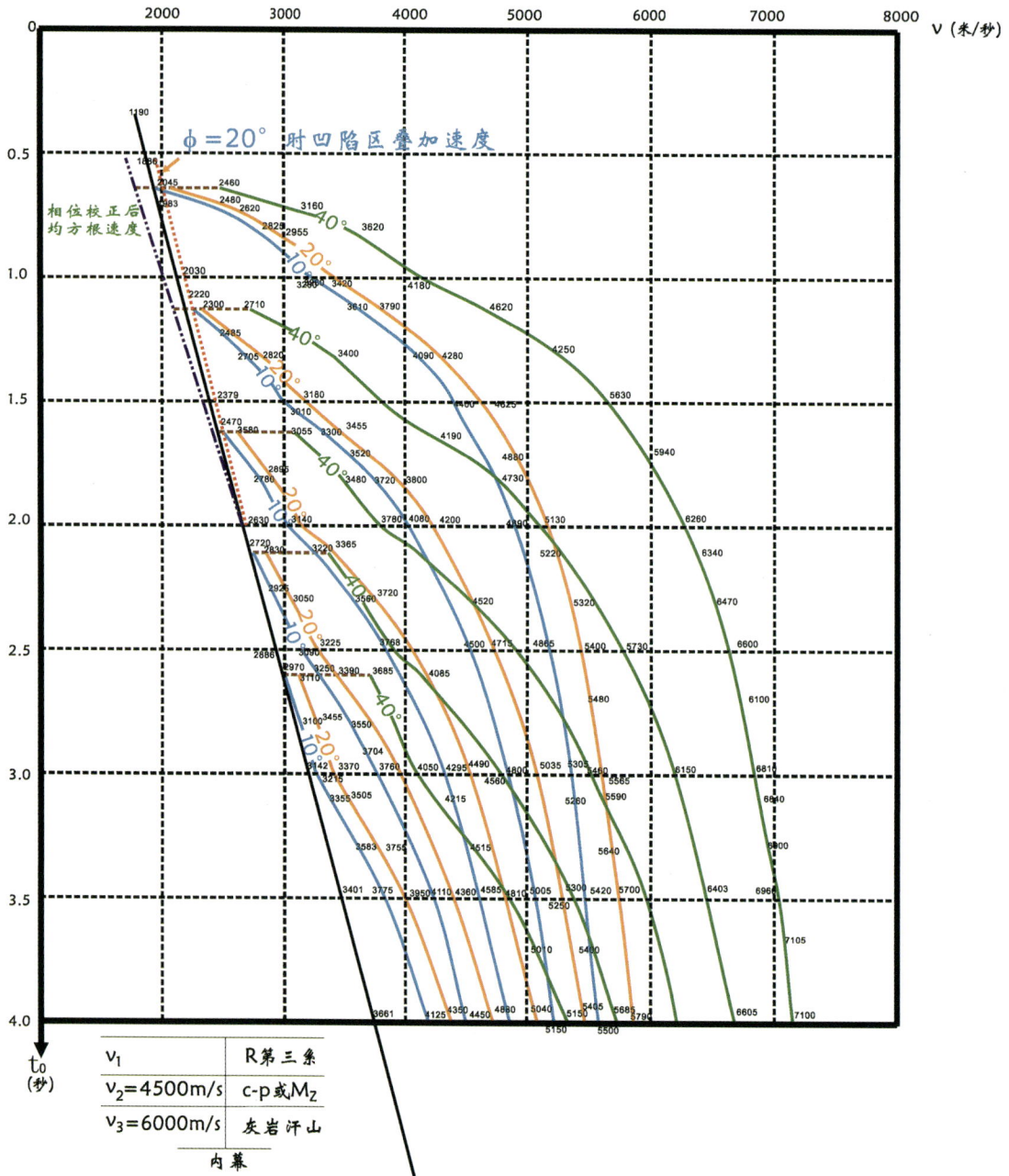

图 6　凸起区有中速层覆盖时理论叠加速度曲线（潜山里地层产状倾斜）

附图 6 是存在中速层时，中速层及其以下潜山顶面和内幕都以相同的倾角出现的情况，同样采用与附图 4 相似的计算方法。

$$V_d^2 = \frac{V_1^2 \cdot t_1 + V_2^2 \cdot t_2 + V_3^2 \cdot t_3}{t_1 + t_2 + t_3} \Bigg/ \cos^2\varphi \tag{20}$$

同样，假定中速层厚 900 m，层速度为 4500 m/s，t_2 时间 0.4 s。

计算了倾角 $\varphi = 10°$、$20°$、$40°$ 三种情况，从图 6 中可以看出也有两个拐点，并且在 1.0 s 及 1.5 s 进潜山时，上覆石炭二叠系顶面的拐点反而是更明显的，而潜山埋深增加后，主要的拐点就转为下古生界灰岩顶面了。

由于中速层的存在，使相同 t_0 进潜山的曲线向右移动了一下，也就是叠加速度增加了。

六、综合数据表及地区差值

综合以上 5 张图版,我们将数据列表如下,作为提参数时参考使用。

表 7　凹陷区叠加速度表

$t_0(s)$	经相位校正后 0°	未做相位校正之叠加速度		
		0°	20°	45°
0.5	1720	1886	1979	2423
0.7	1850	1983	2075	2500
0.9	1970	2060	2165	2580
1.1	2080	2180	2265	2660
1.3	2200	2280	2360	2755
1.5	2320	2379	2462	2854
1.7	2440	2480	2560	2960
1.9	2570	2580	2660	3060
2.1	2680	2680	2765	3170
2.3	2780	2780	2870	3280
2.5	2886	2886	2972	3389
2.7	2990	2990	3075	3500
2.9	3090	3090	3180	3615
3.1	3200	3200	3285	3730
3.3	3300	3300	3395	3840
3.5	3401	3401	3495	3961
3.7	3510	3510	3600	4080
3.9	3600	3600	3705	4190
4.1	3720	3720	3810	4310
4.3	3820	3820	3920	4430
4.5	3922	3922	4020	4550

注:1. 使用本表时,还要加上地区差值,此差值可以从工区中 $T_0 = 0.5\,s$ 左右的叠加速度与 1886 m/s 的减法获得。

　　2. 经过脉冲反褶积后的速度谱,基本上不需要做相位校正。

七、速度谱极值点经常摆动的原因及叠加速度的误差允许范围

处理地震资料的同志除了要掌握了解叠加速度的一般变化规律以外,还需要了解叠加速度的允许误差范围。为此,我们又做了附图 7 供同志们在选速度时参考。

首先我们必须建立一个概念:单个速度谱点的资料往往是不可轻信的(尤其是目前 150 的单点 6 个道的谱),事实证明相邻的共反射点 V_d 的摆动量相当大。造成速度谱极值摆动的原因是:① 原始记录信噪比不够高(包括干扰波的存在及地表起伏不均匀性造成同相轴套不好)。② 有效波的干涉造成谱的干涉。③ 地层倾角的变化造成 V_d 偏大。④ 异常波的存在(包括绕射波、曲界面波、多次波)。⑤ 排列警戒不好及道工作不正常、缺炮、缺道等人为因素。对目前来说原始记录信噪比不够是最主要的原因。克服的方法是需要做多道多点的速度谱,并对速度谱进行综合分析,一般需要相邻 3~5 个速度谱综合成一个有用的速

度曲线。

在综合速度谱的过程中,考虑到速度谱极值经常摆动的范围为 ±10 ms 边道动校正量(这是我们初步统计的结果,资料差时往往超过此数)。又考虑到边道动校正量 10 ms 时在一般情况下可以满足水平叠加的要求。因此附图 7 实际上是绘的凹陷区和潜山(凸起)区在不同排列最大炮检距 X_{MAX} 的情况下,边道动校正量摆动 ±10 ms 时速度的摆动范围,此图是根据动校正表查得的。当然也可以用下面近似公式计算,即从动校正量近似公式 $\Delta T = X^2/(2t_0 V^2)$ 出发,假定 X 及 T_0 不变,当 T 增加一 δT 摆动量时,V 也相应变为 $V \sim \Delta V$,则有:

$$\Delta V + \delta T = \frac{X^2}{2t_0} \cdot \frac{1}{(V-\Delta V)^2} \approx \frac{X^2}{2t} \cdot \frac{1}{2V^2 - 2V \cdot \Delta V}$$

解 ΔV 得:

$$\pm \Delta V = \frac{V \cdot \delta T}{2(\Delta T \mp \delta T)} = \frac{V}{\dfrac{x^2}{t_0 v^2 \delta T} \mp 2} \qquad (21)$$

由上式可见 V 的摆动量是 X(即 X_{MAX})、t_0、V、T 四者的函数。

式(21)中正负号表示速度的左右摆动量是不对称的,正的 ΔV 摆动量大,负的摆动量小,令 $\delta T = $ 10 ms,则由附图 7 可看出:浅层摆动量小,深层摆动量明显增大;凹陷里摆动量小,潜山(凸起)区里摆动量明显增大;大排列摆动量小,小排列摆动量明显增大。

掌握了速度变化的一般规律和速度误差范围的大小,处理人员与解释人员经常讨论交换资料处理意见及潜山层位意见,再加上速度平面变化的研究,我们就可以在提供叠加速度参数方面把工作做得更好一点。

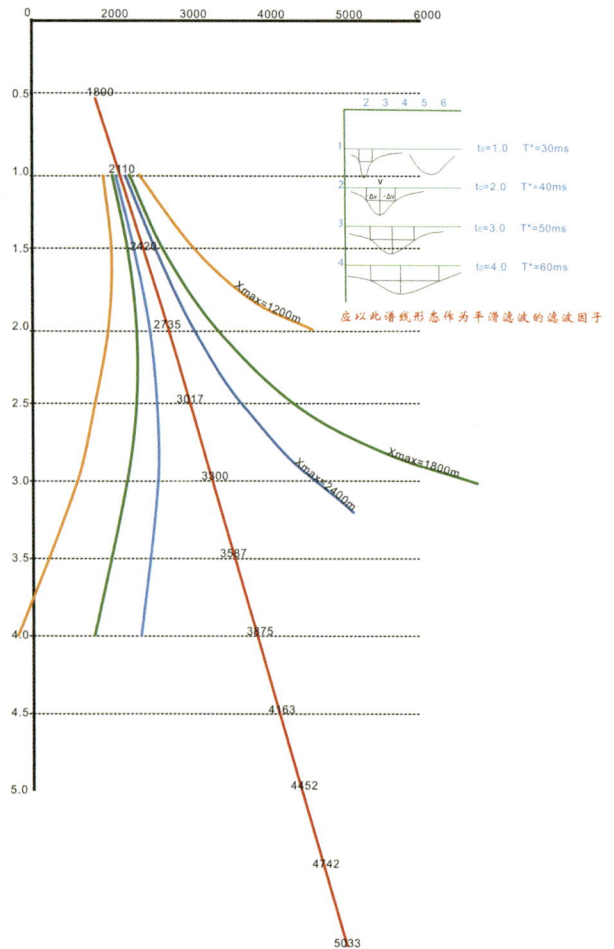

图 7　动校正量变化半周期时,
速度谱速度的变化范围(宽度)

八、结束语

当我们掌握了地层速度的基本规律后,就可以帮助地震资料处理人员处理好地震资料。1980 年我在美国 Exxon 公司 EDPC 参与处理我国南海珠江口海上地震资料时,就自己绘制了以上的几幅图版。它帮助我解决了叠加速度和偏移速度的选定,处理好凸起区的地震资料。

文章编号 111-2

岩石的纵、横波速度规律

对自然界的岩石的纵波速度规律大家比较熟悉,然而对横波速度的规律却比较生疏。不同的岩石,岩性及矿物的纵、横波速度有着客观的内在联系。有明显的规律性。随着幅距关系分析(又称 AVO)技术的发展,以及多波地震勘探的开展,近年来不少研究者只是从某一特定的地区的特定的砂岩进行分析,并且他们大多数是用直线拟合关系式去表达纵横波速度的规律。所得到的经验公式只能适用于特定的地区和个别速度区间,因此不同的研究者所提出来的公式之间互相相差很大。使用者无所适从。

本文在收集、分析前人资料的基础上,找出一个较普遍的纵横波速度的经验公式,以供大家参考及使用。

此文于 1992 年 2 月发表于《石油地球物理勘探》第 1 期,作者李庆忠。

摘 要

在收集、分析前人不同岩性的岩石的地震纵、横波速度测定结果的基础上,本文重点研究了砂岩的速度规律,通过综合、归纳得到饱含水砂岩及含气砂岩的纵、横波速度总规律。它们可以拟合表达成两条抛物线,四个 V_p、V_s 互推公式。文中指出,以往的一些研究者对数据采用线性拟合,只适用于特定的地区,特定的层位,而抛物线公式可以具有普遍的适应性。文中提供的四个经验公式及全部说明上述关系的图件将有助于 AVO 幅距分析研究,以及在多波勘探中掌握岩性规律及寻找油气聚集地段。

主题词

地震波速度 纵波 横波 砂岩 泊松比 含水饱和度 抛物线拟合

前 言

自然界中,不同的岩石、岩性及矿物的纵、横波速度不仅有其内在的联系,而且均有明显的规律性。人们比较熟悉自然界中岩石的纵波速度规律,而对横波速度的规律却了解得比较少。

随着幅距关系分析(又称 AVO 技术)的发展,以及多波地震勘探的开展,近年来人们开始注意研究地震纵、横波在不同岩石中的传播速度规律。由于以往对横波速度测定得很少,资料又不多,加上不少研究者只是对某一特定地区的特定的砂岩进行分析,在分析时又多采用直线拟合关系式去表达纵、横波速度的规律。因此,所得到的经验公式只能适用于特定的地区和个别的速度区间,而且不同的研究者所提出的经验公式差别较大,致使使用者无所适从。当然,我们也不能无依据地随意令地下岩石的 V_S 值或泊松比等于某个数,这个数值可能不具有代表性,甚至自然界中根本不存在。所以,有必要把自然界的岩石纵、横波速度作一些调查。

本文试图在收集、分析前人资料的基础上,找出一个较普遍的规律,以供大家参考使用。

一、不同岩石的纵、横波速度规律

根据前人对饱含水的不同岩石纵、横波速度的测定结果,我们将其典型的数据综合在图 1 中。图中一系列斜线标出了 V_P/V_S 数值,即纵、横波速度比及相应的泊松比 σ 值。此图主要使用了 Pickett, Castagna[1], Tosaya, Smith[2], Hamilton 和 Domenico 等人的资料,以及甘利灯[4]收集我国的一些实际数据,包括胜利、辽河和中原油田的 28 口井的全波形声波测井资料。在图 1 中还标出了不同岩石的岩性及一些基本矿物的位置。

由图 1 可以看到以下几个明显的规律:

(1)灰质岩分布在 V_P/V_S 等于 1.9 的直线周围。

(2)白云质岩分布在 V_P/V_S 等于 1.8 的直线周围。

(3)花岗岩和辉绿岩的 V_P/V_S 分别等于 1.75 左右和 1.85 左右。

(4)煤的 V_P/V_S 在 2.0 左右,岩盐为 1.7。

(5)泥岩分布在 Castagna 的泥岩线附近。以点线表示的泥岩线基本上通过水、纯粘土及石英三个控制点。在 V_P 小于 3.0 km/s 的左端有一些可靠的测定点可作控制;在 V_P = 3.5~4.5 km/s 一段,实际泥岩的点子也与此泥岩线较为吻合。但为了不妨碍对砂岩点子的分析,图 1 中省略了这一段的泥岩点子。

Castagna 泥岩线公式为[1]

$$V_P = 1.360 + 1.16V_S \tag{1}$$

式中,V_P 和 V_S 分别为纵波速度和横波速度(单位均为 km/s)。Castagna 认为这条泥岩线不只是适用于泥岩,也适用于砂岩(只要岩石是由细粒的矽质碎屑岩所组成,都分布在这条线的附近)。

(6)砂岩的分布比较复杂,基本上可分成三种情况:① 纯石英砂岩落在 Castagna 的"泥岩线"附近(图中空心小圆点)。它们是由石英颗粒及孔隙中的水所组成的,所以最后指向右上方石英岩的位置。②含钙质胶结的砂岩(图中的大黑圆点),它们落在 V_P/V_S 值为 1.7 的直线附近。以上两种砂岩在实验室测定的数据较多。但是能够在实验室测定的砂岩,往往都是比较致密的。Pickett 等人测定的砂岩,其 V_P 值都在 3.8 km/s 以上。③第三种砂岩点子是由井中全波形声波测井所得到的(图 1 中黑色小圆点)。它们补充了 V_P 值从 3.0~5.0 km/s 的速度段,表面上看来,这些砂岩速度点偏离 Castagna 的泥岩线不太远。但是,由 Smith 所作的 $V_P \sim V_S$ 交汇图(图 2)可以看出,含水砂岩和页岩的趋势线的斜率与 Castagna 的"泥岩线"斜率有明显的不同。Smith 本人也指出了这一点。笔者根据 Smith 给出的趋势线[2],推得的趋势线公式应为

$$V_P = 1.425V_S + 0.790 \tag{2}$$

在图 1 中可以明显地看出,这条趋势线指向钙质砂岩区。

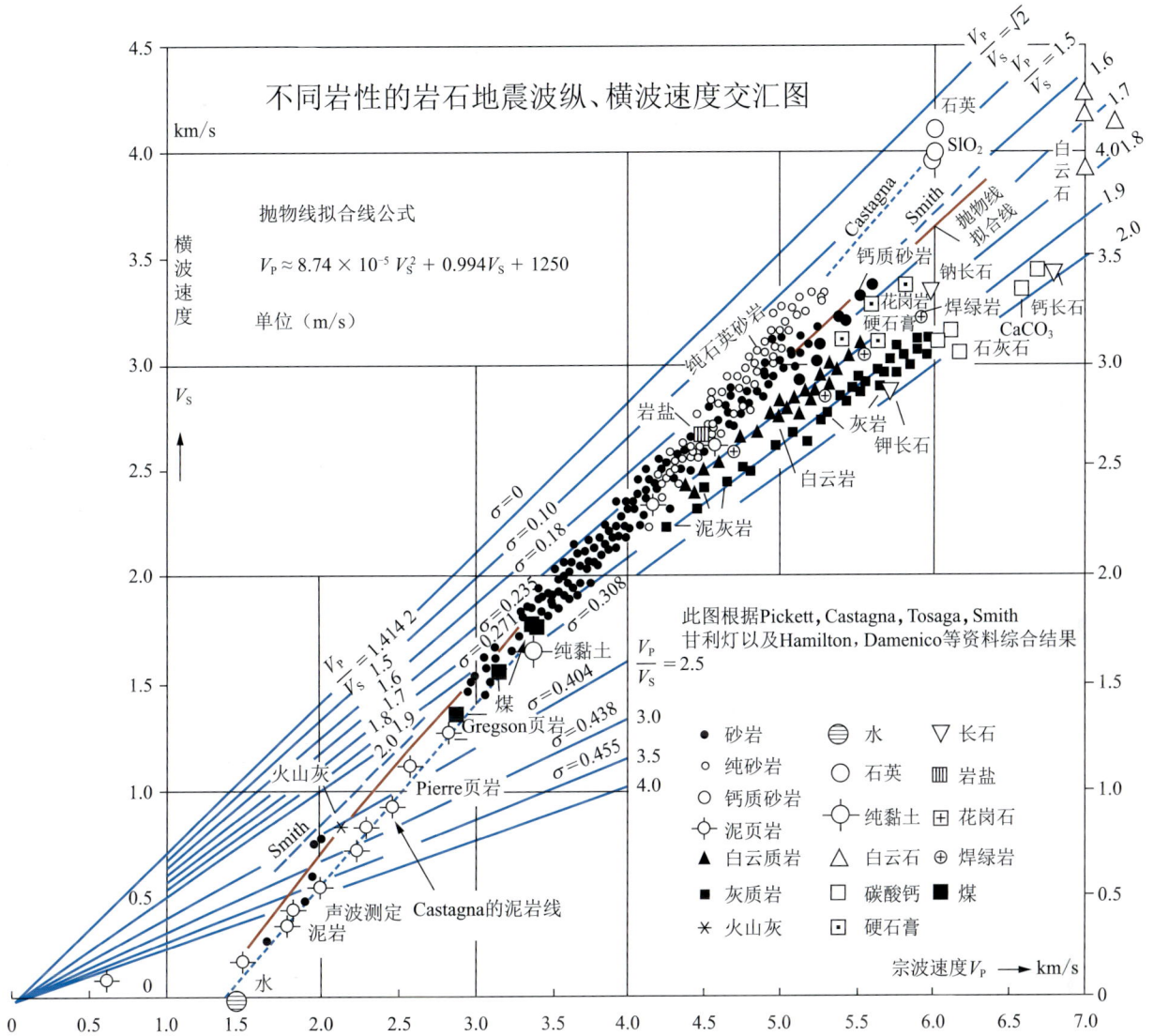

图 1　不同岩性的岩石地震波纵、横波速度交汇图

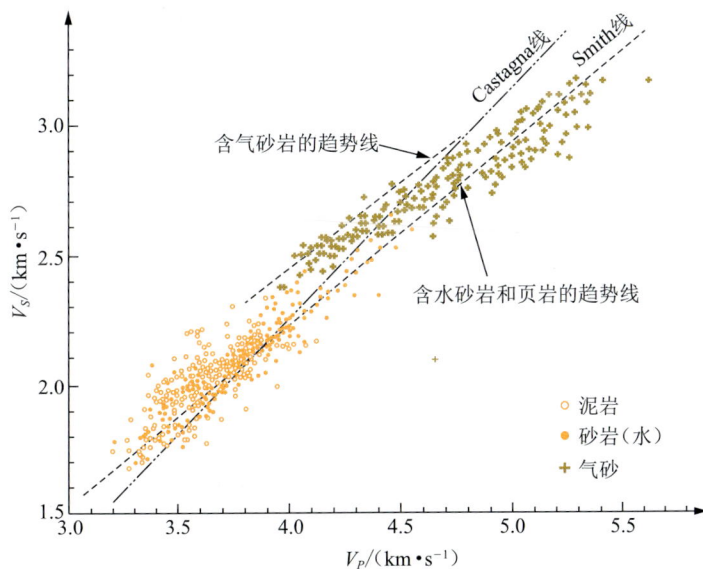

图 2　G. C. smith 所作的 $V_P \sim V_S$ 交汇图

363

图 3 是由甘利灯使用胜利、辽河及中原油田 28 口井的资料所作的图 [4]。甘利灯的拟合直线方程为

$$V_P = 0.937 + 1.35 V_S \tag{3}$$

将式（1）、（2）、（3）所示的三条直线都标在图 3 上。可以看出，式（3）的结果与 Smith 线十分接近，其斜率与 Castanga 的泥岩线并不一致。在图 3 中，这三条线虽然在 V_P 为 3.9 km/s 附近相交，但两头相差甚远。造成这个差别的原因是：Castagna 分析的是一些纯净的石英砂岩，而实际地下深处的砂岩大多数含有一定的钙质和泥质，尤其是埋藏深度较大的砂岩，长期受地下水的作用，很容易形成钙质胶结，所以离开了纯砂岩线。因此，我们认为 Smith 和甘利灯的趋势线更接近于实际情况。那么，我们能不能用 Smith 或甘利灯公式代表砂岩的 $V_P \sim V_S$ 关系式呢？还不行。因为 Smith 线和甘利灯线在 V_P 小于 3.0 km/s 时又远离实际砂岩的点子（疏松砂岩测定的点子较少，主要分布在 V_P 为 1.7～2.1 km/s 的区间）。

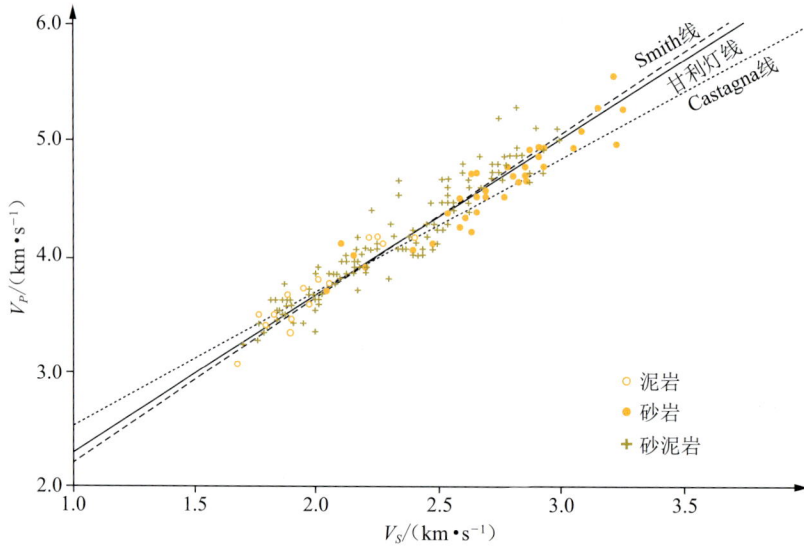

图 3 砂泥岩中纵、横波速度之间的关系（根据甘利灯资料，1990）

为了寻找一条能够普遍反映地下实际砂岩的 $V_P \sim V_S$ 关系曲线，我们最好采用抛物线拟合，而不是简单地用直线拟合。于是，我们综合了这些资料，拟合得到如下经验方程式［见公式（4）（5）］。

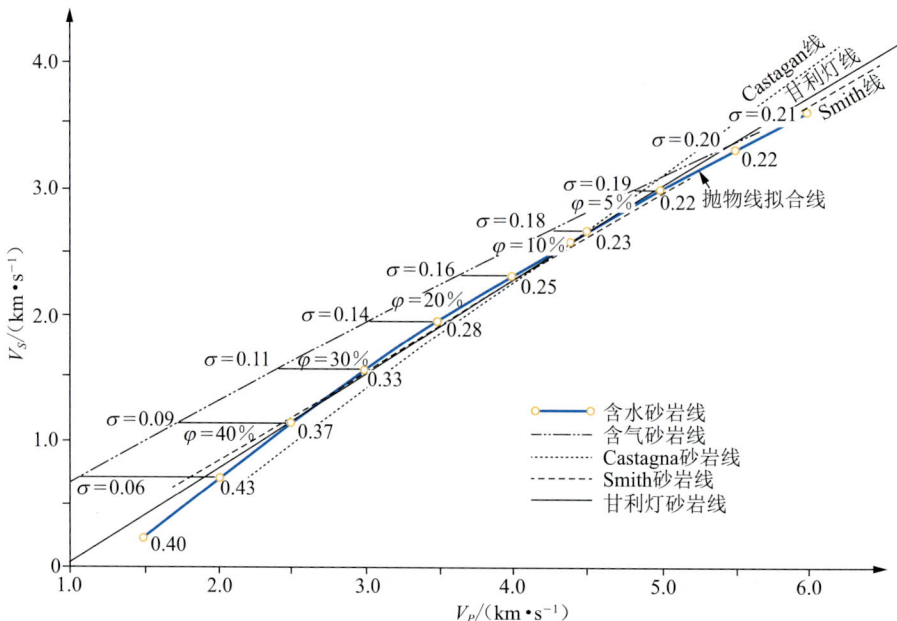

图 4 含气砂岩及饱含水砂岩的纵、横波速度变化规律

我们用抛物线拟合的纵横波速度经验公式如下：

$$V_P = 0.0874V_S^2 + 0.994\,V_S + 1.250 \tag{4}$$

同时，也可以用 V_P 来表达 V_S，有

$$V_S = \sqrt{11.44V_P + 18.03} - 5.686 \tag{5}$$

这条抛物线在右端接近 Smith 线及甘利灯线，而左端大致在甘利灯线与 Castagna 线之间通过。我们认为它可以比较合理地代表地下饱含水砂岩的趋势线。

二、孔隙率、泥岩含量及有效压力对砂岩速度的影响

下面，讨论孔隙率、泥岩含量及有效压力诸因素对砂岩纵、横波速度的影响。

Tosaya（1982）根据实验室资料推得

$$V_P = 5.8 - 8.6\varphi - 2.4MC \tag{6}$$

$$V_S = 3.7 - 6.3\varphi - 2.1MC \tag{7}$$

式中：φ 为孔隙率；MC 为泥岩含量百分率；速度单位为 km/s。Nur（1988）和 Castagna（1985）也推导了类似的经验公式。

甘利灯（1990）根据胜利、辽河及中原油田的 28 口全波声波测井资料也获得如下公式

$$V_P = 5.37 - 6.33\varphi - 1.82MC \tag{8}$$

$$V_S = 3.15 - 3.51\varphi - 1.25MC \tag{9}$$

最近，斯坦福大学的 D. Eberhart-Phillips 等人 [3] 综合了大量实验室资料得到以下两个经验公式

$$V_P = 5.77 - 6.94 - \sqrt{1.73}\,MC + 0.446[P_e - \exp(-16.7P_e)] \tag{10}$$

$$V_S = 3.70 - 4.94 - \sqrt{1.57}MC + 0.361[P_e - \exp(-16.7P_e)] \tag{11}$$

式中：P_e 为有效压力（孔隙压力下降的限制压力），单位为 10^5 kPa（kbar）。

根据式（10）、（11）对实际岩样的计算结果，以 95% 符合率的速度均方根误差仅为 ±0.1km/s。我们将具体数据代进这两个公式，发现影响速度大小的主要因素是砂岩的孔隙率，其次是泥岩含量，再其次才是有效压力。它们各自所占的权的比例约为 4∶2∶1。

此外，压力项 $[P_e - \exp(-16.7P_e)]$ 在低压端（由 $0 \sim 0.1 \times 10^5$ kpa 时）变化很大，从特别小的数值迅速上升；而大于 0.1×10^5 kpa 以后，速度呈平稳的缓慢递增。0.1×10^5 kpa 相当于 98.69 个标准大气压力。对于埋深大于 500 m 的地下砂岩来说，其有效压力总是大于 0.1×10^5 kpa 的。所以，压力的影响不太大，情况会简单一些。

现在，我们根据式（10）和式（11）计算了不同情况下 V_P 与 V_S 的数据。图 5 是假设 $P_e = 0.2 \times 10^5$ kpa 时计算得到的 $V_P \sim V_S$ 交汇图。图 5 的右上角 A，B，C 三个点代表有效压力分别为 0.2×10^5，0.4×10^5 和 0.6×10^5 kpa 而孔隙率都是 5% 的三个点。显然，A，B，C 三个点很接近，而且它们正好位于原来直线延长线上（即斜率不变）。因此可以认为，图 5 对不同的压力都具有代表性。

在图 5 中有四条斜线，分别代表着泥质含量 MC 等于 0%，10%，20% 和 40%。由图中可见，当泥质含量为 10%～40% 时，三条线靠得很近；只有 MC 为 0% 时的纯砂岩线离得较远。考虑到实际地下的砂岩一般都含有一定的泥质，纯净的砂岩很少，因此我们认为泥质含量为 10%（或者 20%）的那条线可以作为最终的代表。

我们将 20% 泥质含量的点子移到图 4 上，可以看到它们基本上横穿抛物线拟合线（图 4 中以 + 字表示）。但小于 3.0 km/s 时，点子向 Smith 线靠拢，显然这说明式（10）和式（11）对疏松砂岩是不合适的。因

为文献 3 中选用的实际岩样的最大孔隙率只有 31.2%,而未考虑疏松砂岩。此外,由图 5 还可以看到,图中四条线都是直线,所以也不会像抛物线那样两头都合适。

总之,式(10)和式(11)证实了抛物线公式在 V_P 大于 3.0 km/s 时的合理性,它完全可以代表泥质含量从 10%～40% 的砂岩的总规律。

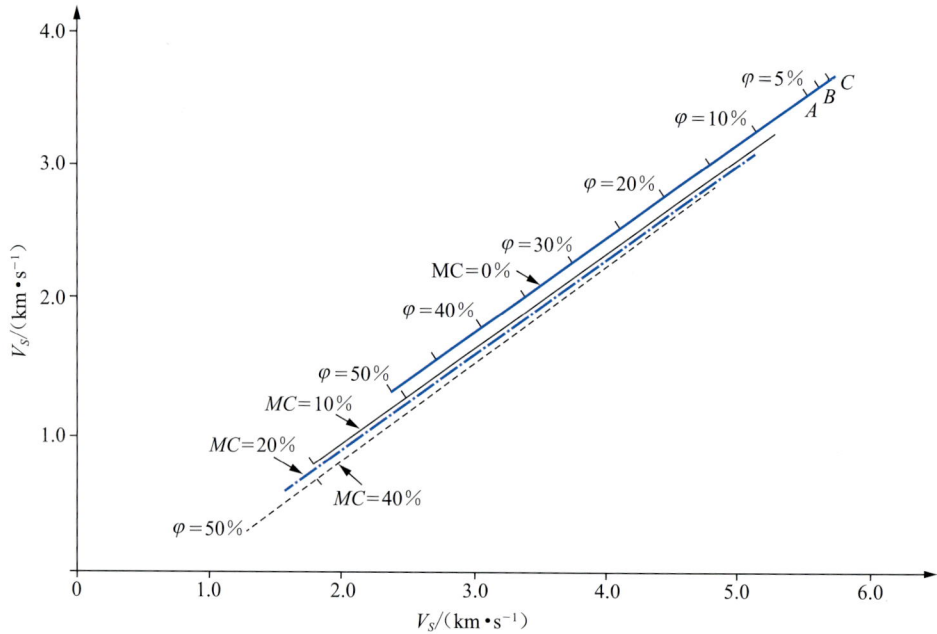

图 5　四种泥质含量 MC 的砂岩的纵、横波速度交汇图

三、含气砂岩的经验公式

一般认为,砂岩含气以后纵波速度下降、横波速度基本不变。这是因为横波速度与流体性质关系不大。近年来,进一步研究证明:岩石中如果存在微裂隙,则含气后纵波速度与横波速度会同时减小(Aktanand Faroug Ali,1975),并且认为在减少的过程中,V_P/V_S 比值基本保持不变。

由于微裂隙的方向和形状不同,实际上 V_P 与 V_S 的减少规律尚难以说清。但对于砂岩来说,疏松的及中等胶结的砂岩尚处于压实的过程中,其微裂隙的影响是可以忽略不计的。对于 V_P 小于 4.5 km/s 的砂岩,含气后 V_P 降低,V_S 保持不变。只有当 V_P 大于 4.5 km/s 的钙质硬砂岩,在构造力的作用下,才会产生多种微裂缝。所以,我们目前还仍然可以认为含气砂岩的 V_S 基本保持不变。

那么,砂岩饱含气后 V_P 下降多少呢? 只利用声波测井获得的速度数据是很难排除泥浆影响的。有两种方法可以借鉴:其一是使用 Gassmann 公式和 White 公式作理论计算;其二是在实验室中测定干砂样和水饱和砂样的差值。

在图 4 中,我们搜集了上述两方面的数据求得饱和含气砂岩的分布线。由于孔隙率大的砂岩 V_P 降低得很多,较致密的砂岩 V_P 下降较少,而它们都可从抛物线拟合线出发,像图 4 中箭头所示向左移动,这样含气砂岩线又接近于直线。但用直线方程式仍不能同时适应极疏松砂岩(泊松比会出现负数)或者极致密砂岩(泊松比不合理)。所以,我们仍然采用抛物线拟合,则得如下两个含气砂岩的经验公式

$$V_P = 1.41V_S + 0.07V_S^2 \tag{12}$$

$$V_S = \sqrt{101.4 + 11.28V_P} - 10.07 \tag{13}$$

在图 4 中的含气砂岩线及含水砂岩线两侧,标注了它们的泊松比值。从中可看到,砂岩含气后,其泊松比并不永远接近 0.1。疏松砂岩可接近于零,而致密砂岩可接近于 0.2。

以往在作 AVO 模型计算时，习惯于假设含气砂岩的泊松比为 0.1，而 Castagna 在分析干砂样时也坚持用干砂的泊松比为 0.1，即 $V_P/V_S = 1.5$，他称之为干样线（Dry Line）。这里，我们再次引用他在文献 3 中的图，并在图中增加了两条 V_P/V_S 为 1.7 及 1.9 的直线，见图 6。由图中可以判断大部分的干砂样点子是位于 1.5 线以上的，而 V_P 大于 3.0 km/s 的点子其总趋势线接近 $V_P/V_S = 1.6$，即泊松比为 0.18。可见，我们在图中所确定的含气砂岩线及其典型泊松比值是较合理的。从图 4 还可以看到另一现象，对于致密的砂岩，当 V_P 大于 4.5 km/s 时，其含气或者含水是较难区分的。

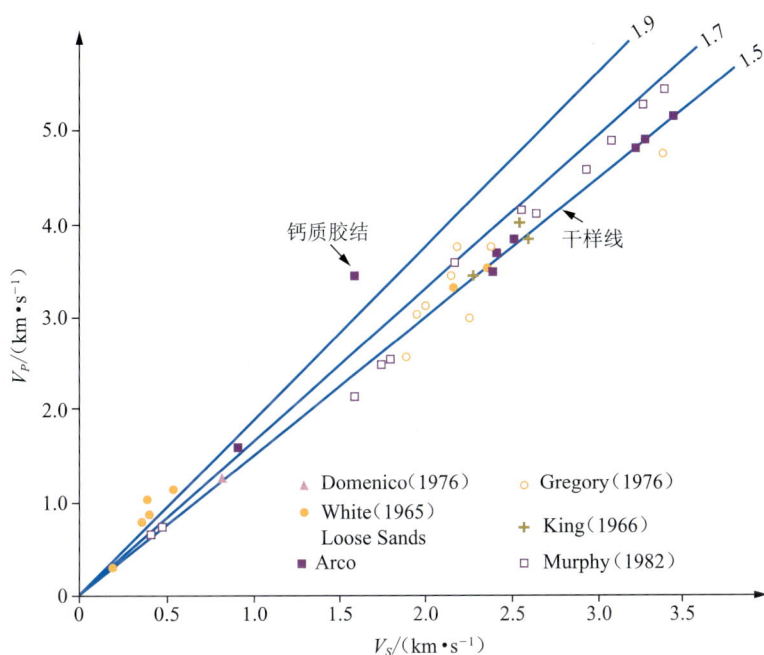

图 6　含气砂岩的 V_P/V_S 比值分布图（据 Castagna 资料，1985）

另外，含气砂岩速度 V_P 的降低，还与含气百分比有关。一般来说，当含气百分比为上数 10% 左右时，速度降到最低点；此后，随着含气百分比的增加，速度 V_P 稍有回升。本文对此不作讨论，以上数据均是采用 100% 饱和含气的情况。

四、流体因子公式的改进

我们在分析 V_P 与 V_S 的关系式后，进一步推导出一个称作"流体因子"（Fluid Factor）的参数 F（参考文献 2）。它可以用来指示砂岩中是否含天然气，起到"烃类直接显示"的作用。

Smith（1987）根据 Castagna 的公式（1）进行微分并除以 V，得到

$$F = \Delta V_P/V_P - 1.16(V_S/V_P)(\Delta V_S/V_S) \tag{14}$$

式（14）的右面第一项是纵波速度的实际变化率，第二项是根据横波变化率 $\Delta V_S/V_S$ 来预测的纵波不含气的变化率。如果砂岩含水，则两项相等，F 接近于零；如果含气，则 F 明显变大[2]。目前有不少人沿用式（14），殊不知，此时 Castagna 泥岩线的斜率为 1.16，只是对纯石英砂岩才是合适的。

如果采用本文中的抛物线公式，则对式（4）微分后，有

$$\Delta V_P = (0.994 + 0.1748V_S)\Delta V_S \tag{15}$$

因此，流体因子公式为

$$F = \frac{\Delta V_P}{V_P} - \frac{(0.99V_S + 0.1748V_S^2)}{V_P} - \frac{\Delta V_S}{V_S} \tag{16}$$

同样,此式中 $\Delta V_P/V_P$ 是实际纵波速度变化率,$\Delta V_S/V_S$ 是用 AVO 技术算得的横波速度变化率。可见,采用式(16)计算流体因子比较合理。

五、关于泊松比

泊松比的物理含义是指弹性波通过柱体岩石时,当纵向端面上受力而侧向为自由面时,横向胀大率与纵向缩短率之比值就是泊松比。对于弹性介质,泊松比 σ 与纵、横波速度比 R 之间是单值一一对应的函数关系

$$\sigma = \frac{2 - R^2}{2(1 - R^2)} \tag{17}$$

图 7 为泊松比与纵、横波速度比值的关系图,图中划分了几个区,并在曲线边上加注了参数,便于读者进一步理解地下的实际情况。使用泊松比的好处是它对地层的含气情况表现得比较突出。在图 7 的左下方 ABC 一段是含油气段,泊松比非常小。因此,由此图曲线可很容易地识别出含气层的位置。

实际上,用地震方法是不能直接测量泊松比值的,而只能先求得纵、横波速度,再将 V_P/V_S 比值换算成泊松比。既然泊松比是由 V_P/V_S 的比值中求得,那么 V_P 与 V_S 中任一个含有误差时,就会影响泊松比的计算精度。由图 7 可以看到,含油气层段斜率特别陡,V_P/V_S 值稍有一点误差就会被不适当地夸大。但是人们往往容易忽略数据的误差传递概念。

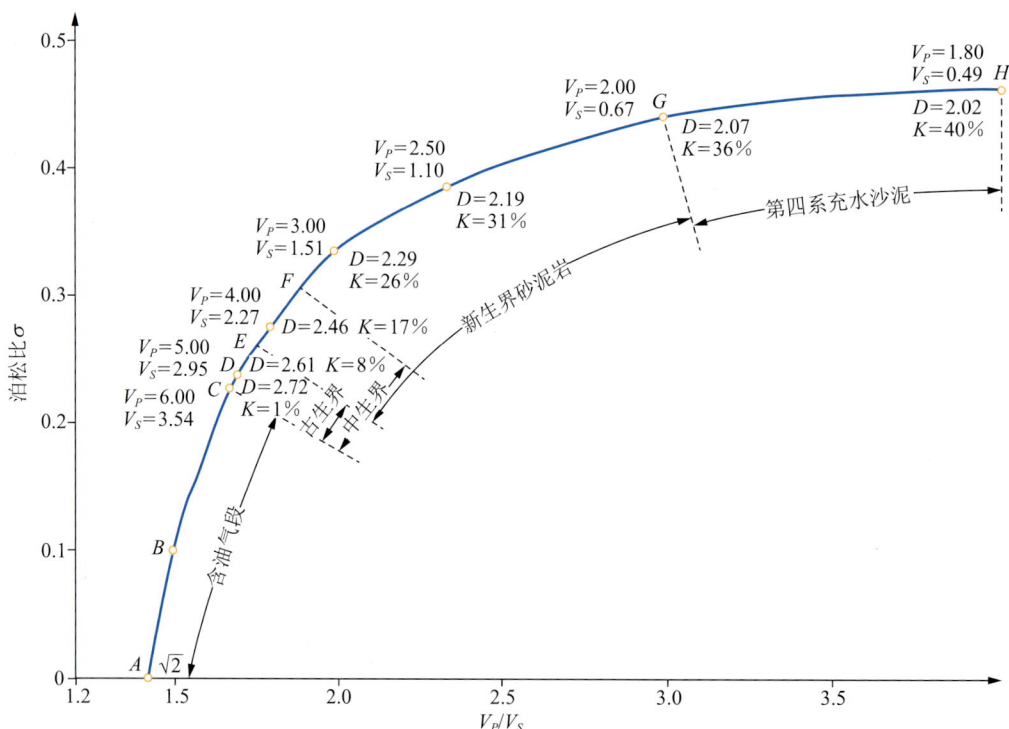

图 7 泊松比与纵、横波速度比值的关系图

现举一例:在多波勘探中,如果某砂岩的 $V_P = 4.0$ km/s,经测定没有误差;但在计算砂层的 V_S 时,假设用 Dix 公式计算层速度的某一个数的误差为 10% 时,则泊松比值将从 0.28 降到 0.18,其泊松比的误差为 50%。

笔者认为,与其采用泊松比参数,还不如直接采用 V_P/V_S 值更为直接,不至于放大误差,造成假象。当

然用泊松比值来表示也可以,但需注意分析误差被放大后的可靠性。

表1　从疏松到致密的地下饱含水砂岩及含气砂岩的典型参数值

大致的孔隙率	46%	38%	31%	25%	20%	15%	11%	7%	3%	0%
纵波速度	1500	2000	2500	3000	3500	4000	4500	5000	5500	6000
横波速度	246	710	1143	1549	1934	2301	2651	2988	3311	3624
纵横波速度比	6.09	2.82	2.19	1.81	1.74	1.74	1.70	1.67	1.66	1.66
泊松比	0.486	0.428	0.368	0.318	0.280	0.252	0.234	0.222	0.216	0.213
大致的密度	1.93	2.07	2.19	2.29	2.38	2.46	2.54	2.61	2.67	2.73
含气纵波速度	351	1036	1703	2352	2989	3615	4230	4838	5436	6029
含气后速度比	1.427	1.460	1.490	1.518	1.545	1.571	1.596	1.619	1.642	1.664
含气后泊松比	0.02	0.06	0.09	0.12	0.14	0.16	0.18	0.19	0.20	0.22

实际岩样的数值变化范围为 $\pm 3\% \sim 5\%$。速度单位 m/s;密度单位 g/m^3。

表1列出砂岩在饱含水与含气情况下的典型数据。表1的几点说明:

（1）表1中前五行是饱含水的数据。

（2）密度是根据 Gardner 经验公式推得,即 $D = 0.31V_P^{0.25}$。

（3）孔隙率 $K_p = (D_m - D)/(D_m - D_f) = 1.58 - 0.58D$（基质密度 $D_m = 2.73$,水的密度 $D_f = 1$）。

（4）表中数据是砂岩数据的总趋势。由图2、图3可知,实际的砂岩速度点子还在总趋势两边各有一个分散范围,这个分散范围为 $\pm 100 \sim 150$ m/s,约占纵、横波速度的 $\pm 3\% \sim \pm 5\%$。也就是说,总趋势线决定的数据可能还有 $\pm 3\% \sim \pm 5\%$ 的均方差。

六、结　论

（1）公式（4）和（5）可用来表达地下饱含水砂岩的速度总规律;式（12）和式（13）可表达含气砂岩的速度总规律;流体因子可由式（16）来定义。

（2）有了前面四个公式,人们就可能根据砂岩的 V_P,推算出 V_S 的大致数值。这对于指导 AVO 模型参数的合理范围提供了条件。

（3）图1可以进一步作为地震岩性推断的基础性图幅。

（4）砂岩含气以后泊松比不一定等于0.1。

（5）研究人员不能随意地令地下岩石的泊松比值等于多少。例如,当 $V_P = 4.0$ km/s 以上时,泊松比不可能大于0.33;$V_P = 3.0$ km/s 时,泊松比不可能等于0.4。

甘利灯同志在岩性参数方面作了许多工作,提供了他的论文,在此表示感谢。

参 考 文 献

[1] Castagna J P et al. Relationships between compressional wave and shear wave velocities in clastic Silicate rocks. Geophysics,1985,50(4):571～581.

[2] Smith G C and Gidlow P M. Weighted Stacking for rock property estimation and detection of gas. Geophysical Prospectlng,1987,35(9):993～1014.

[3] Eberhart-phillips D et al. Empirical relationship among Seismic Velocity, effective pressure, porosity and clay content in sandstone. Geophysics, 1989, 54(1):82～89.

地震波的基本性质

——复杂断块区的反射波、异常波与干扰波

胜利油田 20 世纪 60 年代勘探初期,由于含油气性受断块的复杂化所控制,地震勘探不能很好地指导打井,探井经常失利。当时连欧美各国也还没有偏移归位技术,没有解决查明复杂断块的能力。

我从几何光学和物理光学的差别上想到:地震波的波长很大,一般为 80 至 150 m,它的传播与其说类似乒乓球的弹射,不如说主要以波动的性质在地层中传播。这种波动的传播遇到断层会产生绕射波,造成地震记录上"层断波不断"的现象,并且小断块反射能量下降,消失在干扰背景之中。于是我想到,如果把绕射波收敛起来加以归位,便能真实地反映地下断块的形态。在俞寿朋、刘雯林、柴振弈等同志的支持下,我们做了大量物理地震学的理论计算,证实了我的设想。但是 1966 年的"文化大革命"冲击了我们的进程。由军代表主持批判会,说我是"三脱离"的资产阶级反动学术权威。没收了我的草稿,下放劳动。直到 1972 年才写成了此文,本文正式发表于 1974 年。

此文于 1974 年 4 月发表于《石油地球物理勘探》第 1 至 2 期合刊,作者李庆忠,当年以胜利油田地质处的名字发表。

内容简介

我写作此文于 1972 年"文化大革命"后期,在我得以恢复工作之后。在胜利油田地质研究院刘雯林、王良全及柴振弈的帮助下,我终于完成了《地震波的基本性质——复杂断块区的反射波、异常波和干扰波》这部 21 万字的长篇论文。当年即誊印 100 份发至各油田,引起了全国物探界很大的反响。大港油田组织技术人员学习该文,辽河油田派出一个小组专程到胜利油田听课,当时石油部物探局总工程师孟尔盛给予该文高度评价,认为这是我国地震勘探发展史上的重要论著。我 1973 年向《石油地球物理勘探》杂志投稿,该杂志于 1974 年以 1 至 2 期合刊的方式,全文刊登了这篇文章。

本文第一部分中提出了建立在波动地震学基础上的"绕射波扫描叠加偏移"技术,这种波动方程偏移技术的最初形式几乎与国外同时提出。第二年胜利油田地调指挥部的赖正乐工程师等人在当时没有电子计算机的情况下,用国产模拟回放仪实现了偏移成像,处理出东辛油田我国第一条偏移剖面。接着,全国其他油田也争相仿效。1974 年该技术在石油物探局国产 150 计算机上投产,石油部阎敦实副部长决定组织一次胜利油田商河西地区地震资料的数字处理会战,历经四个月,获得了我国第一批整区块数字处理的叠偏剖面,这些剖面发挥了很好的效益。华北商河西油田的资料经过处理后,断层判断准确、深层反射清

晰,在临邑大断层下方发现不少高产断块。短短两年时间内就探明地质储量 5400 万吨。

本文在反射波对比原则的预备性问题中就提出了沉积岩相与反射波的内在关系。指出地震反射标准层与沉积相有着密切的关联,并且反射追踪长度也与沉积相有着联系,海相及陆相灰质岩能长距离追踪,河流相地层反射多变,洪积相地层反射杂乱。胜利油田的地质家早就发现每一个反射标准层反映着一个良好的储盖组合;沙三段的每一个强反射反映着一组砂岩储集层。这些思想也可以指导我们认识地震反射波与沉积相的内在联系。

本文第二、三部分,有关异常波的论述和干扰波的分析至今还有参考意义。在 20 世纪 70 年代,我国 51 型地震勘探记录品质不是很高,人们怀疑存在反射—反射波,反射—折射波等等各种异常波,本文从射线能量的分析加以剖析,认为是人们多虑了。对大断层附近产生的能量屏蔽作用,作者加以肯定,20 世纪 60 年代地震剖面上曾发生过许多垂直 90 度的一系列"挂面断层"就是由它所引起的。20 世纪 80 年代推广多次覆盖技术后,大断层的能量屏蔽作用已经得到缓解。

次生干扰波是我和俞寿朋一起 20 世纪 60 年代在胜利油田的实践过程中发现的。我们发现低速次生干扰的视速度只有 110～150 m,视波长只有 1～13 m(高频的随机干扰波长甚至不到 1 m),今天妨碍我国东部平原区获得高分辨率的主要障碍还就是它。而高速次生干扰波至今还是我国西部沙漠及山区地震的主要敌人。对次生干扰波的认识无疑占有十分重要的意义。

【注释 1】本文中所说的"一张记录长度"是指当时野外通常使用的 600 m 排列的直线连续追踪观测系统产生的一张记录。它反映地下 300 m 长度的反射结构。

【注释 2】本文所绘的反射段波形图采用了 3 个相位的余弦子波波形,所以一个长反射段产生了两个尾巴,而另外两支负相位的波形被掩盖了。不过这并不影响此整个文章对所讨论的问题的正确性。后来我编制了 ACUMODEL 程序,用地下密集分布的绕射点元合成反射图形,采用单相位的雷克子波,所做出的反射图形就可以看到四个尾巴,两正两负。参看本书文章编号 106-1,第 185 页附图 2。

引　言

D-Y 地区针对小断块的地震勘探工作已经大致进行了十年。开始是一般性的试验工作,即 1962～1963 年间进行了各种井深、药量,改变组合检波和组合爆炸形式的试验,以及离开排列,缩小排列,双重观测和非纵测线的反射法,低频反射法以及平面波前法等等。只得到了很一般的结论,进展不大。从 1964 年到 1965 年开始提出一些针对本区特点的新的野外方法和解释方法:如解放波形、干涉带分解、反射波立体解释、断层面空间关系及异常波等概念。1966 年通过与油田钻井资料对比后发现断层面倾角平缓和断层面屏蔽现象。1967 年更在 D-X 地区试验了"开发地震"工作,针对改进原始记录质量的组合方式、野外测线的合理布置、三组波的干涉分解、断层面的闭合检查、反射段的剖面归位以及异常波分析等六个方面作了更深入的讨论(这些问题都已经有了成文的专题总结)。所有这些都在一定程度上推进了地震勘探断层的工作,使我们对 D-X 地区所作的构造图精度不断提高,效果是肯定的。但是和客观上石油勘探的要求相比,目前地震勘探断层的精度还满足不了勘探与开发的需要。虽然 1967 年在 D-X 地震测线已做成 260 m 距离的小三角网,使用了立体解释及剖面归位等方法,断层的平面位置误差一般还在 150 m 到 250 m 的范围,小断层和 300 m 以内的小断块还搞不清楚。分析了地震勘探当时存在的问题,我们感到还有一系列的疑难问题找不到明确的答案。例如① 为什么凹子里有很好的标准波,一到隆起构造上就找不到标准波? ② 深层反射波为什么不好,深层还有没有反射? ③ 不同滤波档和不同组合形式的回放记录总是有所不同,到底哪个对,到底相信谁? ④ 记录不好时,同相轴乱的现象到底是由于地下来的波太乱(包括多次波)而形成复杂的干涉,还是由于地表的干扰波太强所引起,或是由于复杂区所特有的异常波的存在? ⑤ 到底有哪些异常波在起主要作用? ⑥ 正向组合会不会抹掉断点? ⑦ 反向组合为什么产生"炕席"现象? ⑧ 到底什么样的记录才是"好记录"? ⑨ 干涉带分解后为什么剖面乱成一片,到底要不要做分解? ⑩ 复杂构造区的记录到底应该如何对比,等等。

关于这些问题每个人似乎都有一定的看法,但各人的看法往往又会分歧很大。这些问题不解决对我们地震工作勘探精度的不断提高就是一个极大的障碍。因而我们于1968年开展了对反射波、异常波及干扰波三个方面本质的一些研究工作,企图从本质上说明上述这些问题。但此项工作实际上尚未做完,有些资料也还未进行系统的总结。鉴于其初步结论对小断块的地震勘探工作在当前和长远方面还有一定的意义,写出这方面的初步意见,仅供同志们参考。其中的初步结论还很不完善,肯定还有些错误,故仅作内部交流,希望大家阅后指正。

第一部分 反射波的物理特征

(一)反射波的一般描述

1. 物理地震学的基本概念

长期以来,我们一直使用几何地震学的概念来解释地震波。例如以为地震波是以"射线"的形式在介质中传播,入射角等于反射角,又如记录上600 m的同相轴对应地下300 m的反射段等等。这些概念在解释简单构造地区的地震记录方面是行之有效的,但是到了复杂断块区就不完全适用了。有许多现象不好解释,并且往往得到片面的或错误的结论。物理地震学在这方面从理论上对几何地震学作了补充。它从地震波的波动性质出发,说明了反射波的基本性质。

我们的地震波是一个波动,不是一条条射线。地震波的波长一般很长(70~100 m),相对我们勘探的断块大小来说是一个不可忽视的因素。日常生活的经验告诉我们:声音的传播其绕射的能力是极强的,例如并不正对着讲话的人的听者也能听到声音,并不需要什么射线的概念。再如我们扔一块石头到水面上,水波像同心圆形向外扩展,碰到一块小木板产生反射时,这个反射波也是像半个同心圆向外扩展,也并不需要遵守什么反射角等于入射角的定律。但是在传统的地震勘探解释工作中,一直延用了光线的直线行进的概念,而且忘记了光波也有绕射现象。物理地震学的任务就是用地震波的波动本质来解释反射波的形成及其特点。就地震反射波的形成过程来说,基本上是一个球面波的单缝衍射问题。(注:衍射和绕射是一回事,都是指光线不沿直线前进,而绕过障碍物的现象,不过地震勘探习惯上狭义地把绕射看成是从断棱或岩性尖灭点上发出的波,为了有所区别,本文将衍射这一名词用作广义的绕射的意义。)这在一般的物理光学参考书上都可以找到,不过一般物理光学的讨论中主要研究的对象是"衍射花纹"的振幅谱,而我们物理地震学中更需考虑其相角谱,因为后者是代表时距曲线的运动学特点的。物理地震学可以全面地研究地震反射波的波形、振幅和时距曲线的全部情况,而几何地震学是没有办法研究能量的。到了小断块区,几何地震学连时距曲线也会得到错误的结论。下面就谈一下衍射花纹的计算方法。

2. 水平反射段的衍射花纹的计算原理及方法

让我们先来看水平反射段$\overline{AB}$产生的反射波。在图1中,地震波从炮点O激发后,以球面波的方式向下传播,碰到反射界面后,我们可以根据惠更斯原理把反射界面上每一个点看作是一个新的震源,从新震源发出一系列小的球面波,又向四面八方传播开来,对地面上某个接收点P来说,它所收到的反射波就是这一系列来自反射界面的波的总和。也就是说如果将这些波按路程差在时间上错开后,一个个叠加起来,就成了接收点上总的反射波形了(包括能量和时间)。这就是反射波形成的简单原理,它和物理光学里的单缝衍射的情况是一样的,即可设想在虚发炮点O^*之处放一个灯炮(发生球面波的点光源)把反射段$\overline{AB}$当作挡光板上开的一个光缝,那么在地面放一个幕,地面上接收到的光线的衍射花纹就是相当于我们的反射波。具体的计算是一个积分过程:用惠更斯—菲涅尔方法把来自反射界面的无数小球面波积分起来。积分的计算较为繁杂,使用了复变数的正弦积分函数和余弦

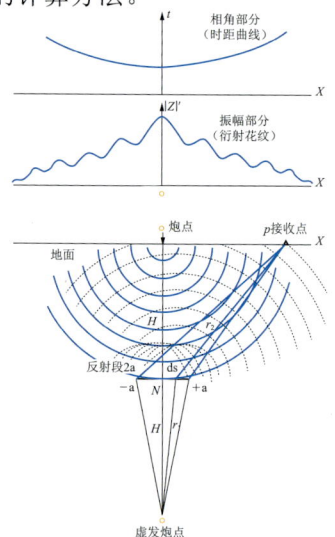

图1 衍射花纹计算原理图

积分函数,最后以查一种"科纽蜷线"的方法求得衍射振幅与相角值。计算时假定震源为一个正弦振动的球面波,后来又对脉冲波震源也做了一个计算实例(即用七个不同频率的正弦波合成一个钟形余弦脉冲波,对这七个正弦波分别计算得到花纹后,再叠加起来)。计算结果表明脉冲波震源和正弦波震源的计算结果基本上是一致的,仅仅是花纹上振幅的小周期变化平滑了一些,时距曲线也更光滑了,且在远离断块之处脉冲波到达时间稍有些滞后(图2)。物理地震学的计算方法请看附录2。下面我们介绍一下计算的结果。为了便于与野外记录比较,避开由于炮检距不同所造成讨论问题方面的复杂性,我们采用了连续发炮剖面的观测系统,即每一个道既是发炮点又是接收点,这样做出来的理论记录就可以和野外记录经过动校正以后的情况基本一致,在普通小排列上,对中、深层的动校正量一般只有几个毫秒,那么实际上也就可以和理论记录直接相比较了。

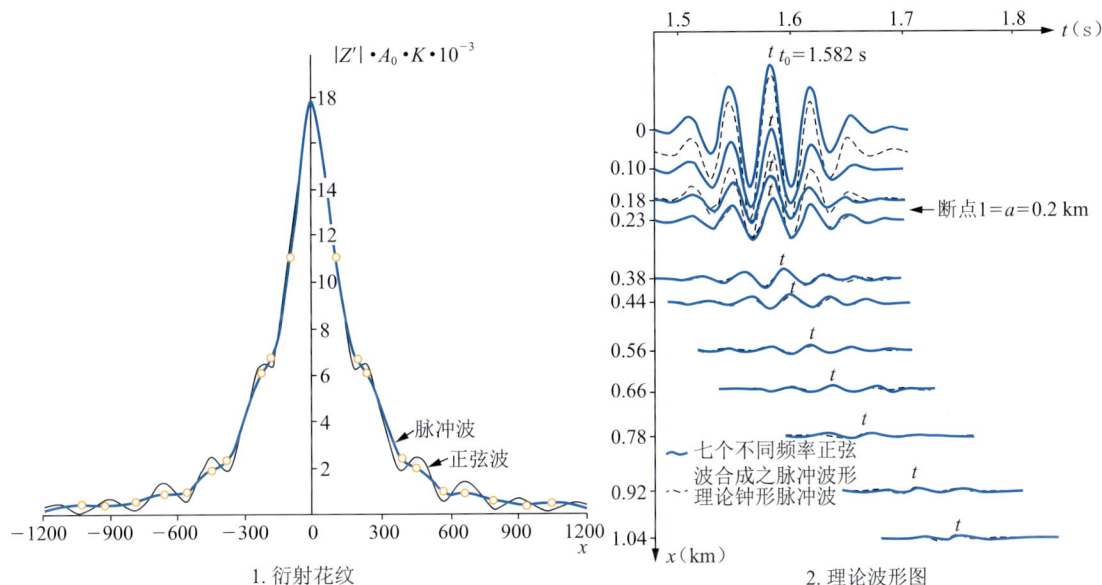

1. 衍射花纹　　　　2. 理论波形图

图2　脉冲波的衍射花纹和理论波形图

400 m 水平反射段,埋藏深度 1800 m,脉冲波用七个不同频率正弦波合成

3. 衍射花纹的计算结果——一个反射波应该是怎么样的?

图3是水平反射段(连续发炮剖面)的衍射花纹曲线。

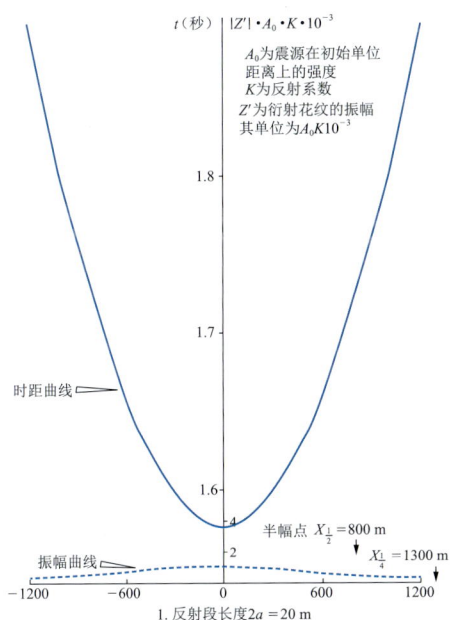

图 3-1　反射段长度 $2a=20$ m 的衍射花纹曲线

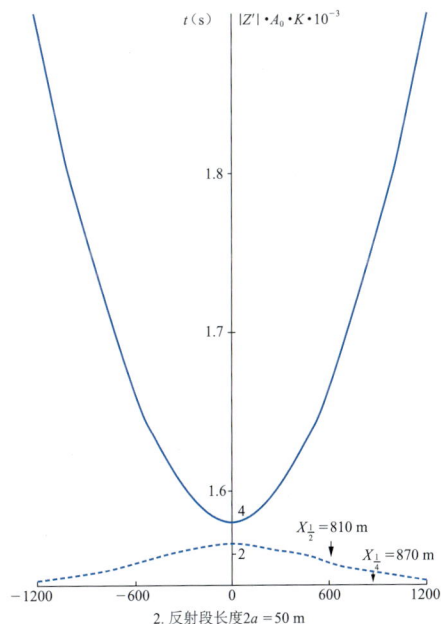

图 3-2　反射段长度 $2a=50$ m 的衍射花纹曲线

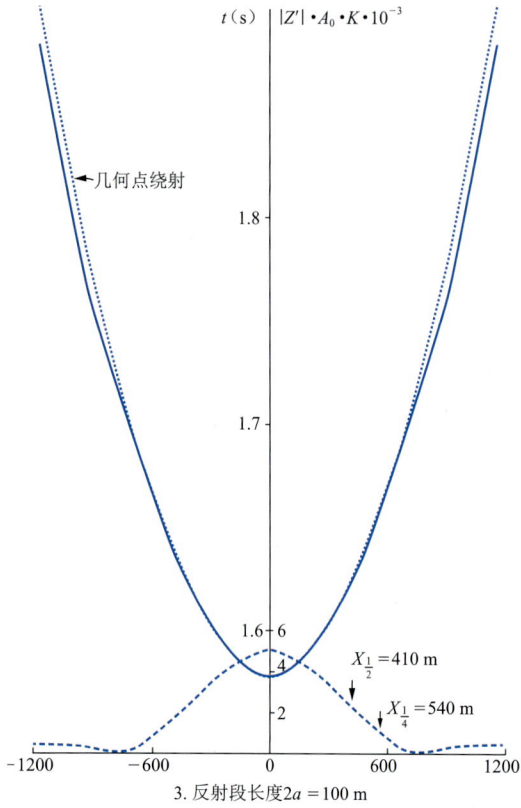

图 3-3　反射段长度 $2a=100$ m 的衍射花纹曲线

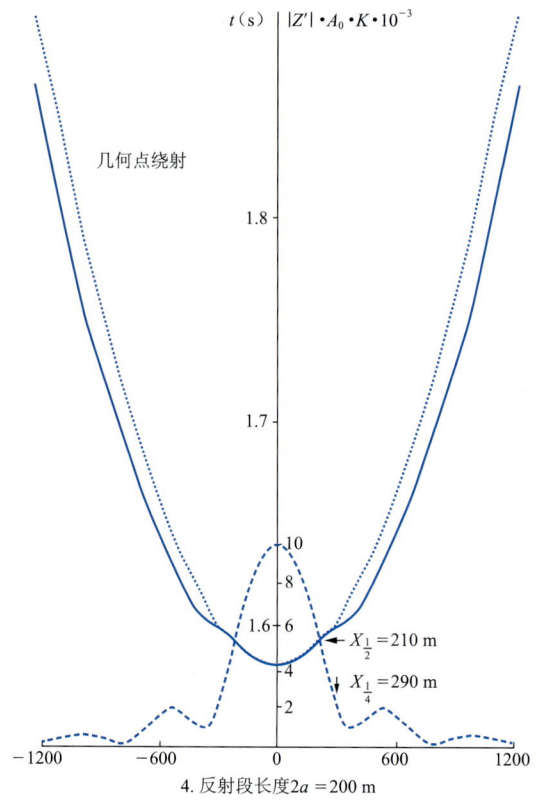

图 3-4　反射段长度 $2a=200$ m 的衍射花纹曲线

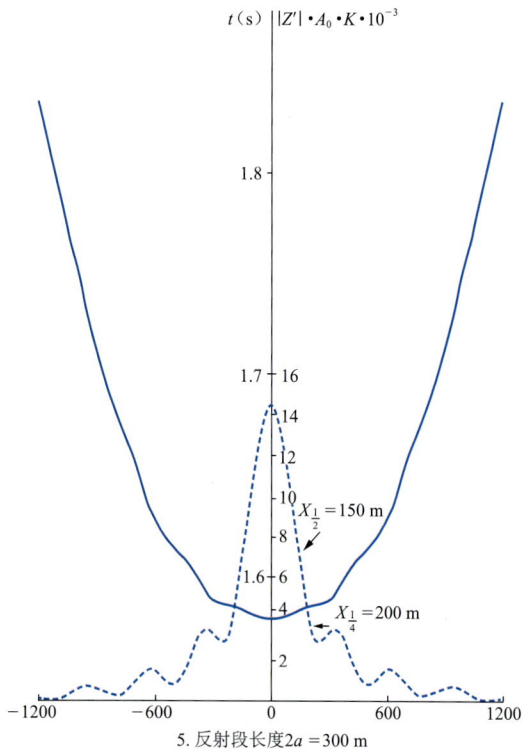

图 3-5　反射段长度 $2a=300$ m 的衍射花纹曲线

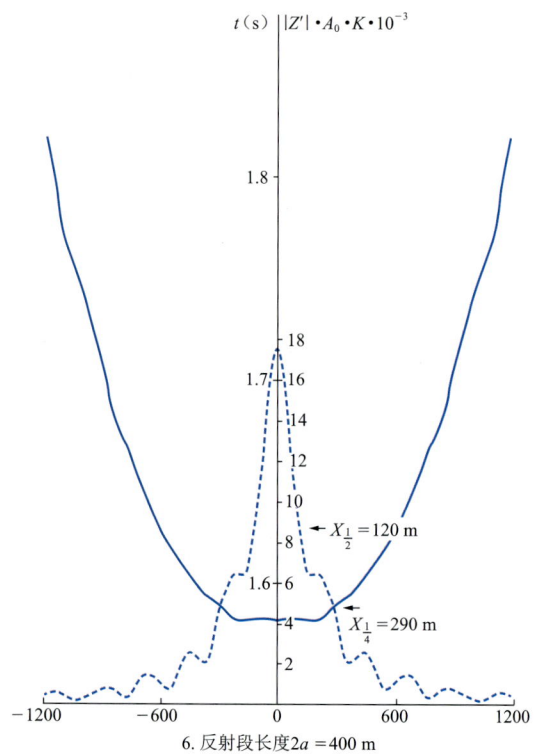

图 3-6　反射段长度 $2a=400$ m 的衍射花纹曲线

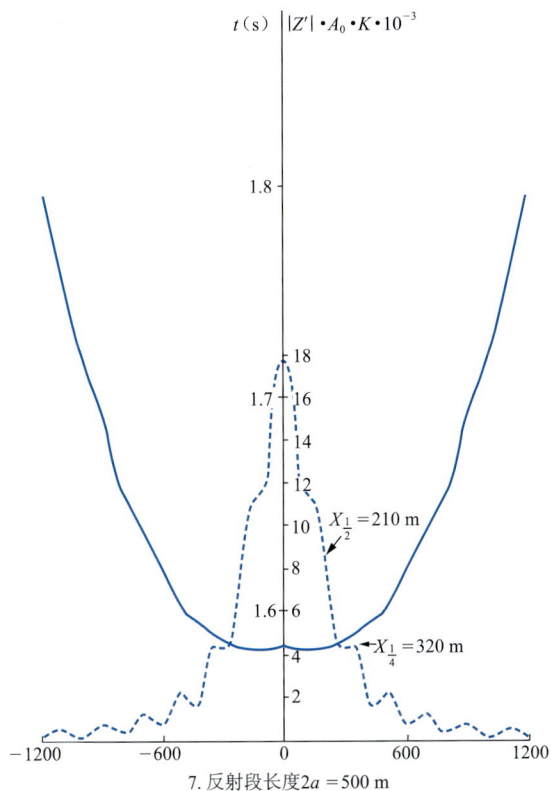

图 3-7　反射段长度 $2a=500$ m 的衍射花纹曲线

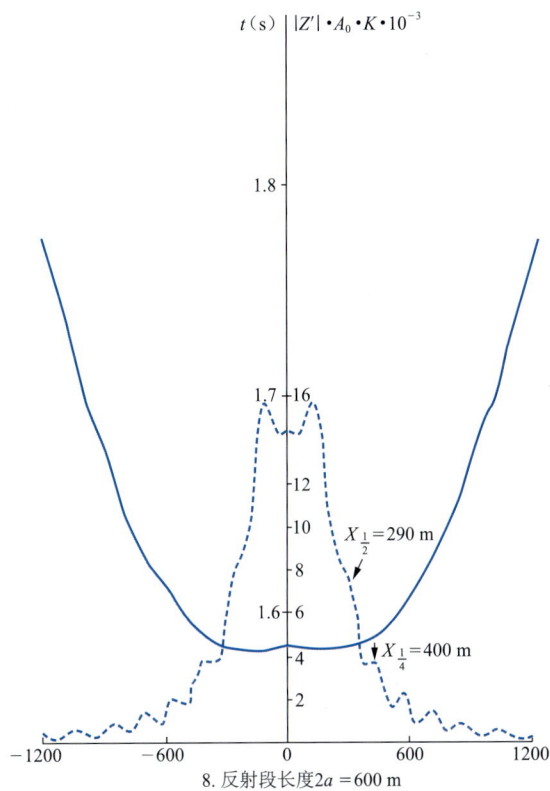

图 3-8　反射段长度 $2a=600$ m 的衍射花纹曲线

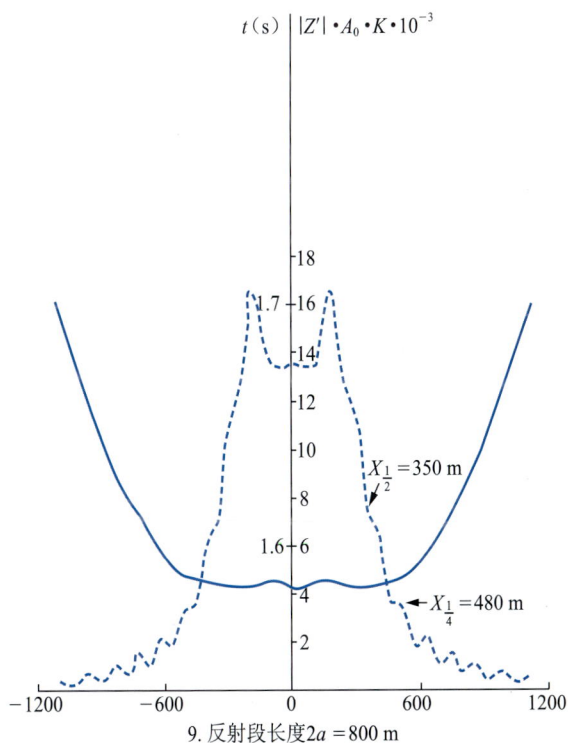

图 3-9　反射段长度 $2a=800$ m 的衍射花纹曲线

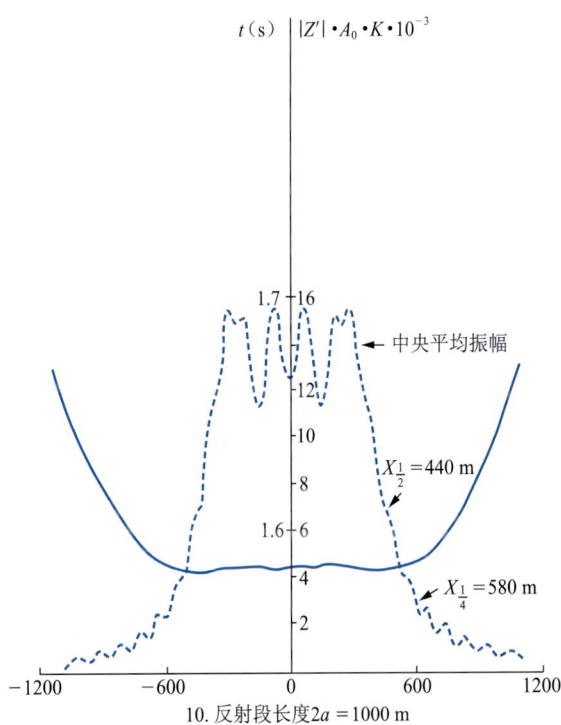

图 3-10　反射段长度 $2a=1000$ m 的衍射花纹曲线

图 4 是理论反射波形图(相对应于图 3 的各种反射段)。

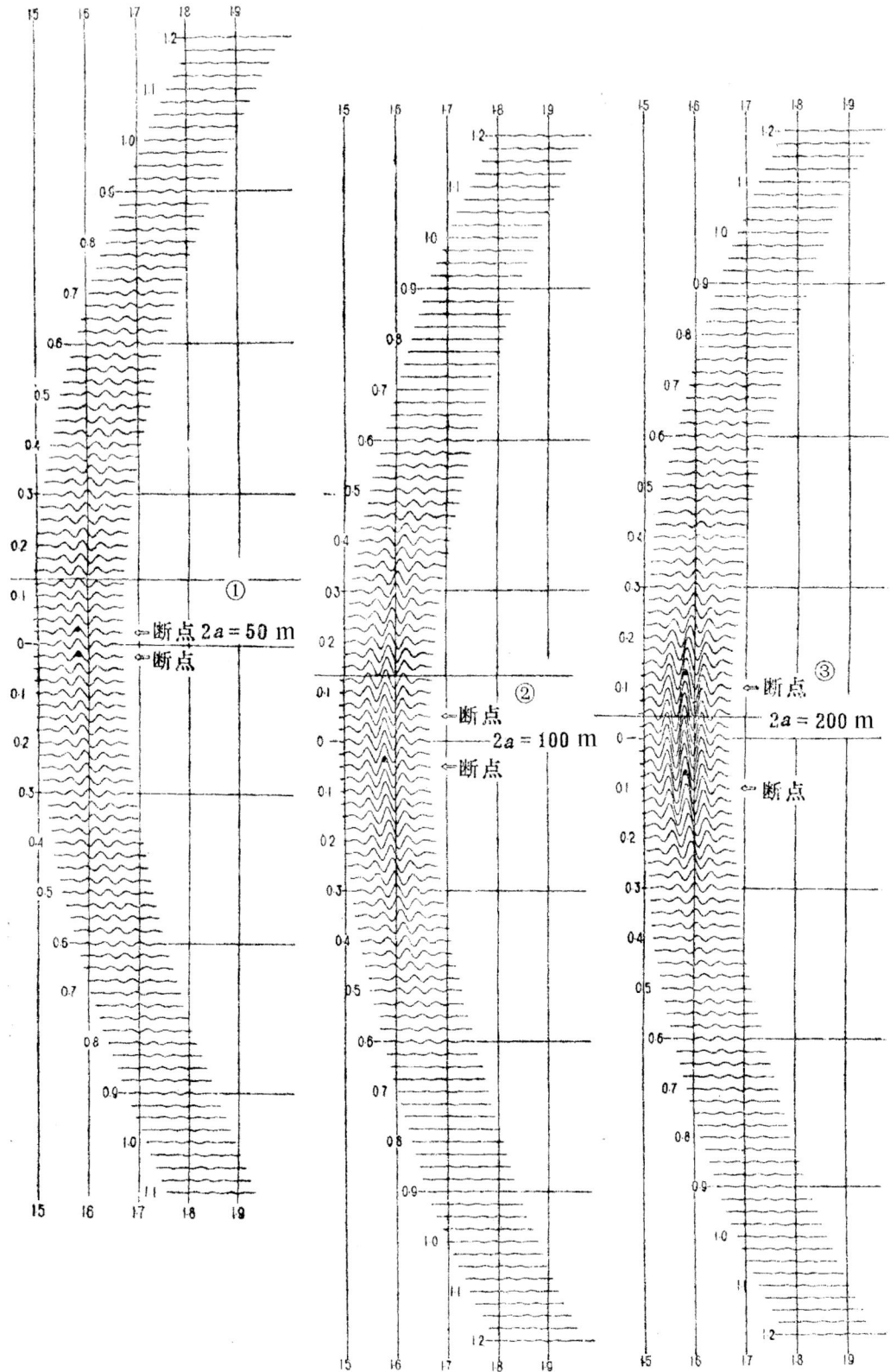

图 4-1　单反射段理论衍射波形图之一

(反射段深度 $H = 1800\ \mathrm{m}$,倾角 $\phi = 0°$,道间距 25 m,每 13 道相当野外一张生产记录,波形采用典型钟形脉冲)

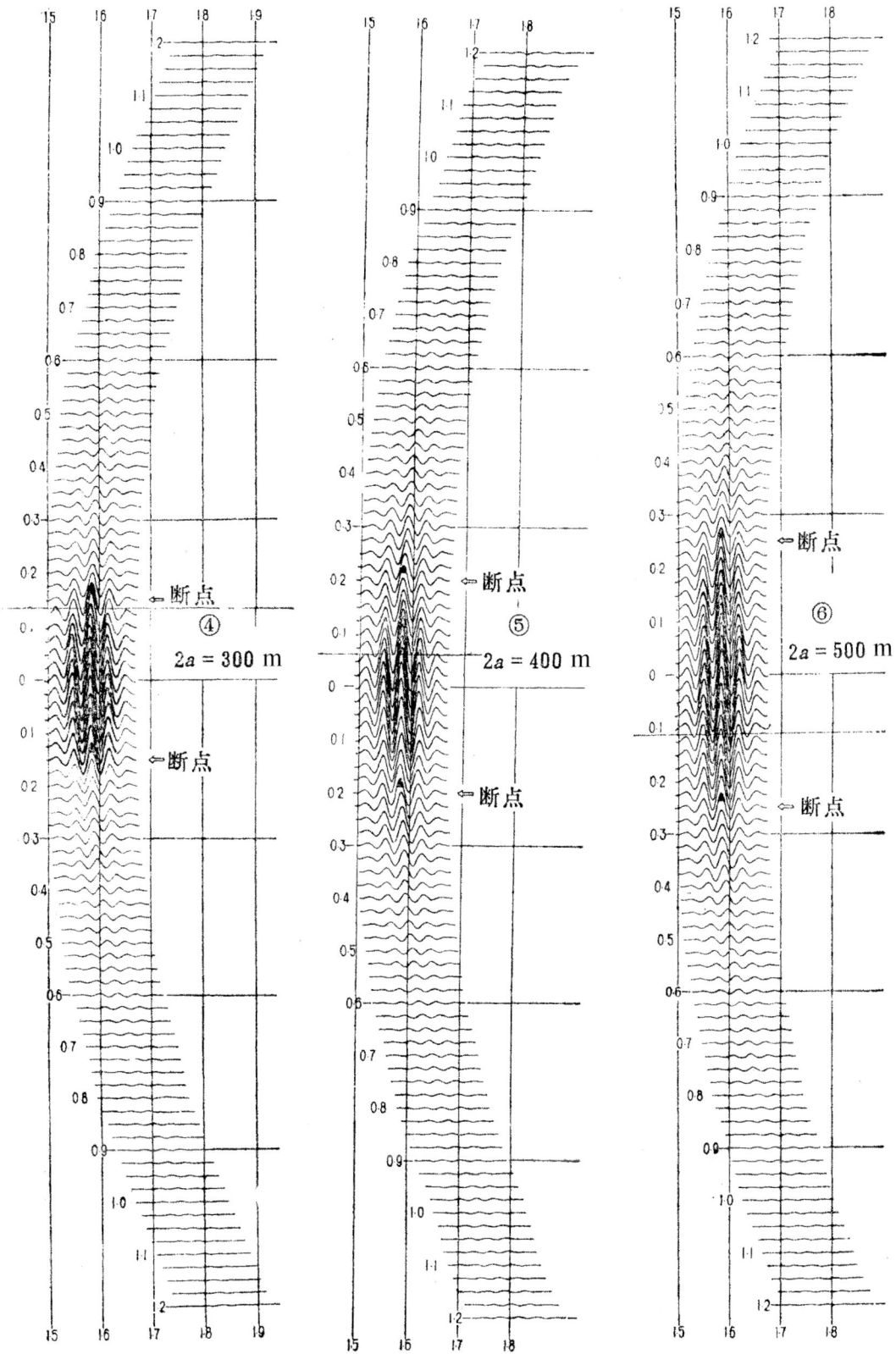

图 4-2　单反射段理论衍射波形图之二

（反射段深度 $H = 1800\,\mathrm{m}$，倾角 $\phi = 0°$，道间距 25 m，每 13 道相当野外一张生产记录，波形采用典型钟形脉冲）

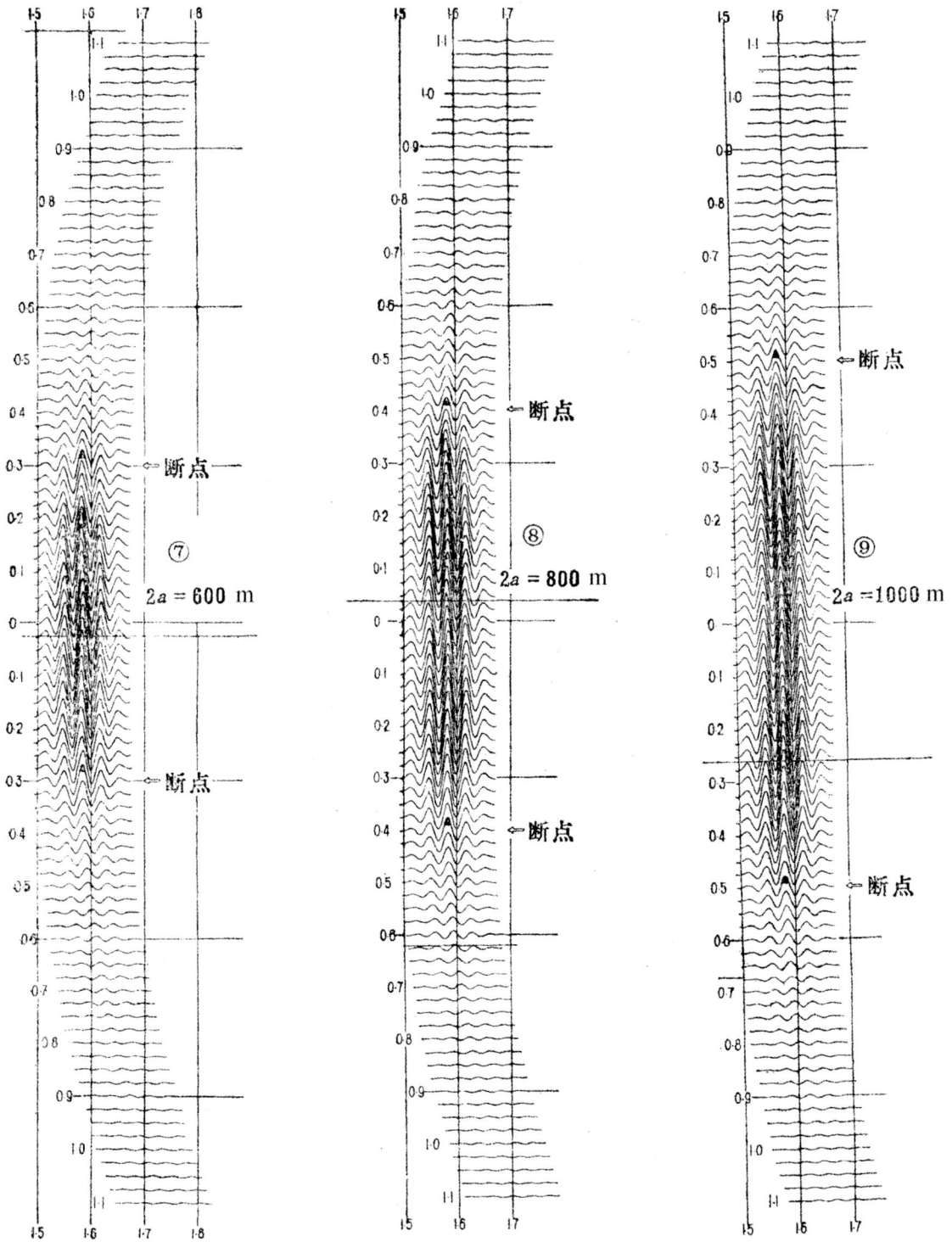

图 4-3 单反射段理论衍射波形图之三

（反射段深度 $H = 1800$ m，倾角 $\phi = 0°$，道间距 25 m，每 13 道相当野外一张生产记录，波形采用典型钟形脉冲）

图 3 表示埋藏深度为 1800 m 不同长度水平反射段的理论计算结果（每张图的最上部是时距曲线的情况，中间是振幅曲线，其纵坐标以 $A \cdot K \times 10^{-3}$ 为单位的，即与震源的初始强度 A 及反射系数 K 有关的一个单位，最下面是地下剖面的情况）。这里使用的参数是：周期 $T^* = 35$ ms、平均速度 $V = 2280$ m/s、波长 $\lambda = 79.8$ m、波数 $k = 78.7$ km^{-1}、吸收系数 $\beta = 0.5$ km^{-1}。

　　图 4 是相对应于图 3 的各种反射段的理论反射波形图,图中每个道间距是 25 m,每 13 条曲线相当于一张普通野外记录,也即图中每隔 300 m 处的两条横线中间就是相当于野外 600 m 排列中间发炮经过动校正后的一张记录(因为我们采用的是连续发炮剖面)。脉冲形状采用典型的钟形余弦脉冲。下面让我们来对理论波形图作一番分析。

　　(1) 长反射段的特点——一个主体两个尾巴(注:这里我们称它长反射段是回避了长断块的提法,因为长反射段的两头不一定意味着是断层的断点,不是断棱也照样有绕射的尾巴)。

　　埋藏深 1800 m 时,长度为 500 m 及 500 m 以上者称长反射段。

　　它们的理论波形可简单总结为"一个主体两个尾巴"(请读者参阅后记),在主体部分反射振幅相对强而稳定,时距曲线是接近直线的(注意:这是连续发炮剖面),两个尾巴就是我们普通所说的断棱绕射波,这里有三点必须说明:① 绕射波并不是从断棱那个点上发出的,从物理地震学的观点来看问题,一个"几何的点"发出的绕射波其能量是接近为零的,但是至今教科书上解释"绕射"都以为是来自断棱点上或砂层的尖灭点、不整合界面的交点等等,这都是一种误会。按物理地震学所得的绕射的尾巴其时距曲线在作图时刚好交于断棱点附近,因此给人以假象:似乎这个波来自断棱点。其实这个绕射尾巴是衍射花纹总体的一部分,它是由长反射段断点附近很长一个距离内的"新震源"共同叠加合成的。叠加的结果在长反射段的边缘产生了一条单支的尾巴,而对称于断点(极小点)的另外一支实际上是不明显的而且是反极性的(这也和几何地震学不同)。② 每个反射波其波形不会突然中断。两个绕射尾巴是必然有的,并不像我们以前理解的那样:在有的反射中断点上"意外地"观测到绕射波,而应该认识到存在绕射尾巴是每个反射波普遍的、必然的现象,是反射波的本质所决定的。那种以为断层现象就是一个波在记录上突然中断的想法也是不正确的,在断点附近这个尾巴一般地说还要以可观的能量延伸半张记录以上(对中等深度的反射段来说,这里说的一张记录是指普通的 600 m 排列中点发炮记录,下同)。在断点上反射波的振幅约为主体部分稳定振幅的一半左右,根据这个标准确定断点位置其误差不超过 50 m。确定断点的另一个办法是找到时距曲线的"拐弯"之处,它就是断点的位置。③ 教科书所说的绕射波的频率谱较反射波为低的说法是不正确的,从我们的计算结果看不出有明显的频谱变化。

　　(2) 短反射段的特点——等效于点绕射。

　　在埋深为 1800 m 的情况下,200 m 及更短的反射段称短反射段。它的特点是"等效于点绕射"也就是说对 80 m 左右的波长来说,这个反射段长度已经可以看成是一个点了。其特点如下:① 时距曲线和几何的点绕射几乎是一样的。② 此时其中央振幅与反射段的长度成正比(注意,这里说的是振幅成正比,并不是能量成正比!)。在长度等于零时(几何的点)其振幅就是零,但应提醒的是长度等于 200 m 时其振幅已经达到长反射段稳定振幅的 2/3。③ 振幅曲线变化很缓慢,在中央有一个能量相对集中段,根据振幅特征不易确定断点。

　　(3) 过渡型反射段的特点。

　　300~400 m 的反射段称"过渡型"的,其时距曲线接近点绕射,其能量等于甚至稍大于长反射段的稳定振幅(450 m 左右时,振幅最大),但过渡型反射段尚不存在中央振幅稳定区。

　　所有以上三种类型反射波的尾巴,其时距曲线从断点开始与几何地震学的断棱点绕射时距曲线基本一致,但细致地计算时,发现到达时都较点绕射为迟(一般迟 2~10 ms),时距曲线并有轻微的扭曲现象。不同长度的水平反射段的中央振幅的变化曲线和断点相对振幅的情况见图 5。

　　以上的反射波特点读者可以用日常生活中的例子来作证明:在阳光照射着房门,当你走进较暗的房间而关门的时候,可以观察到当门缝较大时,你关多少门缝,阳光就窄多少,但当你把门缝关到一定程度后,阳光的宽度就不再变小,相反地却稍稍变宽了,但是阳光的强度却与门缝的大小成比例地减弱了,最后直到看不清。

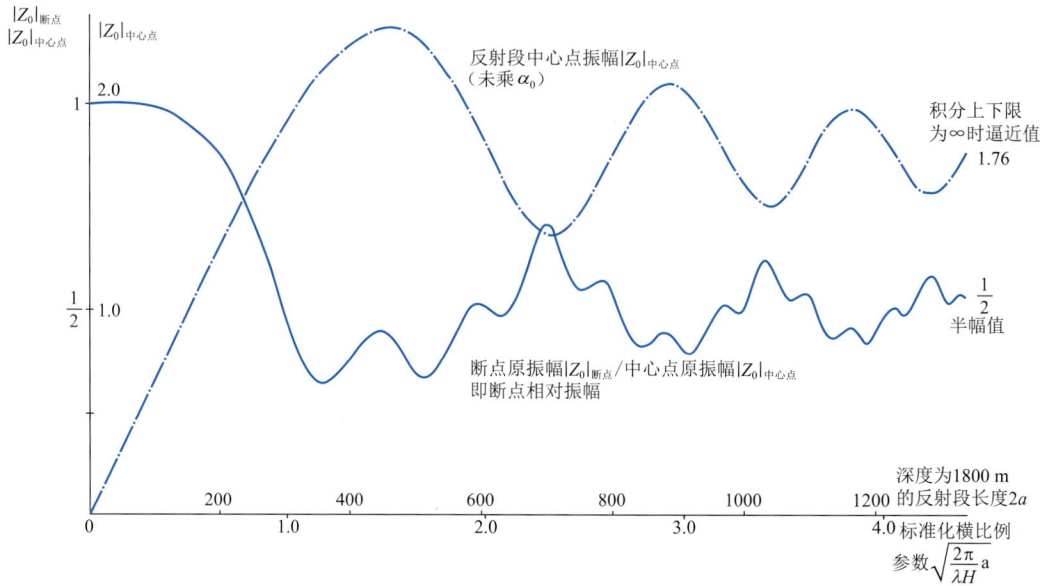

图 5　反射段中央振幅变化曲线和断点相对振幅曲线

4. 倾斜反射段的衍射花纹

（1）长倾斜反射段的衍射花纹在连续发炮剖面中就好像把水平的衍射花纹沿着主体部分的延长切线（图6）倾斜一下而成。从现象上看，就好像一个反射主体两边装上两条倾斜的尾巴一样。注意此时下倾方向的那支绕射就没有极小点，只有上倾的才有，振幅曲线也是不对称的，下倾方向减弱得多（因为路程远了），不过这一点在采用自动振幅控制的时候是会受到部分的补偿的。地下断点的位置位于记录上断点（即时距曲线的拐点或振幅的半值点）的偏上倾方向，这和几何地震学所说的一样（图7-1）。

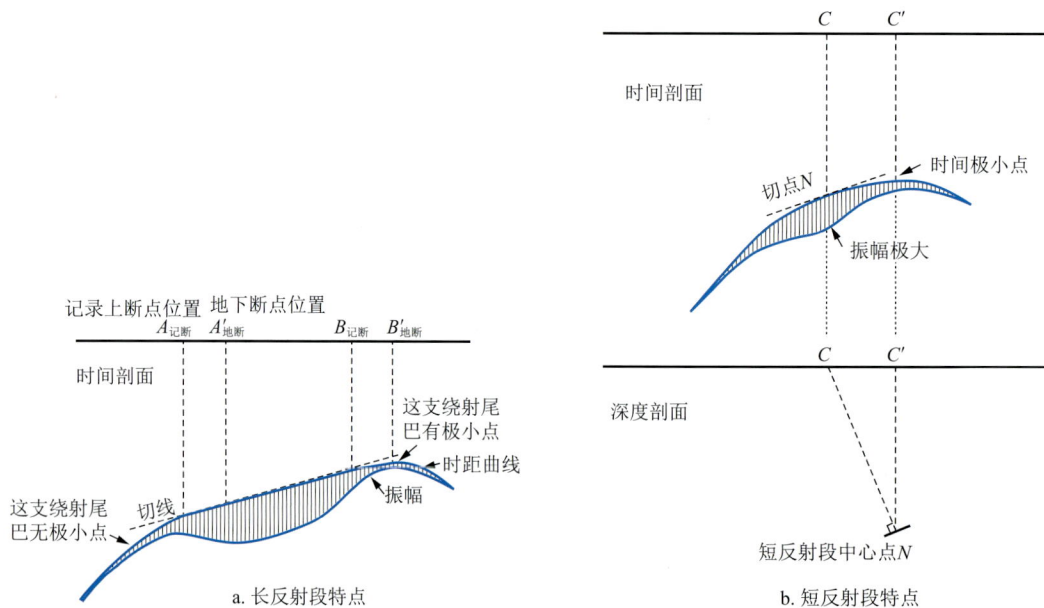

图 6　倾斜反射段的动力学时距曲线

　　（2）倾斜的短反射段的衍射花纹是别具风格的，它也是切于几何地震学反射波时距曲线的一个接近点绕射的时距曲线，注意此时切点不在时距曲线的极小点上，切点和极小点的地面投影 C 及 C' 是分离的，时间极小点 C' 位于短反射段中心点 N 的正上方，切点的地面投影点 C 位于短反射段中垂线与地平线的交点处，这个点附近的振幅达到极大。附近有一个能量集中的地段，因此原来几何地震学的反射角等于入射角的意思在物理地震学的观点看来就是在这个方向可以看到能量极大而已。当反射段很短时,这个振幅极大点还会从切点偏向时距曲线的极小点去(图7-2)。国外有人做超声模拟试验,他在水中放一块小的板,当板小到波长那么大时,再转动小板时发现时距曲线并不改变,只是能量极大的位置发生转移,老是面向着这块小板的方向上得到振幅极大,而时距曲线永远是点绕射的时距曲线。他指出了这种现象,但并没有说清其原因。由于这个特点,倾斜的短反射段光凭其时距曲线的形状,我们是无法正确地决定它的产状的。但是凭借振幅曲线,我们还是可以正确地判断它的产状和位置。当短反射段小于20 m时我们称之为"微反射段",它的振幅极大值都很难正确辨别(图7-3),所以是无法明确它的产状了,只能知道它的位置大致在什么地方。当然这样的反射段在地质上也可以忽略不计了,然而钻孔中遇到两个断点相距20 m时,从物理地震学的观点看来是不能分辨的,这是很遗憾的事。

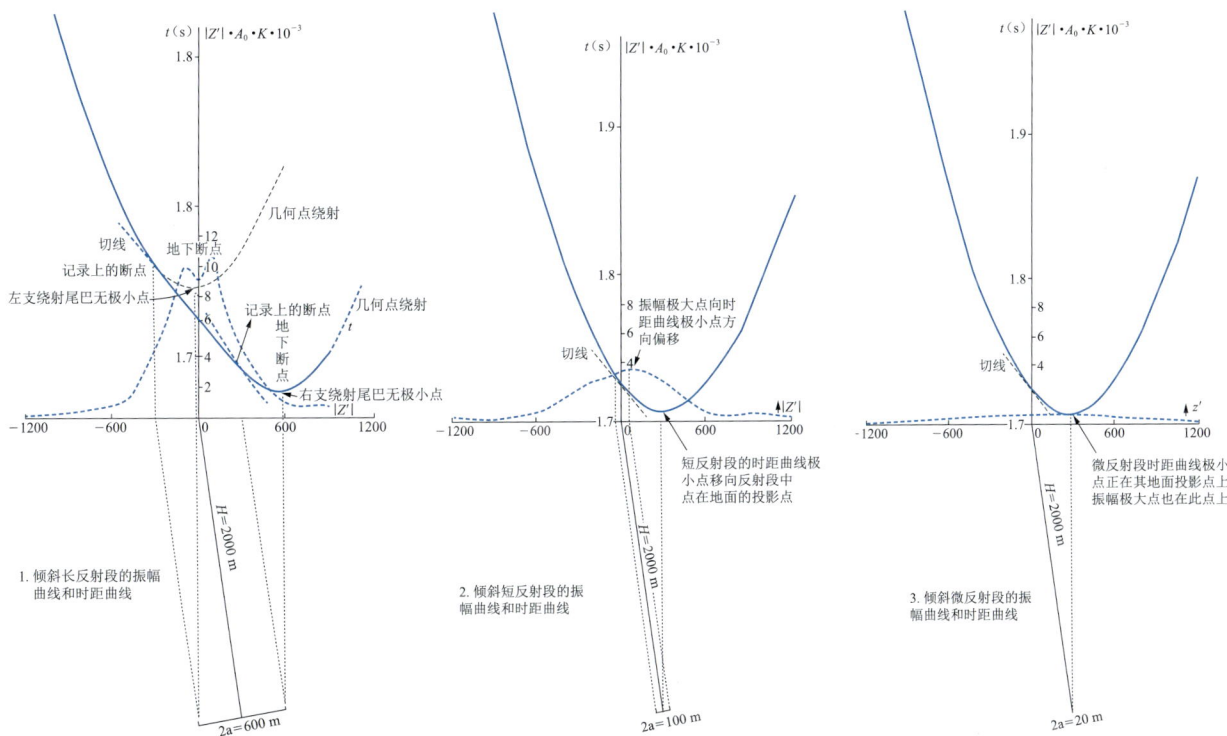

图 7-1　倾斜反射段衍射花纹之一
(反射段倾角 $\phi = 8°$,反射波周期 $T = 30$ ms,
波长 $\lambda = 69.6$ m,$V = 2320$ m/s)

图 7-2　倾斜反射段的衍射花纹之二
(反射段倾角 $T = 8°$,反射波周期 $T = 30$ ms,
波长 $\lambda = 69.6$ m,$V = 2320$ m/s)

图 7-3　倾斜反射段的衍射花纹之三
(反射段倾角 $\phi = 8°$,反射波周期 $T = 30$ ms,
波长 $\lambda = 69.6$ m,$V = 2320$ m/s)

5. 深层反射和高频接收的情况——衍射花纹的分类标准

对于深层反射,波长增大,深度也加大,导致衍射花纹的分散性更强,即绕射能力更强,分辨率更差(图8)。而使用高频地震方法就可以使绕射尾巴相对"缩短",分辨能力可以提高。归纳各种反射段的衍射花纹可以用 $\dfrac{a^2}{\lambda H}$ 这个量作标准来作分类,其中 a 为反射段长度之半,λ 为波长、H 为埋藏深度尺或 km(单位一致即可)。以下是反射段分类标准:

当 $\dfrac{a^2}{\lambda H} > \dfrac{1}{2}$ 时,其衍射花纹属于**长反射段**性质。当 $\dfrac{1}{10} < \dfrac{a^2}{\lambda H} < \dfrac{1}{2}$ 时,衍射花纹属于**过渡类型**。当 $\dfrac{1}{1000} < \dfrac{a^2}{\lambda H} < \dfrac{1}{10}$ 时,衍射花纹属于**短反射段**性质。当 $\dfrac{a^2}{\lambda H} < \dfrac{1}{1000}$ 时,属**微反射段**类型。

由下表1可见,普通记录上3 s左右的深层反射,1000尺的断块就进入过渡类型,440尺的断块其时距曲线已属点绕射了。这也就是为什么我们的深层反射按几何地震学方法作图时总是容易交在一点的原因。

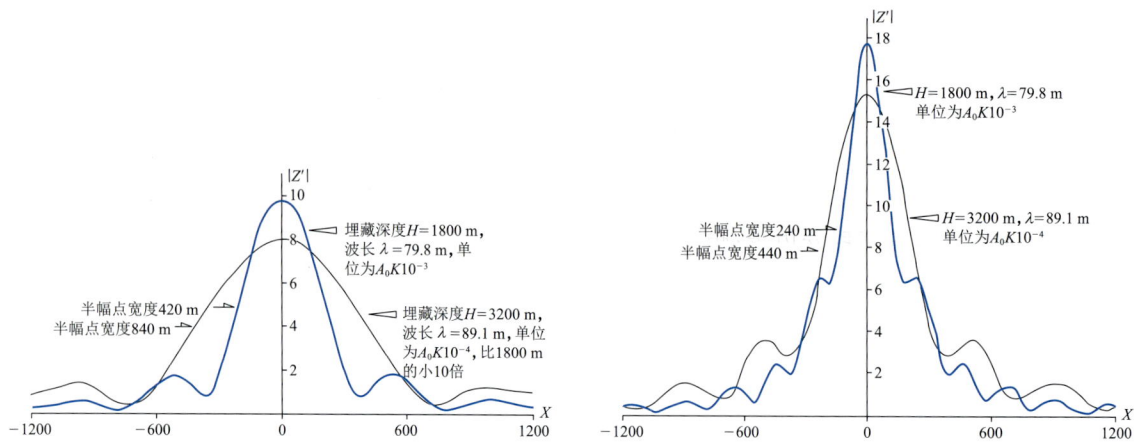

图 8　深层反射衍射花纹的分散性强

左图为 $2a=200$ m，右图为 $2a=400$ m 的水平反射段在不同深度上的振幅曲线

（二）对反射波的分析和推断

以上就是对反射波本质的一般描述，下面就来谈谈我们的分析和推断：

1. 双支绕射波不是断棱点的反映

在习惯上，我们把作图交于一点的两张或两张以上记录上的所谓绕射波当作断层的断点，而且如获至宝地把它在剖面图上圈个圈，并在此划断层线通过它。其实，这种有极小点的对称的双曲绕射波正是我们所讨论过的短反射段，它不是断棱点，而正是还没有破碎的小断块。断层线不应正通过它，而应在其两旁过去。

记录上经常见到的这种双支绕射波，有的就是属于这种地下的小断块性质。另外一种可能是属于地表的干扰绕射源，它是一种来自侧面的高速干扰波，见第三部分。往往产生在深层的平静背景中（如基岩以下），它们是地表附近侧面来的干扰源的浅层折射波，时距曲线也是双曲线，但其有效速度较低，并在采用适当的面积组合后，这种波就会削弱或消失。

表 1　衍射花纹的分类标准

条件	反射段长度 $\dfrac{a^2}{\lambda H}$	$\dfrac{a^2}{\lambda H}=\dfrac{1}{2}$	$\dfrac{a^2}{\lambda H}=\dfrac{1}{10}$	$\dfrac{a^2}{\lambda H}=\dfrac{1}{1000}$	备 注
（1）中频接收的中层反射	$\lambda=70$ 尺 $H=1800$ 尺	$2a=500$ 尺	$2a=220$ 尺	$2a=20$ 尺	$t_0=1.6$ s $T^*=31$ ms $V=2250$ m/s
（2）中频接收中深层反射	$\lambda=89$ 尺 $H=3200$ 尺	$2a=760$ 尺	$2a=340$ 尺	$2a=30$ 尺	$t_0=2.5$ s $T^*=35$ ms $V=2545$ m/s
（3）中频接收深层反射	$\lambda=115$ 尺 $H=4500$ 尺	$2a=1000$ 尺	$2a=440$ 尺	$2a=40$ 尺	$t_0=3.0$ s $T^*=38$ ms $V=3000$ m/s
（4）高频接收的中层反射	$\lambda=17$ 尺 $H=1800$ 尺	$2a=250$ 尺	$2a=110$ 尺	$2a=10$ 尺	$t_0=1.6$ s $T^*=7.6$ ms $V=2250$ m/s

2. 小断块的反射波"消失"在"背景"之中

短反射段的振幅是与反射段长度成正比的,所以断块小一倍,振幅也小一倍。例如,埋深为 1800 m 的反射段长度为 100 m 时,其振幅只有正常反射的 1/3,就会"消失"在"背景"之中,这种"背景"除去干扰的因素外,主要还是由客观地质体的"漫射现象"所组成(见异常波部分)。

这种"消失"的作用,除了其绝对振幅值下降以外,另外一个很重要的因素是"相互干涉",短反射段的相互干涉作用远比长反射段要厉害,指出下列数据是很有意义的,以埋深 1800 m 为例,参看图 3-10:长反射段 $2a = 1000$ m 的中央平均振幅强度为 14 个单位($A·K \times 10^{-3}$),断点上(500 m 处)振幅为 5.0 单位,远离断点 300 m 处(即 800 m 处)的强度为 1.0 个单位,即为中央平均振幅的 7.2%(或 $\frac{1}{14}$)。短反射段 $2a = 100$ m 的中央振幅强度虽然只有 5.1 个单位($A·K \times 10^{-3}$),断点上(50 m 之处)振幅为 5.0 个单位,远离断点 300 m 处(即 350 m 之处)的振幅却达 3.1 个单位,占这个短反射段中央强度的 62%,相当于 1000 m 长反射段中央平均振幅的 22%(3.1/14)。

这就是说短反射段的中央强度弱,但边缘上的振幅(尾巴部份)甚至比长反射段的强 3 倍! 这个远离断点 300 m 的意思就是在第二张记录上的相同道位置的意思,那么,就是说,如果长反射段与长反射段相互干涉时,到了离断点 300 m 处,即隔开一张记录时的干涉强度比为 14∶1,而两个离开 300 m 的 $2a = 100$ m 的短反射段互相干涉的强度比将是 5∶3。如果两个 $2a = 100$ m 的短反射段的中心离开 100 m,(即相邻紧挨着如后面图 11 断层波形图之一)的话,其干涉波的强度比将是接近 1∶1。所以落差为半个相位的小断块,其中央能量几乎完全抵消,而形成很古怪的两个倾斜的、能量较强的波。

在这个意义上说,200 m 以下的小断块都会由于相互干涉而使标准波面貌全非。

以上还仅是分析了反射段是一度空间的情况,即断块在另一个方向上是非常长的,如果断块不是狭长的,而是小块块,那么,问题将会更严重些。

在断裂带外坳陷里的标准波强而连续、清晰可辨,一进断块区就找不到标准波的主要原因就是这个道理。

这些"消失"在背景中的短反射段,并不是没有办法把它搞清楚的,只是说用几何地震学的办法是无能为力了,不管你把测线加密到什么程度都不行。

3. 目前小断块勘探的精度与测网密度问题

对二度空间的情况来说,小断块的中央振幅将正比于断块的面积。可以推断 200 m 见方的断块,其中央振幅大致降至正常反射振幅的 $\frac{10}{14} \times \frac{10}{14} \doteq \frac{1}{2}$,即一半左右。而 100 m 见方的断块将为正常反射的 1/8,同样可以判断在长方形的大断块的角上,其振幅将大致降至 $\frac{1}{2} \times \frac{1}{2} = \frac{1}{4}$ 左右。图 9 表示平面上各种大小反射平面(或断块)产生的反射振幅的强度分布示意图。如果以振幅下降至 $\frac{1}{2}$ 作为反射强波消失、使几何地震学搞不清问题的界限,那么,可以判断,200 m 见方以及更小的反射平面(或断块)一般反射强波消失。300 m 见方的断块,只有测线通过它的中央范围内,才能遇到反射强波。如果测线从边上通过还是不行,并且,即使是从中央通过,我们只能发现这个断块,却是很难说清这个断块的形态(是方的还是圆的,还是三角形的)。

1967 年在 D-X 地区小三角网试验区使用了断面闭合、立体解释、空间归位等方法后,其所得精度还是基本上和以上的结论差不多。即 300 m 见方的断块可以发现,500 m 见方的才能搞清其形态,这便是目前用一般几何地震学方法在较密的测网作较细致的对比、解释所能达到的精度范围。

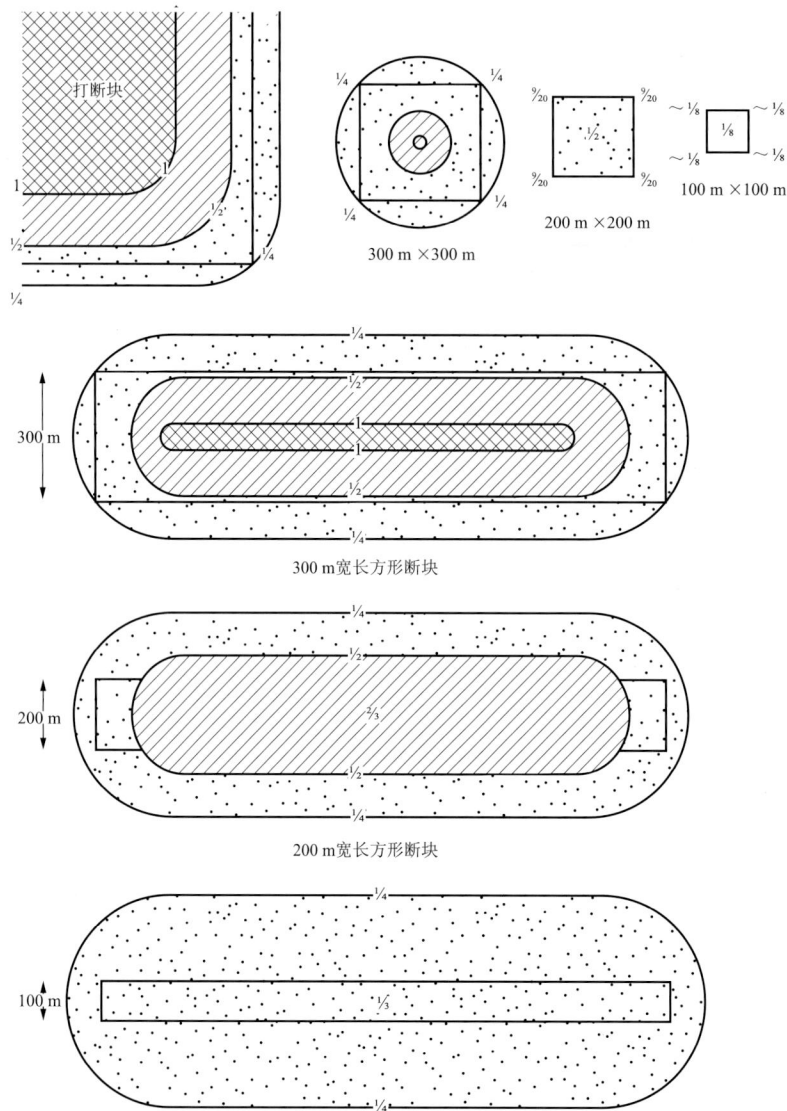

图 9　各种断块的反射波振幅强度分布示意图（中层反射）

再看图 10 的测线网密度与断块的关系示意图，300 m×600 m 测网上粗的线段代表能获得反射强波的地方，可以看到断块 A、B、F、H 的宽度仅为 200 m 左右，因而是不容易被发现的，断块 E 和 C 可以被发现，但说不清其形态，其他断块目前是可以搞清其形态的。此外图中断层线上加阴影的地方是可以搞清其走向的断层，由图可见还有不少断层线是搞不清走向的。图上断层线空白区表示断层的"平错"部分，在断面倾角为 45° 左右时，"平错"的大小等于落差（平错部分是应该收不到该层反射波的）。

在这个例子中，如果我们采用的测网密度是 600 m × 1200 m 的长方形测线，则又将有许多小断块说不清问题。反之，如果把测线密度再增加一倍（线距 150 m），则断块 D 就可以被发现，有些断层的走向也可以更肯定一些，但是断块 A、B、H、F 还是不能搞清。总之，到底一个地区的测线密度应该多大是由客观地下断块的大小和我们目前的勘探精度两方面所决定的。对小于 200 m 见方的

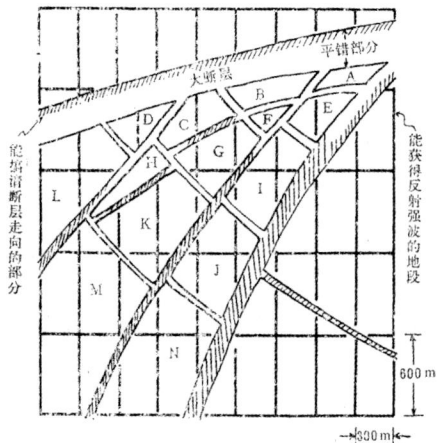

图 10　测网密度与断块的关系（中层反射）

断块,即使增加测网密度,如果方法上不加改进,恐怕也是陡劳无益的。

　　说到这里可能有人要说,小于 200 m 见方的小断块搞不清,问题不太严重,我们只要把大断层位置搞清楚,只要把大断块搞清楚就行了。但是,往往正是在大断层附近断块才很小,得不到反射强波,因而我们常常可以肯定大断层的存在,但搞不出它的准确位置,同样也常常搞不清屋脊式有利含油地带的大断块的边缘。因此,研究物理地震学,提高目前的勘探精度,还是迫切需要的。

4. 深层反射波"淹没"在干涉带中

　　对深层反射来说,由于波长和深度都大了,其绕射尾巴就延展得特别长。如表 1 所列,3 s 左右的反射,440 m 的反射段就具有点绕射的性质,而深层构造由于长期的地质变动,又往往是比中层更破碎的。所以除了坳陷里有完整的长反射段外,到了构造断裂带就更难保存大于 400 m 的断块,由此,深层标准波在构造带上往往不好。此外,让我们从另外一个角度即波的干涉角度来分析这个问题。我们曾经计算了一套深度为 3200 m($t_0 = 2.52$ s、波长为 89.1 m)的不同长度反射的衍射花纹,将它与深度 1800 m、波长 79.8 m 的振幅曲线作一对比,看看其半幅点的(振幅为一半的)横坐标 $X_{1/2}$ 的变化规律。

表 2　不同长度反射的衍射花纹半幅点随横坐标的变化规律

反射段长度($2a$) m	50	100	200	300	400	500	600	800	1000
深度 1800 m 反射之半幅点 $X_{1/2}$(m)	610	360	210	150	120	210	290	350	440
深度 1800 m 所占记录张数	4.1	2.4	1.4	1.0	0.8	1.4	1.9	2.3	2.9
深度 3200 m 之半幅点 $X_{1/2}$(m)	1120	720	420	280	230	180	190	330	440
深度 3200 m 所占记录张数	7.5	4.8	2.8	1.9	1.5	1.2	1.3	2.2	2.7

　　由上表可看出,对 400 m 以下的反射段,深层的半幅点横坐标比中层的要大一倍左右。

　　如果将一个单波以能量从 1 降到 1/2 表示一个单波在记录上占据的范围,那么,上表数据之 $X_{1/2}$ 乘以 2 倍就是记录上的长度,再考虑到连续发炮剖面中 300 m 代表一张普通记录,那么除以 300 m 后就计算得到不同反射段在记录上延展的范围(见上表中第 3、第 5 行),可以看出 300 m 的深层反射段在记录上的范围要占据 1.9 张普通记录,而 100 m 的反射段竟要占据 4.8 张记录之多。所以,相邻的深层反射段互相占据同一张记录的机会甚多,干涉现象就特别严重。可以设想 3 s 以后的反射将相互干涉到更严重的程度。这就是我们反射记录深层往往没有完整的同相轴的原因。

　　经常听到搞实际工作的同志埋怨深层资料不好,他们有的以为深层可能"没有反射"了,有的却以为炸药量还不够。这都是因为不了解反射波的本质所引起的误解。当我们越出构造断裂带,一到凹陷里,这些深层反射不用增加炸药量却又赫然呈现在眼前。

　　总之,深层不是"真空"地带,反射总是有的,问题是干涉得太严重了。所以,往往找不到好的反射波,有时好不容易碰到一个,但作图时又交于一点,这种现象只有用物理地震学的观点才能正确理解它。

　　最后还要指出,深层不好还有两个原因:其一是存在着多次波的干涉。其二是我们现用的小检波器自振频率作得太高(31 周),对接收低频深层反射不利(请搞仪器制造的同志注意,能否频率改低些)。

5. 断层的波形图到底是怎么样的?

　　这个问题每个解释员都会回答:"波形会发生错断现象呗"! 但是,把这个问题说透还是很不容易的。有谁会想到图 11-① 会代表着落差为 20 m 的两个水平的小断块呢? 这张图在应该有断块的地方却几乎什么波也没有,而在断块以外出现两个倾斜的同相轴,各占一张记录,而且能量还不小,振幅约为正常反射的一半,这样的记录一般的解释员一定以为是两个倾斜的 300 m 长的断块!

　　我们为了说明不同断层的理论记录应该是怎样的,将前面所说的单个反射段的理论波形加以叠加起来(由于我们采用了连续发炮剖面的波形图,避开了炮检距不同的差别,断块的组合变成了理论波形的叠加）。叠加过程中考虑了正断层的平错大致等于落差的大小,即断层面的倾角大致等于 45° 的情况。参看图 11。

这里还值得提出的是:图 11-④,是上盘 400 m 断块、下盘 200 m,它们都是水平的,落差为 20 m,正断层,图中下盘变成倾斜的一个较强波。很容易造成对比错误。图 11-⑦ 表示上下两盘都是水平的 400 m 断块,落差为 40 m 时,其波形连得很好,猛一看是很难发现有断层。图 11-⑪ 也是一样,看不出断层的存在。图 11-⑫ 很容易把两个 400 m 断块(一个倾角 0°,一个为 8°)的干涉中断点当成真断点,会误认为两个长度为 150 m(半张记录)的断块,这现象发生在上下盘向里褶成"凹形"的情况。图 11-⑨ 及图 11-⑬ 很容易误认为地下存在一个小向斜的弯曲界面的情况,其实反射界面是平面,而且存在有断层。

我们的计算很局限,并且小断块的情况做得太少,所以还说明不了很多问题,但是已经暴露了不少矛盾,可以启发我们进一步研究断层附近的记录,正确地认识它。

6. 波形的突然中断不一定是真断点,真断点的振幅变化可以很缓慢

简单归纳上面这些断块波形图的内容,可以大致说明如下:

(1) 400 m 以上较大断块的正断层的理论波形图在落差等于半周期时,出现明显的干涉中断点,这个干涉中断点与真正的断点比较接近,一般对比者不会搞错。落差等于一个周期时,对比中如果不注意就会漏掉断点。

(2) 大断块上下盘界面向外侧倾斜形成"凸形"时,其主体分离,断点可以根据 50% 振幅点或时距曲线拐点大致确定。反之,大断块上下盘如果是向里侧倾斜形成"凹形",其主体交叉,落差半周期时,形成干涉中断,这个干涉中断点不是断点的位置,一般对比方法一定会把两个断块都对短了。对于中层反射波的情况,如果上下盘的倾角差 8° 左右(斜差 δt 差 30 ms 时),则大概要对短普通记录上的 9 道,即水平距离 100 m。"凹形"反射段在落差为一个周期的情况,又容易误认为地下存在一个小向斜。

(3) 小断块与大断块紧挨着的时候,当落差为半周期时,两波的干涉中断点也离真正断点不远。但小断块的波形由于大断块尾巴叠加,更加倾斜了,且小断块的另一侧的断点是不容易定准的,一般是对长了。当落差为一个周期时(这个图未作),将出现小断块依附于大断块,波形被大断块"吸收",使大断块反射波形增长的情况,其断点也是不易确定的。

(4) 小断块与大断块紧挨着的时候,落差为半个周期时,出现两个倾斜的同相轴。内侧的两个断点就在能量最小之处,而外侧的两个断点一般会定得过远,误认为两个倾斜的波,而作图后又交叉在一起。

(5) 落差为半周期所造成的干涉中断点的振幅减弱区,对中层反射而言,一般是图上五个道,即相当于普通记录上 10 个道左右。因而如果记录上出现 3~5 道的突然波形中断点,大多不是真的断点,而是由于地表条件变化或干扰波所引起的假断点。

7. 半张记录的同相轴是"视同相轴",它不反映地下真实产状

这个结论是指中深层而言的,所谓"视同相轴"就是指不反映地层产状的干涉同相轴——关于"视同相轴"的概念将要引出很多重要的问题(注:严格地说来,我们遇到的同相轴是没有不受干涉的;在这个意义上说,它们都是视同相轴。但我们现在是单指那些短的、能量变化很快的,或波形不稳定的轴——称之为视同相轴,并且我们讨论的都是其振幅增大的那一段)。

由表 2 可以看出对中深层反射而言,一个单波能量从 1 下降到 $\frac{1}{2}$ 所占据的记录长度至少是 0.8 张记录,不可能再短了。而记录上的许多短同相轴就绝不是简单的单波,而是干涉后的视同相轴。

由于不了解视同相轴不反映地层产状,在近年来不少地震队都根据"半支量板"把半张记录(这里指 600 m 排列)的同相轴作到剖面上,结果是这样的同相轴实际上并不反映地层的产状,作多了反而使剖面紊乱,甚至构造产状失真。且看下面的分析:

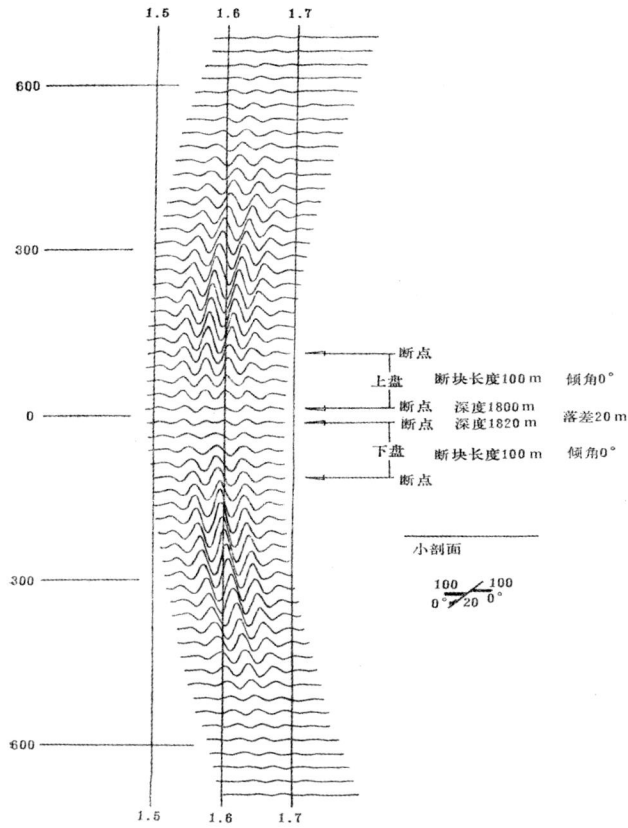

图 11-1 在断块以外出现两个倾斜同相轴各占一张记录,振幅约为正常反射的一半

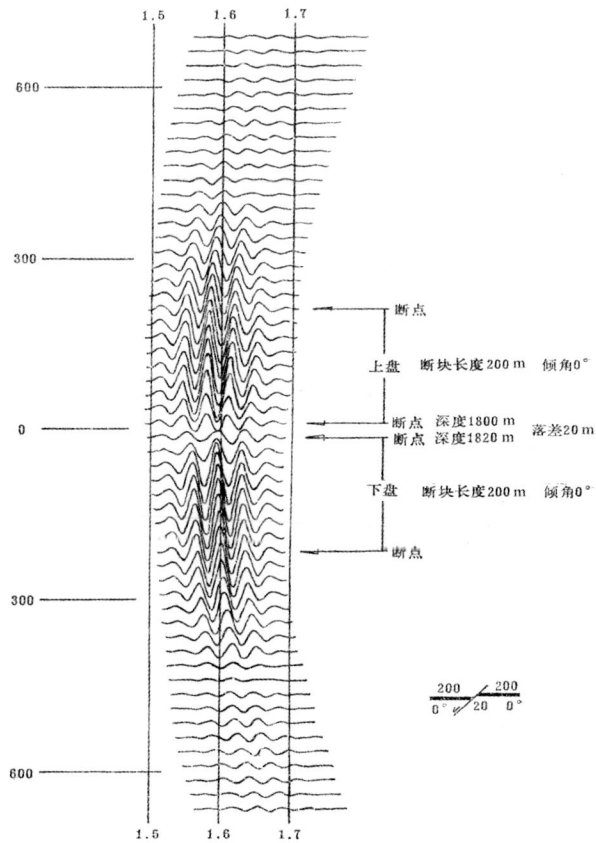

图 11-2 两个水平的小断块在记录上表现为两个倾斜的反射波

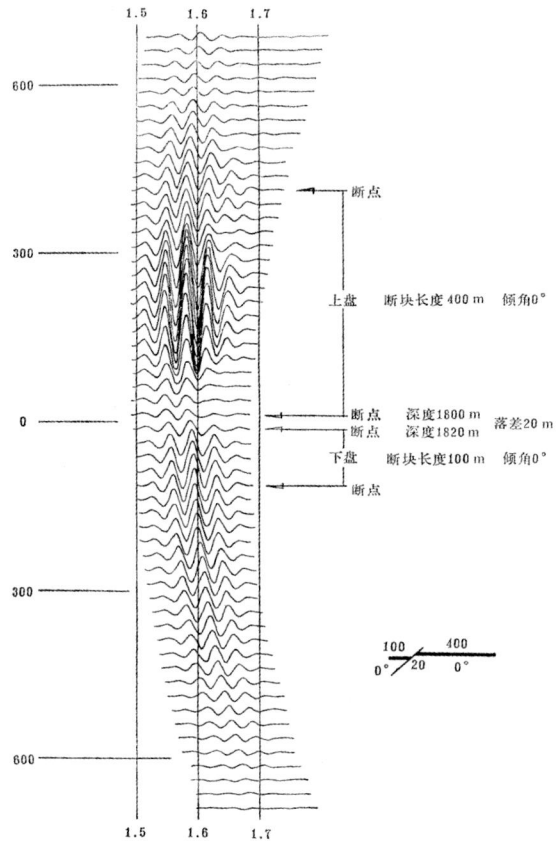

图 11-3　下降盘的水平 200 m 断块在记录上表现为一个倾斜的较弱波

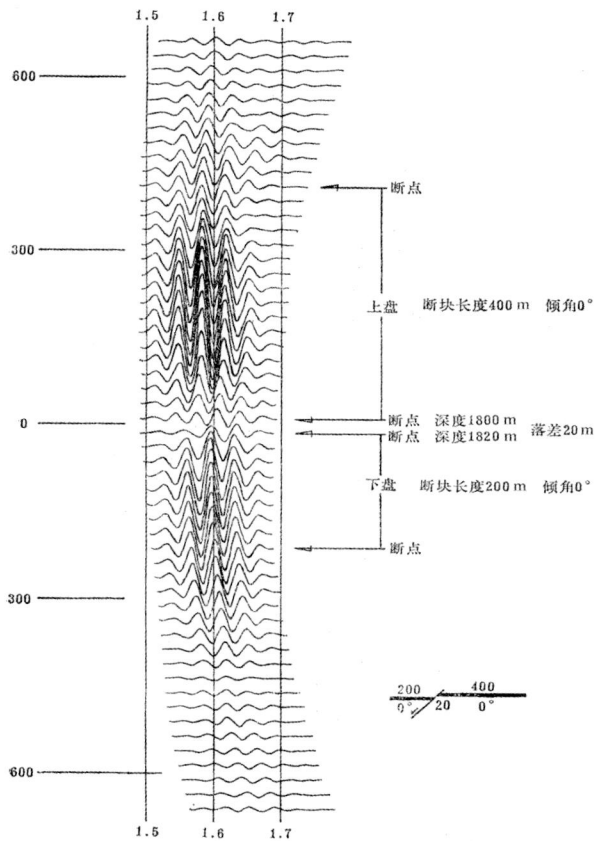

图 11-4　下降盘的水平 200 m 断块在记录上表现为一个倾斜的较强波

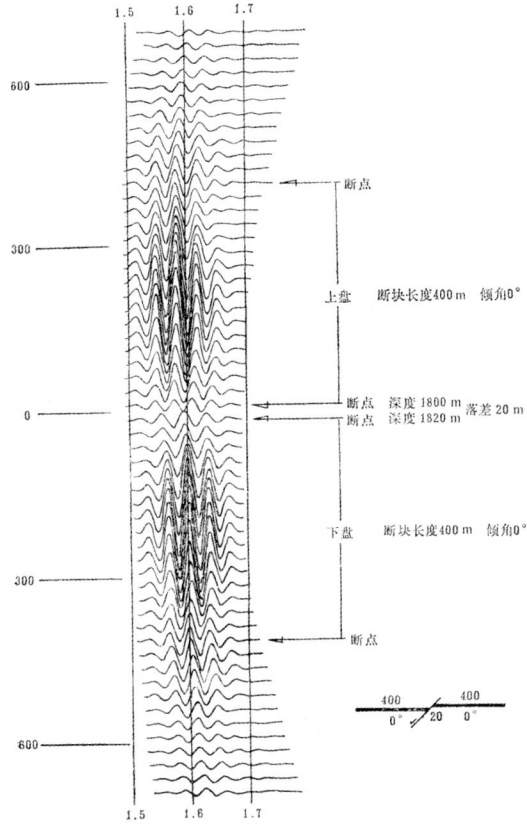

图 11-5　上、下盘断块长度皆为 400 m,落差 20 m 的反射记录

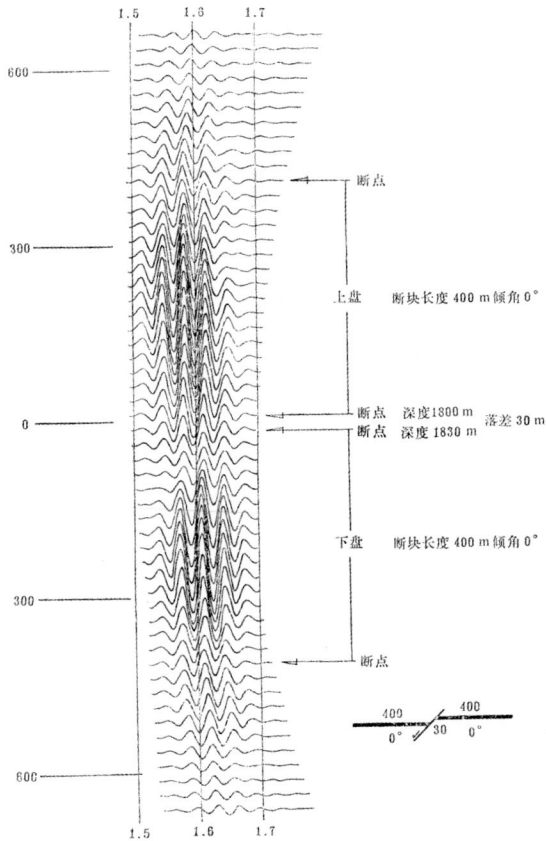

图 11-6　上、下盘断块长度皆为 400 m,落差 30 m 的反射记录

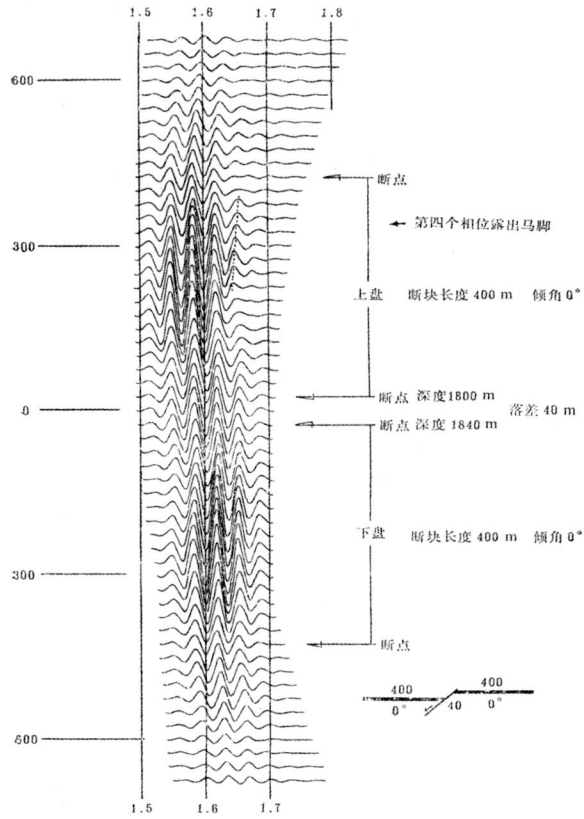

图 11-7 粗看同相轴没有错断,细看两个主体是前后有别的

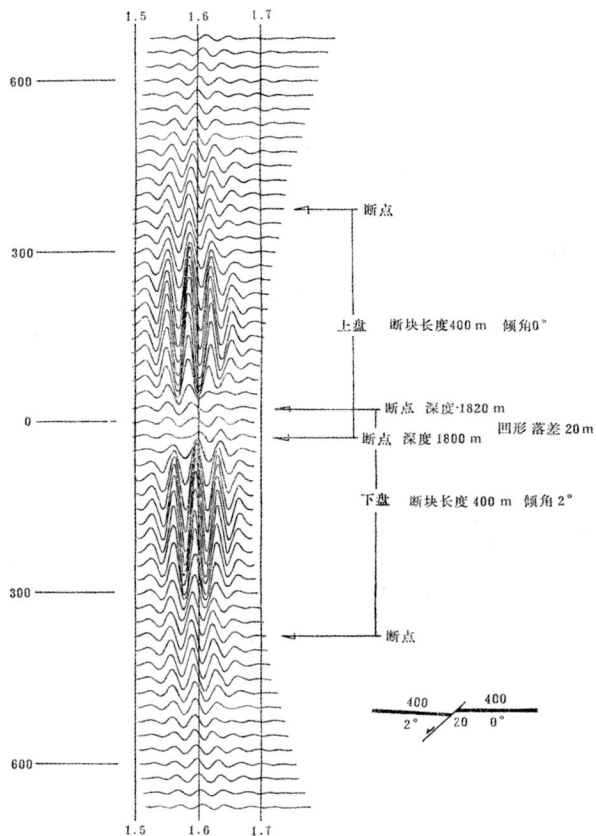

图 11-8 凹形断层,细看下盘的主体是倾斜的

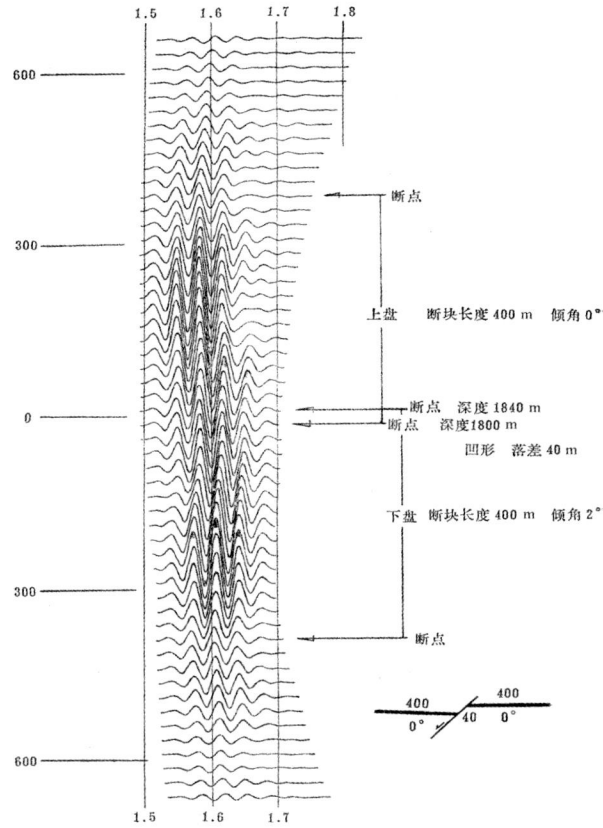

图 11-9　容易误认为地下存在一个凹形弯曲界面,其实界面是平面,且存在有断层

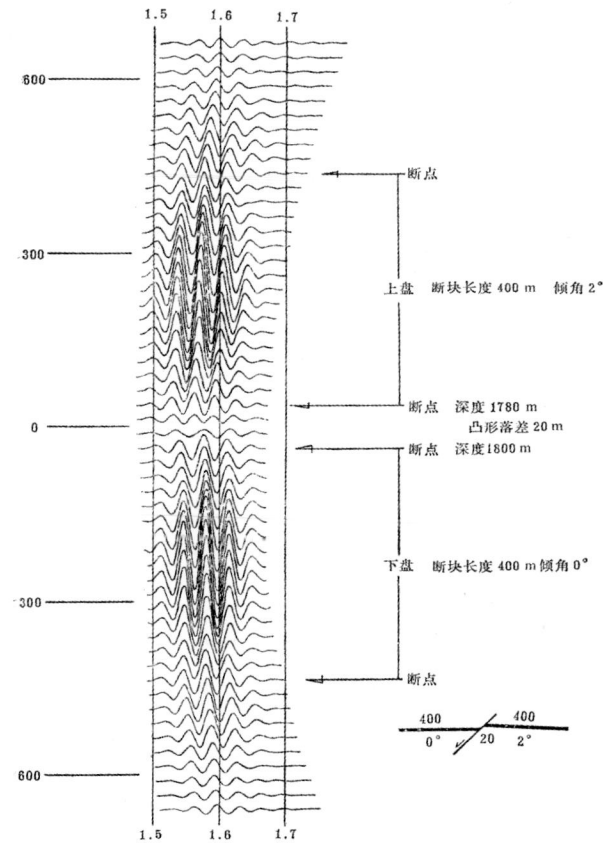

图 11-10　凸形断层,断层落差 20 m,能看到两个反射波

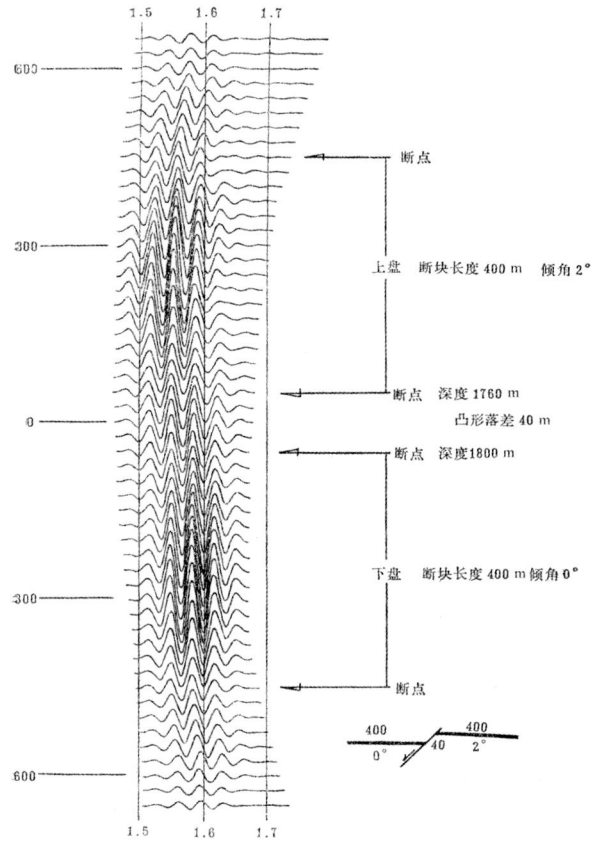

图 11-11 凸形断层,断层落差 40 m,粗看是没有断层的,细看(蹲下来看),两个主体是错开的

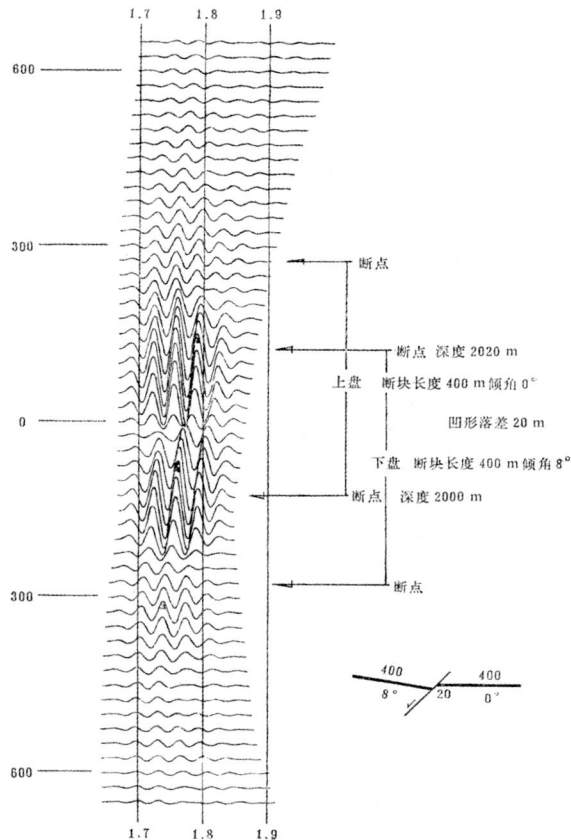

图 11-12 凹形断层,断层落差 20 m,记录上存在干涉中断点,很容易把它当作断点,
而把两个 400 m 断块误解释为两个 150 m 断块

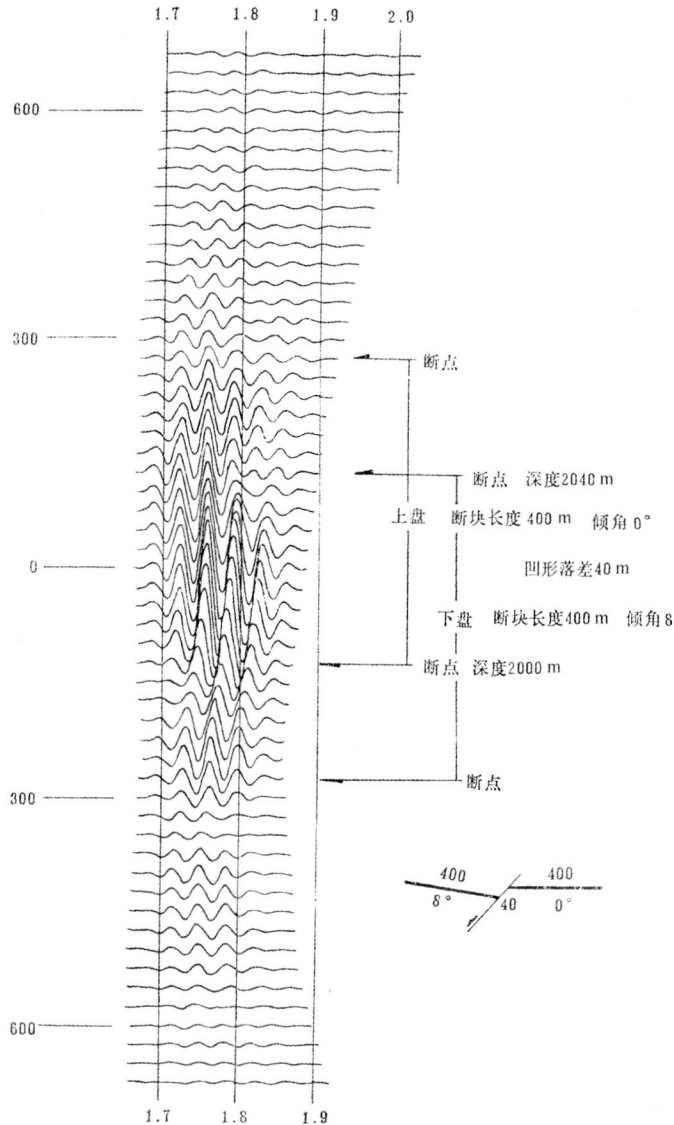

图 11-13　凹形断层,断层落差 40 m,很容易解释为一个小向斜

8. 视同相轴的倾角误差

让我们先用两组波干涉的例子来作讨论,如图 12 中所示,A、B 两组波干涉后,干涉同相轴振幅增强的那一段的斜率是夹在两组波中间的,当 A 强时,它向 A 靠拢,当 B 强时它向 B 靠拢,它们表现为扭曲同相轴,而在 A、B 相等时,就正好在 AB 的正中间,就是所谓阶梯状同相轴,短的视同相轴的出现就是在 AB 强度大致差不多的情况下发生(不一定要 AB 完全相等)。如果把视同相轴当作反射的真轴来看待,这样造成的倾角误差有多大呢? 先以阶梯状同相轴为例:若 A 与 B 两波的斜率一个是 +60 ms/ 排列,另一个是 −60 ms/ 排列,若排列为 600 m 中间发炮,则对中层反射来说,倾角大致是 15°～18°,若波的视周期为 30 ms,则在一张记录上将出现两个干涉周期,视同相轴的长度将是 $\frac{1}{4}$ 张记录。视产状是水平的! 那么,倾角误差将是 15°～18°,作图时的水平误差将为 400～600 m,上面所说的 A、B 两波的斜率若是 +30 及 −30 ms/ 排列,则一张记录中出现一个干涉周期,此时,视同相轴长度约为 $\frac{1}{2}$ 张记录,倾角误差对中层而言为 7°～8°。作图水平误差为 200～300 m。这就是说随着视同相轴的长度的变短,其倾角误差是变大的。

所以,对短的视同相轴一定要抱慎重的态度。

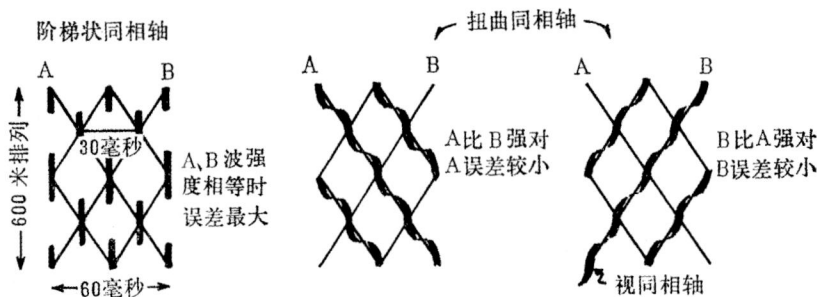

图 12　视同相轴的倾角误差

上面举的阶梯状同相轴是误差最大的情况,一般的扭曲同相轴的误差就小些。

在三组波干涉时,问题将更复杂一些,这里提出几点来。

(1) 三组或三组以上的干涉图形中,视同相轴的振幅极大值往往不通过任何一组的分解线,而是位于三根分解线形成的小三角形里面。干涉视同相轴夹在三个波的斜率中间,与三个波都有倾角误差。

(2) 两组波干涉时,A 大于 B 时,波就只围绕 A 扭转,情况较简单。三组波干涉时,只有当存在绝对优势波(即 A 大于 B+C 时),视同相轴才只围绕 A 扭转,否则,即使有 A 大于 B 及 A 大于 C 也不一定围绕 A 扭转。

如果 ABC 三个波振幅都差不多时,视同相轴就时而绕这个波扭转,时而绕那个波扭转,视同相轴将要短而复杂得多,倾角误差也会较大。

(3) 三组波干涉时出现长短阶梯同相轴,及长短节扭曲同相轴,其干涉图形要比两组干涉复杂得多。总的情况也有振幅增大部分的视同相轴愈短,其倾角误差越大。

9. 组合过程中视同相轴的旋转现象

以正向组合为例,两组波干涉时,如果 A 波是水平的直同相轴(视速度为无限大) B 波为倾斜的,但 B 波为强波,例如比 A 波强二倍,此时干涉的扭曲同相轴绕 B 而扭转。经过某正向组合后(其方向特性如图13- ①),使 B 波相对削弱很多,例如减弱二倍,而 A 是没有削弱的,这样就变成 1:1 的干涉情况,出现阶梯状同相轴,视同相轴的视速度就变高。如果再继续加强正向组合(增加组合个数或组合距离),则视同相轴进一步旋转向 A 波靠拢,愈来愈变成水平的产状。地下的波总是有水平的同相轴存在的,其原因有二:其一是浅层水平层的多次反射也是水平的轴。其二是即使地下没有水平的反射段,倾斜反射段的绕射尾巴也总是包含着水平的成分。所以在隆起构造上由于不适当地加强正向组合会导致视同相轴变平,作图后隆起幅度会变小,甚至隆起消失。这是大多数野外工作同志所熟悉、但又解释不清楚的现象。往往遇到这种情况:在复杂地区如果不加强组合,则干扰背景很大,但加强了组合后又怕构造出假,也怕抹掉断点,左右为难,不知如何是好。关于这点我们将在第三部分讲干扰波的时候再解决这个问题。

又如图13- ③所示,记录上本来没有水平的同相轴,如 B 比 C 强二倍,C 的视速度较高(δt 较小),在正向组合后,相对来说,总是 B 压制得多,所以 C 相对地增强了。例如说,增强二倍,干涉图形就变成 1:1 的阶梯状同相轴,视同相轴也能变得平直。不过,如果没有水平同相轴存在的话,当继续加强组合时,视同相轴又由水平向 C 波倾斜靠拢。但一般说来,记录上的水平轴因素总是会有的。当 C 波也压制较多时,总有水平的轴出来占上风,占据干涉图形的主导地位。

再提一句,视同相轴的旋转现象,在两波能量接近 1:1 时旋转得最快,即由扭曲同相轴转变为阶梯状同相轴的过程发生波形的量变到质变。绕 B 扭曲迅速变为绕 A 扭曲。所以不能贸然地根据某一次正向

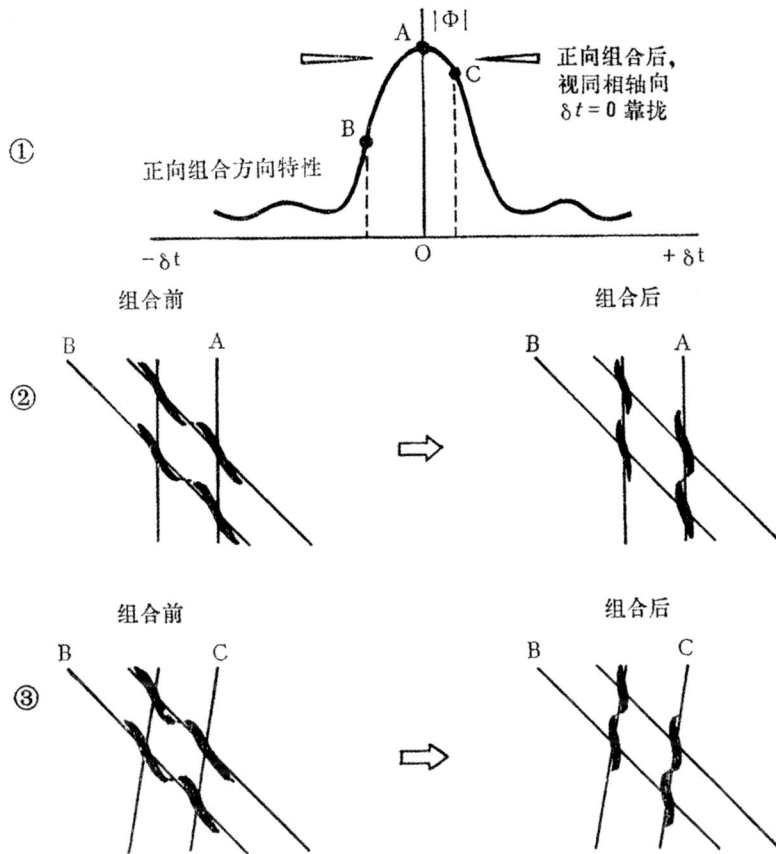

图 13　视同相轴的旋轴

组合试验中、某同相轴并未旋转而下结论说：正向组合不会引起轴的旋转。至于三组波或三组波以上的情况也一样，例如说，ABC 三组中 A 波是较水平的波，那么，正向组合后 A 总是加强的，于是总有一些干涉波段更有利于使 B+C 的合成同相轴振幅小于 A 波，于是那里就出现绕 A 扭曲的扭曲节，而到了 A 波成为绝对优势波时，整个同相轴就只绕 A 波而扭转了。

最后，指出下列几点是必要的：

（1）只要我们认定短的同相轴不反映地层产状，并能够正确对干涉图形进行分解，那么，不管你视同相轴如何旋转，我们对比作图时就不会上当，有隆起的构造就不会变成没有隆起。关键在于我们不要把视同相轴误认为真正的同相轴并机械地去作图。在 D-Y 构造上曾经采用过缩小排列加上 9 个检波器，12.5 m 的正向直线组合，由于把短同相轴作了图，就出现了一片水平产状的剖面图，隆起构造不见了。

（2）我们曾将计算的理论衍射花纹曲线作了 1^+7^+ 的正向组合（二道组合，组合距为 150 m）。*［注：1^+7^+ 的正向组合，其方向特性曲线较野外 15 个检波器，12.5 m 直线组合的还要尖锐。即视波长为 600 m 的波被压制到 0.707 倍，600 m 的视波长大致相当 $\delta t = 28$ ms／排列，倾角约为 7°］。其结果如下（参看图 14）：

埋深 1800 m 的水平产状的 400 及 200 m 反射段在 1^+7^+ 的正向组合之下并没有什么明显变化，只是尾巴的远处能量减弱了。埋深 2000 m 的倾角为 8°的 400 m 反射波振幅普遍变小，但是主体部分基本形态未变，尾巴能量也变小了，断点的振幅还是其中央振幅的一半左右。然而倾角为 15°的 400 m 反射段的那一张见图 14-2 之④，1^+7^+ 组合后，出现很奇怪的波形，好象是两至三段倾斜的弱波，面目全非了。这说明了使用正向组合时，只要是对主体部分的压制量不超过 0.7 倍（或者说只要主体斜差位于通放带中），对有效波就没有多大影响。

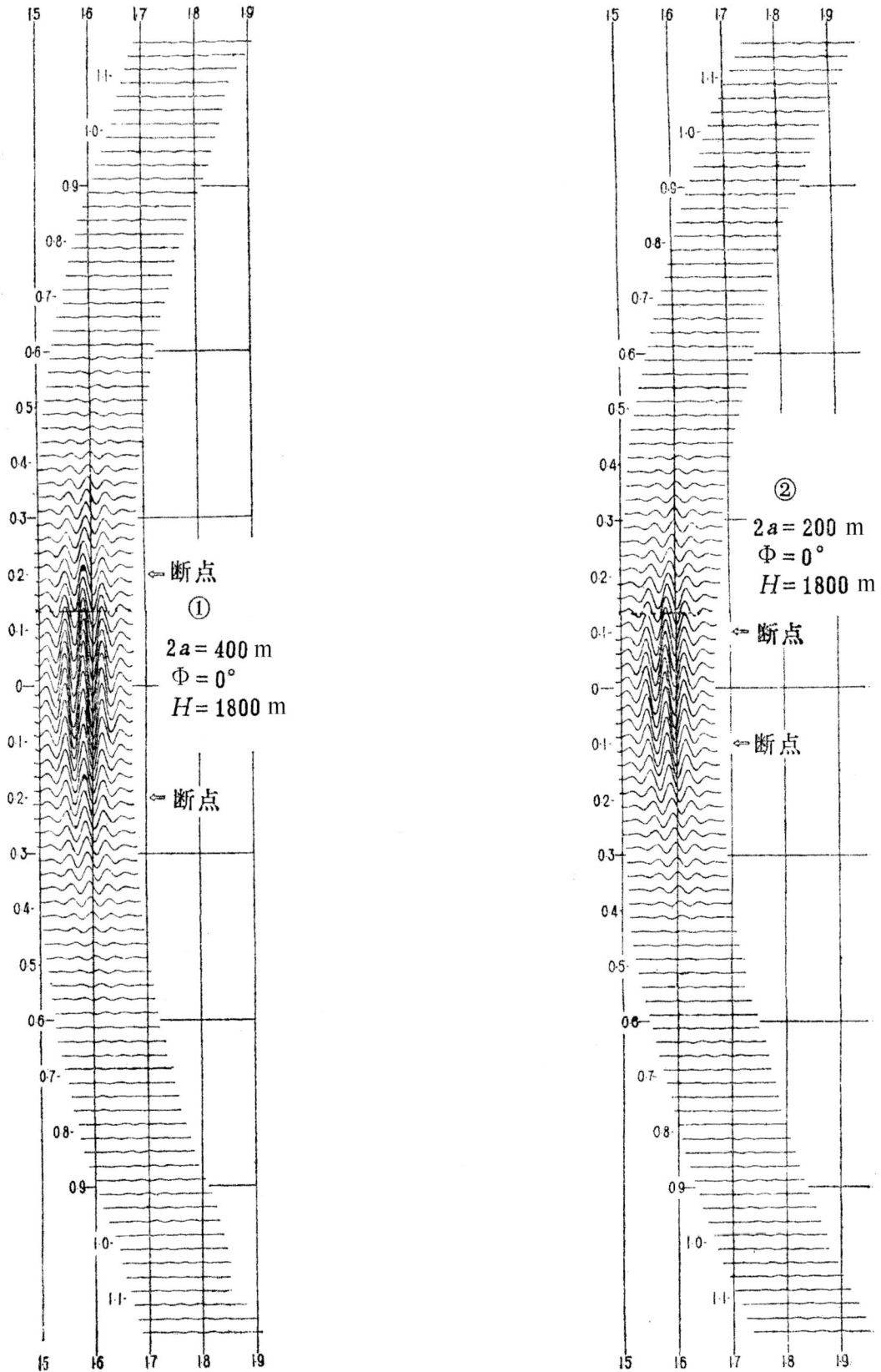

图 14-1 单反射段正向组合波形图之一

两道正向组合：1^+7^+ 组合距为 150 m

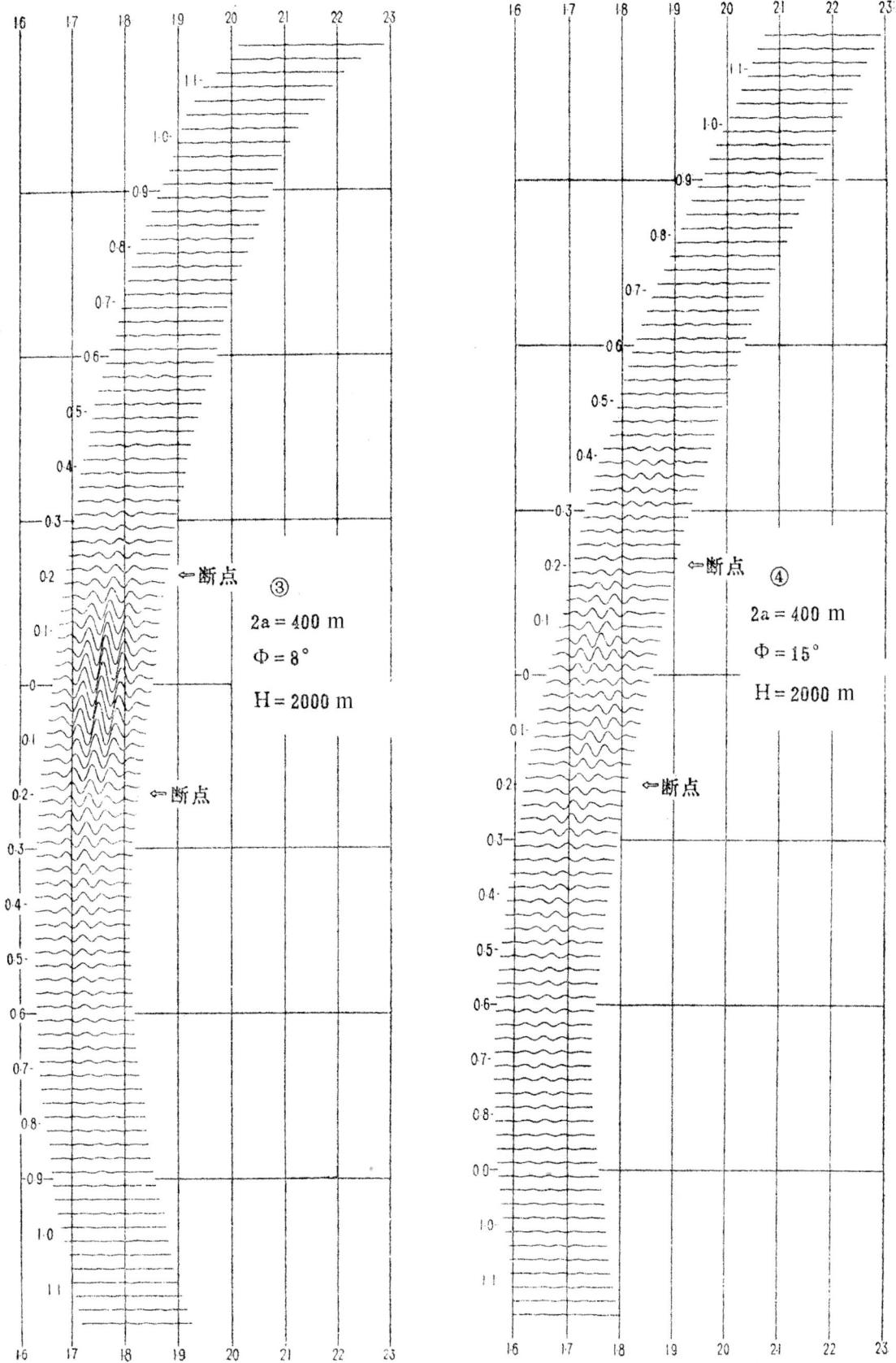

图 14-2　单反射段正向组合波形图之二

两道正向组合 1⁺7⁺ 组合距为 150 m

10. 反向组合过程中"炕席"现象发生的原因

为了克服产状水平的多次波,采用了反向组合。但反向组合后,往往发生奇异的"炕席"现象,即记录上到处可见到两组方向对称交叉的波,在黑白的时间剖面图上,尤其正像编起来的炕席一样［参看图 15,此图采用视速度滤波(应该称为视波长滤波),它是一种不等灵敏度的反向组合］。至今许多人说不清这是为什么?我们的解释是:这仍是视同相轴的旋转现象所造成的。不过正向组合时,视同相轴朝方向特性曲线极大值即 $\delta t = 0$ 的方向旋转靠拢。而反向组合时,方向特性曲线的极大值变到 $+\delta t_0$ 及 $-\delta t_0$ 两个位置上(图 16),于是加强了这两个方向上的同相轴,造成视同相轴朝这两个方向旋转靠拢。图 17 是不同反向组合回放时视同相轴旋转的实例。图 18 是反向组合的方向特性。S-H 地区的反向组合剖面图也反映了这种炕席现象(图 19),不同的频档回放时,出现的两组视同相轴的倾角不同。频率高时,倾角就缓些,因为高频时极大值 δt_0 会变小些。

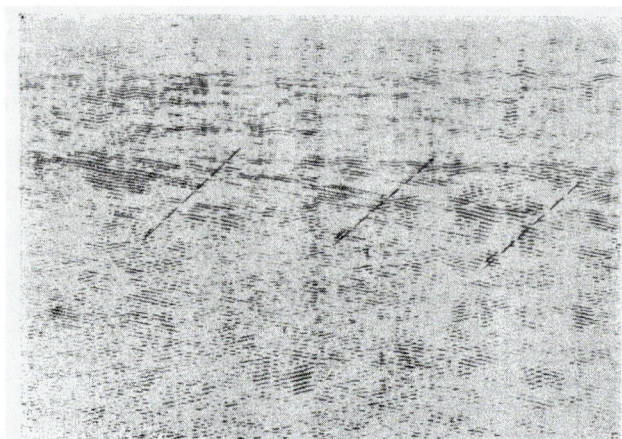

图 15　视速度滤波(不等灵敏度反向组合)时间剖面上的"炕席现象"

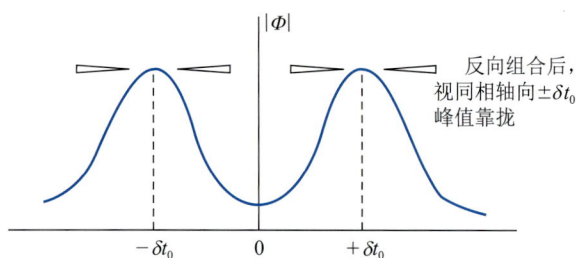

图 16　反向组合方向特性

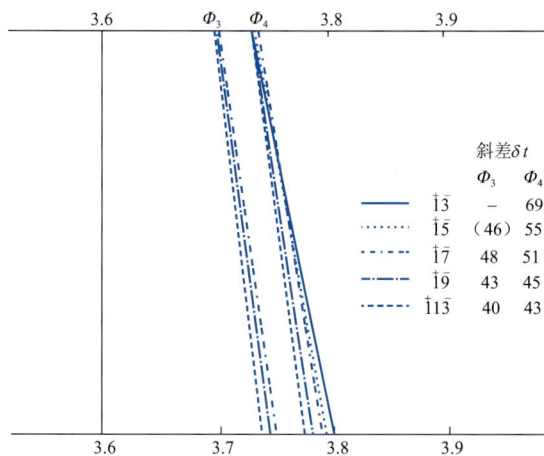

图 17　视同相轴斜差随反向组合距变化的实例

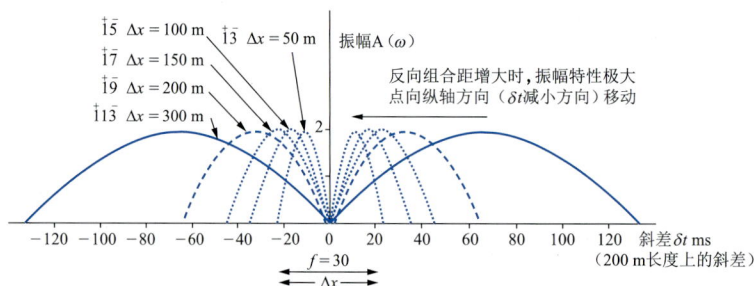

图 18　反向组合方向特性曲线极大点的变化

　　造成旋转的条件是衍射花纹的尾巴提供的。试看后面绕射尾巴的"斜差" δt 变化图［注：我们习惯上把记录上反射同相轴的时差分成两部分：双曲线同相轴在记录上第一道到最末一道（第 25 道）的时差称为"斜差"（即一般的 δt），而第一道与 25 道的时间平均值与 13 道时间之差值称为双曲线的"曲差"（即动校正量）］。由图 24 可以看出绕射尾巴在相邻 1～2 张记录的范围内提供了自 $\delta t = \pm 101$ ms/ 排列（对 $t_0 = 1.5$ s）至 ± 46 ms/ 排列（对 $t_0 = 4.0$ s）的各种不同的斜差，简直是各种斜率应有尽有。像开百货公司一样，要什么有什么。按衍射振幅曲线看，其能量均在正常反射的 1/14 以上。对短的反射段（例如 2a = 100 m）来说，离断点 300 m 处的能量可达正常反射的 3/14 左右。此外，对地下广义的绕射背景来说，由于这些短反射段在地下排列的位置的不同，总有一些是尾巴叠在尾巴上，互相由叠加增强的部分其能量就可观了。断层波形图 11-①中就提供了一个强度为正常反射振幅一半的强尾巴，它却是由两个水平的 100 m 反射段所造成的！当然，一般地说，它们与正常反射主体部分的能量相比还只是一个"背景"而已。但是一旦使用反向组合，把较水平的反射主体都压制了以后，这些加强的尾巴就大显身手了。

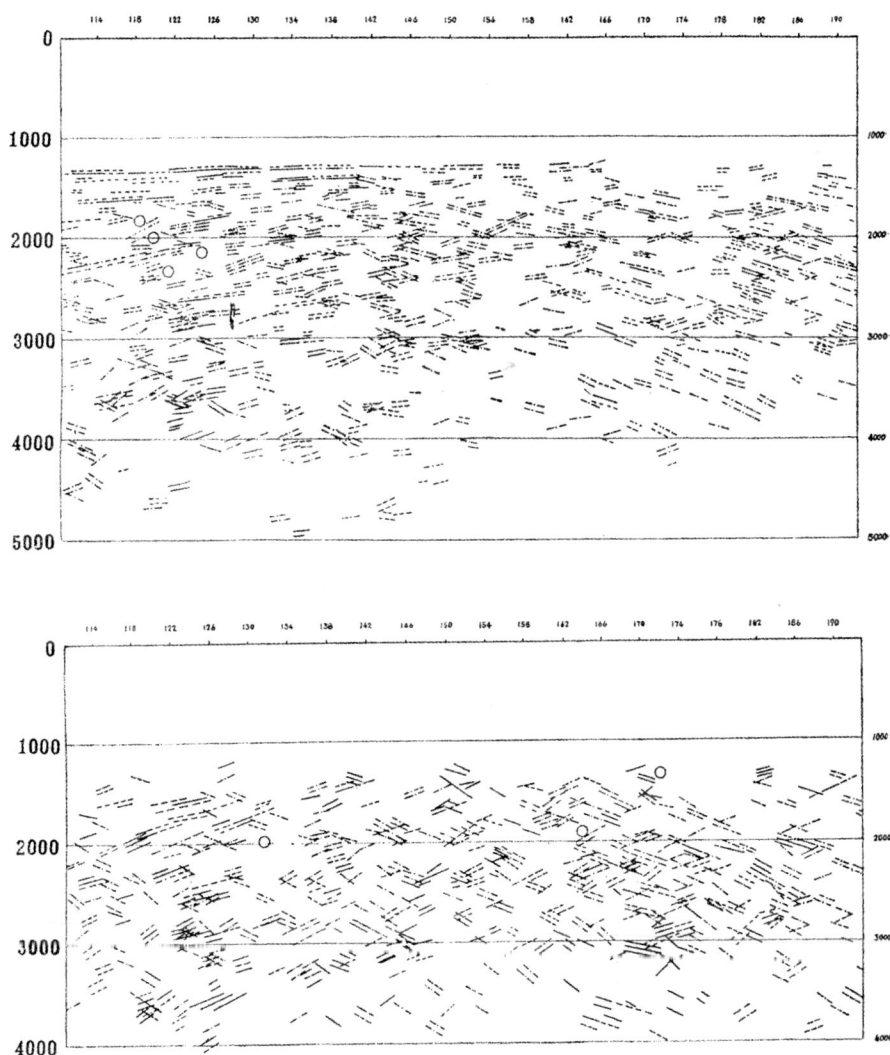

图 19　反向组合剖面上的炕席现象
（Sh-S 地区 Sh 1-S 1 测线剖面图）

　　当然，这时真正深层的倾斜反射也是被突出的，并且可以表现为能量较强的长同相轴。但对比的人由于不了解那些短同相轴是视同相轴，一概把它们画到剖面上就坏了事，结果使剖面上既有南倾，又有北倾，不知道到底地层向那里倾。有的解释员说："在南翼上我就只要南倾的那组，在北翼上就只要北倾的。"但是问题又出在你怎么知道哪里该是南翼呢？主观的判断是靠不住的呀！

我们说：对反向组合记录的对比要特别慎重，不要见轴就勾，而是要找那些能量强的、追踪较长的、波形、振幅较稳定的波才是可靠的轴。万万不要上视同相轴的当。

那么同样是视同相轴的旋转问题，为什么正向组合并不使我们感到惊奇呢？这里有点道理：首先是正向组合方向特性的中央极值只有一个，也就是它只突出一种水平的视同相轴，画到剖面图上一般不感到矛盾，并且由于我们勘探的构造一般较平缓，在剖面图上增加一些短的水平反射不感到意外，有时还感到效果不错！只是在构造隆起幅度很明显，采用过大的正向组合时，才发现构造变平缓了，上当了。但反向组合的情况是它的方向特性曲线有正负两个极大值，就把矛盾尖锐化了。因为地层是南倾的就不可能同时又是北倾的，剖面图上同时绘上南倾和北倾就使人十分困惑了。此外，反向组合对水平反射波压得太狠了，出现了一些假的振幅极大值（如理论的反向组合波形图上所示者），会造成记录变得异常复杂。我们对理论衍射花纹作了些反向组合计算，见图 20 的波形。

① 200 m 的水平短反射段在反向组合后，出现很奇特的现象，变成四段倾斜的同相轴：中间两段振幅很强，都是占大半张记录（1^+7^- 的比 1^+5^- 更强。从这个例子可说明短反射段在反向组合后，反而得到较强的视同相轴，读者可与 400 m 的相比一下）。边上两段弱同相轴是由于方向特性曲线的第二极大峰值所引起的。

② 400 m 水平反射段的反向组合记录情况就更奇怪了，出现一些半张记录的短同相轴，一节节的至少有四节，振幅也是 1^+7^- 比 1^+5^- 的强，这是由于衍射花纹是不等振幅的、非直线性的同相轴，其反向组合后出现的极大值并不具有实际意义。当然，也不能拿它来作什么分解的特征点依据。那么，是否反向组合后的记录波形不能再进行干涉带分解了呢？这个问题我们现在还说不清楚，只是把现象提一提，有待今后研究。

总之，这里指出了反向组合后的波形图是一个相当复杂的东西，不可等闲视之。我们只能相信其中振幅较强，追踪较长的波。

11. 记录上的轴和地下的反射段并不总是简单地一一对应

过去的地震勘探，由于主要是解决简单构造问题，几何地震学就已经够用了。所以大家已经习惯把地震记录对比和解释工作看成是和地下情况简单地一一对应。也就是对比的时候，把记录连着挂起来，就直观地认为就是地下的形态。又例如作图时，见到一个水平的同相轴就在剖面图上画一个水平的道道，如果这个轴占一张记录（地面 600 m 排列），那么就在剖面图上画 300 m 长度的反射段。

这种作法，我们认为对复杂构造来说是不一定对的！

由于我们上面已经说清楚了一些问题，所以现在对这个结论只要简单提一下就可以了。

（1）如果记录上有一个水平的同相轴，地下不一定对应有一个水平的反射界面。首先是因为你这个轴如果是视同相轴，那么，它不反映真正有一个同相轴是水平的。第二，即使真正有一个水平的同相轴，或者的确经过分解，有了一根水平的分解轴线，那么，还要看这个轴线到底是反射波的主体呢还是反射波的尾巴，如果是尾巴部分，那么，地下还是没有水平反射界面。对倾斜的同相轴也有相类似的结论。

（2）记录上的 600 m 接收段的波不一定反映地下存在 300 m 的反射段。由于绕射尾巴的存在，一般地说来，这种简单一一对应的作剖面图的老办法对小断块往往是作长了，对交于一点的双支绕射作图时，又把它当成一个点，就又太短了。

正确的对比作图方法将在下面讲到。

12. 新技术、新方法必须同时考虑物理地震学的概念

由于这种简单一一对应的概念在地震工作者的脑子里已经根深蒂固。关于视同相轴的概念却没有能建立起来，因此造成以上说的地震工作中许多现象不好解释。新技术、新方法的发展也受到了阻碍。外国人也在这个问题上始终没有跳出老框框，这里举四个例子：

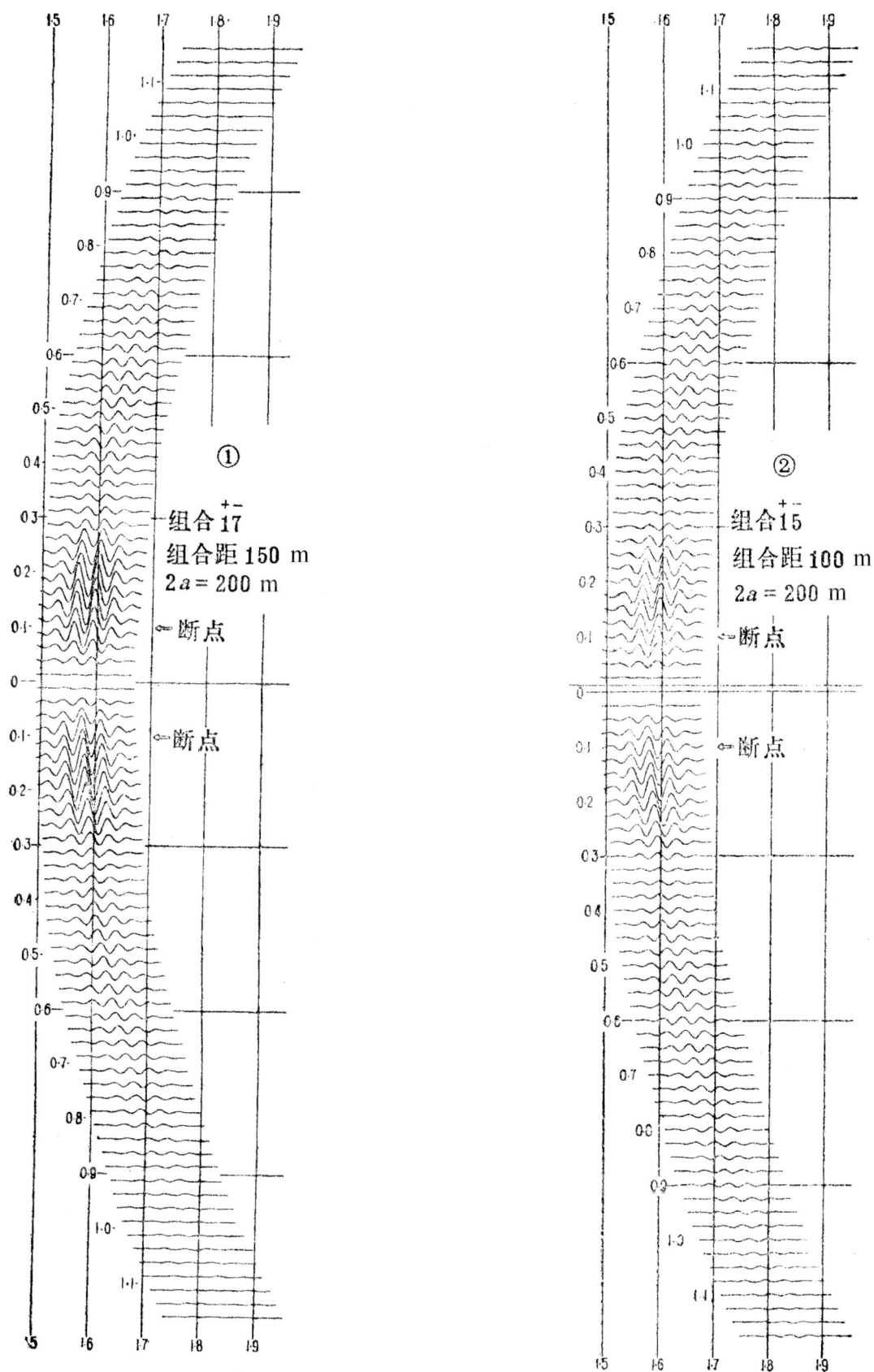

图 20-1　单反射段反向组合波形图之一

反射段深度 $H = 1800\,\text{m}$，倾角 $\phi = 0°$

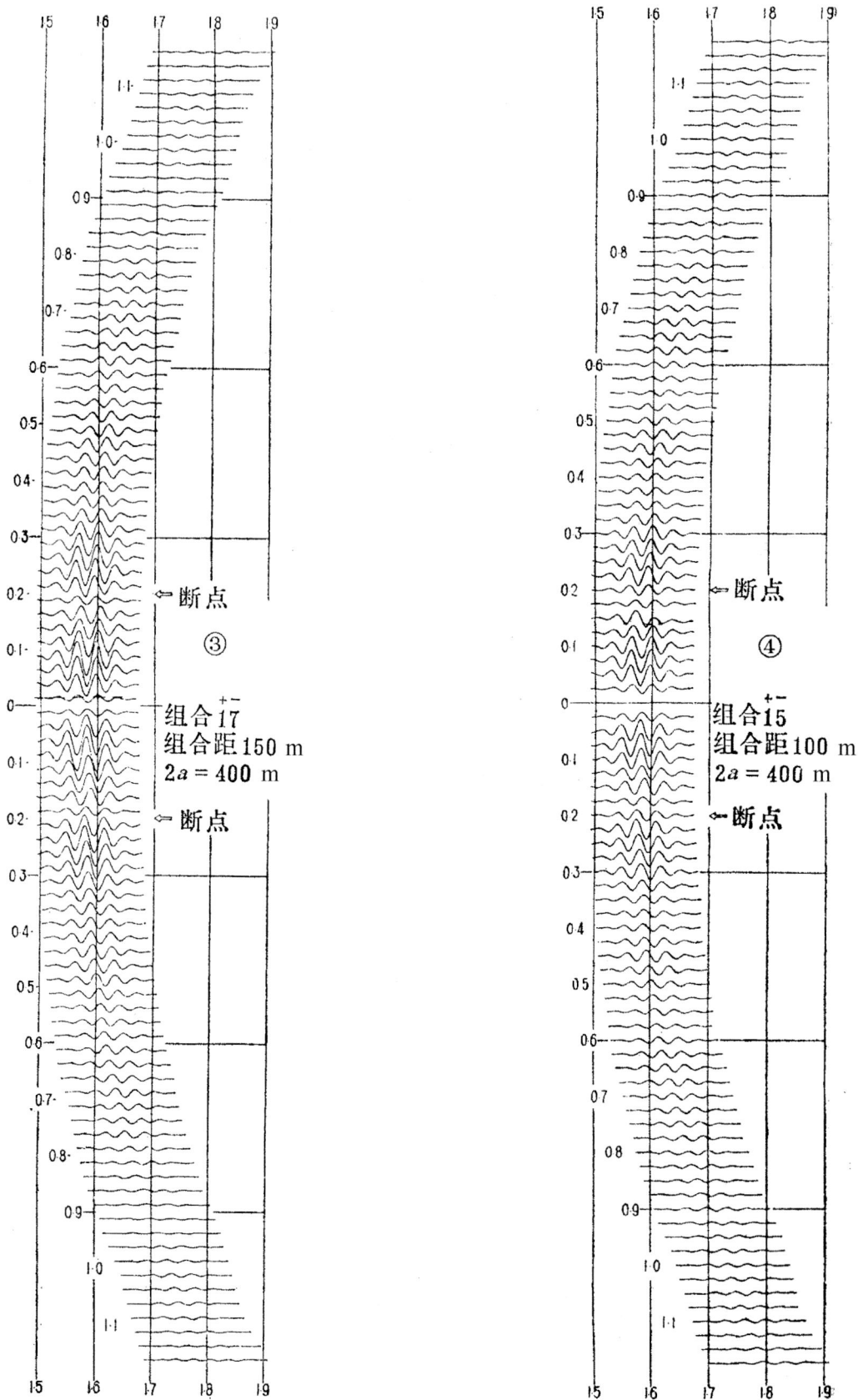

图 20-2　单反射段反向组合波形图之二

反射段深度 $H = 1800\,\mathrm{m}$,倾角 $\phi = 0°$

苏联从 1950 年开始创立了方向调节接收法(PHII),并且现在一直还在使用,以为是解决复杂构造的有力武器。现在看来,其缺陷是很明显的:第一是它采用 9 个道作相加分析,这 9 个道只是我们普通记录的 1/3 张,因此它处理的轴大多是视同相轴,为了不致把构造弄平缓了,一般调向的野外施工甚至不敢用五个检波器 12.5 m 直线组合,而只能用组内距为 12.5 m 的"十"字形五个检波器组合(它在平行测线方向的组合强度甚至比 3 个检波器 12.5 m 的直线组合还要弱)。实际上这是以较大的干涉背景来取得削减视同相轴数量的效果。

第二,由于 200 m 一段分开来作对比,就破坏了一个波在对比上的完整性。同时,由于简单地把地面 200 m 接收段认为一一对应地反应地下 100 m 的反射段。作图后所有反射段一概 100 m 长,像一把撒开的火柴棍,失去了波的连续性标志,几乎哪里都可以开断层,这种剖面的地质效果是不好的,在 D-Y 地区试验的剖面如图 21a 所示。

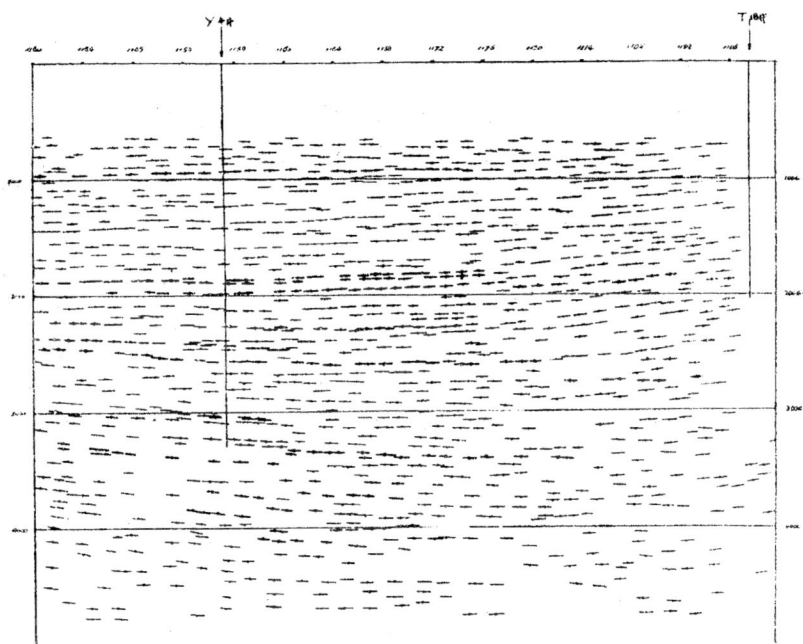

a. 调向剖面(1963 年 PHΠ)

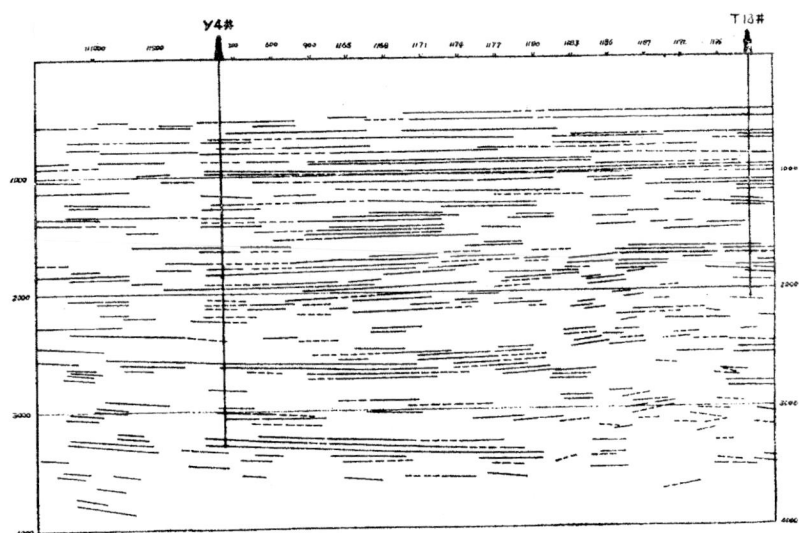

b. 普通剖面(1964 年 51 型)

图 21　调节方向接收法的效果与普通剖面的对比

　　法国舍赛尔公司制造的矢量剖面回放系统,一度也作为一种新式武器来宣传的,它的原理基于求四个道的相似系数,然后用黑白照相剖面显示出来,相似系数大的线条颜色就深。由于它采用的道更少,所以,也实际上处理了许多视同相轴,结果剖面上乱成一片,幸好是它用粗黑线表示强波和品质较好的波,所以还可以分出主次,得到了一些补救。这种回放装置在621回放仪上装上了,但至今未见有人应用,大概也是因为剖面太乱,地质效果不好的原因吧(实际上它还是一种时间剖面,不包括偏移,但如果根据它去作深度剖面的话,那也将是很乱的)!

　　第三个例子是美、法等国的"扇形滤波"在理论上说它的性能应该很好,可以把视速度互相稍有差别的波,通过滤波后互相分开来,并把某个波削减到 -20 分贝左右。而且实际上也可以用直线型、等振幅的理论波形记录来证实这种优越的性能:可以让任意一种视速度的波保留下来,把其他的波滤掉。但是当这种扇形滤波对具体野外记录作处理时就只有作视速度的高通滤波器时才有良好的效果(此时实际上也只是和一般的加强正向回放组合的效果差不多,背景平静了),若是真的选择某一狭窄的扇形进行带通滤波时,其结果总是应有尽有,记录上一系列平行的轴或交叉的"炕席"现象就会出现,使人感到迷惑不解。这也是因为人们不了解地下来的每一个反射波本身不是一个简单的直线型、等振幅的波。

　　此外在"激光滤波"(它也可以用作二维的扇形滤波)的介绍文章中也曾告诫人们:挡光板的扇形门不能开得太窄,否则照片上将出现的平行花纹,其道理也在于此。

　　第四个例子是,目前美国和法国的自动化解释过程,一般还是停留在用几何地震学的概念来作计算处理,在对比原则方面使用了各种原则,但是还未见到有能够妥善地解决干涉带分解的,对比原则中也没有对同相轴的长度作什么规定,所以,看来关于视同相轴的概念恐怕还没有建立起来。这样的自动解释对解决复杂小断块的勘探问题恐怕还是不能行的。

　　这里顺便说一下关于多次覆盖技术是否对勘探小断层有所帮助的问题。这个问题我们还未曾作长排列不同炮点小断块波形的叠加工作(这项工作看来是必须要作的),现在只能作初步的估计:

　　在多次波严重地区,利用大排列的多次覆盖压制多次波是必要的,不压制多次波我们可能对大断块也无法搞清。

　　较小的断块其时距曲线接近于点绕射,有效速度是很低的(约为同深度一般正常反射波的 $\frac{1}{\sqrt{2}}$ 即 0.7 倍),均方根速度是偏高的,但幸好其极小点对不同的发炮点来说,动校正后有始终保持在小断块中心的地面投影点上的特点,所以在覆盖后,这个双支绕射波还是得到加强!但小断块能量的分散性问题还是继续存在着,因此,不能寄托希望在多次覆盖后,每一小断块都在记录上表现很清楚,这是不可能的。因为多次覆盖本身并未提供衍射波偏移收敛的能力,只有下面将介绍的建立在物理地震学基础上的逆解方法才能使衍射波收敛起来,才能解决小断块的勘探问题。但多次覆盖在压制多次反射方面及改善信噪比方面的作用是应该肯定的。

　　最后,关于有效速度的计算工作中也应该考虑小断块的特点,共反射点集合的绕射波均方根速度是比正常反射波为大的。因此短反射段会使速度谱计算的均方根速度偏大。而一般常规的速度段及有效速度计算方法又会使短反射段获得较小的有效速度。如果在速度计算中,发现有效速度较低的波一概认为是多次波,并设法在剖面中去除的话,就将把小断块全部清完了。看来必须同时分析不同炮点时距曲线极小点位置的移动特点,才能判断是小断块的反射波还是真正的多次波。小断块的绕射波的极小点在动校正后的记录上位置是几乎不变的。

(三)建立在物理地震学基础上的反射波解释方法

1. 反射记录的形成机理——"绕射点源"的"波涟"合成了反射记录

合成地震记录的理论引入地震勘探的领域已经很多年了,但是至今停留在室内的分析阶段,人工合成的地震记录和野外的实际记录始终只是相像而不是相同。这里边重要的因素之一就是它只考虑了反射波在一度空间里的合成(这也是几何地震学的必然结果),没有考虑到反射波不一定服从反射角等于入射角的定律,它可以来自四面八方,应该是三度空间的问题。

　　让我们把地震反射记录的合成过程扩展到两度空间中去。还是从最简单的惠更斯-菲涅尔原理说明这个过程。图 22 之③是某一地质剖面所形成的地下反射系数剖面,在一度空间的情况我们使用反射系数序列的概念,现在两度空间的情况下,它变成一个在平面中分布的剖面图了,图上反射系数的大小是用矩阵形式的数值表示,或者用黑点的大小表示,而且正负号是有区别的,可用圆点表示正值,圆点的大小表示反射系数的大小,而"×"者表示负值(实际上每个点就是我们前面所说的有一定长度的微反射段,它的长度就是这些点的横座标的取样间隔)。这样在空间域中每一个有反射系数的这样的点 —— 称之为"绕射点源",就会产生一个微小的反射波 —— 给起个名叫"波涟"吧。就像一块小石头投入水中某点,就在那里产生一个水波的涟漪一样,不过这个漪涟不是圆形的,而是一个简单的双曲线(点绕射波)。这个双曲线的极小点就在与"绕射点源"相同的横座标上,如图 22 之②。已知平均速度参数和反射子波的形态,我们就可用物理地震学方法计算得到这个(微反射段)波涟的在连续发炮剖面中的基本波形来。一般说来,这种波涟的形态只是随深度而改变,同深度上形态是一样的,仅仅是其强度随反射系数成正比。然后把时间域中许许多多的波涟叠加起来。这个叠加过程,对某一道来说,也就是一个"褶积"过程,不过不只是一度空间的褶积,而是一种比较复杂的褶积运算(看来是一种相邻道的移时褶积的相加)。或者不用褶积运算,而是直接用电子计算机把对应于反射系数剖面的所有波涟直接相叠加。这样就合成了反射地震记录,图 22 之①。

　　这就是反射合成地震记录的物理-数学模型的基本思想。

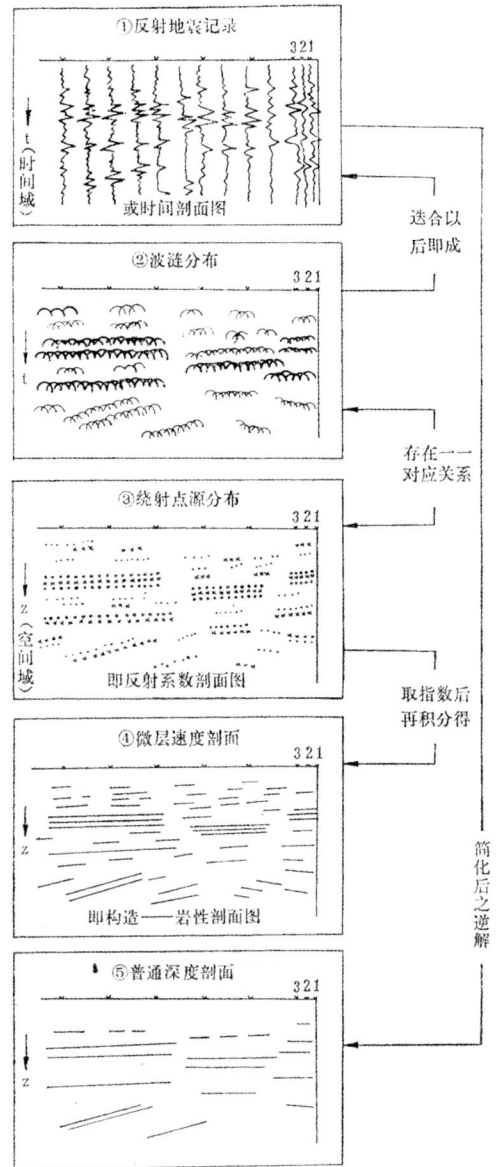

图 22　反射地震记录的形成和逆解

　　地震记录解释工作的任务就在于设法求上述合成记录的逆解。求逆解的办法可分为精确解法和普通解法两种:前者的目的是直接求反射系数剖面,即图 22 之③,它是属于高频的范围;后者的目的是为了得到中频记录普通常用的所谓深度剖面图,即图 22 之⑤。

2. 精确逆解法的初步设想——逐次渐近法

　　假定干扰波已经被克服。在搞清速度参数及反射子波波形的情况下,波涟的形态就是已知的了,作波涟计算时应考虑到点源微反射段的长度及野外、室内的组合形式对波涟的影响。求逆解的过程就是一个反褶积运算过程,这个二度空间的复杂褶积的反褶积的数学表达式尚未研究,估计是很复杂的。当然也可以用最小二乘法求得逆解。但比较简单的方法是逐次渐近法。这个方法原理如下:先用一度空间的反褶积(包括多次反射),算出每一道的反射系数序列,作为各道上第一次近似逆解的数值,然后根据这个逆解数据求其各波涟对邻道的影响,将各邻道影响对同一道进行相加,并除以道数,再与原道波形进行比较,(即波形相减),便得到第一次"剩余波形"(即误差)。再根据此剩余波形第二次计算各道反射系数序列,并作为第一次近似逆解的校正值,进行校正后,称第二次近似逆解数据,再求其波涟及邻道影响……这样一次次逼近,可以算得精确逆解(这个逐次逼近对不对,收敛不收敛希望读者一起来考虑)。

根据精确逆解的反射系数剖面,经过每一道的指数放大及对时间积分,就可以换算成微层速度剖面(图22之④)。它的每一个道其实就是一条超声连续测井曲线的数据,这张图上可以用黑度或圆点直径表示其各微层的层速度大小,就相当于精确的构造-岩性剖面图了,每个砂层都表现出来了,岩性变化及小断层在这剖面图上也会一目了然。但目前这仅仅是理想。不过我们应当相信地震勘探总有一天可以做到这一点。因为无疑我们的地震反射波是反映着这种地下构造和岩性的变化情况的。只是目前精度还不够。

当然这里还需要提一下,实际上地震波的合成是三度空间的问题,不过二度空间的计算可以基本上解决问题。如果侧面来的波很严重,我们还可以再作剖面的空间归位工作。

再顺便提一下,这种逆解的计算过程,不需要考虑地层倾角的不同和偏移的问题。因为对微反射段本身是无所谓倾角是多大的问题,而波涟的相加本身就给出了合成反射波的偏移值及衍射花纹的一切特征。干涉波的分解问题也在这个过程中自动地进行了。

3. 普通逆解法的初步设想——标准波形比较法及绕射扫描叠加法

如果解释的目的仅仅为了把强波的小断块表示清楚,那么作成普通的深度剖面图也可以完成主要的地质任务。这时候我们不需要把剖面搞得像构造-岩性剖面图那样精细,问题就比较容易解决。

一个最简单的想法就是"教会"电子计算机记住各种单反射段的标准波形。事先算好一套衍射花纹,然后让计算机"阅读"野外记录或时间剖面图,遇到强而较长的波就自动地找出一个近似的答案,将答案的反射段及其能量"记忆"在深度剖面中,并将此答案的标准衍射花纹从时间剖面波形图中减去。时间剖面图中减去第一批强波之后,得到第一次剩余波形图,将这个剩余波形图再交给电子计算机"阅读",就可以修改第一次的深度剖面,或者补充增加一些较弱的波,这样循环几次就够了。最后让电子计算机输出显示深度剖面图。这就是标准波形对比法。

另一个最简单的方法是绕射扫描叠加法,这个方法也就是我们将要讲到的长对比、短作图的作图原则的一个引伸,就是在记录上对比一个很长的绕射波,在地下作图只作一个点的意思。电子计算机将取得更好的效果。这个方法的原理很简单:既然反射波是由无数绕射"波涟"所叠加而成的,那么逆解方法就应该是把一个个绕射"波涟"再对比出来,并恢复收敛到地下的"点源"上去。因此只要在野外记录上用点绕射双曲线去作对比扫描,并将绕射波的能量相加收敛到极小点上去,就可完成逆解工作。在这个意义上讲,物理地震学的反射波解释方法,实际上变成了绕射波的解释方法了。

绕射扫描叠加法的具体作法如下:已知速度参数就可以求得随深度而改变的一套点绕射双曲线,用电子计算机将这套双曲线在经过动、静校正的时间记录上依次逐道顺着时间轴作扫描。扫描时将每个双曲线上的波的数值(包括正负极性)相加起来,将其代数和储存到相应于双曲线极小点的深度点上去(这套双曲线的极小点都在被扫描的那个道上,如图23-1所示。扫完全部记录道后,就立即得到经过偏移的,并能完整地反映小断块(包括反射强度)的时间剖面,因为这个剖面上所有的绕射波全部收敛到地下点源上去了,长的和短的反射段也就一目了然了。

多次覆盖的记录也可以用这个方法处理,但最好是先不要叠加起来,而用绕射扫描叠加法求得"偏移了的时间剖面"后,再进行叠加(见图23-1之③④⑤)。最后,乘上平均速度,获得"偏移了的深度剖面"。

整个扫描叠加过程中,已经自动地完成了偏移校正及自动进行了干涉带分解工作,自动地使小断块能量收敛起来,并能在一定程度上压制多次反射和其他形式的各种杂波。从而显著地提高了信噪比。

以上扫描叠加的过程中还可以考虑加权系数的问题,即对绕射双曲线上的不同部位在叠加时乘以不同的加权系数。譬如说,双曲线的极小点处权系数最大,等于1,其他远的点上权系数愈来愈小。这里有如下几个因素是需要考虑的:第一,我们的微反射段还不是一个几何的点,还有一定的长度,它的"波涟"本身是中央振幅较强的。第二,在野外及室内采用的正向组合对此波涟又有一定的影响。第三,如果记录波形已经采用自控和公控放大,则时间大的地方实际放大倍数较大,应将其缩小再加。第四,远处采用小的加权系数可以使干涉带分解的误差在扫描双曲线的边道处影响较小。但是关于加权系数的考虑还很不成熟,应该进一步用实验来确定。此外,扫描的道数一般说来是愈多愈好,但太多了增加工作量,并要求采用的有效速度的准确度也愈高。

1972 年,我们试用电子计算机做了一个关于断层理论波形图的逆解。就是用图 11-⑬的理论波形让电子计算机来"解释"。这是一个落差为 40 m 的"凹形"断块,上下盘长度都是 400 m,上盘倾角 0°,下盘 8°。一般解释员是比较难以辨认这个波形的,往往误认为是个向斜,以为没有断层。经电子计算机绕射扫描叠加后,得到的结果如图 23-3。断块产状正确,断点干脆,断点位置的误差仅 25 m,落差只错 4 m。它说明了机器已经自动地完成了干涉带对比及自动偏移校正,倾斜的断块已经回到原来假设的地下位置了。此外我们对图 11 的①、④也作了逆解,结果说明绕射扫描叠加方法能使小断块收敛得很好,小断块也很清楚。

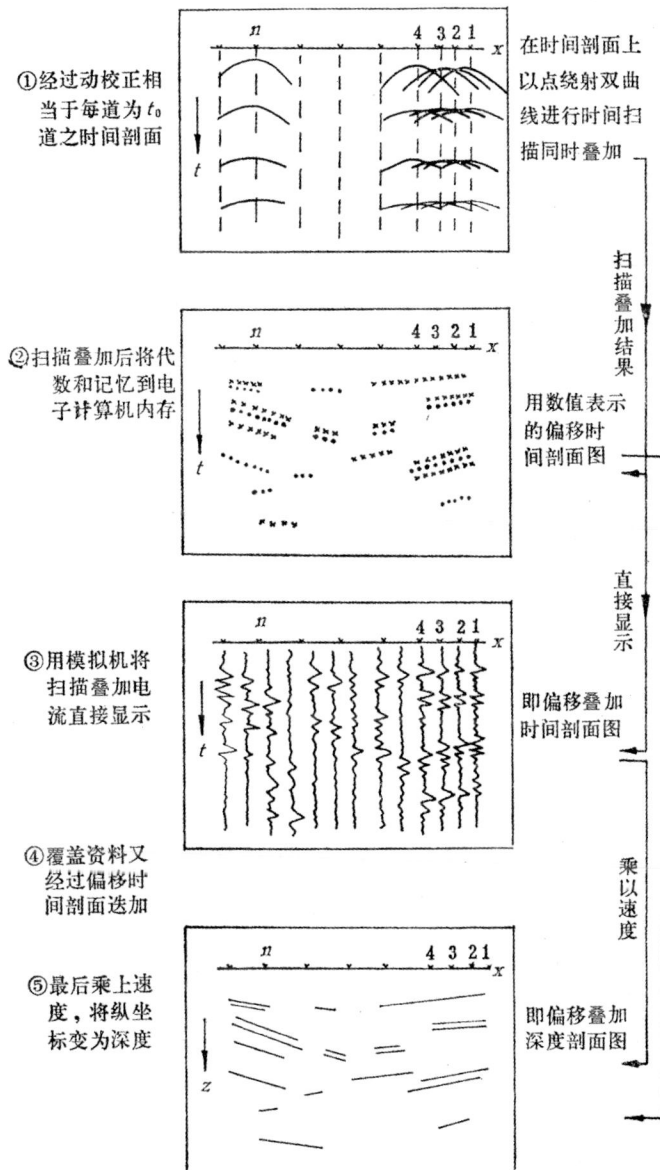

图 23-1　绕射扫描叠加法原理图

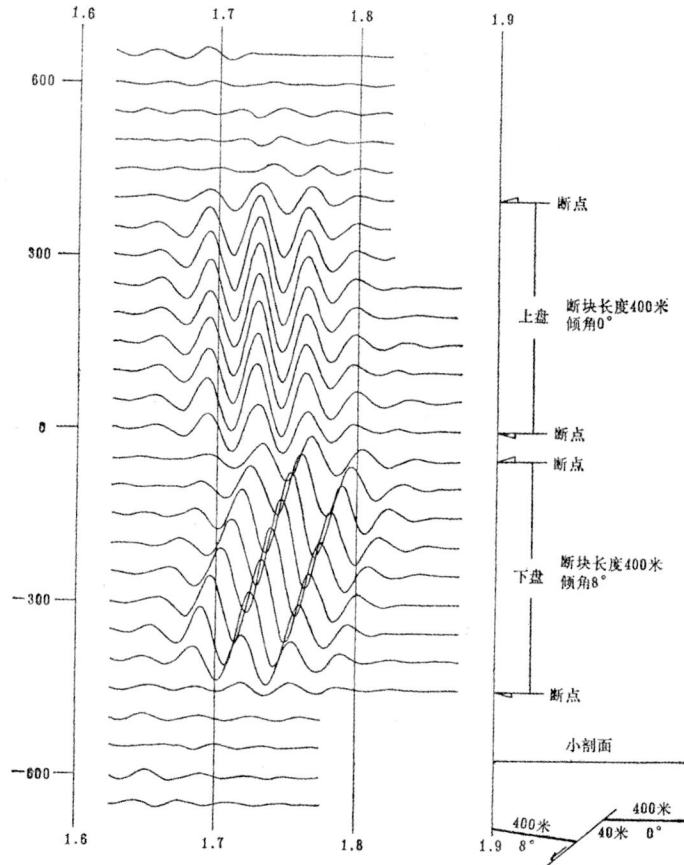

图 23-2　绕射扫描叠加(相当偏移叠加)理论波形图

连续发炮排列,道间距 50 m,$V = 2280$ m/s,$T^* = 35$ ms,$\beta = 0.5$ km

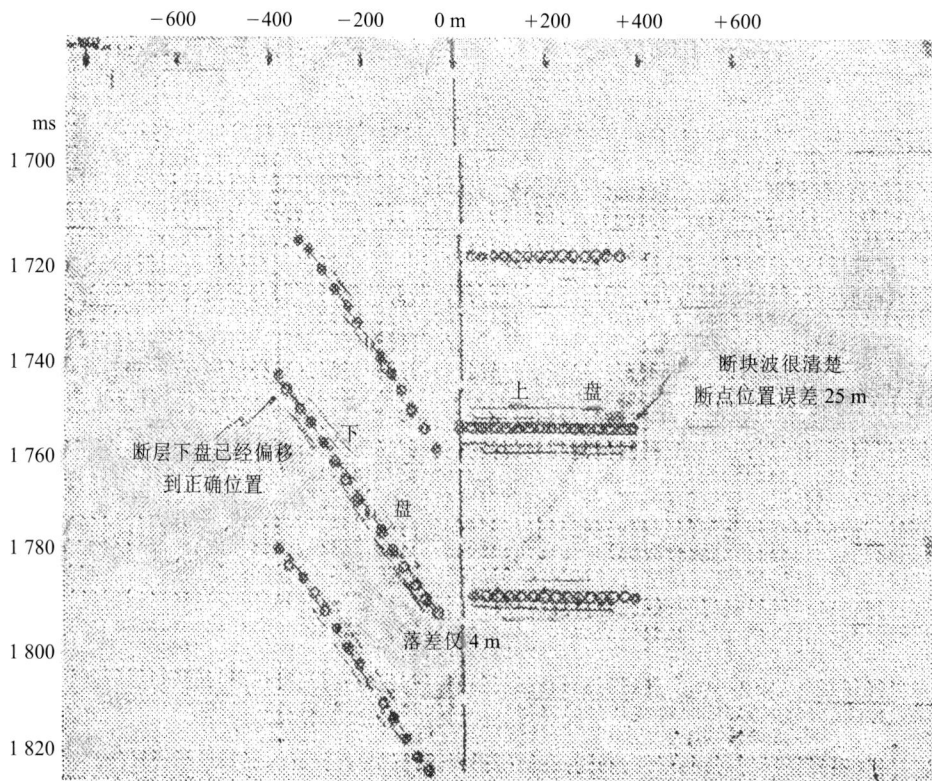

图 23-3　图 23-2 的理论断层波形图经计算机绕射扫描

叠加法逆解后的结果(胜利油田 121 计算站柴振奕同志资料)

　　我们的绕射扫描叠加方法,其实际操作和国外的偏移叠加技术,或者所谓全息地震方法可能是相当的。不过我们是直接从绕射波收敛的概念出发的,而他们则是从共深度点或共反射点的原理出发的。我们这个方法,也可以不用计算机而用模拟机(多道动校正磁带回放仪)来实现,即采用同时能做多道动校正动作的回放仪来实现绕射双曲线的扫描叠加。第一步将野外记录进行动校正,使每个道相当于 t_0 道。第二步再用同样的动校正量(因为绕射波的校正量差不多刚好等于反射波校正量的两倍)对每个道进行扫描叠加,即许多道一面做动校正,一面叠加,而双曲线极小点放在被扫描的那个道上。叠加时每个道还需采用不同的加权系数。叠加电流直接用"波形加面积"照相逐道显示出来,就是所谓"偏移时间剖面"。

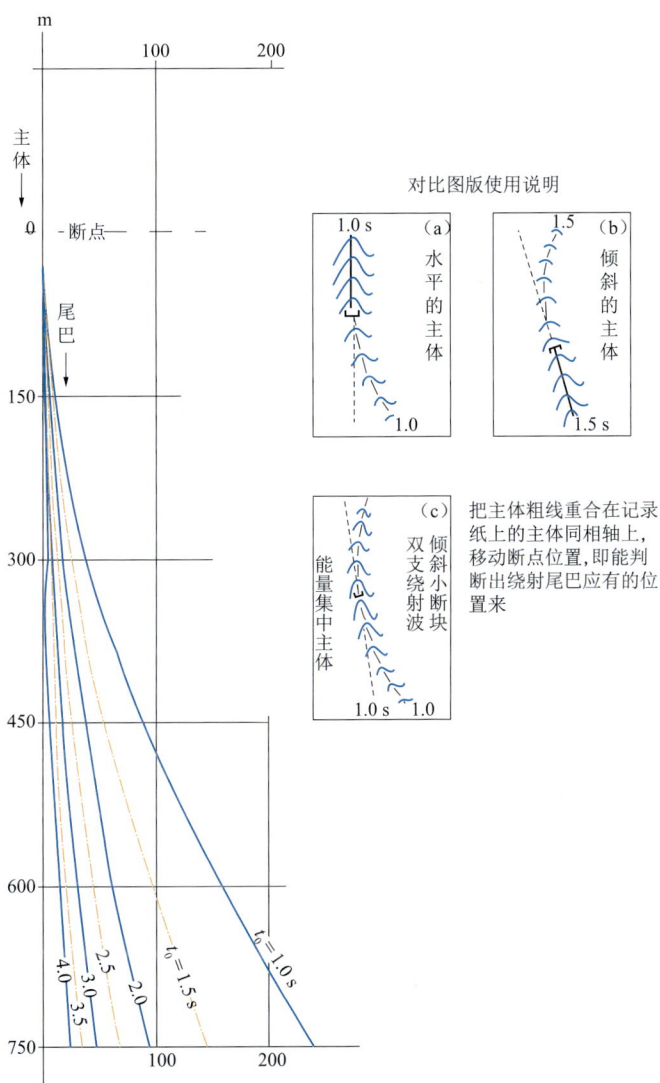

图 24　反射波主体与其绕射尾巴的斜差变化情况
(适用于野外 600 m 小排列的覆盖纸带记录)
1. 对普通 600 m 中间发炮排列也可以用此图版,但对比时需考虑附加双曲线的正常时差(动校正量)
2. 此图版的数据和下面图 25 一样,此图只绘了一半,其余一半可将透明纸翻过来倒着用

　　如果使用覆盖资料,那么,可以将不同覆盖段的资料都用上述绕射扫描叠加法求得偏移时间剖面,但先不用显示出来,而全部转录一次,然后将各重记录再按地面点桩号叠加起来,这个过程中,就起了克服多次波和其他杂波的作用,也相当于偏移叠加的过程,大倾角反射也不担心被压制了。这样做后,就得到了偏移叠加时间剖面图即可供解释使用。如果进一步再对纵坐标乘上有效速度,就得到偏移叠加的深度剖

面图,这在模拟回放仪上可以用一个偏心的凸面的鼓来实现,请搞仪器的同志考虑。

用模拟机实现上述绕射扫描叠加过程后,其工效还是不低的,只需要两次动校正就完成了时间剖面。再一次叠加显示就得到深度剖面,取代了全部的室内解释工作(即包括自动偏移、自动干涉带分解、自动绕射收敛,自动抵消多次反射和各种杂波)。因此是比较理想而容易实现的方法。

最后再指出一点,经偏移了的时间剖面,如果再对其实现反褶积运算而求其精确逆解,效果就会更好一些。问题可以近似地看成是一度空间的反滤波了(绕射波已经收敛到点源上去了)。这可能是今后求精确逆解的捷径。

图23-3表示小断块也能收敛得很好,它们是图11-①及④的逆解,逆解误差仅一个道,即断点误差为25 m。

(四)反射波的对比原则和作图方法

1. 预备性问题

对我们目前说来,大量的野外资料使用电子计算机来解释还不很现实。那么是否只有电子计算机才可以完成此项工作呢?我们目前可以做些什么呢?为了解决当前的问题,我们提出了应用物理地震学的概念,采取简单的方法制定出一套反射波的对比原则和作图原则。这些将是目前野外一般解释员可以参考的。不过在讲这些原则之前,得先谈几个预备性问题:

(1)沉积岩相与反射波的关系。

现在我们从地质的沉积岩石学的观点来谈反射波的追踪长度问题。往往遇到反射记录不好时,有些同志怀疑地下有没有波阻抗界面。于是就去计算地层的反射系数,而计算结果是沉积岩中总是有着各种波阻抗界面,因此又感到很不可理解。我们认为反射系数的强弱仅仅说明反射波涟的强弱,而能否形成同相轴,形成反射主体,决定于沉积组合的水平方向的稳定性。大量的野外资料和实际经验告诉我们,反射标准波的好坏在很大程度上取决于地层的沉积岩相的条件。

① 首先最优越的反射标准波属于海相的灰质岩地层。这种地层的沉积条件最稳定,也就是说,它在水平方向的地层组合的相似性保持得最好,因而反射波不只是追踪长度非常长,而且,甚至远隔数十千米还能看到其反射标准波波形完全一模一样。这种标准波的每一波形错断或扭曲,除了地表影响外,就无疑是地下的断层了。这种波的波形缓慢变化就反映了岩性组合的缓慢变化。

② 其次的是深水湖相的薄层灰质岩地层组合。这种反射标准层的稳定性也很好,但追踪范围稍小些(数十千米)。其反射波形的稳定性稍差。这种地层组合往往由暗色泥岩、油页岩、白云岩、泥灰岩以及薄层灰岩的互层所组成。可称良好的反射标准层。这种标准层的错断及扭曲反映着地下的断层(地表影响除外)。

③ 再其次是浅水湖相的暗色泥质岩为主夹砂岩的沉积剖面以及沼泽相的煤系地层。这种沉积组合还是具有一定的稳定性,所以反射波始终具有一定的追踪长度(数千米至十余千米),反射能量也还是突出的,整个剖面上断断续续地出现,相位数变化也快,波形是较不稳定的,可称较差的反射标准波。它的错断、扭曲不一定是地下断层所引起。

④ 河流三角洲相的砂泥岩互层组合剖面的沉积稳定性很差,就不可能要求反射层连续追踪很好,往往造成追踪长度为数百米至数千米的反射段,波形是不稳定的。其中短反射段占较大的比例。这种反射波的中断、扭曲常常并不是断层引起,而是岩性变化引起。而判断是否有断层就需要凭借剖面图自上而下反射段中断点的排列规律性来辨认。

⑤ 氧化条件下的河流相沉积(红色砂岩为主的地层剖面)的反射波基本上是短反射段的性质,在反射记录上干涉现象也特别严重,常常以许多视同相轴出现。

⑥ **坡积相及洪积相的山麓快速砂砾岩堆积,基本上是地震波的漫射介质**,一般得不到什么像样的反射。只是在砾岩层中夹有泥岩层时才有些零星反射段。

⑦ **最后应该提一下,反映较大沉积间断的不整合面往往形成良好的反射标准层**。它造成良好反射标准层的原因有下列几种:

a. 在不整合面上往往存在底砾岩稳定的区域性分布,造成连续追踪的反射标准波。

b. 由于长期的沉积间断,造成不整合面上下岩石性质差别较大,波阻抗差别就大(在凸起构造上尤其明显),由于上述二种原因,可称良好的标准波。但是它仅反映不整合面的起伏,有时不反映上下地层的构造产状。

c. 在沉积间断的末期,构造上升,往往伴有基性火山岩的喷出物(玄武岩层、辉绿岩以及各种凝灰岩层)分布在不整合面上,这些火成岩的反射系数是很强的,并且分布范围是较广泛的,但是由于喷出物的岩性复杂,分布范围多变,它的波形是强而不够稳定的,它的终断点除了反映地下断层外,还可能反映火成岩分布的岩性尖灭点。**总的来说,无疑反射波同相轴的波形稳定性及追踪范围是由水平方向沉积的稳定性所决定的**。

归纳上述沉积岩相与反射波好坏的关系,可以帮助我们理解什么样的地层,应该得到什么样的反射。什么地层的反射终断点可以反映断层的终断点,例如在具有较厚的黑色或灰绿色地层的地区,如果还未得到良好反射标准层,则必然是野外工作方法上还存在着问题。应该有信心记录得好。相反地,如果勉强地在红色地层和洪积相地层中非要找一个良好反射标准层来,那是会徒劳无益的。没有获得良好反射的第二方面原因,就是要考虑后生的构造因素了,也就是断层和褶皱造成反射波连续性的破坏和波形变化。如果记录不好,怀疑是干扰波所引起,我们将在第三部分有关干扰波部分提出相应的验证方法来。

(2)地下绕射背景的普遍性和强波的重要性。

关于地下绕射背景的普遍性问题,下面第二部分关于异常波的问题中还将详细讨论,这里指出以下几点是有意义的:

① 到底把地下的普遍绕射当成信息还是当成噪音,如果前述精确逆解法可以实现,那么它的确是信息的一部分,但是目前我们还是把它当成噪音。那么,就是说,我们的反射信息是由噪音所组成的,即噪音的有规律排列叠加后就组成我们的信息,他们在成因上是相同的(因而地震记录上这种噪音是必然存在的背景)。也就是说,它们到达地面的频谱和视速度都是大致相似的,仅仅是能量上有差别而已,所以用一般的组合和滤波是去不掉的,如果我们把能量弱的和轴很短的定义为噪音,在自动解释中将其"清零",则小断块也可能同时被清掉。

② 野外实际记录告诉我们,地震记录上所谓强波,甚至标准波,其振幅也只比没有强波的地方(即背景处)大致强2～3倍。幸好干涉图形的特点有强波的"独占性",即叠加波形图总是以表现强波为主的,只要某波比其背景强二倍,干涉图形就主要表现它。所以,反射信息还是在噪音背景中可靠地显示出来。正因为如此,强波在记录对比过程中要占首要的地位。这就是对比原则中的"能量原则"。

③ **地震记录的三段特点:**

对普通地震记录而言,大致可分为三段,一秒以前的记录,衍射现象不显著,有效波干涉不严重(说的是有效波干涉不严重,而背景的干涉还是普遍严重的)。按几何地震学方法解释完全可以解决一般问题。1 s到2 s之间可称为中层反射,其衍射现象就较显著了,最短的有效波的范围为0.8张记录,就需要看相邻记录才能对比一个波了,这时有效波相互干涉现象中等。2 s以下的深层反射,衍射现象普遍,有效波干涉严重,其对比及作图都是难度较大的,最短的有效波占据1.2张记录的范围。总之,对中层及深层,一张记录上作对比是搞不清问题的。这是下面我们提出对多张记录整体分析的前提。

2. 反射波的对比原则

① 鸟瞰全局,图版参考——前面一句说的是要对记录作整体分析,不能只在一张记录上做文章,而是把相邻的记录看成是一个整体,找出波的来龙去脉。先定性判断有几个波,由几组方向形成的波,哪儿是波的主体或能量集中段。有时蹲下来看或斜着看;有时要把原来对比的铅笔线擦掉再看;甚至走得远一些看;才看得更清楚。

所谓"图版参考"说的是对比反射波的来龙去脉时可采用一个参考的图版。它实际上是一个按几何地震学计算的不同 t_0 值的点绕射时距曲线的透明纸图板(图24、图25),比例尺可做得和回放记录或时间剖面一样,作为对比和分解时参考的一把尺子。在我们这样的地层褶曲不明显的断块条件下,对经过动态校正的记录来说,每一个反射单波在主体部分的时距曲线几乎应该是一条直线,到了相邻记录上不是以直线主体继续向前延伸,就是以绕射尾巴向后弯曲。如果测线与断棱接近垂直,弯曲的程度就与点绕射图板几乎一致,如果不垂直时,绕射尾巴的弯曲程度就要比图板上的小一些。

如果记录是未经动态校正的,那么以上的分析还是对的,但只要把每张记录的双曲线弯曲部分即"动校正量"考虑进去就行了,也就是加上一个边道向后弯曲的正常"曲差"的量。"正常曲差"的量对普通

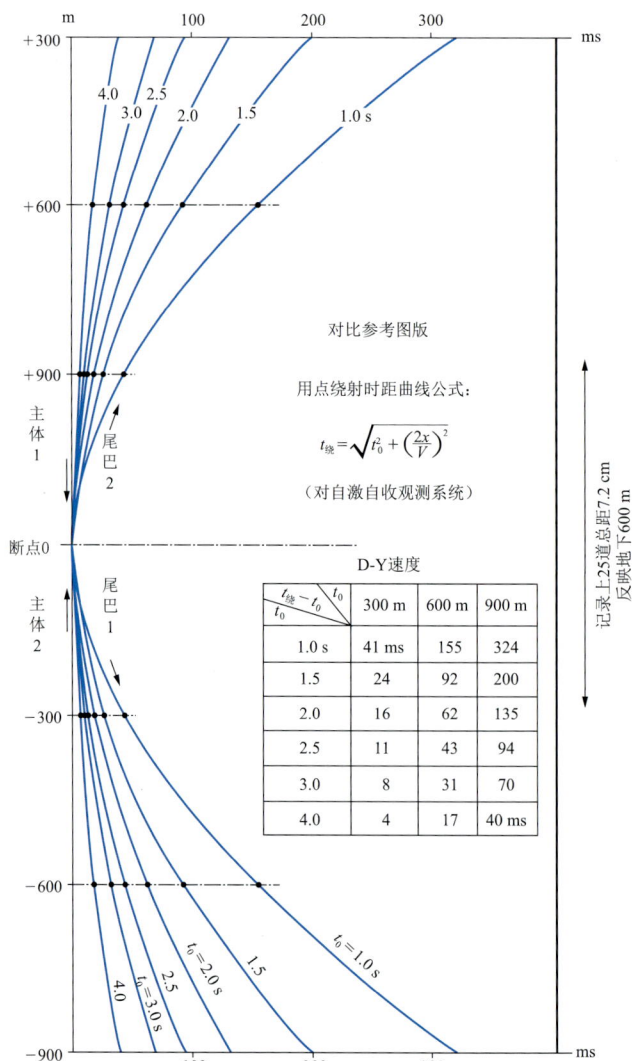

图 25　反射波主体与其绕射尾巴的斜差变化情况

（适用于野外 1200 m 大排列的覆盖纸带记录）

600 m 中点发炮排列是很好估计的，在我们这里只要记忆"十、六、四、三、二、一"就行。也就是从 1 s 开始每隔 0.5 s，依次的曲差毫秒数，如 2 s 的曲差便是 4 ms。相邻记录绕射波的斜差关系是互相差 8 倍的"曲差值"，即可记"80、48、32、24、16、12、8"。而绕射尾巴和主体相接时，则其斜差的曲差值差四倍。例如 2 s 处，如果第一张记录主体的斜差为 +30 ms，那么到第二张记录上如果仍是主体，其斜差仍应是 +30 ms，如果转为绕射了，那么其斜差就变为 30 + 16 = 46 ms（当不垂直断棱时，或绕射波不从记录边点开始时，则斜差稍小于 46 ms）。到了第三张记录上绕射波必须再加 32，就是 46 + 32 = 78 ms，或稍小一点。

②　首取强波，找主断尾——这是抓主要矛盾的意思。对比时先找强波和振幅变化较均匀的波，它们较少受干涉、干扰的影响，因而可以比较真实地反映地下产状。对每个波的认识和对比要从它的主体或能量集中段开始，然后尽可能认出它的尾巴延伸。并把中断点定在主体和尾巴的交接之处。

③　双支绕射，短反射段——双支绕射不是一个几何的点，它不代表一个断棱，而是一个短的反射段。因此作图时交于一点的波不能只画一个圆圈，交点处应存在一个短反射段，根据能量集中段的斜率可决定它的倾角，根据能量集中段的振幅可以大致估计它的长度。如果能正确分解，就能正确作图。

④　短轴多变，切莫受骗——这是指"视同相轴"，它们不反映地层的真实产状。在普通 600 m 排列的记录上对中层而言，半张记录以下：对深层反射一张记录以下的都是视同相轴，它们的波形和时距曲线往往还是多变的。对视同相轴应设法分解它，但不要勉强去做，不容易分解的就搁下。对于缩短排列（例如道间距为 12.5 m 的 300 m 小排列）记录来说，中层反射波长度仅为一张记录的也仍然是视同相轴，不可轻信它。相反地，对于大道间距的大排列覆盖记录（例如 1200 m 排列），那些中层反射的半张记录的同相轴却是有重要意义的可对比的波。

⑤　定性判断，慎重分解——记录上波的干涉往往很复杂，在分解干涉带的波时，首先要对干涉波的性质做出定性的判断，然后才能做出取舍的决心来。例如有些地方多次波表现为一组较平直的反射，而真的一次反射波是倾斜的波，分解时就要把倾斜的那一组波分解出来，又如在普通 600 m 小排列记录上如果在中深层出现斜差为 120 ms 以上的干涉波时，就大多属于与断面反射有关的波，也应着重分解它。

所谓慎重分解的意思是对干涉带波的分解工作应适可而止，不要过于勉强，也不要弄得满张全是，主次不分。我们是强调用分解的眼光来分析记录，认识记录的复杂性。但我们不认为我们用肉眼的判断或极值点的分解方法能够解决一切问题，相反地我们却是认为不等振幅的、曲线型同相轴的两组或多组波干涉问题是一个极为复杂的问题。其实简单的干涉分解工作，我们每一个解释员在对比过程中都是自觉地或不自觉地直观地都在进行着，但对干涉波分解工作，所持的态度却相差么远，有的人甚至认为根本不存在三组波的干涉，两组波的干涉也很少碰到，有的人相反地在记录上到处分解，结果乱成一片，这都是走的极端。

再有，分解出来的波是什么性质的波的问题过去没有很好地研究。一概按几何地震学的作图法划到剖面上去，同时对能量强弱也主次不分，当然剖面图就乱成一片了。所以这种做法使人感到分解反而不如不分解的好，这也有些道理。有的人则把本来强而较可靠的仅稍受干涉的断面波不对出来或划成不显眼的虚点线，这些都是偏向。我们主张慎重地分解，不要勉强，还要抓住主流。那种能量不强，趋势不够明确，红铅笔印擦掉就认不清的轴还是不要分解为好。

⑥　前后平行，单轴可疑——前后平行指同一波的前面相位和后面相位分解后其斜差应该是平行一致的。如果差得较大就说明分解有问题或者不是同一个波。一个简单的中、深层反射波加上接收仪器的滤波加工，一般说来总是至少有两个相位。只有一个相位套起来的"单根同相轴"前后相位又互相不平行的轴一般说来是值得怀疑的干涉视同相轴（在比较宽的频档上对浅层反射一个相位的轴还是可以对比的）。

⑦　能量对齐，胖瘦有别——每个反射波的波形和能量应该是渐变的。如果单张或相邻记录上发现一组波的上面一段强相位（能量）在前，下面一段强相位偏后，能量不对齐，那么即使这些同相轴连得很好，甚

至斜差也一致,没有见到中断点,也可能隐藏着一个落差为整相位数的断点。如果中间有振幅减小的干涉扭曲现象,就可进一步判断有断点了。

所谓胖瘦有别指的是胖的相位和瘦的相位连成轴时,一般也习惯误解成地下的某个地层厚度在变化,其实在一张记录的范围内这种变化的轴是干涉视同相轴,不能勉强对比成同一个波。

⑧ 如果前弯,能量增强——这是指的未经动校正的同相轴一般应该向后弯的,深层一般是接近直线状的。而那些向前弯曲的同相轴(不论是单张记录上的前弯还是互换同相轴的前弯)绝大多数是干涉后的视同相轴,往往是由两个波接起来的。前弯同相轴如果真的反映地下是个较平缓向斜或爬坡,那么这个波的振幅能量应该在弯曲外是很丰满的,并且时距曲线也是逐渐弯过来的,不是突然转折。这种波在我们这样褶曲不明显的断块区里是少见的,仅产生在较大断层的牵引部位。

⑨ 后弯超限,回转聚焦——同相轴向后弯曲的最大限度是点绕射的时距曲线(即使是凸起的界面也如此),弯曲的反射面只有两种情况下是可以造成时距曲线比点绕射还后弯厉害的,即回转型弧形界面和聚焦型弧形界面(前者弧形的圆心在地面以下,后者的弧形的圆心在地面)。聚焦型界面在正对着它的地面点上的能量是特别强的。但绝非只是一个地面点上能收到它的反射。这两种界面在我们这样的地质单元里几乎是不会碰到的,所以遇到后弯超限就值得怀疑。它们往往是两三个波干涉形成的。

⑩ 地表变化,扭曲重复——记录上的同相轴如果由于地形起伏或低速带的时差变化引起了扭曲的形状时,此时会妨碍我们对"前弯"或"后弯"同相轴的正确判断。但这种地形引起的扭曲是可以检查出来的,因为它一定会引起深、浅层反射同相轴在同一道上作重复的扭曲,并且在简单连续观测系统中又可以在相同排列的互换记录上找到这种扭曲的重复出现。在时差异常发生在 t_0 道上时,甚至可在互换的三张记录上看到重复的扭曲现象(两张发生在边道上)。

⑪ 六种中断,具体分析——记录上波形的中断可分为下列六种:

a. 单波的中断点:只有这一种是真正的地下反射中断点的反映,这种中断点对大断块而言可根据振幅50%的点或时距曲线转为绕射的拐点而确定它。在断层两侧地层产状为"凸形"时(屋脊顶部),这种中断点的特点就更清楚,大断层处也往往能找到它。这种断点的波形是渐变的,尾巴是单支的,在普通小排列上延伸约半张到一张记录(对中层反射而言)。

b. 干涉中断点:当上、下盘地层产状接近一致时,两个波的尾巴与相邻波的主体造成干涉,当落差接近半个相位时互相抵消,造成较干脆的干涉中断点。这个干涉中断点和真正的单波中断点是相差不远的,可以认为就是单波的中断点(误差在 50 m 范围内)。当上下盘地层产状形成"凹形"时,两个主体互相干涉,此时干涉中断点不是真断点,一般对比得要短。当上、下盘主体斜差 δt 差 30 ms 时,干涉中断点离开两个真正的断点还相距普通记录上 9 个道左右:即每相差 10 ms 差 3 个道。

由于多次波、异常波的干涉也会造成波形中断,它们不是真断点。

c. 干扰中断点:由干扰波造成的波形中断点,一般是局部的两、三个道上发生的波形变化。但侧面来的干扰波也会形成较长段的波形变化。后者的判断须要根据"重叠排列法"来检验,不能从生产记录上直接判断。

d. 低速带时差造成的中断点:这种中断点在记录上有浅、中、深层的系统错开时差的特点,可以用静校正解决它。发生的地点与野外过路、过坝、地物障碍有关。

e. 能量吸收中断点:包括断层面的屏蔽及地表低速带的能量吸收作用。断面屏蔽一段发生在浅层强波的断点下方;地表吸收是浅、中、深层系统能量减弱,并在相同的地面排列位置上会重复出现。断层面的屏蔽中断在对比时可注意时距曲线的形状:在地层褶曲不厉害的地区,把屏蔽前的反射同相轴在动校正后的时间剖面上按直线延长刚好可以与屏蔽区后面的同相轴相接(即没有落差)。

f. 记录操作不正确引起的假断点:不详述了。如磁带上存在斑点、回放仪器有噪音、磁头轨迹偏离,覆盖段的接带处的时差不符,组合借道时相邻记录的讯号不准、强波超调、野外的不工作道及未接检波器的空道未补偿,以及检波器接反等等。仪器的感应又会造成没有断点的假同相轴。

总之,在 600 m 排列反射记录上遇到波形在两、三道的范围内相位突然错开中断、能量减弱很厉害,这样的突然中断点是值得怀疑的,一般中、深层的断层能量减弱地带约占 5 道至 10 道的范围。遇到上述突然中断点就应该再查看班报是否地形有变化,过沟过坝过公路,或者看看深浅层是否都在相同道上有时差,或者看看是否回放过程有什么问题。

⑫ 多档参证,作图反复——不同的滤波档和不同的道间组合之回放记录,应该是说明同一地下地质情况,仅仅是其所突出的波不同而已,是干涉图形的不同而已。当滤波档的"通频带"包括了有效波的主频[见注],或者正向组合的"通放带"包括了反射的主体或能量集中段的斜差 δt 时,不同回放记录上的有效波应该是可以互相验证的。即在上述前提下,不同滤波档的记录其有效波的同相轴仅仅是前后平行移动。(单波的波形不同、能量不同、t_0 不同、相位数及视周期不同,造成了干涉图形不同,高频档干涉周期变短,干涉中断点可增多,但整个单波时距曲线之斜差不变,故当正确分解后仅仅是主体及尾巴的时距曲线前后平行移动。)在有效波主体斜差位于通放带中的情况下,不同正向组合回放的记录,主要是斜差 δt 较大的干扰波以及绕射尾巴受到一定程度的压制,因而仅是"背景"有了变化,对有效波来说,各波时距曲线以及能量特点基本保持不变。有效波的干涉振幅极大点的位置甚至都是不变的。

因此不同回放档上有效波的对比应该是互相验证的。当对比结果出现不同时,只是说明对比本身有问题,应该仔细重新再对。因此,这可以帮助我们检查对比的正确性。这里提"多档参证"是互相参考验证的意思,对于不同回放档记录上的表面上矛盾之处,不能采用"少数服从多数"的表决方法。

所谓作图反复指的是:整个作图的过程是一个从另一个角度检验对比是否正确的过程。不要把作图当作一个机械的操作过程,而应该是一个反复对比认识的过程,在作图中修改原来对比的方案。

以上对比要领希望大家在实践中继续总结提高它。当然学了对比要领不一定就能解决认识记录上的一切现象,正像懂得射击要领的人打枪不一定很准一样。不学射击要领也能打枪,但是学习射击要领还是必要的,它可以指导我们把枪法练得更好。

3. 作图方法

(1)单反射段理论波形的偏移收敛。

如果说对比的任务在于找出一个有来龙去脉的波的话,那么作图的任务就是把时间域的散开的一个个衍射波形在深度剖面中收敛到反射段上去。对单反射段来说,只要把它的衍射花纹的时距曲线部分,每 300 m(或 150 m)求一个斜差 δt,并读出其到达时间 t_0、按几何地震学的办法,一个 t_0 一个 δt 根据偏移图板做出其法线反射点的位置,先不要标反射段的长度,然后将这些法线反射点连起来就恢复了地下反射段的本来面目。也就是偏移本身使绕射尾巴收敛到反射段上去了(这儿用的就是普通的全支偏移图板,先作与 t_0 相应的深度圆弧,然后再根据 δt 找到水平偏移 ΔX,就与圆弧得到一个交点,这个交点便是法线反射点)。

作图后反射段中间的点稀,棱附近的点密,所有法线反射点连线便得反射段的准确位置。如果这个收敛过程再考虑到能量的分布的话(例如用照相方法自动划剖面时,就可以用黑度表示能量),则反射段也将在棱附近正好恢复其 50% 原来衍射花纹在断点上的振幅衰减。这就是我们使用一般几何地震学的方法对衍射波形作图的原理。

那么,关键是对比时,人们能否把一个个有来龙去脉的波(单反射波)连尾巴都找出来。如果找得正确那么作图是不成问题的。对一些强波或者其尾巴处于平静带中的波,或断层落差较大时,在好的记录上其尾巴是十分明显的,但是多数波的尾巴不容易一下子找出来,其困难之所在还是我们对干涉波的分解能力

[注] 所谓有效波的"主频"就是根据零档记录或通频带较宽的频档记录(当干扰波较强时,需适当加强组合效果),统计工区内几个试验点上各反射有效波的视周期,并按 t_0 时间作横坐标,视周期为纵坐标,点出点子来,就可知道反射有效波的视周期范围,统取其倒数(即视频率),就可代表反射波的主频范围。对一个新工区的有效波出现的斜差范围也应该调查统计,以便决定组合的通放带范围。

有限。在此情况下我们提出如下作图方法。

（2）长对比短作图的具体做法。

首先在对比记录的过程中要认出波的主体和能量集中段的范围,并尽可能找出各个波的延伸尾巴,这样对大断块来说就可以根据时距曲线的拐点或振幅特点大致定出其中断点位置（精度到1/3张记录）,对小断块就可以大致标出其绕射双曲线段来,并认出其能量集中段的中心位置。记录最好是经过动静校正的,它在对比和标数方面都较方便。在标数时要求不只是标出其 t_0 值来,而且对复杂的波能同时标出其边道互换时和每个轴的斜差值（对分解的同相轴就标分界线上的数值）。斜差（δt）方面的分析是过去一般小队对比作图中所注意不够的,往往喜欢简单地用 t_0 法作图,而不管斜差是否合理。

对于那些长反射段,在作图时就可以根据一般的 t_0 方法作图。必要时加上 δt 偏移图板的参核。对中层的小断块,如果对得长的就按上述法线反射点的连线方法来作图,如果对得短的就按能量集中段处的 t_0 及 δt 做出圆弧及法线反射点,再作其切线,至于反射段长度,对中层而言可定为200 m,因为这是可观测到一定能量的短反射段的平均长度,这样做其误差就不会超过100 m。比以往划300 m更合理些。至于深层,对比出来的反射波较长的（一张半以上的）记录,就应该用法线反射点连线的办法来作图。由于深层作图误差较大,故在每作一个法线反射点时可轻轻划一个100 m的切线,表示其产状,在几个法线反射点都作完后,看其分布的规律性,然后用其平均倾角及平均深度位置最后定出界面来。

总之,作图方法要注意下列四点:

① 应纠正过去对斜差 δt 分析不够,仅用简单的 t_0 法作图的倾向。

② 应防止把视同相轴绘到剖面上去,画蛇添足。

③ 应防止把绕射尾巴当成正常反射波划到剖面上去,造成反射段加长及倾角失真。

④ 不要机械地将一张记录的轴就划300 m长。

以上对比作图方法,如果我们注意掌握它,那么争取较好地搞清大于300 m见方（中层）的断块在目前条件下还是现实的。

我们采用了这一套对比作图方法,1968年在X-ZH地区取得了初步效果,剖面图与钻井结果的符合性较好,见图26、27。

图26是1964年用51型仪器所作的627.5测线剖面图,当时由于野外记录没有解放波形,强波不突出。此外野外观测采用300 m缩短小排列边点发炮,实际并没有好处。组合形式采用5个检波器6.25 m直线组合,其效果也是较差的,干扰波没有很好克服。此外,我们发现老资料在解释对比上存在的问题也较多（图26）。主要是缺乏对同相轴的斜差进行分析,错对了一些"前弯同相轴"和"后弯超限"的轴,造成产状错误。对比中主要是轴套到那里对比就跟到那里。此外,错把短的视同相轴当成真同相轴,也造成了南翼上出现地层北倾,画蛇添足。对绕射波也不加分析地机械作图,造成了产状变陡或反射段过长,断层线通不过。1964年剖面图上的断层都画成直立的陡断层,这是由于当时还没有认识到断层面是平缓的原因。现在如果用缓断层去解释,北面第一条大断层的中断点还是可以解释的。但是整个老剖面图与钻井的断点符合情况是不好的,图中打圈的断点即使用缓断层解释也很难通过断层。

图27是1968年用磁带仪所作的627.56测线野外剖面图。它与上述627.5测线相隔仅60 m,可以互相对比。当时野外采用6~8个检波器的面积组合,室内回放时又用了相邻六个道的正向组合,所以记录上干扰背景是较小的。绕射尾巴在某些地方就较清楚。在南翼上主要表现出南倾的一组尾巴。

图26是对应于图25记录的时距曲线分析图,图中圆圈里的数字是斜差数据。图27是用长对比短作图的深度剖面图,图中反射段上的小黑点是法线反射点。

该图中断层解释与钻井资料比较吻合。读者可以将两张图仔细对比一下。

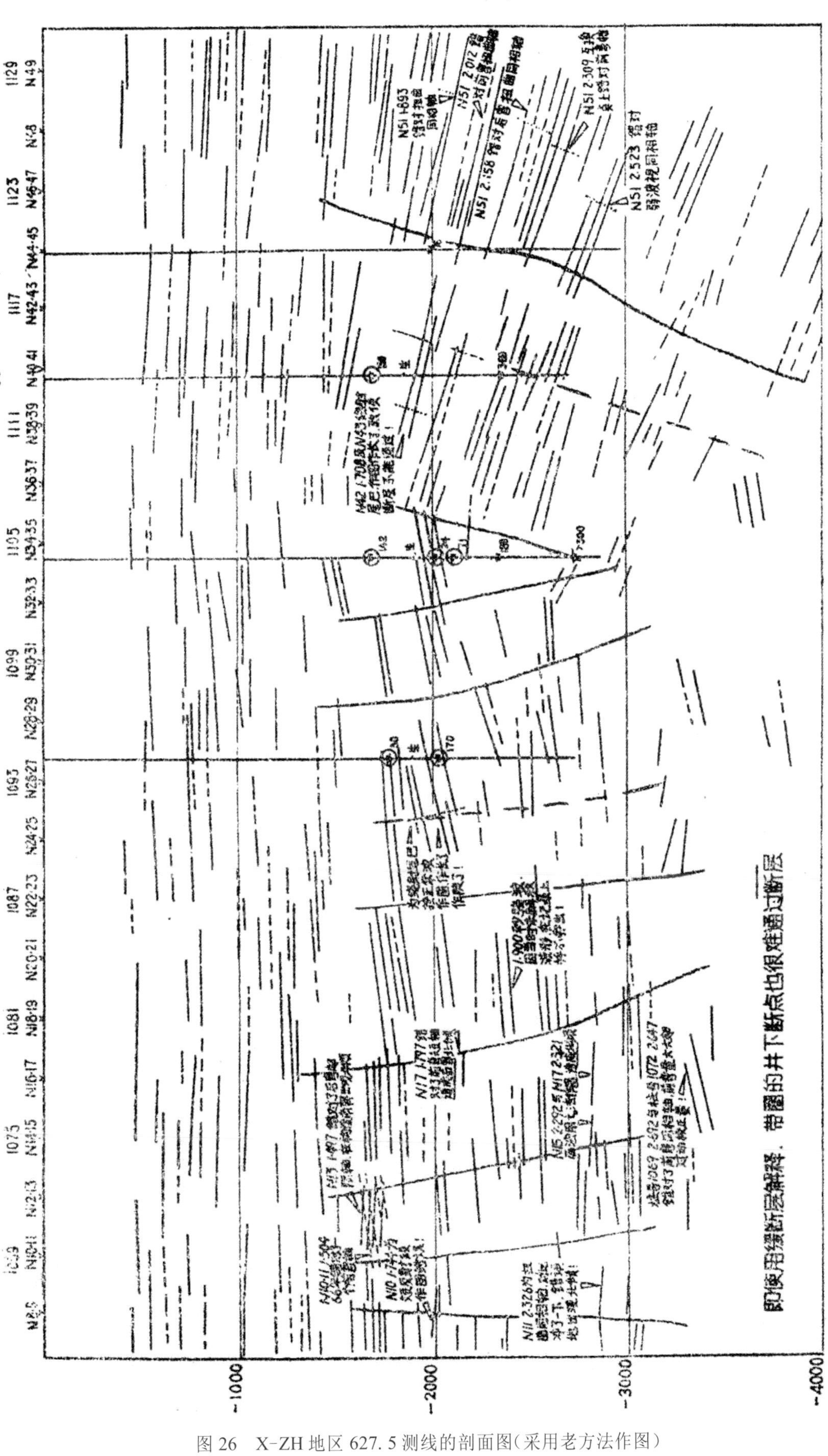

图 26　X-ZH 地区 627.5 测线的剖面图(采用老方法作图)

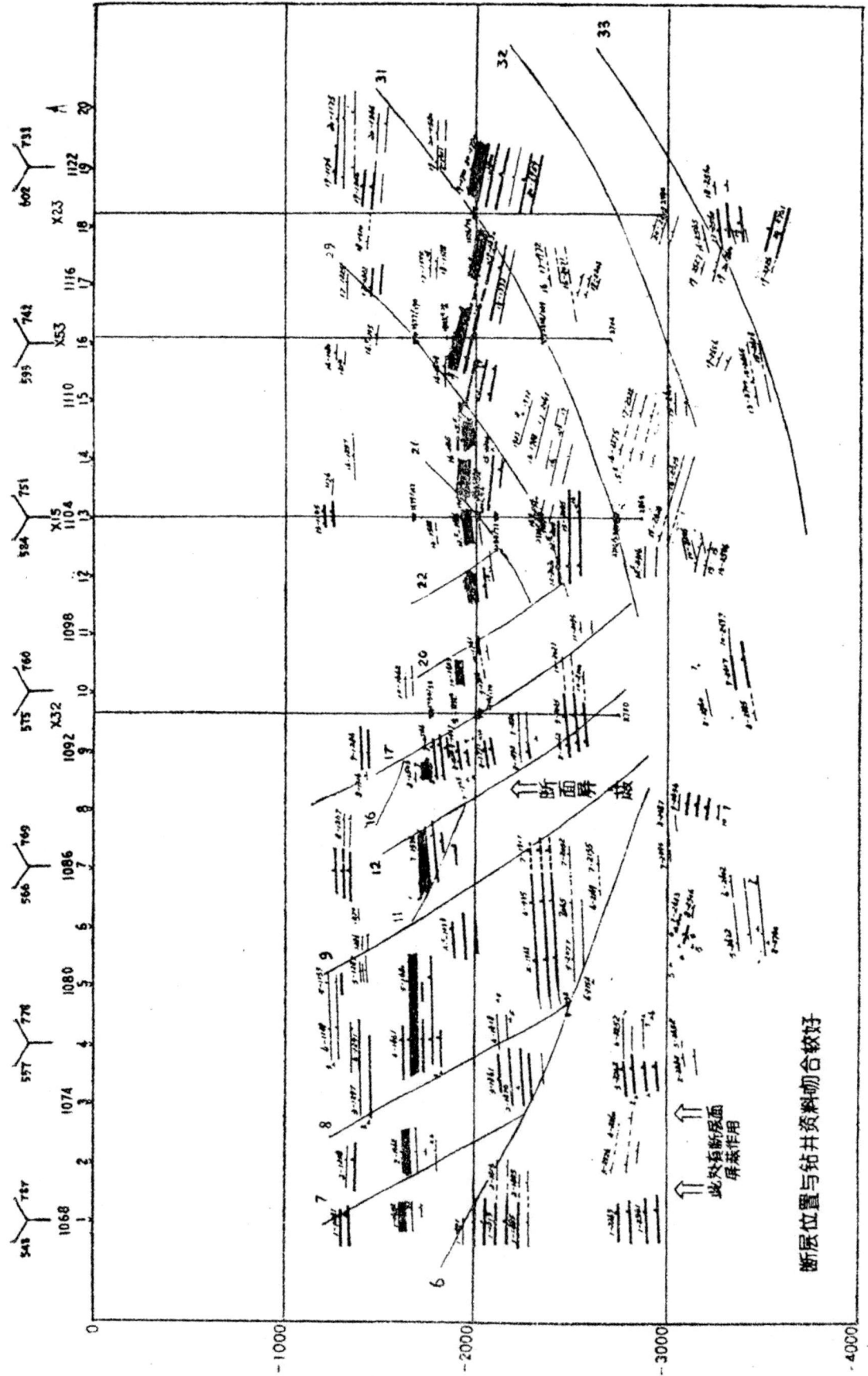

图 27 X-ZH 地区 627.56 测线用长对比短作图方法的效果（采用表对比，短作图方法）

第二部分　异常波的物理特征

所谓异常波,目前还没有明确的定义。一般人都把记录上斜差较大的波,画到剖面图上感到不太合理的波,统称为异常波。但实际上,斜差小的不一定就是正常反射波。相反地,斜差较大的断面反射波,却应该归属为正常反射波。

(一)异常波分析的基础——射线的概念和能量的概念

在复杂的断块区里所得的野外记录很复杂,促使人们不得不考虑是否存在着其特点与一般正常反射波不同的各式各样的异常波。这样的考虑是很自然的、必要的。但是,过去对异常波的分析往往是先画出射线的某种几何路径,然后算出其时距曲线,再与实际记录上所得的异常波进行核对。能对上的就以为可能是这种波。这种做法是可以的,但它具有片面性。因为它只考虑了射线的概念,没有考虑能量的概念。

从物理地震学[附注]的角度来看,地震波是可以沿着任何一条射线路径走的(随便如何画这条路径,直的、任意拐弯的都可以)都有这种波的成分存在(惠更斯原理),仅仅是有的波能量可以忽略不计而已。因此,这种波的存在与否,需要从能量的角度加以考虑。

(二)反射-反射波、折射-反射波和反射-折射波三者存在的可能性不大

1. 反射-反射波

曾经一度以为是复杂断块区的主要异常波的反射-反射波。如图 28(1)-(4)所示,是假定断层面是良好的反射界面,并且在断层面倾角很大(70°~80°)的情况下才能成立。这两个假定现在看来都是存在问题的。

首先砂泥岩为主的沉积剖面中的断层,其断层两侧的岩性差异往往不能形成良好的反射界面。其性质基本上是属于短反射段或微反射段的。小分段的反射系数是有正有负的,宏观上经常抵消。尤其是断层往往不可能一直断至地面,而是仅到达一定深度的点上,因此反射-反射波的形成有较大的困难。

其次,近年来随着钻孔不断增多,使我们认识到在我们这样的断拗区地质单元中,松软的砂泥岩沉积中,所发生的断层其倾角是较平缓的,一般在 45°左右;有的甚至更平缓,这就根本上动摇了反射-反射波的产生条件。

可以用几何地震学的方法证明:当断层的倾角为 45°(或小于 45°)时,地层倾角较平缓的情况下反射-反射波不能在普通 600 m 中间放炮的排列上所接收到(实际上它的虚炮点将位于地平面以上的天空中,射

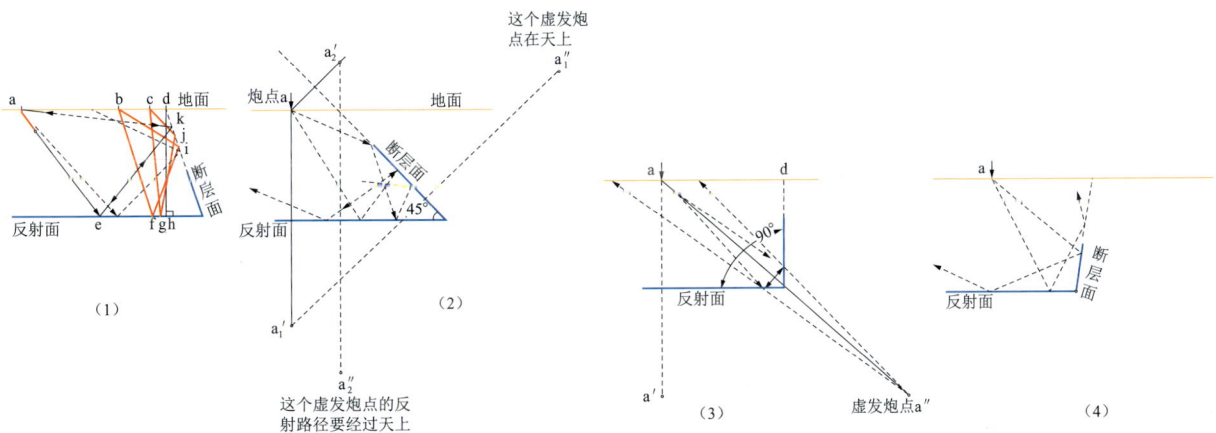

图 28　反射-反射波

[附注]胜利油田最近在推广物理地震学十二条对比后,又在大家实践的基础上汇绘了一本《地震记录对比图册》,有较多的插图及实例,可供同志们进一步参考。

线从天上下来,显然是不可能的),见示意图28-(2)。从物理地震学的角度来说,这种波还可以收到。但其能量是极微弱的,可以忽略不计(它可以用一个二重积分来计算)。

那么在记录上经常观测到的一些视速度低的同相轴弯曲厉害的波是谁呢?我们的回答是"普遍的绕射波"——也就是第一部分讨论的地下必然存在的绕射背景。这种背景1967年试验工作中曾在较好的野外记录上分析后得到一段典型的时距图,如图29。

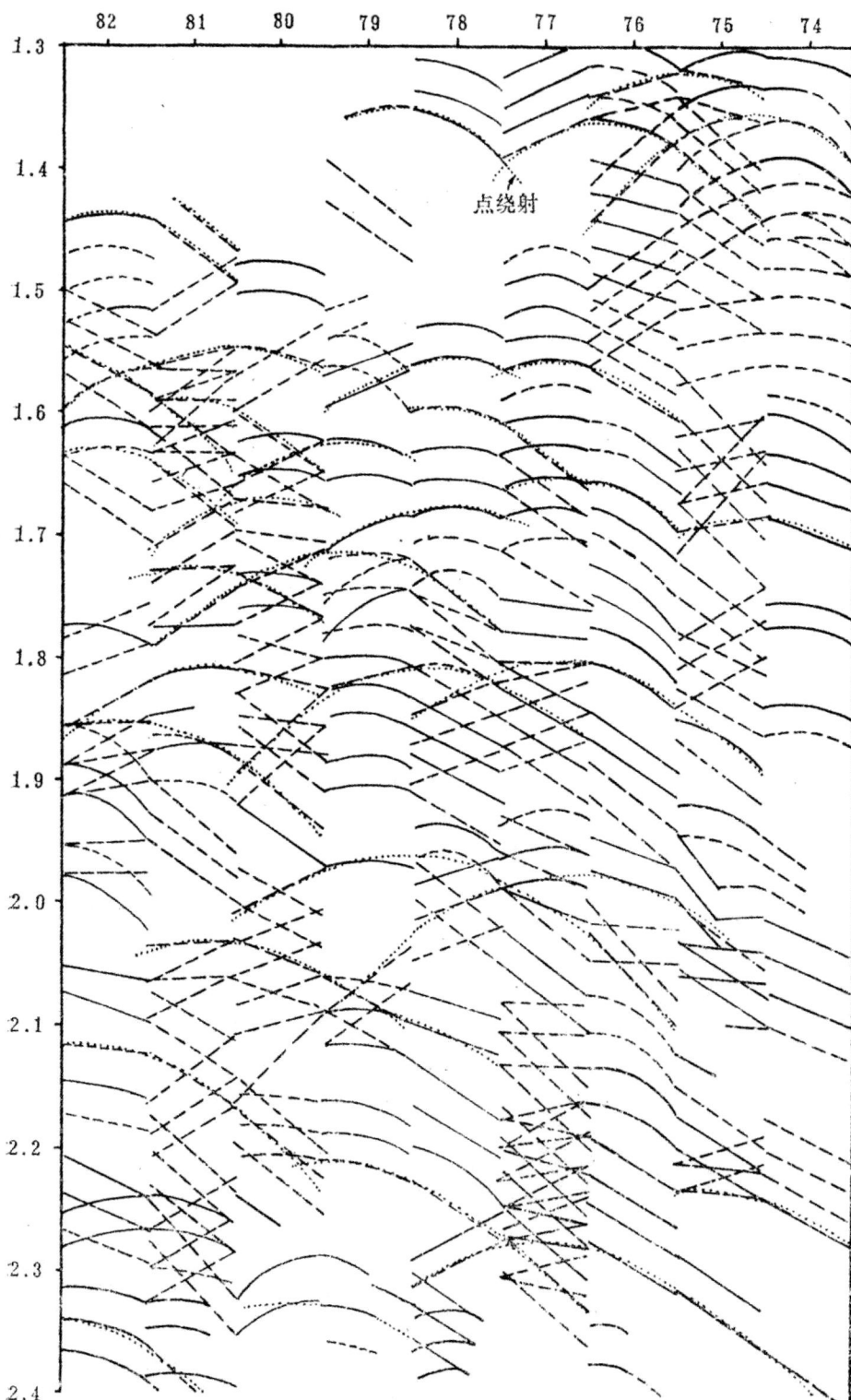

图29 绕射背景时距图

光从时距曲线的角度出发,是很难区分绕射波和反射－反射波的。因为它们在未经动校正的普通排列上的时距曲线是相切的关系。时差小到两者不能互相区分。所以有些人误认为反射－反射波了。

2. 折射－反射波

折射－反射波的形成示意图如图 30 所示,可以先在反射层上产生折射滑行波,然后在断层面上反射。也可以先在断层面上折射滑行,然后在反射界面上反射。

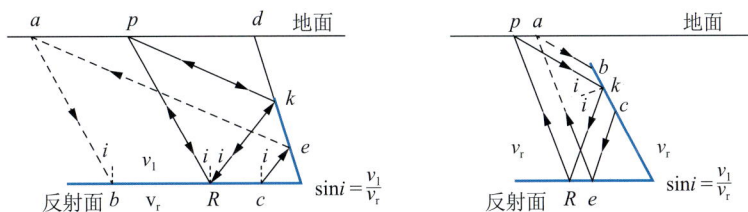

图 30　折射－反射波

所有这两种折射－反射波的产生条件,都比上述反射－反射波更为苛刻。也就是说,如图所示,只有当图中存在一个以临界角 i 入射的三角形 PRK,满足反射－反射波的条件时,才能在一侧放炮时于 t_0 道上接收到折射－反射波。

也可以用几何地震学的方法作图证明:当断层面倾角为 45°(或小于 45°)时,t_0 道上是接收不到这种波的。由此,在我们这样的断面平缓的沉积剖面中,这种波产生的可能性也是很小的。

3. 反射－折射波

反射－折射波(也有人称为是回头波)的示意图如图 31,即自炮点发出的波在某个浅层折射界面上滑行至断层,然后在断点上发生反射,使波又折射滑行回来。这里存在的问题较多。首先,我们要问为什么折射滑行波遇到断点,就一定要产生反射呢?其次,要问反射系数是多少,能否足够大使回头的折射波有足够的能量与同时到达的正常反射波可以比拟呢?为了解释断点附近的反射现象,需要假定断层面大致垂直于地层面,才能使高速层中的波以较大的能量反射回来。或者假设断层面的倾角刚好与地层面夹成临界角 i,才能使低速层中的船头波正好反射回来。但所有这两种情况,反射波的波阵面都是与断面平行的。也就是正入射的情况,断面的反射系数却又不可能很大的。此外,这种波还要求产生折射的界面埋藏较浅,否则到达时就太大,这就又要求断层断到很浅的层断位中,所有这些难点,不得不使人们怀疑这种波的实际存在。

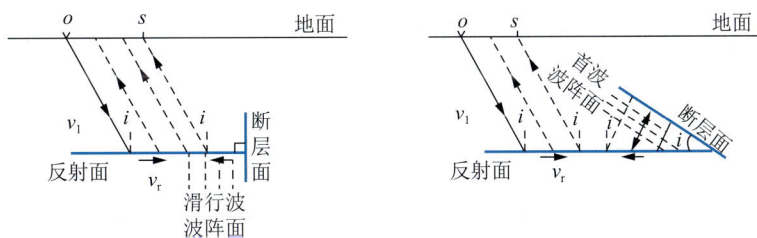

图 31　反射－折射波(回头波)

然而,野外记录上的确存在着一些视速度很低的时距曲线比较陡的波,它们又作如何解释呢?我们将在关于高速干扰波的那部分再来研究它。

（三）断层面的物理性质

断层面在异常波的分析中,占着重要的地位,而倾角平缓的断层尤其如此。但过去的倾向是不适当地夸大了它的某些作用。下面我们谈谈用物理地震学的观点如何认识断面的物理性质。

1. 断层面的反射性质

钻探取芯的结果说明我们所遇到的这些正断层,断面上只有很薄的擦痕,附近并没有明显的破碎带。即使有,与地震波长相比,它也是微不足道的。所以断面的反射性质,只是由断面两侧地层岩性差别形成的。我们根据某井超声波测井时差曲线换算成层速度曲线(图32),并将两张相同的层速度曲线按落差为20 m、100 m 及 200 m 错开后,画出其层速度差异(近似代表波阻抗差值),这样的结果见图33。由图可见,当落差为20 m时,层速度差异曲线忽正忽负,正负相间。每一个差异段都小于20 m。也就是说,它是属于"微反射段"的范畴,从总体上看,这样的断层面只是一个产生漫射(或称散射)的界面,正负反射段在宏观上是互相抵消的,得不到什么断面反射波。当落差为 100 m 及 200 m 时,情况就不同了。已经可以在相当多的地段上,观察到连续的正反射系数段或负反射系数段。这种极性一致的连续反射段的长度,一般都不超过断距的大小。这种情况断层面上形成了"短反射段",但应该认识到它的复杂性。首先极性相同的一段中,反射系数的分布是不均匀的(这倒不要紧,我们可以取它的平均值)。其次,相邻的不同极性反射段,又会互相干涉(衍射花纹的互相迭合),会造成波的能量集中段的斜差 δt 变小。作图后这种断面反射的位置正好在断上上,但其倾角都比断层面的产状更缓(证明从略),参看图34,这种波可称之为"断面漫射波"。以便和下述断面反射波相区别。

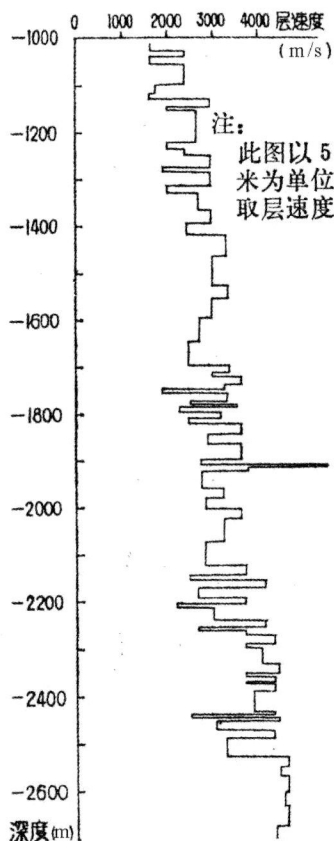

图32 X33井超声波测井层速度曲线　　图33 X33井断层面两侧岩石之声波速度差

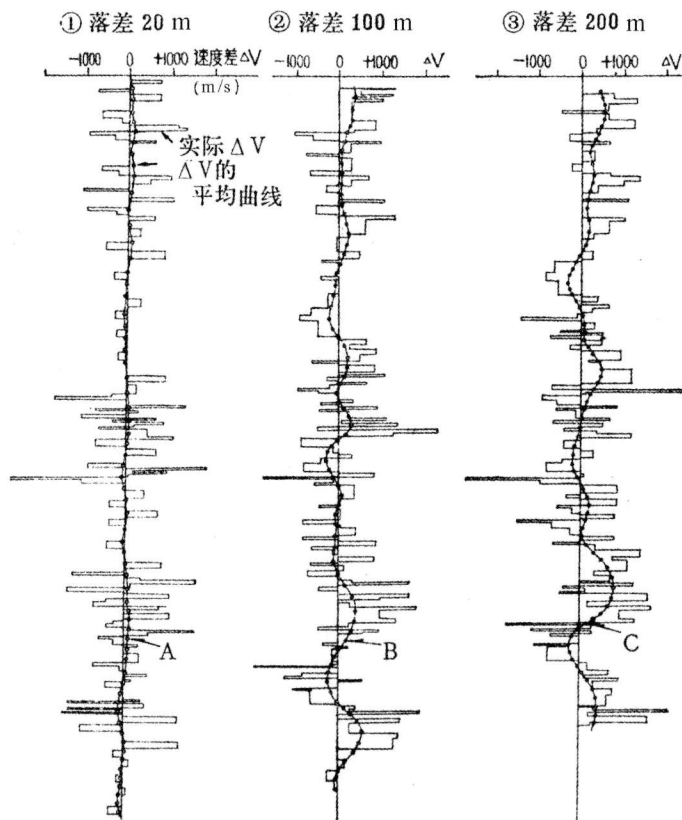

当落差继续增大时,会造成长反射段的"断面反射波",这种波和正常反射波几乎没有什么差别,仅仅是反射系数在界面上分布不很均匀,但其平均能量已经达到一般正常反射了。这种断面反射波作图后界面的位置和倾角可以反映断面在剖面中的产状和位置。

实际经验告诉我们,以上结论是正确的。凡是在野外记录上观测到断面反射波的都是一些大断层(落差数百米以至上千米),而且接收到反射波的地段,一般都是基岩与沉积岩的分界面或大套的泥岩与砂岩或灰岩的接触地段,参看图 34。而在那些落差较小的断层上,就往往只碰到一些断面漫射波,作图后位于断面上,但产状比较平缓,见图 34 中部(这里说的产状平缓,并不是指由于测线与断层不正交所引起的视倾角变小。而是指断面漫射波本身的特点所决定的能量集中段的斜差 δt 变小)。

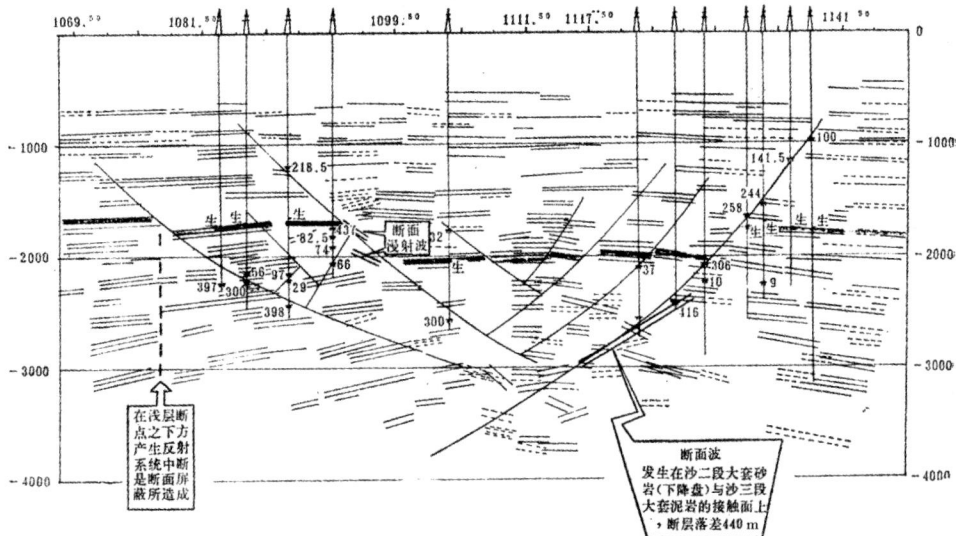

图 34　剖面中的断面反射、断面漫射及断面屏蔽现象

2. 断层的能量屏蔽作用

砂岩的纵波速度比泥岩大致高出 1/4 到 1/6 的范围,按几何地震学的方法,可以计算造成全反射的临界角为 48°～53°。即断层的倾角为 37°～42° 或接近此数值时,直上直下的射线不是在来的路上全反射,就是在回去的路上会发生全反射。因而正常反射波的能量受到屏蔽。指出这种屏蔽现象是对的,但不是断层面下一概得不到反射波。

当反射系数正负相间的屏蔽段很短而且开着一些负反射系数的缝的时候,即使到达临界角波长相当大的地震波也会从负的反射系数段那里漏过去,就像用篮子提水,水会从篮子缝里漏过去一样。只有在断距较大(大于 100 m 时),在断层面上造成接近短反射段或"过渡型"反射段的时候,才可以在缓断层上观测到反射波受屏蔽而能量减弱。大量实际资料告诉我们,反射波的屏蔽段,大部分发生在上面一个标准波强波的断点的正下方。例如在上第三系底部大套砂砾岩层(下降盘)与下第三系较细的泥岩层(上升盘)大段接触的地方。屏蔽半张到一张记录以后,反射波又重新出现。这种屏蔽段很容易误认为是反射段系统中断。而造成断层面是 80°～90° 的陡断层的假象如图 34 左边及图 27 左边。

在有了屏蔽的概念,并知道它产生的条件后,我们在大断层浅层的标准波断点的下方,就可以注意防止产生假断点误解为陡断层了。识别屏蔽段的另一个标志,就是受屏蔽的反射波,在屏蔽区两边几乎没有什么落差。但解释员往往误认为大断层位置在假断点那里,因而在上升盘上另找一个波来当成下降盘的反射波,使落差加大,这样就搞错了。

总之,屏蔽的现象是确实存在的,但并不是整个断层面都能产生明显的能量屏蔽,只有在断层面落差很大并且在岩性大套变化的井段上,使断面上出现大段的正(或负)的反射系数段时,才能形成明显的能量屏蔽段。

此外,特别应注意由于野外地表条件变化或仪器操作不正常所造成的许多道从浅到深能量普遍减弱,或同相轴系统的扭曲中断。这些东西并不是屏蔽现象。我们已经发现有些过去认为是断层面屏蔽的波形系统中断地区,再作一遍地震工作又重新获得了连续的反射波。

3. 断层面的折射作用

在分析反射波的时候,我们指出入射角不一定等于反射角。同样我们现在要指出,波在界面上的传播,也不需要服从折射定律(即斯奈尔定理)。

关于折射现象的物理地震学的计算方法目前尚未研究,但至少可以作如下定性判断:

(1)斯奈尔定理将给出在这方向上波动能量最强的解释。

(2)当折射界面相对波长很短的时候,也会出现它在折射方面起作用不很大。图35说明一个断面下的小三角形的速度差异区($+\Delta V$)附近平面波正入射的波阵面变化的情况。由于折射-绕射波的存在,射线 AA' 虽然没有碰到三角形区,却也会造成波阵面的弯曲,于是射线 A 将从 a'' 处射出(并不是直线地从 A'' 出来),同样射线 C 也将向外弯曲。在离开三角形很远的地方,波阵面将趋于平滑化。又如图35在一个砂泥岩缓断面上,只要两盘的砂层数及速度都一样时,平面波通过后,在断层附近其波阵面作某种扰动改变。但离开断面相当距离上,这个波阵面又趋于光滑,接近平面波前了。所以落差较小的断层面,其射线折射弯曲的现象是不显著的。由以上定性分析可以初步看出,不应该夸大断层面的折射作用。断层面的明显折射作用,只有在大断距的情况下,发生在大套地层接触岩性差异面上。

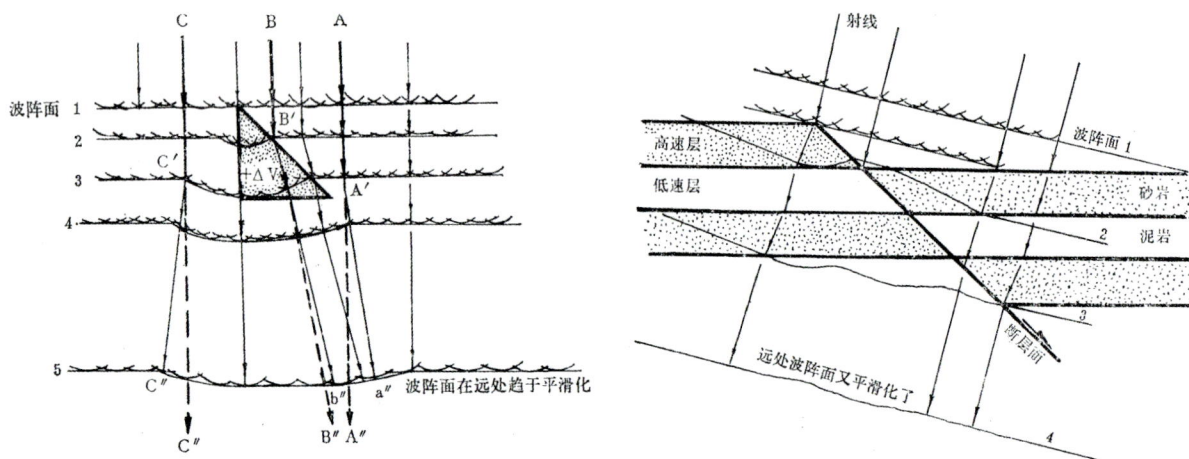

图35 断层面的折射作用

我们注意到这个条件和上述断层面的能量屏蔽段的条件是一致的。因而这种射线折曲、产状畸变的异常波,同时会受到能量的屏蔽,不容易观测到。

所以一般断层面的下方,出现所谓产状畸变的反射波,不应归罪于断层面的折射作用。而大多是我们对深层反射的对比及作图的不正确所造成的。因为断层面的能量屏蔽会造成深层反射段等于被分割成好几个短反射段,每个短反射段又会伸出两个尾巴(如果不受屏蔽时,这两条尾巴是不存在的,即长反射段的主体部分,本来是没有尾巴的),相互干涉后造成较复杂的波形。此处在断层附近的"牵引"现象也往往存在弯曲界面的反射波(例如平缓型或回转型的弧形界面),对比作图时,不注意都会造成产状畸变。

总之,断层面下的资料是比较复杂的,但是在我们许多野外剖面上,断层面下方也得到了反射段。并且其倾角和钻井资料还是比较一致的。因此我们承认断层面的屏蔽作用。但是不应把它的屏蔽作用过分夸大了。

(四)弯曲界面产生的反射波

这一部分我们已经推导出其物理地震学的计算公式,并求得了少量的衍射花纹的计算结果。可以将弧形反射段,按其曲率中心(圆心)的深度位置分类如下(图36):

曲率中心在地平线上称聚焦型弧形界面。

曲率中心在地平线以下及弧形界面以上者称回转型弧形界面,其反射波称回转波。

曲率中心在地平线以上者,称平缓向斜型弧形界面。

曲率中心在反射面以下者称凸界面。

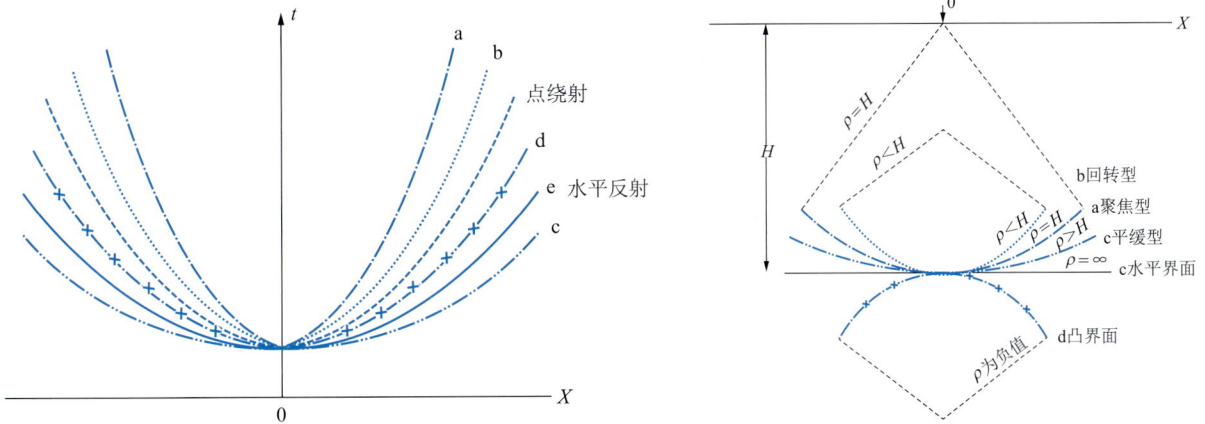

图 36　弧形反射段分类示意图

它们也和平面的正常反射情况一样,当其弧长与波长相比不够大时,与几何地震学的计算结果相差较大。

1. 聚焦型弧形界面

这里举一个计算的例子,见图 37,深度为一千米的一个圆弧形界面,圆心在地面炮点 O 处,此时按几何地震学计算的话,只有炮点本身才能收到反射波。因此,反射时距曲线退化到一个点。实际上不是如此,而是在地面相当宽的范围上收到这个波:

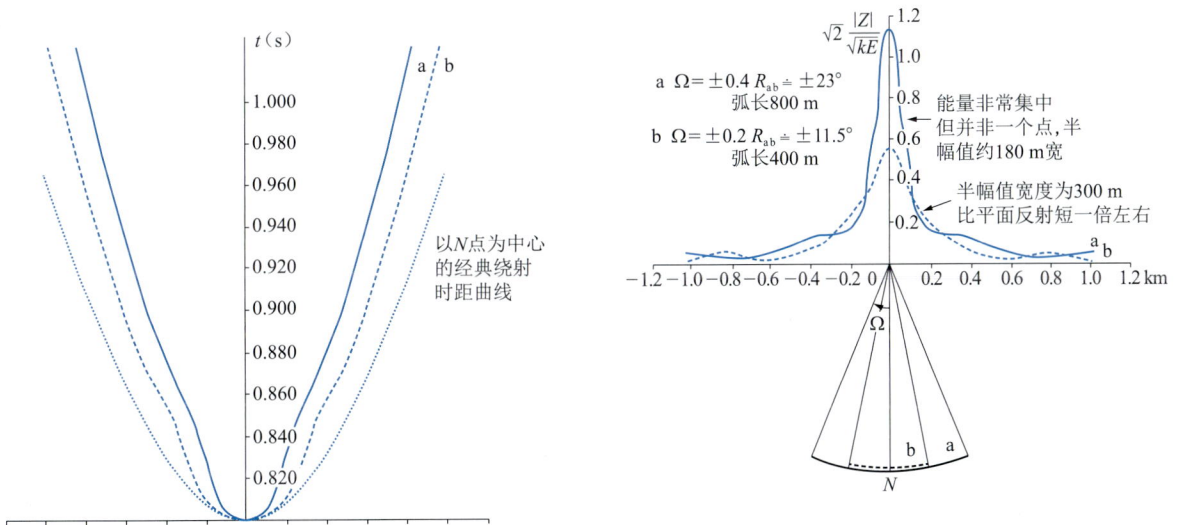

图 37　聚焦型弧型界面衍射花纹

(1)当弧长为 800 m 的情况下,反射能量相当集中,但并非一点。两个振幅半幅点之间的距离约 180 m 宽。时距曲线比点绕射的还要陡。

(2)当弧长为 400 m 的时候,能量聚焦现象就更减弱了,中央振幅几乎成比例地小一倍,两个半幅点之间的距离为 300 m 左右,展宽了。但还是比 400 m 的水平反射段短了一倍左右,说明还是有聚焦的作用。时距曲线也是比点绕射还陡,不过比弧长 800 m 时来得缓一些。

可以推断,当弧长进一步减短时,弧形界面和平面的短反射段就没有多大的区别了。

2. 回转型弧形界面(回转波)

这里也举两例。图 38 中,炮点之左为一水平的 400 m 反射段,炮点之右为一弧长 400 m 的回转型弧形界面。在地下相切相连着。此时,水平段与回转段的各自衍射花纹及时距曲线见图的上方。可看出它们的能量极大都位于左边负 400 m 处,时距曲线互相交叉,将形成很复杂的干涉图形(波形尚未叠加)。

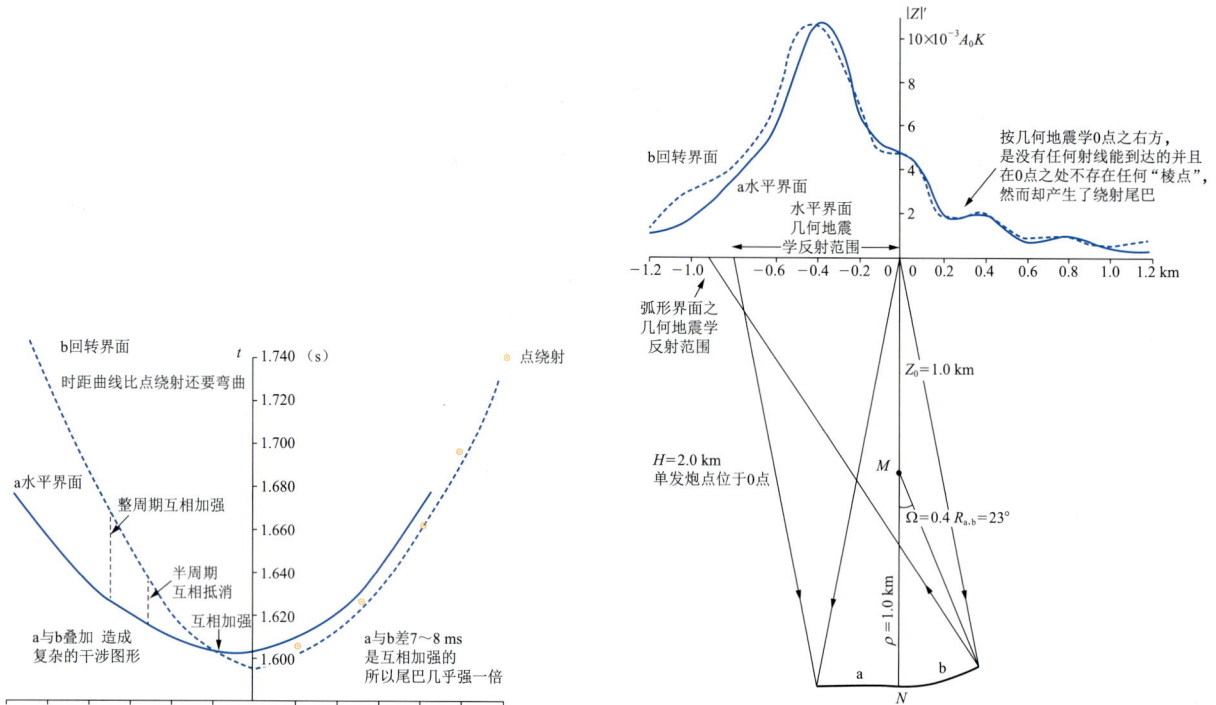

图 38　单边回转型弧型界面衍射花纹

几何地震学的方法只能假定这两个波都是等振幅的,然后相加,其结果当然是不准确的。此外,在炮点的右方,按说是什么波也收不到的。但实际上在右边却有着一条振幅几乎为一般情况一倍的强尾巴(是反射界面与回转界面共同产生的,由于它们的时距曲线很接近而加强起来)。

图 39 是反映一个对称的 800 m 弧长回转型凹界面中间放炮的情况。可以看出其时距曲线是比几何点绕射还要陡的。按几何地震学的反射边缘处振幅只有 30%,且到达时间比几何地震学的迟 6 ms 左右。

也可以推断,当回转界面很短时,其作用又逐渐变小,可以变成不回转的。

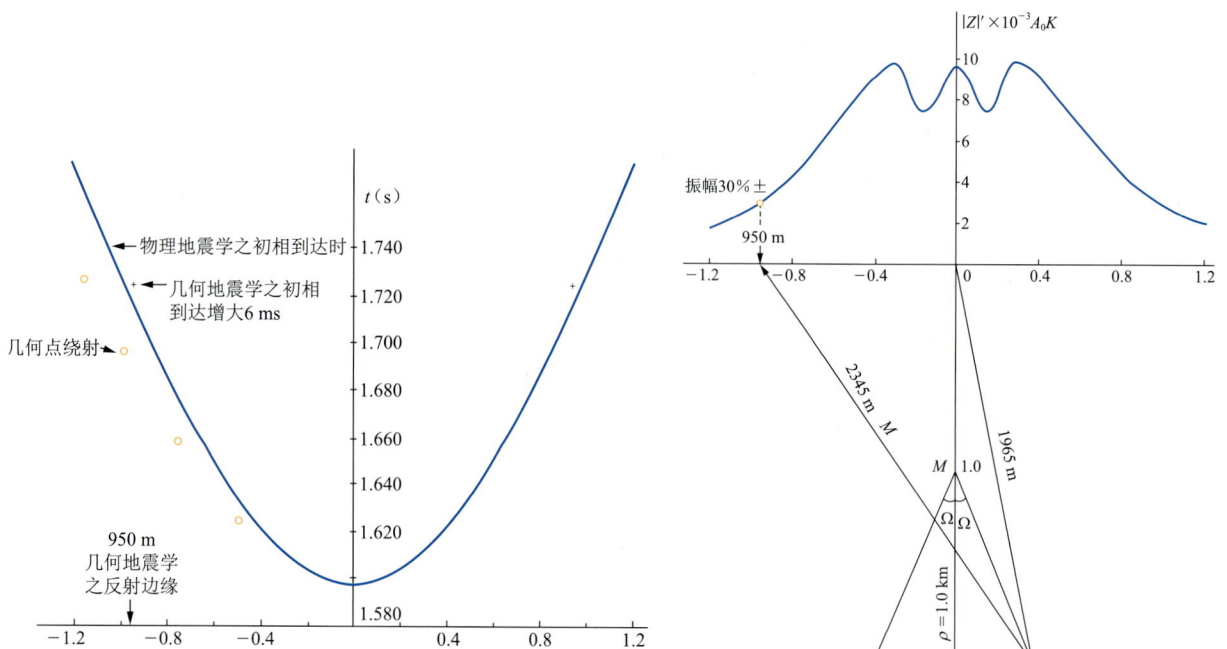

图 39　回转型弧形界面衍射花纹

3. 平缓向斜型弧形界面

图 40 上绘出 0 点发炮的(a)单边不对称的弧长为 400 m 及(b)对称的弧长 800 m 的平缓型反射段。并将单边的与 400 m 水平反射段的正常反射作了比较。可以看出,它们的时距曲线比水平反射段的正常反射的到达时间要早些。但未经动校正之前在记录上也并不向前弯曲(主体部分是接近平的)能量峰值较一般反射界面更强且偏向炮点,就是有一定能量的集中作用。

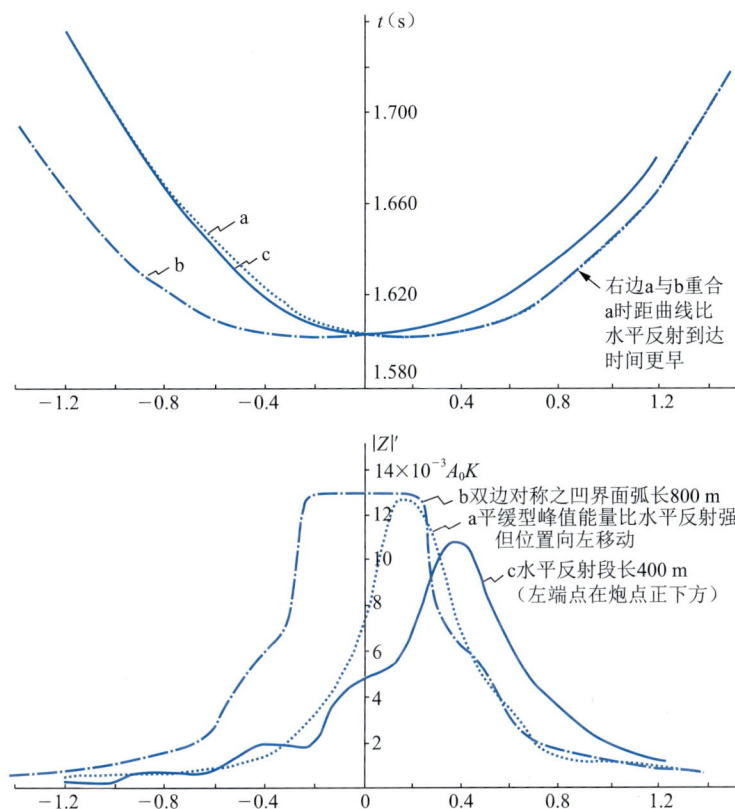

图 40　平缓型凹界面衍射花纹

经动校正后,同相轴会向前弯曲,能量偏移增强。不注意对比时,作图时会把界面画得比实际短得多。

4. 凸界面反射波

图 41 绘出了一个单边不对称的凸界面的反射情况,可以看出右边其时距曲线是介于绕射与反射之间的,而且能量是分散的,按几何地震学反射边缘将在 3.4 km 附近,而实际上振幅曲线的半幅点在 1.8 km 处。不注意时容易对长了,作图后太长。凸界面的时距曲线的最大弯曲程度也不会超过几何点绕射的时距曲线。图 42 是一个对称的凸界面和水平的反射段的比较,可看出凸界面能量是分散的。

5. 弧形界面的小结

图 43、44 是四种弧形界面与水平界面的综合比较,它们的深度都是 2000 m,弧长为对称 800 m 及不对称 400 m 的两种,从图 43 振幅曲线可以看出,(a)、(b)、(c)、(d)、(e)自回转界面变为凸界面时,能量由分散→集中(聚焦)→再分散,而时距曲线由超绕射(回转、聚焦)变至过反射(平缓型),再变到反射绕射之间(凸界面),箭头所示。由图 44 可以看出,不对称的弧形界面,其振幅曲线的强度分布,逐个向一边转移。

以上计算的都是单发炮点的情况。关于连续发炮剖面的曲界面仅计算了一个例子,就是图 45 所示的回转界面。从这个例子可以看到,在炮点附近的计算结果和前面说的单发炮点的情况是一致的。

从广义的角度来说,所有这四种弧形界面应该是正常的反射。它们也是由无数绕射所合成的。因此,也同样可以用解释正常反射波的所有逆解方法,把这种异常波收敛到地下的弧形界面上去。

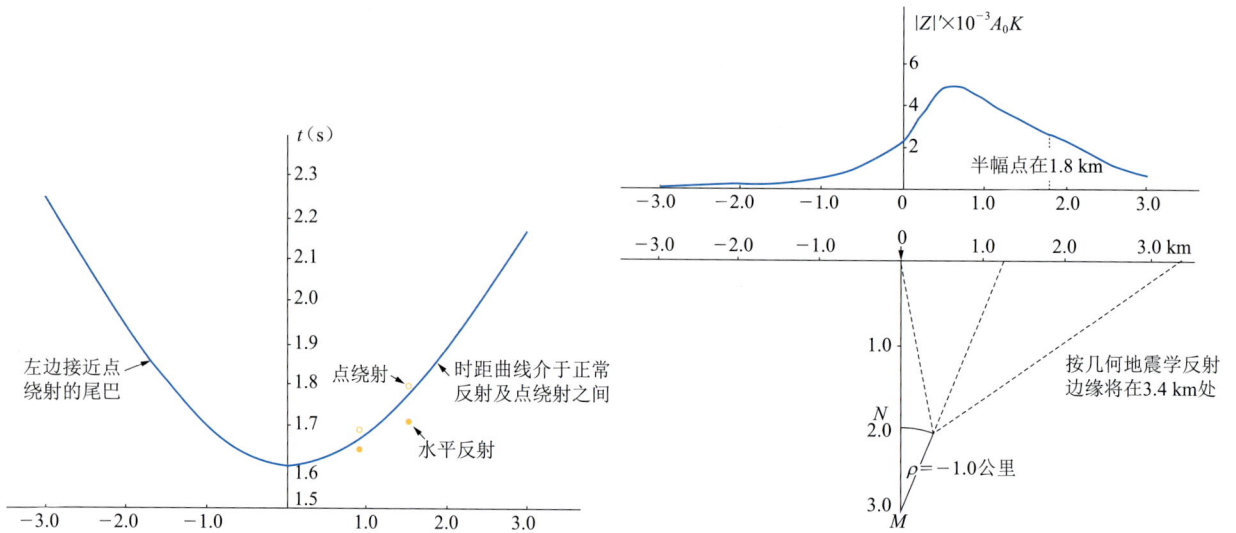

图 41 单边凸界面衍射花纹

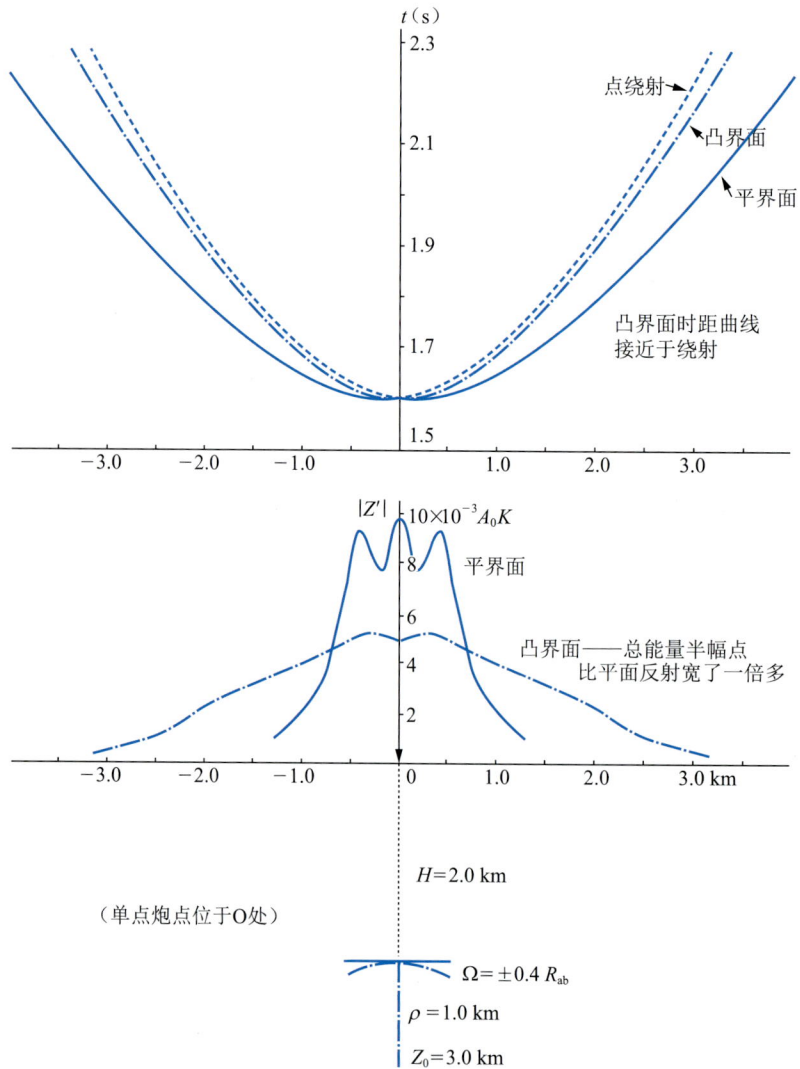

图 42 凸界面衍射花纹

图中文字内容：

t(s)

1.820

1.780

1.740

1.700

1.660

1.620

1.580

点绕射

回转型界面之间时距
曲线也比点绕射
更陡一些

聚热型凹界面
之时距曲线最陡
超过点绕射

ⓑ 聚焦型
ⓐ 回转型
点绕射
ⓔ 凹界面
ⓓ 平界面型　反射
ⓒ 平缓型

(超绕射)

(过反射)

平缓型凹界面
时距曲线最缓
超过平面反射

−1.6　−1.2　−0.8　−0.4　0　0.4　0.8　1.2　1.6

$28.0 \times 10^{-3} A_0 K$
$|Z|'$

26

ⓑ

聚焦型凹界面
能量集中半幅
点宽度约200 m

22

18

14

平缓型凹界面　ⓒ

回转型凹界面　ⓐ

10

ⓓ 平面反射段
$2a = 800$ m

8

凹界面

6

ⓔ

4

2

ⓐ

ⓓ

ⓑ　ⓒ

−2.0　−1.6　−1.2　−0.8　−0.4　0　0.4　0.8　1.2　1.6　2.0 km

a. $\rho = +1.0$ km　向斜小坳陷
b. $\rho = +2.0$ km　向斜小坳陷
c. $\rho = +4.0$ km　向斜小坳陷
d. $\rho = \infty$　水平界面
e. $\rho = -1.0$ km　背斜小隆起

N

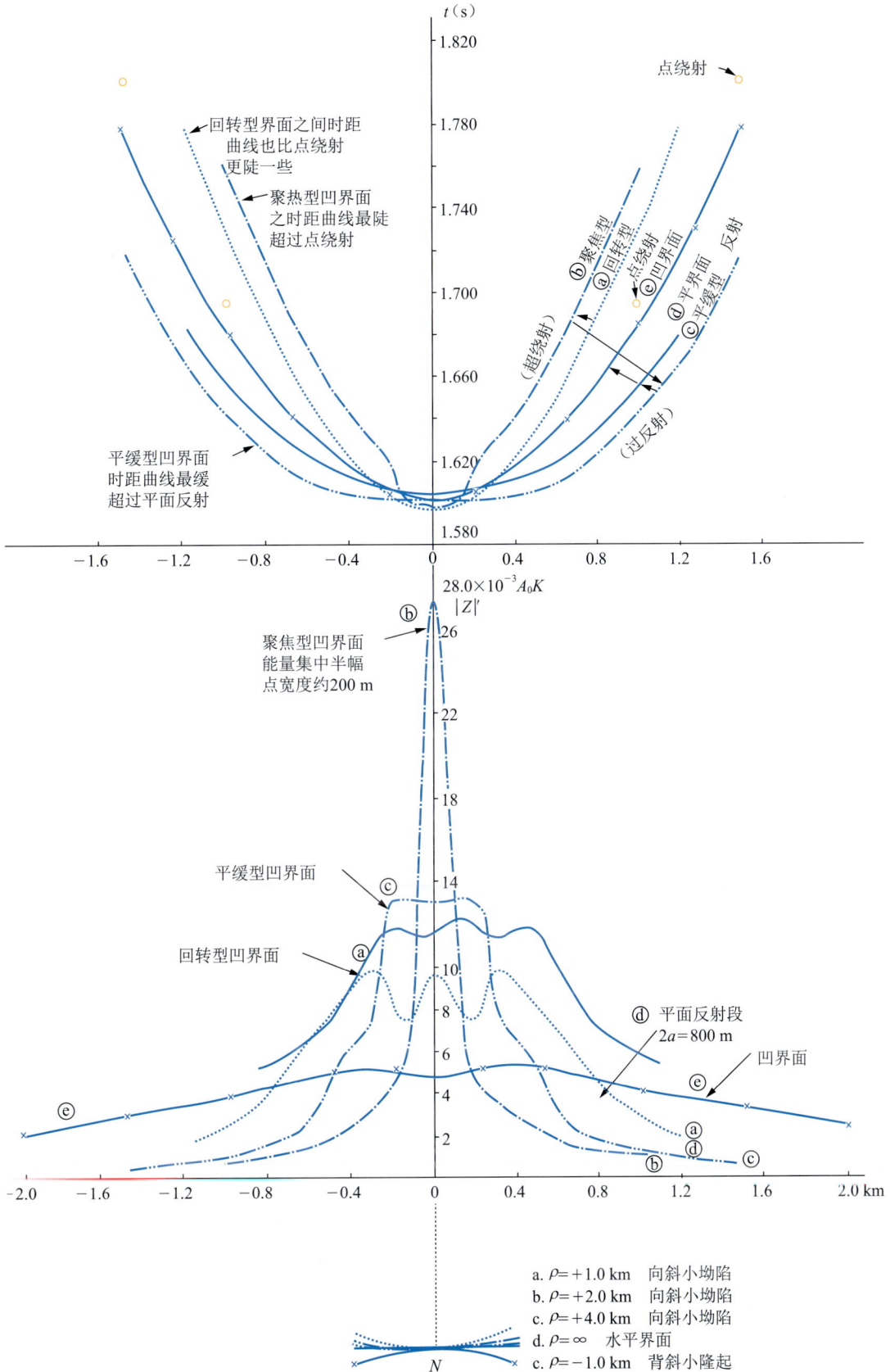

图 43　双边对称形各类弧形界面的衍射花纹

点绕射

回转型
a

聚焦型凹界面
时距曲线最陡
b 超过点绕射
c
d
点绕射

t（s）

1.780

1.740

1.700

1.660

1.620

1.580

点绕射

凹界面
e
a
回转型
c
点绕射
d
b
水平反射
平缓型凹界面
时距曲线最缓
超过平面反射

−1.6   −1.2   −0.8   −0.4   0   0.4   0.8   1.2   1.6

聚焦型
b
回转型
a

$14 \times 10^{-3} A_0 K$ $|Z|$
12
10
8
6
4
2

c 平缓型

d 水平反射界面

e 凸界面

−1.6   −1.2   −0.8   −0.4   0   0.4   0.8   1.2   1.6

−1.6   −1.2   −0.8   −0.4   0   0.4   0.8   1.2   1.6

M

N

弧长都是400 m

a. $\rho = +1.0$ km   问转型凹界面
b. $\rho = +2.0$ km   聚焦型凹界面
c. $\rho = +4.0$ km   平缓型凹界面
d. $\rho = \infty$ 水平界面
c. $\rho = -1.0$ km   凸界面

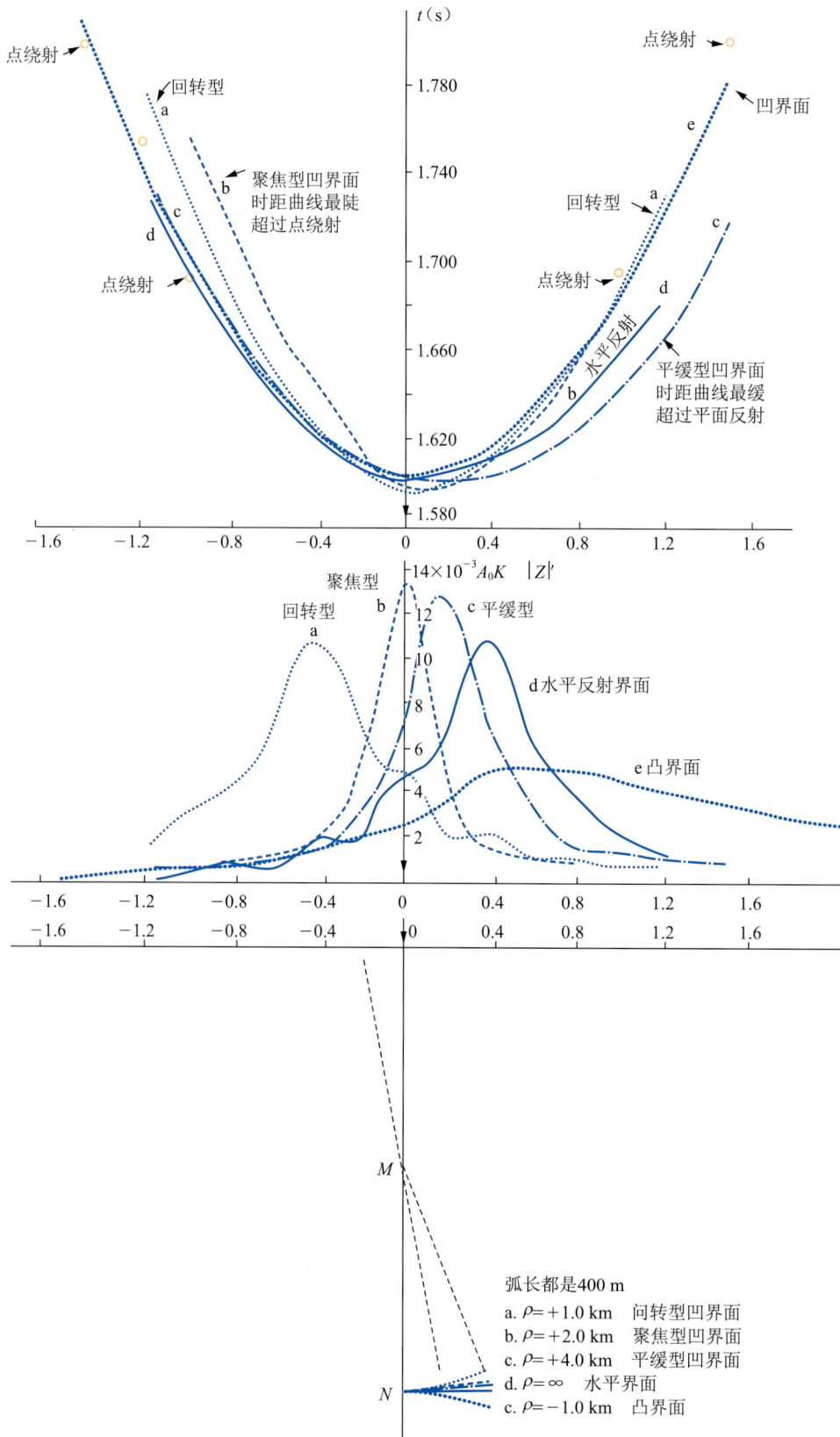

图44   单边非对称形各类弧形界面的衍射花纹

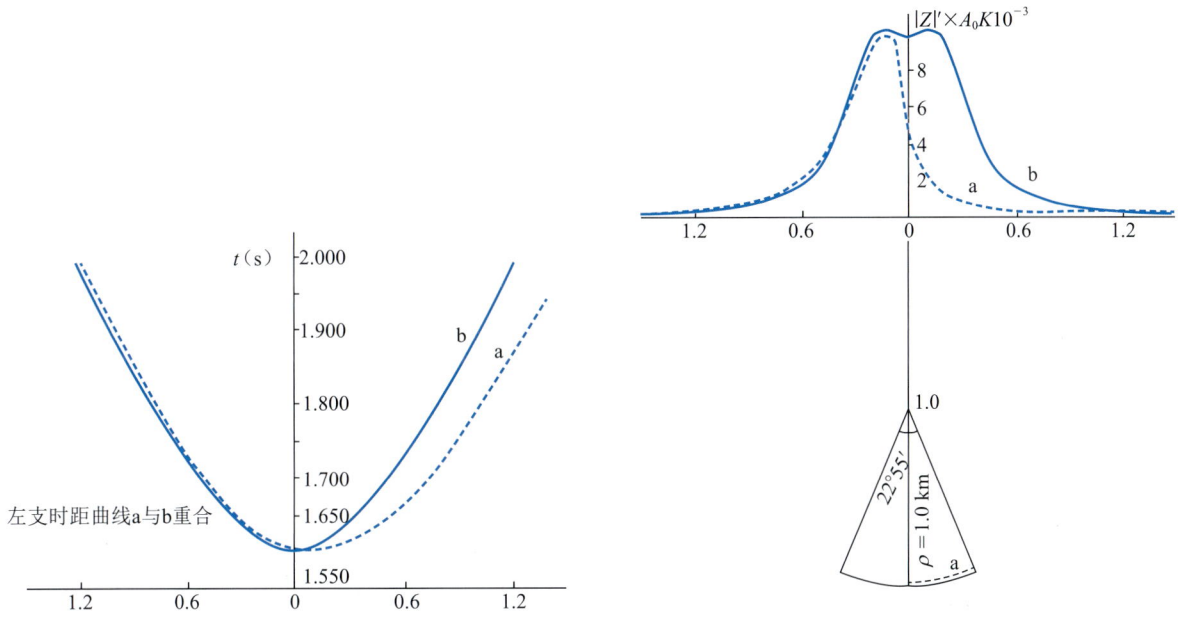

图 45　　连续发炮回转型凹界面衍射花纹

第一部分作图方法中所述的"法线反射点连线"的办法,同样也可以适用把这些波收敛到弧形界面上。只要 t_0 和 δt 的数据足够密。

最后提一下。地下任意复杂弯曲界面,总可以用几个弧形界面接起来近似地合成这个复杂面(背斜和向斜、各种挠曲和褶皱等),所以地下任何界面的物理地震学计算问题也可以解决了。

这里还要指出,弧形反射界面的弧长较短时(例如中层反射短于 400 m 时),其反射就逐渐和一个等效的平面反射波相差无几了。

这个等效的平面反射段,就是弧形段的平均产状和平均位置。也就是说,对于比波长小得多的小起伏,对衍射花纹的总效果是影响不大的。

例如过去有人用几何地震学的方法,计算过关于平缓的、周期型正弦形起伏的一种反射界面,名之为"粗糙界面"或"非镜面反射波"。用来解释粗糙的,经过侵蚀的不整合面的反射。得到了一些异常波的结论。从物理地震学的观点看来,只要这些起伏的幅度和水平变化周期的范围与波长相比相差无几时,这种粗糙面是起不了多大作用的,和光滑界面是不会有多大区别的。因此,几何地震学有关于不整合面的"粗糙界面"计算分析的结论,也将是存在问题的。

(五)关于异常波的初步结论

在我们野外记录上,经常碰到的异常波有两种;第一种是绕射波,它形成了我们记录的背景。并且经常在构造的南翼上出现一组南倾的异常波,北翼上出现一组北倾的异常波,这种异常波大多数是绕射波(这是因为在反向正断层的条件下,下棱绕射波尾巴容易表现出来的原因)。第二种是断面反射波和断面漫射波。它们往往与地层产状相反,并多数出现在 2 s 以后的深层反射中(作图后要偏浅)。回转波发生在大断层附近,在我们这里还没有遇到。因为本区地层褶曲现象不明显,只在较大的断层附近见到平缓上弯的局部凹界面。

通过对异常波的分析,我们看到以前对记录上的异常波只是过多地忧虑了,实际存在而比较麻烦的则是断层面的能量屏蔽作用。反射－反射波、反射－折射波、和折射－反射波存在的可能性很小。断面漫射波可称作一种异常波,而断面反射波,就可看作正常的反射波。弧形界面反射波简直应该称作正常波。绕射波更不用说了。它是合成正常反射波的基本单元。无疑这些异常波都是有用的信号。当我们使用绕射

扫描叠加法作逆解时,连异常的断面漫射波都会收敛到它的正确的位置上去。

因此,我们应该满怀信心地把开发地震工作提高到一个新的水平。

第三部分　干扰波的物理特征

D-Y 地区总的说来地表条件简单,干扰波不算严重,但是从我们要求在记录上消除假终断点的高标准出发,搞清什么是干扰,和如何获得好的记录却有着重要的意义。

这里讨论的干扰波是指地表附近产生的一些波。因为它不是来自地下的,所以纯粹是一种无用的干扰波。本文所涉及的干扰波仅是指平原地区所常见者。但本文所讨论的关于干扰波与有效波的本质区别以及检验方法,对其他地区也会有可参考的价值。

(一)传统的地震勘探方法陷入了盲目性

1. 问题的严重性

记录上有没有干扰波?这在传统的地震勘探工作方法中总是理解为记录背景大不大。同相轴套得好不好?同相轴出现的多不多?其实这三个标准有较大的片面性,它只是对简单地区才适用。一到复杂构造地区就说不清记录的乱是由干扰波所引起的,还是由于地下四面八方来的反射波的相互干涉所造成的,还是由于存在多次波或异常波,造成记录上的复杂现象。说不清同相轴套得不好是否由于地质原因应该套得不好,应该中断。也说不清记录上没有一根成轴的同相轴是否在该处地下就根本没有好的反射了。总之不知如何回答这些问题。

由于认不清记录为什么乱,认识不清干扰波的性质,曾经使我们多次陷入盲目的生产和盲目的试验。例如在记录不好的地方,为了使同相轴增多,使同相轴套得好,就使用较大的组合数和扩大组合总跨距,增加混波比,并尽可能使用窄频大陡度的滤波档。这样一来记录的"背景"似乎压下去了。但在这样做以后,往往还是同相轴不多并且套得不好,再怎么办?有时,这样做以后得到了一些同相轴,却又开始怀疑是否把地下本来不相连的同相轴组合后硬连起来了呢?是否把真正的断点抹掉了呢?由于这种怀疑,我们曾经在同一地区先用三个检波器工作一年,发现背景太大,于是再用七个检波器工作一年,又怀疑七个检波器的记录出假,第三年重新再用三个检波器生产。

为了追求获得较多的同相轴和套得较好的同相轴,几乎进行了一切可以做到的试验工作。在 D-Y 地区深井试验到 50 m,炸药量试验到 50 kg。组合检波方面,曾动员了五个地震队共同放五条大线,各放 $5\,m \times 12.5\,m$ 的 25 个检波器方阵。组合爆炸方面试过 5 口井的组合。并且试验了 6 口井(相距 100 m)的平面波前法。在观测系统方面试了离开排列,缩短排列、非纵测线反射法、双重追踪等等。总之一句话,唯恐有一种方法还没有试到。

由于对地震波的性质没有本质上理解,这种试验的结果十分令人失望,或者甚至矛盾百出不能自圆其说。例如:① 使用了平面波前法后 D-X 构造变平了,与钻井资料不符。② 使用了缩短排列后(300 m),记录上轴套得多,套得好些了,但一作图却连构造也不见了 [实际上缩短排列只是把普通记录上的中深层的半张记录的视同相轴放大成一张记录的轴,表面上好看而已,实际上还是视同相轴]。③ 双重追踪的两重记录上,一重说某处某波已中断,另一重记录上却表现不断,同时画到剖面图上既乱又矛盾,不知何所适从。④ 加大爆炸井深后,反而出现"虚反射",又多了一种干扰。⑤ 非纵反射和离开排列也高明不了多少。⑥ 搬来了新式武器"方向调节接收仪",结果也只是在剖面图上撒了一把火柴棍,看不出有何改进。⑦ 在怀疑有多次波的地方作了反向组合,却又出现了"炕席现象"。⑧ 自从磁带仪投入生产后,同一张记录回放了不同的滤波档,结果记录之间往往出现矛盾,到底该相信那一个档?……

所有这些问题并不是我们有意夸大矛盾,而的确是长期试验工作中每一个参加试验的人所冥思苦想而找不到解答的问题。

曾经怀疑记录上的中断都是断层所引起的，于是到处开断层（尤其在画直立断层的那几年），有时简直多到钻井中每发现一个断点，地震资料总可以说那附近还有波形的中断。这已经多到无法进行个别核对了。

曾经怀疑记录上的复杂现象是由地下来的反射波相互干涉所引起，因而使用干涉带分解方法到处分解，结果剖面乱成一片。不知说明什么问题。

又曾经怀疑记录上的复杂现象说明地下根本就没有良好的反射界面，于是就去找钻孔的超声测井资料，结果测井资料又总是实际存在着反射界面。

因此最后又怀疑我们所得的记录还不好（还是埋怨记录不好），但是有谁能在这样的记录上指出哪里是干扰呢？如何去掉这些干扰呢？直到现在还有些人认为干扰和干涉是无法区别的。所以当我们说好记录的条件之一是基本克服了干扰波的话，就会有人说你如何知道这记录上已经克服了干扰波呢？我们下面将指出干扰和反射波的相互干涉是可以区别的，记录上的干扰是有办法检验的。

1965 年我们曾经提过"记录要真实反映地下情况"，当时曾经引起了一场辩论，有人认为"真实"是不可能的，因为首先你不知道记录上哪是干涉、哪是干扰；其次仪器因素不同得到的波形就不同；其三你什么因素也不变，第二天到原来排列上再放一炮，记录就和第一天的大致相同而不完全相同，总是有差异，所以不能提"真实"两字。

我们在国外的文献上也可以读到类似的论据。例如地震记录的现代处理方法中都假设地震记录是一个"随机过程"，也就是在某道上某个时间的振幅可以是 3 也可以是 5。因为干扰是随机的变数〔我们下面将要指出有些干扰（侧面高速干扰波）是不能当作随机的变数〕。

所有这一切，说明在地震勘探领域中，一方面由于人们遇到的问题本身相当复杂，暂时还没有找到简单的答案，使人陷入盲目性；另一方面是由于我们思想上的主观唯心，往往开始时是沿用教科书上和国外文献上一般对付简单地区的干扰波调查方法，或者照搬一般简单地区改进记录的方法措施。当这些方法不灵的时候，又陷入了不可知论，认为干扰和干涉无法区别，因而找不到改进记录的方向。最后结果是大家对什么是好记录一直没有明确的概念。直到最近还有人提好记录的标准首要一条是：浅、中、深层反射标准层层次齐全，标准波突出。没有想到在复杂断块区有些地方就不可能有反射波齐全而突出。

2. 过去的干扰波调查方法和判断干扰波的标准

教科书上讲过一些干扰波的调查方法，例如用 120 m 小排列（道距 5～10 m），采用小炸药量、土坑炮、不滤波、不组合、不混波。这样的办法可以看到一些干扰波，主要还是各种面波，其次是声波和各种浅层折射。根据这种调查结果，往往得到错误的结论，以为我们普通排列的中深层的干扰波主要的就是面波，计算所得的视波长在 8～12 m 范围内，于是克服干扰最好采用小组距（例如三个检波器距离为 4 m 的组合）。谁要是相信这个结论，他一定会在实际工作中上当失败。大量的野外试验记录告诉我们，小组距的组合检波的效果是很差的。所以，由于理论和实际相脱离，这种干扰波调查方法已经被人所怀疑，甚至有人连各种组合方向特性曲线的理论计算都不相信，还是来个经验主义：10～12.5 m 的组内距最好！事实上也的确如此，但是为什么呢？说不清。

我们认为这种调查方法的缺陷在于：第一，它的激发条件和我们生产记录的情况是不同的。大家知道炸药在潜水面上爆炸和在潜水面下爆炸是有原则不同的。土坑炮小药量爆炸时，总是有利于产生各种表面波和声波，而在潜水面以下用生产药量爆炸时，这些波大多数情况下退居到次要的位置。而由一种次生的干扰波（下面将要谈到）来占据重要位置。第二，过去的这种干扰波调查方法对研究从炮点出发的规则干扰是有效的，而对说明"无规则干扰"方面是无能为力的。再说，判断记录上有无干扰或者比较不同组合形式克服干扰的效果时，用的老一套办法是统计同相轴的数量和同相轴的品质或统计噪音背景的大小。国外文献上也是如此。这三个标准对简单地区是可行的。但在复杂地区是否同相轴套得多才是好的记录呢？是否套起来的所有轴都是有效波呢？我们下面将要证明有一些同相轴它们看起来很好，但实际上是侧面来的高速干扰波，是我们的"敌人"。所以如何判断记录上的干扰波是一个以前没有明确的问题。由于这个问题没有明确，就始终说不清复杂地区记录不好是地下情况决定了应该没有好的同相轴，还是由于野外记录方法不对，没有克服干扰，因而有效波没有显现出来。常常出现两种情况：一种是把地下情况的复杂性当成记录试验不过关，而在一个地区长期地苦苦地追求获得几大层标准层，结果是试验多少年也不过关。甚至有时自己手里拿了好记录却不认识它，还去寻求"好记录"！（这不是可笑的，因为就是不认识）。有时为了证明一个地区的确不能获得"良好"的反射记录，就只能把一切有条件试验的工作方法和所有的新技术全部做一遍。并且做完了却又常常不能下肯定的结论。第二种情况是在另一些地区把当时能做的各种方法，十八般武艺全都试遍后，得到这个复杂地区深层没有反射标准层的结论。但过了几年又发现实际上深部存在着反射标准层，而只是当初干扰波没有被克服。所以干扰波和有效波的本质上的区别到底在什么地方？如何识别？如何判断？这个问题是个十分重要的问题。

为了解决识别记录上的干扰波，我们提出了一些检验方法，在介绍这些方法之前，需要把下面几个基本问题交待一下。

（二）关于干扰波的基本概念

1. 干扰波和反射有效波在频谱、视波长、视速度和记录上出现的位置等四方面的情况

参看图46-（1）-（4），它们清楚地表明了干扰波和有效波在上述四方面的各种特点。图中所指出的一般规则干扰波在前人的研究成果中已经作了充分的说明，本文不再赘述。这些规则干扰还是比较容易克服的，因为它们在视速度和视波长范围内与反射有效波有明显的区别。

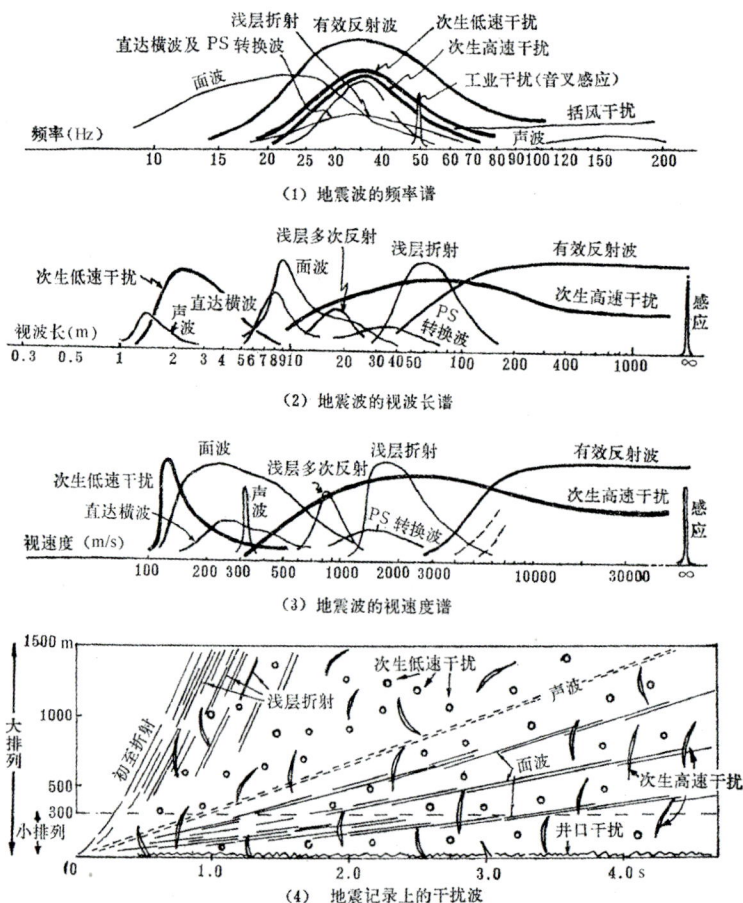

图 46 干扰波的特点

（次生高速干扰及次生低速干扰几乎布满整个记录，无法避开）

请大家注意,有一种次生低速干扰和一种次生高速干扰,它们在频率域中与有效波是不能分离的,在视速度和视波长领域中次生高速干扰又和反射有效波难分难解。在记录上出现的位置方面这种次生干扰却可以占全部记录的任意一个角落。这种次生干扰波就是我们经常认为是"无规则干扰"的那一部分(它实际上还是有一定的规律的)。它们是地表附近各种地物障碍物(沟、坝、公路、树木、电杆、房屋建筑物及小山包等等)以及地表岩性不均一性所造成,又是由反射波、面波或各种折射波所激发的。它是一种我们不熟悉的干扰波,却又是我们真正的劲敌。

但是关于它的性质容我们逐步在下面介绍给大家。

2. 干扰波的最大真速度和有效波的视速度范围有着本质的区别

仅从上面四张图上,我们一定以为干扰波和有效波就无法区分了。至少是次生高速干扰和有效波是无法分开的了。不然,实际上它们还有一个根本的区别,这个区别在于:干扰波是从地表附近横着传播的。有效波是从地下垂直来到地面的,它们的这个根本区别就造成了我们识别区分它们的条件。我们认识到干扰波的传播真速度不会超过浅层结构中最大的纵波速度,就好像一个地面上的人的行动速度不会大于他所能乘坐的地面最快交通工具(例如汽车、火车)的速度一样,这个道理是很简单的。大家知道在沙泥岩沉积的浅层地表结构中纵波的最高速度一般是不会超过 2000～3000 m/s 的,因此干扰波沿着地表传播的真速度也不会大于此数(浅层结构中如有高速层存在时,则最高真速度也不会大于 6000 m/s),浅层结构中纵波速度也可以用折射波法或超声测井资料求得。

我们再看反射有效波的情况:反射波来自地下深处,其真速度(此处即平均速度)虽然也只有 2500～3000 m/s,但到地面测线上的视速度却总是很高的。图 47 是华北地区反射有效波不同埋深,不同倾角时,在记录上反映的视速度和斜差 δt 的对照列线图,由图可见,如果地层倾角不大于 30° 的话,有效波的视速度普遍是大于 6000 m/s 的,因此和干扰波就有了原则的区别。如果考虑到我们的记录需要包括接收 60° 的断面反射波或者地层本身陡到 60°,则反射有效波的视速度也至少在 3000 m/s 以上。

干扰波是沿着地表传播的,当次生干扰波正好位于测线的延长线上,如图 48 中 A 处,则测线上记录的干扰波视速度 V^* 正好等于其传播真速度 V_n^A。当次生干扰源位于测线的一侧时,如图中 B 处,则到达测线上记录的视速度 V^* 将是 $V_n^B/\cos\alpha$,其中 α 是干扰波到达测线处与测线之夹角。因为 $\cos\alpha$ 总是小于 1,所以视速度总是大于真速度。在侧面来的干扰波 $\alpha=90°$ 时,$\cos\alpha=0°$,V^* 就等于无穷大。所以次生干扰波到达测线上的视速度可以等于或大于其真速度以至无穷大,它有着广泛的视速度范围,但它总是在地面的某一个方向上会暴露出它的传播真速度。这就是它和反射有效波的本质区别。因此图中对于干扰源 A 可采用平行测线的方向的检波器组合克服之。如果干扰源既有 A 又有 B,甚至各个方向都来,那么只有用检波器的面积组合才能克服它。

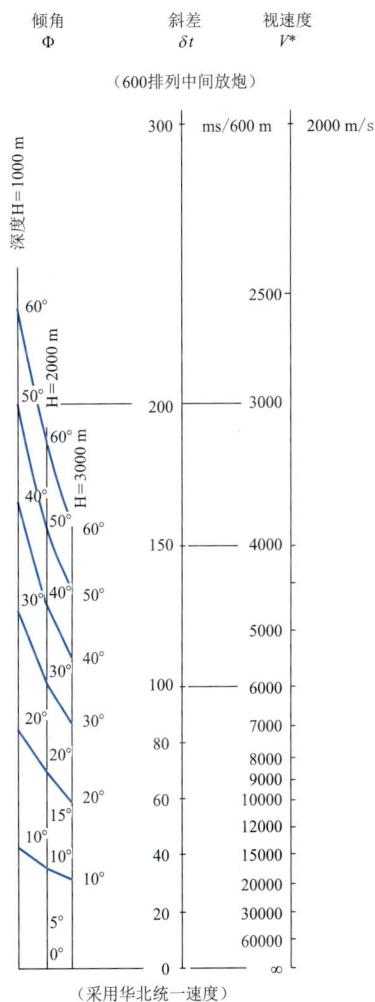

图 47 有效波视速度和斜差对照列线图

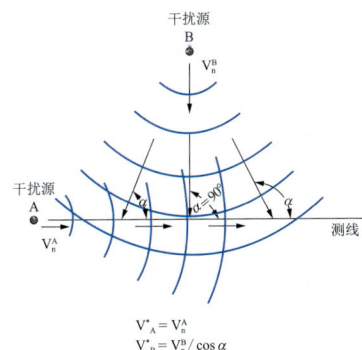

图 48 干扰波的视速度

435

3. 用生产条件下的半排列对比方法检验干扰波

下面我们将主要采用半排列对比法来研究、判断干扰波,即用记录道的前排列 1～12 道与后排列 14～25 道野外重合后,作相对应的比较。这个方法的优点是:① 爆炸井深和药量完全和生产的因素相同,因而研究的干扰波始终具有实际的意义。② 前排列和后排列完全是同一炮所接收的,排除了激发条件不同造成的试验因素不单一性。③ 前后排列都采用总距不大于 50 m(或 100 m)的组合检波,此时前后排列的相应波形对有效波具有重复性,对干扰波不一定具有重复性,凡是不重复的地方就必然是由干扰波所引起的〔因为如果有效波的视速最小为 6000 m/s,对总跨距不超过 50 m 的组合来说,有效波到达各检波器最大的时差不超过 8 ms,可以证明 3 个以上的检波器组合,组合后有效波的畸变将是十分小的。例如 5 个检波器 12.5 m 的直线组合,只是压制那些视速度小于 5000 m/s 的干扰波,即记录上的斜差 δt 约为 120 ms 的波压到 70%,对水平中层反射波来说,只是压制了它绕射尾巴上第三张记录的那一部分,因此影响是不大的〕。

(三)干扰波检验方法

1. 次生低速干扰的发现与研究方法

D-Y 地区试验干扰波过程中,开始时用了老一套的小药量浅坑爆炸,试验中总是获得面波。我们没有轻易地相信这个结论,而是进一步采用了潜水面下的放炮方法,当这样做以后,发现道间距为 5 m 的记录上一片混乱,面波不是主要的了,而是杂乱无章的不规则干扰为主的情况。我们坚信所谓不规则干扰并不是它本身没有规则,而只是问题比较复杂,规律还没有被我们所掌握。就每一个干扰波来说,它必然是以一定的速度沿地表以一定的规律传播的。我们想到如果道间距进一步缩小将有助于认识干扰波的规律性,于是我们将道间距逐步缩小,最后小到 0.5 m,整个排列长 12 m。此时发现记录上出现一组视速度为 110 m/s 左右的低速干扰波,这种干扰波在反向组合(两个检波器反向组合距 0.5 m 或 1 m)的记录上显示更清楚。分布范围几乎遍及整张记录。后来发现这种波的发生与地物有关,尤其是小沟渠、房屋建筑等。曾在一条一米宽的沟边得到明显来自小沟渠的这种干扰波,如图 49 所示。后来在大沟大坝边上放排列却也并不明显地加强,原因是这种波的视波长只有 2.5 m,宽度大于 1 m 的沟或坝其总能量并不增加。因为干扰源相距半波长时还互相抵消。此外这种波的衰减很快,每传播 7 m 左右振幅下降到一半。所以起决定因素的是检波器附近的地物障碍。这种波的振幅平均为反射有效波的一半左右。井架边上的这种波特别强,在正向记录上成组的出现(图 49)。它并不是从炮点出发,例如炮点距为 200 m 时,这种干扰波还可以产生在 0.2 s。如果从炮点出发,则速度为 110 m/s 时,需要 2 s 左右才能到达出现。因此它是由爆炸后的反射波(或折射波)所激发的次生干扰波,可以证明无论炮点位于排列那个方向,都有这种波产生,它是来自排列四面八方的。

对这种波的性质我们认为是次生的直达横波。因为它和地面的直达横波的速度一样,地表直达横波的质点振动方向是垂直于地面的,因而正好能为我们野外垂直检波器所接收。这个波其实我们以前早就见到过,它是我们做一致性的老冤家,不过一直不认识它。大家知道,在每月检查检波器和道一致性的时候,虽然一百多个检波器埋在不到 1 m 宽的坑里,收到的 25 道的同相轴常常出现弯曲和相位分叉合并,有时有些野外队不得不坐汽车到很远的地方去做一致性检查,因为他认为家门口没有放好一致性的地方。其实就是这种低速干扰波在捣蛋,它的视波长只有 2.5 m,只要水平距离差 1 m,就要转移半个相位。所以野外检波器埋在不同的地点就收到不同的相位与振幅。这种波到达相距 25 m 的两个道的时间需要 10 个视周期,并且迅速衰减了,因而它造成了所谓随机干扰的概念和得到了不规则干扰的称号。在生产条件下的主要低速干扰就是它,其次才是各种表面波。

2. 生产条件下低速干扰的检验方法——"错开排列法"

我们感兴趣的首先不是证明有面波或什么波的存在,我们的目的是克服干扰,需要了解在生产的条件

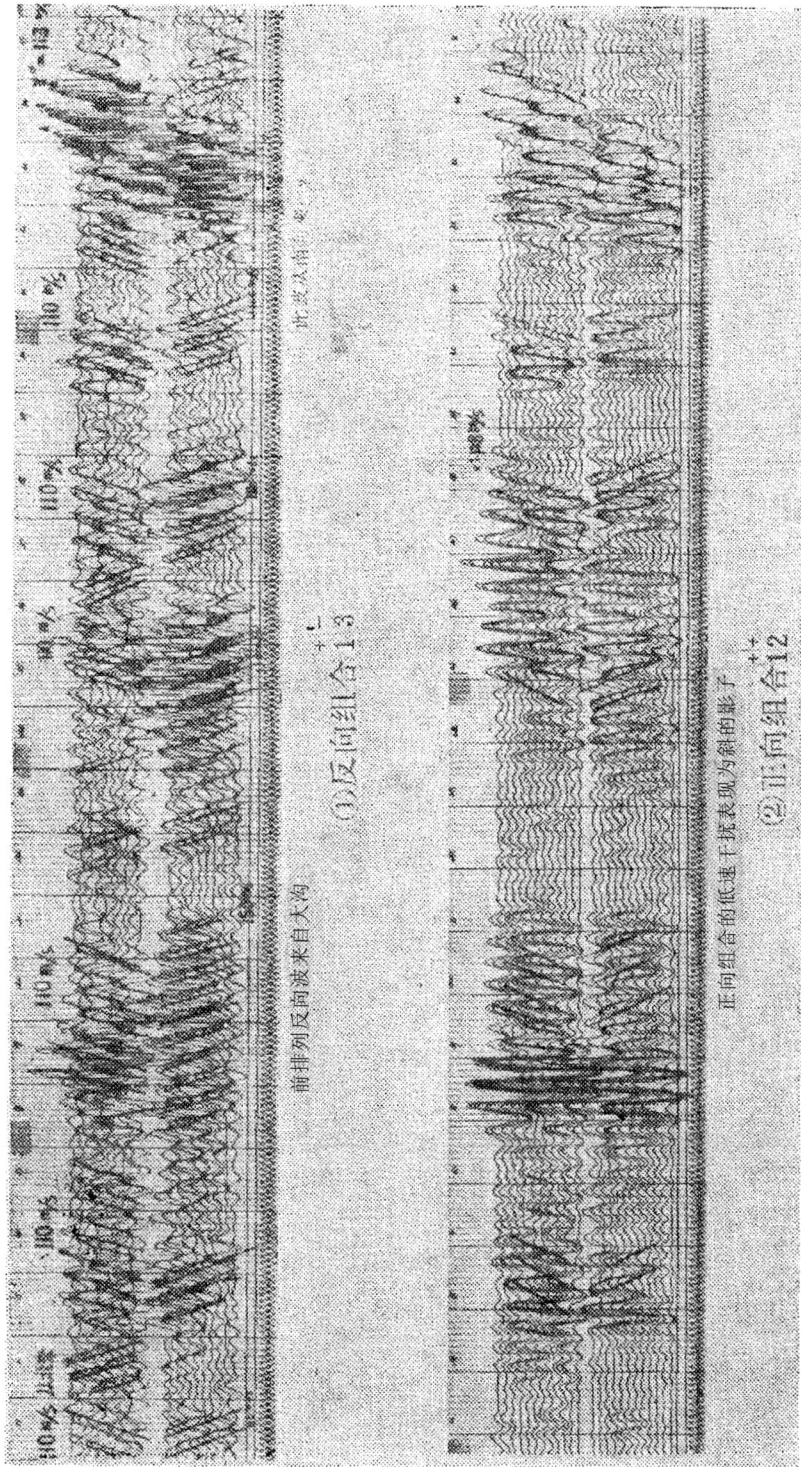

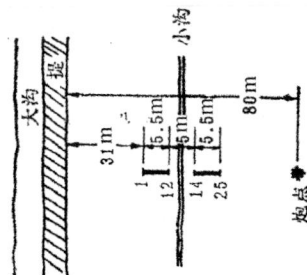

图 49-1　小沟产生的低速干扰波记录

野外单个检波器接收，道间距 0.5 m，室内回放滤波：高大 2- 低大 2

③ 反向组合

④ 单道回放

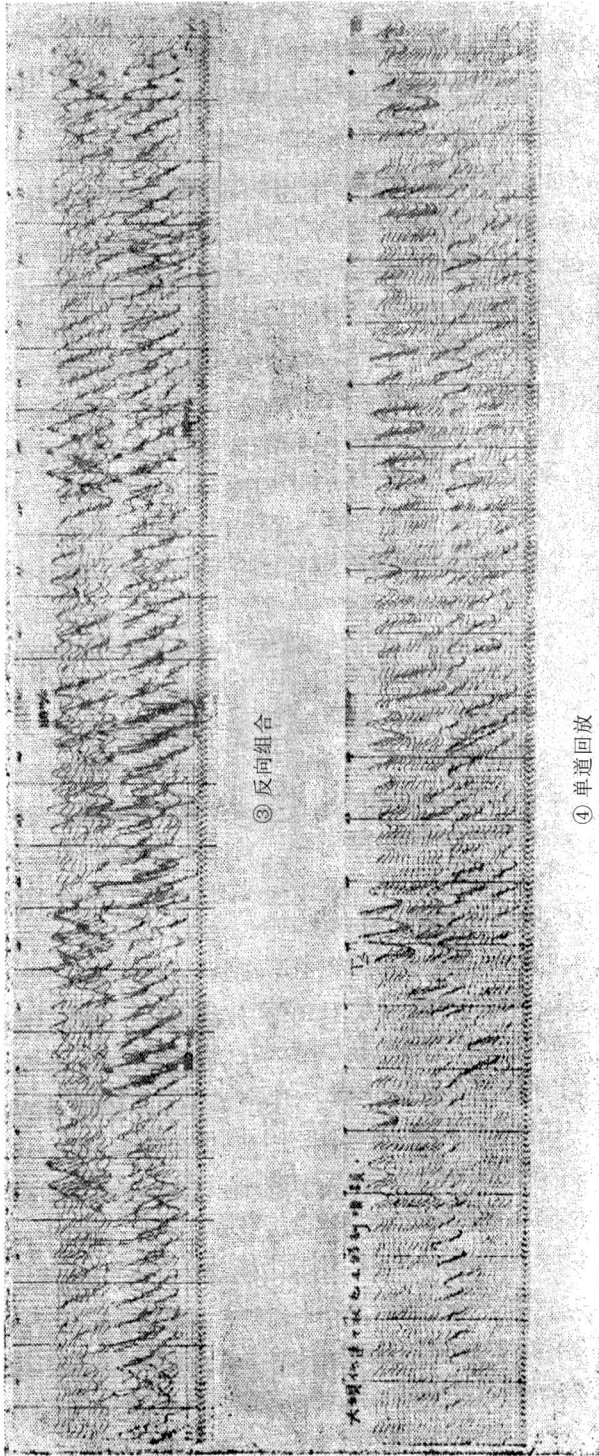

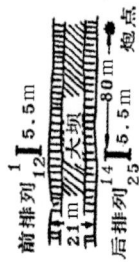

图 49-2　大坝产生的低速干扰波记录

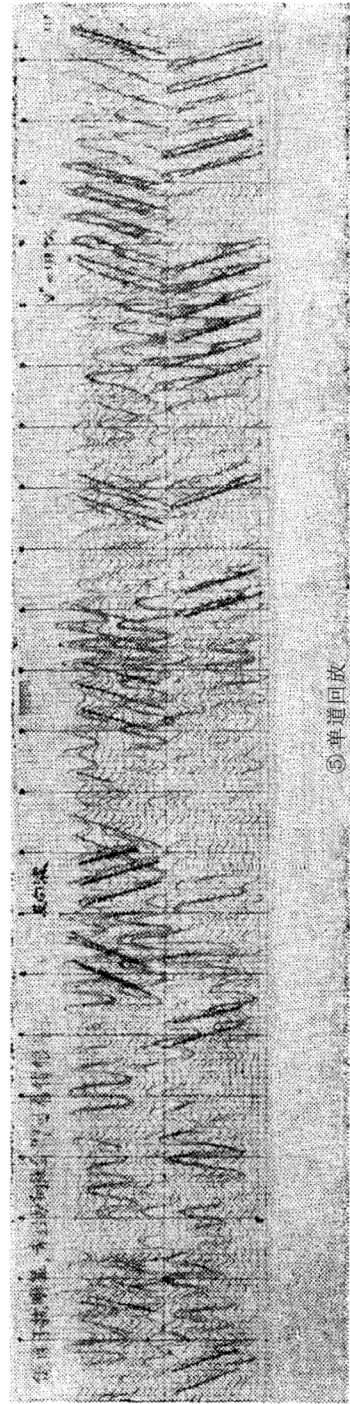

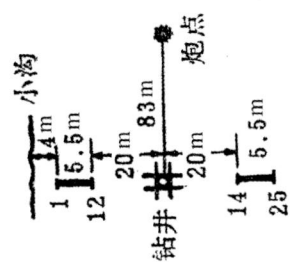

⑤ 单道回放

图 49-3　井架产生的低速干扰波记录

下记录上还有没有干扰,还有多少和如何克服它。关于低速干扰可以采用如下做法:

首先对仪器做好放大器及道一致性,保证检波器埋在一个坑中时波形振幅一致,并对磁带的质量作噪音底数的检查(51 型仪器就不必了)。然后把排列拉到工区的试验点上,采用你的生产因素(爆炸井深、药量、组合数、组合距及道间距不变),将前排列折叠过来和后排列统一错开 4 m 或 6 m(如图 50),即第 1 道离开第 25 道 4 m,第 2 道距 24 道 4 m……,第 12 道距 14 道也是 4 m,13 道不接。并用一组大线插头将后排列次序颠倒过来再进入仪器,即第 25 道当成 14 道,24 道当 15 道……。为的是记录便于和前后排列对比。

放炮后回放因素就采用工区的生产因素,对图 50-(3)获得的记录可作如下判断:

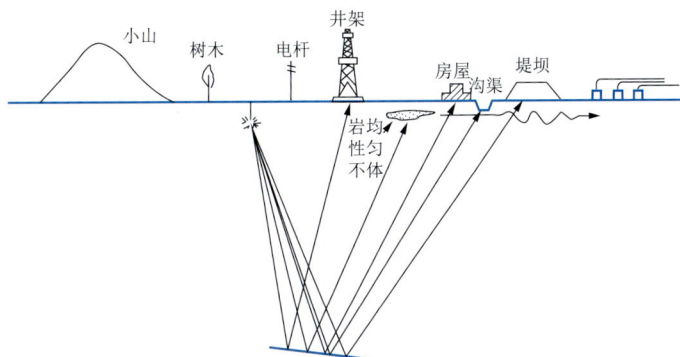

(1) 低速干扰波产生示意图

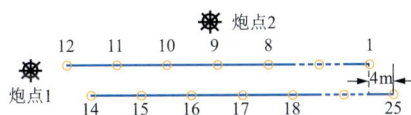

(2) 野外排列的实际布置

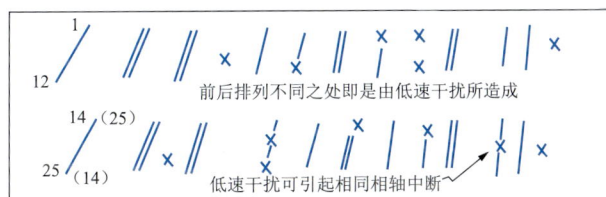

前后排列不同之处即是由低速干扰所造成

低速干扰可引起相同相轴中断

(3) 记录的分析方法

图 50　检验低速干扰的错开排列法

前排列与后排列的对应道距离只差 4 m,对有效波来说,最低视速度为 3000 m/s 的话,也只不过差 1/2 ms 左右,又是同一炮所记录的,所以对应道有效波波形应该完全相同,前后排列所有不同之处都是由低速干扰所造成的。低速干扰的主要危害是造成同相轴的假中断点。

图 51 是一张实际记录,道的一致性是前一天做完的,野外采用 3 个检波器 12.5 m 直线组合,回放时使用 50% 混波。可以看到这种低速干扰还是相当严重的,它使某些同相轴人为地中断了(注意图中打框框处)。对这种严重性可作如下阐述:我们如果把前后排列看成是两次放的记录,那么,只要测量组两次测导线时桩号移动 4 m(测量系统误差)或者野外放炮时井的位置任意移动 4 m,就可以获得两张不同的记录,第一张记录上告诉我们某同相轴是相连的,另一张记录上却说那个同相轴是中断的!有人说,那么只要测量位置没有误差就行了。不是的,图 51 中,前后排列上遇到的低速干扰是机会均等的,问题不在于测量距离的这些小误差,而在于我们工作方法还不足以克服低速干扰。事实证明,只要我们的野外检波器增加到一定数量或者在回放组合上使用到一定程度,这种低速干扰就可以被克服,并且前后排列可以获得很好的重复性。我们这里的情况是需要野外检波器数量达到 8 个以上(组合形式不是主要的),回放组合达到 3～5 道组合时,就可以克服低速干扰了(普查时不一定按此标准)。

附带说一句,这个检验方法前后排列波形的不一致性不排斥还可能是由于野外检波器埋置条件差别所引起的。在平原地区,只要不是检波器埋得特别不负责任,检波器不是松动摇晃地插在地上,那么对波形的影响是不大的。此外,实际上我们也可以把野外地表埋置条件的不一致性也当作一种干扰包括在这个试验对有效波重复性的要求中,并用此法求得野外生产中克服干扰所需的检波器个数。

3. 高速干扰存在的证明及其性质

我们曾用克服低速干扰的小组距组合检波(例如半径为 1.5 m 的圆上 7 个检波器面积组合)放一个全长 6 m 或 12 m 的小排列,便得到接近一致性记录的波形,说明低速干扰已基本克服,有效波和高速干扰在全排列上是接近同时到达的,所以波形一致了。

然后再用同样的组合形式放普通生产排列,(即道距 25 m)发现波形就较乱了,说明低速干扰克服后,仍然有另外一种高速干扰存在着,它也明显地影响着记录的质量。

高速干扰的规则干扰波主要是一些浅层的折射波,它们自炮点出发,t_0 值不大。在离炮点距离大于五、六百米时,更是成组地出现,在近炮点处浅层折射波一般只影响到 0.2 ~ 0.4 s,不会影响我们中深层反射有效波。

但是次生的高速干扰波却造成很广泛的干扰区,几乎从浅到深全部记录上都能碰到它,其振幅强度按统计约为有效波的一半,它也不是从炮点出发,而是来自四面八方的。因此,它参与了所谓不规则的一个组成部分。但是这种波不能看作是随机的,实际上它也不是没有规则的。

关于次生高、低速干扰波形成的原理尚没有仔细研究,我们初步的分析是这样的:反射波到达地表后,使地面产生振动,地面上任何不均匀性和地物障碍就受到激发而等于对地面作"敲击"动作,例如一间房子,它的重量就有几吨重,它"敲击"的力量是很可观的,一个堤坝的重量也是相当大的,一个山包就更不用说了,无疑它们要跟着反射波的到达而作不均匀的"敲击"动作。实际经验也告诉我们:当我们站在排列上,放炮时人的身体感到在动,仪器车也明显地振动起来,这些都等于对地面作某种"敲击"的作用,于是在近处就产生次生的直达波和面波,远处产生次生的折射波(见图52)。由于我们的检波器只能接收振动的垂直分量,所以对直达波来说只能收到它的横波部分(直达纵波的质点振动方向刚好是平行地面的,是接收不到的),而对折射波来说主要是收到它的纵波部分(因为在低速带中纵波的首波几乎是垂直振动到达地面),次生的表面波和折射波也能收到一部分。这些波种类繁多,个数太多又来自不同方向,就造成了极大的复杂性。一个个把它研究清楚是极困难和不必要的,我们的目的只是要了解它的基本特性和检验对我们生产记录的影响程度。

4. 高速干扰的检验方法——"重叠排列法"

检验高速干扰的办法很多,但这里介绍一种结论比较明确的方法,我们叫它"重叠排列法"。将大线的前后排列折叠起来,如图53(两根大线在野外相距 0.5 或 1 m)第 1 道正对25道,12道正对14道,13道不接,同样地,后排列用倒向插头把25道与14道颠倒过来再进入仪器,便于回放对比。

前排列使用接近于直线组合的小面积组合(例如沿大线方向 3 × 12.5 m,垂直大线方向 4 × 1.0 m,共 12 个检波器)。

后排列使用沿大线方向相同点数的大面积组合(例如沿大线方向 3 × 12.5 m,垂直大线方向 4 × 12.5 m 共 12 个检波器的长方形面积组合)。

用生产因素放炮后,对获得的记录可作如下分析:

(1) 由于排列是重叠的,前后排列对应道的有效波应该波形完全重复一致。

(2) 由于采用了较多的检波器,例中每道 12 个检波器,低速干扰已被克服(克服低速干扰所须的检波器个数第二节中已经讲过),因而造成前后排列波形不一致的地方无疑是高速干扰所引起。

(3) 前后排列在沿大线方向的组合形式是一致的,只是垂直大线的方向组合形式不同,前排列在垂直大线方向的组内距是 1 m,它不能克服侧面来的高速干扰,而后排列对克服侧面来的高速干扰是较好的。

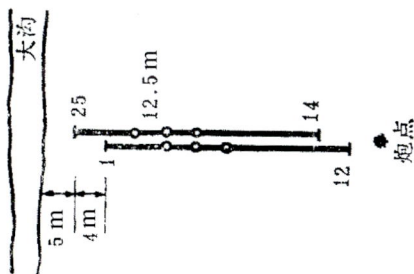

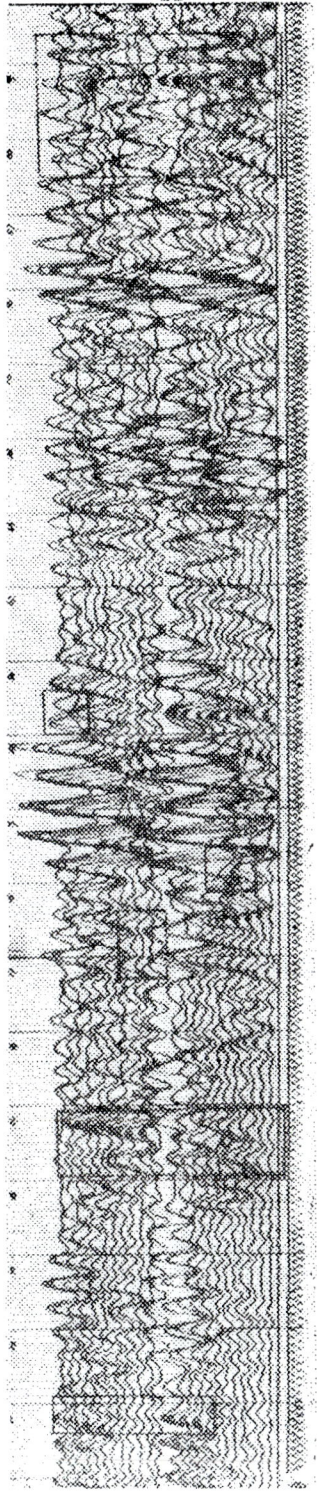

图 51　检验低速干扰的实际记录

野外半个排列长度为 300 m，前后排列沿测线方向错开 4 m，3 个检波器直线组合，组内距为 12.5 m
室内回放 3 道组合：1⁺2⁺3⁺，滤波：高大 2－低大 2

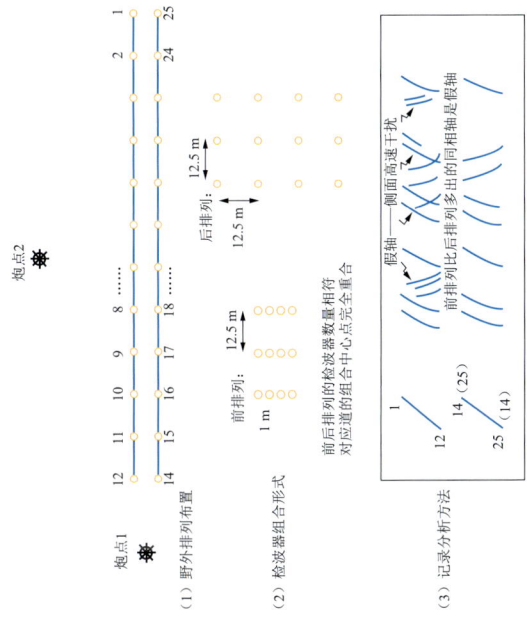

炮点2

（1）野外排列布置

前排列：

后排列：

12.5 m

12.5 m

1 m

（2）检波器组合形式

前后排列的检波器数量相符
对应道的组合中心点完全重合

（3）记录分析方法

假轴一侧面高速干扰

前后排列比后排列多出的同相轴是假轴

图 53　检验高速干扰的重叠排列法

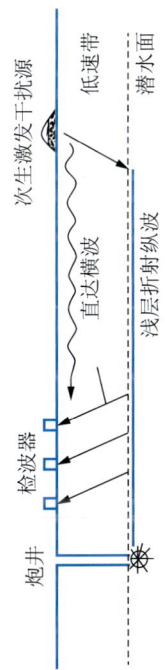

次生激发干扰源

低速带

潜水面

直达横波

浅层折射纵波

炮井

检波器

图 52　干扰波的性质

所以凡是前后排列不一致的地方,后排列较为真实,如果前排列有一个轴而后排列上没有,那么这个轴是假的,它是干扰,是侧面来的高速干扰。

这样我们就把高速干扰拉出来示众了,图54就是一张野外实际记录,可以看到前排列上出现不少假轴(框内)。后排列才是比较真实的(该处位于构造轴部屋脊处,是应该没有反射强波的),在1⁺5⁻反向组合回放记录上也可看出后排列较前排列平静得多。图55是野外面积组合生产记录与直线组合生产记录的比较,也可以看到直线组合记录上出现不少假的同相轴在面积组合后消失了。这是在一个凸起构造上的记录。2.2 s以后是前震旦纪结晶基底,是应该没有反射的。

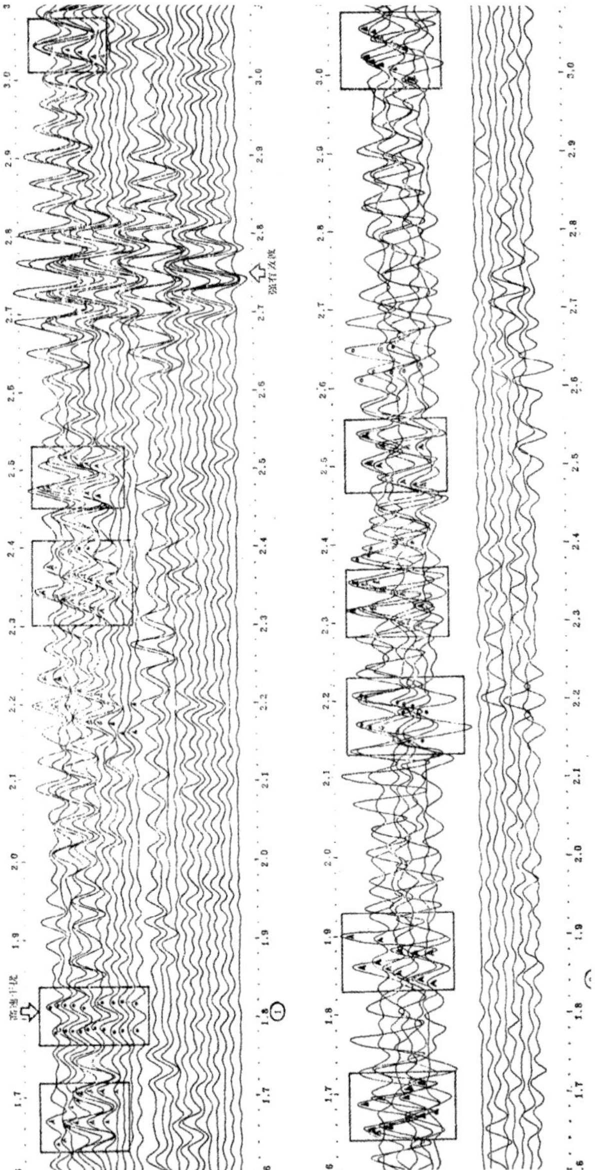

图 54-1　检验高速干扰的实际记录 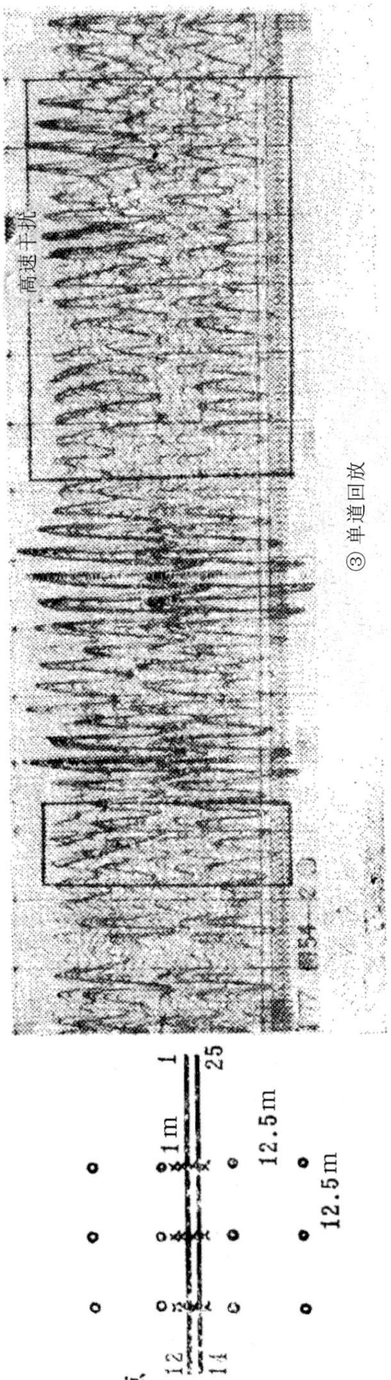　　　　　图 54-2　检验高速干扰的实际记录

侧面来的干扰假同相轴在海上的地震记录中更是明显的存在,常常在深层出现一套套大双曲线,会误认为深层有个大隆起,当然只要计算它的有效速度,就会发现它与海水的速度一致(1400 m/s左右),但是这种波一旦进入记录就很难消除它了,滤波是滤不掉它的,各种正向组合和激光滤波处理也去除不掉它的水平的那个部分的同相轴。直线组合的多次复盖也不能克服这种侧面干扰,由于每个干扰源对排列的极小点不变,覆盖后它还是得到加强,在采用偏移叠加技术时,这种侧面干扰大双曲线偏移后不交于一点,而形成一些短的假反射段,所以看来面积组合是十分必要的。

我们如果把图53中发炮点换到垂直大线的方向炮点2那里去,再放一炮,还可以看到有这种干扰的存在,这就证明了这种高速干扰波与炮点位置无关,并且来自四面八方,这从逻辑推理也证明了它的次生性。为了研究这种高速干扰的视速度范围和沿地面传播的真速度,曾经使用了一些反向组合法以压制有效波和削弱另一部分视速度的波,这样做法所获得的结论是很不可靠的。因为这种高速干扰也是像开了一个百货公司一样,各种斜差 δt 它都具全,总是会产生反向组合的"炕席"现象。因而影响了干扰波调查结论的正确性。然而从已经做的试验的统计结果告诉我们,平原地区高速干扰的传播真速度大致以 2000 m/s 及 1000 m/s 左右为主。这大致就是相应于浅层折射纵波和折射横波的两种速度范围。

以上重叠排列法证实了生产条件下侧面来的高速干扰的严重性,当然也同时说明了正面来的高速干扰的严重性,因为既然已经证明它可以来自侧面,就一定可以来自四面八方,就无所谓正面和侧面了。而正面的情况尚包括一些从炮点出发的规则干扰波,不过后者在普通排列上只影响到一些浅层的有效波,对中、深层影响是不大的。并且对付规则干扰我们是很容易设法克服它的。

5. 直线组合的缺陷和面积组合的重要性

既然干扰波来自四面八方,为什么我们以往却经常使用直线组合呢?为什么沿大线的直线组合不用不行,而垂直大线的组合不用也行呢?是真行还是假行呢?今举例来分析:四个检波器的 12.5 m

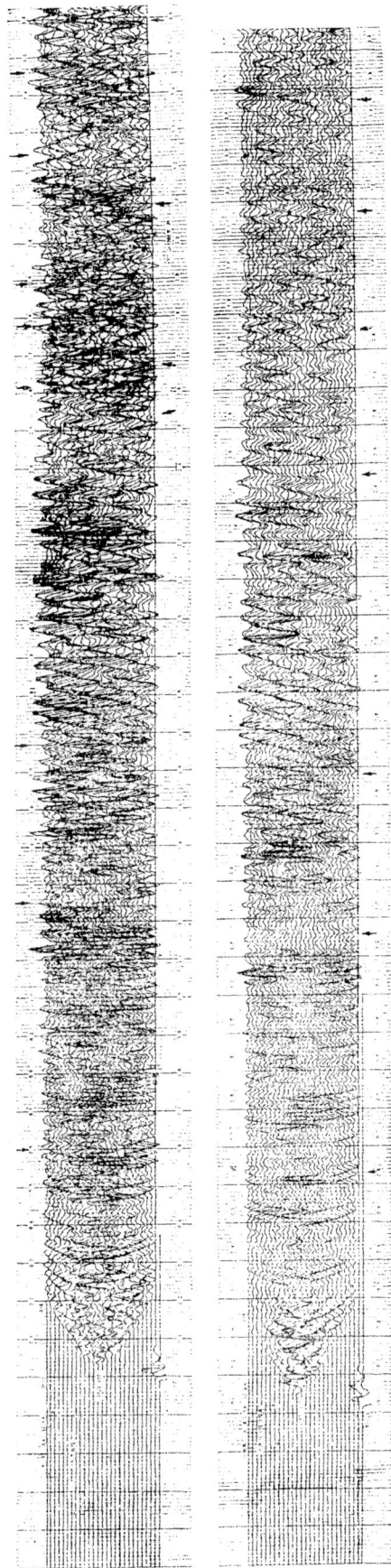

图55　面积组合记录(右图)与直线组合记录的对比(左图)
(记录中箭头所指之处是干扰波,在面积组合的记录上被削弱了)

直线组合的方向特性曲线如图 56。对真速度为 2000 m/s,视波长为 50 m 的干扰波,如果沿着大线的 X 方向传来时,它是被克服得比较彻底的,但当这个干扰传播方向与大线成一夹角时,到达四个检波器中相邻两个的路程差就变为 $\Delta X \cdot \cos \alpha = \Delta X'$,它变小了。例如 $\alpha = 60°$ 时,ΔX 为 12.5 m,$\Delta X'$ 就变为 6.25 m,时差 ΔT 也就小一倍,因此横坐标小一倍,那里的方向特性曲线上的纵坐标 $\phi = 0.75$ 左右,就是说干扰波不能很好地克服剩下 75%,按此理推算不同的 α 角,便可绘成极坐标图 56 的"玫瑰图",可以看到这 4×12.5 m 的直线组合对真速度为 2000 m/s 的干扰波还开着一个"后门",这个门大致张角为 60° 左右,(干扰波的保留强度在 70% 以上者)。我们再看看从这个"后门"中进来的干扰波到达记录上的视速度是怎样的:$\alpha = 60°$ 时视速度为 4000 m/s,斜差 δt 为 150 ms(指普通 600 m 排列中间发炮者),当 $\alpha = 90°$ 时,视速度为无穷大,斜差 δt 为零,干扰保留强度为 100%,即不受压制。可见此时钻进记录的干扰波具有从 0 到 150 ms 斜差的特点,它和有效波的斜差范围是一致的,所以和有效波干涉后,并不感到记录紊乱,有时甚至出现假的同相轴,表面上看来记录还很顺眼!因此,一般认为干扰波在记录上表现为"乱"的概念是极片面的,这个概念只是对低速干扰才适用,因此用同相轴品质或同相轴个数来判断记录好坏的标准是很片面的。

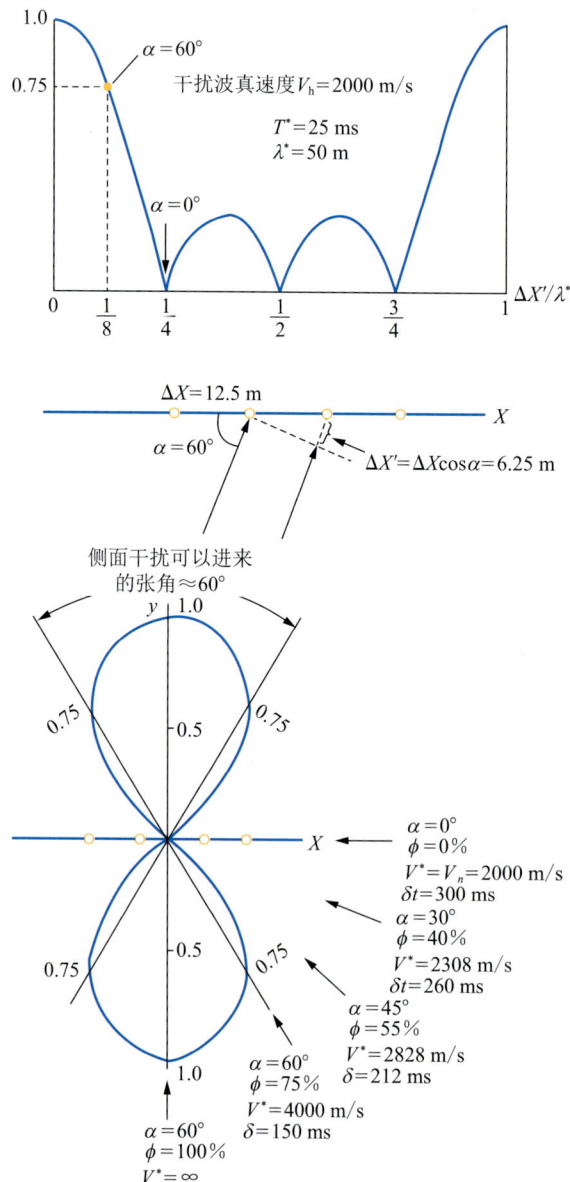

图 56　四个检波器 12.5 m 直线组合方向特性

如果使用直线组合就等于为这种假同相轴开了 $\frac{1}{3}$ 的后门,而且钻进来的干扰还是很容易与有效波相混淆的,严重性就在这里,不弄清楚这点甚至我们上当了也还认为记录不错!

三个检波器 12.5 m 直线组合开的后门将更大,张角约为 100°(图 57-1),当然在仪器上同时使用了混波以后,这个门又变小了一些。例如野外三个检波器 12.5 m 直线组合,室内回放时使用三个道间的 50% 混波时,后门张开的角度约为 70°,如果回放时使用 4 个相邻道组合(即 $1^+2^+3^+4^+$)张角将是 30°,后门只占了 $\frac{1}{6}$。所以增加室内回放的组合道数可以弥补野外直线组合的不足,但仍然不可避免地放进了一部份视速度很高的侧面干扰,这种干扰一经进入记录,就无法再用什么样的滤波或组合手段加以去除了。因此,在作地震细测或开发地震的阶段或者干扰较强的地区必须采用面积组合。

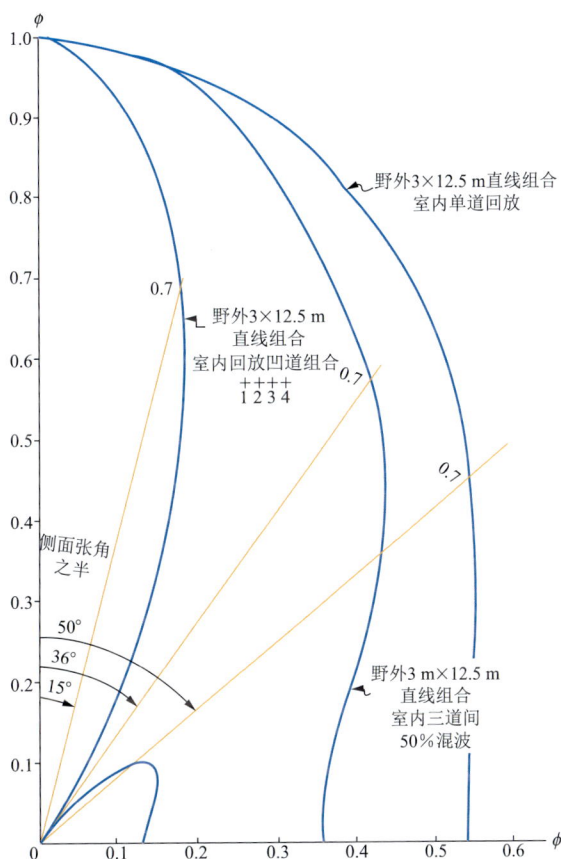

图 57-1　野外 3 × 12.5 m 直线组合、室内不同回放因素平面方向特性(1/4 玫瑰图)

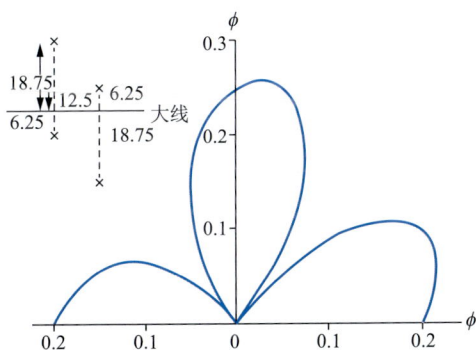

图 57-2　野外四个检波器面积组合(垂直大线方向 2 × 12.5 m,平行大线方向 2 × 12.5 m),室内四道组合

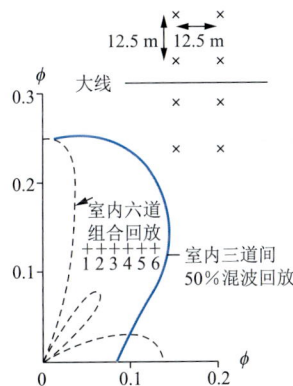

图 57-3　野外八个检波器面积组合,内距 12.5 m

6. 另外一类干扰波——多次重复性的干扰波（多次波及虚反射）

另外一类干扰波是多次重复性的干扰波,来自浅层的次反射（或称虚反射,鬼反射）和浅层的多次反射—折射波（它是和初至折射平行的一系列同相轴）以及海上的鸣震和交混回响等。检验它的最好办法是自相关分析,克服它们的最好办法是反褶积处理。这部分不再赘述。

多次反射波是来自地下的重复性干扰波。它也是我们需要认真对付的敌人。多次反射的存在几乎是普遍的,仅仅是影响的严重性有所差别而已,往往在浅、中层有良好的反射强波的地区,勘探初期感到很可喜,而后却发现它就是产生多次反射、影响得好深层反射的主要障碍。因此,我们应该把克服多次反射放到十分重要的位置上,但关于它的性质一般文献中有较多的说明,本文不再多讲了。

（四）克服干扰波的对策和组合效果的检验

1. 克服干扰波的对策

要克服各种各样的干扰波,要获得好的记录,须做很多工作,我们认为需要考虑下列六个方面的问题:

（1）保证较小的干扰背景的首要条件是掌握在潜水面下合理的激发深度。潜水面就是低速带的底界,（也就是井水的静止面）。炸药在潜水面以上爆炸时,很多能量消耗在岩石破碎方面而不能有效地转化为弹性波,其次产生的弹性波主要在低速带内部进行,它激发出各种干扰波,其三潜水面的反射系数很大（可达50%左右）,起了阻止弹性能量下传的坏作用。所以潜水面以上放炮和潜水面以下放炮的记录是有原则区别的。因此,除非不得已,地震钻机能力达不到的地区才放弃潜水面下放炮的工作方法。过去一套调查老乡水井、测量河流海拔高程和研究潜水面变化与地形起伏的相互关系的方法还应继续使用。一般潜水面下的良好激发井深是在这个面以下 3～7 m 处,再加深爆炸井深只会使记录更复杂,因为将产生"次反射",造成干扰。为了调节激发频谱可以改变激发井深。因为不同井深所激发的次反射与原反射复合叠加后,其波形有胖有瘦。潜水面下 2～3 m 激发时,高频丰富,波形瘦些;潜水面下 6～8 m 激发时低频丰富,波形变胖,再加大井深,次反射与原反射就分离成两个波,对我们就不利了。

过去进行地震试验工作时,采用了一种简单化的办法,例如在一个新地区选几个试验点打上几口深井,然后 5 m 一炮,全部试一遍,如果不研究潜水面与良好激发井深的关系,只是简单地依靠放许多炮去试,那么到了其他炮点上还是说明不了该放多少米深的炮为好。此外,过去教科书上对激发岩性方面强调得太多,并且没有说清楚问题,有的说粘土中激发为好,有的说砂岩中激发为好。

我们认为爆炸激发条件的好坏与激发地层岩性的关系不是很大,而起决定因素的是它的充水程度,因为水是接近不可压缩的,炸药在其中爆炸,其能量就会充分地转变为弹性能量。经过数百年数千年形成的各盆地中的潜水面是一个较稳定的面,这个面是向江湖大海平缓倾斜的面,在此面之下沉积岩石是完全充满着水的。岩石不管是砂岩还是泥岩,只要充水后,其纵波速度就总是高于 1600 m/s,（水的速度是 1400 m/s）所以总是能激发良好的地震波,只有一种情况例外,那就是一种埋藏较浅的不断产生沼气的腐泥,由于它内部充气,会使纵波速度剧烈下降,形成潜水面下的实际低速带,这种情况还需适当加大激发井深才能得好记录。

总之,注意潜水面的研究,正确选择激发井深是克服干扰得好记录的重要一环。下面再谈采用什么样的组合方式来克服各种干扰波。

（2）低速干扰虽然强度也不很小,但是对道距为 20 或 25 m 的记录来说,可以把它看成是无规则的,因而可以用统计的规律,用增加检波器的点数（包括回放的组合点数）来克服干扰,因此,关于组合形式方面不必考虑组内距如何适合它的波长的问题。

（3）为了尽量减少野外生产的检波器点数,又要保证很好地克服干扰,应该用仅有的检波器主要针对高速干扰来选择我们的组合距离,使它发挥最大的效果。在普查时可采用直线组合,在细测时应该使用面积组合,多次覆盖时也应该采用面积组合（因为每次搬家只搬排列上的 100 m 一段,完全有条件采用面积组合）。此外请大家注意：侧面来的高速干扰波在叠加过程中，它正对干扰源的极小点不变，覆盖后这种干扰也是加强的。

（4）为了尽量减轻野外施工工作量，应该尽量使用较强的回放组合来提高克服干扰的能力，在使用面积组合时应该使仅有的检波器数量主要去对付侧面来的高速干扰，因为这个方向的干扰波一旦进入记录，在回放处理过程中就无法再加以去除。而沿测线方向的组合数可以少一点。但也不能少到一个，因为我们希望野外组合与室内回放组合的方向特性曲线互相配合相乘后，对不同的视波长得到很好的压制，如图 58，如果只用一种组合，那么方向特性曲线上总是有一些 $\frac{\Delta X}{\lambda^*}$ 等于整数的那些极大峰值会放进干扰波来（这第 2、第 3 极大峰值也有人称之为"伪门"，即使是所谓"理想低通滤波器"或者"契比雪夫多项式的最优组合"也都是存在这种"伪门"的）。这些峰值对正弦波来说纵座标是 $\Phi = 1$，对脉冲波来说一般不到 1，但也仍然有 0.6 到 0.9 左右。因为我们的干扰波是几乎什么样的视波长都有，所以必然会从"伪门"中钻进来一部份，这当然是不允许的。

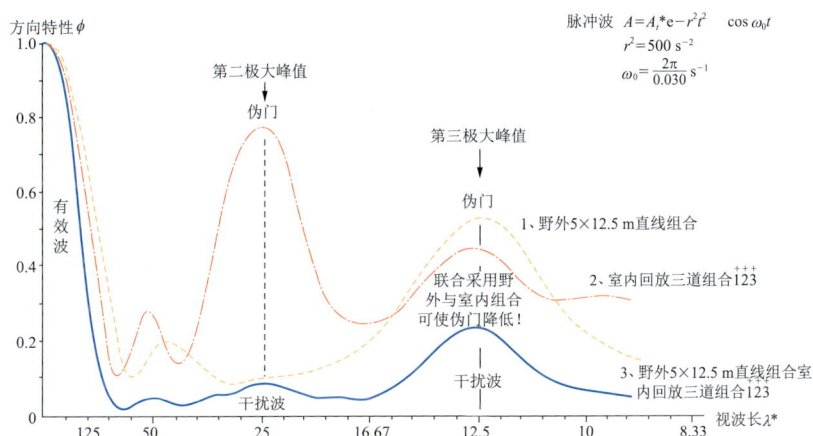

图 58　野外组合与室内回放组合互相配合提高压制干扰波的结果

（5）室内回放组合也并不是可以无限使用的，使用过头后，也会使有效波产生畸变，甚至被压制。因此回放组合的使用原则应该考虑使反射有效波的主体不受压制（压制量不超过 70%）图 59 绘出了允许回放组合道数与有效波最大斜差之间的关系，这里纵座标斜差 δt 是指 600 m 排列中间发炮的情况。

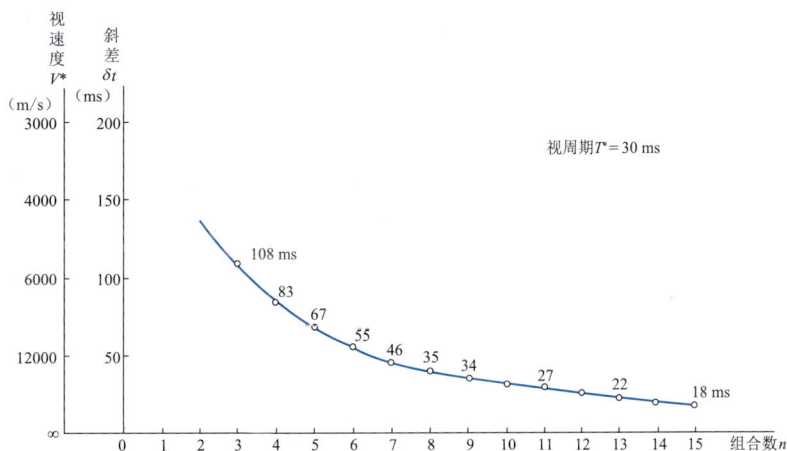

图 59　有效波最大斜差与允许回放组合道数之关系曲线

（6）为了提高有限组合点数的组合效果，采用不等灵敏度的组合形式是必要的（也就是门式理想滤波器和契比雪夫最优组合法），尤其在室内回放组合中采用不等灵敏度组合是极为方便的，只要在解调器输

447

出端加几个电位器便可实现。

最后,关于组合爆炸的效果问题,我们尚没有仔细研究,实践也太少,看来对于从炮点出发的规则干扰是很有用的,与组合检波是等效的。但是如果干扰波是次生的,由反射波(或折射波)所激发的情况下,地物与排列检波点的关系不变时,组合爆炸是否和组合检波等效的问题就值得怀疑了。这个问题值得进一步研究。

2. 组合效果的衡量和检验方法

根据干扰波的特点制定了一定的对策,选用了一定的组合形式后,如何检验这种组合的效果呢?

第一种方法是理论计算法,就是计算几个针对不同高速干扰真速度(例如 2500,2000,1500,1000 m/s 四种的玫瑰图。从而比较、选择一种方向特性良好的组合形式。事实证明用这个方法所选择的组合形式的效果还是很好的。

第二种方法还是采用半排列对比的"重复性考核法",即前排列采用你所选用的组合方式,后排列使用一个力所能及的检波器数量尽可能多而总跨距不超过 50 m 或 100 m(可视测区反射层倾角而定)的面积组合(例如干扰波不大强的地区采用 25 个检波器 5×5×12.5 m 的方阵组合或放射形组合,在强干扰区采用 100 个检波器 5 m 或 10 m 间距的方阵组合。在检波器数量不够时,后排列可以少摆几个道)。这样放炮后,根据后排列为标准答案,看前排列与它相似的程度,如果相似性较好了,即可满意而把前排列选作生产因素。

经过这样选择的组合形式克服了干扰波以后,我们发现记录的重复性是相当好的。过去那种第二天再放炮,记录就不一样的主要原因是因为他没有设法克服干扰波所引起的。

(五)建议和设想

以上所讨论的反射波、异常波和干扰波三个方面的物理特征,是想说明它们的本质,从而采取措施把地震的勘探精度提高一步。以上三者是进行地震勘探过程中的"敌"、"我"、"友"三方。对敌、我、友三方没有正确的了解是不能做出正确的作战方案的。当前我们地震勘探的主要矛盾不是完不成公里数任务,也不是野外放的测线还不够,根本问题是我们的勘探精度还不够高。在完成构造的普查任务和较大断块的勘探任务中,地震勘探发挥了它的重要作用,而在勘探复杂断块构造方面至今精度还较差。几年来大家感到地震勘探不搞方法研究是不能继续前进了,可是对方法试验到底该怎么做还有些看不准,往往只是从国外文献上找一些办法来试试(这当然也是必要的),未能从本质上认识一些问题,所以效果常常不是很显著的。

现在,当我们初步分析了上面三个方面以后,我们可以对今后的地震勘探作如下建议和设想:

(1)第一步急待改进野外的原始记录质量,尤其是提高信噪比和克服多次波两个方面。为克服干扰采取的主要措施将是面积组合。为克服多次波可采用多次覆盖,但必须采用长排列,并同时采用面积组合。在野外施工方面应该强调地面服从地下,树立质量第一的思想,精心施工,取得良好的第一手原始记录,这是搞好复杂地区地震勘探的基本措施。

(2)对所获得的记录进行认真的分析研究,解释工作必需过细。本文所提供的对比记录 12 条原则和作图方法希望大家给于改正、丰富和提高。只要我们工作过细,在目前条件下对中层反射查明大于 300 m 的断块是完全可能的。对异常波的研究可以作少量深入的工作。我们所碰到的波大量的是正常波,过多的忧虑是不必要的。

(3)在有条件的地方可以使用电子计算机或者能够同时作多道动校正的模拟回放仪进行真正建立在物理地震学的解释方法(本文第一部分所提的绕射扫描叠加法)的试验工作,并且将覆盖资料用这种方法处理后,估计会对我们的复杂断块地震勘探来一个较大的突破。电子计算机在国外应用于地震解释方面已经相当普遍了,我们应急起直追,迎头赶上。

关于我们测区存在的两大主要难关(复杂断块和多次波干扰)设想将用面积组合,多次覆盖和绕射扫描叠加三者的有机结合来获得解决。

(4)再进一步就是所谓立体解释和剖面归位问题,这项工作的工作量很大,并且很容易出错,设想今后还是由电子计算机来完成,将是比较简单的事。实际上就是一种三维的绕射扫描叠加方法。我们设想可以在二维偏移的基础上将相邻测线的数据再扫描处理一次,就可以得到三维归位的剖面。

(5)我们的最后目标将是实现建立在物理地震学基础上的精确逆解方法,这方面自然尚须作一系列的理论和野外试验工作,看来主要是一个"恢复高频"的工作,从野外激发接收到室内资料处理全部都要在高频地震的基础上加以重新安排和考虑,才能最终实现这个反滤波过程。这是一个长远的目标,但我们坚信将来是会实现的。

第四部分　结束语

回顾在复杂断块地区地震勘探十年来的进程,使我们深深感到,过去教科书上一些传统的、陈旧的做法和概念束缚着人们的思想,形而上学和不可知论在某些领域中起作用,阻碍着人们进一步去认识客观世界。事物在发展,人们对客观的认识也应该不断深化。

应该指出,虽然我们在物理地震学和干扰波试验方面作了一定的工作,但仍然是很初步的,有些经过了少量的实践,有的则还只是一种设想,尚待今后实践加以证明。本文免不了有些概念和结论是错误的,希望大家给予批评指正。正确的方面也请大家通过大量的实践进一步丰富它和发展它。

最后有两个问题尚须说明一下:

(1)看完本文后可能有人产生一种片面的理解:"复杂地区的地震原始记录不可能好",并引用物理地震学作为理论依据,因而放松对野外记录的精益求精,那就不对了!请读者细阅本文的第三部分,以便正确理解如何得好记录。

(2)可能有人得到另一概念,即"复杂地区的地震勘探必须等待电子计算机才能解决"。因而对现有的记录不下功夫去提高解释工作质量,这种"坐等"的想法也不是我们的意图。本文的第一、二部分谈了关于在目前条件下提高解释工作质量的问题。

当然,电子计算机的使用在我国已经开始提到日程上来,我们相信在不久的将来将广泛使用它,为社会主义祖国的石油勘探事业服务。

总之,我们应该满怀信心,按"四个有所"的精神,不断克服停止的论点,悲观的论点,无所作为和骄傲自满的论点,那么任何困难总是可以解决的。

附录　物理地震学的计算方法

(一)平面反射段衍射花纹的计算方法

1. 基本衍射公式之推导

"物理地震学"的反射波计算方法如下:

设自震源 O 或虚震源 O^* 点发出之球面波振动为

$$A_1 = A_0 \cdot \frac{\mathrm{e}^{-\beta r_1}}{r_1} \cdot \mathrm{e}^{i(kr_1 - \omega T)} \tag{1}$$

其中: A_0 为震源的初始强度, β 为介质吸收衰减系数(包括透过损失), k 为波数, $k = \dfrac{2\pi}{\lambda}$ (λ 为波长), ω 为圆频率, T 为传播时间, i 为虚数 $\sqrt{-1}$ 。

此振动传递至埋藏深度为 H、宽度为 $2a$ 的水平反射界面上某 S 点，该点之强度即为 A_1。在 S 点附近取 dS 长度，按惠更斯原理当做一个新的产生球面波的震源，此新震源再传播至地面横座标为 X 之某 P 点上的强度为：

$$dA_x = KA_1 \cdot dS \cdot \frac{\mathrm{e}^{-\beta r_2}}{r_2} \cdot \mathrm{e}^{i(kr_2)} = \left[A_0 \cdot K \cdot \frac{\mathrm{e}^{-\beta(r_1+r_2)}}{r_1 r_2} \right] \cdot \mathrm{e}^{ik(r_1+r_2)} \cdot \mathrm{e}^{-i\omega T} \cdot dS \qquad (2)$$

K 为界面上之反射系数。

上式方括号内为衰减后的球面波振幅，令其等于 A_2；$\mathrm{e}^{ik(r_1+r_2)}$ 为相角变化；$\mathrm{e}^{-i\omega T}$ 为简谐波随时间改变部分。今将所有 dS 长度积分起来，在反射段上以 N 为原点，S 为变数，自 a 积分至 $-a$，即可获得地面上 X 点的振动的总和：

$$A_x = \int_{-a}^{a} A_2 \cdot \mathrm{e}^{ik(r_1+r_2)} \cdot \mathrm{e}^{-i\omega T} dS \qquad (3)$$

由于 $\mathrm{e}^{-i\omega T}$ 一项与 S 无关，又因反射段很短，可以假定 A_2 与变数 S 关系不大，r_1 及 r_2 可换为常值 H 及 R，于是可由积分式内提出来：

$$A_x = A_2 \cdot \mathrm{e}^{-i\omega T} \int_{-a}^{a} \mathrm{e}^{ik(r_1+r_2)} dS \qquad (4)$$

2. 积分式的近似变换

由附图 1 关系可得：

$$r_1 = \sqrt{H^2 + S^2}, \quad r_2 = \sqrt{H^2 + (X-S)^2}, \quad H^2 + X^2 = R^2$$

采用下列级数展开式：

$$(1 \pm r)^2 = 1 \pm nr + \frac{n(n-1)}{2!} r^2 \pm \frac{n(n-1)(n-2)}{3!} r^3 + \cdots \cdots \qquad (r^2 < 1)$$

$$r_1 = H \left[1 + \left(\frac{S}{H} \right)^2 \right]^{1/2} = H \left[1 + \frac{1}{2} \left(\frac{S}{H} \right)^2 - \frac{1}{8} \left(\frac{S}{H} \right)^4 + \cdots \right] \doteq H + \frac{S^2}{2H}$$

此式即有足够的精度，只需 $S \ll H$。

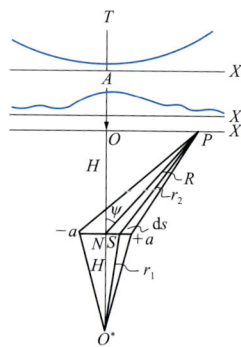

附图 1

$$r_2 = \sqrt{H^2 + X^2 - 2XS + S^2} = \sqrt{R^2 - 2XS + S^2} = R \left[1 - \frac{2XS - S^2}{R^2} \right]^{1/2}$$

只要 $2XS - S^2 \ll R^2$，上式即可展开，由于 $X < R$（直角边永远小于斜边），故只需 $2S < R$，就有 $2XS \ll R^2$。因此，这个条件是一般都能满足的。于是：

$$r_2 = R \left[1 - \frac{1}{2} \frac{2XS - S^2}{R^2} - \frac{1}{8} \frac{(2XS - S)^2}{R^4} - \cdots \cdots \right]$$

$$\doteq R \left[1 - \frac{XS}{R^2} + \frac{S^2}{2R^2} - \frac{X^2 S^2}{2R^4} + \frac{XS^3}{2R^4} - \frac{S^4}{8R^4} \right]$$

再略去 S^3 以上者则：

$$r_2 \doteq R - \frac{XS}{R} + \frac{S^2}{2R} \left(1 - \frac{X^2}{R^2} \right)$$

$$= R - \frac{XS}{R} + \frac{H^2 S^2}{2R^3}$$

$$r_1 + r_2 \doteq (H + R) - \left(\frac{X}{R} \right) S + \left(\frac{1}{2H} + \frac{H^2}{2R^3} \right) S^2 \qquad (5)$$

此式已简化了，但仍不能积分，故需设法配方。令 $r_1 + r_2 = E(F + S)^2 + G$，对每个地面上 X 点，E、F、G 为三个常数，与（5）式比较可得：

$$E = \frac{1}{2H} + \frac{H^2}{2R^3} = \frac{R^3 + H^3}{2HR^3}$$

$$F = \frac{-\left(\dfrac{X}{R}\right)}{2E} = -\frac{XHR^2}{R^3 + H^3}$$

$$G = (H + R) - E \cdot F^2 = (H + R) - \frac{X^2 HR}{2R^3 + 2H^3}$$

(6)

又令 $F + S = u$ 为一新的变数,于是积分式

$$I_1 = \int_{-a}^{a} e^{ik(r_1 + r_2)} dS = \int_{F-a}^{F+a} e^{ik(Eu^2 + G)} du = e^{ikG} \int_{F-a}^{F+a} e^{2kEu^2} du$$

$$A_x = A_2 \cdot e^{ikG} \cdot e^{-i\omega T} \int_{F-a}^{F+a} e^{ikEu^2} du$$

(7)

3. 数值积分法与科纽蜷线

令 $kE \cdot u^2 = p^2$,此处 p 为另一参变数。

就有

$$\sqrt{kE} \cdot u = p$$

$$du \frac{1}{\sqrt{kE}} = dp$$

于是可得:

$$I_2 = \frac{1}{\sqrt{kE}} \int_{\sqrt{kE}(F-a)}^{\sqrt{kE}(F+a)} e^{ip^2} dp$$

(8)

由于

$$e^{ip^2} = \cos p^2 + i \sin p^2$$

便有:

$$\int e^{ip^2} dp = \int \cos p^2 dp + i \int \sin p^2 dp = C(p) + iS(p)$$

(9)

前一个积分称余弦积分函数,记作 $C(p)$。后者称正弦积分函数,记作 $S(p)$。它们都是不可积的(注意此处是 p^2 的 cos,而不是 $\cos p$ 的平方),只能用数值积分法来求其定积分近似值。先做出 $\cos p^2$ 及 $\sin p^2$ 对 p 的图形(如附图 2),然后用其面积代表定积分 $\int_o^P \cos p^2 dp$ 及 $\int_o^P \sin p^2 dp$ 的数值,就可以得到积分的近似值(如附图 3)。具体做法是把横坐标划成许多微小的等分,每个等分上读出纵坐标的平均值,然后从 0 开始,逐个地把每个区间纵座标平均值一个一个加起来,就得到定积分的近似值,等分愈细,结果愈精确。这个定积分的极限值是趋近于一个常数 $\frac{1}{2}\sqrt{\frac{\pi}{2}} = 0.626$ 的。实际做时不一定要先做出图来,而只需列出 $\cos p^2$ 及 $\sin p^2$ 对 p 的详细数值表,求其每相邻两数值的平均值,当作纵座标的区间平均值,然后逐个相加,便得积分值。

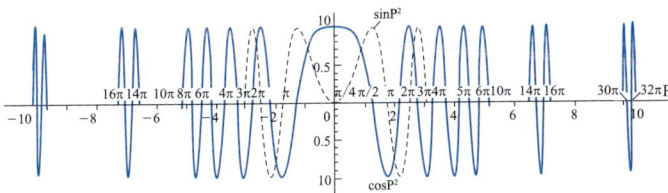

附图 2

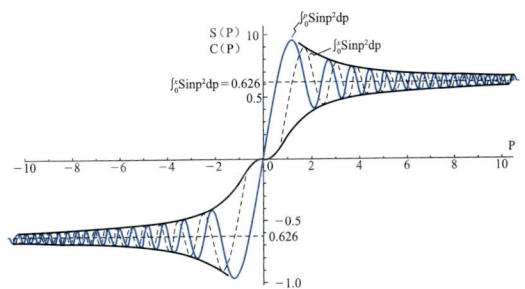

附图 3

有了余、正弦积分函数的数值后,便可以将其作成科纽蜷线,如附图 4 所示。图中横坐标便是余弦积分(实部)$C(p)$,纵坐标便是正弦积分(虚部)$S(p)$,对每一个 p 值有一个交点,这些交点连起来便成蜷线。图中蜷线上标的数值就是 P 的数值,就是我们积分上、下限的数值。

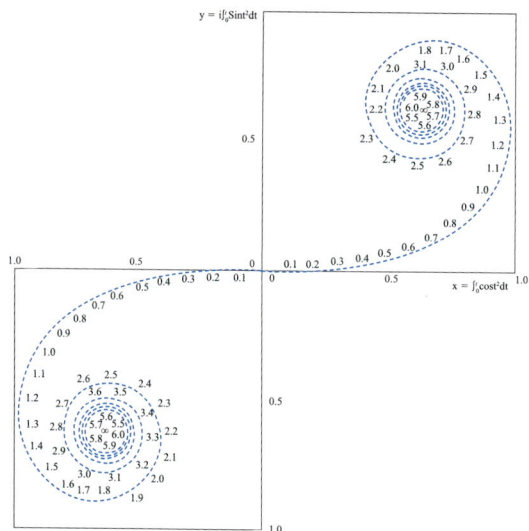

附图4　科纽蜷线

上面(8)式中积分的上、下限是 $\sqrt{kE}(F+a)$ 及 $\sqrt{kE}(F-a)$，对每一个固定的 X 来说，按照公式(6)可以算出其常数 E 和 F，所以积分上、下限是已知的。譬如说上限等于 $+1.2$，下限等于 -2.5，那么把蜷线上从第三象限 -2.5 那个点连一直线到第一象限 $+1.2$ 那个点上去，这根连线的长度便是 $\int_{-2.5}^{+1.2} e^{ip^2}dp$ 的模量，也就是衍射花纹的振幅部份 $|Z|$。而这根连线与横座标轴的夹角 θ 也就是幅角部份。即：

$$|Z| = \sqrt{\left[\int_A^B \cos p^2 dp\right]^2 + \left[\int_A^B \sin p^2 dp\right]^2}$$

$$\theta = \tan^{-1}\left[\int_A^B \sin p^2 dp \Big/ \int_A^B \cos p^2 dp\right] \tag{10}$$

这样一来，求积分 I_2 的过程就变成在科纽蜷线上量长度和量幅角的工作了。量长度时，长度单位就和蜷线图上的纵、横座标轴采用相同的单位(可在图边上裁下一条方格纸当作量的尺子)。量幅角时应注意这个幅角 θ 是一个多值函数，图上只能读出其小于 $360°$ 的那个部份。在 X 变大时，积分上、下限都逐渐增大，但上、下限的差值不变，其连线的幅角则逐渐大于 $360°$，我们需作如下规定：

(1) θ 的方向始终记住是由下限指向上限。搞错了就错 $180°$。

(2) 当上限在第一象限，下限在第三象限时，定义此时之 θ 角为小于 $90°$ 的"基本参考角"，其他的 θ 角即以此角为相对标准。

(3) 计算过程中注意上下限连线的旋转方向和记住旋转的圈数，就能正确地定出 θ 角的数值来(逆时针方向为正角，反之为负角)。

实际计算中使用的科纽蜷线请查看报告附图。

综上所述，积分 I_2 可写成下式：

$$I_2 = \frac{1}{\sqrt{kE}}\Big[\, C(p) + iS(p)\,\Big]_{\sqrt{kE}(F-a)}^{\sqrt{kE}(F+a)} = \frac{1}{\sqrt{kE}}\,|Z|\cdot e^{i\theta} \tag{11}$$

把(7)式写全，便有：

$$A_x = \left[A_0 K\frac{e^{-\beta(r_1+r_2)}}{r_1\cdot r_2}\right]\cdot e^{-i\omega T}\cdot e^{ikG}\cdot\frac{1}{\sqrt{kE}}\,|Z|\cdot e^{i\theta}$$

$$= \left[\frac{A_0 K\cdot e^{-\beta(H+R)}}{\sqrt{kE}\cdot H\cdot R}\right]\cdot|Z|\cdot e^{i(kG+\theta)}\cdot e^{-i\omega T} \tag{12}$$

振幅衰减图案　　振幅　相角部分　随时间变化

花纹(时距曲线)的正弦振动

根据前两项可以算出振幅绝对值。根据相角部分可以算得反射到达时:

$$t = \frac{G}{V} + \frac{\theta}{360°} \cdot T^*$$ （13）

式中 V 为平均速度, T^* 为视周期。

4. 常数 E、F、G 的特征

在 X 不很大时,即 $X \ll H$, 此时 $R = \sqrt{H^2 + X^2} \doteq H\left(1 + \frac{X^2}{2H^2}\right)$, 代入(6)式,舍去 X^2 以上各项,求 E、F、G 之近似式:

$$E = \frac{1}{2H} + \frac{H^2}{2H^3\left(1 + \frac{X^2}{2H^2}\right)^3} \doteq \frac{1}{H}\left[1 - \frac{3X^2}{4H^2}\right]$$

$$F = \frac{+XH \cdot H^2\left(1 + \frac{X^2}{2H^2}\right)^2}{H^3\left(1 + \frac{X^2}{2H^2}\right)^3 + H^3} \doteq -\frac{X}{2}\left[1 - \frac{X^2}{4H^2}\right]$$

$$G = 2H + \frac{X^2}{2H} - \frac{X^2 H \cdot H\left(1 + \frac{X^2}{2H^2}\right)}{2H^3\left(1 + \frac{X^2}{2H^2}\right) + 2H^3} \doteq 2H + \frac{X^2}{4H} = 2H\left[1 + \frac{X^2}{8H^2}\right]$$ （14）

由(14)式可知当 X 甚小时,可令 $E = \frac{1}{H}$, $F = -\frac{X}{2}$。由后一式可知, $\frac{G}{V}$ 一项大致相当于几何地震学中反射的相位时距曲线部分。因为几何地震学反射的双曲线之路程为:

$$\sqrt{(2H)^2 + X^2} \doteq 2H\left[1 + \frac{X^2}{8H^2}\right]$$

恰恰与(14)式之 G 相同。

因而在此情况下,可以认为 $|Z|$ 就是衍射花纹的振幅谱,而(13)式中 θ 一项是其相角谱中对几何地震学的修正项。

现在我们来举一实际计算例子。先计算常数 E、F、G。

令反射段埋藏深度 $H = 2.0$ km,平均速度 $V = 2.5$ km/s,波长 $\lambda = 64.1$ m,视周期 $T^* = \frac{\lambda}{V} = 25.6$ ms,频率 $f^* = \frac{1}{T^*} = 39$ Hz, $k = \frac{2\pi}{\lambda} = 98$ km^{-1}。

对不同 X 按公式(6)计算 E、F、G 三个数值如附表 1(长度单位为 km):

附表 1

X	R	R^2	R^3	E	$\sqrt{kE}$	F	$-EF^2$	$H + R$	$G = (H + R) - EF^2$
0	2.000	4.00	8.00	0.500	7.00	0	0	4.000	4.000
0.2	2.010	4.04	8.12	0.496	6.97	−0.100	−0.005	4.010	4.005
0.4	2.040	4.16	8.48	0.487	6.91	−0.202	−0.020	4.040	4.020
0.6	2.088	4.36	9.12	0.470	6.78	−0.306	−0.044	4.088	4.044
0.8	2.154	4.64	9.99	0.451	6.65	−0.413	−0.077	4.154	4.077
1.0	2.236	5.00	11.18	0.428	6.49	−0.522	−0.117	4.236	4.119

5. 衍射花纹计算实例

有了上述 E、F、G 常数后,我们来计算一个 400 m 反射段的衍射花纹。在此,为了计算简便,我们根据简化公式 $E = \frac{1}{H}$、$F = -\frac{X}{2}$,计算 $\sqrt{kE} = \sqrt{\frac{2\pi}{\lambda H}} \doteq \sqrt{49} = 7.0$ km^{-1},于是积分上下限为 $7.0\left(-\frac{X}{2} \pm a\right)$,也就

是 $7.0\left(\dfrac{X}{2}\pm a\right)$。$a=200\ \text{m}$（反射段宽度 $2a=400\ \text{m}$）。列表查科纽蜷线，便得 $|Z|$ 及 θ 于附表 2。附表 2 上 θ 的角每 $360°$ 代表一个视周期的时差，即 $25.6\ \text{ms}$，即 $\Delta t=\dfrac{\theta}{360°}\times 25.6\ \text{ms}$。

附表 2

X	上 限	下 限	$|Z|$	θ
0	+1.4	−1.4	2.345	36°
0.2	+2.1	−0.7	1.375	37°
0.4	+2.8	0	1.006	37°
0.6	+3.5	+0.7	0.399	105°
0.8	+4.2	+1.4	0.438	194°
1.0	+4.9	+2.1	0.219	318°

我们采用 $E=\dfrac{1}{H}$，$F=-\dfrac{X}{2}$，计算了埋深为 $2.0\ \text{km}$ 的不同长度反射段的衍射花纹 $|Z|$ 及 θ，如附图 5 及 6 所示。

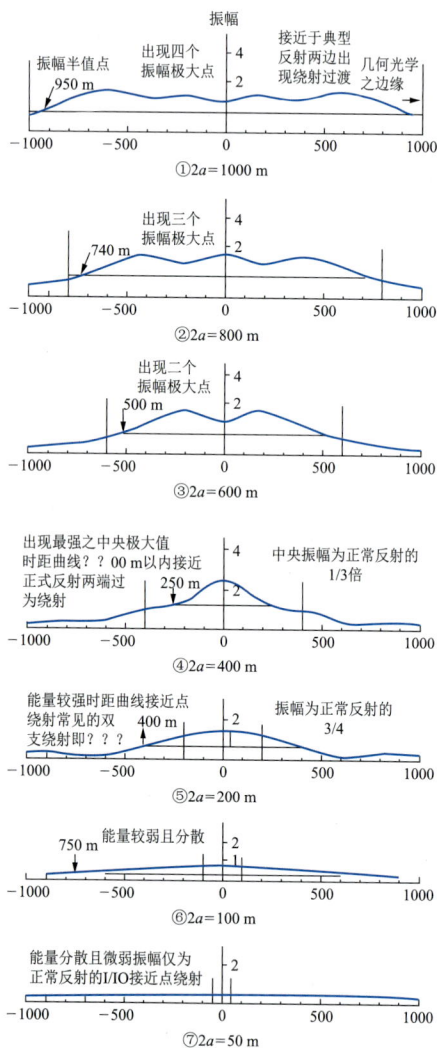

附图 5　不同长度反射段的衍射花纹 $H=2000\ \text{m}$，$V\varphi=2500\ \text{m/s}$，$T^{*}=25.6\ \text{ms}$，$\lambda=64.1\ \text{m}$，单发炮点位于 0 点

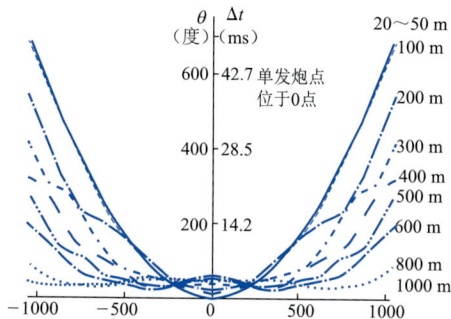

附图 6　水平反射段衍射花纹的相角部分－相位时距曲线

(1) 以纵座标 Δt 表示对几何地震学之修正项，典型反射部分应接近水平如 $2a=1000\ \text{m}$ 所示

(2) $2a=50\ \text{m}$ 及 $2a=100\ \text{m}$ 之计算点与经典"点绕射"一致

(3) $2a=200\ \text{m}$ 之时距曲线还是接近于"点绕射"的

可以看出,不同长度反射段花纹变化的类型决定于积分上下限之差 $\sqrt{kE}(2a)$,即:

$$\sqrt{kE}(2a) \doteq \sqrt{\frac{2\pi}{\lambda H} \cdot (2a)} = \sqrt{\frac{8\pi a^2}{\lambda H}}$$

因此 $\frac{a^2}{\lambda H}$,根据的大小可以判断衍射花纹的性质。初步可作如下规定:

(1) $\frac{a^2}{\lambda H} < \frac{1}{10}$,为短反射段。时距曲线属"绕射",振幅与 2a 成正比。

(2) $\frac{a^2}{\lambda H} > \frac{1}{2}$,为长反射段。时距曲线属"反射",两端出现绕射。

(3) $\frac{1}{10} < \frac{a^2}{\lambda H} < \frac{1}{2}$,为过渡类型。时距曲线既像反射又像绕射,振幅相当强,甚至可以超过一般反射。

当反射段埋深为 2.0 km,波长为 60~80 m 时,对于接近水平的反射段来说:

(1) 长反射段:2a > 500 m;

(2) 过渡类型:2a 为 300~400 m;

(3) 短反射段:2a < 200 m;

(4) 还有一类微反射段:2a < 20 m,即 $\frac{a^2}{\lambda H} < \frac{1}{1000}$ 者。其振幅曲线更接近于点绕射,可以认为是"无方向性"的,即其地面能量之分布形态与其产状几乎无关了!

6. 高频接收的情况

如果要反射边缘清楚,即要 $|Z|$ 变化剧烈,则 $\sqrt{kE}$ 要大,使积分上下限很快通过蜷线的两个极端。也就是说波长要短。

现举一例。采用高频接收,深度和平均速度仍如前不变,而 $\lambda = 16$ m,即减小为原来的 1/4,$T^* = 6.4$ ms,$f^* = 156$ Hz,此时 $\sqrt{kE} = 14$ km^{-1}。

当 a = 200 m 时(附表3):

附表3

X	上　限	下　限	|Z|	θ
0	+2.8	−2.8	2.01	38°
100	+3.5	−2.1	1.56	51°
200	+4.2	−1.4	1.95	40°
300	+4.9	−0.7	1.43	30°
400	+5.6	0	0.84	42°
500	+6.3	+0.7	0.53	89°
600	+7.0	+1.4	0.39	191°
800	+8.4	+2.8	~0.12	535°

当 a = 50 m 时(附表4):

附表4

X	上　限	下　限	|Z|	θ
0	+0.7	−0.7	1.39	9°
50	+1.05	−0.35	1.32	16°
100	+1.4	0	1.17	36°
200	+2.1	+0.7	0.66	114°
400	+3.5	+2.1	0.27	307°
600	+4.9	+3.5	0.09	640°

此时，θ 为 360° 时仅代表 6.4 ms，这现象说明基本上接近几何地震学的范围了。$a = 50\,\text{m}$，即 100 m 宽之反射段在高频接收时，其衍射花纹已开始脱离绕射的特性。高频 $a = 200\,\text{m}$ 的花纹与埋藏深度变浅（$H = 800\,\text{m}$）之中频 $a = 200\,\text{m}$ 之效果一样。

7. 不同埋藏深度的情况

这里计算了 $2a$ 为 400 m 及 200 m 两种情况的三种埋藏深度的花纹，参看附图 7（A）及（B）。计算中采用的参数如下（附表 5）：

附表 5

深度 H/m	波度 λ/m	速度 V/($\text{m}\cdot\text{s}^{-1}$)	频率 f/ZH	周期 T/ms
800	40.0	2000	50	20.0
2000	64.1	2500	39	25.6
4000	128.2	3600	28	35.7

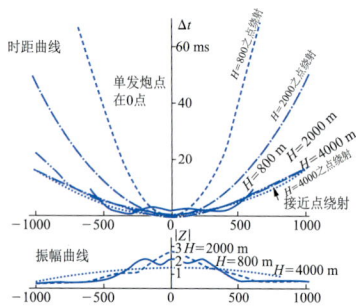

附图 7（A）　$2a = 400\,\text{m}$　　　　附图 7（B）　$2a = 200\,\text{m}$

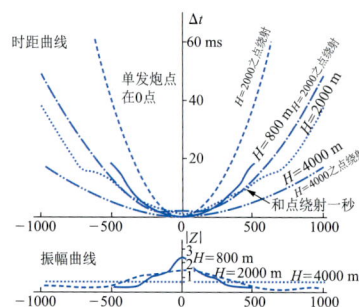

在 $2a = 400\,\text{m}$ 的情况下，可看到埋藏深度为 4000 m 时，时距曲线已接近几何点绕射的时距曲线，振幅曲线能量也特别分散。

在 $2a = 200\,\text{m}$ 的情况下，埋藏深度为 2000 m 时就接近点绕射了。当埋深为 4000 m 时，振幅曲线能量就更分散了。

因此，深层反射的绕射能力强，相互干涉严重。

8. 方向因素

惠更斯当时提出他对光的波动解释时还仅仅是一种学说，它可以解释光的一些现象，但还没有严格的证明。其后夫累聂尔和柯契霍夫对球面波进行了理论计算，发现惠更斯原理有些不合理的现象。例如，对于附图 8 中的球面波传播过程，如果假定球面波先从光源 O 出发，传播到某一个球面 S 上，然后在 S 面上每个点再当作新的光源，又发出一系列新的球面波，

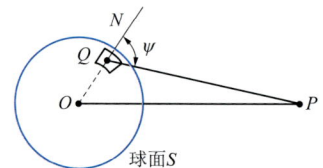

附图 8

把这些新的波在球外某个点 P 上积分起来，就得到 P 点上的强度。结果发现，这样积分计算出来的强度与直接从 O 点传到 P 点的球面波表达式并不吻合。为了解决这个矛盾，柯契霍夫直接由波动方阵推导出类似惠更斯原理的面积分表达式，从而在 $r \gg \lambda$ 的条件下，提出了一种"方向因素"或"倾斜因素"的概念，就是在球面上每个新的点震源发出的每一个新的球面波的表达式中必需乘上一个 $\frac{i}{2\lambda}(1 + \cos\psi)$ 的方向因素，这个 ψ 就是球面上某个点 Q 处垂直面元的法线 $\overline{QN}$ 与 $\overline{QP}$ 直线的交角，λ 是波长，$i = \sqrt{-1}$。乘上了这个方向因素后，P 点上的积分结果就和自 O 点直接出发的球面波公式没有矛盾了（详细的公式计算证明不在此赘述了，可在物理光学参考书中查找）。

这个方向因素 $\frac{i}{2\lambda}(1 + \cos\psi)$ 也可以用来解释波的能量传播方向。例如，一个平面波向前传播时，在向

前的方向上 $\psi = 0°$，$1 + \cos\psi = 2$，方向因素达到最大；在向后的方向上，$\psi = 180°$，$1 + \cos\psi = 0$，方向因素等于 0。也就是说，波只会向前走，不会向后退的。如果不加这个条件，只按惠更斯所提的："每个波阵面上的所有的点都可当成一个新震源，无数新震源传播的次波的波阵面的包络面就形成了新的波阵面。"照这样的说法，就会有向后退的波阵面的存在，因为这些次波是没有方向性的，当然也可以向后绘，这是惠更斯原理不足的地方。

所以，在我们的计算中也必须同时引进方向因素的概念，把它乘进积分式中去。在我们的计算中，因为波长 λ 是不变的，可以暂时不管它。又乘上虚数 i 的意义就是 $e^{-i\omega T}$ 振动相角统一改变 90° 的意思，也可以不管它。因此，就可以把 $\frac{1}{2}(1 + \cos\psi)$ 当成方向因素。

此外，由于反射段长度较短，可以假定 ψ 角与 S 的微小变化无关，在附图 1 中令 ψ 就等于平均角度 $\angle ONP$，即 $\cos\psi = \dfrac{H}{R}$。这样，就可以作为一个常数提到积分外面去。

9. 水平反射段总的公式

综上所述，传播到地面 P 点的振动可全部写出如下式：

$$A_x = \left[A_0 K \frac{e^{-\beta(H+R)}}{H \cdot R} \right] \cdot e^{-i\omega T} \cdot e^{ikG} \cdot \frac{1}{2}(1 + \cos\psi) \; \cdot \frac{1}{\sqrt{kE}} \left[C(t) + iS(t) \right]_{\sqrt{kE}\,(F-a)}^{\sqrt{kE}\,(F+a)}$$

$$= \left\{ \left[\frac{A_0 K}{2\sqrt{kE}} \left(1 + \frac{H}{R} \right) \cdot \frac{e^{-\beta(H+R)}}{H \cdot R} \right] \cdot |Z| \right\} \cdot e^{i(kG+\theta)} \cdot e^{-i\omega T} \tag{15}$$

其中前面大括号里面的东西是振幅部分，即代表反射强度变化的衍射花纹；$kG + \theta$ 一项是相角部分，即相位时距曲线部分；$e^{-i\omega T}$ 代表随时间改变的简谐运动。

对振幅相对强度变化（即花纹的形态）起作用最大的是 $|Z|$。而方括号里的东西只是当 X 变大（大于 H）时才急剧变小，它是振幅的衰减因子，令其等于 α_0，则 $|Z'| = \alpha_0 \cdot |Z|$。$|Z'|$ 称为衍射花纹的绝对振幅。

10. 振幅衰减因子之特征

公式(15)前面的方括号内之振幅衰减因子倒底对衍射花纹有多大影响？我们作了初步的计算。

仍用 $H = 2.0\,\text{km}$，$\lambda = 64.1\,\text{m}$，令吸收系数 $\beta = 0.5\,\text{km}^{-1}$，以 $X = 0$ 处之振幅为 100%。此时 $\sqrt{kE} = \sqrt{\dfrac{2\pi}{\lambda H}}$。而 $X \neq 0$ 时，$\sqrt{kE} = \sqrt{\left(\dfrac{R^3 + H^3}{2HR^3} \right) \left(\dfrac{2\pi}{\lambda} \right)}$。我们定义相对振幅衰减系数为 α：

$$\alpha = \left[\left(\frac{R^3 + H^3}{2R^3} \right)^{\frac{1}{2}} \cdot \frac{(1 + \cos\psi)}{2} \cdot \left(\frac{H}{R} \right) \cdot e^{-\beta(R-H)} \right] \tag{16}$$

计算得下表：

附表 6

X/m	R/m	ψ	方向因素 $\frac{1}{2}(1+\cos\psi)$	球面发散 $\frac{H}{R}$	吸收衰减 $e^{-\beta(R-H)}$	$\sqrt{E}$ 衰减 $\left(\frac{R^3+H^3}{2R^3}\right)^{\frac{1}{2}}$	相对振幅总衰减 α
0	2000	0°	1	1	1	1	100%
536	2070	15°	0.983	0.966	0.966	0.976	95%
1155	2310	30°	0.933	0.866	0.857	0.908	63%
2000	2828	45°	0.853	0.707	0.661	0.823	32.8%
3464	4000	60°	0.750	0.500	0.368	0.750	10.4%

根据附表 6 中数据绘成相对振幅衰减系数 α 随 X 的变化曲线，如附图 9(A)所示。

在前面附图 5 中的衍射花纹 $|Z|$ 的图形，尚需乘上此衰减系数 α_0 由附图 9(A)可见，在 $X = 1000\,\text{m}$

处衰减约为 72%,所以附图 5 的花纹形状变化不大,前面的分析结论不因未乘系数 α 受影响。

由附表 6 可知,吸收衰减一项起着较重要的作用,在吸收系数 β 值更大的地区则总衰减还要更强烈一些。

这里的吸收系数 β 包括介质吸收及反射界面的透过损失两个部分。在我们工区曾经用不带自控的反射接收记录,划出绝对振幅曲线,根据该对数曲线的斜率计算而得 β,其值大致就是上述数据。见附图 9(B)1 s 到 2 s 之间 β 为 0.48 km^{-1}。具体计算方法请查阅地震勘探教程。

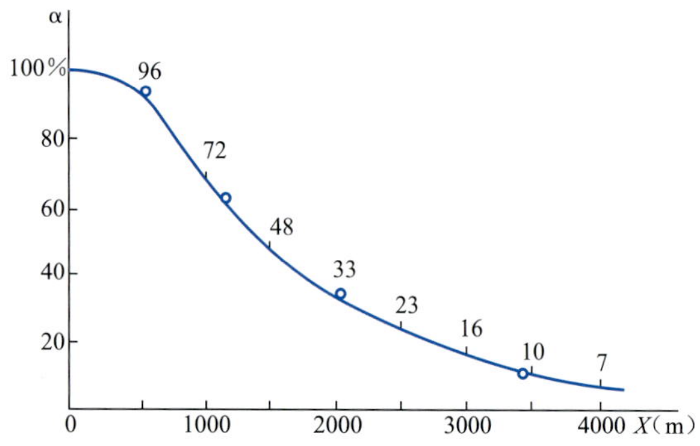

附图 9(A)

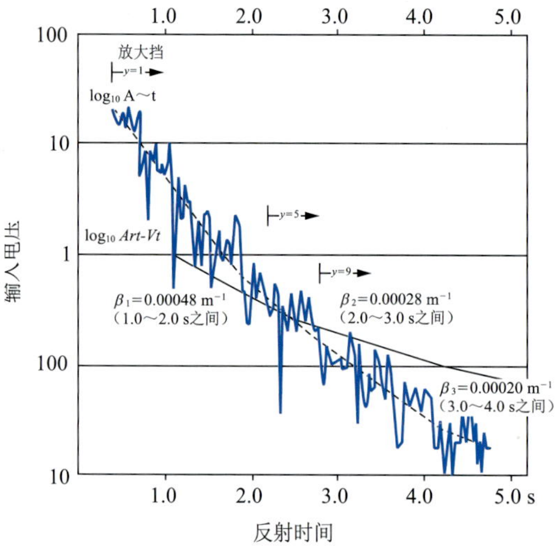

附图 9(B) N-ZH 试验点地震反射波绝对振幅及介质吸收系数测定曲线

11. 普遍公式之推导

现在再推广到倾斜的反射段,任意发炮位置的衍射情况。

如附图 10,作倾角为 φ 之反射段 $\overline{aa}$ 的中垂线,与地面相交于 M。O 点为发炮点。M^* 及 O^* 即地下之镜像点。以 O 为原点,令 $\overline{MO} = l$(图中 l 为正值)。$\overline{MN} = H$(即反射段中点 N 之法线深度)。P 点为离 O 点 X 距离之任一观测点。自 P 及 O^* 作中垂线 $\overline{MM^*}$ 之垂线,交于 A、B。令 $\overline{AB} = b$,$\overline{BO^*} = c$,$\overline{AN} = d$,$\overline{BN} = e$。则由图中关系有:

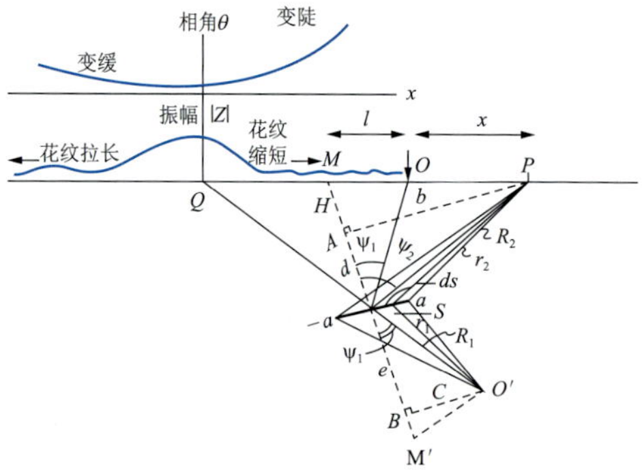

附图 10

$$c = l\cos\phi \qquad e = H - l\sin\phi$$
$$b = (x + l)\cos\phi \qquad d = H - (x + l)\sin\phi$$
$$\overline{NP} = R_2 = \sqrt{b^2 + d^2} \qquad \overline{NO^*} = R_1 = \sqrt{c^2 + e^2}$$

且:

$$r_1 = \sqrt{(c - s)^2 + e^2} \qquad r_2 = \sqrt{(b - s)^2 + d^2}$$

S 为反射段上以 N 点为原点之积分变数,即 ds 长度至 N 点之距离。

按照前述近似展开式,只要 $S \ll R_1$ 及 R_2,且 $2cs$、$2bs \ll R_2^1$ 及 R_2^2,可得:

$$r_1 \doteq R_1 - \left(\frac{c}{R_1}\right)S + \left(\frac{e^2}{2R_1^3}\right)S^2$$

$$r_2 \doteq R_2 - \left(\frac{b}{R_2}\right)S + \left(\frac{d^2}{2R_2^3}\right)S^2$$

$$\therefore r_2 + r_2 \div (R_1 + R_2) - \left(\frac{c}{R_1} + \frac{b}{R_2}\right)S + \left(\frac{e^2}{2R_1^3} + \frac{d^2}{2R_2^3}\right)S^2$$

同样设法配方变换数，令：

$$r_1 + r_2 = E'(F' + S)^2 + G' = E'U^2 + G'$$

此时：

$$\left.\begin{aligned}
E' &= \left(\frac{e^2}{2R_1^3} + \frac{d^2}{2R_2^3}\right) \\
F' &= -\frac{\dfrac{c}{R_1} + \dfrac{b}{R_2}}{2E'} = -\frac{R_1^2 R_2^2 (cR_2 + bR_1)}{e^2 R_2^3 + d^2 R_1^3} \\
G' &= (R_1 + R_2) - E' \cdot F'^2
\end{aligned}\right\} \tag{17}$$

$R_1 + R_2$ 为几何地震学经典绕射之路程。E'、F'、G' 对于每一观测点 P 是一个常数。于是，同样可以用近似积分法依下列公式（18）计算 A_x 值，即得衍射花纹及时距曲线。

此时，次波的方向因素便是 $\frac{1}{2}[\cos\psi_1 + \cos\psi_2]$。其中 ψ_1 及 ψ_2 为反射面上入射射线及出射射线与界面法线之间的夹角，称方位角。由附图 10 得：

$$\psi_1 = \angle O^*NM^* = \angle ONM = \cos^{-1}\frac{e}{R_1}, \quad \psi_2 = \angle PNM = \cos^{-1}\frac{d}{R_2}$$

于是

$$\begin{aligned}
A_x &= \left\{\frac{A_0 K}{2\sqrt{kE'}} \cdot [\cos\psi_1 + \cos\psi_2] \cdot \frac{e^{-\beta(R_1+R_2)}}{R_1 \cdot R_2}\right\} \cdot e^{-i\omega T} \cdot e^{ikG'} \cdot \left[C(t) + iS(t)\right]_{\sqrt{kE'}(F'-a)}^{\sqrt{kE'}(F'+a)} \\
&= \left\{\left[\frac{A_0 K}{2\sqrt{kE'}} \cdot (\cos\psi_1 + \cos\psi_2) \cdot \frac{e^{-\beta(R_1+R_2)}}{R_1 \cdot R_2}\right] \cdot |Z|\right\} \cdot e^{-i(kG'+\theta)} \cdot e^{-i\omega T}
\end{aligned} \tag{18}$$

根据前面大括号中可计算绝对振幅值 $|Z'|$，根据 $kG' + \theta$ 可计算时距曲线，
即：

$$t = \frac{G'}{V} + \frac{\theta}{360°} \cdot T^* \tag{19}$$

且同样可令方括号内的式子等于 α_0（振幅衰减因子）。

12. 花纹中心与不对称性

此时，花纹中心不在炮点而在 Q 点（如附图 10 所示）。因为花纹中心处有 $F' = 0$，即上述公式（17）中 F' 式的分子等于零，故 $cR_2 + bR_1 = 0$，即 $b = -\frac{R_2}{R_1}c$。在附图 10 中延长 $\overline{Q^*N}$ 交于地面 Q 点，显然，在 Q 点处根据相似三角形之比例关系，b 能满足上述关系式。实际上通过 Q 点之中央射线正好满足入射角等于反射角的几何光学定律（$\angle ONM = \angle MNQ$）。

这种情况下，衍射花纹具有左右不对称性：Q 点向炮点方向之花纹缩短，相角 θ 曲线变陡；反之，Q 点之另一方向花纹拉长，相角 θ 曲线变缓。

在反射段倾角小于 30° 时，上述这种变化不太大。当倾角接近 60° 时，衍射花纹可拉长及缩短一倍。时距曲线斜率也改变一倍。当炮点偏离 M 点很远时，即 1 很大时，畸变也会变得严重。^{附注}

13. 互换原理的证明及讨论

如附图 11 所示，O 及 O' 为两个互换的炮点，对于地下同一个反射段，如果两炮的爆炸能量相等，即 $A_0 = A_0'$，则两个互换接收道上所获之衍射强度及相位到达时间都应一致。

由附图 11 应有　　$R_1 = R_2', R_2 = R_1'; \psi_1 = \psi_2', \psi_2 = \psi_1'$

$$b = c', d = e'; c = b', e = d'$$

上式撇者代表 O' 发炮之相应符号。所以

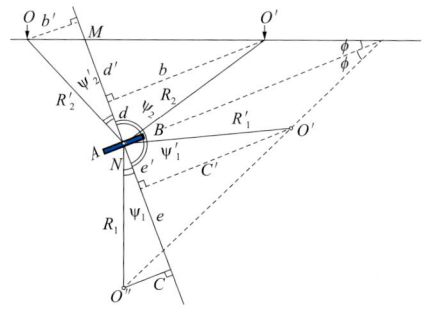

附图 11

$$E'' = \frac{e'^2}{2R_1'^3} + \frac{d'^2}{2R_2'^3} = \frac{d^2}{2R_2^3} + \frac{e^2}{2R_1^3} = E'$$

$$F'' = \frac{\dfrac{c'}{R_1'} + \dfrac{b'}{R_2'}}{2E''} = -\frac{\dfrac{b}{R_2} + \dfrac{c}{R_1}}{2E'} = F'$$

$$G'' = (R_1' + R_2') - E''F''^2 = (R_1 + R_2) - E'F'^2 = G'$$

以上说明，常数是相等互换的，因此积分上下限一样，即花纹 $|Z|$ 及 θ 也应是一致的。

又，衍射绝对振幅

$$|Z'|' = \left\{ \frac{A_0'K}{2\sqrt{kE''}} \left[\cos\psi' + \cos\psi_2' \right] \frac{e^{-\beta(R_1' + R_2')}}{R_1' \cdot R_2'} \right\} \cdot |Z|$$

$$= \left\{ \frac{A_0K}{2\sqrt{kE'}} \left[\cos\psi_2 + \cos\psi_1 \right] \frac{e^{-\beta(R_1 + R_2)}}{R_1 \cdot R_2} \right\} \cdot |Z| = |Z'|$$

此即考虑衰减因素后之振幅仍是互换一致的。

最后，有 $kG'' + \theta' = kG' + \theta$，即相位（时间）也是互换一致的。证毕！

这里值得提一下过去按几何地震学的概念，时间互换性是十分直观的。但振幅的互换性是没有证明的，而且应该是与结论相反的；附图 12 中按照直线行走的观点看来，在倾斜的反射地层上，当炮点位于上倾方向 O'，接收点位于下倾方向 O 时，接收强度应当减弱，振幅不应当互换。这可以由图中直观地看出，从两个虚发炮点出发，通过 AB 段而到达地面的射线束密度是不相等的，因而下倾方向接收者振幅较小。

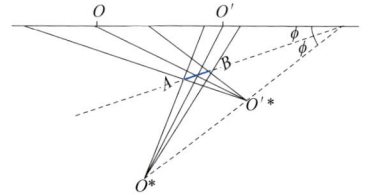

附图 12

按物理地震学的概念来说，振幅互换的道理可以作如下直观的解释：在附图 13 中，波动传递过程可以分为两步，首先反射段 AB 接受来自虚发炮点之波动，然后接收点再接受来自 AB 段上各波动的全部贡献。这两个过程对两个互换点来说，如图所示是完全对称的，只要球面波的衰减规律一致，两个点上的振幅就应该可以一致互换。

但是，检波器的接收方向特性及炸药爆炸时纵波强度分布的方向效应也会影响振幅强度。

让我们先来考虑检波器的方向特性。一般，垂直检波器接收灵敏度的方向特性是如附图 14 中的圆形的余弦函数，垂直方向等于 1，水平方向等于 0，若波从 ω 角度的方向出射，其灵敏度就是 $\cos\omega$。此处出射角是指"射线"与铅垂线之夹角。用波动的概念来说应是波阵面与地面的夹角。

如附图 15 所示，过去按照几何地震学的说法，"出射射线"应该是 $\overline{O*O'}$ 方向，这显然是不能接受的。但此时也不能直接把 R_2（即 $\overline{NO'}$ 方向）当作"出射射线"。因为 O' 附近的衍射结果，波阵面不一定垂直于 R_2。要用公式推导此出射角 ω 将是十分复杂的，它决定于 O' 附近的衍射相角 $kG + \theta$ 随横坐标 X 的变化情况而定。这里我们只能作一简单的讨论：

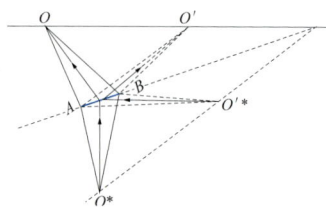

附图 13

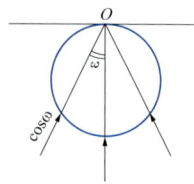

附图 14

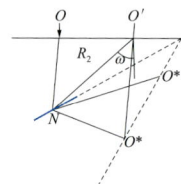

附图 15

[附注] Q 是花纹中心，但由于 α_0 的衰减，$\alpha_0|Z|$ 在 Q 点振幅不一定是极大，也就是说，对小断块来说，λ 射角等于反射角之处能量不一定极大。

（1）对于短小反射段，如前所述，其时距曲线是接近经典绕射的。因而可以将 R_2（即 $\overline{NO'}$）当做出射射线，而 R_2 与铅垂线的夹角即是 ω。

（2）在长反射段的衍射花纹的中央部份，如前所述，其时距曲线是接近（几何地震学）反射的。因此，可以将 $\overline{O^*O}$ 当成出射射线。花纹的边缘，其绕射延伸部份，则可用 R_2 来代表。

（3）中等长度的反射段及长反射段之反射向绕射过渡部份，其出射射线夹在 $\overline{O^*O}$ 及 $\overline{NO'}$ 之间。

综上所述，由于长反射段中央的 $\overline{O^*O}$ 方向与 $\overline{NO'}$ 方向是十分接近的，所以总的说来，可以近似地把 R_2 当作"出射射线"，尤其是当深度 $H \gg \lambda$ 及宽度 S 不太大的时候。这样，如附图 11，可以有 $\omega = \psi_2 - \varphi$（这是由于内错角相等，即 $\angle O'NM = \angle NO'O^*$）。这里已规定图中反射段向右方上升者倾角 Φ 为正；ψ 角在中垂线右方者为正。于是，接收灵敏度

$$\cos\omega = \cos(\psi_2 - \phi) = \cos\psi_2\cos\phi + \sin\psi_2\sin\phi = \frac{d}{R_2}\cos\phi + \frac{b}{R_2}\sin\phi$$

此处，Φ 为已知倾角。

在互换点 O' 上有：

$$\cos\omega' = \frac{d'}{R_2'}\cos\phi + \frac{b'}{R_2'}\sin\phi = \frac{e}{R_1}\cos\phi + \frac{c}{R_1}\sin\phi$$

因此，一般来说，$\cos\omega' \neq \cos\omega$

故由此可见，在垂直检波器方向特性的作用下，接收强度就不再互换了。

由于互换点上单个反射波的强度不互换，可以造成干涉带中叠加波形在边道上的波形不互换。例如，两个波同时到达，一个水平的波强度是互换的，另一个倾斜的波强度不互换，叠加后干涉波形就不相同，不互换。这是复杂构造反射法记录对比上的一个重要问题。边道上波形不互换就会造成同相轴追踪长度都不超过一个排列，就会误认为有一系列小断层的存在。

让我们再来考虑发炮点上爆炸力的方向特性问题。一般，我们希望炸药爆炸后，其激发之纵波能量在铅垂方向为最大，以利于反射波法地震勘探。我们生产中使用的长条形炸药（或在垂向上分散埋置的延时爆炸方式）是有利于产生这种集中向下传递的力量的。此时，爆炸力有一种方向分布函数。它也会影响反射波波形的能量。一般地说来，这种情形与检波器方向特性产生的影响是互相抵消的。例如，集中力的分布函数如果也是余弦函数 $\cos\varepsilon$，此 ε 为波传播方向与铅垂线之夹角，则对附图 11 互换点来说，有 $\varepsilon = \omega'$，$\varepsilon' = \omega$。因而，总的衍射强度为：

$$|Z'| = A_0 K \cdot \alpha \cdot |Z| \cdot \cos\omega\cos\varepsilon$$

而互换点上有：

$$|Z'|' = A_0 K \cdot \alpha' \cdot |Z|' \cdot \cos\omega'\cos\varepsilon' = A_0 K \cdot \alpha \cdot |Z| \cdot \cos\omega\cos\varepsilon = |Z'|$$

因此，互换点能量又成为一致的了。

最后，应提起注意，如果爆炸强度本身的改变会引起 A_0 不同，如炸药爆炸不完全或爆炸岩性不佳等，也是造成反射强度不等的原因。但是，仅仅 A_0 的变化，只影响波形曲线的绝对振幅，而对波的形状还不会引起变化。除非是激发频谱变了，才会引起波形的变化。

14. 采用连续发炮排列观测系统的计算方法

所谓连续发炮排列是指所有的点，既是发炮点，又是接收点的一种观测系统（海上已经采用）。我们这里使用它的目的是为了避免各种不同炮检距造成的分析问题上的困难，为了使理论计算结果与野外任何方式的记录经动校正后的情况可作对比。此外，另一个目的是为了以后作断块叠加的理论记录时，可以将各单断块的连续发炮排列的理论波形图，直接逐道叠加便得，为工作带来极大的方便。

连续发炮排列的衍射花纹的计算方法和前面是一样的，只要假定炮点就是接收点，$X = 0$ 就可以了。把附图 10 中的 l 当作横坐标上的变数（$l = \overline{OM}$，就是反射段中垂线与地面的交点 M 离开炮点 O 的距离），

算出不同 l 的衍射花纹就行。

此时，附图 10 中 R_2 就变成 $\overline{ON}$ 了。也就是 $R_2 = R_1$，再令 $X = 0$，代入（17）式中，便可计算所有的常数 E'，F'，G'。

例如，在水平反射段连续发炮的情况下，$X = 0$，$\Phi = 0$。就有

$$c = b = l, e = d = H, R_1 = R_2 = R = \sqrt{l^2 + H^2}$$

此时，公式（17）变成：

$$
\left.
\begin{aligned}
E' &= \frac{H^2}{R^3} = \frac{H^2}{(\sqrt{l^2 + H^2})^3} \\
F' &= -\frac{l}{\sqrt{l^2 + H^2}}\bigg/ E = -\frac{l(l^2 + H^2)}{H^2} \\
G' &= 2\sqrt{l^2 + H^2} - E'F'^2 = \sqrt{l^2 + H^2}\left(2 - \frac{l^2}{H^2}\right)
\end{aligned}
\right\}
\tag{20}
$$

根据不同 l 可列表算出这些常数，并求得积分上下限 $\sqrt{kE'}(F \pm a)$，查科纽蜷线，便得 $|Z|$ 及 θ。

这时的方向因素为 $\frac{1}{2} = (\cos\psi + \cos\psi) = \cos\psi$，而 $\cos\psi = \frac{H}{R}$，所以

$$\alpha_0 = \frac{A_0 K}{\sqrt{kE'}} \cdot \frac{e^{-2\beta R}}{R^2} \cdot \frac{H}{R} \tag{21}$$

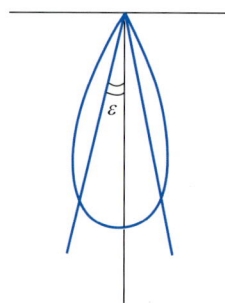

附图 16

可以列表算出 α_0，再乘上 $|Z|$，就得到绝对振幅 $|Z'|$。

我们后来使用的一些理论波形图都是用连续发炮系统计算的。

15. 理论反射波形图作法及断块叠加问题

有了以上连续发炮排列观测系统的计算结果后，就可以做出不同反射段的理论反射波形图。这里近似地将正弦波形的计算结果用脉冲波表达出来，当然是有误差的。关于误差部分将在下一节中再讨论。

首先，决定一个与计算中采用的视周期一致的反射脉冲的基本波形。这个波形可以自己选择。我们用了钟形脉冲：

$$A = A^* e^{-\gamma^2 t^2} \cos\omega_0 t$$

式中：γ 为衰减指数值，取 $\gamma^2 = 367 \text{ s}^{-2}$；$\omega$ 为圆频率，取 $\omega_0 = 2\pi\frac{1}{0.035} \text{ s}^{-1}$；视周期 $T^* = 35 \text{ ms}$。这样的钟形脉冲大致具有三个明显的强相位。

然后，根据衍射花纹的计算结果，假定绝对振幅的单位 $A_0 K \times 10^{-3} = 1$，用其振幅曲线 $|Z'|$ 当成上式中的 A^*。又用（19）式计算所得之反射到达时间 t 作为钟形脉冲的时间原点，即其波形的对称中心点。就可以绘出不同 ι 距离上的接收波形图。每隔 25 m 绘一道波形，即可得到一幅反射波的理论波形图（见报告附图中的图 4，单反射段理论衍射波形图）。

有了这样的单断块理论波形图后，就可以组合成各种断层波形图。方法是把不同的单断块波形按设计的深度、落差及平错距离对齐后，把横坐标相同的道上的波形再叠加一次，便成了断层的理论波形图。

这里需要说明一点，两个衍射花纹的叠加问题在光学教科书里说是不能简单叠加的，例如，双缝衍射花纹并不等于两个单缝衍射花纹的简单相加。也就是如果把第一个缝遮挡起来，把衍射花纹照相感光一次，然后再挡住另一个缝再感光一次，这样两次感光的结果和双缝衍射花纹是不一致的。那么，断块叠加原理还成立不成立呢？我们说，还是成立的！因为光学中照片感光时起作用的只是其振幅谱，而相角谱是不起感光作用的。我们的断块叠加则已经考虑了时距曲线的变化，也就是连相角部分一起考虑了，所以，

叠加原理就成立了。

为了证明这一点，同时也是为了验证我们计算波形图本身的正确性，我们把两个 400 m 的水平断块（埋深为 1800 m）按落差等于零米相接起来，把两个波形图相加，并将其结果与一个完整的 800 m 水平断块的理论波形图作对比，发现吻合较好，波形基本一致。

16. 脉冲波的计算方法

以上的计算，都是假定球面波是以连续的正弦波形来传播的。但实际上地震波是一个脉冲波。那么，以上计算结果与脉冲波的情况差别大不大呢？为了回答这个问题，我们作了如下的计算。

还是假定我们的地震脉冲是一个已知的钟形脉冲（其他脉冲也是同样的），可以算出它的频谱来。对于余弦钟形脉冲 $A(t) = e^{-\gamma^2 t^2} \cos\omega_0 t$ 说来，其频谱的振幅谱为：

$$F(\omega) = \frac{1}{2\gamma\sqrt{\pi}} \cdot e^{-\frac{\omega^2 + \omega_0^2}{4\gamma^2}} \cdot ch\frac{\omega \cdot \omega_0}{2\gamma^2}$$

它在频率域绘出来也是接近于一个钟形的波形。

余弦钟形脉冲之参数采用：$\gamma^2 = 365 \text{ s}^{-2}$，$\omega_0 = 179.4 \text{ s}^{-1}$，即 $T^* = 35 \text{ ms}$，$f_0 = 28.6 \text{ Hz}$。

余弦钟形脉冲的振幅谱如附图 17 所示。

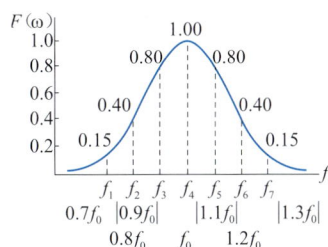

附图 17

由傅里叶原理可知，一个脉冲波等于许多个谐合振动的合成。于是，我们用七个频率的正弦波来合成这个余弦钟形脉冲。

由于把连续谱分解为线状谱，离散化的叠加脉冲就具有重复周期。如附图 18。为了使叠加脉冲的重复周期不至于影响脉冲波形，要求叠加脉冲的重复周期 T 大大地大于脉冲的延续时间 τ。我们选取 $T = 10\tau$。这样，频率间隔 Δf 可按下列式子求取：

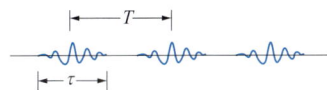

附图 18

$$\Delta f = f_0\frac{\tau}{T} = 0.1 f_0$$

式中 f_0 为主频。

根据上列关系确定的七个正弦波的频率及其振幅强度是：

附表 7

频　率	$f_1 = 0.7f_0$	$f_2 = 0.8f_0$	$f_3 = 0.9f_0$	$f_4 = f_0$	$f_5 = 1.1f_0$	$f_6 = 1.2f_0$	$f_7 = 1.3f_0$
振　幅	$A_{01} = 0.15$	$A_{02} = 0.40$	$A_{03} = 0.80$	$A_{04} = 1.00$	$A_{05} = 0.80$	$A_{06} = 0.40$	$A_{07} = 0.15$

因为上述脉冲的相位谱等于零，所以，这七个正弦波是时间原点对齐后再叠加的。

用这七个正弦波叠加的脉冲与原有的余弦钟形脉冲是十分接近的，如附图 19 中虚线所示，说明近似性很好。

在合成脉冲前，需先对七个正弦波分别计算它们在不同 l 点上的衍射花纹。它们的 E、F、G 常数是一致的（与频率无关的），就是波数 k 是不同的，因此积分上下限也就不同了，查出来的 $|Z|$ 及 θ 也不同，振幅、时距曲线都会有所变化。

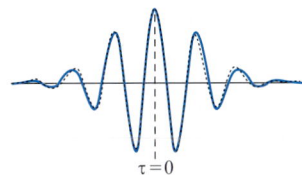

附图 19

吸收系数 β 对实际介质说来，应该是大致与频率成正比的，即 $\beta \propto f$。这点我们在计算中尚未考虑。

因为对于我们来说这个衰减百分比还不很大，严格说来是应该考虑的，并且还应该考虑方向因素中 $\frac{i}{\lambda}$ 的那部分与波长成反比的因素。

有了七个正弦波各自的衍射花纹后,在不同 l 点上,将这七个具有不同振幅 $|Z'|$ 的正弦波按时距曲线给定的相位关系叠加起来,就得到了连续发炮排列上的理论波形图。

我们计算了一种埋深 1800 m 的 400 m 水平反射段的理论波形图。

选取平均速度为 2280 m/s,视周期为 35 ms,视波长为 79.8 m,吸收系数为 0.5 km^{-1}。计算结果与正弦波震源的波形图作比较后,发现差别不很大。脉冲波经衍射后其波形基本上没有什么变化,仅仅是距离 l 变大时,主相位到达时间稍有滞后。见下附表 8:

附表 8

l 距离(m)	0	440	560	660	780	920	1040
脉冲波比正弦波主相位到达滞后时间(ms)	0	1	1.5	4.0	5.0	4.5	4.5

此外,脉冲波的振幅曲线比较光滑,没有正弦波振幅曲线上的小周期起伏变化。所以,我们在作断块理论波形图时,把正弦波计算得到的振幅曲线稍加光滑后再使用。

对于一般问题的理论分析,光滑了的正弦波计算曲线是已经完全可以用了。如果要更精确的脉冲波计算,可以使用电子计算机作如下叠加。先将地下反射界面(断块)分割成许多面积相等的小单元,计算每个地下单元距炮点的距离 r_{i1} 及距检波点的距离 r_{i2}。然后用已知速度求得反射到达时间 $t_i = \dfrac{r_{i1} + r_{i2}}{V}$,用"反射子波"的波形作为脉冲波形。将许多相同的脉冲波形按其不同振幅衰减因子衰减后,再按 t_i 的到达时间先后,将脉冲叠加起来,就得到接收点上总的衍射脉冲波形。这是一个比较严格的办法。"反射子波"的求法可根据反射记录的自相关分析求得(可参考一般文献有关反射子波的介绍文章)。

此文写于 1972 年,当时起到了推动"物理地震学"的积极作用,也为后来偏移归位技术打下了基础。

——全文完

生当报国为石油 从不言悔物探路

——专访我国著名石油勘探专家李庆忠院士

《科学中国人》记者 贺春禄

这是《科学中国人》杂志记者贺春禄对我的专访稿。刊登在该刊物 2009 年的第 3 期。本书收录时仅稍加节删。

我是新中国培养的第一代物探工作者,今后还当继续努力,不负当初报国之信念。

新中国成立后,我国石油战线的工作者们为了摆脱"贫油国"的帽子,多年来辛勤地奋战在最前线。其中不被大多数外人所知的石油物探队员们,更是石油战线中不可或缺的"先行军"。石油物探是指根据地下岩层物理性质的差异,通过物理量测量对地下地质构造或岩层性质进行研究,以寻找石油和天然气的地球物理勘探方法。50 多年间,无数石油物探队员为祖国石油事业奉献了全部的青春与热血,许多人甚至牺牲了自己宝贵的生命。在他们的努力勘探下,我国广大地区如新疆克拉玛依油田、大庆油田、胜利油田及塔里木盆地新的后备资源被一一探明,为我国经济建设与社会发展做出了卓越贡献。

我国石油系统物探界唯一的工程院院士——李庆忠院士至今仍在中国石油集团东方地球物理勘探公司(前物探局)从事科研工作,并兼任中国海洋大学地学院名誉院长、博导,培养着物探接班人。

在 50 余年的石油勘探工作中,他提出并系统地阐明了地震波的波动理论;在地质、物理、数学的结合点上,提出了三维地震勘探方法及原理、两步法偏移成像技术,为现代地震物理勘探做出了突出贡献。通过应用这些先进技术,我国各油田均大幅度地增加了石油探明储量,一个个鲜为人知的勘探地变成了繁忙的石油开采基地。

从茫茫无边的塔克拉玛干沙漠到冰天雪地的大庆,从荒无人烟的戈壁滩到一望无际的华北平原,他从年轻的物探队员成长为总工程师,李庆忠院士见证了新中国石油事业物探发展全过程。如今这位年近八旬的学者仍然心系石油物探事业,正以充沛的精力与敏捷的思维继续为中国石油事业的发展奉献着全部的力量。

一、从戈壁到雪原 无悔奉献青春

1930 年秋天,李庆忠出生在江苏省昆山市。5 岁那年,身为医生的父亲前往上海行医,从此携全家定居上海。李庆忠在那里度过了幼年时光。中学时代,他辗转于上海与昆山两地就读,毕业于上海市市立格致中学。1949年9月，高中毕业后在家自修半年的李庆忠在上海解放之际考入了清华大学。

作为新中国第一批大学生，19岁的李庆忠怀抱着满腔报国的热情进入清华大学电机系学习。第二年，他转投物理系。在清华大学学习期间，对建设新中国有着强烈使命感的李庆忠学习非常刻苦。当时的中国正处于百废待兴之时，正值我国第一个五年计划的开始，急需高素质人才。1952年李庆忠响应国家号召提前一年毕业，奔赴工作岗位。他满怀着报效祖国、建设祖国的激情在毕业分配的志愿书上认真地写下：第一，到祖国最需要的地方去；第二，到最艰苦的工作岗位去；第三，坚决服从组织分配。短短数行，彰显出一位青年学子对祖国母亲最深沉的爱；字里行间，流露出他心中始终将祖国放在第一位。到祖国最需要、最艰苦的岗位去，成为李庆忠心中最坚定的声音。

1952年毕业于清华大学

1952年9月他先被分配到燃料工业部石油管理总局当实习生，接着又被分配到新疆中苏石油公司（现新疆石油管理局）地质调查处，在荒凉的戈壁滩上迈出了物探事业的第一步。茫茫戈壁滩，见证了李庆忠8年最宝贵的青春岁月。刚到新疆时，李庆忠被分配到地调处做重磁力测量，整整三年都在野外工作。夏日里，白天顶着滚烫如火的太阳，赶着骆驼穿越荒无人烟的准噶尔大沙漠。晚上则天当被地当床，直接在沙丘上铺开行李就地宿营。李庆忠躺在沙漠上举目望着夜幕中满天星斗，一天的疲劳被沙漠夜晚特有的凉爽小风吹个痛快，真是别有一番滋味在心头。那时的他想到自己又为祖国完成了一天的重力测量任务，心里就有说不出的安慰。

冬天的工区里有很大一片芦苇塘，李庆忠和勘探队员们需要趟过结冰的水前行，每走一步都很艰难，刺骨的冰水灌满皮鞋，冰凉寒冷。在车排子到小拐的水渠边，他们的汽车好几次陷进泥坑里，天黑回不了家，只好当"团长"。在这些前不搭村后不靠店的地方，饥饿口渴一并袭来，无孔不入的大蚊子，此刻又趁火打劫，使人彻夜难以入眠。在野外工作时根本无法洗澡，随身携带的水只够煮面条，每天只能留出一点点水擦脸。对重磁力勘探队员而言，几乎每人都遭遇过如汽车在戈壁滩抛锚、迷路、黑夜遇到狼群等意外事故。这些经历都变成李庆忠深刻难忘的回忆，成为他日后克服困难勇气的来源。在与风沙、酷暑严寒相伴的日子里，工作虽然很艰苦，但青年李庆忠从来不觉得苦，也不感觉累。因为只要一想到自己和勘探队的队友们正在为祖国找石油，他浑身上下就充满了力量与激情，革命热情高涨。每年都超额完成野外勘察任务。

每年年终冬训时，李庆忠所在地调处的青年人都集中在乌鲁木齐地调处。在明园整理资料，晚上住在南梁宿舍，离明园四五千米。接送他们上下班的是一辆仅有一层帆布篷的大卡车，外面气温是零下二三十摄氏度，哈气成霜。姑娘和小伙子们都挤在车厢里，大家一边行车一边唱歌。从"歌唱祖国"唱到"生活是多么幸福"，从"亚克西"唱到"我们新疆好地方"，大家都忘记了天气的寒冷。在南梁宿舍夜晚有人在灯下学习业务，有人补习文化，大家都感到生活很充实。

当年他在克拉玛依（维吾尔语意即"黑油山"）工作时，附近没有人烟，这里仅有一个慢慢往外冒黑油、喷气泡的池子，当地只有几个维吾尔族老乡住在地窝子里，每天在油池里捞油，收到桶里，到乌苏去卖。而今天的克拉玛依，已经发展成为塞外的江南，成为我国最重要的石油产区之一。每当想到这里，李庆忠他们这一代人唱起"勘探队员之歌"时，无限的深情与自豪感便从心中油然而生。

由于工作区域地处边远，远离人群居住地，又加上物资稀缺、条件艰苦，李庆忠与勘探队员们在野外工作时经常发生意外，有些队友甚至被夺去了生命。李庆忠回忆道，杨虎城将军的女儿、地质队女队长杨拯陆和队员张广志两人在三塘湖盆地勘探时，正巧遇上下雨，两人全身都被淋湿。不久又下起大雪，单薄的衣物根本无法抵御寒冷，他们全身都被冰雪冻住。当时已经天黑，两人在风雪的野地里迷失了方向，久久仍然没有回到营地。队友们焦急地点着火把出门寻找，但整整找了一晚都没有找到他们。第二天清晨人们悲痛地发现，杨拯陆和张广志冻死在距离营地仅仅100米的地方。当时两人正以匍匐的姿势要爬回营地,但终因体力不支没能坚持到最后,年轻的生命永远地留在了新疆这片热土之上。

还有一位地质队女队长戴健在新疆阳霞勘探时,被突如其来的山洪冲走,人们在下游很远的地方才找到她的遗体。电法队长陈介平在塔里木河勘探时突然失踪,队友们最后在河边发现了他与狼群搏斗的痕迹,找到一些骸骨和衣物的碎片。至今物探队伍中已经有 50 多位同志死在塔里木盆地,多年后人们在库尔勒一个中心站树立了纪念碑,永远铭记这些为祖国石油事业奉献出宝贵生命的年轻人。每当谈到这些献出了宝贵生命的同志,李庆忠总是动情地说:"他们都为祖国的石油工业贡献出了自己的生命,我们吃这点苦又算个啥?"他经常向孩子们诉说当年的这些故事,让他们从小就了解,爸爸妈妈和叔叔阿姨们为祖国的石油勘探事业贡献了自己的青春和热血。

从 1957 年开始,组织上决定让李庆忠做综合研究方面的工作,李庆忠从清华大学毕业时电子计算机还未出现,他对"地球物理勘探"也一无所知。综合研究的工作增加了李庆忠对地球物理勘探技术的理解与爱好,由于他在大学学的是物理,对地质解释方面并没有学习过专门的知识,于是他给自己制定了学习计划,抓紧一切时间自学了构造地质学、大地构造学、沉积岩石学、地史学等等。后来组织上又让李庆忠做地震方法研究,他下决心要将数学方面的基础再加深。在出差时、在汽车与火车上,李庆忠抓紧一切可以利用的时间自学复变函数、数学物理方程等科目。那时候的他,总觉得一天的时间不够用。在新疆 8 年的时间里,他对石油物探的理解在工作与实践中一点一滴地慢慢累积。

走入那片茫茫戈壁时,23 岁的李庆忠还是一位意气风发的青年;而当 31 岁的他离开新疆时,已成长为一名优秀的物探队员,沉稳踏实。1961 年,李庆忠告别戈壁滩远赴千里之外、来到被皑皑白雪覆盖的黑龙江大庆,响应国家号召投身于轰轰烈烈的大庆会战。一提到大庆会战,人们都会想到铁人王进喜和石油工人们。但很少有人知道,李庆忠和他的物探队友们为大庆会战同样做出了巨大的贡献。

东北的冬天寒冷难耐,站在出工探勘的敞篷车上,李庆忠和队友们两腿冻得麻木发僵,下车后要直立蹦跳许久才能正常行走。他们研究大队住的房子窗户玻璃上面结的冰花非常漂亮,如同雕刻一般,但屋内却寒风刺骨。由于大家都是学生出身,对生炉子这种活不太在行。屋子里也没有桌子,大家只能坐在炕上用画画的图板做工作桌。当时正是全国三年自然灾害困难时期,由于粮食严重缺乏,李庆忠每月粮食的定量只有 28 斤,根本不够吃。李庆忠和队友们只能长期以黄花菜充饥,结果他不幸换上浮肿病,腿上一按一个坑,每天耳鸣不止。那会儿到野外小队工作时,早上 4 点就得起床出工,每天发的一个馒头还没等开始工作就吃光了,只有过年时才能杀一头猪打打牙祭。很多新分配来的大学生因为无法忍受恶劣的条件,都偷偷地逃跑了。"三级工不如一垄葱"是当时很流行的话,那时候大家就想着什么时候能吃上一顿饱饭,就是莫大的幸福了。

但李庆忠对于艰苦的条件没有任何怨言,心里仅仅只有一个念头:只要能让祖国摘掉贫油国的帽子,再苦再累也心甘。他始终坚持工作并且严格要求自己,在艰苦的环境中不断磨练自己的意志。如同戈壁滩漫天的风沙不能摧毁他的意志一样,东北雪原难以忍耐的寒冷与饥饿也没能阻碍他如火的热情与执著的追求。李庆忠抓紧一切可以利用的时间,攻读了地质、数学、物理等方面大量书籍,结合丰富的勘探资料进行了地球物理勘探中地震方法的研究。凭着满腔热情和吃苦耐劳的精神,他取得了出色的工作成绩,每年都代表地调处在大型技术座谈会上作勘探成果报告,连续三年被评为"五好红旗手"。

回忆起在东北的生活,李庆忠感慨地说,当时他和妻子梁枫住在当地老乡一个废弃的养鸡窝棚里,全

1964 年春李庆忠夫妇于北京,右为梁枫女士,中间是李斌

家仅有的财产就是几个炸药箱。这是地震队用来装炸药的箱子,炸药用完后李庆忠向他们要来充当家具。搬家时炸药箱就是装书的箱子,平时吃饭时就是桌子。由于粮食定量太少,队上经常组织大家去采集野黄花,每天迎着太阳的方向满山遍野地去找。虽然黄花菜可以充饥,但李庆忠告诉记者,当时他们吃多了可真的非常倒胃。

二、"波动地震学"的坎坷问世路

1964年华北石油会战打响,李庆忠离开大庆前往山东东营。这时,生活条件已经稍微有所改善,但大会战繁重的工作使每个人都处于高度紧张的劳动状态。李庆忠每晚都必须工作到12点半,早上7点半闹钟一响,他立即起床赶去办公室,连早饭也顾不上吃。由于睡眠不足,他耳鸣的老毛病更加严重。这期间他和妻子梁枫住在离露天厕所不远的简易平房里,居住条件和生活条件仍然比较差,一住就是十几年。但李庆忠觉得比起在新疆和大庆时条件好多了,感觉很满足、很充实。他笑着对记者说:"就这样,我们把壮年时代又贡献给了祖国的石油会战。"

当时,由李庆忠领导的牛庄地球物理攻关队在会战中立下了许多战功,我国第一台模拟磁带地震仪、第一台超声波测井仪与伽玛测井仪,感应及侧向测井仪等新仪器都在牛庄这个小村子里试验成功并投入生产。李庆忠在东营地质指挥所任副指挥时,负责地球物理勘探及井位的审定工作。在胜利油田的14年里,他为孤岛油田、永安镇、郝家、现河庄油田,利津、商河西、义和庄及五号桩等油田的第一批发现井的拟定做出了贡献。每当看到这些探井喷出高产油气流来的时候,李庆忠的心里就感到无比的喜悦,感到自己的生活与工作充满了意义。在艰苦条件下的经历磨练了李庆忠的意志,使他在以后的工作生活中不论碰到什么样的困难,都能以百倍的勇气去面对。更重要的是,这些经历更加激发起他对石油勘探事业的满腔热忱。

在工作中,李庆忠不管做什么都追求更高的水平。夜深人静之际,他就将白天未能解决的问题从头到尾思考一遍,许多新的思路就在这种反复思考中产生出来。他从不轻信前人的结论,而坚持从事物的本质出发、独立思考,从实践中得出自己的结论。随着多年工作的积累和勤奋刻苦,他在地震勘探方面渐渐总结出不少独特的理念。

何为地震勘探?李庆忠向记者作了形象的解释:"所谓地震勘探,形象地说就是医生的听诊器。医生听得是人身体内部的情况,我们听得是地下的回声。通过听回声,可以知道反射波在什么地方深、什么地方浅,可以深入地了解地底下的地质构造情况。这就是最简单的地震方法找石油的原理。而三维地震就好比是给地球作CT,它能够把地下的结构切成一片片断面,供地质家作详细的分析。"

在20世纪60年代,传统几何地震学认为,地震波像光一样直线传播,入射角等于反射角,恰似乒乓球的弹射状。这种简单的类比法也是传统的地震勘探成图计算的理论基础。1965年在胜利油田会战时期,当时的地震资料在复杂构造上往往与钻井资料不符,要么深度有较大误差,要么断层位置不对。前人在地震方法研究方面也曾经作过大量的试验,如缩小排列、非纵排列、低频反射、平面波前法、方向调节接收等等,但结果都不能解决实际问题。

李庆忠从物理光学和几何光学的差别出发,联想到地震波的波长很大,一般为80～150米,它的传播与其说类似乒乓球的弹射,不如说主要以波动的性质在地层中传播。这种波动的传播遇到断层会产生绕射波,造成地震记录上"层断波不断"的现象,并且小断块反射能量下降,消失在干扰背景之中。组成反射波波形的地下基本信息单元是一个"绕射波",无数个绕射波迭加在一起便形成了我们的反射记录。这些绕射波不是一条条射线,而应该是以波动的方式传播的。李庆忠想到,如果不把绕射波收敛起来加以归位,便不能真实地反映地下断块的形态。

于是他大胆假设得出物理地震学(即波动地震学)的一连串推论:"一个反射主体、两个绕射尾巴","地层断、波形不断"，"短小断块的反射波消失在背景之中"，"反射记录上的同相轴和地下反射段并不总是简单地一一对应"等等。并且提出了一套用绕射波成像的偏移技术——绕射扫描叠加法。当时李庆忠这些创新的想法并没有为大家所接受，不少人认为他是脱离实际的胡思乱想，有人不屑地说："哪里来那么多的尾巴？"

但李庆忠的想法得到了同事俞寿朋、刘雯林等人的认同和支持，1965 年他们共同计算出大量地震波的衍射波动性质和特征。翌年李庆忠进行了系统的论述，写成《波动地震学》手稿，在文中阐述了他的一系列推论。

李庆忠感慨地说："我始终认为，符合客观事物规律的东西总是要发展、要进步的。"1972 年，同事刘雯林把替李庆忠精心保存幸免于难的"物理地震学"手稿和图幅交还给他，这才使得中国地震勘探研究中最重要的理论得以继续发展。在刘雯林、王良全及柴振弈的帮助下，李庆忠终于完成了《地震波的基本性质——复杂断块区的反射波、异常波和干扰波》这部 21 万字的长篇论文，誊印 100 份发至各油田后，在全国引起了很大的反响。大港油田组织技术人员学习该文，辽河油田派出一个小组专程到胜利油田听课，当时物探局总工程师孟尔盛给予该文高度评价，认为这是我国地震勘探发展史上的重要论著。《石油地球物理勘探》杂志于 1974 年以 1、2 期合刊的方式，全文刊登了这篇文章。此后，各石油院校的教科书，在阐述地震波的性质及特征时，均采用了李庆忠这篇文章中的附图。

1972 年注定是不平凡的一年，这年李庆忠建立在波动地震学基础上的"绕射波扫描叠加偏移"技术也得到了广泛应用，这种波动方程偏移技术的最初形式几乎与国外同时提出。第二年胜利油田地调指挥部的赖正乐工程师等人在当时没有电子计算机的情况下，用国产模拟回放仪实现了偏移成像。接着，全国其他油田也争相仿效。1974 年该技术在物探局国产 150 计算机上投产，石油部阎敦实副部长决定组织一次胜利油田商河西地区地震资料的数字处理会战，历经 4 个月，获得了我国第一批整区块数字处理的叠偏剖面，这些剖面发挥了很好的效益。华北商河西油田的资料经过处理后，断层判断准确、深层反射清晰，在临邑大断层下方发现不少高产断块。短短两年时间内探明地质储量 5 400 万吨，从一个不为人知的新区建成年产 40 万吨的石油基地。现在地震资料的偏移技术已经发展到更高的水平，没有人会再认为李庆忠提出的物理地震学是脱离实际的空想，偏移成像技术也成为地震勘探中不可缺少的重要一步。

三、领先世界的"三维地震勘探"与"两步法偏移"

除了提出波动地震学，李庆忠另一个重大理论创新是提出了"三维地震勘探"的方法和技术。20 世纪 60 年代中期，国际石油地震勘探资料的成像技术正面临着从剖面到立体，即从二维到三维的历史性变化。与大庆油田相比，胜利油田是有名的复杂断块油田。用常规的二维地震方法很难搞清地下情况，由于二维地震资料的不准确性，找油出现了极大的困难：不是深度有较大误差，就是断层位置不对。胜利油田也因此有了"五忽油田"之称：忽油忽水、忽上忽下、忽有忽无、忽稀忽稠、忽厚忽薄。尽管有人在地震方法研究方面也曾经做过大量的试验，但都不能解决问题。

面对如此棘手但亟待解决的问题，时任地质指挥所副指挥的李庆忠迎难而上，坚持"从实际出发，认真调查研究，不因循守旧，努力创新"的思想路线，总结了二维地震资料与钻井资料不符的原因，提出改进地震勘探的八字方针：去噪、定向、辨伪、归位。

他与俞寿朋同志密切合作，通过调查研究发现了地震勘探中的次生干扰波。这种干扰波并不从炮点出发，而是来自于四面八方。他们初步提出八个检波器的面积组合的施工方案，当时引起了大多数生产人员的反对。有人表示："这种方法是绝对不可能在生产中采用的！"但后来通过实践，人们看到了它的优越性，渐渐地被认为是合理的方案。

东营复杂断块构造上地下的反射波来自四面八方。在地震仪接收到的反射记录上,实际的反射位置很可能不在排列的正下方,于是便存在一个"空间归位"的问题。他与俞寿朋、刘成正等人提出了一套小三角加密测网:线距为 260 米,每个炮点都是三个方向的交点,从而可以计算出每一个反射波来自何方,进而作三维空间的正确归位。当时使用的是国产 51 型地震仪,同时采用了解放波形、面积组合的接收方式。在资料解释中,从三个方向识别反射波,计算侧向偏移距离,然后人工进行偏移归位(又称"剖面搬家"),这实际上就是我国最早也是世界上最早的一种三维地震勘探。从而使东辛油田在 1967 年获得了第一张三维偏移校正的沙一段反射标准层构造图,这是我国第一张三维归位构造图。

早在 1974 年,李庆忠积极组织开展了三维地震的试验,利用当时国产模拟磁带仪进行多次覆盖采集。当时美国的三维地震还停留在"十字放炮法"、"环线地震法"上,均不能克服多次波的干扰,法国的"宽线剖面法"也只能称为半三维工作法。而李庆忠设计了"束状三维地震"采集测线,有效地克服了多次波的干扰。结果发现了新立村油田,并在沙三段上部发现高产的厚油层,一年之中探明储量 1 100 万吨,当年就形成 18 万吨的生产能力。

1978 年,李庆忠和同事们总结了我国东辛油田第一个三维地震偏移校正查明复杂断块油田的实例经验,在美国勘探地球物理学家协会(SEG)旧金山年会上,代表中国地球物理界作了第一个出国技术报告,博得了与会外国专家长时间的掌声,为祖国争得了荣誉。外国人惊讶地发现,长时间受技术封锁的中国地球物理工作者居然依靠自己的聪明才智,在三维地震技术方面走在了世界前列。目前越来越多的人认识到三维地震勘探的重要性,该技术已成为我国勘探发现油气田的重要措施与老油田进一步挖潜增产的重要手段。

2000 年摄于北京 SEG/CPG 年会,左是 SEG 前主席古毕约先生,中间是刘金新所长,右是李庆忠

从提出波动地震学到进行世界上最早的三维地震勘探,李庆忠与他的战友们创造了一个又一个奇迹。而随后出现的领先世界的两步法偏移技术,更体现了他们敢于创新、勤于思考的过人之处。

1979 年 7 月,作为中国南海中外合作地震勘探项目的中方代表,李庆忠成为驻美国埃克森石油公司的资料处理监督,当年 10 月份前往新奥尔良参加第 49 届勘探地球物理学家协会(SEG)年会。西方地球物理公司的拉纳先生在会上作了关于两步法偏移技术的报告,当时在台下听报告的李庆忠告诉身边的物探界老前辈顾功叙先生:"中国其实很早就提出了这种方法,比国外早。"

原来,李庆忠早在 5 年前就提出了用两步法实现三维偏移的归位,发表在 1975 年的《石油地球物理勘探》杂志上。当时三维地震勘探的偏移归位技术需要花费计算机的大量内存和大量的输入输出运行时间。20 世纪 70 年代末,即使美国最有名的西方地球物理公司的 IBM 3033 的内存也只有 4 MB(兆位),埃克森石油公司拥有的"大型计算机"Ambahl V6 的内存也只有 8 MB(还不到今天普通家用电脑的 1%)。三维地震偏移运算时,要输入 10 多万个地震道,进行上亿次计算。需要来回从磁盘倒到内存,再由内存倒回磁盘,效率十分低。而我国当时一直没有大型计算机,为了解决在中小型计算机上作三维偏移归位,李庆忠首先提出了用"两步法偏移"实现三维归位的方法并发表文章。该文不仅提出了两步法偏移的具体方法,而且论证了它与三维一步法全偏移的误差均在允许精度范围之内,使我国在只有中小型计算机的条件下就能实现三维地震数据的偏移成像,实际上这就是我国东辛油田 1960 年曾经使用的"剖面搬家"的思路。利用两步法偏移两次将倾向和走向偏移输入,不仅数据量小而且效率在当时要比用"一步法"高数百倍,从而解决了中小型计算机不能处理三维地震资料的问题。

SEG 年会后,李庆忠将自己文章的复印本转寄给拉纳先生。拉纳先生虽然不懂中文,但一看图幅就立刻明白早在 5 年前中国人就提出了这种方法。他十分友好地把李庆忠接到西方地球物理公司去访问座谈,后来拉纳先生在自己正式文章发表的序言中写下"最早提出两步法偏移的是中国的李先生"的字样。

经过半个多世纪的石油勘探生活,埋头耕耘的李庆忠终于迎来了丰硕的收获季节。1985 年"渤海湾盆地复式油气藏聚集勘探理论与实践"荣获国家科技进步特等奖就有他的名字,1991 年被授予国家级有突出贡献的专家称号,1995 年 5 月光荣当选为中国工程院能源与矿业工程学部的院士。同年 9 月,李庆忠院士在中国石油总公司第四届科技大会上被授予"石油工业杰出工作者"称号。这些沉甸甸的奖励和荣誉,凝结着他多年来的心血和汗水,也是给予他几十年来不懈努力与追求的回报。

四、捍卫物探科学性　揭露虚假"伪科学"

李庆忠多年始终坚持严谨认真的科研态度,十分强调科研的科学性与真实性,对一切弄虚作假、欺骗世人的伪科学行为深恶痛绝。他向记者介绍道,20 世纪 80 年代中期,美国的 GI 地球物理国际公司(Geophysics International Corp.)声称自己发明了一种直接找油、煤、水的先进技术,称作 Petro-Sonde(中译为"岩性探测技术")。该方法通过一个像收音机的仪器,既不拉天线,也不接地线,仅凭操作员用耳机听声音,并旋动接收机上的旋钮(据说能指示探测深度),就能听出多深处有油气。

此消息一经传开,我国出现不少"热心人"专门从事这项研究。到 20 世纪 90 年代时,我国有六个单位都在生产这种骗人的仪器,不少有名的研究所及大学科研人员甚至为之创造探测理论。当时,李庆忠看到这种不科学的找油技术竟然如此风行感到非常愤慨。他绝对不相信有这样简单、省事的找油方法:"有这样好的方法,还要物探做什么?"于是他决心着手进行研究。在对其理论和实际资料加以分析后,李庆忠得出结论:它是彻头彻尾的伪科学。1996 年李庆忠院士发表了《对 Petro-Sonde 岩性探测技术的质疑》一文,全面揭露了该仪器在理论上有六个关键问题站不住脚,在实际结果上又错误百出。这种仪器在同一点上既没有重复性,调试前后也没有稳定性,各台仪器之间也没有一致性。它接收的所谓信号只是电磁波的一种脉动噪声,根本不是地下来的信号。通过李庆忠此篇文章的批判后,关于该仪器的伪科学风潮终于平息。

另一家美国世界地球物理公司(World Geophysical Corp)在 20 世纪 80 年代,宣称发明了一种重力直接找油的新仪器,称为 Affinity System(艾菲亲和系统)。实质上仅仅是一架灵敏度很差的重力梯度仪,然而他们谎称是专利保密,既不准别人打开、也不告诉对方测出的是什么物理量。他们在中国到处招摇撞骗,声称用了该方法便能使探井成功率达到 70%～80%,滚动开发中成功率高达 80%～90%。1992 年该公司与国内某些追随者一拍即合,成立了中美合资东营艾菲石油勘探有限公司。每年营业额高达数百万元,全国各油田委托他们找油的"艾菲"项目总经费居然高达 2 000 多万元。他们在报纸上大登广告,不少油田受其蒙骗,甚至在做过三维地震的工区里还补作"艾菲"直接找油。

此时李庆忠决心再次揭穿骗子狡猾的把戏,他本着实事求是的精神调查了"艾菲找油"在各油田上的实际资料,发现资料的精度极差,交点上的闭合差远远超过油气异常的幅度;经重复详查观测后,所谓的油气异常面貌可以完全改观。不久,他的文章《评艾菲微重力直接找油》发表在1997年《石油地球物理勘探》第2期上,全面地从理论到实践的各方面揭露了艾菲伪科学的本质,从而平息了这场闹剧,"艾菲"最后退出了中国勘探市场。

李庆忠在发表这两篇论文的过程中,不仅没有奢望得到什么奖赏,相反地还承受着巨大的风险。推崇"直接找油新方法"的人都是当时在油田勘探界有影响的人物,李的文章无情地揭露了这些"新方法"的不科学或者伪科学的本质,必然引起许多人的责难。有的人甚至直接找到李庆忠的办公室与他辩论,对此他都一一义正严词地给予答复。

李庆忠说他并不怕别人的责难,也早作好了"对簿公堂"的充分的思想准备,他反对伪科学的决心从来没有动摇过。1992年在一次石油部科技大会上,一位专家说:"岩性探测在全国成功的例子太多了,找煤、找水、找油都很准,是公认的找油新技术,没有什么可争议的。即使目前理论上说不清,那么,只要用它能找到油,不管是黑猫还是白猫,抓到老鼠就是好猫。"随后另一位专家问李庆忠:"你认为不管黑猫白猫,能抓住老鼠便是好猫对不对。"

李庆忠无视他们的刁难,当即在大会即兴发言:"人们认识问题分感性认识和理性认识。感性认识只是从现象出发,你今天抓住了一只老鼠,明天或者以后再也抓不住了,这只能说明是碰巧,这猫也不是好猫,是一只瞎猫。所以认识问题应分析事物的本质,上升到理性认识才行。"一席话说得对方哑口无言。他还在这个会上严正地指出:"从概率论的观点可以说明,完全不懂科学的胡猜瞎蒙,对某井含油不含油的预报成功率是接近50%。如果加上一定的地质知识再猜,预报成功率就大于50%。"但是请大家注意:"预报成功率"不等于"钻探成功率",它们是两个不同的概念,李庆忠告诫大家千万不要上当。

谈及坚持科学真理的问题时,李院士目光坚定地对记者说:"决不能让伪科学泛滥地占有市场,这是我作为一个科学工作者义不容辞的职责。"他认为,"伪科学"之所以能够欺骗世人,无非穿上了科学的外衣,一些看不到事物本质的所谓专家和一些"宁可信其有,不可信其无"的普通百姓都可能成为它盲目的追随者,有时追随者甚至数量巨大。所以反对伪科学并不是写一两篇文章就能解决问题的,它需要反伪者具有加倍的勇气和信心,李庆忠院士就是一位具有这样的勇气和信心的反伪斗士。

五、老骥伏枥 志在千里

从"波动地层学"理论的建立到两步法偏移技术的提出;从第一张"土法三维"地震构造图的诞生到《陆相沉积地震地层学的若干问题》和《走向精确勘探的道路》的问世,反映了新中国第一代物探队员艰辛奋斗最终获得突破的艰辛历程。多年在野外居无定所与辛勤勘探的日子,让李庆忠院士的双鬓染上点点斑白。60多岁后他慢慢退居二线,不再操心生产方面的问题,因此反而有了更多的时间安心做科研,相继发表了不少论文。在就任中国海洋大学地学院名誉院长后,亲自培养出5位博士和1位硕士。

李庆忠院士退居二线后,一直致力于建立高分辨率地震勘探系统工程,即从野外地震资料的采集,计算机处理到解释研究,都采用最先进的技术、最优化的方法。他提出了大地吸收(地震波)作用的经验公式;推算出中、新生界地层的吸收指数;研究了"地震子波零相位化方法",并提出波阻抗反演中存在的五大难题和解决的办法;完成了"用剔除拟合法求取纵波正入射剖面"的技术,使之取代水平叠加,更好地克服多次波,获得高分辨率的剖面。

1993年,凝结着李庆忠十年心血的《走向精确勘探的道路——高分辨率地震勘探系统工程剖析》一书问世了。此书由石油工业出版社出版后,得到读者们高度的评价,是"打开高分辨率勘探之门的一把钥匙"、"这是一个资深的物探专家正确地看到并选择了地震勘探的明天之路,对今后提高地震勘探的精度将起到重要作用"。这本理论与实践结合的书第一版面世后半年内即销售一空,第二年再版后亦销售告罄。该书后来荣获石油地球物理勘探局 1993 年科技进步一等奖,被誉为地球物理界的一部经典著作。直至今日,很多文章和著作还引用这部专著的内容。

1994 年继"陆相沉积地震地层学若干问题"之后,李庆忠发表了《近代河流沉积与地震地层学解释》。该文通过黄河及长江 4 000 年来变迁的历史文献记载,说明了每条河流都力图用频繁的决口及改道来铺平整个盆地,而盆地的沉降速度很慢,每一千年只能沉降 0.03 ～ 0.20 米。所以河流本身不断地在盆地里来回摆动,搬运、翻腾着沙泥沉积物,像一台翻土机,这结果使地震记录上很难辨认一条陆相的、完整的古河道。但是地震勘探还是可以有所作为的,那就是根据振幅异常的存在,可以判断河道砂在哪里发育得更好一些。

1997 年李庆忠院士又发表了《地震高分辨率勘探中的误区与对策》一文。系统总结了近年来国内外高分辨率勘探方面的经验,指出了野外资料采集及仪器制造等方面的一系列陈旧的传统概念,它们阻碍着高分辨率地震勘探的进一步发展。并指出当前野外施工中埋好检波器、降低高频噪声水平,以及改进地震波的高频激发条件,是头等重要的问题。1998 年又发表了《高频随机噪声的三分量测定》,更加清晰地说明了高频噪声的本质是"耦合谐振现象"。这些文章对推动地震高分辨率勘探技术的发展起到了很好的作用。

随着石油工业勘探形势的发展,我国油气储量增涨的速度跟不上油气开采的速度的矛盾愈来愈大。在油气新的后备资源区,如我国新疆的准噶尔、塔里木及吐鲁番三大盆地,地面的困难愈来愈大。从荒无人烟的大沙漠到羚羊难以攀登的崇山峻岭,都要我们的物探队员去作地震勘探,同时探井钻井的困难也愈来愈大,塔里木的油气层普遍深度达四五千米,打一口井的代价也愈来愈高。

为了更好地适应新的形势,1998 年李庆忠院士撰写《按科学程序搞好油气勘探》一文,并发表在《勘探家》杂志上,提出了对新疆的含油气规律的认识。他认为油气的生成与聚集与区域性大断裂有关,并指出从色力布亚到和田河,整个玛扎塔克断裂带全长 300 千米,是今后寻找油气的一个大场面。文中对吐鲁番盆地及我国东部地区如何深化地震勘探工作也提出了相应的建议。

时间巨轮转到 21 世纪,岩性油气田勘探成为石油物探界的热门话题。2006 年,李庆忠院士与张进的《岩性油气田勘探——河道砂储集层的研究方法》一书具体分析了我国陆相沉积岩性油田的复杂性,创造性地提出"视同相轴"的新概念,分析了国内外岩性油田勘探河道解释及切片分析的误区,指出今后应该在高精度三维地震勘探基础上,做好叠前时间偏移及应用可视化显示手段,才能获得更好的勘探成效。

近年来,多波地震勘探在我国兴起了一股热潮,很多人认为"全数字、全波场地震勘探的时代已经到来"。2007 年,李庆忠院士与王建花在深入研究多波地震的基础上,共同编写出版的《多波地震勘探的难点与展望》一书系统地分析了多波地震勘探难以解决的技术难点,以反潮流的思路指出三分量数字检波器的缺点,最后指出储层研究今后的出路在于用纵波资料直接反演多波弹性参数。

以上两本新书出版后,受到了业内人士的广泛好评。著名地球物理学家熊耥先生评价说,这两本书"倡导独立思考","用事实说话",指导"如何分析问题,做好科研",是"很有新意的两本书"。

李庆忠院士所在的东方地球物理公司已经成为我国寻找石油与天然气的一支劲旅。上世纪 60 年代继大庆石油大会战之后,进入华北平原,为我国找到了南、北大港油田,濮阳文留、卫城油田,任邱油田及雁翎、薛庄等一批油气田。20 世纪 80 年代在塔里木盆地找到了轮南、英买力,及大沙漠里的塔中油田。最近几年又在库车山地的克拉 2 大气田及冀东南堡油田的发现中立了汗马功劳。中石油集团公司历届领导对这支队伍十分器重,称之为找油找气的主力军。在集团公司的多年培育下,这支队伍配备了各种先进的仪器及野外施工设备,有着每秒 230 万亿次计算能力的大型计算中心和科研中心,能独立自主地研制我国自己的大型 GeoEast 地震资料处理软件和资料解释软件。培育了一大批地质地球物理及测绘专家。最近几年队伍作业范围扩大到世界 20 多个国家,从苏丹,尼日利亚到沙特、伊朗、墨西哥、委内瑞拉,都有我们的地震队在那里工作。这也为我国油气发展的海外资源战略提供了帮助。

目前李庆忠院士所在的东方地球物理公司,已经成为全球最大的陆上石油物探公司。由于海上石油物探占据了全球物探市场绝大多数份额,目前东方公司正将业务范围向海上延伸。在谈到全球各国普遍面临的能源危机时,李庆忠院士认为,解决中国的能源危机关键还是要靠自己,要抓紧在国内继续找石油。在地球物探方面,中国人能做到许多外国人干不了的事情。我国找油找气前景仍然不错,关键是技术上要有所突破。

生活中的李庆忠院士爽朗豁达,夫人梁枫也是中国石油集团地球物理勘探局高级工程师,两人相识于新疆。同为石油物探人的他们特别理解对方,李庆忠院士动情地说:"正是有了她的理解和支持,我才能在石油物探方面获得一些成绩。"回忆起过去在那些艰苦的岁月,梁老师感慨地说:"1979 年我们调到物探局以后,生活才真正得到了改善,开始住进了单元房,有了沙发和家具,过上了比较固定的生活。当时大家都说这是勘探队员的天堂,因为勘探队员从来没有固定的房子住。现在是我们这辈子生活的鼎盛的时期,生活较过去好多了。"老两口生活得乐观开朗。如今的李庆忠院士生活非常有规律,坚持每天晚饭后散步锻炼。虽然已年近八旬,但精神矍铄,身子骨非常硬朗。

采访快结束时李院士告诉记者说,地球物理勘探是当今世界最先进高科技与最原始体力劳动相结合的一个工种,目前我国 95% 已开发的石油资源都是先由地球物理勘探查明地下结构,提出探井井位,然后由探井钻探,发现油气层,才找到油田的。在当今油气勘探部门,"没有地球物理资料不能定探井井位"已经成为不成文规定。由此可见物探工作的重要性。

李院士对记者说:广大地球物探队员为国家的石油工业做出了很大的贡献,自己只不过是其中一员。他只是一名普通的物探队员,还希望能为祖国的石油物探事业继续做些事情。这些朴实的话语,透露出一位科学家高尚谦虚的人格魅力。在半个多世纪艰难的石油物探勘探之路上,李庆忠院士默默为中国石油事业奉献了全部的人生。如今的他仍继续行走在这条充满艰辛的道路之上,让我们深深地祝福他,祝福这位可敬儒雅的老者能为我国石油物探工作做出更多的贡献。